新概念建筑结构设计丛书

建筑结构设计概念与软件操作及实例

庄　伟　匡亚川　编著

中国建筑工业出版社

图书在版编目（CIP）数据

建筑结构设计概念与软件操作及实例/庄伟，匡亚川编著. —北京：中国建筑工业出版社，2014.1（2022.8重印）
（新概念建筑结构设计丛书）
ISBN 978-7-112-16302-1

Ⅰ.①建…　Ⅱ.①庄…②匡…　Ⅲ.①建筑结构-结构设计　Ⅳ.①TU318

中国版本图书馆CIP数据核字（2014）第004255号

本书通过介绍框架结构、剪力墙结构、门式刚架结构三种实际工程的设计过程，指导建筑结构设计初学者如何快速进入设计师行列，并使其对需要具备的理论、规范、软件应用及施工图绘制等相关知识融会贯通。全书共分为5章，主要内容包括：绪论；框架结构设计；剪力墙结构设计；门式刚架设计；其他。

本书可供从事建筑结构设计的年轻结构工程师及高等院校相关专业学生参考使用。

*　　*　　*

责任编辑：郭　栋　辛海丽
责任设计：张　虹
责任校对：张　颖　赵　颖

新概念建筑结构设计丛书
建筑结构设计概念与软件操作及实例
庄　伟　匡亚川　编著

*

中国建筑工业出版社出版、发行（北京西郊百万庄）
各地新华书店、建筑书店经销
北京科地亚盟排版公司制版
北京建筑工业印刷厂印刷

*

开本：787×1092毫米　1/16　印张：31½　字数：770千字
2014年6月第一版　2022年8月第五次印刷
定价：**69.00**元
ISBN 978-7-112-16302-1
（25044）

前　言

本书的思路是采用设计院实战的模式，把理论、规范、软件应用及施工图绘制在实际工程（框架结构、剪力墙结构、门式刚架结构）的设计过程中完整地串起来，让一个结构设计入门者建立起基本的结构概念，学会上机操作（CAD、探索者、PKPM及插件的使用)，能进行基本的分析判断，并完成施工图的绘制，指导初学者尽快进入结构设计师的行列，而不仅仅是一名学结构的学生或是没有设计概念的结构设计员，既懂如何操作，更明白其中的道理和有关要求。

本书的编写过程中，参考了大量的书籍、文献，以及“中华钢结构论坛”中很多网友的帖子。在本书的编辑及修改过程中，得到了中南大学土木工程学院余志武教授、卫军教授、周朝阳教授、匡亚川教授、刘小洁教授，北京市建筑设计研究院戴夫聪，机械工业第一设计研究院肖林、琚青松、余安胜、徐如华，华阳国际设计集团（长沙）田伟、吴应昊，中机国际有限公司（原机械工业第八设计研究院）罗炳贵、廖平平、吴建高，中国轻工业长沙工程有限公司张露、余宽，湖南省建筑设计研究院黄子瑜，广东博意建筑设计院长沙分公司黄喜新，湖南方圆建筑工程设计有限公司姜亚鹏、陈荔枝，北京清城华筑建筑设计研究院徐珂，香港邵贤伟建筑结构事务所顾问唐习龙，中科院建筑设计研究院有限公司（上海）鲁钟富，淄博格匠设计顾问公司徐传亮，广州容柏生建筑结构设计事务所、广州老庄结构院邓孝祥的帮助和鼓励，匡亚川教授及同行李恒通、余宏、苗峰、庄波、廖平平、刘强、谢杰光、张露、彭汶、李子运、李佳瑶、姚松学、文艾、谢东江、郭枫、李伟、邱杰、杨志、苏霞、谭细生等参与了全书内容收集、编写及图片绘制，在此表示感谢。

由于作者理论水平和实践经验有限，时间紧迫，书中难免存在不足甚至是谬误之处，恳请读者批评指正。

目　录

1 绪　论

1.1 写给成长中的结构工程师及在校学生的一封信

每一个结构工程师的成长路径不相同但肯定有很多类似的地方，由最初的痛苦、迷茫，再慢慢地感受到成长后的小快乐，然后痛苦与快乐再次不断交替、矛盾，经过很多工程的历练后，逐步掌握结构设计的精髓并形成自己的概念，这种概念简单、实用、易理解，最重要的是具有不变性，能适用于大多数复杂而多变的工程。

1. 心态

痛苦意味着你对这个东西不了解，不能驾驭它。痛苦意味着你还有较大的成长空间，只要闯过去，就会成长与收获。要想把结构设计学好，要想成长，承受痛苦是一种必然也是一种因果关系，古人很早就告诉我们，先苦后甜，一分耕耘一分收获。

2. 欲速则不达

结构概念的积累需要时间与工程历练，做事的正确程序应该是熟悉规则、了解规则、掌握规则，然后最大限度地利用规则做事。所谓的走捷径，在脱离掌握规则的前提下，其实是在走弯路，是自己给自己的成长设置一些障碍。所以，做事的顺序是先掌握结构设计中的一些规则与构造，再求快，所以新手在最初应乐于用手一笔一笔地画结构施工图，一笔一笔地画结构大样图，在慢的过程中熟悉规则、了解规则、掌握规则，最后归纳总结，哪些步骤可以简化、哪些步骤可以批量操作、哪些步骤可以借用其他小插件快速完成。

3. 实践

古语云："不闻不若闻之，闻之不若见之，见之不若知之，知之不若行之。"这告诉我们：行是我们认识世界和沟通世界的重要路径。只有在实践中才能发现问题，进而想办法去解决问题，从而形成经验，更甚者形成思维，这些都是参照物。没有这些参照物，人是"无知"的，"寸步难行"，试想让一个几岁的孩子去设计一栋复杂高层，简直是天方夜谭。所以，任何技术的获得，实践是最关键的一个条件，为的就是获得解决问题的参照物。不仅仅是做设计，孩子的培养也大多如此，用引导的方式多让孩子多思考（说话要留有思考的空间）、多实践，别管制太多、压制太多；否则，系了太多绳子的脚是走不远的。

4. 君子生非异，善假于物

个人的力量相当弱小，一个人的成功与积累必然是建立在他人的积累与自己的努力基础上，也就是借用第三方完成自己的目标（或积累）；第三方可以是好书、好师傅、网络论坛等。比如，在画梁施工图时，可以把 PKPM 自动生成的施工图作为"参照物"，新手先自己画梁施工图，再与其做对比，在对比的过程中便会发现问题。某些具有固定不变性质的操作，可以借助小插件去完成，比如柱子、基础的标注等。

结构设计中力的单位为"kN、N"，如果能有意识地将力的单位转化为"t"（吨），再将“t”转化为我们熟悉物体的重量，则对力的理解会更深刻，做设计时也会更放得开、胆子更大，做设计的速度会更快。

5. 感性认识与理性认识同步

要深刻了解力的传递路径，比如楼板—次梁—主梁—柱（墙）—基础；应找出课本与规范，把每个构件的计算公式弄懂，并知道每个参数对构件或结构的影响，知道哪个参数影响最大、哪个参数影响最小，比如梁高对抗弯能力的提高一般大于梁宽，梁宽对抗剪能力的提高一般大于梁高。在理性认识的基础上，还应找出一些结构或构件的图片或去施工现场，知道结构或结构具体是什么样子，是怎么施工的。

6. 不要孤立理解结构设计

不要孤立理解结构设计，应该把构件的受力在整个结构中串起来。应了解每个小构件力的传递、计算，再把小构件放到整体结构中，了解小构件在整体结构中的作用，并且当小构件变动时，其对整体结构的影响。比如框架主梁抗剪超筋时，是加大梁高还是加大梁宽，无论加大梁高还是加大梁宽，抗弯刚度都会增加，都会增加地震作用（即剪力），但一般增加梁高，抗弯刚度会增加更多，更不利于抗剪，而增加梁宽度，构件受剪承载能力的提高大于增加梁高。当框架梁超筋时，是加梁高还是加梁宽？一般跨度不大、荷载不大时先加梁高，再加梁宽，前者属于“调”（增加力臂），后者属于“抗”。对于大柱距且有次梁搭接在框架主梁时，大脑中应有意识地把梁宽用到300～350mm，此时应同时加大梁宽、梁高，否则钢筋摆放很难受。轻钢厂房中钢梁可以变高度，其背后的本质是钢梁的弯矩分布，大学课本中两端固结的单跨梁受竖向荷载作用时，两端弯矩比跨中弯矩大很多，弯矩的平衡需要力臂的帮助，既然弯矩小，则力臂可以短，即梁高可以减小。

把构件当结构，也要能把结构当构件，比如对多层或高层建筑，可以近似认为是竖立在地球上的一根悬臂梁。

板的计算，可以简化为简支（固结）或连续梁模型，地下室的计算可简化为简支（固结）或连续梁模型，柱子与剪力墙为偏心受力构件计算，独立基础、条形基础弯矩的计算，都是在悬臂梁弯矩的计算公式基础上进行简化。楼板倒过来，就成了“倒楼盖”。水池底板、设备基础底板、基础防水板的计算方法与原理与普通楼板类似。构造柱、扶壁柱、圈梁的设置也可以类比双向板、单向板受力，其背后的本质是单向板、双向板的边长怎么摆放，“弱次梁”（圈梁、构造柱）其实对填充墙稳定性帮助不是很大。电梯基坑的传力体系可以简化为普通梁板（利用承台拉梁等）体系或板柱体系传力（局部板的升降对传力影响不大）。常规结构工程中，几乎所有的构件都可以简化为悬臂梁、简支梁、连续梁模型，而传力体系，也无非是梁板、梁柱、板柱等传力体系的简化与灵活应用，万变不离其宗。当做过多个项目后，回头再看这句话，或许会感触很深。

7. 概念设计

结构布置应尽量连续，不连续的地方一般都要加强，比如，边缘构件要加强，板边需要加强，角柱需要加强，底柱和顶柱需要加强。

结构布置应尽量均匀（平面和立面），结构平面布置的不均匀，往往会加大结构扭转变形，引起超筋，位移比、周期比不满足规范要求；结构立面的不均匀（上大下小），由于刚度的突变，易形成薄弱层。

结构设计本质是变形协调，变形协调需要代价，代价是增加混凝土与钢筋的用量。

8. 抓大放小

“抓大放小”即抓住主要矛盾，暂且搁下“次要矛盾”，如果一开始就力求完美，则必然会“物极必反”，做事没有效率。“抓大放小”是符合辩证思维的，在抓大放小的过程中，做设计时要循序渐进，事缓则圆。

比如梁的布置，抓住“大范围”板块梁的布置，再与局部的梁布置协调。如果协调不好，也应容许“缺陷”，做设计是寻求“最优解”，而不是“最佳解”。

9. 中庸之道

尽量不要踩着规范的“边界”去做设计，否则很难受，在没有对理论与实践有足够透彻的理解时，可以根据二八原则，留有20%的余量或折中。

当明白一个结构设计中的主次要构件及主次要矛盾时，对于次要构件或者次要矛盾，可以不必太过于精细，可多放一些，否则工作效率不高。

10. 分析问题的思维方式

（1）二八定律

任何一组事物中，起主要作用的是少数。比如外围、拐角的剪力墙抵抗水平风荷载与水平地震作用的贡献最大。独立基础受到较大弯矩时，独立基础外围部分的贡献更大（力臂更大）。分清结构或构件中的主次要因素后，便可更有效地根据结构或构件计算指标调整结构或构件布置，以满足规范要求。

（2）类比的思维方式

钢结构设计与混凝土结构设计类比，比如钢梁与混凝土梁（翼缘与腹板受力分析）类比、加钢梁翼缘厚度的效果类比于多放一排面筋或底筋（抗弯），钢柱与混凝土柱类比。混凝土结构设计中，不连续的地方要加强，比如，边缘构件要加强、板边需要加强、角柱需要加强、底柱和顶柱需要加强，可以类比钢结构设计中，不连续的地方（节点处）也应加强。

在理解结构设计时，可以用生活中一些易理解的现象来帮助类比理解，比如地震类似于紧急刹车或紧急加速、大底盘结构比独立结构稳当与坐着比站着稳当、脚张开比脚并立稳当，于是建筑结构要控制高宽比，与体重大的人容易摔倒相似，结构自重不应太大，避免地震作用过大，楼板开洞使得水平力在该开洞位置处传力中断，造成应力集中，和当把洗车用的水管直径减小，压强会增大是一个道理。剪力墙结构中连梁超筋，有时可减小梁高，弱化连梁的作用，让墙自己多承担一点，和生活中用手拉人时把手放松一点一个道理。

生活中做事要有连续性，可以类比结构设计时，梁的布置应尽量连续（一般沿着跨度多的方向布置、梁端部悬挑等）、墙的布置要连续（转角处布翼缘）。生活中常说，物极必反。在设计时，一般初步调模型应力比的控制要留有余地，基础设计地基承载力要留有余地。生活中有很多不连续要加强的例子，比如身高的先天不足用后天的营养及锻炼加强；所以，在画施工图时，应先弄清楚哪些是不连续的部分、哪些是连续的部分，不连续的部分则要多花些时间，连续的部分可以进行批量复制、镜像等。

生活中做事、说话的正确方式是引导与比喻，通过第三方（参照物）去把事情完成，在做结构设计时，常常参考别人做过的同类型的工程项目、参考图集等，这些都是参照物，属于第三方。在生活中，有时做事要直接找负责人或领导，这样做事更直接，可以类比结构设计中，结构的布置要尽量传力直接且短（贯通布置）。

（3）极限思维

阴阳生万物，阴阳即极端。很多东西，用极端的思维方法会很容易明白。比如，把梁的两个支座中一个支座刚度变为无穷小（或足够软），去解释力沿刚度大的位置传递。

（4）正反思维

一件事物，正面不能看清楚，就从反面看。比如什么是延性，延性的反面是脆性破坏。

（5）撇开手段

从手段的目的、效应等源头考虑，再逆推。比如，为什么框架结构首层与其他层反弯点位置不同，因为反弯点的位置变化能体现结构或构件刚度的变化，刚度的变化与长度、约束有关，首层一般刚度更弱（首层柱顶的约束相对于柱底基础的约束更弱），于是柱子反弯点一般在层高的2/3处，而其他楼层框架柱的反弯点一般在层高的1/2处。为什么框架结构底层与其他层柱子计算长度不一样（首层要小），因为计算长度系数能控制构件的稳定性，首层一般比较弱，所以设计时，应让首层稳定性更好一些，即计算长度更小一些。为什么"抗规"[1] 4.2.1 下列建筑可不进行天然地基及基础的抗震承载力验算……。因为从结果考虑，地震的作用效应能让结构或构件产生变形及破坏，既然不考虑，则是因为不会产生这种破坏。再怎么分析？产生破坏的过程中有这几个因素：地震作用、土、基础。通过与考虑抗震分析的情况对比，可知问题主要出现在"土"这个因素上：这些地基主要由饱和松砂、软弱黏性土和成因岩性状态严重不均匀的土层组成，大量的一般的天然地基都具有较好的抗震性能，能分担地震作用。

11. 社会本质

从原始社会开始，就是一个不断交换的社会，交换物质与精神。不要有不劳而获的想法，自己想要什么，就努力去积累，再去交换。社会是中庸、相生相克的，《素问·阴阳应象大论》云："阴阳者，天地之道也，万物之纲纪，变化之父母，生杀之本始，神明之府也，治病必求于本"，新生事物一般都起源于阴阳，用极端的方式才能创造一些东西，而新生事物的产生必然会冲击旧的事物、破坏旧的秩序，于是需要借助第三方来协调。对于在校学生，明白以下道理即可：苦与甜相伴（先苦后甜），不公平与公平相伴（先不公平再公平）。

社会是比谁最先抢占资源，类似于读书时去食堂吃饭，去晚了就只有剩菜剩饭，甚至菜与饭已售完。社会也是有秩序与游戏规则的，比如马路上的红绿灯，我们既要遵守社会的秩序，也要保持独立的思想与主见，尽量考一个好大学，再读研、读博等，进一个好平台。起点太低，只得在人更多的环境中付出更多，一个东西如果少且被需要，则很容易发展，多则困难重重。人们去水果店挑选橘子时，都是先挑选个大、皮黄、味甜的，不成熟或个小的很容易被买橘子的人"淘汰"。这个社会本来就是缺少资源，资源的分配也是平台越高，资源越多，但三百六十行，行行出状元，无论选择哪种生活方式，背后都离不开付出。无论付出什么，都是为了接近资源，要么你是资源的主人，要么经过层层挑选进入资源丰富的平台。无论获得什么资源，都是因为满足别人与自己的需求，为了生活（精神与物质），为了让自己过得开心点。无论别人怎么对你，别人有什么想法，有选择性的

[1] 指《建筑抗震设计规范》GB 50011—2010

"道义"是人活在这个社会，除了生命外最重要的几样东西之一。

12. 江湖

社会与学校不一样，社会是一个"江湖"。中国古代人很伟大，创造了江湖二字，江湖二字全是水旁，一不小心，人就会被淹死，淹死的背后是利益，是"气"。

在江湖中混，要真诚、善良，要示弱（隐忍），要宽容。没有人会为难一个弱小者，杀的都是不忠、大恶、太强之人。连马路上都通过红绿灯来维持秩序，任何地方都少不了控制与被控制。

在江湖中混，要学会借物。说话要学会用第三方类比去引导别人思考，说话做事都要留有余地，否则就容易走到了墙角，物极必反。

在江湖中混，要"随波逐流"，但水底要安静，大自然是不会欺骗人的。要学会"打太极"、"求同存异"。要明白什么是真相，什么是走过场。要有道德、讲义气，多交朋友，知恩图报，吃亏是福。

1.2 对配筋、刚度及力流的理解

设计一般可以这样去理解，设即设想、构想、想象；计即计算、分析、力流。两者结合起来就是设计，设计出来的结构最好是效率、优美与功能三者的平衡统一。下面将简要介绍结构设计中最常见的三个名称：配筋、刚度、力流。

（1）配筋

配筋是结构设计最基本的工作，每个厉害的高手最初都是从画梁板柱施工图开始的，钢筋可以大致对照SATWE计算结果进行配置，但钢筋的背后是强度与构造的体现，与刚度也密切相关。

（2）刚度

结构刚度就是结构能够限制作用力所产生变形的一种性质。在荷载不变的情况下，结构刚度大，结构的相应变形小；而结构刚度小，结构相应变形则大。刚度看不见、摸不着，但可以通过"变形"去理解。当力按一定的规则传递到结构上时，都会产生变形（水平变形，竖向变形，扭转变形等），变形过大，可能会引起超筋、位移比、周期比等不满足要求；变形过大，或许也是结构布置不合理。

刚度的布置应均匀，否则刚度的不均匀会导致力流的不均匀，刚度一般有X、Y向刚度，结构周期中某个转角的平动周期不纯，其背后的本质就是该方向两侧刚度不均匀。

X方向或Y方向两端刚度接近（均匀）才位移比小，属于"调"；两端刚度大于中间刚度才会扭转小，周期比更容易满足，属于"抗"。增加结构扭转刚度也对位移比有利，属于"抗"。

控制扭转的关键在于"加减法"，要加的墙位置很重要，好钢用在刀刃上才更有效，而方法的背后，在于一个外墙与内墙的相对刚度，而不是外墙的绝对刚度大小，理解了相对刚度，就明白了"减法"在刚度调整过程中的重要作用。

（3）力流

外荷载及作用作用于结构上，在结构内部是如何传递分配是看不见摸不着的，但这种分配与传递却实实在在地存在着，为了形象地说明力流的传递与分配，可以用"水流"进行类比。结构中的力流由板传到梁，由梁传到柱、墙，由柱墙传到基础，总是遵循着一定的规则，但力流传递的效率却至关重要，其背后体现着概念设计及结构布置。

力流的传递要短，少一些变形协调的过程，除非是不得已而为之（建筑、规范要求），墙柱布置应上下贯通。楼板中常有些小板块（比如小于4m），一般尽量不设小次梁，减少一些传力途径，可以局部加强楼板配筋。

力流的传递过程应"物尽其用"，提高材料的利用效率。比如，混凝土抗压强度远远大于抗拉强度，应尽量让混凝土构件受压，而不是受拉、受弯。当结构受到弯矩时，弯矩的本质也是拉压应力，拉应力材料的利用率不高。拱的效率高于梁（比梁构件多了轴力），桁架结构绩效高于实体结构也体现着以上观点。

结构应该顺着力流的分布去布置，比如剪力墙结构内部应力小、外围应力大，所以应该在结构外围及拐角处多布置墙，结构内部的墙在满足规范要求与刚度的前提下，可以适当减小。梁、板受力时，应力在截面高度上的分布是两端大、中间小，于是出现了空心楼板等。

力流的分配要均匀，次梁在满足建筑等的前提下，一般尽量沿着跨度多的方向布置，这也是为了实现力流在纵横方向的均匀分配，结构纵向刚度大，就要多承受力，纵向布置次梁，次梁的布置连续，可以充分利用梁端负弯矩协调变形，梁端弯矩与梁底弯矩也趋向于均匀分配。

力流总是沿着刚度大、路径短的方向自发传递，但可以人为改变结构布置或结构刚度，付出一定的代价后，改变力流的方向。比如板的内力一般自发向板的短边传递，但可以通过设置次梁，改变力流的分布。比如柱底弯矩通过独立基础的协调后，弯矩转化为力矩作用在土上；墙底弯矩或墙肢底部轴力大小不同时，对承台产生的弯矩通过承台协调后，弯矩转化为力矩，作用在桩身上便成了轴力。

力流可以改变构件的刚度，预应力结构可以这样理解，通过控制定值强度，人为改变预应力的形状与位置，产生不同的变形效果，刚度也即相对刚度。

力流不会无缘无故的产生与消失，但力流的作用形式可以转变。力流最终汇集于土，如同河流汇集于大海，最后分散开。

(4) 配筋、刚度及力流三者不是独立而是互相影响的。配筋是刚度、力流的最直接体现，配筋也可以一定程度地影响刚度的大小及力流的分布。刚度可以改变力流的分布，然后通过结构布置与配筋去实现。力流之间的协调是结构设计的本质，其背后是概念设计，通过概念设计去改变力流的传递、去协调各种矛盾，从而做到结构的效率、优美与功能三者的平衡统一。

2 框架结构设计

2.1 工程概况

湖南省××市某中学教师宿舍，抗震设防烈度7度，设计基本地震加速度0.10g，设计地震分组为第一组，设计使用年限为50年。建设场地Ⅱ类，特征周期值为0.35s，框架抗震等级为三级。基本风压值0.4kN/m²，基本雪压值0.35kN/m²，结构层数6层（首层为停车库），没有地下室，建筑高度为17.8m，室内外高差0.3m，屋顶女儿墙高度为0.6m，采用框架结构体系。

2.2 建筑施工图

建筑施工图主要包括建筑平面图、立面图、剖面图、建筑详图。建筑平面图一般是在建筑物门窗洞口处（楼地面上1m左右处水平剖切的俯视图，建筑屋面图是位于屋面以上的俯视图）。

2.2.1 平面图

平面图主要包括首层平面图、二层或标准层平面图、屋顶平面图。建筑平面图常用的比例是1∶50、1∶100或1∶200，其中1∶100使用得最多。建筑平面图外部尺寸一般标注三道尺寸，第一道表示建筑物外墙轮廓的总尺寸（外保温时含保护层厚度），从一端外墙边到另一端外墙边的总长和总宽；第二道表示相邻轴线之间的尺寸；第三道表示建筑物外墙门窗洞口等各细部位置的大小及定位尺寸。平面图内部尺寸主要标明室内的门窗洞口的大小、墙体的厚度等尺寸。屋顶平面图一般比较复杂，有些是坡屋顶，有些是平屋顶；平屋顶有些是结构找坡（斜梁），有些是建筑找坡（一般屋面排水坡度为2%）。本工程建筑平面图如图2-1～图2-4所示。

从平面图中，可以知道轴网尺寸，梁的布置（一般墙下布梁）、梁偏心、外部造型在平面中的轮廓，墙、柱布置位置等。

2.2.2 立面图

立面图是建筑物的外视图，用以表达建筑的外形效果，直接正投影法绘制。结构工程师主要是从立面图上获取建筑外观的效果，得到结构需要的信息，如建筑高度、层高，门窗在立面上的标高布置及立面布置以及凹凸变化，详图索引符号等。从建筑立面图可获知窗户在立面的变化，可以知道建筑外围框架梁、连梁的梁高最大允许值，以获知建筑外部造型的一些情况。如图2-5和图2-6所示。

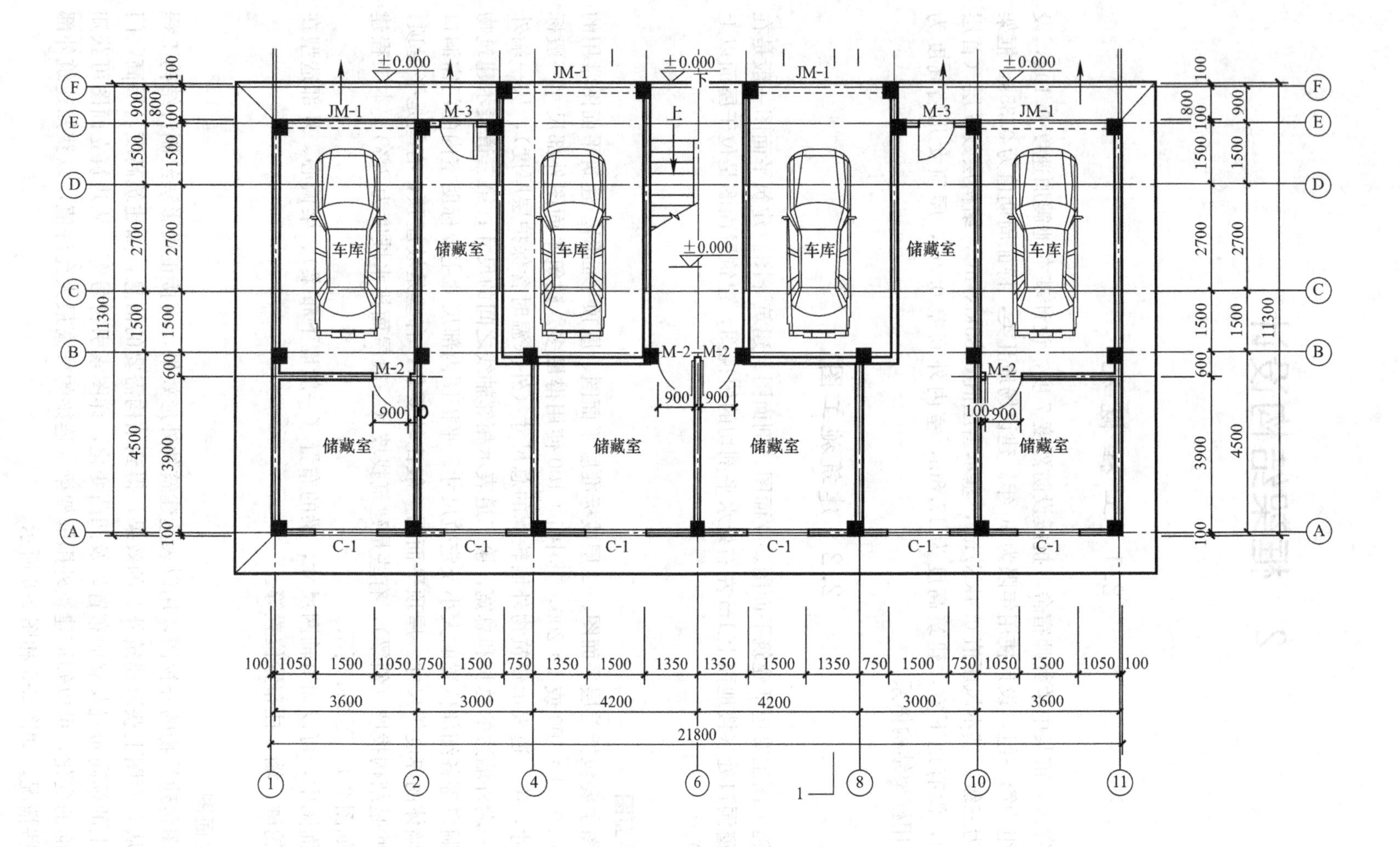

图 2-1 首层平面图

注：由于图纸张大小限制，建筑图或不完整。以下相同。

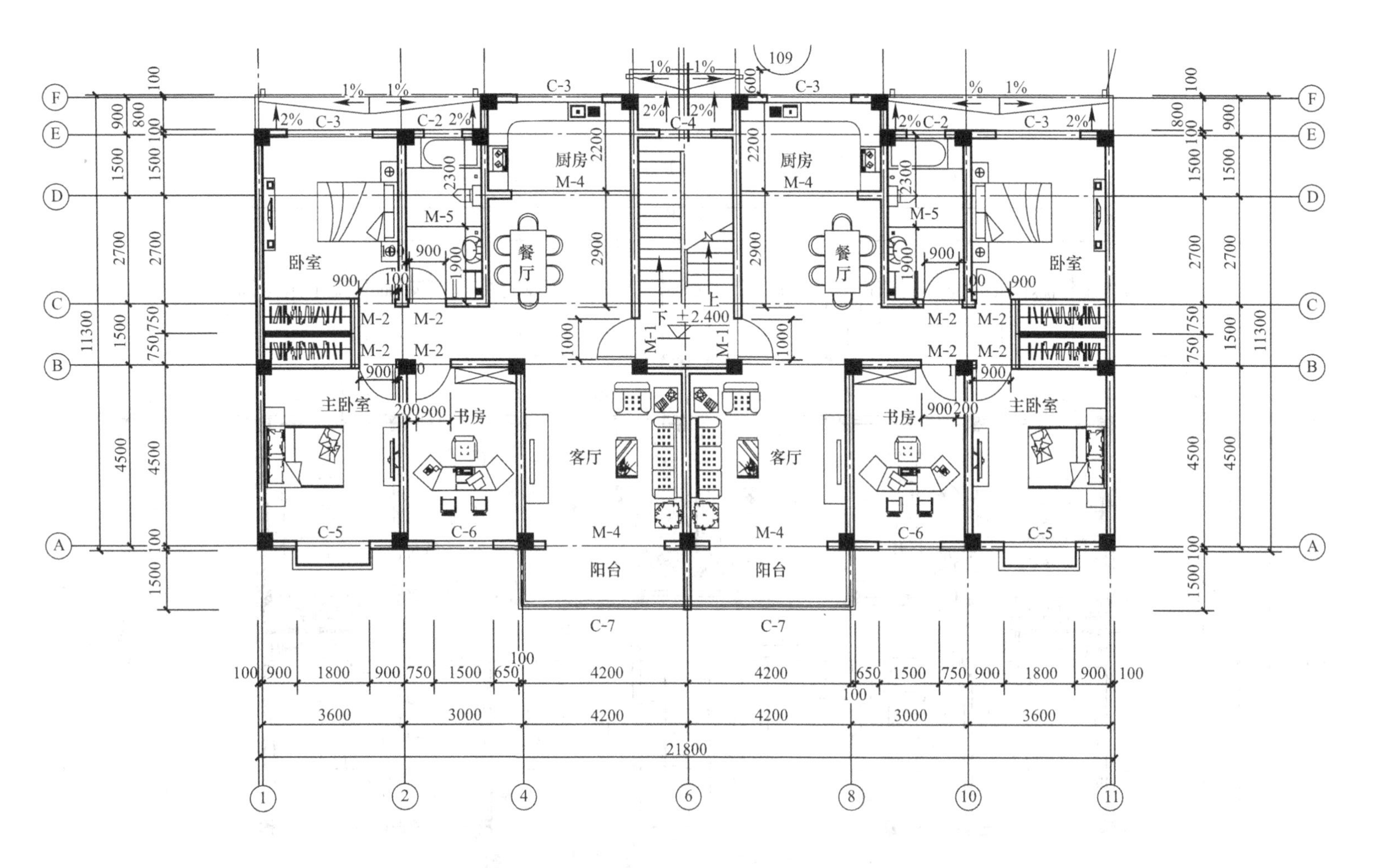

图 2-2 二层平面图

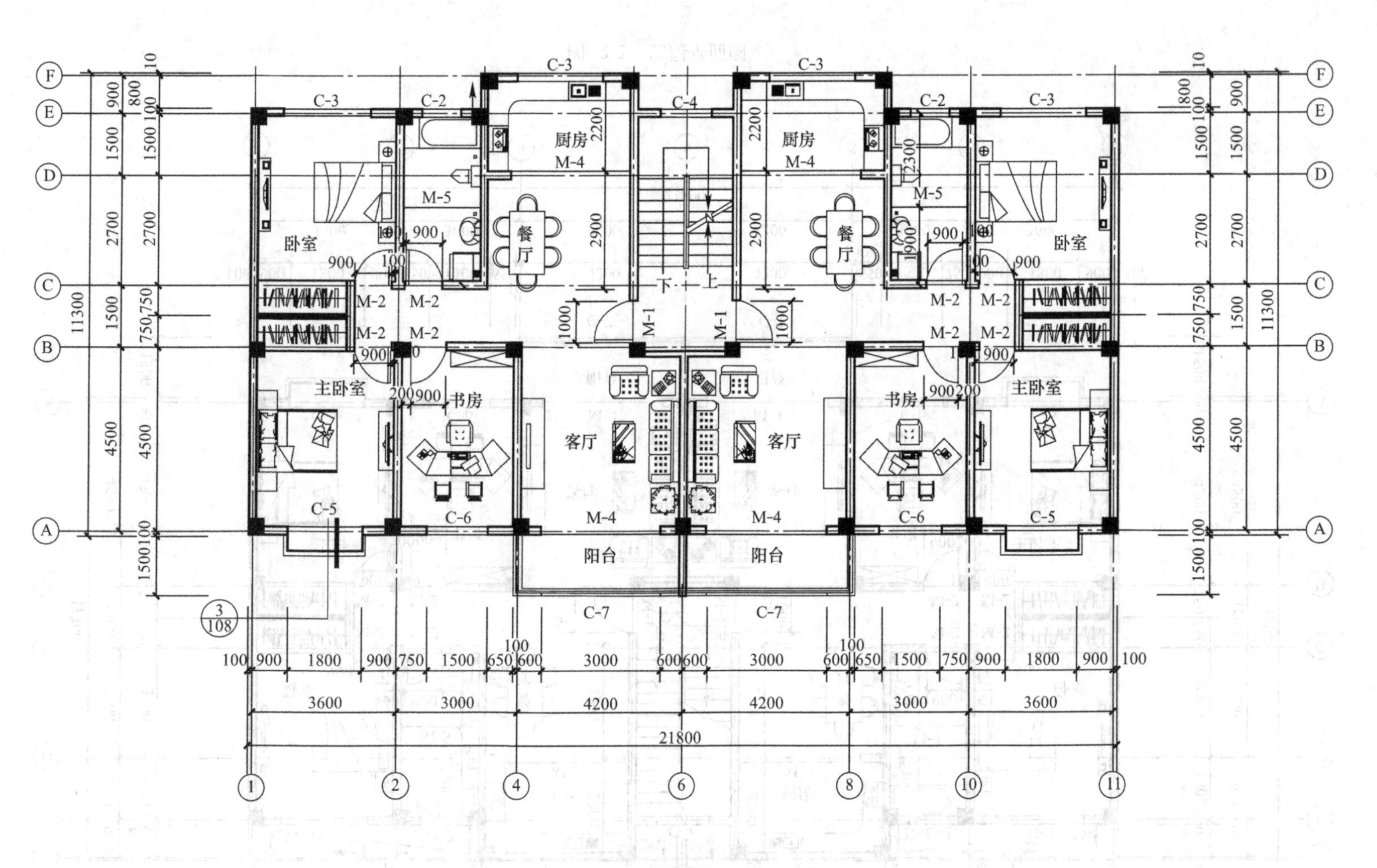

图 2-3 标准层平面图

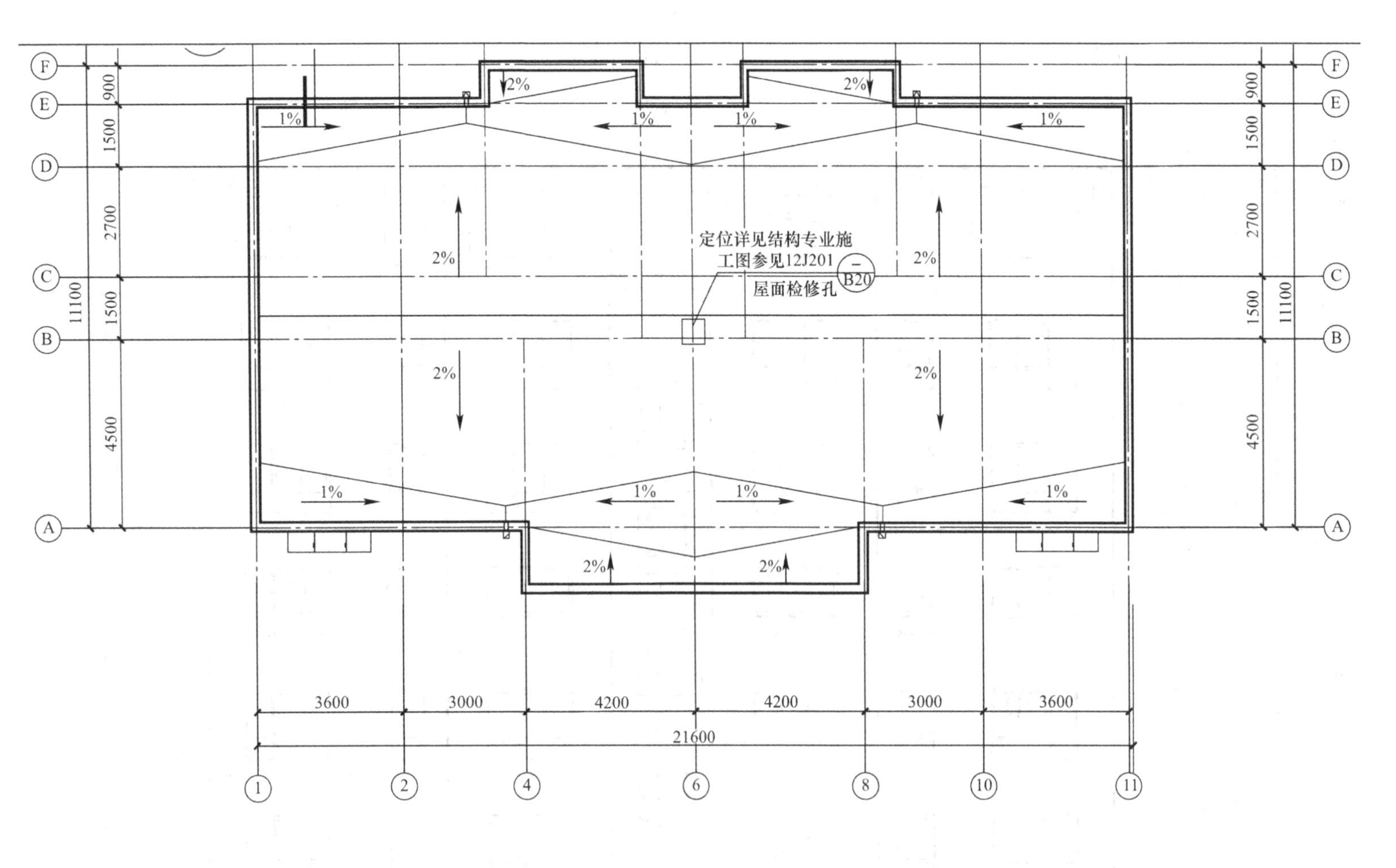

定位详见结构专业施
工图参见12J201
B20
屋面检修孔
2%
1%
900
1500
2700
4500
11100
3600
3000
4200
21600

图 2-4 屋顶平面图

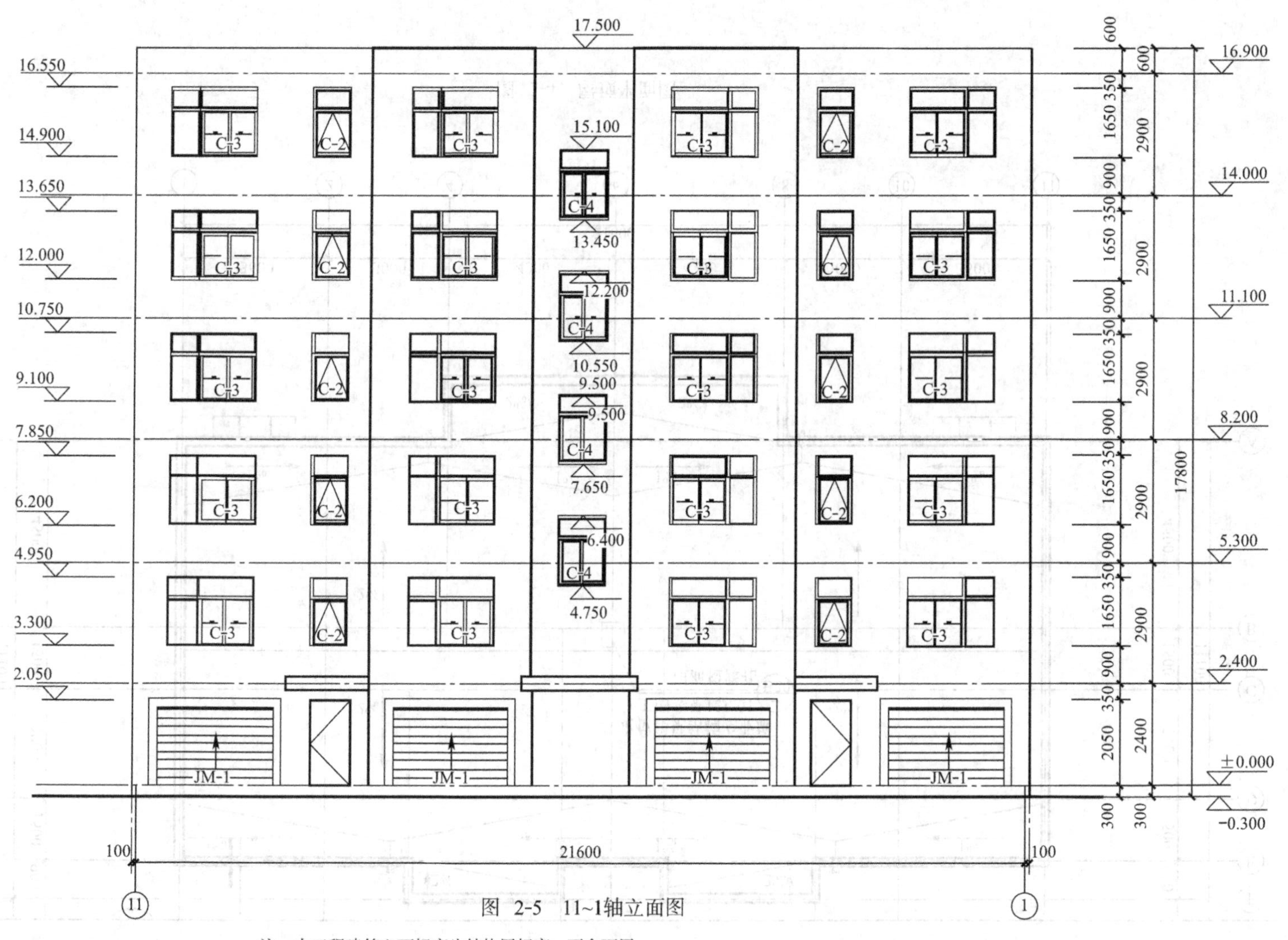

图 2-5 11~1轴立面图

注：本工程建筑立面标高为结构层标高，不含面层。
有些设计单位是结构标高=建筑标高-面层（30mm），屋面结构标高等于屋面建筑标高。

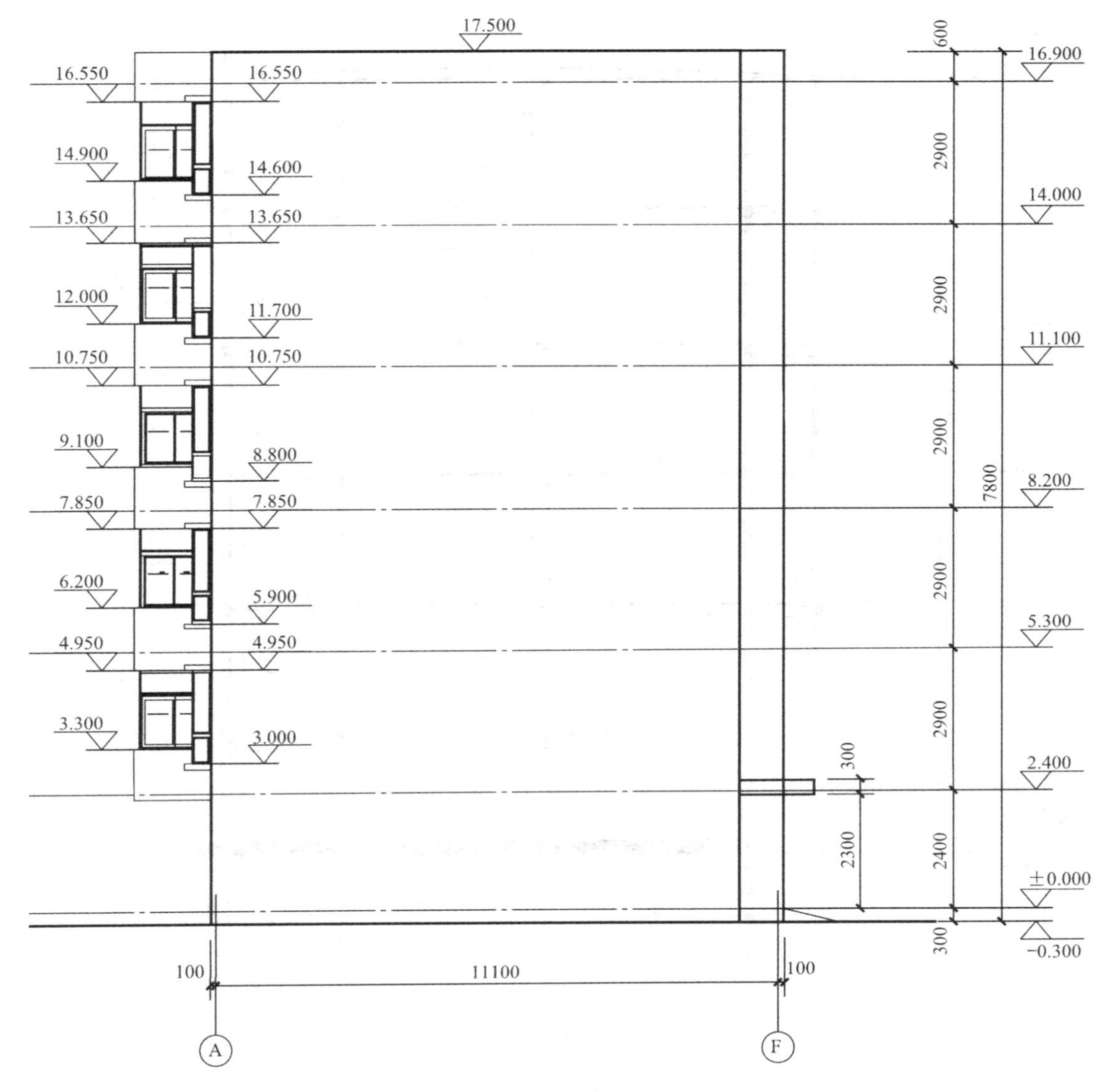

图 2-6　Ⓐ～Ⓕ轴立面图

2.2.3　剖面图

剖面图是建筑物的竖向剖视图，正投影法绘制。用粗线画建筑实体（墙、梁等），用细线画建筑构造（门窗、洞口）。剖面图的名称必须与底层平面图上所标的剖切位置和剖视方向一致，应注出被剖切到的各承重墙的定位轴线及平面图一致的轴线编号和尺寸。在剖面图中，一般不画材料图例符号，被剖切平面剖切到的墙、梁、板等轮廓线用粗实线表示，没有被剖切到但可见的部分用细实线表示，被剖切断的钢筋混凝土梁、板涂黑。剖面图一般画出楼地面、屋面的面层线。剖面图上标注外墙门窗口的标高，室外地面的标高，檐口、女儿墙顶的标高，以及各层楼地面的标高等。从剖面图中可获知结构内部的一些梁、柱、墙信息。如图 2-7 和图 2-8 所示。

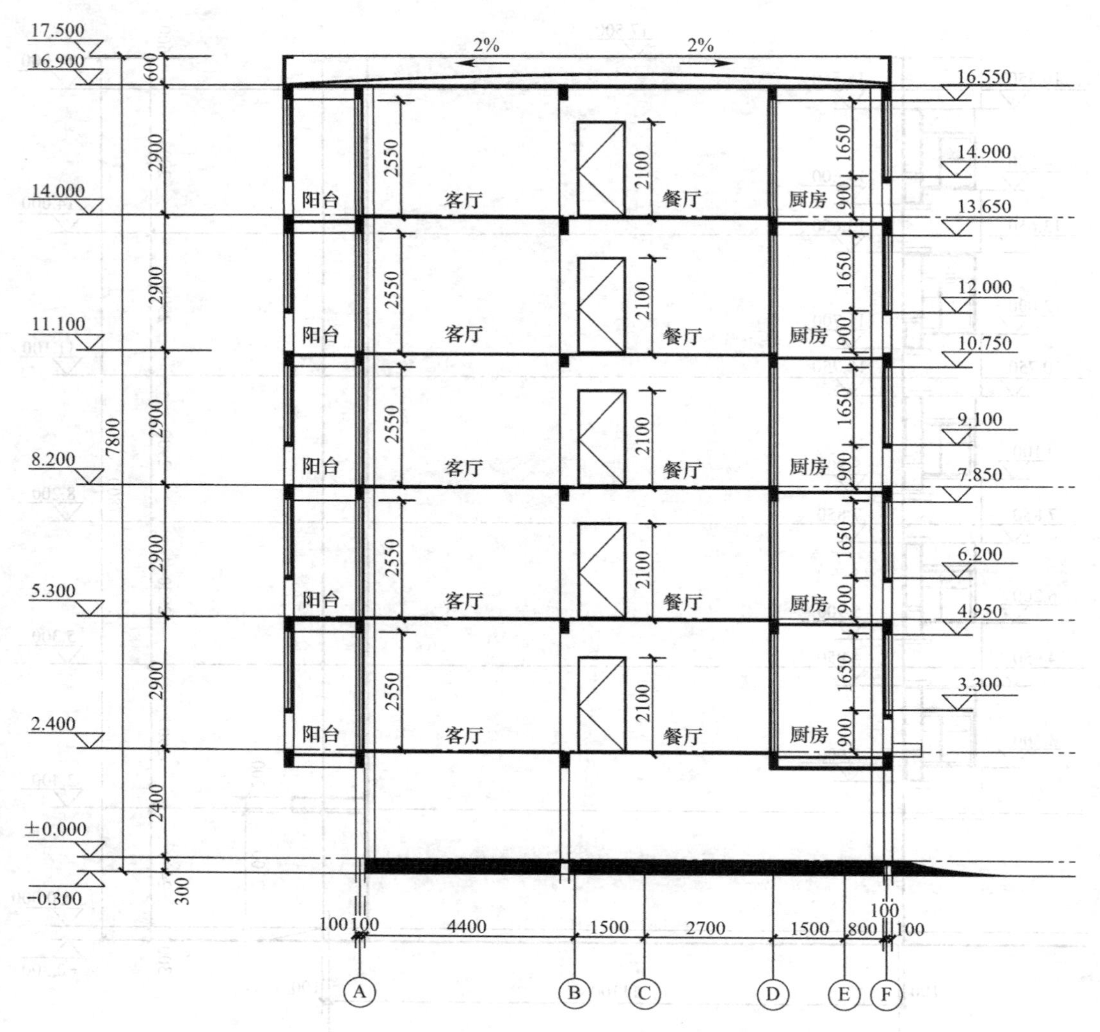

图 2-7　1-1 剖面图（由此图可知屋面板是建筑找坡）

2.2.4　建筑详图

建筑平面图、立面图、剖面图表达建筑的平面布置、外部形状和主要尺寸，但因反映的内容范围大、比例小，对建筑的细部构造难以表达清楚，为了满足施工要求，将建筑的细部构造用较大的比例详细表达出来，这样的图称为建筑详图或大样图。建筑详图的比例一般是 1∶20、1∶10、1∶5。结构工程师关注的主要是构造详图（屋面、墙身地面、地沟、地下防水、楼梯等建筑部位的构造做法）。墙身大样图一般用 1∶20 的比例绘制。楼梯按 1∶50 绘制（按 1∶100 的比例，看起来太小）。

对于楼梯，休息平台的宽度应≥梯段的净宽，且不得小于 1.2m（当楼梯间柱子突出时应特别注意），楼梯段之间的净高尺寸应不小于 2.2m（踏步前缘至上方突出物下缘的垂直高度）。平台处净高应≥2m。从建筑详图中，可获知一些节点的做法。如图 2-9～图 2-11 所示。

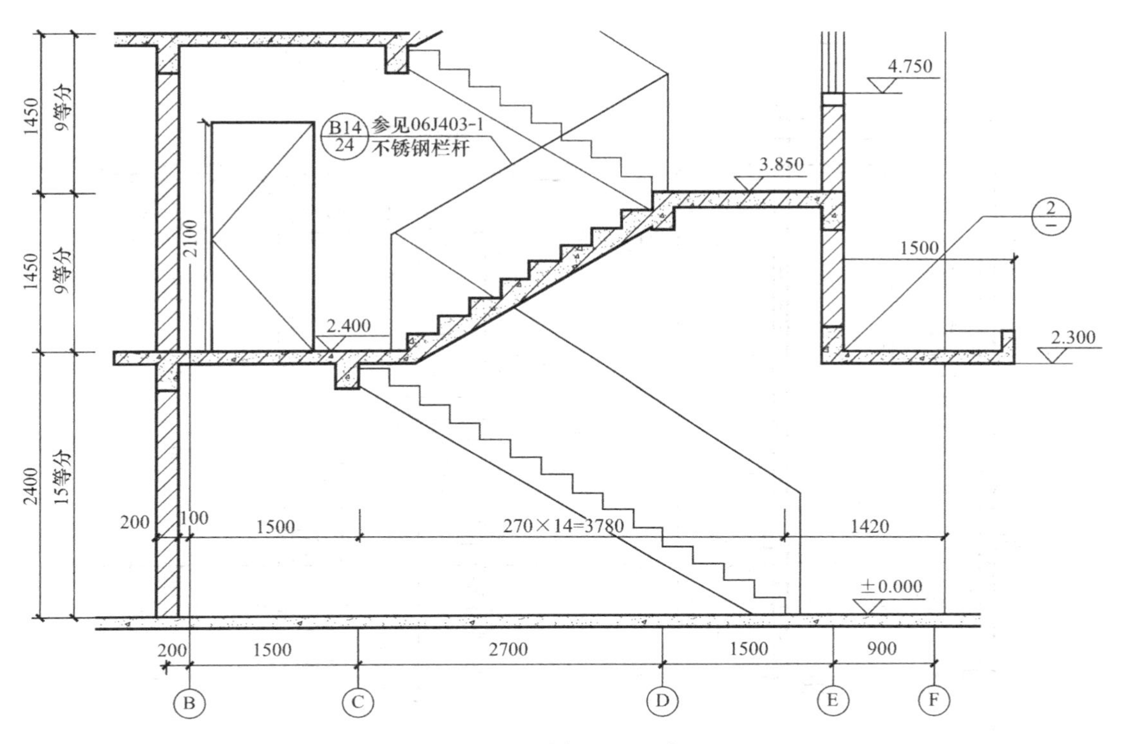

图 2-8　a-a 剖面图（局部）

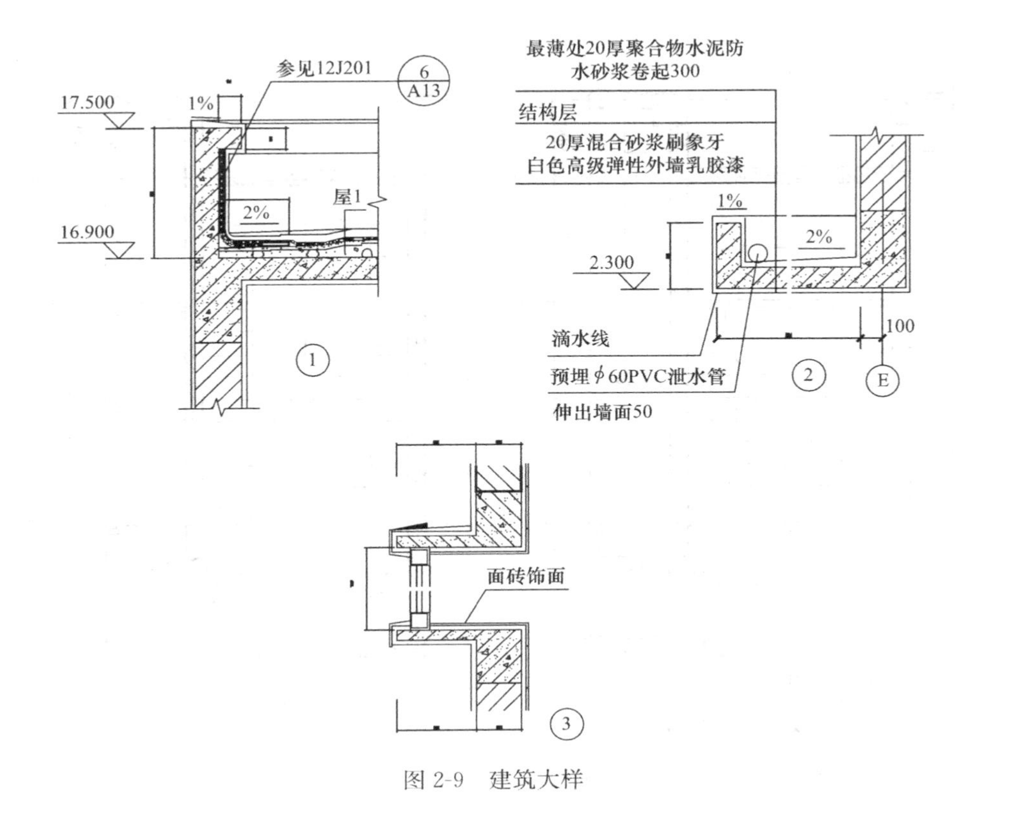

图 2-9　建筑大样

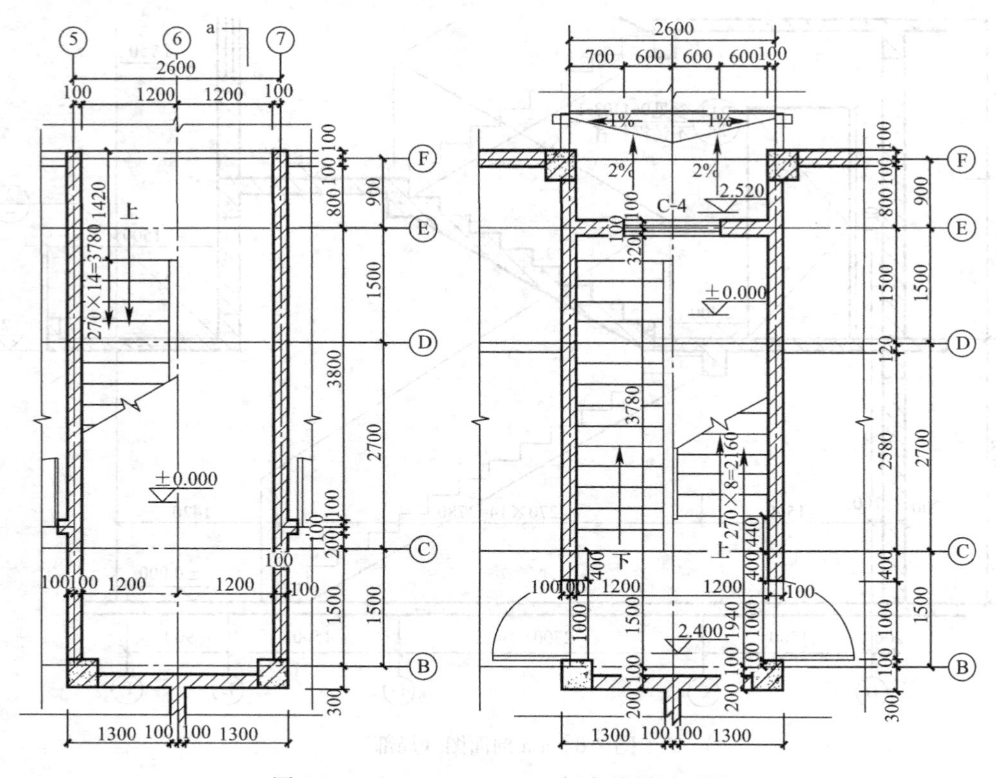

图 2-10　±0.000、2.400m 标高楼梯平面图

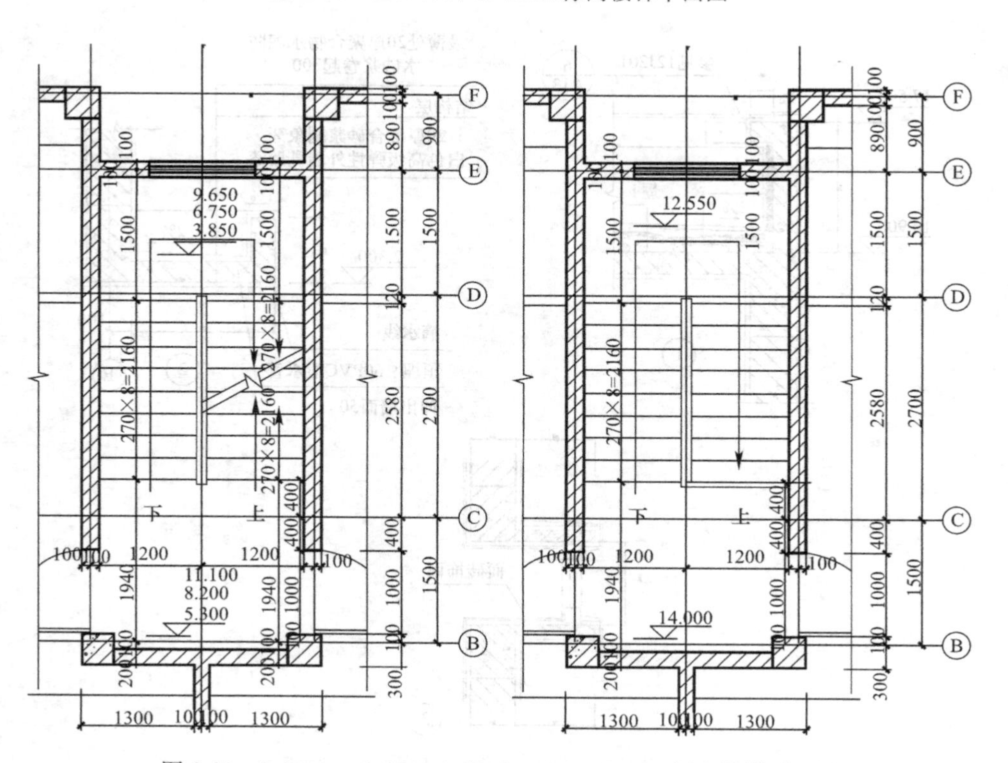

图 2-11　5.300m、8.200m、11.100m、14.000m 标高楼梯平面图

2.3 上部构件截面估算

2.3.1 梁

1. 截面高度

框架主梁 $h=(1/8\sim1/12)L$，一般可取 $L/12$，梁高的取值还要看荷载大小和跨度，有的地方，荷载不是很大，主梁高度可以取 $L/15$。

框架次梁 $h=(1/12\sim1/20)L$，一般可取 $L/15$。当跨度较小、受荷较小时，可取 $L/18$。

简支梁 $h=(1/12\sim1/15)L$，一般可取 $L/15$。楼梯中平台梁、电梯吊钩梁，可按简支梁取。

悬挑梁：当荷载比较大时，$h=(1/5\sim1/6)L$；当荷载不大时，$h=(1/7\sim1/8)L$。

单向密肋梁：$h=(1/18\sim1/22)L$，一般取 $L/20$。

井字梁：$h=(1/15\sim1/20)L$。跨度≤2m时，可取 $L/18$；跨度≤3m时，可取 $L/17$。

转换梁：抗震时，$h=L/6$；非抗震时，$h=L/7$。

2. 截面宽度

一般梁高是梁宽的2～3倍，但不宜超过4倍。当梁宽比较大，比如400mm、500mm时，可以把梁高做成1～2倍梁宽。

主梁 $b\geqslant200$mm，一般≥250mm，次梁 $b\geqslant150$mm。

3. 梁截面估算时应注意的问题

（1）以上，L 均为梁的计算跨度（井字梁为短边跨度）。当均布线荷载≥40kN/m时，可认为是较大线荷载，梁的高度可以取大值。一般主梁 $H\geqslant$ 次梁 $H+50$mm（双排筋时加100mm）。

（2）写字楼、商场等8m左右跨度的梁，截面取300mm×800mm不好，应取350mm×700mm；对于一些大跨度公共建筑，梁宽应适当加大，取300mm以上，最好取350mm或400mm，因为梁宽度大，对抗剪有利，易放钢筋。350mm宽的梁，用四肢箍可以使箍筋直径减小、主梁加宽，有利于次梁钢筋的锚固。

（3）梁高一般是梁宽的2～3倍，但梁宽也可以大于梁高，此时梁要满足抗弯、抗剪、强度与刚度等要求。

（4）住宅、公寓、宾馆或写字楼等，当楼面活荷载不大时，8m左右跨度的梁可做到宽400mm、高500～550mm（可以减小结构层高）。

（5）由建筑立面图或剖面图中可以查看梁高最大允许值，如果梁高估算值与建筑梁高最大允许值相差在200mm以内，一般可以直接按梁高最大允许值取值。或者，就按估算值布置，同时吊一块薄板。或者，反提给建筑，让建筑改梁高最大允许值。

（6）一般外圈的边框架梁都会与柱外皮齐，梁柱偏心不宜小于1/4柱边长。当不满足这条规定时，可以把梁宽加大，比如梁宽加大到400mm或者450mm，同时减小梁高（7m跨度取到450～500mm），不一定要水平加腋。如果柱截面不宜加大，可以不满足上述规定，让施工方按照混凝土结构总说明中加腋。

（7）如果计算不需要配置腰筋，当板厚100mm、梁高≤570mm（570－100－20＝450mm）时，可以不配腰筋，也可以结合实际工程及经验适当配置。

4. 教师宿舍梁截面尺寸

（1）由图2-2可知，纵向最大跨度为4200mm，由于该宿舍跨度比较小、荷载比较小，甲方要求节省造价，宿舍边梁高$H=1/15\times4200=280$mm，取350mm（一般主梁不宜小于350mm）。填充墙采用200mm的空心砌块，纵向边主梁截面暂取200mm×350mm。由第一版建筑的立面图（图2-5 ⑪～①轴立面图）知梁高最大允许值为450mm，由于建筑没有对该值有硬性要求，最后由结构反提给建筑，建筑把梁高最大允许值改为350mm（图2-5为修改后的建筑图）。

由于该宿舍跨度比较小，纵向内部主梁$H=1/15\times4200=280$mm，取400mm（其比纵向边主梁受荷面积大，所以取400mm。为了保持梁高的连续性，3000mm及3600mm跨主梁高也取400mm）。填充墙采用200mm的空心砌块，纵向内部主梁截面暂取200mm×400mm。

阳台纵向封口梁，$H=1/15\times4200=280$mm，但封口梁高一般应与横向相邻封口梁梁高相同（美观上要求），所以纵向封口梁截面暂取200mm×350mm。

纵向次梁，跨度为2400mm、3600mm，本工程次梁受荷面积较小，$H=1/18\times(2400\sim3600)=134\sim200$mm。次梁梁高一般应≥300mm，2400mm跨次梁截面暂取150mm×300mm。有横向次梁搭在3600mm跨纵向次梁上，其截面暂取200mm×350mm。

（2）横向跨度为5700mm、4200mm，由于该宿舍跨度比较小、荷载比较小，梁高$H=1/15\times(4200\sim5700\text{mm})=280\sim380$mm，取400mm。填充墙采用200mm的空心砌块，纵向边主梁截面暂取200mm×400mm。

楼梯间处横向跨度为6600mm，梁高$H=1/15\times6600=440$mm，由于楼梯在发生地震时属于逃生通道，楼梯间横向框架主梁截面暂取200mm×500mm。

卧室的家具橱柜横向次梁跨度为1500mm，由于有纵向150mm×300mm次梁搭在其上，故其截面暂取200mm×350mm。

阳台横向挑梁跨度1620mm，梁高$H=1/8\times1620=203$mm，由于主梁梁高≥350mm，截面暂取200mm×350mm。⑥轴上的阳台挑梁由于受荷面积较大，截面暂取200mm×500mm。

教师宿舍梁初步布置及截面尺寸如图2-12～图2-14所示。

5. 梁布置的一些方法技巧及应注意事项

（1）无论次梁是横向布置还是纵向布置，都要满足建筑对梁高的限制，这个是主要矛盾。还应满足管道、设备的要求。一般填充墙下应布置梁，但有时候，填充墙下的小次梁可以不布置，墙下加板局部配筋即可。布置梁时，不同楼层中的填充墙位置改变，有些房间可能露梁（如果不二次装修），少部分的某些房间内露梁是可以的。

（2）无论次梁是横向布置还是纵向布置，都对横向刚度与纵向刚度帮助不大（对支撑的主梁刚度还是有一点提高，但次梁与楼板基本是一块，对结构体系刚度帮助不大），刚度的增加主要是还由柱（墙）与主梁构成的刚度提供。如把次梁当主梁输入时，刚度的计算会有误差。

（3）在满足主要矛盾的前提下，应考虑设计的经济性。梁的布置要多连续，充分利用梁端的负弯矩来协同工作，并且次梁的传力途径要尽量短，即选择次梁跨度比较小又连续的布置方式（实际工程中能让次梁连续布置，但不一定能让次梁的计算跨度比较小）。

（4）次梁与次梁之间的间距一般为2～3m。

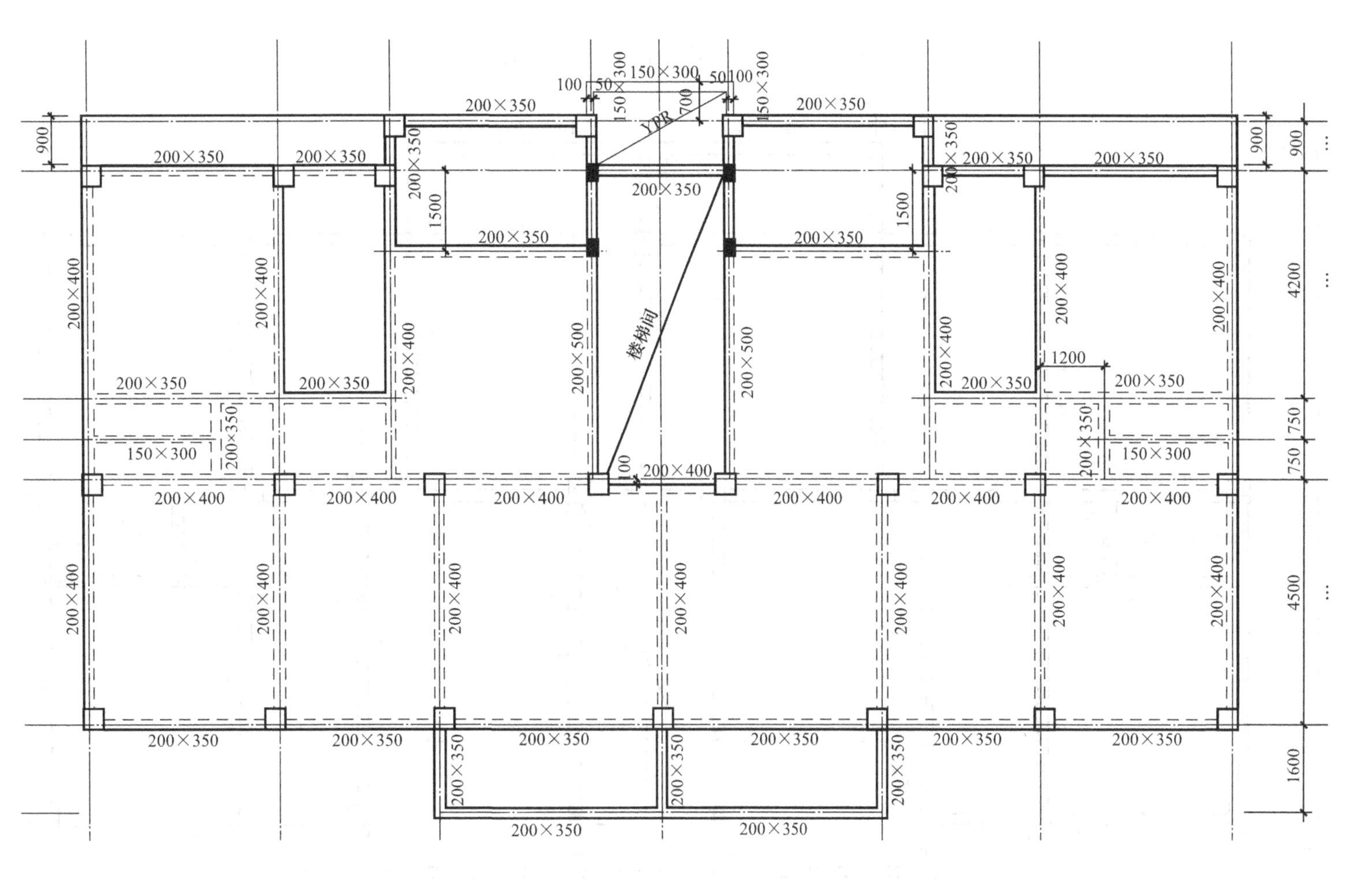

图 2-12　二层梁布置及截面尺寸

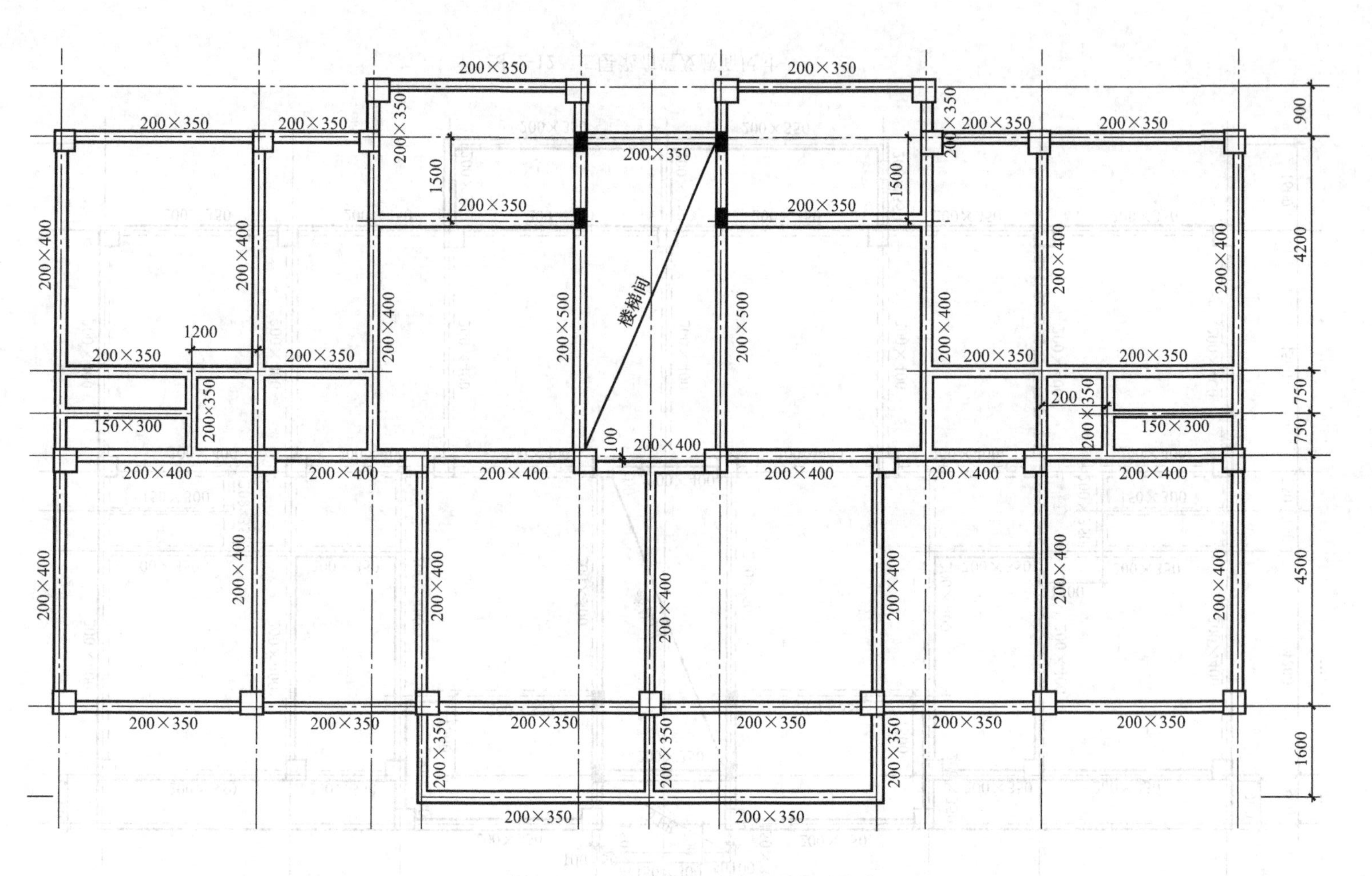

图 2-13　二~六层梁初步布置及截面尺寸

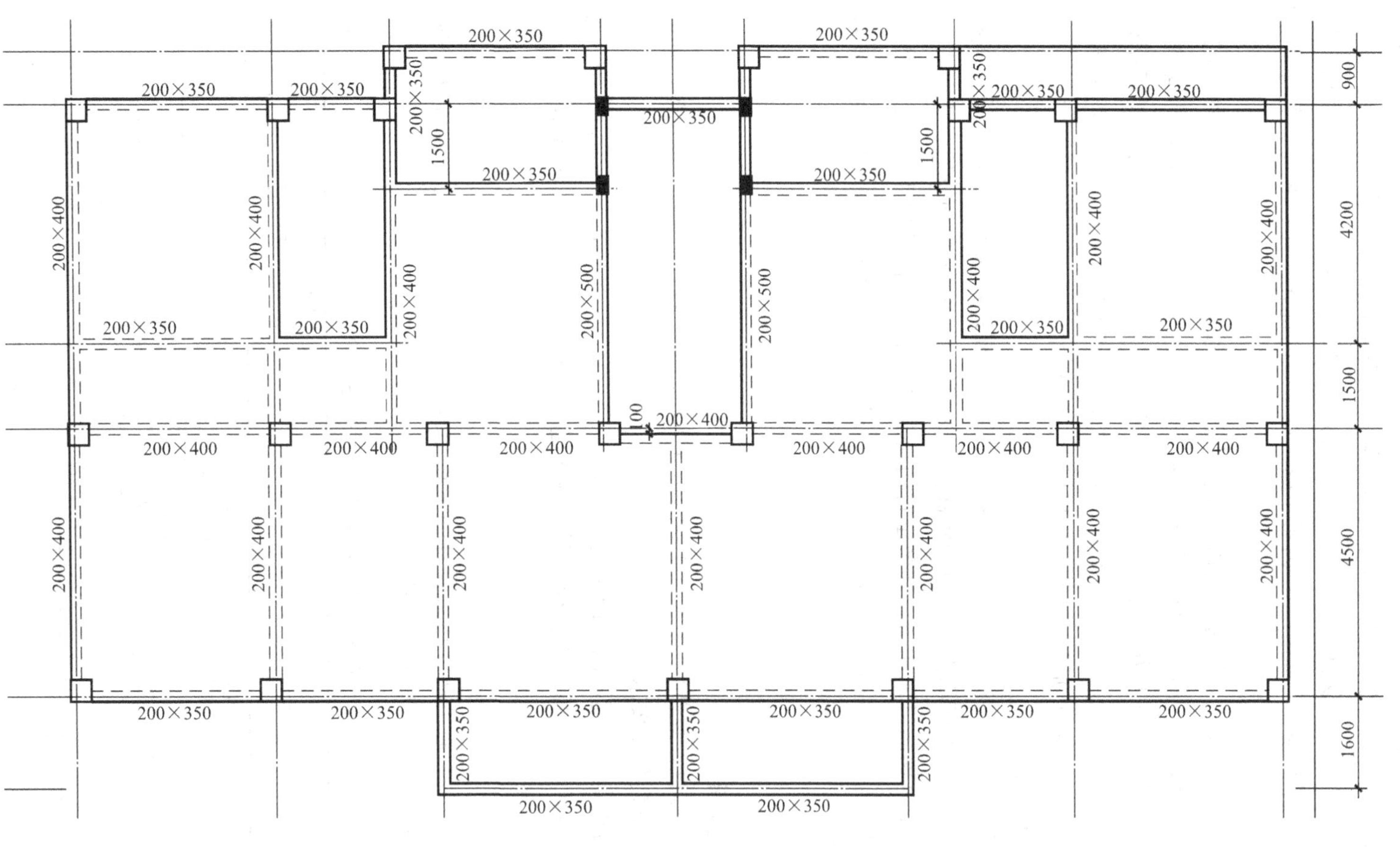

图 2-14 屋顶层梁初步布置及截面尺寸

（5）入口大堂顶部完整空间内不宜露梁，以保持大堂顶部空间完整。特殊情况设梁时，梁高应尽可能小。公共空间尽可能不露梁。户内梁布置时，梁不应穿越客餐一体厅、客厅、餐厅、住房，以保证各功能空间完整及美观；梁不宜穿越厨、厕、阳台，如确有必须穿越的梁，梁高应尽可能小。户内梁不露出梁角线的优先顺序：客厅＞餐厅＞主卧室＞次卧室＞内走道＞其他空间。

（6）户内卫生间做沉箱时，周边梁高仍按普通梁考虑，卫生间楼板按吊板的要求补充相应大样。当周边梁对房间内空间无影响时，梁高也可统一取 500mm，即周边次梁梁底平沉箱板底。户内走道上方梁高尽可能小，不应大于 600mm。阳台封口梁根据建筑立面确定，不宜大于 400mm。楼梯梯级处梁高注意不得影响建筑使用。梁不宜穿越门洞正上方（当甲方不对造价苛刻时，梁截面可按以上要求）。

（7）梁底标高

门窗洞口顶处梁底标高不得低于门窗洞口顶面标高；飘窗梁底标高、设排气孔的卫生间窗顶梁底标高、客厅出阳台门顶梁底标高，必须等于门窗洞口顶标高；电梯门洞顶梁底标高必须等于电梯洞口顶标高。其余位置门窗洞口处梁，梁高按以下取用：结构计算梁高与门窗顶距离≤200mm，或无法做过梁，或门窗洞口较大时，结构梁直接做到门窗顶面。除上述情况外，结构梁高按计算确定，门窗顶用过梁处理。

2.3.2 柱

1. 规范规定

《建筑抗震设计规范》GB 50011—2010（以后简称“抗规”）第 6.3.5 条：柱的截面尺寸，宜符合下列各项要求：

截面的宽度和高度，四级或不超过 2 层时不宜小于 300mm，一、二、三级且超过 2 层时不宜小于 400mm；圆柱的直径，四级或不超过 2 层时不宜小于 350mm，一、二、三级且超过 2 层时不宜小于 450mm。

2. 经验

（1）表格 2-1 是北京市建筑设计研究院原总工郁彦的经验总结，编制表格时以柱网 8m×8m、轴压比 0.9 为计算依据。

正方形柱及圆柱截面尺寸参考（轴压比为 0.9）　　**表 2-1**

每层平均荷载标准值 q（kN/m²）	层数	混凝土等级				
		C20	C30	C40	C50	C60
12.5	10 层	方形柱 1050^2 圆柱直 $\phi1200$	方形柱 900^2 圆柱直 $\phi1000$	方形柱 750^2 圆柱直 $\phi850$		
13	20 层	方形柱 1550^2 圆柱直 $\phi1750$	方形柱 1250^2 圆柱直 $\phi1400$	方形柱 1100^2 圆柱直 $\phi1250$	方形柱 1000^2 圆柱直 $\phi1150$	
13.5	30 层		方形柱 1550^2 圆柱直 $\phi1750$	方形柱 1400^2 圆柱直 $\phi1550$	方形柱 1250^2 圆柱直 $\phi1400$	方形柱 1200^2 圆柱直 $\phi1350$
14	40 层			方形柱 1600^2 圆柱直 $\phi1800$	方形柱 1500^2 圆柱直 $\phi1650$	方形柱 1400^2 圆柱直 $\phi1550$
14.5	50 层				方形柱 1700^2 圆柱直 $\phi1900$	方形柱 1600^2 圆柱直 $\phi1800$

（2）柱网不是很大时，一般每10层柱截面按0.3～0.4m^{2}取值。当结构为多层时，每隔3层柱子可以收小一次，模数≥50mm；高层，5～8层可以收小一次，顶层柱子截面一般不要小于400mm×400mm。当楼层受剪承载力不满足规范要求时，常会改变柱子截面大小。

（3）对于矩形柱截面，不宜小于400mm，但经过强度、稳定性验算并留有足够的安全系数时，某些位置处的柱截面可以取350mm。

3. 教师宿舍柱截面尺寸

本工程柱距较小，6层，首层为车库。每10层柱截面按0.3～0.4m^{2}取值，则6层框架宿舍底层柱截面可取1.8～2.4m^2。由于规范要求柱截面不宜小于400mm，甲方要求控制造价，本工程1～4层柱截面均取400mm×400mm；5～6层柱截面均取350mm×350mm。

2.3.3 板

1. 规范规定

《混凝土结构设计规范》GB 50010—2010（以后简称“混规”）第9.1.2条：现浇混凝土板的尺寸宜符合下列规定：

1 板的跨厚比：钢筋混凝土单向板不大于30，双向板不大于40；无梁支承的有柱帽板不大于35，无梁支承的无柱帽板不大于30。预应力板可适当增加；当板的荷载、跨度较大时，宜适当减小。

2 现浇钢筋混凝土板的厚度不应小于表2-2规定的数值。

现浇钢筋混凝土板的最小厚度（mm） **表2-2**

板的类别		最小厚度
单向板	屋面板	60
	民用建筑楼板	60
	工业建筑楼板	70
	行车道下的楼板	80
双向板		80
密肋楼盖	面板	50
	肋高	250
悬臂板（根部）	悬臂长度不大于500mm	60
	悬臂长度1200mm	100
无梁楼板		150
现浇空心楼盖		200

2. 经验

（1）单向板：两端简支时，$h=L/35\sim L/25$，单向连续板更有利，$h=L/40\sim L/35$，设计时，可以取$h=L/30$。

（2）双向板：$h=L/45\sim L/40$，L为板块短跨尺寸。设计时，可以取$h=L/40$。

（3）一般来说住宅房间开间不大，一般为3.5～4.5m，此时楼板厚度一般为100～120mm，开间不大于4m时，板厚度为100mm，客厅处的异形大板可取120～150mm，普通屋面板可取120mm，管线密集处可取120mm，嵌固端地下室顶板应取180mm，非嵌固端地下室顶板可取160mm。

当板内埋的管线比较密集时，板厚应取 120～150mm。设计考虑加强部位，如转角窗、平面收进或大开洞的相邻区域，其板厚根据情况取 120～150mm。覆土处顶板厚度不小于 250mm。

现浇预应力混凝土楼板厚度可按跨度的 1/45～1/50 采用，且不宜小于 150mm。

挑板，一般 $h=L_0/12\sim L_0/10$，L_0 为净挑跨度。前者用于轻挑板，一般记住 1/10 即可，以上是针对荷载标准值在 15kN/m^2 左右时的取值，一般跨度≤1.5m，但也可以做到 2m。

3. 教师宿舍板布置

本工程客厅与餐厅板截面尺寸分别为 4500mm×4200mm、4200mm×3800mm，板内没有设次梁，按板块短跨尺寸 1/40 取值，则板厚分别为 110mm、95mm。由于客厅、餐厅属于大板且与楼梯相邻（楼梯开洞处容易发生应力集中），于是客厅、餐厅板厚均取 110mm。其他板块跨度较小，均取 100mm（卫生间及厨房本可取 80mm，但为了方便，统一做成 100mm）。挑板挑出长度为 900mm，板厚按 1/10 取，则 $H=90$mm，取 100mm。

屋面板于温度影响较敏感，一般不宜少于 120mm，这样便于施工振捣，容易保证质量。高层建筑结构的屋顶板后不宜小于 120mm，加强结构顶层的“箍”的作用，有利于抵抗水平作用。但有些设计院认为，如果不是出于计算要求，屋面板板厚可以做到 100mm，因为其他不利影响已经通过保温层、防水层、屋面构造钢筋等解决。本工程屋面板均取 120mm。

教师宿舍板初步布置如图 2-15～图 2-17 所示。

2.4 荷　　载

2.4.1 恒荷载

1. 楼板

100mm 厚板：0.10m×25kN/m^3＋1.5～2kN/m^2（装修等）＝4～4.5kN/m^2。本工程甲方为了省造价，除了考虑找平、找坡贴地板砖等，其他附加恒载均不考虑，附加恒载按 0.8kN/m^2 考虑，则楼板恒载为 2.5＋0.8＝3.3kN/m^2。

110mm 厚板：0.11m×25kN/m^3＋0.8kN/m^2＝3.55kN/m^2，按 3.6kN/m^2 取。

2. 屋面板

屋面做法如图 2-9 所示，参见 12J201 A13 第六种做法。由屋顶平面图（图 2-4）可知，屋面坡度为 2%，根据横向跨度，可算出找坡层的折算厚度为：5000×2%×1/2＝50mm（估算值），再加上防水层、120mm 板等的重量。当屋面坡度较大时，乘以系数 0.5 可能会使某些梁的受力偏小，可以在不同的板之间施加不同的面荷载，即某些受力比较大的板块施加稍大的荷载。

120mm 厚板：0.12m×25kN/m^3＝3kN/m^2。

本工程屋面恒载取 6.0kN/m^2。

3. 卫生间

本工程卫生间采用坐式大便器，板下沉 50mm。卫生间做法的不同，恒载取值也不同，应根据建筑做法算出恒载取值。从以往经验来看，一般板下沉 500mm 的卫生间恒载取 10kN/m^2 左右。板下沉 50mm 的卫生间恒载取 6.0kN/m^2 左右，但应以具体计算为准。本工程留有一定余量，取 6.0kN/m^2。

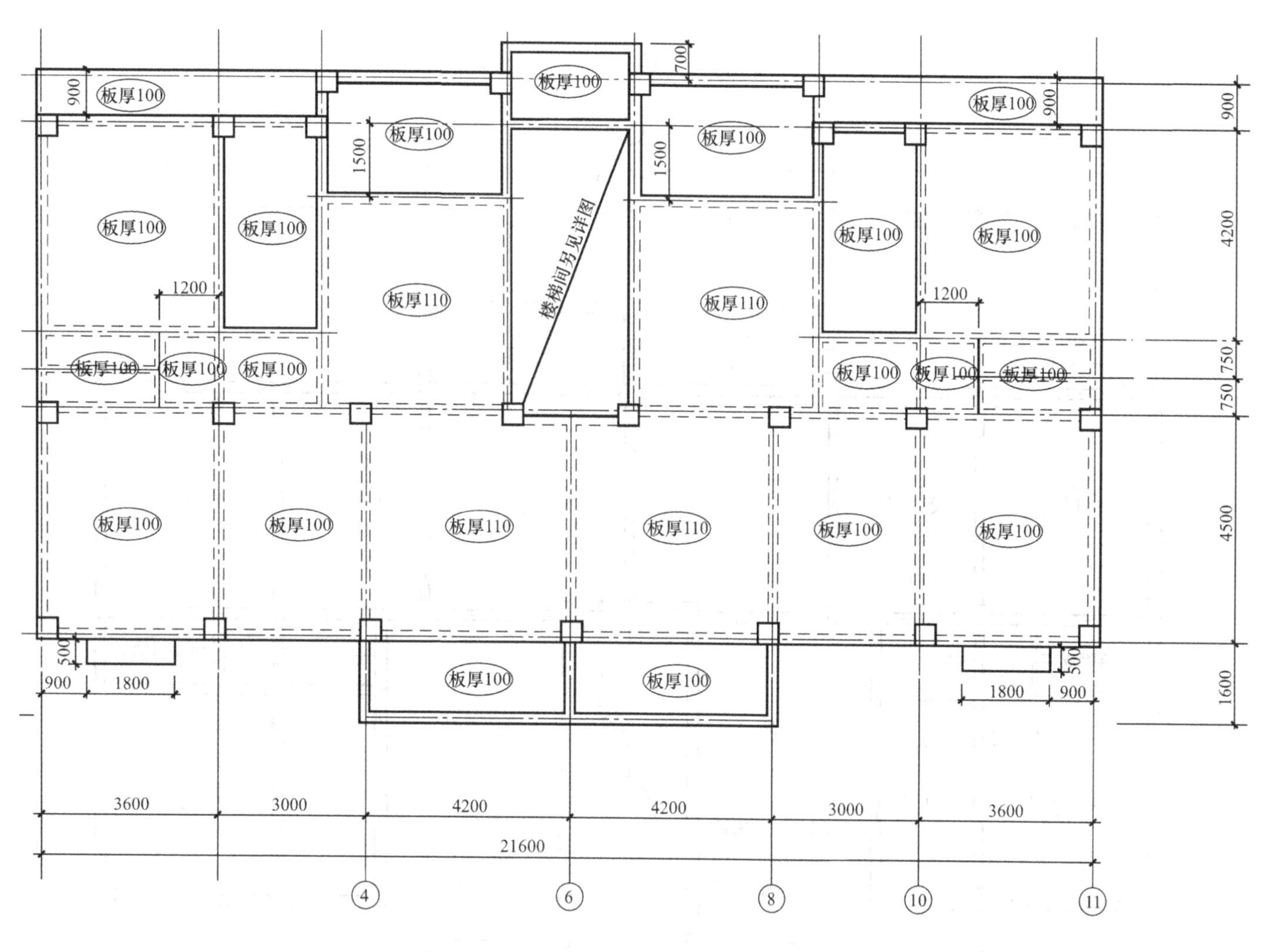

图 2-15 二屋板初步布置图

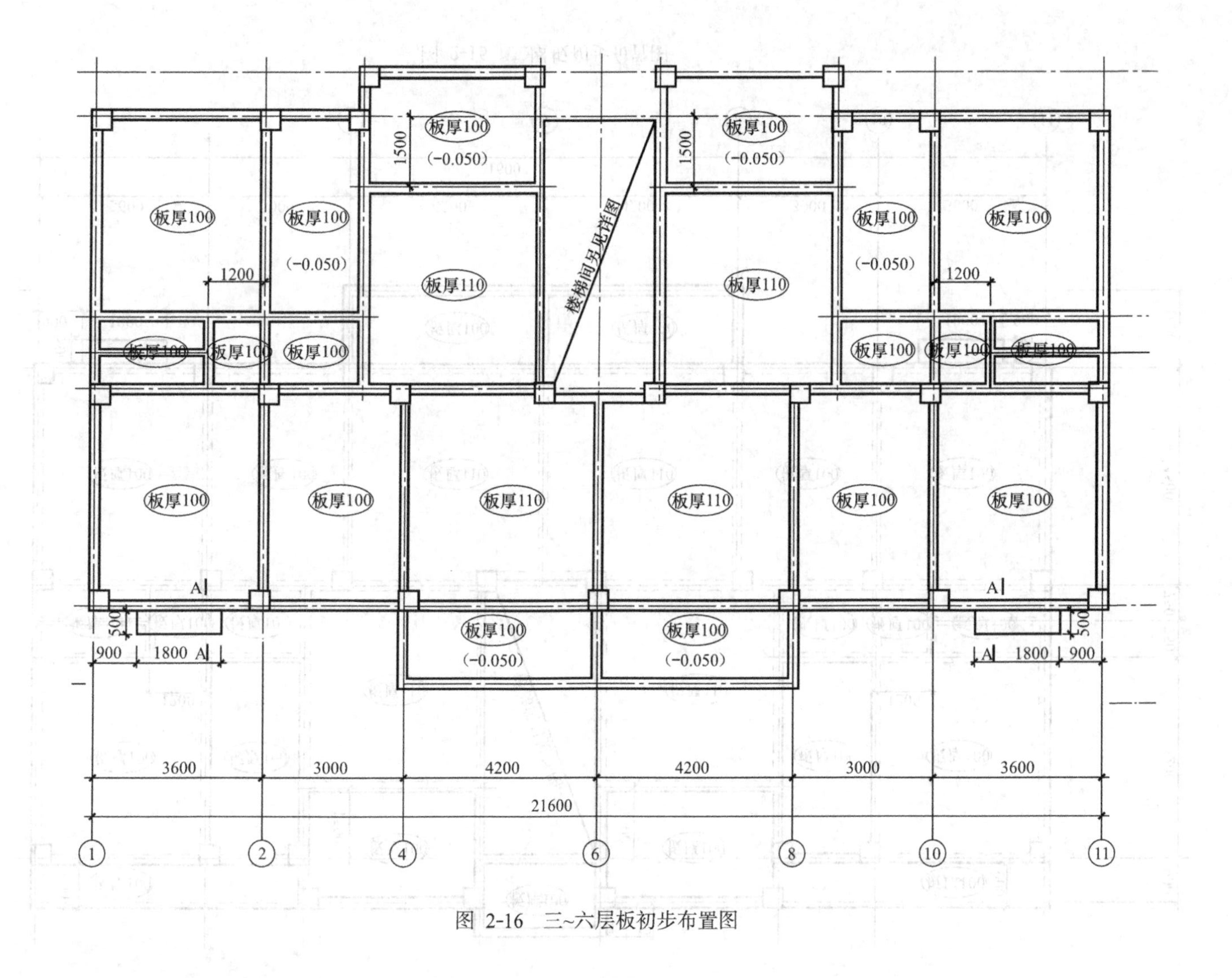

图 2-16　三~六层板初步布置图

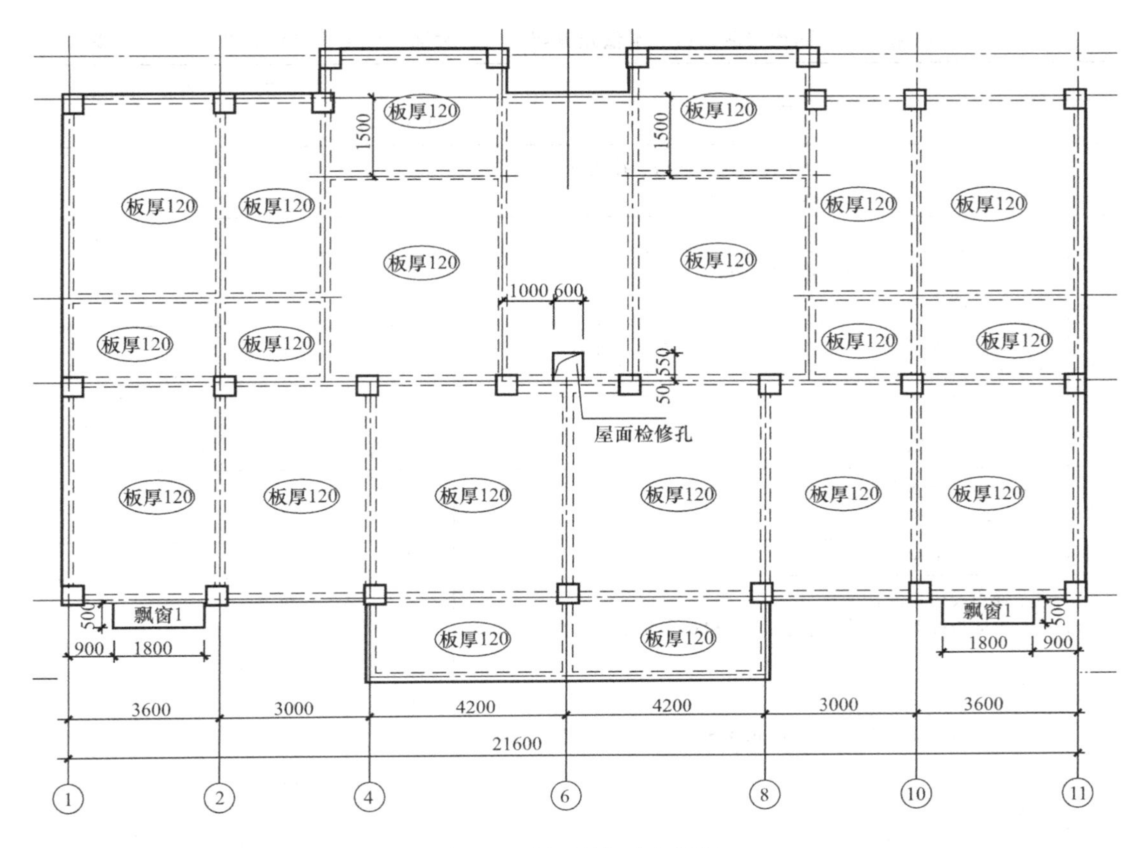

图 2-17　屋面板初步布置图

4. 楼梯间

楼梯间恒载一般按经验取，可取 8.0kN/m²，但应以计算为准。本工程留有一定余量，取 8.0kN/m²。

5. 雨篷板

雨篷板恒载包括板自重、找平层、找坡、防水层等。

100mm 厚板：0.10m×25kN/m³＝2.5kN/m²、20mm 厚水泥砂浆找平（0.4kN/m²）、4mm 厚沥青防水（0.044kN/m²）、10mm 厚混合砂浆抹灰（0.17kN/m²）、找坡等。最后，恒载取 3.3kN/m²，与 100mm 厚板恒载相同。

注：雨篷板一般单独计算。雨篷板属于静定构件，在画施工图时应对挑板端部钢筋进行放大。在 PKPM 中，习惯用挑板模拟雨篷板，再在挑板上施加面荷载。荷载大一点小一点，对最终配筋梁几乎没有影响（因为板跨不大时，一般都是构造配筋，且设计师一般都会对板端上部钢筋进行放大）。

2.4.2　活荷载

1. 规范规定

《建筑结构荷载规范》GB 50009—2012（以下简称“荷规”）第 5.1.1 条：民用建筑楼面均布活荷载的标准值及其组合值、频遇值和准永久值系数的最小值，应按表 2-3 的规定采用。

民用建筑楼面均布活荷载标准值及其组合值、频遇值和准永久值系数　　表 2-3

项次	类　别	标准值 (kN/m^2)	组合值系数 ψ_c	频遇值系数 ψ_f	准永久值系数 ψ_q
1	(1) 住宅、宿舍、旅馆、办公楼、医院病房、托儿所、幼儿园 (2) 试验室、阅览室、会议室、医院门诊室	2.0	0.7	0.5 0.6	0.4 0.5
2	教室、食堂、餐厅、一般资料档案室	2.5	0.7	0.6	0.5
3	(1) 礼堂、剧场、影院、有固定座位的看台 (2) 公共洗衣房	3.0 3.0	0.7 0.7	0.5 0.6	0.3 0.5
4	(1) 商店、展览厅、车站、港口、机场大厅及其旅客等候室 (2) 无固定座位的看台	3.5 3.5	0.7 0.7	0.6 0.5	0.5 0.3
5	(1) 健身房、演出舞台 (2) 运动场、舞厅	4.0 4.0	0.7 0.7	0.6 0.6	0.5 0.4
6	(1) 书库、档案库、贮藏室、百货食品超市 (2) 密集柜书库	5.0 12.0	0.9	0.9	0.8
7	通风机房、电梯机房	7.0	0.9	0.9	0.8
8	汽车通道及停车库： (1) 单向板楼盖（板跨不小于 2m）和双向板楼盖（板跨不小于 3m×3m） 客车 消防车 (2) 双向板楼盖（板跨不小于 6m×6m）和无梁楼盖（柱网不小于 6m×6m） 客车 消防车	 4.0 35.0 2.5 20.0	 0.7 0.7 0.7 0.7	 0.7 0.5 0.7 0.5	 0.6 0.2 0.6 0.2
9	厨房： (1) 一般的 (2) 餐厅的	 2.0 4.0	 0.7 0.7	 0.6 0.7	 0.5 0.7
10	浴室、卫生间、盥洗室	2.5	0.7	0.6	0.5
11	走廊、门厅： (1) 宿舍、旅馆、医院病房、托儿所、幼儿园、住宅 (2) 办公楼、教学楼、餐厅、医院门诊部 (3) 当人流可能密集时	 2.0 2.5 3.5	 0.7 0.7 0.7	 0.5 0.6 0.5	 0.4 0.5 0.3
12	楼梯： (1) 多层住宅 (2) 其他	 2.0 3.5	 0.7 0.7	 0.5 0.5	 0.4 0.3
13	阳台： (1) 一般情况 (2) 当人群有可能密集时	 2.5 3.5	0.7	0.6	0.5

注：1. 本表所给各项活荷载适用于一般使用条件，当使用荷载较大、情况特殊或有专门要求时，应按实际情况采用。
2. 第 6 项书库活荷载当书架高度大于 2m 时，书库活荷载尚应按每米书架高度不小于 2.5kN/m^2 确定。
3. 第 8 项中的客车活荷载只适用于停放载人少于 9 人的客车；消防车活荷载是适用于满载总重为 300kN 的大型车辆；当不符合本表的要求时，应将车轮的局部荷载按结构效应的等效原则，换算为等效均布荷载。
4. 第 8 项消防车活荷载，当双向板楼盖板跨介于 3m×3m～6m×6m 之间时，可按线性插值确定。当考虑地下室顶板覆土影响时，由于轮压在土中的扩散作用，随着覆土厚度的增加，消防车活荷载逐渐减小，扩散角一般可按 35°考虑。常用板跨消防车活荷载覆土厚度折减系数可按附录 C 确定。
5. 第 11 项楼梯活荷载，对预制楼梯踏步平板，尚应按 1.5kN 集中荷载验算。
6. 本表各项荷载不包括隔墙自重和二次装修荷载。对固定隔墙的自重应按恒荷载考虑，当隔墙位置可灵活自由布置时，非固定隔墙的自重可取每延米长墙重（kN/m）的 1/3 作为楼面活荷载的附加值（kN/m^2）计入，附加值不小于 1.0kN/m^2。

2. 本工程活荷载取值

卫生间、餐厅、阳台活荷载标准值取 2.5kN/m²，楼梯间活荷载取 2.0kN/m²（多层楼梯，且非消防楼梯）。屋面为不上人屋面，活荷载取 0.5kN/m²。

雨篷板活荷载包括均布活荷载、施工与检修荷载、积水荷载（内排水）等。雨篷均布活荷载与雪荷载不同时考虑，取两者中较大值进行设计。每一检修集中荷载为 1.0kN，一般沿板宽每隔 1m 考虑一个集中荷载。施工集中荷载和雨篷均布荷载不同时考虑。本工程雨篷活荷载考虑了一定的余量，取 2.0kN/m²。

注：以面荷载的形式导入雨篷板活荷载，只是为了将荷载近似导至其相邻的梁上，在设计雨篷时，一般还是手算。

3. 其他

（1）露台：3.5kN/m²；

（2）上人屋面：2.0kN/m²；不上人屋面：0.5kN/m²；

（3）花园：5.0kN/m²；

（4）消防控制室：7.0kN/m²；

（5）电梯机房：7.0kN/m²。

2.4.3 线荷载

1. 线荷载（kN/m）=重度（kN/m³）×宽度（m）×高度（m）

重度根据《建筑结构荷载规范》GB 50009—2012 附录 A 采用材料和构件的自重取，混凝土 25kN/m³，普通实心砖 18～19kN/m³，空心砖≈10kN/m³，石灰砂浆、混合砂浆 17kN/m³。普通住宅和公共建筑，线荷载一般在 7～15kN/m 之间，在设计时应根据具体工程计算确定。

线荷载应根据开窗的大小确定，可以乘以折减系数：0.6～0.8。

可以在网上下载线荷载计算小程序或者自己手算（乘以折减系数），如图 2-18 所示。

装修荷载		墙体线荷载计算											
		墙体重度	窗高	窗宽	墙高	梁高	墙长	墙厚	线荷载比	整墙线荷载	实际线荷载	窗荷载	最终荷载
0.0	0.0	10.0	0.00	0.00	2.90	0.35	5.70	0.20	1.00	5.1	5.1	0.0	5.1

装修荷载		墙体线荷载计算											
		墙体重度	窗高	窗宽	墙高	梁高	墙长	墙厚	线荷载比	整墙线荷载	实际线荷载	窗荷载	最终荷载
0.0	0.0	10.0	1.65	2.10	2.90	0.35	5.00	0.20	0.73	5.1	3.7	0.3	4.0

图 2-18 线荷载 Excel 计算小程序

2. 本工程线荷载取值

除了卧室家具橱柜处 150mm 宽小次梁上用 150mm 厚的填充墙外，其他内外墙均用 200mm 厚空心砌块。用墙体线荷载小程序计算，内墙线荷载标准值（恒）为 5.1kN/m，取 6.0kN/m。外墙梁上线荷载为 4.0kN/m，取 4.5kN/m。150mm 宽次梁上线荷载取值为 3.9kN/m，取 4.5kN/m。阳台处由于开大窗，线荷载取 4.5kN/m。

屋顶女儿墙 600mm 高，200mm 厚混凝土，女儿墙上有抹灰，线荷载取 4kN/m。

注：线荷载取值应根据实际情况填写，但在设计时，为了方便及统一，有时会把线荷载值归并且放

大，留有一定的余量，一般对梁配筋影响很小。

2.4.4 施工和检修荷载及栏杆水平荷载

《建筑结构荷载规范》GB 50009—2012 第 5.5.1 条：

5.5.1 对于施工荷载较大的楼层，在进行楼盖结构设计时，宜考虑施工阶段荷载的影响。当施工荷载超过设计荷载时，应按实际情况验算，并采取设置临时支撑等措施。

5.5.2 设计屋面板、檩条、钢筋混凝土挑檐、雨篷和预制小梁时，施工或检修集中荷载（人和小工具的自重）应取 1.0kN，并应在最不利位置处进行验算。

注：1. 对于轻型构件或较宽构件，当施工荷载超过上述荷载时，应按实际情况验算，或采用加垫板、支撑等临时设施承受。

2. 当计算挑檐、雨篷承载力时，应沿板宽每隔 10m 取一个集中荷载；在验算挑檐、雨篷倾覆时，应沿板宽每隔 2.5～3.0m 取一个集中荷载。

5.5.3 楼梯、看台、阳台和上人屋面等的栏杆活荷载标准值的最小值，应按下列规定采用：

1 住宅、宿舍、办公楼、旅馆、医院、托儿所、幼儿园，栏杆顶部的水平荷载应取 1.0kN/m；

2 学校、食堂、剧场、电影院、车站、礼堂、展览馆或体育场，栏杆顶部的水平荷载应取 1.0kN/m，竖向荷载应取 1.2kN/m，水平荷载与竖向荷载应分别考虑。

5.5.4 当采用荷载准永久组合时，可不考虑施工和检修荷载及栏杆水平荷载。

2.4.5 隔墙荷载在楼板上的等效均布荷载

“荷规”5.1.1：对固定隔墙的自重应按恒荷载考虑，当隔墙位置可灵活自由布置时，非固定隔墙的自重可取每延米长墙重（kN/m）的 1/3 作为楼面活荷载的附加值（kN/m^2）计入，附加值不小于 $1.0kN/m^2$。

当楼板上有局部荷载时，可以按照“荷规”附录 C 弯矩等效原则把局部填充墙线荷载等效为板面荷载（活），比较精确的是用 SAP2000 进行有限元计算。中元国际工程公司王继涛、常亚飞在《隔墙荷载在楼板上的等效均布荷载》一文中，利用 SAP2000 有限元软件按照“荷规”附录 C 给出的楼面等效均布活荷载的确定方法，计算了隔墙直接砌筑于楼板上的等效均布荷载取值，编制了表格，供工程设计人员查用，表 2-4 为隔墙平行于长跨的情况，表 2-5 为隔墙平行于短跨的情况，其中 b 为板短边尺寸，l 为板长边尺寸，X 为填充墙与平行板的最短距离，如图 2-19 所示。

隔墙平行于长跨　　表 2-4

		b/l													
		0.4		0.6			0.8				1.0				
		x/l													
		0.1	0.2	0.1	0.2	0.3	0.1	0.2	0.3	0.4	0.1	0.2	0.3	0.4	0.5
l（m）	3	1.11	1.44	0.71	1.07	1.18	0.56	0.86	0.94	0.97	0.50	0.75	0.85	0.88	0.88
	4	0.81	1.09	0.54	0.80	0.88	0.42	0.64	0.70	0.73	0.38	0.58	0.63	0.65	0.66

续表

		b/l													
		0.4		0.6			0.8				1.0				
		x/l													
		0.1	0.2	0.1	0.2	0.3	0.1	0.2	0.3	0.4	0.1	0.2	0.3	0.4	0.5
l (m)	5	0.66	0.88	0.44	0.64	0.71	0.34	0.51	0.57	0.58	0.31	0.46	0.51	0.53	0.53
	6	0.54	0.72	0.36	0.53	0.58	0.28	0.42	0.47	0.49	0.26	0.38	0.43	0.44	0.44
	7	0.47	0.62	0.31	0.46	0.50	0.24	0.36	0.41	0.42	0.22	0.33	0.37	0.38	0.38
	7.2	0.45	0.61	0.30	0.44	0.49	0.24	0.35	0.39	0.40	0.21	0.32	0.35	0.37	0.37
	8	0.41	0.55	0.27	0.41	0.44	0.21	0.32	0.35	0.36	0.19	0.29	0.32	0.33	0.33
	8.4	0.39	0.52	0.26	0.38	0.42	0.20	0.30	0.34	0.35	0.18	0.27	0.30	0.31	0.31
	9	0.36	0.49	0.24	0.36	0.39	0.19	0.28	0.31	0.32	0.17	0.25	0.28	0.29	0.29

注：等效弯矩为等效系数（查表）×填充墙线荷载（标准值）。

隔墙平行于短跨 **表 2-5**

		b/l																			
		0.4					0.6					0.8					1.0				
		x/l																			
		0.1	0.2	0.3	0.4	0.5	0.1	0.2	0.3	0.4	0.5	0.1	0.2	0.3	0.4	0.5	0.1	0.2	0.3	0.4	0.5
l (m)	3	0.72	0.72	0.72	0.72	0.78	0.57	0.71	0.71	0.71	0.71	0.53	0.72	0.75	0.75	0.75	0.50	0.75	0.85	0.88	0.88
	4	0.53	0.56	0.53	0.56	0.56	0.44	0.52	0.52	0.52	0.52	0.39	0.53	0.56	0.56	0.56	0.38	0.58	0.63	0.65	0.66
	5	0.42	0.44	0.44	0.44	0.46	0.35	0.42	0.42	0.42	0.42	0.31	0.43	0.45	0.45	0.45	0.28	0.45	0.49	0.51	0.51
	6	0.37	0.38	0.37	0.38	0.38	0.30	0.35	0.35	0.35	0.36	0.27	0.36	0.39	0.39	0.39	0.26	0.38	0.43	0.44	0.44
	7	0.31	0.32	0.31	0.32	0.33	0.25	0.30	0.30	0.29	0.30	0.22	0.30	0.32	0.32	0.32	0.22	0.32	0.36	0.37	0.37
	7.2	0.28	0.30	0.30	0.31	0.32	0.24	0.29	0.29	0.28	0.29	0.22	0.30	0.31	0.31	0.31	0.21	0.32	0.35	0.37	0.37
	8	0.27	0.28	0.27	0.28	0.29	0.22	0.27	0.27	0.26	0.27	0.19	0.27	0.28	0.28	0.28	0.19	0.29	0.32	0.33	0.33
	8.4	0.24	0.26	0.26	0.27	0.28	0.21	0.25	0.25	0.25	0.25	0.18	0.25	0.27	0.27	0.27	0.18	0.27	0.30	0.31	0.31
	9	0.23	0.25	0.24	0.25	0.25	0.19	0.23	0.23	0.23	0.23	0.17	0.24	0.25	0.25	0.25	0.17	0.25	0.28	0.29	0.29

注：等效弯矩为等效系数（查表）×填充墙线荷载（标准值）。

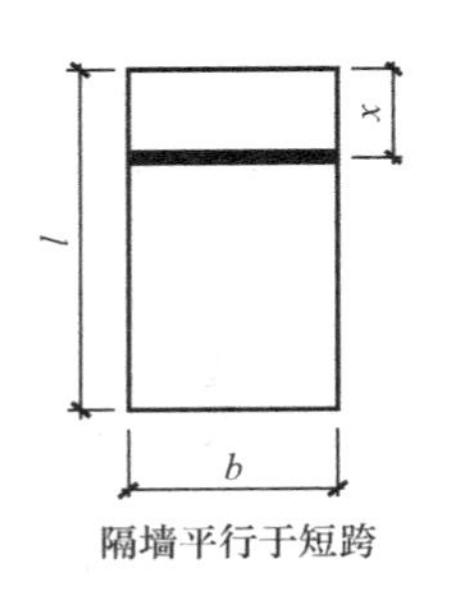

隔墙平行于短跨

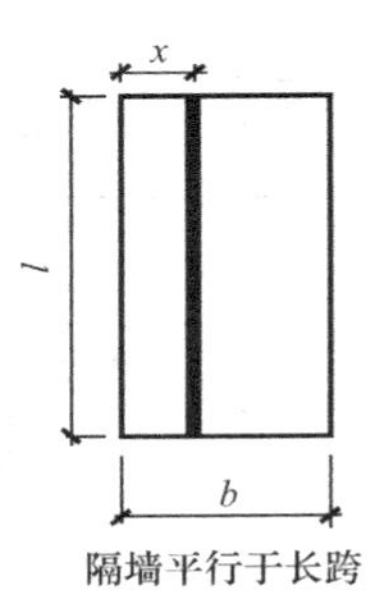

隔墙平行于长跨

图 2-19　x 取值示意图

2.4.6 教师宿舍梁线荷载、板荷载取值

本工程梁线荷载、板面荷载初步取值如图 2-20～图 2-22 所示。

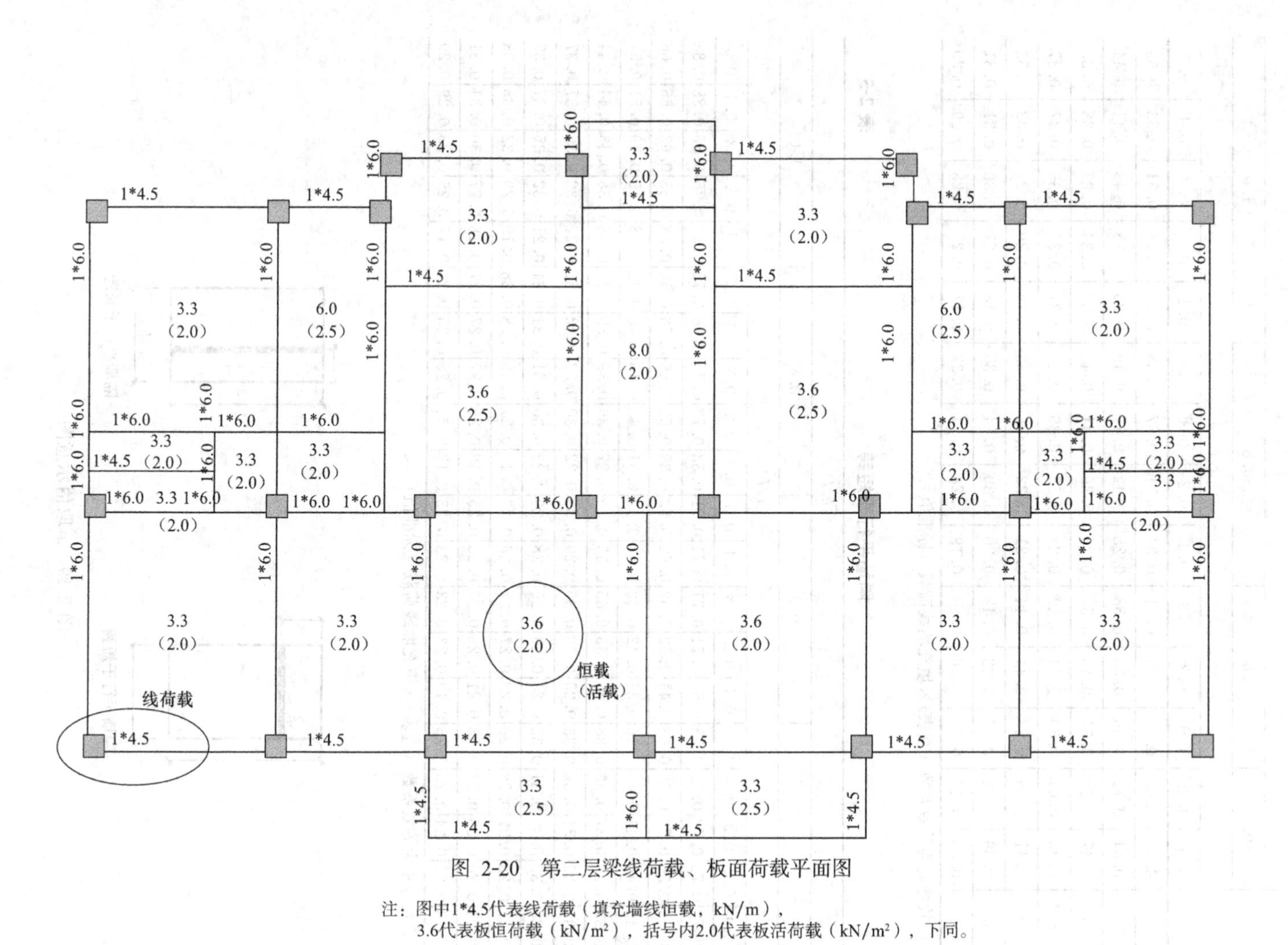

图 2-20　第二层梁线荷载、板面荷载平面图

注：图中1*4.5代表线荷载（填充墙线恒载，kN/m），
3.6代表板恒荷载（kN/m²），括号内2.0代表板活荷载（kN/m²），下同。

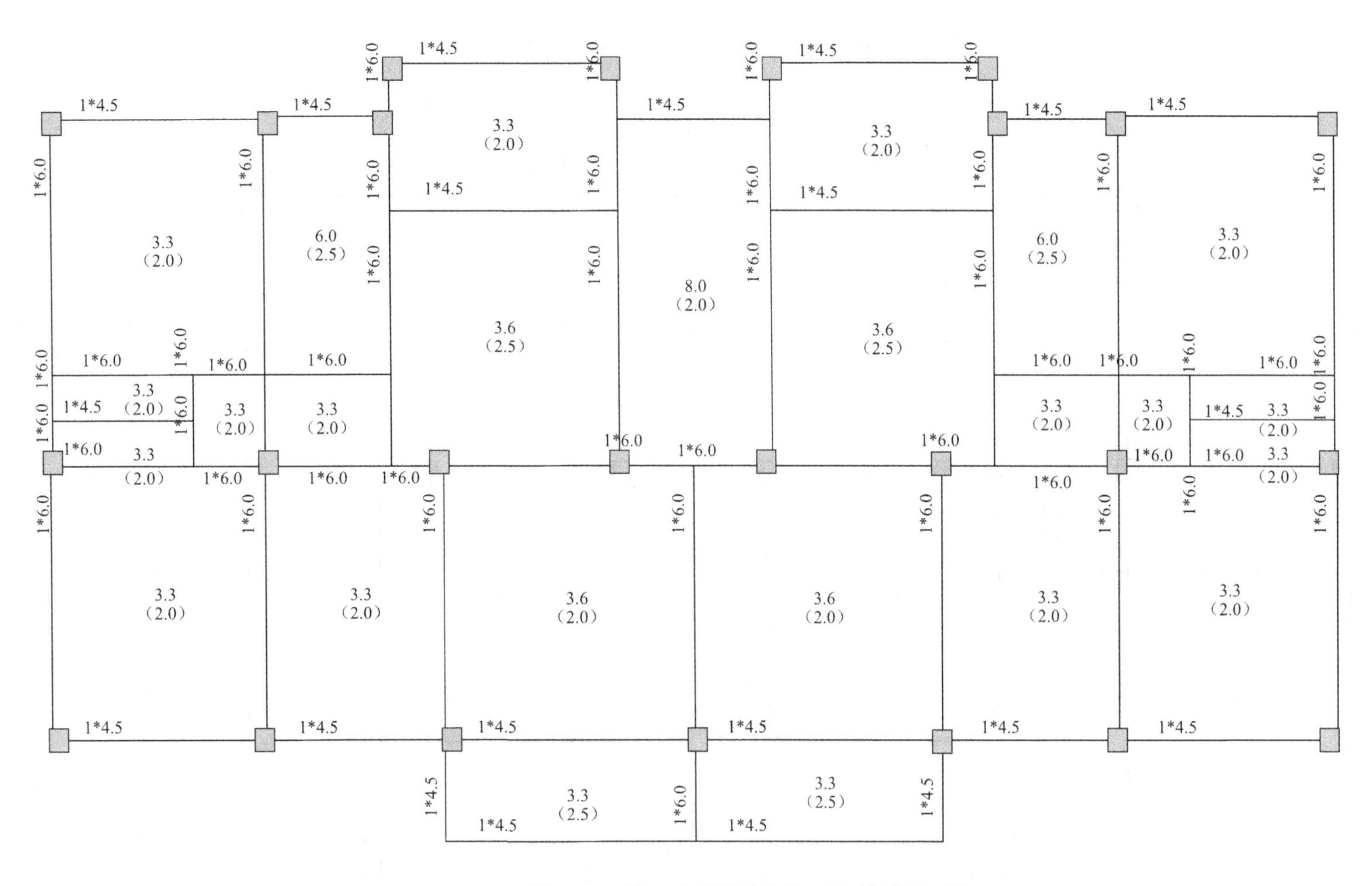

图 2-21　第三~六层梁线荷载、板面荷载平面图

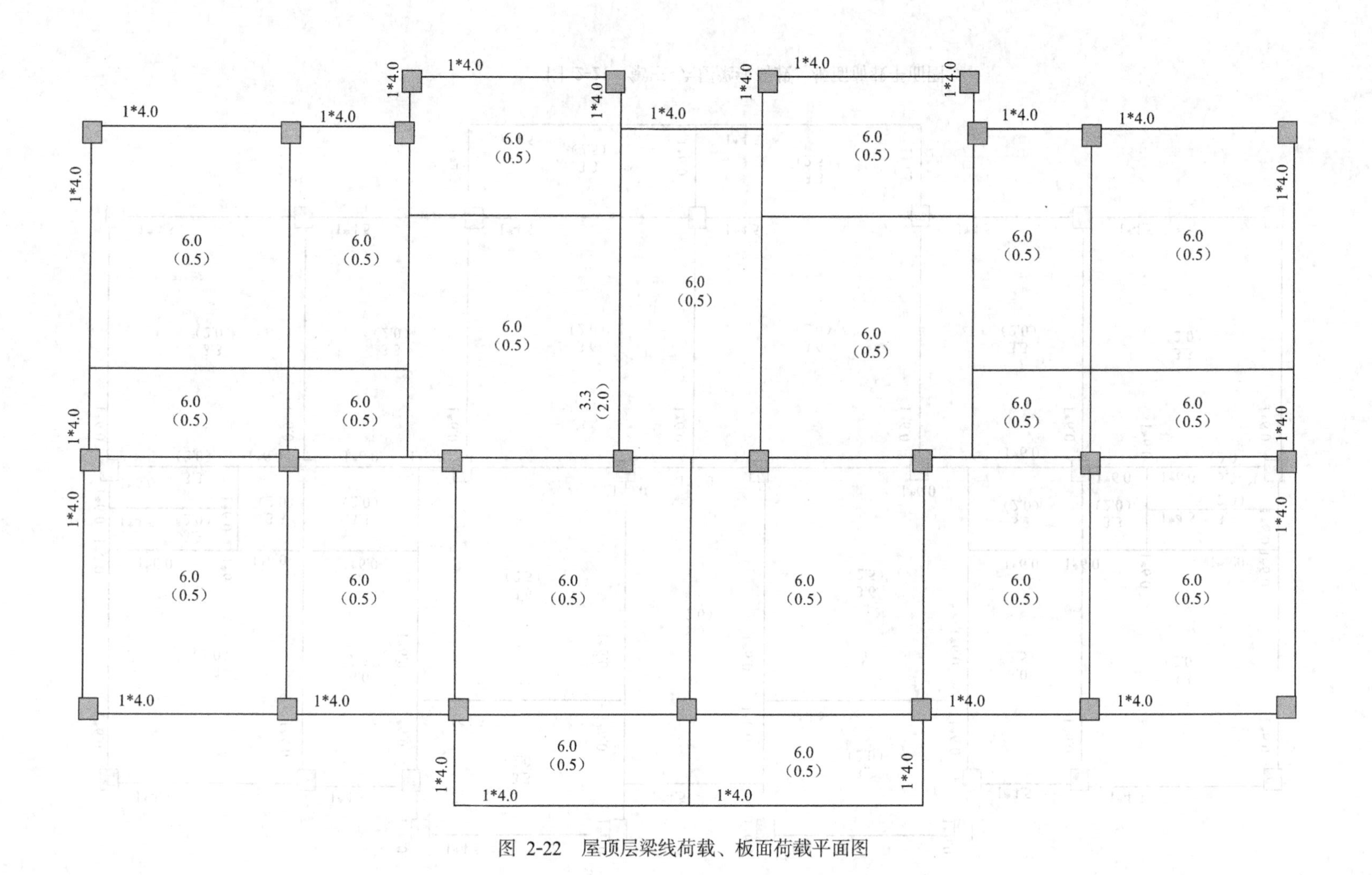

图 2-22 屋顶层梁线荷载、板面荷载平面图

2.5 混凝土强度等级

2.5.1 规范及相关计算措施规定

《高层建筑混凝土结构技术规程》JGJ 3—2010（以下简称“高规”）第13.8.9条：结构柱、墙混凝土设计强度等级高于梁、板混凝土设计强度等级时，应在交界区域采取分隔措施。分隔位置应在低强度等级的构件中，且与高强度等级构件边缘的距离不宜小于500mm。应先浇筑高强度等级混凝土，后浇筑低强度等级混凝土。其条文说明：提出对柱、墙与梁、板混凝土强度不同时的混凝土浇筑要求。施工中，当强度相差不超过两个等级时，已有采用较低强度等级的梁板混凝土浇筑核心区（直接浇筑或采取必要加强措施）的实践，但必须经设计和有关单位协商认可。

注：2010版“高规”对节点区施工已作了非常明确的要求，对于强度相差不超过两个等级的，是否可以直接与楼面梁板混凝土一同浇筑，应由设计及相关单位通过验算复核来给予书面认可，并明确是否要采取加强措施以及何种加强措施。而对于强度相差超过两个等级的，规范直接规定必须采取分离措施，不可通过采取加强措施后与楼面一同浇筑。另外，新规范还对分离位置及高低强度混凝土的浇筑顺序作了规定。

北京市建筑设计研究院《建筑结构专业技术措施》：当柱混凝土强度为C60而楼板不低于C30，或柱为C50而楼板不低于C25时，梁柱节点核心区的混凝土可随楼板同时浇捣。设计时，应对节点核心区的承载力（包括抗剪及抗压）皆按折算的混凝土验算，满足承载力的要求。

2.5.2 理论分析与经验

混凝土强度等级越高水泥用量越大，现在多采用商品混凝土，混凝土的水灰比和坍落度大，在现浇梁、板和墙构件中会产生裂缝。柱子的混凝土强度等级取高，可减小抗震设计中柱轴压比；由于剪压比与混凝土的轴心受压强度设计值成反比，提高混凝土强度等级可减小梁、柱、墙的剪压比。提高混凝土强度等级可提高框架或墙的侧向刚度，提高受剪承载力，但混凝土强度等级越高，这种影响越小。

为了控制裂缝，楼盖的板、梁混凝土强度等级宜低而不宜高。地下室外墙的混凝土强度等级宜采用C30，不宜大于C35。

正常情况下，混凝土强度等级的高低对梁的受弯承载力影响较小，对梁的截面及配筋影响不大，所以梁不宜采用高强度等级混凝土，无论是从强度还是耐久性角度考虑，C25～C30比较合适。混凝土强度等级对板的承载力也几乎没有影响，增大板混凝土强度等级可能会提高板的构造配筋率，同时还会增加板开裂的可能性。对现浇板来说，无论是从强度还是耐久性角度考虑，C25～C30比较合适。普通的结构梁板混凝土强度等级一般控制在C25～C30，转换层梁板宜采用高强度等级；如当地施工质量有保证时，可采用C50及以上强度等级。

高层建筑下部受力大，所以墙柱往往用高强等级混凝土，有时候是为了保持刚度不变。梁板没有必要用太高强度等级，除非耐久性有特别要求，或者是非常重要的构件，一般C30就足够了，所以一般梁板在加强区以上就开始取为一个值。除非有特别要求，否则梁板不应该比柱子还高。柱子尽量渐变，梁板则无此要求，但一般渐变比较合理。节点墙柱与梁板混凝土强度等级尽量不要超过两个级别，否则施工麻烦。试验研究表明，当梁柱节点混凝土强度比柱低30%～40%时，由于与节点相交梁的扩散作用，一般也能满足柱轴压比。

多层建筑一般取C35～C30，高层建筑要分段设置柱的混凝土强度等级，比如一栋30层的房屋，柱子的混凝土强度等级C45～C25，竖向每隔7层变一次，竖向与水平混凝土强度等级应合理匹配，柱子混凝土强度等级与柱截面不同时改变。

2.5.3 教师宿舍混凝土强度等级选取

本工程所有梁、柱、板、独立基础、条形基础混凝土强度等级均取C25。基础垫层混凝土取C15。−0.050m处圈梁取C25。

2.6 保护层厚度

2.6.1 规范规定

"混规"第8.2.1条：构件中普通钢筋及预应力筋的混凝土保护层厚度应满足下列要求：

1 构件中受力钢筋的保护层厚度不应小于钢筋的公称直径d；

2 设计使用年限为50年的混凝土结构，最外层钢筋的保护层厚度应符合表2-6的规定；设计使用年限为100年的混凝土结构，最外层钢筋的保护层厚度不应小于表2-6中数值的1.4倍。

混凝土保护层的最小厚度c（mm） **表2-6**

环境类别	板、墙、壳	梁、柱、杆
一	15	20
二a	20	25
二b	25	35
三a	30	40
三b	40	50

注：1. 混凝土强度等级不大于C25时，表中保护层厚度数值应增加5mm；

2. 钢筋混凝土基础宜设置混凝土垫层，基础中钢筋的混凝土保护层厚度应从垫层顶面算起，且不应小于40mm。

"混规"8.2.1条文说明：从混凝土碳化、脱钝和钢筋锈蚀的耐久性角度考虑，不再以纵向受力钢筋的外缘，而以最外层钢筋（包括箍筋、构造筋、分布筋等）的外缘计算混凝土保护层厚度。因此，本次修订后的保护层实际厚度比原规范实际厚度有所加大。

"混规"3.5.2：混凝土结构暴露的环境类别应按表2-7的要求划分。

混凝土结构的环境类别 **表2-7**

环境类别	条　件
一	室内干燥环境； 无侵蚀性静水浸没环境

续表

环境类别	条　件
二 a	室内潮湿环境； 非严寒和非寒冷地区的露天环境； 非严寒和非寒冷地区与无侵蚀性的水或土壤直接接触的环境； 严寒和寒冷地区的冰冻线以下与无侵蚀性的水或土壤直接接触的环境
二 b	干湿交替环境； 水位频繁变动环境； 严寒和寒冷地区的露天环境； 严寒和寒冷地区的冰冻线以上与无侵蚀性的水或土壤直接接触的环境
三 a	严寒和寒冷地区冬季水位变动区环境； 受除冰盐影响环境； 海风环境
三 b	盐渍土环境； 受除冰盐作用环境； 海岸环境
四	海水环境
五	受人为或自然的侵蚀性物质影响的环境

2.6.2　教师宿舍构件保护层厚度取值

本工程室内的梁、柱、板环境类别为一类，由于混凝土强度等级不大于 C25 时，表中保护层厚度数值应增加 5mm，则板保护层厚度为 20mm，梁、柱保护层厚度为 25mm。由于屋面板有防水层，室外的梁柱一般都有砂浆面层、保温层等，其环境类别可取一类，则板保护层厚度为 20mm，梁、柱保护层厚度为 25mm。

2.7　教师宿舍 PKPM 建模

2.7.1　在 PMCAD 中建模

1. 设置 PMCAD 操作快捷命令

PKPM 支持快捷命令的自定义，这给录入工作带来便利。可按如下步骤设置 PMCAD 操作快捷命令：

(1) 以文本形式打开 PKPM \ PM \ WORK. ALI。该文本分两部分，第一部分是以三个“EndOfFile”作为结束行的已完成命令别名定义的命令项；第二部分是“命令别名、命令全名、说明文字”，如图 2-23、图 2-24 所示。

(2) 在第二部分中选取常用的命令项，按照文件说明的方法在命令全名前填写命令别名，然后复制已完成命令别名定义的命令项，粘贴到第一部分中，以三个 EndOfFile 作为结束的行之前。保存后重启 PKPM，完成。如图 2-25 所示。

2. 在 PMCAD 中建模简述

(1) 首先在 F 盘新建一个文件夹，命令为“教师宿舍”，打开桌面上“PKPM”，点击【改变目录】，选择“教师宿舍”，点击“确认”，如图 2-26 所示。

(2) 点击【应用】→【输入工程名（sushe，也可随意填写）】→【确定】，如图 2-27 所示。

图 2-23 PKPM\PM 对话框

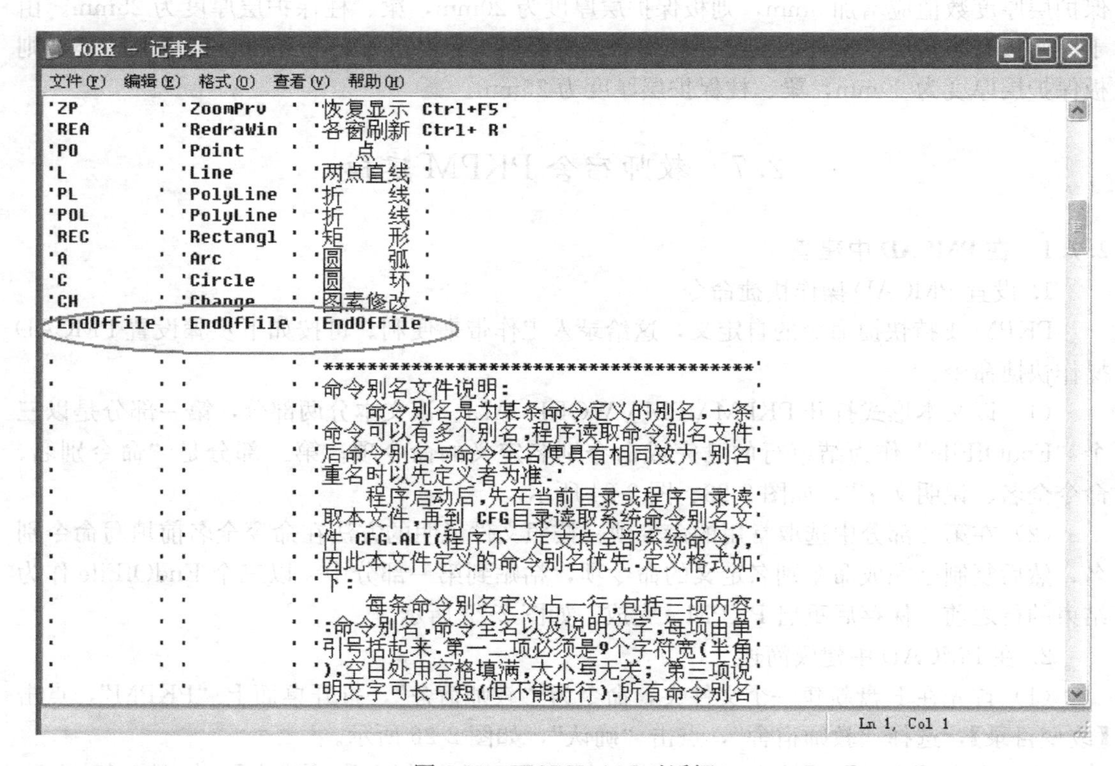

图 2-24 WORK.ALI 对话框

```
'CH          ' 'Change     ' '图素修改 '
' FC          ' 'FloorChg ' '换标准层 '
' EC          ' 'ColmPut  ' '柱  布置 '
' EC          ' 'BeamPut  ' '主梁布置 '
' EW          ' 'WallPut  ' '墙  布置 '
' EH          ' 'WnDrPut  ' '洞口布置 '
' HE          ' 'Height   ' '本层信息 '
' CD          ' 'ColmDel  ' '删除  柱 '
' BD          ' 'BeamDel  ' '删除主梁 '
' WD          ' 'WallDel  ' '删除  墙 '
' HD          ' 'WnDrDel  ' '删除洞口 '
' FD          ' 'FloorDel ' '删标准层 '
' FI          ' 'FloorIns ' '插标准层 '
' CJ          ' 'EditBFlr ' '层间编辑 '
' CF          ' 'CopyFlor ' '层间复制 '
' CXS         ' 'ColmDisp ' '柱  显示 '
' BXS         ' 'BeamDisp ' '主梁显示 '
' WXS         ' 'WallDisp ' '墙  显示 '
' LD          ' 'LoadDef  ' '荷载定义 '
' LI          ' 'LoadIns  ' '荷载插入 '
'LD1          ' 'LoadDel  ' '荷载删除
'EndOfFile'  'EndOfFile'  'EndOfFile'

'           ' '           ' '******************************************'
'           ' '           ' '命令别名文件说明:                          '
'           ' '           ' '     命令别名是为某条命令定义的别名,一条'
```

图 2-25　修改后的 WORK. ALI 对话框

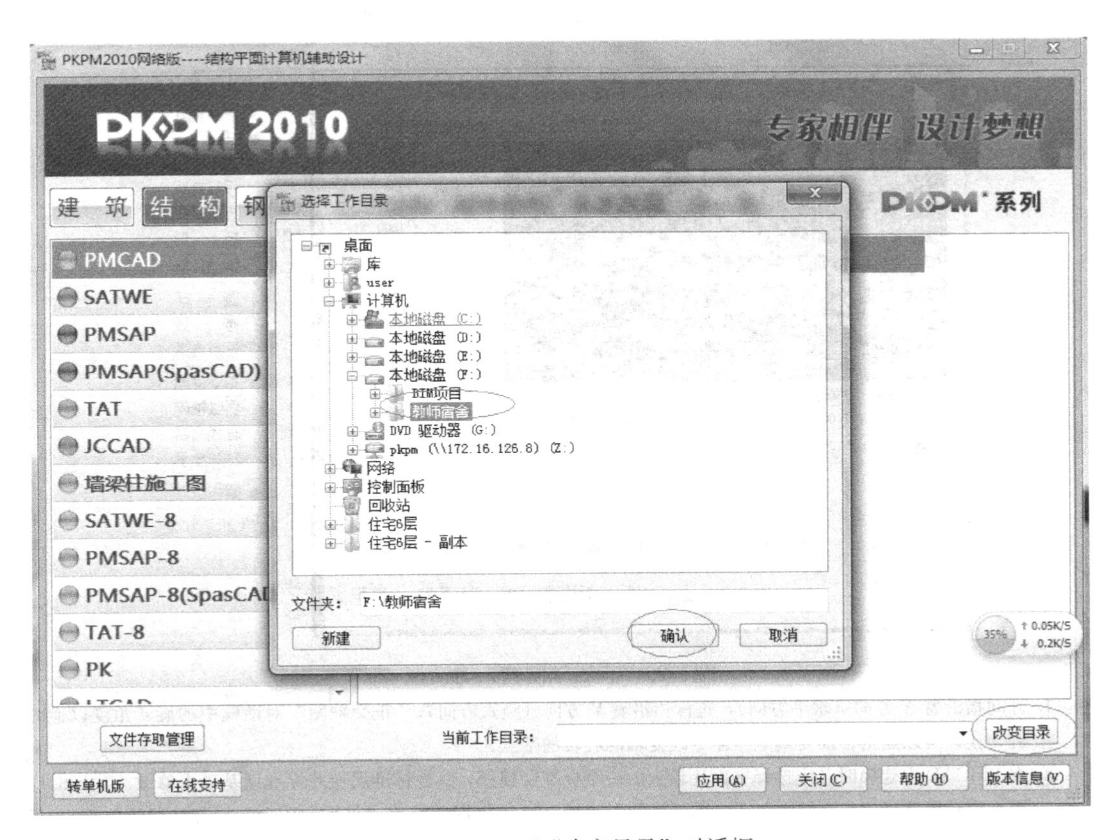

图 2-26　PKPM“改变目录”对话框

图 2-27　交互式数据输入对话框

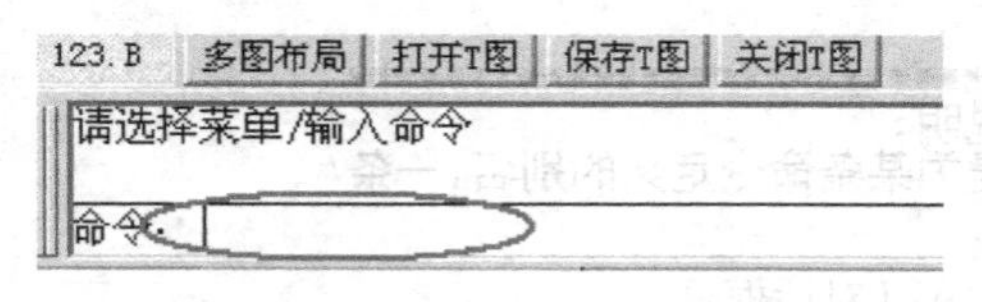

图 2-28　PMCAD“快捷命令”输入对话框

（3）点击【轴线输入/正交轴网】或在屏幕的左下方输入定义的“轴网快捷命令”（图 2-28），再参照建筑图的轴网尺寸在“正交轴网”对话框中输入轴网尺寸（先输入柱网尺寸，次梁及阳台等布置可放在后一步操作），如图 2-29 所示。

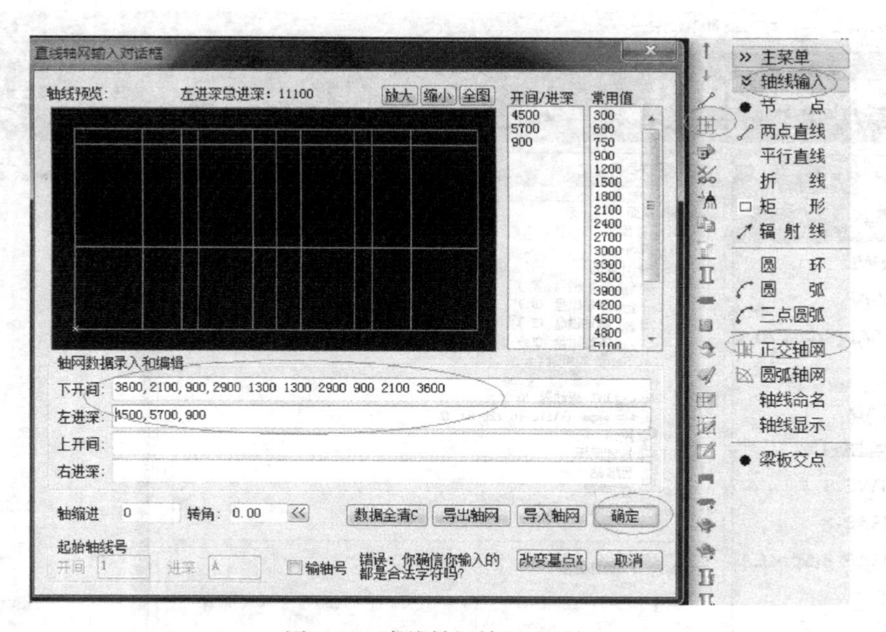

图 2-29　直线轴网输入对话框

注：1. 开间指沿着 X 方向（水平方向），进深指沿着 Y 方向（竖直方向）；“正交轴网”对话框中的旋转角度以逆时针为正，可以点击“改变基点”命令改变轴网旋转的基点。

2. 在 PMCAD 中建模时，应选择平面比较大的一个标准层建模，其他标准层在此标准层基础上修改。建模时应根据建筑图选择“正交轴网”或“圆弧轴网”建模，再进行局部修改（挑梁、阳台，局部柱网错位等），局部修改时可以用“两点直线”、“平行直线”、“平移复制”、“拖动复制”、“镜像复制”等命令。

（4）对PMCAD中生成的轴网进行修改。点击【网点编辑/删除网格】或点击捷键中“删除”按钮（图2-30），删掉图2-31中画圈的轴线。然后，再参照建筑图，点击【轴线输入/两点直线】，按F4键（轴线垂直），输入阳台挑出长度，再次点击【轴线输入/两点直线】，完成阳台处轴线绘制。

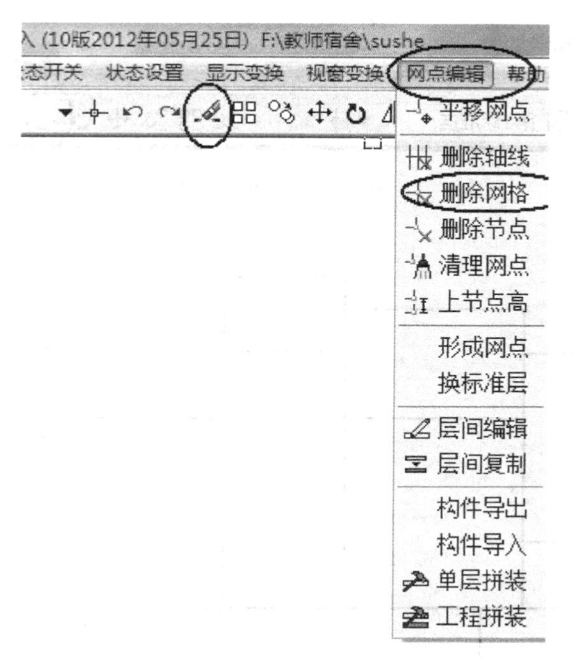

图2-30 网点编辑/删除网格

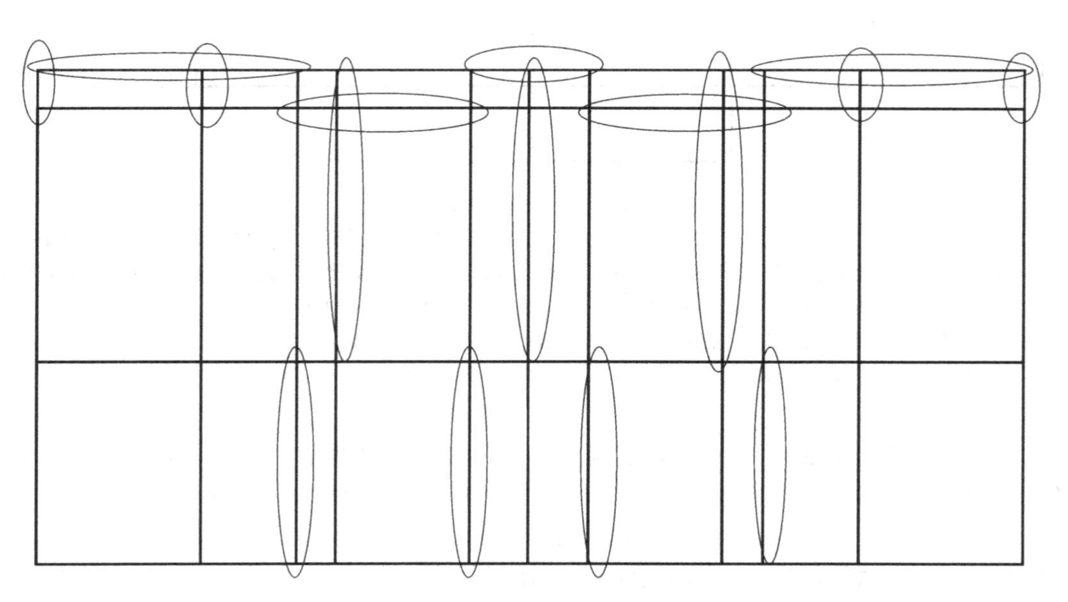

图2-31 PMCAD中生成的轴网

注：画圆圈是要删除的轴线

点击【轴线输入/平行直线】输入复制间距与次数，完成次梁轴线的绘制，再进行局部删除，与建筑图一致。由于该教师宿舍与 y 轴对称，可以先添加左半部分次梁与阳台的轴线，再在快捷键菜单中点击“镜像”（图 2-32），按程序提示完成操作。点击【网点编辑/删除节点】，删除多余节点，最终的轴网如图 2-33 所示。

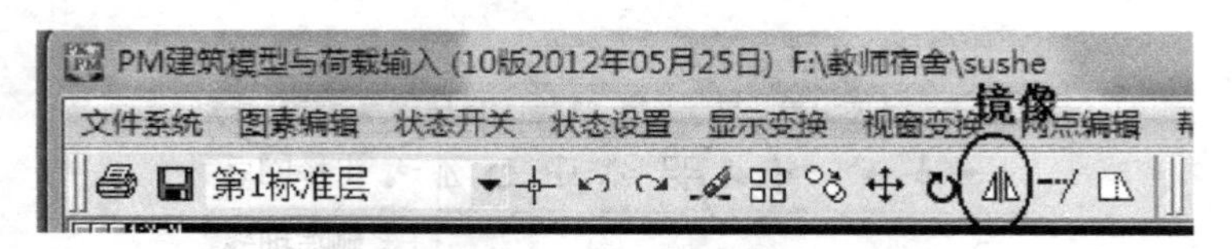

图 2-32　镜像快捷键

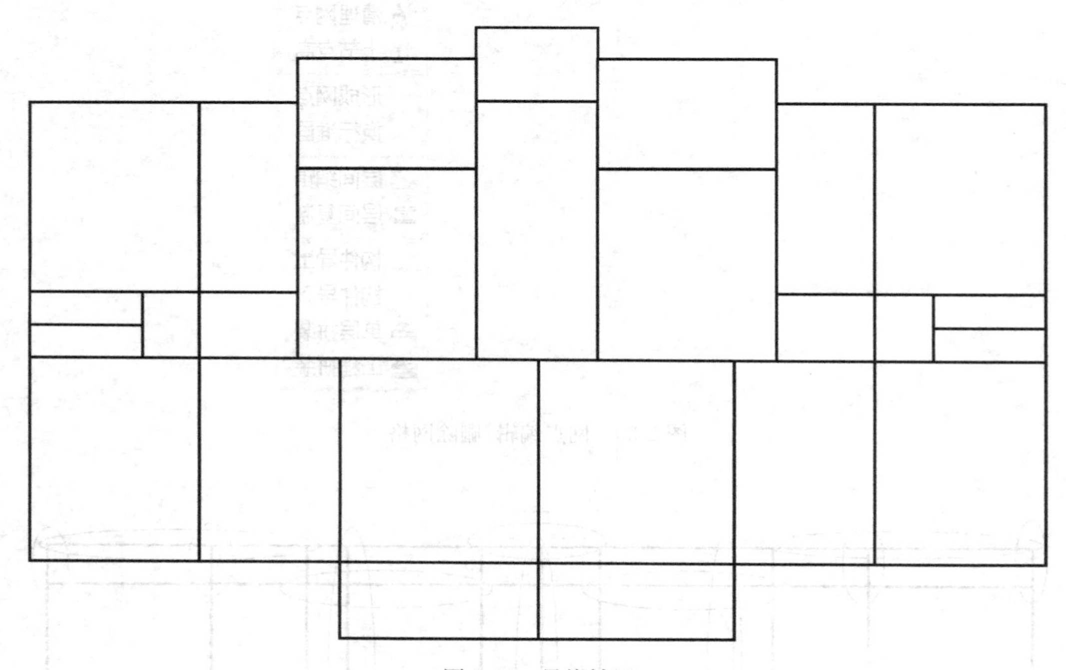

图 2-33　最终轴网

注：1. 用“平行直线”命令时，点击 F4 切换为角度捕捉，可以布置 0°、90°或设置的其他角度的直线；用“平行直线”命令时，首先输入第一点，再输入下一点，输入复制间距和复制次数，复制间距输入值为正时，表示平行直线向右或向上平移；复制间距输入值为负时，表示平行直线向左或向下平移。

2. 点击【网点编辑/删除节点】，删除多余节点时，可用“光标方式”、“轴向方式”、“窗口方式”、“围栏方式”。一般用“窗口方式”，并从左上向右下框选（要区分从右下向左上框选的方式）。

（5）点击【楼层定义/柱布置】或输入“柱布置”快捷键命令，在弹出的对话框中定义柱子的尺寸，然后选择合适的布置方式布置，如图 2-34～图 2-36 所示。

当用另一个柱截面替换某柱截面时，原柱截面自动删除且布置新柱截面；当要删除某柱截面时，点击【楼层定义/构件删除】，弹出对话框，如图 2-38 所示，可以勾选柱（程序还可以选择梁、墙、门窗洞口、斜杆、次梁、悬挑板、楼板洞口、楼板、楼梯）；删除的方式有：光标选择、轴线选择、窗口选择、围区选择。

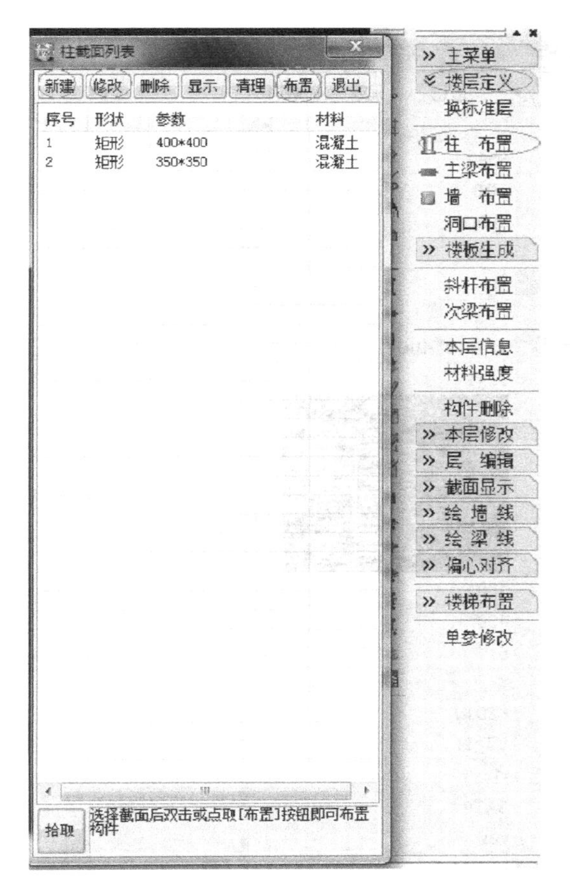

图 2-34 柱布置对话框

注：1. 所有柱截面都在此对话框中点击“新建”命令定义，选择“截面类型”，填写“矩形截面宽度”、“矩形截面高度”、“材料类别”（6 为混凝土），如图 2-35 所示。

2. 布置柱子，如果绘制施工图不用 PKPM 的模板，由于 PKPM 是节点传力，一般可不理会柱子的偏心，柱子布置时可以不偏心。本工程建模时，参照建筑图（与墙边齐平），偏心布置柱子。

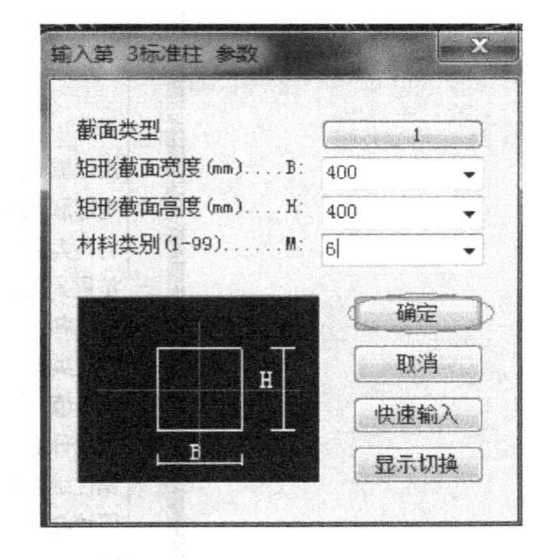

图 2-35 标准柱参数对话框

注：填写参数后，点击“确定”，选择要布置的柱截面，再点击“布置”，如图 2-34、图 2-36 所示。

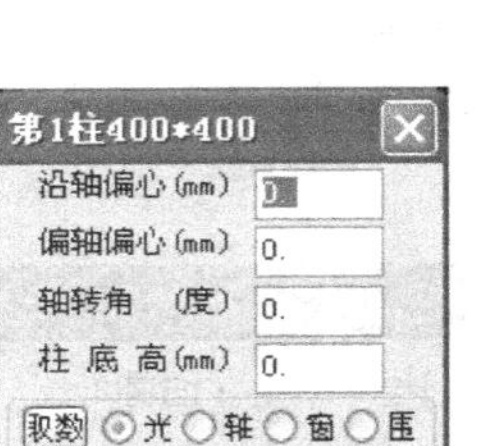

图 2-36 柱布置对话框

注：1. 沿轴偏心指沿 X 方向偏心，偏心值为正时表示向右偏心，偏心值为负时表示向左偏心。偏轴偏心指沿 Y 方向偏心，偏心值为正时表示向上偏心，偏心值为负时表示向下偏心。可以根据实际需要，按“Tab”键选择“光标方式”、“轴线方式”、“窗口方式”、“围栏方式”布置柱。确定偏心值时，可根据形心轴的偏移值确定。

2. 教师宿舍某些纵横方向柱子，往往可以用窗口的方式布置。

3. 在 PMCAD 中点击鼠标左键，在弹出的对话框中可以修改柱顶标高，实现柱长度的修改，如图 2-37 所示。

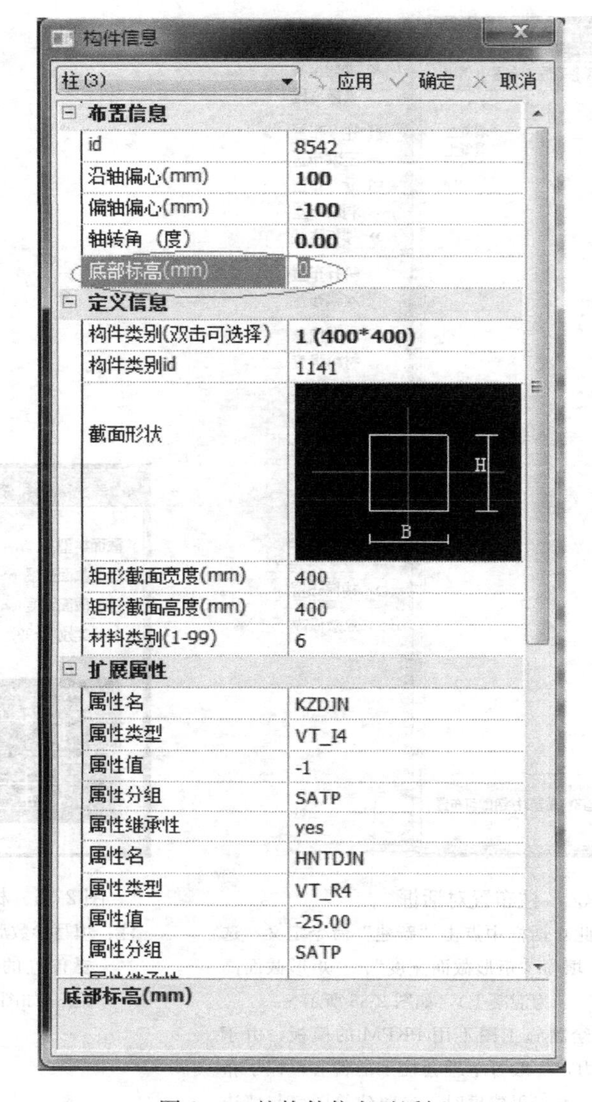

图 2-37　柱构件信息对话框

注：跃层柱的建模可以用此操作，假如一个柱子穿越第一、第二、第三层，第一、第二层跃层柱处没有楼板，第三层有楼板，则可以在第三层布置柱子，再改变“底部标高”，把柱子拉下来，程序可以正确计算其受力及配筋。

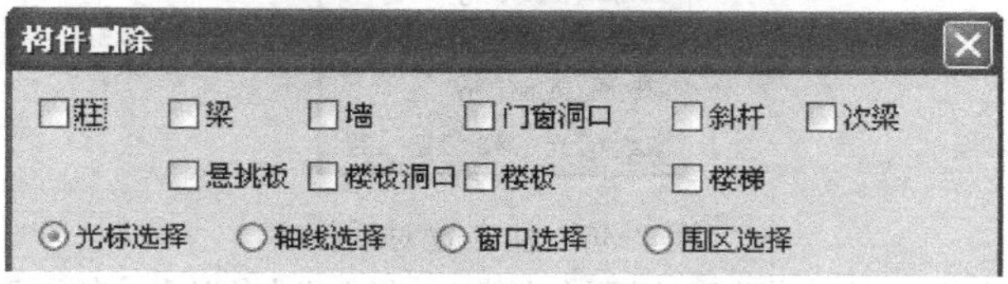

构件删除
柱　梁　墙　门窗洞口　斜杆　次梁
悬挑板　楼板洞口　楼板　楼梯
光标选择　轴线选择　窗口选择　围区选择

图 2-38　构件删除对话框

点击【楼层定义/截面显示/柱显示】，弹出对话框，如图 2-39 所示，勾选“数据显示”，可以查看布置柱子的截面大小，方便检查与修改。输入“Y”，则字符放大；输入

"N"，则字符缩小。还可以显示"主梁"、"墙"、"洞口"、"斜杆"、"次梁"。

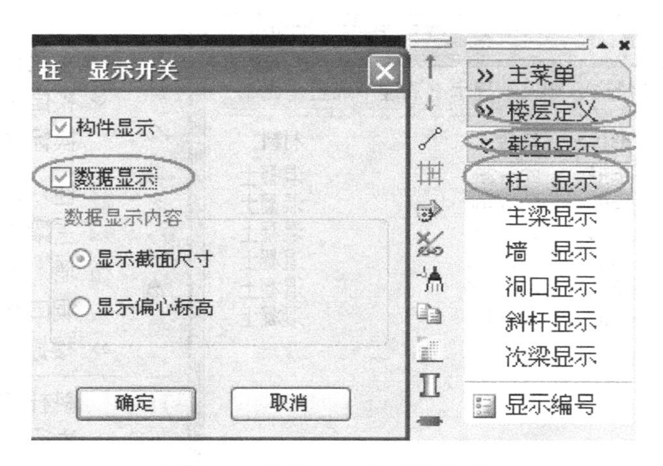

图 2-39 柱截面显示开关对话框

教师宿舍 PMCAD 中柱子初步布置图如 2-40 所示。

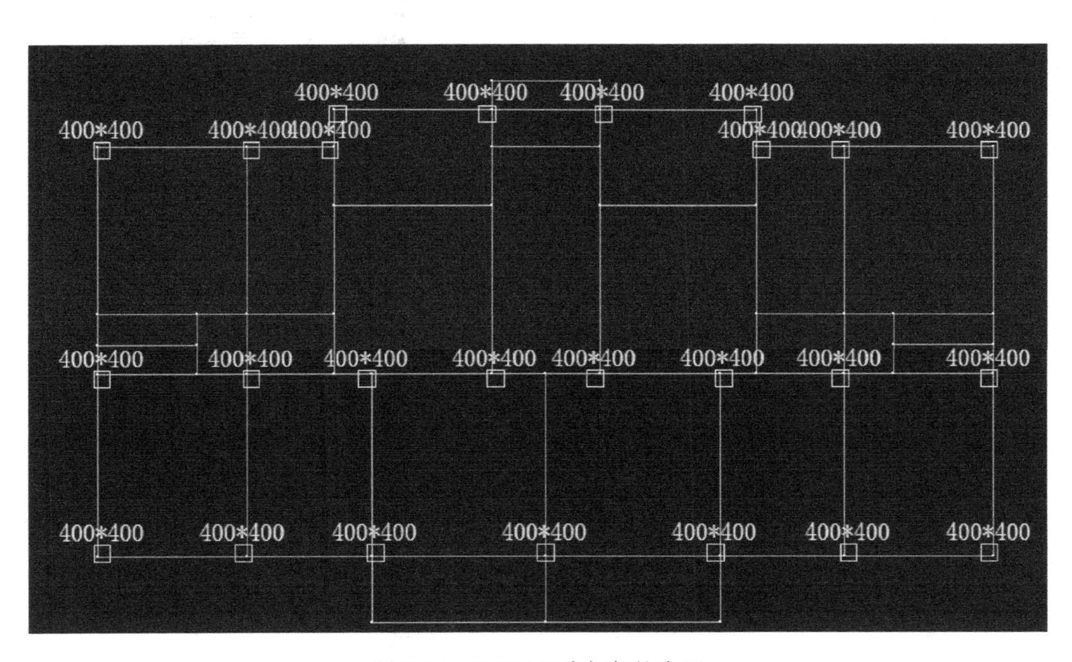

图 2-40 PMCAD 中框架柱布置

(6) 点击【楼层定义/主梁布置】或输入"主梁"快捷键命令，在弹出的对话框中定义主梁尺寸，然后选择合适的布置方式，如图 2-41～图 2-44 所示。

把定义的梁截面依次在 PMCAD 中布置，第一标准层梁最终布置图如图 2-44 所示。

当柱、梁布置后，可以点击屏幕上方的快捷键"透视视图"，通过查看该标准层的结构三维图，检查建模是否正确，如图 2-45 所示。

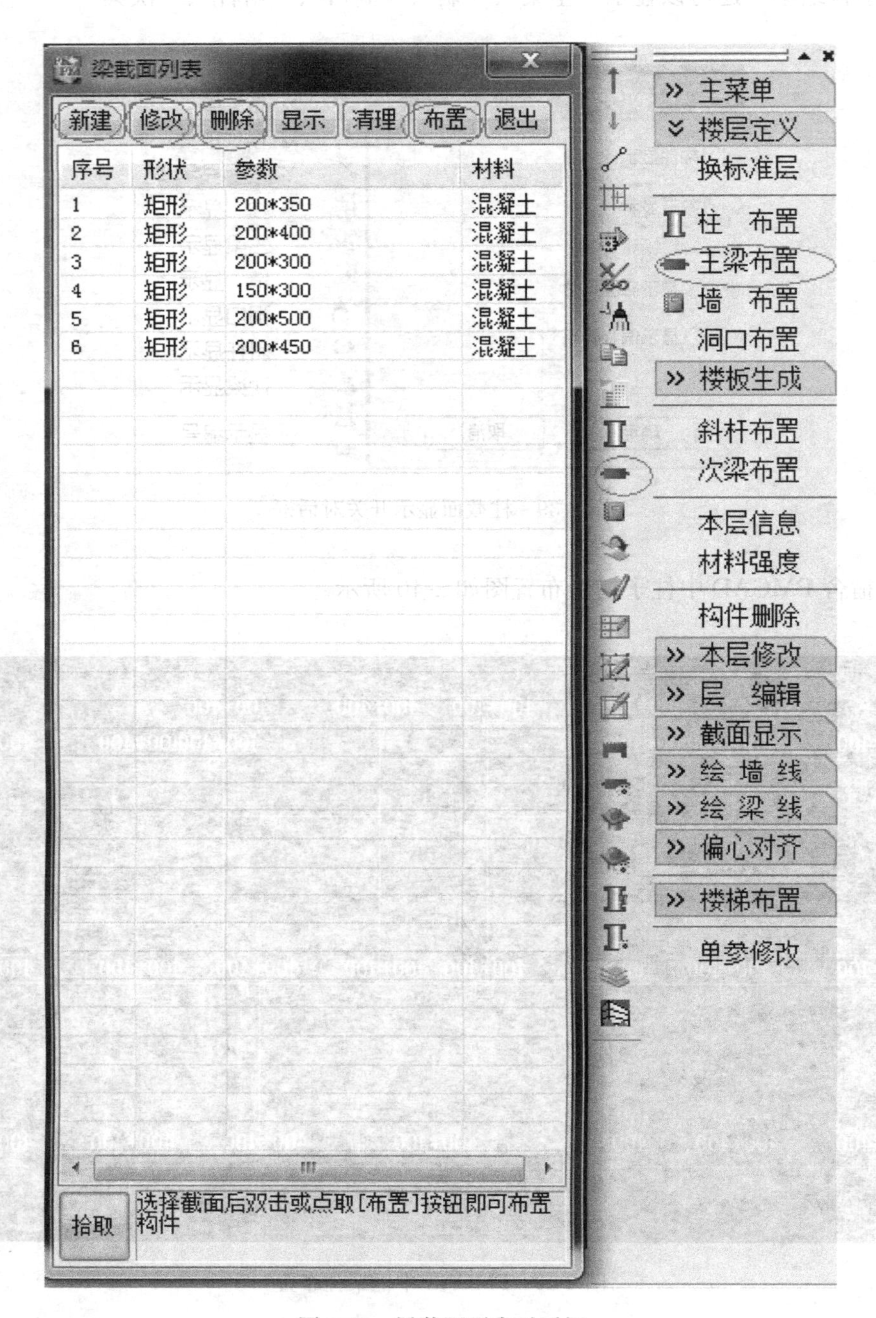

图 2-41 梁截面列表对话框

注：1. 所有梁截面都在此对话框中点击“新建”命令定义，选择“截面类型”，填写“矩形截面宽度”、“矩形截面高度”、“材料类别”（6 为混凝土），如图 2-42 所示。

2. 可以参照柱子程序操作，进行“构件删除”、“截面显示”操作。

3. 布置梁，如果绘制施工图不用 PKPM 的模板，由于 PKPM 是节点传力，一般不用理会梁的偏心，梁布置时可以不偏心。本工程建模时，参照建筑图（与墙边齐平）偏心布置梁。

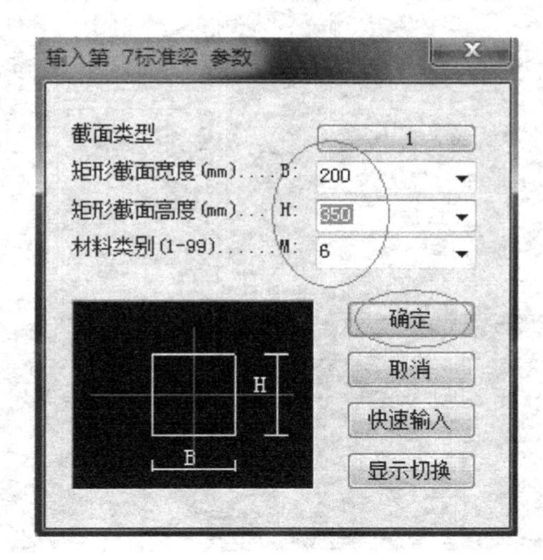

图 2-42　标准梁参数对话框

注：填写参数后，点击“确定”，选择要布置的梁截面；再点击“布置”，如图 2-41、图 2-43 所示。

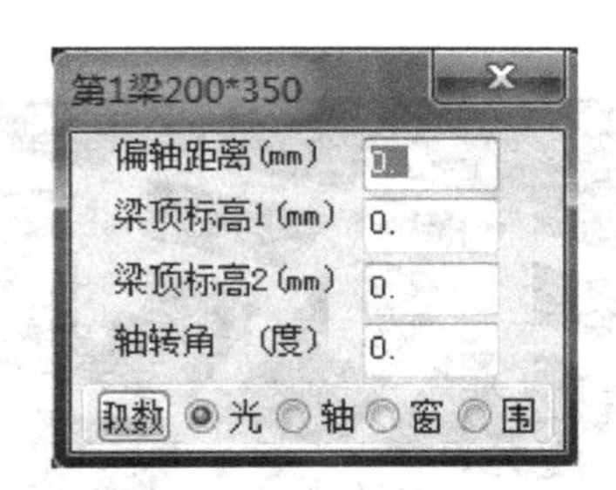

图 2-43　梁布置对话框

注：1. 当用“光标方式”、“轴线方式”布置偏心梁时，鼠标点击轴线的哪边，梁就向哪边偏心，偏心值在“偏轴距离”中填写，与输入值的正负号无关。当用“窗口方式”布置偏心梁时，偏心值为正时梁向上、向左偏心，偏心值为负时梁向下、向右偏心。

2. 梁顶标高 1 填写−100mm，表示 X 方向梁左端点下降 100mm 或 Y 方向梁下端点下降 100mm；梁顶标高 1 填写 100mm，表示 X 方向梁左端点上升 100mm 或 Y 方向梁下端点上升 100mm；梁顶标高 2 填写−100mm，表示 X 方向梁右端点下降 100mm 或 Y 方向梁上端点下降 100mm；梁顶标高 2 填写 100mm，表示 X 方向梁右端点上升 100mm 或 Y 方向梁上端点上升 100mm。当输入梁顶标高改变值时，节点标高不改变。

3. 点击【网格生成/上节点高】，输入值若为负，则节点下降，与节点相连的梁、柱、墙的标高也随之下降。

4. 次梁一般可以以主梁的形式输入建模，按主梁输入的次梁与主梁刚接连接，不仅传递竖向力，还传递弯矩和扭矩，用户可对这种程序隐含的连接方式人工干预指定为铰接端。由于次梁在整个结构中起次要作用，次梁一般不调幅，PKPM 程序中次梁均隐含设定为“不调幅梁”，此时用户指定的梁支座弯矩调整系数仅对主梁起作用，对不调幅梁不起作用。如需对该梁调幅，则用户需在“特殊梁柱定义”菜单中将其改为“调幅梁”。按次梁输入的次梁和主梁的连接方式是铰接于主梁支座，其节点只传递竖向力，不传递弯矩和扭矩。

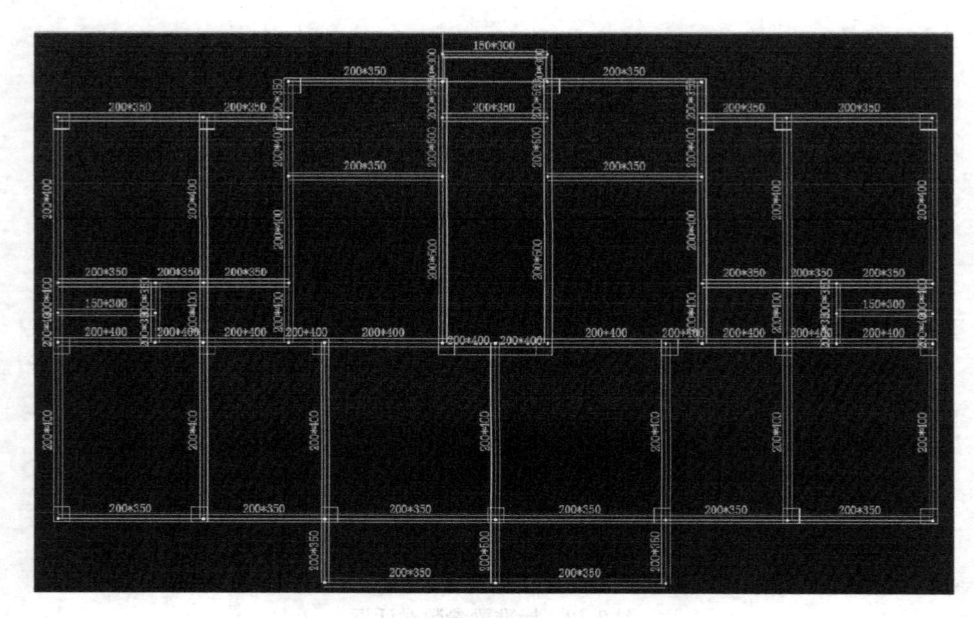

图 2-44　PMCAD 中框架主梁初步布置

注：建模时，也可以只先绘制主框架轴网，再布置框架柱、框架梁。局部的次梁、阳台等，可以利用“拖动复制”、“平行直线”、“两点直线”等命令，完成其他梁的布置。

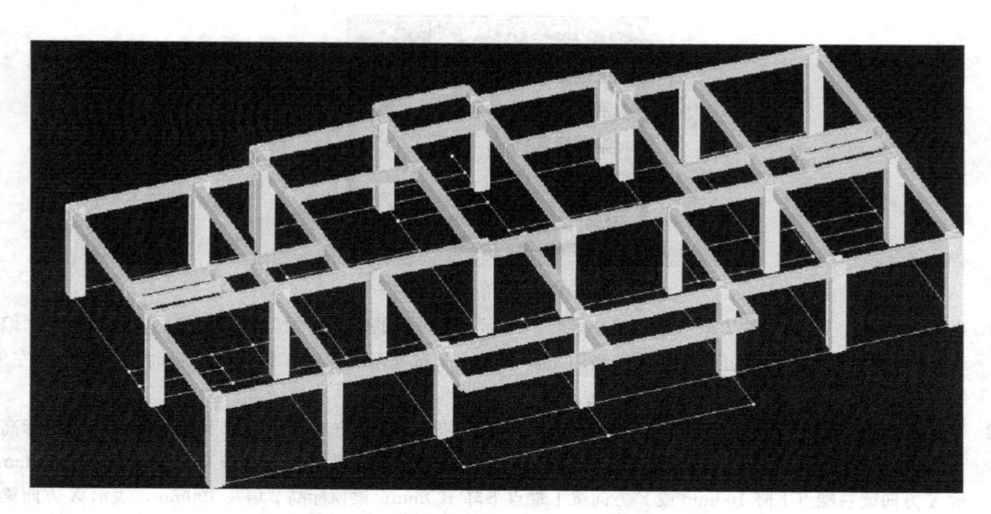

图 2-45　教师宿舍第一标准层“透视视图”

注：1. 点击快捷键“实时漫游”开关，可以查看被渲染后的三维图；

2. 按住键盘“Ctrl”，同时按住鼠标中键，移动鼠标，可以从不同的角度查看该层结构三维图；

3. 点击快捷键“平面视图”，可恢复到建模时的平面布置图。

(7) 点击【楼层定义/楼板生成/生成楼板/修改板厚】，根据 2.3.3 节图 2-15 布置楼板。程序默认板厚为 100mm，客厅、餐厅板厚为 110mm，应在“修改板厚”对话框中填写板厚度 110mm，用“光标选择”方式点击客厅、餐厅。最后，将楼梯间处板厚改为 0，如图 2-46 所示。

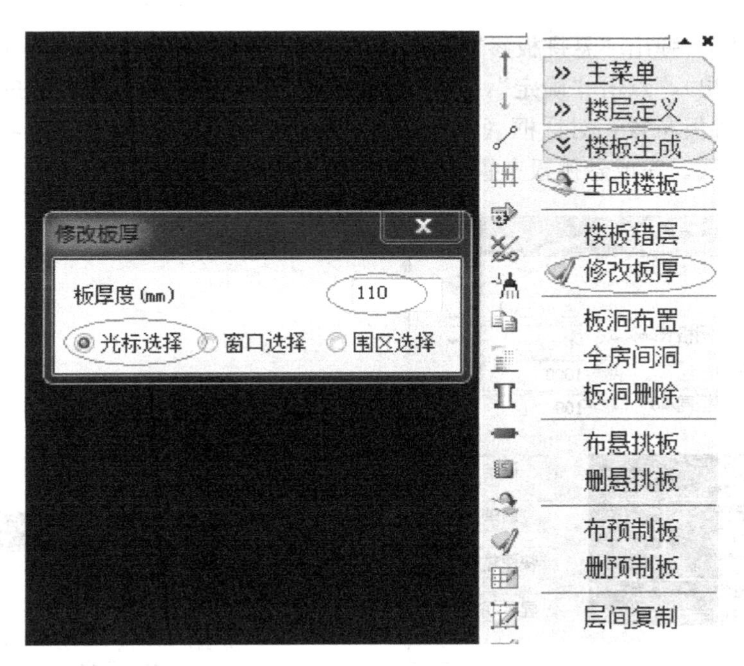

图 2-46 修改板厚对话框

注：1. 点击【楼板生成/生成楼板】，查看板厚，如果与设计板厚不同，则点击【修改板厚】，填写实际板厚值（mm），也可以布置悬挑板、错层楼板等。

2. 除非定义弹性板，程序默认所有的现浇楼板都是刚性板。

3. 在弹性楼板上如不布置实梁，应布置 100mm×100mm 的虚梁。当某板块有局部面荷载时，可设虚梁，再施加面荷载。楼梯间板厚一般设为 0，再布置面荷载。

（8）点击【楼层定义/楼板生成/生成楼板、布悬挑板】，弹出“悬挑板截面列表”对话框（图 2-47）。

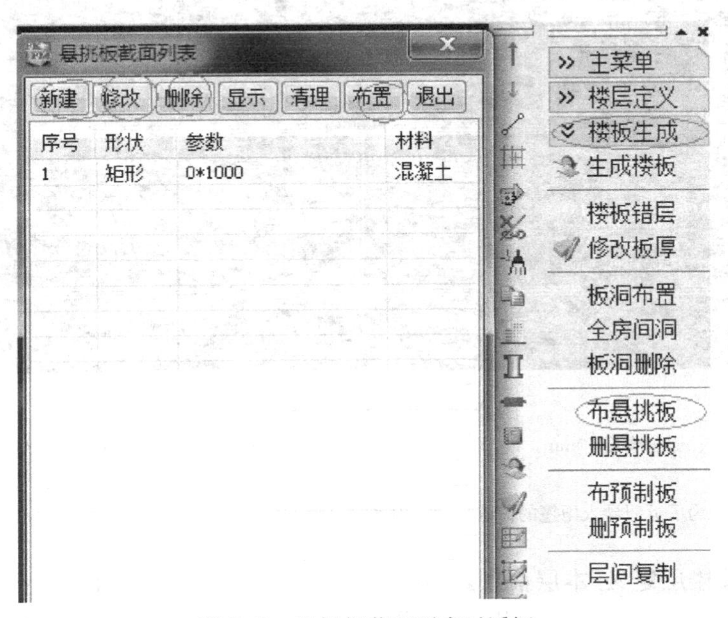

图 2-47 悬挑板截面列表对话框

点击“新建”，弹出“悬挑板参数”对话框（图 2-48），悬挑板宽度填 0，外挑长度填 1000（由轴线挑出），点击“确定”，在悬挑板截面列表中选择定义的悬挑板，点击“布置”，弹出“悬挑板布置”对话框（图 2-49），选择“光标”，其他参数按默认值，点击要布置悬挑板的轴线，完成悬挑板布置。

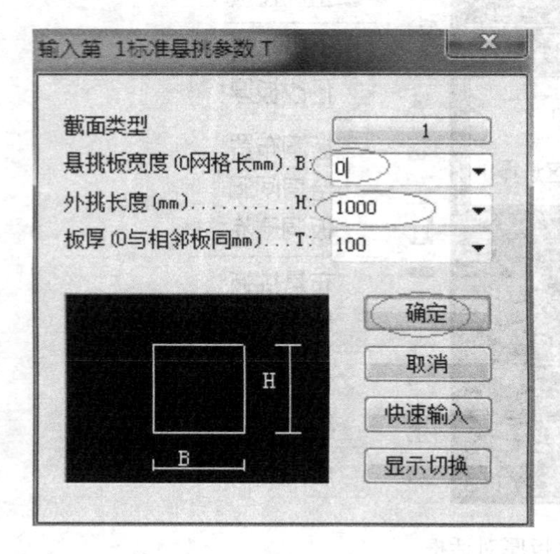

图 2-48　悬挑板参数对话框

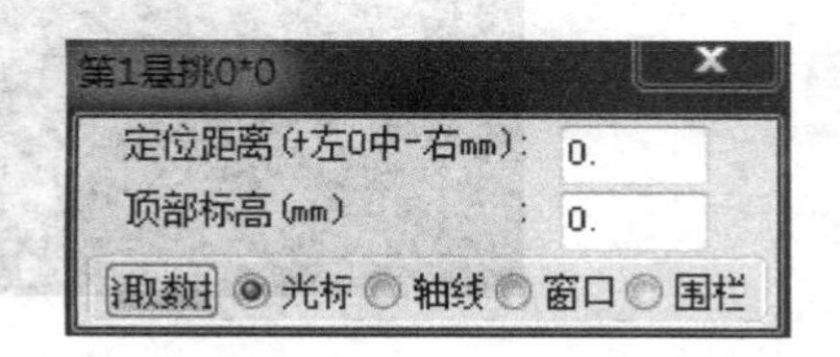

图 2-49　悬挑板布置对话框

PMCAD 中，第一标准层楼板布置如图 2-50 所示。

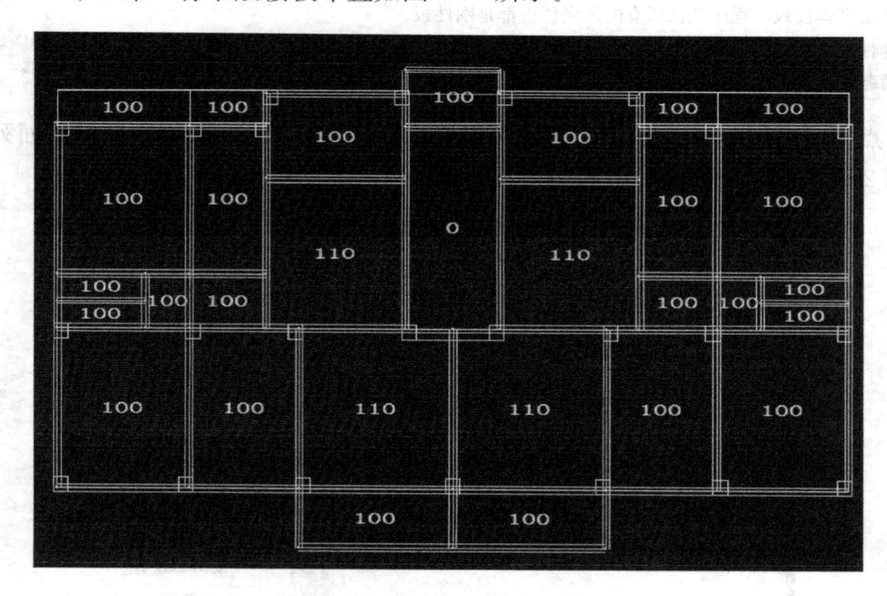

图 2-50　第一标准层楼板布置

注：1. 阳台、卫生间、厨房降板 50mm，由于降板高度不大，对板及梁配筋的影响可以忽略，在 PMCAD 中建模时不降板。

2. 布置悬挑板是为了近似导入雨篷的荷载，设计雨篷时单独手算。

（9）点击【楼层定义/本层信息】，弹出对话框，如图 2-51 所示。

（10）点击【楼层定义/材料强度】，弹出对话框，如图 2-52 所示，可以显示在“本层

用光标点明要修改的项目 [确定]返回

本标准层信息

项目	值
板厚（mm）	100
板混凝土强度等级	25
板钢筋保护层厚度(mm)	20
柱混凝土强度等级	25
梁混凝土强度等级	25
剪力墙混凝土强度等级	25
梁钢筋类别	HRB400
柱钢筋类别	HRB400
墙钢筋类别	HRB400
本标准层层高(mm)	2900

确定　取消　帮助

图 2-51　本层信息对话框

注：“本层信息对话框”中除了本层标准层高外，其他都要准确填写，本层标准层高以楼层组装时的层高为准，板厚以【楼层定义/楼板生成/生成楼板/修改板厚】为准。混凝土强度等级均为 C25，钢筋类别均为 HRB400。

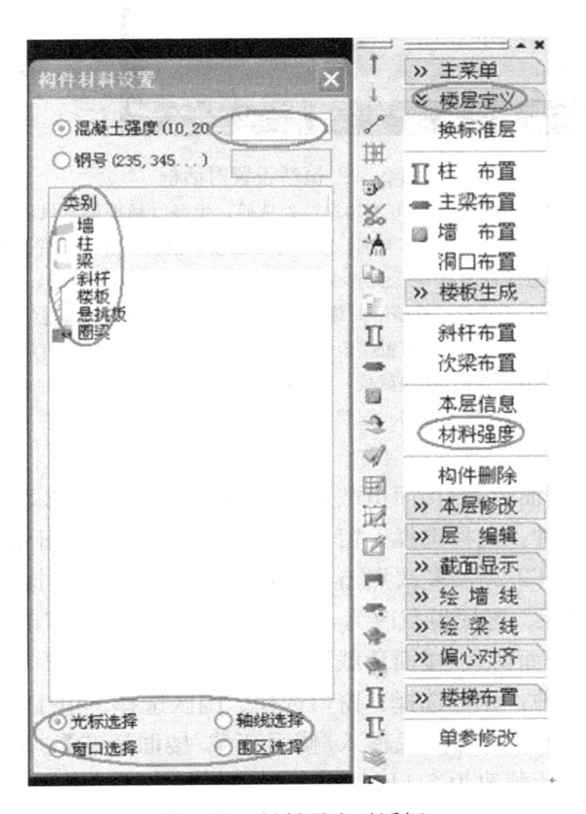

图 2-52　材料强度对话框

信息”中定义的各构件混凝土强度等级，在此对话框中，可以通过点击不同构件查看其混凝土强度等级，也可以单独设定某构件的混凝土强度等级，通过光标选择、轴线选择、窗口选择、围区选择，来布置构件的混凝土强度等级。

(11) 点击【荷载输入/恒活设置】，如图 2-53 所示。

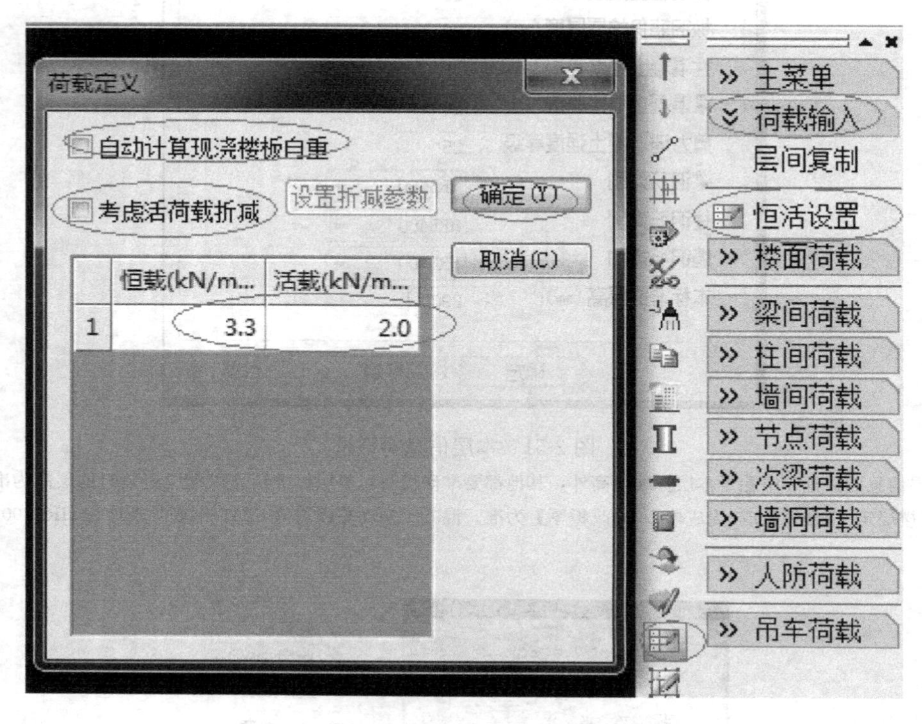

图 2-53 恒活设置对话框

注：1. “自动计算现浇板自重”选项可勾选也可不勾选。勾选后，恒载（标准值）只需填写附加恒载，不勾选，则恒载为：板自重＋附加恒载。本工程不勾选，第一标准层楼板恒载、活载按图 2-20 输入。

2. 经过计算对比得知“考虑活荷载折减”此参数对梁不起作用，梁内力不变，但墙、柱内力会减小。如在 SATWE、TAT、PMSAP 中选择“柱墙活荷载折减”，最好不勾选此项，以避免活荷载折减过多。

3. 输入楼板荷载前必须生成楼板，没有布置楼板的房间不能输入楼板荷载。所有的荷载值均为标准值。

4. 二跑楼梯均可以面荷载的形式导入楼梯荷载，楼梯间处的板可以按程序默认的板导荷方式，而不用将导荷方式改为单向传力，配筋时适当放大楼梯间框架梁底筋。

点击【荷载输入/楼面荷载/楼面恒载】，弹出对话框，如图 2-54 所示，可以输入恒载值，恒载布置方式有三种：光标选择、窗口选择、围区选择。由于在恒载设置里面将恒载设为 3.3kN/m²，参照图 2-20，多次点击【荷载输入/楼面荷载/楼面恒载】，将楼梯间恒载改为 8.0kN/m²，餐厅、客厅恒载改为 3.6kN/m²，卫生间恒载改为 6kN/m²。

点击【荷载输入/楼面荷载/楼面活载】，弹出对话框，如图 2-55 所示；可以输入活载值，活载布置方式有三种：光标选择、窗口选择、围区选择。由于在恒载设置里面将活载设置为 2.0kN/m²，再次点击【荷载输入/楼面荷载/楼面活载】，采用光标选择，将卫生间、阳台、餐厅处的活荷载改为 2.5kN/m²。

(12) 点击【荷载输入/梁间荷载/梁荷定义】，弹出对话框，如图 2-56 所示；点击添

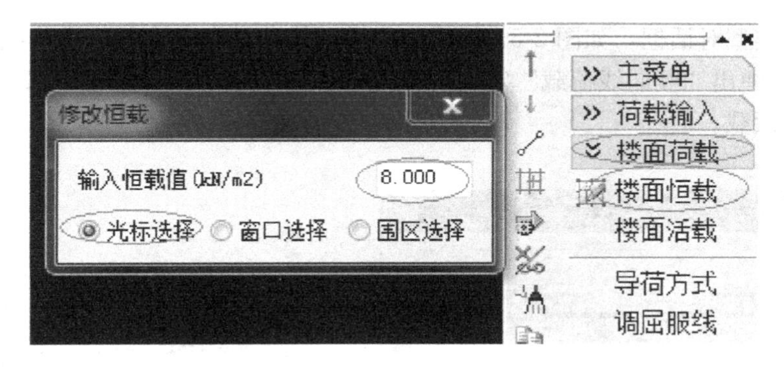

图 2-54　楼面恒载对话框

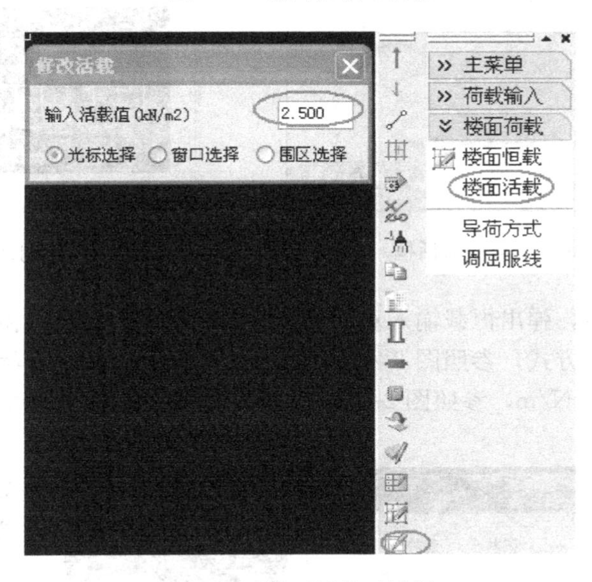

图 2-55　楼面活载对话框

注：板厚为 0 的楼板，应布置少许活荷载，因为没有活荷载，程序不能进行荷载组合，使计算分析出现失误。

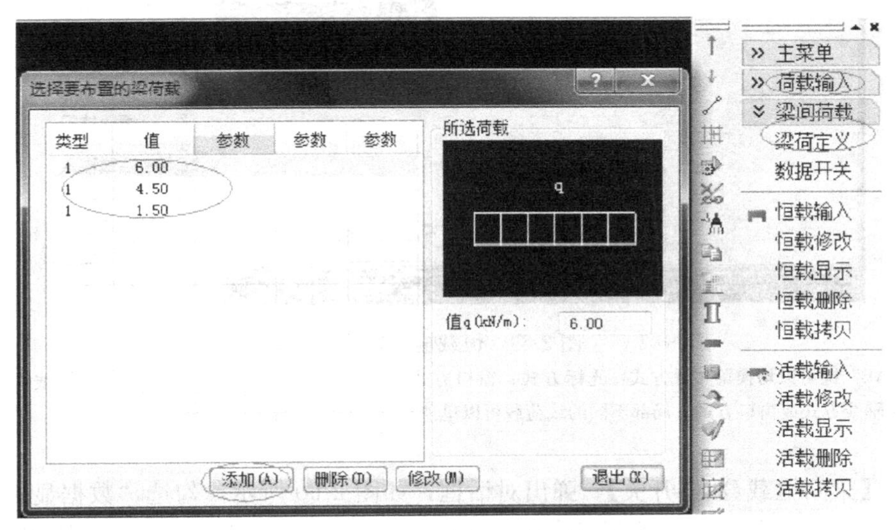

图 2-56　梁荷定义对话框

加，弹出选择类型对话框，如图 2-57 所示；选择“线荷载”（填充墙线荷载），用鼠标点击“线荷载”，弹出“竖向线荷载”定义对话框，如图 2-58 所示，参照图 2-20，依次定义所有类型的线荷载。

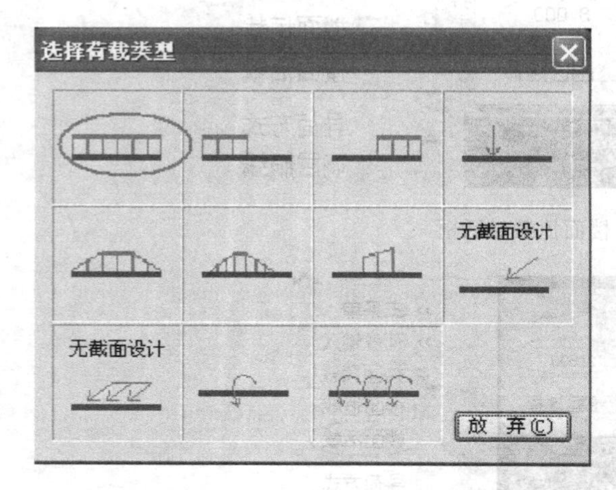

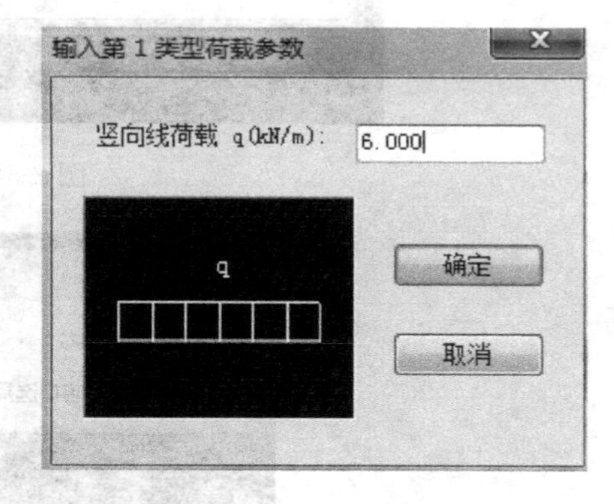

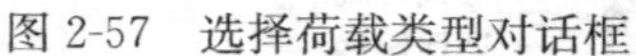

图 2-57 选择荷载类型对话框　　图 2-58 竖向线荷载定义对话框

点击【恒载输入】，弹出恒载输入对话框，如图 2-59 所示。用鼠标选择 6kN/m，再点击“布置”，采用光标方式，参照图 2-20，把 6kN/m 布置在指定的梁上。再点击【恒载输入】，选择线荷载 4.5kN/m，参照图 2-20，把 4.5kN/m 布置在指定的梁上。

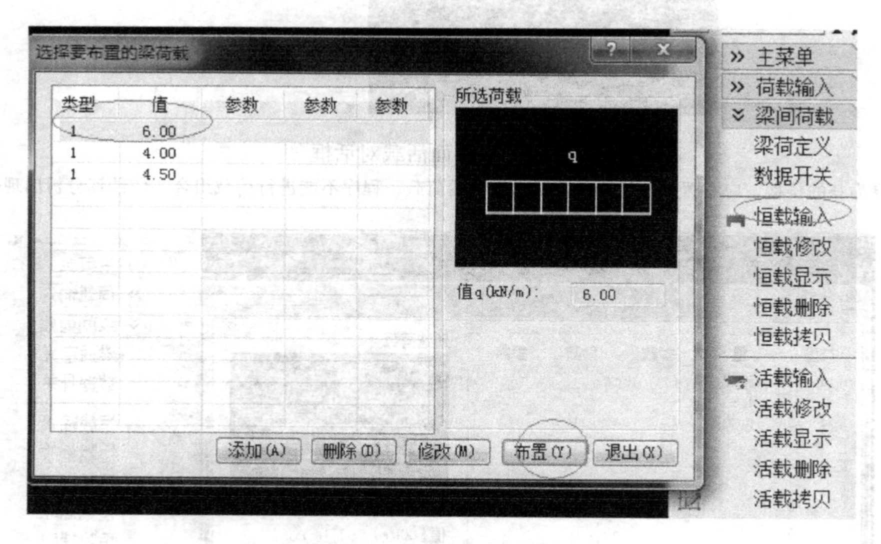

图 2-59 恒载输入对话框

注：按“TAB”键可以切换梁布置方式：光标方式、窗口方式、围栏方式、轴线方式；当大部分梁线荷载相同时，可以用轴线方式或窗口方式，局部不同的线荷载可以单独布置。梁线荷载可以叠加。

点击【梁间恒载/数据开关】，弹出对话框，如图 2-60 所示，勾选“数据显示”，点击“确定”，可以显示布置的梁线荷载大小，方便检查与修改。当线荷载布置错误时，点击

【恒载删除】，可以删除布置的线荷载，删除方式有：光标方式、轴线方式、窗口方式、围栏方式。

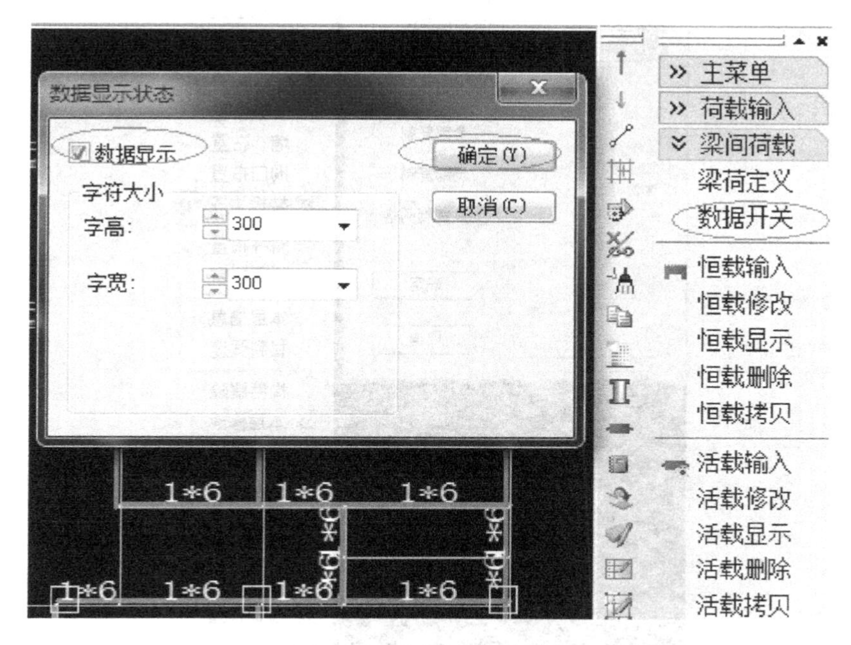

图 2-60　数据开关对话框

(13) 点击【楼层定义/换标准层/添加新标准层】，定义第二标准层。一般选择全部复制（用于复制基本相同的标准层），如图 2-61、图 2-62 所示。也可以点击屏幕的左上方，选择【添加新标准层】，如图 2-63 所示。

第二标准层与第一标准层的区别是，第二标准层去掉了挑板与雨篷板。梁、柱、板构件不变，面荷载、线荷载不变。点击【楼层定义/构件删除】，选择“挑板”，删除挑板。选择“梁”，删除雨篷处的挑梁及封口梁。

(14) 点击【楼层定义/换标准层/添加新标准层】，定义第三标准层。第三标准层与第二标准层的区别是柱子截面由 400mm×400mm 变成 350mm×350mm。梁、板构件不变，面荷载、线荷载不变。点击【楼层定义/柱布置】，将 400mm×400mm 的柱子变成 350mm×350mm，偏心与建筑一致。

(15) 点击【楼层定义/换标准层/添加新标准层】，定义第四标准层（屋顶层）。第四标准层与第三标准层的区别是卧室家具橱柜处的小次梁删除，板恒载修改为 6kN/m^2，板活载修改为 0.5kN/m^2。只有女儿墙线荷载，板厚改为 120mm。

点击【楼层定义/构件删除】，选择“梁”，删除卧室家具橱柜处的小次梁。点击【荷载输入/楼面恒载】，将板恒载改为 6kN/m^2。点击【荷载输入/楼面活载】，将板活载改为 0.5kN/m^2。点击【荷载输入/梁间荷载/恒载删除】，按“TAB”键选择窗口模式，删除全部线恒载，点击【荷载输入/梁间荷载/恒载输入】，参照图 2-22，布置屋顶女儿墙线荷载。点击【楼板定义/楼板生成/修改板厚】，选择窗口方式，将楼板板厚改为 120mm。

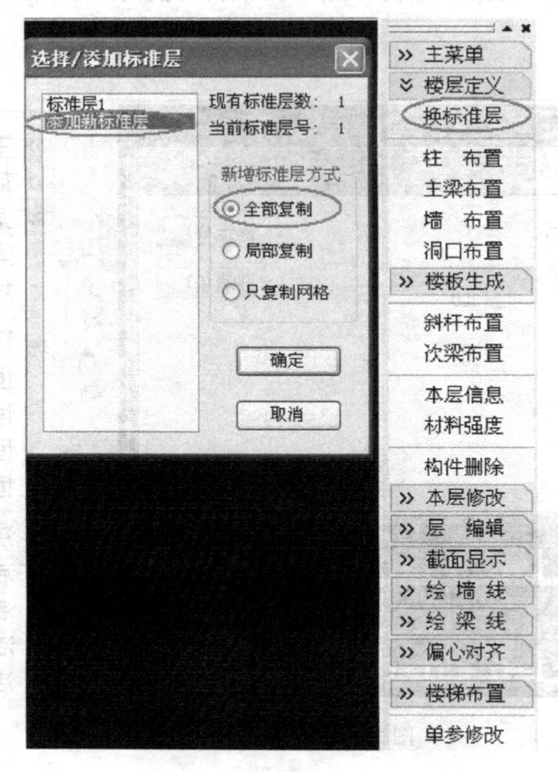

图 2-61　选择/添加标准层对话框

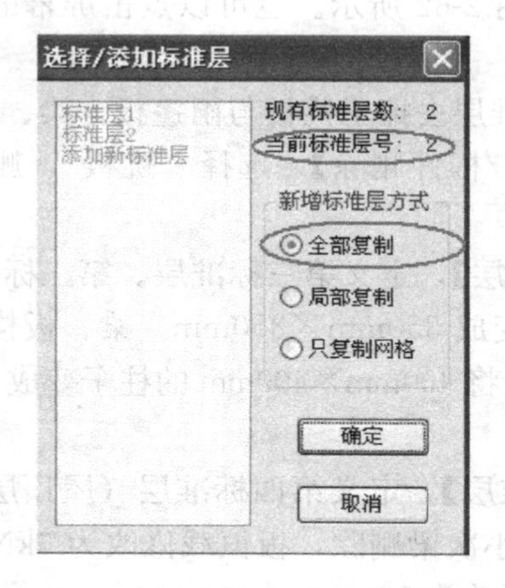

图 2-62　选择/添加标准层对话框（1）

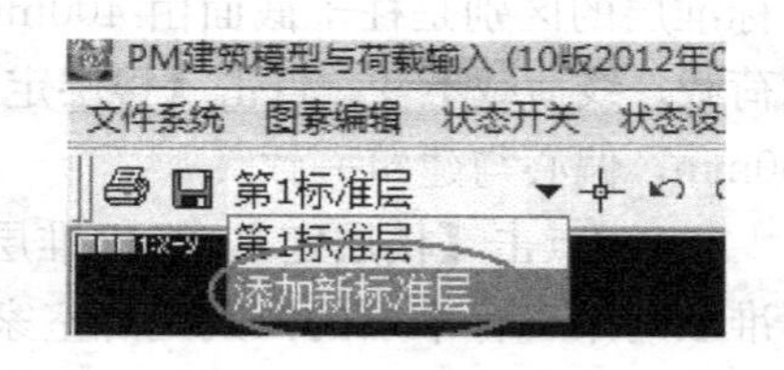

图 2-63　添加新标准层对话框

注：1. 选择的是“当前标准层号 2”，则添加新的标准层是以“当前标准层号 2”为模板复制；如果选择的是“当前标准层号 1”，则添加新的标准层是以“当前标准层号 1”为模板复制。

2.【局部复制】是用于复制局部楼层相同的标准层，【只复制网格】用于复制楼层布置不相同的标准层。

当所有标准层定义完成后，如要删除或修改不同标准层同一平面位置处的构件时，可点击【楼层定义/层编辑/层间编辑】，但操作完成后，需要将“已选编辑标准层”全部删除，否则影响下一步程序的操作。

（16）点击【设计参数】，弹出对话框，点击【总信息】，如图 2-64 所示。

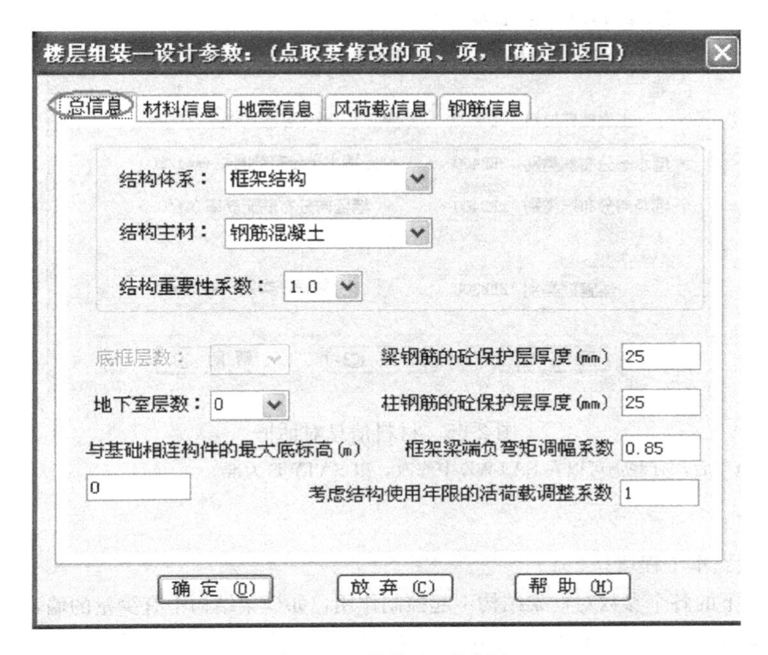

图 2-64　总信息对话框

注：以上参数填写后，有些仍可以在 SATWE 中修改，以 SATWE 为准。

参数注释

1. 结构体系：根据工程实际填写，本项目为框架结构；

2. 结构主材：一般为钢筋混凝土，也有其他选项，比如“钢和混凝土”、“砌体”等；

3. 结构重要性系数：1.1、1.0、0.9 三个选项，《建筑结构可靠度设计统一标准》GB 50068—2001 规定：对安全等级分别为一、二、三级或设计使用年限分别为 100 年及以上、50 年、5 年时，重要性安全系数分别不应小于 1.1、1.0、0.9，一般工程可填写 1.0；

4. 地下室层数：如实填写，本工程填 0；

5. 梁、柱钢筋的混凝土保护层厚度：本工程填写 25mm；

6. 框架梁端负弯矩调幅系数：一般可填写 0.85；

7. 考虑结构使用年限的活荷载调整系数：一般可填写 1.0；

8. 与基础相连构件的最大底标高（m）：程序默认值为 0。某坡地框架结构，若局部基础顶标高分别为−2.00mm、−6.00mm，则“与基础相连构件的最大底标高”填写 4.00m 时，程序才能分析正确，程序会把低于此数值的构件节点设为嵌固，这样就能兼顾不同基础埋深的情况。

点击【材料信息】，如图 2-65 所示。

点击【地震信息】，如图 2-66 所示。

点击【风荷载信息】，如图 2-67 所示。

点击【钢筋信息】，如图 2-68 所示。

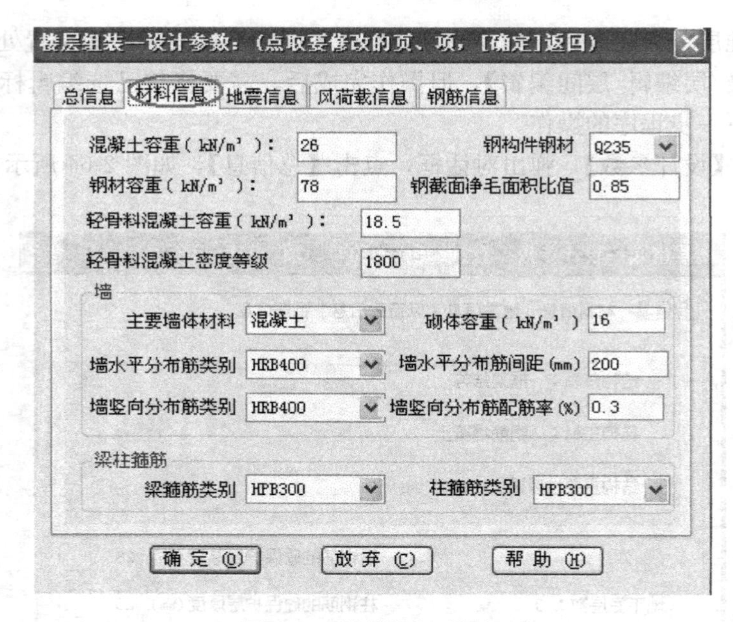

图 2-65　材料信息对话框

注：以上参数填写后，有些仍可以在 SATWE 中修改，以 SATWE 为准。

参数注释

1. 混凝土重度：本工程填写 26；

2. “墙”一栏下的各个参数对框架结构不起控制作用，如框架结构中有少量的墙，应如实填写；

3. 梁、柱箍筋类别应按设计院规定或当地习惯、市场购买情况填写；规范规定 HPB300 级钢筋为箍筋的最小强度等级；钢筋强度等级越低延性越好，强度等级越高，一般比较省钢筋。现多数设计院在设计时梁、柱箍筋类别一栏填写 HRB400，本工程为 HRB400。

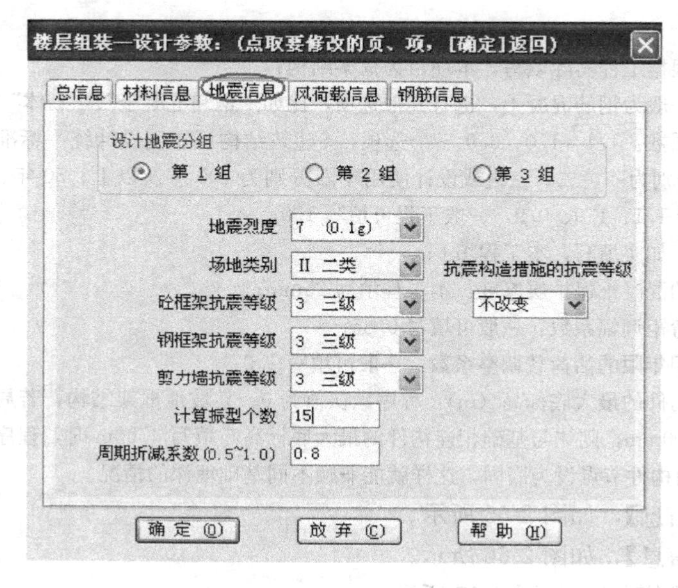

图 2-66　地震信息对话框

注：以上参数填写后，有些仍可以在 SATWE 中修改，以 SATWE 为准。

参数注释

1. 设计地震分组：根据实际工程情况查看“抗规”附录A；本工程为第一组。

2. 地震烈度：根据实际工程情况查看“抗规”附录A；本工程为7度。

3. 场地类别：根据《地质勘测报告》测试数据计算判定。本工程为二类。

注：地震烈度、设计地震分组、场地土类型三项直接决定了地震计算所采用的反应谱形状，对水平地震力的大小起到决定性作用。

4. 混凝土框架抗震等级、剪力墙抗震等级、钢框架抗震等级：

丙类建筑按本地区抗震设防烈度计算，根据“抗规”表6.1.2或“高规”3.9.3选择。

乙类建筑，（常见乙类建筑：学校、医院）按本地区抗震设防烈度提高一度查表选择。建筑分类见《建筑工程抗震设防分类标准》GB 50223—2008。

“混凝土框架抗震等级”、“剪力墙抗震等级”根据实际工程情况查看“抗规”表6.1.2。本工程框架抗震等级为三级。

5. 计算振型个数：地震力振型数至少取3，由于程序按三个阵型一页输出，所以振型数最好为3的倍数。一般对于进行耦联计算的高层建筑，所选振型数不应小于9个，对于高层建筑应至少取15个；多塔结构计算阵型数应取更多，但要注意此处的阵型数不能超过结构的固有阵型的总数（刚性楼板假定时），比如一个规则的两层结构，采用刚性楼板假定，共6个有效自由度，此时阵型个数最多取6，否则会造成地震力计算异常。对于复杂、多塔以及平面不规则的建筑计算振型个数要多选，一般要求“有效质量数大于90%”。振型数取得越多，计算一次时间越长。

6. 计算各振型地震影响系数所采用的结构自振周期应考虑非承重填充墙体对结构刚度增强的影响，采用周期折减予以反映。因此，当承重墙体为填充砖墙时，高层建筑结构的计算自振周期折减系数可按“高规”4.3.17取值：

（1）框架结构可取0.6～0.7；

（2）框架-剪力墙结构可取0.7～0.8；

（3）框架-核心筒结构可取0.8～0.9；

（4）剪力墙结构可取0.8～1.0。

注：厂房和砖墙较少的民用建筑，周期折减系数一般取0.80～0.85，砖墙较多的民用建筑取0.6～0.7（一般取0.65）。框架-剪力墙结构：填充墙较多的民用建筑取0.7～0.80，填充墙较少的公共建筑可取大些（0.80～0.85）。剪力墙结构：取0.9～1.0，有填充墙取低值，无填充墙取高值，一般取0.95。

7. 抗震构造措施的抗震等级：一般选择不改变。当建筑类别不同（比如甲类、乙类）、场地类别不同时，应按相关规定填写，如表2-8所示。

决定抗震构造措施的烈度 **表2-8**

建筑类别	场地类别	设计基本地震加速度（g）和设防烈度					
		0.05 6	0.1 7	0.15 7	0.2 8	0.3 8	0.4 9
甲、乙类	Ⅰ	6	7	7	8	8	9
	Ⅱ	7	8	8	9	9	9+
	Ⅲ、Ⅳ	7	8	8+	9	9+	9+
丙类	Ⅰ	6	6	6	7	7	8
	Ⅱ	6	7	7	8	8	9
	Ⅲ、Ⅳ	6	7	8	8	9	9

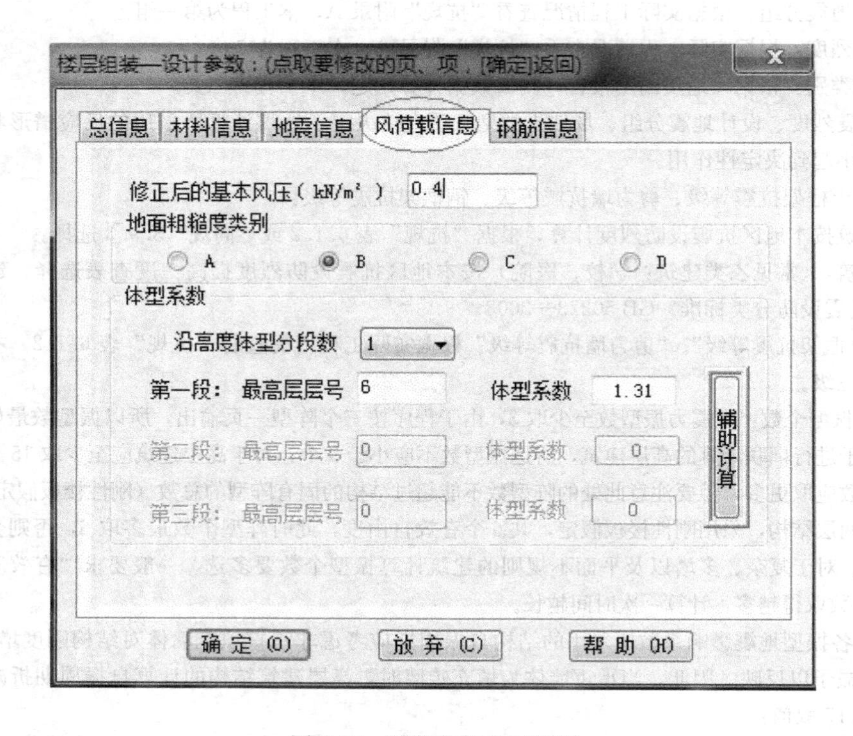

图 2-67 风荷载信息对话框

注：以上参数填写后，有些仍可以在 SATWE 中修改，以 SATWE 为准。

参数注释

1. 修正后的基本风压：

一般工程按荷载规范给出的 50 年一遇的风压采用（直接查荷载规范）；对于沿海地区或强风地带等，应将基本风压放大 1.1～1.2 倍。本工程为 0.4kN/m²。

注：风荷载计算自动扣除地下室的高度。

2. 地面粗糙类别：

该选项是用来判定风场的边界条件，直接决定了风荷载的沿建筑高度的分布情况，必须按照建筑物所处环境正确选择。相同高度建筑风荷载 A>B>C>D。

A类：近海海面，海岛、海岸、湖岸及沙漠地区。

B类：指田野、乡村、丛林、丘陵及中小城镇和大城市郊区。

C类：指有密集建筑群的城市市区。

D类：指有密集建筑群且房屋较高的城市市区。

3. 体型分段数：

默认为 1，一般不改。现代多、高层结构立面变化较大，不同的区段内的体型系数可能不一样，程序限定体型系数最多可分三段取值。若建筑物立面体型无变化时填 1。对于（基础梁与上部结构共同分析计算的）多层框架或（地下室顶板不作为上部结构嵌固端的）高层当定义底层为地下室后，体型分段数应只考虑上部结构，程序会自动扣除地下室部分的风载。

楼层组装—设计参数：（点取要修改的页、项，[确定]返回）

总信息 材料信息 地震信息 风荷载信息 钢筋信息

钢筋等级	钢筋强度设计值(N/mm2)
HPB300	270
HRB335/HRBF335	300
HRB400/HRBF400/RRB400	360
HRB500/HRBF500	435
冷轧带肋550	360
HPB235	210

确定(O) 放弃(C) 帮助(H)

图 2-68 钢筋信息对话框

注：以上参数填写后，有些仍可以在 SATWE 中修改，以 SATWE 为准。

参数注释

一般可采用默认值，不用修改。

（17）点击【楼层组装/楼层组装】，弹出对话框，如图 2-69 所示。

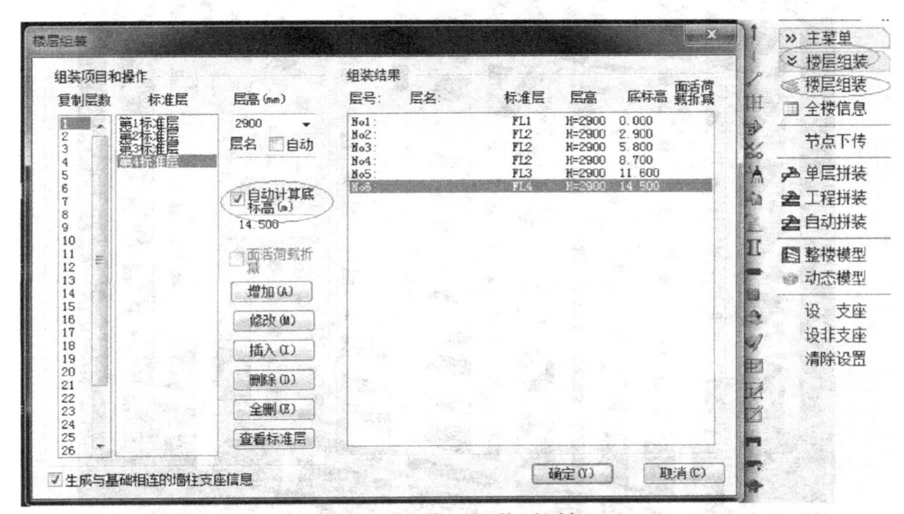

图 2-69 楼层组装对话框

注：1. 楼层组装的方法是：选择〈标准层〉号，输入层高，选择〈复制层数〉，点击〈增加〉，在右侧〈组装结果〉栏中显示组装后的自然楼层。需要修改组装后的自然楼层，可以点击〈修改〉、〈插入〉、〈删除〉等进行操作。为保证首层竖向构件计算长度正确，该层层高通常从基础顶面算起。结构标准层仅要求平面布置相同，不要求层高相同。

2. 普通楼层组装应选择〈自动计算底标高（m）〉，以便由软件自动计算各自然层的底标高，如采用广义楼层组装方式不选择该项。

3. 广义楼层组装时可以为每个楼层指定〈层底标高〉，该标高是相对于±0.000 标高，此时应不勾选〈自动计算底标高（m）〉，填写要组装的标准层相对于±0.000 标高。广义楼层组装允许每个楼层不局限于和唯一的上、下层相连，而可能上接多层或下连多层。广义楼层组装方式适用于错层多塔、连体结构的建模。

4. 首层层高通常从基础顶面算起。本工程嵌固端取在−0.500m 处，−0.500m 以下做短柱。

点击【整楼模型】，弹出“组装方案对话框”，如图 2-70 所示。点击确定，出现该工程三维模型，如图 2-71 所示。

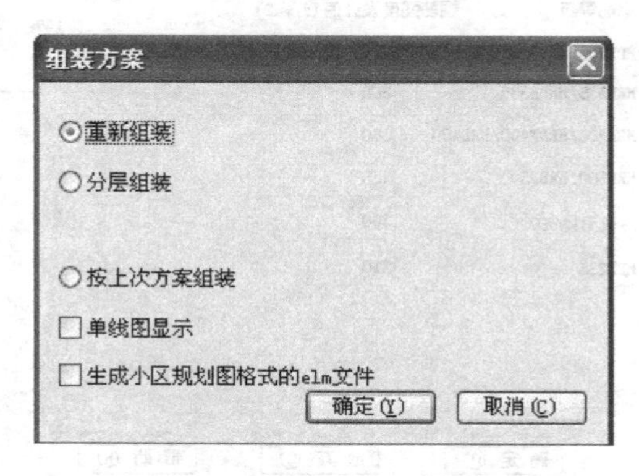

图 2-70 组装方案对话框

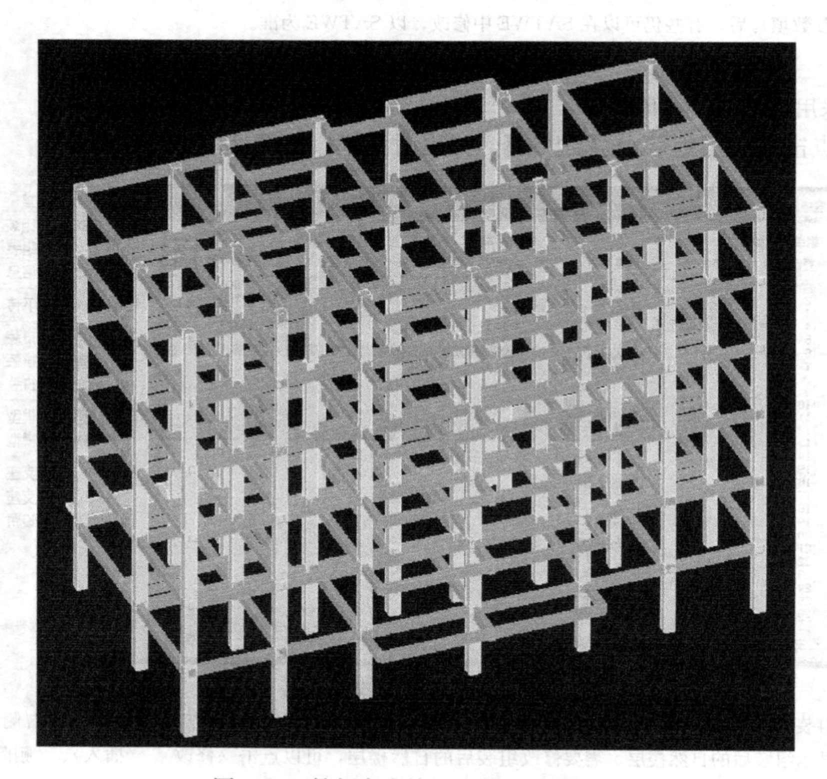

图 2-71 教师宿舍楼层组装三维模型图

（18）布置楼梯

切换到第一标准层，点击【PMCAD/楼层定义/楼梯布置】，光标处于识别状态，程序要求用户选择楼梯所在的四边形房间，当光标移到某一房间时，该房间边界将加亮，提示当前所在房间，点击左键确认；确认后，程序弹出楼梯布置对话框，如图 2-72 所示。

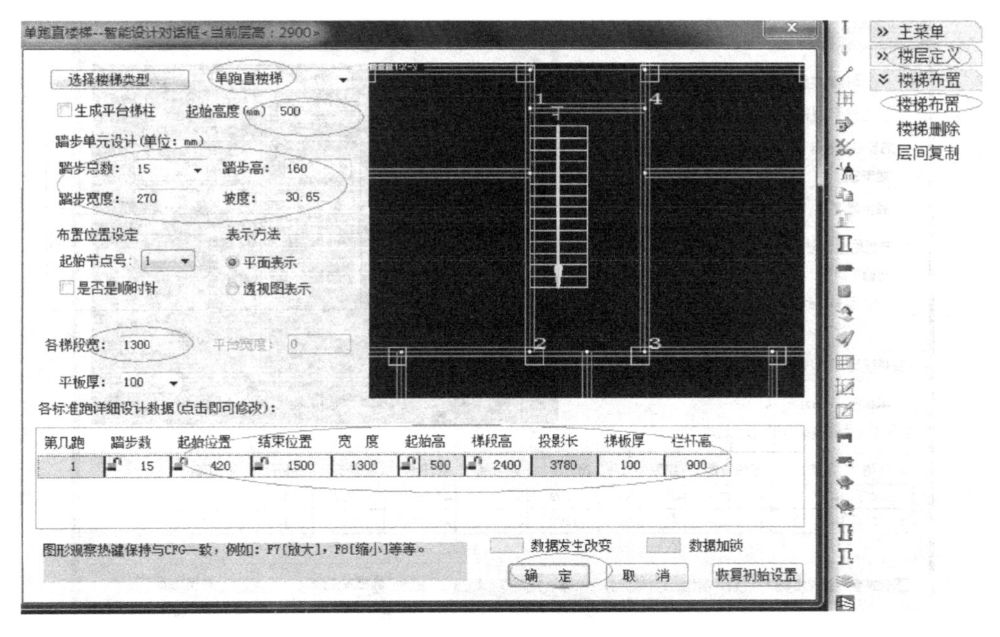

图 2-72　楼梯布置对话框

参数注释

选择楼梯类型：点击选择楼梯类型按钮，程序弹出楼梯布置类型对话框，供用户选择，目前程序能定义两跑、对折的三跑、四跑及单跑楼梯。本工程第一层选择单跑楼梯。

踏步总数：输入楼梯的总踏步数。踏步数+1=级数。此参数根据建筑图如实填写。本工程填写 15。

坡度：当修改踏步参数时，程序根据层高自动调整楼梯坡度，并显示计算结果。

起始节点号：用来修改楼梯布置方向，可根据预览图显示的房间角点编号调整。

是否是顺时针：确定楼梯走向。

表示方法：可在平面与透视图表示方法之间切换。

各梯段宽：设置梯板宽度。

平台宽度：设置平台宽度。

平板厚：设置平台板厚度。

各标准跑详细设计数据：设置各梯跑定义与布置参数。点击【确定】按钮，完成楼梯定义。

注：1. 起始高度 500mm 是因为嵌固端在−0.500m 处，楼梯高 2400mm+起始高 500mm=层高 2900mm。

2. 投影长 3780 是指踏步数×踏步宽。

切换到第二标准层，点击【PMCAD/楼层定义/楼梯布置】，光标处于识别状态，程序要求用户选择楼梯所在的四边形房间，当光标移到某一房间时，该房间边界将加亮，提示当前所在房间，点击左键确认；确认后，程序弹出楼梯布置对话框，如图 2-73 所示。

点击【层间复制】，程序先提示该操作不可 UNDO，然后弹出层间复制对话框，如图 2-74 所示；把第二标准层的楼梯复制到第三标准层，在第二标准层中点击【楼层定义/楼梯布置/楼梯复制】，目标标准层为第三标准层。程序要求复制楼梯的各层层高相同，且必须布置了和上跑楼梯板相连的杆件。

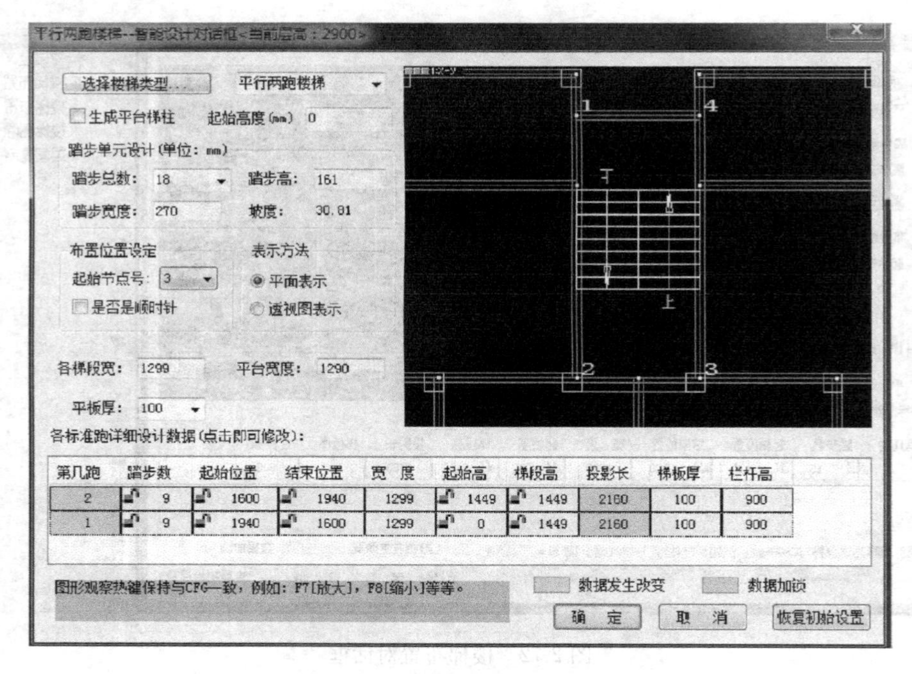

第几跑	踏步数	起始位置	结束位置	宽 度	起始高	梯段高	投影长	梯板厚	栏杆高
2	9	1600	1940	1299	1449	1449	2160	100	900
1	9	1940	1600	1299	0	1449	2160	100	900

图 2-73 楼梯布置对话框(1)

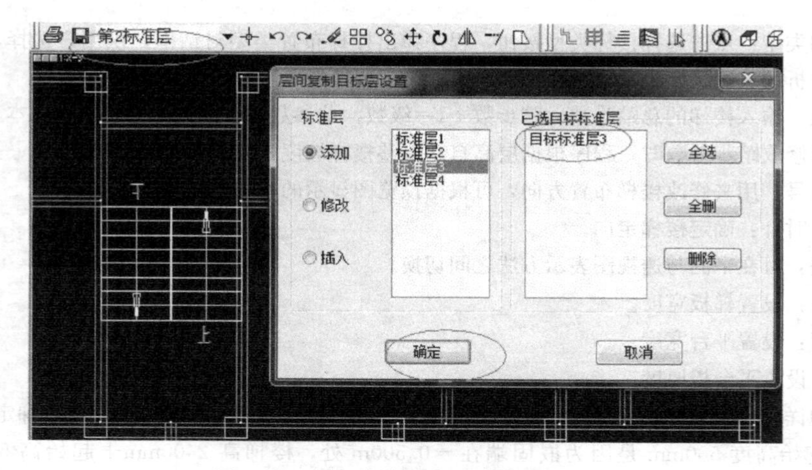

图 2-74 层间复制目标层设置对话框

注:1. 点击图 2-74 左边的标准层便会将该标准层放入“已选目标标准层”,点击“全选”,便可将左边全部标准层放入“已选目标标准层”,点击“全删”,便可将“已选目标标准层”全部删除,点击“删除”,则为逐个删除“已选目标标准层”。

2. 在 PMCAD 主菜单一的结构建模中输入楼梯,楼梯建模应在楼层组装后完成,因为此时各楼层的层高已经确定,只有层高确定后,各楼梯跑才能正确布置。

3. 楼梯间宜将板厚设为 0,不宜开全房间洞。因为考虑楼梯作用的计算模型是专门生成在 IT 目录下的,当前工作子目录的模型计算时不会考虑楼梯,计算模型和没有楼梯布置的模型完全相同。以前对楼梯荷载通常的做法是将其换算成楼面荷载布置到楼梯间,并将楼梯间处板厚设为 0。这样做可延续先前的计算方法。

4. 有关楼梯荷载输入。恒载:当通过楼梯布置模块中楼板厚度定义对话框,定义了楼梯板厚度后,楼梯及休息平台的自重程序会自动计算,如果有其他荷载(踏步、如面层抹灰、栏杆等),需要用户定值输入。活载:查《荷载规范》后输入。

完成以上操作后，整个框架结构三维模型如图 2-75 所示。

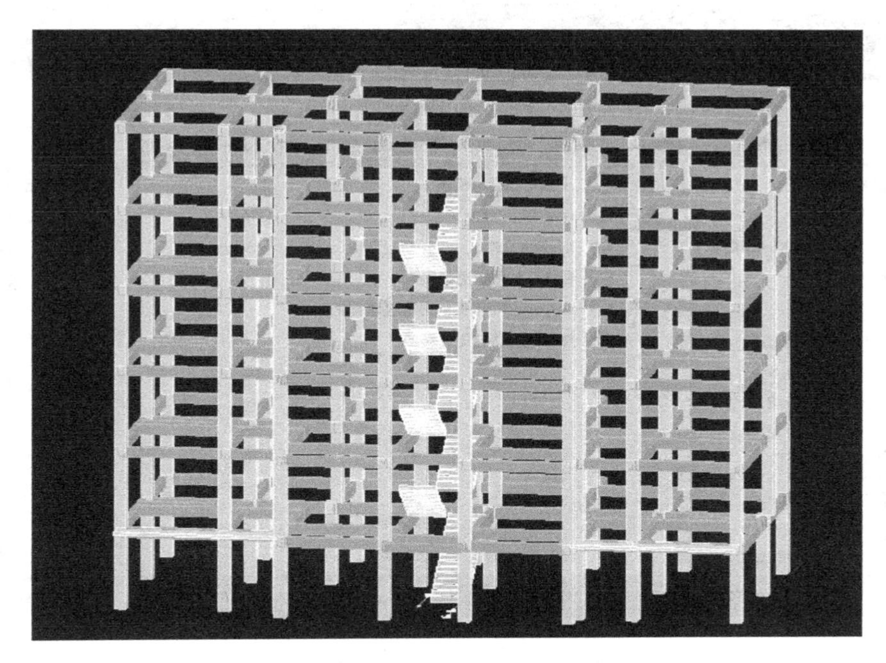

图 2-75　带楼梯的教师宿舍三维模型

注：1. 把楼梯建如模型中，只是放了查看楼梯对整个框架结构的位移比、周期比的影响，框架结构配筋计算时不考虑楼梯的影响；如果用户要考虑楼梯参与结构整体分析，退出 PMCAD 时要勾选“楼梯自动转换为梁（数据在 LT 目录下）”选项（图 2-76），这样程序才能在 LT 文件夹中生成模型数据（如果不勾选，则程序不生成 IT 文件夹，平面图中的楼梯只是一个显示，不参与结构整体分析）。

2. 程序自动把 LT 文件放在 PKPM 模型文件中。如果计算目录没有指向 LT 文件夹，则程序完全不考虑楼梯的影响（楼梯已经建模）。如果要考虑楼梯对结构位移比、周期比的影响，则可以让计算目录指向 LT 文件夹，如图 2-77 所示。

3. 对于一般的板式楼梯，不建议在整体模型中考虑楼梯作用，因为在整体模型中对楼梯类斜撑如何计算尚存在较大的争议，且将楼梯作成框架结构的斜撑有违抗震设计的基本原则。建议采用滑动支座楼梯（即 11G101-2 图集中 ATa 或 ATb 型楼梯），这样可以不考虑楼梯的斜撑作用。

2.7.2　AutoCAD 平面图向建筑模型转化

某些结构平面比较复杂，在 PMCAD 中建模则很不方便，可以先在 CAD 或探索者（TSSD）中画好结构模板板（轴网、柱、梁、墙、标注等），再经过简单的处理，导入 PKPM 中建模，画施工图时，可以利用 PKPM 中的模板。本节以某教师宿舍框架结构为例，讲述在 TSSD 中画结构模板图，再导入 PKPM 中建模的过程。

1. 准备工作。

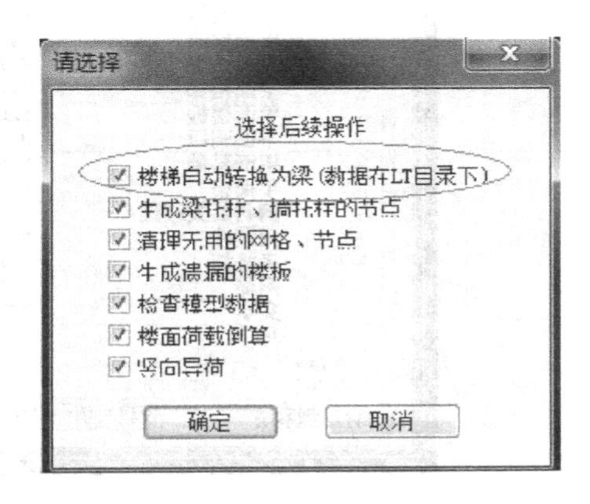

图 2-76　PMCAD 退出时选择后续操作对话框

打开探索者（TSSD2012），在探索者（TSSD）“初始设置”中点击“图层”，可以改变“图层名”

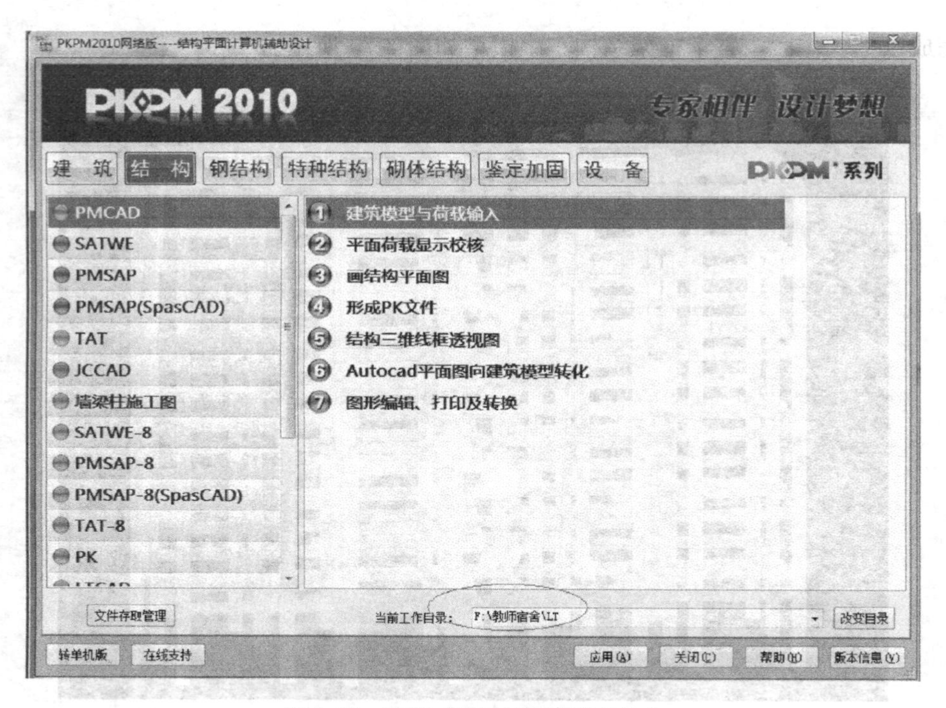

图 2-77 改变工作目录至 LT 文件夹

（应与建筑、PKPM 中图层区分）、“颜色”、“线型”，如图 2-78 所示。点击“简化命令”，可以设置操作的快捷命令，如图 2-79 所示。也可以点击“文字编号”、“尺寸标注”、“钢筋”完成其他初始设置，使得与单位要求相符合。

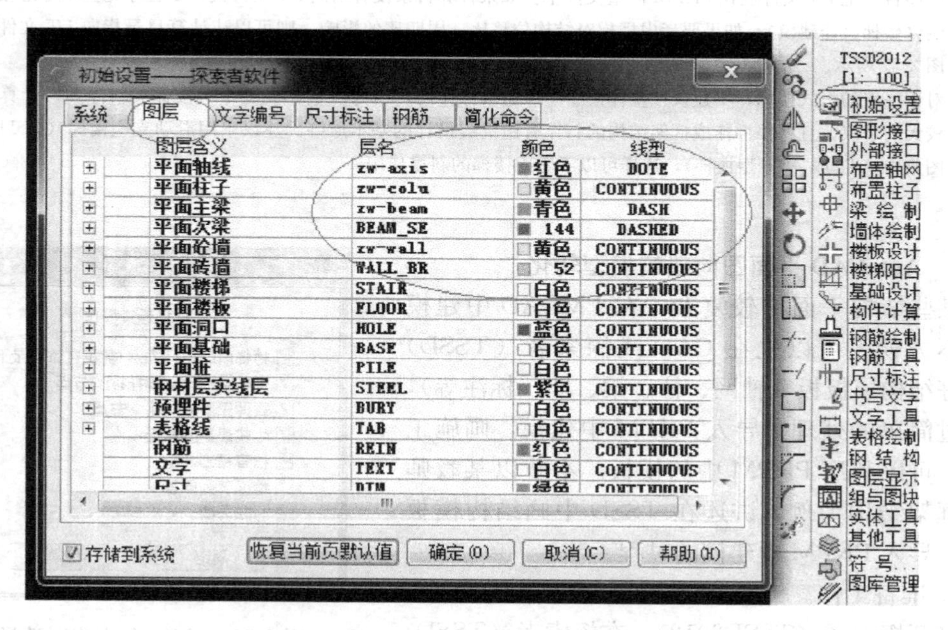

图 2-78 初始设置-图层

注：如果不在 TSSD 中进行操作，可在 CAD 中借用一些小插件用单位指定的图层画柱、梁、墙、轴线。

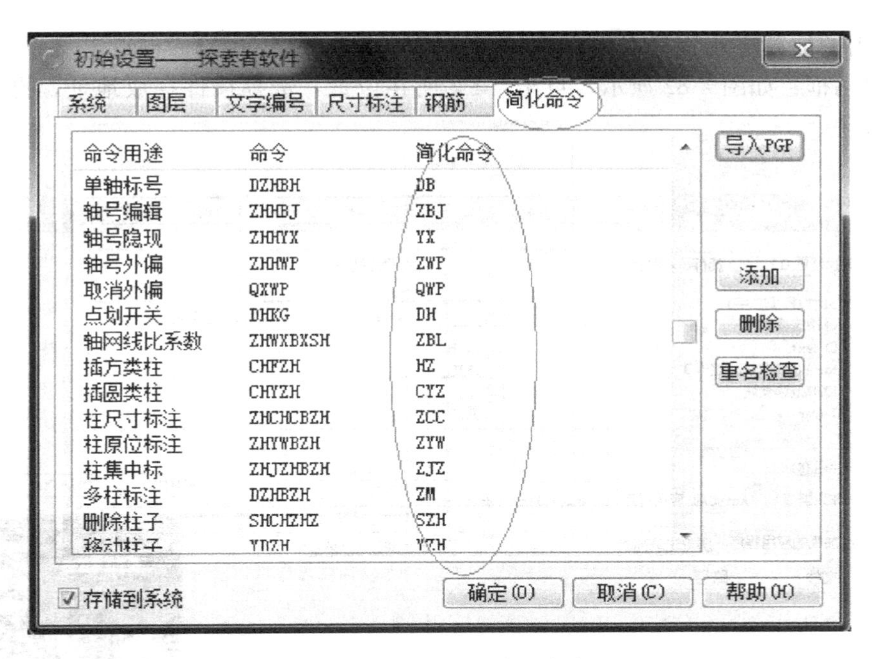

图 2-79 初始设置-简化命令

在 CAD 或 TSSD 中，有些操作比较烦琐，可以在网上下载一些小插件来提高绘图效率，可以把平时要用的小插件设为“启动组”，以后每次 CAD 或 TSSD 重启时，程序可以自动加载插件。具体操作如下：在 CAD 或 TSSD 中点击【工具/加载应用程序】，如图 2-80 所示。

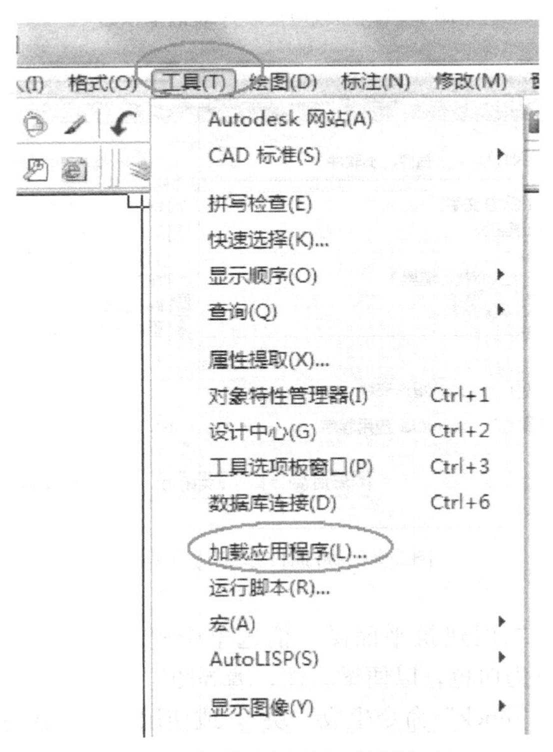

图 2-80 加载应用程序对话框（1）

在弹出的加载应用程序对话框中（图 2-81）点击【启动组】，再点击【添加】，弹出“添加”对话框，如图 2-82 所示，点击“1”所在位置，选择插件存放地址，再选择要添加的插件。

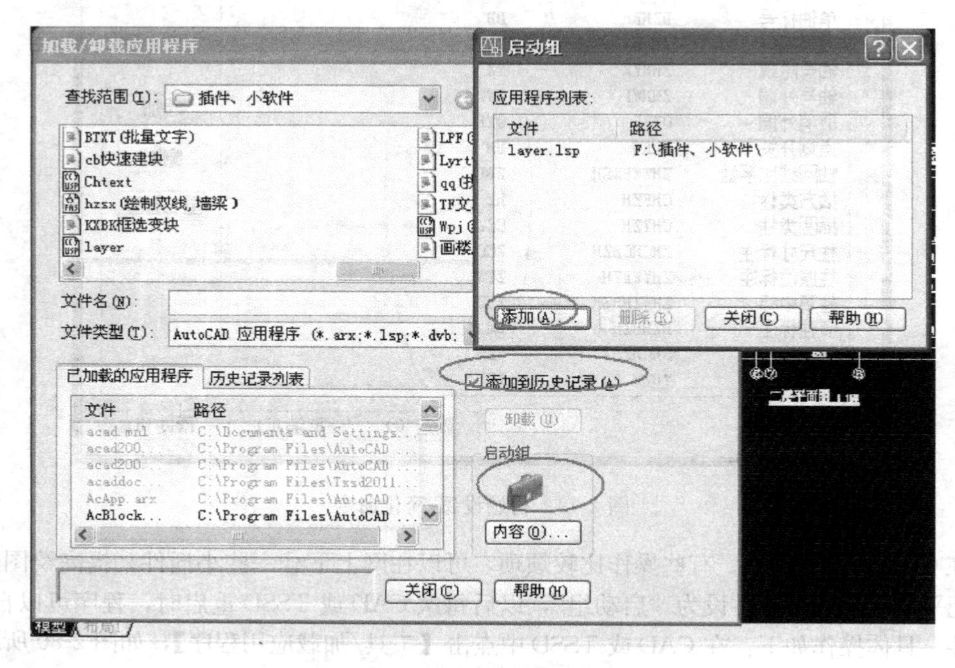

图 2-81　加载应用程序对话框（2）

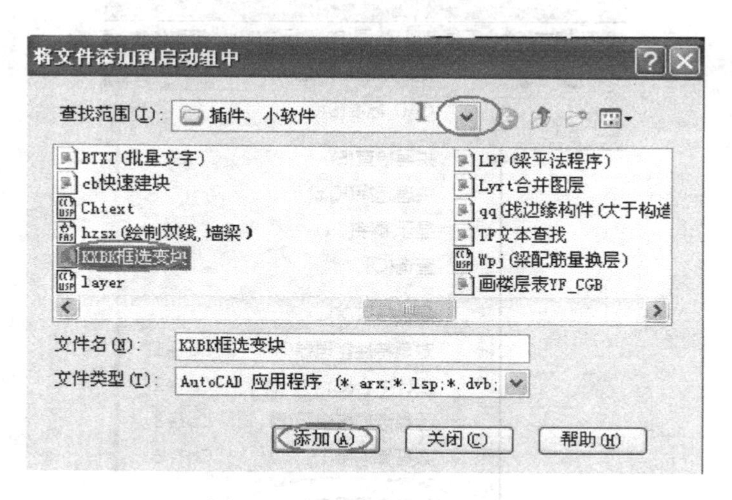

图 2-82　将插件添加到启动组

2. 在 TSSD 中打开二层建筑平面图，框选整个建筑平面图（图 2-2），在 TSSD 中“图层选项”中将颜色改为白色，以便梁、柱、墙等图层区分，如图 2-83 所示。

3. 在 CAD 中输入“block”命令生成“块”，或使用小插件快速生成“块”，如图 2-84 所示。

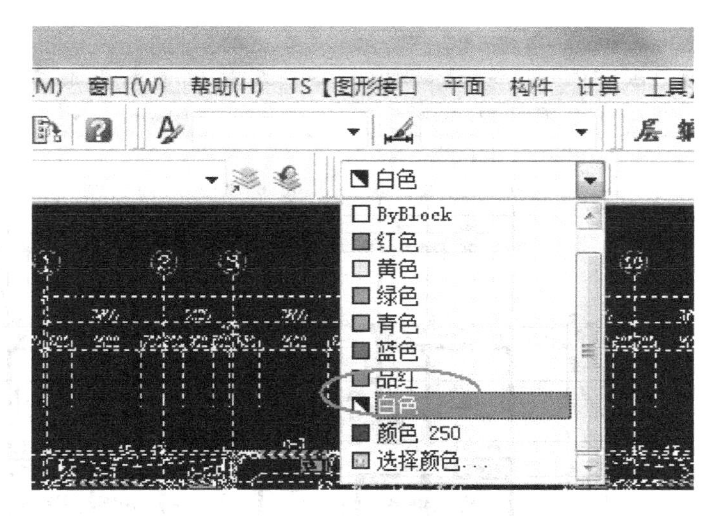

图 2-83　将二层建筑平面图各构件图层改为黑色

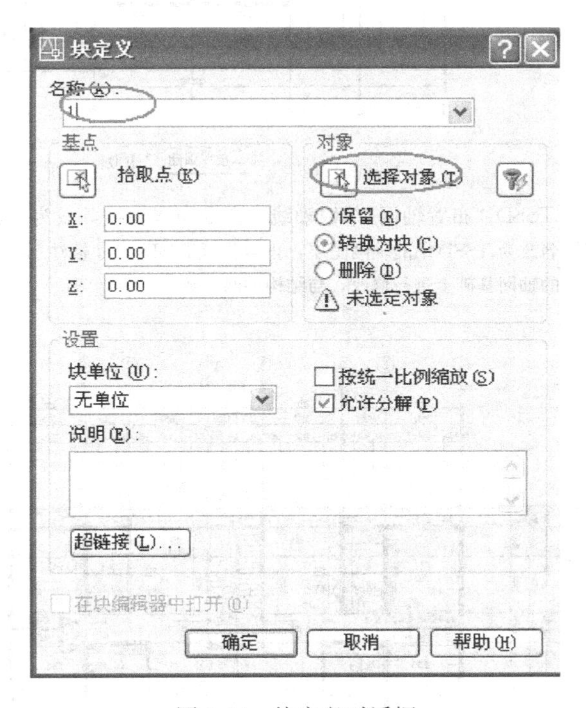

图 2-84　块定义对话框

4. 在 TSSD 中点击【布置轴网/单根轴线】，在块的旁边点击“单根轴网的起点”、“单根轴网的终点”，布置单根轴网，如图 2-85 所示。用鼠标左键单击该根轴网，设为当前图层，如图 2-85 所示。

5. 利用 TSSD 中的轴网图层，输入直线命令“L”，绘制“结构轴网”（布置柱、主梁、次梁、挑梁的轴线）。如图 2-86 所示。

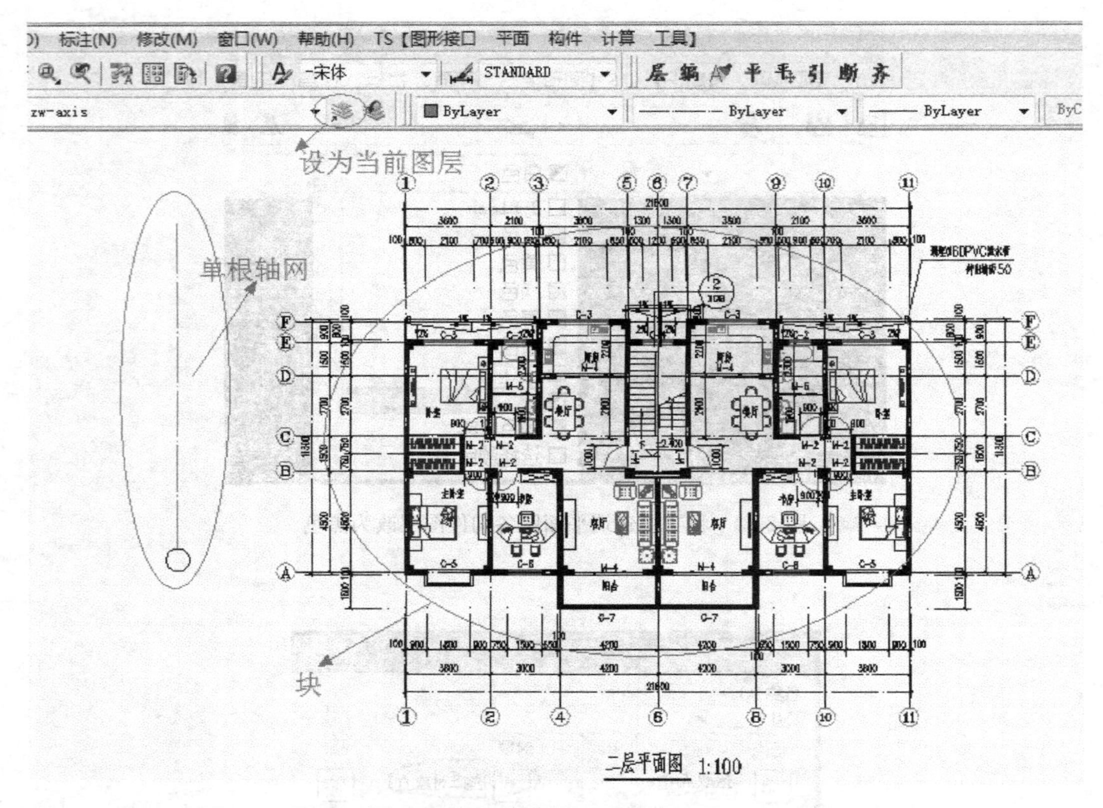

图 2-85 TSSD“布置轴网/单根轴线”命令布置轴线并设为当前图层

注：也可以把建筑的轴网图层名改为 TSSD 中的轴网图层，再点击【TSSD/尺寸标注/原值检查】检查建筑轴网标注尺寸是否正确。再在建筑的轴网基础上进行修改，与结构轴网一致。

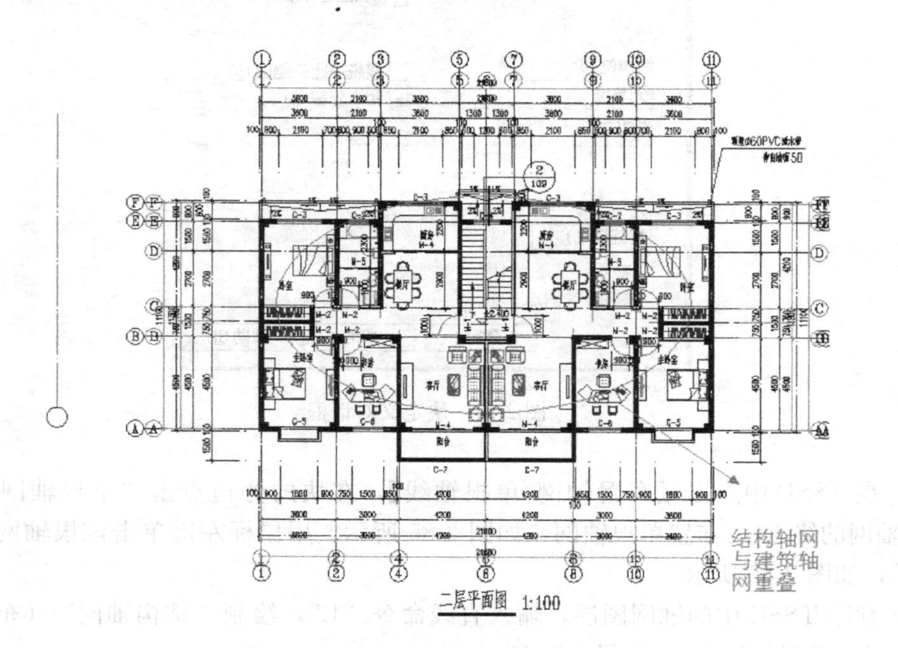

图 2-86 绘制结构轴网及轴线编号

点击【TSSD/布置轴网/轴网标注】，选择要标注一侧的轴线（选取点靠近起始编号），选择不需要标注的轴线，输入轴线起始编号，点击回车键。多次点击【TSSD/布置轴网/轴网标注】，标注左右、上下四侧轴线，并把轴号的编号改成与建筑一致。如图 2-86 所示。

6. 布置柱子。

本工程 1～4 层柱截面均取 400mm×400mm，5～6 层柱截面均取 350mm×350mm。第二标准层柱子截面尺寸均为 400mm×400mm。点击【TSSD/布置柱子/插方类柱】，柱子尺寸填写为 400、400，横偏 100，纵偏 100，用“区域”方式（图 2-87），框选 1 轴-A 轴相交节点，布置该处柱子，如图 2-88 所示。

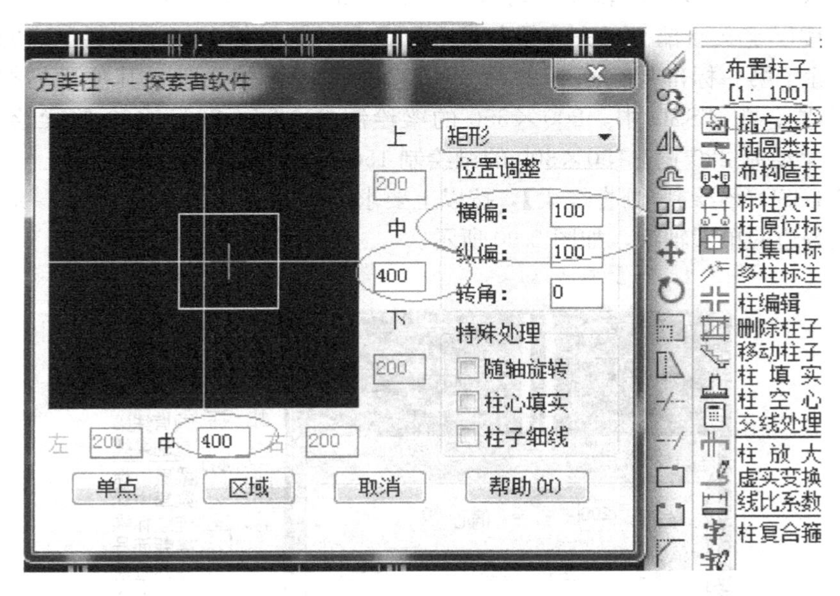

图 2-87　TSSD 方类柱对话框

注：在 TSSD 中布置柱子时，一般不勾选“柱子细线”，则绘制的柱子线条为粗线。如果柱子线条为细线，再点击【TSSD/梁绘制/画直线梁】，梁柱交线程序会自动处理，把 CAD 图导入 PKPM 中建模可能会出现错误。

由于第二标准层大部分柱子尺寸为 400mm×400mm，且都为偏心（与墙边平齐），可以输入复制命令“copy”，根据实际情况，通过定点复制（选取 1 或 2 或 3 或 4），与墙角共角点，布置剩余的柱子。如果柱子不偏心，则再次点击【TSSD/布置柱子/插方类柱】，不输入偏心距离。

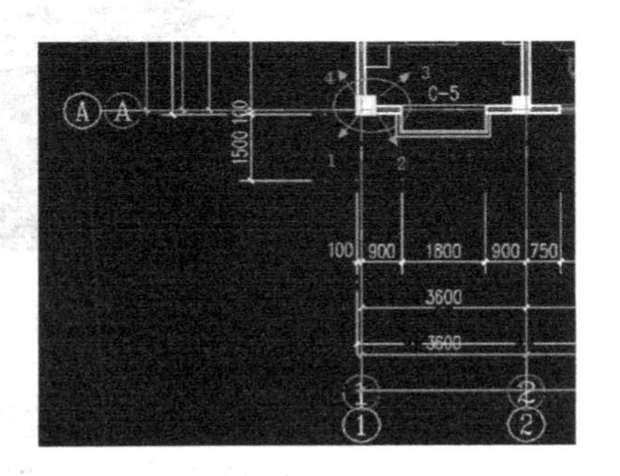

图 2-88　布置 1 轴-A 轴处柱子

也可以多次点击【TSSD/布置柱子/插方类柱】，输入偏心距离，布置柱子。也可以把柱子图层设为当图层，输入矩形命令“REC”，先选择一个固定的角点，按程序提示输入柱截面尺寸，完成柱的绘制。

利用 TSSD 绘制柱子，则轴网图层一定要是 TSSD 中的轴网图层。

7. 布置梁

参照图 2-12（二层梁布置及截面尺寸），在 TSSD 绘制梁。由于 PKPM“Autocad 平面图向建筑模型转化”在转换模型的时候只能定义一种梁高，但可以定义若干梁宽，于是应在 TSSD 中先绘制不同梁宽的梁，不同的梁宽与不同的梁高对应，然后把梁的对应情况记录在纸上。当转换完后，在构件定义菜单中改变梁的宽和高，只需要改变一次定义，即可实现全楼梁完全按照我们设想的类型输入。按照此种方法绘制梁，当梁在实际工程中没有偏心时，可以正确导入与转换。当梁有偏心，且多个不同梁截面均偏心时（比如 200mm×350mm、200mm×400mm、200mm×500mm 的梁），只能保证某一个偏心梁截面导入后正确转换，且该梁截面宽度与偏心距离需与实际工程中梁相同。其他偏心梁截面导入后均不能正确转换，可以用鼠标右键单击梁截面，修改梁“偏轴距离”，也可以用“楼层定义→偏心对齐→梁与柱齐”命令把偏心错误的梁移到正确的位置。

本工程除了第一标准层雨篷处的两个 150×300 的梁偏心外，其他梁均按轴线对称（不偏心）布置。在 TSSD 中，200×350 的梁绘制 200 宽，200×400 的梁绘制 210 宽，200×500 的梁绘制 220 宽，150×300 的梁绘制 150 宽。

点击【TSSD/梁绘制/画直线梁】，按以上要求绘制梁，如图 2-89 所示。完成绘制后，删掉块与块旁边的单根轴线，如图 2-90 所示。

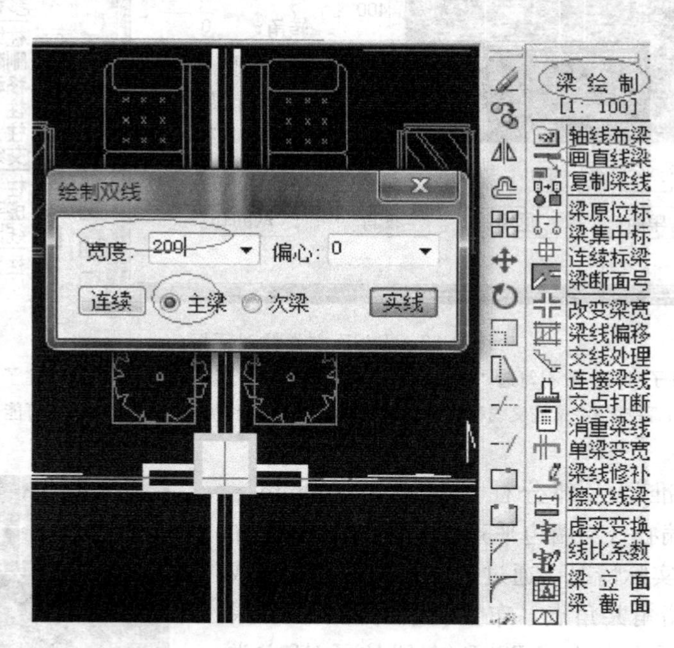

图 2-89 在 TSSD 中绘制梁

8. AutoCAD 平面图向建筑模型转化

(1) 把在 TSSD 中绘制的“结构模板图”命名为“教师宿舍”，再复制到 PKPM 模型文件夹下，点击【PMCAD/Autocad 平面图向建筑模型转化】，弹出对话框，如图 2-91 所示。

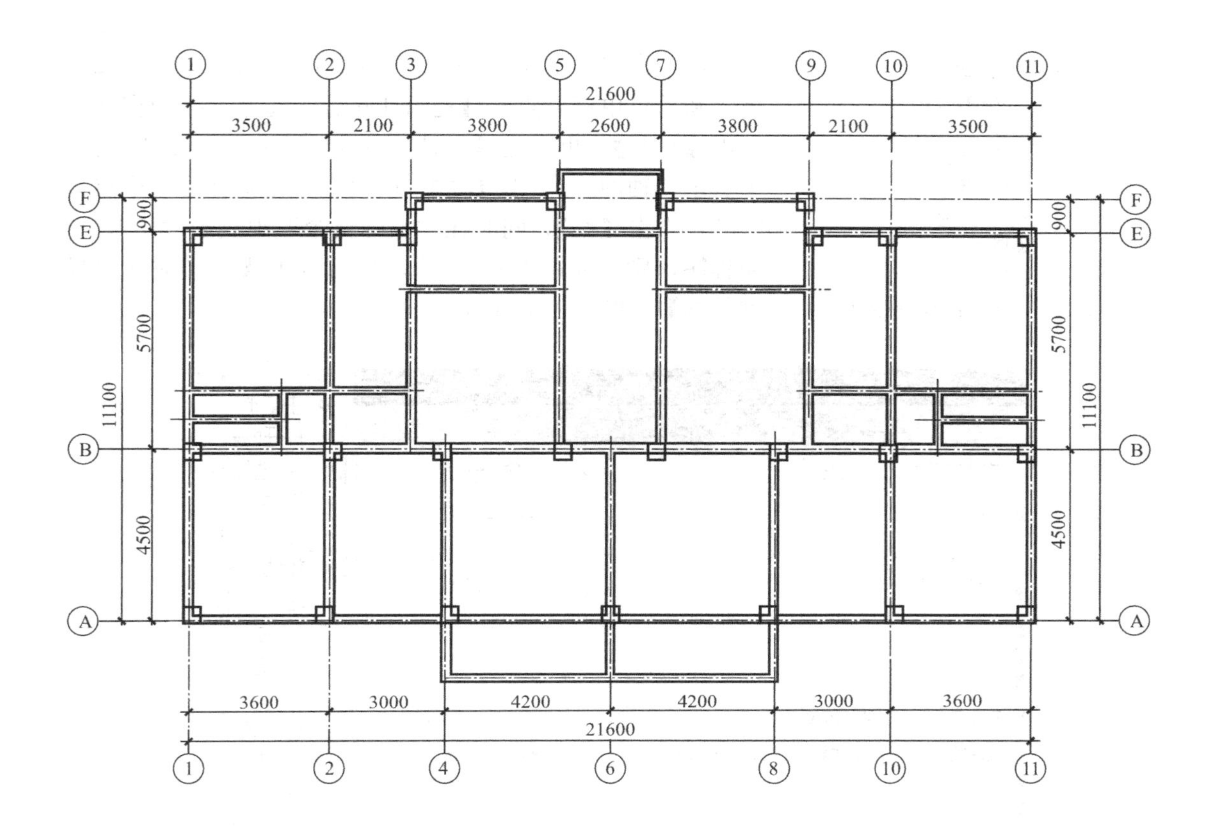

图 2-90 在 TSSD 中绘制的“结构模板图”

注：CAD 图导入 PKPM 时，也可以不绘制梁（不导入梁），梁在 PMCAD 中布置。

图 2-91 AutoCAD 平面图向建筑模型转化对话框

图 2-92　DWG 转图菜单

（2）在弹出的菜单中点击【DWG 转图】（图 2-92），进入新的菜单框，点击【打开 Dwg】，选择“教师宿舍”，点击【打开】。再点击【轴线标示】，同时在“教师宿舍”中点击“轴网”；点击【柱】，同时在“教师宿舍”中点击“柱”；点击【梁】，同时在“教师宿舍”中点击“梁”，以便程序识别，如图 2-93 所示；最后点击【转换成建筑模型数据】，如图 2-94 所示。

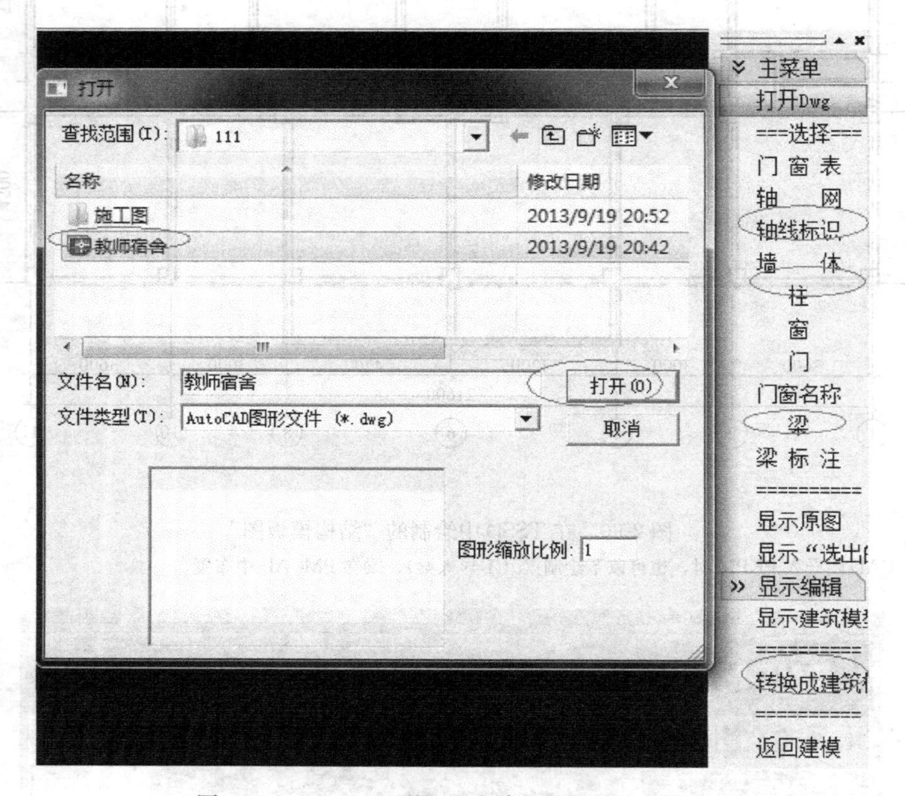

图 2-93　AutoCAD 平面图向建筑模型转化主菜单

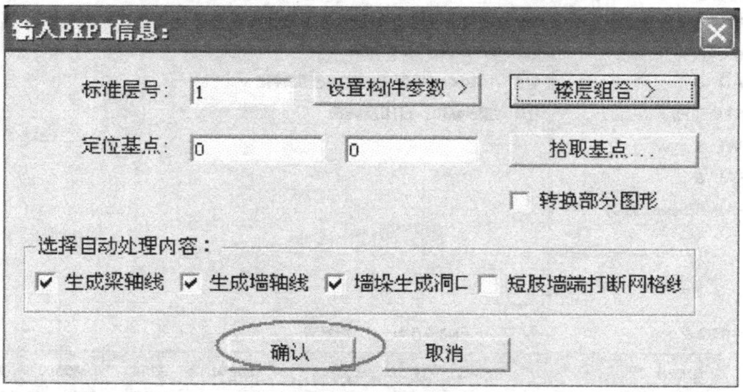

输入PKPM信息：
标准层号：1　设置构件参数 >　楼层组合 >
定位基点：0　0　拾取基点...
转换部分图形
选择自动处理内容：
生成梁轴线　生成墙轴线　墙垛生成洞口　短肢墙端打断网格线
确认　取消

图 2-94　输入 PKPM 信息对话框

（3）在图 2-94 中点击【设置构件参数】，弹出设置构件参数对话框，把梁高改为 350，梁宽最大值改为 250（也可不改），如图 2-95 所示。点击“确认”，如图 2-96 所示。

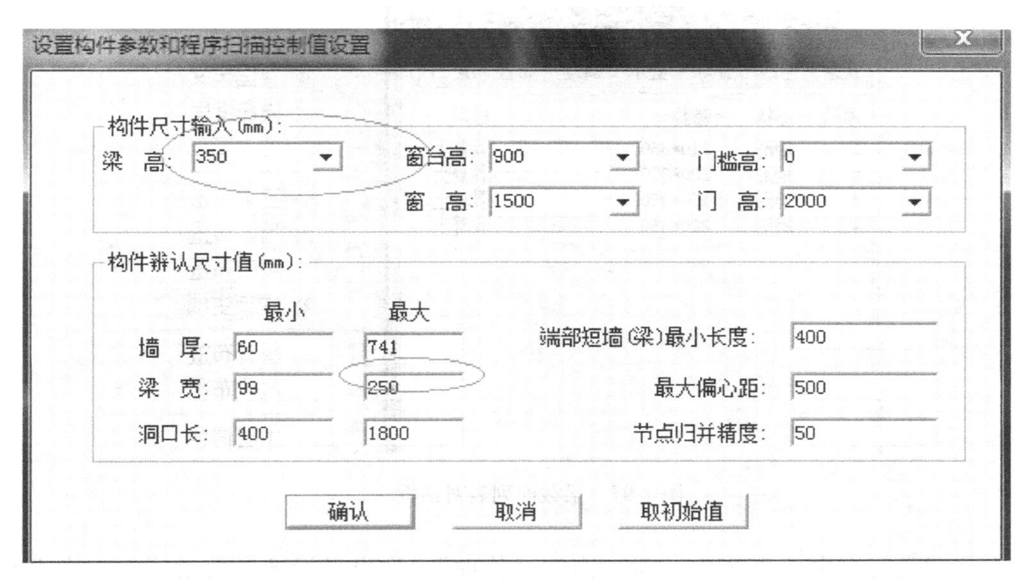

图 2-95　设置构件参数和程序扫描控制值设置

注：剪力墙结构导入 PKPM 建模时，洞口长填写一个较小值，否则模型容易出现错误。

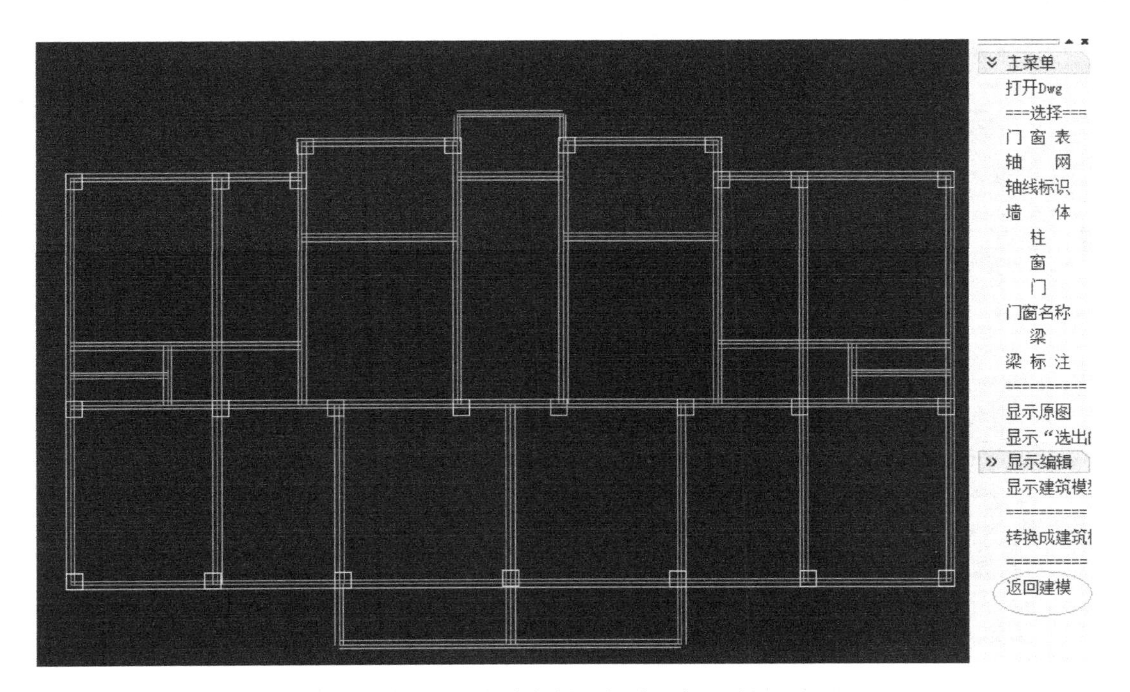

图 2-96　程序扫描后的平面布置图

（4）在图 2-96 中点击【返回建模】，出现转换后的柱子、梁及轴网图，如图 2-92 所示，点击“保存”，“退出”，存盘退出。

（5）点击【PMCAD/建筑模型与荷载输入】，点击“应用”，进入 PMCAD 操作界面。

点击【楼层定义/主梁布置】，弹出梁截面列表对话框，如图 2-97 所示。

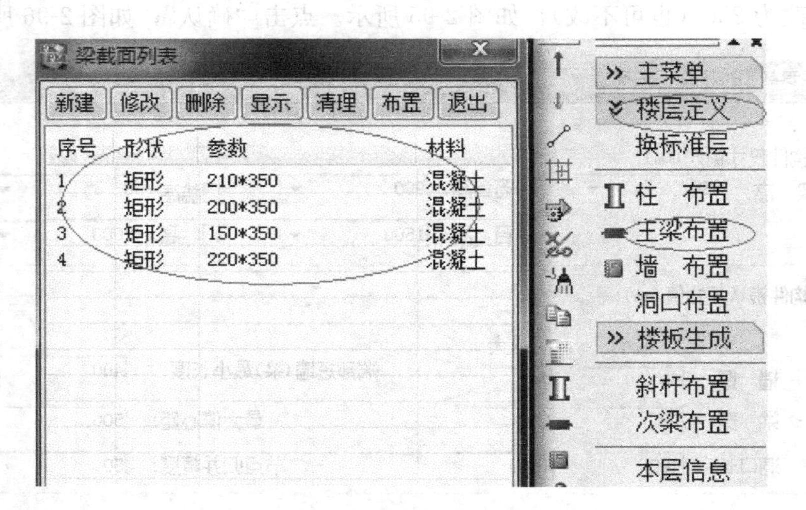

图 2-97 梁截面列表对话框（1）

在梁截面列表中选中 210 * 350，点击“修改”，弹出梁标准参数对话框，将梁截面 210 * 350 改成 200 * 400，如图 2-98 所示。再把 220 * 350 梁截面改为 200 * 500。150 * 350 梁截面改为 150 * 300。

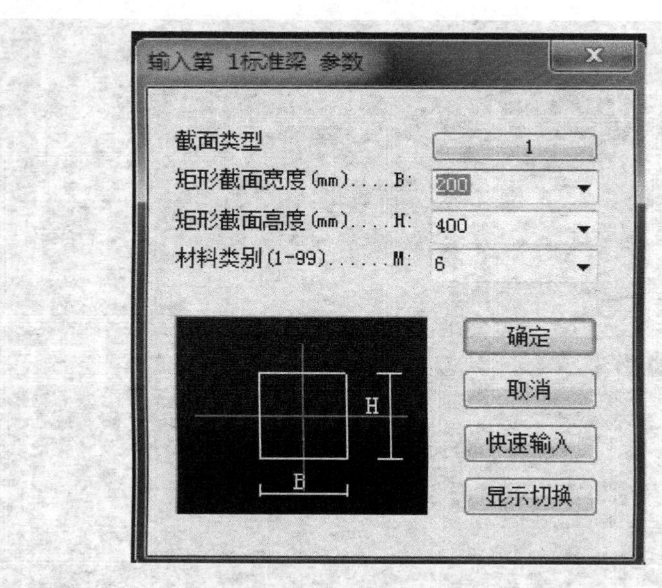

图 2-98 修改梁截面参数对话框

在 PMCAD 中用鼠标右键点击雨篷处左边的挑梁，弹出挑梁构件信息对话框，把偏轴距离改为 25，如图 2-99 所示。再击雨篷处右边的挑梁，弹出梁构件信息对话框，把偏轴距离改为－25，完成偏心修改。

（6）在 PMCAD 屏幕上方快捷菜单中点击“透视视图”与“实时漫游开关”，点击键

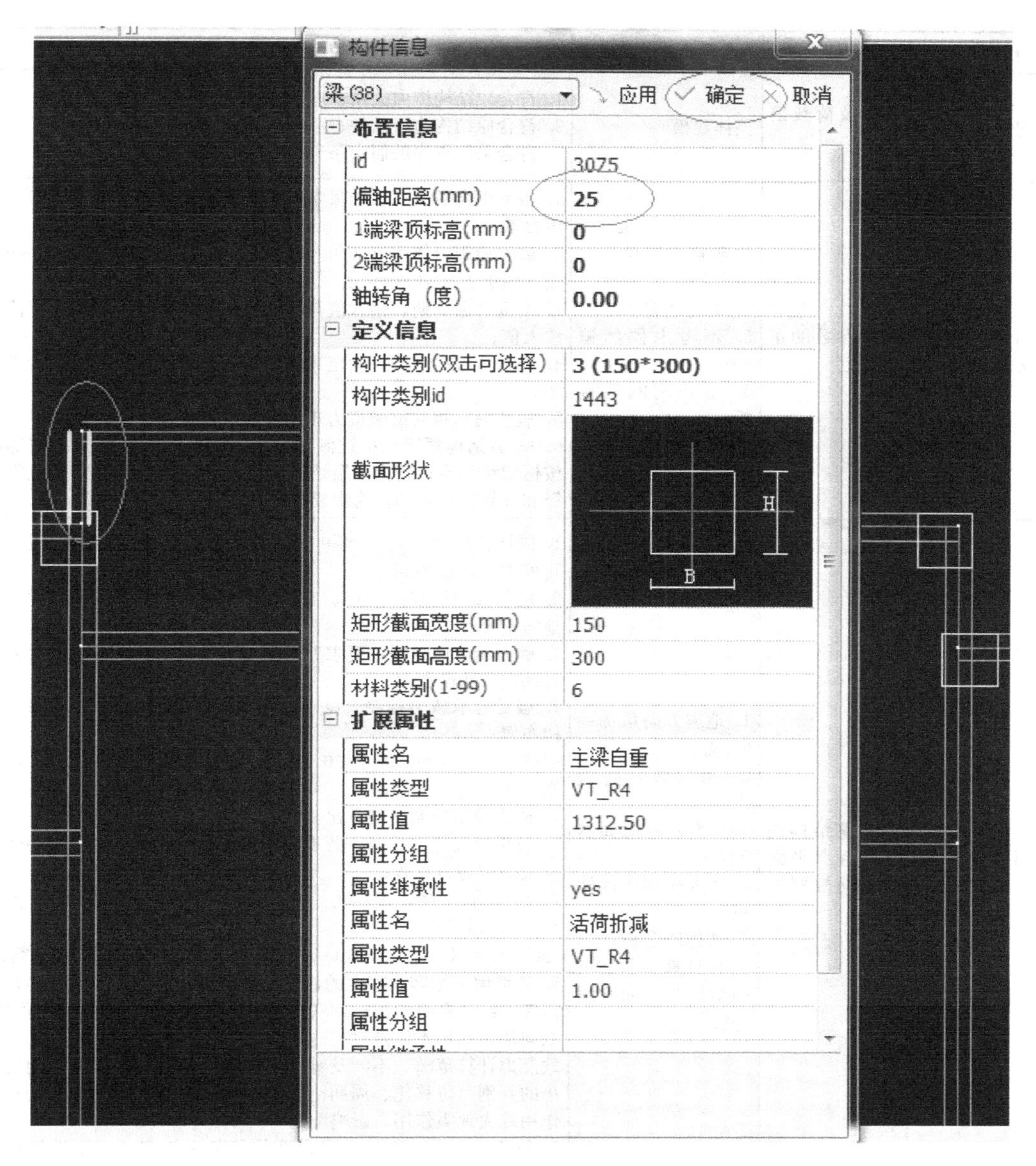

图 2-99 挑梁构件信息对话框

注：向左上偏为正，向右下偏为负

盘上“Ctrl”，同时按住鼠标中键移动，可以查看该标准层三维模型，检查建模时的错误。

(7) 点击【楼层定义】、【设计参数】、【楼层组装】等（与 PMCAD 中建模类似），完成整个框架教师宿舍的建模。

2.8 结构计算步骤及控制点

黄警顽在抗震结构设计计算问题（2006.06）中对“结构计算步骤及控制点”作了如下阐述：

计算步骤	步骤目标	建模或计算条件	控制条件及处理
1. 建模	几何及荷载模型	整体建模	1. 符合原结构传力关系； 2. 符合原结构边界条件； 3. 符合采用程序的假定条件
2. 计算一（一次或多次）	整体参数的正确确定	1. 地震方向角 $\theta_0=0$； 2. 单向地震； 3. 不考虑偶然偏心； 4. 不强制刚性楼板； 5. 按总刚分析	1. 振型组合数→有效质量参与系数＞0.9 吗？→否则增加振型组合数； 2. 最大地震力作用方向角→$\theta_0-\theta_m>15^0$？→是，输入 $\theta_0=\theta_m$；输入附加方向角 $\theta_0=0$； 3. 结构自振周期，输入值与计算值相差＞10%时，按计算值改输入值； 4. 查看三维振型图，确定裙房参与整体计算范围→修正计算简图； 5. 短肢墙承担的抗倾覆力矩比例＞50%？是，修改设计； 6. 框-剪结构框架承担抗倾覆力矩＞50？是，→框架抗震等级按框架结构定；若为多层结构，可定义为框架结构定义抗震等级和计算，抗震墙作为次要抗侧力，其抗震等级可降一级。
2. 计算二（一次或多次）	判定整结构的合理性（平面和竖向规则性控制）	1. 地震方向角 $\theta_0=0$，θ_m； 2. 单（双）向地震； 3.（不）考虑偶然偏心； 4. 强制全楼刚性楼板； 5. 按侧刚分析； 6. 按计算一的结果确结构类型和抗震等级	1. 周期比控制；$T_t/T_1\leqslant0.9(0.85)$？→否，修改结构布置，强化外围，削弱中间； 2. 层位移比控制；$[\Delta U_m/\Delta U_a，U_m/U_a]\leqslant1.2$，→否，按双向地震重算； 3. 侧向刚度比控制；要求见“高规”3.5.2 节；不满足时程序自动定义为薄弱层； 4. 层受剪承载力控制；$Q_i/Q_{i+1}<[0.65(0.75)]$？否，修改结构布置； $0.65(0.75)\leqslant Q_i/Q_{i+1}<0.8$？→否，强制指定为薄弱层（注：括号中数据 B 级高层）； 5. 整体稳定控制；刚重比≥[10（框架），1.4（其他）]； 6. 最小地震剪力控制；剪重比$\geqslant0.2\alpha_{max}$？→否，增加振型数或加大地震剪力系数； 7. 层位角控制；$\Delta U_i/h_i\leqslant$[1/550（框架），1/800（框-剪），1/1000（其他）] $\Delta U_i/h_i\leqslant$[1/50(框架),1/100(框-剪),1/120(剪力墙、筒中筒)] 8. 偶然偏心是客观存在的，对地震作用有影响，层间位移角只需考虑结构自身的扭转耦联，不考虑偶然偏心与双向地震作用；双向地震作用本质是对抗侧力构件承载力的一种放大，属于承载能力计算范畴，不涉及对结构扭转控制和对结构侧向刚度大小的判别（位移比、周期比），当结构不规则时，选择双向地震作用放大地震作用，影响配筋； 9. 位移比、周期比即层间弹性位移角一般应考虑刚性楼板假定，这样的简化的精度与大多数工程真实情况一致，但不是绝对。复杂工程应区别对待，可不按刚性楼板假定。
3. 计算三（一次或多次）	构件优化设计（构件超筋超限控制）	1. 按计算一、二确定的模型和参数； 2. 取消全楼强制刚性楼板；定义需要的弹性板； 3. 按总刚分析； 4. 对特殊构件人工指定	1. 构件构造最小断面控制和截面受剪承载力验算； 2. 构件斜截面承载力验算（剪压比控制）； 3. 构件正截面承载力验算； 4. 构件最大配筋率控制； 5. 纯弯和偏心构件受压区高度限制； 6. 竖向构件轴压比比控制； 7. 剪力墙的局部稳定控制； 8. 梁柱节点核心区受剪承载力验算
4. 绘制施工图	结构构造	抗震构造措施	1. 钢筋最大最小直径限制； 2. 钢筋最大最小间距要求； 3. 最小配筋配箍率要求； 4 重要部位的加强和明显不合理部分局部调整

2.9 SATWE 前处理、内力配筋计算

2.9.1 SATWE 参数设置

上部结构完成建模后，点击【SATWE/接 PM 生成 SATWE 数据】→【分析与设计参数补充定义（必须执行）】，如图 2-100 所示。进入 SATWE 参数填写对话框。

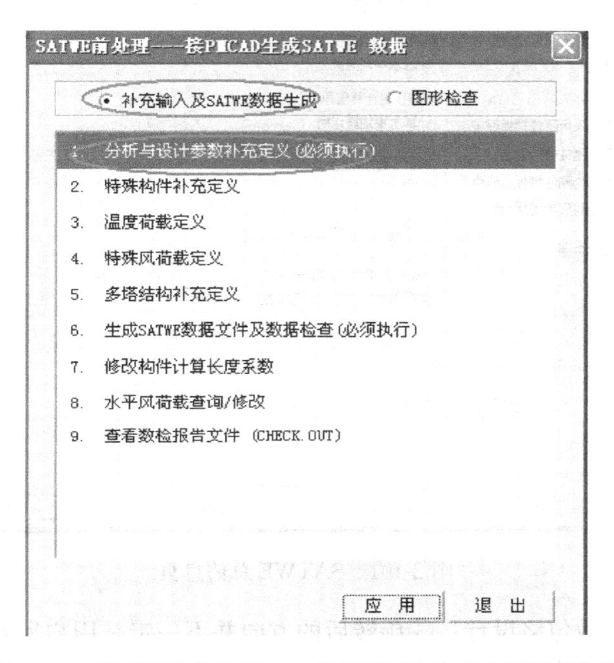

图 2-100 SATWE 前处理——接 PMCAD 生成 SATWE 数据

1. 总信息（图 2-101）

（1）水平力与整体坐标角

通常情况下，对结构计算分析，都是将水平地震作用沿结构 X、Y 两个方向施加，所以一般情况下水平力与整体坐标角取 0°。由于地震沿着不同的方向作用，结构地震反应的大小一般也不同，结构地震反应是地震作用方向角的函数。因此，当结构平面复杂（如 L 形、三角形）或抗侧力结构非正交时，根据“抗规”5.1.1-2 规定，当结构存在相交角大于 15°的抗侧力构件时，应分别计算各抗侧力构件方向的水平地震作用，但实际上按 0°、45°各算一次即可；当程序给出最大地震力作用方向时，可按该方向角输入计算，配筋取三者的大值。

SATWE 软件对输入的不同角度进行计算所得到的结果不能自动取最不利情况，为了简化设计过程，可以把这个角度作为斜交抗侧力构件地震作用方向之一，即在“斜交抗侧力构件方向的附加地震数”参数项内，增填这个角度（最大地震作用方向大于 15°的角度）与 45°，附加地震数中输 3，进行结构整体分析，以提高结构的抗震安全性。

一般并不建议用户修改该参数，原因有三：①考虑该角度后，输出结果的整个图形会旋转一个角度，会给识图带来不便；②构件的配筋应按“考虑该角度”和“不考虑该角

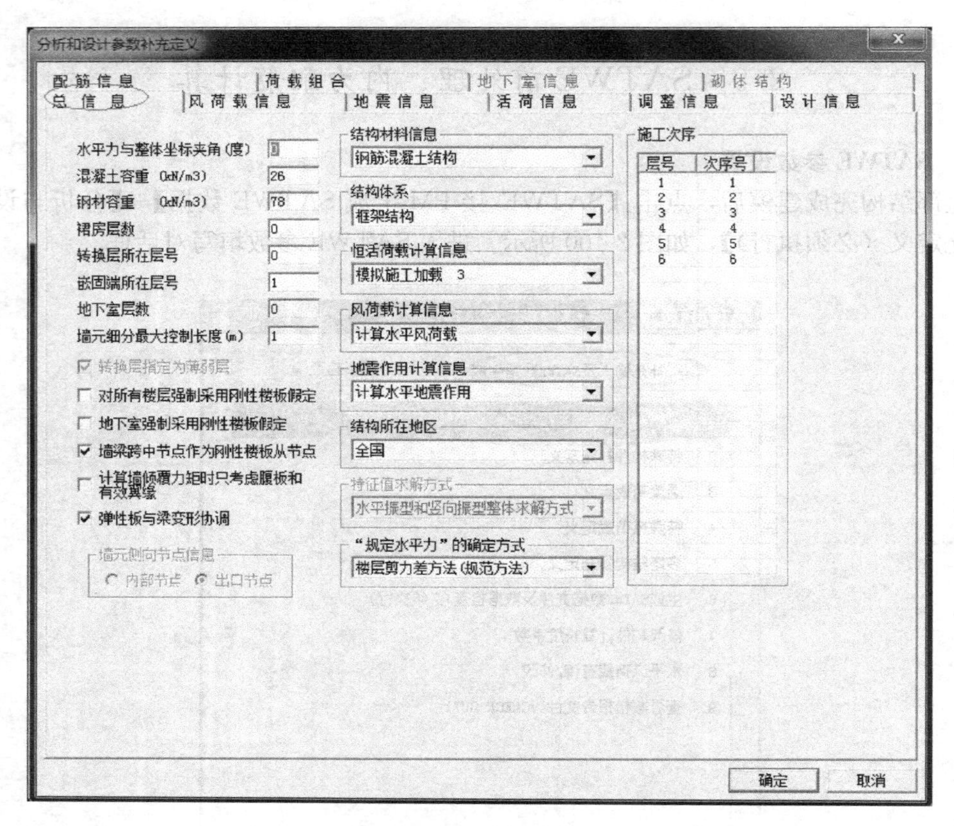

图 2-101　SATWE 总信息页

度”两次的计算结果做包络设计；③旋转后的方向并不一定是用户所希望的风荷载作用方向。综上所述，建议用户将“最不利地震作用方向角”填到“斜交抗侧力构件夹角”栏，这样程序可以自动按最不利工况进行包络设计。

（2）混凝土重度（kN/m^3）

由于建模时没有考虑墙面的装饰面层，因此钢筋混凝土计算重度，考虑饰面的影响应大于 25，不同结构构件的表面积与体积比不同饰面的影响不同，一般按结构类型取值：

结构类型	框架结构	框-剪结构	剪力墙结构
重度	26	26～27	27

注：1. 中国建筑设计研究院姜学诗在“SATWE 结构整体计算时设计参数合理选取（一）”作了相关规定：钢筋混凝土重度应根据工程实际取值，其增大系数一般可取 1.04～1.10，钢材重度的增大系数一般可取 1.04～1.18。即结构整体计算时，输入的钢筋混凝土材料的重度可取为 26～27.5。

2. PKPM 程序在计算混凝土重度时，没有扣除板、梁、柱、墙之间重叠的部分。

（3）钢材重度（kN/m^3）

一般取 78，不必改变。钢结构工程时要改，钢结构时因装修荷载钢材连接附加重量及防火、防腐等影响，通常放大 1.04～1.18，即取 82～93。

（4）裙房层数

按实际情况输入。“抗规”6.1.10 条文说明指出：有裙房时，加强部位的高度也可以延伸至裙房以上一层。SATWE 在确定剪力墙底部加强部位高度时，总是将裙房以上一层作为加强区高度判定的一个条件，如果不需要，直接将该层数填 0 即可。

SATWE 软件规定，裙房层数应包括地下室层数（包括人防地下室层数）。例如，建筑物在±0.000 以下有 2 层地下室，在±0.000 以上有 3 层裙房，则在总信息的参数“裙房层数”项内应填 5。

（5）转换层所在层号

按实际情况输入。该指定只为程序决定底部加强部位及转换层上下刚度比的计算和内力调整提供信息；同时，当转换层号大于等于三层时，程序自动对落地剪力墙、框支柱抗震等级增加一级，对转换层梁、柱及该层的弹性板定义仍要人工指定。若有地下室，转换层号从地下室算起，假设地上第三层为转换层，地下 2 层，则转换层号填 5。

（6）嵌固端所在层号

“抗规”6.1.3-3 条规定了地下室作为上部结构嵌固部位时应满足的要求；6.1.10 条规定剪力墙底部加强部位的确定与嵌固端有关；6.1.14 条提出了地下室顶板作为上部结构的嵌固部位时的相关计算要求；“高规”3.5.2-2 条规定对结构底部嵌固层的侧向刚度比不宜小于 1.5。

当地下室顶板作为嵌固部位时，那么嵌固端所在层为地上一层，即地下室层数＋1；而如果在基础顶面嵌固时，嵌固端所在层号为 1。如果修改了地下室层数，应注意确认嵌固端所在层号是否需相应修改。

注：1. 一般可以认为嵌固端为力学概念，即约束所有自由度，嵌固部位是预期塑性铰出现的部位，其水平位移为零，规范和众多文章中对与嵌固端和嵌固部位的用词不做区分不是很合理，规范中确定剪力墙底部加强部位的嵌固端可以认为是嵌固部位。在设计时，地下一层与首层侧向刚度比不宜小于 2，加上覆土的约束作用，预期塑性铰会出现在地下室顶板部位。

2. 满足刚度比时，不考虑覆土的作用，地下室水平位移比较小。覆土的作用是约束地下室的水平扭转变形，逐步“吃掉”上部结构的地震作用，不约束竖向位移和竖向转动。在设计时，我们要用程序模拟结构受力，就要符合程序计算的边界条件，程序是采用弹簧刚度法，将上部结构和地下室作为整体考虑，嵌固端取基础底板处，并在每层的地下室楼板处引入水平土弹簧刚度，反映回填土对地下室的约束作用，所以在实际设计中，嵌固端设在地下室顶板时，除了满足刚度比、板厚、梁板楼盖、水平力传递要连续的要求外，还要满足四周均有覆土，或者三面有覆土且基本上能约束住地下室部分的水平扭转变形的要求，某些局部构件的设计应进行包络设计（三面有覆土时，将嵌固端下移）。如果实际情况与程序计算的边界条件不符，应将嵌固端下移。

3. SATWE 中有“嵌固端所在层号”此项重要参数，程序根据此参数实现以下功能：①确定剪力墙底部加强部位，延伸到嵌固层下一层。②根据“抗规”6.1.14 和“高规”12.2.1 条将嵌固端下一层的柱纵向钢筋相对上层相应位置柱纵筋增大 10%；梁端弯矩设计值放大 1.3 倍。③按“高规”3.5.2.2 条规定，当嵌固层为模型底层时，刚度比限值取 1.5；④涉及“底层”的内力调整等，程序针对嵌固层进行调整。

4. 在计算地下一层与首层侧向刚度比时，可用剪切刚度计算，如用“地震剪力与地震层间位移比值（抗震规范方法）”，应将地下室层数填写 0 或将“土层水平抗力系数的比值系数”填为 0。新版本的 PKPM 已在 SATWE“结构设计信息”中自动输入“Ratx，Raty：X，Y 方向本层塔侧移刚度与下一层相应塔侧移刚度的比值（剪切刚度）”，不必再人为更改参数设置。

（7）地下室层数

程序据此信息决定底部加强区范围和内力调整。当地下室局部层数不同时，以主楼地下室层数输入。地下室一般与上部共同作用分析；地下室刚度大于上部层刚度的 2 倍，可不采用共同分析。

(8) 墙元细分最大控制长度

SATWE 从 08 新版开始，采用了与 05 版、08 版完全不同的墙元划分方案。为保证网格划分质量，细分尺寸一般要求控制在 1 米以内。长度控制越短，计算精度越高，但计算耗时越多。当高层调方案时，此参数可改为 2，振型数可改小（如 9 个），地震分析方法可改为侧刚。当仅看参数而不用看配筋时，“SATWE 计算参数”也可不选“构件配筋及验算”，以达到加快计算速度的目的。

(9) 转换层指定为薄弱层

默认不让选，填转换层后，默认勾选，不需要改。软件默认转换层不作为薄弱层，需要用户人工指定。此项打钩与在“调整信息”栏中“指定薄弱层号”中直接填写转换层号的效果一样。转换层不论层刚度比如何，都应强制指定为薄弱层。

(10) 对所有楼层强制采用刚性楼板假定

“强制刚性楼板假定”和“刚性楼板假定”是两个相关但不等同的概念。“刚性楼板假定”指楼板平面内无限刚，平面外刚度为零的假定，每块刚性楼板有三个公共的自由度（两个平动，一个转角），而“强制刚性楼板假定”则不区分刚性板、弹性板，或独立的弹性节点，只要位于该层楼面处的所有节点，在计算时都将强制从属同一刚性板。

“强制刚性楼板假定”可能改变结构初始的分析模型，一般仅在计算位移比和周期比的时候采用，而在进行结构内力分析与配筋计算时，仍要遵循结构的真实模型，不再选择“强制刚性楼板假定”。

(11) 地下室强制采用刚性楼板假定

旧版 SATWE 默认地下室顶板强制采用刚性板假定。但对于地下室顶板开大洞的结构，强制刚性板假定会使跃层柱的计算长度系数判断错误，从而影响柱内力及配筋。此时，应取消勾选，由程序自动判断柱计算长度。本参数将影响周期、内力、长度系数等。程序默认勾选，以便于与旧版程序对比结果；如不勾选，则相当于旧版程序中“强制刚性板假定时保留弹性板面外刚度”。如已勾选“对所有楼层强制采用刚性楼板假定”，则本参数是否勾选已无意义。

(12) 墙梁跨中节点作为刚性板楼板从节点

当采用刚性板假定时，因为墙梁（即用开洞方式形成的连梁）与楼板是相互连接的，因此在计算模型上，墙梁跨中节点是作为刚性板从节点的。此时，一方面会由于刚性板的约束作用过强而导致连梁的剪力偏大；另一方面由于楼板的平面内作用，使得墙梁两侧的弯矩和剪力不满足平衡关系。程序默认勾选，这也是旧版的算法；如不勾选，则认为墙梁跨中节点为弹性节点，其水平面内位移不受刚性板约束，即类似于框架梁的算法，此时墙梁剪力一般比勾选时小，但相应结构整体刚度变小、周期加长、侧移加大。

(13) 计算墙倾覆力矩时只考虑腹板和有效翼缘

用来调整倾覆力矩的统计方式。勾选后，墙的无效翼缘部分内力计入框架部分，这使结构中框架、短肢墙、普通墙倾覆力矩结果更为合理。程序默认不勾选，以便于与旧版程序对比结果。墙的有效翼缘定义见“混凝土规”9.4.3 条及“抗规”6.2.13 条文说明。

(14) 弹性板与梁变形协调

此参数相当于旧版程序中的“强制刚性板假定时保留弹性板面外刚度”。勾选后，程序在进行弹性板划分时自动实现梁、板边界变形协调，计算结果符合实际受力。程序默认不勾选，以便于与旧版程序对比结果。

（15）墙元侧向节点信息：{内部节点}或{出口节点}

该参数是墙元刚度矩阵凝聚计算的控制参数，10版改为强制采用“出口节点”；PMSAP仍可选择。

（16）结构材料信息

程序提供钢筋混凝土结构、钢与混凝土混合结构、有填充墙钢结构、无填充墙钢结构、砌体结构共5个选项。现在做的住宅、高层等一般都是钢筋混凝土结构。

（17）结构体系

软件共提供15个选项，常用的是：框架、框剪、框筒、筒中筒、剪力墙、砌体结构、底框结构、部分框支剪力墙结构等。

规范规定不同结构体系的内力调整及配筋要求不同；同时，不同结构体系的风振系数不同；结构基本周期也不同，影响风荷计算。宜在给出的多种体系中，选最接近实际的一种。

（18）恒活荷载计算信息

① 一次性加载计算

主要用于多层结构，而且多层结构最好采用这种加载计算法。因为施工的层层找平对多层结构的竖向变位影响很小，所以不要采用模拟施工方法计算。对于框架-核心筒类结构，由于框架和核心筒的刚度相差较大，使核心筒承受较大的竖向荷载，导致两者之间产生较大的竖向位移差。这种位移差常会使结构中间支柱出现较大沉降，从而使上部楼层与之相连的框架梁端负弯矩很小或不出现负弯矩，造成配筋困难。一次性加载的计算方法仅适合用于低层结构或有上传荷载的结构，如吊柱以及采用悬挑脚手架施工的长悬臂结构等。

② 模拟施工方法1加载

按一般的模拟施工方法加载，对高层结构，一般都采用这种方法计算。但是对于“框架-剪力墙结构”，采用这种方法计算在导给基础的内力中剪力墙下的内力特别大，使得其下面的基础难于设计。于是就有了下一种竖向荷载加载法。

③ 模拟施工方法2加载

这是在“模拟施工方法1”的基础上，将竖向构件（柱墙）的刚度增大10倍的情况下再进行结构的内力计算，也就是再按模拟施工方法1加载的情况下进行计算。采用这种方法计算出的传给基础的力比较均匀、合理，可以避免墙的轴力远远大于柱的轴力的不合理情况。由于竖向构件的刚度放大，使得水平梁两端的竖向位移差减小，从而其剪力减小，这样就削弱了楼面荷载因刚度不均而导致的内力重分配，所以这种方法更接近手工计算。在进行上部结构计算时，采用“模拟施工方法1”或“模拟施工方法3”；在基础计算时，用“模拟施工方法2”的计算结果。

④ 模拟施工加载3

采用分层刚度、分层加载型，适用于多高层无吊车结构，更符合工程实际情况，推荐适用；模拟施工加载1和3的比较计算表明，模拟施工加载3计算的梁端弯矩，角柱弯矩更大，因此，在进行结构整体计算时，如条件许可，应优先选择模拟施工加载3来进行结构的竖向荷载计算，以保证结构的安全。模拟施工加载3的缺点是计算工作量大。

(19) 风荷载计算信息

SATWE提供两类风荷载，一是程序依据《建筑结构荷载规范》GB 50009—2012风荷载的公式在“生成SATWE数据和数据检查”时自动计算的水平风荷载；二是在“特殊风荷载定义”菜单中自定义的特殊风荷载。

一般来说，大部分工程采用SATWE缺省的“水平风荷载”即可，如需考虑更细致的风荷载，则可通过“特殊风荷载”实现。

(20) 地震作用计算信息

程序提供4个选项，分别是：不计算地震作用、计算水平地震作用、计算水平和规范简化方法竖向地震、计算水平和反应谱方法竖向地震。

不计算地震作用：对于不进行抗震设防的地区或者地震设防烈度为6度时的部分结构，“抗规”3.1.2条规定，可以不进行地震作用计算。“抗规”5.1.6条规定：6度时的部分建筑，应允许不进行截面抗震验算，但应符合有关的抗震措施要求。因此，在选择“不计算地震作用”的同时，仍要在“地震信息”页中指定抗震等级，以满足抗震构造措施的要求。

计算水平地震作用：计算X、Y两个方向的地震作用，普通工程选择该项。

计算水平和规范简化方法竖向地震：按“抗规”5.3.1条规定的简化方法计算竖向地震。

计算水平和反应谱方法竖向地震：“抗规”4.3.14规定，跨度大于24m的楼盖结构、跨度大于12m的转换结构和连体结构，悬挑长度大于5m的悬挑结构，结构竖向地震作用效应标准值宜采用时程分析方法或振型分解反应谱方法进行计算。

(21) 特征值求解方法

默认不让选，一般不用改，仅需计算反应谱法竖向时选；仅在选择了“计算水平和反应谱方法竖向地震”时，此参数才激活。当采用“整体求解”时，在“地震信息”栏中输入的振型数为水平与竖向振型数的总和；且“竖向地震参与振型数”选项为灰，用户不能修改。当采用“独立求解”时，在“地震信息”栏中需分别输入水平与竖向的振型个数。注意：计算用振型数一定要足够多，以使得水平和竖向地震的有效质量系数都满足90%。振型数一定的情况下，选择“独立求解”可以有效克服“整体求解”无法得到足够竖向振动、竖向振动有效系数不够的问题。一般首选“独立求解”。当选择“整体求解”时，与水平地震作用振型相同，给出每个振型的竖向地震作用；而选择“独立求解方式”时，还给出竖向振型的各个周期值。计算后程序给出每个楼层、各塔的竖向总地震作用，且在最后给出按“高规”4.3.15条进行的调整信息。

(22) 结构所在地区

一般选择全国，上海、广州的工程可采用当地的规范。B类建筑选项和A类建筑选项只在鉴定加固版本中才可选择。

定水平力的确定方式：(默认规范算法一般不改，仅楼层概念不清晰时改，规定水平力主要用于新规范中位移比和倾覆力矩的计算，详见“抗规”3.4.3条、6.1.3条和“高规”3.4.5条、8.1.3条；计算方法见“抗规”3.4.3-2条文说明和“高规”3.4.5条文说明。程序中“规范算法”适用于大多数结构；“CQC算法”由CQC组合的各个有质量节点上的地震力) 主要用于不规则结构，即楼层概念不清晰，剪力差无法计算的情况。

2. 风荷载信息（图 2-102）

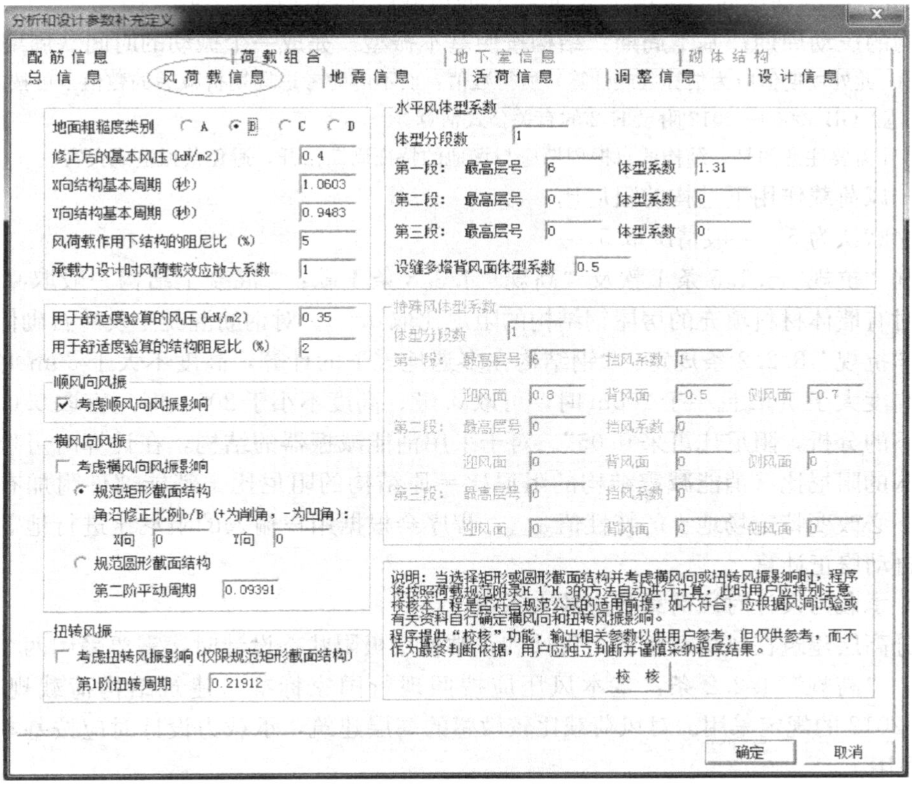

分析和设计参数补充定义

配筋信息 | 荷载组合 | 地下室信息 | 砌体结构
总信息 | 风荷载信息 | 地震信息 | 活荷信息 | 调整信息 | 设计信息

地面粗糙度类别 A B C D
修正后的基本风压（kN/m2） 0.4
X向结构基本周期（秒） 1.0603
Y向结构基本周期（秒） 0.9483
风荷载作用下结构的阻尼比（%） 5
承载力设计时风荷载效应放大系数 1

用于舒适度验算的风压（kN/m2） 0.35
用于舒适度验算的结构阻尼比（%） 2

顺风向风振
考虑顺风向风振影响

横风向风振
考虑横风向风振影响
规范矩形截面结构
角沿修正比例b/B（+为削角，-为凹角）：
X向 0 Y向 0
规范圆形截面结构
第二阶平动周期 0.09391

扭转风振
考虑扭转风振影响（仅限规范矩形截面结构）
第1阶扭转周期 0.21912

水平风体型系数
体型分段数 1
第一段：最高层号 6 体型系数 1.31
第二段：最高层号 0 体型系数 0
第三段：最高层号 0 体型系数 0
设缝多塔背风面体型系数 0.5

特殊风体型系数
体型分段数 1
第一段：最高层号 6 挡风系数 1
迎风面 0.8 背风面 -0.5 侧风面 -0.7
第二段：最高层号 0 挡风系数 0
迎风面 0 背风面 0 侧风面 0
第三段：最高层号 0 挡风系数 0
迎风面 0 背风面 0 侧风面 0

说明：当选择矩形或圆形截面结构并考虑横风向或扭转风振影响时，程序将按照荷载规范附录H.1～H.3的方法自动进行计算，此时用户应特别注意核核本工程是否符合规范公式的适用前提，如不符合，应根据风洞试验或有关资料自行确定横风向和扭转风振影响。
程序提供“校核”功能，输出相关参数以供用户参考，但仅供参考，而不作为最终判断依据，用户应独立判断并谨慎采纳程序结果。

校核

确定 取消

图 2-102 SATWE 风荷载信息页

（1）地面粗糙类别

该选项是用来判定风场的边界条件，直接决定了风荷载的沿建筑高度的分布情况，必须按照建筑物所处环境正确选择。相同高度建筑风荷载 A>B>C>D。

A 类：近海海面，海岛、海岸、湖岸及沙漠地区。

B 类：指田野、乡村、丛林、丘陵及房屋比较稀疏的乡镇。

C 类：指有密集建筑群的城市市区。

D 类：指有密集建筑群且房屋较高的城市市区。

（2）修正后的基本风压

修正后的基本风压主要考虑的是地形条件的影响，与楼层数直接关系不大。对于平地建筑修正系数为 1，即等于基本风压。对于山区的建筑应乘以修正系数。

一般工程按荷载规范给出的 50 年一遇的风压采用（直接查荷载规范）；对于沿海地区或强风地带等，应将基本风压放大 1.1～1.2 倍，

注：风荷载计算自动扣除地下室的高度。

（3）X、Y 向结构基本周期

X、Y 向结构基本周期（s）可以先按程序给定的默认值按“高规”近似公式对结构进行计算。计算完成后再将程序输出的第一平动周期值（可在 WZQ. OUT 文件中查询）填

入再算一遍即可。风荷载计算与否并不会影响结构自振周期的大小。新版程序可以分别指定 X 向和 Y 向的基本周期，用于 X 向和 Y 向风载的详细计算。参照“高规”4.2，自振周期：结构的震动周期；基本周期：结构按照基本振型，完成一个振动的时间（周期）。

注：1. 此处周期值应为估算（或计算）所得数值，而不应为考虑周期折减后的数值。可按《建筑结构荷载规范》GB 50009—2012 附录 E.2 的有关公式估算。

2. 另外需要注意的是，结构的自振周期应与场地的特征周期错开，避免共振造成灾害。

（4）风荷载作用下结构的阻尼比

程序默认为 5，一般情况取 5。

根据“抗规”5.1.5 条 1 款及“高规”4.3.8 条 1 款：“混凝土结构一般取 0.05（即 5%），对有墙体材料填充的房屋钢结构的阻尼比取 0.02；对钢筋混凝土及砖石砌体结构取 0.05”。“抗规”8.2.2 条规定：“钢结构在多遇地震下的计算，高度不大于 50m 时，可取 0.04；高度大于 50m 且小于 200m 时，可取 0.03；高度不小于 200m 时，宜取 0.02；在罕遇地震下的分析，阻尼比可采 0.05”。对于采用消能减振器的结构，在计算时可填入消能减震结构的阻尼比（消能减震结构的阻尼比＝原结构的阻尼比＋消能部件附加有效阻尼比）而不必改变特定场地土的特性值 α_{max}，程序会根据用户输入的阻尼比进行地震影响系数 α 的自动修正计算。

（5）承载力设计时风荷载效应放大系数

部分高层建筑在风荷载承载力设计和正常使用极限状态设计时，需要采用两个不同的风压值。“高规”4.2.2 条：基本风压应按照现行国家标准《建筑结构荷载规范》GB 50009—2012 的规定采用。对风荷载比较敏感的高层建筑，承载力设计时应按基本风压的 1.1 倍采用。

（6）用于舒适度验算的风压、阻尼比

“高规”3.7.6：房屋高度不小于 150m 的高层混凝土建筑结构应满足风振舒适度要求。在现行国家标准《建筑结构荷载规范》GB 50009—2012（以后简称“荷规”）规定的 10 年一遇的风荷载标准值作用下，结构顶点的顺风向和横风向振动最大加速度计算值不应超过表 3.7.6 的限值。结构顶点的顺风向和横风向振动最大加速度可按现行行业标准《高层民用建筑钢结构技术规程》JGJ 99 的有关规定计算，也可通过风洞试验结果判断确定，计算时结构阻尼比宜取 0.01～0.02。

验算风振舒适度时结构阻尼比宜取 0.01～0.02，程序缺省取 0.02，“风压”则缺省与风荷载计算的“基本风压”取值相同，用户均可修改。

（7）用于舒适度验算的阻尼比（%）

程序默认为 2，一般取 2。计算时阻尼比对于混凝土结构取 0.02，对混合结构可取 0.01～0.02。

（8）考虑顺风向风振影响

根据“荷规”8.4.1 条，对于高度大于 30m 且高宽比大于 1.5 的房屋，及结构基本自振周期 T_1 大于 0.25s 的高耸结构，应考虑顺风向风振影响。当符合“荷规”8.4.3 条规定时，可采用风振系数法计算顺风向荷载。一般宜勾选。

（9）考虑横风向风振影响

根据“荷规”8.5.1 条，对于高度超过 150m 或高宽比大于 5 的高层建筑，以及高度超过 30m 且高宽比大于 4 的构筑物，宜考虑横风向风振的影响。

（10）考虑扭转风振影响

根据“荷规”8.5.4 条，一般不超过 150m 的高层建筑不考虑，超过 150m 的高层建筑也应满足“荷规”8.5.4 条相关规定才考虑。

分段数：

默认 1，一般不改。现代多、高层结构立面变化较大，不同的区段内的体型系数可能不一样，程序限定体型系数最多可分三段取值。若建筑物立面体型无变化时填 1。对于（基础梁与上部结构共同分析计算的）多层框架或（地下室顶板不作为上部结构嵌固端的）高层当定义底层为地下室后，体型分段数应只考虑上部结构，程序会自动扣除地下室部分的风载。

段最高层号：

程序默认为最高层号，不需要修改，按各分段内各层的最高层层号填写。

各段体形系数：

程序默认为 1.30，按“荷规”表 7.3.1 一般取 1.30。按“荷规”表 7.3.1 取值；规则建筑（高宽比 H/B 不大于 4 的矩形、方形、十字形平面建筑）取 1.3（详见“高规”3.2.5 条 3 款），处于密集建筑群中的单体建筑体型系数应考虑相互增大影响，详见《工程抗风设计计算手册》（张相庭）。

设缝多塔背风面体型系数：

程序默认为 0.5，仅多塔时有用。该参数主要应用在带变形缝的结构关于风荷载的计算中。对于设缝多塔结构，用户可以在〈多塔结构补充定义〉中指定各塔的挡风面，程序在计算风荷载时会自动考虑挡风面的影响，并采用此处输入的背风面体型系数对风荷载进行修正。“挡风面”的定义方法参见《PKPM 新天地》2005 年 4 期中“关于‘遮挡定义’功能简介”一文。需要注意的是，如果用户将此参数填为 0，则表示背风面不考虑风荷载影响。对风载比较敏感的结构建议修正；对风载不敏感的结构可以不必修正。

注意：在缝隙两侧的网格长度及结构布置不尽相同时，为了较为准确地考虑遮挡范围，当遮挡位置在杆件中间时，在建模时人工在该位置增加一个节点，保证计算遮挡范围的准确性。

特殊风体型系数：

程序默认为灰色，一般不用更改。

3. 地震信息（图 2-103）

（1）结构规则性信息

根据结构的规则性选取。默认不规则，该参数在程序内部不起作用。

（2）设防地震分组

根据实际工程情况查看“抗规”附录 A。

（3）设防烈度

根据实际工程情况查看“抗规”附录 A。

（4）场地类别

根据《地质勘测报告》测试数据计算判定。场地类别一般可分为四类：Ⅰ类场地土：

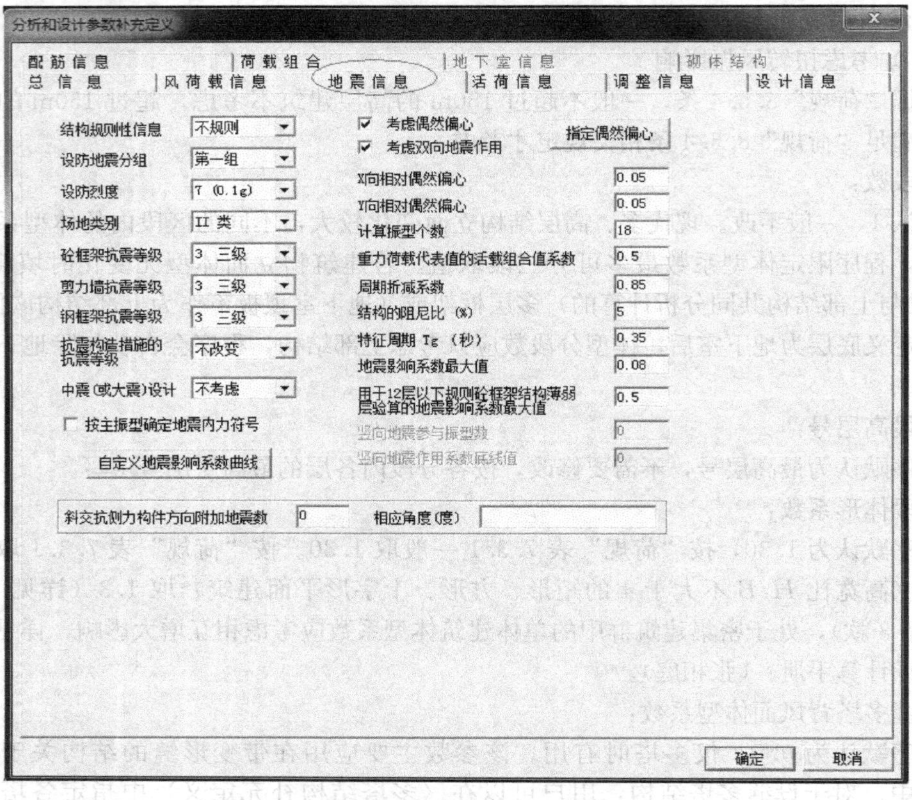

图 2-103　SATWE 地震信息页

岩石，紧密的碎石土；Ⅱ类场地土：中密、松散的碎石土，密实、中密的砾、粗、中砂；地基土容许承载力＞250kPa 的黏性土；Ⅲ类场地土：松散的砾、粗、中砂，密实、中密的细、粉砂，地基土容许承载力≤250kPa 的黏性土和≥130kPa 的填土；Ⅳ类场地土：淤泥质土，松散的细、粉砂，新近沉积的黏性土；地基土容许承载力＜130kPa 的填土。场地类别越高，地基承载力越低。

地震烈度、设计地震分组和场地土类型三项直接决定了地震计算所采用的反应谱形状，对水平地震作用的大小起到决定性作用。

(5) 混凝土框架抗震等级、剪力墙抗震等级、钢框架抗震等级：

丙类建筑按本地区抗震设防烈度计算，根据“抗规”表 6.1.2 或“高规”3.9.3 选择。

乙类建筑（常见乙类建筑：学校、医院），按本地区抗震设防烈度提高一度查表选择。建筑分类见《建筑工程抗震设防分类标准》GB 50223—2008。

“混凝土框架抗震等级”、“剪力墙抗震等级”根据实际工程情况，查看“抗规”表 6.1.2。

此处指定的抗震等级是全楼适用的。某些部位或构件的抗震等级可在前处理第二项菜单“特殊构件补充定义”进行单构件的补充指定。钢框架抗震等级应根据“抗规”8.1.3 条的规定来确定。

抗震等级不同，抗震措施也不同。在设计时，查看结构抗震等级时的烈度可参考表 2-9。

决定抗震措施的烈度　　表 2-9

建筑类别	设计基本地震加速度（g）和设防烈度					
	0.05 6	0.1 7	0.15 7	0.2 8	0.3 8	0.4 9
甲、乙类	7	8	8	9	9	9+
丙类	6	7	7	8	8	9

注："9+"表示应采取比 9 度更高的抗震措施，幅度应具体研究确定。

（6）抗震构造措施的抗震等级

在某些情况下，抗震构造措施的抗震等级与抗震措施的抗震等级不一致，可在此指定抗震构造措施的抗震等级，在实际设计中可参考表 2-8。

（7）中震或大震的弹性设计

依据"高规"3.11 节规定，SATWE 提供了中震（或大震）弹性设计、中震（或大震）不屈服设计两种方法。

无论选择弹性设计还是不屈服设计，均应在"地震影响系数最大值"中填入中震或大震的地震影响系数最大值，可参照表 2-10。

水平地震影响系数最大值　　表 2-10

地震影响	6 度	7 度	7.5 度	8 度	8.5 度	9 度
多遇地震	0.04	0.08	0.12	0.16	0.24	0.32
基本烈度地震	0.11	0.23	0.33	0.46	0.66	0.91
罕遇地震	—	0.20	0.72	0.90	1.20	1.40

中震验算包括中震弹性验算和中震不屈服验算，在设计中的要求如表 2-11 所示。

中震弹性验算和中震不屈服验算的基本要求　　表 2-11

设计参数	中震弹性	中震不屈服
水平地震影响系数最大值	按表 2-10 基本烈度地震	按表 2-10 基本烈度地震
内力调整系数	1.0（四级抗震等级）	1.0（四级抗震等级）
荷载分项系数	按规范要求	1.0
承载力抗震调整系数	按规范要求	1.0
材料强度取值	设计强度	材料标准值

建议：

在高烈度地区，对于结构中比较重要的抗侧力构件，比如框支剪力墙结构中的框支梁、框支柱和落地剪力墙、连体结构中与连体部分内侧相连的框架柱、剪力墙、各种结构形式中出现的跃层柱、框-筒结构中的角柱，宜进行中震弹性验算，其他竖向抗侧力构件宜进行中震不屈服验算。

（8）按主振型确定地震内力符号

根据"抗规"5.2.3 条，考虑扭转耦联时计算得到的地震作用效应没有符号。SATWE 原有的符号确定原则为：每个内力分量取各振型下绝对值最大者的符号。现增加本参数，以解决原有方式可能导致个别构件内力符号不匹配的问题。程序默认不勾选，以便于与旧版程序对比结果。

（9）自定义地震影响曲线

一般不需要修改，SATWE 允许用户输入任意形状的地震反应谱，以考虑规范设计谱以外的反应谱曲线。

(10) 偶然偏心、考虑双向地震、用户指定偶然偏心

默认未勾选，一般可同时选择“偶然偏心”和“双向地震”，不再指定偶然偏心值。对“质量和刚度明显不对称的结构”可取偶然偏心和双向地震两次计算结构的较大值，故可以同时选择“偶然偏心”和“双向地震”，SATWE对两者取不利，结果不叠加。

“偶然偏心”：

是由于施工、使用或地震地面运动扭转分量等不确定因素对结构引起的效应，对于高层结构及质量和刚度不对称的多层结构，偶然偏心的影响是客观存在的，故一般应选择“偶然偏心”去计算高层结构及质量和刚度明显不对称的多层结构的“位移比”及高层结构的“配筋”(多层结构“配筋”时一般可不选择“偶然偏心”)。计算层间位移角时一般应选择刚性楼板，可不考虑偶然偏心和竖向地震作用。

考虑“偶然偏心”计算后，对结构的荷载（总重、风荷载）、周期、竖向位移、风荷载作用下的位移及结构的剪重比没有影响，对结构的地震力和地震下的位移（最大位移、层间位移、位移角等）有较大影响。

“高规”4.3.3条“计算单向地震作用时应考虑偶然偏心的影响（地震作用大小与配筋有关)”；“高规”3.4.5条，计算位移比时，必须考虑偶然偏心的影响；“高规”3.7.3条，计算层间位移角时可不考虑偶然偏心、不考虑双向地震，一般应选择强制刚性楼板假定。“抗规”3.4.3的表3.4.3-1只注明了在规定水平力作用下计算结构的位移比，并没有说明是否考虑了偶然偏心。“抗规”3.4.4.2条文说明里注明了计算位移比时候的规定，水平力一般要考虑偶然偏心。

“考虑双向地震”：

“双向地震作用”是客观存在的，其作用效果与结构的平面形状的规则程度有很大的关系（结构越规则，双向地震作用越弱)，一般当位移比超过1.3时（有的地区规定为1.2，过于保守)，“双向地震作用”对结构的影响会比较大，则需要在总信息参数设置中考虑双向地震作用，不考虑偶然偏心。

双向地震作用计算，本质是对抗侧力构件承载力的一种放大，属于承载能力计算范畴，不涉及对结构扭转控制和对结构侧向刚度大小的判别。一般当位移比超过1.3（有的地区规定为1.2，过于保守）时，选取“考虑双向地震”，程序会对地震作用放大，结构的配筋一般会加大，但位移比及周期比，不看“双向地震作用”的计算结果，而看“偶然偏心”作用下的计算结果。SATWE在进行底框计算时，不应选择地震参数中的“偶然偏心”和“双向地震”，否则计算会出错。

“抗规”5.1.1-3：质量和刚度分布明显不对称的结构，应计入双向水平地震作用下的扭转影响；其他情况，应允许采用调整地震作用效应的方法计入扭转影响。“高规”4.3.2-2：质量与刚度分布明显不对称的结构，应计算双向水平地震作用下的扭转影响；其他情况，应计算单向水平地震作用下的扭转影响。

(11) X向相对偶然偏心、Y向相对偶然偏心

默认0.05，一般不需要改。

(12) 计算振型个数

地震力振型数至少取3，由于程序按三个阵型一页输出，所以振型数最好为3的倍数。

一般对于进行耦联计算的高层建筑，所选振型数不应小于9个，对于高层建筑应至少取15个；多塔结构计算阵型数应取更多，但要注意此处的阵型数不能超过结构的固有阵型的总数（刚性楼板假定时），比如一个规则的两层结构，采用刚性楼板假定，共6个有效自由度，此时阵型个数最多取6，否则会造成地震作用计算异常。对于复杂、多塔以及平面不规则的建筑，计算振型个数要多选，一般要求“有效质量数”大于90%。振型数取得越多，计算一次时间越长。

（13）活荷重力代表值组合系数

默认0.5，一般不需要改。该参数值改变楼层质量，不改变荷载总值（即对属相荷载作用下的内力计算无影响），应按“抗规”5.1.3条及“高规”4.3.6条取值。一般民用建筑楼面等效均布活荷载取0.5（对于藏书库、档案库、库房等建筑应特别注意，应取0.8）。调整系数只改变楼层质量，从而改变地震力的大小，但不改变荷载总值，即对竖向荷载作用下的内力计算无影响。

在WMASS.OUT中“各层的质量、质心坐标信息”项输出的“活载产生的总质量”为已乘上组合系数后的结果。在“地震信息”选项卡里修改本参数，则“荷载组合”选项卡中“活荷重力代表值系数”联动改变。在WMASS.OUT中“各楼层的单位面积质量分布”项输出的单位面积质量为“1.0恒＋0.5活”组合；而PM竖向导荷默认采用“1.2恒＋1.4活”组合，两者结果可能有差异。

（14）周期折减系数

计算各振型地震影响系数所采用的结构自振周期应考虑非承重填充墙体对结构刚度增强的影响，采用周期折减予以反应。因此当承重墙体为填充砖墙时，高层建筑结构的计算自振周期折减系数可按“高规”4.3.17取值：

1）框架结构可取0.6～0.7；

2）框架-剪力墙结构可取0.7～0.8；

3）框架-核心筒结构可取0.8～0.9；

4）剪力墙结构可取0.8～1.0。

对于其他结构体系或采用其他非承重墙时，可根据工程情况确定周期折减系数。具体折减数值应根据填充墙的多少及其对结构整体刚度影响的强弱来确定（如轻质砌体填充墙，周期折减系数可取大一些）。周期折减是强制性条文，但减多少不是强制性条文，这就要求在折减时慎重考虑，既不能太多，也不能太少，因为周期折减不仅影响结构内力，同时还影响结构的位移。当周期折减过多时，地震作用加大，可能导致梁超筋。周期折减系数不影响建筑本身的周期，即WZQ文件中的前几阶周期，所以周期折减系数对于风荷载是没有影响的，风荷载在SATWE计算中与周期折减系数无关。周期折减系数只放大地震作用，不放大结构刚度。

注：1. 厂房和砖墙较少的民用建筑，周期折减系数一般取0.80～0.85，砖墙较多的民用建筑取0.6～0.7，（一般取0.65）。框架-剪力墙结构：填充墙较多的民用建筑取0.7～0.80，填充墙较少的公共建筑可取大些（0.80～0.85）。剪力墙结构：取0.9～1.0，有填充墙取低值，无填充墙取高值，一般取0.95。

2. 空心砌块应少折减，一般可为0.8～0.9。

（15）结构的阻尼比

对于一些常规结构，程序给出了结构阻尼的隐含值。除有专门规定外，钢筋混凝土高层建筑结构的阻尼比应取0.05；钢结构在多遇地震下的阻尼比，对不超过12层的钢结构可采用0.035，对超过12层的钢结构可采用0.02；在罕遇地震下的分析，阻尼比可采用0.05；对于钢-混凝土混合结构则根据钢和混凝土对结构整体刚度的贡献率取为0.025～0.035。

(16) 特征周期 T_g、地震影响系数最大值

特征周期 T_g：根据实际工程情况查看"抗规"(表2-12)。

特征周期值(s) 表2-12

设计地震分组	场地类别				
	I_0	I_1	Ⅱ	Ⅲ	Ⅳ
第一组	0.20	0.25	0.35	0.45	0.65
第二组	0.25	0.30	0.40	0.55	0.75
第三组	0.30	0.35	0.45	0.65	0.90

地震影响系数最大值：即"多遇地震影响系数最大值"，用于地震作用的计算时，无论多遇地震或中、大震弹性或不屈服计算时均应在此处填写"地震影响系数最大值"。具体值可根据抗规表5.1.4-1来确定，如表2-13所示。

水平地震影响系数最大值 表2-13

地震影响	6度	7度	8度	9度
多遇地震	0.04	0.08 (0.12)	0.16 (0.24)	0.32
罕遇地震	0.28	0.50 (0.72)	0.90 (1.20)	1.40

注：括号中数值分别用于设计基本地震加速度为0.15g和0.30g的地区。

(17) 用于12层以下规则混凝土框架结构薄弱层验算的地震影响系数最大值

此参数为"罕遇地震影响系数最大值"，仅用于12层以下规则混凝土框架结构的薄弱层验算，一般不需要改。

(18) 斜交抗侧力构件方向附加地震数、相应角度

可允许最多5组方向地震。附加地震数在0～5之间取值。相应角度填入各角度值。该角度是与 X 轴正方向的夹角，逆时针方向为正。SATWE参数中增加"斜交抗侧力构件附加地震角度"与填写"水平与整体坐标夹角"计算结果有区别：水平力与整体坐标夹角不仅改变地震力而且改变风荷载的作用方向，而斜交抗侧力构件附加地震角度仅改变地震力方向。"抗规"5.1.1条、各类建筑结构的地震作用，应符合下列规定：对于有斜交抗侧力构件的结构，当相交角度大于15°时，应分别计算各抗侧力构件方向的水平地震作用。此处所指交角是指与设计输入时，所选择坐标系间的夹角。对于主体结构中存在有斜向放置的梁、柱时，也要分别计算各抗力构件方向的水平地震作用。结构的参考坐标系建立以后，所求的地震作用、风荷载总是沿着坐标系的方向作用。

建议选择对称的多方向地震，因为风荷载并未考虑多方向，否则容易造成配筋不对称。如输入45°和225°，程序自动增加两个逆时针旋转90°的角度(即135°和315°)，并按这四个角度进行地震作用的计算，程序将计算每一对新增地震作用下的构件内力，并在构件设计时考虑进内力组合中，最后构件验算取最不利一组。

（19）竖向地震作用系数底线值

该参数作用相当于竖向地震作用的最小剪重比。在 WZQ.OUT 文件中输出竖向地震作用系数的计算结果，如果不满足要求则自动进行调整。

（20）自定义地震影响系数曲线

SATWE 允许用户输入任意形状的地震设计谱，以考虑来自安评报告或其他情形的比规范设计谱更贴切的反应谱曲线。点击该按钮，在弹出的对话框中可查看按规范公式的地震影响系数曲线，并可在此基础上根据需要进行修改，形成自定义的地震影响系数曲线。其中，“按规范定义的时间”项，代表该时间之前曲线采用规范值，之后采用自定义值。如填 3s，就代表前 3s 按规范反应谱取值。

4. 活载信息（图 2-104）

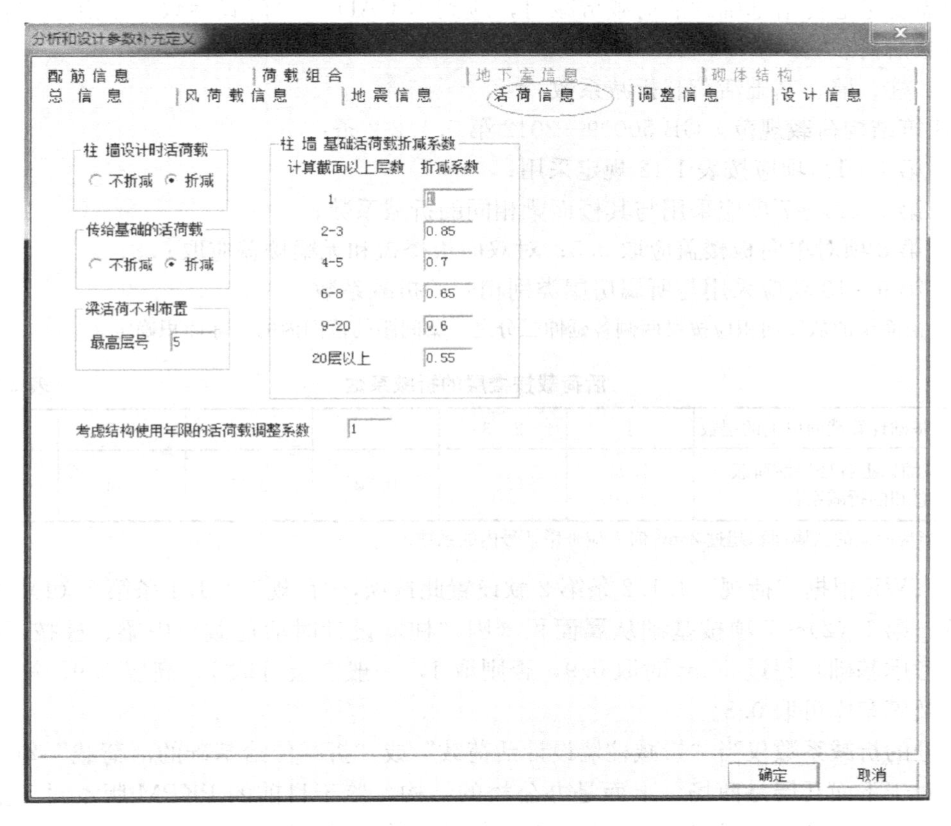

图 2-104　SATWE 活载信息页（软件显示“活荷信息”）

（1）柱墙设计时活荷载

程序默认为“不折减”，一般不需要改动。SATWE 根据“荷规”4.1.2 条第 2 款设置此选项，点选“折减”，程序会按照右侧输入的楼层折减系数进行活荷载折减，生成的墙、柱轴压比及配筋会比点选“不折减”稍微小一些。所以，当需要以结构偏安全性为先的时候，建议点选“不折减”；当需要以墙、柱尺寸和结构经济性为先的时候，建议点选“折减”。

如在 PMCAD 中，考虑了梁的活荷载折减（荷载输入/恒活设置/考虑活荷载折减），则在 SATWE、TAT、PMSAP 中，最好不要选择“柱墙活荷载折减”，以避免活荷载折减过多。对于带裙房的高层建筑，裙房不宜按主楼的层数取用活荷载折减系数。同理，顶部带小塔楼的结构、错层结构、多塔结构等，都存在同一楼层柱墙活荷载系数不同的情况，应按实际情况灵活处理。

注：SATWE 软件目前还不能考虑“荷规”5.1.2 条 1 款对楼面梁的活载折减；PMSAP 则可以。PM 中的荷载设置楼面折减系数对梁不起作用，柱墙设计时活荷载对柱起作用。

（2）传给基础的活荷载

程序默认为“折减”，不需要更改。SATWE 根据“荷规”4.1.2 条第 2 款设置此选项，点选“折减”，程序会按照右侧输入的楼层折减系数进行活荷载折减，生成传到底层的最大组合内力，但没有传到 JCCAD，JCCAD 读取的是程序计算后各工况的标准值。所以，当需要考虑传给基础的活荷载折减时，应到 JCCAD 的“荷载参数”中点选“自动按楼层折减活荷载”。

（3）柱、墙、基础活荷载折减系数

《建筑结构荷载规范》GB 50009—2012 第 5.1.2-2 条：

1）第 1（1）项应按表 1-12 规定采用；

2）第 1（2）～7 项应采用与其楼面梁相同的折减系数；

3）第 8 项对单向板楼盖应取 0.5；对双向板楼盖和无梁楼盖应取 0.8；

4）第 9～13 项应采用与所属房屋类别相同的折减系数。

注：楼面梁的从属面积应按梁两侧各延伸二分之一梁间距的范围内的实际面积确定。

活荷载按楼层的折减系数 **表 2-14**

墙、柱、基础计算截面以上的层数	1	2～3	4～5	6～8	9～20	>20
计算截面以上各楼层活荷载总和的折减系数	1.00 (0.90)	0.85	0.70	0.65	0.60	0.55

注：当楼面梁的从属面积超过 25m² 时，应采用括号内的系数。

SATWE 根据“荷规”4.1.2 条第 2 款设置此选项，“荷规”4.1.1 条第 1（1）详按程序默认；第 1（2）～7 项按基础从属面积（因“柱墙设计时活荷载”中梁、柱按不折减，此处仅考虑基础）超过 50m² 时取 0.9，否则取 1，一般多层可取 1，高层 0.9；第 8 项汽车通道及停车库可取 0.8。

此处的折减系数仅当“折减柱墙设计活荷载”或“折减传给基础的活荷载”勾选后才生效。对于下面几层是商场、上面是办公楼的结构，鉴于目前的 PKPM 版本对于上、下楼层不同功能区域活荷载传给墙柱基础时的折减系数不能分别按规范取值，故折减系数建议按偏安全的取值方法。

（4）考虑结构使用年限的活荷载调整系数

“高规”5.6.1 条作了有关规定。在设计时，设计使用年限为 50 年时取 1.0，设计使用年限为 100 年时取 1.1。

5. 调整信息（图 2-105）

（1）梁端负弯矩调幅系数

现浇框架梁 0.8～0.9；装配整体式框架梁 0.7～0.8。

框架梁在竖向荷载作用下梁端负弯矩调整系数，是考虑梁的塑性内力重分布。通过调

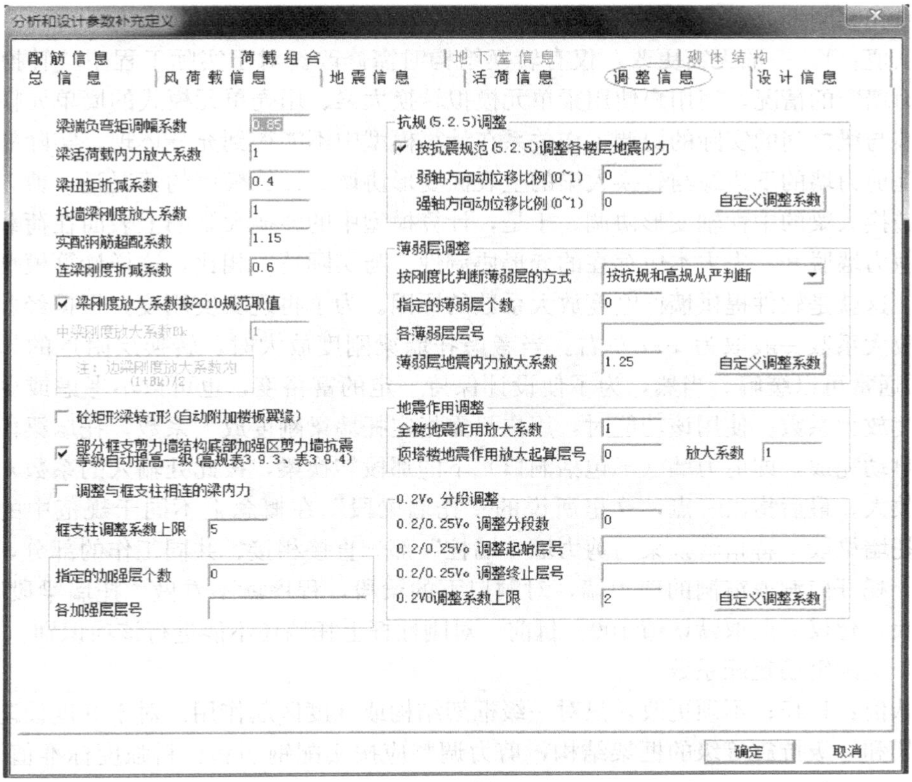

分析和设计参数补充定义

配筋信息 | 荷载组合 | 地下室信息 | 砌体结构
总信息 | 风荷载信息 | 地震信息 | 活荷信息 | 调整信息 | 设计信息

梁端负弯矩调幅系数 0.85
梁活荷载内力放大系数 1
梁扭矩折减系数 0.4
托墙梁刚度放大系数 1
实配钢筋超配系数 1.15
连梁刚度折减系数 0.6
梁刚度放大系数按2010规范取值
中梁刚度放大系数Bk 1
注：边梁刚度放大系数为 (1+Bk)/2
砼矩形梁转T形（自动附加楼板翼缘）
部分框支剪力墙结构底部加强区剪力墙抗震等级自动提高一级（高规表3.9.3、表3.9.4）
调整与框支柱相连的梁内力
框支柱调整系数上限 5
指定的加强层个数 0
各加强层层号

抗规(5.2.5)调整
按抗震规范(5.2.5)调整各楼层地震内力
弱轴方向动位移比例(0~1) 0
强轴方向动位移比例(0~1) 0
自定义调整系数

薄弱层调整
按刚度比判断薄弱层的方式 按抗规和高规从严判断
指定的薄弱层个数 0
各薄弱层层号
薄弱层地震内力放大系数 1.25
自定义调整系数

地震作用调整
全楼地震作用放大系数 1
顶塔楼地震作用放大起算层号 0　放大系数 1

0.2Vo 分段调整
0.2/0.25Vo 调整分段数 0
0.2/0.25Vo 调整起始层号
0.2/0.25Vo 调整终止层号
0.2Vo调整系数上限 2
自定义调整系数

确定　取消

图 2-105　SATWE 调整信息页

整使梁端负弯矩减小，跨中正弯矩加大（程序自动加）。梁端负弯矩调整系数一般取 0.85。

注意：1. 程序隐含钢梁为不调幅梁；不要将梁跨中弯矩放大系数与其混淆。

2. 弯矩调幅法是考虑塑性内力重分布的分析方法，与弹性设计相对；弯矩调幅法可以求得结构的经济，充分挖掘混凝土结构的潜力和利用其优点；弯矩调幅法可以使得内力均匀。对于承受动力荷载、使用上要求不出现裂缝的构件，要尽量少调幅。

3. 调幅与“强柱弱梁”并无直接关系，要保证强柱弱梁，强度是关键，刚度不是关键，即柱截面承载能力要大于梁（满足规范要求），在地震灾害地区的很多房屋，并没有出现预期的“强柱弱梁”，反而是“强梁弱柱”，是因为忽略了楼板钢筋参与负弯矩分配，还有其他原因，比如：梁端配筋时内力所用截面为矩形截面，计算结果比 T 形截面大，习惯性放大梁支座配筋及跨中配筋的纵筋 5%～10%，基于裂缝控制，两端配筋远大于计算配筋，未计入双筋截面及受压翼缘的有利影响，低估截面承载能力、施工原因。

（2）梁活荷载内力放大系数

用于考虑活荷载不利布置对梁内力的影响，将活荷载作用下的梁内力（包括弯矩、剪力、轴力）进行放大。一般工程建议取值 1.1～1.2。如果已考虑了活荷载不利布置，则应填 1。

（3）梁扭矩折减系数

现浇楼板（刚性假定）取值 0.4～1.0，一般取 0.4；现浇楼板（弹性楼板）取 1.0。

注意：程序规定对于不与刚性楼板相连的梁及弧梁不起作用。

(4) 托梁刚度放大系数

默认值：1，一般无需更改，仅有转换结构时需修改。对于实际工程中“转换大梁上面托剪力墙”的情况，当用户使用梁单元模拟转换大梁、用壳单元模式的墙单元模拟剪力墙时，墙与梁之间的实际的协调工作关系在计算模型中不能得到充分体现。实际的结构受力情况是剪力墙的下边缘与转换大梁的上表面变形协调。计算模型的情况是：剪力墙的下边缘与转换大梁的中性轴变形协调。于是，计算模型中的转换大梁的上表面在荷载作用下将会与剪力墙脱开，失去本应存在的变形协调性。与实际情况相比，这样计算模型的刚度偏柔了。这就是软件提供墙梁刚度放大系数的原因。为了再现真实刚度，根据经验，托墙梁刚度放大系数一般取为100左右。当考虑托墙梁刚度放大时，转换层附近的超筋情况（若有）通常可以缓解。当然，为了使设计保持一定的富裕度，也可以不考虑或少考虑托墙梁刚度放大系数。使用该功能时，用户只需指定托墙梁刚度放大系数，托墙梁段的搜索由软件自动完成，即剪力墙（不包括洞口）下的那段转换梁，按此处输入的系数对抗弯刚度进行放大。最后指出一点，这里所说的“托墙梁段”在概念上不同于规范中的“转换梁”，“托墙梁段”特指转换梁与剪力墙“墙柱”部分直接相接、共同工作的部分，比如说转换梁上托开门洞或窗洞的剪力墙，对洞口下的梁段，程序就不看做“托墙梁段”，不作刚度放大。建议一般取默认值100。目前，对刚性杆上托墙还不能进行该项识别。

(5) 实配钢筋超配系数

默认值：1.15；不须更改，只对一级框架结构或9度区起作用。对于9度设防烈度的各类框架和一级抗震等级的框架结构，剪力调整应按实配钢筋和材料强度标准值来计算。根据“抗规”6.2.2条、6.2.5条及“高规”6.2.1条、6.2.3条，一、二、三、四级抗震等级分别取1.4、1.2、1.1和1.1。

由于程序在接“梁平法施工图”前并不知道实际配筋面积，所以程序将此参数提供给用户，由用户根据工程实际情况填写。程序根据用户输入的超配系数，并取钢筋超强系数（材料强度标准值与设计值的比值）为1.1（330/300MPa=1.1）。本参数只对一级框架结构或9度区框架起作用，程序可自动识别；当为其他类型结构时，也不需要用户手工修改为1.0。

注：9度及一级框架结构仅调整梁柱钢筋的超配系数是不全面的，按规范要求采用其他有效抗震措施。

(6) 连梁刚度折减系数

一般工程剪力墙连梁刚度折减系数取0.7，8、9度时可取0.5；位移由风载控制时取≥0.8；

连梁刚度折减系数主要是针对那些与剪力墙一端或两端平行连接的梁，由于连梁两端位移差很大，剪力会很大，很可能出现超筋，于是要求连梁在进入塑性状态后，允许其卸载给剪力墙。计算地震内力时，连梁刚度可折减；对如计算重力荷载、风荷载作用效应时，不宜考虑折减。框架梁方式输入的连梁，旧版本中抗震等级默认取框架结构抗震等级；在PKPM2011/09/30版本中，默认取剪力墙抗震等级。

注：连梁的跨高比大于等于5时，建议按框架梁输入。

(7) 中梁刚度放大系数 *BK*

默认：灰色不用选，一般不需更改。根据“高规”5.2.2条，“现浇楼面中梁的刚度可考虑翼缘的作用予以增大，现浇楼板取值 1.3～2.0”。通常，现浇楼面的边框梁可取 1.5，中框梁可取 2.0；对压型钢板组合楼板中的边梁取 1.2，中梁取 1.5（详见“高钢规”5.1.3 条）。梁翼缘厚度与梁高相比较小时，梁刚度增大系数可取较小值，反之取较大值，而对其他情况下（包括弹性楼板和花纹钢板楼面）梁的刚度不应放大。该参数对连梁不起作用，对两侧有弹性板的梁仍然有效；对于板柱结构，应取 1。梁刚度放大的主要目的，是为了考虑在刚性板假定下楼板刚度对结构的贡献。梁的刚度放大并非是为了在计算梁的内力和配筋时，将楼板作为梁的翼缘，按 T 形梁设计，以达到降低梁的内力和配筋的目的，而仅仅是为了近似考虑楼板刚度对结构的影响。该参数的大小对结构的周期、位移等均有影响。参见《PKPM 新天地》2008 年 4 期中“浅谈 PKPM 系列软件在工程设计中应注意的问题（一）”及 2008 年 6 期中“再谈中梁刚度放大系数”两篇文章。

SATWE 前处理“特殊构件补充定义”中的右侧菜单“特殊梁”下，用户可以交互指定楼层中各梁的刚度放大系数。在此处，程序默认显示的放大系数，是没有搜索边梁的结果，即所有梁的刚度放大系数均按中梁刚度放大系数显示。但在后面计算时，SATWE 软件自动判断梁与楼板的连接关系，对于两侧都与楼板相连的梁，直接取交互指定的值来计算；对于仅有一侧与楼板相连的梁，梁刚度放大系数取 $(BK+1)/2$；对两侧都不与楼板相连的独立梁，不管交互指定的值为多少，均按 1.0 计算。梁刚度放大系数只影响梁的内力（即效应计算），在 SATWE 里不影响梁的配筋计算（即抗力计算），在 PMSAP 里会影响梁的配筋计算。因为 SATWE 计算承载力是按矩形截面的，而 PMSAP 可以选择按 T 形截面。

注：由于单向填充空心现浇预应力楼板的各向异性，宜在平行和垂直填充空心管的方向取用不同的梁刚度放大系数。

（8）梁刚度放大系数按 2010 规范取值

默认：勾选；一般不需更改。考虑楼板作为翼缘对梁刚度的贡献时，每根梁，由于截面尺寸和楼板厚度有差异，其刚度放大系数可能各不相同，SATWE 提供了按 2010 规范取值选项，勾选此项后，程序将根据“混规”5.2.4 条的表格，自动计算每根梁的楼板有效翼缘宽度，按照 T 形截面与梁截面的刚度比例，确定每根梁的刚度系数。刚度系数计算结果可在“特殊构件补充定义”中查看，也可在此基础上修改。如果不勾选，仍按上一条所述，对全楼指定唯一的刚度系数。

注：剪力墙结构连梁刚度一般不用放大，因为楼板的支座主要是墙，墙对板起了很大的支撑作用，墙刚度大，力主要流向刚度大墙支座，可以取极端情况，不要连梁，对楼板的影响一般也不大，所以楼板对连梁的约束作用较弱，一般连梁刚度可不放大。类似的东西作用效果不同，就看其边界条件，分析边界条件，可以用类比或者极端、逆向的思维方法。

（9）混凝土矩形梁转 T 形（自动附加楼板翼缘）

勾选后，程序自动搜索与梁相邻的楼板，将矩形梁转成 T 形或 L 形梁进行内力和配筋计算，同时梁刚度放大系数和梁扭矩折减系数应取 1。

（10）部分框支剪力墙结构底部加强区剪力墙抗震等级自动提高一级

根据“高规”表 3.9.3、表 3.9.4，部分框支剪力墙结构底部加强区和非底部加强区的剪力墙抗震等级可能不同，但在实际设计中，都是先在“地震信息”页“剪力墙抗震等级”中填入部分框支剪力墙结构中一般部位剪力墙的抗震等级；若勾选该项，则程序将自动对底部加强区的剪力墙抗震等级提高一级。

(11) 调整与框支柱相连的梁内力

一般都不调整（按实际工程选），因为程序对框支柱的弯矩、剪力调整系数往往很大，若此时调整与框支柱相连的梁内力，会出现异常。

“高规”10.2.17条：框支柱剪力调整后，应相应调整框支柱的弯矩及柱端框架梁（不包括转换梁）的剪力、弯矩，但框支梁的剪力、弯矩和框支柱轴力可不调整。由于框支柱的内力调整幅度较大，若相应调整框架梁的内力，则有可能使框架梁设计不下来。2010年9月之前的版本，此项参数不起作用，勾不勾选程序都不会调整；2010年9月版勾选后，程序会调整与框支柱相连的框架梁的内力。PMSAP默认不调。

(12) $0.2V_0$、框支柱调整上限

由于程序计算的$0.2V_0$调整与框支柱的调整系数值可能很大，用户可设置调整系数的上限值。程序缺省$0.2V_0$调整上限为2.0，框支柱调整上限为5.0。

(13) 指定的加强层个数

默认值：0，一般不需更改。各加强层层号，默认值：空白，一般不填。加强层是新版SATWE新增参数，由用户指定，程序自动实现如下功能：

① 加强层及相邻层柱、墙抗震等级自动提高一级；

② 加强层及相邻轴压比限制减小0.05；依据见“高规”10.3.3条（强条）；

③ 加强层及相邻层设置约束边缘构件。

多塔结构还可在“多塔结构构件定义”菜单分塔指定加强层。

(14)“抗规”5.2.5条调整各层地震内力

默认：勾选；不需更改。用于调整剪重比，详见“抗规”5.2.5条和“高规”4.3.12条。抗震验算时，结构任一楼层的水平地震的剪重比不应小于“抗规”中表5.2.5给出的最小地震剪力系数λ。当结构某楼层的地震剪力小得过多、地震剪力调整系数过大（调整系数大于1.2）时，说明该楼层结构刚度过小，其地震作用主要不是地震加速度而是地震地面运动速度和位移引起的。此时，应先调整结构布置和相关构件的截面尺寸，提高结构刚度，使计算的剪重比能自然满足规范要求；其次，才考虑调整地震作用。而根据“抗规”5.2.5条文说明：只要求底部总剪力不满足要求，则结构各楼层的剪力均需要调整，继而原先计算的倾覆力矩、内力和位移均需相应调整。

按“抗规”5.2.5条规定，抗震验算时，结构任一楼层的水平地震的剪重比不应小于表2-15给出的最小地震剪力系数λ。

楼层最小地震剪力系数 **表2-15**

类　别	6度	7度	8度	9度
扭转效应明显或基本周期小于3.5s的结构	0.008	0.016 (0.024)	0.032 (0.048)	0.064
基本周期大于5.0s的结构	0.006	0.012 (0.018)	0.024 (0.036)	0.048

注：1. 基本周期介于3.5s和5s之间的结构，按插入法取值；

2. 括号内数值分别用于设计基本地震加速度为$0.15g$和$0.30g$的地区。

(15) 弱轴方向位移比例

默认值：0，剪重比不满足时按实际更改。

（16）强轴方向位移比例

默认值：0，剪重比不满足时按实际改。

按照“抗规”5.2.5的条文说明，在剪重比调整时，根据结构基本周期采用相应调整，即加速度段调整、速度段调整和位移段调整。弱轴方向即结构第一平动周期方向，强轴方向即结构第二平动周期方向一般可根据结构自振周期 T 与场地特征周期 T_g 的比值来确定：当 $T<T_g$ 时，属加速度控制段，参数取0；当 $T_g<T<5T_g$ 时，属速度控制段，参数取0.5；当 $T>5T_g$ 时，属位移控制段，参数取1。按照“抗规”5.2.5的条文说明，在剪重比调整时，根据结构基本周期采用相应调整，即加速度段调整、速度段调整和位移段调整。

（17）按刚度比判断薄弱层的方式

分为“按抗规和高规从严判断”、“仅按抗规判断”、“仅按高规判断”和“不自动判断”四个选项，可由用户选择判断标准。旧版软件是“抗规”和“高规”同时执行，并从严控制。

（18）指定薄弱层个数及相应的各薄弱层层号

薄弱层个数默认值为：0，一般不改。各层薄弱层层号，默认值为：空白，一般不填。

SATWE自动按刚度比判断薄弱层并对薄弱层进行地震内力放大，但对竖向构件不连续结构形成的薄弱层、对承载力突变形成的薄弱层（比如“层间受剪承载力比”不满足规范要求时）、对有转换构件形成的薄弱层不能自动判断为薄弱层，需要用户在此指定。输入各层号时，以逗号或空格隔开。

（19）薄弱层地震内力放大系数

“抗规”规定薄弱层的地震剪力增大系数不小于1.15，“高规”规定薄弱层的地震剪力增大系数不小于1.25。SATWE对薄弱层地震剪力调整的做法是直接放大薄弱层构件的地震作用内力。程序缺省值为1.25。

竖向不规则结构的薄弱层有三种情况：①楼层侧向刚度突变；②层间受剪承载力突变；③竖向构件不连续。

（20）全楼地震作用放大系数

通过此参数来放大地震作用，提高结构的抗震安全度，其经验取值范围是1.0～1.5。在实际设计时，对于超高层建筑，用时程分析判断出结构的薄层部位后，可以用“全楼地震作用放大系数”或“顶塔楼地震放大起算层号及放大系数”来提高结构的抗震安全度。

（21）顶塔楼地震放大起算层号及放大系数

默认值：0，一般不改。放大系数：默认值：1，一般不改。

顶塔楼通常指突出屋面的楼、电梯间、水箱间等。当采用底部剪力法时，按凸出屋面部分最低层号填写；无顶塔楼时填0，详见“抗规”5.2.4条。目前的SATWE、TAT和PMSAP均是采用振型分解反应谱法计算地震作用，因此只要给出足够的振型数，从规范字面上理解可不用放大塔楼（建模时应将突出屋面部分同时输入）地震作用，但审图公司往往会要求做一定放大，放大系数建议取1.5。该参数对其他楼层及结构的位移比、周期等无影响，是将顶层构件的地震内力标准值放大，进行内力组合及配筋。

注：此系数仅放大顶塔楼的内力，并不改变其位移。可以通过此系数来放大结构顶部塔楼的地震内力；若不调整，则可将起算层号及放大系数均填为0。该系数仅放大顶塔楼的地震内力，对位移没影响。

（22）$0.2V_0$ 分段调整

此处，指定 $0.2V_0$ 调整的分段数，每段的起始层号和终止层号，以空格或逗号隔开。如果不分段，则分段数填 1。如不进行 $0.2V_0$ 调整，应将分段数填为 0。

$0.2V_0$ 调整系数的上限值由参数“$0.2V_0$ 调整上限”控制，如果将起始层号填为负值，则不受上限控制。用户也可点取“自定义调整系数”，分层分塔指定 $0.2V_0$ 调整系数，但仍应在参数中正确填入 $0.2V_0$ 调整的分段数和起始、终止层号；否则，自定义调整系数将不起作用。程序缺省 $0.2V_0$ 调整上限为 2.0，框支柱调整上限为 5.0，可以自行修改。

注：

1. 对有少量柱的剪力墙结构，让框架柱承担 20%的基底剪力会使放大系数过大，以致框架梁、柱无法设计，所以 20%的调整一般只用于主体结构。

2. 电梯机房，不属于调整范围。

6. 设计信息（图 2-106）

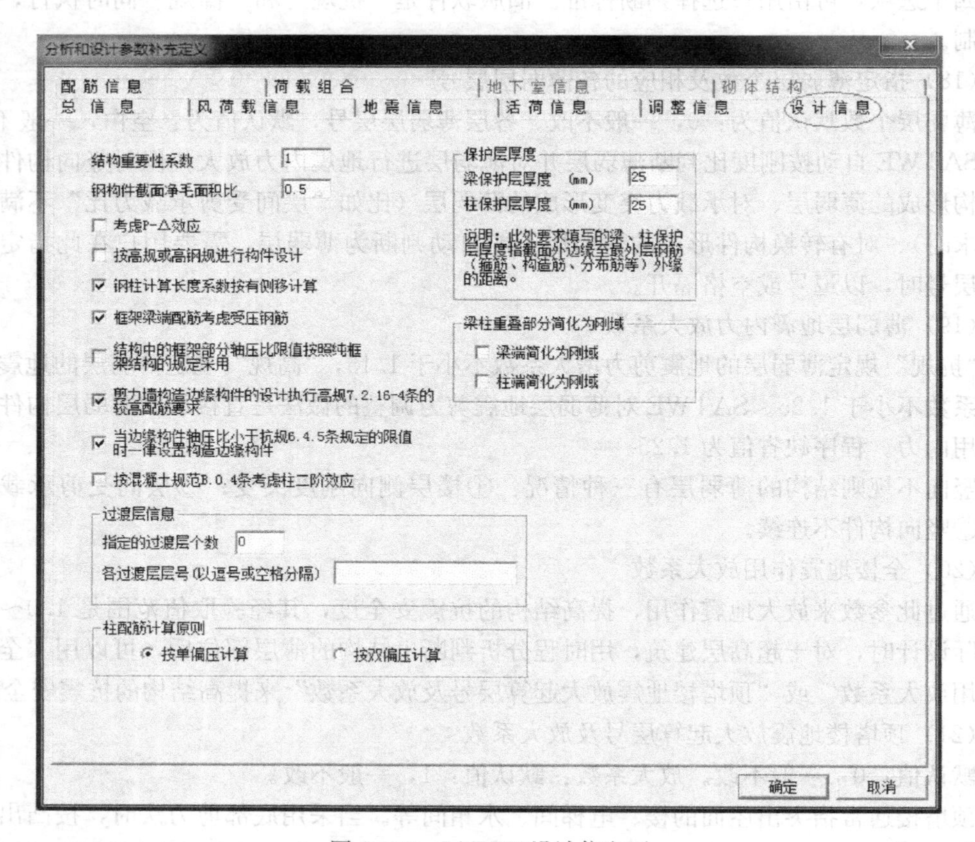

图 2-106 SATWE 设计信息页

（1）结构重要性系数

应按“混规”3.3.2 条来确定。当安全等级为二级，设计使用年限 50 年，取 1.00。

（2）梁、柱保护层厚度

应根据工程实际情况查“混规”表 8.2.1。混凝土结构设计规范中有说明，保护层厚度指截面外边缘至最外层钢筋（箍筋、构造筋、分布筋等）外缘的距离。

（3）考虑 P-Δ 效应（重力二阶效应）

通常，混凝土结构可以不考虑重力二阶效应，钢结构按“抗规”8.2.3条的规定，应考虑重力二阶效应。是否考虑重力二阶效应可以参考SATWE输出文件WMASS.OUT中的提示，若显示“可以不考虑重力二阶效应”，则可以不选择此项，否则应选择此项。

注：

① 建筑结构的二阶效应由两部分组成：P-δ 效应和 P-Δ 效应。P-δ 效应是指由于构件在轴向压力作用下，自身发生挠曲引起的附加效应，可称之为构件挠曲二阶效应，通常指轴向压力在产生了挠曲变形的构件中引起的附加弯矩，附加弯矩与构件的挠曲形态有关，一般中间大、两端小。P-Δ 效应是指由于结构的水平变形引起的重力附加效应，可称之为重力二阶效应，结构在水平（风荷载或水平地震作用）作用下发生水平变形后，重力荷载因该水平变形而引起附加效应，结构发生的水平侧移绝对值较大，P-Δ 效应越显著，若结构的水平变形过大，可能因重力二阶效应而导致结构失稳。

② 一般来说，7度以上抗震设防的建筑，其结构刚度由地震或风荷载作用的位移控制，只要满足位移要求，整体稳定性自动满足，可不考虑 P-Δ 效应。SATWE软件采用的是等效几何刚度的有限元算法，修正结构总刚，考虑 P-Δ 效应后结构周期不变。

（4）梁柱重叠部分简化为刚域

一般不选；大截面柱和异形柱应考虑选择该项；考虑后，梁长变短，刚度变大，自重变小，梁端负弯矩变小。

（5）按“高规”或者“高钢规”进行构件设计

点取此项，程序按“高规”进行荷载组合计算，按“高钢规”进行构件设计计算；否则，按多层结构进行荷载组合计算，按普通钢结构规范进行构件设计计算。高层建筑一般都勾选。

（6）钢柱计算长度系数按有侧移计算

默认不勾选，一般不修改。该参数仅对钢结构有效，对混凝土结构不起作用，通常钢结构宜选择“有侧移”，如不考虑地震、风作用时，可以选择“无侧移”。

（7）框架梁端配筋考虑受压钢筋

默认勾选，建议不修改。

（8）结构中的框架部分轴压比按照纯框架结构的规定采用

默认不勾选，主要是为执行“高规”8.1.3-4条：框架部分承受的地震倾覆力矩大于结构总地震倾覆力矩的80%时，按框架-剪力墙结构进行设计，但其最大适用高度宜按框架结构采用，框架部分的抗震等级和轴压比限值应按框架结构的规定采用。当结构的层间位移角不满足框架-剪力墙结构的规定时，可按“高规”第3.11节的有关规定进行结构抗震性能分析和论证。

（9）剪力墙构造边缘构件的设计执行“高规”7.2.16-4条

“高规”7.2.16-4条规定：抗震设计时，对于连体结构、错层结构以及B级高度高层建筑结构中的剪力墙（筒体），其构造边缘构件的最小配筋率应按照要求相应提高。

勾选此项时，程序将一律按“高规”7.2.16-4条的要求控制构造边缘构件的最小配筋，即对于不符合上述条件的结构类型，也进行从严控制；如不勾选，则程序一律不执行此条规定。

（10）混凝土规范B.0.4条考虑柱二阶效应

默认不勾选，一般不需要改；对排架结构柱，应勾选。对于非排架结构，如认为“混规”6.2.4条的配筋结果过小，也可勾选；勾选该参数后，相同内力情况下，柱配筋与旧版程序基本相当。

(11) 规定的过渡层个数及相应的各过渡层层号

默认为0，不修改。“高规”7.2.14-3条规定：B级高度高层建筑的剪力墙，宜在约束边缘构件层与构造边缘构件层之间设置1～2层过渡层。程序不能自动判断过渡层，用户可在此指定。

(12) 配筋计算原则：

默认为按单偏压计算，一般不需要修改。“单偏压”在计算X方向配筋时不考虑Y向钢筋的作用，计算结果具有唯一性，详见“混规”7.3节；而“双偏压”在计算X方向配筋时考虑了Y向钢筋的作用，计算结果不唯一，详见“混规”附录F。建议采用“单偏压”计算，采用“双偏压”验算。“高规”6.2.4条规定，“抗震设计时，框架角柱应按双向偏心受力构件进行正截面承载力设计”。如果用户在“特殊构件补充定义”中“特殊柱”菜单下指定了角柱，程序对其自动按照“双偏压”计算。对于异形柱结构，程序自动按“双偏压”计算异形柱配筋。详见2009年2期《PKPM新天地》中“柱单偏压与双偏压配筋的两个问题”一文。

注：1. 角柱是指建筑角部柱的两个方向各只有一根框架梁与之相连的框架柱，故建筑凸角处的框架柱为角柱，而凹角处框架柱并非角柱。

2. 全钢结构中，指定角柱并选“高钢规”验算时，程序自动按“高钢规”5.3.4条放大角柱内力30%。一般单偏压计算，双偏压验算；考虑双向地震时，采用单偏压计算；对于异形柱，结构程序自动采用双偏压计算。

7. 配筋信息（图2-107）

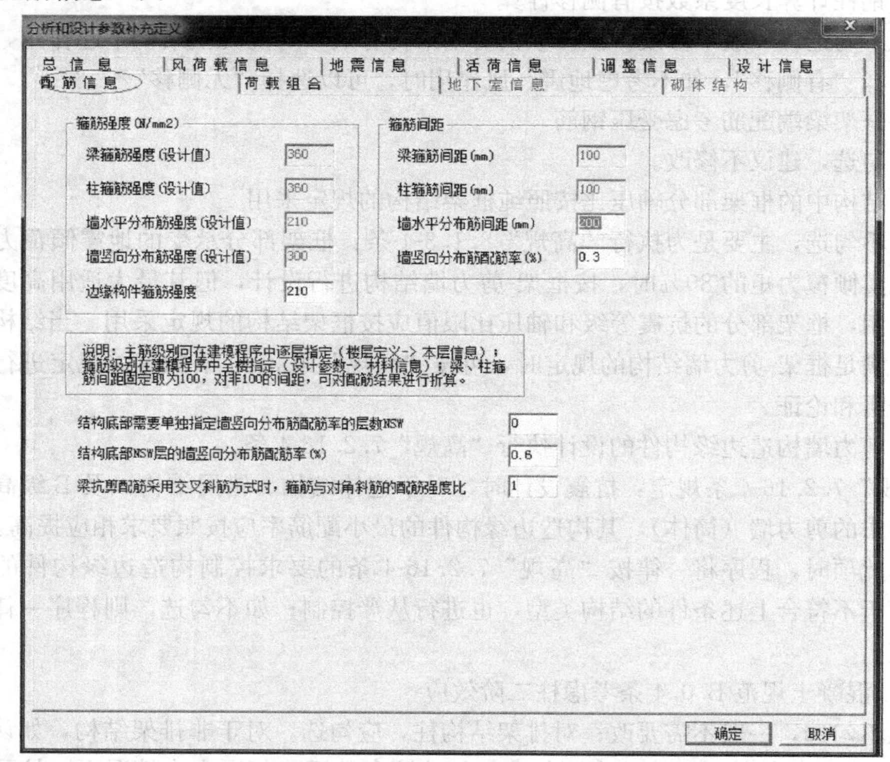

图2-107 SATWE配筋信息页

（1）梁箍筋强度、柱箍筋强度、墙水平分布筋强度、墙竖向分布筋强度、梁箍筋间距、柱箍筋间距，均不可修改，与 PMCAD 建模时设置的参数相同或程序规定采取默认值。

（2）墙水平分布筋间距

抗震墙的竖向和横向分布钢筋的间距不宜大于 300mm，部分框支抗震墙结构的落地抗震墙底部加强部位，竖向和横向分布钢筋的间距不宜大于 200mm。

在实际设计中，一般填写 200mm。

（3）墙竖向分布筋配筋率

一、二、三级抗震墙的竖向和横向分布钢筋最小配筋率均不应小于 0.25%，四级抗震墙分布钢筋最小配筋率不应小于 0.20%。高度小于 24m 且剪压比很小的四级抗震墙，其竖向分布筋的最小配筋率应允许按 0.15%采用。部分框支抗震墙结构的落地抗震墙底部加强部位，竖向和横向分布钢筋配筋率均不应小于 0.3%。

（4）结构底部需单独指定墙竖向分布筋配筋率的层数 NSW

程序缺省值为 0，一般不需要改。

（5）结构底部 NSW 层的墙竖向分布筋配筋率（%）

程序缺省值为 0.6，未设定时不起作用，一般根据结构的抗震等级取加强区的构造配筋率即可。

（4）、（5）这两项参数可以对剪力墙结构设定不同的竖向分布筋配筋率，如加强区和非加强区定义不同的竖向分布筋配筋率（提高底部加强区部位的竖向分布筋的配筋率，从而提高结构底部加强部位的延性）。

（6）梁抗剪配筋采用交叉斜筋时，箍筋与对角斜筋的配筋强度比

其属性可在“特殊梁”中指定。当采用“交叉斜筋”方式时，需要用户指定“箍筋与对角斜筋的配筋强度比”参数，一般可取 0.6～1.2，详见“混规”11.7.10-1 条。经计算后，程序会给出 A_{sd}面积，单位 cm^2。

8. 荷载组合（图 2-108）

（1）一般来说，本页中的这些系数不用修改，因为程序在做内力组合时是根据规范的要求来处理的。只有在有特殊需要的时候，一定要修改其组合系数的情况下，才有必要根据实际情况对相应的组合系数做修改。

“荷规”3.2.4 条，基本组合的荷载分项系数，应按下列规定采用：

1）永久荷载的分项系数

① 当其效应对结构不利时，

—对由可变荷载效应控制的组合，应取 1.2；

—对由永久荷载效应控制的组合，应取 1.35；

② 当其效应对结构有利时的组合，应取 1.0。

2）可变荷载的分项系数

一般情况下取 1.4；

对标准值大于 $4kN/m^2$ 的工业房屋楼面结构的活荷载取 1.3。

（2）采用自定义组合及工况

点取“采用自定义组合及工况”按钮，程序弹出对话框，用户可自定义荷载组合。首

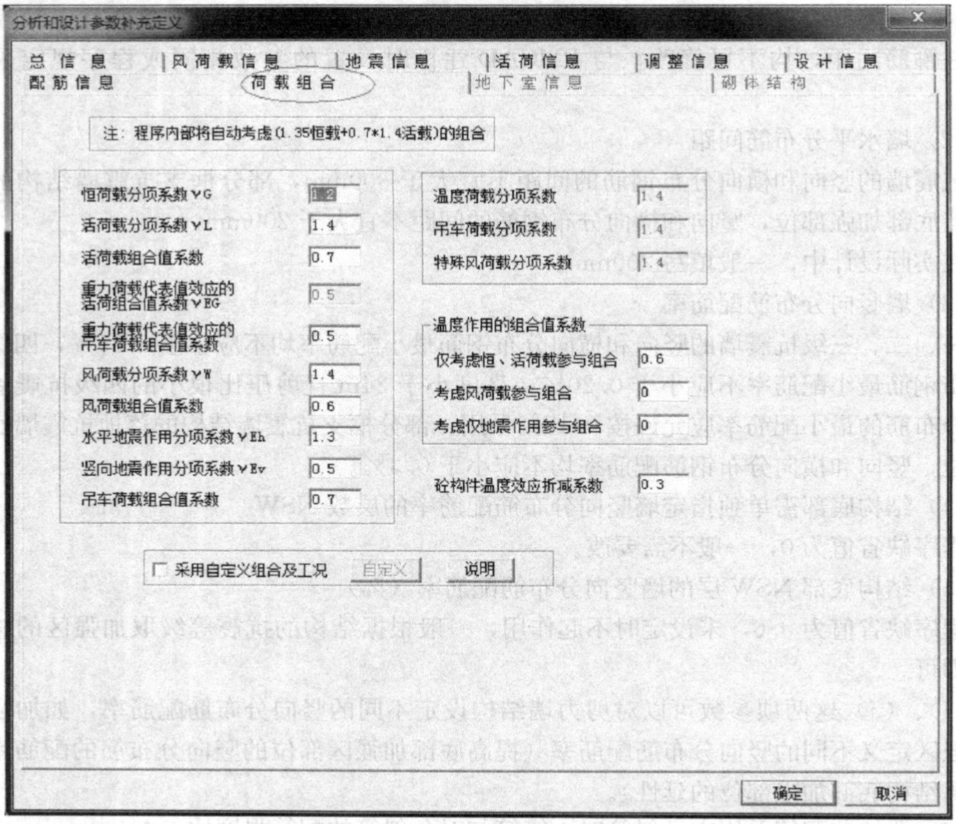

图 2-108　SATWE 荷载组合页

次进入该对话框，程序显示缺省组合，用户可直接对组合系数进行修改，或者通过下方的按钮增加、删除荷载组合。删除荷载组合时，需首先点击要删除的组合号，然后点删除按钮。用户修改的信息保存在 SAT_LD.PM 和 SAT_LF.PM 文件中，如果要恢复缺省组合，删除这两个文件即可。

(3) SATWE 前处理修改了荷载组合的相关参数：温度作用与恒活、风、地震的组合值系数单独控制；吊车荷载添加了单独的组合值系数；吊车与地震组合时，由“重力荷载代表值的吊车荷载组合值系数”控制。

9. 地下室信息（图 2-109）

地下室层数为零时，“地下室信息”页为灰，不允许选择；在 PMCAD 设计信息中，填入地下室层数时，“地下室信息”页变亮，允许选择。

当四周有覆土、地下室相关范围刚度满足规范要求、水平力在地下室顶板处传递连续、板厚满足规范要求时，一般可将嵌固端定在地下室顶板处，这样的模型比较理想，也比较经济。地下室部分刚度大时（满足规范要求），地下室顶板处水平位移较小，同时若地下室四周覆土约束住了地下室水平扭转变形，地下室部分可不考虑地震作用。当不是四周有覆土时，比如三面有覆土且地下室形状比较规则、地震作用下地下室扭转变形较小时，我们应该“抓大放小”，较准确地模拟结构的边界条件，将嵌固端定位地下室顶板处，

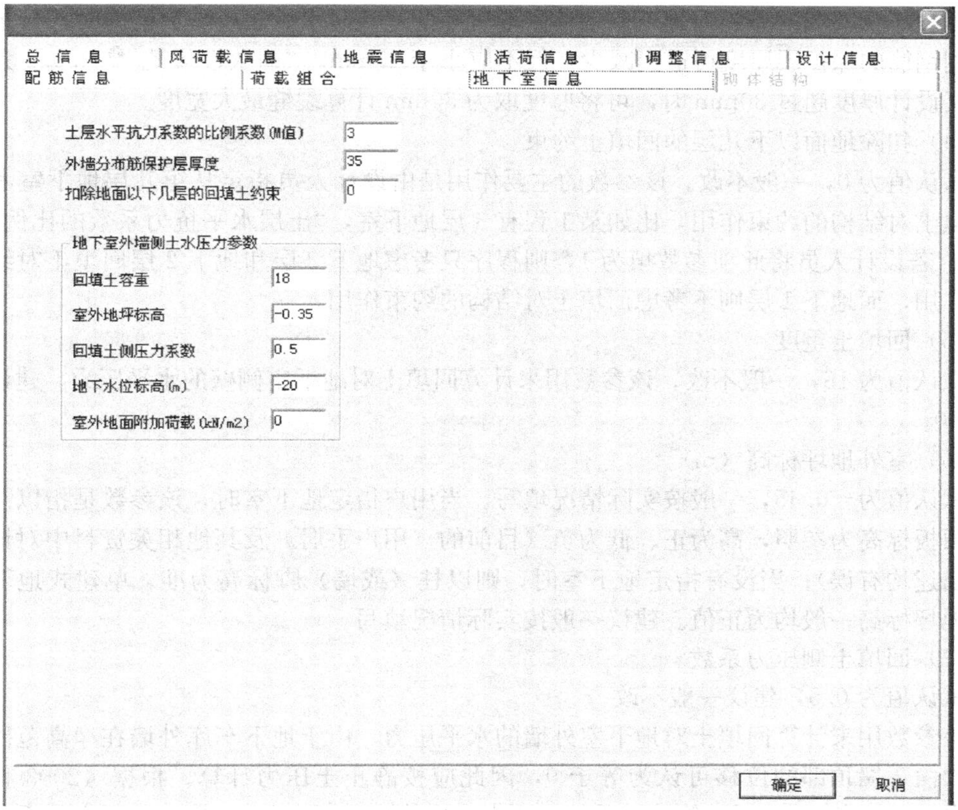

图 2-109　SATWE 地下室信息页

但是用该上述边界条件模拟整个结构受力会对某些构件不利，此时应该分别取不同的嵌固端，进行包络设计。当地下室覆土较小且地下室最终的扭转变形较大时，应当满足结构的实际受力情况，将嵌固端下移。地下室设计时，有两个关键要点：第一是刚度比约束水平位移；第二是四周覆土约束水平扭转变形。

（1）土层水平抗力系数的比值系数（m 值）

（2）默认值为 3，需修改。土层水平抗力系数的比例系数 m，其计算方法即是土力学中水平力计算常用的 m 法。m 值的大小随土类及土状态而不同；一般可按桩基规范 JGJ 94—2008 表 5.7.5 的灌注桩项来取值。取值范围一般为 2.5～100，在少数情况的中密、密实的砂砾、碎石类土取值可达 100～300。需要注意的是，负值仍保留原有版本的意义，即为绝对嵌固层数。该值≤地下室层数，如果有 2 层地下室，该值填写－2，则表示 2 层地下室无水平位移。

土层水平抗力系数的比例系数 m，用 m 值求出的地下室侧向刚度约束呈三角形分布，在地下室顶层处为 0，并随深度增加而增加。

（3）外墙分布筋保护层厚度

默认值为 35，一般不改。

根据“混规”表 8.2.1 选择，环境类别见表 3.5.2。在地下室外围墙平面外配筋计算时，用到此参数。外墙计算时没有考虑裂缝问题；外墙中的边框柱也不参与水土压力计算。“混规”8.2.2-4条：对地下室墙体采取可靠的建筑防水做法或防护措施时，与土层接触一侧钢筋的保护层厚度可适当减少，但不应小于25mm。“耐久性规范”[1] 3.5.4条：当保护层设计厚度超过30mm时，可将厚度取为30mm计算裂缝最大宽度。

(4) 扣除地面以下几层的回填土约束

默认值为0，一般不改。该参数的主要作用是由设计人员指定从第几层地下室考虑基础回填土对结构的约束作用，比如某工程有3层地下室，“土层水平抗力系数的比例系数”填50，若设计人员将此项参数填为1，则程序只考虑地下3层和地下2层回填土对结构有约束作用，而地下1层则不考虑回填土对结构的约束作用。

(5) 回填土重度

默认值为18，一般不改。该参数用来计算回填土对地下室侧壁的水平压力。建议一般取18.0。

(6) 室外地坪标高 (m)

默认值为−0.45，一般按实际情况填写。当用户指定地下室时，该参数是指以结构地下室顶板标高为参照，高为正、低为负（目前的《用户手册》及其他相关资料中对该项参数的描述均有误）；当没有指定地下室时，则以柱（或墙）脚标高为准。单建式地下室的室外地坪标高一般均为正值。建议一般按实际情况填写。

(7) 回填土侧压力系数

默认值为0.5，建议一般不改。

该参数用来计算回填土对地下室外墙的水平压力。由于地下车库外墙在净高范围内的土压力由于墙顶部的位移可认为等于0，因此应按静止土压力计算。根据《2003技术措施》中2.6.2条，“地下室侧墙承受的土压力宜取静止土压力”，而静止土压力的系数可近似按 $K_0=1-\sin\varphi$（土的内摩擦角=30°）计算。建议一般取默认值0.5。当地下室施工采用护坡桩时，该值可乘以折减系数0.66后取0.33。

注：手算时，回填土的侧压力宜按恒载考虑，分项系数根据荷载效应的控制组合取1.2或1.35。

(8) 地下水位标高 (m)

该参数标高系统的确定基准同“室外地坪标高”，但应满足≤0。建议一般按实际情况填写。若勘察未提供防水设计水位和抗浮设计水位时，宜从填土完成面（设计室外地坪）满水位计算。上海地区，一般情况可按设计室外地坪以下0.5m计算。

(9) 室外地面附加荷载

该参数用来计算地面附加荷载对地下室外墙的水平压力。建议一般取5.0kN/m^2，详见《2009技术措施—结构体系》F.1-4条7。

2.9.2 特殊构件补充定义

点击【SATWE/接PM生成SATWE数据】→【特殊构件补充定义】，进入“特殊构件补充定义”菜单，如图2-110所示。

2.9.3 生成SATWE数据文件及数据检查

点击【生成SATWE数据文件及数据检查（必须执行）】弹出对话框，如图2-112所示。

---

[1] 指《混凝土结构耐久性设计规范》GB/T 50476—2008。

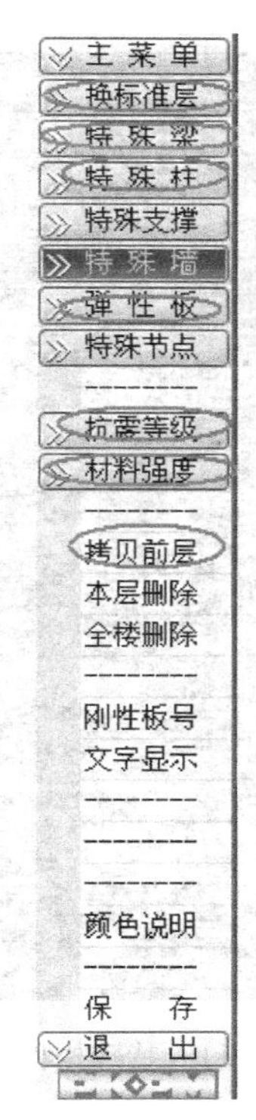

图 2-110 “特殊构件补充定义”菜单

注：1. 本工程点击【特殊柱/角柱】，有两种选择模式：光标选择、窗口选择。然后，点击【换标准层】→【拷贝前层】，直至完成所有角柱定义。如图 2-111 所示。

2. 本工程无须定义【弹性板】。弹性楼板必须以房间为单元进行定义，与板厚有关，点击【弹性板】，会有以下三种选择：弹性楼板 6，程序真实考虑楼板平面内、外刚度对结构的影响，采用壳单元，原则上适用于所有结构。但采用弹性楼板 6 计算时，由于是弹性楼板，楼板的平面外刚度与梁的平面内刚度都是竖向，板与梁会共同分配水平风荷载或地震作用产生的弯矩，这样计算出来的梁的内力和配筋会较刚性板假设时算出的要少，且与真实情况不相符合（楼板是不参与抗震的），梁会变得不安全，因此该模型仅适用板柱结构。弹性楼板 3，程序设定楼板平面内刚度为无限大，真实考虑平面外刚度，采用壳单元，因此该模型仅适用厚板结构。弹性膜，程序真实考虑楼板平面内刚度，而假定平面外刚度为零。采用膜剪切单元，因此该模型适用钢楼板结构。刚性楼板是指平面内刚度无限大，平面外刚度为 0，内力计算时不考虑平面内外变形，与板厚无关，程序默认楼板为刚性楼板。

3. 点击【特殊梁/两端铰接】，把次梁始末两端点铰。如果再次点击“/两端铰接”，则又变成两端固接梁。也可以不把次梁点铰接，PKPM 程序自会按照刚度分配原则准确计算梁端力，次梁端分配的力会很小。点铰接更保守。

其他工程还会经常使用【抗震等级】、【强度等级】等。【特殊梁】中能定义“不调幅梁”、“连梁”、“转换梁”等，还能定义梁的“抗震等级”、“刚度系数”、“扭矩折减”、“调幅系数”等；【抗震等级】、【强度等级】能定义“梁”、“柱”、“墙”、“支撑”构件的抗震等级与强度等级。

2.9.4 结构内力、配筋计算

点击【SATWE/结构内力、配筋计算】，弹出“SATWE 计算参数控制”对话框，如图 2-113 所示。

1. 层刚度比计算中，SATWE 提供三种算法，分别是“剪切刚度”、“剪弯刚度”和“地震剪力与地震层间位移比值（抗震规范方法）”。“剪切刚度”是按“抗规”6.1.14 条文说明中给出的方法计算的；“剪弯刚度”是按有限元方法，通过加单位力来计算的；地

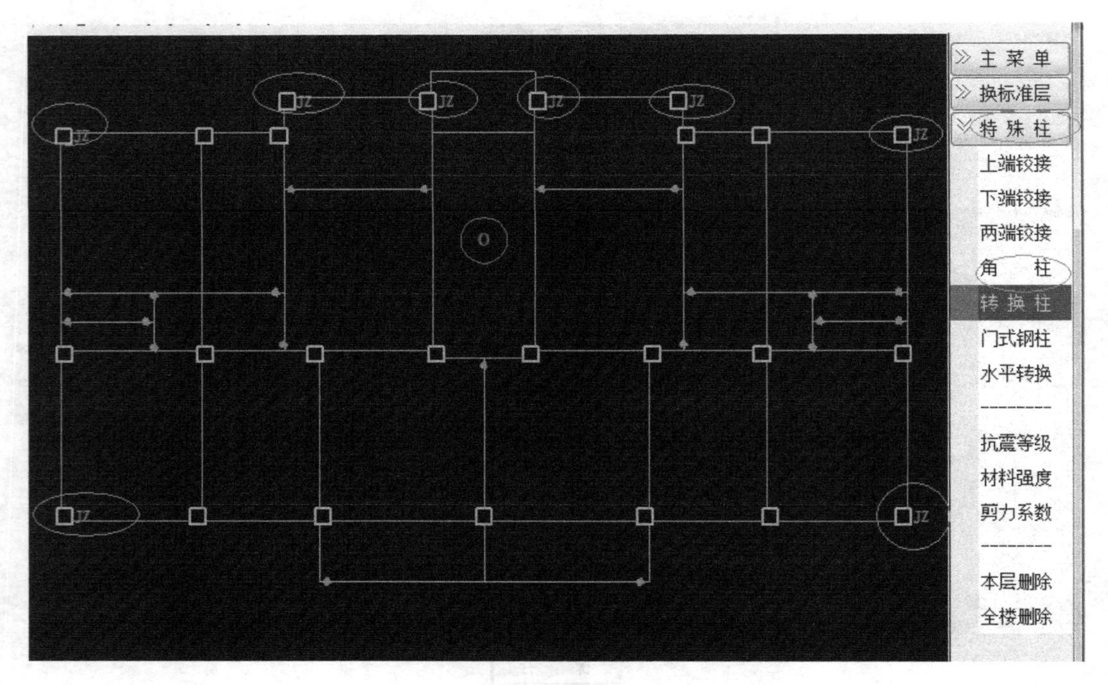

图 2-111 特殊构件定义

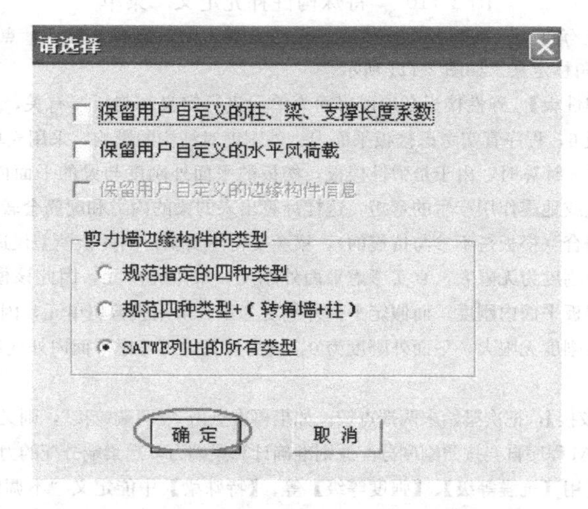

图 2-112 生成 SATWE 数据文件及数据检查

注：必须执行该项。

震剪力与地震层间位移比值方法是“抗规”3.4.3 条文说明中给出的。

由于计算理论不同，三种方法可能给出差别较大的刚度比结果，根据 2010 版规范，程序对该选项进行了调整，取消用户选项功能。在计算地震作用时，始终采用第三种方法进行薄弱层判断，并始终给出剪切刚度的计算结果。当结构中存在转换层时，根据转换层所在层号，2 层以下转换时采用剪切刚度计算转换层上下的等效刚度比；对于 3 层以上高位转换则自动进行剪切刚度计算，并采用剪弯刚度计算等效刚度比。

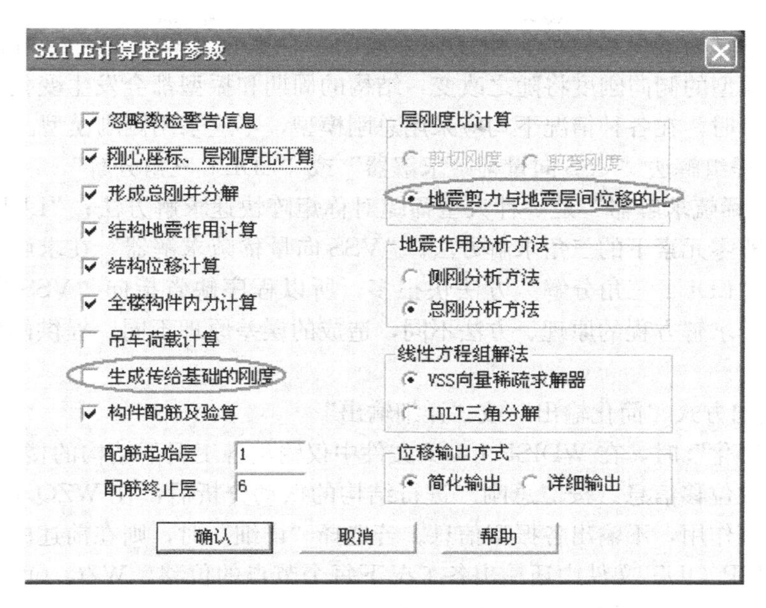

图 2-113　SATWE 计算控制参数对话框

2. 地震作用分析方法

(1) 侧刚分析方法

“侧刚分析方法”是一种简化计算方法，只适用于采用楼板平面内无限刚假定的普通建筑和采用楼板分块平面内无限刚假定的多塔建筑。对于这类建筑，每层的每块刚性楼板只有两个独立的平动自由度和一个独立的转动自由度。“侧刚计算方法”的应用范围有限，对于定义有较大范围的弹性楼板、有较多不与楼板相连的构件（如错层结构、空旷的工业厂房、体育馆所等）或有较多的错层构件的结构，“侧刚分析方法”不适用，而应采用“总刚分析方法”。

大多数工程一般都在刚性楼板假定下查看位移比、周期比，再用总刚分析方法进行结构整体内力分析与计算。

(2) 总刚分析方法

“总刚分析方法”就是直接采用结构的总刚和与之相应的质量阵进行地震反应分析。“总刚”的优点是精度高、适用方法广，可以准确分析出结构每层每根构件的空间反应。通过分析计算结果，可以发现结构的刚度突变部位、连接薄弱的构件以及数据输入有误的部位等。其不足之处是计算量大，比“侧刚”计算量大数倍。这是一种真实的结构模型转化成的结构刚度模型。

对于没有定义弹性楼板且没有不与楼板相连构件的工程，“侧刚”与“总刚”的计算结果是一致的。对于定义了弹性楼板的结构（如使用 SATWE 进行空旷厂房的三维空间分析时，定义轻钢屋面为“弹性膜”），应使用“总刚分析方法”进行结构的地震作用分析。鉴于目前的电脑运行速度已经较快，故建议对所有的结构均采用“总刚模型”进行计算。

结构整体计算时选择总刚分析方法，则结构本身的周期、振型等固有特性，即周期值和各周期振型的平动系数和扭转系数不会改变，但平动系数在两个方向的分量会有所改变。而侧刚模型是为减少结构的自由度而采取的一种简化计算方法，结构旋转一定角度后，结构简化模型的侧向刚度将随之改变，结构的周期和振型都会发生变化。因此，建议在结构整体计算时，在各种情况下均应采用总刚模型，不应采用侧刚模型。

3. 线性方程组解法“VSS 向量稀疏求解器”或“LDLT 三角分解”

“VSS 向量稀疏求解器”是一种大型稀疏对称矩阵快速求解方法；“LDLT 三角分解”是通常所用的非零元素下的三角求解方法。“VSS 向量稀疏求解器”在求解大型、超大型方程时，要比“LDLT 三角分解”方法快很多，所以程序缺省指向“VSS 向量稀疏求解器”算法。由于求解方程的原理、方法不同，造成的误差原理不同，提供两种解方程的方法可以用于对比。

4. 位移输出方式“简化输出”或“详细输出”

当选择“简化”时，在 WDISP. OUT 文件中仅输出各工况下结构的楼层最大位移值，不输出各节点的位移信息。按“总刚”进行结构的振动分析后，在 WZQ. OUT 文件中仅输出周期、地震作用，不输出各振型信息。若选择“详细”时，则在前述的输出内容的基础上，在 WDISP. OUT 文件中还输出各工况下每个节点的位移，WZQ. OUT 文件中还输出各振型下每个节点的位移。

5. 吊车荷载计算

勾选后，程序会自动判断是否存在吊车荷载，但如不计算，则应去掉“吊车荷载计算”。

6. 生成传给基础的刚度

勾选后，上部结构刚度与基础共同分析，更符合实际受力情况，即上、下部共同工作，一般也会更经济。如果基础计算不采用 JCCAD 程序进行，则选与不选都没关系。JCCAD 中有个参数，需要上部结构的刚度凝聚。详见 JCCAD 的用户手册。

2.10 SATWE 计算结果分析与调整

2.10.1 SATWE 计算结果分析与调整

“高规”2.1.1 条：高层建筑（tall building，high-rise building），10 层及 10 层以上或房屋高度大于 28m 的住宅建筑和房屋高度大于 24m 的其他高层民用建筑。本框架教学楼属于多层结构，由于“轴压比”、“位移比”、“剪重比”、“楼层侧向刚度比”、“受剪承载力比”、“弹性层间位移角”这六个指标“抗规”、“高规”都有明确的规定，所以多层结构应按照“抗规”要求控制这六个指标；“周期比”、“刚重比”只在“高规”中规定；对于多层结构，“周期比”可根据具体情况适当放宽，“刚重比”可按照“高规”控制。

1. 剪重比

剪重比即最小地震剪力系数 λ，主要是控制各楼层最小地震剪力，尤其是对于基本周期大于 3.5s 的结构及存在薄弱层的结构。

剪重比的本质是地震影响系数与振型参数系数。对于普通的多层结构，一般均能满足最小剪重比要求；对于高层结构，当结构自振周期在 0.1s～特征周期之间时，地震影响系数不变。广州容柏生建筑结构设计事务所廖耘、容柏生、李盛勇在《剪重比的本质关系推导及其对长周期超高层建筑的影响》一文中做了相关阐述：对剪重比影响最大的是振型参与系数，该参数与建筑体型分布、各层用途有关，与该振型各质点的相对位移及相对质量有关。当结构总重量恒定时，振型相对位移较大处的重量越大，则该振型的振型参与质量系数越大，但对抗震不利。保持质量分布不变的前提下，直接减小结构总质量可以加大计算剪重比，但这很困难；在保持质量不变的前提下，直接加大结构刚度也可以加大计算剪重比，但可能要付出较大的代价。

在实际设计中，对于普通的高层结构，如果底部某些楼层剪重比偏小，改变结构层高的可能性一般不大，一般是增加结构整体刚度（往往增加结构外围墙长，更有利于抗扭，位移比及周期比的调整），同时减少结构内边的墙（减轻结构自重的同时，更有利于位移比，周期比的调整）。提高振型参与质量系数的最好办法，还是增加结构整体刚度。考虑到反应谱长周期段本身的一些缺陷，保证长周期超高层建筑具有足够的抗震承载力和刚度储备是必要的。可不必强求计算剪重比，而应考虑采用放大剪重比并通过修改反应谱曲线的方法来使结构达到一定的设计剪重比，或采用更严格的位移限值来控制结构变形。

（1）规范规定

“抗规”5.2.5 条：抗震验算时，结构任一楼层的水平地震剪力应符合下式要求：

$$V_{eki} > \lambda \sum_{j=1}^{n} G_j \tag{2-1}$$

式中 V_{eki}——第 i 层对应于水平地震作用标准值的楼层剪力；

λ——剪力系数，不应小于表 1-13 规定的楼层最小地震剪力系数值，对竖向不规则结构的薄弱层，尚应乘以 1.15 的增大系数；

G_j——第 j 层的重力荷载代表值。

（2）计算结果查看

【SATWE/分析结果图形和文本显示】→【文本文件输出/周期、振型、地震力（WZQ. OUT）】，最终查看结果如图 2-114 所示。

（3）剪重比不满足规范规定时的调整方法

1）程序调整

在 SATWE 的“调整信息”中勾选“按抗震规范 5.2.5 调整各楼层地震内力”后，SATWE 按“抗规”5.2.5 条自动将楼层最小地震剪力系数直接乘以该层及以上重力荷载代表值之和，用以调整该楼层地震剪力，以满足剪重比要求。

调整信息中提供了强、弱轴方向动位移比例，当剪重比满足规范要求时，可不对此参数进行设置。若不满足，就分别用 0、0.5、1.0 这几个规范指定的调整系数来调整剪重比。如果平动周期<特征周期，处于加速度控制段，则各层的剪力放大系数相同，此时动位移比例填 0；如果特征周期≤平动周期≤5 倍特征周期，处于速度控制段，此时动位移比例可填 0.5；如果平动周期>5 倍特征周期，处于位移控制段，此时动位移比例可填 1。

注：弱轴就是指结构长周期方向，强轴指短周期方向，分别给定强、弱轴两个系数，方便对两个方向采用有可能不同的调整方式。对于多塔的情况比较复杂，只能通过自定义调整系数的方式来进行剪重比调整。

2）人工调整

如果需人工干预，可按下列三种情况进行调整：

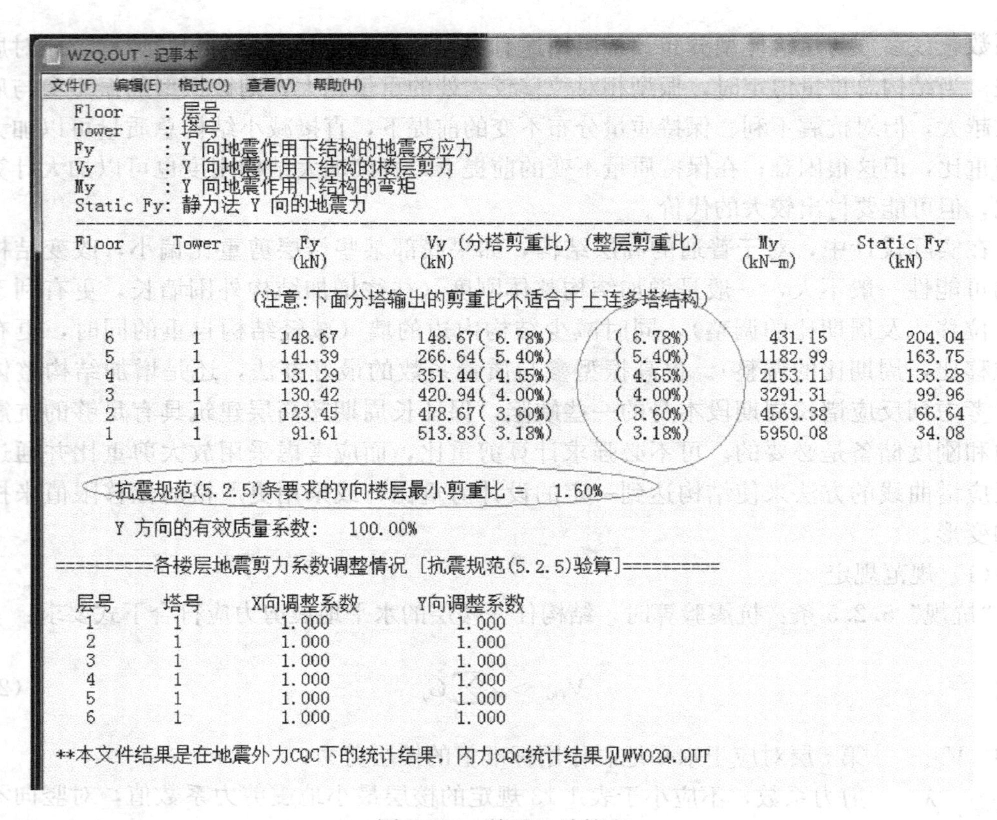

WZQ.OUT - 记事本

文件(F) 编辑(E) 格式(O) 查看(V) 帮助(H)

Floor : 层号
Tower : 塔号
Fy : Y 向地震作用下结构的地震反应力
Vy : Y 向地震作用下结构的楼层剪力
My : Y 向地震作用下结构的弯矩
Static Fy: 静力法 Y 向的地震力

Floor	Tower	Fy (kN)	Vy (分塔剪重比) (kN)	(整层剪重比)	My (kN-m)	Static Fy (kN)
(注意:下面分塔输出的剪重比不适合于上连多塔结构)						
6	1	148.67	148.67(6.78%)	(6.78%)	431.15	204.04
5	1	141.39	266.64(5.40%)	(5.40%)	1182.99	163.75
4	1	131.29	351.44(4.55%)	(4.55%)	2153.11	133.28
3	1	130.42	420.94(4.00%)	(4.00%)	3291.31	99.96
2	1	123.45	478.67(3.60%)	(3.60%)	4569.38	66.64
1	1	91.61	513.83(3.18%)	(3.18%)	5950.08	34.08

抗震规范(5.2.5)条要求的Y向楼层最小剪重比 = 1.60%

Y 方向的有效质量系数: 100.00%

==========各楼层地震剪力系数调整情况 [抗震规范(5.2.5)验算]==========

层号	塔号	X向调整系数	Y向调整系数
1	1	1.000	1.000
2	1	1.000	1.000
3	1	1.000	1.000
4	1	1.000	1.000
5	1	1.000	1.000
6	1	1.000	1.000

**本文件结果是在地震外力CQC下的统计结果，内力CQC统计结果见WV02Q.OUT

图 2-114 剪重比计算书

① 当地震剪力偏小而层间侧移角又偏大时，说明结构过柔，宜适当加大墙、柱截面，提高刚度；

② 当地震剪力偏大而层间侧移角又偏小时，说明结构过刚，宜适当减小墙、柱截面，降低刚度，以取得合适的经济技术指标；

③ 当地震剪力偏小而层间侧移角又恰当时，可在 SATWE 的“调整信息”中的“全楼地震作用放大系数”中输入大于 1 的系数增大地震作用，以满足剪重比要求。

(4) 设计时要注意的一些问题

1) 对高层建筑而言，结构剪重比一般底层最小、顶层最大，故实际工程中，结构剪重比一般由底层控制。

2) 剪重比不满足要求时，首先要检查有效质量系数是否达到 90%。剪重比是反映地震作用大小的重要指标，它可以由“有效质量系数”来控制，当“有效质量系数”大于 90%时，可以认为地震作用满足规范要求；若没有，则有以下几个方法：①查看结构空间振型简图，找到局部振动位置，调整结构布置或采用强制刚性楼板，过滤掉局部振动；②由于有局部振动，可以增加计算振型数，采用总刚分析；③剪重比仍不满足时，对于需调整楼层层数较少（不超过楼层总数的 15%）且剪重比与规范限值相差不大（地震剪力调整系数不大于 1.1）时，可以通过选择 SATWE 的相关参数来达到目的，也可以提前和审图公司沟通，看他们可接受多少层剪重比不满足规范要求。剪重比不满足规范要求，还应检查周期折减系数是否取值正确。

3）控制剪重比的根本原因在于建筑物周期很长的时候，由振型分解法所计算出的地震效应会偏小。剪重比与抗震设防烈度、场地类别、结构形式和高度有关，对于一般多层、高层建筑，最小的剪重比值往往容易满足，高层建筑由于结构布置原因，可能出现底部剪重比偏小的情况，在满足规范规定时没必要刻意去提高，规范规定剪重比主要是增加结构的安全储备。

4）4%左右的剪重比对多层框架结构应是合理的。结构体系对剪重比的计算数值影响较大，矮胖型的钢筋混凝土框架结构一般剪重比较大，体型纤细的长周期高层建筑一般剪重比会比较小。

2. 周期比

（1）规范规定

“高规”3.4.5：结构扭转为主的第一自振周期 T_t 与平动为主的第一自振周期 T_1 之比，A级高度高层建筑不应大于0.9，B级高度高层建筑、超过A级高度的混合结构及本规程第10章所指的复杂高层建筑不应大于0.85。

（2）计算结果查看

【SATWE/分析结果图形和文本显示】→【文本文件输出/周期、振型、地震力（WZQ.OUT）】，最终查看结果如图2-115所示。

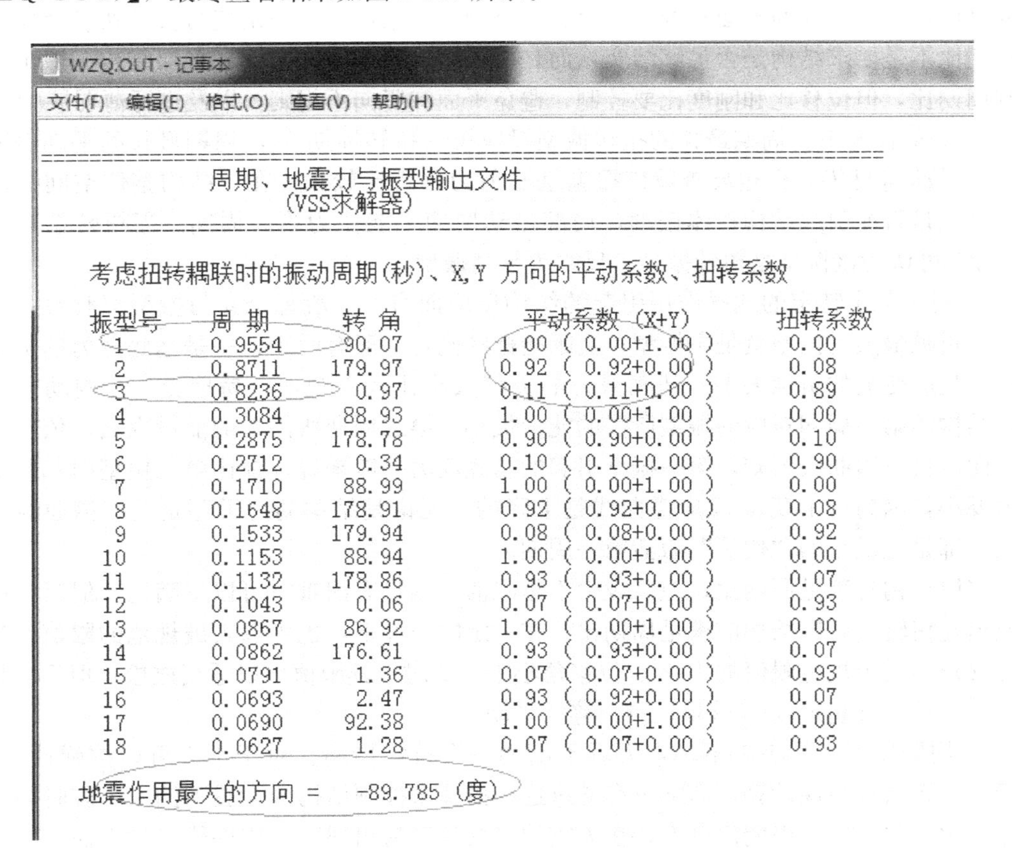

WZQ.OUT - 记事本

文件(F) 编辑(E) 格式(O) 查看(V) 帮助(H)

周期、地震力与振型输出文件
(VSS求解器)

考虑扭转耦联时的振动周期(秒)、X,Y 方向的平动系数、扭转系数

振型号	周期	转角	平动系数（X+Y）	扭转系数
1	0.9554	90.07	1.00 (0.00+1.00)	0.00
2	0.8711	179.97	0.92 (0.92+0.00)	0.08
3	0.8236	0.97	0.11 (0.11+0.00)	0.89
4	0.3084	88.93	1.00 (0.00+1.00)	0.00
5	0.2875	178.78	0.90 (0.90+0.00)	0.10
6	0.2712	0.34	0.10 (0.10+0.00)	0.90
7	0.1710	88.99	1.00 (0.00+1.00)	0.00
8	0.1648	178.91	0.92 (0.92+0.00)	0.08
9	0.1533	179.94	0.08 (0.08+0.00)	0.92
10	0.1153	88.94	1.00 (0.00+1.00)	0.00
11	0.1132	178.86	0.93 (0.93+0.00)	0.07
12	0.1043	0.06	0.07 (0.07+0.00)	0.93
13	0.0867	86.92	1.00 (0.00+1.00)	0.00
14	0.0862	176.61	0.93 (0.93+0.00)	0.07
15	0.0791	1.36	0.07 (0.07+0.00)	0.93
16	0.0693	2.47	0.93 (0.92+0.00)	0.07
17	0.0690	92.38	1.00 (0.00+1.00)	0.00
18	0.0627	1.28	0.07 (0.07+0.00)	0.93

地震作用最大的方向 = -89.785（度）

图2-115 周期数据计算书

注：T_t=0.8236s，T_1=0.9554s，T_t/T_1=0.862<0.9，满足规范要求。

(3) 周期比不满足规范规定时的调整方法

① 程序调整：SATWE 程序不能实现。

② 人工调整：人工调整改变结构布置，提高结构的扭转刚度。总的调整原则是加强结构外围墙、柱或梁的刚度（减小第一扭转周期），适当削弱结构中间墙、柱的刚度（增大第一平动周期）。周边布置要均匀、对称、连续，有较大凹凸的部位加拉梁等（减小变形）。

③ 当不满足周期比时，若层位移角控制潜力较大，宜减小结构内部竖向构件刚度，增大平动周期；当不满足周期比且层位移角控制潜力不大时，应检查是否存在扭转刚度特别小的楼层，若存在则应加强该楼层（构件）的抗扭刚度；当周期比不满足规范要求且层位移角控制潜力不大、各层抗扭刚度无突变时，则应加大整个结构的抗扭刚度。

(4) 设计时要注意的一些问题

① 控制周期比主要是为了控制当相邻两个振型比较接近时，由于振动耦联，结构的扭转效应增大。周期比不满足要求时，一般只能通过调整平面布置来改善，这种改变一般是整体性的。局部小的调整往往收效甚微。周期比不满足要求，说明结构的扭转刚度相对于侧移刚度较小，调整原则是加强结构外部或虚弱内部。

② 周期比是控制侧向刚度与扭转刚度之间的一种相对关系，而非其绝对大小，它的目的是使抗侧力构件的平面布置更有效、更合理，使结构不至于出现过大的扭转效应，控制周期比不是要求结构是否足够结实，而是要求结构承载布局合理。多层结构一般不要求控制周期比，但位移比和刚度比要控制，避免平面和竖向不规则，以及进行薄弱层验算。

③ 一般情况下，周期最长的扭转振型对应第一扭转周期 T_t，周期最长的平动振型对应第一平动周期 T_1，但也要查看该振型基底剪力是否比较大，在“结构整体空间振动简图”中，是否能引起结构整体振动，局部振动周期不能作为第一周期。当扭转系数大于 0.5 时，可认为该振型是扭转振型，反之为平动振型。

④ 对于某个特定的地震作用引起的结构反应而言，一般每个参与振型都有着一定的贡献，贡献最大的振型就是主振型；贡献指标的确定一般有两个：一是基底剪力的贡献大小；二是应变能的贡献大小。基底剪力的贡献大小比较直观，容易接受。结构动力学认为，结构的第一周期对应的振型所需的能量最小，第二周期所需要的能量次之，依次往后推，而由反应谱曲线可知，第一振型引起的基底反力一般来说，都比第二振型引起的基底反力要小，因为过了 T_g，反应谱曲线是下降的。无论是结构动力学还是反应谱曲线分析方法，都是花最小的“代价”激活第一周期。

多层结构宜满足周期比，但高规中不是限值。满足有困难时可以不满足，但第一振型不能出现扭转。高层结构应满足周期比。在一定的条件下，也可以突破规范的限值。当层间位移角不大于规范限值的 40%、位移角小于 1.2 时，其限值可以适当放松，但不应超过 0.95。平动成分超过 80% 就是比较纯粹的平动。

⑤ 周期比其实是小震不坏，大震不倒的一个抗震措施。对于小震可以按弹性计算，对于大震无法按弹性计算，通常只有通过这些措施来控制结构的大震不倒。小震时如果位移比过大，并且扭转周期比过大，在大震的时候就容易出现边跨构件位移过大而破坏，风荷载的计算机理完全是另外一种方法，是实实在在的荷载，按弹性状态来进行设计的。周期比是抗震的控制措施，非抗震时可不用控制。

⑥ 对于位移比和周期等控制应尽量遵循实事，而不是一味要求“采用刚性板假定”。不用刚性板假定，实际周期可能由于局部振动或构件比较弱，周期可能较长，周期比也没有意义，但不代表有意义的比值就是真实周期体现。在设计时，可以采用弹性板计算结构的周期，但要区分哪些是局部振动或较弱构件的周期，因为其意义不大。当然，也可以采用刚性楼板假定去过滤掉哪些局部振动或较弱构件的周期，前提条件是结构楼板的假定符合刚性楼板假定；当不符合时，应采用一定的构造措施符合。

3. 位移比

(1) 规范规定

“高规”3.4.5 条：结构平面布置应减少扭转的影响。在考虑偶然偏心影响的规定水平地震作用下，楼层竖向构件最大的水平位移和层间位移，A 级高度高层建筑不宜大于该楼层平均值的 1.2 倍，不应大于该楼层平均值的 1.5 倍；B 级高度高层建筑、超过 A 级高度的混合结构及本规程第 10 章所指的复杂高层建筑不宜大于该楼层平均值的 1.2 倍，不应大于该楼层平均值的 1.4 倍。

注：当楼层的最大层间位移角不大于本规程第 3.7.3 条规定的限值的 40%时，该楼层竖向构件的最大水平位移和层间位移与该楼层平均值的比值可适当放松，但不应大于 1.6。

(2) 计算结果查看

【SATWE/分析结果图形和文本显示】→【文本文件输出/结构位移（WDISP. OUT)】，最终查看结果如图 2-116 所示，位移比小于 1.2，满足规范要求。

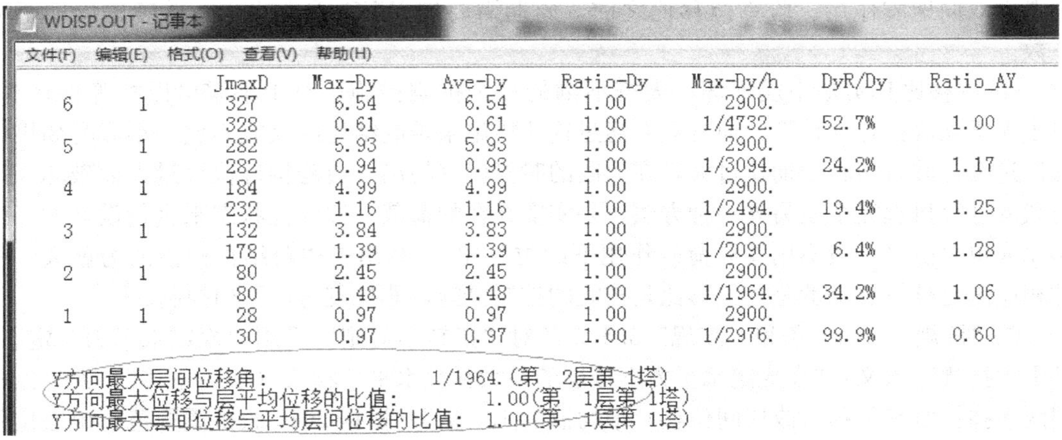

WDISP.OUT - 记事本

文件(F) 编辑(E) 格式(O) 查看(V) 帮助(H)

		JmaxD	Max-Dy	Ave-Dy	Ratio-Dy	Max-Dy/h	DyR/Dy	Ratio_AY
6	1	327	6.54	6.54	1.00	2900.		
		328	0.61	0.61	1.00	1/4732.	52.7%	1.00
5	1	282	5.93	5.93	1.00	2900.		
		282	0.94	0.93	1.00	1/3094.	24.2%	1.17
4	1	184	4.99	4.99	1.00	2900.		
		232	1.16	1.16	1.00	1/2494.	19.4%	1.25
3	1	132	3.84	3.83	1.00	2900.		
		178	1.39	1.39	1.00	1/2090.	6.4%	1.28
2	1	80	2.45	2.45	1.00	2900.		
		80	1.48	1.48	1.00	1/1964.	34.2%	1.06
1	1	28	0.97	0.97	1.00	2900.		
		30	0.97	0.97	1.00	1/2976.	99.9%	0.60

Y方向最大层间位移角： 1/1964.(第 2层第 1塔)
Y方向最大位移与层平均位移的比值： 1.00(第 1层第 1塔)
Y方向最大层间位移与平均层间位移的比值： 1.00(第 1层第 1塔)

图 2-116 位移比和位移角计算书

(3) 位移比不满足规范规定时的调整方法

① 程序调整：SATWE 程序不能实现。

② 人工调整：改变结构平面布置，加强结构外围抗侧力构件的刚度，减小结构质心与刚心的偏心距。点击【SATWE/分析结果图形和文本显示/文本文件输出/结构位移】，找出看到的最大的位移比，记住该位移比所在的楼层号及对应的节点编号。点击【SATWE/分析结果图形和文本显示/各层配筋构件编号简图】，在右边菜单中点击【换层显示】，切换到最大位移比所在的楼层号，然后点击【搜索构件/节点】，输入记下的编号，程序会自动显示该节点的位置，再加强该节点对应的墙、柱等构件的刚度。

（4）设计时要注意的一些问题

① 位移比即楼层竖向构件的最大水平位移与平均水平位移的比值。层间位移比即楼层竖向构件的最大层间位移角与平均层间位移角的比值；最大位移 Δ_u 以楼层最大的水平位移差计算，不扣除整体弯曲变形。位移比是考察结构扭转效应，限制结构实际的扭转量值。扭转所产生的扭矩，以剪应力的形式存在，一般构件的破坏准则通常是由剪切决定的，所以扭转比平动危害更大。

② 刚心质心的偏心大小并不是扭转参数是否能调合理的主要因素。判断结构扭转参数的主要因素不是刚心质心是否重合，而是由结构抗扭刚度和因刚心质心偏心产生的扭转效应的比值来决定的。换而言之，就是虽然刚心质心偏心比较大，但结构的抗扭刚度更大，足以抵抗刚心质心偏心产生的扭转效应。所以，调整结构的扭转参数的重点不是非要把刚心和质心完全重合（实际工程这种可能性比较小），重点在于调整结构抗扭刚度和因刚心质心偏心产生的扭转效应的比值，同时兼顾调整刚心和质心的偏心。

③ 验算位移比时一般应选择“强制刚性楼板假定”，但目的是为了有一个量化参考标准，而不是这样的概念才是正确，软件设置需要一个包络设计，能涵盖大部分结构工程，而且符合规范要求。做设计时，应尽量遵循实事求是的原则，而不是一味要求“采用刚性板假定”。对于有转换层等复杂高层建筑，由于采用刚性楼板假定可能会失真，不宜采用刚性楼板的假定。当结构凸凹不规则或楼板局部不连续时，应采用符合楼板平面内实际刚度变化的计算模型或者采取一定的构造措施符合刚性楼板假定。位移比应考虑偶然偏心，不考虑双向地震作用。验算位移比之前，周期需要按 WZQ 重新输入，并考虑周期折减系数。

④ 位移比其实是小震不坏、大震不倒的一个抗震措施。对于小震可以按弹性计算，对于大震无法按弹性计算，通常只有通过这些措施来控制结构的大震不倒。小震时如果位移比过大，并且扭转周期比过大，在大震的时候就容易出现边跨构件位移过大而破坏，风荷载的计算机理完全是另外一种方法，是实实在在的荷载，按弹性状态来进行设计的，位移比大也可能（一般不用管风荷载作用下的位移比），算出来边跨结构构件的力就大，构件相应满足计算要求就是。位移比是抗震的控制措施，非抗震时可不用控制。

⑤“抗规”3.4.3 条和“高规”3.4.5 条对“扭转不规则”采用“规定水平力”定义，其中“抗规”条文：“在规定水平力下楼层的最大弹性水平位移或（层间位移），大于该楼层两端弹性水平位移（或层间位移）平均值的 1.2 倍”。根据 2010 版抗震规范，楼层位移比不再采用根据 CQC 法直接得到的节点最大位移与平均位移比值计算，而是根据给定水平力下的位移计算。CQC-Complete Quaddratic Combination，即完全二次项组合方法，其不光考虑到各个主振型的平方项，而且还考虑到耦合项，将结构各个振型的响应在概率的基础上采用完全二次方开方的组合方式得到总的结构响应，每一点都是最大值，可能出现两端位移大、中间位移小，所以 CQC 方法计算的结构位移比可能偏小，有时不能真实地反映结构的扭转不规则。

⑥ 两端（X 方向或 Y 方向）刚度接近（均匀）才位移比小，在实际设计中，如果没有其他指标超限，参照朱炳寅《建筑结构设计问答及分析》一书中对 A 级高度建筑的扭转不规则的分类及限值，结构位移比限值可控制在 1.35。当位移比超限时，可以在 SATWE 找到位移大的节点位置，通过增加墙长（建筑允许），加局部剪力墙、柱截面（建筑允许）

或加梁高（建筑允许）减小该节点的位移，此时还应加大与该节点相对一侧墙、柱的位移（减墙长、柱截面及梁高）。当位移比超限时，可以根据位移比的大小调整加墙长的模数，一般，墙身模数至少 200mm，翼缘 100mm，如果位移比超限值不大，按以上模数调整模型计算分析即可。如果位移比超出限值很大，可以按更大的模数，比如 500～1000mm，此模数的选取，还可以先按建筑给定的最大限值取值，再一步一步减小墙长应特别注意的是，布置剪力墙时尽量遵循以下原则：外围、均匀、双向、适度、集中、数量尽可能少。

4. 弹性层间位移角

（1）规范规定

“高规”3.7.3 条：按弹性方法计算的风荷载或多遇地震标准值作用下的楼层层间最大水平位移与层高之比 Δ_u/h 宜符合下列规定：

高度不大于 150m 的高层建筑，其楼层层间最大位移与层高之比 Δ_u/h 不宜大于表 2-16 的限值。

楼层层间最大位移与层高之比的限值 **表 2-16**

结构体系	Δ_u/h 限值
框架	1/550
框架-剪力墙、框架-核心筒、板柱-剪力墙	1/800
筒中筒、剪力墙	1/1000
除框架结构外的转换层	1/1000

（2）计算结果查看

【SATWE/分析结果图形和文本显示】→【文本文件输出/结构位移（WDISP. OUT）】，最终查看结果如图 2-116 所示。小于 1/550，满足规范要求。

（3）弹性层间位移角不满足规范规定时的调整方法

弹性层间位移角不满足规范要求时，位移比、周期比等也可能不满足规范要求，可以加强结构外围墙、柱或梁的刚度，同时减弱结构内部墙、柱或梁的刚度，或者直接加大侧向刚度很小构件的刚度。

（4）设计时要注意的一些问题

① 限制弹性层间位移角的目的有两点：一是保证主体结构基本处于弹性受力状态，避免混凝土墙柱出现裂缝，控制楼面梁板的裂缝数量、宽度；二是保证填充墙、隔墙、幕墙等非结构构件的完好，避免产生明显的损坏。

② 当结构扭转变形过大时，弹性层间位移角一般也不满足规范要求，可以通过提高结构的抗扭刚度来减小弹性层间位移角。

③ 高层剪力墙结构弹性层间位移角一般控制在 1/1100 左右（10%的余量），不必刻意追求此指标，关键是结构布置要合理。

④“弹性层间位移角”计算时只需考虑结构自身的扭转耦联，不考虑偶然偏心与双向地震作用，“高规”并没有强制规定层间位移角一定要在刚性楼板假定下，但是对于一般结构采用现浇钢筋混凝土楼板和有现浇面层的预制装配式楼板，在无削弱的情况下均可视为无限刚性楼板，弹性板与刚性板计算弹性层间位移角对于大多数工程差别不大（弹性板计算时稍微偏保守），选择刚性楼板进行计算，首先理论上有所保证；其次计算速度快；

最后经过大量工程检验。弹性方法计算与采用弹性楼板假定进行计算完全不是一个概念，弹性方法就是构件按弹性阶段刚度，不考虑塑性变形，其得到的位移也就是弹性阶段的位移。

5. 轴压比

（1）基本概念

柱子轴压比：柱组合的轴压力设计值与柱的全截面面积和混凝土轴心抗压强度设计值乘积的比值。

墙肢轴压比：重力荷载代表值作用下墙肢承受的轴压力设计值与墙肢的全截面面积和混凝土轴心抗压强度设计值乘积的比值。

（2）规范规定

“抗规”6.3.6 条：柱轴压比不宜超过表 2-17 的规定；建造于Ⅳ类场地且较高的高层建筑，柱轴压比限值应适当减小。

柱轴压比限值 **表 2-17**

结构类型	抗震等级			
	一	二	三	四
框架结构	0.65	0.75	0.85	0.90
框架-抗震墙，板柱-抗震墙、框架-核心筒及筒中筒	0.75	0.85	0.90	0.95
部分框支抗震墙	0.6	0.7	—	

注：1. 轴压比指柱组合的轴压力设计值与柱的全截面面积和混凝土轴心抗压强度设计值乘积的比值；对本规范规定不进行地震作用计算的结构，可取无地震作用组合的轴力设计值计算；

2. 表内限值适用于剪跨比大于 2、混凝土强度等级不高于 C60 的柱；剪跨比不大于 2 的柱，轴压比限值应降低 0.05；剪跨比小于 1.5 的柱，轴压比限值应专门研究并采取特殊构造措施；

3. 沿柱全高采用井字复合箍且箍筋肢距不大于 200mm、间距不大于 100mm、直径不小于 12mm，或沿柱全高采用复合螺旋箍、螺旋间距不大于 100mm、箍筋肢距不大于 200mm、直径不小于 12mm，或沿柱全高采用连续复合矩形螺旋箍、螺旋净距不大于 80mm、箍筋肢距不大于 200mm、直径不小于 10mm，轴压比限值均可增加 0.10；上述三种箍筋的最小配箍特征值均应按增大的轴压比由本规范表 6.3.9 确定；

4. 在柱的截面中部附加芯柱，其中另加的纵向钢筋的总面积不少于柱截面面积的 0.8%，轴压比限值可增加 0.05；此项措施与注 3 的措施共同采用时，轴压比限值可增加 0.15，但箍筋的体积配箍率仍可按轴压比增加 0.10 的要求确定；

5. 柱轴压比不应大于 1.05。

“高规”7.2.13 条：重力荷载代表值作用下，一、二、三级剪力墙墙肢的轴压比不宜超过表 2-18 的限值。

剪力墙墙肢轴压比限值 **表 2-18**

抗震等级	一级（9 度）	一级（6、7、8 度）	二、三级
轴压比限值	0.4	0.5	0.6

注：墙肢轴压比是指重力荷载代表值作用下墙肢承受的轴压力设计值与墙肢的全截面面积和混凝土轴心抗压强度设计值乘积之比值。

（3）计算结果查看

【SATWE/分析结果图形和文本显示】→【图形文件输出/弹性挠度、柱轴压比、墙边缘构件简图】，最终查看结果如图 2-117 所示。

（4）轴压比不满足规范规定时的调整方法

① 程序调整：SATWE 程序不能实现。

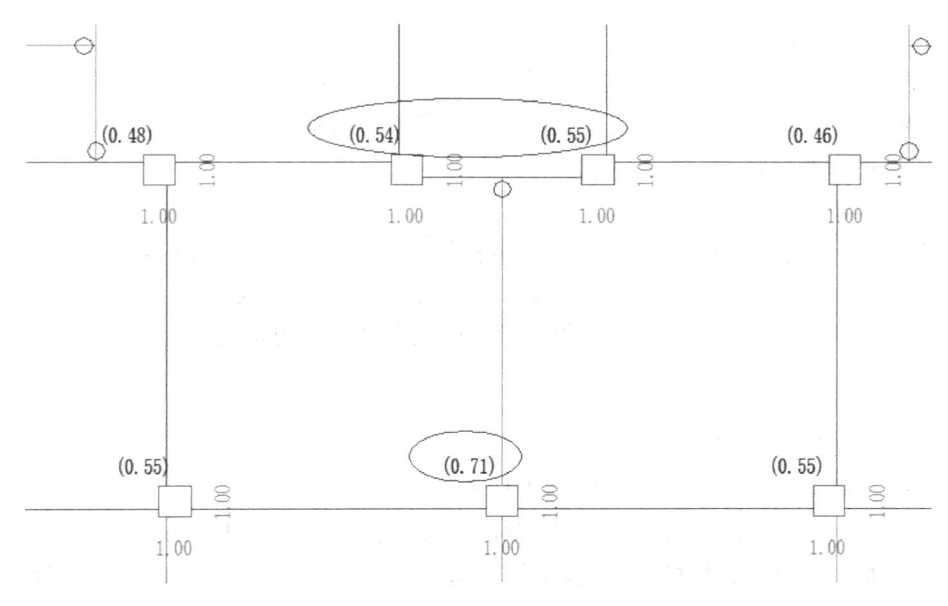

图 2-117　墙、柱轴压比计算结果

注：轴压比均小于 0.85，满足规范要求

② 人工调整：增大该墙、柱截面或提高该楼层墙、柱混凝土强度等级，箍筋加密等。

(5) 设计时要注意的一些问题

① 抗震等级越高的建筑结构或构件，其延性要求也越高，对轴压比的限制也越严格，比如框支柱、一字形剪力墙等。抗震等级低或非抗震时，可适当放松对轴压比的限制，但任何情况下不得小于 1.05。

② 通常验算底截面墙柱的轴压比，当截面尺寸或混凝土强度等级变化时，还应验算该位置的轴压比。试验证明，混凝土强度等级、箍筋配置的形式与数量，均与柱的轴压比有密切关系，因此，规范针对不同的情况，对柱的轴压比限值作了适当的调整。

③ 柱轴压比的计算在“高规”和“抗规”中的规定并不完全一样，“抗规”6.3.6 条规定，计算轴压比的柱轴力设计值既包括地震组合，也包括非地震组合，而“高规”6.4.2 条规定，计算轴压比的柱轴力设计值仅考虑地震作用组合下的柱轴力。软件在计算柱轴压比时，当工程考虑地震作用，程序仅取地震作用组合下的柱轴力设计值计算，而对于非地震组合产生的轴力设计值则不予考虑；当该工程不考虑地震作用时，程序才取非地震作用组合下的柱轴力设计值计算，这也是在设计过程中有时会发现程序计算轴压比的轴力设计值不是最大轴力的主要原因。

从概念上讲，轴压比仅适用于抗震设计。当为非抗震设计时，剪力墙在 PKPM 中显示的轴压比为“0”。当结构恒载或活载比较大时，地震组合下轴压比有可能小于非抗震组合下的轴压比，所以在设计时，对于地震组合内力不起控制作用时，特别是那些恒载或活载比较大的结构，框架柱轴压比要留有余地。

④ 柱截面种类不宜太多是设计中的一个原则，在柱网疏密不均的建筑中，某根柱或为数不多的若干根柱由于轴力大而需要较大截面，如果将所有柱截面放大以求统一，会增加柱用钢量，可以对个别柱的配筋采用加芯柱、加大配箍率甚至加大主筋配筋率，以提高

其轴压比，从而达到控制其截面的目的。

⑤ 程序计算柱轴压比时，有时候数字按规范要求并没有超限，但是程序也显示红色，这是因为随着柱的剪跨比的不同或降低，轴压比限值也要降低。

6. 楼层侧向刚度比

(1) 规范规定

"高规" 3.5.2：抗震设计时，高层建筑相邻楼层的侧向刚度变化应符合下列规定：

1 对框架结构，楼层与其相邻上层的侧向刚度比 λ_1 可按式（2-2）计算，且本层与相邻上层的比值不宜小于 0.7，与相邻上部三层刚度平均值的比值不宜小于 0.8。

$$\lambda_1 = \frac{V_i \Delta_{i+1}}{V_{i+1} \Delta_i} \tag{2-2}$$

式中 λ_1——楼层侧向刚度比；

V_i、V_{i+1}——第 i 层和 $i+1$ 层的地震剪力标准值（kN）；

Δ_i、Δ_{i+1}——第 i 层和 $i+1$ 层在地震作用标准值作用下的层间位移（m）。

2 对框架-剪力墙、板柱-剪力墙结构、剪力墙结构、框架-核心筒结构、筒中筒结构、楼层与其相邻上层的侧向刚度比 λ_2 可按式（2-3）计算，且本层与相邻上层的比值不宜小于 0.9；当本层层高大于相邻上层层高的 1.5 倍时，该比值不宜小于 1.1；对结构底部嵌固层，该比值不宜小于 1.5。

$$\lambda_2 = \frac{V_i \Delta_{i+1}}{V_{i+1} \Delta_i} \frac{h_i}{h_{i+1}} \tag{2-3}$$

式中 λ_2——考虑层高修正的楼层侧向刚度比。

"高规" 5.3.7：高层建筑结构整体计算中，当地下室顶板作为上部结构嵌固部位时，地下一层与首层侧向刚度比不宜小于 2。

"高规" 10.2.3：转换层上部结构与下部结构的侧向刚度变化应符合本规程附录 E 的规定。

当转换层设置在 1、2 层时，可近似采用转换层与其相邻上层结构的等效剪切刚度比 γ_{e1} 表示转换层上、下层结构刚度的变化，γ_{e1} 宜接近 1，非抗震设计时 γ_{e1} 不应小于 0.4；抗震设计时 γ_{e1} 不应小于 0.5。γ_{e1} 可按下列公式计算：

$$\gamma_{e1} = \frac{G_1 A_1}{G_2 A_2} \times \frac{h_2}{h_1} \tag{2-4}$$

$$A_i = A_{w,i} + \sum_j G_{i,j} A_{ci,j} \quad (i = 1,2) \tag{2-5}$$

$$C_{i,j} = 2.5 \left(\frac{h_{c\text{-}i,j}}{h_i} \right)^2 \quad (i = 1,2) \tag{2-6}$$

式中 G_1、G_2——分别为转换层和转换层上层的混凝土剪变模量；

A_1、A_2——分别为转换层和转换层上层的折算抗剪截面面积，可按式（12-5）计算；

$A_{w,i}$——第 i 层全部剪力墙在计算方向的有效截面面积（不包括翼缘面积）；

$A_{ci,j}$——第 i 层第 j 根柱的截面面积；

h_i——第 i 层的层高；

$h_{ci,j}$——第 i 层第 j 根柱沿计算方向的截面高度；

$C_{i,j}$——第 i 层第 j 根柱截面面积折算系数，当计算值大于 1 时取 1。

当转换层设置在第 2 层以上时，按本规程式（12-2）计算的转换层与其相邻上层的侧向刚度比不应小于 0.6。

当转换层设置在第 2 层以上时，尚宜采用图 E 所示的计算模型按公式（12-7）计算转换层下部结构与上部结构的等效侧向刚度比 γ_{e2}。γ_{e2} 宜接近 1，非抗震设计时 γ_{e2} 不应小于 0.5，抗震设计时 γ_{e2} 不应小于 0.8。

$$\gamma_{e2}=\frac{\Delta_2 H_1}{\Delta_1 H_2} \tag{2-7}$$

（2）计算结果查看

【SATWE/分析结果图形和文本显示】→【文本文件输出/结构设计信息（WMASS.OUT)】，最终查看结果如图 2-118 所示。

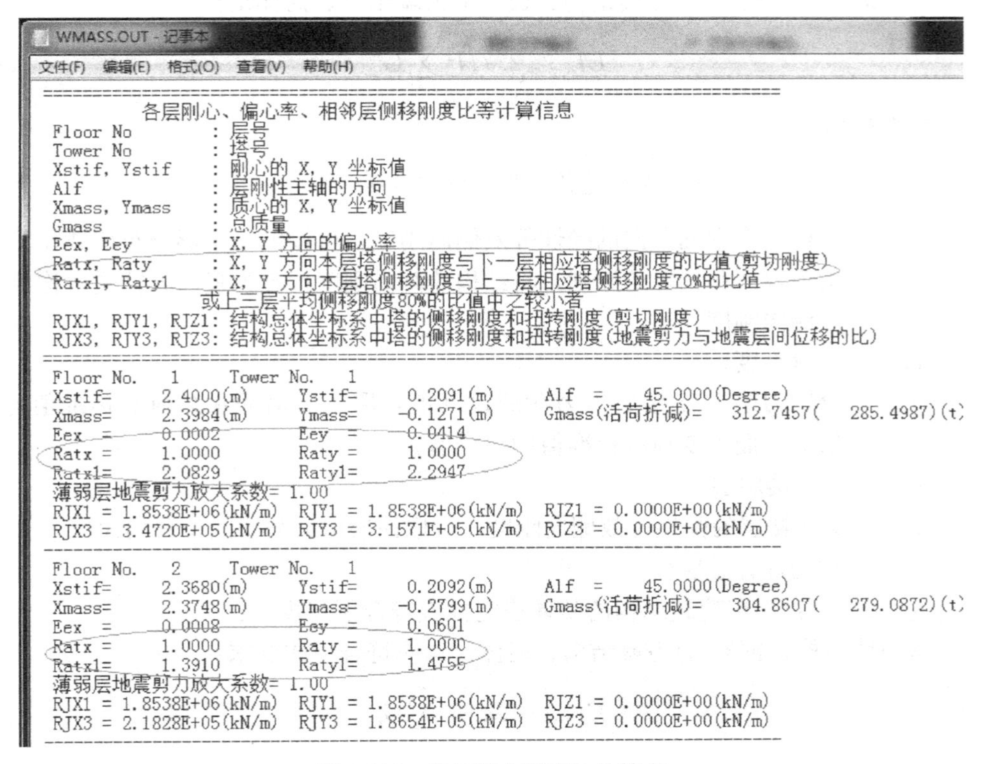

```
WMASS.OUT - 记事本
文件(F) 编辑(E) 格式(O) 查看(V) 帮助(H)
==========================================================================
            各层刚心、偏心率、相邻层侧移刚度比等计算信息
 Floor No          : 层号
 Tower No          : 塔号
 Xstif, Ystif      : 刚心的 X, Y 坐标值
 Alf               : 层刚性主轴的方向
 Xmass, Ymass      : 质心的 X, Y 坐标值
 Gmass             : 总质量
 Eex, Eey          : X, Y 方向的偏心率
 Ratx, Raty        : X, Y 方向本层塔侧移刚度与下一层相应塔侧移刚度的比值(剪切刚度)
 Ratx1, Raty1      : X, Y 方向本层塔侧移刚度与上一层相应塔侧移刚度70%的比值
                     或上三层平均侧移刚度80%的比值中之较小者
 RJX1, RJY1, RJZ1: 结构总体坐标系中塔的侧移刚度和扭转刚度(剪切刚度)
 RJX3, RJY3, RJZ3: 结构总体坐标系中塔的侧移刚度和扭转刚度(地震剪力与地震层间位移的比)
==========================================================================
 Floor No.    1      Tower No.    1
 Xstif=      2.4000(m)      Ystif=       0.2091(m)      Alf   =      45.0000(Degree)
 Xmass=      2.3984(m)      Ymass=      -0.1271(m)      Gmass(活荷折减)=     312.7457(     285.4987)(t)
 Eex   =     0.0002         Eey   =      0.0414
 Ratx =      1.0000         Raty =       1.0000
 Ratx1=      2.0829         Raty1=       2.2947
 薄弱层地震剪力放大系数= 1.00
 RJX1 = 1.8538E+06(kN/m)   RJY1 = 1.8538E+06(kN/m)   RJZ1 = 0.0000E+00(kN/m)
 RJX3 = 3.4720E+05(kN/m)   RJY3 = 3.1571E+05(kN/m)   RJZ3 = 0.0000E+00(kN/m)
--------------------------------------------------------------------------
 Floor No.    2      Tower No.    1
 Xstif=      2.3680(m)      Ystif=       0.2092(m)      Alf   =      45.0000(Degree)
 Xmass=      2.3748(m)      Ymass=      -0.2799(m)      Gmass(活荷折减)=     304.8607(     279.0872)(t)
 Eex   =     0.0008         Eey   =      0.0601
 Ratx =      1.0000         Raty =       1.0000
 Ratx1=      1.3910         Raty1=       1.4755
 薄弱层地震剪力放大系数= 1.00
 RJX1 = 1.8538E+06(kN/m)   RJY1 = 1.8538E+06(kN/m)   RJZ1 = 0.0000E+00(kN/m)
 RJX3 = 2.1828E+05(kN/m)   RJY3 = 1.8654E+05(kN/m)   RJZ3 = 0.0000E+00(kN/m)
--------------------------------------------------------------------------
```

图 2-118　楼层侧向刚度比计算书

注：刚度比均≥1，满足规范要求

（3）楼层侧向刚度比不满足规范规定时的调整方法

① 程序调整：如果某楼层刚度比的计算结果不满足要求，SATWE 自动将该楼层定义为薄弱层，并按“高规”3.5.8 将该楼层地震剪力放大 1.25 倍。

② 人工调整：如果还需人工干预，可适当降低本层层高和加强本层墙、柱或梁的刚度，适当提高上部相关楼层的层高或削弱上部相关楼层墙、柱或梁的刚度。

（4）设计时要注意的问题

结构楼层侧向刚度比要求在刚性楼板假定条件下计算，对于有弹性板或板厚为零的工程，应计算两次，首先在刚性楼板假定条件下计算楼层侧向刚度比并找出薄弱层，再选择“总刚”完成结构的内力计算。

7. 刚重比

（1）概念

结构的侧向刚度与重力荷载设计值之比称为刚重比。它是影响重力二阶效应的主要参数，且重力二阶效应随着结构刚重比的降低呈双曲线关系增加。高层建筑在风荷载或水平地震作用下，若重力二阶效应过大则会引起结构的失稳倒塌，所以要控制好结构的刚重比。

（2）规范规定

“高规”5.4.1：当高层建筑结构满足下列规定时，弹性计算分析时可不考虑重力二阶效应的不利影响。

1　剪力墙结构、框架-剪力墙结构、板柱剪力墙结构、筒体结构：

$$EJ_{\mathrm{d}} \geqslant 2.7H^2\sum_{i=1}^{n}G_i \tag{2-8}$$

2　框架结构：

$$D_i \geqslant 20\sum_{j=i}^{n}G_j/h_i \quad (i=1,2,\cdots,n) \tag{2-9}$$

式中　EJ_{d}——结构一个主轴方向的弹性等效侧向刚度，可按倒三角形分布荷载作用下结构顶点位移相等的原则，将结构的侧向刚度折算为竖向悬臂受弯构件的等效侧向刚度；

H——房屋高度；

G_i、G_j——分别为第 i、j 楼层重力荷载设计值，取 1.2 倍的永久荷载标准值与 1.4 倍的楼面可变荷载标准值的组合值；

h_i——第 i 楼层层高；

D_i——第 i 楼层的弹性等效侧向刚度，可取该层剪力与层间位移的比值；

n——结构计算总层数。

“高规”5.4.4：高层建筑结构的整体稳定性应符合下列规定：

1　剪力墙结构、框架-剪力墙结构、筒体结构应符合下式要求：

$$EJ_{\mathrm{d}} \geqslant 1.4H^2\sum_{i=1}^{n}G_i \tag{2-10}$$

2　框架结构应符合下式要求：

$$D_i \geqslant 10\sum_{j=i}^{n}G_j/h_i \quad (i=1,2,\cdots,n) \tag{2-11}$$

（3）计算结果查看

【SATWE/分析结果图形和文本显示】→【文本文件输出/结构设计信息（WMASS.OUT）】，最终查看结果如图 2-119 所示。

（4）刚重比不满足规范规定时的调整方法

① 程序调整：SATWE 程序不能实现。

② 人工调整：调整结构布置，增大结构刚度，减小结构自重。

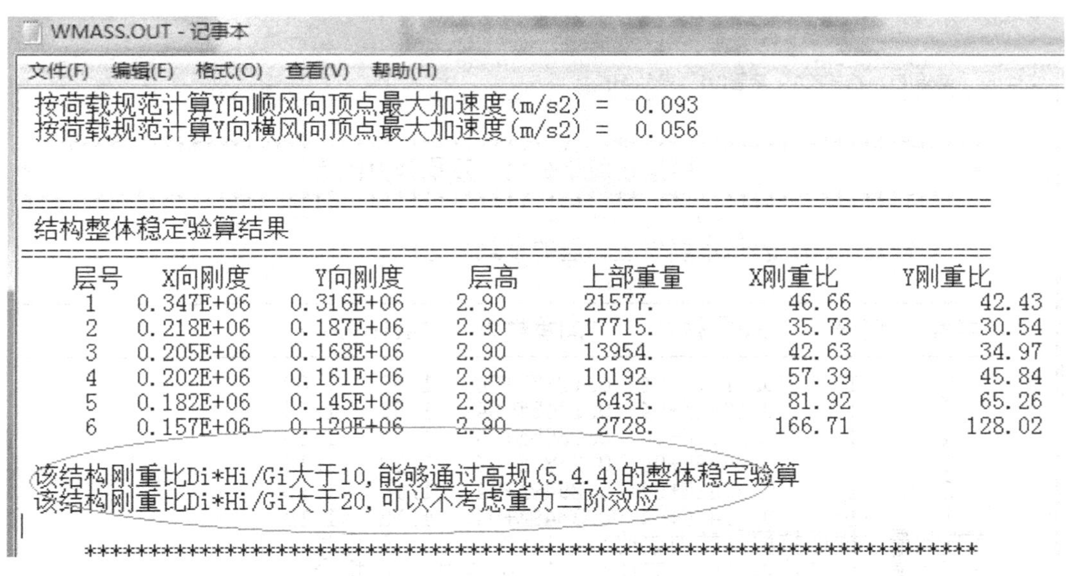
WMASS.OUT - 记事本

文件(F) 编辑(E) 格式(O) 查看(V) 帮助(H)

按荷载规范计算Y向顺风向顶点最大加速度(m/s2) = 0.093
按荷载规范计算Y向横风向顶点最大加速度(m/s2) = 0.056

结构整体稳定验算结果

层号	X向刚度	Y向刚度	层高	上部重量	X刚重比	Y刚重比
1	0.347E+06	0.316E+06	2.90	21577.	46.66	42.43
2	0.218E+06	0.187E+06	2.90	17715.	35.73	30.54
3	0.205E+06	0.168E+06	2.90	13954.	42.63	34.97
4	0.202E+06	0.161E+06	2.90	10192.	57.39	45.84
5	0.182E+06	0.145E+06	2.90	6431.	81.92	65.26
6	0.157E+06	0.120E+06	2.90	2728.	166.71	128.02

该结构刚重比Di*Hi/Gi大于10,能够通过高规(5.4.4)的整体稳定验算
该结构刚重比Di*Hi/Gi大于20,可以不考虑重力二阶效应

图 2-119 刚重比计算书

(5) 设计时要注意的问题

高层建筑的高宽比满足限值时，一般可不进行稳定性验算，否则应进行稳定性验算。结构限制高宽比主要是为了满足结构的整体稳定性和抗倾覆，当超出规范中高宽比的限值时，要对结构进行整体稳定和抗倾覆验算。

8. 受剪承载力比

(1) 规范规定

“高规”3.5.3：A 级高度高层建筑的楼层抗侧力结构的层间受剪承载力不宜小于其相邻上一层受剪承载力的 80%，不应小于其相邻上一层受剪承载力的 65%；B 级高度高层建筑的楼层抗侧力结构的层间受剪承载力，不应小于其相邻上一层受剪承载力的 75%。

注：楼层抗侧力结构的层间受剪承载力是指在所考虑的水平地震作用方向上，该层全部柱、剪力墙、斜撑的受剪承载力之和。

(2) 计算结果查看

【SATWE/分析结果图形和文本显示】→【文本文件输出/结构设计信息（WMASS.OUT)】，最终查看结果如图 2-120 所示。

(3) 层间受剪承载力比不满足规范规定时的调整方法

① 程序调整：在 SATWE 的“调整信息”中的“指定薄弱层个数”中填入该楼层层号，将该楼层强制定义为薄弱层，SATWE 按“高规”3.5.8 将该楼层地震剪力放大 1.25 倍。

② 人工调整：适当提高本层构件强度（如增大配筋、提高混凝土强度或加大截面）以提高本层墙、柱等抗侧力构件的承载力，或适当降低上部相关楼层墙、柱等抗侧力构件的承载力，减小相邻上层墙、柱的截面尺寸。

2.10.2 超筋

超筋是因为结构或构件位移、相对位移大或变形不协调，结构位移有水平位移、竖向位移、转角及扭转。超筋也可能是构件抗力小于作用效应。超筋的查看方式为：点击

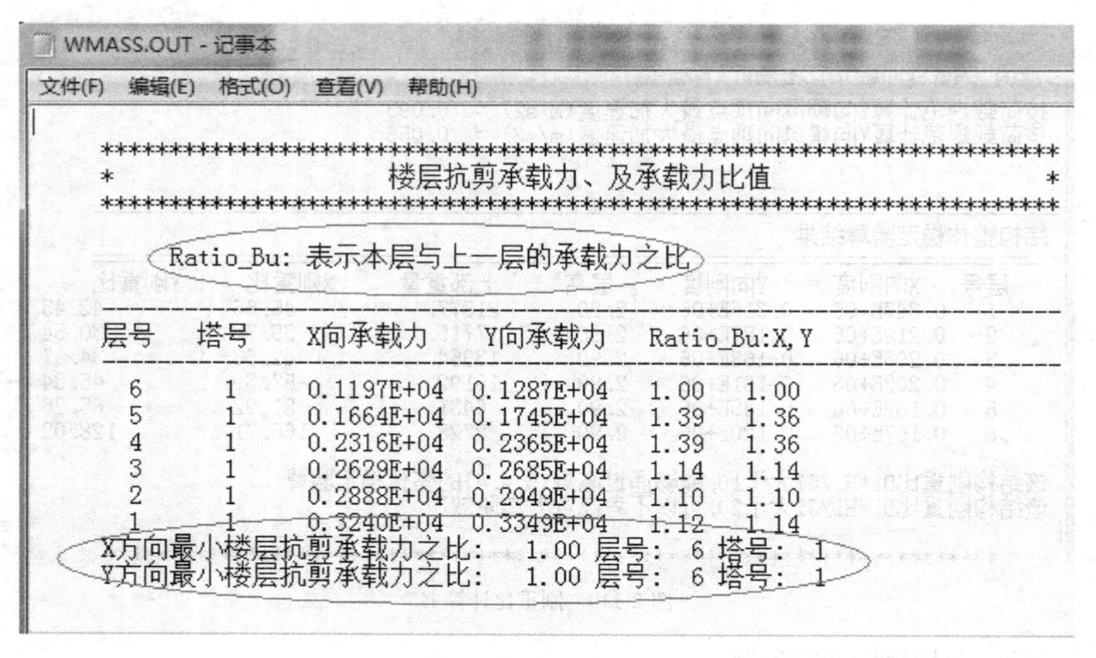

WMASS.OUT - 记事本

文件(F) 编辑(E) 格式(O) 查看(V) 帮助(H)

```
************************************************************
*             楼层抗剪承载力、及承载力比值                    *
************************************************************
```

Ratio_Bu: 表示本层与上一层的承载力之比

层号	塔号	X向承载力	Y向承载力	Ratio_Bu:X,	Y
6	1	0.1197E+04	0.1287E+04	1.00	1.00
5	1	0.1664E+04	0.1745E+04	1.39	1.36
4	1	0.2316E+04	0.2365E+04	1.39	1.36
3	1	0.2629E+04	0.2685E+04	1.14	1.14
2	1	0.2888E+04	0.2949E+04	1.10	1.10
1	1	0.3240E+04	0.3349E+04	1.12	1.14

X方向最小楼层抗剪承载力之比: 1.00 层号: 6 塔号: 1
Y方向最小楼层抗剪承载力之比: 1.00 层号: 6 塔号: 1

图 2-120 楼层受剪承载力计算书

【SATWE/分析结果图形和文本显示】→【图形文件输出/混凝土构件配筋及钢构件验算简图】，如出现红颜色的数字，则表示超筋。

本教师宿舍没有出现超筋情况，但在实际工程中，经常会遇到超筋情况，本章将分析各种常遇超筋的原因及解决方法。

1. 超筋的种类

超筋大致可以分为以下七种情况：1）弯矩超（如梁的弯矩设计值大于梁的极限承载弯矩）；2）剪扭超；3）扭超；4）剪超；5）配筋超（梁端钢筋配筋率 $\rho \geqslant 2.5\%$）；6）混凝土受压区高度 ζ 不满足；7）在水平风荷载或地震作用时由扭转变形或竖向相对位移引起超筋。

2. 超筋的查看方式

超筋可以点击【SATWE/分析结构图形和文本显示】→【图形文件输出/混凝土构件配筋及钢构件验算简图】查看，会看到椭圆框内的数字显红色，如图 2-121 所示。

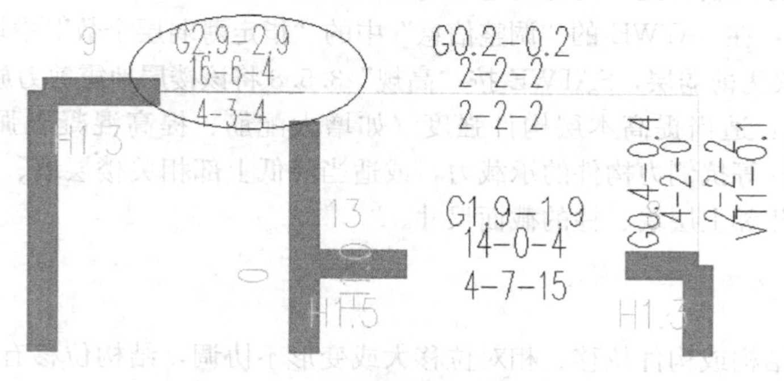

图 2-121 梁超筋示意图

3. 超筋的解决方法

(1) 抗

加大构件的截面，提高构件的刚度。比如加大梁高、梁宽等，也可以提高混凝土强度等级。

(2) 放

当梁抗扭超筋，在某些情况下可以点铰，以梁端开裂为代价，不宜多用。当梁点铰把梁端弯矩调幅到跨中，并释放扭矩，强行点铰不符合实际情况，不安全。

(3) 调

通过调整结构布置来改变输入力流的方向，使力流避开超筋处的构件，把部分力流引到其他构件。

4. 对“剪扭超筋”的认识及处理

(1)“剪扭超筋”常出现的位置

当次梁距主梁支座很近或主梁两边次梁错开（距离很小）与主梁相连时容易引起剪扭超筋。

(2) 引起“剪扭超筋”的原因

“剪扭超筋”一般是扭矩、剪力比较大。《混凝土结构设计规范》GB 50010—2010 第6.4.1条作了相关规定。

(3)“剪扭超筋”的查看方式

“剪扭超筋”可以点击【SATWE/分析结构图形和文本显示】→【图形文件输出/混凝土构件配筋及钢构件验算简图】查看，会看到椭圆框内的数字显红色，且VT旁的数字比较大，如图2-122所示。

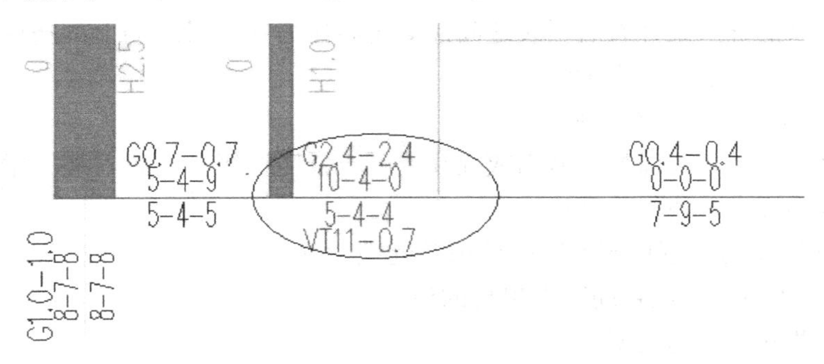

图2-122 “剪扭超筋”示意图

(4)“剪扭超筋”的解决方法

① 抗

加大主梁的截面，提高其抗扭刚度，也可以提高主梁混凝土强度等级。

② 调

加大次梁截面，提高次梁抗弯刚度，这时主次梁节点更趋近于铰接，次梁梁端弯矩变小，于是传给主梁的扭矩减小。从原理上讲，把主梁截面变小，同时又增加次梁抗弯刚度，会更接近铰；但是从概念上讲，减小主梁的截面未必可取，因为减小主梁截面的同时，抗扭能力也变差了。在实际设计中，往往把这两种思路结合，在增加次梁抗弯刚度的同时，适量增加主梁的抗扭刚度，主梁高度可增加50～100mm，但增加次梁抗弯刚度更有效。

③ 点铰

以开裂为代价，尽量少用，且一般不把在同一直线上共用一个节点的 2 根次梁都点铰。但在设计时，有时点铰无法避免，此时次梁面筋要构造设置，支座钢筋不能小于底筋的 1/4，次梁端部要箍筋加密，以抵抗次梁开裂后，斜裂缝间混凝土斜压力在次梁纵筋上的挤压，主梁筋腰筋可放大 20%～50%，并按抗扭设计。

④ PKPM 程序处理

考虑楼板约束的有利作用，次梁所引起的弯矩有很大一些部分由楼板来承受。一般考虑楼板对主梁的约束作用后，梁的抗扭刚度加大，但程序没有考虑这些有利因素，于是梁扭矩要乘以一个折减系数，折减系数一般为 0.4～1.0，刚性楼板可以填 0.4，弹性楼板填 1.0。若有的梁需要折减，有的梁不需要折减时，可以分别设定梁的扭矩折减系数计算两次。雨篷、弧梁等构件由于楼板对其约束作用较弱，一般不考虑梁扭矩折减系数。

⑤ 改变结构布置。

当梁两边板荷载差异大时，可加小次梁分隔受荷面积，减小梁受到的扭矩。也可以用宽扁梁，比如截面为 300mm×1000mm 的宽扁梁，使得次梁落在宽扁梁上，但尽量不要这样布置，影响建筑美观。

(5) 小结

在设计时，先考虑 PKPM 中的扭矩折减系数，如果还超筋，采用上面的抗、调两种方法，或者调整结构布置，最后才选择点铰。

当次梁离框架柱比较近时，其他办法有时候很难满足，因为主梁受到的剪力大、扭矩大，此时点铰接更简单。

无论采用哪种方法，次梁面筋要构造设置，支座钢筋不能小于底筋的 1/4，次梁端部要箍筋加密，以抵抗次梁开裂后斜裂缝间混凝土斜压力在次梁纵筋上的挤压，主梁腰筋可放大 20%～50%，并按抗扭设计。

5. 对“剪压比超筋”的处理

当剪压比超限时，可以加大截面或提高混凝土强度等级。一般，加大梁宽比梁高更有效。也可以减小梁高，使得跨高比变大。

6. 对“配筋超筋、弯矩超筋”的认识及处理

(1)“配筋超筋、弯矩超筋”常出现的位置

常出现在两柱之间的框架梁上。

(2)“配筋超筋、弯矩超筋”的查看方式

“配筋超筋、弯矩超筋”可以点击【SATWE/分析结构图形和文本显示】→【图形文件输出/混凝土构件配筋及钢构件验算简图】查看，会看到椭圆框内的数字显红色，且跨中或梁端 M 显示红色数字 1000，如图 2-123 所示。

(3) 引起“配筋超筋、弯矩超筋”的原因

荷载大或地震作用大，梁截面小或跨度大。

(4)“配筋超筋、弯矩超筋”的解决方法

① 加大截面，一般加梁高。梁的抗弯刚度 EI 中，$I=bh^3/12$，加梁高后端弯矩 M 比加梁宽后梁端弯矩 M 更小。有些地方梁高受限时，只能加大梁宽。

② 把一些梁不搭在超筋的框架梁上，减小梁上的荷载。

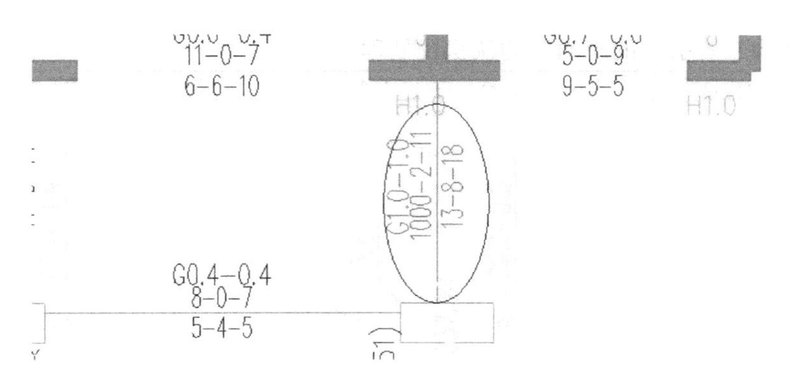

图 2-123 “配筋超筋、弯矩超筋”示意图

③ 加柱，减小梁的跨度，但一般不用。

7. 对“抗剪超筋”的认识及处理

(1)“抗剪超筋”的查看方式

“抗剪超筋”可以点击【SATWE/分析结构图形和文本显示】→【图形文件输出/混凝土构件配筋及钢构件验算简图】查看，会看到椭圆框内的数字显红色，且G旁边的数字很大，如图 2-124 所示。

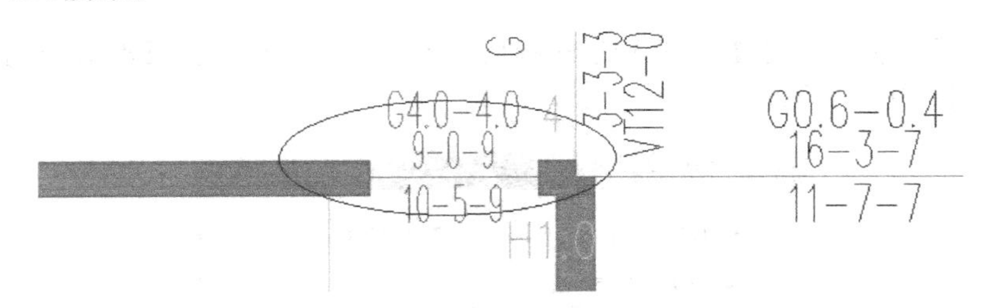

图 2-124 “抗剪超筋”示意图

(2)“抗剪超筋”的解决方法

一般选择提高混凝土强度等级或加大梁宽。加大梁宽而不加大梁高是因为加梁宽，可增加箍筋肢数，可利用箍筋抗剪，并且根据混凝土抗剪承载力公式可知，增加梁宽提高混凝土的抗剪能力远大于增加梁高。

① 调幅法。抗震设计剪力墙中连梁的弯矩和剪力可进行塑性调幅，以降低其剪力设计值。但在结构计算中已对连梁进行了刚度折减，其调幅范围应限制或不再调幅。当部分连梁降低弯矩设计值后，其余部位的连梁和墙肢的弯矩应相应加大。经调幅法处理的连梁，应确保连梁对承受竖向荷载无明显影响。

② 减小和加大梁高。减小梁高使梁所受内力减小，在通常情况下对调整超筋十分有效，但是在结构位移接近限值的情况下，可能造成位移超限。加大连梁高度，连梁所受内力加大，但构件抗力也加大，可能使连梁不超筋且可以减小位移，但是这种方法可能受建筑对梁高的限制，且连梁高度加大超过一定限值，构造需加强，也造成了钢筋用量的增加。

③ 加大连梁跨度。可以非常有效地解决连梁超筋问题，但是减短剪力墙可能造成位移加大。

设计时可以上一种和几种方法共同使用。若个别连梁超筋还存在，也可以采用加大相连墙肢配筋及加大连梁配箍量，使配筋能承载截面最大抗剪能力要求。

8. 对“结构布置引起的超筋”的认识及处理

当结构扭转变形大时，转角 θ 也大，于是弯矩 M 大，导致超筋，如图 2-125 所示。

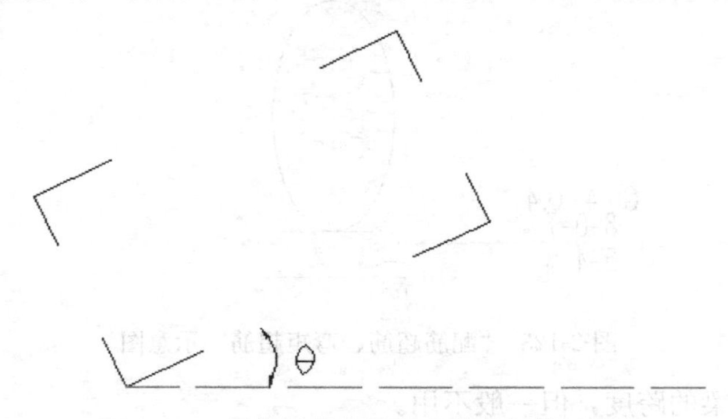

图 2-125　结构扭转变形过大引起超筋示意图

注：当结构扭转变形过大引起超筋时，首先找到超筋的位置，再调整结构布置，加大结构外围刚度，减小结构内部刚度，减小结构扭转变形。总之，尽量使刚度在水平方向与竖向方向均匀。

2.11 “混凝土构件配筋及钢构件验算简图”转化为 DWG 图

在画施工图之前，点击【SATWE/分析结果图形和文本显示】→【混凝土构件配筋及钢构件验算简图】，如图 2-126 所示。

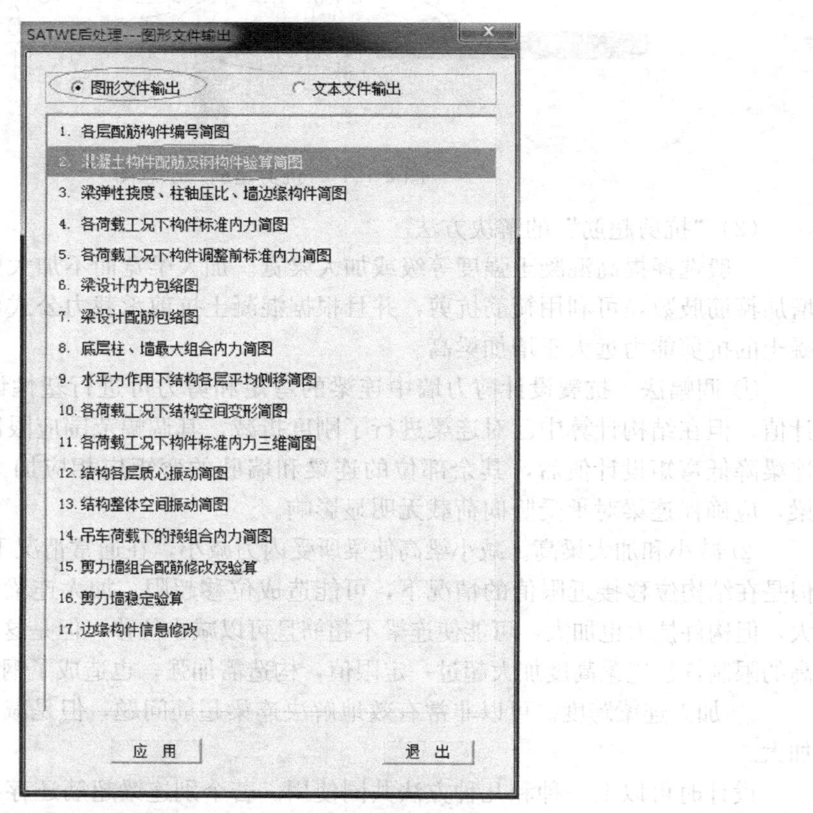

图 2-126　SATWE 后处理-图形文件输出（1）

点击“换层显示”，选择第一层，屏幕中显示第一层的“混凝土构件配筋”。点击“改变字高”（图 2-127），用鼠标左键点击“改变字高”则配筋字体缩小；用鼠标右键点击，“改变字高”则配筋字体放大。

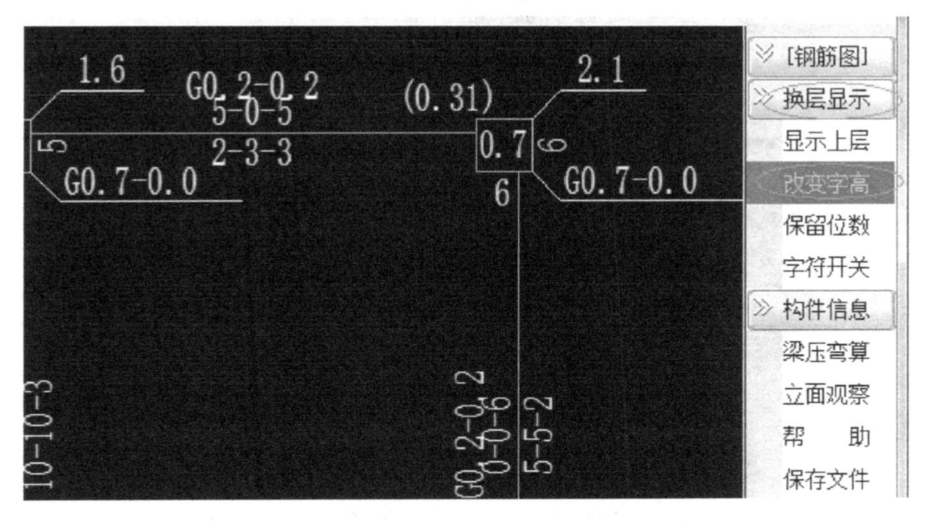

图 2-127 换层显示、改变字高

把字高调成合适的字高后，在屏幕左上方点击“保存”按钮（图 2-128）。再点击“换层显示”，依次选择第二层、第四层、第五层、第六层，重复以上操作，保存“混凝土构件配筋”计算结果。

图 2-128 计算结果“保存”对话框

注：1. 框架梁、连梁的两端变形差主要由墙肢的弯曲和轴向变形引起，当框架梁、连梁相对刚度大到一定时候，能够协调柱或墙肢的变形，此时由柱或整体联肢墙承担的倾覆弯矩逐渐增大。框架梁、连梁相对刚度越小，出现最大内力的楼层越往上走；刚度越大，出现最大内力的楼层越往下走，一般框架梁、连梁最大内力出现在建筑物高度的 1/3～1/2 处。

2. 当一个标准层有多个楼层时，尤其是在剪力墙结构中，应对比变形大的构件（如外围拐角处）在不同楼层处配筋的变化。如果差别不大，可以只画一张梁平法施工图；如果差别大，一般每隔 4～6 层画一张梁平法施工图。如果甲方控制用钢量，可以只画一层，但配筋应分层绘制。

点击【PMCAD/图形编辑、打印及转换】（图 2-129），进入“二维图形编辑、打印及转换”菜单，点击【文件/打开】，在弹出的对话框中选择“WPJ”文件，点击“打开”，如图 2-130、图 2-131 所示。

点击【工具/T 图转 DWG】，完成“混凝土构件配筋及钢构件验算 T 图”转 DWG，如图 2-132 所示。按此操作把所有“混凝土构件配筋及钢构件验算 T 图”转 DWG。

图 2-129 图形编辑、打印及转换

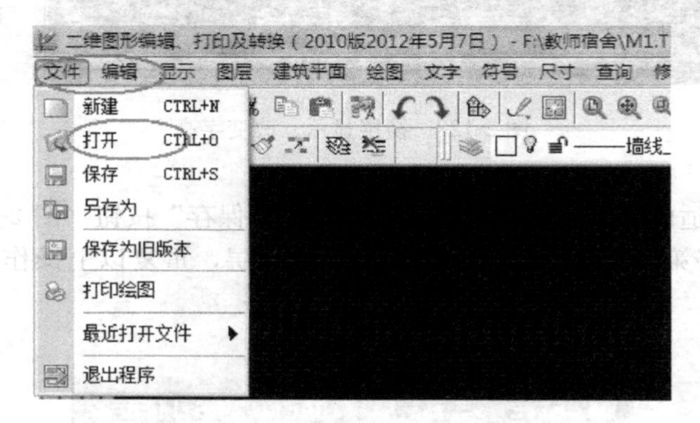

图 2-130 文件/打开

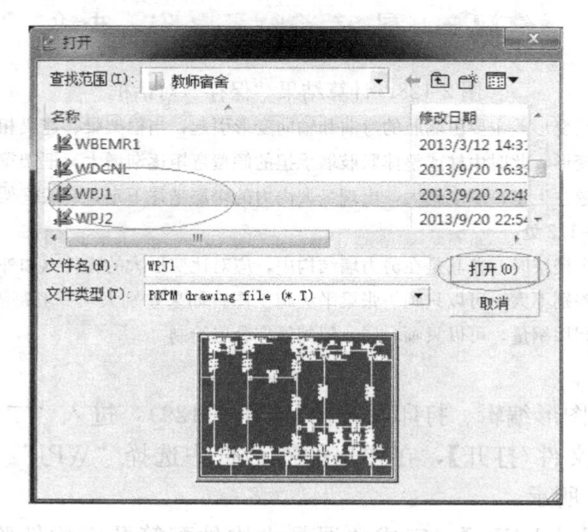

图 2-131 打开“WPJ”文件

注：一次选一个“混凝土构件配筋”图。T 图转 DWG 后，依次把其他 T 图转换成 DWG 图。

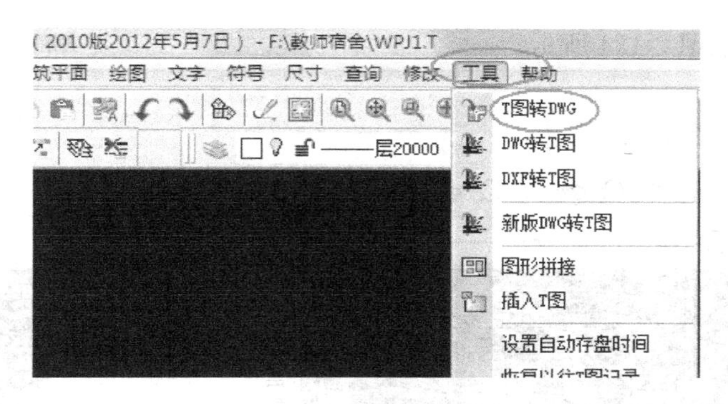

图 2-132 T 图转 DWG

2.12 上部结构施工图绘制

2.12.1 梁施工图绘制

1. 利用 PKPM 自动生成的梁平法施工图修改

PKPM 每层都会生成一个梁平法施工图，但属于同一个标准层的多个楼层可通过“钢筋层”来进行归并。可以把 PKPM 中生成的梁平法施工图在 TSSD 中进行字体转换，再添加轴网及轴网编号。

(1) 点击【结构/墙梁柱施工图/梁平法施工图/应用】，如图 2-133 所示。

图 2-133 墙梁柱施工图对话框

(2) 点击【应用】，进入“梁施工图”主菜单，在屏幕上方选择“一层”，绘制“一层梁平法施工图”，如图 2-134 所示。

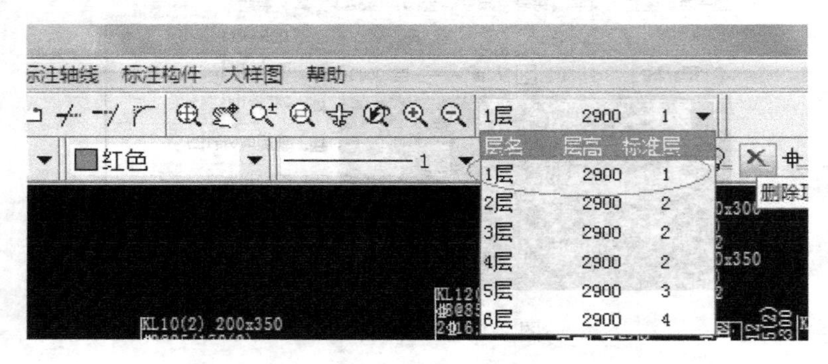

图 2-134 选择绘制一层梁方法施工图

（3）点击【配筋参数】，弹出“参数修改”对话框，如图 2-135 所示。

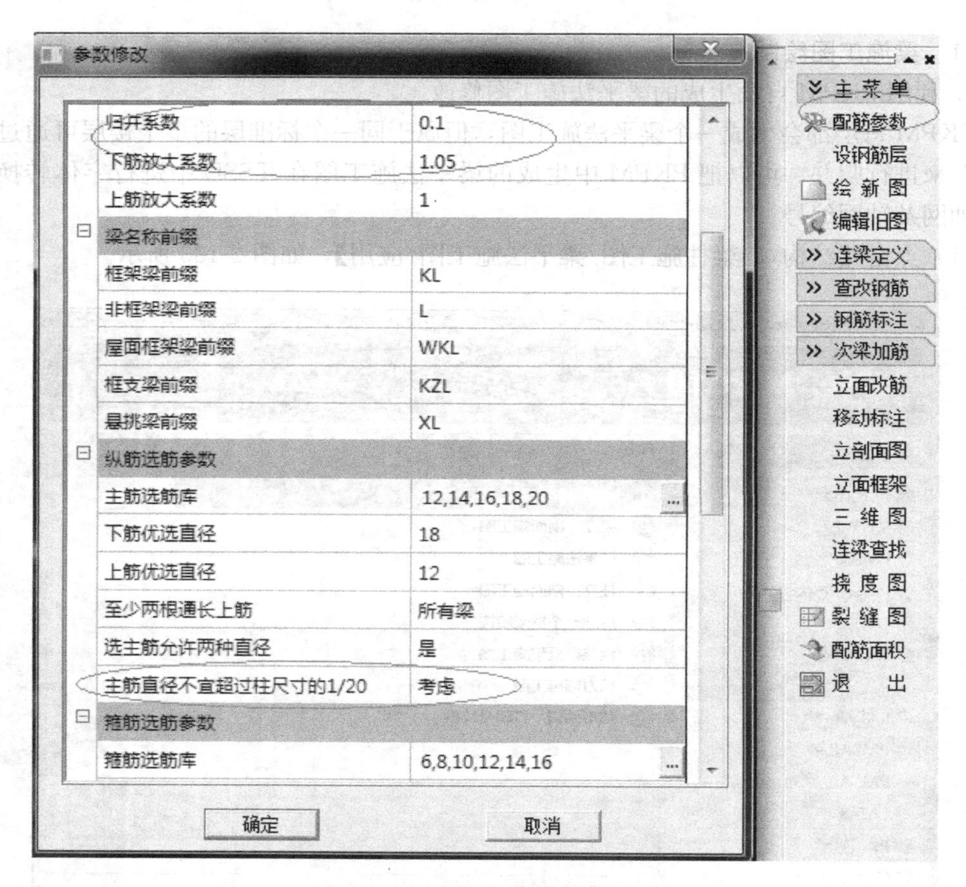

图 2-135 参数修改对话框

注：1. 选择文字避让；归并系数：0.1；上筋放大系数为 1.0；下筋放大系数为 1.05；考虑主筋直径不宜超过柱尺寸的 1/20；根据裂缝选筋；允许裂缝宽度为 0.3mm。

2. 当跨度与荷载比较大时，主筋选筋库中纵筋直径可增大到 25mm，下筋优选直径可选为 22mm。

（4）点击【设置钢筋层】，可按程序默认的方式，如图 2-136 所示。

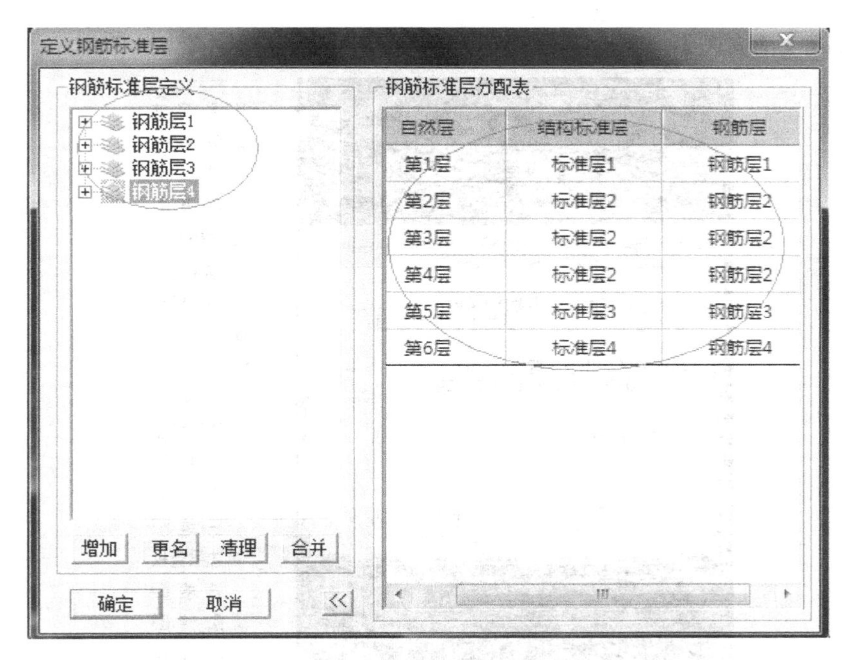

图 2-136　定义钢筋标准层

注：1. 本工程共有四个标准层，第一层为第一标准层，第二～四层为第二标准层，第五层为第三标准层，第六层为第四标准层。

2. 钢筋层的作用是对同一标准层中的某些连续楼层进行归并。

（5）点击【确定】，弹出如图 2-137 所示对话框，点击“是”，程序自动生成梁平法施工图（图 2-138）。

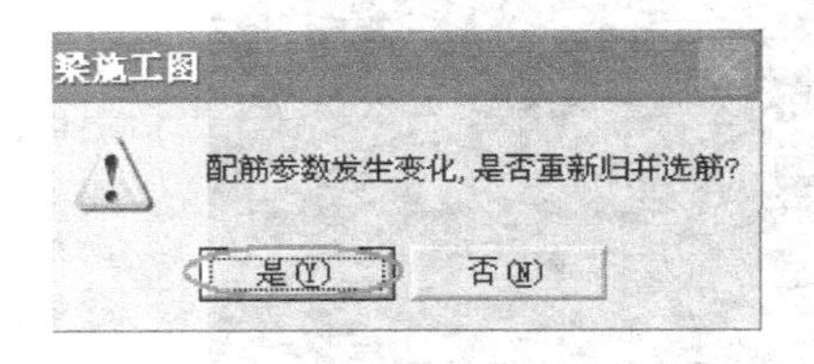

图 2-137　梁施工图归并选筋对话框

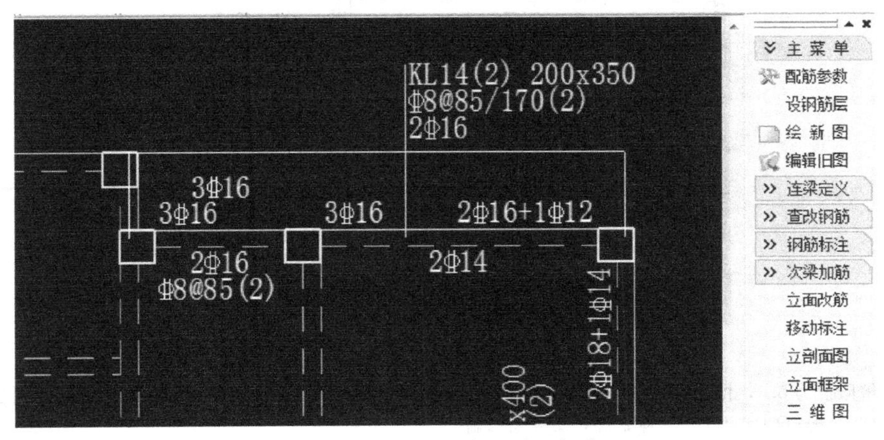

图 2-138　梁平法施工图（部分）

(6) 点击【挠度图】，弹出"挠度计算参数"对话框，如图 2-139 所示。

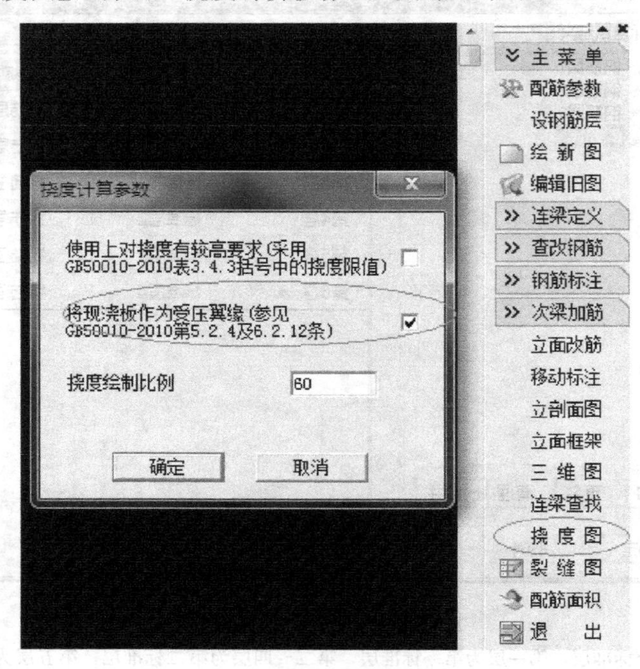

图 2-139　挠度计算参数对话框

注：1. 一般可勾选"将现浇板作为受压翼缘"。

2. 挠度如果超过规范要求，梁最大挠度值会显示红色。本工程第一层挠度满足规范要求。

(7) 点击【裂缝图】，弹出"裂缝计算参数"对话框，如图 2-140 所示。

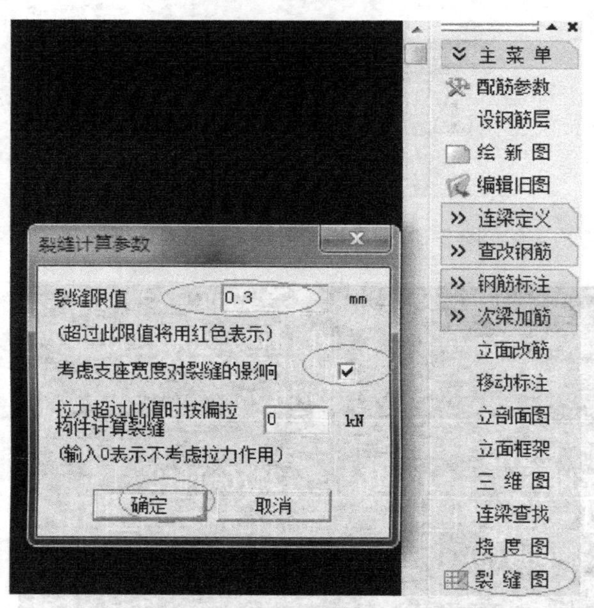

图 2-140　裂缝计算参数对话框

注：1. 裂缝限值为 0.3，楼面层与屋顶层均可按 0.3mm 控制（有的设计院屋面层裂缝按 0.2mm 控制是没必要的）。一般可勾选"考虑支座宽度对裂缝的影响"。

2. 裂缝如果超过规范要求，梁最大裂缝值会显示红色。本工程第一层裂缝验算满足规范要求。

（8）点击【配筋验算/“S/R 验算”】，程序会自动按照“抗规”5.4.2 进行验算。如果不满足规范要求，程序会显示红色。如图 2-141 所示。

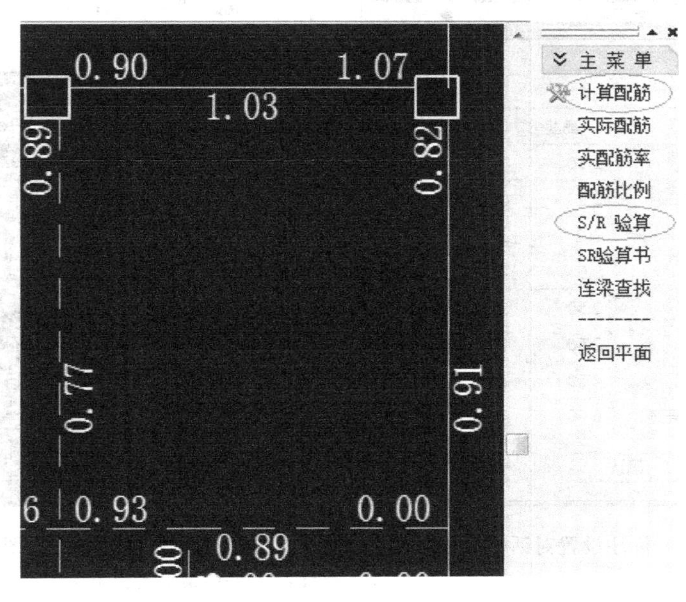

图 2-141　S/R 验算

注：1. 对于混凝土梁，该值小于 1.33 均满足规范要求。

2. 当实际配筋面积太大，使得 S（作用效应）过大，不满足规范要求，需要减小梁钢筋面积。

（9）程序默认梁施工图中标注字高位 250mm，如果设计院要求字高为 300mm，则可以点击【设置/文字设置】（图 2-142），在弹出的对话框中，把“平法集中标注”、“平法原位标注”的字高改为 3.00，字宽改为 2.1，点击“确认”，如图 2-143 所示。

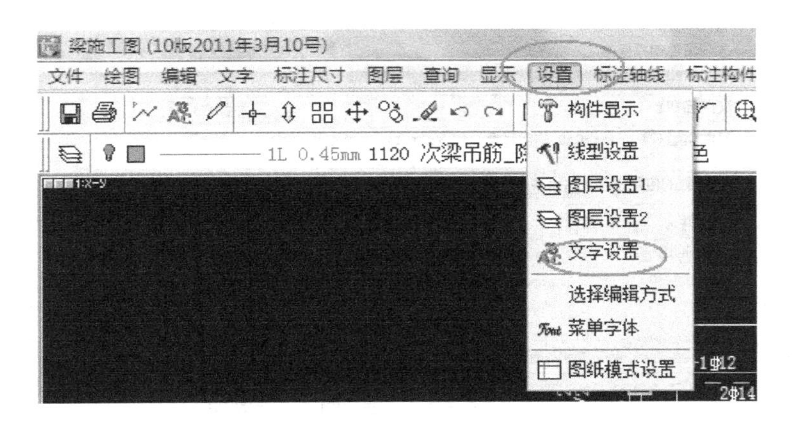

图 2-142　文字设置对菜单

（10）在屏幕左上方点击【文件/T 图转 DWG】，如图 2-144 所示。

（11）由于程序按照“钢筋层”已对梁计算配筋进行了归并，本工程共有 4 个标准层，再依次选择第二层、第五层、第六层，重复进行以上操作。

（12）点击【工具/加载应用程序】，加载以下四个小插件，如图 2-145 所示。

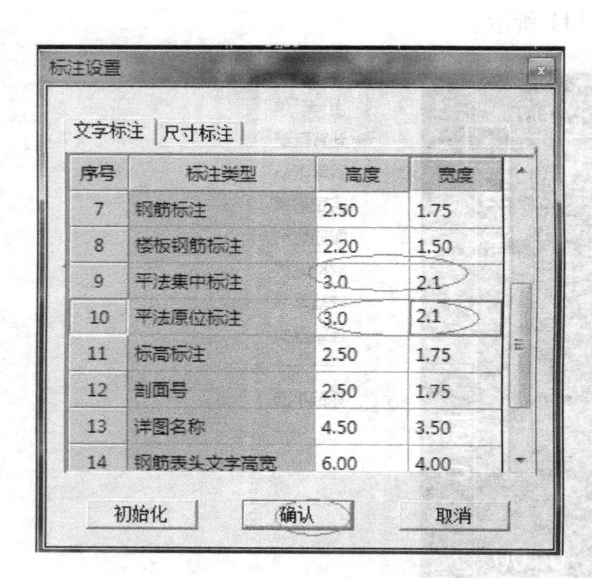

图 2-143 标注设置对话框

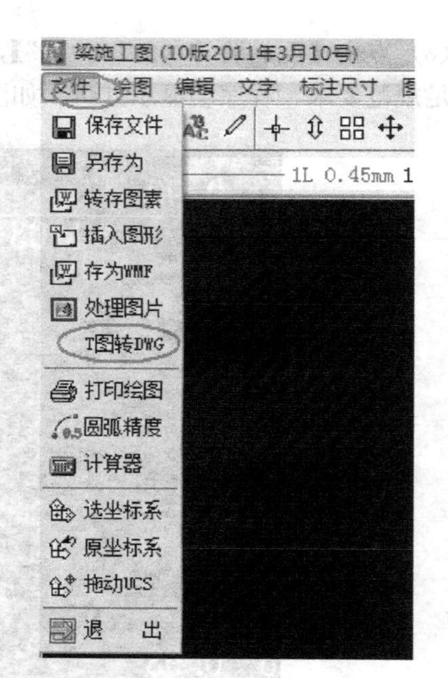

图 2-144 梁平法施工图转 DWG 图

注："第一层梁平法施工图"转换为"DWG 图"后，存放在 PKPM 模型文件中的"施工图"文件夹下。

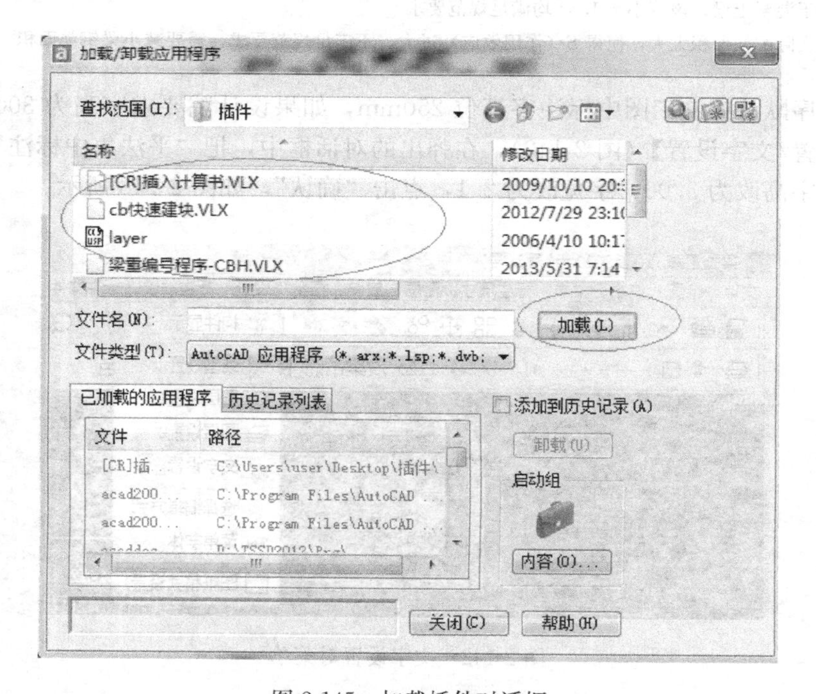

图 2-145 加载插件对话框

注：1. 五个插件分别为，插入计算书（CR）、图层管理（layer）、梁重编号程序（CBH）、平法之拉移随心（gg），快速建块（CB）。

2. 插入计算书的命令为 CR。图层管理命令：1 为把选择的该图层隐藏；2 为把选择的该图层独立；3 为图层全部显示。梁重编号程序的命令为：CBH（梁），CPX（柱）。平法之拉移随心的命令为 gg。快速建块命令 CB。

（13）在 TSSD（或 CAD）中输入插入计算书命令 CR，弹出对话框如图 2-146 所示。把驱动器指向 f 盘/教师宿舍/施工图，按住“Shift”键选择 PL1、PL2，PL4，PL5，PL6，点击“确定”。在 TSSD 中指定插入点，炸开，如图 2-147 所示。插入后如图 2-148 所示。

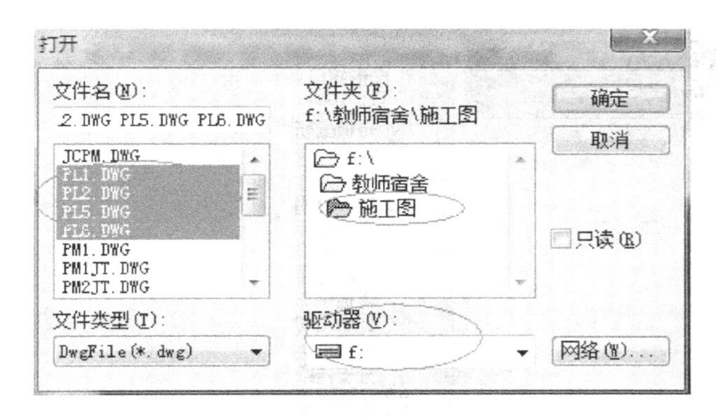

图 2-146　插入计算书对话框

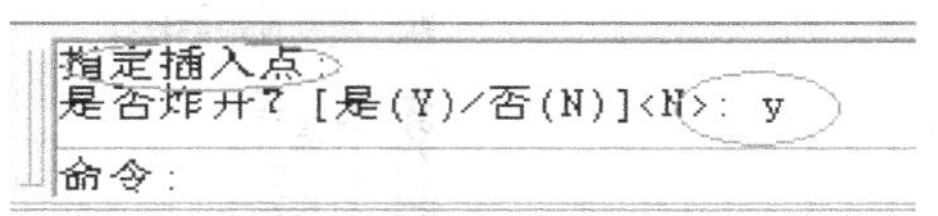

图 2-147　指定插入点/是否炸开

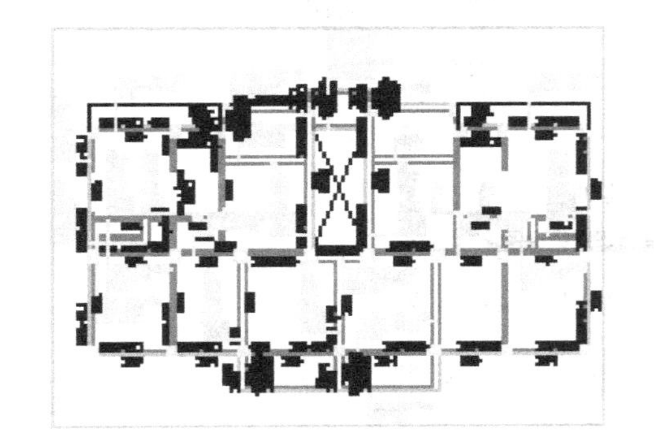

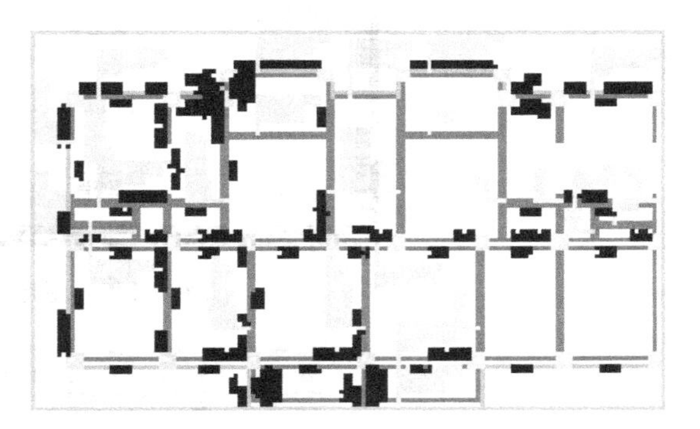

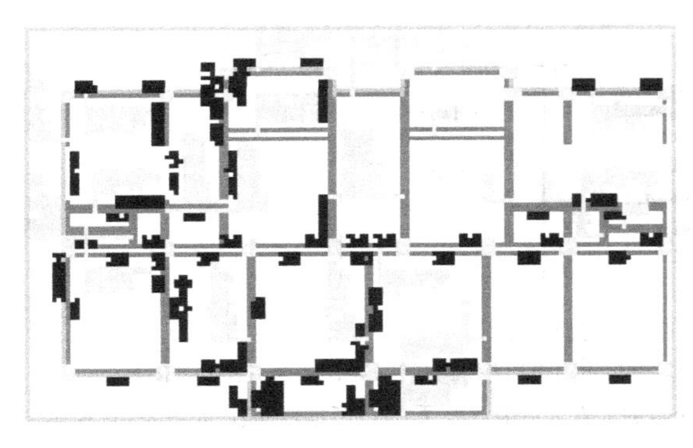

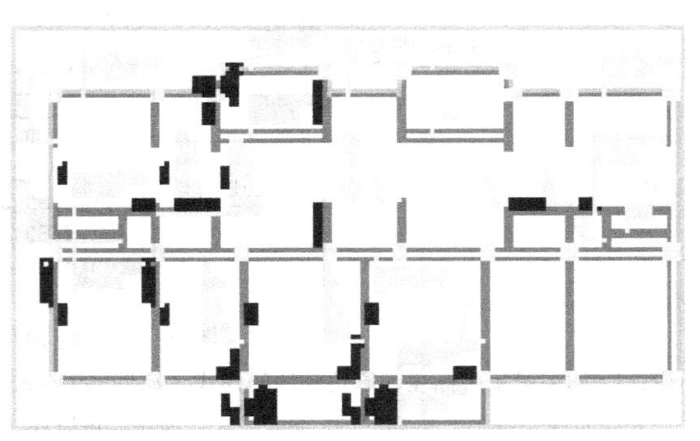

图 2-148　在 TSSD 中插入后的梁平法施工图

注：1. 程序自动生成的梁平法施工图比按 1∶100 的比例缩小了 100 倍，使用“插入计算书”命令插入 TSSD 中，小插件会自动将梁平法施工图放大 100 倍（放大后为 1∶100 的比例绘图）。如果不使用该插件，则需要自己在 TSSD 中从 PKPM 施工图文件夹下打开，输入“sc”命令，按照程序提示，放大 100 倍。

2. 使用该插件放大后的梁平法施工图，梁线性比例及字体均不符合设计院要求，需要在 TSSD 中进行转换。由于 PKPM 自动生成的梁平法施工图柱子为多段线段，在对梁平法施工图进行转换之前，需要对柱子图层进行炸开。输入图层管理插件命令“2”，将柱子图层独立出来，再输入炸开命令“X”，将多段线柱子变成直线，此时柱子会被自动填实。输入图层管理命令“1”，点击直线柱子图层，将直线柱子图层隐藏，只留下柱子填充图层，框选后全部删掉。最后，输入图层管理命令“3”，显示全部图层。

(14) 点击【TSSD/图形接口/分步转梁】，在弹出的对话框（图 2-149）中依次点击，梁实线、梁虚线、梁集中标注、梁原位标注、柱，并分别点击梁平法施工图中相应图层，完成转换。如图 2-150 所示。

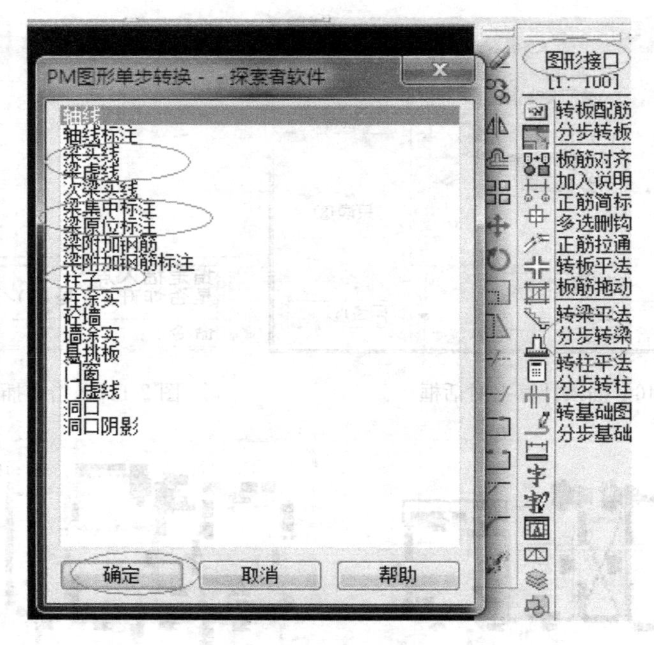

图 2-149　图形接口/分步转梁

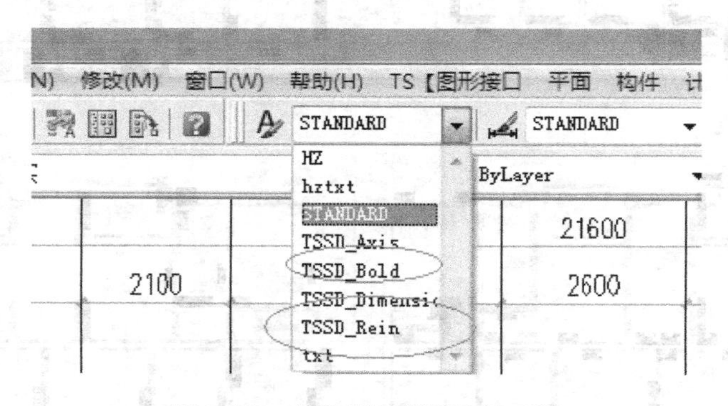

图 2-150　转换后的梁平法施工图

注：1. 如果梁集中标注、原位标注的样式转换后可为 TSSD _ Bold，则可以框选全部标注，改为 TSSD _ Rein。

2. 如果转换后，钢筋的内容如图 2-151 所示，可以在 TSSD 的上方菜单中点击【工具/版本转换】，如图 2-152 所示。

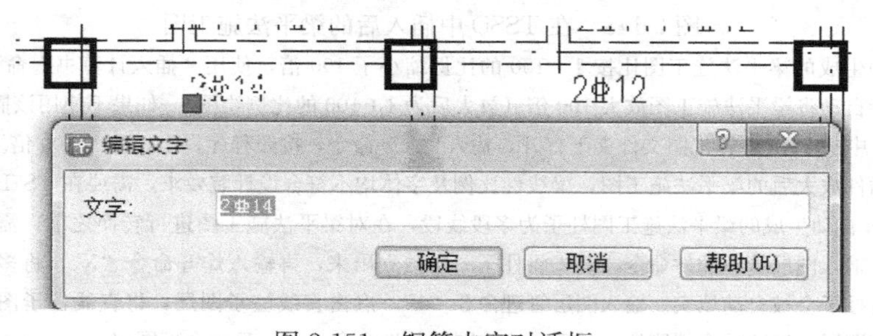

图 2-151　钢筋内容对话框

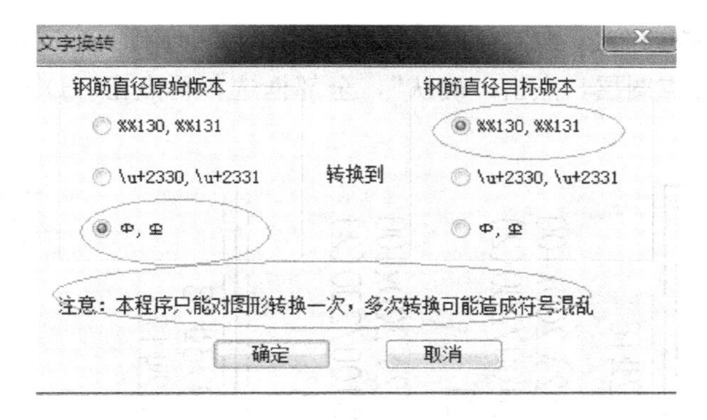

图 2-152　文字转换对话框

（15）点击【TSSD/梁绘制/交线处理】，框选所有梁平法施工图，完成梁交线处理，输入“RG”（重新生成模型）面，如图 2-153 所示。

图 2-153　梁交线处理

注：如果有个别部位在梁交线处理时局部梁线丢失，应补齐。

（16）点击“柱子图层”，并设为当前图层，输入直线命令 L，在角柱轴线相交处引一条斜线，并依次对其他梁平法施工图进行此操作。如图 2-154 所示。

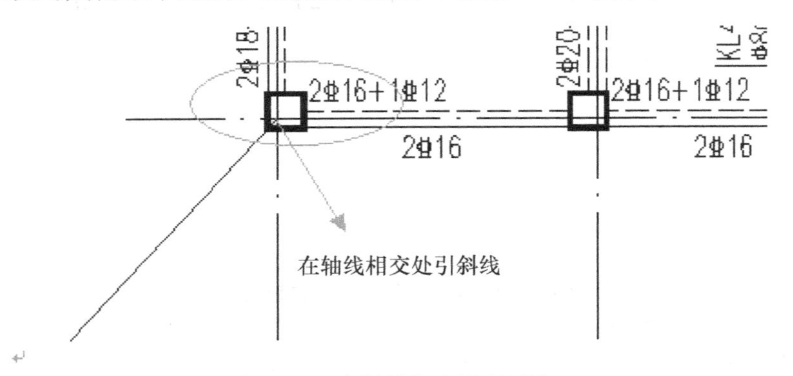

图 2-154　在轴线相交处引斜线

（17）输入图层管理命令“2”，依次点击画圈的图层：附加箍筋标示图层、引线图层、箍筋图层、轴线及交点图层，点击“确认”，全部框选，再点击“Delete”。最后，删掉最外面的框（图 2-155）。

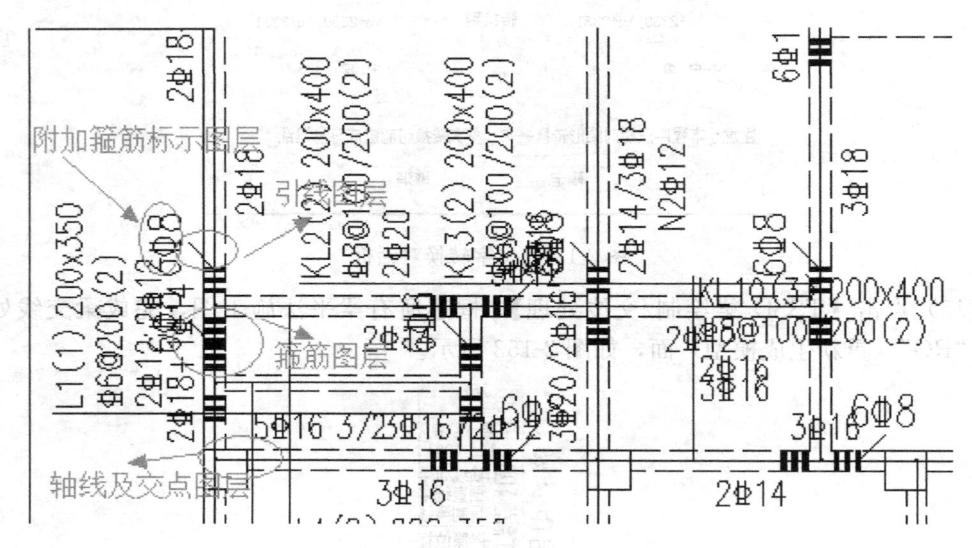

图 2-155　删掉多余图层

注：附加箍筋在总说明中说明。

（18）将画好的轴网及轴线编号通过定点，分别复制到图 2-154 中引出斜线的端点。如图 2-156 所示。最后，删掉全部引出的斜线。

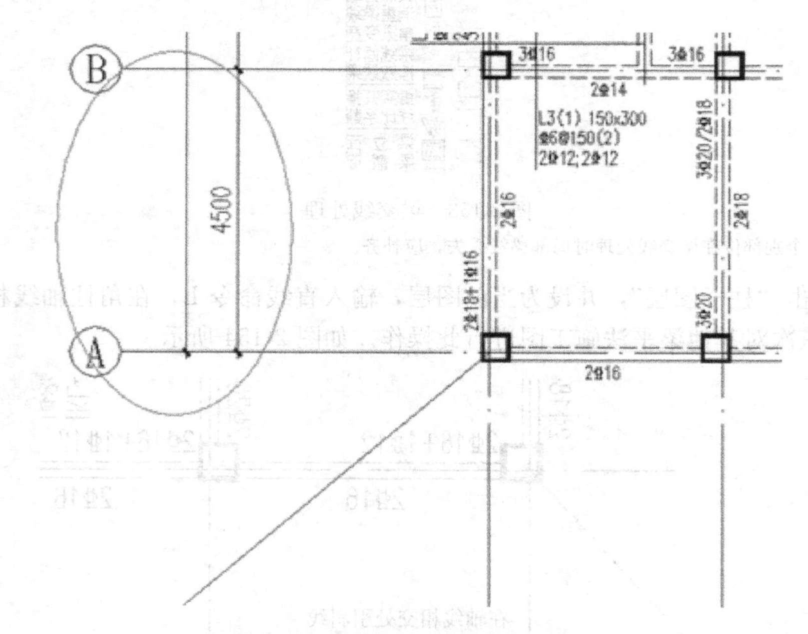

图 2-156　定点复制轴网及轴线编号

注：1. 在定点复制轴网及轴线编号之前，应调整好 4 个梁平法施工图之间的间距。

2. 复制轴网及轴线编号之后，应输入拉伸命令“S”，适当调整轴网编号的位置。

3. PKPM 中生成的第一层梁平法施工图，在结构图中称作二层梁平法施工图。

（19）输入梁重编号命令：CBH，框选第一标准层，按“回车键”。输入要重编号的梁前缀（KL），按“回车键”。输入起始编号 1，按“回车键”。选择由下到上（B），按“回车键”。选择从左到右（L），按“回车键”。

输入梁重编号命令：CBH，框选第一标准层，按“回车键”。输入要重编号的梁前缀（L），按“回车键”。输入起始编号 1，按“回车键”。选择由下到上（B），按“回车键”。选择从左到右（L），按“回车键”。

再按照上述步骤对第二层梁平法施工图、第五层梁平法施工图、第六层梁平法施工图进行相同操作（第六层 KL 改为 WKL）。

（20）在 TSSD（或 CAD）中输入插入计算书命令，CR，在弹出的对话框（图 2-157）中选择 WPJ1. DWG、WPJ2. DWG、WPJ4. DWG、WPJ5. DWG、WPJ6. DWG，点击“确定”。指定插入点，选择炸开（Y），如图 2-157 所示。

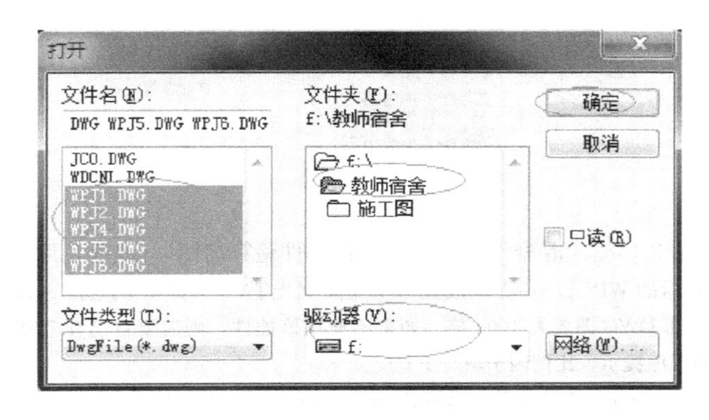

图 2-157　插入计算书对话框（1）

插入“混凝土构件配筋及钢构件验算简图”后，框选全部“WPJ”图，把其颜色改为“品红”（图 2-158）。使用“块生成插件”，输入命令“CB”，框选“WPJ1. DWG”，生成块，然后依次把 WPJ2. DWG、WPJ4. DWG、WPJ5. DWG、WPJ6. DWG 变成块。

（21）PKPM 梁平法施工图的配筋大多数都是正确的，但悬挑梁、一边与柱相连一边与梁（或墙）相连处应验算与修改，有些次梁面筋直径过大，同一根梁纵筋种类过多，也需要手动修改。由于已经使用“梁重编号”插件对梁进行了重编号，则把生成块的“WPJ. DWG”图移到对应的梁平法施工图上进行检查（图 2-159），然后使用“平法之拉移随心”命令对梁集中标注与原位标注进行调整。

输入“平法之拉移随心”命令 gg（图 2-160），输入“S”，弹出参数设置对话框，如图 2-161 所示。

（22）使用“平法之拉移随心”调整梁平法施工图完成后，再进行局部修改，比如，楼梯间处添加“斜线”、“楼梯间另见详图”及“梯柱”（图 2-162）、第一层挑板及其标注（图 2-163）、雨篷板及其尺寸标注（图 2-164）、第三道轴网标注及内部次梁位置尺寸（图 2-165）、图名及说明（图 2-166）等。

（23）再按以上步骤对第二层梁平法施工图、第五层梁平法施工图、第六层梁平法施工图进行绘制、修改及添加。

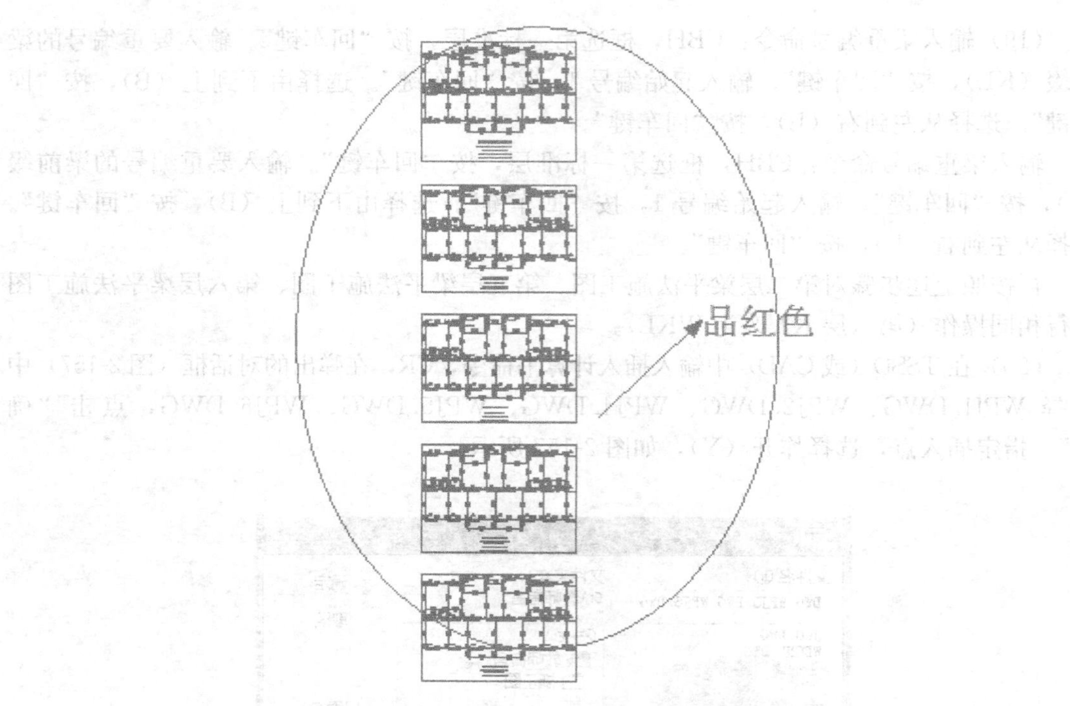

图 2-158 “混凝土构件配筋及钢构件验算简图”（改颜色后）

注：1. 在 SATWE 中转换后的 WPJ. DWG 图应放大 1000 倍，才与按 1：100 比例绘图一致。使用“插入计算书插件”，会自动将 WPJ. DWG 图放大 1000 倍。如果不使用该插件，则需要自己在 TSSD 中打开该图后，输入“SC”命令，按照程序提示，比例因子填写 1000。

2. “WPJ. DWG”图中的配筋计算结果单位为 cm²，转化为 mm² 时应乘以 100。

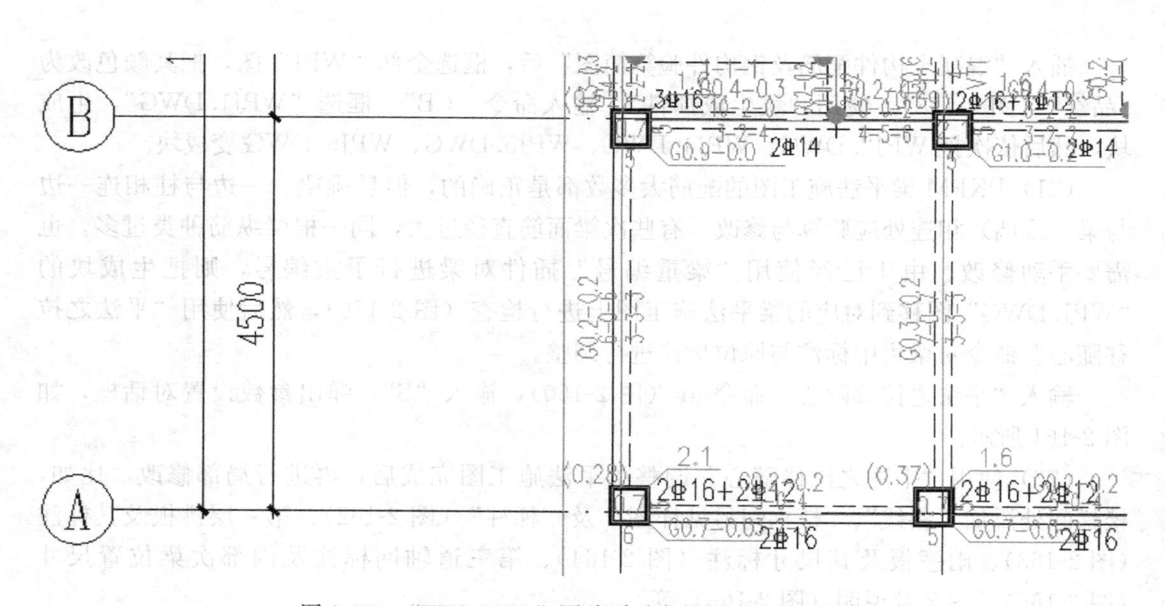

图 2-159 “WPJ. DWG”图移到对应的梁平法施工图上

注：在校对前，应记住常用的单根钢筋面积。$\phi6=28$、$\phi8=50$、$\phi10=79$、$\phi12=113$、$\phi14=154$、$\phi16=201$、$\phi18=254$、$\phi20=314$、$\phi22=380$、$\phi25=491$（单位均为 mm²）。

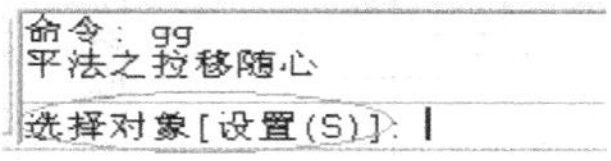

命令：gg
平法之拉移随心
选择对象[设置(S)]：

图 2-160　输入“平法之拉移随心”命令 gg

平法之拉移随心2012.07.27 [广告免费版]

初始设置
程序命令简写：gg　完整命令：[LaYiSuiXin]
鼠标样式：选择
配置文件：C:\Users\user\Documents\萝卜配置文件\LaYiSui
梁柱标注文字和引线的相关设置
集中标注：BEAM_TEXT_HOR, TEXT, *集中标注, text　获取
原位标注：BEAM_TEXT_HOR, TEXT, *原位标注, text　获取
梁线图层：zw-beam, zw-beam实, BEAM, BEAM_SE, 梁,　获取
考虑引线的类型选项：
☑竖线　☑竖斜线　☑横线　☑横斜线　☑斜线
搜索时，角度误差值(弧度)：0.03
搜索时，多行文字横向间距系数：0.4
搜索时，多行文字竖向间距系数：0.4
搜索时，文字和引线的间距系数：0.5
调整后，文字和文字的间距系数：1.2
调整后，文字和引线的间距系数：0.25
引线旋转定位(R)后伸长的长度：0
引线加点的大小系数[不加(0)]：0.33
全部文字变成统一颜色[不变(0)，随层(-1)]：0
首行文字变成指定颜色[不变(0)，随层(-1)]：0
首行文字变成指定样式：---禁用---
自动调整文字的对齐方式：不调整
☑关闭动态捕捉　☑原位标注正交　☐横斜线横定长
☐三行自动四行　☐线端自动加点　☐同图层才可移
☐多行标注成组　☑其它对象无效
{ 以上<间距系数>或<大小系数>皆是与字高比值 }

关于作者 网名：小萝卜头 carrot1983
QQ号：95818608　VisualLISP_建筑结构群：82109567
萝卜Lisp开发定制群：104987365　95818608@qq.com
网盘网址：http://carrot1983.ys168.com　打开
板筋及其文字的相关设置
板底正筋：TEXT, *REIN*, *正筋*, *底筋*　获取
板面负筋：TEXT, *REIN*, *负筋*, *支座*　获取
角度误差值(弧度)：0.03
板筋和文字间的最大间距：200　量取
板筋和文字调整后的间距：120　量取
移动后板筋和文字颜色为[不变(0)，随层(-1)]：0
墙体相关设置
墙体图层：*WALL*, *墙*, *COLU, *柱*　获取
墙体伸缩的长度模数：50　量取
附加命令缩写设置
字对齐处理：zdqcl　解不能加点：jbnjd
批量添加点：pltjd　批量删除点：plscd
三行变四行：3b4　四行变三行：4b3
集中标分向：jzbfx　原位标分向：ywbfx
画平行梁线：hpxlx　画平行墙线：hpxqx
画平行洞口：hpxdk
平行生中线：pxszx　取边缘构件：qbygj

确定　取消

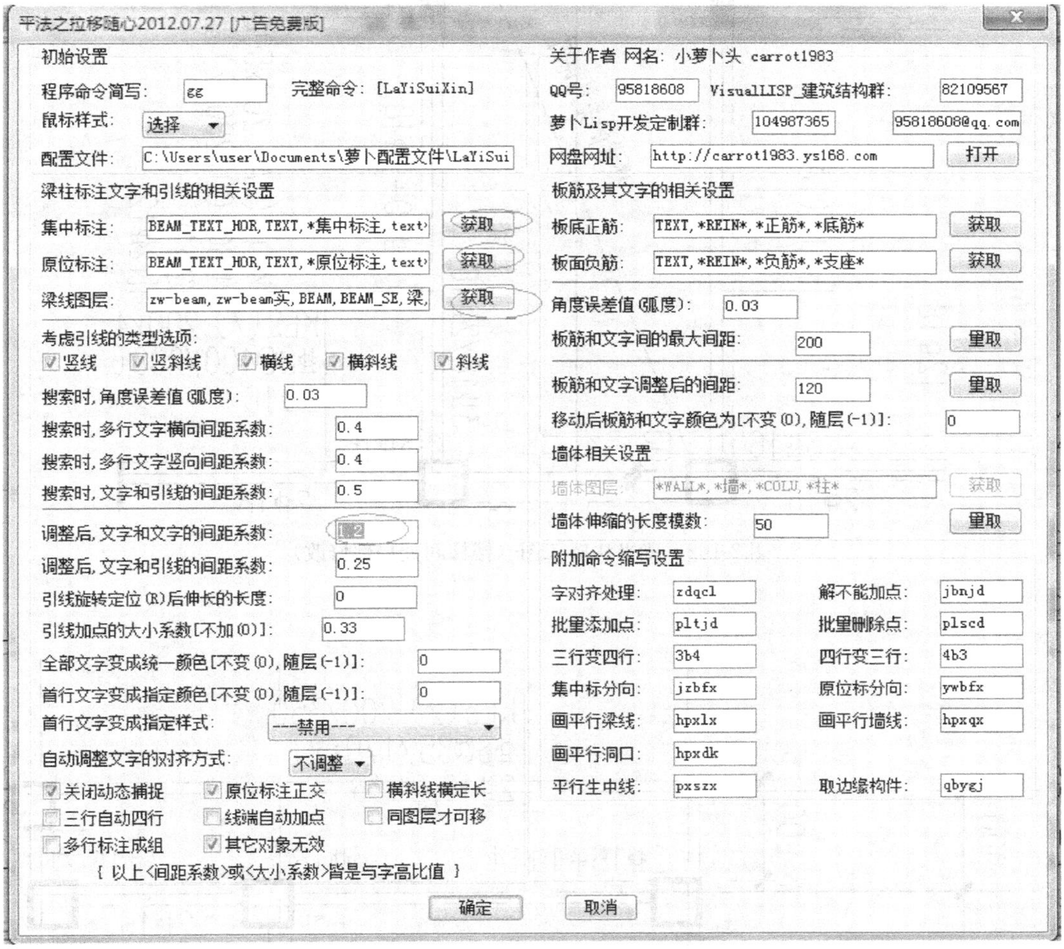

图 2-161　“平法之拉移随心”参数设置对话框

注：1. 在参数设置“集中标注”一栏中点击“获取”，在“梁平法施工图”中点击“集中标注”。在“原位标注”一栏中点击“获取”，在“梁平法施工图”中点击“原位标注”。在“梁线图层”一栏中点击“获取”，在“梁平法施工图”中点击“梁实线”、“梁虚线”。

2. 调整后，文字和文字的间距系数可填写 1.2，也可以根据工程需要更改间距系数。其他参数可根据需要改写。

3. 输入“平法之拉移随心”命令 gg 后，在“梁平法施工图”中用鼠标左键点击标注，即可实现标注的任意（按照设计师的意向）移动。梁平法施工图中梁端原位标注应尽量靠近梁端，梁底原位标注应尽量在梁跨中。横向梁集中标注应尽量在同一条水平线上，纵向梁集中标注应尽量在同一水平线上。

4. 梁的编号筋尽量遵循一定的规则，比如从左向右、从下向上编号。

5. 梁集中标注一般在引线的右方与上方。当由于某些原因，梁集中标注不好布置时，也可以放在引线的左方与下方。

6. PKPM 梁平法施工图悬挑梁处一般都不太准确，可以自己根据计算结果，协调好与其相邻框架梁配筋，一般至少放大 1.2 倍。

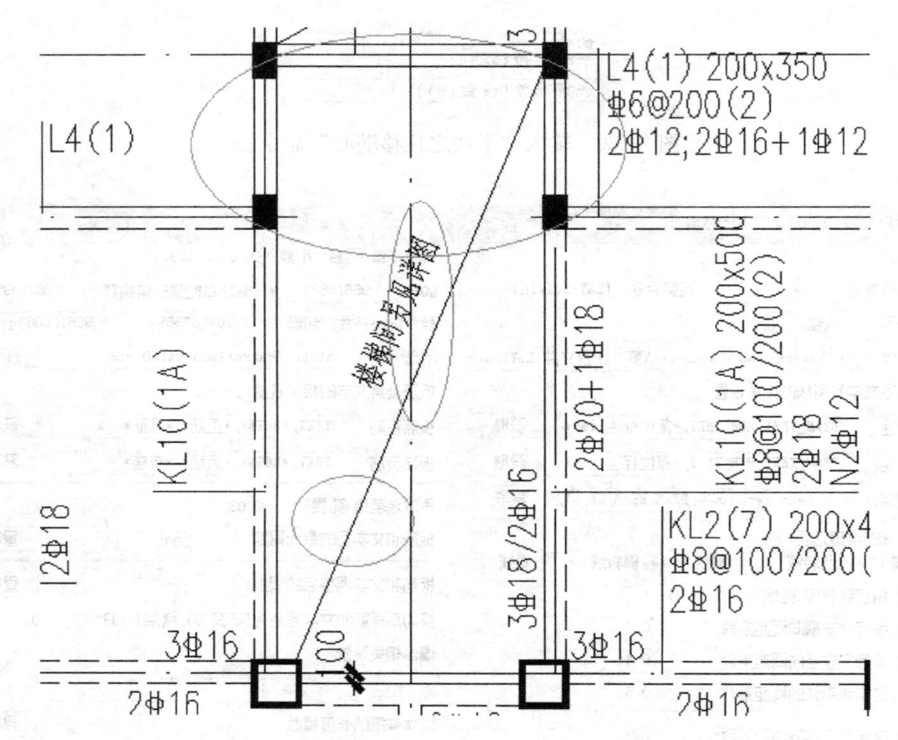

图 2-162　梁平法施工图（楼梯间处局部修改）

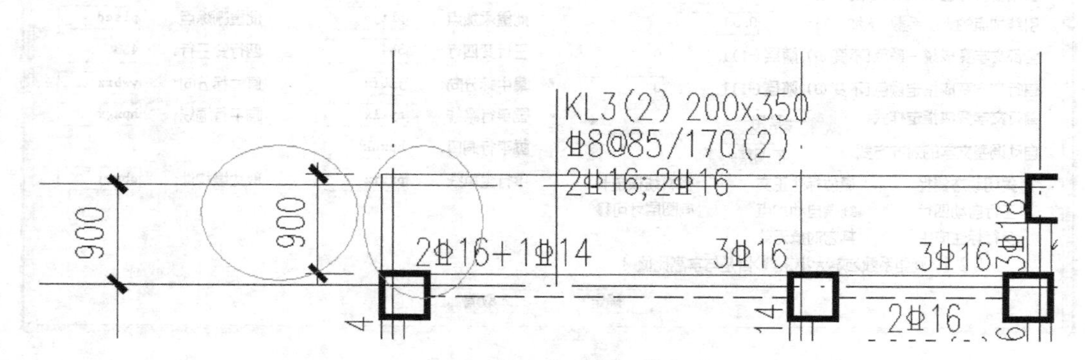

图 2-163　梁平法施工图（添加挑板及标注）

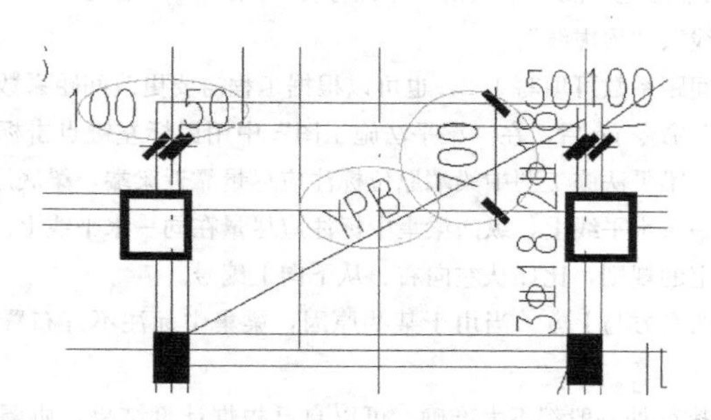

图 2-164　梁平法施工图（添加雨篷及标注）

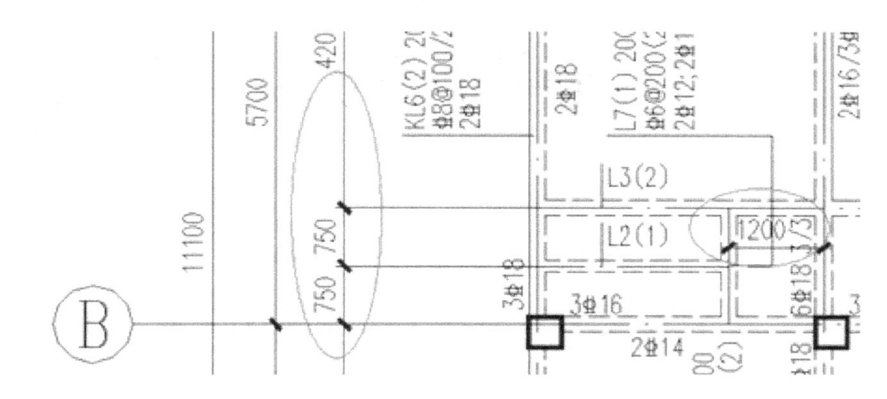

图 2-165　梁平法施工图（添加第三道轴网标注及内部次梁位置尺寸）

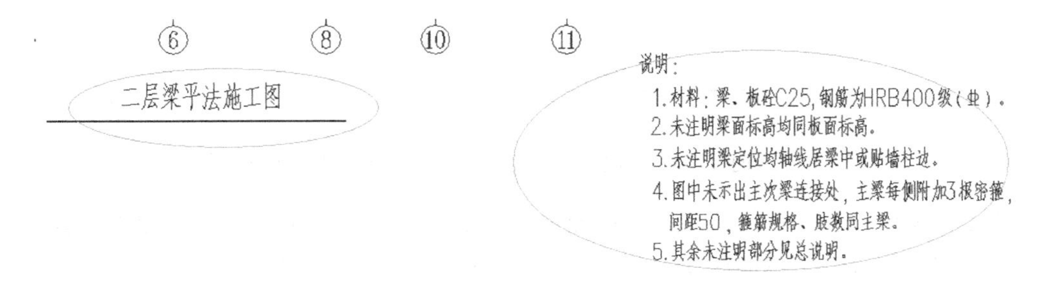

⑥
⑧
⑩
⑪
二层梁平法施工图
说明：
1.材料：梁、板砼C25，钢筋为HRB400级（⌀）。
2.未注明梁面标高均同板面标高。
3.未注明梁定位均轴线居梁中或贴墙柱边。
4.图中未示出主次梁连接处，主梁每侧附加3根密箍，间距50，箍筋规格、肢数同主梁。
5.其余未注明部分见总说明。

图 2-166　梁平法施工图（添加图名及说明）

注：1. 当按 1∶100 比例绘制施工图时，梁原位标注、集中标注、轴网标注尺寸大小等字高一般可为 300mm，图 2-166 中“二层梁平法施工图”字高可为 600mm，“说明”及其以下文字字高可为 500mm，轴线编号的外圆圈直径可为 800mm。当建筑平面尺寸比较大，需要 1∶200 的图框时，为了保证打印出来的蓝图字高一致（比如都用 A1 的图框），则对应的字高应比 1∶100 的比例时放大一倍。

2. 在拿到建筑图时，应该确定是按 1∶100 的比例还是 1∶150、1∶200 的比例绘图，否则后续的修改很麻烦。

2. 利用 PKPM 梁平法施工图的模板，拷贝单位的集中标注与原位标注，参照 SATWE 构件配筋计算结果，手画配筋图。

参照“利用 PKPM 自动生成的梁平法施工图修改”1～11，生成第一层梁平法施工图、第二层梁平法施工图、第五层梁平法施工图、第六层梁平法施工图。

参照“利用 PKPM 自动生成的梁平法施工图修改”12～13，在 TSSD 中通过“插入计算书”插件，插入第一层梁平法施工图、第二层梁平法施工图、第五层梁平法施工图、第六层梁平法施工图。

参照“利用 PKPM 自动生成的梁平法施工图修改”16、18，将已经画好的轴网及轴线编号通过定点复制，完成梁平法施工图轴网及轴线编号的绘制。

参照“利用 PKPM 自动生成的梁平法施工图修改”20，通过“插入计算书”插件插入 WPJ. DWG 图。完成以上操作后，将按照以下操作进行梁平法施工图的绘制。

（1）绘制二层梁平法施工图（PKPM 中生成的第一层梁平法施工图，在结构图中称作二层梁平法施工图）

将 WPJ1. DWG（块）定点复制到第一层梁平法施工图中，如图 2-167 所示。结构沿着箭头所指的轴左右对称，其他部分的梁平法施工图绘制方法及配筋与图 2-167 一样（编号不一样）。以图 2-167 为例，讲述梁平法施工图的绘制。

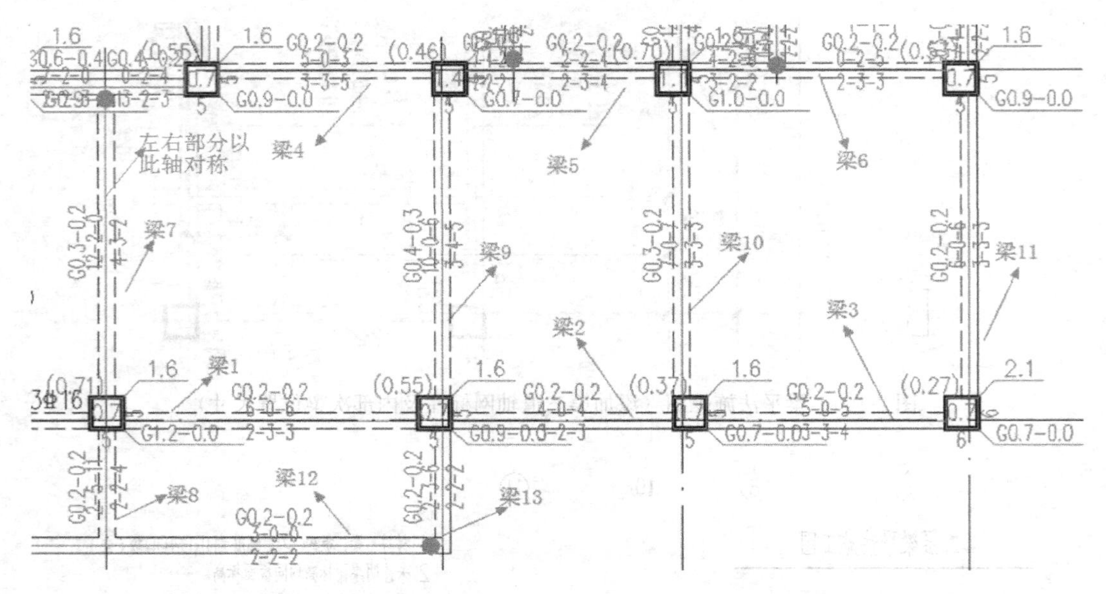

图 2-167　WPJ1. DWG（块）定点复制到第一层梁平法施工图（部分）

梁 1、梁 2、梁 3、梁 12、梁 13 截面尺寸为 200mm×350mm。梁 4、梁 5、梁 6、梁 7、梁 9、梁 10、梁 11 截面尺寸为 200mm×400mm。梁 8 截面尺寸为 200mm×500mm。

（2）梁 1、梁 2、梁 3 两端的配筋（面筋）分别为 6、6；4、4；5、5。则梁 1 两端可分别配 3ϕ16（603mm^2）、3ϕ16（603mm^2）；梁 2 两端可分别配 2ϕ16（402mm^2）、2ϕ16（402mm^2）；梁 3 两端可分别配 2ϕ16＋1ϕ12（515mm^2），2ϕ16＋1ϕ12（515mm^2）。

梁 1、梁 2、梁 3 两端配筋（面筋）时，一般应保证有 2 根相同的通长筋（角筋）贯穿整个梁，并且通长筋直径选取时，应保证梁端配筋尽量不超出 WPJ1. DWG 计算结果，本工程梁 1、梁 2、梁 3 的通长筋选 2ϕ16。

梁 1、梁 2、梁 3 底部最大配筋分配为 3、3、4，则梁 1 底筋可取 2ϕ14（308mm^2）；梁 2 底筋可取 2ϕ14（308mm^2）；梁 3 底筋可取 2ϕ16（402mm^2）。

梁高 350mm，按“抗规”表 6.3.3 要求，三级抗震时梁端箍筋加密区箍筋最大间距采用 $h/4$（h 为梁高）、$8d$（d 为纵向钢筋直径）、150mm 三者的较小值，则本工程梁 1、梁 2、梁 3 的加密区箍筋间距采用 350/4＝85，非加密区取 170（2 倍关系）。由图 2-168 可知，SATWE 中箍筋间距 100mm 内的梁端加密区箍筋总面积为 0.2cm^2，由于是两肢箍，则配筋时单根箍筋面积为 0.2/2×0.85（SATWE 箍筋间距为 100，实际加密区箍筋间距 85mm）＝0.085cm^2。非加密区中箍筋间距 100mm 内的箍筋总面积为 0.2cm^2，则配筋时单根箍筋面积为 0.2/2×1.7（SATWE 箍筋间距为 100，实际箍筋间距 170mm）＝0.170cm^2。由于抗规表 6.3.3 规定抗震等级为三级时，梁端箍筋最小直径为 8mm，则梁 1、梁 2、梁 3 箍筋取 ϕ8@85/170（2）。

（3）梁 4、梁 5、梁 6 两端的配筋（面筋）分别为 5、3；7、4；4、5。则梁 4 两端可分别配 2ϕ18（509mm^2）、2ϕ18（509mm^2）；梁 5 两端可分别配 2ϕ18＋1ϕ16（710mm^2）、2ϕ18（509mm^2）；梁 6 两端可分别配 2ϕ18（509mm^2）、2ϕ18（509mm^2）。

梁 4、梁 5、梁 6 两端配筋（面筋）时，一般应保证有 2 根相同的通长筋（角筋）贯穿整个梁，并且通长筋直径选取时，应保证梁端配筋尽量不超出 WPJ1.DWG 计算结果，本工程梁 4、梁 5、梁 6 的通长筋选 2ϕ18。

梁 4、梁 5、梁 6 底部最大配筋分配为 5、4、3，则梁 4 底筋可取 2ϕ18(509mm^2)；梁 5 底筋可取 2ϕ16(402mm^2)；梁 3 底筋可取 2ϕ14(308mm^2)。

梁高 400mm，按“抗规”表 6.3.3 要求，三级抗震时梁端箍筋加密区箍筋最大间距采用 $h/4$ (h 为梁高)、$8d$ (d 为纵向钢筋直径)、150mm 三者的较小值，则本工程梁 4、梁 5、梁 6 的加密区箍筋间距采用 400/4＝100，非加密区取 200（2 倍关系)。由图 2-168 可知，SATWE 中箍筋间距 100mm 内的梁端加密区箍筋总面积为 0.2cm^2，由于是两肢箍，则配筋时单根箍筋面积为 0.2/2＝0.100cm^2。非加密区中箍筋间距 100mm 内的箍筋总面积为 0.2cm^2，则配筋时单根箍筋面积为 0.2/2×2＝0.200cm^2。由于抗规表 6.3.3 规定抗震等级为三级时，梁端箍筋最小直径为 8mm，则梁 4、梁 5、梁 6 箍筋取 ϕ8@100/200（2)。

(4) 梁 7、梁 8 两端的配筋（面筋）分别为 12、0；11、2。当梁宽为 200 时，每层至多配 3 根 20、18、16 且配筋一般不超过 2 层，则梁 7 端可配 6ϕ16(1206mm^2)。梁 8 属于悬挑梁，其计算配筋为 11（如果用保留位数为 1 查看为 10.5)，其梁端可配筋 6ϕ16(1206mm^2)。

梁 7、梁 8 两端配筋（面筋）时，一般应保证有 2 根相同的通长筋（角筋）贯穿整个梁，并且通长筋直径选取时，应保证梁端配筋尽量不超出 WPJ1.DWG 计算结果，本工程梁 7、梁 8 的通长筋选 2ϕ16。

梁 7、梁 8 底部最大配筋分配为 4、4，则梁 7 底筋适当放大后可取 2ϕ18(509mm^2)，梁 8 底筋可取 2ϕ16(402mm^2)。

梁 7 高 400mm，梁 8 高 500mm，“抗规”表 6.3.3 要求，三级抗震时梁端箍筋加密区箍筋最大间距采用 $h/4$ (h 为梁高)、$8d$ (d 为纵向钢筋直径)、150mm 三者的较小值，则本工程梁 7、梁 8 的加密区箍筋间距可取 100mm，非加密区梁 7 取 200（2 倍关系)，梁 8 由于是悬挑梁，非加密区间距也取 100mm。由图 2-168 可知，梁 7 SATWE 中箍筋间距 100mm 内的梁端加密区箍筋总面积为 0.3cm^2，由于是两肢箍，则配筋时单根箍筋面积为 0.3/2＝0.150cm^2。非加密区中箍筋间距 100mm 内的箍筋总面积为 0.2cm^2，则配筋时单根箍筋面积为 0.2/2×2＝0.200cm^2。由于“抗规”表 6.3.3 规定抗震等级为三级时，梁端箍筋最小直径为 8mm，则梁 7 箍筋取 ϕ8@100/200（2)。

梁 8 SATWE 中箍筋间距 100mm 内的梁端加密区箍筋总面积为 0.3cm^2，由于是两肢箍，则配筋时单根箍筋面积为 0.3/2＝0.150cm^2。非加密区中箍筋间距 100mm 内的箍筋总面积为 0.2cm^2，则配筋时单根箍筋面积为 0.2/2×2＝0.200cm^2。由于“抗规”表 6.3.3 规定抗震等级为三级时，梁端箍筋最小直径为 8mm，则梁 8 箍筋取 ϕ8@100(2)。

(5) 梁 9、梁 10、梁 11、梁 12、梁 13 的配筋可以参照以上 2～4 中的配筋方法。最后的梁平法施工图（部分）如图 2-168 所示。

(6) 其他参照一（利用 PKPM 自动生成的梁平法施工图修改)。

3. 在探索者软件 TSPT 中绘制梁平法施工图

(1) 在 TSSD 中选择“TSPT”，进入“TSPT”主菜单，如图 2-169 所示。

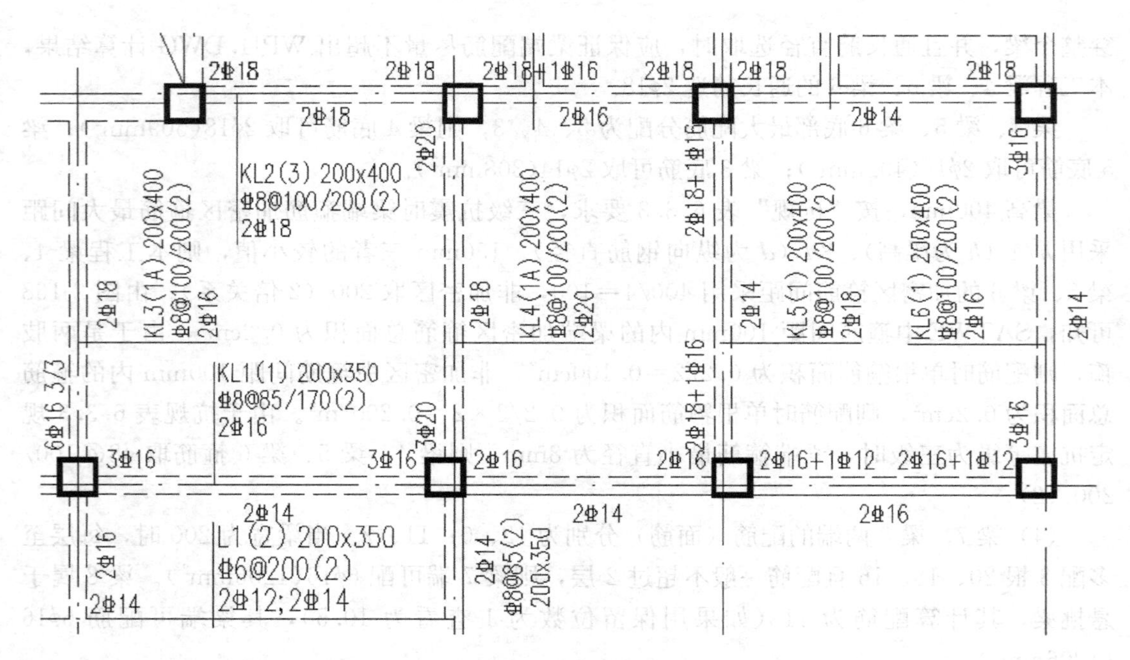

图 2-168 根据计算结果画梁平法施工图（部分）

注：1. 在实际设计中，梁 10、梁 11 在配筋时应协调好与相邻梁（或同一跨内）梁配筋的关系。

2. 一般梁面筋在满足裂缝的前提下不要放大，考虑到施工与计算等其他原因，底筋可乘以 1.1 的放大系数，留有一定的余量，保护设计师自己。同一根梁中纵筋直径一般不宜超过 3，钢筋级别不必满足钢筋规格≤2，底筋相差不大时，比如 2ϕ14 与 2ϕ16，可以都取 2ϕ16，因为钢筋截断后再搭接，费时且搭接又需要钢筋，可能更浪费。次梁端纵筋直径的 12 倍＋保护层厚度，一般宜小于搭接的主梁的宽度，但次梁由于不抗震且底筋在梁端下部弯矩几乎为 0，纵筋最大直径可取 25mm。

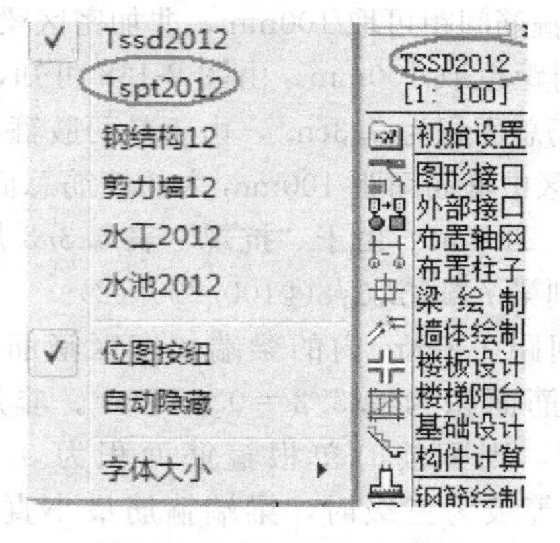

图 2-169 “TSPT”主菜单

（2）生成“模板图”

点击【TSPT/模板/数据平面】，指定工程 PKPM 模型的文件夹，点击【确定】（图 2-170），TSTP 命令窗口中提示：点取插入点，改基点（T）。在屏幕中点取插入点后，模板图自动生成，如图 2-171 所示。

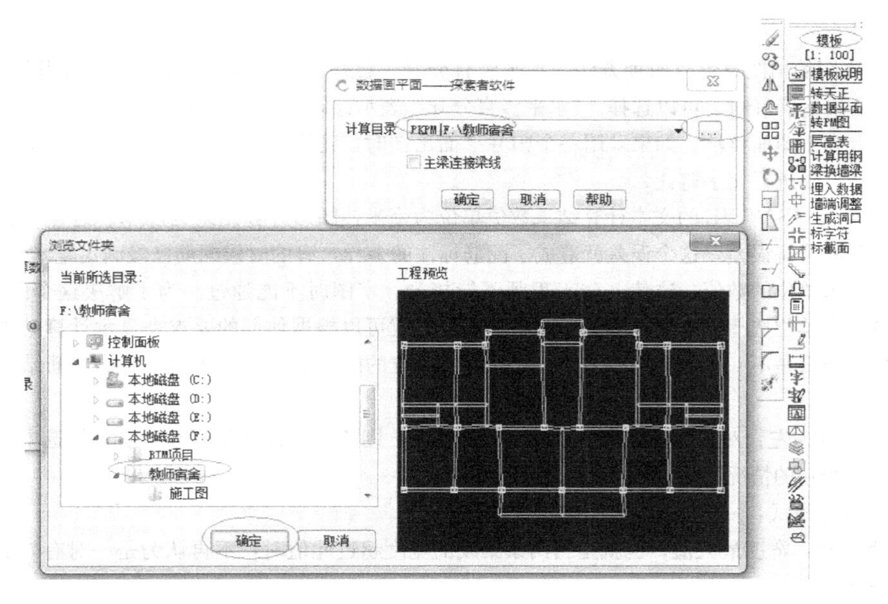

图 2-170　数据平面对话框

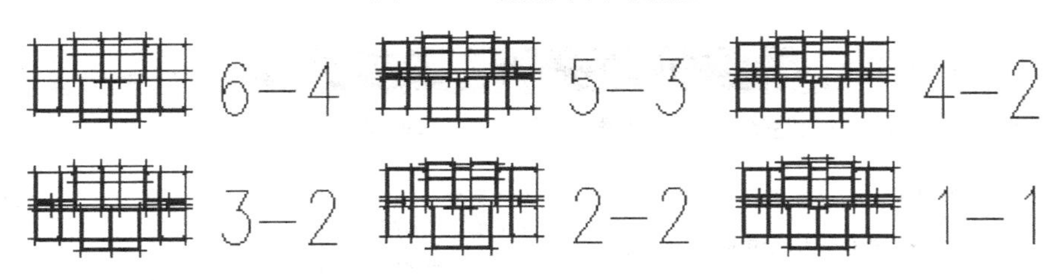

图 2-171　自动生成模板图

（3）梁设置

点击【TSPT/梁平法/梁设置】，设置钢筋等级、制图方法等参数，如图 2-172～图 2-178 所示。

1）基本参数

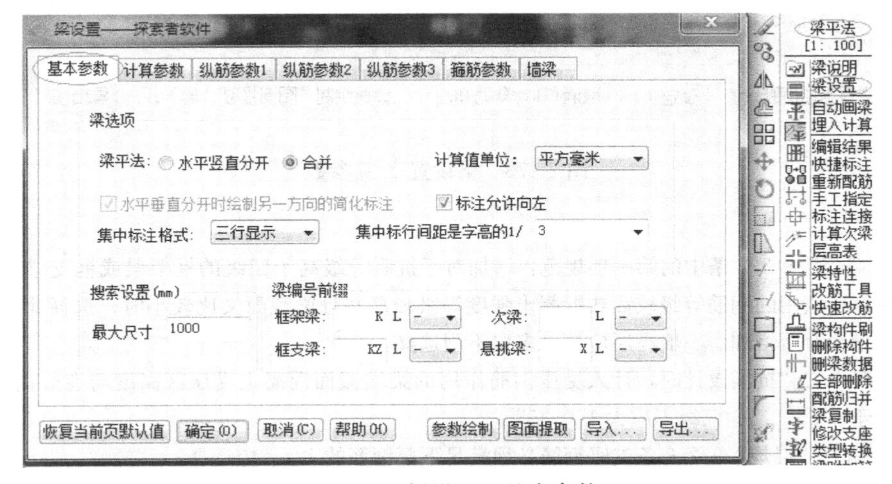

图 2-172　梁设置—基本参数

参数注释

1. 梁平法图的出图设置有两种方法：水平竖直分开、合并；一般不选“水平竖直分开”，当水平和竖直方向标注密密麻麻时，可以选择。“水平竖直分开”表示：同一归并平面分开表示时水平梁和垂直梁分别出图，有利于图面整洁。如果采用一个归并平面出图时，则可选择“合并”表示；对于比较复杂的图面，程序会自动进行文字避让。

2. 计算单位：SATWE 的文本计算结果数值单位为毫米，图形计算结果为厘米。这样就造成了两个计算结果显示的值有误差，这个误差就造成了配筋标注的差异，有的时候配筋已经满足毫米计算数值了，但是不满足厘米单位的数值，这使一些工程师不能接受，审图时不能通过。为了解决这个问题，TSPT在设置中增加了单位选择。这样当用户面对审图单位时就可以根据他们的要求来显示计算结果数值。两种单位的配筋结果是不一样的，一般情况下，厘米为单位的配筋结果比毫米为单位的配筋结果的用钢量多出 10%。

3. 标注允许向左：对集中标注产生影响，如不选中，则集中标注文字都在线右；如选中，则允许集中标注文字在线左的情况发生。一般不勾选。

4. 集中标注格式：一般选择“四行显示”。

5. 最大尺寸：宽度最大值，也就是当两条梁线的宽度超过此值时，不再认为是一对有效的梁线。其他参数可按默认值。

2）计算参数

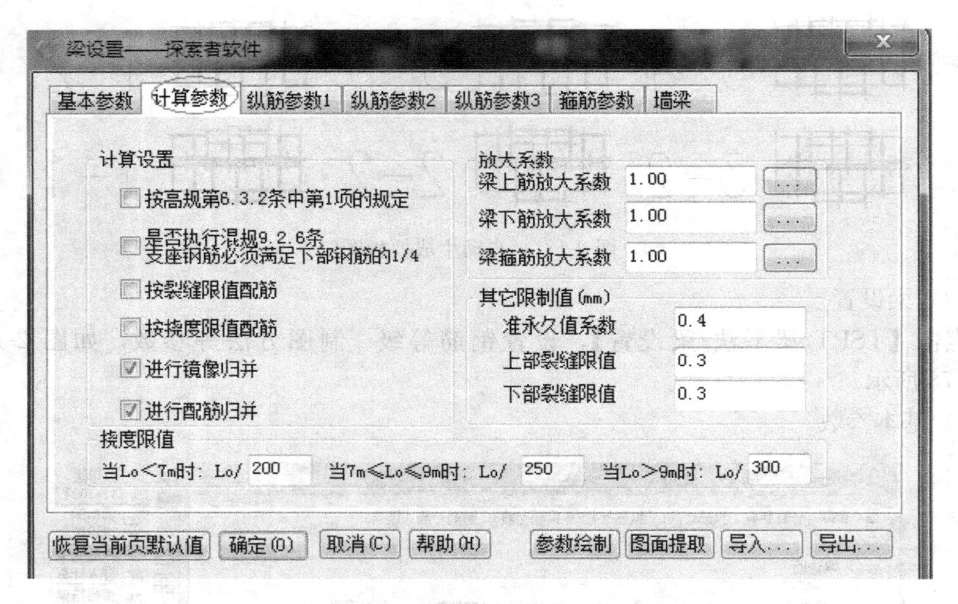

图 2-173　梁设置-计算参数

参数注释

1. 按“高规”6.3.2 条中的第一项规范：增加对于抗震等级高于四级的框架梁或框支梁的超筋判断条件。当用户所选用的钢筋等级较高或混凝土强度等级较高并且梁截面又比较小时，选择此项后，提示梁超筋的数量会有所增加。一般高层应选，多层不用选择。

注：规范原文“抗震设计时，计入受压钢筋作用的梁端截面混凝土受压区高度与有效高度之比值，一级不应大于 0.25，二、三级不应大于 0.35”。

2. 是否执行“混规”9.2.6 条支座钢筋必须满足下部钢筋的 1/4：应选择；

3. 按裂缝选筋：程序可以按界面中用户所填写的裂缝限值反算梁的实际配筋，这样会加大用钢量，在选择时一定要根据具体工程情况选用裂缝限值，此选项更应慎用。一般住宅结构可不勾选，但应查看裂缝值的大小，再根据具体情况具体分析。

4. 按挠度限值配筋：程序可以按界面中用户所填写的挠度限值反算梁的实际配筋，这样会加大用钢量，在选择时一定要根据具体工程情况选用挠度限值，此选项更应慎用。一般不勾选。

5. 进行镜像归并：设定是否对称的梁只用一个简标，选用此选项后，图面可以大大简化。对于对称平面，只画半部分即可。程序默认为选中，一般也应勾选。在执行“配筋归并”命令时，仍可以按此选项对图面进行归并处理。

6. “放大系数”、“挠度限值”、“其他限制值”一般均可采用默认值。挠度限值为 $L_0/200$。悬挑梁已自动乘以 2。

3）纵筋参数 1

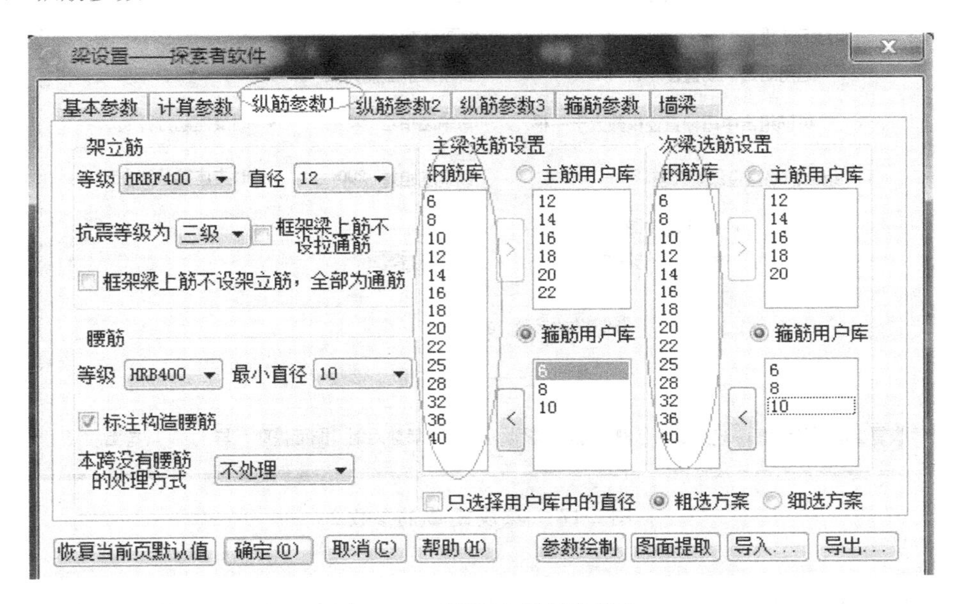

图 2-174　梁设置-纵筋参数 1

参数注释

1. 框架梁上筋不设拉通筋：一般不勾选。如果不勾选，则框架梁都设置有通筋；如果勾选，则不需要设置通筋，这样可以节省用钢量。

2. 框架梁上筋不设架立筋，全部为通筋：一般不勾选。框架梁上不设架立筋是指当箍筋的肢数大于通筋根数时，如果不勾选此项，则是用架立筋补上，但是勾选此项后程序就是按箍筋的肢数与通筋的根数相同来配筋了，不再会出现架立筋，用钢量会上升。

3. 腰筋：一般最小直径填 12；当为构造腰筋时，腰筋等级为界面上所选等级；当计算梁受扭需要按计算配筋时，其等级由工程信息中梁纵筋等级确定，不再按界面上的等级。用户可以选用不在图中标注构造腰筋，这样可以简化图面，只在说明中注明构造腰筋的配置方法。当用户需要在图中表示腰筋时，且集中标注有腰筋，但本跨又不需要配置时，由于规范中没有明确的表示方法，现列出如下的方案：没有腰筋、0ϕ0、不处理、原位标注。

4. 在粗选方案情况下：主梁和次梁分开设置纵筋和箍筋直径。主梁所选直径应按工程选用的稍大些，次梁的稍小些。当用户未在右边框为空时，也就是用户未选直径时，程序自动按左框中的全部直径作为可选直径。用户可以双击直径数添加或删除。当选用“只选用库中直径”时，程序自动全部按用户所选直径进行配筋，当所选直径没有配筋方案时提示用户出错信息；否则，程序优先选用库里的直径，当库中的钢筋直径不满足选筋要求时，程序优先到左边框中找直径。但要注意，无论哪种选项，如果右边框为空时，代表全部选中。

在细选方案情况下：对框梁、框支梁、次梁进行细分，由用户分别指定钢筋，程序按用户指定的钢筋选择配筋。在这里，用户可以指定钢筋直径，也可以拉通钢筋，还可以去掉不选用的钢筋，使之完全符合用户的配筋要求。

5. “主筋用户库”应与“只选择用户库中的直径”结合使用。

4）纵筋参数 2

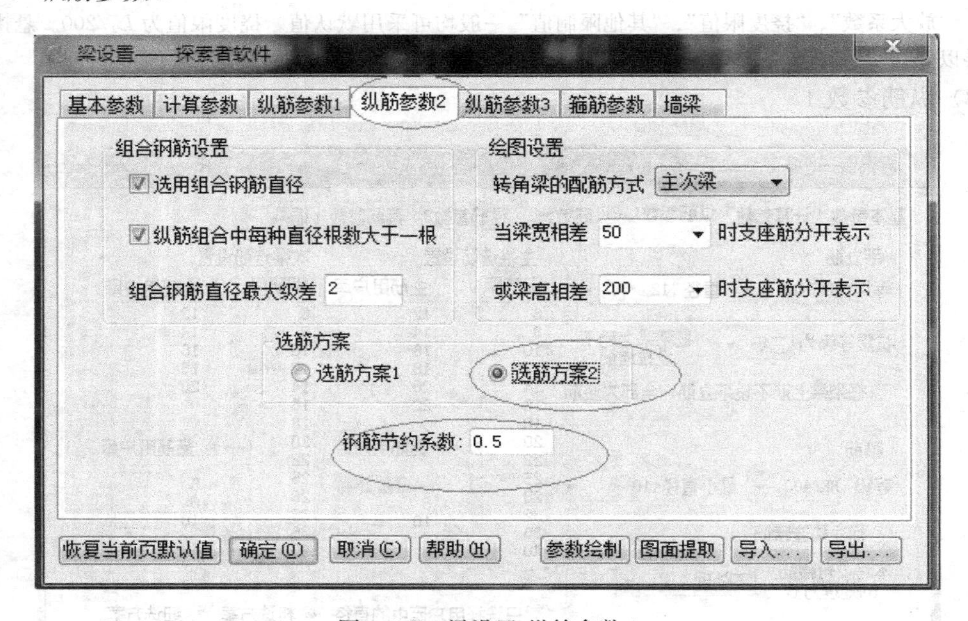

图 2-175　梁设置-纵筋参数 2

参数注释

1. 选用组合钢筋直径：一般应勾选。在梁的同一位置配筋是否可以是两种直径组合成的，当选用时，可以配出 $2D20+2D16$ 的样式。程序默认为选中，这样可以使实际配筋更接近计算结果。

2. 纵筋组合中每种直径根数大于一根：一般应勾选。当选用组合直径时，有的用户要求对称配筋，组合直径不出现“+1”的组合，例如，$2D20+1D16$ 是不允许的。

3. 组合钢筋直径最大级差：一般可填写 2；当填写的值大时配筋更经济，否则就会加大配筋值。

4. 转角梁的配筋方式：应根据梁跨度等情况具体情况具体分析。结构布置中转角梁的处理方式：主次梁、单跨转角梁、两个悬挑梁。

5. 选筋方案：软件对于框架梁和次梁的选筋设置了两套方案，第二套配筋方案可以去除部分选多根小直径或选筋直径过大的问题。这个配筋方案是作为第一方案的备选方案。当第一方案配筋不合适时，可以再选用第二方案，方案的选择要视工程情况而定。

选筋方案 1 表示按照纵筋参数 1 中的主筋用户库中的最大直径钢筋开始优先选配；选筋方案 1 一般计算配筋大一些，通长筋大。选筋方案 2 表示按照纵筋参数 1 中的主筋用户库中的中等直径钢筋开始优先选配，当中等直径钢筋无法满足用户要求时，自动逐级增减（该方案较优）。

6. 钢筋节约系数：此系数用于两处：一处是当用户选择适用于剪力墙设置时，此系数作为是否全部拉通的参数；另一处是调整直径时的判断值，当计算结果和实配筋值超过这个系数时，程序就会调整直径，使实配值变小。调节这个参数后，可以控制图面配筋比较散还是比较整齐。一般可按默认值 0.5，该值越小，一般配筋梁越接近计算值。

5）纵筋参数 3

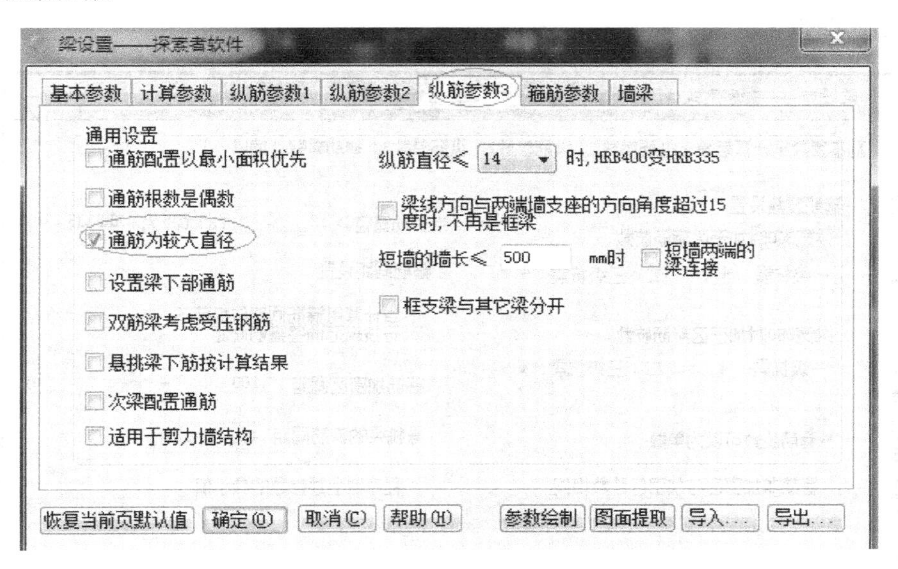

图 2-176　梁设置-纵筋参数 3

参数注释

1. 通筋配置以最小面积优先：一般不勾选。当选用此选项后，整根梁的通筋为梁上部钢筋计算结果的最小值。这样，整根梁都能拉通的就拉通了，不能拉通的支座补筋，简化配筋。此选项会造成用钢量有所增加。

2. 通筋根数是偶数：程序在取通筋时限制根数是否为偶数。一般可勾选。

3. 通筋为较大直径：一般应勾选。在组合直径变化时，通筋以外的其他直径是比通筋直径小的钢筋。这样，梁截面的角部被加强。

4. 设置梁下部通筋：一般应勾选。按规范规定，梁下部宜设通筋，但由于梁底高度多有变化，所以设此选项。

5. 双筋梁考虑受压钢筋：增加计算受压区高度时，是否计算受压钢筋的判断。一般当使用选项后，配筋就选用的是根数少、直径大的，并且会考虑跨高比小于 5 以后纵筋的全部拉通；未使用选项时，配筋以最接近计算结果最省钢筋量为原则，就会出现有部分拉通筋的选筋结果。值得用户注意的是，当选中两个选项后，配筋结果的用钢量会有所增加，用户需根据工程需要作出选择。

6. 悬挑梁下筋按计算结果：勾选后，程序按计算结果对悬挑梁下筋进行配筋；不勾选，按构造配筋。

7. 次梁配置通筋：次梁按规范不需要配置通筋，但是当用户要求设置时仍可按有通筋配置。可勾选。

8. 适用于剪力墙结构：剪力墙结构应勾选，其他结构不用勾选。这个选项选中后，程序在自动选筋时，会考虑到剪力墙结构平面中梁配筋的特点，且同时都选上“通筋配置以最小面积优先”配筋结果的用钢量会有所增加，配筋就选用的是根数少、直径大的，并且会考虑跨高比小于 5 以后纵筋的全部拉通；未使用选项时，配筋以最接近计算结果最省钢筋量为原则，就会出现有部分拉通筋的选筋结果。

9. 纵筋直径≤14 时，HRB400 变 HRB335：在等级变换后，程序把面积值折算成新等级后再选钢筋。等级变换后，校审时增加了原计算等级的面积显示，对比时也是按原等级面积值进行比较的。

10. 梁线方向与两端墙支座的方向角度超过 15°时，不再是框梁：判断墙端与梁的方向，当梁线方向与两端墙支座的方向角度超过 15°时，不再是框梁，判断为次梁。

11. 短墙的墙长≤500mm 时，短墙两端的梁连接：墙两端的梁连接起来，注意只有当梁支座为墙时，才作此修正。短墙的墙长用户在设置中设置。默认值为 500mm。

12. 框支梁与其他梁分开：当选项选中时，框支梁的跨与梁上其他跨断开，其他梁种类重新判断。

6）箍筋参数

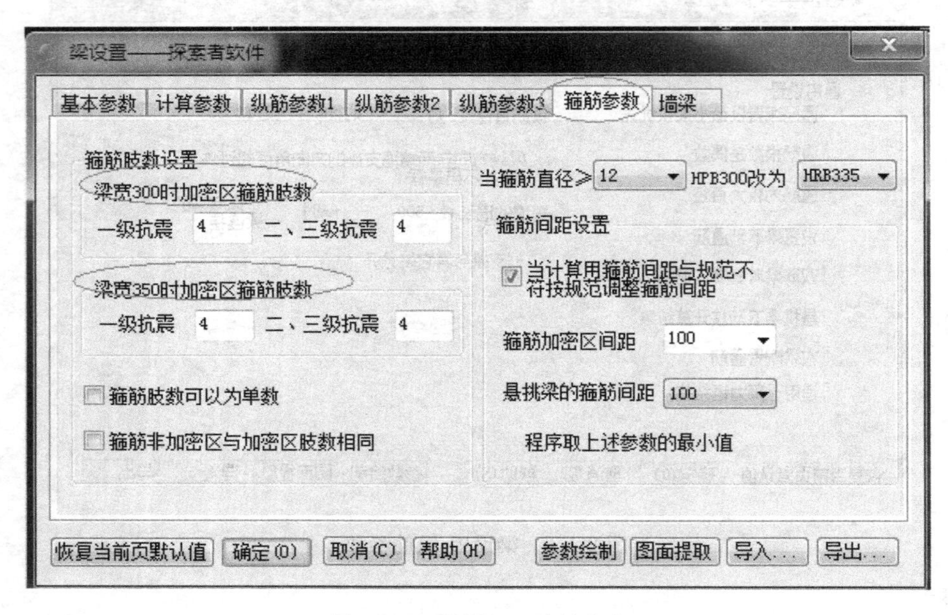

图 2-177　梁设置—箍筋参数

参数注释

指定梁宽 300 时加密区的箍筋肢数，不受箍筋是否有单肢的影响。指定梁宽 350 时加密区的箍筋肢数，不受箍筋是否有单肢的影响。在程序取箍筋肢数时，除去 300 宽和 350 宽的梁，其他梁宽可否可以有单肢出现。

一般可按默认值。

7）墙梁

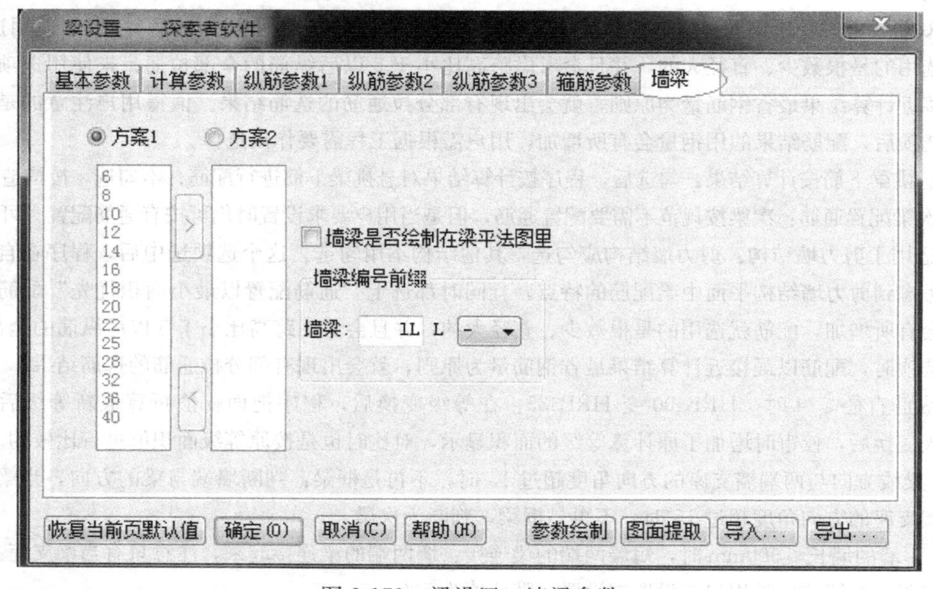

图 2-178　梁设置—墙梁参数

参数注释

据框梁和墙梁的跨高比来修正梁种类，跨高比小于等于5的单跨梁划分为墙梁，按墙梁构造进行配筋，否则按框梁处理。

方案1：是指按墙梁宽度，程序自动配筋。

方案2：是指按计算结果和用户指定的直径来配筋，工程师自己设置工程中墙梁所用钢筋的钢筋库，程序从用户设置的库中选筋。

墙梁是否绘制在梁平法图里：设置墙梁绘制的位置，如果不勾选，则绘制在墙平法图里；如果勾选，则绘制在梁平法图里。

墙梁编号前缀：设置墙梁的编号前缀，例如："LL-"，程序按此设置自动出图。

（4）埋入数据

点击【TSPT/梁平法/埋入计算】，指定工程PKPM模型的文件夹/要埋入的层号（比如图1），输入T（按T键修改插入点），点击确定，在要埋入的数据框中选择某个柱角点，再点击生成的模块图中（图2-171中的1-1模板）同样位置处的柱角点，将计算结果埋入到已生成的模板图中，如图2-179所示。

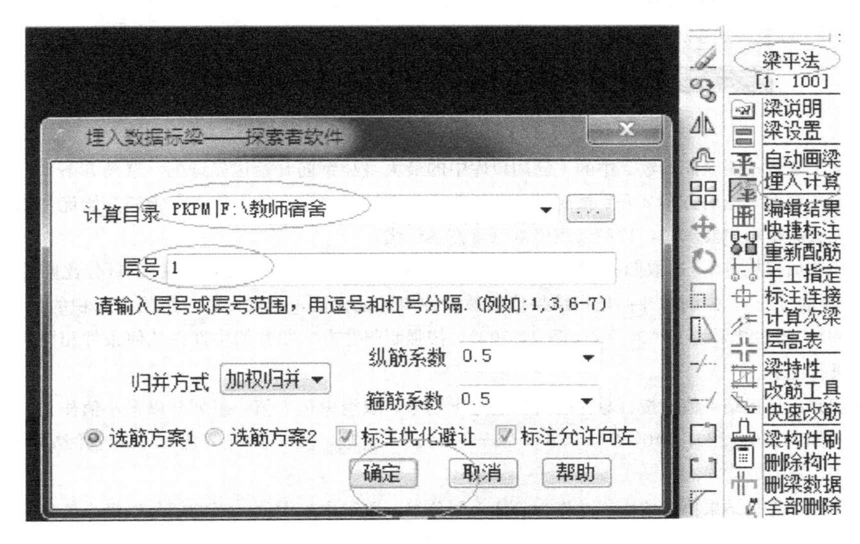

图2-179 埋入计算对话框

注：1. 埋入计算一次只能选择同一个标准层中的楼层，即要画不同标准层的梁平法施工图，需要将不同的标准层分别埋入。可以进行配筋设置（梁设置），否则程序自动按默认的梁设置进行施工图绘制。

2. 也可以点击【TSPT/梁平法/自动画梁】，程序自动生成全部梁平法施工图。

（5）点击【TSPT/梁平法/自动画梁】，弹出对话框，如图2-180所示，填写存放计算数据的文件夹路径。填写相关参数后，点击确定，命令行提示：点取插入点/[T]-改基点〈退出〉；点击鼠标左键将程序自动生成的梁平法图放置在屏幕上，如果需要改变插入基点，则输入T，点取新的放置基点，重新设置插入点后，将梁平法图放在合适的位置上。程序自动生成各标准层的梁平法施工图。

（6）点击【TSPT/梁平法/编辑结果】，在编辑区域附近点取任一点，对埋入到梁平法图中的梁计算结果数据进行编辑，包括配筋和截面。如图2-181所示。

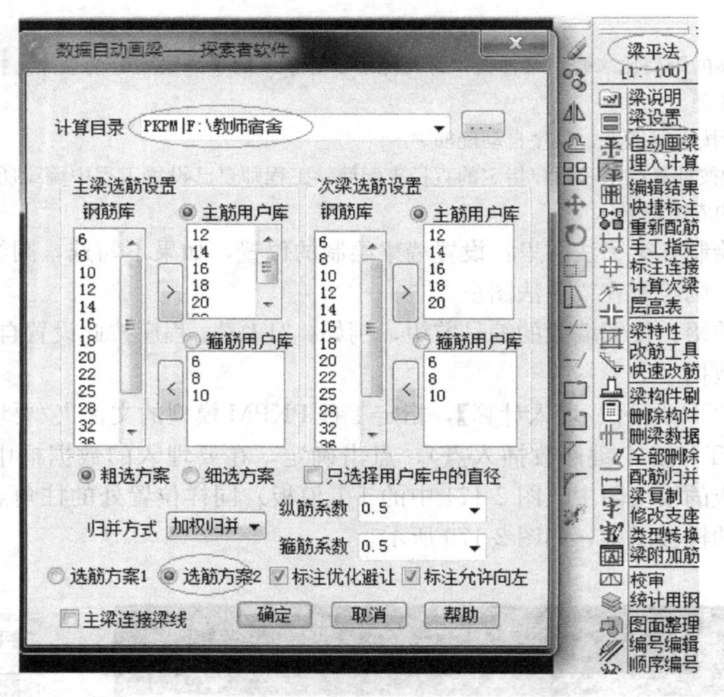

图 2-180　梁平法-自动画梁对话框

注：1. 选筋方案 1 表示按照纵筋参数 1 中的主筋用户库中的最大直径钢筋开始优先选配；选筋方案 1 一般计算配筋大一些，通长筋大。选筋方案 2 表示按照纵筋参数 1 中的主筋用户库中的中等直径钢筋开始优先选配。当中等直径钢筋无法满足用户要求时，自动逐级增减（该方案较优）。

2. 一般选择“加权规定”。选取归并方式，归并方式有三种：强行归并（取最大值）、百分比归并、面积差归并（纵筋和箍筋分开）。强制归并：是指结果值取被归并组的最大值，例如：取一组暗柱面积的数值（500，600，350，700），归并结果为（700，700，700，700）。按强制归并方式归并的构件在几何条件相同的情况下，只按最大值进行配筋。

百分比归并：是指结果值是按百分比的阶梯组进行划分，取组中最大值，组划分以最小值作为基数，逐级向上划分，例如（200，220，240，250，260，255，300）一组数，按归并百分比 0.1，归并结果为（220，220，260，260，260，260，300）。

面积差归并：是指结果值是按面积差作为阶梯来划分组，取组中最大值，组的划分以最小值作为基数，逐级向上划分，例如：（200，220，240，250，260，255，300）一组数，按归并面积差 50，归并结果为（250，250，250，250，300，300，300）。

加权归并：加权归并的算法：取加权平均值的百分比值作为面积差值来进行归并，例如（200，201，202，199，500），百分比取为 0.5，归并结果为（202，202，202，202，500），（200，201，202，199，500）的平均值为 260.4，百分比 0.5 的差值为 0.5×260.4=130.2，那么面积差值就为 130.2. 再按面积差来归并。

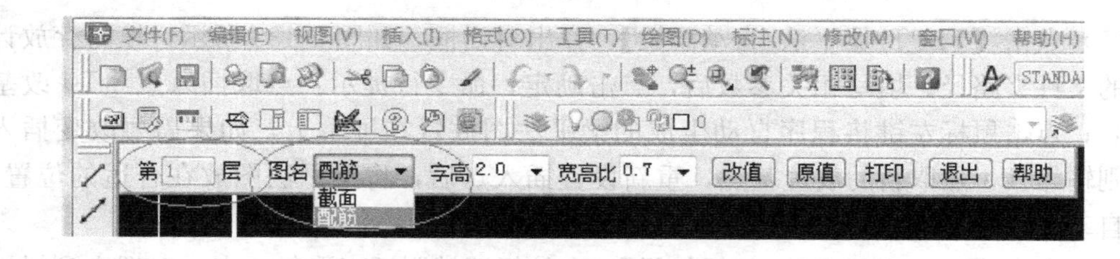

图 2-181　编辑结果对话框

注意：可以在此处查看，从 SATWE 中埋入的“混凝土构件配筋”计算结构。

(7) 点击【TSPT/梁平法/梁特性】，能修改梁配筋标注，修改所有这个梁号的梁；当用户点击梁平法的简单标注时，代表要修改当前梁的标注；在屏幕上点击配筋文字，弹对话框，对话框中列出了梁的所有配筋属性信息，并对其作了规范的检验。对话框中共分四部分：位置显示、配筋属性、超限提示、计算提示。

(8) 点击【TSPT/梁平法/改筋工具】：用于快速改筋，如图 2-182 所示。在弹出的菜单中：梁特性、通筋、支座筋、支座筋相同、跨中筋、下筋、下筋相同、箍筋、扭筋等。

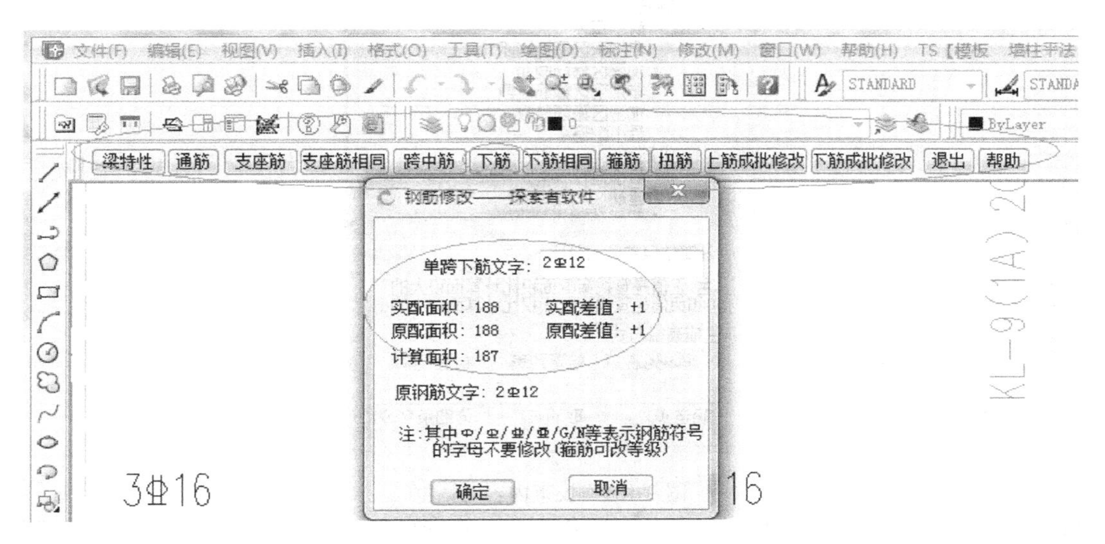

图 2-182　改筋工具菜单

注：也可以点击【TSPT/梁平法/快速改筋】。

(9) 点击【TSPT/梁平法/校审/】，用户可以随时对比、校核最新的施工图和最新的计算结果；用户可以重新插入计算模型，插入后替换已有的计算结果。当计算结果和已有的用户手动加入的计算结果相冲突时，提示用户是否替换。如图 2-183 所示。

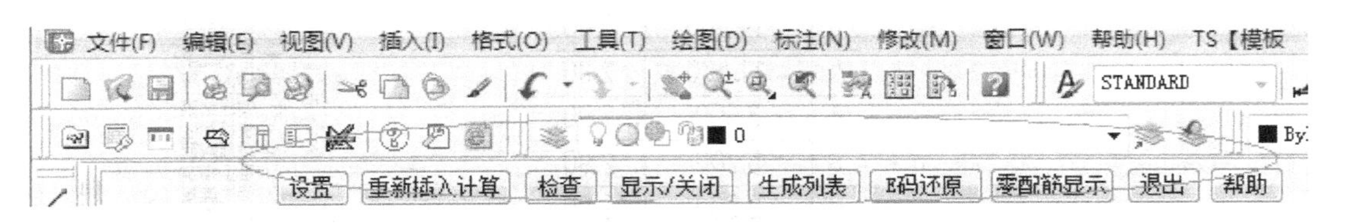

图 2-183　校审菜单

注：1. 点击设置，弹出校审内容对话框，如图 2-184 所示。

2. 点击“检查”，可以显示校审结果。

(10) 点击【梁平法/层高表】，指向 PKPM 模型文件目录，如图 2-185 所示。

(11) 点击【梁平法/梁构件刷】，点取目标梁号的集中标，程序自动将平面中几何条件相同的梁全部找出来并用红色外框框出来。点击其他梁号的集中标，则其修改为目标梁号，并改为简标形式，原梁号被删除。归并后梁编号相同，同编号的梁划分为一个归并组。

(12) 点击【梁平法/配筋归并】，在平面图上点取任意一点，程序自动对当前平面图上的标注结果进行归并，调整文件中的梁编号，并对几何相同配筋相同的梁进行编号合并。梁编号减少，并弹出对话框。

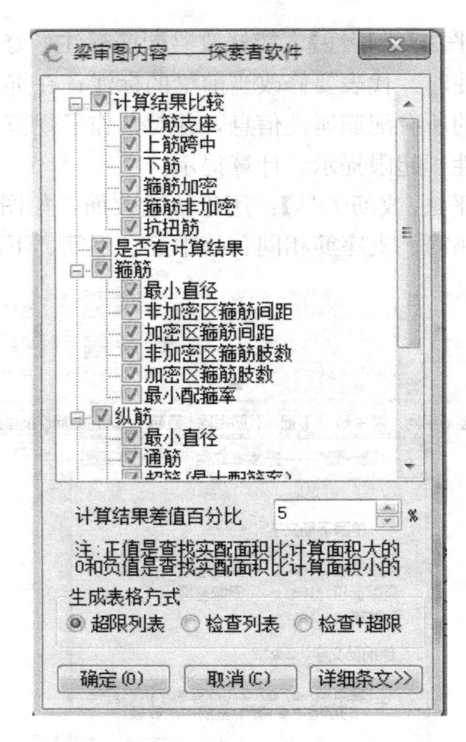

图 2-184 校审内容对话框

注：1. TSPT 功能非常重要，可以检查梁上筋、下筋、箍筋、抗扭筋等的直径、配筋率等。通过计算结果差值百分比来控制，一般可控制在±(5%～10%)。当计算配筋远远小于构造配筋时，可按构造配筋。

2. 根据校审结果，双击梁端配筋或梁底配筋，可修改配筋。再点击“检查”，查看“校审”结果。

3. 点击“检查”后，在校审后的图纸中：绿色的数字表示梁箍筋及梁纵筋计算结果；蓝色数字表示挠度值；青色表示裂缝值；品红色表示实际配筋结果。

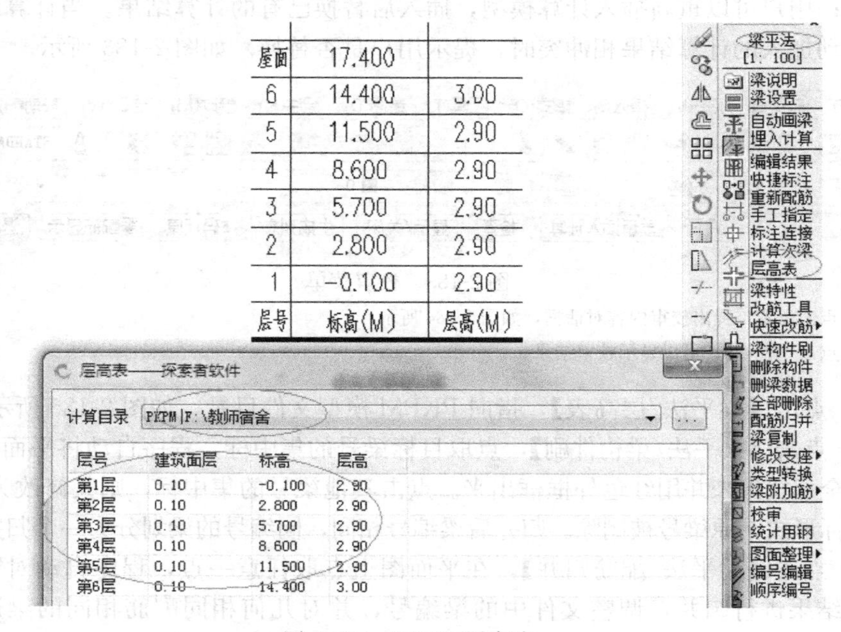

图 2-185 TSPT/层高表

（13）点击【梁平法/顺序编号】，在顺序区域附近点取任一点，弹出顺序编号对话框，如图 2-186 所示。

（14）梁平法施工图的其他操作参照“1. 利用 PKPM 自动生成的梁平法施工图修改”。

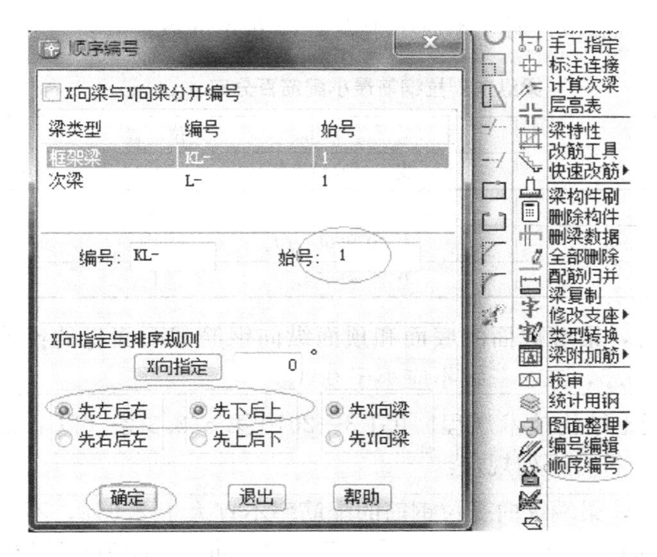

图 2-186　顺序编号对话框

4. 画或修改梁平法施工图时应注意的问题

（1）梁纵向钢筋

1）规范规定

《混凝土结构设计规范》GB 50010—2010 第 9.2.1 条（以下简称“混规”）：梁的纵向受力钢筋应符合下列规定：

1　入梁支座范围内的钢筋不应少于 2 根。

2　梁高不小于 300mm 时，钢筋直径不应小于 10mm；梁高小于 300mm 时，钢筋直径不应小于 8mm。

3　梁上部钢筋水平方向的净间距不应小于 30mm 和 $1.5d$；梁下部钢筋水平方向的净间距不应小于 25mm 和 d。当下部钢筋多于 2 层时，2 层以上钢筋水平方向的中距应比下面 2 层的中距增大一倍；各层钢筋之间的净间距不应小于 25mm 和 d，d 为钢筋的最大直径。

4　在梁的配筋密集区域宜采用并筋的配筋形式。

“混规”9.2.6 条：梁的上部纵向构造钢筋应符合下列要求：

1　当梁端按简支计算但实际受到部分约束时，应在支座区上部设置纵向构造钢筋。其截面面积不应小于梁跨中下部纵向受力钢筋计算所需截面面积的 1/4，且不应少于 2 根。该纵向构造钢筋自支座边缘向跨内伸出的长度不应小于 $l_0/5$，l_0 为梁的计算跨度。

2　对架立钢筋，当梁的跨度小于 4m 时，直径不宜小于 8mm；当梁的跨度为 4～6m 时，直径不应小于 10mm；当梁的跨度大于 6m 时，直径不宜小于 12mm。

“高规”6.3.2 条：框架梁设计应符合下列要求：

1 抗震设计时，计入受压钢筋作用的梁端截面混凝土受压区高度与有效高度之比值，一级不应大于0.25，二、三级不应大于0.35。

2 纵向受拉钢筋的最小配筋百分率ρ_{min}（%），非抗震设计时，不应小于0.2和$45f_t/f_y$二者的较大值；抗震设计时，不应小于表2-19规定的数。

梁纵向受拉钢筋最小配筋百分率ρ_{min}（%） **表2-19**

抗震等级	位置	
	支座（取较大值）	跨中（取较大值）
一级	0.40和$80f_t/f_y$	0.30和$65f_t/f_y$
二级	0.30和$65f_t/f_y$	0.25和$55f_t/f_y$
三、四级	0.25和$55f_t/f_y$	0.20和$45f_t/f_y$

3 抗震设计时，梁端截面的底面和顶面纵向钢筋截面面积的比值，除按计算确定外，一级不应小于0.5，二、三级不应小于0.3。

《高层建筑混凝土结构技术规程》JGJ 3—2010第6.3.3条（以下简称“高规”）梁的纵向钢筋配置，尚应符合下列规定：

1 抗震设计时，梁端纵向受拉钢筋的配筋率不宜大于2.5%，不应大于2.75%；当梁端受拉钢筋的配筋率大于2.5%时，受压钢筋的配筋率不应小于受拉钢筋的一半。

2 沿梁全长顶面和底面应至少各配置两根纵向配筋，一、二级抗震设计时钢筋直径不应小于14mm，且分别不应小于梁两端顶面和底面纵向配筋中较大截面面积的1/4；三、四级抗震设计和非抗震设计时钢筋直径不应小于12mm。

3 一、二、三级抗震等级的框架梁内贯通中柱的每根纵向钢筋的直径，对矩形截面柱，不宜大于柱在该方向截面尺寸的1/20；对圆形截面柱，不宜大于纵向钢筋所在位置柱截面弦长的1/20。

注：当一根梁受到竖向荷载的时候，在同一部位的梁一面受压，一面受拉，所以2.5%的配筋率不包括受压钢筋。

2）修改梁平法施工图时要注意的一些问题

① 梁端经济配筋率为1.2%～1.6%，跨中经济配筋率为0.6%～0.8%。梁端配筋率太大，比如大于2.5%，钢筋会很多，造成施工困难、钢筋偏位等。在梁高受限制时，一般是加大梁宽；一般配筋率≤1.6%，有助于梁端形成塑性铰，有利于抗震。当配筋率>1.6时，应采用封闭箍筋取代135°弯钩的普通箍筋，以防止弯钩走位，挤走上铁位置。

剪力墙中连梁，其受力以抗剪为主，抗弯一般不起控制。因此，其箍筋一般加大且需要全长加密，纵筋配筋率一般较低（0.6%～1.0%）。

梁端配筋率太大，比如大于2.5%，钢筋会很多，造成施工困难、钢筋偏位等。在梁高受限制时，一般是加大梁宽；一般配筋率≤1.6%，有助于梁端形成塑性铰，有利于抗震。当配筋率>1.6时，应采用封闭箍筋取代135°弯钩的普通箍筋，以防止弯钩走位，挤走上铁位置。

应避免梁端纵向受拉钢筋配筋率大于2.0%，以免增加箍筋用量。除非内力控制计算梁的截面要求比较高，否则不要轻易取大于570mm梁高，这样避免配一些腰筋。跨度大的悬臂梁，当面筋较多时，除角筋需伸至梁端外，其余尤其是第二排钢筋均可在跨中某个部位切断。

一边和柱连，一边没有柱，经常出现梁配筋大，可以将支撑此梁的支座梁截面调大。如果钢筋还配不下，支座梁截面调整范围有限，实在不行，就在计算时设成铰接，负筋适当配一些就行。这样做的弊端就是梁柱节点处裂缝会比较大，但安全上没问题，且裂缝有楼板装饰层的遮掩。也可以梁加腋。

② 面筋钢筋一般不多配，可以采用组合配筋形式，控制在计算面积的 95%～100%；底筋尽量采用同一直径，实配在计算面积的 100%～110%（后期的施工图设计中）；对于悬挑梁，顶部负筋宜根据悬挑长度和负荷面积适当放大 1.1～1.2 倍。

梁两端面筋计算结果不一样时，一般按大者配。若两端面筋计算结果相差太大，计算结果小的那一端可以比计算结果大的那一端少配一根或几根钢筋，但其他钢筋必须相同（计算结果大的那端梁多配的钢筋可锚固到柱子里）。

抗震设计时，除了满足计算外，梁端截面的底面和顶面纵向钢筋截面面积的比值一级抗震应≥0.5，二、三级≥0.3，挑梁截面的底面和顶面纵向钢筋截面面积的比值可以等于 0.5，配足够的受压钢筋，以减小徐变产生的附加弯矩。

梁钢筋过密时，首先应分析原因，要满足规范要求，比如钢筋净距等构造要求。如果较细直径钢筋很密，可以考虑换用较粗直径的钢筋，低强度钢筋可以考虑换为高强度钢筋。重要构件钢筋过密对受力有影响或施工质量难以保证时，应该考虑适当调整构件断面。

③ 一、二、三级抗震的框架梁的纵筋直径应≤1/20 柱在该方向的边长，主要是防止柱子在反复荷载作用下，钢筋发生滑移。当柱尺寸为 500mm×500mm 时，500mm/20＝25mm，纵筋直径取 ϕ25mm 比较合适。

钢筋混凝土构件中的梁柱箍筋的作用一是承担剪（扭）力，二是形成钢筋骨架。在某些情况下，加密区的梁柱箍筋直径可能比较大、肢数可能比较多，但非加密区有可能不需要这么大直径的箍筋，肢数也不要多，于是要合理设计，减少浪费，比如当梁的截面大于等于 350mm 时，需要配置四肢箍，具体做法可以将中间两根负弯矩钢筋从伸入梁长 $L/3$ 处截断，并以 2 根 12 的钢筋代替作为架立筋。钢筋之间的直径应合理搭配，梁端部钢筋与其用 2 根 22，还不如用 3 根 18，因通长钢筋直径小。

同一梁截面钢筋直径一般不能相差两级以上，是为了使混凝土构件的应力尽量分布均匀些，以达到最佳的受力状态。

底筋、面筋一、二级抗震设计时钢筋直径不应小于 14mm，三、四级抗震设计和非抗震设计时钢筋直径不应小于 12mm。在实际设计时，框架主梁底筋一般不小于 14mm（底筋计算配筋可能很小，1 根直径 12mm 的钢筋太柔，且梁端形成塑性铰后，一般要适量放大），面筋则根据规范要求确定。一、二级抗震设计时，钢筋直径不应小于 14mm；三、四级抗震设计和非抗震设计时，钢筋直径不应小于 12mm。

主梁宽度为 250mm 时，次梁纵筋直径不得超过 20mm。梁钢筋应尽量直锚，实在不行则弯锚。若梁内钢筋配筋很多，不方便锚固，可以主梁加宽，有利于次梁钢筋的锚固；也可以加大次梁宽度或增加次梁的根数。剪力墙结构的楼屋盖布置上，有时为了减少板跨，会布置一些楼面梁，梁跨为 4.0～8.0m，这些楼面梁往往与剪力墙垂直相交，支撑在剪力墙上。这时，即使按铰接考虑，楼面梁的纵筋支座内的水平锚固长度很难满足规范要求，但实际上，剪力墙结构的侧移刚度和延性主要来源于剪力墙自身的水平内刚度，此类楼面梁的抗弯刚度对结构的侧向刚度贡献不大，因此可以在梁的纵筋总锚固长度满足的前提下，适当放松水平段的锚固长度要求，可减至 $10d$，也可以通过钢筋直径减小、在纵筋弯折点附加横筋、纵筋下弯呈 45°外斜等措施，改善锚固性能。

配筋要协调。每一排钢筋中，角筋直径应最大；每一排钢筋中，钢筋直径应对称，不能是 3ϕ20＋1ϕ18，可以是 2ϕ20＋2ϕ18；若有两排钢筋，则第二排至少要有 2 根钢筋；

配筋的表示方法：以底筋为例，当钢筋直径只有一种时，可以写成 6ϕ25　2/4，当钢筋直径有两种时，可以写成 2ϕ25＋3ϕ22/5ϕ25、2ϕ18/4ϕ20，＋号左边的钢筋为角筋。

梁钢筋排数不宜过多，当梁截面高度不大时，一般不超过两排；地下室有覆土的梁或者其他地方跨度大、荷载也大的梁，可取 3 排。

④ 梁的裂缝稍微超一点没关系，不要见裂缝超出规范就增大钢筋面积，PKPM 中梁的配筋是按弯矩包络图中的最大值计算的，在计算裂缝时，应选用正常使用情况下的竖向荷载计算，不能用极限工况的弯矩计算裂缝。

混凝土裂缝计算公式中，保护层厚度越大，最大裂缝宽度也越大，但从结构的耐久性角度考虑，不应该随便减小保护层厚度。电算计算所得的裂缝宽度是不准确的，应该考虑支座的影响。并且在有抗震设计的框架梁支座下部钢筋实配量相当多，因此梁支座受拉钢筋的实际应力小很多。也不应该一味的加大梁端钢筋面积，否则对梁和柱节点核心区加强，反而违反了抗震结构应强柱弱梁、强节点的设计原则。

⑤ 为经济性考虑，对于跨度较大的梁，在满足规范要求的贯通筋量的基础上，可尽量采用小直径的贯通筋。跨度较小（2.4m）的框架梁顶部纵筋全部贯通；在工程设计中，板跨在 4.5m 以内者应尽量少布置次梁，可将隔墙直接砌在板上，墙底附加筋一般可参考以下规律：$L\leqslant3.0$m，3 根 8；$L\leqslant3.9$m，4 根 8；$L\leqslant4.5$m，3 根 10，按简支单向板计算，此附加箍筋可承担 50％的墙体荷载。

⑥ 反梁的板吊在梁底下，板荷载宜由箍筋承受，应适当增大箍筋。梁的下筋面积不小于上筋的一半。梁端配筋率＞2％时，箍筋加密区的直径加大 2mm。两根错交次梁中间的箍筋一般要加密；梁上开洞时，不但要计算洞口加筋，更应验算梁洞口下偏拉部分的裂缝宽度。

⑦ 挑梁宜做成等截面（大挑梁外露者除外），对于大挑梁，梁的下部宜配置受压钢筋以减小挠度，挑梁梁端钢筋可放大 1.2 倍。挑梁出挑长度小于梁高时，应按牛腿计算或按深梁构造配筋。

⑧ 梁受力，当受压区高度为界限高度时，若受拉区钢筋和受压区混凝土同时进入屈服状态，此时一般比较省钢筋，一般发生适筋破坏，梁一般具有较好的延性。如果增加梁底部钢筋，为了平衡底部钢筋的拉力，可以在受压区配置受压钢筋，受压区高度减少。

⑨ 梁配筋率比较大时，首先是加梁高，再加梁宽。当荷载不大时，梁宽可为 200mm 或 250mm；但当荷载与跨度比较大时，梁宽最好为 300mm 或者更大，否则钢筋很不好摆放。

⑩ 在 PMCAD 中建模时，如果次梁始末两端点铰接，且次梁跨度较大时，一般可把点铰接的次梁端面筋改为 2ϕ14，而不是 2ϕ12，原因在于不存在完全的铰接。

3）梁纵筋单排最大根数

表 2-20 是当环境类别为一类 a，箍筋直径为 8mm 时，按《混凝土结构设计规范》GB 50010—2010 计算出的梁纵筋单排最大根数。

梁纵筋单排最大根数 **表 2-20**

"2010 混凝土结构设计规范"梁纵筋单排最大根数

环境类别：一类 箍筋：8mm

梁宽 b（mm）	钢筋直径（mm）													
	14		16		18		20		22		25		28	
	上部	下部	上部	下部	上部	下部	上部	下部	上部	下部	上部	下部	上部	下部
150	2	3	2	2	2	2	2	2	2	2	2	2	1	2
200	3	4	3	4	3	3	3	3	3	3	2	3	2	3
250	5	5	4	5	4	5	4	4	4	4	3	4	3	3
300	6	6	5	6	5	6	5	5	5	5	4	5	4	4
350	7	8	7	7	6	7	6	7	5	6	5	6	4	5
400	8	9	8	9	7	8	7	8	6	7	6	7	5	6
450	9	10	9	10	8	9	8	9	7	8	6	8	6	7

（2）箍筋

1）规范规定

"高规"6.3.2-4：抗震设计时，梁端箍筋的加密区长度、箍筋最大间距和最小直径应符合表 2-21 的要求；当梁端纵向钢筋配筋率大于 2%时，表中箍筋最小直径应增大 2mm。

梁端箍筋加密区的长度、箍筋最大间距和最小直径 **表 2-21**

抗震等级	加密区长度（取较大值）(mm)	箍筋最大间距（取较小值）(mm)	箍筋最小直径（mm）
一	$2.0h_b$，500	$h_b/4$，$6d$，100	10
二	$1.5h_b$，500	$h_b/4$，$8d$，100	8
三	$1.5h_b$，500	$h_b/4$，$8d$，150	8
四	$1.5h_b$，500	$h_b/4$，$8d$，150	6

注：1. d 为纵向钢筋直径，h_b 为梁截面高度；

2. 一、二级抗震等级框架梁，当箍筋直径大于 12mm、肢数不少于 4 肢且肢距不大于 150mm 时，箍筋加密区最大间距应允许适当放松，但不应大于 150mm。

"高规"6.3.4：非抗震设计时，框架梁箍筋配筋构造应符合下列规定：

1 应沿梁全长设置箍筋，第一个箍筋应设置在距支座边缘 50mm 处。

2 截面高度大于 800mm 的梁，其箍筋直径不宜小于 8mm；其余截面高度的梁不应小于 6mm。在受力钢筋搭接长度范围内，箍筋直径不应小于搭接钢筋最大直径的 1/4。

3 箍筋间距不应大于表 2-22 的规定；在纵向受拉钢筋的搭接长度范围内，箍筋间距尚不应大于搭接钢筋较小直径的 5 倍，且不应大于 100mm；在纵向受压钢筋的搭接长度范围内，箍筋间距尚不应大于搭接钢筋较小直径的 10 倍，且不应大于 200mm。

非抗震设计梁箍筋最大间距（mm） **表 2-22**

V / h_b（mm）	$V>0.7f_tbh_0$	$V\leqslant0.7f_tbh_0$
$h_b\leqslant300$	150	200
$300<h_b\leqslant500$	200	300
$500<h_b\leqslant800$	250	350
$h_b>800$	300	400

"高规"6.3.5-2：在箍筋加密区范围内的箍筋肢距：一级不宜大于 200mm 和 20 倍箍

筋直径的较大值，二、三级不宜大于250mm和20倍箍筋直径的较大值，四级不宜大于300mm。

2）设计时要注意的一些问题

① 梁宽300mm时，可以用两肢箍，但要满足“抗规”、“混规”及“高规”对框架梁箍筋加密区肢距的要求。当箍筋直径为ϕ12以上时，更容易满足相应规定。对于加密区箍筋肢数，只要满足承载力及肢距要求，用3肢箍完全可行，不仅节约钢材，而且方便施工下料、绑扎、浇筑混凝土，但也可以按构造做成4肢箍。

② 规范、规程只针对有抗震要求的框架梁提出了箍筋加密的要求，箍筋加密可以提高梁端延性，但并非抗震结构中每一根梁都是有抗震要求的，楼面次梁就属于非抗震梁，其钢筋构造只需要满足一般梁的构造即可。地基梁也属于非抗震梁，地基梁不需要按框架梁构造考虑抗震要求，因此可以按非抗震梁构造并结合具体工程需要确定构造。在满足承载力需要的前提下，亦可按梁剪力分布配置箍筋，梁端部剪力大的地方箍筋较密或直径较大，中部则可加大间距或减小直径，这样布置箍筋可以节约钢材，但这和抗震上说的箍筋加密区是不一样的，不可混为一谈。

③ 当梁截面宽度大于400mm且一层内的纵向受压钢筋多于3根时，或者当梁截面宽度不大于400mm但一层内的纵向受压钢筋多于4根时，应设置复合箍筋。从规范角度出发，350mm宽的截面做成3肢箍，但一般是遵循构造做成4肢箍。

④ 井字梁、双向刚度接近的十字交叉梁等，其交点一般不需要附加箍筋，这和主、次梁节点加箍筋的原理不一样。

⑤ 悬挑结构属于静定结构，没有多余的赘余度，因此在构造上宜适当加强；概念设计时应满足强剪弱弯，可对箍筋进行加强，比如箍筋加密。若出挑长度较长，还应考虑竖向地震作用；在设计时，通常将悬梁纵筋放大，以提高可靠度，此时箍筋也应放大。最简单的办法就是不改直径而把间距缩小，一般箍筋可全长加密。

悬挑结构属于静定结构，塑性铰是客观存在的，塑性铰的定义是在钢筋屈服截面，从钢筋屈服到达到极限承载力，截面在外弯矩增加很小的情况下产生很大转动，表现得犹如一个能够转动的铰，称为“塑性铰”，但对于静定结构来说，这个条件恰恰不存在，故其必发展之充分破坏，所以悬挑结构一般不考虑塑性铰，也不考虑其形成塑性铰去耗能，而考虑静定结构在抗震设计时要有更充裕的安全度，即使地震时也要让其保证弹性状态。

（3）梁侧构造钢筋

1）规范规定

“混规”9.2.13：梁的腹板高度h_w不小于450mm时，在梁的两个侧面应沿高度配置纵向构造钢筋。每侧纵向构造钢筋（不包括梁上、下部受力钢筋及架立钢筋）的间距不宜大于200mm，截面面积不应小于腹板截面面积（bh_w）的0.1%。但当梁宽较大时，可以适当放松。此处，腹板高度h_w按本规范第6.3.1条的规定取用。

2）设计时要注意的一些问题

现代混凝土构件的尺度越来越大，工程中大截面尺寸现浇混凝土梁日益增大。由于配筋较少，往往在梁腹板范围内的侧面产生垂直于梁轴线的收缩裂缝，可以在大尺寸梁的两侧沿梁长度方向布置纵向构造钢筋(腰筋)，以控制垂直裂缝。梁的腹板高度h_w小于450mm时，梁的侧面防裂可以由上下钢筋兼顾，无须设置腰筋，上、下钢筋已满足防裂要求，也可以根据经验适当配置，当梁的腹板高度 $h_w \geqslant 450$mm 时，其间距应满足图 2-187。

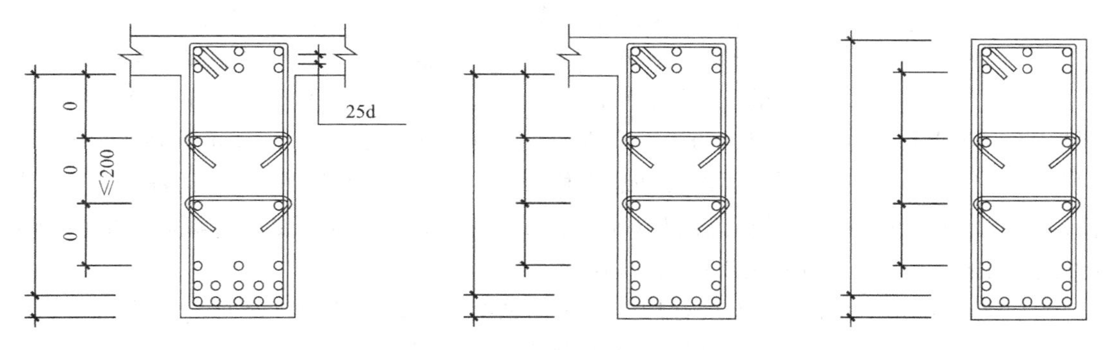

图 2-187　纵向构造钢筋间距

（4）附加横向钢筋

在主次梁相交处，次梁在负弯矩作用下可能产生裂缝，次梁传来的集中力通过次梁受压区的剪切作用传至主梁的中下部，这种作用在集中荷载作用点两侧各（0.5～0.65）倍次梁高范围内，可能引起主拉应力破坏而产生斜裂缝。为防止集中荷载作用影响区下部混凝土脱落并导致主梁斜截面抗剪能力降低，应在集中荷载影响范围内加"附加横向钢筋"。

附加箍筋设置的长度为 $2h_1+3b$（b 为次梁宽度，h_1 为主次梁高差），一般是主梁左右两边各 3～5 根箍筋，间距 50mm，直径可与主梁相同。当次梁宽度比较大时，附加箍筋间距可以减小些。次梁与主梁高差相差不大时，附加箍筋间距可以加大些。设计时一般首选设置附加箍筋，且不管抗剪是否能够满足，都要设置，当设置附加横向钢筋后仍不满足时，设置吊筋。

梁上立柱，柱轴力直接传递上梁混凝土的受压区，因此不再需要横向钢筋，但是需要注意的是一般梁的混凝土等级比柱要低，有的时候低比较多，这就可能有局压的问题出现。

吊筋的叫法是一种形象的说法，其本质的作用还是抗剪，并阻止斜裂缝的开展。吊筋长度＝2×锚固长度＋2×斜段长度＋次梁宽度＋2×50mm，当梁高≤800mm 时，斜长的起弯角度为 45°，梁高＞800mm 时，斜长的起弯角度为 60°。吊筋至少设置 2 根，最小直径为 12mm，不然钢筋太柔。吊筋要到主梁底部，因为次梁传来的集中荷载有可能使主梁下部混凝土产生八字形斜裂缝。挑梁与墙交接处，较大集中力作用位置一般都要设置吊筋，但当次梁传来的荷载较小或集中力较小时可只设附加箍筋。有些情况不需要设置吊筋，比如集中荷载作用在主梁高度范围以外，梁上托柱就属于此种情况，次梁与次梁相交处一般不用设置吊筋。吊筋的公式如（2-12）所示，在梁平法施工图中有"箍筋开关"、"吊筋开关"，可以查询集中力 F 设计值。也可以在 SATWE 中，查看梁设计内力包络图，注意两侧的剪力相加才是总剪力。

$$A_{sv} \geqslant \frac{F}{f_{yv}\sin\alpha} \tag{2-12}$$

式中　A_{sv}——附加横向钢筋的面积；

F——集中力设计值；

f_{yv}——附加横向钢筋强度设计值；

$\sin\alpha$——附加横向钢筋与水平方向的夹角。当设置附加箍筋时，$\alpha=90°$，设置吊筋

GA_{sv}

$\dfrac{A_{s1}-A_{s2}-A_{s3}}{A_{sm1}-A_{sm2}-A_{sm3}}$

$VTA_{st}-A_{st1}$

图 2-188 SATWE 配筋简图及有关文字说明

时，$\alpha=45°$或 60°。

（5）SATWE 配筋简图及有关文字说明（图 2-188）

1）A_{s1}、A_{s2}、A_{s3}为梁上部（负弯矩）左支座、跨中、右支座的配筋面积(cm^2)；A_{sm1}、A_{sm2}、A_{sm3}表示梁下部（负弯矩）左支座、跨中、右支座的配筋面积(cm^2)；A_{sv}表示梁在 S_b 范围内梁一面的箍筋总面积(cm^2)，取抗剪箍筋 A_{sv}与剪扭箍筋 A_{stv}的大值；A_{st}表示梁受扭所需要的纵筋面积(cm^2)；A_{st1}表示梁受扭所需要周边箍筋的单根钢筋的面积(cm^2)。G、VT 分别为箍筋和剪扭配筋标志。

2）梁抗扭输出的箍筋值不用叠加到梁箍筋结果里面，箍筋值已经是抗剪箍筋和剪扭箍筋的大值了。输出单肢箍的面积是控制外围单根截面的。

对于配筋率大于 1%的截面，程序自动按双排筋计算；此时，保护层取 60mm；当按双排筋计算还超限时，程序自动考虑压筋作用，按双筋方式配筋；各截面的箍筋都是按用户输入的箍筋间距计算的，并按沿梁全长箍筋的面积配箍率要求控制。

3）若输入的箍筋间距为加密区间距，则加密区的箍筋计算结果可直接参考使用，如果非加密区与加密区的箍筋间距不同，则应按非加密区箍筋间距对计算结果进行换算；若输入的箍筋间距为非加密区间距，则非加密区的箍筋计算结果可直接参考使用，如果加密区与非加密区的箍筋间距不同，则应按加密区箍筋间距对计算结果进行换算。PKPM 程序梁箍筋间距已经默认为 100mm，如果梁非加密区箍筋直径为 200mm，则梁非加密区箍筋总面积为 2 倍 SATWE 计算值。

2.12.2 板施工图绘制

1. 利用梁平法施工图模板绘制板施工图

（1）点击【PMCAD/画结构平面图/应用】，进入“画结构平面图”主菜单，如图 2-189 和图 2-190 所示。

图 2-189 “画结构平面图”对话框

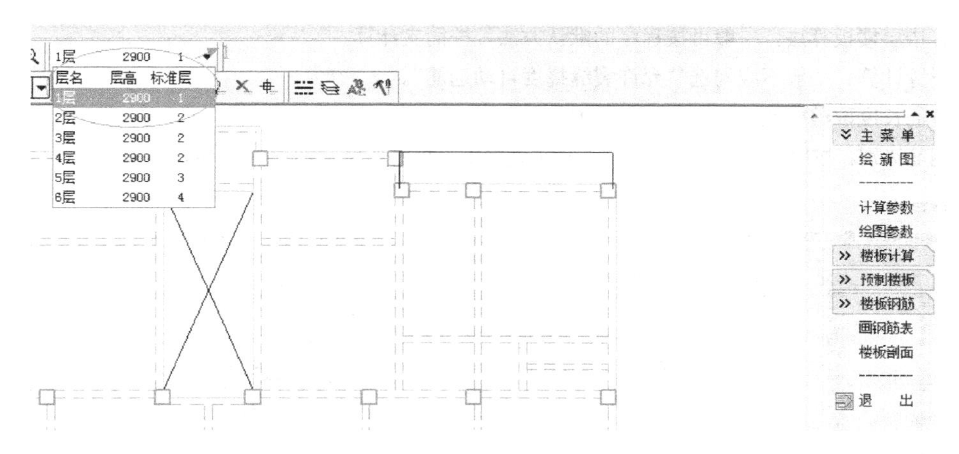

图 2-190 “画结构平面图”主菜单

注：可点击“1”处，切换不同楼层处的“结构平面图”。

（2）点击【计算参数】，弹出计算参数对话框，如图 2-191～图 2-193 所示。

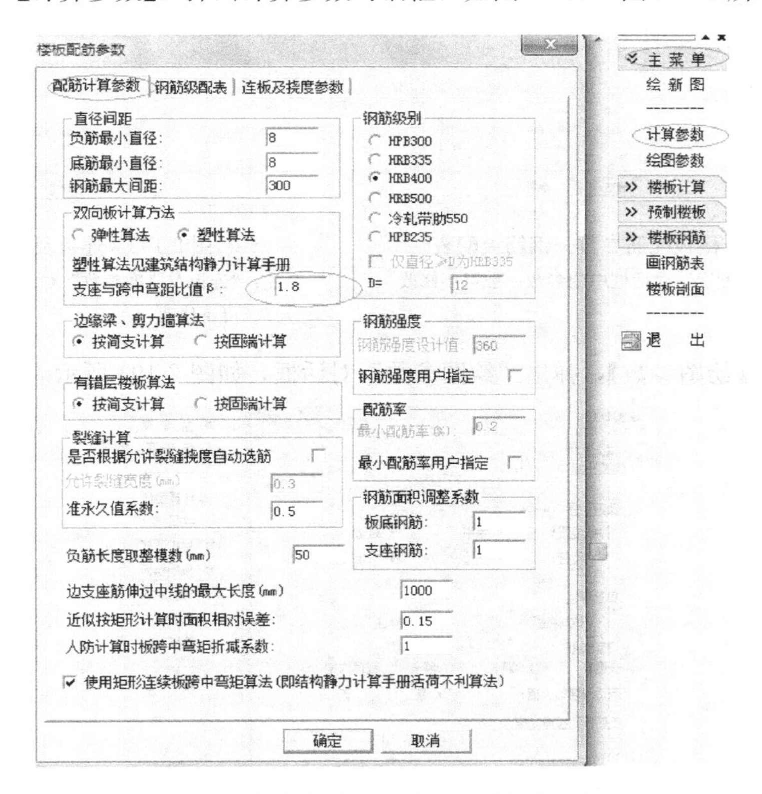

图 2-191 楼板配筋参数-配筋计算参数对话框

参数注释

1. 双向板计算算法：选“弹性算法”则偏保守，可以选“塑性算法”，支座与跨中弯矩比可修改为 1.5，也可按程序的默认值 1.8。该值越小，则板端弯矩调幅越大；对于较大跨度的板，支座裂缝可能会过早开展，并可能跨中挠度较大。

2. 边缘梁、剪力墙算法：一般可按程序的默认方法，按简支计算。

3. 有错层楼板算法：一般可按程序的默认方法，按简支计算。

4. 裂缝计算：一般不应勾选“允许裂缝挠度自动选筋”。

5. 负筋长度取整模数（mm）：一般可取 50。

6. 钢筋级别：按照实际工程填写，现在越来越多工程板钢筋用 HRB 400 级钢。其他参数可按默认值。

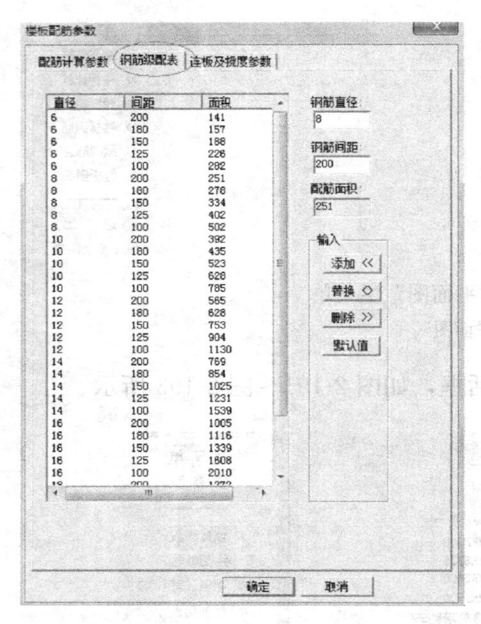

图 2-192　楼板配筋参数—钢筋级配表

注：“钢筋级配表”对话框中的参数一般可不修改。

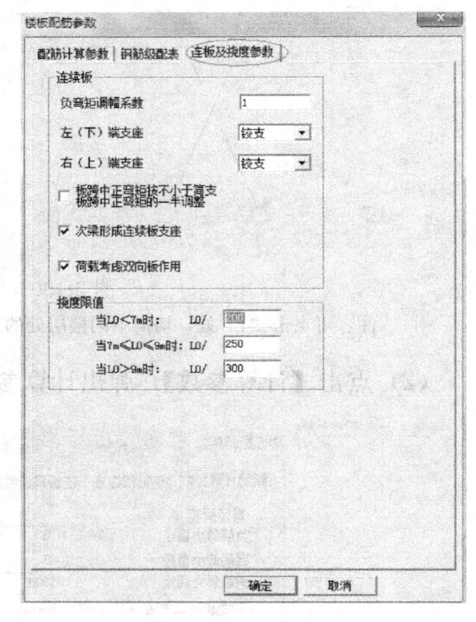

图 2-193　连板及挠度参数

注：“连板及挠度参数”对话框中的参数一般可不修改。

（3）点击【绘图参数】，弹出“绘图参数”对话框，如图 2-194 所示。

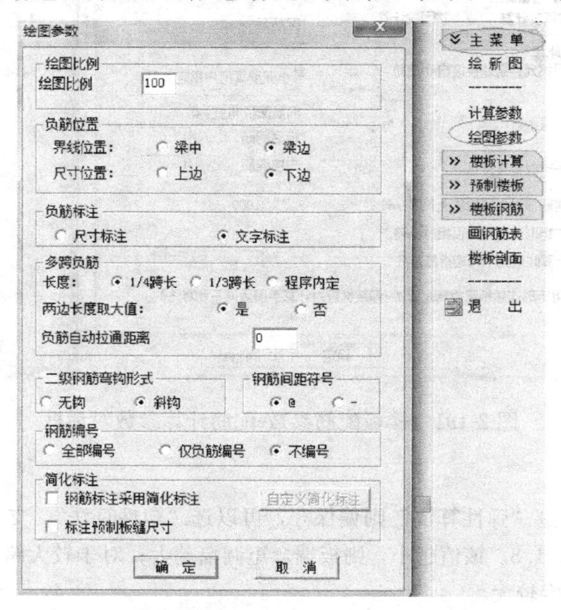

图 2-194　绘图参数对话框

参数注释

1. 负筋位置：一般选择梁边。

2. 尺寸位置：一般选择下边。

3. 负筋标注：一般选择尺寸标注。

4. 对跨负筋，长度，一般选择 1/4 跨长；当可变荷载小于 3 倍恒载时，荷载处的板负筋长度取跨度的 1/4；当可变荷载大于 3 倍恒载时，荷载处的负筋长度取跨度的 1/3。

5. 钢筋编号：一般选择不编号。其他参数可按默认值。

(4) 点击【楼板计算/显示边界、固定边界、简支边界】，可用“固定边界”、“简支边界”来修改边界条件，如图 2-195 所示。

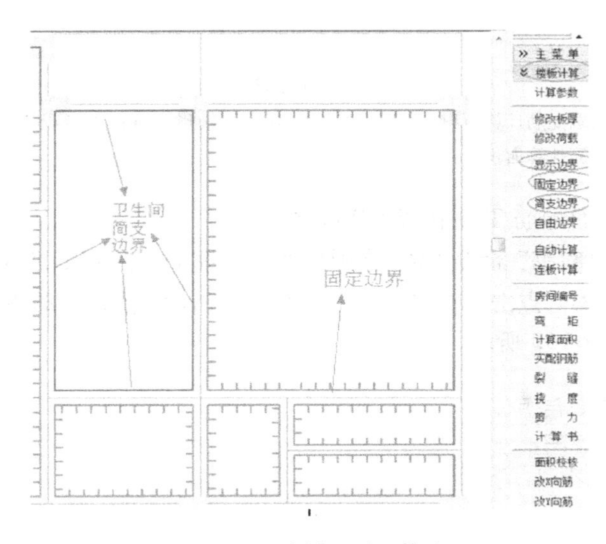

图 2-195 边界显示、修改

注：1. 一般卫生间、厨房等处的某些板边界要设为“简支边界”。

2. 板在平面端部，支座为边梁时，为了避免边梁平面外受到扭矩的不利作用，一般设为铰接，卸掉不利弯矩。支座为混凝土墙时，设不设铰接都可以；边跨板一般按铰接设计，再在板端加一些构造配筋。点了铰，端部裂缝会大点，但不会有安全问题。假设边跨板支撑在墙上或主梁刚度很大，则可以按固接计算，因剪力墙和刚度大的主梁抗扭刚度大。对裂缝要求严格、有防水要求的房间，铰接处要多配点钢筋。

3. 板的某一边界与楼梯、电梯或其他洞口相邻，此边界应设为铰接，因为板钢筋不可能伸过洞口锚固。

4. 板的某一边界局部与洞口相邻，剩余部分与其他板块相邻，保守的做法可以将整个边界视为简支边计算，但相邻板块能进入本板块的上铁仍进入本板锚固；也可以采用另一种方法，当洞口占去的比例小于此边界总长度的 1/3，仍视该边界为嵌固端，不能进入本板锚固的则断开。

(5) 点击【楼板计算/自动计算】，程序会算出板端与板跨中的配筋面积，如图 2-196 所示。

(6) 点击【裂缝、挠度】，可以查看板的裂缝、挠度大小；如果超出规范限值，裂缝、挠度值会显示红色。楼面裂缝极限值取 0.3mm；屋面裂缝极限值取 0.3mm。如果板挠度超限，可以加板厚，也可以增加次梁，减小板的跨度。

(7) 当裂缝、挠度值满足规范要求时，在屏幕左上方点击【文件/T 图转 DWG】，如图 2-197 所示。

(8) 重复以上操作，计算第二层板平面配筋、第六层板平面配筋，将第二层板平面配

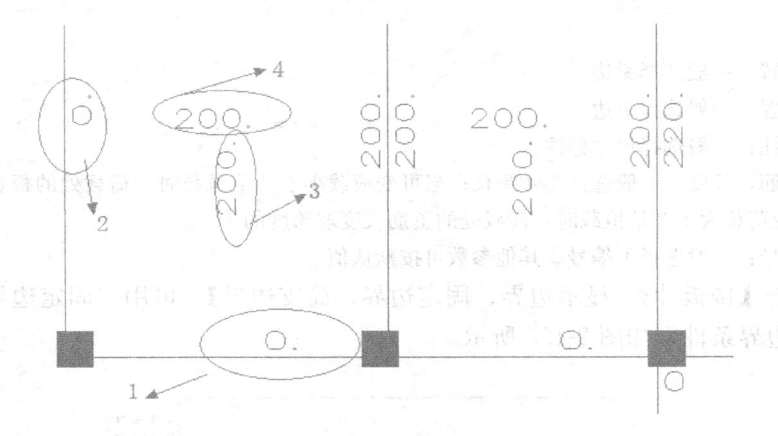

图 2-196　板自动计算结果

注：图中，“1”为 X 方向板端配筋计算面积，“2”为 Y 方向板端配筋计算面积，“3”为 Y 方向板跨中配筋计算面积，“4”为 X 方向板跨中配筋计算面积。

筋 T 图、第六层板平面配筋 T 图转成 DWG 图。

（9）输入“插入计算书”命令 CR，在弹出的对话框中选择 PM1JT.DWG、PM2JT.DWG、PM6JT.DWG（图 2-198），点击“确定”，在 TSSD 中点击插入点，自动插入板 PMJT.DWG 图，选择将图炸开。如图 2-199 所示。

图 2-197　板配筋面积/T 图转 DWG

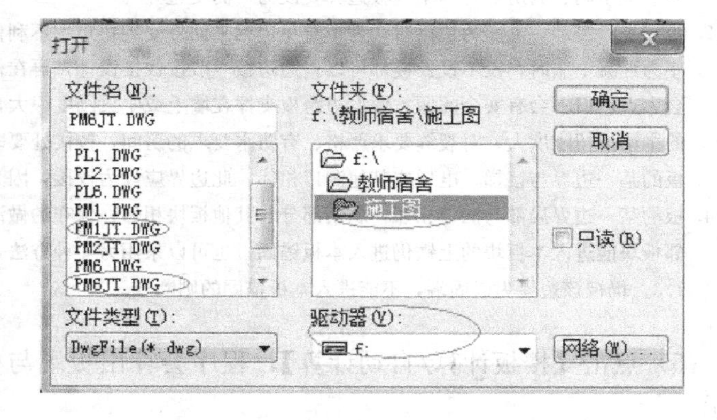

图 2-198　插入 PMJT.DWG 图

（10）将图 2-199 中的 PMJT.DWG 图颜色改为品红色，并输入变块命令 CB，将这三个 PMJT.DWG 图分别变成块。

（11）把“二层梁平法施工图”复制到画“二层板配筋平面布置图”的旁边，输入图层管理命令 2（图层独立），将集中标注、原位标注、梯柱、梁偏心标注等图层独立出来，

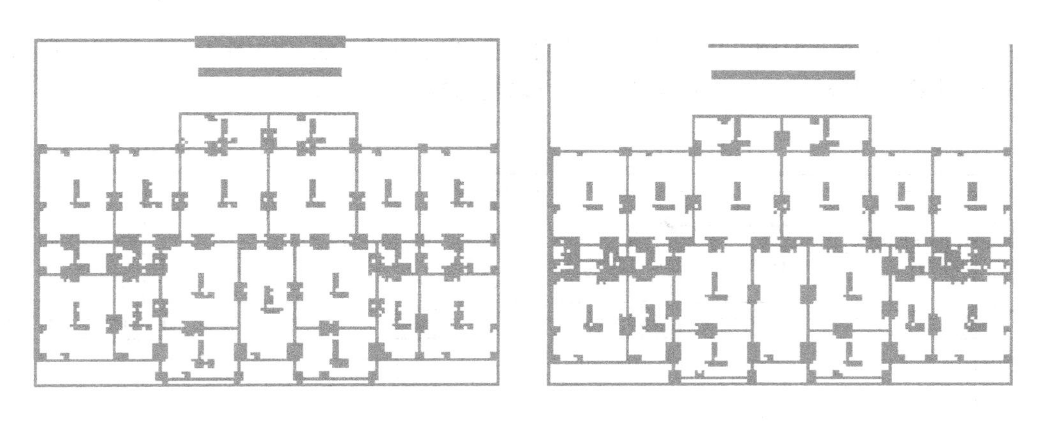

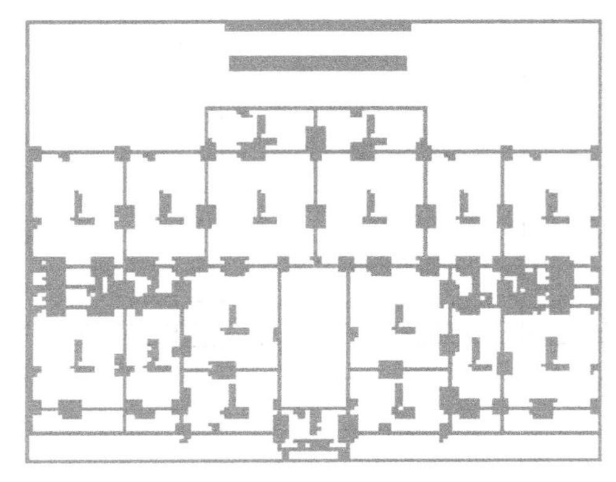

图 2-199　在 TSSD 中插入 PMJT. DWG 图

全部框选后再按“Delete”，最后输入图层管理命令 3（图层全部显示）。

（12）将 PMJT. DWG 移到删除后的“二层梁平法施工图”中，进行“二层板配筋平面布置图”的绘制。如图 2-200 所示。

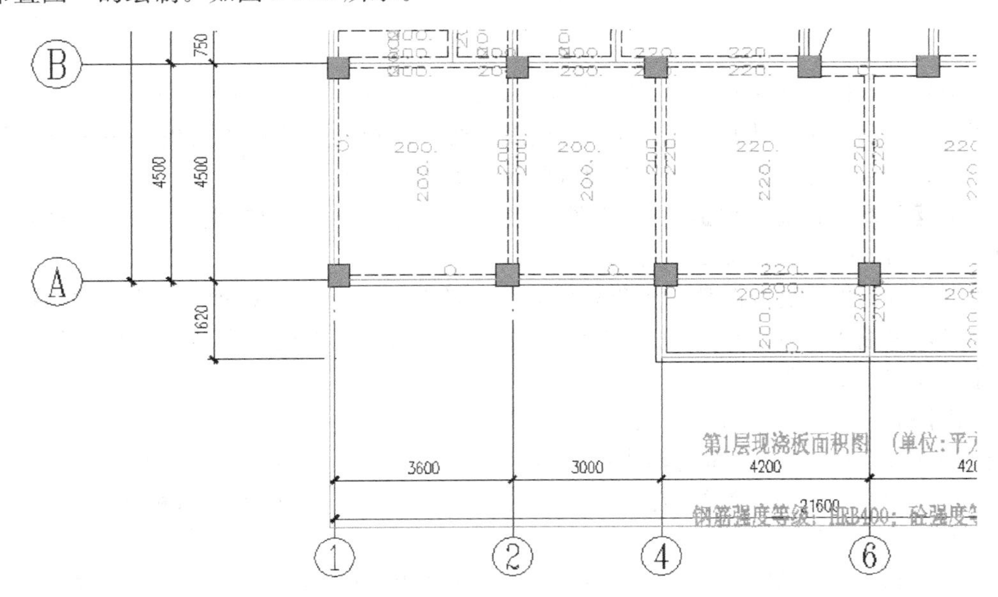

图 2-200　PMJT. DWG 移到删除后的“二层梁平法施工图”中

（13）以图 2-201 为例，讲述板配筋平面布置图的绘制方法。由图 2-201 可知，所有板端、板底计算配筋均小于 251（8@200），可以构造配筋。

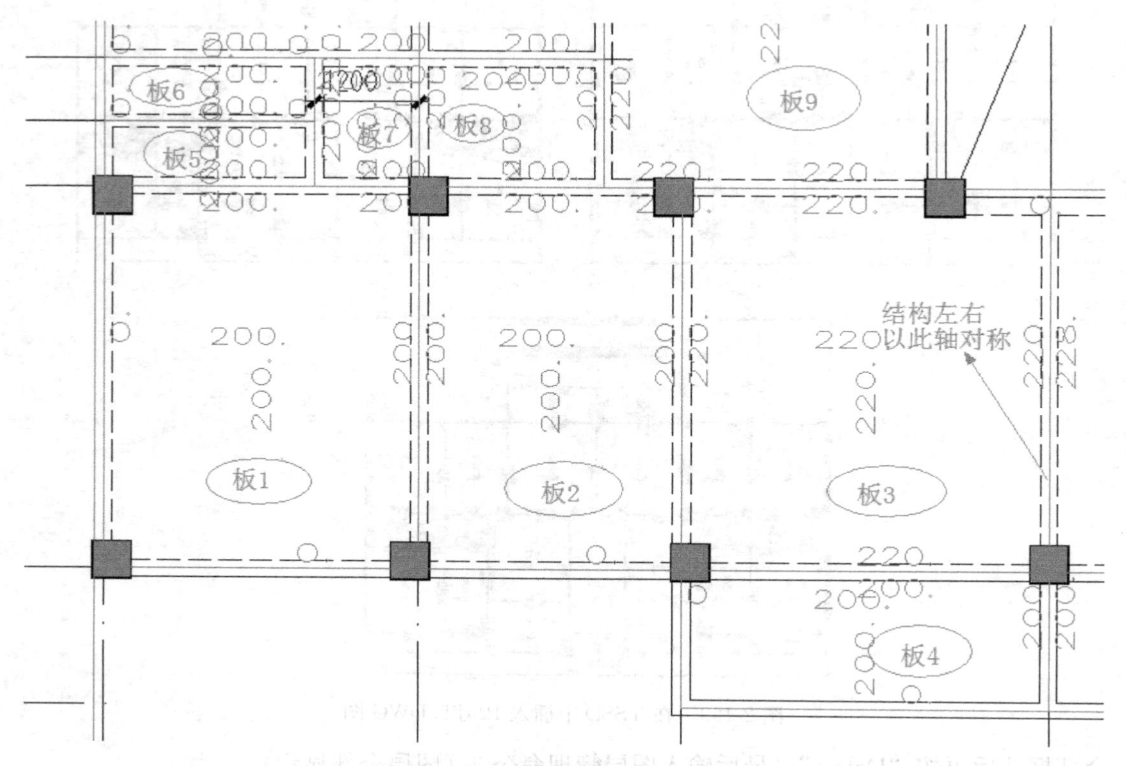

图 2-201 “二层板配筋平面布置图”绘制（局部）

注：在画板施工时，可以利用插件“zctool”，输入命令“ZCSS”，再按照程序提示输入要过滤的最大板配筋面积（如 252，8@200=251），则凡是大于 252 的数字均被删掉。

板 4：

集中标注：LB1 h=100、B：X&Y8@200、T：X8@200、（-0.050）。

面筋：阳台处板短边长小于 2.0m，直接拉通，伸到板 3 的距离为板 3 短边轴线距离的 1/4（以 50mm 为模数），4200/4=1050mm，编号为①8@200。

点击【TSSD/任意负筋】，在 1 点处开始画板负筋（按 F8 切换垂直模式），输入长度 2670(1620+1050)。如图 2-202 所示。

在图 2-202 旁边复制钢筋标注 8@200，将其改为 1050，然后移动到 2 点。将钢筋编号 26 改为 1，再输入移动命令“M”，把钢筋及编号移动到 3 点处。最后，在板 4 处添加集中标注，如图 2-203 所示。

板 1：集中标注：LB2 h=100、B：X&Y1328@200。

面筋（最下边）：板 1 短边轴线距离的 1/4 为 3600/4=900mm，编号为②8@200。

点击【TSSD/任意负筋】，在 4 点处开始画板负筋（按 F8 切换垂直模式），输入长度 1020。如图 2-204 所示。

注：输入长度 1020 是因为 900 为梁边伸出的距离，再加上钢筋在梁内的长度 120mm（估算值），由于施工时只看标注的数字，该值可以有较小的误差。

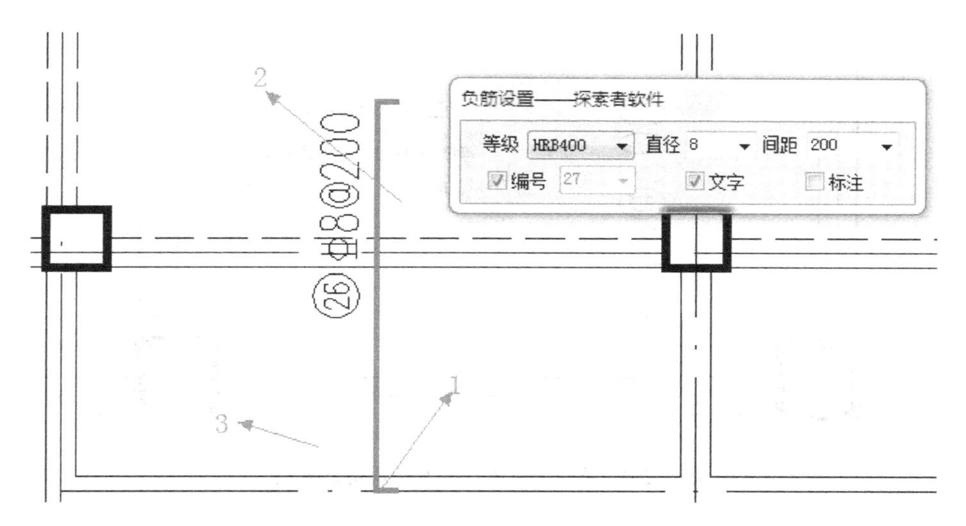

图 2-202　【TSSD/任意负筋】

注：1. 由于施工时只看标注的数字，负筋长度输入值（2670）也可输入一个大概值。

2. 负筋设置对话框中，应勾选编号、文字。不勾选标注，等级选 HRB400，直径为 8，间距为 200。

3. 板钢筋编号圈的大小可在 TSSD 初始设置中填写。

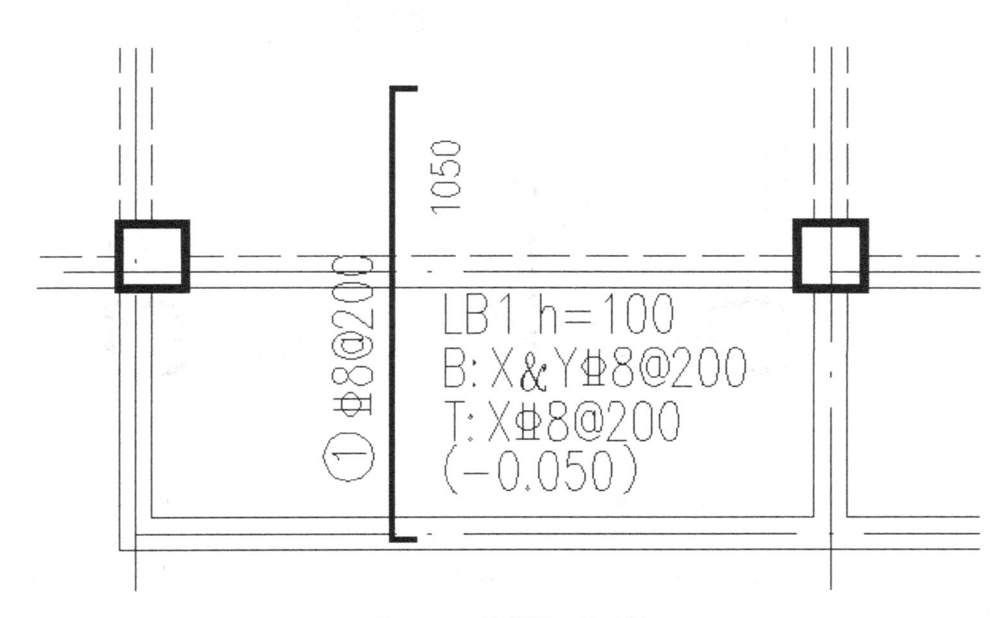

图 2-203　绘制板 4 施工图

注：1. B 为底筋、T 为面筋，－0.050 表示降板 0.050m，降板后周围的梁线为实线。板 4 与板的编号 LB1 不要混淆。板的编号原则一般是从下向上，从左向右。

2. 板配筋可以利用 PMCAD 中自动生成的板配筋施工图。输入图层独立命令，删除板底筋，保留板负筋即可。钢筋如果大多数都是 8@200，则可以在板平法施工图中不标注，在说明中添加：未注明的板配筋均为 8@200。

在图 2-204 旁边复制钢筋标注 8@200，将其改为 900，然后移动到 5 点。将钢筋编号 28 改为 2，再输入移动命令“M”，把钢筋及编号移动到 6 点处。最后，在板 1 处添加集中标注，如图 2-205 所示。

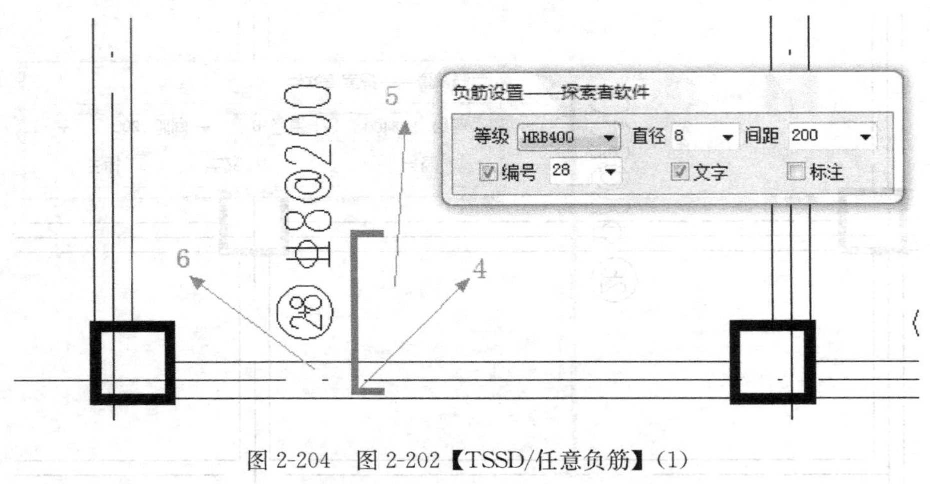

图 2-204 图 2-202【TSSD/任意负筋】(1)

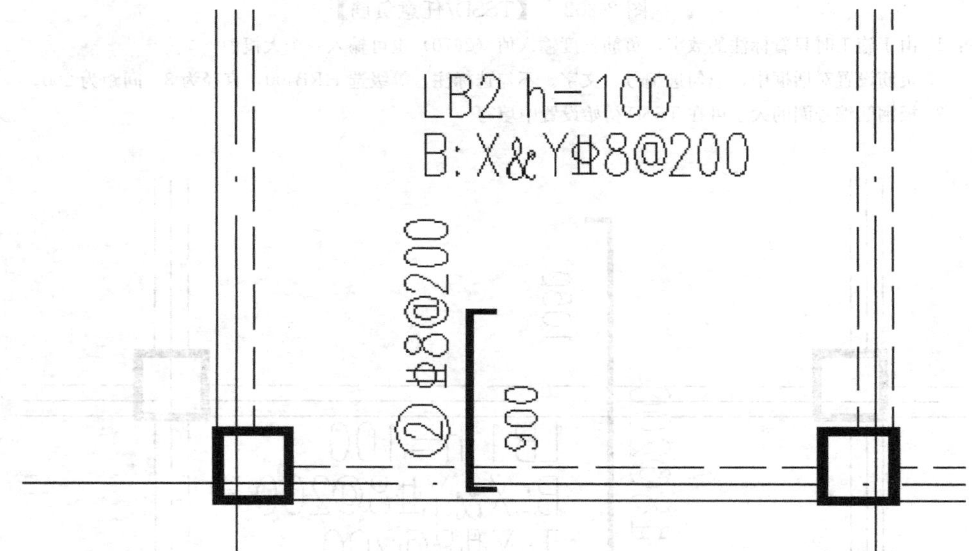

图 2-205 绘制板 1 施工图

注：当板跨度比较小时，用此种方法可能不是太合适，应采用“传统方法”，在板端绘制板负筋。

其他板的绘制方法可参照板 1、板 2。“二层板配筋平面布置图”绘制（局部）完成后如图 2-206 所示。

(14) 绘制飘窗示意图，剖切符号、定位尺寸、添加大样、施工图名称及说明。

2. TSPT 画板平法施工图

(1) 在 TSSD 中选择“TSPT”，进入“TSPT”主菜单，如图 2-169 所示。点击【TSPT/模板/数据平面】，指定工程 PKPM 模型的文件夹，点击【确定】(图 2-170)，TSTP 命令窗口中提示：点取插入点，改基点（T）。在屏幕中点取插入点后，模板图自动生成，如图 2-171 所示。

(2) 点击【TSPT/板平法/板设置】，弹出板基本设置对话框，如图 2-207～图 2-209 所示。

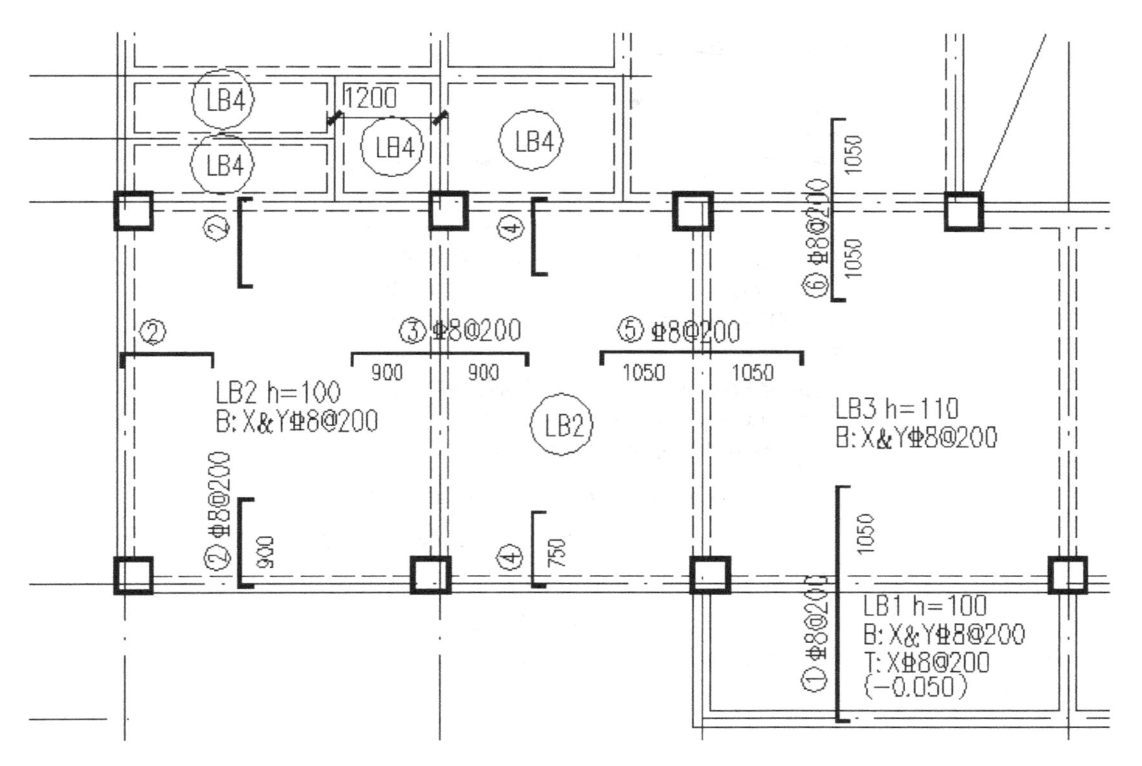

图 2-206 “二层板配筋平面布置图”绘制（局部）

注：LB4 因为在其他板块处绘制与标注过，故若有楼板与之配筋及板厚相同，可只用一个板编号表示：LB4。③号筋与⑤号筋伸出梁两边的长度应分别取板短边跨度的 1/4，最后进行归并取大值。

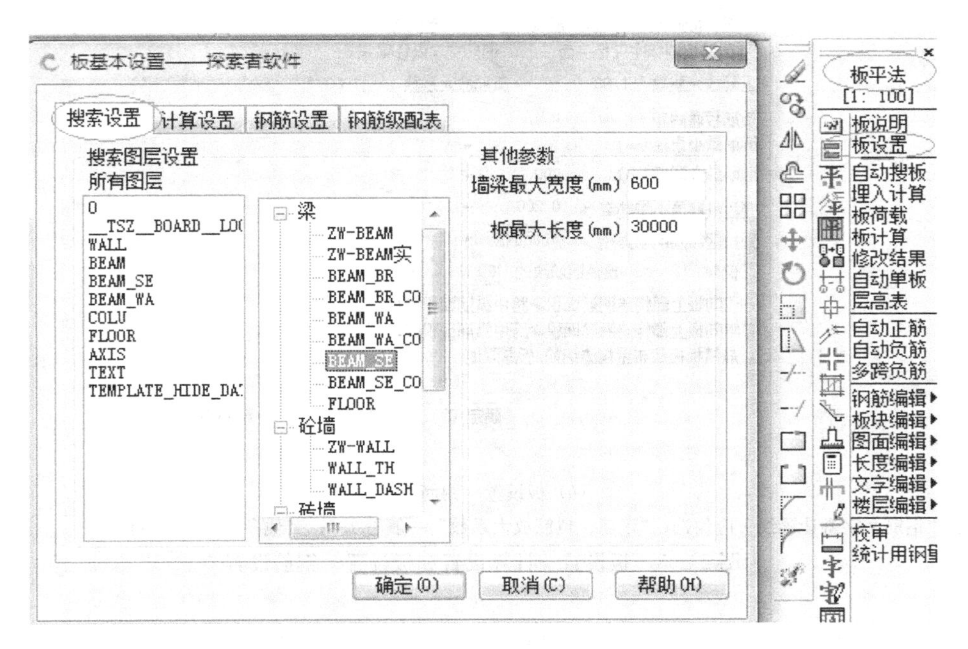

图 2-207 板设置—搜索设置

注：搜索设置用于对搜索图形的结果范围作出规定，适当填写可以提高计算速度和计算结果的正确性。一般可按默认值，不用修改。

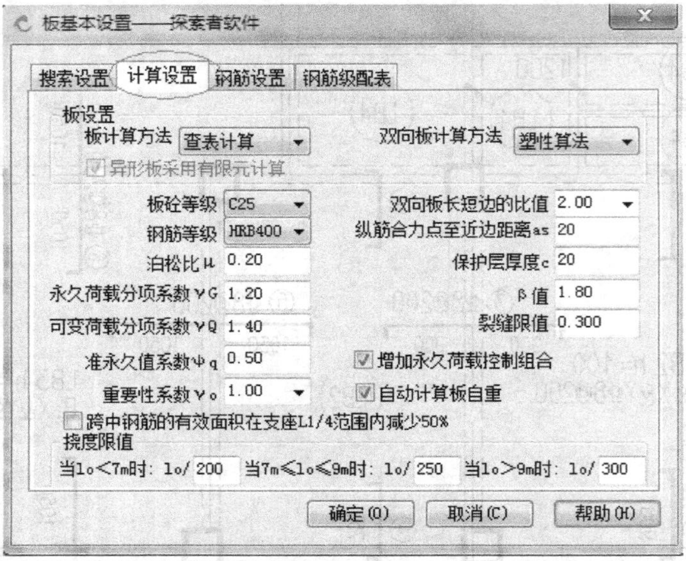

(*a*) 板设置—计算设置

注：一般修改以下几个参数：混凝土强度等级、钢筋等级、双向板计算方法、保护层厚度、裂缝限值，其他参数一般可按默认值。

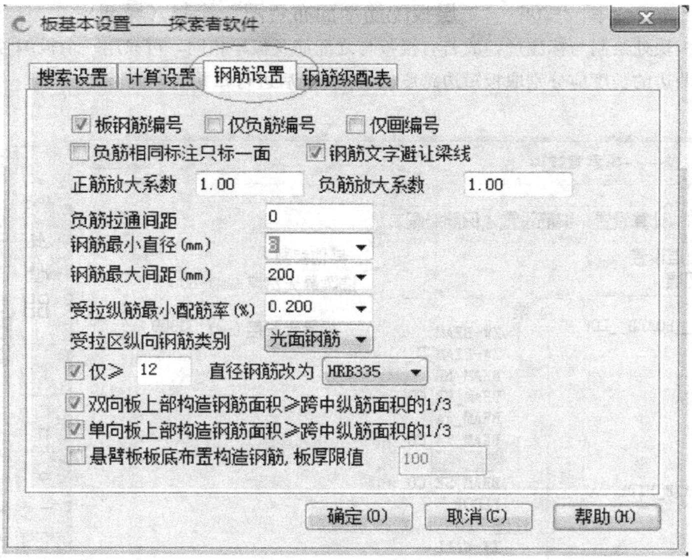

(*b*) 板设置—钢筋设置

注："钢筋文字避让梁线"应勾选；"正筋、负筋放大系数"一般写 1.0；其他参数可按默认值。

图 2-208　板设置—计算设置和板设置—钢筋设置

(3) 点击【TSPT/板平法/自动搜板】，弹出自动搜板对话框（图 2-210）。点击"选择区域"，在生成的模板图（图 2-171）中点击 1-1。点击【自动搜索】，程序自动对当前区域搜索板边界，自动判断支撑条件，并在平面图中显示出来搜索结果。

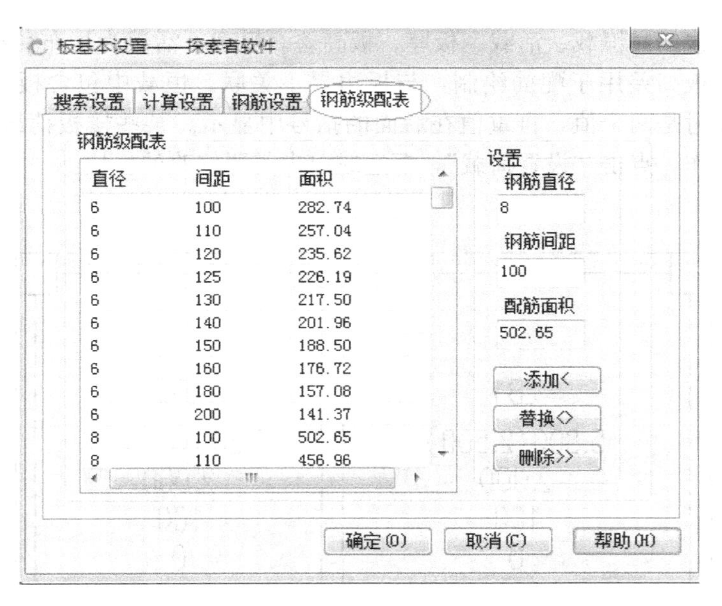

图 2-209　板设置—钢筋级配表

注：一般可按默认值，不用修改。

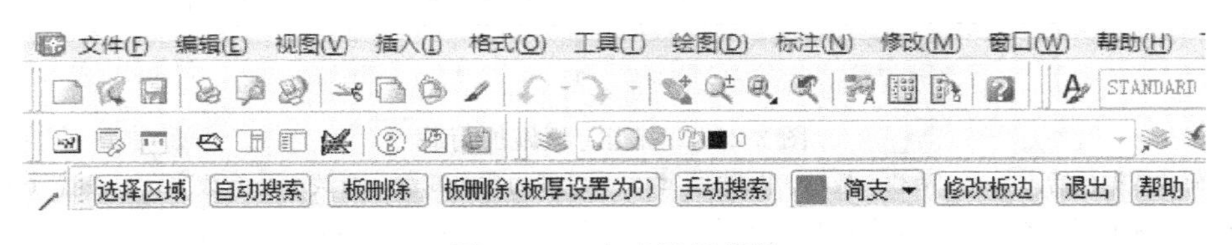

图 2-210　自动搜板菜单

红色为固定支座，蓝色为简支支座，紫色为悬挑支座，选择支座形式后，点击“修改板边”，在 1-1 中点击需要修改的板边（阳台、卫生间）。点击【板删除（板厚设置为 0)】，将楼梯间处板删除（板厚设置为 0)，点击“退出”。

(4) 点击【TSPT/板平法/板荷载】，在屏幕左上方点击【选择区域】(图 2-211)，点击模板图中 1-1 上任意一点，程序自动将此层居中放大显示，并设定为当前选定区域。同时工具条亮显。

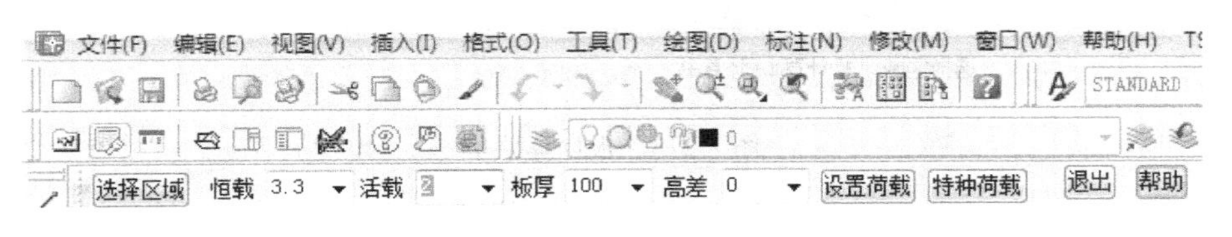

图 2-211　板荷载菜单

设置“恒载”(不包括板自重)、“活载”、“板厚”、“高差”四个选项后，点击“设置荷载”，输入 Z(指定板)，勾选指定板，对指定板施加荷载，如图 2-212 所示。再输入板荷载、板厚等，对卫生间、客厅、阳台、餐厅等处施加板荷载。最后，点击“退出”。

板荷载数据包括：恒载、活载、板厚、板高差。恒载、活载为均布荷载，荷载组合系数取自板设置。板高差用于配筋绘制，与板边界不关联。恒载中包含板自重时显示一个值，不包含自重时是两个值，自重值在后面的括号中显示。某些楼板荷载、高差等不同，可以重复以上操作，点击“设置荷载”，框选或单击需要修改的板块。

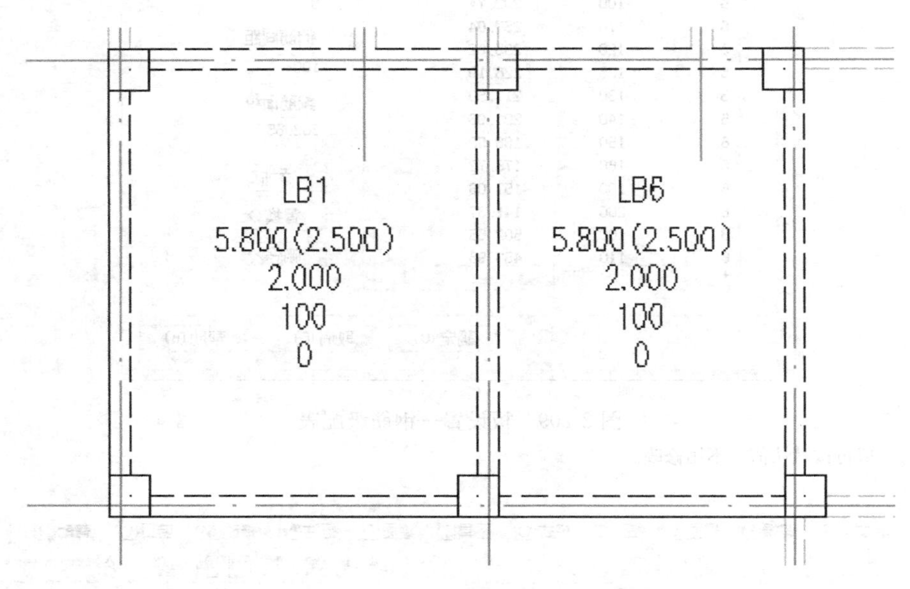

图 2-212　对指定板施加荷载

注：1. 板荷载数据包括：恒载、活载、板厚、板高差。恒载、活载为均布荷载，荷载组合系数取自板设置（在图 2-211 中填写荷载标准值）。5.8 为附加恒载＋板自重，2.5 为板自重，2.0 为活载，100 为板厚，0 为高差。

2. 板高差用于配筋绘制，与板边界不关联。如果在埋入荷载过程中，有不同的板厚或高差，则此板与其他板块分区拉通。也就是，只有板厚和高差都相同的板才可以拉通。

（5）点击【TSPT/板平法/板计算】，在屏幕左上方点击点击【选择区域】(图 2-213)，程序能自动读取封闭的板区域；点击【板计算】，可以选择“计算指定板（Z）”、“计算整个楼层的板 A”，最后点击“退出”。

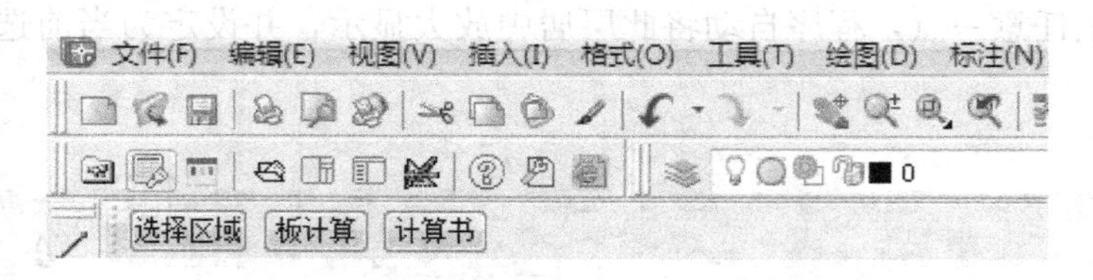

图 2-213　板计算菜单

（6）点击【TSPT/板平法/修改结果】，在屏幕左上方点击【选择区域：1-1】(图 2-214)，可以查看板的“配筋”、“弯矩”、“面积”、“挠度”、“裂缝”，最后点击“退出”。

（7）点击【TSPT/板平法/自动单板】，在屏幕左上方点击点击【选择区域：1-1】(图 2-216)，点击平面图上任意一点，程序自动将此层模板图居中放大显示，并设定为当前选定区域。

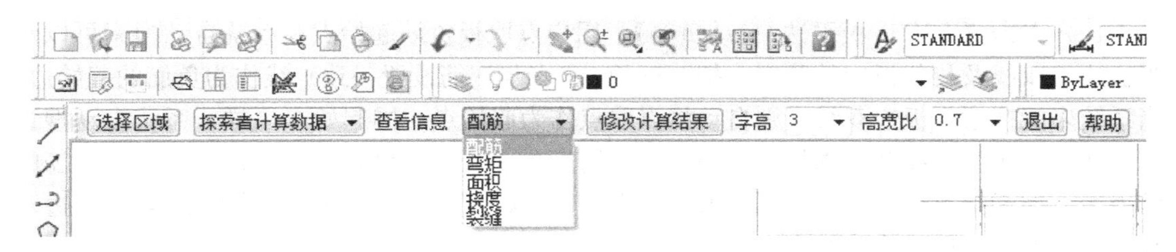

图 2-214 修改结果菜单

注：点击“修改计算结果”，指定板块，弹出计算结果对话框（图 2-215）。对话框中列出此板块的相关信息，修改配筋时，程序对相关内容重新进行计算，例如用户加大配筋面积后，挠度、裂缝会随之减小，修改后点击“确定”，平面上的配筋数值改变并变为紫色。

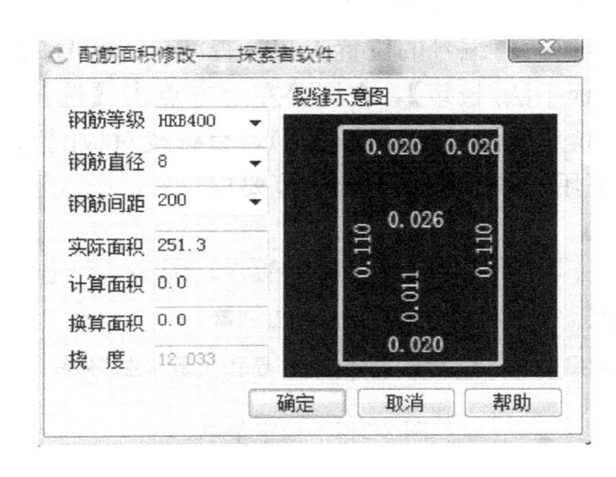

图 2-215 配筋面积修改

点击【单板自动配筋】或【指定板配筋】，程序自动绘制当前层的板配筋图。有些板与板之间的负筋相隔很近，可以点击【指定负筋拉通】。

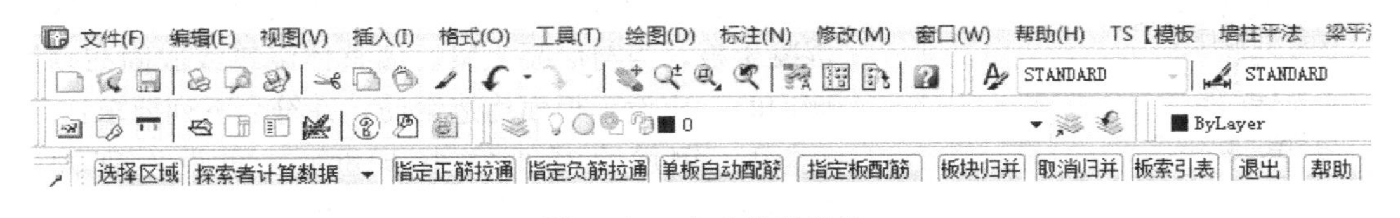

图 2-216 自动单板菜单

注：如果板底板大部分都是构造筋或者配筋相同，则可以删掉钢筋，以文字形式说明。卫生间板一般都是双层，则应把那部分板的钢筋删除。楼梯处要画折线并写：楼梯另详。点击【TSSD/书写文字/文字平行】，令文字与所画直线平行。

（8）点击【TSPT/板平法/自动正筋】，用户点取板正筋起始点，系统自动搜索可以作为板边的双线，把双线的中线作为正筋的起始边。当系统未能搜索到板边双线，则自动将取点作为起始点。同起始点一样，系统自动搜索可以作为板边的双线，把双线的中线作为正筋的结束边。搜索结束后，钢筋在图中显亮，用户可以进行拖动。当系统未能搜索到板边双线，则自动将点取点作为结束点。当板边搜索正确并且所选范围内有计算结果，则自动进行整块板的钢筋归并，对话框中默认计算出来的数值，如果平面上有与之相同的钢筋，则钢筋号自动读取；如果平面上没有与之相同的钢筋，则新生成一个钢筋号。用户可以在操作过程中，随时修改对话框中的内容。

(9) 点击【TSPT/板平法/自动负筋】，用户点取板负筋起始点，系统自动搜索可以作为板边的双线及相邻板边的跨度，把跨度的1/4（与钢筋设置一致）线作为负筋的起始边。当系统未能搜索到板边双线，则自动将点取点作为起始点。同起始点一样，系统自动搜索可以作为板边的双线及相邻板边的跨度，把跨度的1/4（与钢筋设置一致）线作为负筋的结束边。搜索结束后，钢筋在图中亮显，用户可以进行拖动。当系统未能搜索到板边双线，则自动将点取点作为结束点。

当板边搜索正确并且所选范围内有计算结果，则自动进行整块板的钢筋归并，将计算结果的配筋面积显示在图中。如果平面上有与之相同的钢筋，则钢筋号自动读取；如果平面上没有与之相同的钢筋，则新生成一个钢筋号。

(10) 点击【TSPT/板平法/编号编辑】，此命令用于对用户选择区域内的钢筋编号进行编号编辑，编辑的内容包括：编号的位置查找、查漏号、编号的自动排序。

(11) 点击【TSPT/板平法/校审】，在屏幕左上方点击【选择区域】(图2-217)。点击"设置"，弹出"板审图内容"对话框（图2-218)，审查校对板配筋图中的配筋标注是否符合计算和规范要求，保证用户图纸可以符合规范要求。

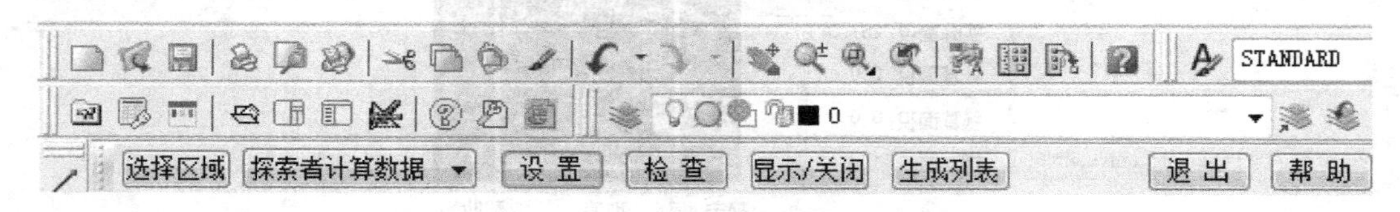

图2-217 校审菜单

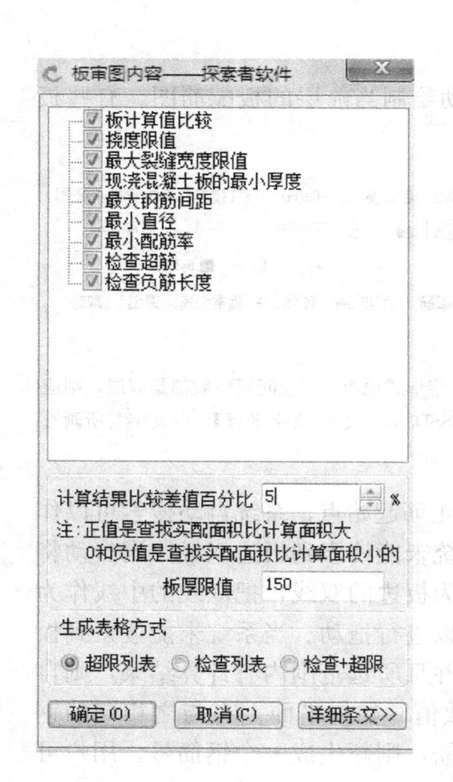

图2-218 校审内容对话框

3. 画或修改板平法施工图时应注意的问题

(1) 板钢筋

1) 规范规定

"混规"9.1.6：按简支边或非受力边设计的现浇混凝土板，当与混凝土梁、墙整体浇筑或嵌固在砌体墙内时，应设置板面构造钢筋，并符合下列要求：

1 钢筋直径不宜小于8mm，间距不宜大于200mm，且单位宽度内的配筋面积不宜小于跨中相应方向板底钢筋截面面积的1/3。与混凝土梁、混凝土墙整体浇筑单向板的非受力方向，钢筋截面面积尚不宜小于受力方向跨中板底钢筋截面面积的1/3。

2 钢筋从混凝土梁边、柱边、墙边伸入板内的长度不宜小于$l_0/4$，砌体墙支座处钢筋伸入板边的长度不宜小于$l_0/7$，其中计算跨度l_0对单向板按受力方向考虑，对双向板按短边方向考虑。

3 在楼板角部，宜沿两个方向正交、斜向平行或放射状布置附加钢筋。

"混规"9.1.7：当按单向板设计时，应在垂直于受力的方向布置分布钢筋，单位宽度上的配筋不宜小于单位宽度上的受力钢筋的15%，且配筋率不宜小于0.15%；分布钢筋直径不宜小于6mm，间距不宜大于250mm；当集中荷载较大时，分布钢筋的配筋面积尚应增加，且间距不宜大于200mm。当有实践经验或可靠措施时，预制单向板的分布钢筋可不受本条的限制。

“混规”9.1.8：在温度、收缩应力较大的现浇板区域，应在板的表面双向配置防裂构造钢筋。配筋率均不宜小于0.10%，间距不宜大于200mm。防裂构造钢筋可利用原有钢筋贯通布置，也可另行设置钢筋并与原有钢筋按受拉钢筋的要求搭接或在周边构件中锚固。楼板平面的瓶颈部位宜适当增加板厚和配筋。沿板的洞边、凹角部位宜加配防裂构造钢筋，并采取可靠的锚固措施。

“混规”9.1.3：板中受力钢筋的间距，当板厚不大于150mm时，不宜大于200mm；当板厚大于150mm时，不宜大于板厚的1.5倍，且不宜大于250mm。

2）经验

① 画板施工图时，板的受力筋最小直径为8mm，间距一般为200mm、180mm、150mm。按简支边或非受力边设计的现浇混凝土板构造筋一般ϕ8@200能满足要求。楼板角部放射筋在结构总说明中给出，一般≥7ϕ8且直径d≥边跨，长度大于板跨的1/3，且不得小于1.2m。若板的短跨计算长度为l_0，则板支座负筋的伸出的长度一般都按$l_0/4$取，且以50mm为模数。

板中受力钢筋的常用直径，板厚不超过120mm时，适宜的钢筋直径为8～12mm；板厚120～150mm时，适宜的钢筋直径为10～14mm；板厚150～180mm时，适宜的钢筋直径为12～16mm；板厚180～220mm时，适宜的钢筋直径为14～18mm。

板的构造配筋率取0.2%和$0.45f_t/f_y$中的较大值，一般三级钢+C30或二级钢+C25组合时，板的配筋率由0.2%控制。板的经济配筋率一般是0.3%～1%。

端跨、管线密集处、屋面板、大开间板的长向（@150）要注意防止裂缝及渗漏，宜关注。

② 当中间支座两侧板的短跨长度不一样时，中间支座两侧板的上铁长度应一样，其两侧长度应按大跨板短跨的1/4取，原因是中间支座处的弯矩包络图实际不是突变而是渐变的，只有按大跨板短跨的1/4取才能包住小跨板的弯矩包络图。跨度小于2m的板上部钢不必断开。

③ 以下情况板负筋一般可拉通：超过160厚的板；温度变化较敏感的外露板，例如屋面板、阳台、露台、过街桥；对于防水要求比较高的地板，如厨房、卫生间、蓄水池；受力复杂的板，例如放置或者悬挂重型设备的板；悬挑板；在住宅结构中，各地都有自己的地方规定，要求普遍都更加严苛，比如跨度超过3.9m，厚度超过120，位于平面边部或阳角部，位于较大洞口或者错层部位边，露台、阳台等外露板，卫生间等多开孔的板，形状不规则的板（非矩形）负筋均要拉通。

④ 板施工图的绘制可以按照11G101中板平法施工图方法进行绘制，板负筋相同且个数比较多时，可以编为同一个编号；否则不应编号，以防增加施工难度。

屋面板配筋一般双层双向，再另加附加筋。未注明的板配筋可以文字说明的方式表示。

（2）板挠度

1）规范规定

“混规”3.4.3：钢筋混凝土受弯构件的最大挠度应按荷载的准永久组合，预应力混凝土受弯构件的最大挠度应按荷载的标准组合，并均应考虑荷载长期作用的影响进行计算，其计算值不应超过表 2-23 规定的挠度限值。

受弯构件的挠度限值 **表 2-23**

构件类型		挠度限值
吊车梁	手动吊车	$l_0/500$
	电动吊车	$l_0/600$
屋盖、楼盖及楼梯构件	当 $l_0<7$m 时	$l_0/200$ ($l_0/250$)
	当 7m$\leqslant l_0\leqslant$9m 时	$l_0/250$ ($l_0/300$)
	当 $l_0>9$m 时	$l_0/300$ ($l_0/400$)

注：1. 表中 l_0 为构件的计算跨度；计算悬臂构件的挠度限值时，其计算跨度 l_0 按实际悬臂长度的 2 倍取用；
2. 表中括号内的数值适用于使用上对挠度有较高要求的构件；
3. 如果构件制作时预先起拱，且使用上也允许，则在验算挠度时，可将计算所得的挠度值减去起拱值；对预应力混凝土构件，尚可减去预加力所产生的反拱值；
4. 构件制作时的起拱值和预加力所产生的反拱值，不宜超过构件在相应荷载组合作用下的计算挠度值。

"混规" 3.4.4：结构构件正截面的受力裂缝控制等级分为三级，等级划分及要求应符合下列规定：

一级——严格要求不出现裂缝的构件，按荷载标准组合计算时，构件受拉边缘混凝土不应产生拉应力。

二级——一般要求不出现裂缝的构件，按荷载标准组合计算时，构件受拉边缘混凝土拉应力不应大于混凝土抗拉强度的标准值。

三级——允许出现裂缝的构件：对钢筋混凝土构件，按荷载准永久组合并考虑长期作用影响计算时，构件的最大裂缝宽度不应超过本规范表 3.4.5 规定的最大裂缝宽度限值。对预应力混凝土构件，按荷载标准组合并考虑长期作用的影响计算时，构件的最大裂缝宽度不应超过本规范第 3.4.5 条规定的最大裂缝宽度限值；对二 a 类环境的预应力混凝土构件，尚应按荷载准永久组合计算，且构件受拉边缘混凝土的拉应力不应大于混凝土的抗拉强度标准值。

2）设计时要注意的一些问题

定量分析梁挠度极限值：$l_0<7$m，挠度极限值取 $l_0/200$，假设梁计算跨度为 7m，则挠度极限值约为 35mm；$7\leqslant l_0\leqslant 9$m，挠度极限值取 $l_0/250$，假设梁计算跨度为 9m，挠度极限值为 36mm。

注：增加楼板钢筋，能减小板的挠度，当板的挠度过大时，可以增加板厚，多设一道梁增加整个梁板体系的刚度或预先起拱。

楼盖的挠度过大会影响精密仪表的正常使用，并引起非结构构件（如粉刷、吊顶、隔断等）的破坏；对于正常使用极限状态，理应按荷载效应的标准组合及准永久组合分别加以验算，但为了方便，规范规定只按荷载效应的标准组合并考虑其长期作用影响进行验算。现浇钢筋混凝土梁、板，当跨度等于或大于 4m 时，模板应起拱，当设计无具体要求时，起拱高度宜为全跨长度的 1/1000～3/1000。因此，在施工图设计说明中可根据恒载可能产生的挠度值，提出预起拱数值的要求，一般取跨度的 1/400。

（3）板裂缝

1）规范规定

"混规" 3.4.5：结构构件应根据结构类型和本规范第 3.5.2 条规定的环境类别，按

表 12-24 的规定选用不同的裂缝控制等级及最大裂缝宽度的限值 ω_{lim}。

结构构件的裂缝控制等级及最大裂缝宽度的限值（mm） **表 2-24**

<table>
<tr><th rowspan="2">环境类别</th><th colspan="2">钢筋混凝土结构</th><th colspan="2">预应力混凝土结构</th></tr>
<tr><th>裂缝控制等级</th><th>ω_{lim}</th><th>裂缝控制等级</th><th>ω_{lim}</th></tr>
<tr><td>一</td><td rowspan="4">三级</td><td>0.30（0.40）</td><td rowspan="2">三级</td><td>0.20</td></tr>
<tr><td>二 a</td><td rowspan="3">0.20</td><td>0.10</td></tr>
<tr><td>二 b</td><td>二级</td><td>—</td></tr>
<tr><td>三 a、三 b</td><td>一级</td><td>—</td></tr>
</table>

注：1. 对处于年平均相对湿度小于 60％地区一类环境下的受弯构件，其最大裂缝宽度限值可采用括号内的数值；
2. 在一类环境下，对钢筋混凝土屋架、托架及需作疲劳验算的吊车梁，其最大裂缝宽度限值应取为 0.20mm；对钢筋混凝土屋面梁和托梁，其最大裂缝宽度限值应取为 0.30mm；
3. 在一类环境下，对预应力混凝土屋架、托架及双向板体系，应按二级裂缝控制等级进行验算；对一类环境下的预应力混凝土屋面梁、托梁、单向板，应按表中二 a 级环境的要求进行验算；在一类和二 a 类环境下需作疲劳验算的预应力混凝土吊车梁，应按裂缝控制等级不低于二级的构件进行验算；
4. 表中规定的预应力混凝土构件的裂缝控制等级和最大裂缝宽度限值仅适用于正截面的验算；预应力混凝土构件的斜截面裂缝控制验算应符合本规范第 7 章的有关规定；
5. 对于烟囱、筒仓和处于液体压力下的结构，其裂缝控制要求应符合专门标准的有关规定；
6. 对于处于四、五类环境下的结构构件，其裂缝控制要求应符合专门标准的有关规定；
7. 表中的最大裂缝宽度限值为用于验算荷载作用引起的最大裂缝宽度。

2）设计时要注意的一些问题

裂缝：一类环境，比如楼面，裂缝极限值取 0.3mm；对于屋面板，由于做了保温层、防水层等，环境类别可当做一类，裂缝限值也可按 0.3mm 取值。

（4）挑板

设计时要注意的一些问题：

① 悬挑构件并非几次超静定结构，支座一旦坏了，就会塌下来，所以应乘以足够大的放大系数，一般放大 20％～50％。施工应采取可靠措施，保证上铁的位置。

② 挑板底筋可以按最小配筋率 0.2％来配筋，假设挑板 150mm 厚，则 $A_s=0.2\%\times150\times1000\text{mm}=300\text{mm}^2$，$\phi8@150=335\text{mm}^2$。对于大挑板，底面应配足够多的受压钢筋，一般为面筋的 1/2～1/3，间距 150mm 左右，底筋可以减小因板徐变而产生的附加挠度，也可以参与混凝土板抗裂。

③ 悬挑板的净挑尺寸不宜大于 1.5m，否则应采取梁式悬挑。注意与厚挑板的相邻板跨，其板厚应适当加厚，厚度差距不要过大（可控制在 20～40mm 以内），且应尽量相同，否则挑板支座梁受扭或剪力墙平面外有弯矩作用，为了施工方便，一般与挑板同厚；若板厚相差太大，可以构造上加腋，以平衡内外负弯矩。

④ 挑出长度不大时，可不在 PMCAD 中设置挑板，而把挑板折算成线荷载和扭矩加在边梁上面。挑板单独进行处理，用小软件和手算。

⑤ 悬挑类构件如没有可靠的经验，应验算裂缝和挠度。裂缝验算“混规”规定的对构件正常使用状态下承载力验算内容之一，是对构件正常使用状态下变形的控制要求，经过抗震设计的结构，框架梁的裂缝一般满足裂缝要求，因为地震作用需要的配筋比正常使用状态下的配筋大很多，一般可以包覆。当悬挑类构件上有砌体时，挠度的控制应从严，以免砌体开裂。

⑥ 一般阳台挑出长度小于 1.5m 时应挑板，大于 1.5m 时应挑梁。板厚一般按 1/10 估

算。挑出长度大于 1.5m 时，可增加封口梁，可以减小板厚（100mm），将“悬挑”板变为接近于“简支”板，但边梁的增加几乎不改变板的受力模式，悬挑板的属性没有改变。封口梁要想作为板的支座，板支承条件的梁高度应不小于 3 倍板厚。

挑出长度大于 1.5m 时若用悬挑板，施工单位可能会偷工减料，悬挑板根部厚度太大，与相邻房屋板协调性能不好。悬挑板在施工过程中，由于施工原因，顶部受力钢筋会不同程度地被踩踏变形，导致根部的计算高度 h_0 削弱较多。

⑦ 挑板不同悬挑长度下的板厚、配筋经验，如表 2-25 所示。

挑板不同悬挑长度下的板厚、配筋经验 **表 2-25**

悬挑长度（m）	板厚尺寸（mm）	单向受力实配钢筋面积（mm^2）（面筋）	底筋（mm^2）
1.2	120	HRB400：12@200=565	8@150=335
1.5	150	HRB400：12@150=754	8@150=335
1.8	180	HRB400：12@100=1131	10@150=524
2	200	HRB400：14@100=1500	12@150=754

⑧ 对于挑板、雨篷板，设计师可以自己取最不利荷载，大致手算其弯矩及配筋，再乘以一个放大系数并不小于构造配筋。

（5）厨房、卫生间板

1）厨房、卫生间需要做防水处理，一般将板面降低 30～50mm，可以设置次梁；如果楼板为大开间，板厚较厚，可以按建筑设计把板面局部降低，板底仍然平整。由于局部降低范围一般靠近墙边，对板刚度影响很小，板正弯矩配筋可按正常板厚确定，降低部分支座弯矩的配筋按减小后的板厚确定。

2）如果厨房、卫生间处楼板下降 300～400mm，据有关实验表明，楼板的固端支座负弯矩和跨中最大弯矩均小于一般普通楼板，板支座和跨中弯矩可按普通楼板配筋。肋梁宽度可取 150～200mm，凹槽跨度≤2.5m 时可构造配筋，上下各 2 根 12 或 2 根 14，箍筋 6@150，凹槽内上下钢筋双向拉通，并在肋梁转角处配 5 根放射钢筋；当凹槽跨度较大时，应有有限元分析。

2.12.3 柱平法施工图绘制

1. 利用梁平法施工图模板绘制柱平法施工图

（1）把“二层梁平法施工图”复制在画“柱平法施工图”的旁边，利用图层管理插件，输入命令“2”（图层独立），点击“集中标注”、“集中标注”、“梁实现”、“梁虚线”、“楼梯间文字及斜线”等，按“Delete”，再输入命令“3”（图层全部显示）。

删掉次梁的轴网、次梁定位尺寸、雨篷及挑板尺寸定位、第三道轴网标注，如图 2-219 所示。删除后的梁平法施工图模板如图 2-220 所示。

（2）画梁平法施工图时，已经使用“插入计算书”插件插入了混凝土构件配筋及钢构件验算简图 WPJ1.DWG、WPJ2.DWG、WPJ4.DWG、WPJ5.DWG、WPJ6.DWG。输入命令“X”，将块炸开。利用图层管理插件，输入命令“2”（图层独立），点击梁计算结果（图层名为 21000），按“Delete”，输入命令“3”（图层全部显示）。输入块命令 CB，将删除后的 WPJ.DWG 图变成块，然后移到图 2-220 中对应的位置，如图 2-221 所示。

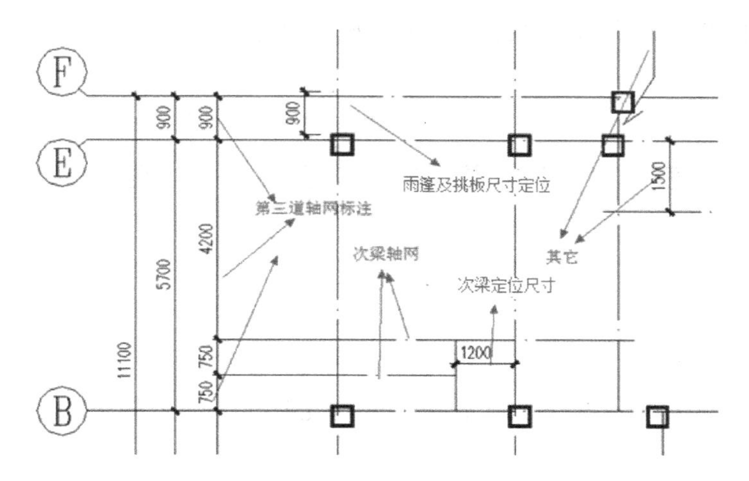

图 2-219　梁平法施工图模板（删除后，局部）

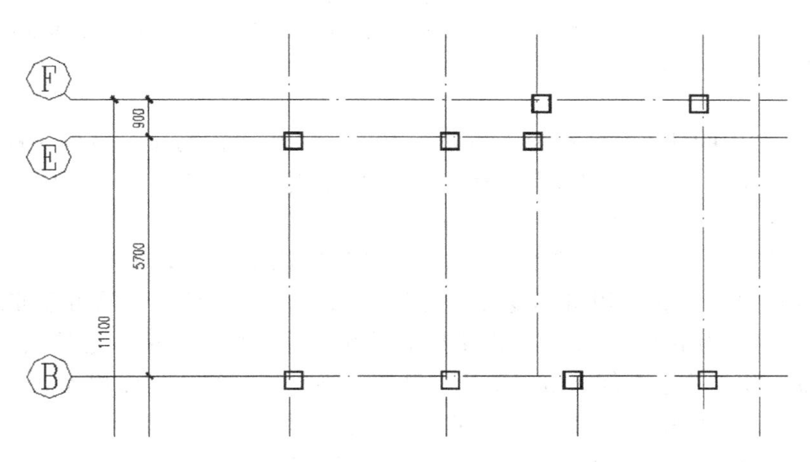

图 2-220　删除后的梁平法施工图模板

注：在实际设计时，应把需要利用的“梁平法施工图模板”都复制在旁边，进行批量删除。本章主要讲述“－0.500～11.100 柱平法施工图”的绘制，没有关联其他层高柱平法施工图的绘制。

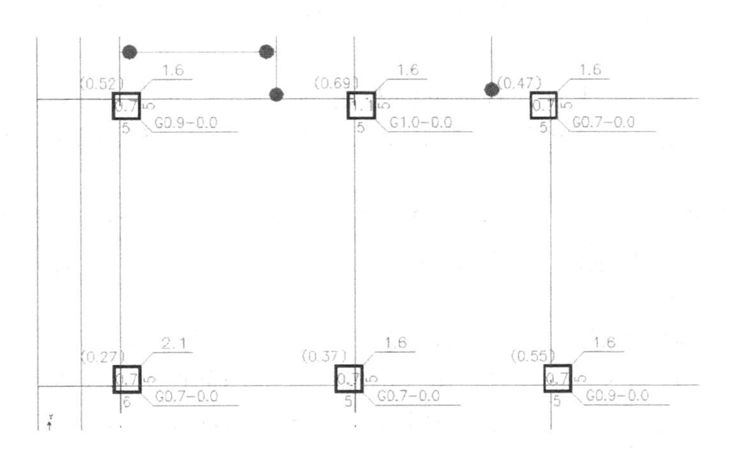

图 2-221　把处理后的 WPJ. DWG 图移到“删除后的梁平法施工图模板”中

（3）以图 2-222 所示，简要讲述柱平法施工图的绘制。

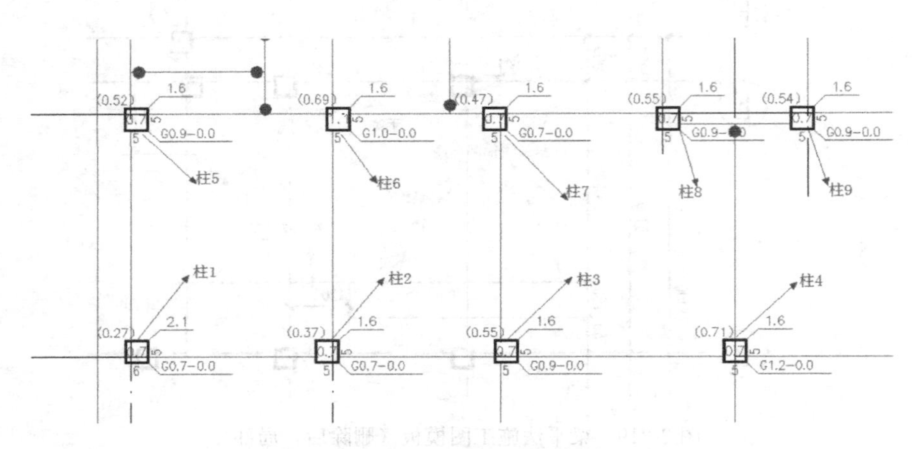

图 2-222　柱平法施工图的绘制（1）

注：1. 主要是讲述柱平法施工图的绘制的方法，在实际设计中，应协调好与其他部分构件之间的关系。

2. 图中计算配筋结果的单位为 cm^2。

1）图 2-222 中的柱子尺寸均为 400mm×400mm，单边钢筋尺寸最少 3 根，钢筋间距控制在 100～200mm 之间（抗震等级为三级），最小钢筋直径为 16mm，则框架柱单边最小钢筋面积为 3×3.14×16×16/4＝603mm^2。

柱 1 是角柱，其角筋计算面积为 2.1cm^2。采用双偏压计算时，角筋面积不应小于此值；采用单偏压计算时，角筋面积可不受此值控制（cm^2），本工程柱 1 单边配筋均取 3ϕ16＝603mm^2，柱子名称为 KZ1。SATWE 中采用双肢箍计算的柱端加密区箍筋面积为 0.7cm^2，非加密区箍筋面积为构造配筋，由于采用三肢箍，则单根箍筋最小面积为 0.7/3＝0.23cm^2（箍筋直径为 8mm 时面积为 0.524cm^2），故柱子箍筋可采用 8@100/200。

柱 2、柱 3、柱 4、柱 5、柱 6、柱 7、柱 8、柱 9 单边计算配筋为 5.0cm^2，角筋计算面积为 1.6cm^2，单边配筋均取 3ϕ16＝603mm^2，柱子名称为 KZ1。SATWE 中采用双肢箍计算的柱端加密区箍筋面积为 1.2cm^2，非加密区箍筋面积为构造配筋，由于采用三肢箍，则单根箍筋最小面积为 1.2/3＝0.4cm^2（箍筋直径为 8mm 时面积为 0.524cm^2），故柱子箍筋可采用 8@100/200。

2）点击【TSSD/布置柱子/多柱标注】，框选柱 1、柱 2、柱 3、柱 4、柱 5、柱 6、柱 7、柱 8、柱 9，点击确定，在弹出的对话框中（图 2-223）选择柱子标注样式，点击确定。标注后如图 2-224 所示。

3）点击【TSSD/布置柱子/标注尺寸】，弹出柱子尺寸标注对话框（图 2-225），选择合适的尺寸标注方向后，框选柱 1、柱 2、柱 3、柱 4、柱 5、柱 6、柱 7、柱 8、柱 9，完成柱子尺寸标注。如图 2-226 所示。

4）点击【TSSD/布置柱子/柱复合箍】，相关参数填写如下（图 2-227），柱加密区体积配箍率满足抗规 6.3.9-3 要求。生成的柱子大样图如图 2-228 所示。点击【TSSD/尺寸标注/标注合并】，再在图 2-228 中分别点击断开的标注，合并标注后的柱大样如图 2-229 所示。

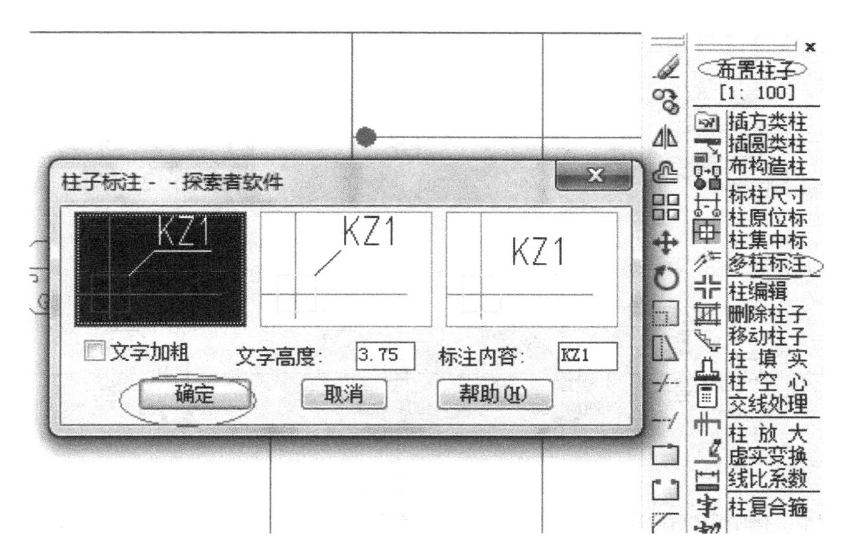

图 2-223　柱子标注对话框

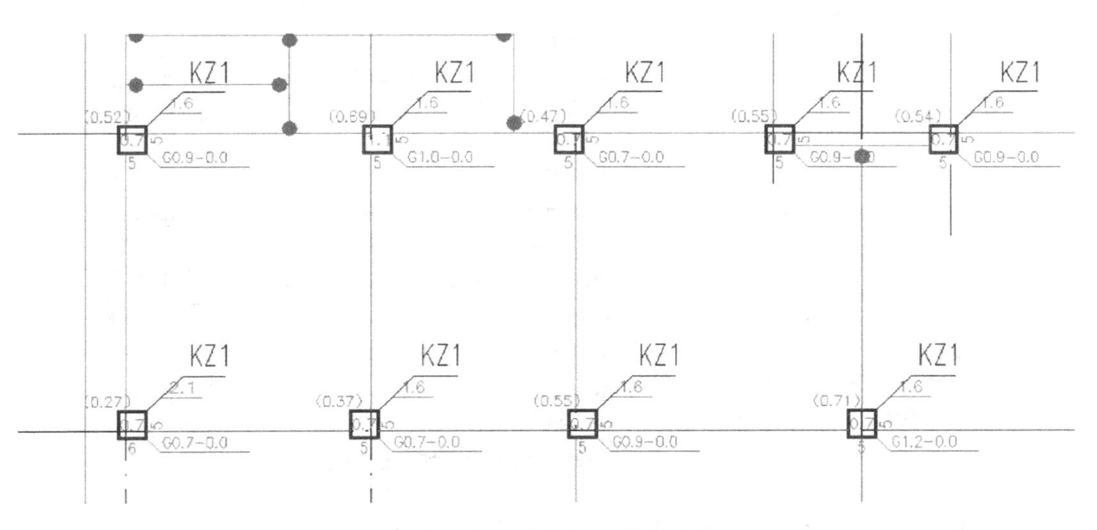

图 2-224　柱子标注（柱编号）

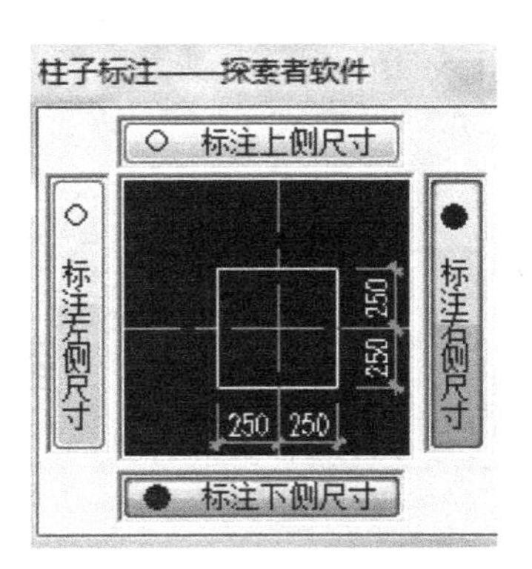

图 2-225　柱子尺寸标注

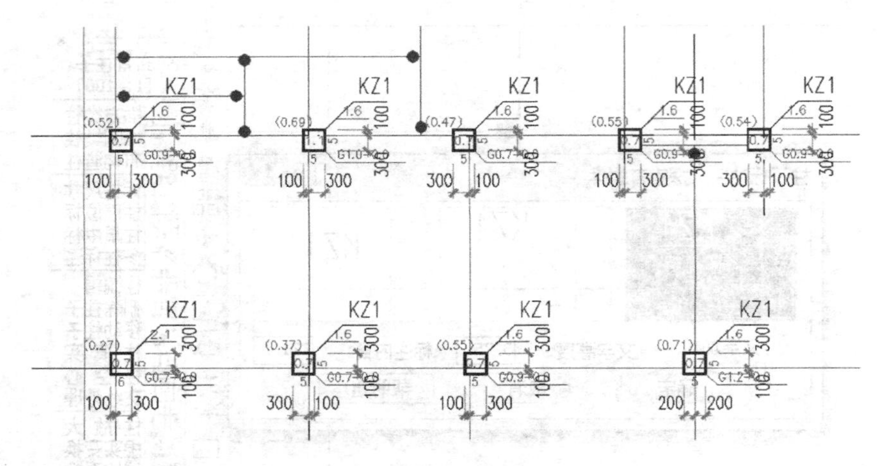

图 2-226　柱子尺寸标注（1）

注：在实际工程中，有时标注后的尺寸重叠，可删除标注的重叠尺寸，点击【TSSD/布置柱子/标注尺寸】，选择合适的标注方向，再重新标注。

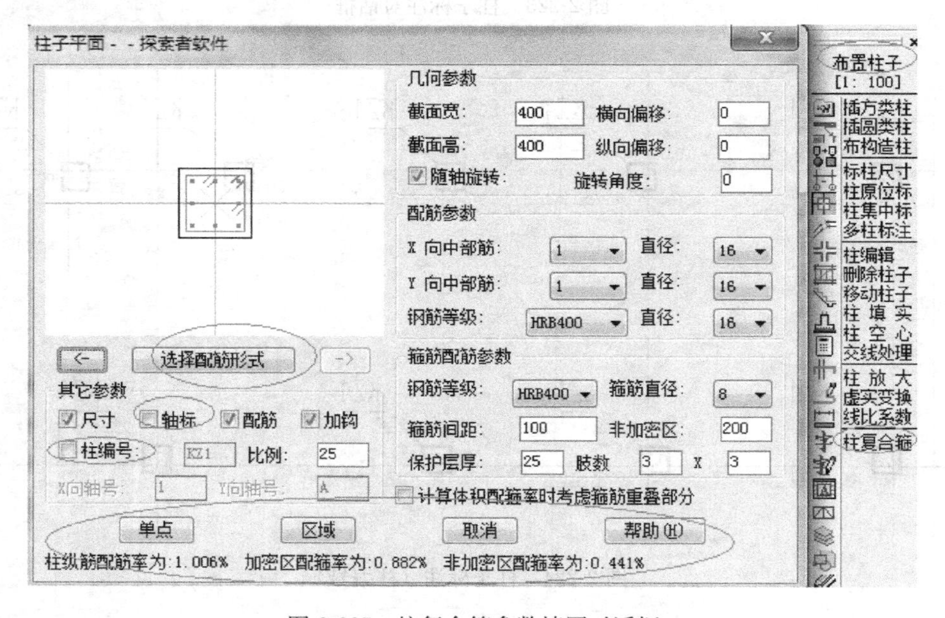

图 2-227　柱复合箍参数填写对话框

注：比例一般为 1∶25。不勾选“轴标”、“柱编号”。

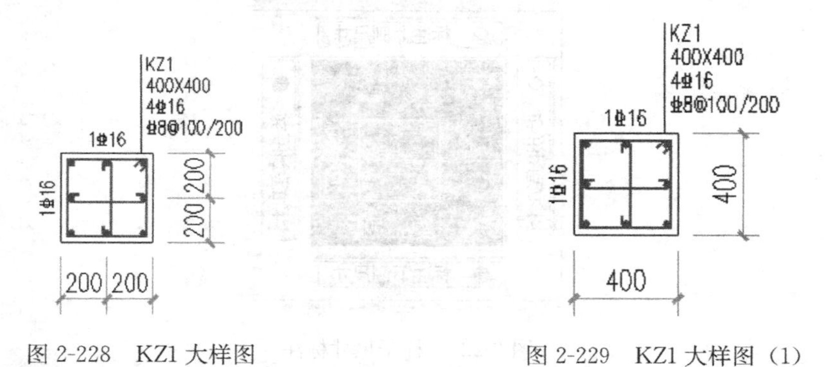

图 2-228　KZ1 大样图

图 2-229　KZ1 大样图（1）

5）如果柱平法施工图不采用图 2-226＋图 2-229 的方式，也可以先删掉图 2-226 中的柱 1 及其尺寸标注、柱编号，再点击【TSSD/布置柱子/柱复合箍】，相关参数填写如下（图 2-230），采用“区域”方式，在柱 1 处布置柱大样，如图 2-231 所示。最后把 WPJ.DWG 图（快）删除。

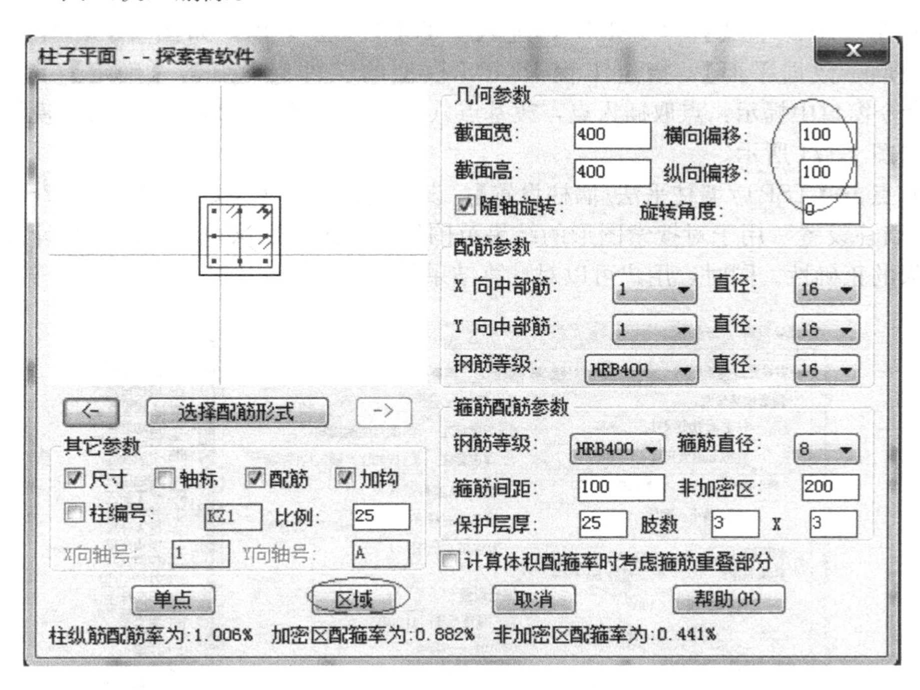

图 2-230 柱复合箍参数填写对话框（1）

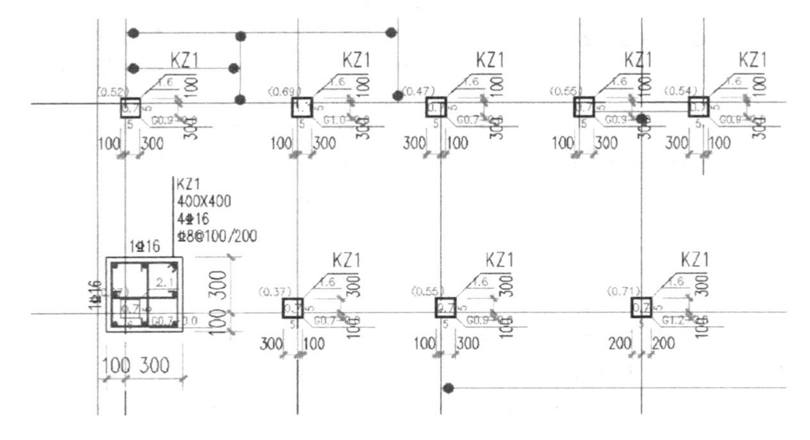

图 2-231 柱平法施工图（部分）/平法截面注写（原位）

6）柱子归并系数一般控制在 0.2～0.3，不超过 0.5。归并时应分区域，比如角部、边部、中部；同一层柱归并为同一编号的前提是其轮廓形状相同。如果轮廓不同，则柱编号不同。如果轮廓与纵筋面积均相同，柱编号相同。如果轮廓相同，但纵筋的差异不大于归并系数指定的范围内则柱编号可相同。角柱一般配筋大，可单独设一个编号。归并工作量不大时，应选择平法标注；工作量大时，选择列表标注。

一般看来，框架结构第一层由于层高比较高，作为一层进行归并，中间的标准层一般归并为一层（如果没有柱截面变化），屋面层的柱子配筋一般会比标准层大，另做一层进行归并。如果建筑平面发生变化，一般另做一层归并。

2. TSPT 画柱平法施工图

（1）在 TSSD 中选择“TSPT”，进入“TSPT”主菜单，如图 2-169 所示。点击【TSPT/模板/数据平面】，指定工程 PKPM 模型的文件夹，点击【确定】（图 2-170），TSTP 命令窗口中提示：点取插入点，改基点（T）。在屏幕中点取插入点后，模板图自动生成，如图 2-171 所示。

（2）点击【TSPT/墙柱平法/墙柱设置】，设置制图方法等参数，如图 2-232～图 2-238 所示。“墙柱设置”用于对搜索图形的结果范围作出规定，适当填写可以提高计算速度和计算结果的正确性。同时，用户可以对计算结果的显示内容作出选择。

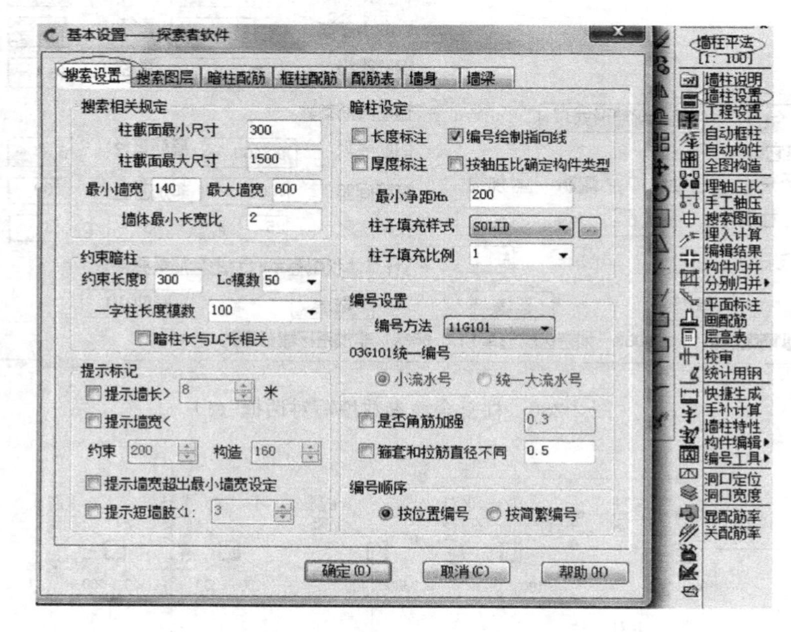

图 2-232　墙柱平法—搜索设置

参数注释

1. 图 2-232 所示相关规定

这些参数有助于程序在图中能够正确识别有效的墙线和柱线。同时，用户也可以用这些参数来控制图上参与工作的构件。例如，用户填写了端柱截面最小尺寸 200mm，程序会把长度小于 200mm 的柱线围成的柱不再作为端柱。另外，当用户的图中有零散不成构件的墙线柱线时，需要用最小墙宽最大墙宽及墙体最小长宽比来进行过滤。这些参数的填写最好与图中的实际构件尺寸相符合，例如图中最小墙厚是 180，那么就填写 180。

柱截面最小尺寸、柱截面最大尺寸：当柱边长或直径小于或超过所填写值时，程序不再识别为柱。一般可按默认值设置。

最小墙宽、最大墙宽：当墙宽超过所填写值时，程序不再识别为墙。一般可按默认值设置。

墙体最小长宽度比：当墙长和墙宽的比例小于所填写值时不再识别为墙，而识别为柱。一般可按默认值设置。

2. 约束暗柱

与约束暗柱的范围相关参数。约束长度 B 是指约束暗柱在墙肢内的净长度，规范对这个长度有明确规定（“高规”7.2.16)(“抗规”6.4.5)(“混规”11.7.17)。当用户填写的长度小于规范规定长度时，程序执行规范规定；反之，则执行用户填写的长度。在约束边缘构件中有 L_c 长度的标注，这个长度的计算与墙长、墙厚相关，计算完成后长度在应用到工程中时需对其进行模数修正，也就是 L_c 的长度均修正为模数的倍数，例如计算完长度为 210，修正后为 250，这个参数的取值范围没有强制规定，但一般取 50 比较适中，太大会浪费，太小又会太烦琐。对于一字形暗柱，其长度的确定在规范中是这样规定的：取墙厚、400、$L_c/2$ 的最大值，在实际工程中通常都会用到 $L_c/2$，这样计算出来的长度值会大小不一、很分散，为了更好地归并一字形暗柱，减少其种类，在约束暗柱的参数中增加如下两个：暗柱长度是否与 L_c 长度相关及暗柱长度模数，当选取暗柱长度与其 L_c 长度相关时，则当暗柱长度与 L_c 长度相差小于一个纵筋间距时，暗柱长度取为 L_c 长度。另外，暗柱的长度应符合模数，这样执行结果会大大减少一字形暗柱的种类，并符合工程要求。

约束长度 B：约束边缘构件阴影部分垂直墙枝方向伸出墙边的长度，默认值为 300。一般可按默认值设置。

L_c 模数：计算 L_c 长度的取值模数，默认值为 50，如果计算得到 $L_c=320$，则取值为 $L_c=350$。一般可按默认值设置。

一字柱长度模数：一字柱长度是由计算得来，长度需要取模数，例如长度计算为 420，模数为 50，则值为 450，模数为 100，则值为 500。一般可填写 50。

暗柱长与 L_c 相关：当暗柱的肢长与 L_c 的长度相差小于一个纵筋间距时，暗柱长度加长至 L_c 的长度。一般勾选与不勾选均可，根据单位要求填写。

3. 程序提示

用户可以在这里选择墙线搜索完成后需要的结果提示，这些提示都是规范中有特殊要求的内容，只是有特殊要求但并不是强制性规定。提示墙长>取值程序建议值是 8m，在规范中规定墙长最好不要超过 8m（“高规”7.1.2)。提示墙宽<约束层取值程序建议值是 200mm，构造层取值程序建议值是 160mm。提示短墙肢的墙厚与墙长的比值程序取值 1∶3，规范要求小于 1∶3 的墙肢按柱进行设计，箍筋全高加密，规范中还有短肢墙的定义 1∶4～8（“高规”7.1.8)。

提示墙长：一般可勾选，但在实际设计时，若墙长方向有有效的垂直支撑，则可以放宽 8m 的限制。按规范要求，剪力墙的长度不可过长，不宜大于 8m。当用户需要检查时，可以选择此项，程序把墙长超过此项的墙做出标记。

提示墙宽：一般可勾选。按规范要求，剪力墙的宽度在约束时不宜小于 200，在构造时不宜小于 180。当用户需要检查时，可以选择此项，程序对超过此项的墙宽做出标记。

提示墙宽超出最小墙宽设定：如果剪力墙的宽度小于用户在搜索相关规定中填写的最小墙宽，则做出提示。当用户需要检查时，可以选择此项。

提示短肢墙：一边可勾选。按规范要求，剪力墙的墙厚与墙长的比值不宜小于 1∶3。当用户需要检查时，可以选择此项，程序对超过此项的墙做出标记。

4. 暗柱设定

与暗柱绘制相关的一些参数。程序可以自动判定连接两个相邻的暗柱，当两个相邻暗柱的净间距小于最小净距 H_n，则自动连接成一个暗柱，H_n 的取值最好与墙身纵筋的间距相关，例如，取一个墙身纵筋间距，这样比较符合施工要求，不造成浪费。其他三项就是与工程师绘图习惯相关的参数了，用户可以选自己常用的填充样式，程序默认的为填实，如果用户在打印图形时使用灰度调整，则可以直接使用填实，就可以使出图漂亮；如果不习惯使用灰度调整，则可以选用一些填充图案，以降低所打印图形的暗度。暗柱尺寸标注选项是指用户选择在平面中标注暗柱的详细尺寸，选中这一项后，平面图的文字重叠会很严重，一般不建议采用。

暗柱长度标注：一般可选择。在平面图中是否标注暗柱长度方向详细尺寸，当平面图比例过于小时，不建议用户使用此选项，这会使图面过于重叠。

暗柱厚度标注：一般可选择。在平面图中标注时是否标注暗柱厚度方向尺寸。

编号绘制指向线：一般可选择。暗柱平面图中的暗柱编号是否需要指向线。

最小净距 H_n：阴影合并的最小间距，一般可填写 200，在 200mm 之内（包括 200）就合并。

柱子填充样式、柱子填充比例：指在平面图中暗柱填充的样式及所选样式的填充比例，为了图面清晰，不同样式应选用与其相对应的恰当比例，程序默认为 SOLID，常用的 LINE 样式比例为 1。

5. 编号设置

编号方法：共分为三种方法，顺序编号、03G101 和 11G101。顺序编号是指编号均按 AZ * GZ * 的形式依次编号；03G101 编号是指编号按 03G101 标准图的编号规则进行编号，比如 YAZ1、YJZ1、GAZ1、GJZ1D 等；11G101 编号是指编号按 11G101 标准图的编号规则对暗柱进行编号。一般选择 03G101。

小流水号、统一大流水号：只有选择 03G101 时，此项才有效。一般选择：小流水号。当用户选用 03G101 编号方法时，小流水号是按前缀单独顺序编号，即 YAZ1、YAZ2、…、YJZ1、YJZ2、…。统一大流水号是所有的前缀按一个顺序统一编号，即 YAZ1、YJZ2，…。

是否角筋加强：默认值为 0.3，如果勾选此值，则当实配暗柱纵筋面积超过计算结果的 0.3 倍时，就把暗柱的角筋以外的纵筋直径减小。例如，某边缘构件（A）计算结果为 1200，实际面积为 1527，则配筋改为实际面积为 1420。

箍套和拉筋直径不同：默认值为 0.5。如果勾选该项，当实配暗柱箍筋面积超过计算结果的 0.5 倍时，就把暗柱的拉筋的直径减小。箍紧和拉筋为两种直径。一般不勾选。

6. 编号顺序：一般选择按位置编号。

按位置编号：指暗柱按暗柱所在位置由左到右、由下到上的排序顺序自动编号。

按简繁编号：指暗柱按暗柱形状由简到繁的排序顺序进行自动编号。

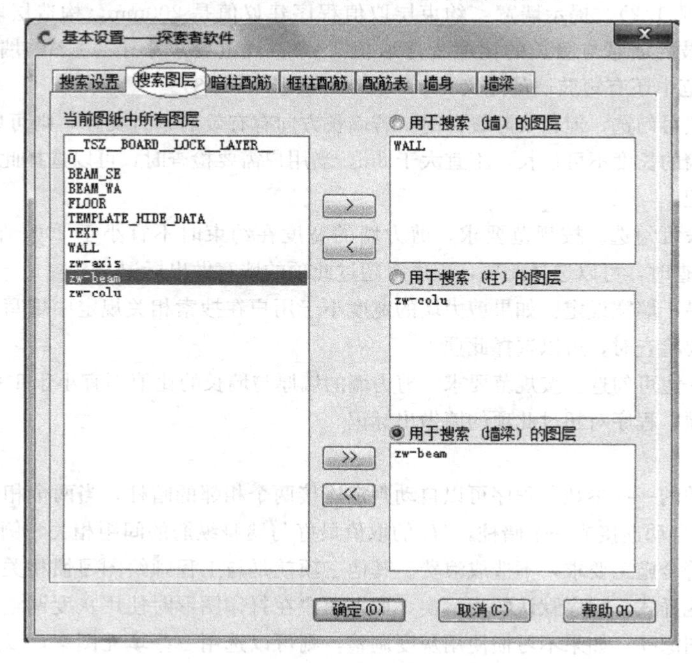

图 2-233　墙柱平法—搜索图层

注：程序按这里设定的图层来搜索构件，在当前图纸中所有图层中选定用于搜索的图层。

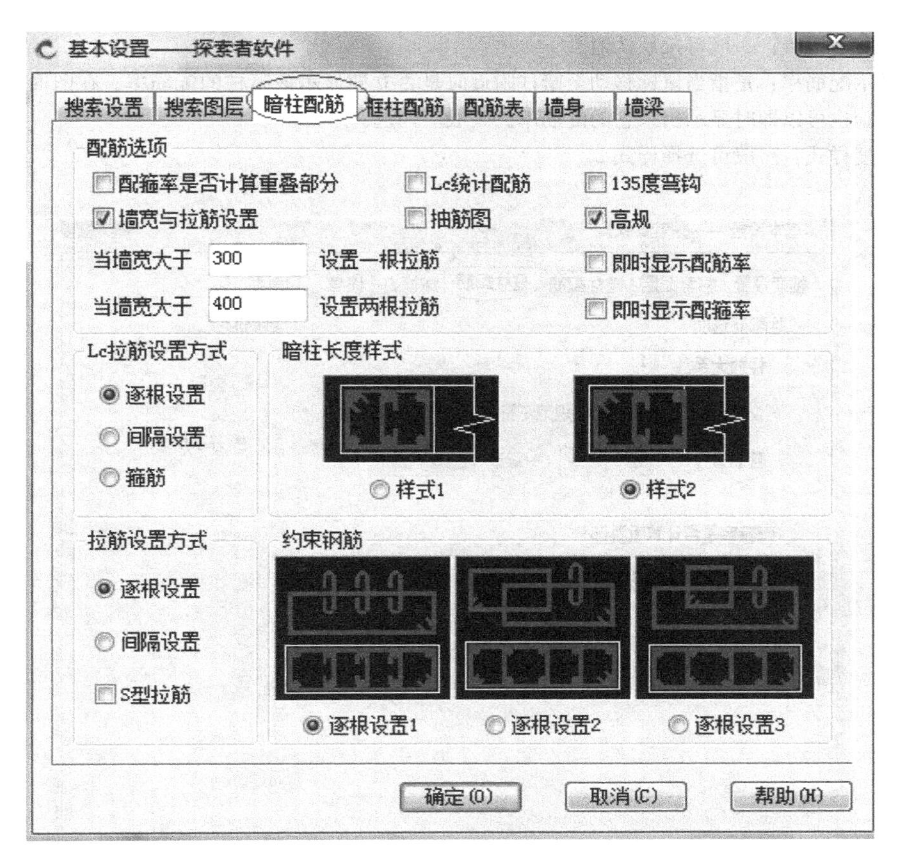

图 2-234　墙柱平法—暗柱配筋

参数注释

1. 拉筋设置方式：对与暗柱配筋相关的参数进行设置。一般可选择“逐根设置”。

逐根设置：是指暗柱分布筋上的拉筋每根都拉上。

间隔设置：指暗柱分布筋上的拉筋每隔一根设置一根拉筋。

S 形拉筋：一般不用。

注：有三种形式。第一种：中间分布筋全部用拉筋；第二种：按规范要求箍筋长宽比超过 3∶1 时，要按两个箍筋相搭 1/3 来处理；第三种：中间分布筋每两根用一个箍筋。选择“逐根设置”，则约束钢筋下面出现三种“逐根设置”方式；选择“间隔设置”，则约束钢筋下面出现三种“间隔设置”方式。

2. L_c 拉筋设置方式：是指约束暗柱阴影区外的范围的拉筋设置方式，设置方法同暗柱的设置，还可以设置成箍筋。约束暗柱阴影区外一般可选择：逐根设置。

3. 约束钢筋：“拉筋设置方式”选择“逐根设置”，则约束钢筋下面出现三种“逐根设置”方式；选择“间隔设置”，则束钢筋下面出现三种“间隔设置”方式。一般根据单位要求，选择合适的设置方式。

4. 配筋选项：

L_c 统计配筋：是指在约束暗柱详图中是否画阴影区外的钢筋详图。一般不勾选。

配箍率是否计算重叠部分：对配筋率的计算结果产生影响。一般不勾选。

抽筋图：指在暗柱详图边是否加画箍筋及拉筋的大样图。一般不勾选。

“高规”：选中后，构造暗柱长度改为 300。一般可勾选。

135°弯钩：是指暗柱拉筋的绘制形式是否采用 135°弯钩形式。一般不勾选。

墙宽与拉筋设置：一般可按默认值。

即时显示配筋率：是指当鼠标移动至暗柱附近时是否立即显示该暗柱的配筋率。在图面上将鼠标停留在框柱上，也可以即时显示出来它的配筋率。一般应勾选。

暗柱长度样式：一般可选择样式 2。

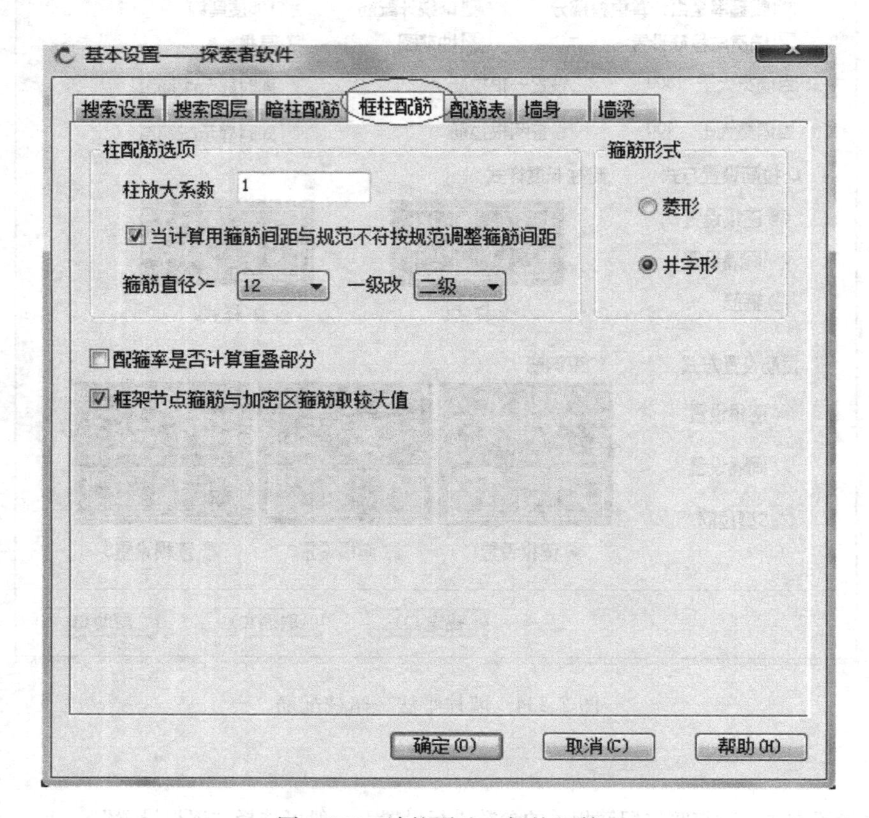

图 2-235　墙柱平法—框柱配筋

参数注释

1. 柱放大系数：把计算归并结果全部乘以用户填写的系数，程序默认值为 1.0。一般可按默认值。

2. 当计算用箍筋间距与规范不符，按规范调整箍筋间距：在计算时，SATWE 程序默认箍筋间距为 100mm，用这个间距计算出所需要的箍筋面积，但是在绘制图形时应根据规范要求配置箍筋间距，所以当用户选中时按规范进行调整，程序默认值为选中。但有时，用户希望按自定义的箍筋间距来配筋，所以此处做成选项。一般应勾选。

3. 箍筋直径≥：当箍筋直径大于所填写的数值时，可以将一级钢改为二级钢或三级钢。钢筋的等级修改后要进行等强代换。等级提高后，计算所需面积予以折减，折减后再重新选取直径，重新进行规范验算。

4. 配箍率是否计算重叠部分：程序默认按去掉重叠部分的方式计算配筋率。勾选后，重叠部分参与配筋率计算。一般不勾选。

5. 框架节点箍筋与加密区箍筋取较大值：框柱箍筋的节点区和加密区是分开的，勾选此项后，比较出最大值进行配筋。一般不勾选。

6. 箍筋形式：有两种，用户可选用井字形或菱形。一般井字形用得比较多。

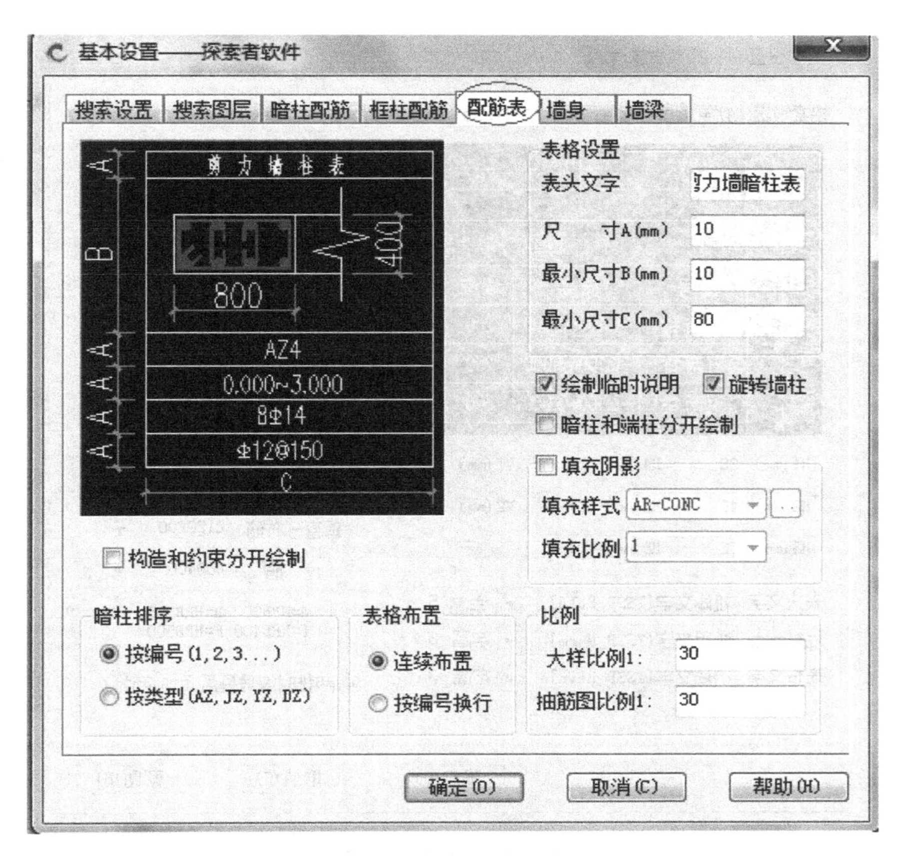

图 2-236　墙柱平法—配筋表

参数注释

1. 绘制临时说明：勾选此项后，关于工程的说明文字会随配筋表一并生成并放置在图面上。此说明文字可删除。一般应勾选。

2. 旋转墙柱：如果不勾选，配筋表中的暗柱方向与原图中的暗柱一致，程序不做任何方向改动，如果勾选，程序按暗柱形状自动调整旋转角度并按最佳摆放状态放置在暗柱表中。一般应勾选。

3. 按暗柱与端柱分开绘制：当为端柱时，如果不勾选，墙肢和框柱绘制成一个图；如果勾选，端柱绘制中的墙肢和框柱分开画。一般不勾选。

4. 填充阴影：这里的填充阴影是指在详图中绘制填充，不是在平面图中。当然，如果把详图直接原位绘制在平面图里，详图上的填充也根据这个选项定。在选择填充比例时，一定要注意不要选择的太小，以至于打印图纸时看不清楚，一般按程序默认的样式及比例出图即可。

5. 暗柱顺序：是指程序在自动绘制表格时对暗柱排列制定的规则。当按编号（1、2、3、…）时，画出来的表格是把所有的1序号的表格画完，再画2序号的；当按类型（AZ、JZ、YZ、DZ）时，画出来的表格是把相同的类型都画完后，再画其他类型的。一般可选择“按类型”。

6. 表格布置：一般选择连续布置。分为连续布置和按编号换行；连续布置是指表格可以根据提示随用户布置，表格是自然连续的；按编号换行是指程序自动处理暗柱表，换行的依据是编号变了。连续布置是用户比较常用的方式，这种方式布置图面时可以用矩形、输入长度及图框框选等对其进行布置，适用于各种情况布图。按编号换行适用于在平面图中直接画详图，为用户特需功能。

7. 比例：指表格中图形大样的比例和抽筋图的大样比例。按照单位的要求来填写类比，比如1∶30、1∶25等。

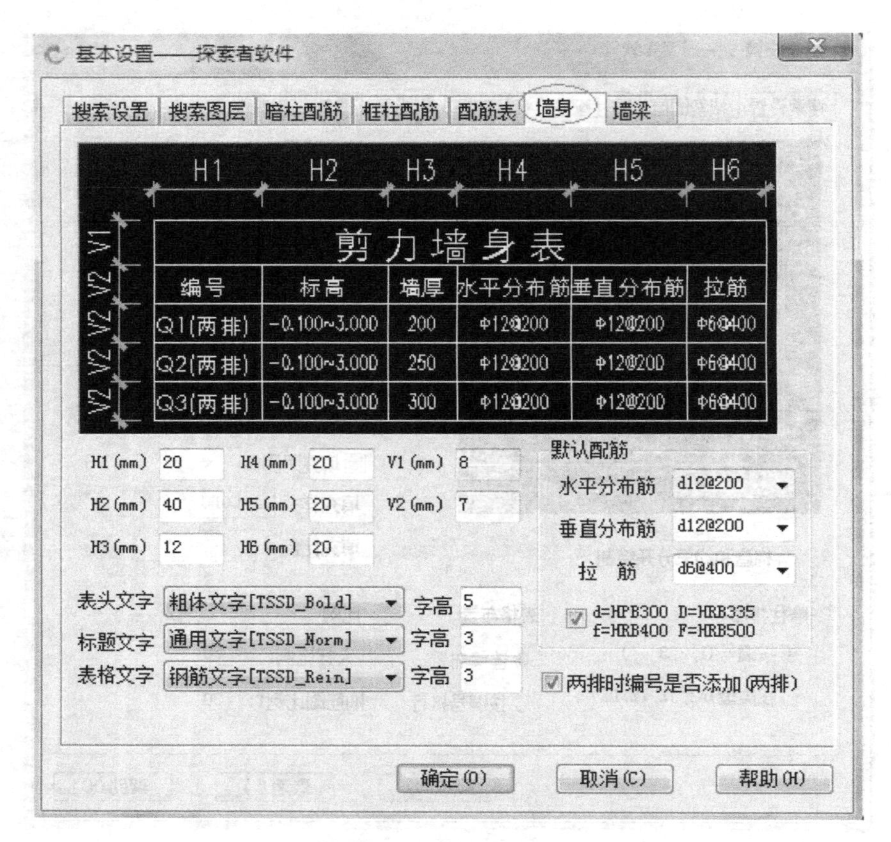

图 2-237 墙柱平法—墙身

注：对照示意图，参照配筋表格的表格设置方法进行设置。"默认钢筋"是指当墙身无计算结果埋入时，按表中数值配筋。一般可先插入"墙身表"，再按照工程实际情况修改"墙身表"。

(3) 点击【TSPT/墙柱平法/自动框柱】，弹出对话框，如图 2-239 所示。读取模板数据及计算数据，将柱配筋归并后自动画柱平法图。框架柱按国标 04SG330 来配筋。在计算目录中指定工程计算数据所在的路径。

(4) 点击【TSPT/墙柱平法/埋入计算】，把用户指定的计算模型的其中一层或多层（同一标准层）计算结果埋入到平面图中。计算结果包括柱配筋值（如果是剪力墙结构，还包括暗柱配筋值、墙体配筋值、墙梁配筋值，计算结果分为四种颜色：白色、绿色、红色、紫色，白色代表计算值，绿色为构造配筋值，红色代表未填入的配筋值，紫色代表用户指定或修改的配筋值。构件示意有两种颜色：蓝色和灰色，蓝色代表未有计算结果埋入，灰色代表已有计算结果）。当平面图中已有构件时，则把配筋值附加到对应的构件中；当平面图中无构件时，则以红色表示出，等待用户搜索指定构件；如果图中已有计算结果时，则替换原结果。如图 2-240、图 2-241 所示。

(5) 点击【TSPT/墙柱平法/构件归并】，构件归并的范围为用户框选的范围，编号统计也是此范围。当图中有计算结果时，柱（或剪力墙结构中暗柱）可以上下层对应为同一编号；当没有计算结果时，由于没有对齐点，只按几何尺寸进行归并。

归并方法分为三种：按百分比、按面积差、强行归并。程序的归并符合条件：①几何外形相同。墙梁的几何相同归并原则：截面（墙厚、梁高）、高差、梁跨。墙厚、梁跨为

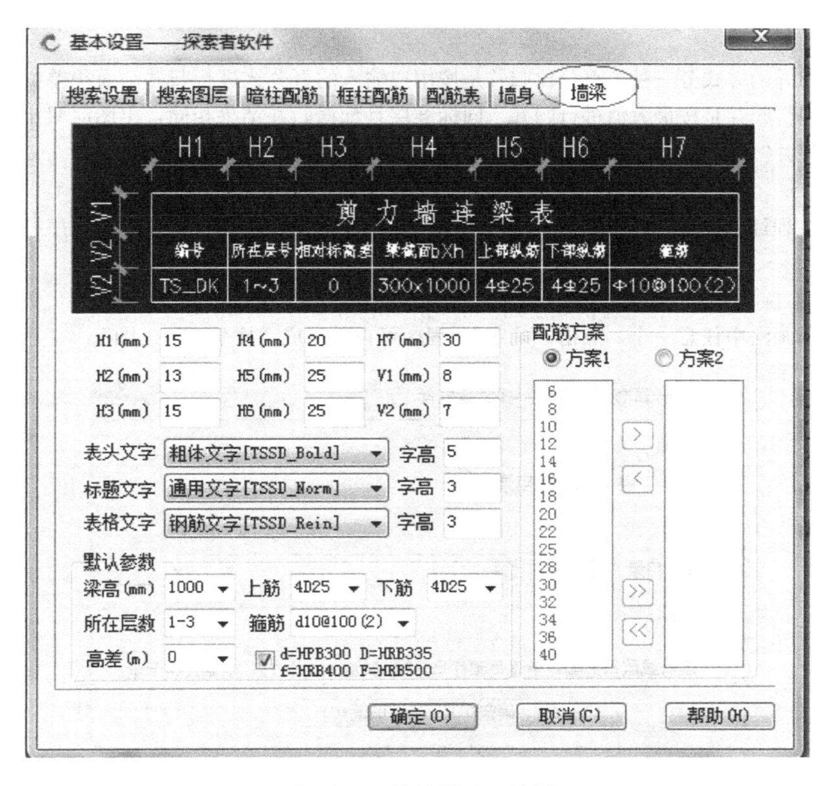

图 2-238 墙柱平法—墙梁

注：对墙梁表的样式进行预先设置及墙梁构造配筋默认取值。一般可先插入“墙梁表”，再按照工程实际情况修改“墙梁表”。

图 2-239 自动框柱对话框

注：自动画框架柱生成平面图时，当平面为同一标准层时，才可以合并成一个平面。另外，如果梁平面布置不同，其他都相同的情况下，如果只有梁布置不同，那么墙柱平面图可以合并。

参数注释

柱配筋值归并的方式分三种：百分比归并是按用户输入的百分比进行归并。面积差归并是纵筋和箍筋分开归并。强行归并是按最大值进行归并。同标准层且配筋归并结果相同，出图时只出一个平面。一般选择“加权规并”。

选筋设置：

根据实际工程经验设置，在常用值中可以选择常用纵筋，箍筋值至右侧框中，程序按所选钢筋根据此优先配置。

详图画法：

在三种详图画法中任意一个，点击“确定”，程序可自动生成“柱平法施工图”。

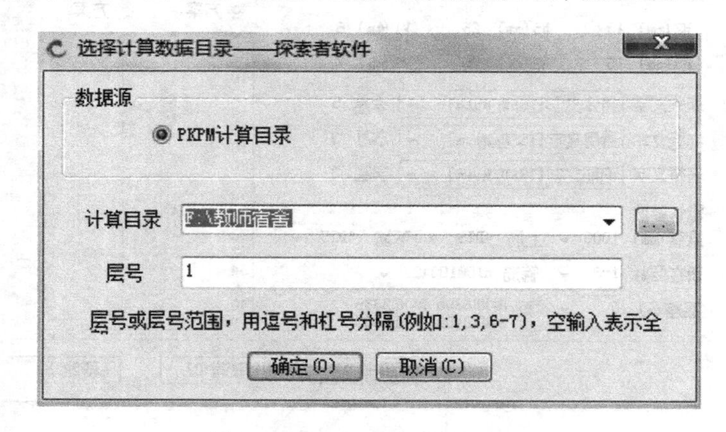

图 2-240　埋入计算对话框（1）

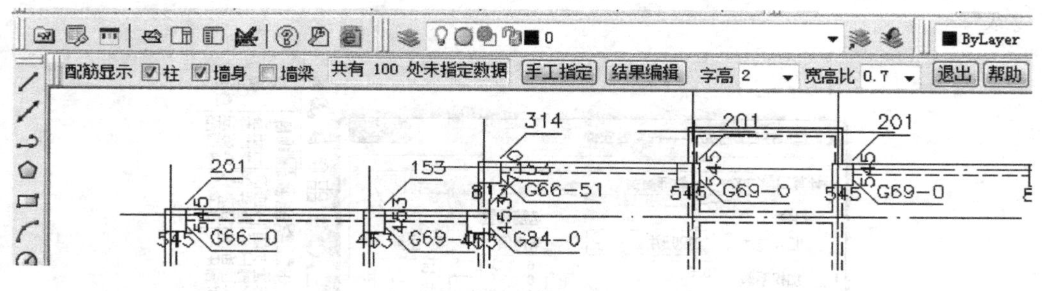

图 2-241　埋入计算对话框（2）

图面定义，梁高和高差为计算结果定义。②钢筋等级相同。钢筋等级相同是指箍筋拉筋等级相同，纵筋等级相同。③配筋面积在归并系数内。归并系数：归并系数只用于暗柱纵筋面积值、墙身水平配筋值、墙梁纵向配筋值箍筋配筋值。④按用户选用的归并方法。⑤构件归并范围：构件归并范围内上下对应位置取最大。同层内按归并系数进行归并。

在弹出的“构件归并对话框”中（图 2-242），填写与实际工程相符的参数后，点击“确定”，计算结果进行归并，归并后把归并结果埋入到图中。值得注意的是，框架柱的归并增加了对配筋结果的归并。在计算结果数值归并的基础上再次对配筋标注一样的柱子进行了二次归并，这样归并出来的柱子编号减少了。但是，在这里值得提醒用户的是，在TSPT 里面认为框架柱是个竖向的连续构件，在归并时，只有所有归并范围内、第一层、配筋和截面都相同的，才被编成一个编号。

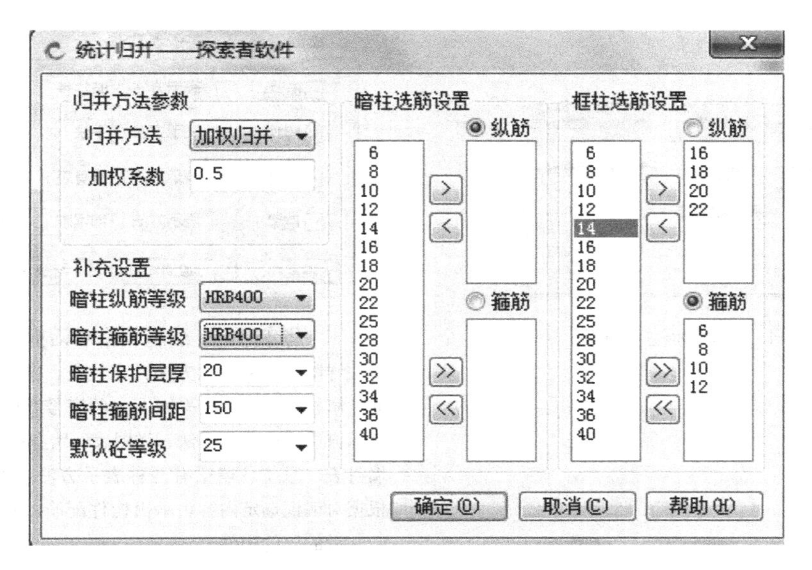

图 2-242 归并对话框

(6) 归并后，可以点击【TSPT/墙柱平法/编号工具/顺序编号】，按照设计师习惯，重新按照一定的规则编号，如图 2-243 所示。

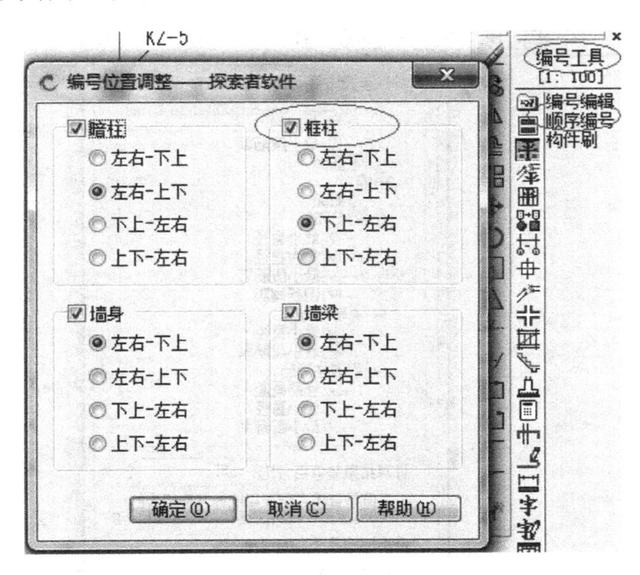

图 2-243 顺序编号对话框

(7) 点击【TSPT/墙柱平法/平面标注】，框选标注的框柱范围后，屏幕弹出如图 2-244 所示对话框，选择“框柱”编号，去掉其他构件编号选项。

(8) 点击【TSPT/墙柱平法/画配筋】，点选归并图形范围后，屏幕弹出如图 2-245 所示对话框。

(9) 点击【TSPT/墙柱平法/校审】，用户时时对比校核最新的施工图和最新的计算结果，同时检查是否满足规范条文规定（图 2-246）。用户也可以重新插入计算模型，插入后替换已有的计算结果。

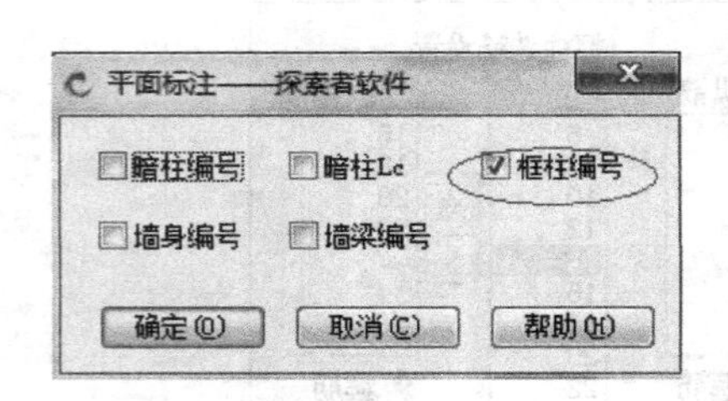

图 2-244　平面标注对话框

图 2-245　绘制表格对话框

注：1. 暗柱详图有三种表示方法：暗柱表、平面大样、原位配筋。暗柱表的排列按平面图中的序号顺序。框柱有三种表示方法：柱表、平法、详图表。墙身有两种表示方法：墙身表、原位。墙梁有两种表示方法：墙梁表、原位。根据对话框选定内容表示出构件配筋，其绘制结果均为归并后的层的构件。

2. 如果用户习惯于上下对齐的暗柱表格，输入 M 后，框出表格放置图框范围即可。有时候在表格中删除了一个柱子，那么移动对齐很麻烦，可以点击【TSPT/墙柱平法/构件编辑/柱表重排】。

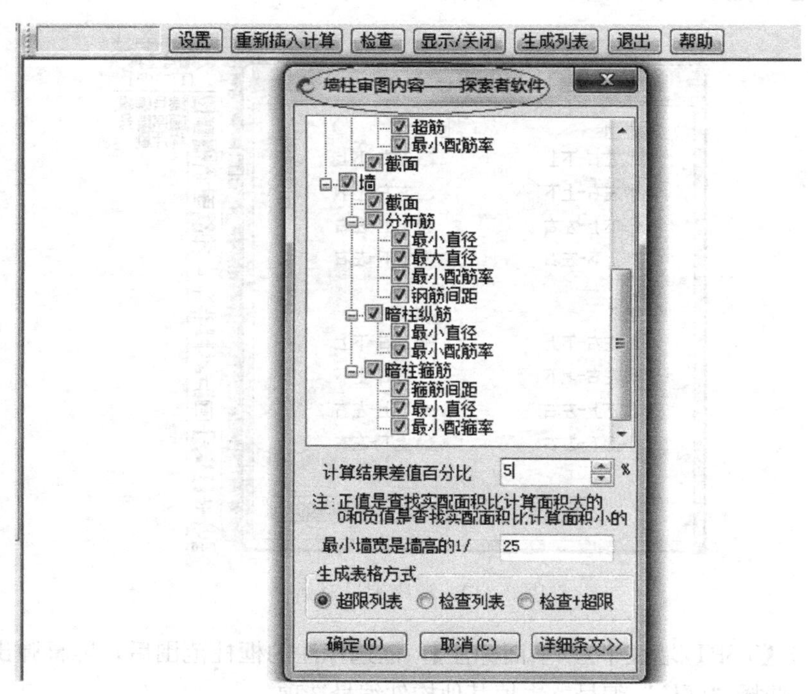

图 2-246　墙柱校审内容对话框

3. 画或修改柱平法施工图时应注意的问题

(1) 柱纵向钢筋

1) 钢筋等级

应按照设计院的做法来，由于现在二级钢与三级钢价格差不多，大多数设计院柱纵筋与箍筋均用三级钢。

2）纵筋直径

多层时，纵筋直径以 $\phi16\sim\phi20$ 居多，纵筋直径尽量不大于 $\phi25$，不小于 $\phi16$，柱内钢筋比较多时，尽量用 $\phi28$、$\phi30$ 的钢筋。钢筋直径要≤矩形截面柱在该方向截面尺寸的 1/20。

构造柱比如截面尺寸为 250mm×250mm，一般配 4ϕ12。结构柱，当截面尺寸不小于 400mm×400mm 时，最小直径为 16mm，太小了施工容易弯折，截面尺寸小于 400mm×400mm 时，最小直径为 14mm。

3）纵筋间距

① 规范规定

“高规”6.4.4-2：截面尺寸大于 400mm 的柱，一、二、三级抗震设计时，其纵向钢筋间距不宜大于 200mm；抗震等级为四级和非抗震设计时，柱纵向钢筋间距不宜大于 300mm；柱纵向钢筋净距均不应小于 50mm。

② 经验

柱纵筋间距，在不增大柱纵筋配筋率的前提下，尽量采用规范上限值，以减小箍筋肢数，表 2-26 给出了柱单边最小钢筋根数。

柱单边最小钢筋根数　　　　表 2-26

截面（mm）	250～300	300～450	500～750	750～900
单边	2	3	4	5

4）纵筋配筋原则

宜对称配筋，柱截面纵筋种类宜一种，不要超过两种。钢筋直径不宜上大下小。

5）纵筋配筋率

① 规范规定

“抗规”6.3.7-1：柱的钢筋配置，应符合下列各项要求：

1　柱纵向受力钢筋的最小总配筋率应按表 2-27 采用，同时每一侧配筋率不应小于 0.2%；对建造于Ⅳ类场地且较高的高层建筑，最小总配筋率应增加 0.1%。

柱截面纵向钢筋的最小总配筋率（百分率）　　　　表 2-27

类　别	抗震等级			
	一	二	三	四
中柱和边柱上	0.9（1.0）	0.7（0.8）	0.6（0.7）	0.5（0.6）
角柱、框支柱	1.1	0.9	0.8	0.7

注：1. 表中括号内数值用于框架结构的柱；
2. 钢筋强度标准值小于 400MPa 时，表中数值应增加 0.1；钢筋强度标准值为 400MPa 时，表中数值应增加 0.05；
3. 混凝土强度等级高于 C60 时，上述数值应相应增加 0.1。

②“抗规”6.3.8：

3　柱总配筋率不应大于 5%；剪跨比不大于 2 的一级框架的柱，每侧纵向钢筋配筋率不宜大于 1.2%。

4　边柱、角柱及抗震墙端柱在小偏心受拉时，柱内纵筋总截面面积应比计算值增加 25%。

③ 经验

柱子总配筋率一般在1.0%～2%之间。当结构方案合理时，竖向受力构件一般为构造配筋，框架柱配筋率在0.7%～1.0%之间。对于抗震等级为二、三级的框架结构，柱纵向钢筋配筋率应在1.0%～1.2%之间，角柱和框支柱配筋率应在1.2%～1.5%之间。

（2）箍筋

1）柱加密区箍筋间距和直径

“抗规”6.3.7-2：柱箍筋在规定的范围内应加密，加密区的箍筋间距和直径，应符合下列要求：

① 一般情况下，箍筋的最大间距和最小直径，应按表2-28采用。

柱箍筋加密区的箍筋最大间距和最小直径 **表2-28**

抗震等级	箍筋最大间距（采用较小值，mm）	箍筋最小直径（mm）
一	$6d$，100	10
二	$8d$，100	8
三	$8d$，150（柱根100）	8
四	$8d$，150（柱根100）	6（柱根8）

注：1. d为柱纵筋最小直径；
2. 柱根指底层柱下端箍筋加密区。

② 一级框架柱的箍筋直径大于12mm且箍筋肢距不大于150mm及二级框架柱的箍筋直径不小于10mm且箍筋肢距不大于200mm时，除底层柱下端外，最大间距应允许采用150mm；三级框架柱的截面尺寸不大于400mm时，箍筋最小直径应允许采用6mm；四级框架柱剪跨比不大于2时，箍筋直径不应小于8mm。

③ 框支柱和剪跨比不大于2的框架柱，箍筋间距不应大于100mm。

2）柱的箍筋加密范围

“抗规”6.3.9-1：柱的箍筋加密范围，应按下列规定采用：

① 柱端，取截面高度（圆柱直径）、柱净高的1/6和500mm三者的最大值；

② 底层柱的下端不小于柱净高的1/3；

③ 刚性地面上下各500mm；

④ 剪跨比不大于2的柱、因设置填充墙等形成的柱净高与柱截面高度之比不大于4的柱、框支柱、一级和二级框架的角柱，取全高。

3）柱箍筋加密区箍筋肢距

“抗规”6.3.9-2：柱箍筋加密区的箍筋肢距，一级不宜大于200mm，二、三级不宜大于250mm，四级不宜大于300mm。至少每隔一根纵向钢筋宜在两个方向有箍筋或拉筋约束；采用拉筋复合箍时，拉筋宜紧靠纵向钢筋并钩住箍筋。

4）柱箍筋非加密区的箍筋配置

“抗规”6.3.9-4：柱箍筋非加密区的箍筋配置，应符合下列要求：

① 柱箍筋非加密区的体积配箍率不宜小于加密区的50%。

② 箍筋间距，一、二级框架柱不应大于10倍纵向钢筋直径，三、四级框架柱不应大于15倍纵向钢筋直径。

5）柱加密区范围内箍筋的体积配箍率：

"抗规"6.3.9-3：柱箍筋加密区的体积配箍率，应按下列规定采用：

① 柱箍筋加密区的体积配箍率应符合下式要求：

$$\rho_v \geq \lambda_v f_c / f_{yv} \tag{2-13}$$

式中 ρ_v——柱箍筋加密区的体积配箍率，一级不应小于0.8%，二级不应小于0.6%，三、四级不应小于0.4%；计算复合螺旋箍的体积配箍率时，其非螺旋箍的箍筋体积应乘以折减系数0.5；

f_c——混凝土轴心抗压强度设计值，强度等级低于C35时，应按C35计算；

f_{yv}——箍筋或拉筋抗拉强度设计值；

λ_v——最小配箍特征值。

② 框支柱宜采用复合螺旋箍或井字复合箍，其最小配箍特征值应比表6.3.9内数值增加0.02，且体积配箍率不应小于1.5%。

③ 剪跨比不大于2的柱宜采用复合螺旋箍或井字复合箍，其体积配箍率不应小于1.2%，9度一级时不应小于1.5%。

6）箍筋设计时要注意的一些问题：

箍筋直径尽量用$\phi 8$，当$\phi 8$@100不满足要求时，可以用到$\phi 10$，原则上不用$\phi 12$的，否则应加大保护层厚度。一级抗震时箍筋最小直径为$\phi 10$，实际设计中一般加密区箍筋间距取100mm，非加密区一般取200mm，但要满足计算和规范规定。

高层建筑有时候会遇到柱截面较大箍筋也较为密集的情况，可以考虑设置菱形箍筋，以便形成浇筑通道，方便施工。

对于短柱、框支柱、一级和二级框架的角柱，柱子要全高加密，对于三级和四级框架的角柱可以不全高加密。至少每隔一根纵向钢筋宜在两个方向有箍筋或拉筋约束，箍筋的底线是隔一根纵筋就拉一根，全部拉上是最好的。箍筋肢距不能太大，肢距至多是纵筋间距的两倍。

（3）SATWE配筋简图及有关文字说明（图2-247）

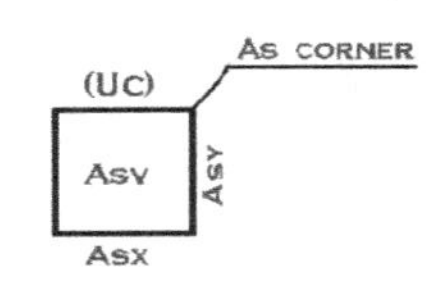

图2-247 SATWE配筋简图及有关文字说明（柱）

注：1. A_{s_corner}为柱一根角筋的面积，采用双偏压计算时，角筋面积不应小于此值，采用单偏压计算时，角筋面积可不受此值控制（cm^2）。

2. A_{sx}，A_{sy}分别为该柱B边和H边的单边配筋，包括角筋（cm^2）。

3. A_{sv}表示柱在S_c范围内的箍筋（一面），它是取柱斜截面抗剪箍筋和节点抗剪箍筋的大值（cm^2）。

4. U_c表示柱的轴压比。

5. 柱全截面的配筋面积为：$A_s = 2 * (A_{sx} + A_{sy}) - 4 * A_{s\_corner}$；柱的箍筋是按用户输入的箍筋间距计算的（100mm），并按加密区内最小体积配箍率要求、双肢箍控制，非加密区箍筋间距若为200mm，计算结果若为0，则表示按构造设置；如果为非0的计算结果，则非加密区箍筋一面总面积为2倍计算结果；

6. 柱的体积配箍率是按双肢箍形式计算的，当柱为构造配筋时，按构造要求的体积配箍率计算的箍筋也是按双肢箍形式给出的。

2.13 楼梯设计

2.13.1 构件截面

1. 板式楼梯梯板：$h=L(1/30\sim1/25)$，一般取 $L/30$，在设计时，可参考表 2-29。

板式楼梯不同计算跨度下的板厚尺寸经验值　　表 2-29

计算跨度（m）	板厚尺寸（mm）
4	130
4.7	160
6	200
6.7	220
8	270

注：有的设计院规范梯段板厚可按 $L/28$ 取值，且≥100mm。

由图 2-10、图 2-11 楼梯平面图可知，梯板的跨度分别为 3780mm、2600mm、2160mm，按 $L/30$ 取，则板厚分别为 126mm、86.67mm、72mm。由于楼梯梯板一般应≥100mm（梯板钢筋施工要求），则三个梯板板厚暂定为 130mm、100mm、100mm。

2. 平台板

一般 $h=L/35$ 且≥80mm，在设计时，一般≥100mm。

由图 2-10、图 2-11 楼梯平面图可知，平台板均为双向板，其短边最大跨为 1940mm，1940/35=55.4mm。本工程所有平台板均取 100mm。

3. 梯梁

$h=(1/12\sim1/15)L$。在设计时，梯梁的常用尺寸为墙厚×300mm、墙厚×350mm、墙厚×400mm，框架梁也可以起到梯梁的作用。

由图 2-10、图 2-11 楼梯平面图可知，梯梁的跨度分别为 2600mm、1600mm，按 $h=(1/12\sim1/15)L$ 估算，则 $h_1=2600\times(1/12\sim1/15)=173\sim217$mm，$h_2=1600\times(1/12\sim1/15)=107\sim133$mm。由于填充墙厚 200mm，梯梁截面暂定为 200mm×300mm、200mm×350mm，条形基础梁尺寸暂定为 250mm×350mm。

4. 梯柱

规范要求楼梯按抗震设计，其截面≥300mm×300mm。在实际设计中，可以做成墙厚×300mm 或墙厚×400mm，但考虑到楼梯的重要性，要根据混凝土规范进行承载力验算，混凝土强度设计值应乘以折减系数，并且适当提到其配筋率，箍筋按照框架柱进行加密处理（梯柱不是短柱时，也可不加密）。

本工程梯柱截面取 200mm×300mm。

2.13.2 梯板计算

梯板配筋计算可借助小软件，比如 TSSD、理正等，也可以查楼梯配筋表。本书将讲述在 TSSD 中计算楼板配筋（方便出计算书）。

1. 点击【TSSD/构件计算/板式楼梯】，弹出板式楼梯计算对话框，如图 2-248 所示，填写完所有参数，点击【确定】，再点击“计算”。

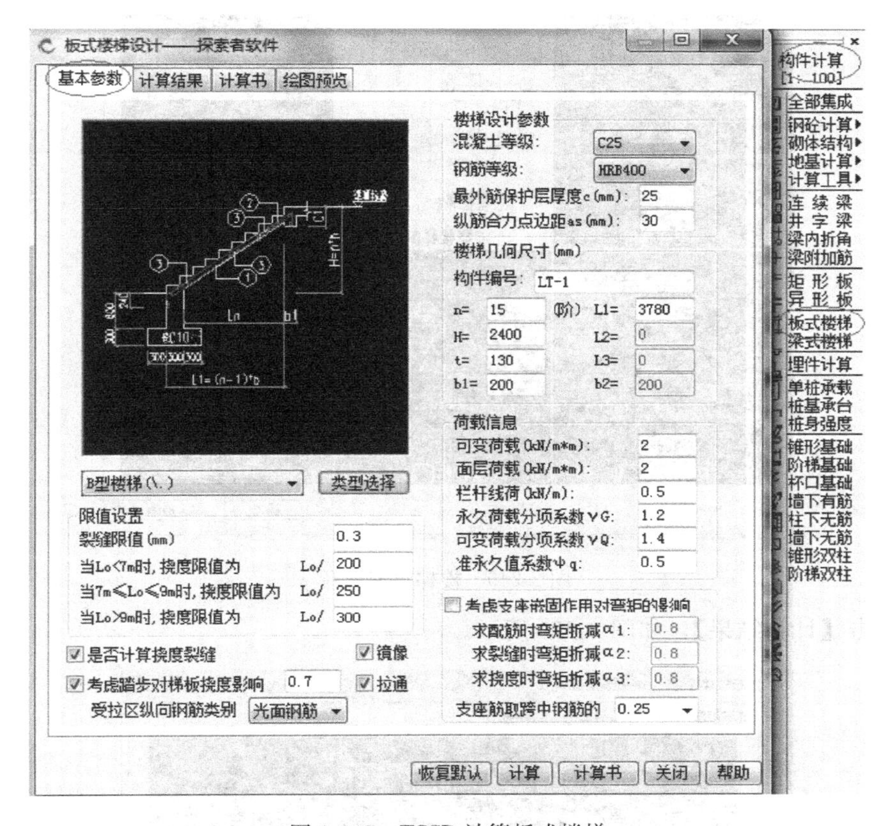

图 2-248　TSSD计算板式楼梯

参数注释

1. 类型选择：程序提供了5种楼梯类型，根据工程实际情况选择，如图2-249所示。

2. 裂缝限值：一般填写0.3。

3. 挠度限值：一般可按默认值。

4. 是否计算裂缝、挠度：一般应勾选。

5. 考虑踏步对楼梯挠度的影响：一般可勾选。

6. 混凝土强度等级：楼梯混凝土强度等级应同本层梁、板混凝土强度等级。

7. 钢筋等级：根据实际工程填写，本工程为HRB400（三级）钢筋。

8. 最外筋保护层厚度：按工程实际填写。

9. “n”：级数，级数＝踏步数＋1，查看建筑图。

10. L_1：$L_1=(n-1)\times b$（b为踏步宽度）。

11. “H”：$H=n\times h$。

12. 梯段板厚度：按工程实际填写。

13. “b_1”、“b_2”：梯梁的宽度，根据实际工程填写。

14. 可变荷载：应根据实际工程填写。

15. 面层荷载：应根据实际工程填写。

16. “镜像”：图中的楼梯图左右镜像，与实际工程相符；“拉通”：楼梯面筋拉通。其他参数的填写可按默认值或选项。

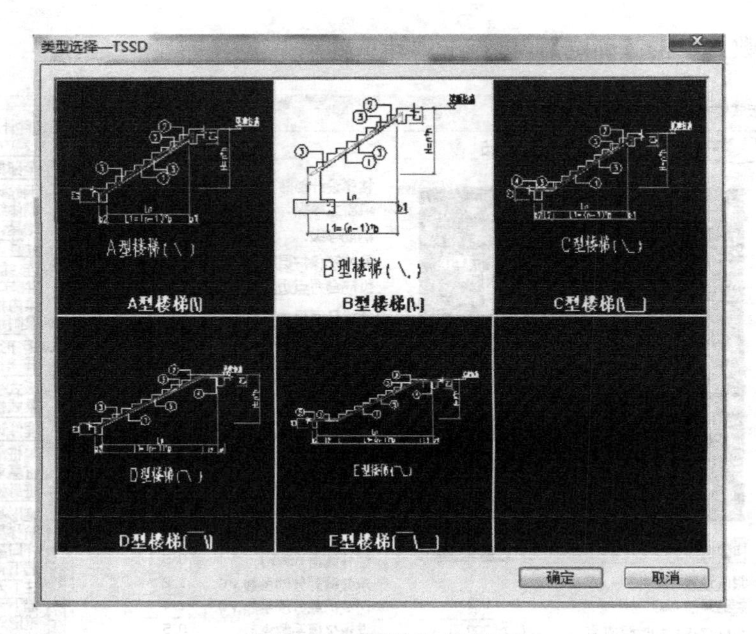

图 2-249　楼梯类型选择

2. 点击【计算结果】，如图 2-250 所示。

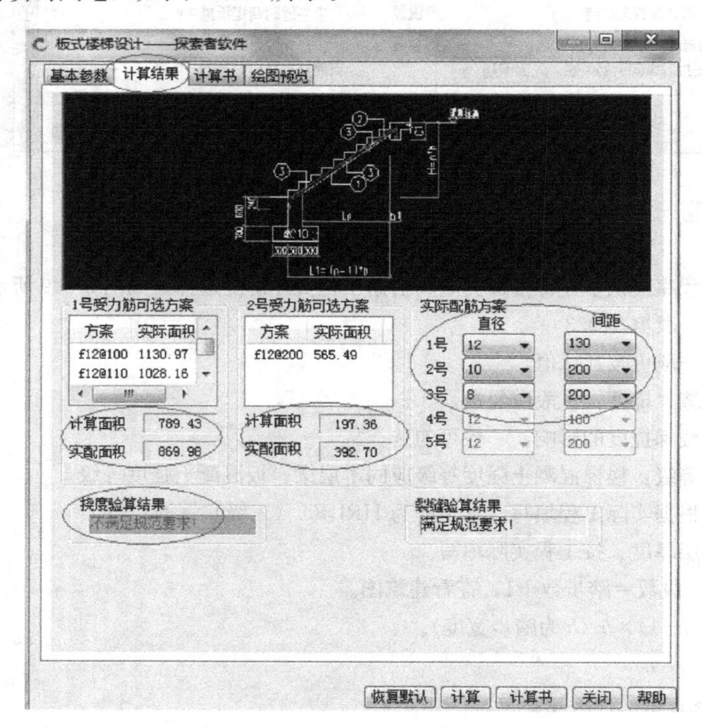

图 2-250　TSSD 楼梯计算结果对话框

注：1. 当楼梯跨度不大时，一般可以不看 TSSD 中的挠度验算结果，程序的计算结果没有考虑某些有利因素；

2. “1”号筋为底筋，“2”号为面筋，“3”号为分布筋。

3. 面筋不宜小于 8@200。考虑到地震作用时的反复性，一般面筋可比底筋小一个强度等级，比如底筋 14@150，则面筋可为 12@150。

3. 点击【绘图预览】，填写相关参数（图 2-251），点击“绘图”，生成梯段板大样图。如图 2-252 所示。对图 2-252 进行修改，如图 2-253 所示。

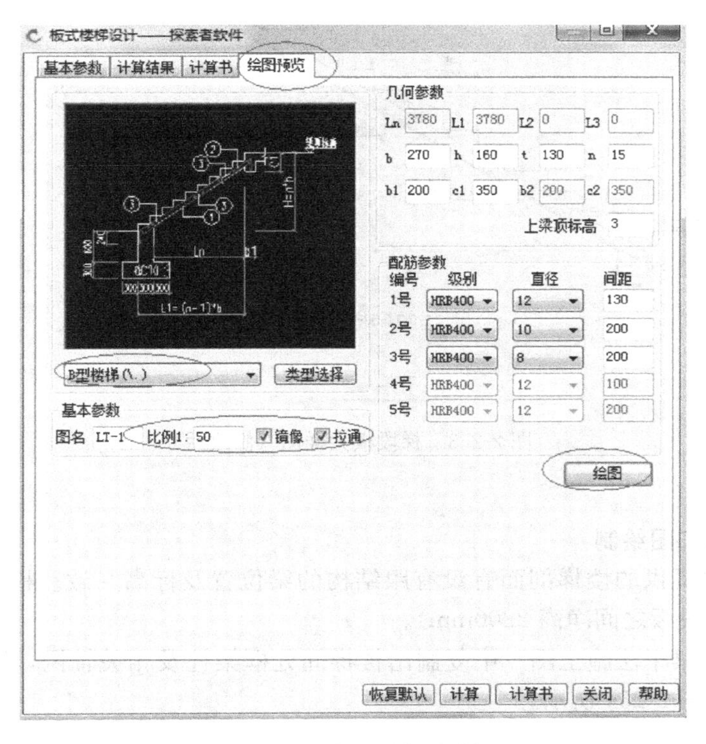

图 2-251　绘图预览对话框

注：1. 梯段板大样图一般可按 1∶50 绘制，也可按 1∶25 绘制，应符合设计院的规定及要求。

2. 关于绘图比例，一般尺寸比较小的构件，比如剪力墙、柱等，可以为 1∶25，梯梁等可以为 1∶20 或者更大。当构件尺寸比较大时，比如独立基础、桩承台、大柱子等，绘图比例可以为 1∶30 或 1∶50。

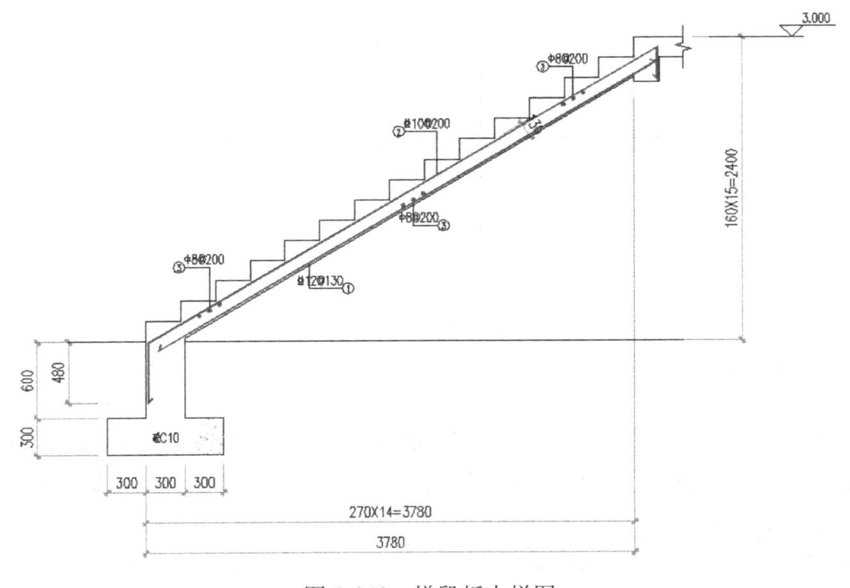

图 2-252　梯段板大样图

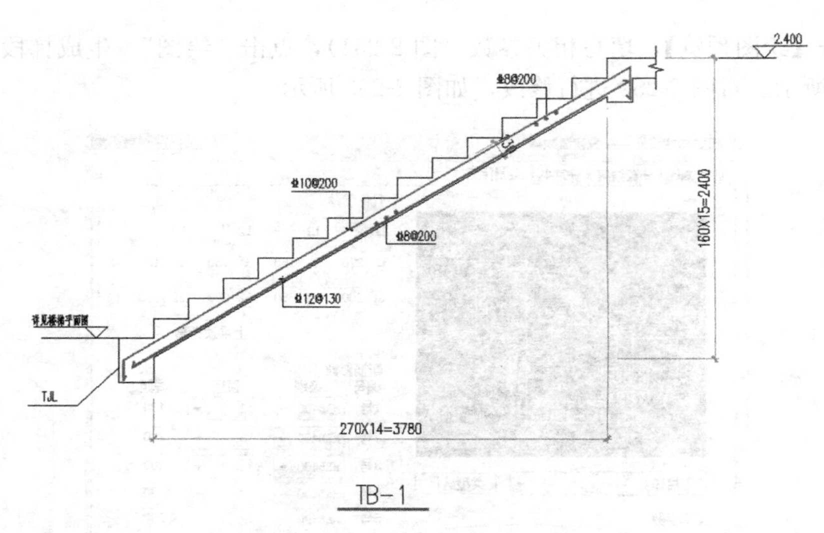

图 2-253　梯段板大样图（修改后）

2.13.3　楼梯施工图绘制

1. 检查建筑提供的楼梯剖面有没有跟结构的梁位置及标高一致。检查楼梯是否存在碰头（上、下梯段板之间净高 2200mm）。

2. 从“二层梁平法施工图”中复制出楼梯间处框架柱及相关轴网，输入“SC”命令并放大 2 倍，如图 2-254 所示。

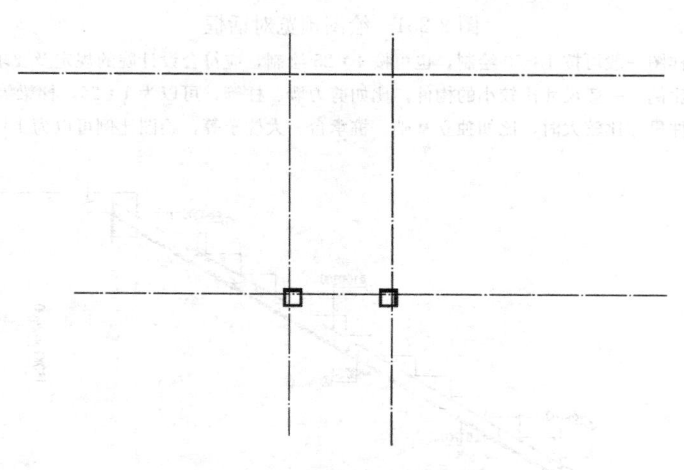

图 2-254　画楼梯平面图（1）

注：楼梯平面图可按 1：50 的比例绘制。

3. 输入偏移命令“0”，将图 2-255 中的轴线 1、2、3、4 分别向外偏移 2000mm。输入裁剪命令“T”（根据 CAD 快捷键命令设置）裁剪轴线 1、2、3、4，最后将偏移的轴线删掉，如图 2-256 所示。

4. 从梁平法施工图中复制轴网编号至图 2-257 中，并改编号，与梁平法施工图中轴网编号一致。如图 2-257 所示。

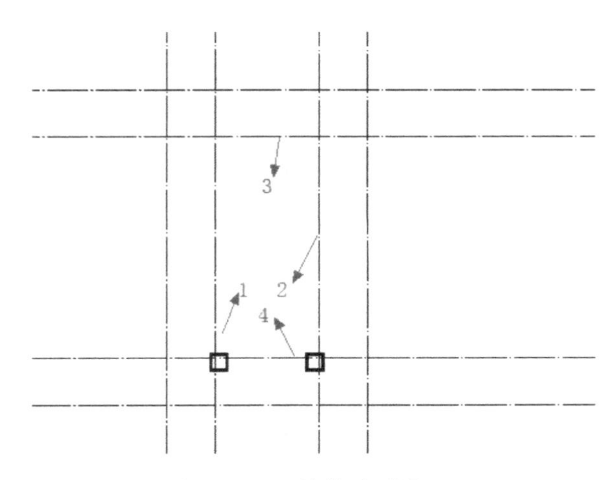

图 2-255　画楼梯平面图（2）

注：向外偏移值 2000mm 应视工程实际情况。

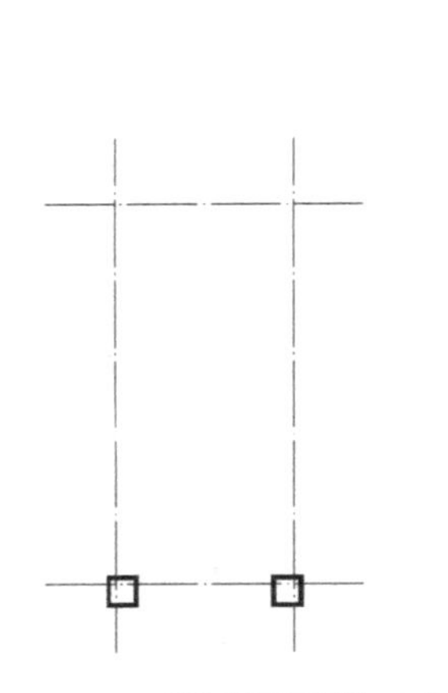

图 2-256　画楼梯平面图（3）

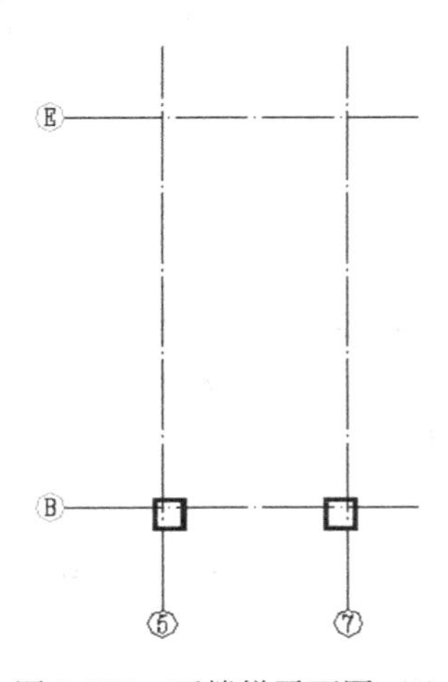

图 2-257　画楼梯平面图（4）

5. 参照建筑楼梯平面图（图 2-10、图 2-11），在图 2-254 中定位出梯段板开始与结束的位置，点击【TSSD/尺寸标注/线性标注】，标注相关尺寸。用鼠标左键单击，Ⓐ—Ⓑ轴线之间的标注 3780，并同时按“CTRL+1”，在“文字替代”中填写 270×14＝3780。点击【TSSD/尺寸标注/标注断开】，将⑤—⑦轴线之间的标注断开。如图 2-258 所示。

6. 把建筑图中踏板平面图通过定点复制到图 2-260，添加踏步宽度、踏步数、踏步板的编号及楼梯箭头指向等、删除轴线 1，输入延伸命令“EX”，将踏步板线延伸过来。点击【TSSD/尺寸标注/线性标注】，标注梯段板的尺寸，如图 2-261 所示。

7. 添加 TJL、标高并将辅助线删除，如图 2-262 所示。

8. 添加条形基础梁横截面

梯段板面荷载设计值标准值≈12kN/m^2(130 厚梯段板，1.2×8.0＋1.4×2)，则条形基础梁上的线荷载值约为 23kN/m(12×3.78/2)。

(1) 点击【TSSD/构件计算/连续梁】，弹出连续梁计算对话框，如图 2-263 所示。点击“计算”后，再点击“计算结果”，可查看计算结果，如图 2-264 所示。

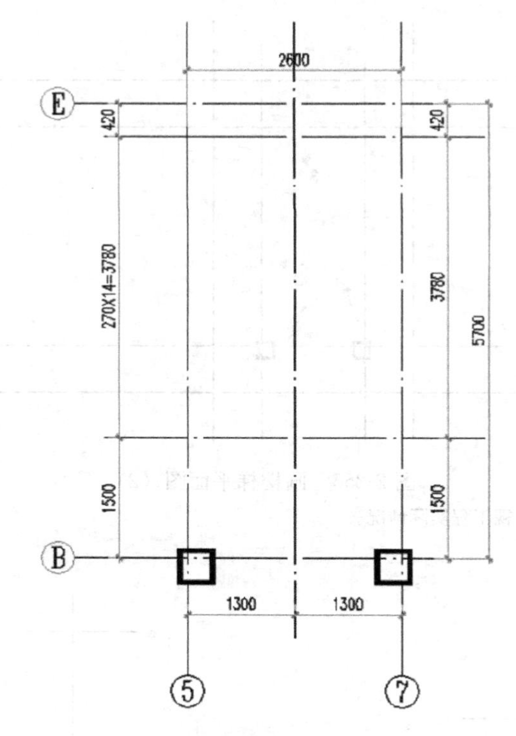

图 2-258 画楼梯平面图（5）

注：在标注时，应把 TSSD 菜单下面绘图比例改为 1∶50，如图 2-259 所示。如果标注的字高有误，可以在 TSSD 或 CAD 中点击【标注/标注样式】→选择该标注样式，点击【修改】，在弹出的对话框中点击【文字】，把字高改为规定的字高即可。

图 2-259 更改绘图比例

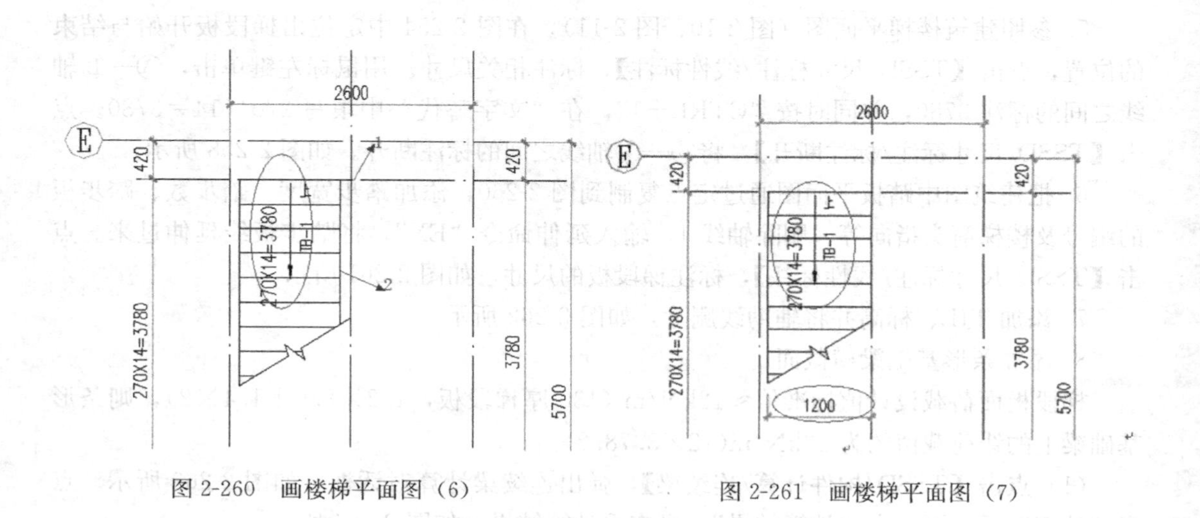

图 2-260 画楼梯平面图（6）　　图 2-261 画楼梯平面图（7）

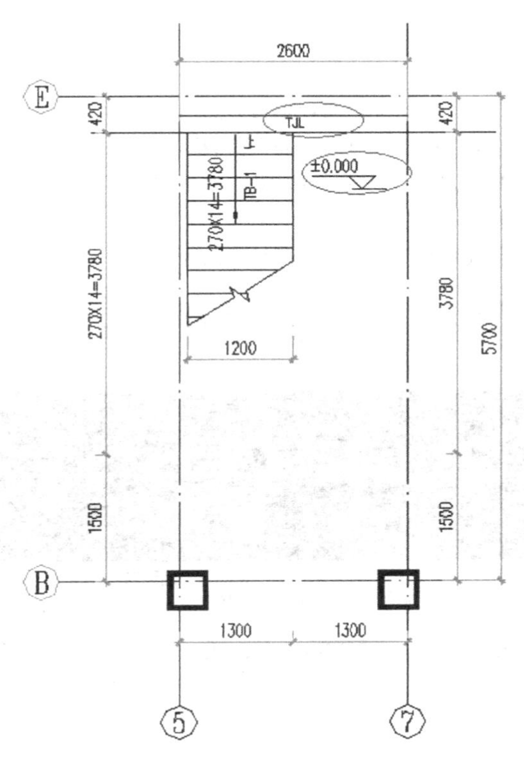

图 2-262　画楼梯平面图（8）

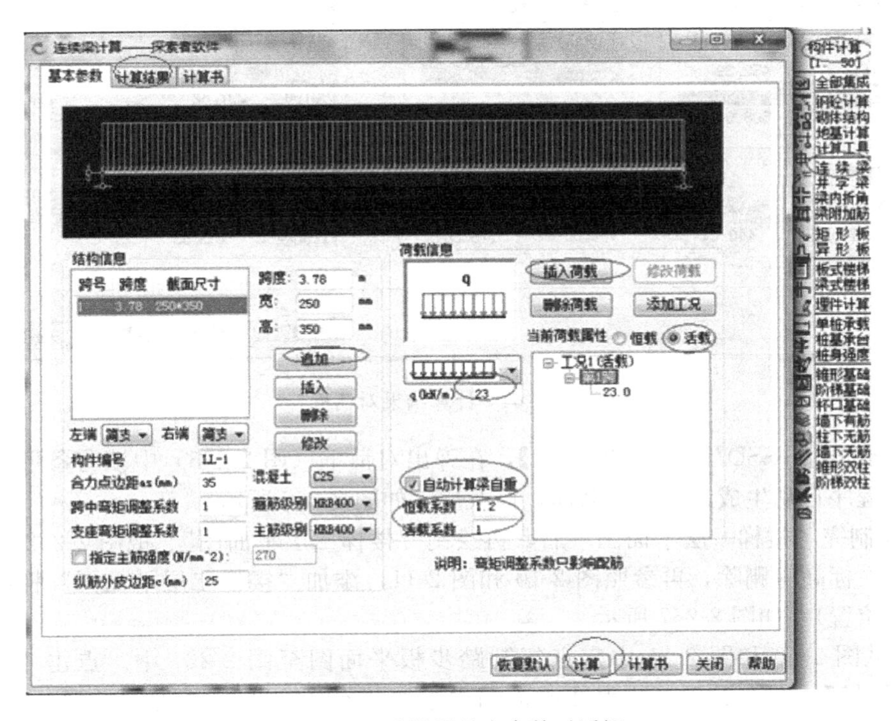

图 2-263　连续梁基本参数对话框

注：线荷载计算值为估算值（偏保守）。点击“计算结果”，可查看梁配筋计算结果。

参数注释

1. “左端”、“右端”：一般选为“简支”；
2. “跨度”、“宽”、“高”：按工程实际填写，填写后点击“追加”；
3. “q”：荷载填写后，选择“活载”，点击“插入荷载”；
4. “混凝土强度等级”、“箍筋级别”、“主筋级别”：按工程实际情况填写；
5. “自动计算梁自重”：勾选；
6. “恒载系数”：1.2；“活载系数”：1.0（线荷载值已为设计值，所以活荷载系数可填写1.0）。

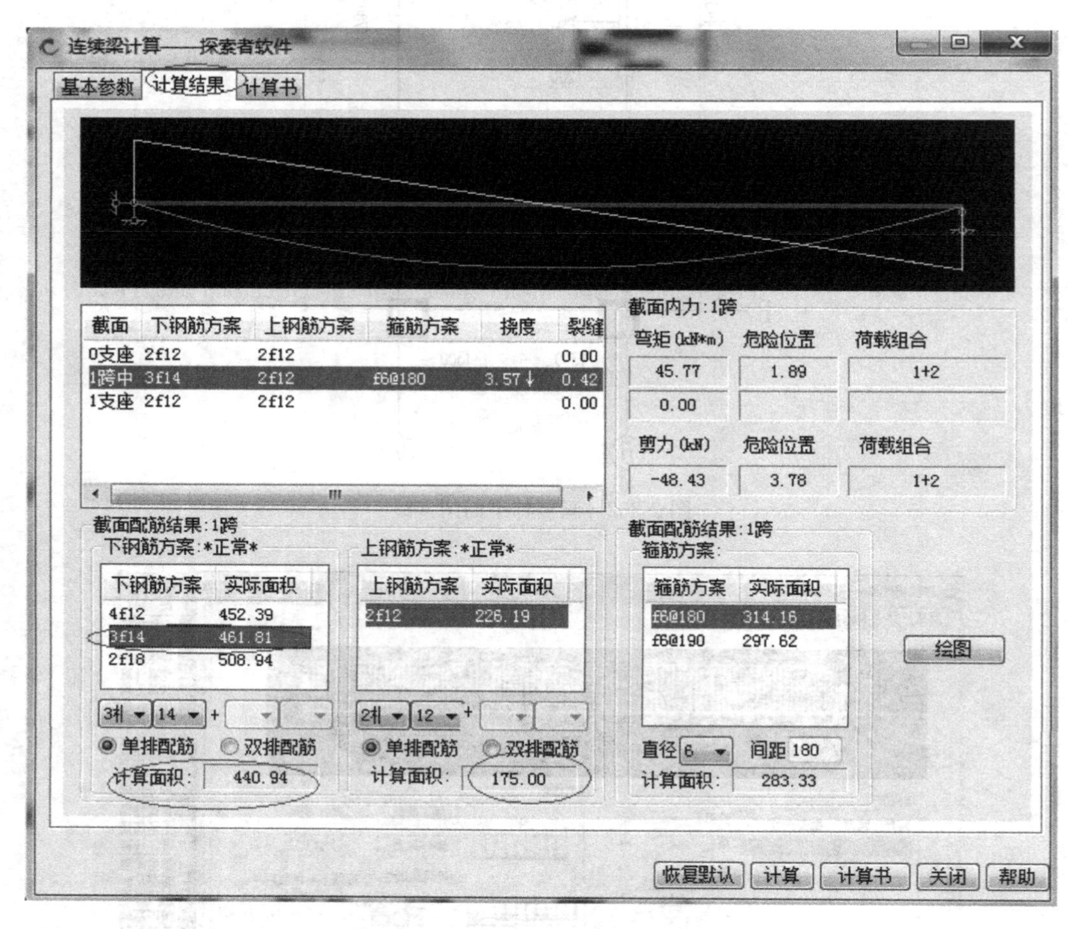

图 2-264　计算结果对话框

（2）点击【TSSD/梁绘制/梁截面】，在弹出对话框（图 2-265）中填写条形基础梁截面参数。程序自动生成条形基础截面，修改后，如图 2-266 所示。

9. 绘制完“楼梯一层平面图”后，再绘制“楼梯二层平面图”。把图 2-262 中的踏步板、箭头、标高等删除，再参照图 2-10 和图 2-11，添加“楼梯二层平面图”梯端板辅助线（起始位置），如图 2-267 所示。

10. 从图 2-10 和图 2-11 中定点复制踏步板平面图至图 2-267 中。点击【TSSD/符号/连接符号】（图 2-268），在踏步平面图中添加“连接符号”。参照“楼梯一层平面图”绘制方法，将复制后的踏步板平面图进行裁剪、延伸、删除、添加箭头、踏板编号等。如图 2-269 所示。

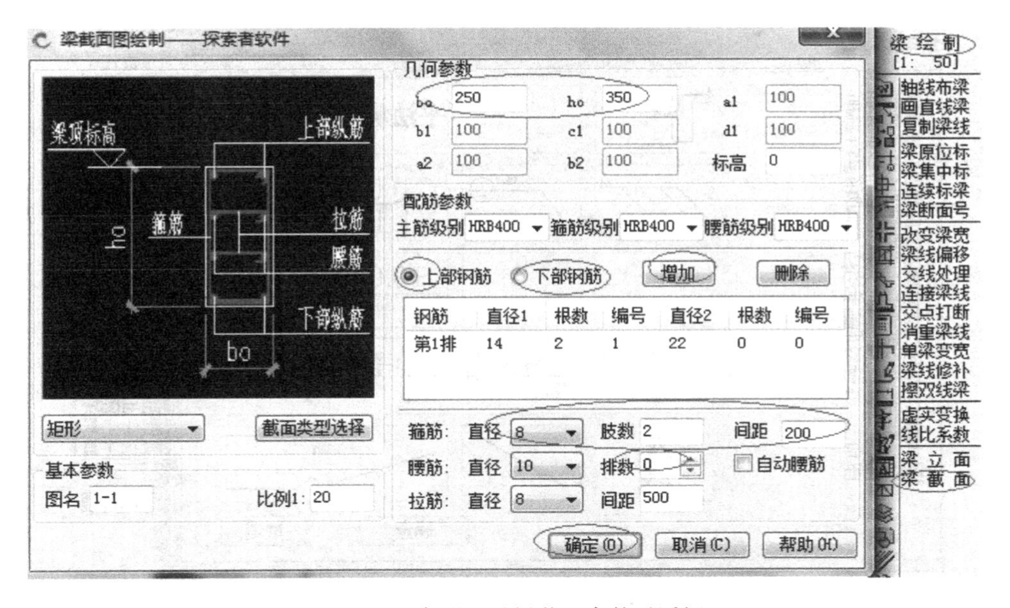

图 2-265　条形基础梁截面参数对话框

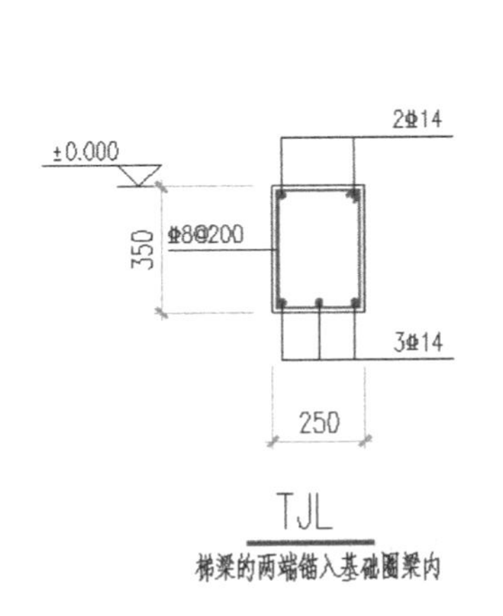

图 2-266　条形基础梁截面

注：面筋不应小于 2ϕ12，一般可比底筋小一个级别，本工程为 2ϕ14。

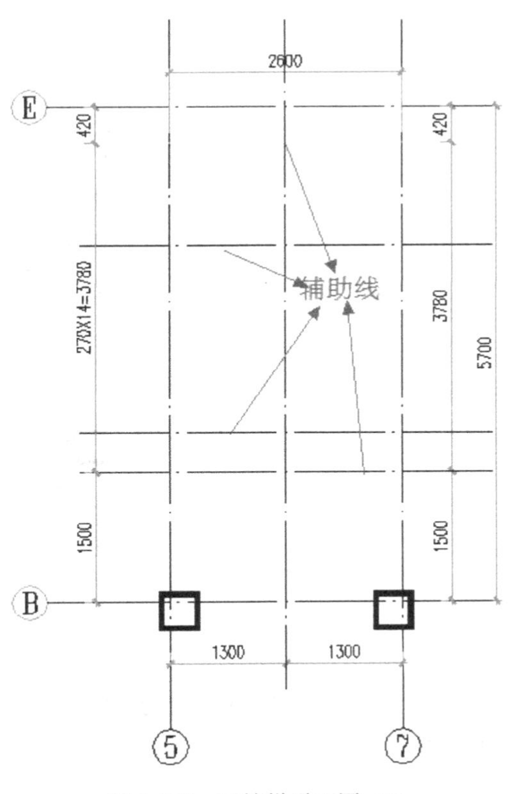

图 2-267　画楼梯平面图（9）

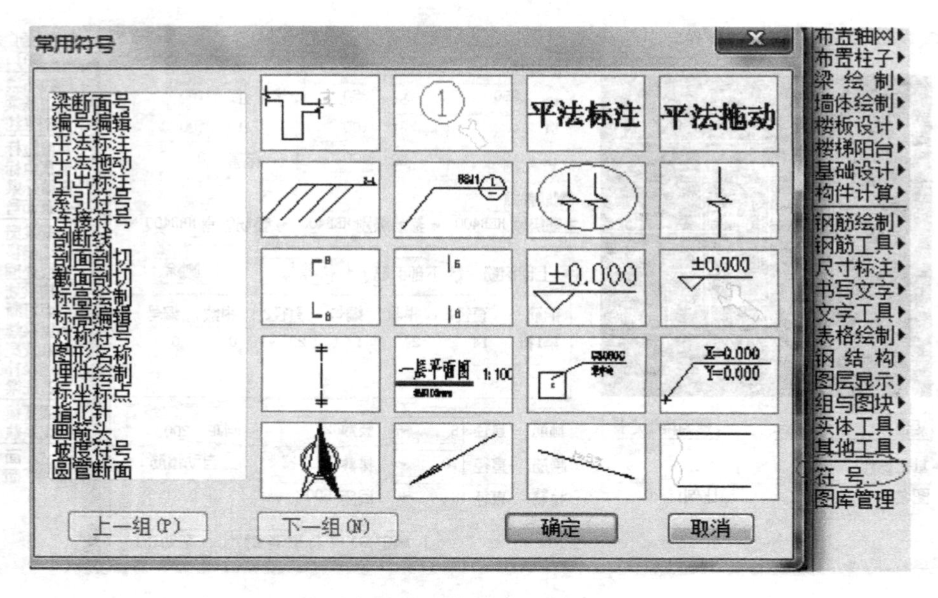

图 2-268 符号/连接符号

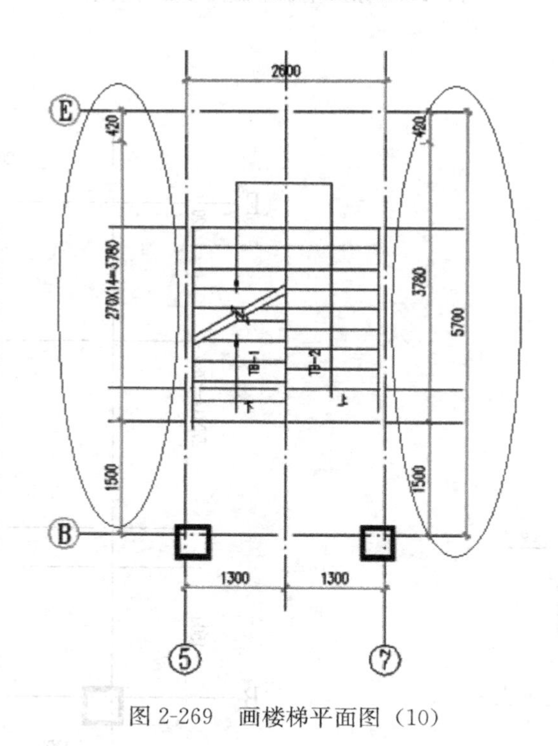

图 2-269 画楼梯平面图（10）

11. 修改图 2-269 中画圈内的标注，并删除梯段板辅助线，如图 2-270 所示。

12. 参照本章 2.13.2 梯板计算，计算“楼梯二层平面图”梯段板配筋并绘制其施工图。

13. 在图 2-270 中利用“梁线图层”画框架梁（应注意虚实关系）、剖段线及框架梁名称。再绘制梯梁 1、梯梁 2、梯梁 3 及梯梁编号。如图 2-271 所示。

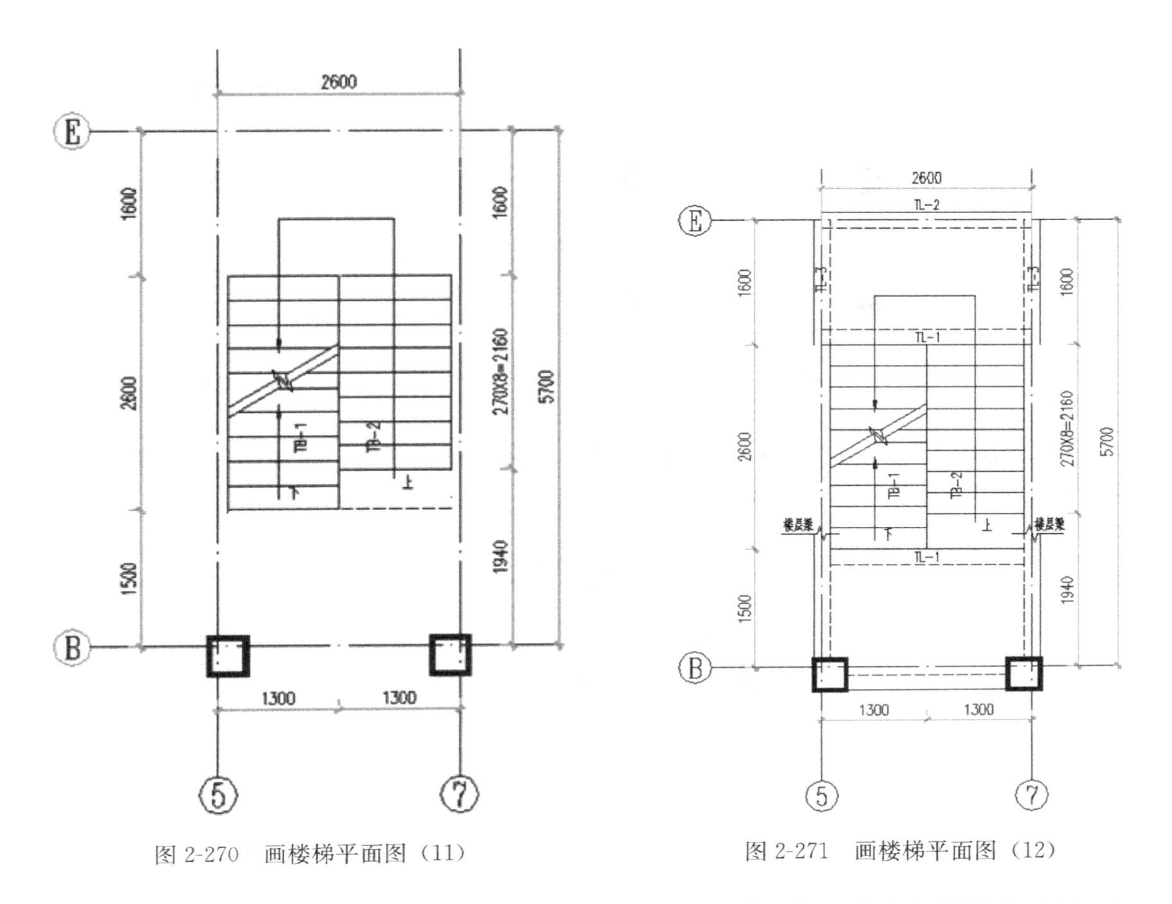

图 2-270　画楼梯平面图（11）　　　　图 2-271　画楼梯平面图（12）

参照 2.13.3 节中 8 添加条形基础梁截面，对梯梁计算计算，并绘制梯梁截面图。如图 2-272 所示。

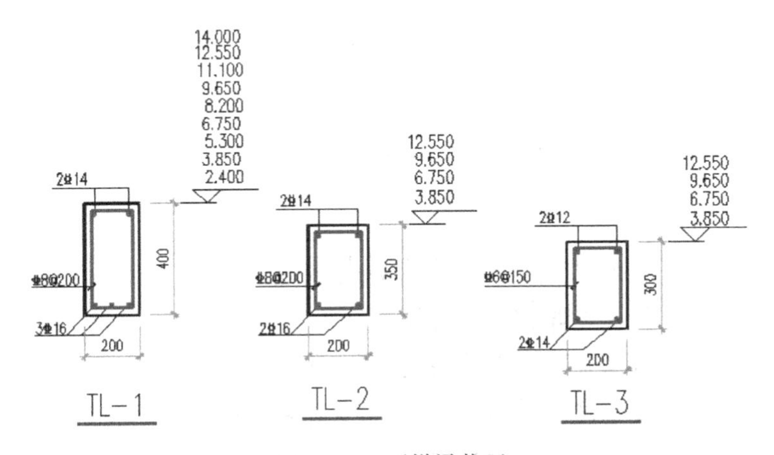

图 2-272　画梯梁截面

注：对于普通工程，一般 TL1、TL2、TL3 均可按图 2-272 构造配筋；受力较大时，应计算确定。

14. 在图 2-272 中绘制梯柱、梯柱编号，如图 2-273 所示。梯柱一般均为构造配筋，如图 2-274 所示。

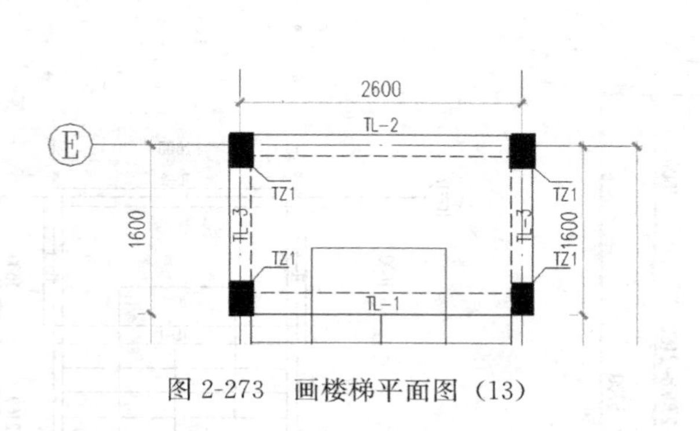

图 2-273　画楼梯平面图（13）

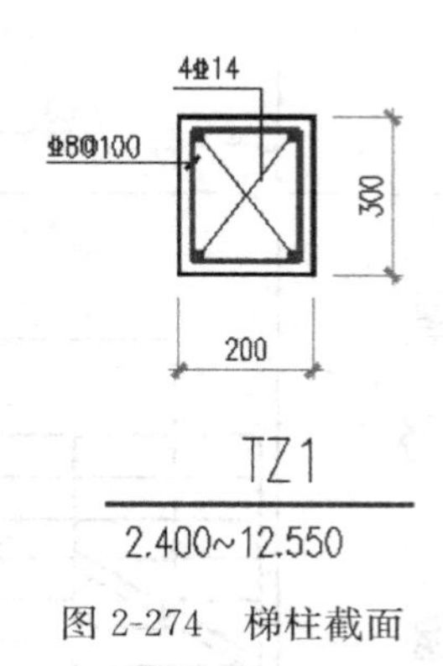

图 2-274　梯柱截面

15. 绘制楼层标高处休息平台配筋、板厚、编号（图 2-275）。添加休息平台编号、标高及楼梯说明，如图 2-276 所示。

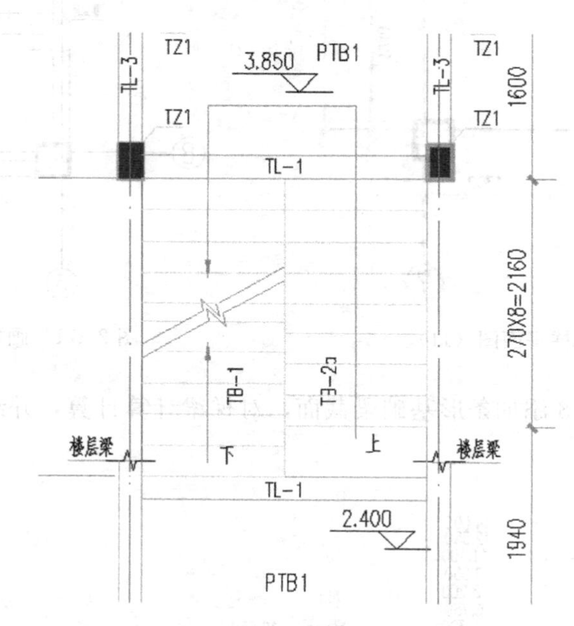

图 2-275　画楼梯平面图（14）

说明：

1. 材料：柱；梁；板 混凝土C25。
2. 未注明楼梯PTB1厚100。
3. 未注明PTB1配筋均为双层双向Φ8@200.
4. 楼梯布置图应密切配合建筑图施工，并预埋栏杆铁件。
5. TZ与梁底的连接构造同GZ，详见总说明。
   TZ下增设吊筋2Φ14。
6. 其余详见总说明。

图 2-276　楼梯说明

2.13.4　画或修改楼梯施工图时应注意的问题

1. 楼梯梯板不同跨度的板厚、配筋经验（表 2-30）。

楼梯梯板不同跨度的板厚、配筋经验　　　　表 2-30

计算跨度（m）	板厚尺寸（mm）	计算配筋面积（mm^2）	实配钢筋面积（mm^2）
4	130	842	121ϕ30=870
4.7	160	913	12ϕ100=1131
6	200	1157	12ϕ100=1131
6.7	220	1222	14ϕ100=1500
8	270	1481	14ϕ100=1500

注：1. 上表是以荷载设计值为 15kN/m^2 总结的。

2. 支座负筋应通长设置。支座负筋通长设置时因为在水平力作用下，楼梯斜板、楼板组成的整体有来回“错动的趋势”，即拉压受力，所以双层拉通。但是在剪力墙核心筒中外围剪力墙抵抗了大部分水平力产生的倾覆力矩，内部的应力小，斜撑效应弱很多，不必按双层拉通做。

3. 一般梯板的底筋不小于 10ϕ200，面筋不小于 8ϕ200。在计算梯段板时，一般是按两端简支板计算，面筋可按构造，但由于地震作用方向的不确定性，当底筋计算值较大时，面筋可按小于底筋一个直径等级配置。

2. 平台板荷载设计值一般<10kN/m^2，配筋 8ϕ200 双层双向。

3. 楼梯计算通常将平台板、梯段板单独取出来作简支板计算，支座负筋按照构造配筋，在使用过程中一般不会有太严重的问题，常见的是梯梁附近板面可能会发生裂缝，通常是由于该部位受拉造成的。如果只是一般用途的楼梯，比如住宅核心筒里的疏散楼梯、不常走人的楼梯等，局部裂缝不会影响结构安全，经过简单维修即可正常使用，可以采取构造措施，避免出现较大的裂缝。由于梯板、梯梁、平台板浇筑在一起，对小跨度楼梯来说，通过对支座的调幅，支座负弯矩不大时，梯梁受到的扭矩一般不是很大，一般截面和配筋可以满足要求。但是，当斜板跨度较大时，梯梁截面和配筋要适当加大一些。

4. 根据“抗规”，框架结构当楼梯不采用滑动支座时，模型中需要建入楼梯，并要对楼梯构件进行抗震验算。也就是说，楼梯构件属于抗震构件。那么，梯梁中钢筋的锚固就要按抗震构件的要求进行，可以把梯柱钢筋锚固梯梁中。

2.14　基础设计

2.14.1　基础选型方法

1. 工程设计中最常用的基础形式有独立基础、筏形基础和桩基础三种，一般至少要留 20%的安全储备。

2. 地基的本质是土，基础的本质是与土紧密相连的混凝土构件。独立基础、筏形基础是浅基础，而桩基础则是深基础。凡是设计跟土有关的均采用荷载标准值，凡是设计与基础构件有关的均采用荷载基本组合。

3. 地面以下 5m 以内（无地下室）或底板板底土的地基承载力特征值（可考虑深度修正）f_a 与结构总平均重度 $p=np_0$（p_0 为楼层平均重度，n 为楼层数）之间的关系对基础选型影响很大，一般规律如下：

若 $p\leqslant 0.3f_a$，则采用独立基础；

若 $0.3f_a<p\leqslant 0.5f_a$，可采用条形基础；

若 $0.5f_a < p \leqslant 0.8f_a$，可采用筏形基础；

若 $p > 0.8f_a$，应采用桩基础或进行地基处理后采用筏形基础。

本工程基础持力层为全风化岩层，承载力特征值 f_{ak} 为 240kPa。共 6 层，每层按 $12kN/m^2$（标准值）计算，则 $p = np_0 = 6 \times 12kN/m^2 = 72kN/m^2 = 0.3 \times 240kN/m^2$（240 未考虑深度修正）。所以，适合采用独立基础。

注：1. 条形基础主要是以下两种情况采用：一是当地基承载力低时，用条形基础增加整体刚度；二是当柱下独立基础产生的不均匀沉降差值过大时，用条形基础去协调变形，减小不均匀沉降差值。

2. $1kPa = 1000N/m^2 = 1kN/m^2$。

2.14.2 查看地质勘察报告

刘铮在《建筑结构设计快速入门》中总结了怎么有效地去查看地质勘察报告：第一，直接看结束语和建议中的持力层土质、地基承载力特征值和地基类型以及基础建议砌筑标高；第二，结合钻探点号看懂地质剖面图，并一次确定基础埋置标高；第三，重点看结束语或建议中对存在饱和砂土和饱和粉土（即饱和软土）的地基，是否有液化判别；第三，重点看两个水位——历年来地下室最高水位和抗浮水位；第五，特别扫读一下结束语或建议中定性的预警语句，并且必要时将其转化为基础的一般说明中；第六，特别扫读一下结束语或建议中场地类别、场地类型、覆盖层厚度和地面下 15 范围内平均剪切波速，尤其是建筑场地类别。此外，还可以次要地看下述内容：比如，持力层土质下是否存在不良工程地质中的局部软弱下卧层；如果有，则要验算一下软弱下卧层的承载力是否满足要求。

1. 一般认为，持力层土质承载力特征值不小于 180kPa 则为好土，小于则不是好土。在设计时如果房屋层数不高，比如 3 层左右，与其用独立基础＋防水板，不如做 250～300mm 厚筏形基础，因为用独立基础截面很大且防水板构造配筋也不小，而筏形基础整体性更好也易满足上述要求。回填土即“虚土”，承载力特征值一般为 60～80kPa，比如，单层砖房住宅、单层大门作为地基承载力的参考值。

一般情况下，不同类土地基承载力大小如下：稳定岩石、碎石土＞密实或中密砂＞稍密黏性土＞粉质黏土＞回填土和淤泥质土。

勘察单位建议的基础砌筑标高，也即埋深，但具体数值还要设计人员结合实际工程情况确定，在不危及安全的前提下，基础尽量要浅埋，这样经济性比较好。因为地下部分的造价一般都很高。除了浅埋外，基础至少不得埋在冻土深度范围内，否则基础会受到冰反复胀缩的破坏性影响。

2. 确定基础埋置标高：设计人员首先以报告中建议的最高埋深为起点（用铅笔），画一条水平线从左向右贯穿剖面图，看此水平线是否绝大部分落在了报告所建议的持力层土质标高层范围之内，一般有 3 种情况：第一，此水平线完全落在了报告所建议的持力层土质标高范围之内，那么可以直接判定建议标高适合作为基础埋置标高；第二，此水平线绝大部分落在了建议持力层土质标高层范围之内，极小的一部分（小于 5%）落在了建议持力层土质标高层之上一邻层，即进入了不太有利的土质上，仍然可以判定建议标高适合作为基础埋置标高，但日后验槽时，再采取有效的措施处理这局部的不利软土层，目的是使得软土变硬些，比如局部换填或局部清理，视具体情况加豆石混凝土或素混凝土替换；第三，此水平线绝大部分并非落在了报告中所建议的持力层土质标高范围之内，而是大部分进入到了持力层之上一邻层，这说明了建议标高不适合作为基础埋置标高，须进一步降低该标高。

3. 饱和软土的液化判别对地基来说很重要，结构在常遇地震时地面处的倾覆安全系数很高，但液化地基上的建筑在发生地震时很不利。因为平时地基土中的水分同土紧密结合在一起，与土共同承担支撑整个建筑物的重量。当发生地震时，地基土会振实下沉，水分会漂上来，此时基础底部的土中含水量急剧增大，地基土承载力会降低很多。

4. 一般设计地下混凝土外墙时，用历年最高水位。抗浮时要用抗浮水位，抗浮水位一般比历年最高水位低一些，有时低很多。

5. 剪切波速就是剪切波竖向垂直穿越过各个土层的速度，一般土层土质越硬，穿越速度就越快。建筑场地类别应根据土层等效剪切波速和场地覆盖厚度查“抗规”确定，当剪切波速越大、覆盖层厚度越小（地面到达坚硬土层的总厚度），说明场地土质越硬，场地类别的判别级别就越高。

6. 局部软弱下卧层验算：将原来基础地基的附加压应力，再叠加上局部软弱下卧层顶部以上的自重压应力，与软弱下卧层承载力特征值做个比较。如果不满足要求，则局部深挖到好土或者局部换填处理。

本工程础持力层为全风化岩层，承载力特征值 f_{ak} 为 240kPa，基础底标高为－1.400m。地质比较好，没有局部软弱下卧层。地下水位较低，没有地下室，不考虑抗浮。

2.14.3 PKPM 程序操作

（1）点击【JCCAD/基础人机交互输入】→【应用】，弹出初始选择对话框，如图 2-277、图 2-278 所示。

图 2-277 JCCAD/基础人机交互输入

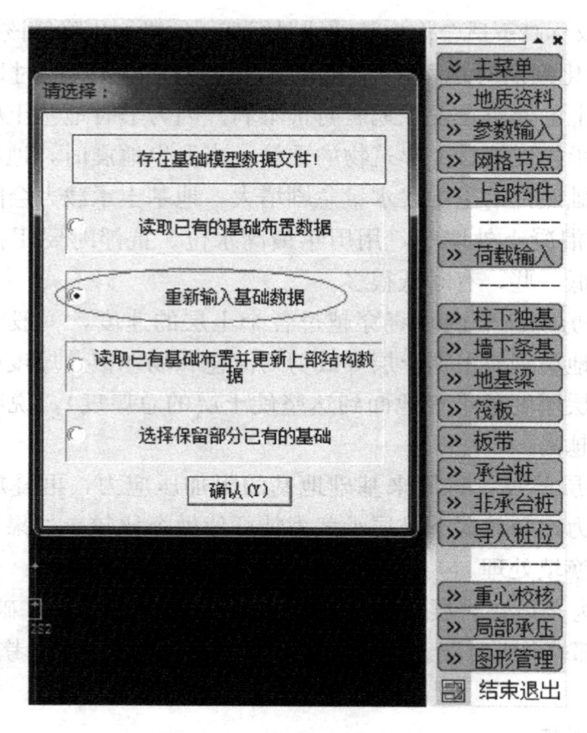

图 2-278　初始选择对话框

注：【读取已有的基础布置数据】：能让程序读取以前的数据；【重新输入基础数据】：一般第一次操作时都应选择该项，如以前存在数据，将被覆盖；【读取已有的基础布置并更新上部结构数据】：基础数据可保留，当上部结构不变化时应点选该项；【选择保留分布已有的基础】：只保留部分基础数据时应点选该项，点选该选项后，在弹出的对话框中根据需要，勾选要保留的内容。

（2）点击【参数输入/基本参数】，选择“地基承载力计算参数”，如图 2-279 所示。

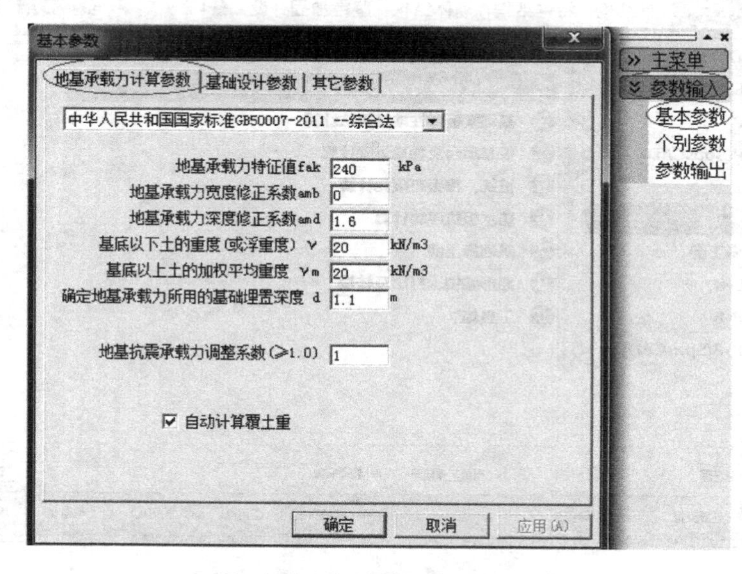

图 2-279　地基承载力计算参数

参数注释

计算承载力的方法：

程序提供5种计算方法，设计人员应根据实际情况选择不同的规范，一般可选择“中华人民共和国国家标准GB 50007—201x——综合法”，如图2-280所示。选择“中华人民共和国国家标准GB 50007—201x——综合法”和“北京地区建筑地基基础勘察设计规范DBJ 01—501—92”需要输入的参数相同，“中华人民共和国国家标准GB 50007—201x——抗剪监督指标法”和“上海市工程建设规范DGJ 08—11—2010——抗剪强度指标法”需输入的参数也相同，除了“地基承载力计算参数”对话框，还有“基础设计参数”和“其他参数”对话框。

图2-280　计算承载力方法

“地基承载力特征值 f_{ak}(kPa)”：

地基承载力特征值 f_{ak} 是由荷载试验直接测定或由其与原位试验相关关系间接确定和由此而累积的经验值。它相当于载荷试验时地基土压力-变形曲线上线性变形段内某一规定变形所对应的压力值，其最大值不应超过该压力-变形曲线上的比例界限值。地基承载力特征值是标准值的1/2。“地基承载力特征值 f_{ak}(kPa)”应根据地质报告输入，本工程填写240。

“地基承载力宽度修正系数 amb”：

初始值为0，当基础宽度大于3m时，从载荷试验或其他原位测试、经验值等方法确定的地基承载力应由《建筑地基基础设计规范》GB 50007—2011第5.2.4条确定。本工程填写0。

“地基承载力深度修正系数 amd”：

初始值为1，当基础埋置深度大于0.5m时，从载荷试验或其他原位测试、经验值等方法确定的地基承载力应由《建筑地基基础设计规范》GB 50007—2011第5.2.4条确定。本工程填写1.6（该值可以取小一点，留做地基承载力余量）。

“基底以下土的重度（或浮重度）γ(kN/m^3)：初始值为20，应根据地质报告填入”。

“基底以下土的加权平均重度（或浮重度）γ_m(kN/m^3)”：初始值为20，应取加权平均重度。

“承载力修正用基础埋置深度 d(m)”：

基础埋置深度，一般自室外地面标高算起。在填方整平地区，可自填土地面标高算起，但填土在上部结构施工完成时，应从天然地面标高算起。对于地下室，当周围无可靠侧向限制时，埋置深度应从具有侧限的地面算起；如采用箱形或筏形基础，基础埋置深度自室外地面标高算起；如果采用独立基础或条形基础而无满堂抗水板时，应从室内地面标高算起。

《北京细则》规定，地基承载力进行深度修正时，对于有地下室之满堂基础（包括箱形基础、筏形基础以及有整体防水板的单独柱基），其埋置深度一律从室外地面算起。当高层建筑侧面附有裙房且为整体基础时（无论是否由沉降缝分开），可将裙房基础底面以上的总荷载折合成土重，再以此土重换算成若干深度的土，并以此深度进行修正。当高层建州四边的裙房形式不同，或仅一、二边为裙房，其他两边为天然地面时，可按加权平均方法进行深度修正。

规范要求的基础最小埋置深度无论有无地下室，都从室外地面算至结构最外侧基础底面（主要考虑整体结构的抗倾覆能力、稳定性和冻土层深度）。当室外地面为斜坡时，基础的最小埋置深度以建筑两侧较低一侧的室外地面算起。

本工程用独立基础，基础埋置深度从独立柱基础基底算起，不包括混凝土垫层。无地下室，基础底标高为−1.400m，室外地面标高为−0.300m，承载力修正用的基础埋置深度 d 可填写 1.1。

“自动计算覆土重”：

只对独立基础、条形基础起作用。程序自动按 20kN/m 的基础与土的平均重度计算。不勾选“自动计算覆土重”，则对话框显示“单位面积覆土重”。一般设计有地下室的条形基础、独立基础时，应采用“单位面积覆土重”且覆土高度应计算到地下室室内地坪处。

“地基抗震承载力调整系数”：

按“抗规”第 4.2.3 条确定，本工程为 6 层框架教师宿舍，地质较好，天然地基基础不需要进行抗震验算，故该系数为 1.0。

点击【参数输入/基本参数】，选择“基础设计参数”，如图 2-281 所示。

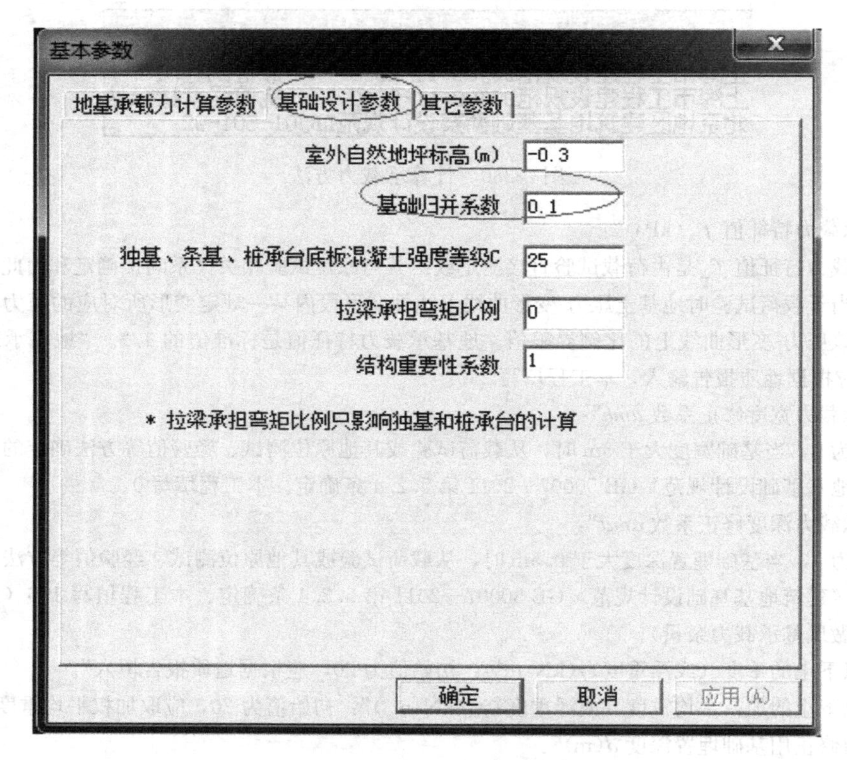

图 2-281　地基设计参数

参数注释

“室外自然地坪标高”：初始值为−0.3，应由建筑师提供；

“基础归并系数”：初始值为 0.2，一般可填写 0.1；

“混凝土强度等级 C”：和上部结构统一或降低一个等级；本工程为 C25。

“拉梁承担弯矩比例”：指由拉梁来承担独立基础或桩承台沿梁方向的弯矩，从而减小独立基础的底面积，初始值为 0；

“结构重要性系数”：应和上部结构统一，可按“混规 3.3.2 条确定，普通工程一般取 1.0”。

点击【参数输入/其它参数】，选择“基础设计参数”，如图 2-282 所示。

（3）点击【个别参数】，按“Tab”键可以选择用“围区布置”、“轴线布置”、“直接布置”、“窗口布置”等方法选取要修改参数的网格节点，选定后弹出“基础设计参数”对话框，如图 2-283 所示。

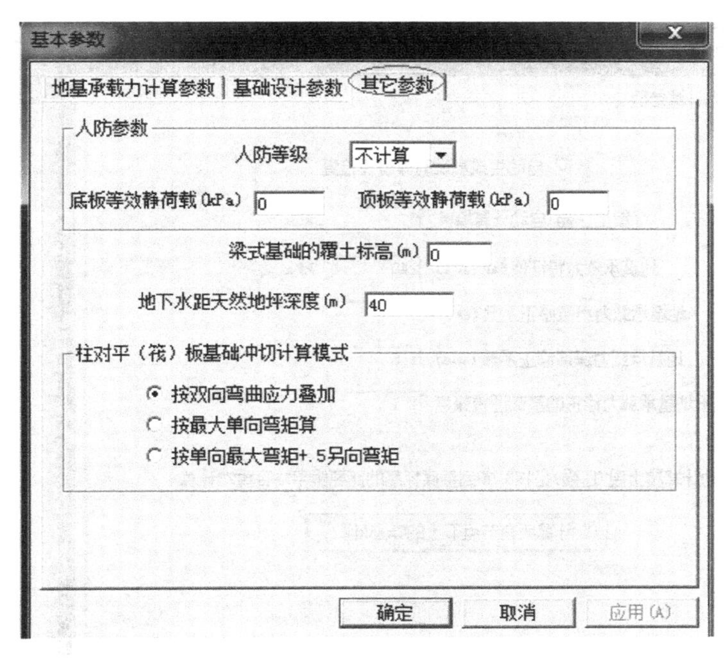

图 2-282　其它参数

参数注释

“人防等级”：根据工程实际填写，本工程选择“不计算”。

“底板等效静荷载、顶板等效静荷载”：

不选择“人防等级”，等效静荷载为 0；选择“人防等级”后，对话框会自动显示在该人防等级下，无桩无地下水时的等效静荷载，可以根据工程需要，调整等效静荷载的数值。对于筏形基础，如采用【5 桩筏筏板有限元计算】的计算方法，则“底板等效静荷载、顶板等效静荷载”的数值还可在【5 桩筏筏板有限元计算】→【模型参数】中修改，但“人防等级”参数必须在此设定；如采用【3 基础梁板弹性地基梁法计算】，则只能在此输入。

“梁式基础的覆土标高（m）”：用于计算梁式基础覆土重。要准确计算“梁式基础的覆土重”，要准确填写【基础设计参数】中的“室外自然地坪标高”、【基础梁定义】中的“梁底标高”。

“地下水距天然地坪深度（m）”：

该值只对梁元法起作用，程序用该值计算水浮力，影响筏板重心和地基反力的计算结果。

（4）点击【荷载输入/荷载参数】，弹出“荷载组合参数”对话框，如图 2-284 所示。

1）荷载分项系数一般情况下可不修改，灰色的数值是规范指定值，一般不修改；若用户要修改，则可以双击灰色的数值，将其变成白色的输入框后再修改。

2）当“分配无柱节点荷载”打钩后，程序可将墙间无柱节点或无基础柱上的荷载分配到节点周围的墙上，从而使墙下基础不会产生丢荷载情况。分配原则是按周围墙的长度加权分配，长墙分配的荷载多，短墙分配的荷载少。

3）JCCAD 读入的是上部未折减的荷载标准值，读入 JCCAD 的荷载应折减。当“自动按楼层折减或荷载”打钩后，程序会根据与基础相连的每个柱、墙上面的楼层数进行活荷载折减。

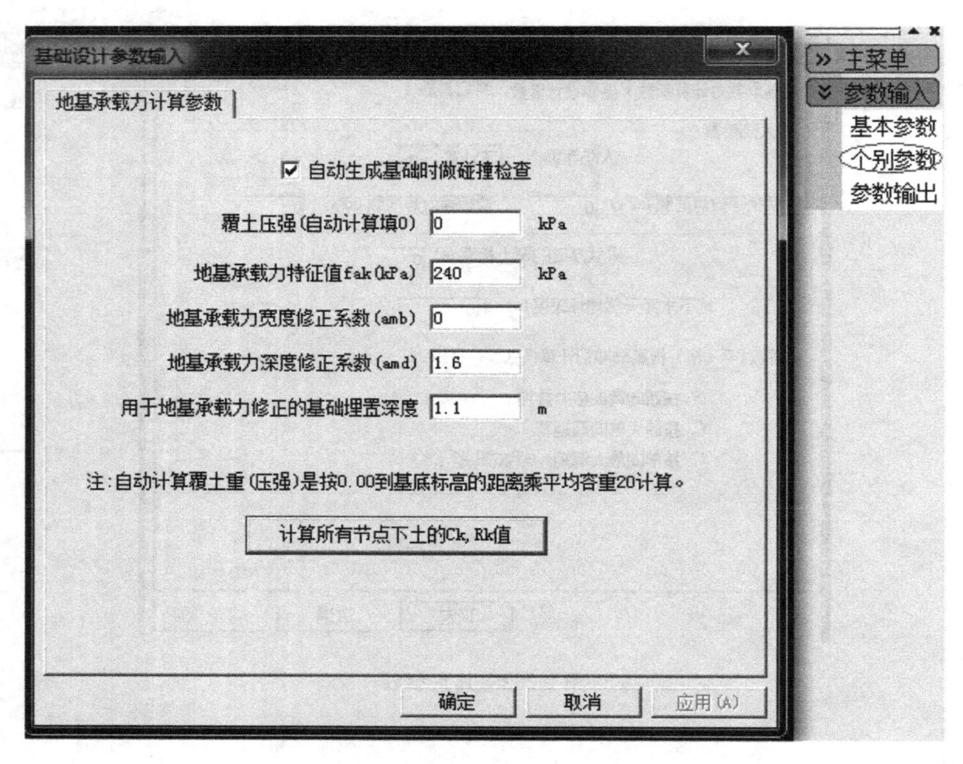

图 2-283 个别参数对话框

注：1. 此对话框主要用于不同的区域用不同的参数进行基础设计。点击“计算所有节点下的 C_k、R_k 值”，则自动计算所有网格节点的黏聚力标准值和内摩擦角标准值。

2. 本工程不用修改，故不用点击“个别参数”。

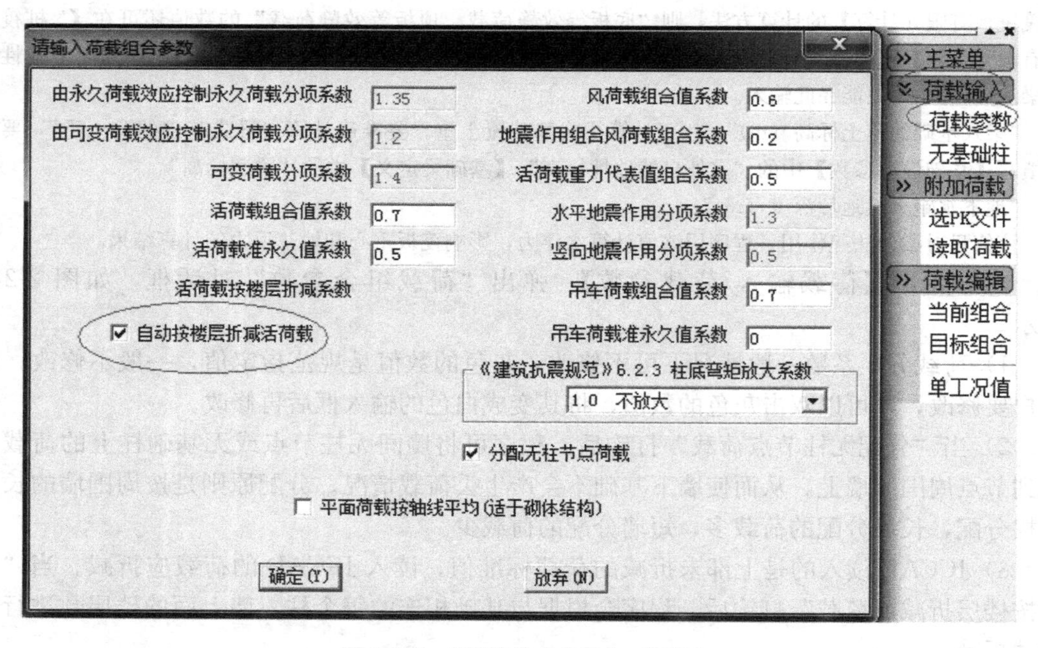

图 2-284 “荷载组合参数”对话框

4）由“抗规”4.2.1可知，本工程不需要进行天然地基及基础的抗震承载力验算，故柱底弯矩放大系数可不放大。

（5）点击【读取荷载】，弹出“选择荷载来源”对话框，如图2-285所示。

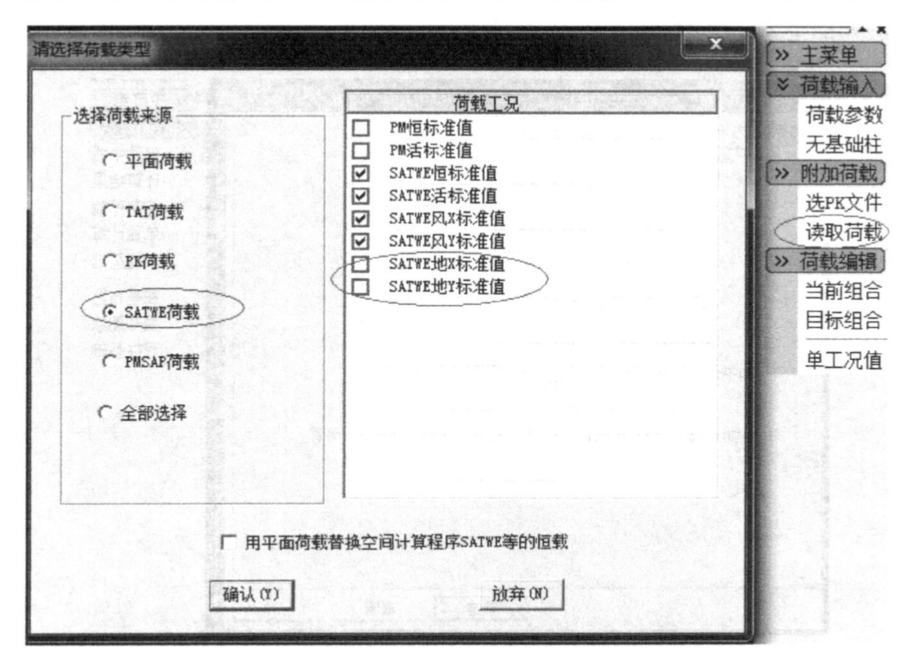

图2-285 读取荷载/选择荷载类型

由“抗规”4.2.1可知，本工程不需要进行天然地基及基础的抗震承载力验算，选择“SATWE荷载”后，还应去掉SATWE地X标准值、SATWE地Y标准值。

（6）点击【当前组合】，弹出“选择荷载组合类型”对话框，用于读取各种荷载组合，可以直观的图形模式检测基础荷载情况，如图2-286所示。

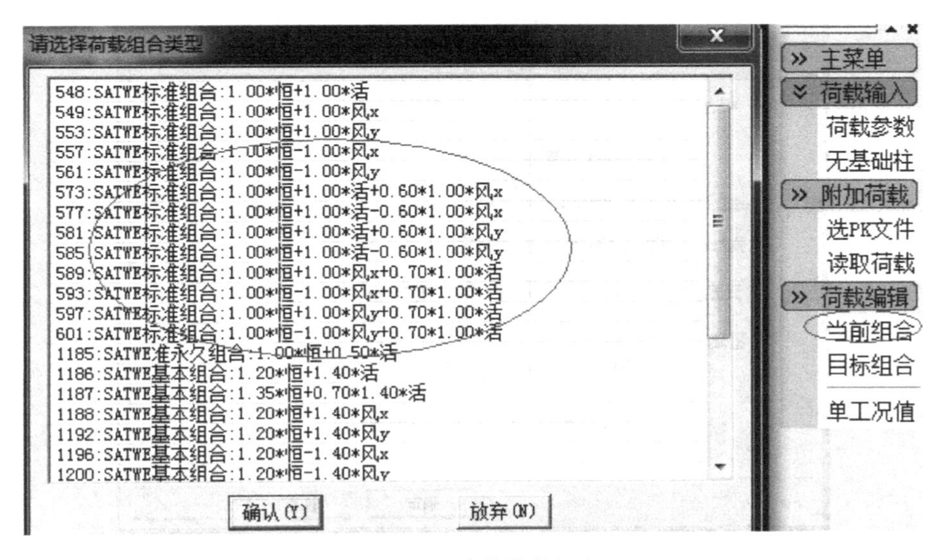

图2-286 当前荷载组合

(7) 点击【柱下独基/自动生成】，按“Tab”键选择窗口布置基础方式，在屏幕上用窗口选择生成独立基础的区域，弹出基础参数对话框（图 2-287、图 2-288），全部采用程序的初始值，点击【确定】，程序根据承载力计算基础底面积，自动在各个有柱节点布置独立基础，如图 2-289 所示。

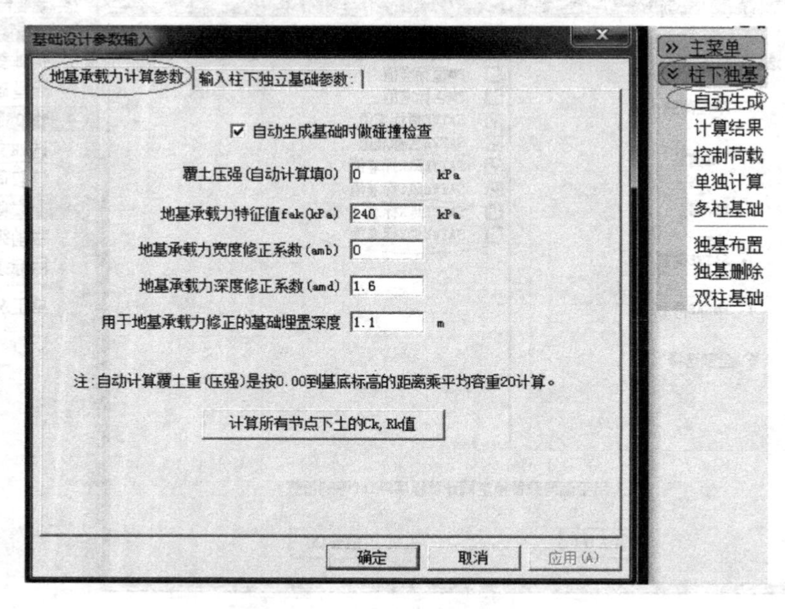

图 2-287 地基承载力计算参数

注：一般可按默认值。

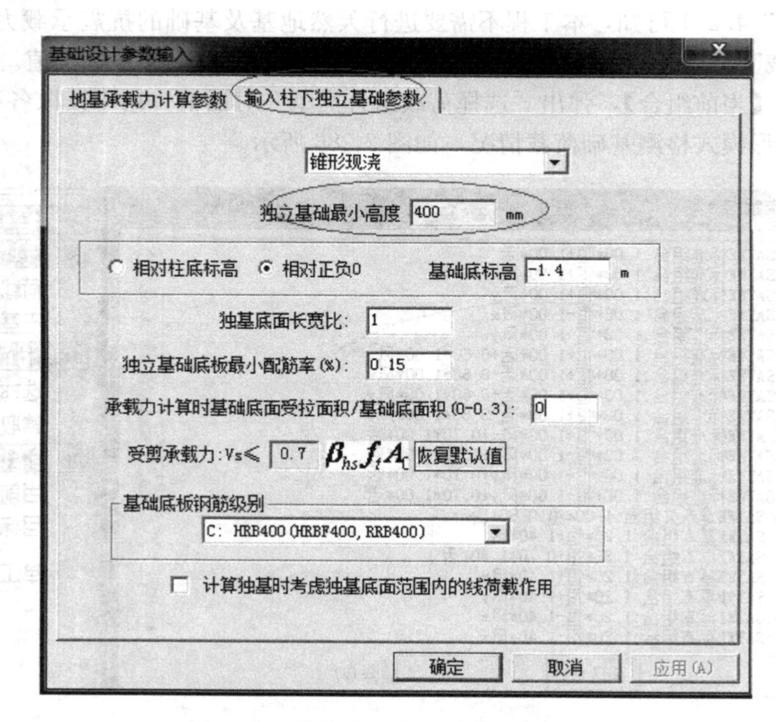

图 2-288 输入柱下独立基础参数对话框

参数注释

1. JCCAD给出有“锥形现浇”、“锥形预制”、“阶形现浇”、“阶形预制”、“锥形短柱”、“锥形高杯”、“阶形短柱”、“阶形高杯”八种独立基础类型，常规工程一般选择：“锥形现浇”和“阶形现浇”。本工程选择“锥形现浇”。

2. “独立基础最小厚度”：“地基规范”8.2.2条规定，纵向受力钢筋的锚固总长最小直锚段的长度不应小于20d，保护层厚度40mm（有垫层时）。本工程填写：400。

3. “独基底面长宽比”：一般可填写1～1.5，本工程填1。

4. “相对柱底标高”：当点选此项后，后面填写的基础底标高的起始点均相对此处，即相对每个柱底的标高值。当上部结构底层柱底标高不同时，宜勾选此项；“相对正负0”：当点选此项后，后面填写的基础底标高值的起始点均相对于此。本工程选择：“相对正负0”。

5. “独立基础底板最小配筋率”：可取默认值0.15%，见《建筑地基基础设计规范》GB 50007—2011第8.2.1，如果不控制则填0，程序按最小10@200控制。一般可按默认值0.15。

6. “承载力计算时基础底面受拉面积/基础底面积（0～0.3）”：程序在计算基础底面积时，允许基础底面局部不受压，填0时全底面受压（相当于规范中偏心距$e<b/6$）情况。一般可按默认值0。

7. “计算独立基础时考虑独立基础底面范围内的线荷载作用”：若打勾，则计算独立基础时取节点荷载和独立基础底面范围内的线荷载的矢量和作为设计依据，程序根据计算出的基础底面积迭代两次。本工程不勾选。

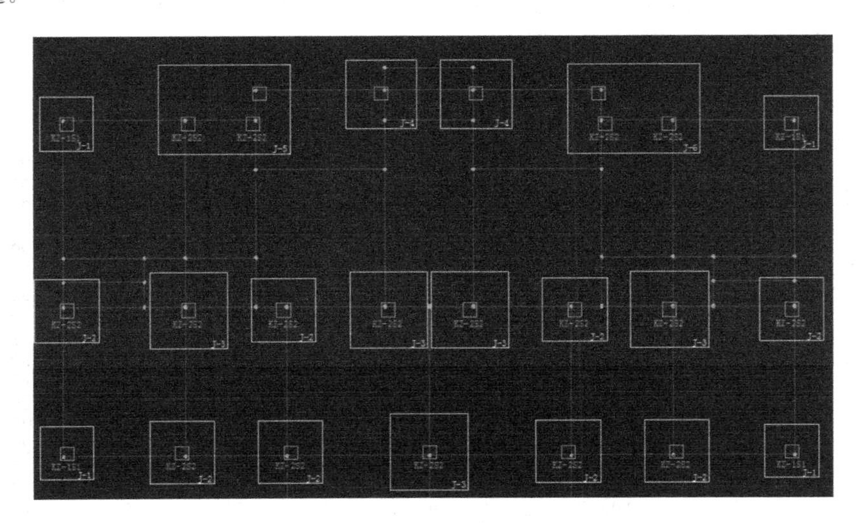

图2-289 自动生成独立基础平面图

（8）点击【柱下独基/单独计算】，用鼠标左键点击图2-290中的画圈内柱子，弹出“JCCAD计算结果文件”，如图2-291～图2-293所示。依次点击自动生成的柱下独立基础，可查看其计算结果文件。

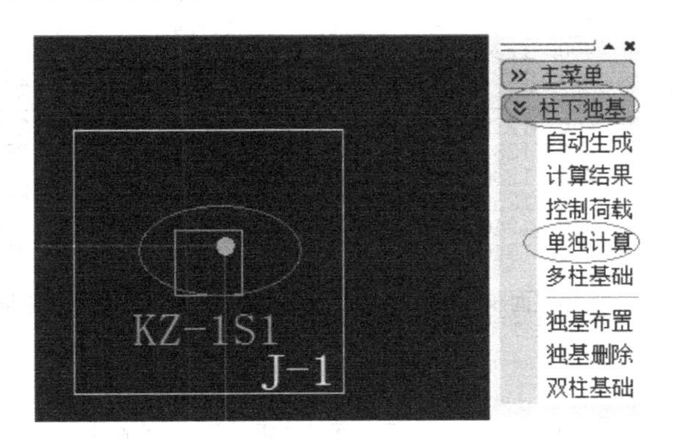

图2-290 单独计算对话框

（9）点击【柱下独基/独基布置】，弹出“柱下独立基础—标准截面”对话框（图2-294），用鼠标左键点击1600×1600，点击“修改”，弹出修改对话框，如图2-295所示。在实际工程中，一般第一

节点号=　53　位置:
C25　fak(kPa)= 240.0　q= 1.10m　Pt= 28.0kPa　fy=360MPa
宽度修正系数= 0.00　深度修正系数= 1.60

Load	Mx'(kN*m)	My'(kN*m)	N(kN)	Pmax(kPa)	Pmin(kPa)	fa(kPa)	S(mm)	B(mm)
548	-21.51	11.01	427.75	308.71	172.14	259.20	1419	1419
549	-22.69	29.64	409.62	309.75	117.90	259.20	1484	1484
553	-58.40	9.32	412.66	310.94	90.69	259.20	1545	1545
557	-17.74	-10.57	365.36	309.22	163.12	259.20	1324	1324
561	17.97	9.75	362.33	308.73	163.80	259.20	1318	1318
573	-22.99	23.07	441.03	309.56	142.95	259.20	1491	1491
577	-20.02	-1.05	414.48	310.56	205.88	259.20	1341	1341
581	-44.42	10.89	442.85	308.67	124.35	259.20	1532	1532
585	1.40	11.14	412.66	290.49	227.46	259.20	1336	1336
589	-23.59	30.67	437.80	307.33	124.34	259.20	1526	1526
593	-18.65	-9.53	393.55	310.80	174.56	259.20	1353	1353
597	-59.30	10.36	440.84	310.05	98.59	259.20	1581	1581*
601	17.06	10.78	390.51	310.17	174.37	259.20	1350	1350

图 2-291　JCCAD 计算结果文件（1）

注：Load—荷载代码；M_x'—相对于基础底面形心的绕 x 轴弯矩标准组合值；M_y'—相对于基础底面形心的绕 y 轴弯矩标准组合值；N'—相对于基础底面形心的轴力标准组合值；P_{max}—该组合下最大基底反力、P_{min}—该组合下最小基底反力；S—基础底面长；B—基础底面宽。

柱下独立基础冲切计算:

at(mm)	load	方向	p_(kPa)	冲切力(kN)	抗力(kN)	H(mm)	load	方向	p_(kPa)	冲切力(kN)	抗力(kN)	H(mm)
400.	1186	X+	223.	105.4	114.0	260.	1186	X-	194.	94.7	99.7	240.
400.	1186	Y+	242.	112.1	121.3	270.	1186	Y-	186.	91.9	92.9	230.
400.	1187	X+	241.	113.6	114.0	260.	1187	X-	209.	100.4	106.8	250.
400.	1187	Y+	262.	121.3	121.3	270.	1187	Y-	199.	97.3	99.7	240.
400.	1188	X+	252.	116.7	121.3	270.	1188	X-	167.	84.0	86.2	220.
400.	1188	Y+	234.	110.6	114.0	260.	1188	Y-	174.	86.5	92.9	230.
400.	1192	X+	212.	101.6	106.8	250.	1192	X-	187.	91.5	99.7	240.
400.	1192	Y+	309.	135.3	144.6	300.	1192	Y-	144.	73.6	79.7	210.
400.	1196	X+	158.	79.6	86.2	220.	1196	X-	194.	94.7	99.7	240.
400.	1196	Y+	200.	97.6	99.7	240.	1196	Y-	156.	79.5	79.7	210.
400.	1200	X+	185.	91.7	92.9	230.	1200	X-	160.	80.5	86.2	220.
400.	1200	Y+	149.	75.9	79.7	210.	1200	Y-	211.	101.1	106.8	250.
400.	1212	X+	255.	118.4	121.3	270.	1212	X-	189.	92.3	99.7	240.
400.	1212	Y+	252.	116.9	121.3	270.	1212	Y-	191.	93.1	99.7	240.
400.	1216	X+	194.	94.6	99.7	240.	1216	X-	201.	98.2	99.7	240.
400.	1216	Y+	232.	109.3	114.0	260.	1216	Y-	180.	89.1	92.9	230.
400.	1220	X+	231.	109.2	114.0	260.	1220	X-	202.	98.7	99.7	240.
400.	1220	Y+	297.	132.6	136.7	290.	1220	Y-	171.	85.0	92.9	230.
400.	1224	X+	215.	103.4	106.8	250.	1224	X-	186.	92.1	92.9	230.
400.	1224	Y+	191.	93.2	99.7	240.	1224	Y-	204.	99.6	99.7	240.
400.	1228	X+	269.	122.5	128.9	280.	1228	X-	181.	89.5	92.9	230.
400.	1228	Y+	252.	116.6	121.3	270.	1228	Y-	188.	91.9	99.7	240.
400.	1232	X+	174.	86.4	92.9	230.	1232	X-	207.	99.5	106.8	250.
400.	1232	Y+	217.	104.3	106.8	250.	1232	Y-	170.	85.5	86.2	220.
400.	1236	X+	229.	108.2	114.0	260.	1236	X-	202.	98.5	99.7	240.
400.	1236	Y+	327.	142.8	144.6	300.	1236	Y-	157.	79.1	86.2	220.
400.	1240	X+	203.	98.8	99.7	240.	1240	X-	174.	86.3	92.9	230.
400.	1240	Y+	164.	82.7	86.2	220.	1240	Y-	224.	105.8	114.0	260.

基础底面长、宽大于柱截面长、宽加两倍基础有效高度!
不用进行受剪承载力计算

图 2-292　JCCAD 计算结果文件（2）

注：画圈内的高度为满足冲切所需的最小高度。

基础各阶尺寸:

No	S	B	H
1	1600	1600	350
2	500	500	100

柱下独立基础底板配筋计算:

Load	M1(kN*m)	AGx(mm*mm)	Load	M2(kN*m)	AGy(mm*mm)
1186	47.4	374.9	1186	50.5	399.8
1187	51.1	404.0	1187	54.6	432.3
1188	51.8	409.6	1188	48.8	386.1
1192	45.0	356.1	1192	61.7	488.1
1196	40.8	322.9	1196	41.8	331.0
1200	39.2	310.2	1200	43.6	344.8
1212	53.2	420.8	1212	52.6	416.3
1216	43.3	342.4	1216	48.4	383.3
1220	49.1	388.7	1220	60.3	477.5
1224	45.6	361.1	1224	43.7	345.9
1228	55.5	438.9	1228	52.4	415.0
1232	43.8	346.4	1232	45.5	359.9
1236	48.7	385.3	1236	65.3	516.9
1240	42.9	339.5	1240	46.6	368.7

x实配:C12@180(0.15%)　y实配:C12@180(0.15%)

图 2-293　JCCAD 计算结果文件（3）

注：1. M_1—底板 x 向配筋计算用弯矩设计值；M_2—底板 y 向配筋计算用弯矩设计值；AG_x—底板 x 向全截面配筋面积；AG_y—底板 y 向全截面配筋面积。

2. 柱下独基的截面尺寸及配筋均考虑了图 2-285 中的各种工况之间的各种荷载组合。

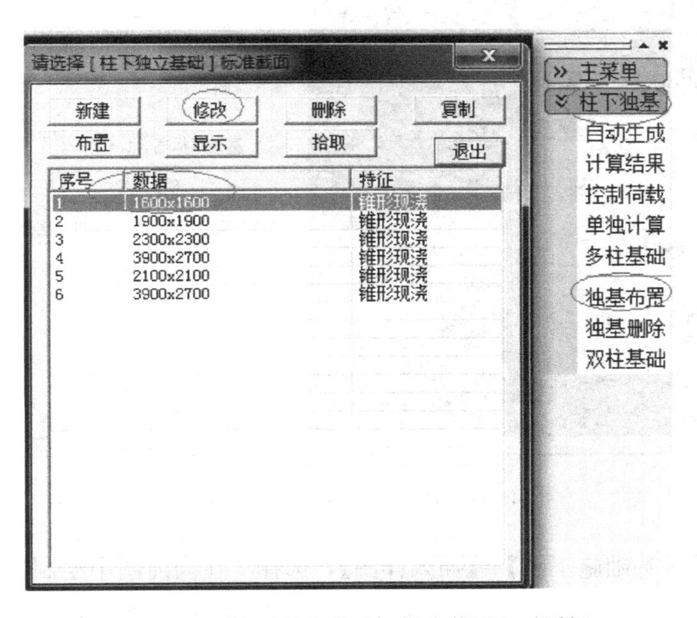

图 2-294　“柱下独立基础—标准截面”对话框

阶高度为 300mm，保持一阶与二阶高度总和不变，将一阶高度改为 300、二阶高度改为 150mm，如图 2-296 所示。依次对其他柱下独基进行相同操作。返回“主菜单”，点击“结束退出”。

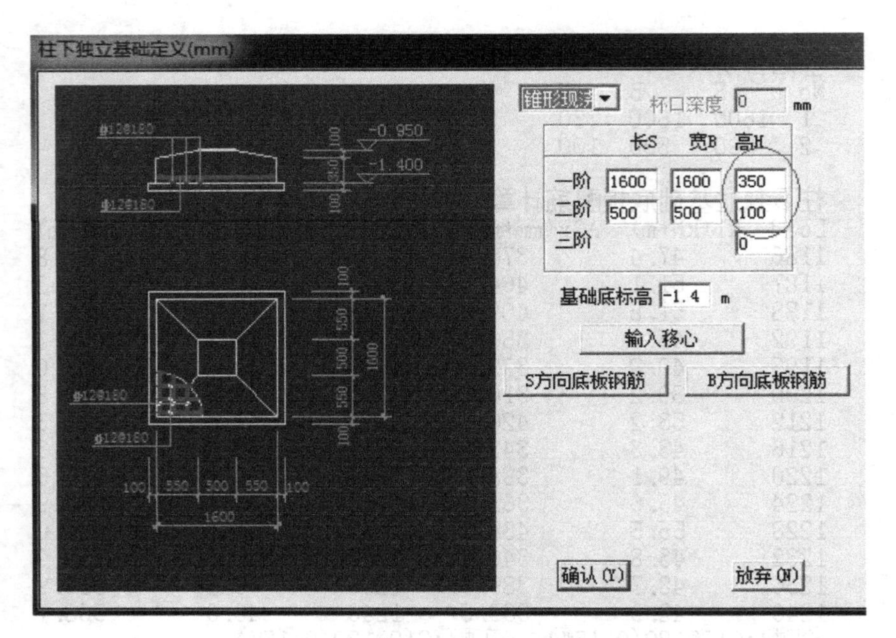

图 2-295 柱下独立基础定义

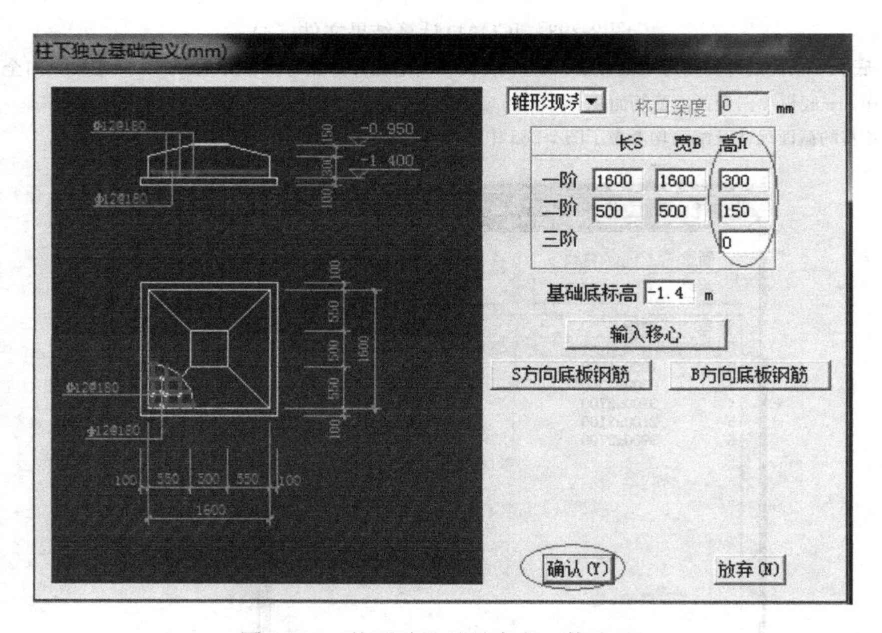

图 2-296 柱下独立基础定义（修改后）

（10）【JCCCD/基础施工图】→【插入详图】，选择“在当前图中绘制详图”（图 2-297），点击“插入详图”（图 2-298），在详图列表中依次插入详图，如图 2-299 所示。

（11）将“−0.500～11.1070 柱平法施工图”复制在一边，输入图层管理插件命令“2”（图层独立），点击“柱编号”、“柱标注”等，按“Delete”，再输入图层管理插件命令“3”，显示全部图层。如图 2-300 所示。

（12）参照图 2-299，在 TSSD 中点击【基础设计/布柱独基】，在弹出的对话框中

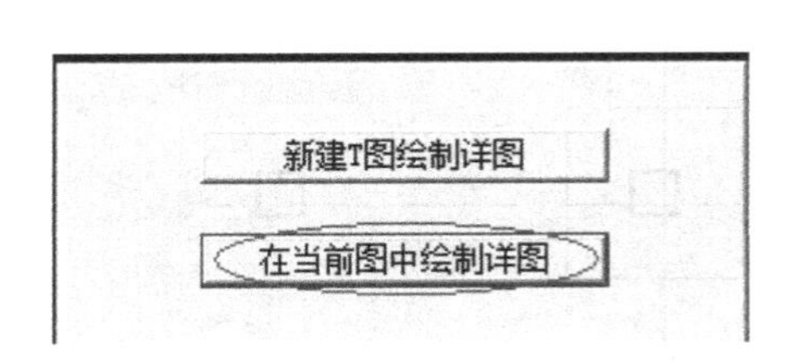

图 2-297　基础详图插入位置选择

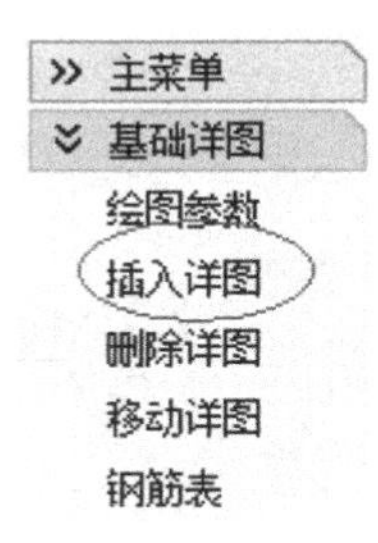

图 2-298　基础详图/插入详图

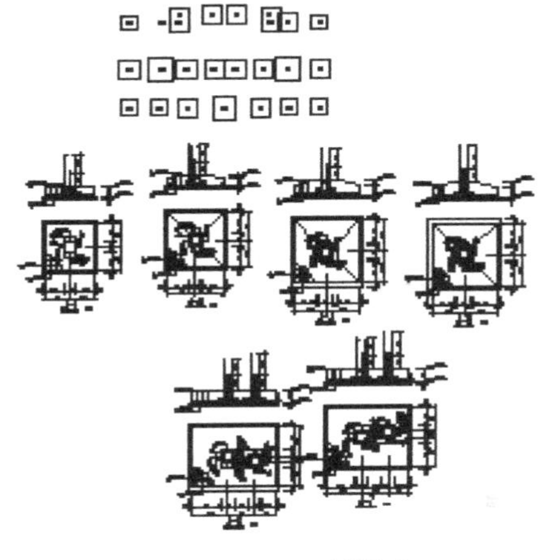

图 2-299　基础详图

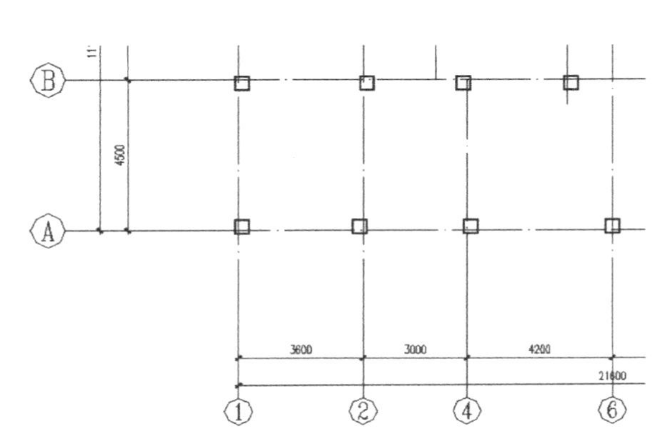

图 2-300　删除后的柱平法施工图（局部）

（图 2-301）填写 DJ1 的相关参数，点击“柱子形心”，框选 DJ1 处的柱子，如图 2-302 所示。用鼠标框选 DJ1 的定位标注，使用夹点方式，修改 DJ1 的定位标注，如图 2-303 和图 2-304 所示。

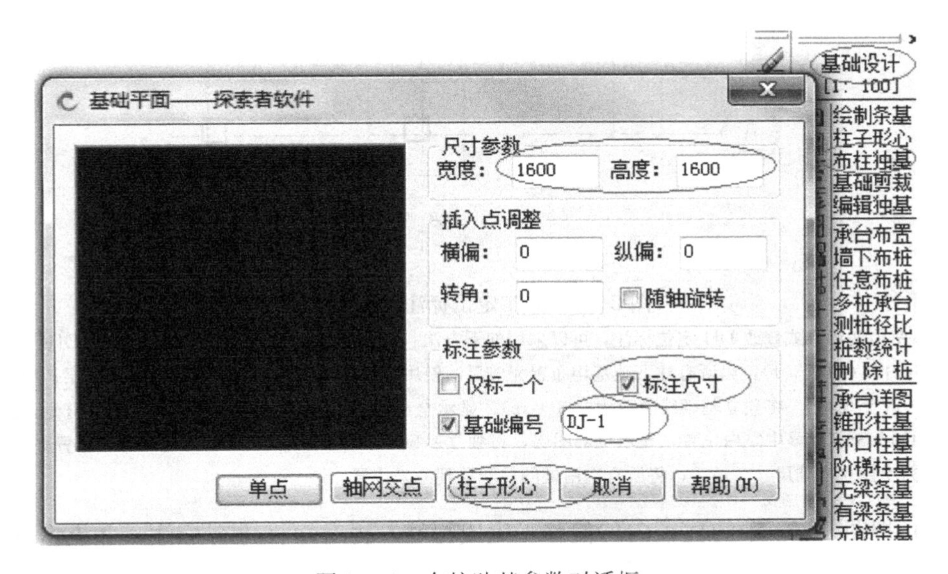

图 2-301　布柱独基参数对话框

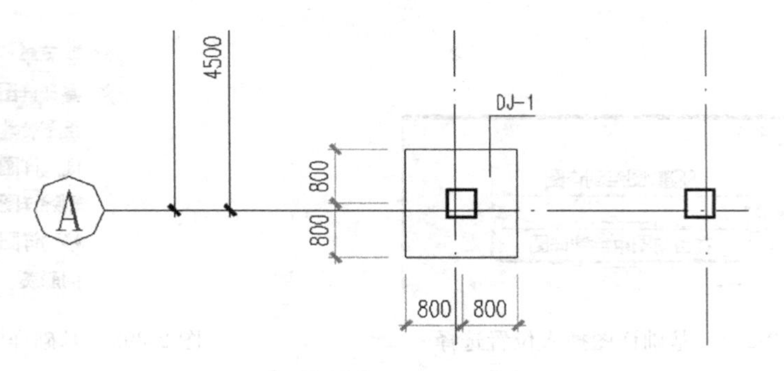

图 2-302 布置 DJ1（局部）

注：在设计时，应批量操作保持画图的连续性，把所有的 DJ1 都布置。

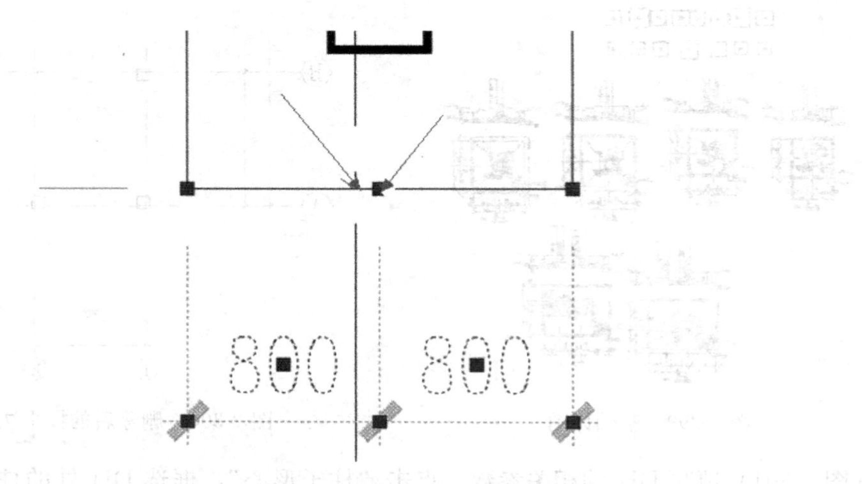

图 2-303 使用夹点修改 DJ1 定位标注

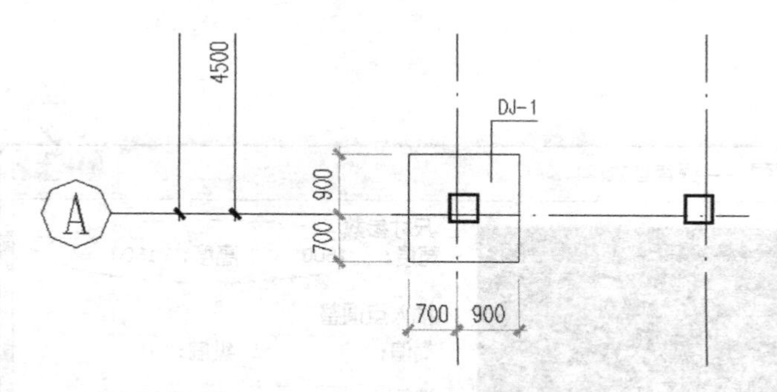

图 2-304 DJ1 定位标注（修改后）

注：如果不使用夹点方式修改 DJ1 定位标注，可以采用如下方法。点击【基础设计/布柱独基】布置 DJ1 时，不勾选“标注尺寸”（图 2-301），当所有柱下独基均布置完成后，使用图层管理插件，独立出独立基础图层；然后，点击【TSSD/改变线宽】，将独立基础线宽改为 0.3（cm）。显示全部图层。使用图层管理插件，独立出柱子图层，将其移动到 TSSD 屏幕中空白位置，显示全部图层，将独立基础图层刷成柱图层。点击【TSSD/布置柱子/标注尺寸】，标注独立基础尺寸。最后，将所有空白处的柱子移到原来位置。

（13）把图 2-304 中的柱子向外偏移，生成短柱，再对短柱进行标注，并点击【TSSD/改变线宽】，将 400×400 的柱线宽变成 0。如图 2-305 所示。

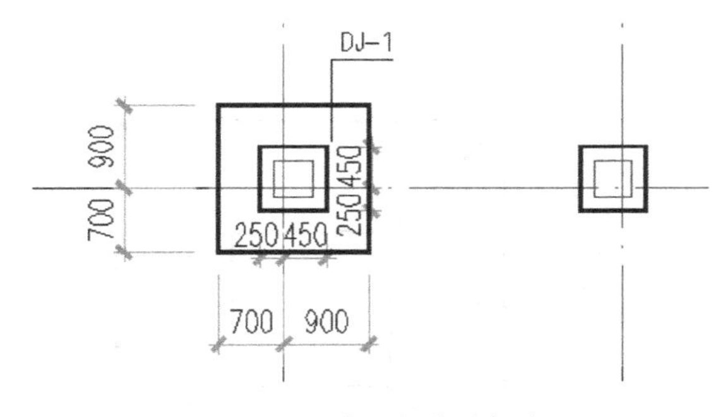

图 2-305　布置短柱及标注

（14）从以前做过的工程中拷贝带短柱的柱下独立基础大样，使用拉伸命令进行修改，参照图 2-299 中的配筋计算结果修改配筋。如图 2-306 和图 2-307 所示。

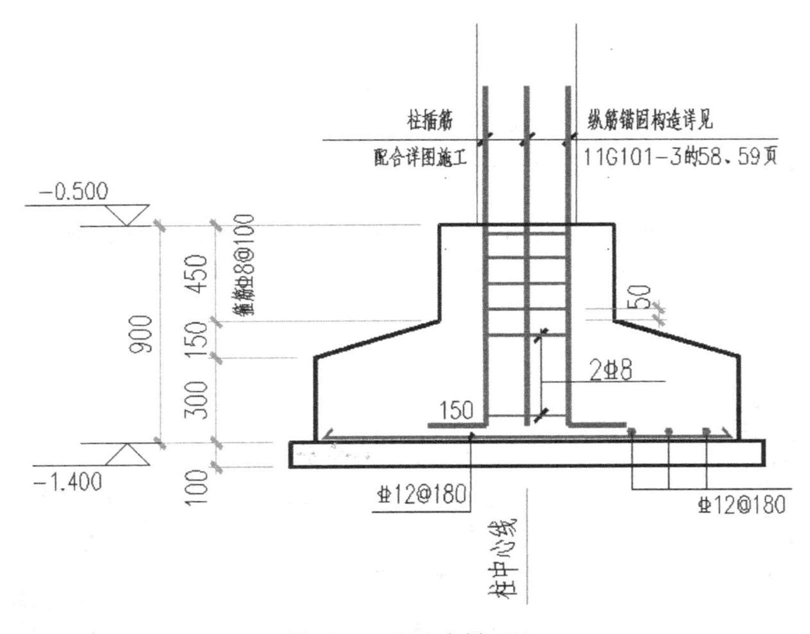

图 2-306　DJ1 大样（1）

注：柱下独基长宽尺寸不同时，尺寸较长方向受力大，配筋大，图中柱下独基最下边的纵筋是沿着长方向而不是短方向。

（15）按以上步骤，绘制其他柱下独立基础。

（16）当 PKPM 自动生成的柱下独立基础不满足要求时，需要用户自己输入柱下独立基础的尺寸，再在 PKPM 中进行计算。在 PKPM 中点击【柱下独基/基础布置】，在弹出的对话框中（图 2-294）点击“新建”，定义柱下独立基础的尺寸，再点击“布置”，布置到指定位置。点击【单独计算】（图 2-308），点击布置的柱下独立基础，弹出该柱下独立基础的“JCCAD 计算结果文件”。

（17）在 TSSD 中点击【TSSD/基础设计/绘制条基】，绘制墙下条形基础，如图 2-309 所示。

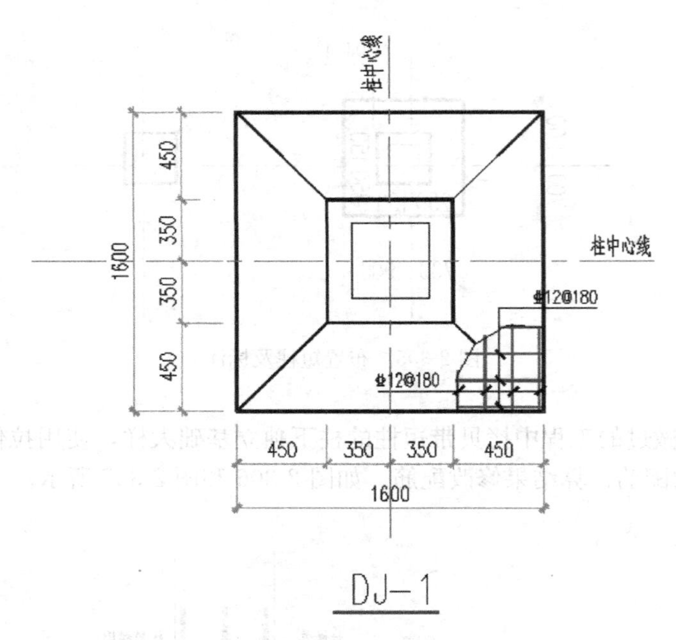

图 2-307　DJ1 大样（2）

注：1. 用拉伸命令进行修改时，应注意拉伸的比例。
2. 可以自己手画大样，比例可为 1∶30。
3. 独立基础可以不同 PKPM 的计算结果，而自己在 TSSD 中输入内力并计算。普通的独立基础大样可以在 TSSD 中点击【TSSD/基础设计/锥形柱基、杯口柱基、阶梯柱基】，进行柱下独立基础大样绘制。

图 2-308　柱下独基/单独计算

注：也可以在此菜单下进行“独基删除”、布置“双柱基础”、布置“多柱基础”。

图 2-309　TSSD/基础设计/绘制条基

点击【TSSD/实体工具/改变线宽】，将条形基础线宽改为 0.3(cm)。绘制条形基础剖切符号，如图 2-310 所示。

添加条形基础大样及说明，如图 2-311 和图 3-312 所示。

(18) 当结构对称时，可绘制图 2-313 中所示符号，从而只绘制对称的部分（图中左或右）施工图。

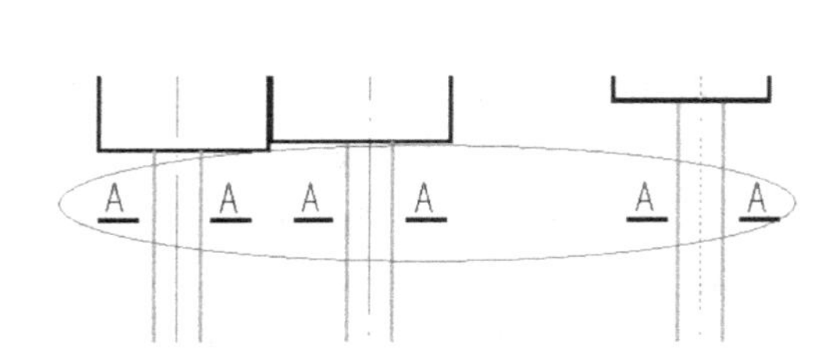

图 2-310　墙下条形基础平面布置图

注：A 在剖切线上方，表示剖切时视线向上。

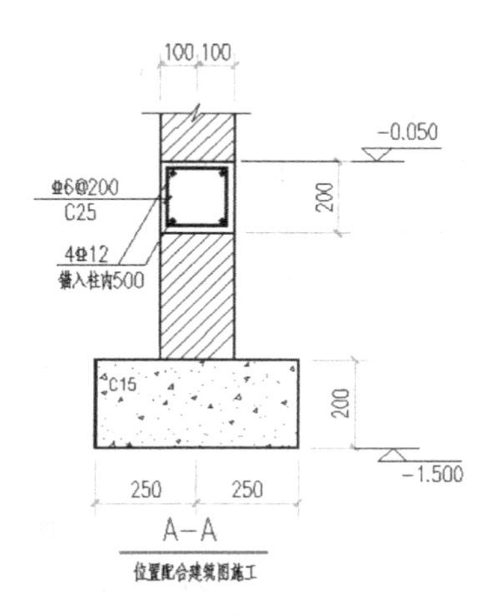

图 2-311　条形基础大样

注：条形基础宽度一般应≥400mm，本工程取 500mm。首层填充墙线荷载较小，200mm 的素混凝土能完全满足抗剪切要求。

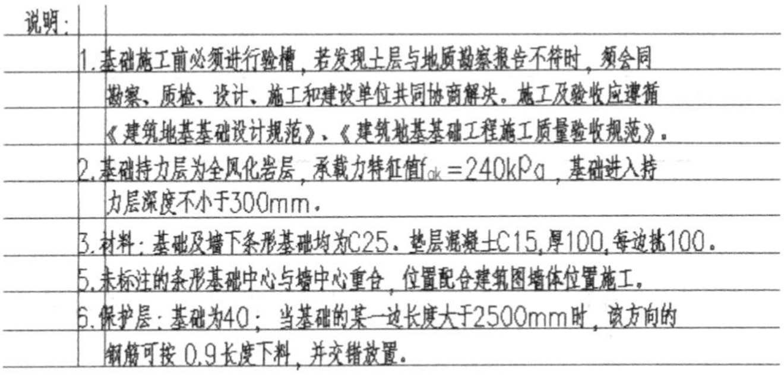

说明：

1. 基础施工前必须进行验槽，若发现土层与地质勘察报告不符时，须会同勘察、质检、设计、施工和建设单位共同协商解决。施工及验收应遵循《建筑地基基础设计规范》、《建筑地基基础工程施工质量验收规范》。
2. 基础持力层为全风化岩层，承载力特征值f_{ak}=240kPa，基础进入持力层深度不小于300mm。
3. 材料：基础及墙下条形基础均为C25。垫层混凝土C15，厚100，每边挑100。
5. 未标注的条形基础中心与墙中心重合，位置配合建筑图墙体位置施工。
6. 保护层：基础为40；当基础的某一边长度大于2500mm时，该方向的钢筋可按0.9长度下料，并交错放置。

图 2-312　“基础平面布置图”说明

图 2-313　对称符号

2.14.4　独立基础设计时应注意的一些问题

1. 截面

（1）规范规定

《建筑地基基础设计规范》GB 50007—2011 第 8.2.1-1 条：扩展基础的构造，应符合下列要求：锥形基础的边缘高度不宜小于 200mm，且两个方向的坡度不宜大于 1∶3；阶梯形基础的每阶高度，宜为 300～500mm。

（2）经验

1）矩形独立基础底面的长边与短边的比值 l/b，一般取 1～1.5。阶梯形基础每阶高度一般为 300～500mm。基础的阶数可根据基础总高度 H 设置，当 $H \leqslant 500$mm 时，宜分一阶；当 500mm$<H \leqslant$900mm 时，宜分为二阶；当 $H>$900mm 时，宜分为三阶。锥形基础的边缘高度，一般不宜小于 200mm，也不宜大于 500mm；锥形坡角度一般取 25°，最大不超过 35°；锥形基础的顶部每边宜沿柱边放出 50mm。

2）独立基础的最小尺寸可类比承台及高杯基础尺寸，一般为 800mm×800mm。最小

高度一般为 $20d+40$(d 为柱纵筋直径，40mm 为有垫层时独立基础的保护层厚度)，一般最小高度取 400mm。

独立柱基础可以做成刚性基础和扩展基础，刚性基础须满足刚性角的规定；做成扩展基础须满足柱对基础冲切需求以及基底配筋必须计算足够。目前的 PKPM 系列软件中，JCCAD 一般出来都是柔性扩展基础，在允许的条件下基础尽量做成刚一些，这样可以减少用钢量。

独立基础有锥形基础和阶梯形基础两种。锥形基础不需要支撑、施工方便，但对混凝土坍落度控制要求比较严格。当弯矩比较大时，独立基础截面会增大很多。

表 2-31 是北京市建筑设计研究院刘铮的经验总结，设计时可以参考。在编制表格时，柱子柱网尺寸为 8m×8m，轴压比按 0.8 估算，混凝土强度等级基础 C30，$f_c=14.3\text{N/mm}^2$，$f_t=14.3\text{N/mm}^2$，埋深 1.5m，转换系数取 1.26，受力钢筋 HRB400，修正后的地基承载力特征值为 150kPa。

单独柱基高度的经验高度确定表格以及底板配筋面积 **表 2-31**

轴压力（设计值）(kN)	柱截面尺寸 (mm)	柱基底面尺寸 (mm)	柱基础高度 (mm)	计算钢筋面积 (mm^2)	实配钢筋面积双向 (mm^2)
1200 单层	350×350	2900×2900	450	629	Φ 12@150=754
2400 二层	500×500	4000×4000	600	888	Φ 14@150=1026
3600 三层	600×600	4900×4900	750	1037	Φ 12@100=1131
4800 四层	650×650	5700×5700	850	1222	Φ 14@100=1538

2. 配筋

(1) 规范规定

《建筑地基基础设计规范》GB 50007—2011 第 8.2.1-3 条：扩展基础受力钢筋最小配筋率不应小于 0.15%，底板受力钢筋的最小直径不宜小于 10mm；间距不宜大于 200mm，也不宜小于 100mm。墙下钢筋混凝土条形基础纵向分布钢筋的直径不宜小于 8mm；间距不宜大于 300mm；每延米分布钢筋的面积应不小于受力钢筋面积的 15%。当有垫层时，钢筋保护层的厚度不小于 40mm；无垫层时，不小于 70mm。

《建筑地基基础设计规范》GB 50007—2011 第 8.2.1-5 条：当柱下钢筋混凝土独立基础的边长和墙下钢筋混凝土条形基础的宽度大于或等于 2.5m 时，底板受力钢筋的长度可取边长或宽度的 0.9 倍，并宜交错布置。

(2) 经验

见表 2-31。北京市《建筑结构专业技术措施》第 3.5.12 条规定，如独立基础的配筋不小于 $\phi10@200$ 双向时，可不考虑最小配筋率的要求。分布筋大于 $\phi10@200$ 时，一般可配 $\phi10@200$。独立基础一般不必验算裂缝。

2.14.5 拉梁设计

1. 规范规定

> “抗规”第 6.1.11 条：框架单独柱基有下列情况之一时，宜沿两个主轴方向设置基础系梁：
>
> 1. 一级框架和Ⅳ类场地的二级框架；

2. 各柱基础底面在重力荷载代表值作用下的压应力差别较大；
3. 基础埋置较深，或各基础埋置深度差别较大；
4. 地基主要受力层范围内存在软弱黏性土层、液化土层或严重不均匀土层；
5. 桩基承台之间。

2. 拉梁的作用

当拉梁跨度小于8m时，设置拉梁可以平衡一部分柱底弯矩，再加上覆土可以约束柱子的变形，当首层柱底弯矩不是很大时，可以按轴心受压计算。拉梁将各个单独柱基拉结成一个整体，增强其抗震性能，也同时避免各个柱基单独沉降，减小柱子计算长度，减小首层层间位移角，这是主要作用。拉梁也可以承托首层柱间填充墙，这是次要作用。

当拉梁跨度大于8m时，设置拉梁就没有必要，如果拉梁本身刚度不是很强，如同用一根铁丝拉结两个单独柱基一起沉降，很难。不管是设置在基础顶还是−0.05m处，都能平衡掉一部分柱底弯矩。要想较好地调节不均匀沉降，拉梁底可与基础底齐平，拉梁设置在−0.05m处，对减小基础的不均匀沉降作用不大。

3. 拉梁设置位置

(1) 设在基础顶

当层间位移角能满足规范要求时，拉梁应设置在基础顶（拉梁底与基础顶平齐），同时也能避免形成短柱，加强基础的整体性，调节各基础间的不均匀沉降，消除或减轻框架结构对沉降的敏感性。拉梁可以不建模，用手算，拉梁的配筋可取拉结的各柱轴力较大者的1/10按受拉计算配筋，并叠加上首层填充墙荷载的配筋。需要注意的是，柱轴力的0.1是考虑基础不均匀沉降对柱子造成的附加拉力，当土质情况均匀、不均匀沉降比较少的时候，一般可不考虑0.1倍柱子的轴力。

(2) 设置在−0.05m处

设置在−0.05m处大多是首层柱子弹性层间位移角不满足规范要求。可在PKPM中以框架梁的形式建模。

在实际设计中，可以不考虑0.1N所需要的纵筋。直接按铰接计算在竖向荷载作用下所需的配筋，然后底筋与面筋相同，并满足构造要求。

4. PKPM程序操作时应注意的一些问题

当设拉梁层时，一般情况下，要比较底层柱的配筋是由基础顶面处的截面控制还是由基础拉梁处的截面控制。考虑到地基土的约束作用，对这样的计算简图，在电算程序总信息输入中，可填写地下室层数为1，将“土层水平抗力系数的比例系数（M值）”填一个较小的值，比如1，“嵌固层号”填为2，并复算一次（没有地下室的模型），按两次计算结果的包络图进行框架结构底层柱设计的配筋。

5. 拉梁截面

$H=(1/15\sim1/20)L$，一般取$L/15$，宽度b一般取高度的1/2左右。假设柱的跨度是8m，则拉梁截面可取300mm×550mm进行试算。拉梁截面宽度≥250mm，高度一般≥400mm。

6. 配筋

拉梁主筋在不考虑承托竖向荷载时，配筋率一般在1%～1.6%，且上下铁均≥2ϕ14。由于地震的反复性，拉梁的弯矩会变号，设计时拉梁上下铁应相同。

2.14.6 条形基础设计

1. 截面

(1) 规范规定

《建筑地基基础设计规范》GB 50007—2011 第 8.2.1-1：扩展基础的构造，应符合下列要求：锥形基础的边缘高度不宜小于 200mm，且两个方向的坡度不宜大于 1∶3；阶梯形基础的每阶高度，宜为 300～500mm。

(2) 经验

条形基础高度可以取条形基础半宽的（1/4～1/6），一般取 1/5，当条形基础宽度比较大（大于 2.5m）时，可取上限 1/4。一般多层房屋，条形基础高度大多为 300～500mm，条形基础高度大于 300mm 时可以放坡，放坡≤1∶3。

2. 配筋

《建筑地基基础设计规范》GB 50007—2011 第 8.2.1-3 条：扩展基础受力钢筋最小配筋率不应小于 0.15%，底板受力钢筋的最小直径不宜小于 10mm；间距不宜大于 200mm，也不宜小于 100mm。墙下钢筋混凝土条形基础纵向分布钢筋的直径不宜小于 8mm；间距不宜大于 300mm；每延米分布钢筋的面积应不小于受力钢筋面积的 15%。当有垫层时钢筋保护层的厚度不小于 40mm；无垫层时不小于 70mm。

《建筑地基基础设计规范》GB 50007—2011 第 8.2.1-5 条：当柱下钢筋混凝土独立基础的边长和墙下钢筋混凝土条形基础的宽度大于或等于 2.5m 时，底板受力钢筋的长度可取边长或宽度的 0.9 倍，并宜交错布置。

2.14.7 独立基础+防水板

多层框架结构建有地下室且具有防水要求时，如地基较好，可以选用独立基础加防水板的做法，高层建筑的裙房也可以采用此种做法。当水浮力不起控制作用，采用独立基础加防水板的做法时，柱下独立基础承受上部结构的全部荷载，防水板仅按防水要求设置，但必须在防水板下设置一定厚度的易压缩材料，如聚苯板或松散焦渣等，于是可以不考虑地基土反力的作用；否则，防水板上会由于独立基础的不均匀沉降受到向上力的作用。

防水板的厚度不应小于 250mm，当框架柱网较大时，防水板有时可以取 250mm，板中间设一道次梁或在三分点处设两道次梁，也可以防水板厚取 350mm 左右。一般由于水浮力不大，加次梁增加了力传递途径，加板厚反而更经济。

混凝土强度等级不应低于 C25，宜采用 HRB400 级钢筋配筋，双层双向配筋，钢筋直径不宜小于 12mm，间距宜采用 150～200mm。

独立基础+防水的简化模型近似于普通楼盖、简支、连续梁，其具体做法等可参照中国建筑设计研究院朱炳寅编著的《建筑地基基础设计方法及实例分析（第二版）》及发表的相关文章“独基加防水板基础的设计”。

3 剪力墙结构设计

3.1 工程概况

湖南省××市某住宅小区，一层地下室停车库（大底盘），地下室上面有多个塔楼，本工程以一个塔楼为例，讲述剪力墙结构设计方法及过程。抗震设防烈度7度，设计基本地震加速度0.10g，设计地震分组为第一组，设计使用年限为50年。建设场地Ⅱ类，特征周期值为0.35s，本工程属于少柱的剪力墙结构，剪力墙抗震等级按剪力墙结构取值，为三级。框架按框架剪力墙结构取值，为三级。基本风压值0.35kN/m^2，基本雪压值0.45kN/m^2，结构层数11层（不包括电梯机房），第一层层高4.2m，2～11层每层3.0m，屋顶电梯机房层高4.4m，地下一层地下车库层高为4.1m。采用剪力墙结构体系。

3.2 建筑施工图

本章重点讲述构件估算、结构布置及建模思路、具体参数设置、概念设计及详细绘图思路与过程。由于纸张及图片显示等原因，建筑平面图、立面图、剖面图、建筑详图省略。屋面为建筑找坡，坡度为2%、1%。

本工程砌块采用200厚页岩空心砖。基本信息参考3.1工程概况，其他可以参考第2章框架结构设计中的2.2建筑施工图。

3.3 上部构件截面估算

3.3.1 梁

1. 梁截面尺寸

（1）参考第2章2.3.1。

（2）主梁梁高$H=L/12$，在剪力墙结构中，跨度一般都不大，比如小于5m，只有个别是大跨度。当主梁跨度小于3m时，主梁高度取350mm，跨度为3～5m时，主梁高度取400mm，跨度为5～6m的主梁均可用450mm、500mm高的主梁去试算，跨度为7m左右的主梁均可用600mm高的主梁去试算（记住3m、5m两个跨度界限）。结构外围的主梁高度确定时，应结合建模立面、剖面梁高的限制值、洞高限值。由建筑立面、剖面图可知，结构外围梁高限值为450mm、阳台封口梁限值为400mm。

连梁跨高比小于5，跨度一般较小，其梁高确定时应结合建筑立面、剖面梁高的限值、洞高限值。连梁梁高≥400mm，小于400mm则程序不会自动识别。本工程连梁有取

1600mm 高，位移比超限调模型需要。

框架结构中，次梁可按 $H=L/15$ 取值，本工程次梁简支搭接在 200mm 厚的墙上时，梁端部面筋直径不得超过 18mm，且纵筋尽量配置一排，底部纵筋由于弯矩小，最大直径可取 25。当次梁受荷较大时，次梁梁高应适当加大，可参考如下方法：跨度小于 1.5m 时，次梁截面可取 150mm×250mm；跨度为 1.5～3m，可取 200mm×300mm；跨度为 3～4m，可取 200mm×350mm；跨度为 4～5.5m，可取 200mm×400mm；跨度为 5.5～7m 时，可取 200mm×450mm 或 200mm×500mm（记住 3m、4m、5.5m 三个跨度界限）。厨房、卫生间、卧室等处的小次梁可以取到 150mm×250mm、200mm×300mm，有时也可去掉这些小次梁，减少力的传递途径，在填充墙板下加局部板钢筋。

（3）剪力墙结构设计时，有时结构外围连梁做很高，主要是为了弹性层间位移角、位移比、周期比的调整。如果不是计算要求，连梁梁高满足弯、剪、扭计算及构造即可。增加梁高，还可以增加结构剪重比，因为有时结构内部的刚度不好加，但需要每层都加（振型参数系数的公式为求和公式）。当梁两端一端为墙、一端为柱时，增加梁高，梁做高能协调弯矩，减小弯矩作用产生的轴力，减小墙的轴压比。

注：1. 以上是墙厚 200mm 时，梁宽同取 200mm，当墙厚取 180mm 时，梁宽应取 180mm。墙厚 300mm、350mm 时，梁的宽度可以取墙厚或 200mm。

2. 布置梁截面时，一般主梁高度>次梁高度，尤其是主次梁跨度相差较大时，主梁梁高也可等于次梁梁高，但应少用（个别部位梁高不好协调时用），比如某框架梁估算梁高值为 400，搭接在其上面的次梁梁高也为 400mm，则可把主梁梁高定为 450mm（满足建筑要求）。次梁（跨度较大）梁高应>次梁（跨度较小）梁高，也可以等于但应少用。

3. 在实际设计中，梁高还应根据 SATWE 计算结果进行调整。在满足计算的前提下，只要梁的布置合理，梁高一个 50mm、矮一个 50mm 都是小问题，关键是方案合理、结构布置合理，其他不必太纠结。

2. 梁布置的一些方法技巧及注意事项

参考第 2 章 2.3.1。

3. 本工程标准层梁布置及截面尺寸如图 3-1 所示。屋顶电梯间梁布置及截面尺寸如图 3-2 所示。其他标准层梁初步布置参考上述方法。

3.3.2 柱

1. 柱截面尺寸

（1）参考第 2 章 2.3.2。

（2）柱网不是很大时，一般每 10 层柱截面按 0.3～0.4m^2 取值。本工程只有阳台处有 6 个框架柱，其受荷面积减小，约为普通框架结构中柱子受荷面积的 1/4，所以，本工程框架柱截面面积为 $13/10\times1/4\times(0.3\sim0.4)=0.0975\sim0.13\text{m}^2$。“抗规”第 6.3.5 条规定，当层数超过 2 层时，框架柱截面尺寸不宜小于 400mm。“抗规”6.4.7，端柱截面尺寸不宜小于 2 倍墙厚。本工程框架柱、剪力墙端柱截面暂定为 400mm×400mm。

3.3.3 墙

1. 墙的分类

墙的分类如表 3-1 所示。

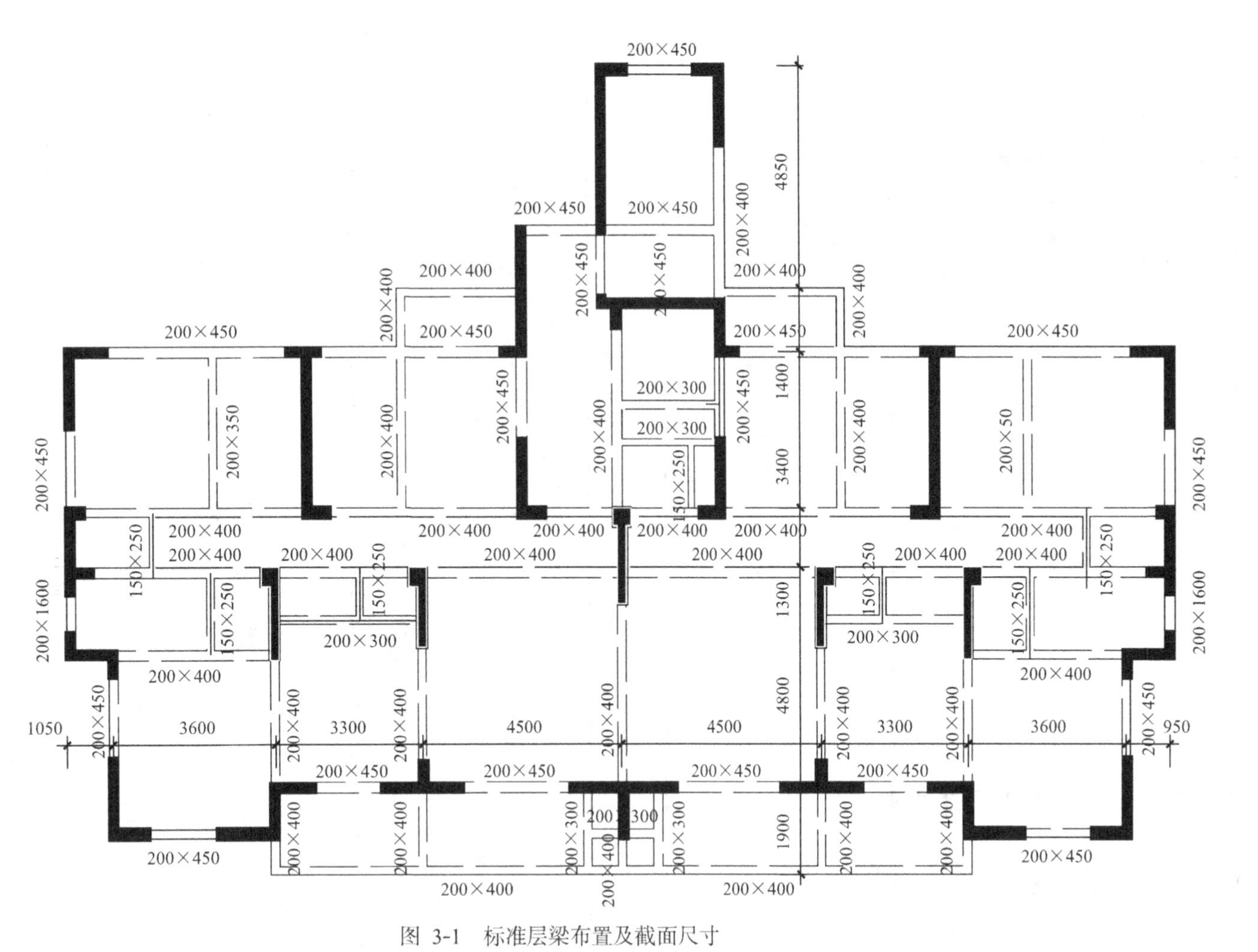

图 3-1　标准层梁布置及截面尺寸

注：“抗规”6.1.3-1：框架部分承受的地震倾覆力矩不大于结构总地震倾覆力矩的10%时，按剪力墙结构进行设计，其中的框架部分应按框架-剪力墙结构的框架进行设计。所以，本工程属于剪力墙结构。

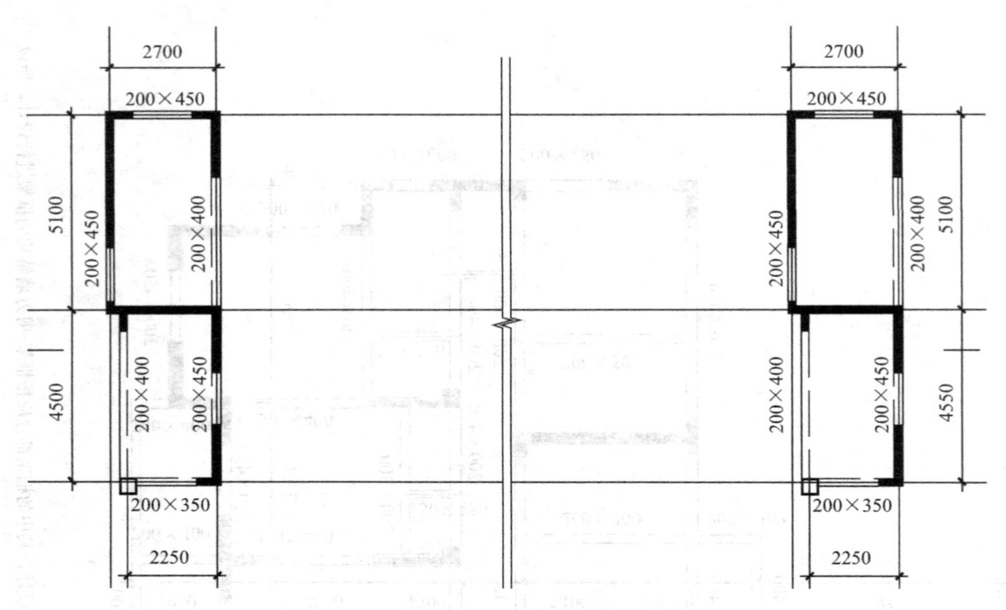

图 3-2 屋顶电梯间梁布置及截面尺寸

墙的分类 **表 3-1**

h_w/b_w	$h_w/b_w \leqslant 4$	$4 < h_w/b_w \leqslant 8$	$h_w/b_w > 8$
类型	按框架柱设计	短肢剪力墙	一般墙

有效翼墙可以提高剪力墙墙肢的稳定性，但不改变墙肢短肢剪力墙的属性。以下几种情况可不算短肢剪力墙：①地下室墙肢，对应的地上墙肢为一般剪力墙，地下室由于层高原因需加厚剪力墙，于是不满足一般剪力墙的宽厚比；如果满足墙肢稳定性要求，可不按短肢剪力墙设计；②$b_w \leqslant 500$，但 $b_w \geqslant H/15$，$b_w \geqslant 300$，$h_w \geqslant 2000$；③$b_w > 500$，$h_w/b_w \geqslant 4$；④《北京市建筑设计技术细则（结构）》：墙肢截面高度与厚度之比为 4～8，且墙肢两侧均与较强的连梁（连梁净跨与连梁高度之比≤2.5）相连时或有翼墙相连的短肢墙，可不作为短肢墙。

2. 规范规定

“高规”7.2.1：一、二级剪力墙，底部加强部位不应小于 200mm，其他部位不应小于 160mm；一字形独立剪力墙，底部加强部位不应小于 220mm，其他部位不应小于 180mm。

三、四级剪力墙，不应小于 160mm，一字形独立剪力墙的底部加强部位尚不应小于 180mm。

非抗震设计时不应小于 160mm。剪力墙井筒中，分隔电梯井或管道井的墙肢截面厚度可适当减小，但不宜小于 160mm。

“抗规”6.4.1：抗震墙的厚度，一、二级不应小于 160m 且不宜小于层高或无支长度的 1/20，三、四级不应小于 140mm 且不宜小于层高或无支长度的 1/25；无端柱或翼墙时，一、二级不宜小于层高或无支长度的 1/16，三、四级不宜小于层高或无支长度的 1/20。

底部加强部位的墙厚，一、二级不应小于200mm且不宜小于层高或无支长度的1/16，三、四级不应小于160mm且不宜小于层高或无支长度的1/20；无端柱或翼墙时，一、二级不宜小于层高或无支长度的1/12，三、四级不宜小于层高或无支长度的1/16。

3. 经验

（1）剪力墙墙厚

在设计时，墙厚一般不变；若墙较厚，可以隔一定层数缩进。剪力墙墙厚除满足规范外，对于高层，墙厚一般应≥180mm；转角窗外墙≥200mm；电梯井筒部分可以做到180mm。

注：墙厚一般主要影响结构的刚度和稳定性，若层高有突变，在底层则应适当把墙加厚，否则受剪承载力比值不易满足规范要求。若是顶部跃层，可不单独加厚，但要验算该墙的稳定性，并采取构造措施加强。

（2）剪力墙底部墙厚

当建筑层数在25～33之间时，剪力墙底部墙厚在满足规范的前提下一般遵循以下规律：6度区约为$8n$（n为结构层数），7度区约为$10n$，8度（0.2g）区约为$13n$，8度（0.3g）区约为$15n$。

4. 本工程中墙截面尺寸

本工程上部结构墙截面尺寸均为200mm。

3.3.4 板

参考第2章2.3.3。标准层板布置如图3-3所示。电梯机房底板150mm，其他屋面板均为120mm，如图3-4所示。

3.4 荷 载

（1）参考第2章2.4。

（2）恒载为板厚+附加恒载，本工程标准层附加恒载取1.5kN/m^2。阳台处附加恒载取2.0kN/m^2，屋面附加恒载取3.5kN/m^2。活荷载如表3-2所示。

活荷载取值 **表3-2**

类 别	标准值（kN/m^2）	类 别	标准值（kN/m^2）	类 别	标准值（kN/m^2）
上人屋面	2.0	住宅楼面	2.0	电梯前厅	3.5
非上人屋面	0.5	阳台	2.5	空调板	2.0
消防车道及补救作业场地	20	消防疏散楼梯	3.5	电梯机房	7.0
地下车库	4.0				
地下室设备用房	10.0				

注：电梯机房屋面活荷载取7.0kN/m^2，对机房楼板承载力不存在问题，但对支承曳引机设备的承重梁来说，可能不够，一般可人为放大梁钢筋。电梯屋顶吊钩用于安装维修时提升主机设备，也可以用来电梯安装时定位，在PKPM中建模时，在梁上输入集中荷载（比如30kN，该值由电梯厂商提供）。而普通的杂货电梯，是由电梯吊钩承担受力。

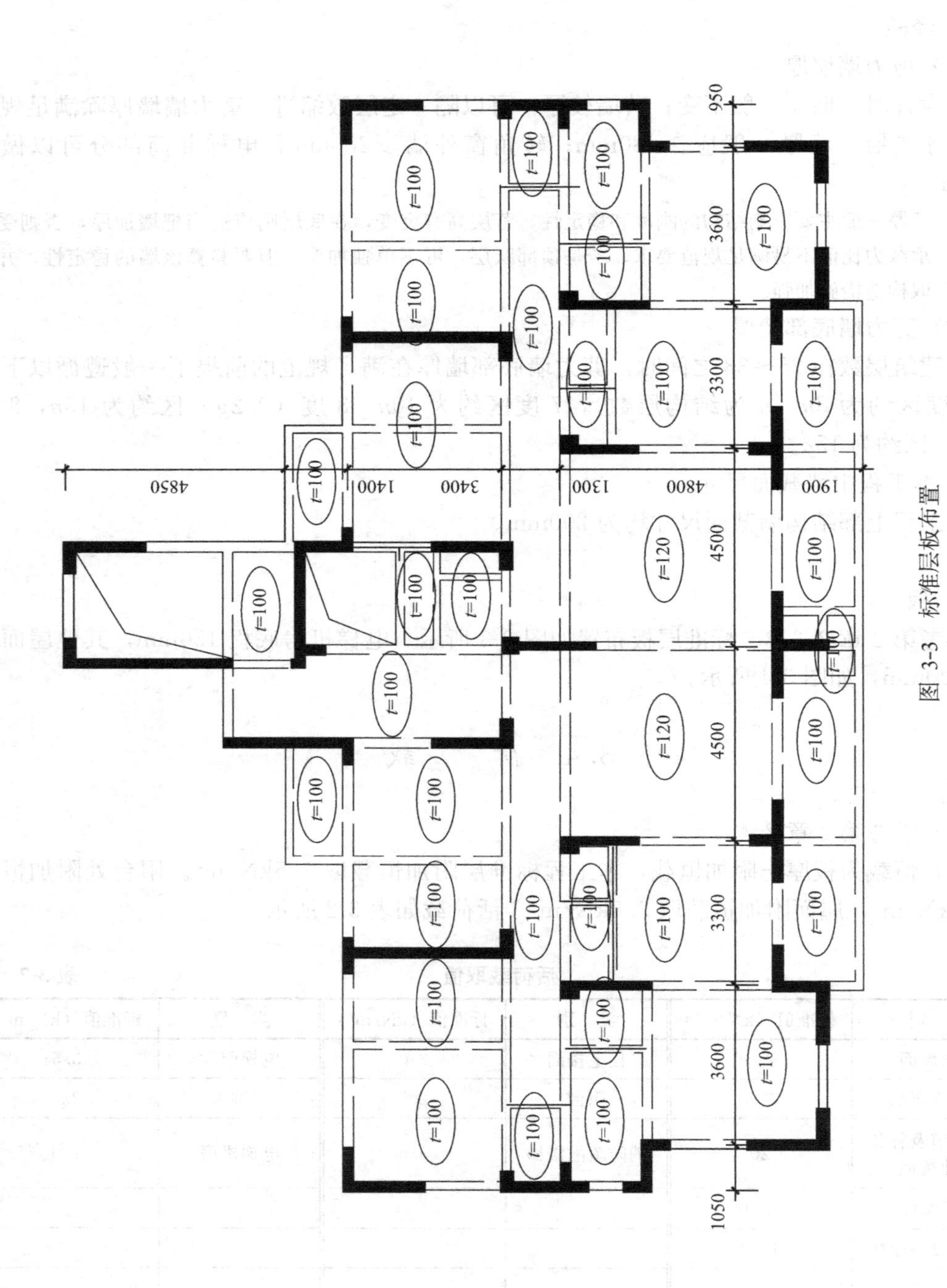

950
3600
3300
4500
4500
3300
3600
1050
4850
1400
3400
1300
4800
1900
t=100
t=120

图 3-3 标准层板布置

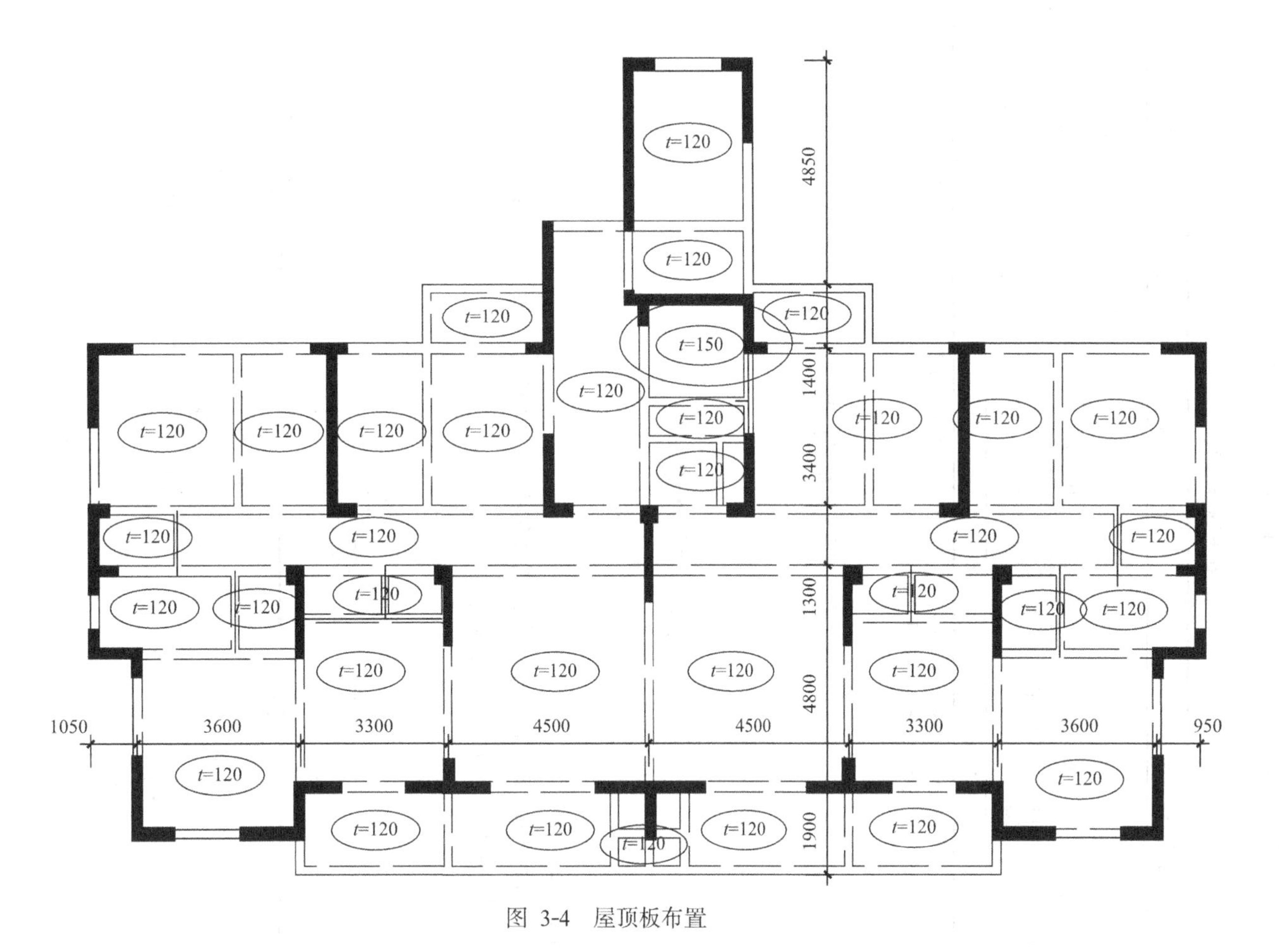

图 3-4 屋顶板布置

注：电梯机房底板由于开洞应做厚，根据实际情况，可以取150mm、180mm、200mm。

3.5 混凝土强度等级

混凝土强度等级参考第 2 章 2.5。本工程混凝土强度等级如表 3-3 所示。

混凝土强度等级 **表 3-3**

混凝土构件名称	标高（m）	混凝土强度等级
基础垫层		C15
基础、基础梁、地下室底板		C35
地下室墙、柱、梁、顶板	基础顶～－1.500	C35
1 层墙、柱、梁、板～电梯机房墙、柱、梁、板	－1.500～37.100	C30
楼梯		同本层楼面
预制构件及其他		C30

注：混凝土强度等级的选用，如果从理论上考虑，上部楼屋的梁板混凝土等级完全可以采用 C25，但本工程与周边其他工程混凝土强度等级统一，采用 C30。

3.6 保护层厚度

保护层厚度参考第 2 章 2.6。

3.7 剪力墙布置

1. 理论知识

（1）惯性矩大小

截面 A、截面 B、截面 C 的尺寸如图 3-5 所示，经计算，截面 A、截面 B、截面 C 沿 X 和 Y 方向形心轴惯性矩如表 3-4 所示。

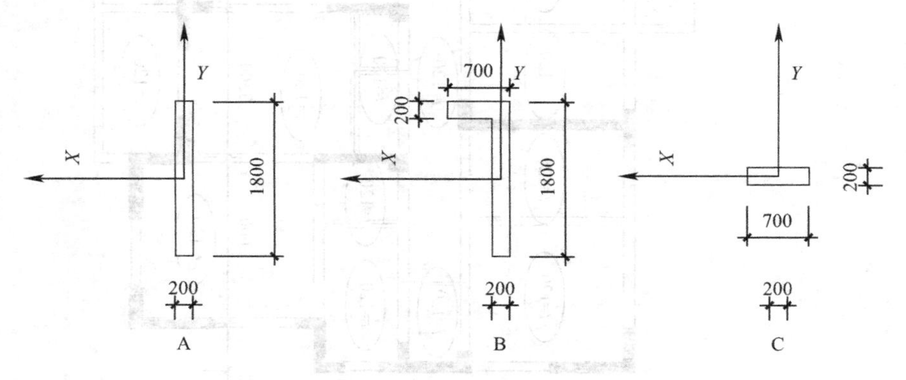

图 3-5 截面尺寸（mm）

截面形心轴惯性矩（mm^4） **表 3-4**

截面 A	$I_{Ax}=9.72\times10^{10}$	$I_{Ay}=1.2\times10^{9}$
截面 B	$I_{Bx}=1.476\times10^{11}$	$I_{By}=1.29\times10^{10}$
截面 C	$I_{Cx}=4.67\times10^{8}$	$I_{Cy}=5.72\times10^{9}$

（2）构件平面内外刚度比较

假设截面长边方向为构件平面内刚度方向，截面短边方向为构件平面外刚度方向，构件材料相同，材料弹性模量均为 E，则平外内外抗弯刚度 EI 如表 3-5 所示。

构件平面内外抗弯刚度 **表 3-5**

	未加翼缘		加翼缘	
截面 A	平面内抗弯刚度	平面外抗弯刚度	平面内抗弯刚度	平面外抗弯刚度
	$9.72\times10^{10}EI$	$1.2\times10^{9}EI$	$1.476\times10^{11}EI$	$1.29\times10^{10}EI$
截面 C	平面内抗弯刚度	平面外抗弯刚度	平面内抗弯刚度	平面外抗弯刚度
	$5.72\times10^{9}EI$	$4.67\times10^{8}EI$	$1.29\times10^{10}EI$	$1.476\times10^{11}EI$

由表 3-5 可知，截面 A 加翼缘后，平面内抗弯刚度增加 0.519 倍，平面外抗弯刚度增加 10.75 倍；截面 C 加翼缘后，平面内抗弯刚度增加 2.24 倍，平面外抗弯刚度增加 316 倍。

（3）在弯矩 M 作用下截面 A 的正应力、剪应力图，如图 3-6 所示。

截面 A 加翼缘后，组成一个 H 形截面 D（图 3-7），在弯矩作用下，截面 D（构件）与截面 A（构件）相比较，最大正应力减小，翼缘几乎承受全部正应力，腹板几乎承受全部切应力。在计算时，让翼缘抵抗弯矩、腹板抵抗剪力。

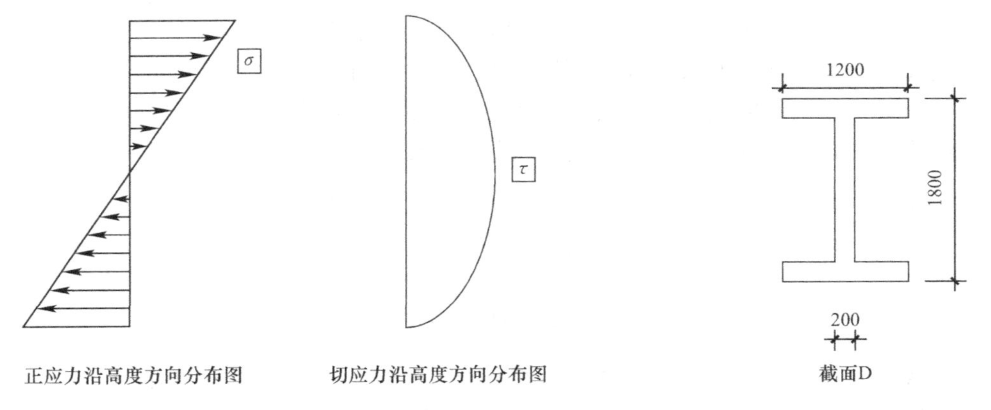

图 3-6 应力分布图　　图 3-7 截面 D 尺寸（mm）

（4）总结

由以上分析可知，构件布置翼缘后，平面内外刚度均增大，刚度内外组合，互为翼缘，能提高材料效率。布置剪力墙时，墙要连续，互为翼缘。拐角处变形大，更应遵循这条原则，否则应力大，会增大墙截面，与墙相连的梁截面也容易引起梁超筋，周期比、位移比等不满足规范要求。墙布置翼缘，边缘构件配筋会增大，但结构布置合理了才经济，否则因小失大。

2. 经验

（1）外围、均匀。剪力墙布置在外围，在水平力作用下，$F_1 \cdot H = F_2 \cdot D$，抗倾覆力臂 D 越大，F_2 越小，于是竖向相对位移差越小；反之，如果竖向相对位移差越大，则可能会导致剪力墙或连梁超筋。剪力墙布置在外围，整个结构抗扭刚度很大；反之，如果不布置在外围，则可能会导致位移比、周期比等不满足规范。

(2) 拐角处，楼梯、电梯处要布墙。拐角处布墙是因为拐角处扭转变形大，楼梯、电梯处布墙是因为此位置无楼板，传力中断，一般都会有应力集中现象，布墙是让墙去承担大部分力。

(3) 多布置L形、T形剪力墙，尽量不用短肢剪力墙、一字形剪力墙、Z形剪力墙。短肢剪力墙、一字形剪力墙受力不好且配筋大，而Z形剪力墙边缘构件多、不经济。

(4) 6度、7度区剪力墙间距一般为6～8m；8度区剪力墙间距一般为4～6m。当剪力墙长度大于5m时，若刚度有富余，可设置结构洞口。设防烈度越高，地震作用越大，所需要的刚度越大，于是剪力墙间距越小。剪力墙的间距大小也可以由梁高反推，假设梁高500mm，则梁的跨度取值$L=(10\sim15)\times500\text{mm}=5.0\sim7.5\text{m}$。

(5) 当抗震设防烈度为8度或者更大时，由于地震作用很大，一般要布置长墙，即用"强兵强将"去消耗地震作用效应。

(6) 剪力墙边缘构件的配筋率显著大于墙身，故从经济性角度，应尽量采用片数少、长度大、拐角少的墙肢；减少边缘构件数量和大小，降低用钢量。

(7) 电梯井筒一般有如下三种布置方法（图3-8中从左至右），由于电梯的重要性很大，从概念上一般按第一种方法布置；当电梯井筒位于结构中间位置且地震作用不是很大时，可按第二种或第三种方法布置；当电梯井筒位于结构中间位置且地震作用不是很大时，可参考第二种或第三种方法布置。当为了减小位移比及增加平动周期系数时，可以改变电梯井的布置（减少刚度一侧的电梯井的墙体），参考第二种或第三种方法布置，不用在整个电梯井上布置墙，而采用双L形墙。在实际工程中，电梯井筒的布置应在以上三个图基础上修改，与周围的竖向构件用梁拉结起来，尽管墙的形状可能有些怪异，也浪费钢筋，但结构布置合理了才能考虑经济上的问题，否则会因小失大。

图3-8 电梯井筒布置

(8) 剪力墙布置时，可以类比桌子的四个脚，结构布置应以"稳"为主。墙拐角与拐角之间若没有开洞，且其长度不大，如小于4m，有时可拉成一片长墙。如图3-9所示。

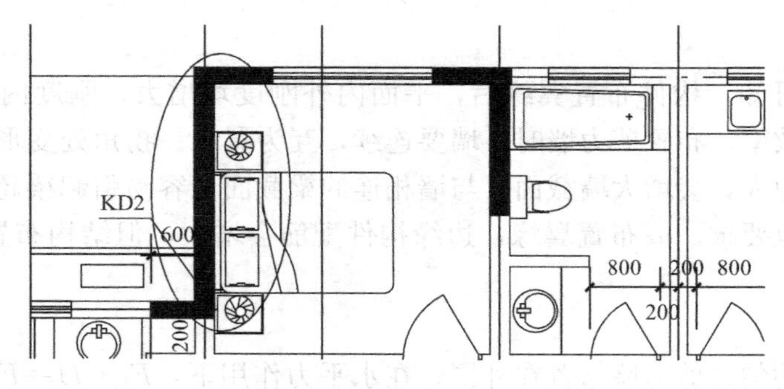

图3-9 剪力墙布置（1）

(9) 剪力墙的布置原则是：外围、均匀、双向、适度、集中、数量尽可能少。一般根据建筑形状，大致确定什么位置或方向该多布置墙，比如横向（短向）的外围应多布置墙，品字形的部位应多布置墙。“均匀”与“双向”应同步控制，这样 X 或 Y 方向两侧的刚度趋近于一致，位移比更容易满足，周期的平动系数更高。剪力墙的总刚度大小是否合适可以查看“弹性层间位移角”，剪力墙外围墙体应集中布置（长墙等），一般振型参与系数会提高，更容易控制剪重比，扭转刚度增加，对周期比、位移比的调整都有利。

3. 本工程剪力墙布置（标准层）

（1）墙截面尺寸

本工程上部结构有12层，剪力墙轴压比限值见“高规”7.2.13，其比柱子轴压比限值要小。参考柱子截面选定的方法，一般每10层柱截面按0.3～0.4m^2 取，由于剪力墙开间更小（4.5m左右），一般可按每10层柱截面按0.18～0.24m^2（0.6倍）估算。如果剪力墙结构底部墙截面宽度为200mm，墙长2200mm（1700＋700翼缘），则0.2×2.2/(0.18～0.24)＝1.83～2.44，即墙截面宽度为200mm，墙长2200mm（1700＋500翼缘）时，一般可以包络住20层的剪力墙。

（2）短肢剪力墙

1）规范规定

<table><tr><td>
“高规”7.2.2 抗震设计时，短肢剪力墙的设计应符合下列规定：
1　短肢剪力墙截面厚度除应符合本规程第7.2.1条的要求外，底部加强部位尚不应小于200mm，其他部位尚不应小于180mm。
2　一、二、三级短肢剪力墙的轴压比，分别不宜大于0.45、0.50、0.55，一字形截面短肢剪力墙的轴压比限值应相应减少0.1。
3　短肢剪力墙的底部加强部位应按本节7.2.6条调整剪力设计值，其他各层一、二、三级时剪力设计值应分别乘以增大系数1.4、1.2和1.1。
4　短肢剪力墙边缘构件的设置应符合本规程第7.2.14条的规定。
5　短肢剪力墙的全部竖向钢筋的配筋率，底部加强部位一、二级不宜小于1.2%，三、四级不宜小于1.0%；其他部位一、二级不宜小于1.0%，三、四级不宜小于0.8%。
6　不宜采用一字形短肢剪力墙，不宜在一字形短肢剪力墙上布置平面外与之相交的单侧楼面梁。
“高规”7.1.8：抗震设计时，高层建筑结构不应全部采用短肢剪力墙；B级高度高层建筑以及抗震设防烈度为9度的A级高度高层建筑，不宜布置短肢剪力墙，不应采用具有较多短肢剪力墙的剪力墙结构。当采用具有较多短肢剪力墙的剪力墙结构时，应符合下列规定：
1　在规定的水平地震作用下，短肢剪力墙承担的底部倾覆力矩不宜大于结构底部总地震倾覆力矩的50%；
2　房屋适用高度应比本规程表3.3.1—1规定的剪力墙结构的最大适用高度适当降低，7度、8度（0.2g）和8度（0.3g）时分别不应大于100m、80m和60m。
注：1　短肢剪力墙是指截面厚度不大于300mm、各肢截面高度与厚度之比的最大值大于4但不大于8的剪力墙；
2　具有较多短肢剪力墙的剪力墙结构是指，在规定的水平地震作用下，短肢剪力墙承担的底部倾覆力矩不小于结构底部总地震倾覆力矩的30%的剪力墙结构。
</td></tr></table>

2）设计时应注意的问题

① 在实际工程中多肢的短肢剪力墙，如L形、T形、十形和Z形的短肢剪力墙大量应用，且由于其比一字形短肢剪力墙的抗震性能强，延性及平面外稳定性较好，规范要求短肢剪力墙应尽可能设置翼缘，但规范规定的短肢剪力墙高厚比的判定方法仅适用于单肢剪力墙的判定，不适合于多肢剪力墙的判定。

② 7度区，15层时，在南方某些地区做短肢剪力墙结构是较优的方案，刚度降了下来，混凝土用量减小，地震作用减小，对结构的安全性几乎没有影响。如果地基承载能力较低，采用桩基础还更具有经济性。

本工程只有12层，采用剪力墙结构方案，必然会造成弹性层间位移角偏小较多，即结构刚度大了点。在竖向构件布置时，由于建筑原因布置了少许短肢剪力墙，由于规范规定的短肢剪力墙高厚比的判定方法仅适用于单肢剪力墙的判定，不适合于多肢剪力墙的判定，加上对其轴压比、最小配筋率的严格限制，故认为安全上是没有问题的。

关于配筋，可以如下进行简要对比。剪力墙抗震等级为三级时，约束边缘构件最小配筋率为1.0%，构造边缘构件最小配筋率为0.6%（底部加强区），底部加强部位短肢剪力墙最小配筋率为1.0%。其他部位短肢剪力墙最小配筋率为0.8%，其他部位构造边缘构件最小配筋率为0.5%。

③ 本工程标准层剪力墙布置

建筑标准层平面图如图3-10所示。标准层剪力墙布置如图3-11所示。

④ 本工程标准层剪力墙布置解析

规范中对普通墙的要求是$h_w/b_w>8$，故200mm厚的剪力墙，墙长肢一般至少为1700mm，有效翼缘应$\geqslant 3b_w=600$mm，在结构外围，由于要开窗，往往建筑给定翼缘允许值大600mm。一般认为，如果该值小于1100，在结构外围，可以指定把翼缘长度按建筑给定的限值布置，这样布置的原因如下：第一，填充墙布置不方便；第二，结构外围防水性能更好；第三，增加结构外围的抗扭刚度，对模型调整及结构受力更有利，而在结构内部则没必要按上述要求，翼缘长度做600mm或700mm即可。关于翼缘限值1100mm，也可按设计院规定来取值。由于结构外围一般会做防水、保温层，从概念上讲，就算布置了填充墙，只要防水层按要求施工，其防水性能是没问题的，用填充墙替换混凝土墙只是多了一道“保险”。如果满足计算与构造，且甲方对经济性要求比较严格，可以采用“有效翼缘+填充墙”的方案。

如果建筑给定的翼缘限值小于600mm，属于无效翼缘，其则在建模时可以不建入，施工图绘制时应画入，然后构造配筋，这种方法偏于保守。由于无效翼缘对墙长肢的约束作用客观存在，当其长度不小于400mm时，有些设计院规定建模可建进去，这种方法也是可行的。有效翼缘的判定，可以参考朱炳寅编著的《建筑结构设计问答及分析》P161～162。

“逢拐角布墙”在大多数情况下都可以遵循，这属于概念设计，结构布置更加连续，整体性比较好，刚度大，但也有可能造成“不必要的浪费”，比如如图3-12所示。画圈中的剪力墙布置有如下三种方式（从左至右），一般可选择第一、第二种方式，第三种方式一般只在结构外围且凹凸较大，地震烈度较大，使得扭转变形较大时才使用。对于比较规则的结构，一般可采用第一种方式，经过模型对比后可知，这种方式相比第二种方式较经

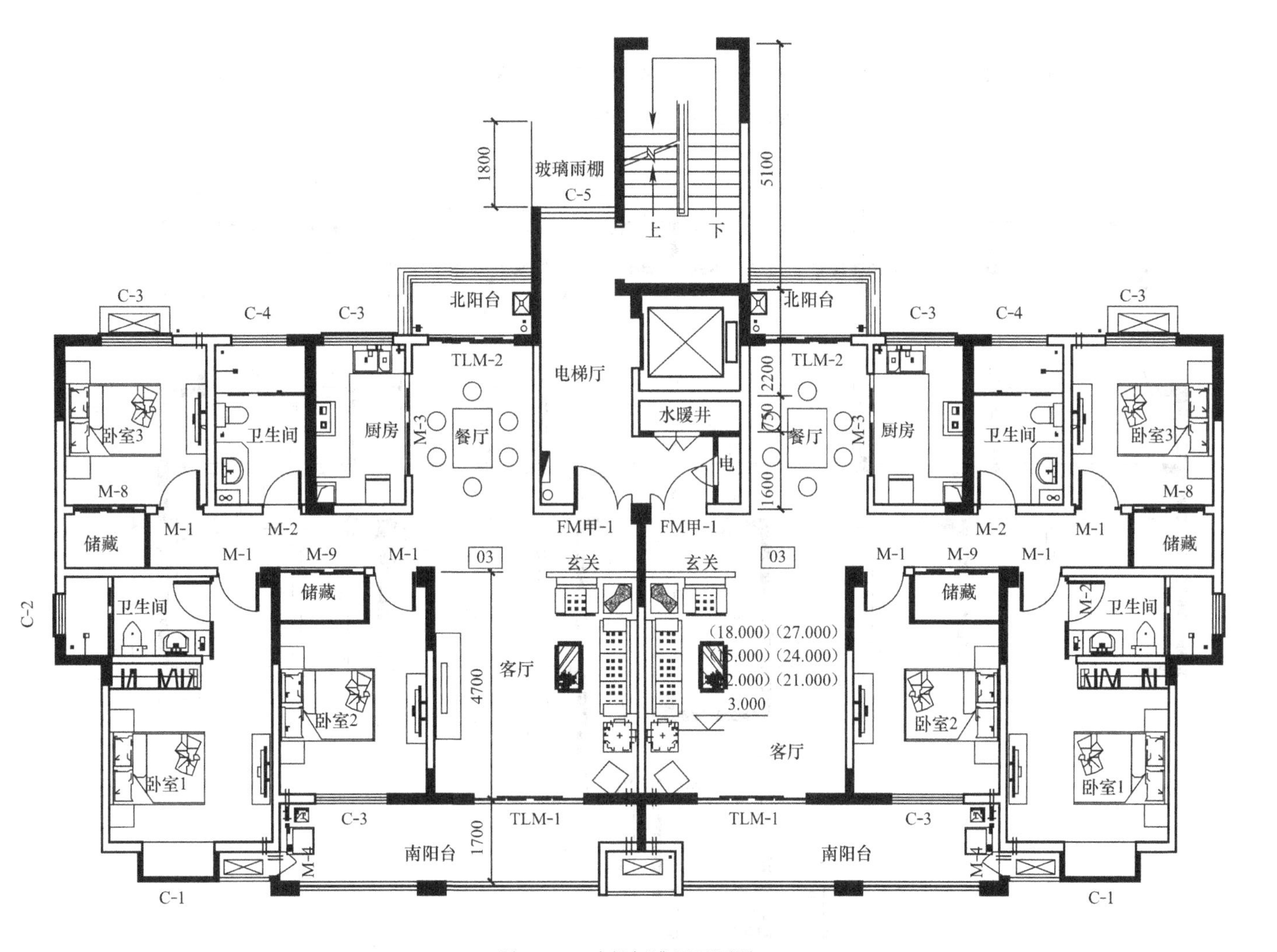

图 3-10 建筑标准层平面图

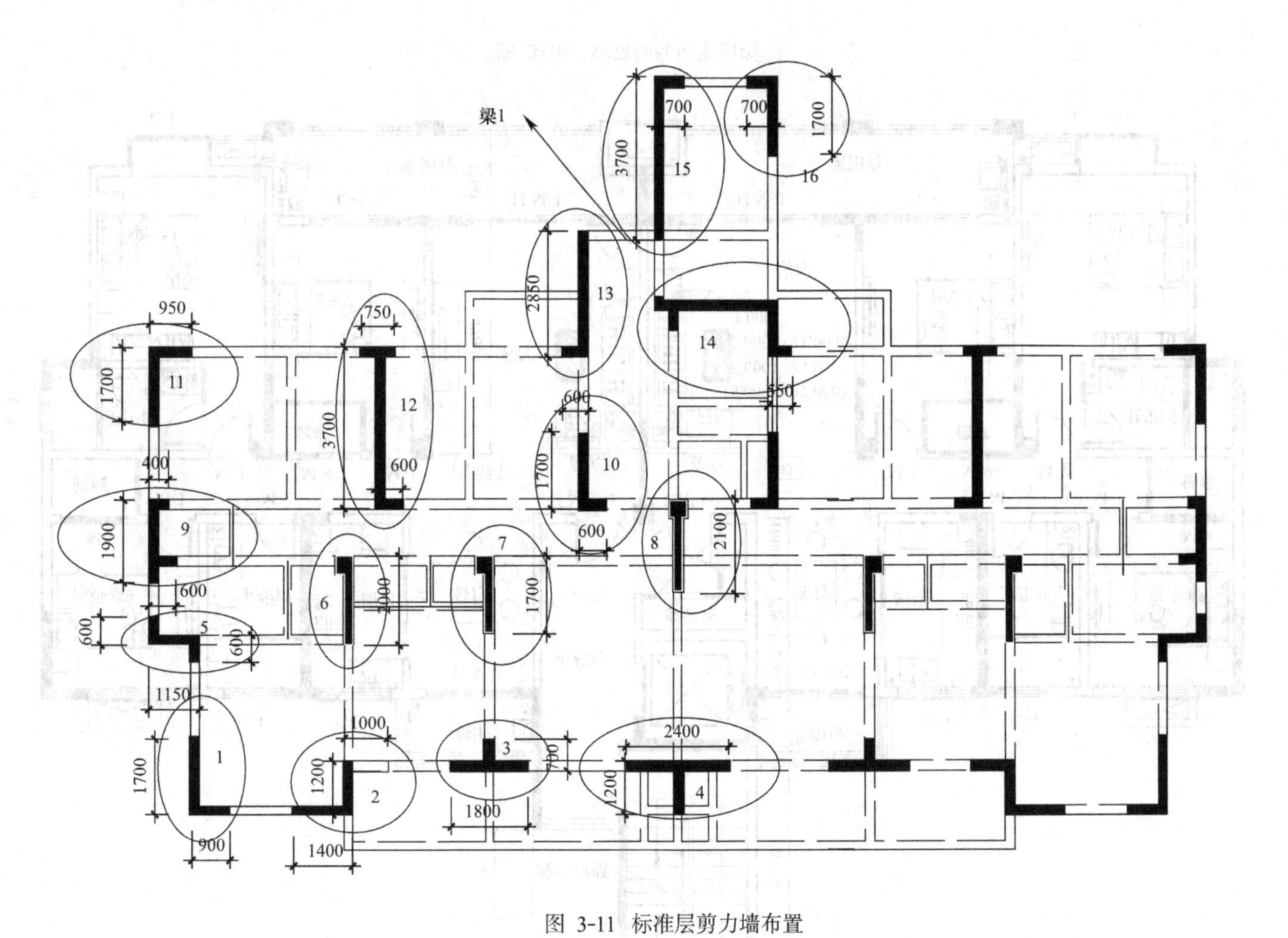

图 3-11 标准层剪力墙布置

注：墙的布置方法各异，本工程的墙布置也存在优化空间，作为结构工程师，更要注重墙布置后面的概念设计及力的传递过程。

济，且应在 PKPM 特殊构件定义中把梁支座改为铰接（不改也可以，程序根据刚度协调算出的结果也较小）。

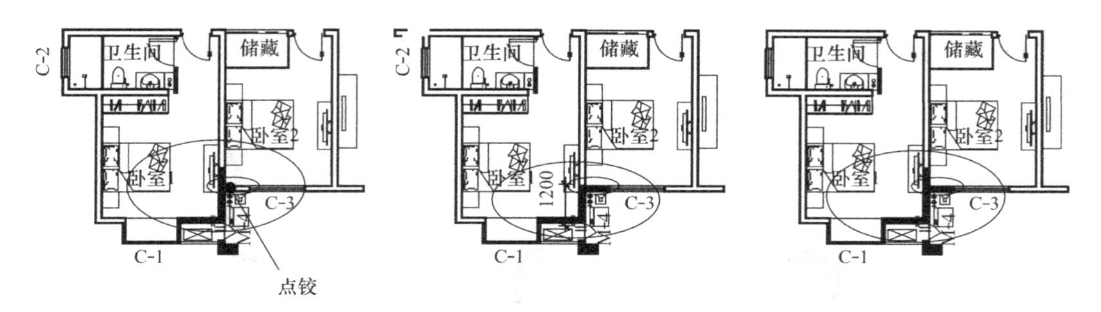

图 3-12 剪力墙布置（2）

注：采用第一种方式时，点铰处在施工时梁钢筋锚固或存在问题，如果建筑允许，可伸出一个 50mm 或 100mm 的墙垛（建模时不建，否则配筋很大，然后构造配筋）。

① 墙 1、墙 11、墙 16

对于截面尺寸为 1700＋700（翼缘）的 L 形墙来说（图 3-13），其轴压比一般能满足 20 层左右的高层。结构外围的墙往往需要布置较长的墙，尤其是横向的构件布置为：两片长墙（2.5m 左右）＋框架梁。这样的布置具有较大的平动刚度与扭转刚度，从而容易满足规范中对高层“位移比”、“周期比”的规定。对于 8 度区，30 层的高层，结构外围往往需要布置 3～4m 甚至更长的长墙进行试算，再根据 SATWE 计算结果进行调整。

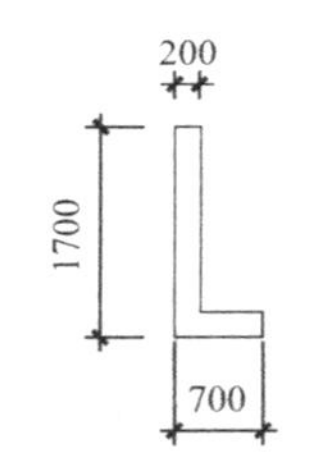

图 3-13 1700＋700（翼缘）的 L 形墙

墙 1 在结构外围，本工程上部结构只有 11 层，建筑中外部剪力墙较多，横向构件布置不是“两片长墙＋框架梁”的形式，需要的墙长较小，于是横向墙长暂定为 1700mm。建筑允许墙翼缘的长度为 900mm，规范中规定翼缘最小长度为 600，暂定为 900mm。

墙 11、墙 16 的布置方式类似墙 1。

② 墙 2、墙 5

墙 2 属于短肢剪力墙，但由于是双肢，其抗震性能优于普通短肢剪力墙。翼缘尺寸全部按建筑限值取。墙 5 的布置方式类似墙 2。

③ 墙 3

墙 3 长度方向建筑限值为 1800mm，一般剪力墙墙长最小取 1700mm（200 厚时），由于建筑不好布置填充墙，做到 1800mm。翼缘墙在结构内部，按最小值 700mm 取。

④ 墙 4、墙 9、墙 15、墙 14

这四片墙均为带翼缘的一般剪力墙，均可按照建筑限值取。楼梯间由于其位置特殊，应布置长墙，楼梯间墙 15 沿着 Y 轴负方向不能布置翼缘，在此建筑中容易引起超筋，则把墙 15 沿着 Y 轴负方向与梁 1 刚好搭接。

⑤ 墙 6、墙 7、墙 8、墙 10

墙 6、墙 7、墙 8 均可按 400mm×400mm 端柱＋1700mm 墙长布置。墙 6 为了与纵向梁搭接，墙长取 2000mm，否则取 1700mm，墙平面内梁易超筋。墙 8 最终取 2100mm 是根据 SATWE 计算结果调整后的长度。

墙 10 在结构内部，墙长可取 1700mm，翼缘可按建筑限值 600 取。

⑥ 墙 12、墙 13

墙 12 翼缘按建筑限值取，墙身如果按 1700mm 取，则纵向梁 2 跨度太大，需要墙或柱为其提供支座，于是把墙 12 向下拉长并参考建筑图按建筑限值做了 600mm 长翼缘。如图 3-14 所示。

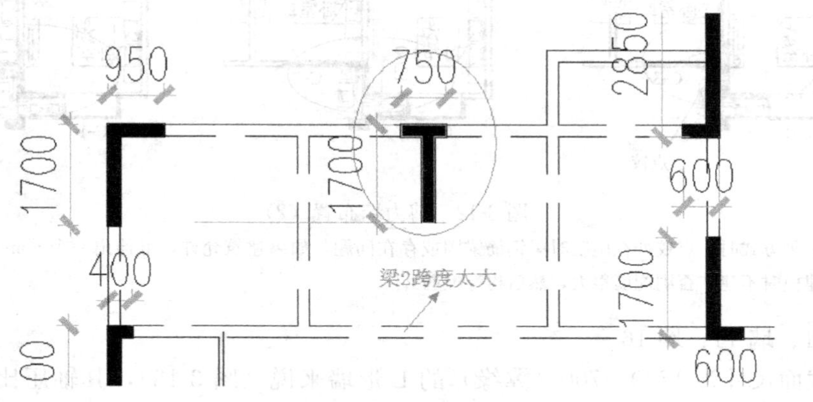

图 3-14 剪力墙布置（3）

3.8 XX 住宅 PKPM 建模

当地下室刚度较大时，比如大底盘地下室，对嵌固端以上部分进行单独的结构分析，分离出来的上部结构与原整体结构相比，基本周期与顶层位移值会有所变小，但是差异较小。所以理想的建模方式是只保留一个单塔（但还带着大底盘地下室或大底盘地下室相关范围），用这个模型跟建筑专业协调，拿这个模型进行周期、位移、内力配筋计算。该塔下部的基础设计也参考这个模型进行调整。本工程由于某些原因（分工合作等），将上部结构嵌固在地下室顶板，将上部结构分离出现单独分析与设计。但在地下室与基础设计时，将塔楼与地下室进行拼接，用整体模型进行设计，并参考只保留一个单塔（但还带着大底盘）的计算结果进行包络设计。

3.8.1 AutoCAD 平面图向建筑模型转化

参考第 2 章 2.7.2。绘制墙时，点击【TSSD/墙体绘制/画直线墙】，如图 3-15 所示。

3.8.2 PMCAD 中建模

1. 参考第 2 章 2.7.1。

2. PMCAD 中建模时要注意的一些问题

（1）PKPM 建模时，一般是在两个节点之间布置墙，点击【轴线输入/两点直线】，用“两点直线”布置好节点，再在节点之间布墙。若剪力墙结构是对称布置，可以先布置好一边，另一边用“镜像复制”来完成建模。

（2）布置剪力墙

点击【PMCAD/建筑模型与荷载输入】→【楼层定义/墙布置】，如图 3-16 所示。

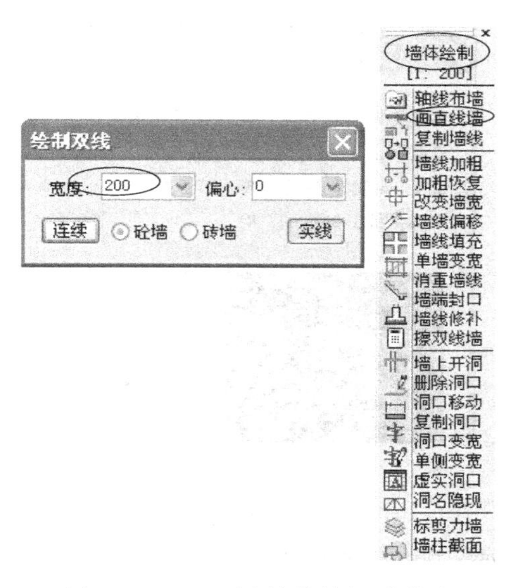

图 3-15　TSSD/墙体绘制/画直线墙

注：1. 在 TSSD 中绘制完剪力墙后，在导入 PKPM 中建模之前，为了提高效率，可以把墙图层独立出来，输入“合并多段线”命令“pe”，将墙线合并为多段线。

2. 洞口可以在 PMCAD 中布置。连梁既可以在 TSSD 中布置，也可以在 PMCAD 中开洞形成。

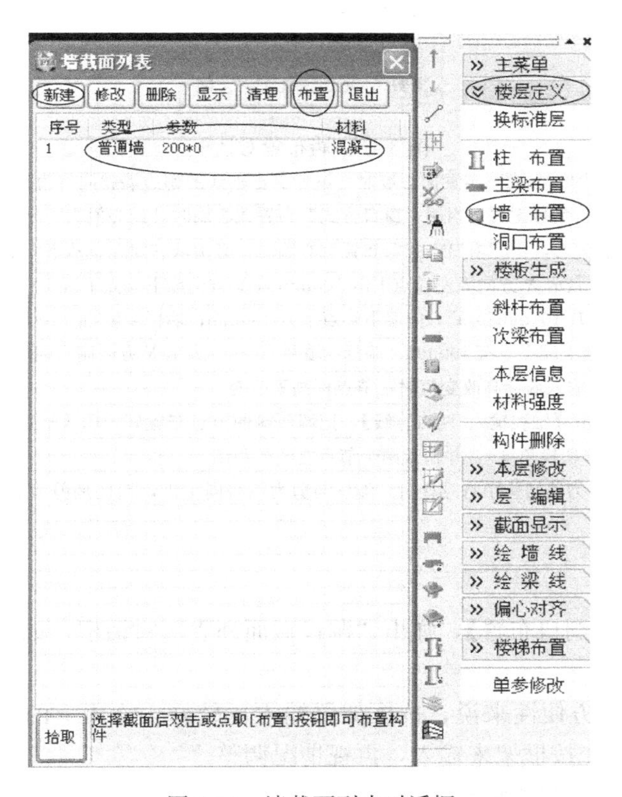

图 3-16　墙截面列表对话框

注：所有墙截面都在此对话框中，点击“新建”，定义墙截面，选择“截面类型”，填写“厚度”、“材料类别”（6 为混凝土），如图 3-17 所示。

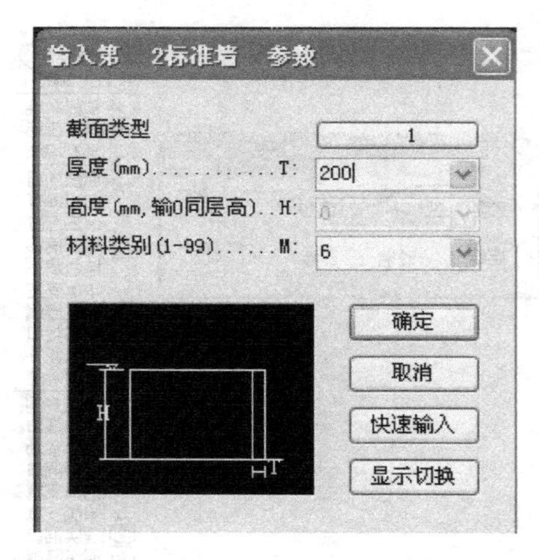

图 3-17 标准墙参数对话框

注：填写参数后，点击“确定”，选择要布置的墙截面，再点击“布置”，如图 3-16、图 3-18 所示。

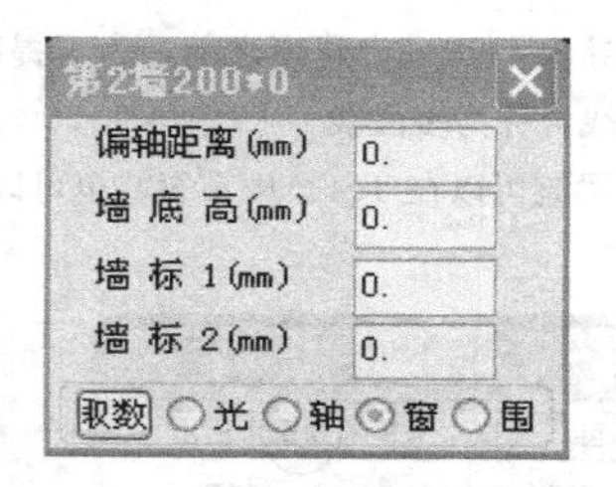

图 3-18 墙布置对话框

注：1. 当用“光标方式”、“轴线方式”布置偏心墙时，鼠标点击轴线的哪边墙就向哪边偏心，偏心值在“偏轴距离”中填写，与输入值的正负号无关。当用“窗口方式”布置偏心墙时，偏心值为正时墙向上、向左偏心，偏心值为负时墙向下、向右偏心，用“窗口方式”布置偏心墙时，必须从右向左、从下向上框选墙。

2. 墙标 1 填写－100mm 表示 X 方向墙左端点下沉 100mm 或 Y 方向墙下端点下沉 100mm；墙标 1 填写 100mm 表示 X 方向墙左端点上升 100mm 或 Y 方向墙下端点上升 100mm；墙标 2 填写－100mm 表示 X 方向墙右端点下沉 100mm 或 Y 方向墙上端点下沉 100mm；墙标 2 填写 100mm 表示 X 方向墙右端点上升 100mm 或 Y 方向墙上端点上升 100mm。当输入墙标高改变值时，节点标高不改变。

3. 布置墙时，首先应点击【轴线输入/两点直线】，把墙两端的节点布置好，用【轴线输入/两点直线】命令布置节点时，应按 F4 键（切换角度），并输入两个节点之间的距离。

4. 剪力墙结构或框架-剪力墙结构中有端柱时，端柱与剪力墙协同工作，端柱是剪力墙的一部分，一般可把端柱按框架柱建模。

（3）布置洞口

点击【楼层定义/洞口布置】，弹出“洞口截面列表”对话框，如图 3-19 所示。

（4）连梁建模

① 就实际操作的方便性来说，按框架梁输入比较好，连梁上的门窗洞口荷载及连梁截面调整较方便。可先按框架来输入，再视情况调整。

② 剪力墙两端连梁有两种建模方式：a. 开洞，程序默认其为连梁；b. 先定义节点，再按普通框架梁布置，如果要将其改为连梁，可以在 SATWE “特殊构件补充定义”里将框架梁改为连梁。

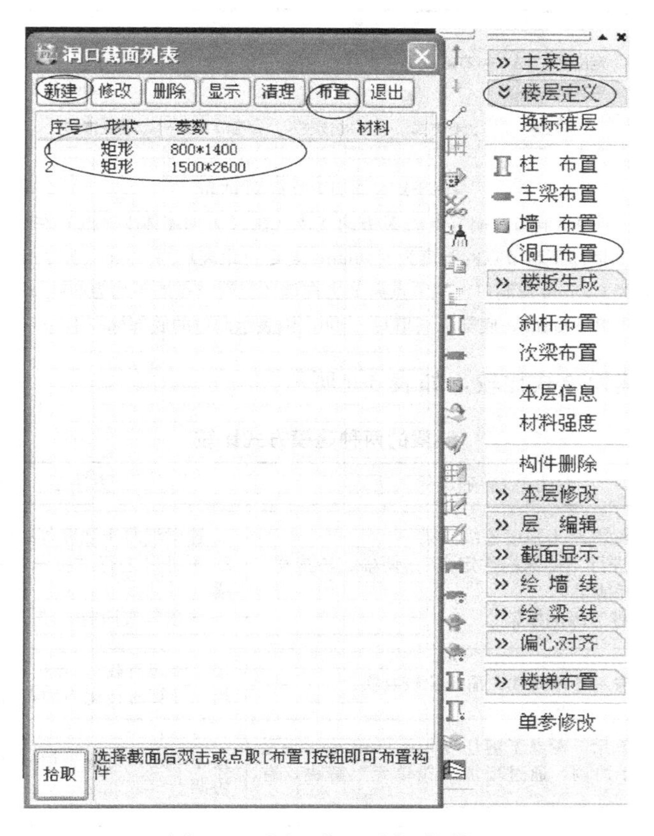

图 3-19 洞口截面列表对话框

注：1. 所有竖向洞口都在此对话框中点击“新建”命令定义，填写“矩形洞口宽度”、“矩形洞口高度”，如图 3-20 所示。

2. 开洞形成的梁为连梁，不可在“特殊构件定义”中根据需要将其改为框架梁。在 PMCAD 中定义的框架梁，程序会按一定的原则，自动将部分符合连梁条件的梁转化为连梁。也可以在 SATWE 特殊构件中间将框架梁定义为连梁。

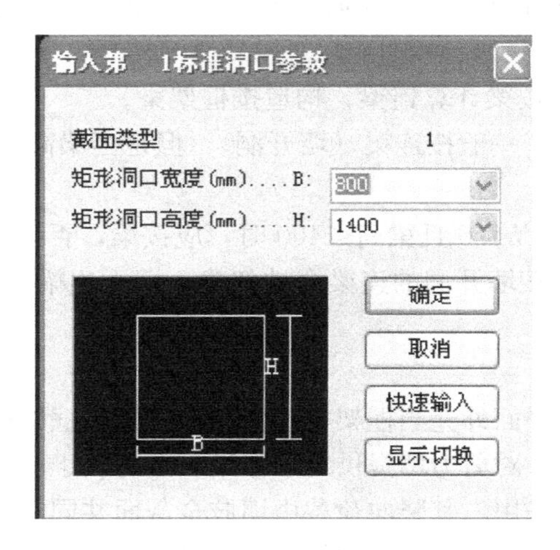

图 3-20 标准洞口参数对话框

注：填写参数后，点击“确定”，选择要布置的洞口截面，再点击“布置”，如图 3-19、图 3-21 所示。

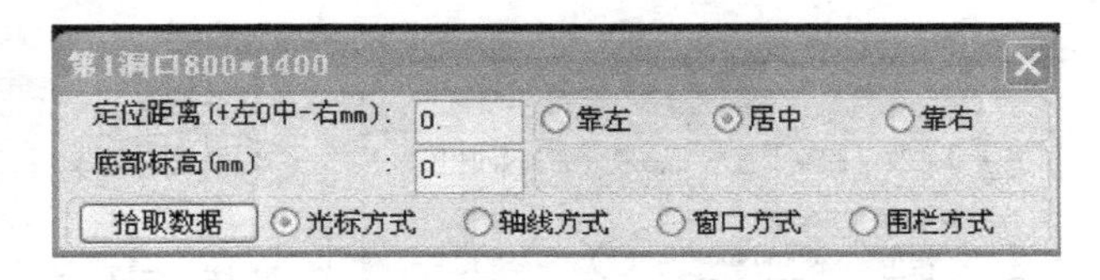

图 3-21　洞口布置对话框

注：若定位距离填写 600，则表示洞口左端节点离 X 方向墙体（在 X 方向墙体上开洞）左端节点的距离为 600mm 或洞口下端节点离 Y 方向墙体下端节点的距离为 600mm；若定位距离填写－600，则表示洞口右端节点离 X 方向墙体右端节点的距离为 600mm 或洞口上端节点离 Y 方向墙体上端节点的距离为 600mm。底部标高填写 500，则表示洞口的底部标高上升 500mm，底部标高填写－500，则表示洞口的底部标高下降 500mm。

③ 连梁的两种建模方式比较，如表 3-6 所示。

连梁的两种建模方式比较　　　表 3-6

连　梁	方法 1（普通梁输入法）	方法 2（墙上开洞法）
属性	1. 连梁混凝土强度等级同梁。 2. 可进行“特殊构件定义”：调幅、转换梁、连梁耗能梁。 3. 抗震等级同框架	1. 连梁混凝土强度等级同墙。 2. 不可以进行“特殊构件定义”，只能为“连梁”。 3. 抗震等级同剪力墙
荷载	按梁输入各种荷载，荷载比较真实	按“墙间荷载”，除集中荷载外，其他荷载形式均在计算时转化为均布荷载，存在误差
计算模型	按杆单元，考虑了剪切变形。杆单元与墙元变形不协调，通过增加“罚单元”解决，有误差	按墙单元，与剪力墙一起进行单元划分，变形协调
刚度	整体刚度小	整体刚度大
位移	大	小
周期	大	小
梁内力	梁端弯矩、剪力大	梁端弯矩、剪力小
剪力墙配筋	配筋小	配筋大

两者计算结果基本没有可比性，配筋差异太大，为了尽可能符合实际情况，按以下原则：

A. 当跨高比≥5 时，按梁计算连梁，构造按框架梁。

B. 当跨高比≤2.5 时，一般按连梁（墙开洞），但是当梁高<400 时，宜按梁，否则，连梁被忽略不计。

C. 当跨高比：$2.5 \leqslant L/h \leqslant 5$ 且梁高<400 时，应按梁，否则，连梁被忽略不计。

D. 当梁高<300 时，按墙开洞的连梁会被忽略，即无连梁，一般梁应≥400，尽量不要出现梁高<400 的情况。

（5）端柱

剪力墙中的端柱在墙平面外充当框架柱的作用时应该按框架柱建模。

端柱不是柱，而是墙，对剪力墙提供约束作用，并有利于剪力墙平面外稳定性。由于混凝土对竖向荷载的扩散作用，其竖向荷载由墙肢全截面共同承担，端柱和墙体共同承担竖向荷载及竖向荷载引起的弯矩，并且墙体始终是承担竖向荷载的主体。剪力墙中的端柱往往在墙平面外充当框架柱的作用。

端柱按柱输入，则端柱与墙的总截面面积比实际情况增加，直接影响带端柱剪力墙的抗剪承载力，且偏于不安全。当采用柱墙分离式计算时，常导致同一结构内端柱与墙肢的计算压应力水平差异很大，常常导致柱墙轴力的绝大部分由端柱承担，而剪力墙只承担其中的很小部分，端柱配筋过大，不合理。

当采用柱墙分离式计算时，会出现端柱的抗震等级同框架，应该人工修改柱的抗震等级，使其同剪力墙。

（6）女儿墙建模

女儿墙在 PKPM 中不用建模，一般加上竖向线荷载即可（恒载）。风荷载对结构的影响很小，由于女儿墙是悬臂受力构件，地震作用很弱，对结构的影响基本可以忽略。

3.9 结构计算步骤及控制点

参考第 2 章 2.8。

3.10 SATWE 前处理、内力配筋计算

参考第 2 章 2.9。

3.11 SATWE 计算结果分析与调整

SATWE 计算结果分析与调整可参照第 2 章 2.9。

3.11.1 墙轴压比的设计要点

“高规” 7.2.13：重力荷载代表值作用下，一、二、三级剪力墙墙肢的轴压比不宜超过表 3-7 的限值。

剪力墙墙肢轴压比限值 **表 3-7**

抗震等级	一级（9 度）	一级（6、7、8 度）	二、三级
轴压比限值	0.4	0.5	0.6

注：墙肢轴压比是指重力荷载代表值作用下墙肢承受的轴压力设计值与墙肢的全截面面积和混凝土轴心抗压强度设计值乘积之比值。

3.11.2 周期比超限实例分析

实例 1：

一栋 24 层剪力墙结构，第二振型是扭转，第一振型平动系数是 1.0，第二振型平动系数是 0.3，第三振型平动系数是 0.7；第三振型转角 1.97°，第二振型转角 2.13°，第一振型转角 91.20°。

分析：

（1）第二振型为扭转，说明结构沿两个主轴方向的侧移刚度相差较大，结构的扭转刚度相对其中一主轴（第一振型转角方向）的侧移刚度是合理的；但相对于另一主轴（第三

振型转角方向）的侧移刚度则过小，此时宜适当削弱结构内部沿“第三振型转角方向”的刚度，并适当加强结构外围（主要是沿第三振型转角方向）的刚度。

（2）第三振型转角1.97°，靠近X轴；第一振型转角91.20°，靠近Y轴；先看下位移比、周期比，如果位移比不大，可以增大结构外围X方向的刚度，适当削弱内部沿X方向的刚度（墙肢变短、开洞等）。

（3）“平1”、“扭”、“平2”。“扭”没有跑到“平1”前，说明“平1”方向的扭转周期小于“平1”方向的平动周期，即“平1”方向的扭转刚度足够；加强“平2”方向外围的墙体，扭转刚度比平动刚度增大的更快，于是扭转周期跑到了“平2”后面，即“平平扭”。

注：1.“平1”，第一平动周期；“平2”，第二平动周期；“扭”，第一扭转周期。

2. 增大X方向结构外围刚度时，应在SATWE后处理—图形文件输出中点击【结构整体空间振动简图】，查看是X方向哪一侧扭转刚度弱（扭转变形大），增加扭转变形大那一侧结构外围的刚度，增加扭转刚度的同时还应保证两侧刚度均匀（控制位移比与周期平动系数）。同时减小结构内部沿着X方向刚度，两端刚度大于中间刚度才会扭转小。

3. 平动周期系数，不同的地区有不同的规定，一般应控制在≥90%。但有时由于建筑体型的原因，平动周期系数很难控制在≥90%，深圳某大型国有民用设计研究院对此的底线是≥55%。

实例2：

某32层剪力墙结构，第一周期出现了扭转。

考虑扭转耦联时的振动周期（s）、X，Y方向的平动系数、扭转系数

振型号	周期	转角	平动系数（$X+Y$）	扭转系数
1	3.1669	178.85	0.49(0.49+0.00)	0.51
2	2.8769	89.08	1.00(0.00+1.00)	0.00
3	2.5369	179.31	0.51(0.51+0.00)	0.49
4	0.9832	179.33	0.62(0.62+0.00)	0.38
5	0.8578	89.11	1.00(0.00+1.00)	0.00
6	0.7805	178.74	0.38(0.38+0.00)	0.62
7	0.4984	179.59	0.73(0.73+0.00)	0.27
8	0.4126	89.04	1.00(0.00+1.00)	0.00
9	0.3842	177.54	0.27(0.27+0.00)	0.73
10	0.3072	179.72	0.79(0.79+0.00)	0.21
11	0.2446	89.10	1.00(0.00+1.00)	0.00
12	0.2302	176.67	0.21(0.20+0.00)	0.79
13	0.2109	179.79	0.83(0.83+0.00)	0.17
14	0.1653	89.25	1.00(0.00+1.00)	0.00
15	0.1558	179.61	0.68(0.68+0.00)	0.32

地震作用最大的方向＝－85.950°

分析：

1. 关键在于调整构件的布置，使得水平面X、Y方向的两侧刚度均匀且“强外弱内”。第一周期为扭转振型，转角接近于180°，则应加强X方向外围刚度，使得扭X方向扭转刚度增加。

2. 平动周期不纯时，应查看该平动周期的转角，确定是 X 方向还是 Y 方向两侧刚度不均匀。有一个直观的方法，在 SATWE 后处理—图形文件输出中点击【结构整体空间振动简图】，点击"改变视角"，切换为俯视，选择相应的 1、2 振型查看，通过查看整体震动可以判断哪个方向比较弱，然后相应加强弱的一边或者减弱强的一边。平动周期不纯的本质在于 X 或 Y 方向两侧刚度不均匀（相差太大）。

3.11.3 超筋

1. 参考第 2 章 2.10.2。

2. 对"剪力墙中连梁超筋"的认识及处理

（1）原因

剪力墙在水平力作用下会发生错动，墙稍有变形的情况下，连梁端部会产生转角，连梁会承担极大的弯矩和剪力，从而引起超筋。

（2）"剪力墙中连梁超筋"的解决方法

方法 1：降低连梁刚度，减少地震作用

① 减小梁高，以柔克刚。如果仍然超筋，说明该连梁两侧的墙肢过强或者是吸收的地震力过大，此时，想通过调整截面使计算结果不超筋是困难且没必要的。一般由于门窗高度的限制，梁高减小的余地已不大，减小梁高，抗剪承载力可能比内力减少得更多。

② 容许连梁开裂，对连梁进行刚度折减。《建筑抗震设计规范》GB 50011—2010 第 6.2.13-2 条（以下简称"抗规"）规定：抗震墙连梁的刚度可折减，折减系数不宜小于 0.50。

③ 把洞口加宽，增加梁长，把连梁跨高比控制在 2.5 以上，因为跨高比 2.5 时，抗剪承载能力比跨高比<2.5 时大很多。梁长增加后，刚度变小，地震作用时连梁的内力也减小。

④ 采用双连梁。假设连梁截面为 200mm×1000mm，可以在梁高中间位置设一道缝，设缝能有效降低连梁抗弯刚度，减小地震作用。

方法 2：提高连梁抗剪承载力

① 提高混凝土强度等级。

② 增加连梁的截面宽度，增加连梁的截面宽度后抗剪承载力的提高大于地震作用的增加，而增加梁高后地震作用的增加会大于抗剪承载力的提高。

3. 水平施工缝验算不满足

（1）规范规定

"高规"7.2.12：抗震等级为一级的剪力墙，水平施工缝的抗滑移应符合下式要求：

$$V_{wj} \leqslant \frac{1}{\gamma_{RE}}(0.6 f_y A_s + 0.8N) \tag{3-1}$$

式中 V_{wj}——剪力墙水平施工缝处剪力设计值；

A_s——水平施工缝处剪力墙腹板内竖向分布筋和边缘构件中的竖向钢筋总面积（不包括两侧翼缘），以及在墙体中有足够锚固长度的附加竖向插筋面积；

f_y——竖向钢筋抗拉强度设计值；

N——水平施工缝处考虑地震作用组合的轴向力设计值，压力为正值，拉力取负值。

（2）原因分析

高层剪力墙结构可以简化为竖立在地球上的一个“悬臂梁”，在水平地震作用时，“悬臂梁”产生拉压力，拉压力形成力偶去抵抗水平力产生的弯矩。水平作用越大时，拉压力越大，剪力墙可能受拉，此时剪力墙剪力也越大，对于抗震等级为一级的剪力墙，水平施工缝验算可能不满足规范要求。

（3）程序查看

剪力墙结构中水平施工缝验算超限的墙肢大多是受拉的墙肢，对于 8 度区>80m 的剪力墙结构，8 度区>60m 的框架-剪力墙结构，常会遇到墙水平施工缝验算超限，可以点击【SATWE/分析结果图形和文本显示/文本文件输出/超配信息】查看超筋信息，如图 3-22 所示。

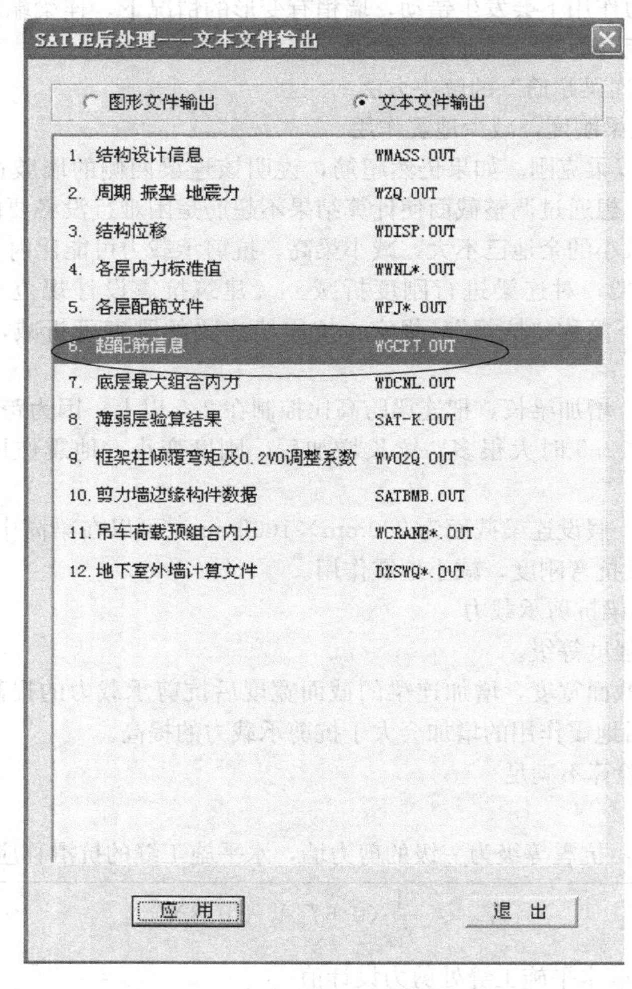

图 3-22 SATWE 后处理/超配信息

（4）解决方法

施工缝超筋可以考虑附加斜向插筋，手工复核。点击【SATWE/接 PM 生成 SATWE 数据】→【特殊构件补充定义/特殊墙/竖配筋率】如图 3-23、图 3-24 所示。

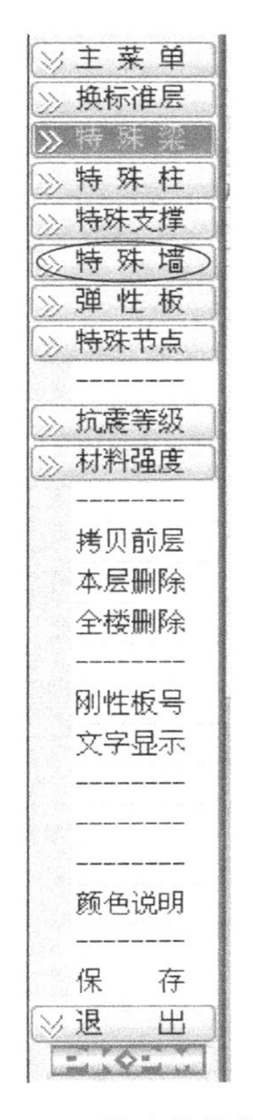

图 3-23 特殊构件菜单

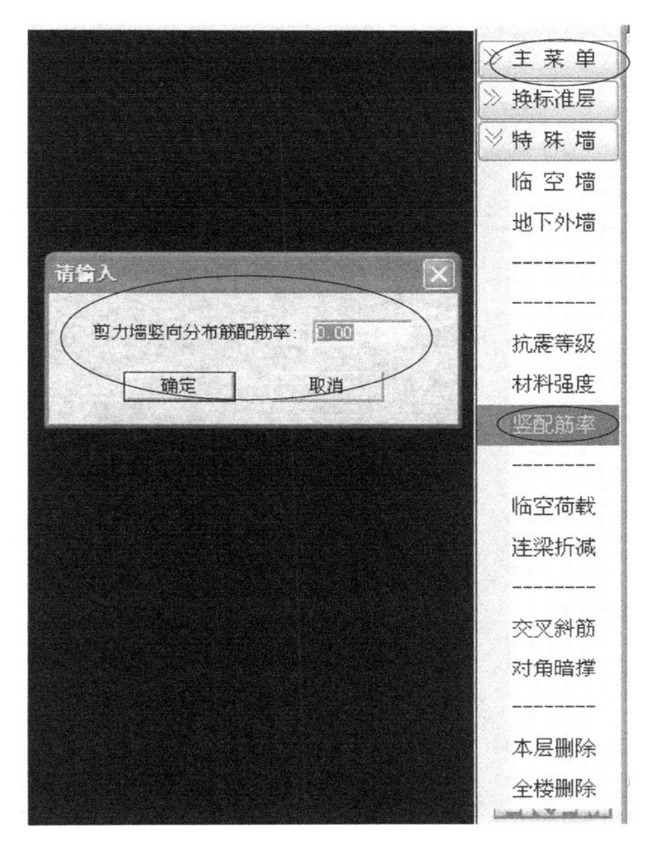

图 3-24 竖配筋率对话框

3.12 “混凝土构件配筋及钢构件验算简图”转化为DWG图

参考第2章2.11。本工程层数不多，轴压比较小，应考虑“高规”7.2.14规定的“剪力墙可不设约束边缘构件的最大轴压比”这种有利因素。点击【SATWE/分析结果图形和文本显示】→【图形文件输出/梁弹性挠度、柱轴压比、墙边缘构件简图】，选择底部一层，点击“保存”，如图3-25所示。

3.13 上部结构施工图绘制

3.13.1 梁平法施工图绘制

参考第2章2.12.1。连梁可不在梁平法施工图中绘制，在剪力墙平法施工图中绘制。

3.13.2 板施工图绘制

参考第2章2.12.2。

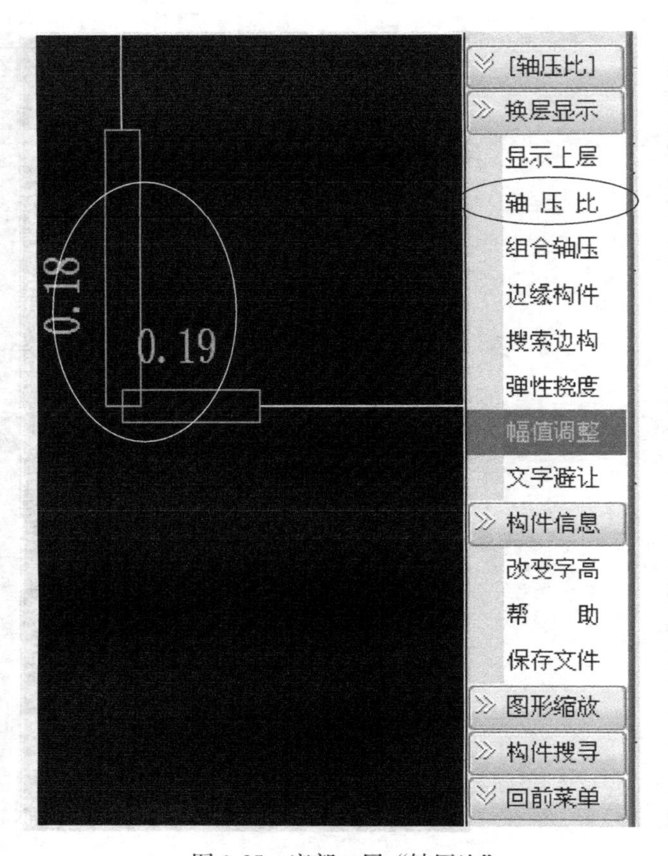

图 3-25 底部一层“轴压比”

注：点击“保存”后，应点击 PMCAD 或墙梁柱施工图中的“图形编辑、打印及转换”，将“WPJC”T 图转成“DWG”图。

3.13.3 剪力墙平法施工图绘制

1. 边缘构件设计

SATWE 会给出每个楼层的“混凝土构件配筋及钢构件验算简图”，当一个标准层只有一个楼层时，可以参照该层的“混凝土构件配筋及钢构件验算简图”进行边缘构件施工图绘制。但在实际工程中，往往一个标准层包含多个楼层，逐一地核对每层“混凝土构件配筋及钢构件验算简图”费时费力，由于剪力墙结构中边缘构件大多数为构造配筋，结构在不连续的地方一般比较薄弱，对比同一标准层的首尾两层“混凝土构件配筋及钢构件验算简图”即可。

“高规”7.2.14 规定了震等级为三级时，应在底部加强部位及相邻的上一层设置约束边缘构件。本工程底部加强部分为底部 2 层，则应在底部 3 层设置约束边缘构件，但“高规”7.2.14 又规定了剪力墙可不设约束边缘构件的最大轴压比，本工程层数不多，轴压比较小，应考虑这种有利条件。

本节主要利用小插件手动绘制“－1.500～8.900 剪力墙边缘构件施工图”（底部 3 层），由于剪力墙结构中大多数为构造配筋，如果做过的工程足够多，还可以把以前的边缘构件大样图简要修改后直接拿来套用，当熟练后，绘图一样有效率。对于新手来说，尤其要注重设计中的概念及细节，不可偷懒。

（1）从网上下载绘制剪力墙边缘构件利器“墙柱工具”（屠夫画墙），如图 3-26 所示。

图 3-26 “墙柱工具”（屠夫画墙）

在 CAD 或 TSSD 中点击【工具/加载应用程序】，加载该插件。该插件的使用方法如下：

1）在 CAD 或 TSSD 中输入命令“DHK”，按回车键，弹出“参数设置”对话框，如图 3-27 所示。

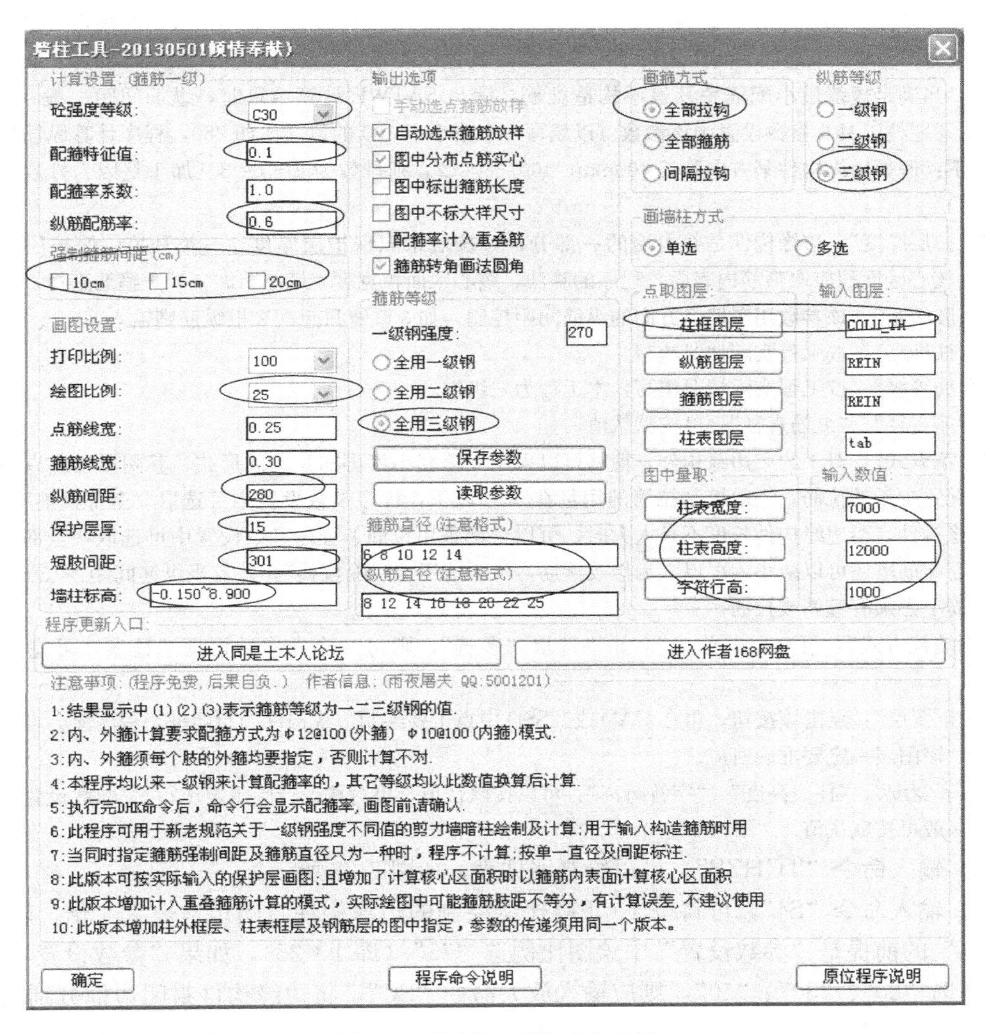

图 3-27 “墙柱工具”参数设置

参数解析

“混凝土强度等级”：根据工程实际情况填写，本工程填写 C30。

“配箍特征值”：一般只针对约束边缘构件，详见“高规”7.2.15-1，本工程抗震等级为三级，约束边缘构件配箍特征值取 0.12。如果是构造边缘构件，不要随便填写一个较小的值，否则程序其他操作容易出现错误，可按默认值 0.1，不理会其计算结果，箍筋构造配置即可。

“纵筋配筋率”：“高规”7.2.15-2对约束边缘构件进行了规定，剪力墙约束边缘构件阴影部分的竖向钢筋除应满足正截面受压（受拉）承载力计算要求外，其配筋率一、二、三级时分别不应小于1.2%、1.0%和1.0%，并分别不应少于8ϕ16、6ϕ16和6ϕ14。“高规”7.2.16对构造边缘构件进行了规定。本工程剪力墙抗震等级为三级，约束边缘构件最小配筋率为1.0%并不小于6ϕ14，底部加强部分构造边缘构件最小配筋率为0.6%并不小于6ϕ12。

“强制箍筋间距”：一般不勾选，否则程序其他操作容易出现错误，箍筋配筋可以手动修改。本工程约束边缘构件按“高规”7.2.15-3不宜大于150mm。底部加强部位构造边缘构件，箍筋可按构造6ϕ150。

“纵筋”间距：规范规定“纵筋”间距不宜小于300mm，在实际设计中，有的设计院规定只当剪力墙抗震等级为四级时，纵筋最大间距才可采用300mm，其他抗震等级纵筋间距小于300mm即可。从工程经验来看，当满足规范最小配筋率及最小构造配筋，满足SATWE计算结果时，纵筋间距一般在150～200mm。“墙柱工具”参数设置中该参数可以填写一个略小于300的值，比如280，程序计算纵筋排数的原则如下：假如边缘构件某方向肢长400mm，400/280＜2，则排数为2＋1＝3（加1是因为排数为间距个数＋1）。

“保护层厚度”：边缘构件是剪力墙的一部分，可按墙来取保护层厚度，一类环境，保护层厚度为15mm。核心区面积应取箍筋内表面，程序的算法，核心区面积宽度＝墙厚－2×(15＋箍筋直径)。

“短肢间距”：该参数用于墙厚方向的纵筋间距控制，如300宽只想配2根纵筋则输入301。

“墙柱标高”：按工程实际情况填写。

“箍筋等级”：按工程实际情况填写，本工程为三级钢。

“箍筋直径”、“纵筋直径”：可按默认值。

“画箍方式”：对于约束边缘构件，箍筋可以采用大箍套小箍再加拉筋的形式，其阴影区应以箍筋为主，可配置少量的拉筋，一般控制拉筋的用量在30%以下，程序参数设置中可选取“全部箍筋”。对于构造边缘构件，当边缘构件长度不是太大时，可以全部采用拉筋，程序参数设置中可选取“全部拉筋”。如果箍筋配筋率还可以减小，可以人为修改箍筋，可不选用“间隔拉钩”，并且当纵筋间距＞150mm时，每根纵筋上必须有箍筋或拉筋。

“画墙柱方式”：可选取“单选”。如果选取“多选”，则每一次操作后再框选柱表，可完成批量操作。

“柱框图层”：点击该按钮，再在CAD或TSSD中点击要绘制边缘构件的封闭框，程序便会自动识别该图层。该图层一定要准确对应。

“柱表宽度”、“柱表高度”、“字符行高”：可以按默认值，也可按设计院规定填写。“参数设置”中其他参数一般可按默认值。

2）输入命令“TCHZB”，可以绘制墙柱表，如图3-28所示。

3）输入命令“S4”，可将按1∶100比例绘制的边缘构件封闭边框放大4倍，输入命令“S4”的前提是“参数设置”中绘图比例选“25”（即1∶25），如果“参数设置”中绘图比例选“20”、“30”、“50”，则应输入放大命令“SC”，将边缘构件封闭边框分别放大5倍、3.33333倍、2倍。本工程绘图比例为1∶25，输入命令S4，如图3-29所示。

4）将放大后的“边缘构件封闭框”移到生成的“墙柱表”中，输入命令“YXZ”，点击“边缘构件封闭框”，程序可以根据“边缘构件封闭框”的尺寸，“参数设置”中的“纵筋间距”、“短肢间距”、“画箍方式”等生成边缘构件的大样图（没有配筋数字），如图3-30所示。

5）输入命令“QDX”，点击图3-31中的要绘制墙端线及剖段线的“线边”，即可绘制墙端线及剖段线。

截面	
编号	
标高	
纵筋	
箍筋/拉筋	

图 3-28　墙柱表

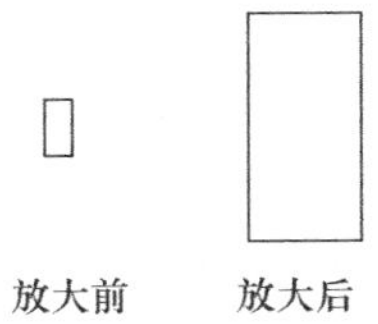

放大前　　放大后

图 3-29　“边缘构件封闭框”放大

注：在实际设计中，可以在 TSSD 中自动生成“边缘构件封闭框”，然后输入命令“SC”，将整图放大 4 倍或规定的倍数。于是可以省去此步操作。

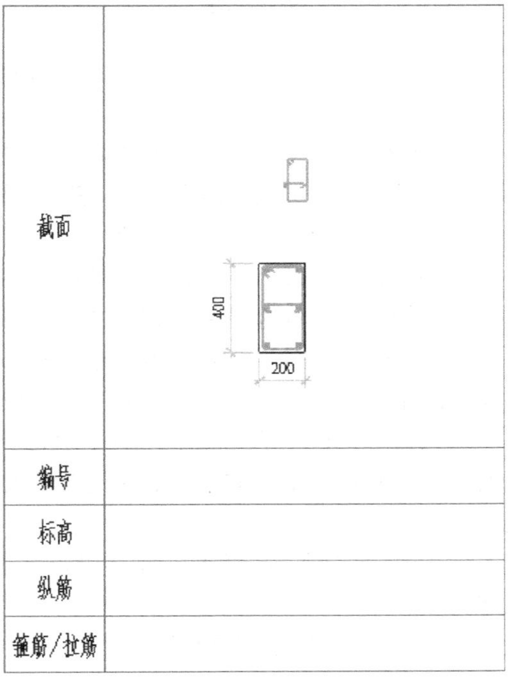

截面	400 200
编号	
标高	
纵筋	
箍筋/拉筋	

图 3-30　边缘构件大样

注：有时候输入命令后，程序操作会失效，可以把边缘构件封闭框炸开，再合并多段线。

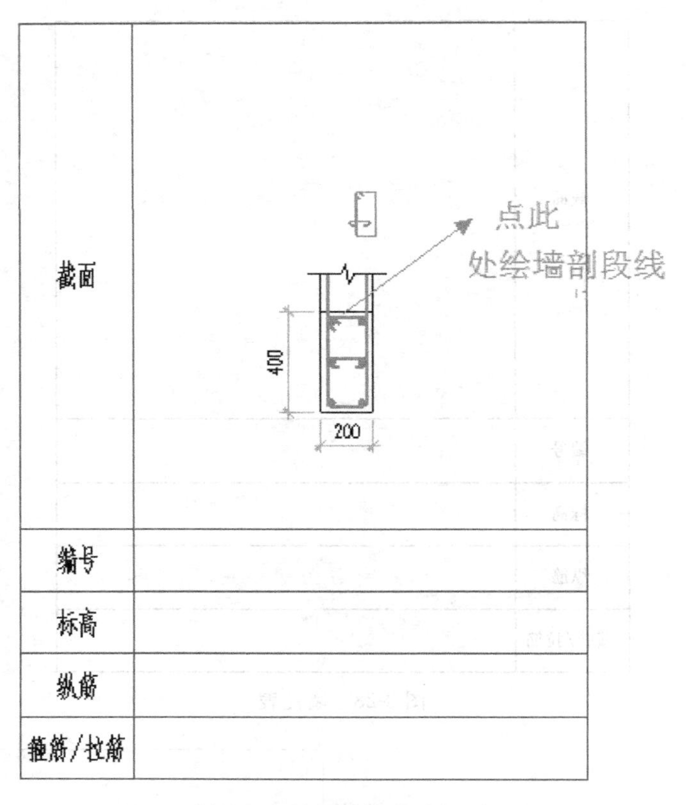

图 3-31　绘制墙端线/剖段线

6）输入命令“XZB”，点击“墙柱表边框”，程序会根据生成的大样（纵筋根数等）、“参数设置”中的“配箍特征值”、“箍筋等级”“纵筋配筋率”、“纵筋等级”、“墙柱标高”等完成墙柱表的填写，如图 3-32 所示。

7）输入命令“DGJ”，点击“墙柱表边框”，大样的“缩放倍数”按默认值，可以显示实际纵筋及箍筋计算结果，如图 3-33 所示。

8）输入命令“HGJ”，点击“边缘构件封闭框”上的点，程序变化自动绘制箍筋，需要注意的是，绘制箍筋时，点击的第一点位置即箍筋所在的位置。

输入命令“HLG”，点击“边缘构件封闭框”上的点，即可完成拉筋的绘制，需要注意的是，绘制拉筋单击的第一点决定拉筋的朝向，第一点在左边，拉筋朝上，第一点在上边，拉筋朝右。

输入命令“FY”，点击“放样箍筋墙柱的外框”，即可对修改的墙柱大样箍筋进行放样。

可以利用 CAD 中“复制”、“删除”命令对大样图中的钢筋进行修改，再修改柱表中的内容与大样中钢筋一致，输入命令“DGJ”，程序便会对大样重新计算。

9）有时候为了省钢筋（满足计算、构造的前提下），可以采用“角筋大，其他筋小”的配筋方式。将图 3-34 中的纵筋 14ϕ12（修改前）进行修改，输入命令“GG”，点击“修改后”图中的 8ϕ12＋6ϕ10，即完成修改，如图 3-35 所示。

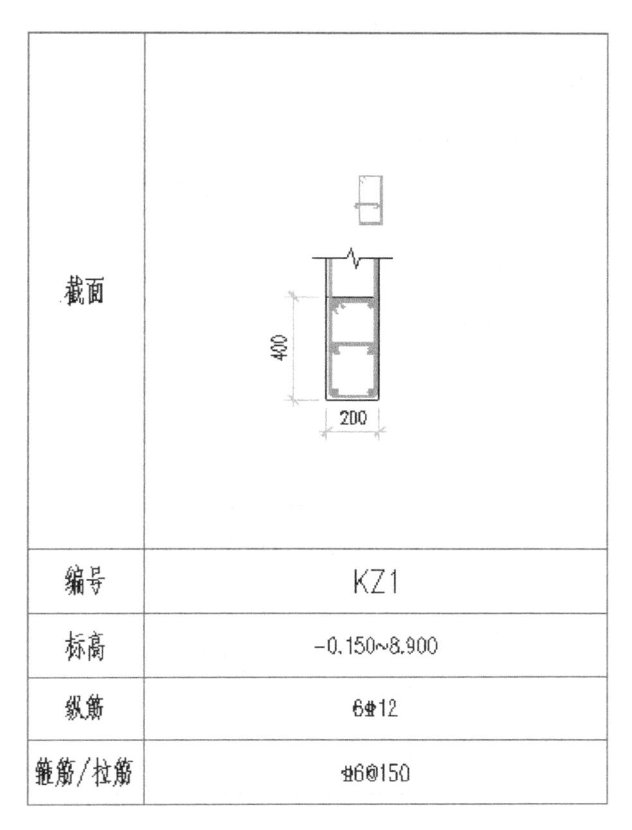

截面	400 200
编号	KZ1
标高	-0.150~8.900
纵筋	6Φ12
箍筋/拉筋	Φ6@150

图 3-32 墙柱表填写

	核心区面积56564mm² 箍筋总长 1250mm 体积配箍率(3)0.42%(1)0.56% 柱全截面积80000.00mm² 纵筋配筋面积678.58mm² 纵筋配筋率0.85%
编号	KZ1
标高	−0.150~8.900
纵筋	6Φ12 参照配筋率=0.60% 0.85%
箍筋/拉筋	Φ6@150 参照配箍率(按以一级钢计算)=0.53% (3)0.42%(1)0.56%

图 3-33 纵筋及箍筋计算结果

注：1. 纵筋一栏中，参照配筋率 0.6%是在“参数设置”中填写的，0.85%是边缘构件 6ϕ12 的配筋率；

2. 箍筋/拉筋一栏中，参照配筋率 0.53%是按照一级钢计算的。0.42%是 6@150 的体积配箍率（“参数设置”中填写的三级钢），0.56%是 6@150 按照等强度代换成一级钢后的体积配箍率。

3. 修改墙柱表中的箍筋、纵筋，再次输入命令“DGJ”，可重新计算纵筋及箍筋的配筋率等。

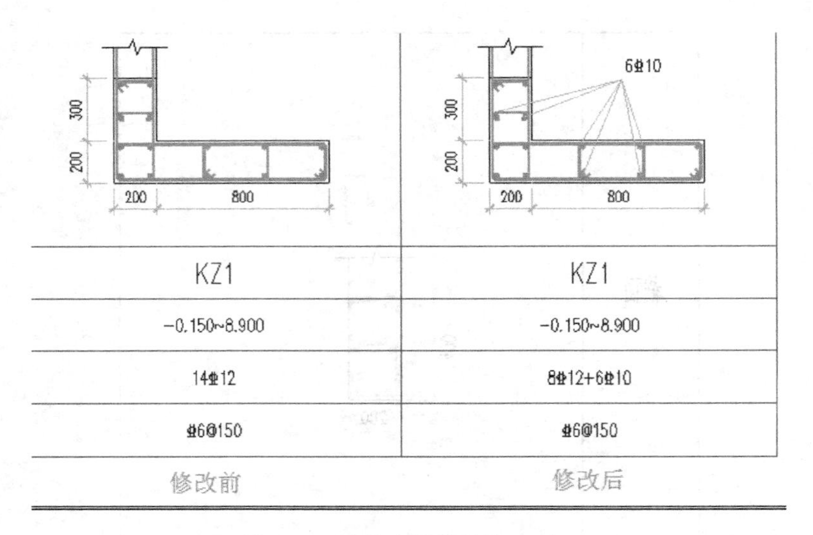

6⏀10
300
200
200
800
KZ1
-0.150~8.900
14⏀12
8⏀12+6⏀10
⏀6@150
修改前
修改后

图 3-34　墙柱大样纵筋修改（1）

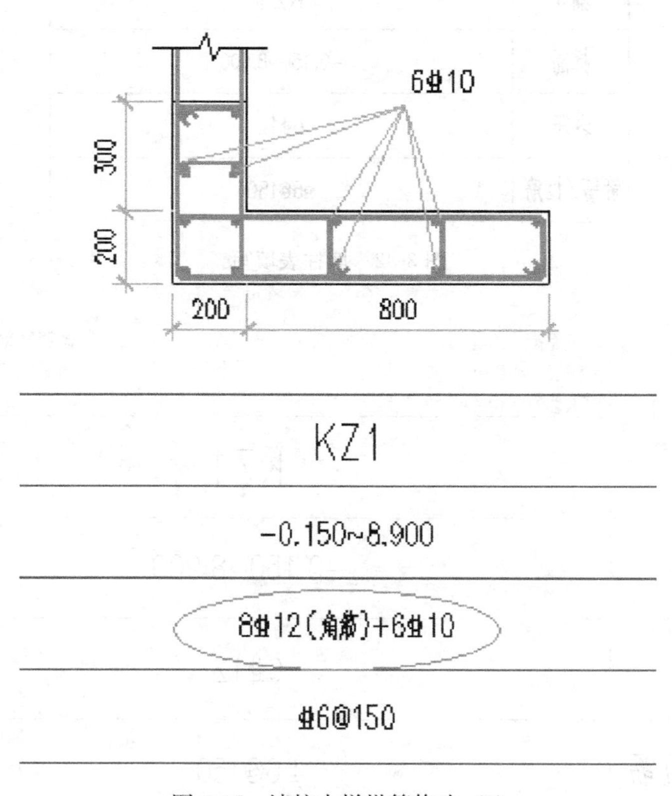

图 3-35　墙柱大样纵筋修改（2）

10）其他命令详见“程序命令说明”。

（2）在 PKPM 中点击【墙梁柱施工图/剪力墙施工图】，进入“剪力墙施工图”主菜单，在图 3-36 中选择“第 1 自然层”、“平面图”，直接点击“自动配筋”，程序自动生成“剪力墙平面图”，如图 3-37 所示。

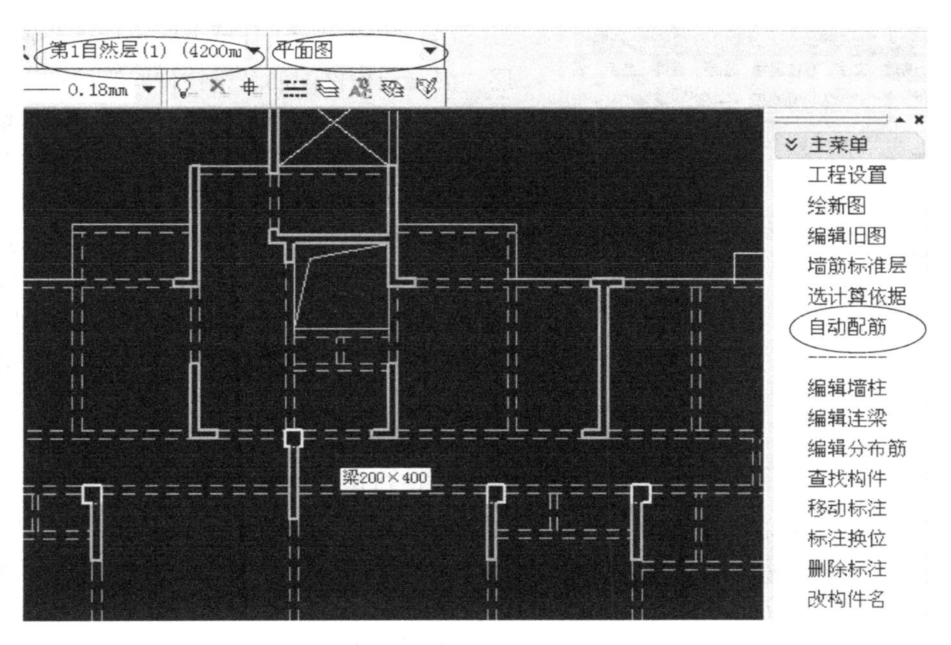

图 3-36 “剪力墙施工图”主菜单

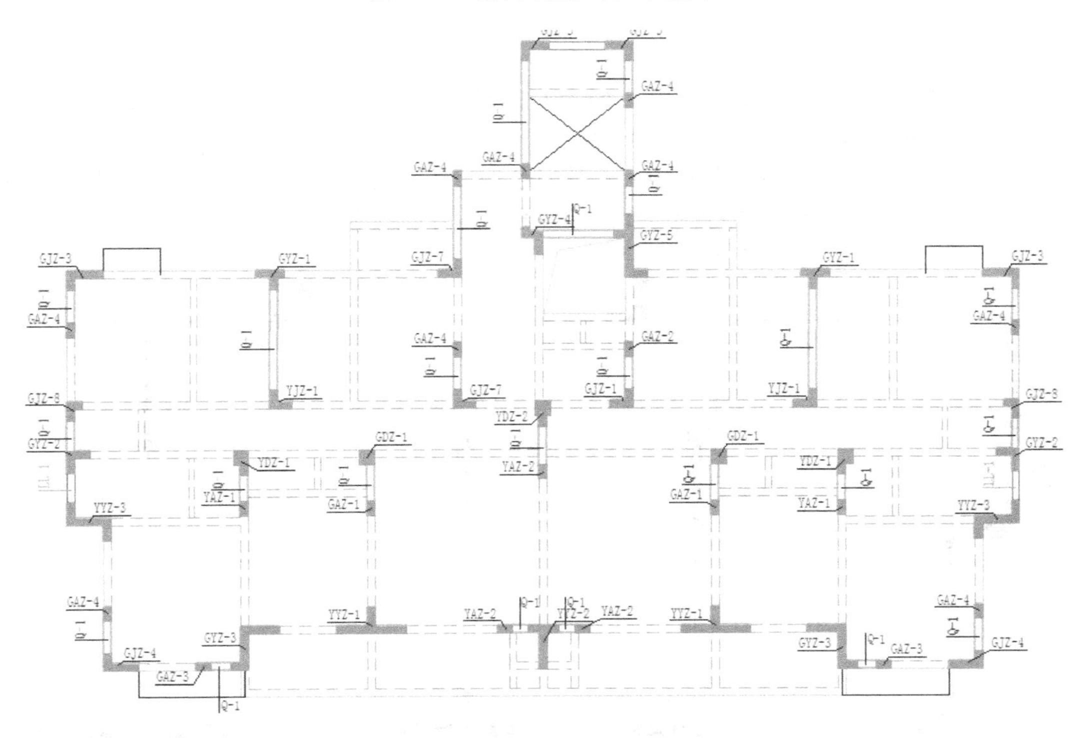

图 3-37 “剪力墙平面图”

注：由于只利用“剪力墙平面图”作为模板图，故主菜单中的“工程设置”、“墙筋标准层”、“选计算依据”均不用管。

在屏幕左上方点击【文件/T图转DWG】，将一层“剪力墙平面图”（T图）转换成DWG图。如图3-38所示。

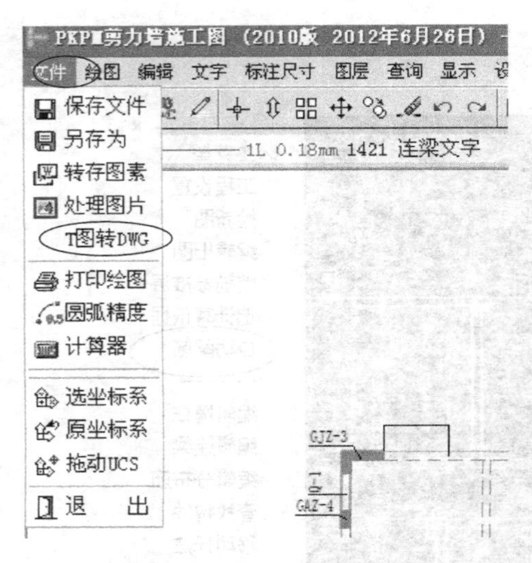

图 3-38 T 图转 DWG

注：在实际设计中，需要利用其他标准层的“剪力墙平面图”作为模板图，应选择其他楼层，依次点击“自动配筋”，并将 T 图转 DWG 图。生成的 DWG 图保存在该模型中“施工图”文件中。

（3）使用“插入计算书”小插件分别将第一层“混凝土构件配筋及钢构件验算简图”（DWG 图）、第一层“梁弹性挠度、柱轴压比、墙边缘构件简图”、第一层“剪力墙平面图”打开到 TSSD 中，如图 3-39～图 3-41 所示。

（4）将图 3-41 复制一个到旁边，然后放大 4 倍（“边缘构件大样图”绘图比例为 1∶25），将“轴网及轴号”定点复制到图 3-41 中。利用“图层管理”插件将“梁线图层”、“墙柱文字图层”、“挑板图层”、“洞口图层”等独立出来并删除。如图 3-42 所示。

（5）利用“图层管理”插件将图 3-39 中“混凝土构件配筋及钢构件验算简图”中的边缘构件及墙身配筋结果图层“24000”定点复制到图 3-42（*a*）中。参照图 3-40，将轴压比大于 0.3 的边缘构件在图中用“圆”框出来（“圆”应用一个新的图层，方便以后删除），如图 3-43 所示。

利用“图层管理”插件将图 3-42（*b*）中“墙图层”、“阴影图层”独立出来并删掉，只保留“边缘构件封闭框”，如图 3-44 所示。

（6）对图 3-43 中的边缘构件进行归并及编号，归并系数可取 0.2，构造边缘构件编号从 GBZ1 开始编号，约束边缘构件从 YBZ1 开始编号。编号的顺序可从左至右，从下至上。

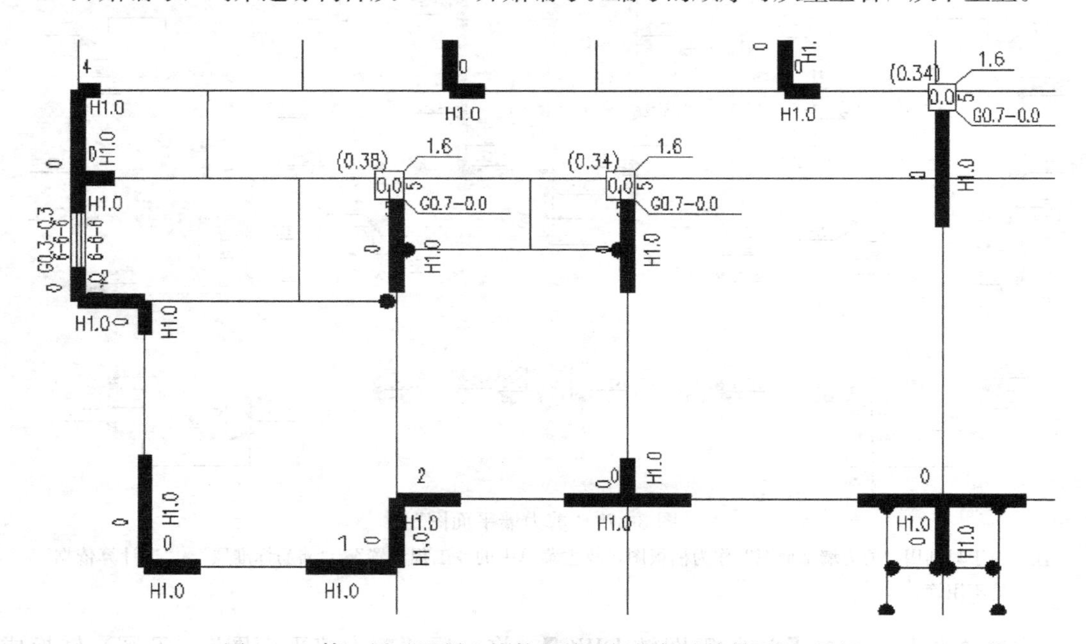

图 3-39 第一层“混凝土构件配筋及钢构件验算简图”（局部）

注：0 表示墙两端暗柱为构造配筋，H1.0 表示水平筋间距范围内水平分布筋面积，单位为 cm²

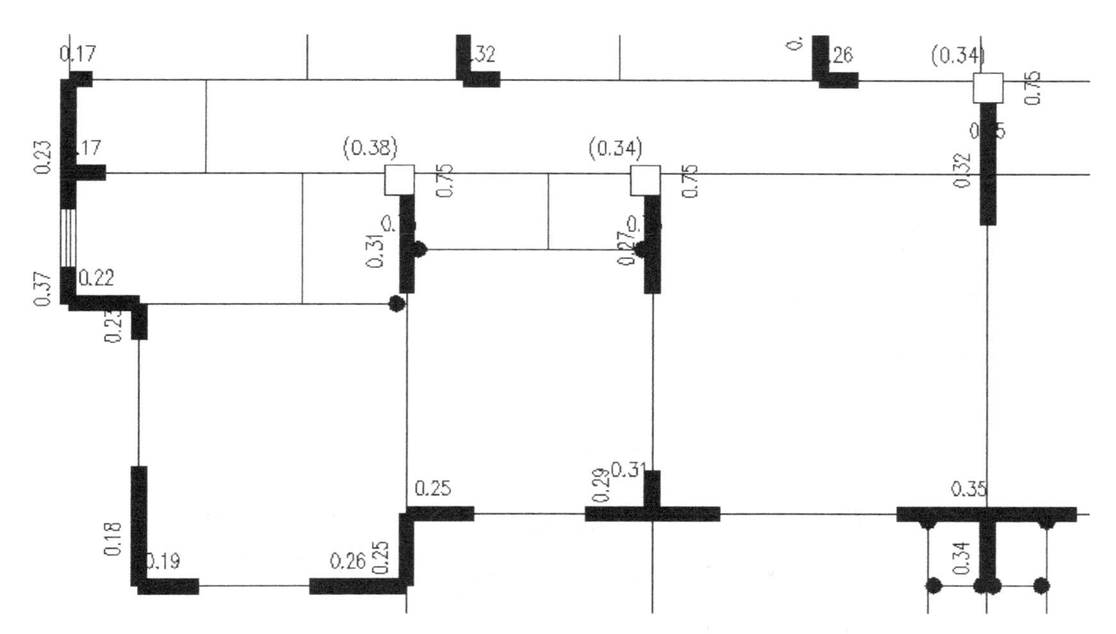

图 3-40　第一层“梁弹性挠度、柱轴压比、墙边缘构件简图”（局部）

注：由“高规”7.2.14 可知，剪力墙抗震等级为三级时，不设约束边缘构件的最大轴压比为 0.3。

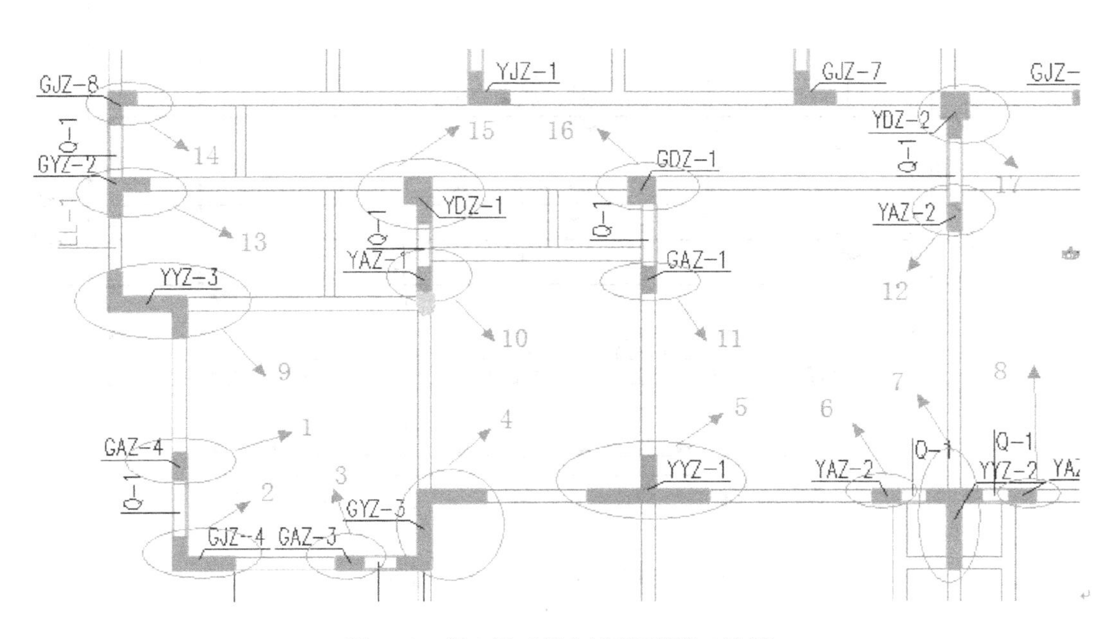

图 3-41　第一层“剪力墙平面图”（局部）

注：由于纸张原因，本章节将以图 3-41 为例，讲述边缘构件设计及施工图绘制。

本工程剪力墙抗震等级为三级，底部加强部分约束边缘构件最小配筋率为 1.0%并不小于 6ϕ14(9.2cm^2)，箍筋直径≥6mm，箍筋间距≤150mm，并应满足最小体积配箍率的要求（箍筋直径一般可认为应≥8mm，但箍筋直径为 6，间距较小时也能满足要求）。约束边缘构件计算配筋结果≤9.2cm^2 时均可按构造配筋，有些约束边缘构件纵筋根数大于 6，

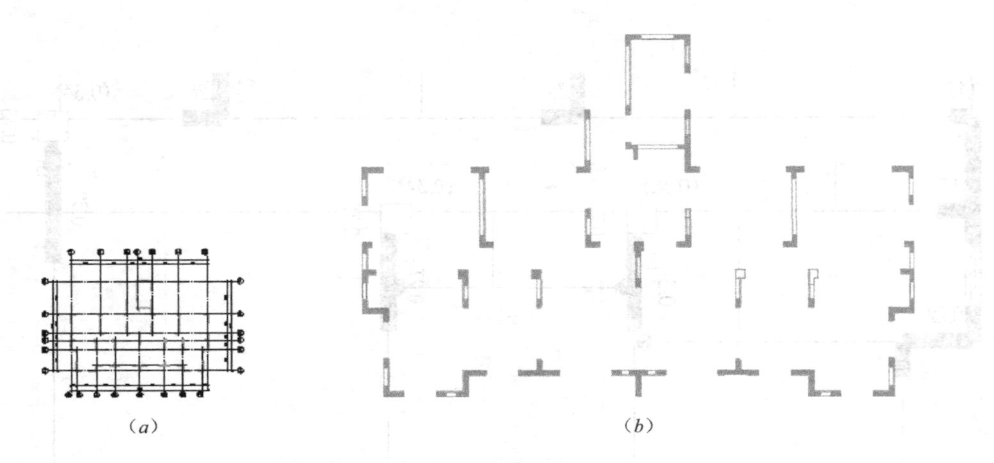

图 3-42　第一层“剪力墙平面图”修改（1）

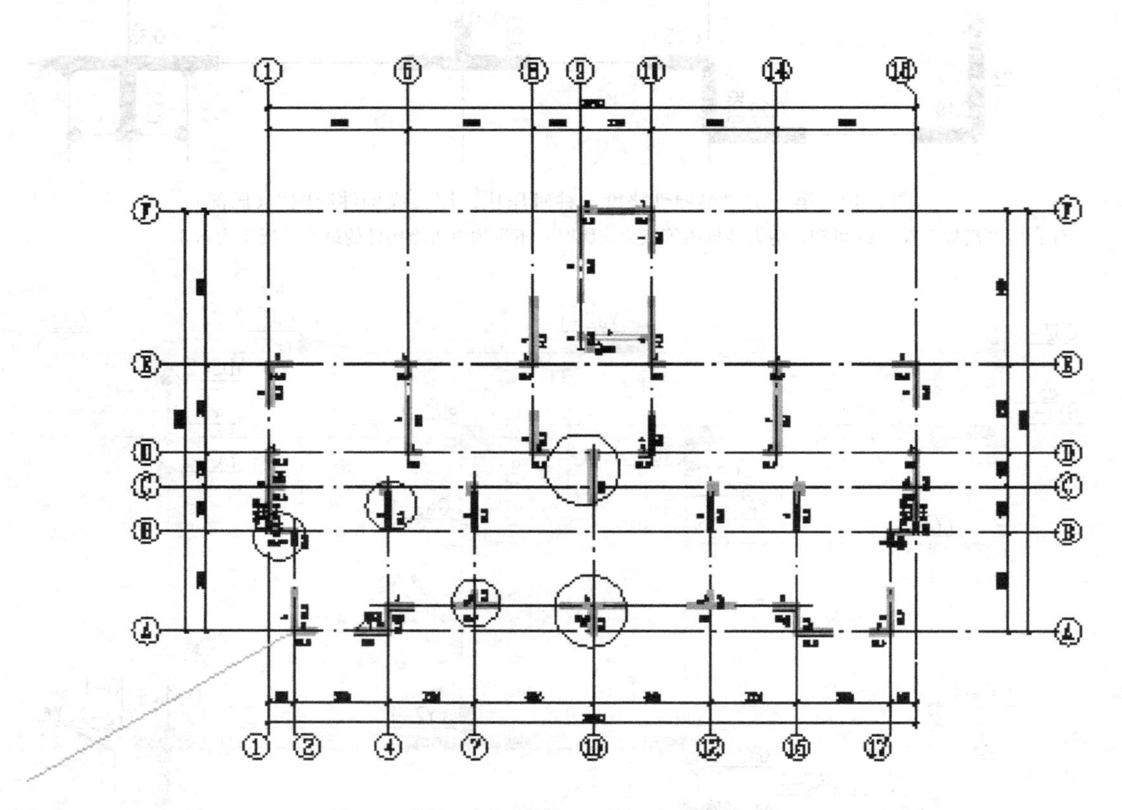

图 3-43　第一层“剪力墙平面图”修改（2）

比如 8，则把可剩下的 2 根钢筋配小直径钢筋（直径≥10mm），且同时满足小直径钢筋直径与大直径钢筋直径级差不超过 2。约束边缘构件计算配筋结果>9.2cm^2 时，既要满足构造要求，也要满足计算要求。对于带端柱的约束边缘构件，端柱按规范构造配筋与计算配筋（按柱）最不利值取，由于 PKPM 分开计算端柱与暗柱，应把暗柱的计算配筋分摊到端柱上（端柱伸出长度 300mm）。

本工程剪力墙抗震等级为三级，底部加强部分构造边缘构件最小配筋率为 0.6%并不

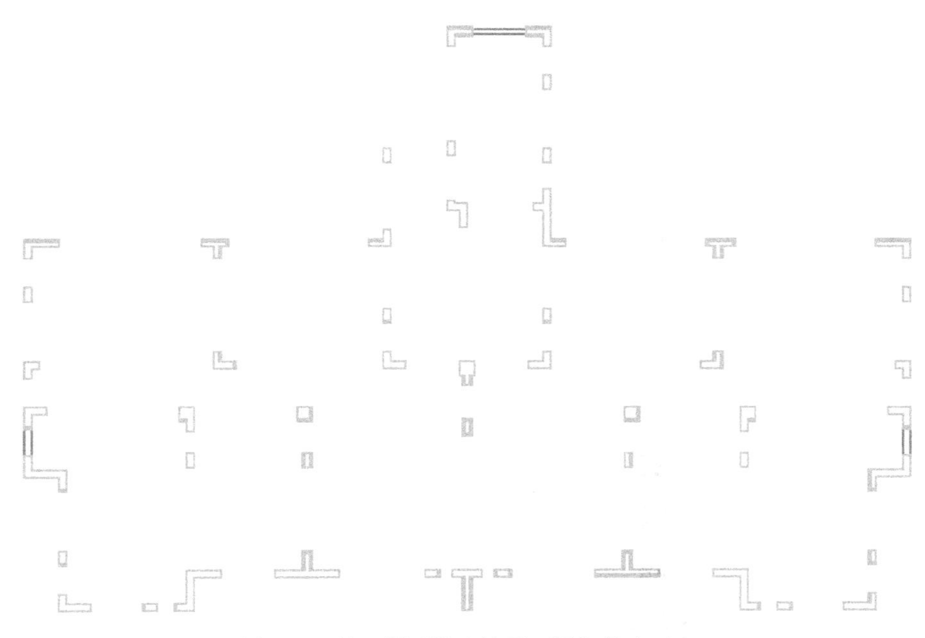

图 3-44　第一层“剪力墙平面图”修改（3）

注：1. 图 3-33 中的边缘构件框均为闭合多段线。放大 4 倍后图 3-44 中的“边缘构件封闭框”可能是一段一段的，可以框选全部“边缘构件封闭框”，在“对象特性”中把其线型改为“Bylayer”。

2. 为了防止使用“墙柱工具”出现错误，应输入命令“X”，将“边缘构件封闭框”炸开，再输入命令“PE”，合并多段线，重新生成“边缘构件封闭框”。

小于 6ϕ12(6.7cm^2)，箍筋可按构造 6ϕ150，构造边缘构件计算配筋结果≤6.7cm^2 时均可按构造配筋，有些边缘构件纵筋根数大于 6，比如 8，则把可剩下的 2 根钢筋配小直径钢筋（直径≥10mm），且同时满足小直径钢筋直径与大直径钢筋直径级差不超过 2。构造边缘构件计算配筋结果>6.7cm^2 时，既要满足构造要求，也要满足计算要求。对于带端柱的构造边缘构件，端柱按规范构造配筋与计算配筋（按柱）最不利值取。

注：约束边缘构件与构造边缘构件，当边缘构件长度不大且为构造配筋时，构造配筋一般均由构造钢筋（比如 6ϕ14、6ϕ12）控制，而不是最小配筋率控制，“墙柱工具”（屠夫画墙）的好处是可以计算纵筋的配筋率，方便校核。

1）图 3-41 中边缘构件 1 的编号设为 GBZ1，把图 3-43 中边缘构件计算配筋结果≤6.7cm^{2}的相同边框边缘构件的编号设为 GBZ1，可知边缘构件 3、边缘构件 11 的编号为 GBZ1。从以前做过的工程中复制一个边缘构件编号，改为 GBZ1 或自己手画一个，在 TSSD 中对边缘构件 1、边缘构件 3、边缘构件 11 进行编号。

参考 3.13.3-1“墙柱工具”（屠夫画墙）插件的使用方法，绘制 GBZ1 大样图。参数设置如图 3-27 所示，需要更改“柱框图层”。输入命令“TCHZB”，绘制墙柱表，然后把图 3-44 中放大 4 倍后 GBZ1 的“边缘构件封闭框”复制到表中，如图 3-45 所示。

输入命令“YXZ”，点击“边缘构件封闭框”，程序可以根据“边缘构件封闭框”的尺寸，“参数设置”中的“纵筋间距”、“短肢间距”、“画箍方式”等生成边缘构件的大样图（没有配筋）。输入命令“QDX”，绘制墙端线及剖段线。输入命令“XZB”，点击“墙柱表边框”，程序会根据生成的大样（纵筋根数等）、“参数设置”中的“配箍特征值”、“箍筋

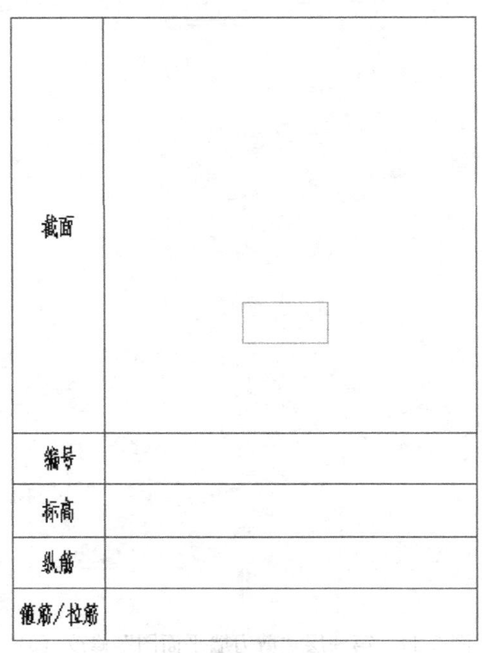

图 3-45　GBZ1 大样图绘制（1）

等级”“纵筋配筋率”、“纵筋等级”、“墙柱标高”等完成墙柱表的填写。输入命令“DGJ”，点击“墙柱表边框”，可以显示实际纵筋及箍筋计算结果。将自动生成的编号“KZ1”改成“GBZ1”，如图 3-46 所示。

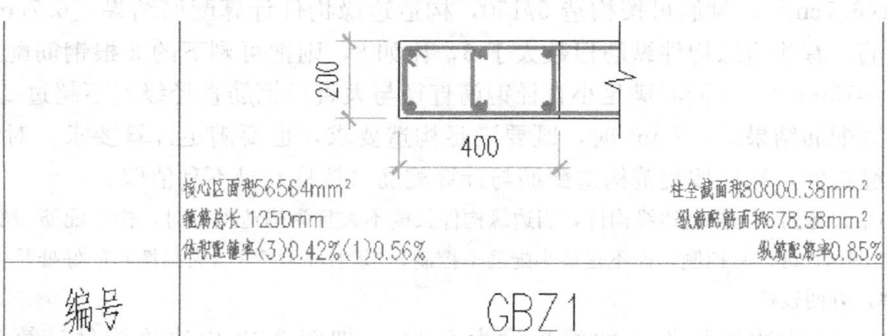

	200　400 核心区面积56564mm²　柱全截面积80000.38mm² 箍筋总长1250mm　纵筋配筋面积678.58mm² 体积配箍率(3)0.42%(1)0.56%　纵筋配筋率0.85%
编号	GBZ1
标高	-0.150~8.900
纵筋	6⏀12　参照配筋率=0.60%　0.85%
箍筋/拉筋	⏀6@150　参照配箍率(均以一级钢计算)=0.53%　(3)0.42%(1)0.56%

图 3-46　GBZ1 大样图绘制（2）（局部）

注：GBZ1 自动生成的大样图满足要求，不用修改。输入命令“DGJ”生成的计算结果可等所有大样图绘制完成后，再用图层独立命令删除。以上操作熟练后，很短时间内便可完成。

2）图 3-41 中边缘构件 2 的编号设为 GBZ2，把图 3-43 中边缘构件计算配筋结果 ≤6.7cm²的相同边框边缘构件的编号设为 GBZ2，可知没有其他边缘构件的编号为 GBZ2。在 TSSD 中对边缘构件 2 进行编号。

参考 3.13.3-1 “墙柱工具”（屠夫画墙）插件的使用方法，绘制 GBZ2 大样图。参数设置如图 3-27 所示，将柱表复制在 GBZ1 旁边与其相连，然后把图 3-44 中放大 4 倍后 GBZ2 的“边缘构件封闭框”复制到表中，如图 3-47 所示。

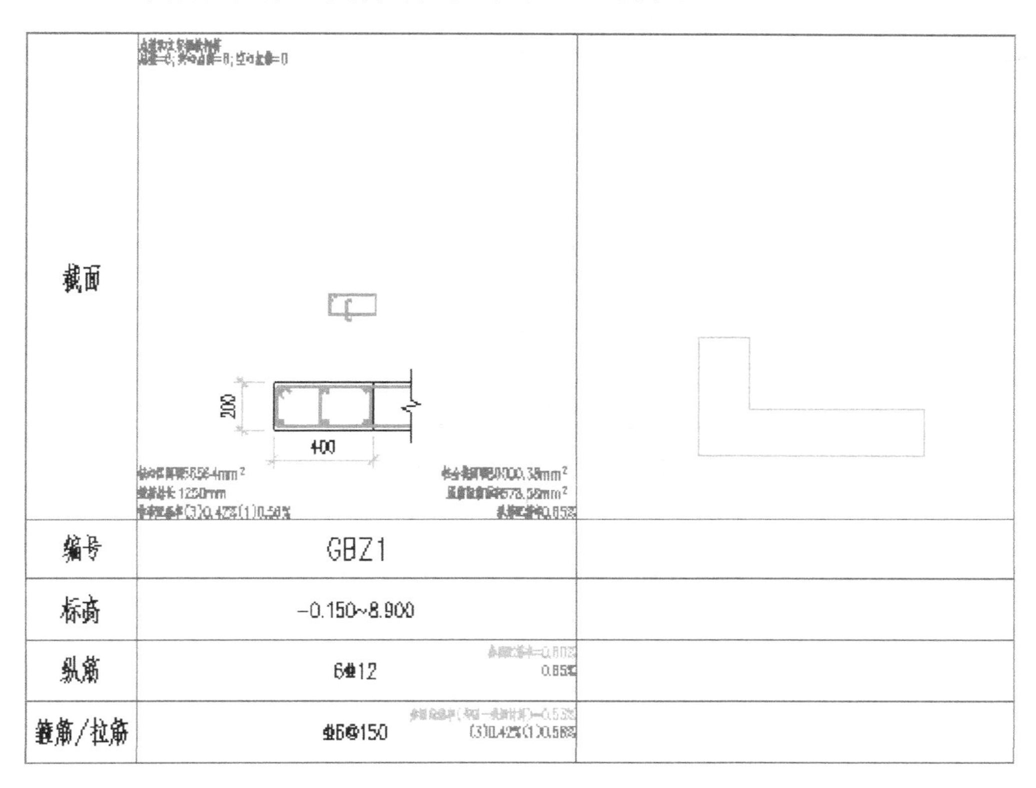

图 3-47　GBZ2 大样图绘制（1）

输入命令“YXZ”，点击“边缘构件封闭框”，程序可以根据“边缘构件封闭框”的尺寸，“参数设置”中的“纵筋间距”、“短肢间距”、“画箍方式”等生成边缘构件的大样图（没有配筋）。输入命令“QDX”，绘制墙端线及剖段线。输入命令“XZB”，点击“墙柱表边框”，程序会根据生成的大样（纵筋根数等）、“参数设置”中的“配箍特征值”、“箍筋等级”“纵筋配筋率”、“纵筋等级”、“墙柱标高”等完成墙柱表的填写。输入命令“DGJ”，点击“墙柱表边框”，可以显示实际纵筋及箍筋计算结果。将自动生成的编号“KZ1”改成“GBZ2”，如图 3-48 所示。

3）图 3-41 中边缘构件 4 的编号设为 GBZ3，把图 3-43 中边缘构件计算配筋结果 ≤6.7cm²的相同边框边缘构件的编号设为 GBZ3，可知没有其他边缘构件的编号为 GBZ3。在 TSSD 中对边缘构件 4 进行编号。

参考 3.13.3-1 “墙柱工具”（屠夫画墙）插件的使用方法，绘制 GBZ3 大样图。参数设置如图 3-27 所示，将柱表复制在 GBZ2 旁边与其相连，然后把图 3-44 中放大 4 倍后 GBZ3 的“边缘构件封闭框”复制到表中，如图 3-50 所示。

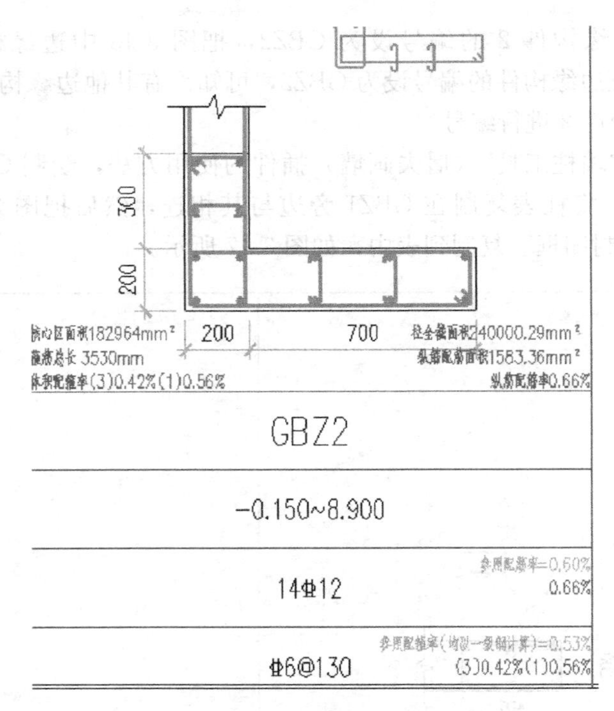

图 3-48　GBZ2 大样图绘制（2）

注：GBZ2 自动生成的大样图箍筋不满足要求，可按构造配置箍筋 6@150。修改后如图 3-49 所示。

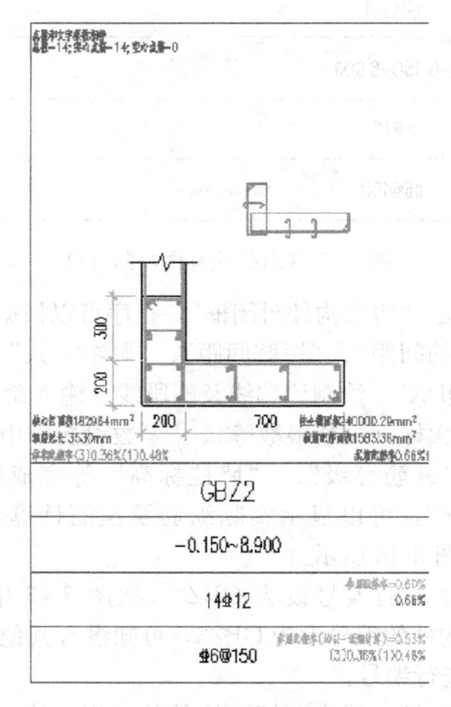

图 3-49　GBZ2 大样图绘制（3）

注：如果纵筋直径不满足要求，可以修改纵筋直径，需要注意的是，修改纵筋根数时，大样图中的纵筋根数也应同时修改。修改完成后，输入命令“DGJ”，校核纵筋、箍筋计算结果。

图 3-50　GBZ3 大样图绘制（1）

注：由于边缘构件 4 的封闭框较大，故应输入拉伸命令“S”，将墙柱表拉长。

输入命令“YXZ”，点击“边缘构件封闭框”，程序可以根据“边缘构件封闭框”的尺寸，“参数设置”中的“纵筋间距”、“短肢间距”、“画箍方式”等生成边缘构件的大样图(没有配筋)。输入命令“QDX”，绘制墙端线及剖段线。输入命令“XZB”，点击“墙柱表边框”，程序会根据生成的大样（纵筋根数等）、“参数设置”中的“配箍特征值”、“箍筋等级”“纵筋配筋率”、“纵筋等级”、“墙柱标高”等完成墙柱表的填写。输入命令“DGJ”，点击“墙柱表边框”，可以显示实际纵筋及箍筋计算结果。将自动生成的编号“KZ1”改成“GBZ3”，如图 3-51 所示。

纵筋配筋率为 0.74%，超出最小配筋率 0.6%较多，可以采用“角筋大，其他筋小”的配筋方式。将图 3-50 中的箍筋改为 6@150，纵筋 22ϕ14 改成 12ϕ14＋10ϕ12，输入命令“GG”，点击 12ϕ14＋10ϕ12。输入命令“DGJ”，点击“墙柱表边框”，可以显示实际纵筋及箍筋计算结果。如图 3-52 所示。

4）图 3-41 中边缘构件 5 的编号设为 YBZ1，把图 3-43 中边缘构件计算配筋结果≤9.2cm^{2}的相同边框边缘构件的编号设为 YBZ1，可知没有其他边缘构件的编号为 YBZ1。在 TSSD 中对边缘构件 5 进行编号。

参考 3.13.3-1“墙柱工具”（屠夫画墙）插件的使用方法，绘制 YBZ1 大样图。参数设置如图 3-27 所示，输入命令“DHK”，将“纵筋配筋率”改为 1.0%，“配箍特征值”改为 0.12，“画箍方式”改为“全部箍筋”，其他参数按默认值。输入命令“TCHZB”，绘制墙柱表，然后把图 3-44 中放大 4 倍后 YBZ1 的“边缘构件封闭框”复制到表中，如图 3-53 所示。

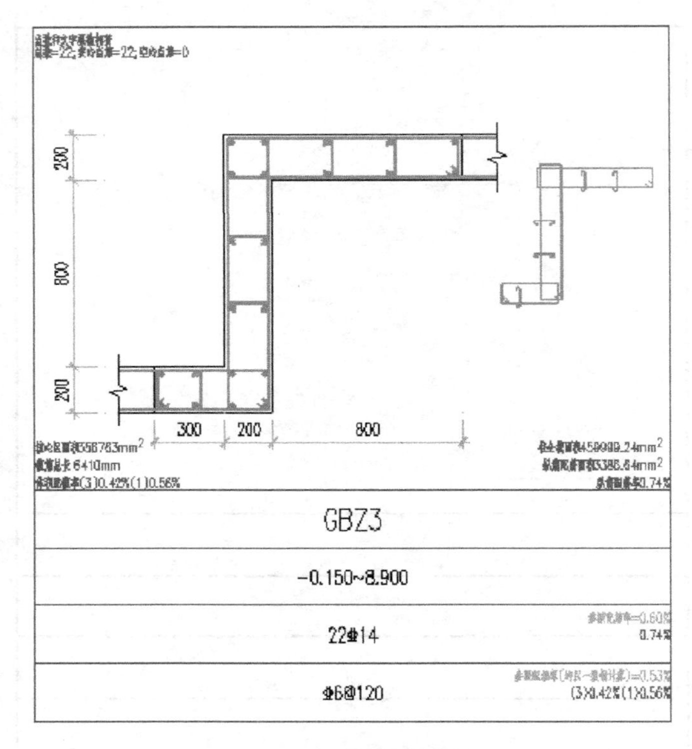

图 3-51　GBZ3 大样图绘制（2）

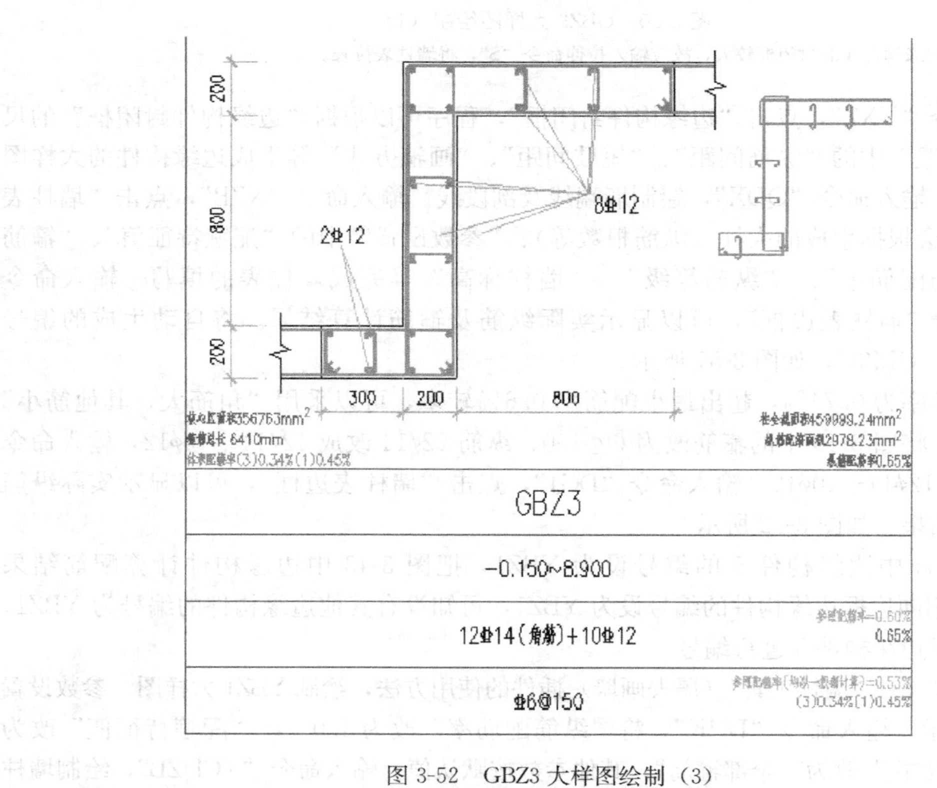

图 3-52　GBZ3 大样图绘制（3）

注：2ϕ12、8ϕ12 是手动添加的。箍筋可按构造配置，不用管计算结果。

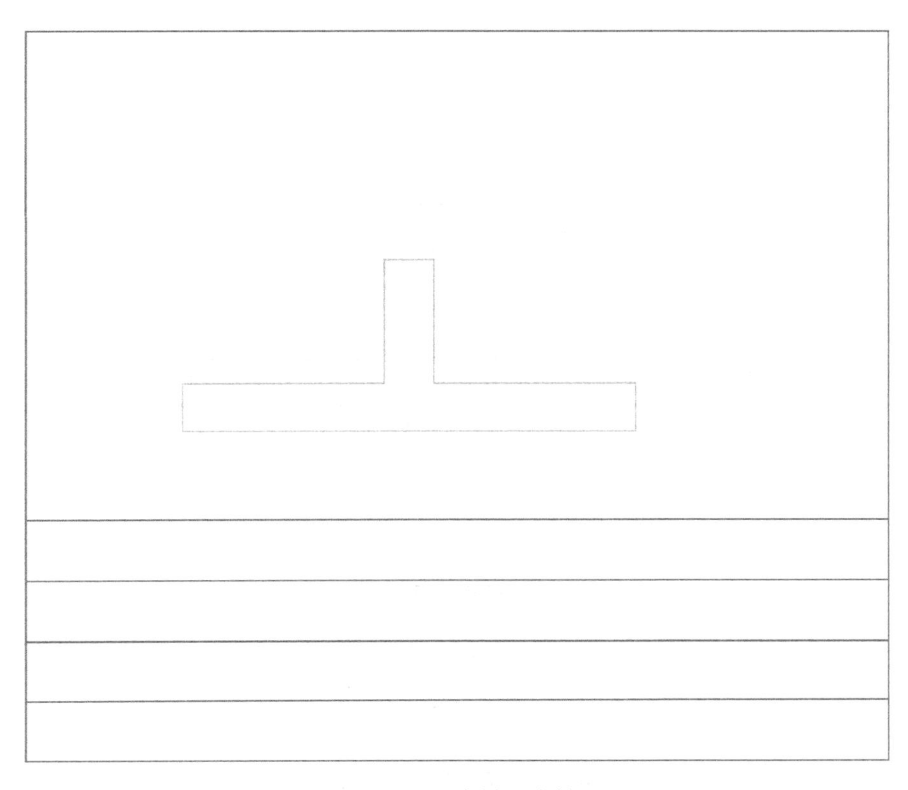

图 3-53 YBZ1 大样图绘制（1）

输入命令“YXZ”，点击“边缘构件封闭框”，程序可以根据“边缘构件封闭框”的尺寸，“参数设置”中的“纵筋间距”、“短肢间距”、“画箍方式”等生成边缘构件的大样图（没有配筋）。输入命令“QDX”，绘制墙端线及剖段线。输入命令“XZB”，点击“墙柱表边框”，程序会根据生成的大样（纵筋根数等）、“参数设置”中的“配箍特征值”、“箍筋等级”“纵筋配筋率”、“纵筋等级”、“墙柱标高”等完成墙柱表的填写。输入命令“DGJ”，点击“墙柱表边框”，可以显示实际纵筋及箍筋计算结果。将自动生成的编号“KZ1”改成“YBZ1”，如图 3-54 所示。

5）图 3-41 中边缘构件 15 的编号设为 YBZ2，把图 3-43 中边缘构件计算配筋结果 $\leqslant 9.2\text{cm}^2$ 的相同边框边缘构件的编号设为 YBZ2，可知边缘构件 17 的编号为 YBZ2。在 TSSD 中对边缘构件 15、边缘构件 17 进行编号。

参考 3.13.3-1“墙柱工具”（屠夫画墙）插件的使用方法，绘制 YBZ2 大样图。参数设置如图 3-27 所示，输入命令“DHK”，将“纵筋配筋率”改为 1.0%，“配箍特征值”改为 0.12，“画箍方式”改为“全部箍筋”，其他参数按默认值。输入命令“TCHZB”，绘制墙柱表，然后把图 3-44 中放大 4 倍后 YBZ2 的“边缘构件封闭框”复制到表中，如图 3-56 所示。

输入命令“YXZ”，点击“边缘构件封闭框”，程序可以根据“边缘构件封闭框”的尺寸，“参数设置”中的“纵筋间距”、“短肢间距”、“画箍方式”等生成边缘构件的大样图（没有配筋）。输入命令“QDX”，绘制墙端线及剖段线。输入命令“XZB”，点击“墙柱表

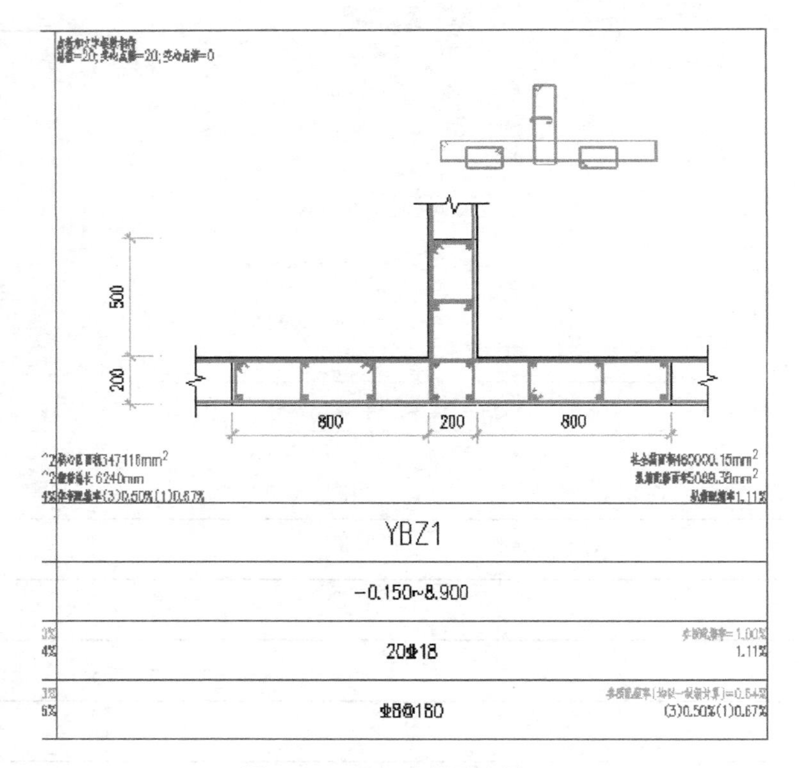

图 3-54　YBZ1 大样图绘制（2）

注：1. YBZ1 自动生成的大样图中箍筋不满足要求，改为 8@150，手动修改后，输入命令“DGJ”，如图 3-55 所示。

2. 约束边缘构件内应尽量采用箍筋，也可用少许拉筋，构造边缘在边缘构件长度不是很大时，大箍内可全部采用拉筋。

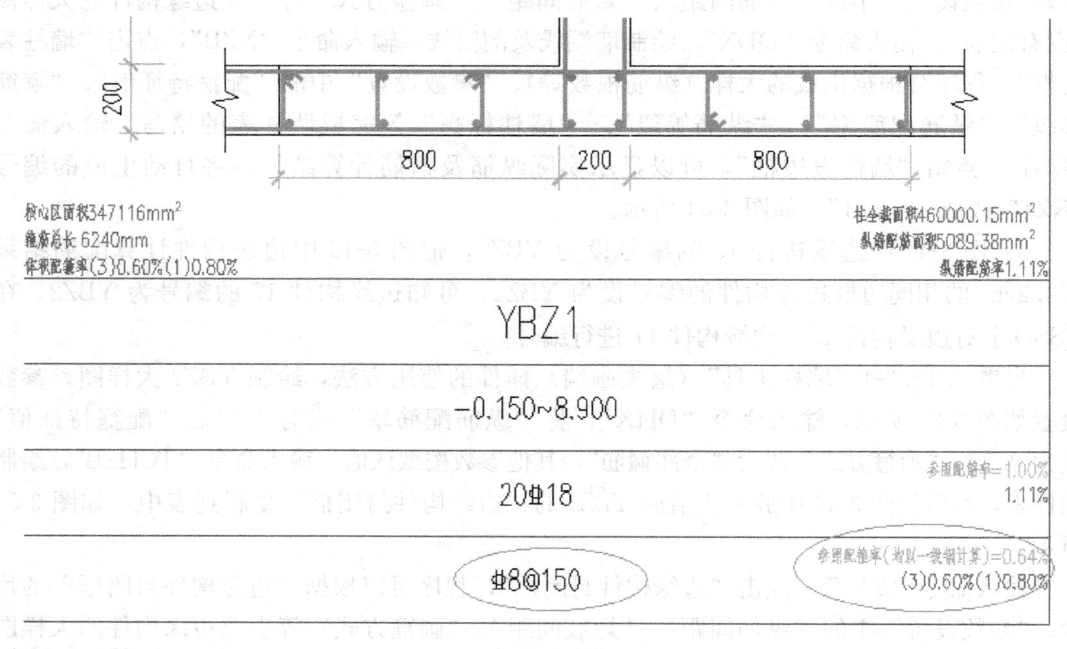

图 3-55　YBZ1 大样图绘制（3）

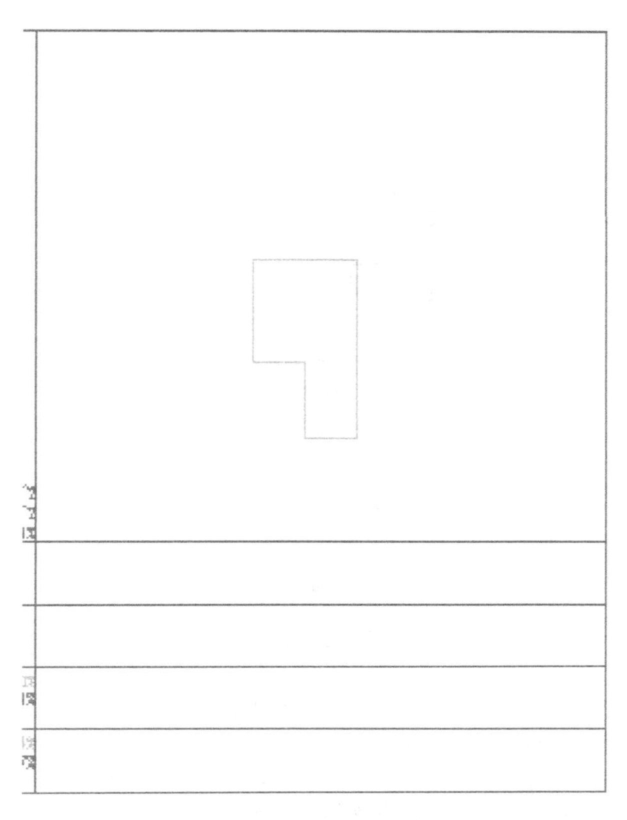

图 3-56　YBZ2 大样图绘制（1）

边框”，程序会根据生成的大样（纵筋根数等）、“参数设置”中的“配箍特征值”、“箍筋等级”“纵筋配筋率”、“纵筋等级”、“墙柱标高”等完成墙柱表的填写。输入命令“DGJ”，点击“墙柱表边框”，可以显示实际纵筋及箍筋计算结果。将自动生成的编号“KZ1”改成“YBZ2”，如图 3-57 所示。

6）其他边缘构件编号及大样图绘制参照上述放大，编号完成后如图 3-59 所示。

7）在 TSSD 中点击【尺寸标注/线性标注】，对边缘构件进行标注。需要注意的是，应尽量向“凹凸外”标注，标注后如图 3-60 所示。

2. 边缘构件设计时应注意的问题

（1）约束边缘构件

1）设置范围

“高规”7.2.14：剪力墙两端和洞口两侧应设置边缘构件，并应符合下列规定：

> 1　一、二、三级剪力墙底层墙肢底截面的轴压比大于表 3-8 的规定值时，以及部分框支剪力墙结构的剪力墙，应在底部加强部位及相邻的上一层设置约束边缘构件，约束边缘构件应符合本规程第 7.2.15 条的规定；
>
> 2　除本条第 1 款所列部位外，剪力墙应按本规程第 7.2.16 条设置构造边缘构件；
>
> 3　B 级高度高层建筑的剪力墙，宜在约束边缘构件层与构造边缘构件层之间设置 1～2 层过渡层，过渡层边缘构件的箍筋配置要求可低于约束边缘构件的要求，但应高于构造边缘构件的要求。

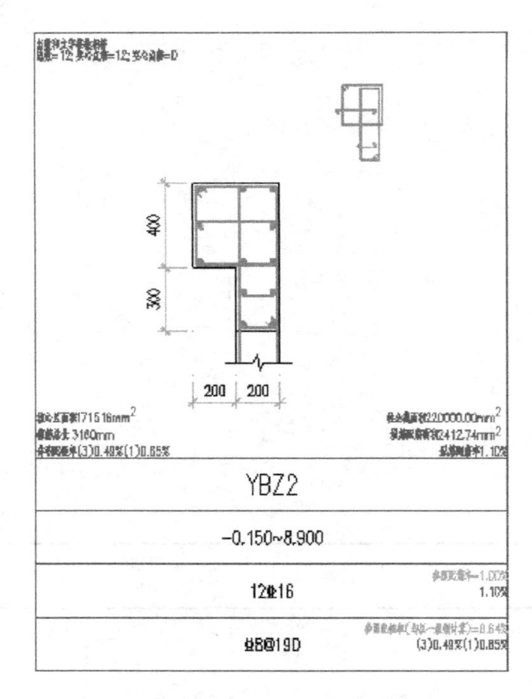

图 3-57　YBZ2 大样图绘制（2）

注：YBZ2 自动生成的大样图中箍筋不满足要求，改为 8@150。端柱 SATWE 中单边配筋为 5cm²，程序配 3ϕ16＝6cm²，满足要求，与端柱相连的暗柱计算配筋为 0（构造配筋），暗柱计算配筋面积＋端柱计算配筋面积＜12ϕ16，满足规范要求。手动修改后，输入命令“DGJ”，如图 3-58 所示。

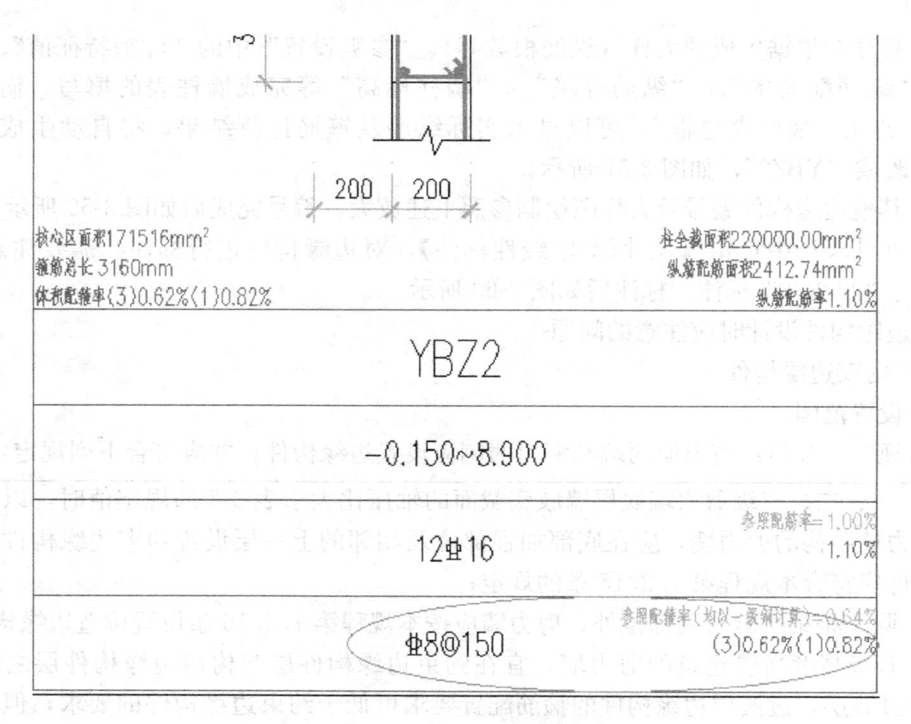

图 3-58　YBZ2 大样图绘制（3）

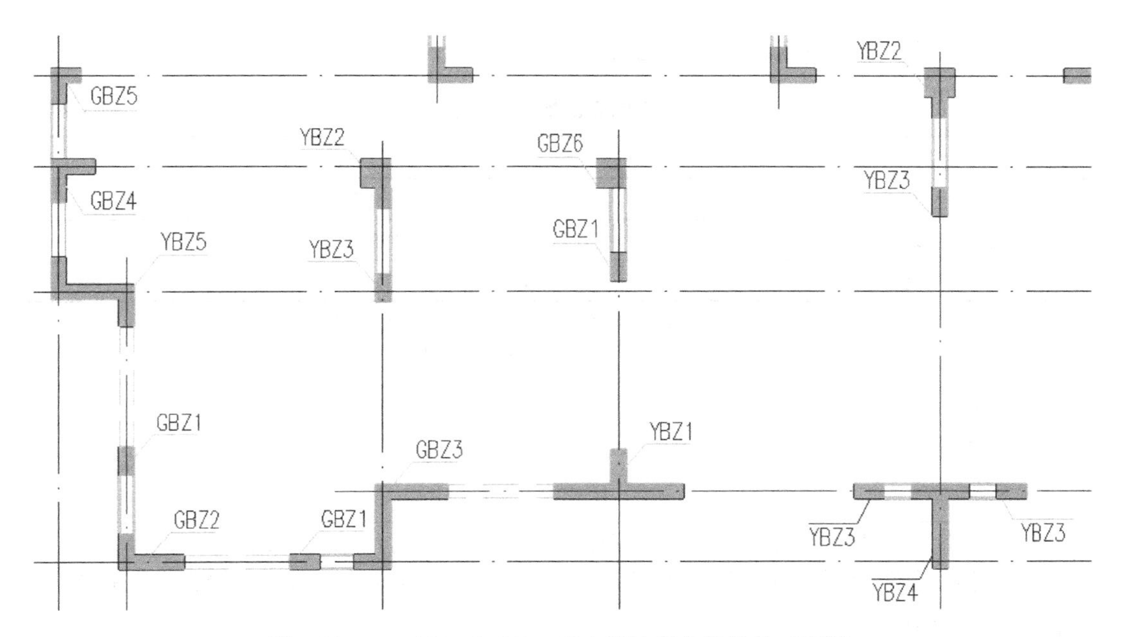

图 3-59　－0.150～8.900m 剪力墙边缘构件编号（局部）

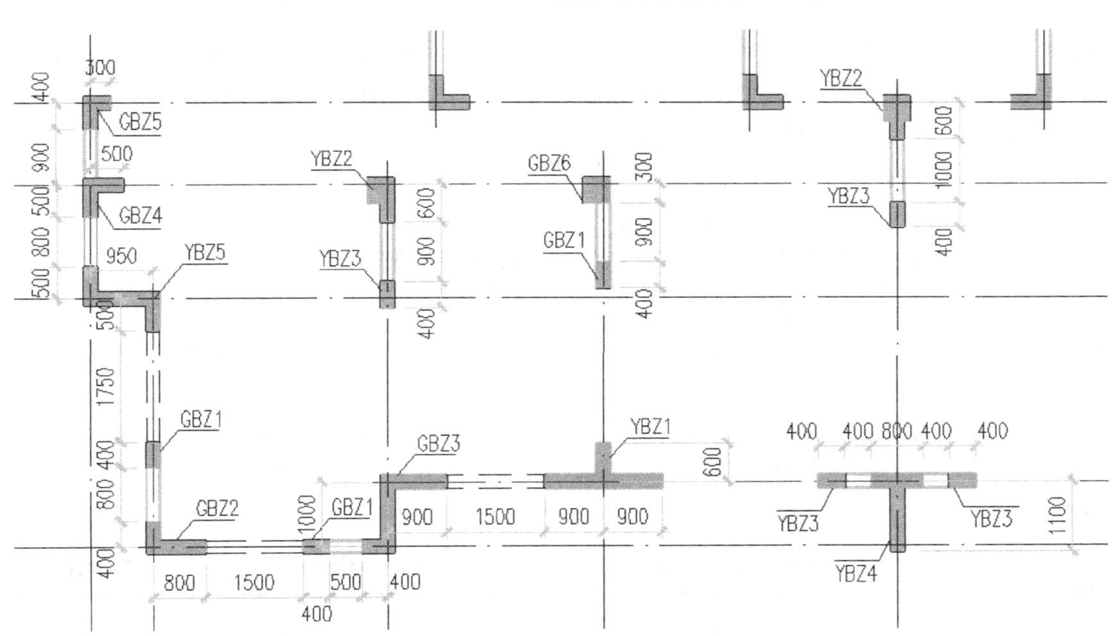

图 3-60　－0.150～8.900m 剪力墙边缘构件标注（局部）

注：标注可以是构件与轴线之间的定位关系。可以点击【尺寸标注/线性标注】，先进行整体标注，再点击【尺寸标注/标注断开】。

剪力墙可不设约束边缘构件的最大轴压比　　　　表 3-8

等级或烈度	一级（9 度）	一级（6、7、8 度）	二、三级
轴压比	0.1	0.2	0.3

剪力墙底部加强区高度的确定，见表 3-9。

剪力墙底部加强区高度 **表 3-9**

结构类型	加强区高度取值
一般结构	$1/10H$，底部两层高度，较大值
带转换层的高层建筑	$1/10H$，框支层加框支层上面 2 层，较大值
与裙房连成一体的高层建筑	$1/10H$，裙房层加裙房层上面一层，较大值

注：底部加强部位高度均从地下室顶板算起，当结构计算嵌固端位于地下一层的底板或以下时，底部加强部位宜向下延伸到计算嵌固端；当房屋高度≤24m 时，底部加强部位可取地下一层。

2）箍筋、拉筋

① 规范规定

“高规”7.2.15-1：

剪力墙的约束边缘构件可为暗柱、端柱和翼墙（图 7-3），并应符合下列规定：

约束边缘构件沿墙肢的长度 l_c 和箍筋配箍特征值 λ_v 应符合表 3-10 的要求，其体积配箍率 ρ_v 应按下式计算：

$$\rho_v \geqslant \lambda_v f_c / f_{yv} \tag{3-2}$$

式中 ρ_v——箍筋体积配箍率。可计入箍筋、拉筋以及符合构造要求的水平分布钢筋，计入的水平分布钢筋的体积配箍率不应大于总体积配箍率的 30%；

λ_v——约束边缘构件配箍特征值；

f_c——混凝土轴心抗压强度设计值；混凝土强度等级低于 C35 时，应取 C35 的混凝土轴心抗压强度设计值；

f_{yv}——箍筋、拉筋或水平分布钢筋的抗拉强度设计值。

注：1. 混凝土强度等级 C30（小于 C35 时用 C35 的轴心抗压强度设计值 16.7，C30 为 14.3），箍筋、拉筋抗拉强度设计值为 360，配箍特征值为 0.12 时，0.12×16.7/360=0.557%。配箍特征值为 0.20 时，0.2×16.7/360=0.928%。

2. 在计算剪力墙约束边缘构件体积配箍率时，规范没明确是否扣除重叠的箍筋面积，在实际设计时可不扣除重叠的箍筋面积，也可以扣除，但“混规”11.4.17 在计算柱体积配箍率的时候，要扣除重叠部分箍筋面积。

约束边缘构件沿墙肢的长度 l_c 及其配箍特征值 λ_v **表 3-10**

项目	一级（9 度）		一级（6、7、8 度）		二、三级	
	$\mu_N \leqslant 0.2$	$\mu_N > 0.2$	$\mu_N \leqslant 0.3$	$\mu_N > 0.3$	$\mu_N \leqslant 0.4$	$\mu_N > 0.4$
l_c（暗柱）	$0.20h_w$	$0.25h_w$	$0.15h_w$	$0.20h_w$	$0.15h_w$	$0.20h_w$
l_c（翼墙或端柱）	$0.15h_w$	$0.20h_w$	$0.10h_w$	$0.15h_w$	$0.10h_w$	$0.15h_w$
λ_v	0.12	0.20	0.12	0.20	0.12	0.20

注：1. μ_N 为墙肢在重力荷载代表值作用下的轴压比，h_w 为墙肢的长度；
2. 剪力墙的翼墙长度小于翼墙厚度的 3 倍或端柱截面边长小于 2 倍墙厚时，按无翼墙、无端柱查表；
3. l_c 为约束边缘构件沿墙肢的长度（图 7.2.15）。对暗柱不应小于墙厚和 400mm 的较大值；有翼墙或端柱时，不应小于翼墙厚度或端柱沿墙肢方向截面高度加 300mm。

“高规”7.2.15-3：

约束边缘构件内箍筋或拉筋沿竖向的间距，一级不宜大于100mm，二、三级不宜大于150mm；箍筋、拉筋沿水平方向的肢距不宜大于300mm，不应大于竖向钢筋间距的2倍。

② 设计时要注意的一些问题

a. 箍筋、拉筋沿水平方向的肢距不宜大于300mm，不应大于竖向钢筋间距的2倍，表明在设计时，当纵筋间距不大于150mm，纵筋可以隔一拉一，当纵筋间距大于150mm，每根纵筋上必须有箍筋或拉筋。大多数工程，肢距一般控制在200mm左右，箍筋直径一般不大于10mm以方便施工。

b. 为了充分发挥约束边缘构件的作用，在剪力墙约束边缘构件长度范围内，箍筋的长短边之比不宜大于3，相邻两个箍筋之间宜相互搭接1/3箍筋长边的长度。但在实际设计中，箍筋可以采用大箍套小箍再加拉筋的形式，其阴影区应以箍筋为主，可配置少量的拉筋，一般控制拉筋的用量在30%以下；对于约束边缘构件的非阴影区和构造边缘构件的内部可配置箍筋或拉筋（全部为箍筋或拉筋均可），转角处宜采用箍筋。

c. 约束边缘构件箍筋直径大小可参考构造边缘构件箍筋直径，并要满足最小体积配箍率的要求。当抗震等级为三级时，规范没有规定箍筋最小直径，在设计中，箍筋最小直径可取8mm，当然也可取6mm，同时减小箍筋间距，满足最小体积配箍率的要求。

d. 约束边缘构件对体积配箍率有要求，为方便画图和施工，可对箍筋进行归并，箍筋竖向间距模数可取50mm。

3）纵筋

① 规范规定

“高规”7.2.15-2：

剪力墙约束边缘构件阴影部分（图7-3）的竖向钢筋除应满足正截面受压（受拉）承载力计算要求外，其配筋率一、二、三级时分别不应小于1.2%、1.0%和1.0%，并分别不应少于8ϕ16、6ϕ16和6ϕ14的钢筋（ϕ表示钢筋直径）。

② 设计时要注意的一些问题

a. 剪力墙结构在布置合理的前提下，约束边缘构件一般都是构造配筋（6度、7度区），而在剪力墙结构外围、拐角、其他受力较大部位，可能是计算配筋控制。

b. 规范对约束边缘构件纵筋直径大小与数量的规定，是控制最小量，并非控制最小直径，可以采用组合配筋，组合配筋的钢筋级差一般不超过2（较小钢筋的直径不应小于墙体纵筋直径，一般不小于10mm）

c. 从工程经验来看，约束边缘构件综合配筋率一般为1.0%～1.5%，纵筋间距一般在150～200mm，有些约束边缘构件纵筋间距较大，一般宜小于300mm。

4）其他

① L_c 为约束边缘构件沿墙肢长度，L_s 为约束边缘构件阴影区长度，当 $L_c < L_s$ 时（L_c 按规范取值小于 L_s 按构造取值），令 $L_c = L_s$；当 $L_c > L_s$（只在约束边缘构件中有这种情况），非阴影区长度在0～100mm时，可以并入阴影区，在100～200mm时，可以取200mm，当>200mm时，非阴影区长度按实际取，模数50mm。

规范对阴影区长度 L_s 有一个等于 $1/2L_c$ 的要求，于是当剪力墙长度比较大时，约束边缘构件阴影区长度可能大于400mm。

② 剪力墙中边缘构件与边缘构件之间距离小于200mm时，可把边缘构件合并，200mm时可以不归并，也可以归并，由设计师自行决定。

(2) 构造边缘构件

1) 设置范围

除开约束边缘构件的范围，都要设置构造边缘构件。

2) 箍筋、拉筋

① 规范规定

"高规" 7.2.16：

剪力墙构造边缘构件的范围宜按图3-61中阴影部分采用，其最小配筋应满足表3-11的规定，并应符合下列规定：

当端柱承受集中荷载时，其竖向钢筋、箍筋直径和间距应满足框架柱的相应要求；箍筋、拉筋沿水平方向的肢距不宜大于300mm，不应大于竖向钢筋间距的2倍。

剪力墙构造边缘构件的最小配筋要求　　　　表3-11

抗震等级	底部加强部位		
	竖向钢筋最小量（取较大值）	箍筋	
		最小直径（mm）	沿竖向最大间距（mm）
一	$0.010A_c$，$6\phi16$	8	100
二	$0.008A_c$，$6\phi14$	8	150
三	$0.006A_c$，$6\phi12$	6	150
四	$0.005A_c$，$4\phi12$	6	200

抗震等级	其他部位		
	竖向钢筋最小量（取较大值）	拉筋	
		最小直径（mm）	沿竖向最大间距（mm）
一	$0.008A_c$，$6\phi14$	8	150
二	$0.006A_c$，$6\phi12$	8	200
三	$0.005A_c$，$4\phi12$	6	200
四	$0.004A_c$，$4\phi12$	6	250

注：1. A_c为构造边缘构件的截面面积，即图7.2.16剪力墙截面的阴影部分；

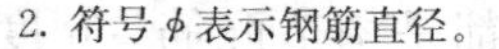

2. 符号ϕ表示钢筋直径。

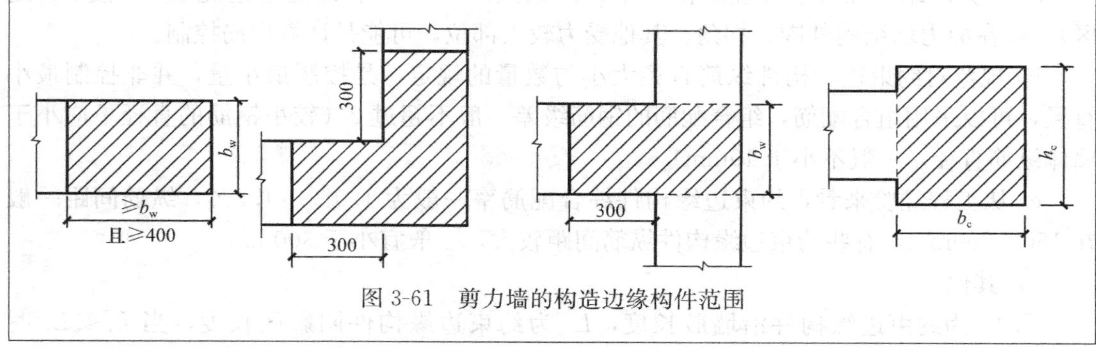

图3-61　剪力墙的构造边缘构件范围

② 设计时要注意的一些问题

剪力墙结构可以简化为竖立在地球上的一根悬臂梁，结构内部单个剪力墙构件在整个层高范围可以简化为"连续梁"模型，在水平力作用时"梁上"产生弯矩，离墙中性轴越远，剪应力越小，及墙身范围内剪应力大，边缘构件范围内剪应力小。边缘构件箍筋主要是为了约束混凝土，故构造边缘构件的箍筋一般不必满足墙身水平分布筋的配筋率要求。

在设计时，构造边缘构件满足规范最低要求即可。

3）纵筋

① 规范规定

"高规"7.2.16-1：

竖向配筋应满足正截面受压（受拉）承载力的要求。

"高规"7.2.16-4：

抗震设计时，对于连体结构、错层结构以及B级高度高层建筑结构中的剪力墙（筒体），其构造边缘构件的最小配筋应符合下列要求：

a. 竖向钢筋最小量应比表7-12中的数值提高$0.001A_c$采用；

b. 箍筋的配筋范围宜取图7-4中阴影部分，其配箍特征值λ_v不宜小于0.1。

"高规"7.2.16-5：

非抗震设计的剪力墙，墙肢端部应配置不少于$4\phi12$的纵向钢筋，箍筋直径不应小于6mm、间距不宜大于250mm。

② 设计时要注意的一些问题

a. 剪力墙结构在布置合理的前提下，构造边缘构件一般都是构造配筋（6度、7度区），而在剪力墙结构外围、拐角、其他受力较大部位，可能是计算配筋控制。

b. 规范对构造边缘构件纵筋直径大小与数量的规定，是控制最小量，并非控制最小直径，可以采用组合配筋，组合配筋的钢筋级差一般不超过2（较小钢筋的直径不应小于墙体纵筋直径，一般不小于10mm）。

c. 从工程经验来看，构造边缘构件纵筋间距一般在150～200mm，有些构造边缘构件纵筋间距较大，一般宜小于300mm。

d. 剪力墙抗震等级为四级时，一般只需设置构造边缘构件，但如用"接PM生成SATWE数据→地震信息→抗震构造措施的抗震等级"指定了提高要求，也可能需要约束边缘构件。

（3）边缘构件绘图时应注意的问题

边缘构件在全楼高范围内一般要分成几段，截面变化处、配筋差异较大处要分段，再分别对每段边缘构件进行编号与配筋。同一段中，同一个编号的边缘构件，每层的截面及配筋均相同。

同一楼层截面不同的边缘构件编号不同，截面相同的边缘构件当配筋不同时（不在归并范围），编号不同。

（4）剪力墙组合配筋

SATWE软件在计算剪力墙的配筋时是针对每一个直墙进行的，当直墙段重合时，程序取各段墙肢端部配筋之和，从而使剪力墙边缘构件配筋过大。

点击【剪力墙组合配筋修改及验算】→【选组合墙】，选择需要进行组合计算的墙体→【组合配筋】→【修改钢筋】，程序弹出组合墙节点处的配筋根数、直径、面积对话框，可以在此对话框中修改钢筋参数→【计算】，在"计算方式"中，程序提供了两种选择，分别是"配筋计算"和"配筋校核"，二者的区别在于前者在进行配筋验算时若发现配筋不足会自动增加配筋量，直到满足要求为止；后者只进行配筋校核，不增加配筋量，如果不够则显示配筋不满足的提示。在设计时，一般选择"配筋校核"和"A_s为截面配筋"进行验算，也可以选择“配筋校核”和“修改 A_s 为截面配筋”（手动修改后的钢筋）。

（5）边缘构件设计及施工图绘制其他方法

1）利用 PKPM 中生成的“墙平面图”模板与“混凝土构件配筋及钢构件验算简图”，自己对边缘构件进行归并与编号，然后点击【TSSD/墙体绘制/墙柱截面】，进行边缘构件大样图绘制。如图 3-62、图 3-63 所示。

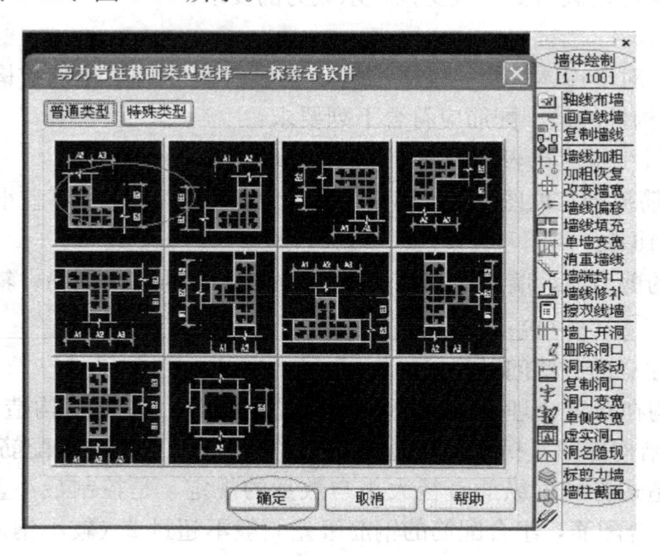

图 3-62　TSSD/墙体绘制/墙柱截面（1）

注：在图中选择要绘制的边缘构件类型，点击“确定”，弹出图 3-63 所示对话框。

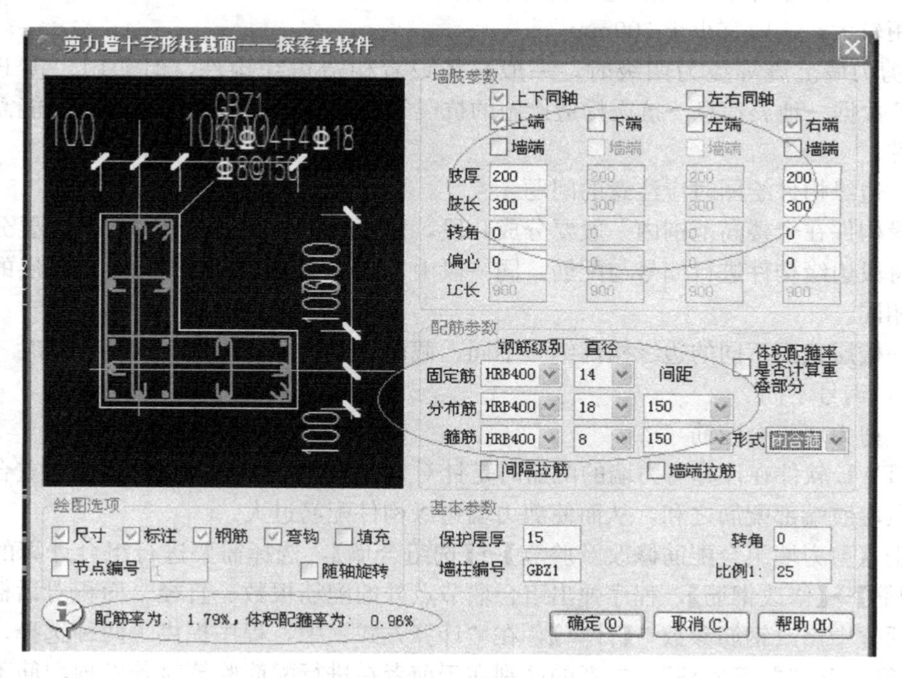

图 3-63　TSSD/墙体绘制/墙柱截面（2）

注：在此对话框中可以修改边缘构件尺寸，纵筋、箍筋、保护层厚度等，还可以查看纵筋配筋率，体积配箍率。用此种方法绘制的边缘构件大样图需人工修改，而且不能进行组合选筋。

2）梁平法施工图模板＋TSSD＋“墙柱工具”

一个布置合理的剪力墙结构，大部分边缘构件都是构造配筋，利用梁平法施工图模板（TSSD图层），然后在TSSD“剪力墙菜单”中根据工程实际情况程序自动生成约束边缘构件或构造边缘构件及其大样图。TSSD中自动生成的边缘构件大样图偏于保守，不能对边缘构件箍筋进行放样，不能进行组合配筋等。于是利用“墙柱工具”与TSSD进行对接，在“墙柱工具”中对TSSD生成的边缘构件进行修改。

一个程序再好，也不可能一次性又比较完美地完成所有施工图绘制，手动进行修改是必须的。当某一个边缘构件a的大样图A满足规范构造配筋时，基本上能涵盖同一楼层中与a具有相同“边缘构件封闭框”的边缘构件，个别与a具有相同“边缘构件封闭框”的边缘构件是计算配筋，在大样图A的上进行修改，也比较简单、快捷。在实际工程中的具体操作过程如下：

① 将“二层梁平法施工图”在TSSD新窗口中打开，然后利用“图层管理”插件，删除“梁原位标注”图层、“梁集中标注图层”、“洞口线”图层等，只保留“墙线”图层、“柱线”图层、轴网及轴网编号。

把“墙线”图层设为当前图层，用“墙线”图层补齐端柱轮廓，并利用“图层管理”插件把“柱线”图层删除。将“墙线”图层独立出来，输入命令“PE”，把剪力墙墙线转化成封闭多段线，如图3-64所示。

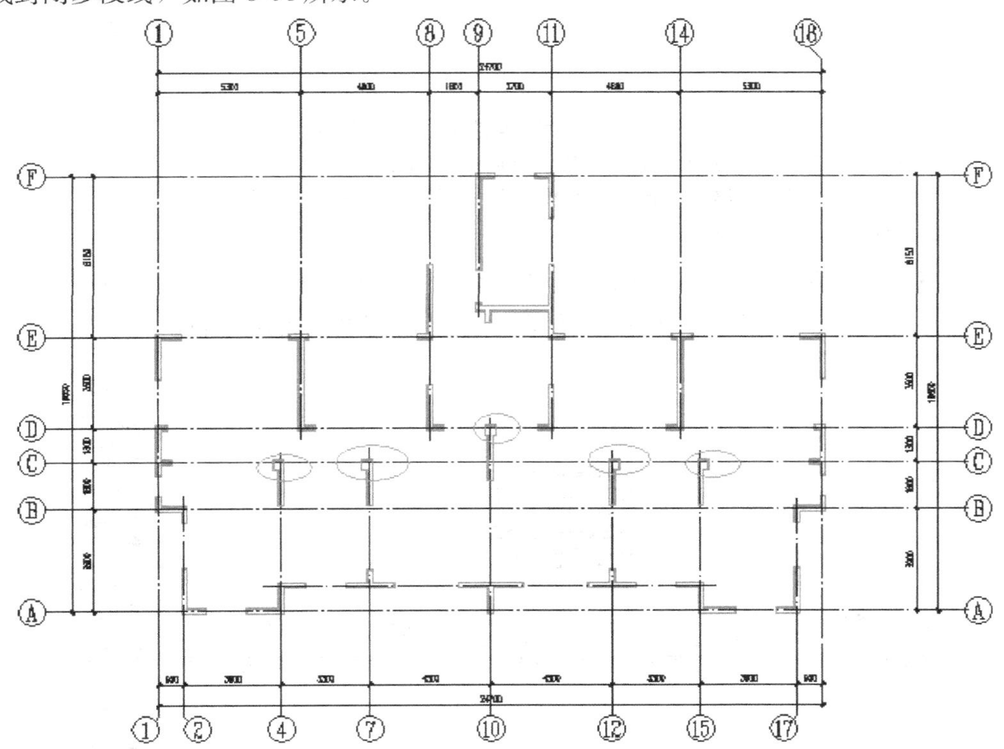

图3-64　转化为多段线的“剪力墙墙平面图”

注：1. 图中画圈的端柱应用墙线补齐；

2. 梁平法施工图中的“墙线”图层已经是TSSD中的“墙线”图层，如果不是，可以点击【TSSD/图形接口/转柱平法】，进行图层转换。

② 在TSSD中将菜单切换为“剪力墙菜单”，利用图层管理插件将“墙线”图层独立出来，点击【剪力墙/构造暗柱/设定墙线】，框选所有剪力墙墙线，如图3-65所示。

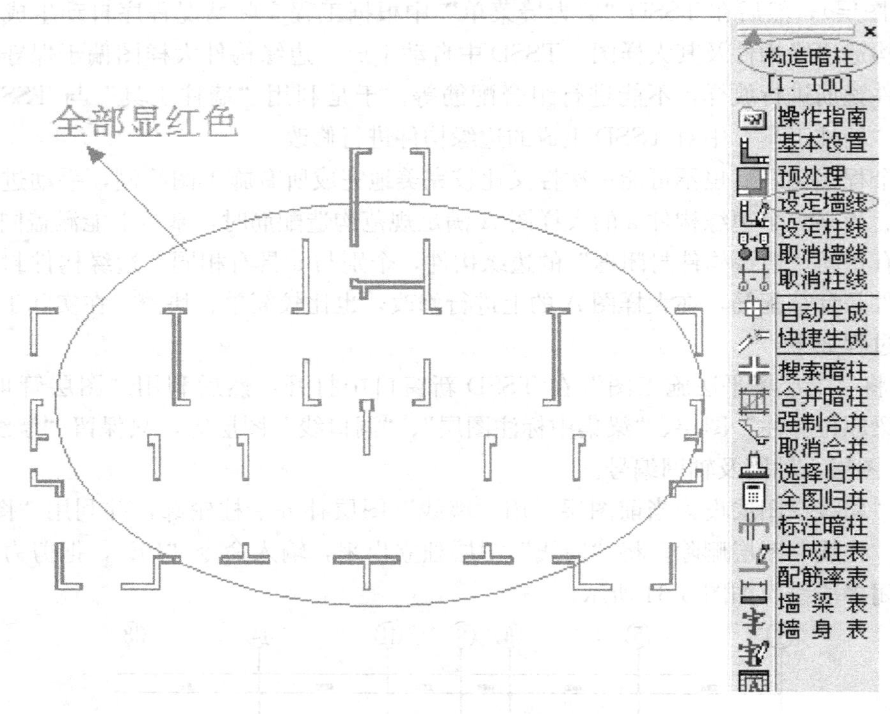

图3-65 剪力墙/构造暗柱/设定墙线

注：1. 如果一次框选没有全部显示红色，应多次框选，直到所有墙线全部显示红色。

2. 本工程加强部位由于轴压比较小，既有约束边缘构件（少部分），又有构造边缘构件。可以先全部自动生成构造边缘构件，个别约束边缘构件修改大样。

点击【自动生成】，在弹出的对话框中选择抗震等级为三级，并填写“配筋设定”等其他参数，点击“确定”，程序自动对所有边缘构件进行编号并生成其大样图，如图3-66所示。

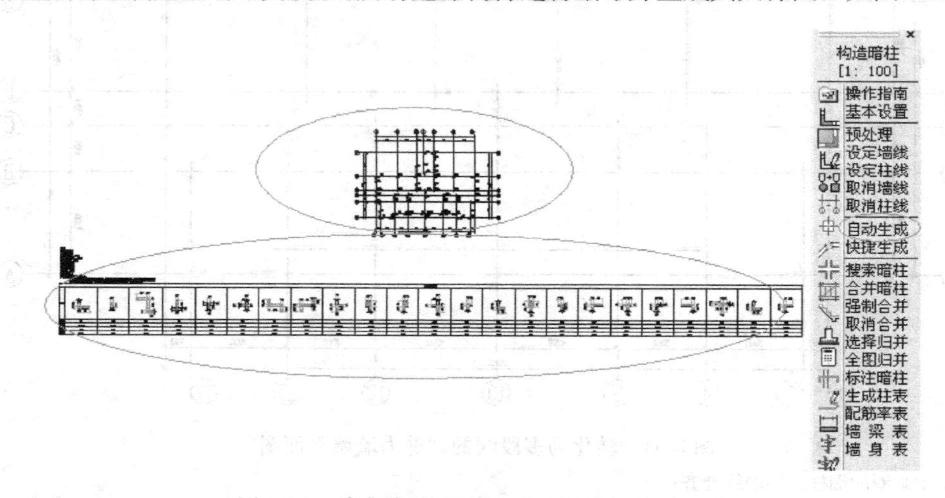

图3-66 剪力墙/构造暗柱/设定墙线/自动生成

注：TSSD边缘构件参数设置中大样绘图比例应与“墙柱工具”参数设置中绘图比例一致。

③ 利用“图层管理”插件，将图 3-66 中“边缘构件编号图层”、大样中的“钢筋图层”、“标注图层”等独立出来，删除。如图 3-67 所示。

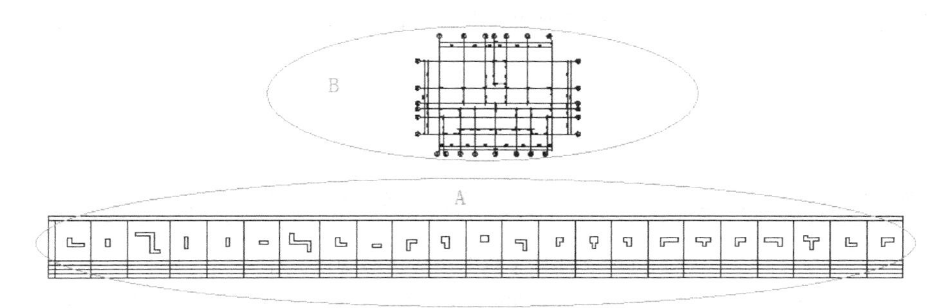

图 3-67 删除后 TSSD 中自动生成边缘构件施工图

④ 输入“墙柱工具”参数设置命令“DHK”，参数设置如图 3-68 所示。

墙柱工具-20130501倾情奉献)

计算设置:(箍筋一级)
砼强度等级: C30
配箍特征值: 0.1
配箍率系数: 1.0
纵筋配筋率: 0.6
强制箍筋间距(cm)
10cm 15cm 20cm
画图设置:
打印比例: 100
绘图比例: 25
点筋线宽: 0.25
箍筋线宽: 0.30
纵筋间距: 280
保护层厚: 15
短肢间距: 301
墙柱标高: -0.150~8.900

输出选项
手动选点箍筋放样
自动选点箍筋放样
图中分布点筋实心
图中标出箍筋长度
图中不标大样尺寸
配箍率计入重叠筋
箍筋转角画法圆角
箍筋等级
一级钢强度: 270
全用一级钢
全用二级钢
全用三级钢
保存参数
读取参数
箍筋直径(注意格式)
6 8 10 12 14
纵筋直径(注意格式)
8 12 14 16 18 20 22 25

画箍方式
全部拉钩
全部箍筋
间隔拉钩
纵筋等级
一级钢
二级钢
三级钢
画墙柱方式
单选
多选
点取图层
柱框图层
纵筋图层
箍筋图层
柱表图层
输入图层
COLU_DE_TH
REIN
REIN
tab
图中量取
柱表宽度:
柱表高度:
字符行高:
输入数值
8000
13000
1000

程序更新入口:
进入同是土木人论坛
进入作者168网盘
注意事项:(程序免费,后果自负.) 作者信息:(雨夜屠夫 QQ:5001201)
1:结果显示中(1)(2)(3)表示箍筋等级为一二三级钢的值.
2:内、外箍计算要求配箍方式为Φ12@100(外箍) Φ10@100(内箍)模式.
3:内、外箍须每个肢的外箍均要指定，否则计算不对.
4:本程序均以来一级钢来计算配箍率的，其它等级均以此数值换算后计算.
5:执行完DHK命令后，命令行会显示配箍率，画图前请确认.
6:此程序可用于新老规范关于一级钢强度不同值的剪力墙暗柱绘制及计算;用于输入构造箍筋时用
7:当同时指定箍筋强制间距及箍筋直径只为一种时，程序不计算;按单一直径及间距标注.
8:此版本可按实际输入的保护层画图;且增加了计算核心区面积时以箍筋内表面计算核心区面积
9:此版本增加计入重叠箍筋计算的模式，实际绘图中可能箍筋肢距不等分，有计算误差,不建议使用
10:此版本增加柱外框层、柱表框层及钢筋层的图中指定，参数的传递须用同一个版本。
确定 程序命令说明 原位程序说明

图 3-68 “墙柱工具”参数设置（1）

注：“画柱方式”应选择多选，“柱框图层”应与 TSSD 中生成的边缘构件大样中“边缘构件封闭框”图层一致。“字符行高”也应与 TSSD 中边缘构件大样表中“字符行高”一致，可以点取获得“字符行高”。

⑤ 输入命令“BB”，框选图 3-67 中的“A”，把 TSSD 中生成的“大样表边框”刷成“墙柱工具”中的“墙柱表边框”。

⑥ 输入命令“YXZ”，框选图 3-67 中的“A”，即可重新生成边缘构件大样，如图 3-69 所示。

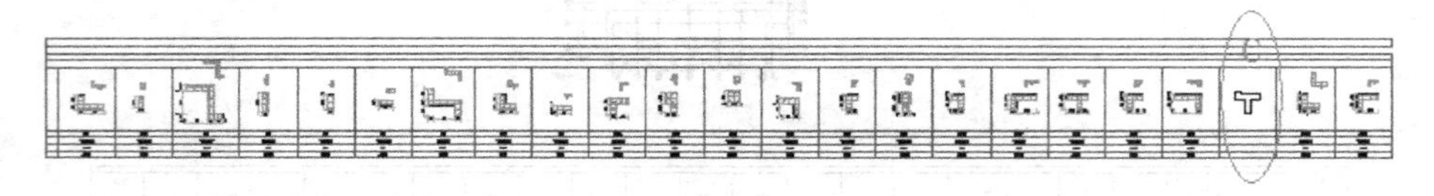

图 3-69 “墙柱工具”生成边缘构件大样

注：画圈中的边缘构件比较怪异，程序不能生成此边缘构件的大样图，框选时，应避开，否则程序会终止操作。

⑦ 输入命令“XZB”，框选图 3-67 中的“A”（避开“C”），完成边缘构件墙柱表填写。输入命令“DGJ”，框选图 3-67 中的“A”（避开“C”）完成边缘构件配筋计算。

⑧ 利用“图层管理”插件将图 3-39 中“混凝土构件配筋及钢构件验算简图”中的边缘构件及墙身配筋结果图层“24000”定点复制到图 3-67 中的 B 图中，如图 3-70 所示。输入命令“YXZZBH”，点击图 3-67 中画圈中边缘构件的外框，程序会自动读取图 3-69 中边缘构件大样表中的编号 GZ2，编号的位置及引线长度可以自由调整。把 GZ2 改成 GBZ1，并把原 GZ2 的大样表移动到一个新的位置，将其改名为 GBZ1，如图 3-71、图 3-72 所示。

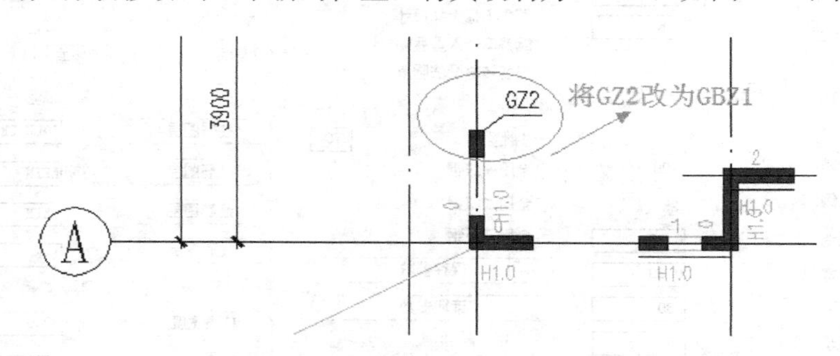

图 3-70 剪力墙平面图编号及归并

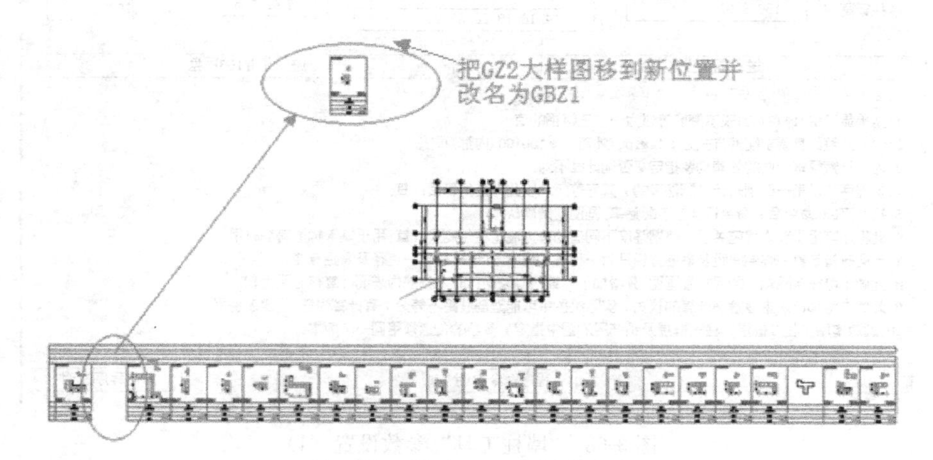

图 3-71 移动 GZ2 大样并改名

注：移到新位置是方便重新排序。

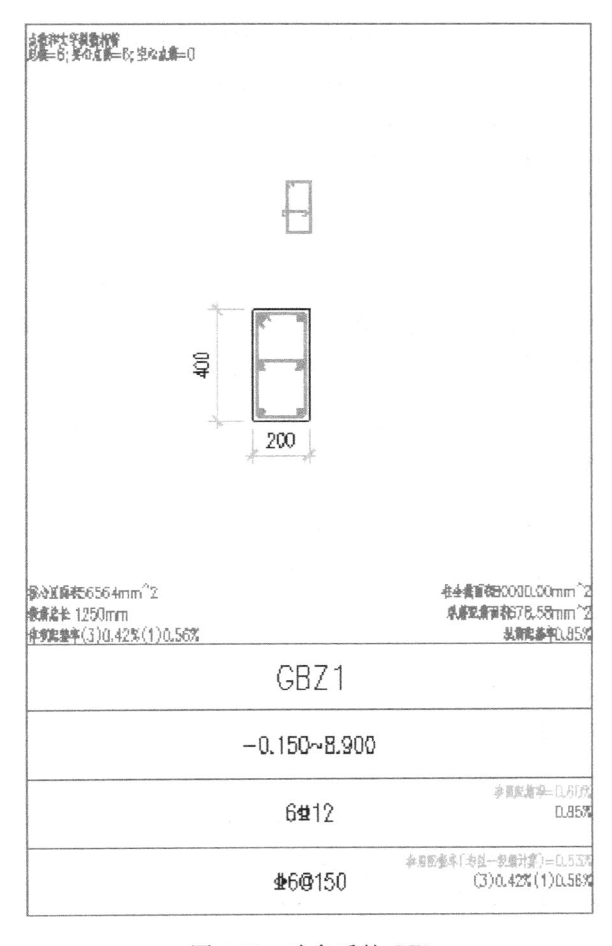

图 3-72　改名后的 GZ2

⑨ 核对图 3-72 中的纵筋及箍筋，满足规范要求。输入命令“QDX”，绘制 GBZ1 的墙端线。在图 3-70（完整图）中查找其他可以命名为 GBZ1 的边缘构件，并输入命令“YX-ZZBH”，自动读取图 3-69 中边缘构件大样表中的编号，并将编号改为 GBZ1。

⑩ 其他边缘构件设计及施工图绘制方法同上。

3. 连梁设计

连梁上的竖向荷载主要是其上的填充墙，板上荷载主要传递给刚度大的剪力墙，传给连梁的竖向荷载较小，故对其约束也较小，这也是连梁不像框架梁一样刚度放大的主要原因。连梁主要受水平荷载作用，考虑到地震力的不确定性，梁受拉受弯都有可能，一般底筋与面筋相同。

（1）箍筋

本工程剪力墙抗震等级为三级，由“高规”7.2.27-2 可知，连梁箍筋应全场加密，箍筋直径最小为 8mm，箍筋最大间距为 8 倍纵筋直径、150mm、四分之一梁高三者的较小值。由于连梁高度大多数为 450mm，则连梁箍筋构造配筋时，可取 8@100（2）。

（2）腰筋（抗扭筋）

“高规”7.2.27-4 连梁高度范围内的墙肢水平分布钢筋应在连梁内拉通作为连梁的腰

筋。连梁截面高度大于 700mm 时，其两侧面腰筋的直径不应小于 8mm，间距不应大于 200mm；跨高比不大于 2.5 的连梁，其两侧腰筋的总面积配筋率不应小于 0.3%。本工程连梁截面尺寸为 200mm×1600mm（跨高比小于 2.5）、200mm×450mm（跨高比大于 2.5），200mm×1600mm 的连梁抗扭筋为 N10@200，其最小配筋率为 0.394%，配置 N10@200 的抗扭筋后，其与剪力墙水平分布筋搭接。200mm×450mm 的连梁利用梁高度范围内的墙肢水平分布钢筋作为腰筋。

（3）连梁配筋时应查看“混凝土构件配筋及钢构件验算简图”，并将截面相同、配筋相同（跨度可不同）的连梁命名为同一根连梁。连梁编号与“剪力墙平面图”在一起，如图 3-73 所示。连梁配筋一般画一个“剪力墙墙梁表”，如图 3-74 所示。

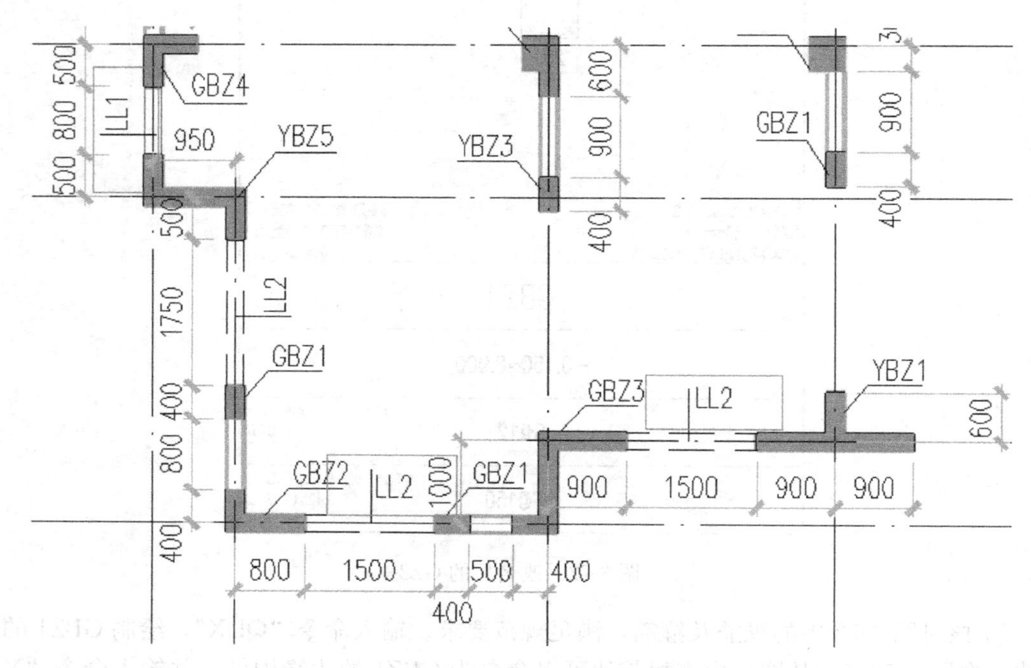

图 3-73　剪力墙平面布置图（局部）

剪力墙墙梁表

编号	所在楼层号	梁顶相对标高高差	梁截面 $b\times h$	上部纵筋	下部纵筋	箍筋	梁侧面纵筋
LL-1	1~3		200×1600	3Φ16	3Φ16	Φ8@100(2)	NΦ10@200
LL-2	1~3		200×150	2Φ14	2Φ14	Φ8@100(2)	

图 3-74　剪力墙墙梁表

4. 连梁设计时应注意的问题

（1）定义

规范规定：

《建筑抗震设计规范》GB 50011—2010 第 6.2.13-2 条（以下简称“抗规”）：抗震墙地震内力计算时，连梁的刚度可折减，折减系数不宜小于 0.5。

“高规”7.1.3：跨高比小于5的连梁应按本章的有关规定设计，跨高比不小于5的连梁宜按框架梁设计。

（2）纵筋

规范规定：

“高规”7.2.24：跨高比（l/h_b）不大于1.5的连梁，非抗震设计时，其纵向钢筋的最小配筋率可取为0.2%；抗震设计时，其纵向钢筋的最小配筋率宜符合表3-12的要求；跨高比大于1.5的连梁，其纵向钢筋的最小配筋率可按框架梁的要求采用。

跨高比不大于1.5的连梁纵向钢筋的最小配筋率（%）　　表3-12

跨高比	最小配筋率（采用较大值）
$l/h_b \leqslant 0.5$	0.20，$45f_t/f_y$
$0.5 < l/h_b \leqslant 1.5$	0.25，$55f_t/f_y$

“高规”7.2.25：剪力墙结构连梁中，非抗震设计时，顶面及底面单侧纵向钢筋的最大配筋率不宜大于2.5%；抗震设计时，顶面及底面单侧纵向钢筋的最大配筋率宜符合表3-13的要求。如不满足，则应按实配钢筋进行连梁强剪弱弯的验算。

连梁纵向钢筋的最大配筋率（%）　　表3-13

跨高比	最大配筋率
$l/h_b \leqslant 1.0$	0.6
$1.0 < l/h_b \leqslant 2.0$	1.2
$2.0 < l/h_b \leqslant 2.5$	1.5

“高规”7.2.27：梁的配筋构造（图3-75）应符合下列规定：

1　连梁顶面、底面纵向水平钢筋伸入墙肢的长度，抗震设计时不应小于l_{aE}，非抗震设计时不应小于l_a，且均不应小于600mm。

（3）箍筋

规范规定：

“高规”7.2.27-2：抗震设计时，沿连梁全长箍筋的构造应符合本规程第6.3.2条框架梁梁端箍筋加密区的箍筋构造要求；非抗震设计时，沿连梁全长的箍筋直径不应小于6mm，间距不应大于150mm。

“高规”7.2.27-3：顶层连梁纵向水平钢筋伸入墙肢的长度范围内应配置箍筋，箍筋间距不宜大于150mm，直径应与该连梁的箍筋直径相同。

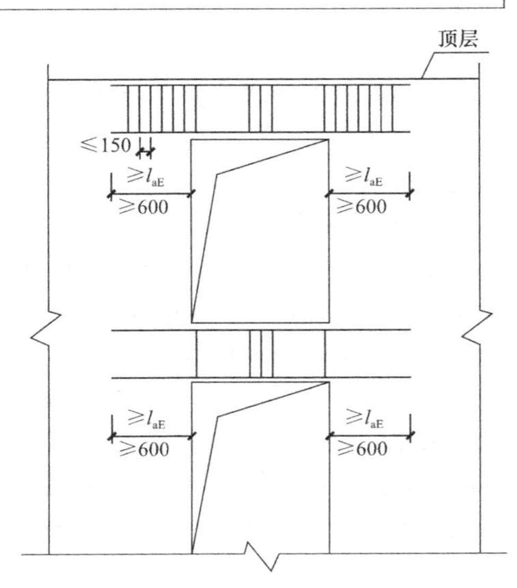

图3-75　连梁配筋构造示意

注：非抗震设计时图中l_{aE}取l_a

（4）开洞

规范规定：

“高规”7.2.28：剪力墙开小洞口和连梁开洞应符合下列规定：

1 剪力墙开有边长小于 800mm 的小洞口，且在结构整体计算中不考虑其影响时，应在洞口上、下和左、右配置补强钢筋，补强钢筋的直径不应小于 12mm，截面面积应分别不小于被截断的水平分布钢筋和竖向分布钢筋的面积（图 3-76*a*）；

2 穿过连梁的管道宜预埋套管，洞口上、下的截面有效高度不宜小于梁高的 1/3，且不宜小于 200mm；被洞口削弱的截面应进行承载力验算，洞口处应配置补强纵向钢筋和箍筋（图 3-76*b*），补强纵向钢筋的直径不应小于 12mm。

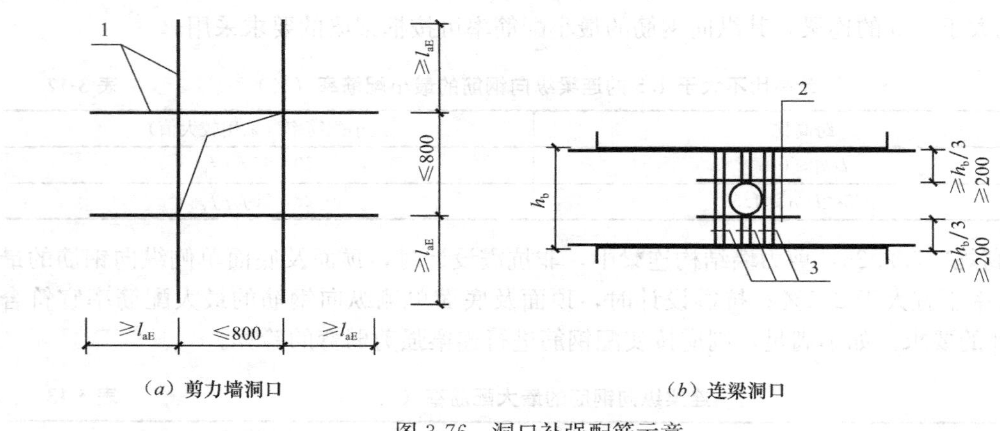

图 3-76 洞口补强配筋示意

1—墙洞口周边补强钢筋；2—连梁洞口上、下补强纵向箍筋；3—连梁洞口补强箍筋；非抗震设计时图中 l_{aE} 取 l_a

（5）其他

1）连梁应设计成强墙弱梁，应允许大震下连梁开裂或损坏，以保护剪力墙。在整体结构侧向刚度足够大的剪力墙结构中，宜选用跨高比偏大的连梁，因为不需要通过选用跨高比偏小的连梁来增大剪力墙的侧向刚度。而在框架-剪力墙和框架-核心筒结构中，剪力墙和核心筒承担了大部分水平荷载，故有必要选用跨高比小的连梁以保证整体结构所需要的侧向刚度。小跨高比连梁有较大的抗弯刚度，为墙肢提供很强的约束作用，可以将其应用于整体性较差的联肢剪力墙结构中。

跨高比小于 2.5 的连梁多数出现剪切破坏，为避免脆性剪切破坏，采取的主要措施是控制剪压比和适当增加箍筋数量。控制连梁的受弯钢筋数量可以限制连梁截面剪压比。

2）规范规定楼面梁不宜支撑在连梁上，不宜者，并不是不能采用，而是用的时候要采取加强措施。比如按框架梁建模分析，满足框架梁的要求。按连梁建模分析时，除正常计算分析设计外，尚应按简支梁校核连梁截面的受弯承载力，也就是只考虑梁截面下部钢筋的作用计算受完承载力。

3）连梁刚度折减是针对抗震设计，一般来说，风荷载控制时，连梁刚度要少折减，折减系数应≥0.8，以保证正常使用时连梁不出现裂缝。不受风荷载控制时，抗震设防烈度越高，连梁应多折减，比如折减系数为 0.6，因为地震作用时连梁刚度折减后一般连梁的配筋也能保证在只有风荷载作用时连梁不出现裂缝，不会影响正常使用。非抗震设计地区，连梁刚度不宜折减，因为一般都是风荷载控制，尽管风很小，折减了，容易出现裂缝，影响正常使用。

4）对于连梁，程序将考虑“连梁刚度折减系数”、“梁设计弯矩放大系数”，不考虑

“中梁刚度放大系数”、“梁端负弯矩调幅系数”、“梁扭矩折减系数”。连梁混凝土强度等级同剪力墙，抗震等级、钢筋等级与框架梁相同。

5. 墙身设计

（1）对于200厚的剪力墙，水平分布筋为8@200（双层）时，其最小配筋率大于0.25%（双层），满足规范中对水平分布筋的规定。竖向分布筋的间距宜≤300mm，抗震等级为三级时，竖向分布筋最小配箍率不应小于0.25%。“抗规”6.4.4-3：抗震墙竖向和横向分布钢筋的直径，均不宜大于墙厚的1/10且不应小于8mm，竖向钢筋直径不宜小于10mm。在实际工程中，对于底部加强层，为了避免在底部过早出现塑性铰，一般配筋适当加大，竖向分布筋可取10@200，非底部加强部分可取8@200。

（2）本工程墙身SATWE计算结果若为$H=1.0$，$H=1.0$表示在墙水平分布筋间距范围内需要的水平分布筋面积为100mm^2（双层），所以水平分布筋的直径为$\phi8$。

（3）墙身编号可以在“剪力墙平面图”中绘制，如果就一个墙身配筋，可以不绘制，如图3-77、图3-78所示。

剪力墙墙身表					
编号	标高	墙厚	水平分布筋	垂直分布筋	拉筋（双向）
Q1	-1.500~8.920	200	⌀8@200	⌀100@200	Φ6@600@600

图3-77　剪力墙墙身表

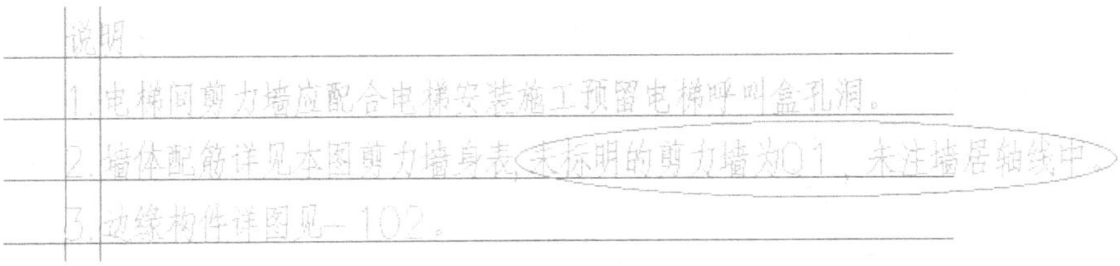

说明：
1.电梯间剪力墙应配合电梯安装施工预留电梯呼叫盒孔洞。
2.墙体配筋详见本图剪力墙身表，未标明的剪力墙为Q1，未注墙居轴线中。
3.边缘构件详图见－102。

图3-78　剪力墙平面布置图说明

6. 墙身设计时应注意的问题

（1）规范规定

“高规”7.2.17：剪力墙竖向和水平分布钢筋的配筋率，一、二、三级时均不应小于0.25%，四级和非抗震设计时均不应小于0.20%。

“高规”7.2.18：剪力墙的竖向和水平分布钢筋的间距均不宜大于300mm，直径不应小于8mm。剪力墙的竖向和水平分布钢筋的直径不宜大于墙厚的1/10。

“高规”7.2.19：房屋顶层剪力墙、长矩形平面房屋的楼梯间和电梯间剪力墙、端开间纵向剪力墙以及端山墙的水平和竖向分布钢筋的配筋率均不应小于0.25%，间距均不应大于200mm。

“高规”7.2.20：剪力墙的钢筋锚固和连接应符合下列规定：

1　非抗震设计时，剪力墙纵向钢筋最小锚固长度应取l_a；抗震设计时，剪力墙纵向钢筋最小锚固长度应取l_{aE}。l_a、l_{aE}的取值应符合本规程第6.5节的有关规定。

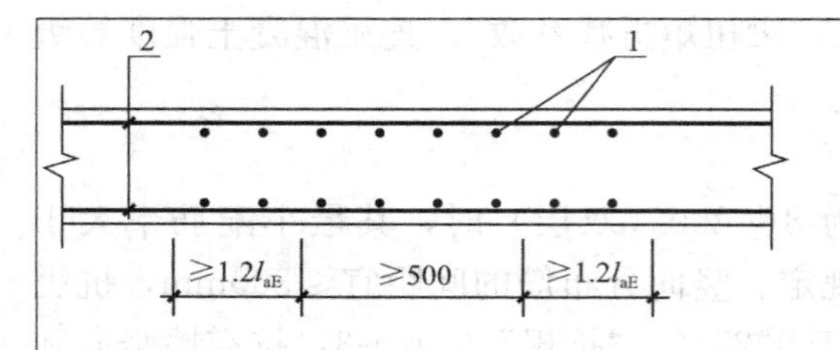

图 3-79　剪力墙分布钢筋的搭接连接
1—竖向分布钢筋；2—水平分布钢筋；
非抗震时图中 l_{aE} 取 l_a

2　剪力墙竖向及水平分布钢筋采用搭接连接时（图 3-79），一、二级剪力墙的底部加强部位，接头位置应错开，同一截面连接的钢筋数量不宜超过总数量的 50％，错开净距不宜小于 500mm；其他情况剪力墙的钢筋可在同一截面连接。分布钢筋的搭接长度，非抗震设计时不应小于 $1.2l_a$，抗震设计时不应小于 $1.2l_{aE}$。

3　暗柱及端柱内纵向钢筋连接和锚固要求宜与框架柱相同，宜符合本规程第 6.5 节的有关规定。

"抗规" 6.4.3：抗震墙竖向、横向分布钢筋的配筋，应符合下列要求：

1　一、二、三级抗震墙的竖向和横向分布钢筋最小配筋率均不应小于 0.25％，四级抗震墙分布钢筋最小配筋率不应小于 0.20％。

注：高度小于 24m 且剪压比很小的四级抗震墙，其竖向分布筋的最小配筋率应允许按 0.15％采用。

2　部分框支抗震墙结构的落地抗震墙底部加强部位，竖向和横向分布钢筋配筋率均不应小于 0.3％。

"抗规" 6.4.4：抗震墙竖向和横向分布钢筋的配置，尚应符合下列规定：

1　抗震墙的竖向和横向分布钢筋的间距不宜大于 300mm，部分框支抗震墙结构的落地抗震墙底部加强部位，竖向和横向分布钢筋的间距不宜大于 200mm。

2　抗震墙厚度大于 140mm 时，其竖向和横向分布钢筋应双排布置，双排分布钢筋间拉筋的间距不宜大于 600mm，直径不应小于 6mm。

3　抗震墙竖向和横向分布钢筋的直径，均不宜大于墙厚的 1/10 且不应小于 8mm，竖向钢筋直径不宜小于 10mm。

（2）设计时要注意的一些问题

1）剪力墙厚度 $b_w \leqslant 400$mm 时可以双层配筋，$400\text{mm} < b_w \leqslant 700$mm 时可以三排配筋。

2）边缘构件是影响延性和承载力的主要因数，墙身配筋率 ρ 在 0.1％～0.28％时，墙为延性破坏，一般除了底部加强部位要计算配筋外，其他部位一般都可以按构造配筋。当层高较高时，出于施工的考虑，也应适当提高竖向分布筋的配筋率（加大直径或减小间距）。墙身纵筋的配筋率越小，结构越容易产生变形和裂缝，变形和裂缝的产生会散失一部分刚度。

（3）拉接筋

工程上拉筋的布置形状为梅花状，直径通常为 6mm，间距为墙分布钢筋间距的 2～3 倍，并不大于 600mm×600mm。如某剪力墙身分布钢筋为 2×10@100，相应拉筋可选用 6@300×300mm；如墙身分布钢筋选用 210@150，相应拉筋可选用 6@450×450mm，如墙身钢筋为 2×8@200，相应拉筋可选用 6@600×600mm。

在混凝土墙内，拉筋一般用于固定钢筋网并起适当的抗剪作用。约束边缘构件和构造边缘构件中拉筋能起到箍筋的作用。在边缘构件以外，拉筋主要的作用是固定双排钢筋网片，同时也能减小水平分布筋无支长度。无支长度过长时钢筋可能向外鼓胀，因此拉筋须钩住水平筋并设置 135°弯钩。拉筋的抗剪作用有限，拉筋直径一般用 6mm，间距为 3 倍分布筋间距。

7. 对暗柱、扶壁柱的认识及设计

规范规定：

"高规"7.1.6：当剪力墙或核心筒墙肢与其平面外相交的楼面梁刚接时，可沿楼面梁轴线方向设置与梁相连的剪力墙、扶壁柱或在墙内设置暗柱，并应符合下列规定：

1 设置沿楼面梁轴线方向与梁先连的剪力墙时，墙的厚度不宜小于梁的截面宽度；

2 设置扶壁柱时，其截面宽度不应小于梁宽，其截面高度可计入墙厚；

3 墙内设置暗柱时，暗柱的截面高度可取墙的厚度，暗柱的截面宽度可取梁宽加2倍墙厚；

4 应通过计算确定暗柱或扶壁柱的纵向钢筋（或型钢），纵向钢筋的总配筋率不宜小于表3-14的规定。

暗柱、扶壁柱纵向钢筋的构造配筋率 **表3-14**

设计状况	抗震设计				非抗震设计
	一级	二级	三级	四级	
配筋率（%）	0.9	0.7	0.6	0.5	0.5

注：采用400MPa、335MPa级钢筋时，表中数值宜分别增加0.05和0.10。

5 楼面梁的水平钢筋应伸入剪力墙或扶壁柱，伸入长度应符合钢筋锚固要求。钢筋锚固段的水平投影长度，非抗震设计时不宜小于$0.4l_{ab}$，抗震设计时不宜小于$0.4l_{abE}$；当锚固段的水平投影长度不满足要求时，可将楼面梁伸出墙面形成梁头，梁的纵筋伸入梁头后弯折锚固$15d$，也可采取其他可靠的锚固措施。

6 暗柱或扶壁柱应设置箍筋，箍筋直径，一、二、三级时不应小于8mm，四级及非抗震时不应小于6mm，且均不应小于纵向钢筋直径的1/4；箍筋间距，一、二、三级时不应大于150mm，四级及非抗震时不应大于200mm。

3.14 楼梯设计

参考第2章2.13。

3.15 地下室设计

3.15.1 地下室的定义

地下室：

房间地平面低于室外地平面的高度超过该房间净高的1/2者为地下室。

半地下室：

房间地面低于室外设计地面的平均高度大于该房间平均净高1/3，且小于等于1/2者为半地下室。

3.15.2 混凝土强度等级的选取

对于地下室外墙，其受竖向荷载较小，混凝土强度等级一般宜取C30，混凝土强度等级越高，水泥用量大，易产生裂缝，在设计中，地下室外墙混凝土强度等级常取C35。由地上主楼延伸下来的墙柱，其混凝土强度等级随地上一层或适当加大混凝土强度等级以满足轴压比。地下室范围内其他的墙、柱，其混凝土强度等级一般可随地下室外墙，对于一般住宅，一般能满足轴压比要求。本工程地下室外墙、内墙、框架柱均取C35。

地下室顶板上有覆土，还有考虑车辆等各种荷载作用，梁板混凝土强度等级取C35。

3.15.3 保护层厚度的选取

《地下工程防水技术规范》GB 50108—2001对防水混凝土结构规定，迎水面钢筋保护层厚度取50mm。"混规"8.2.2-4：当对地下室墙体采取可靠的建筑防水做法或防护措施时，与土层接触一侧钢筋的保护层厚度可适当减少，但不应小于25mm。《全国民用建筑工程设计技术措施——防空地下室》2009JSCS-6中明确指出，当有外包柔性防水层时，迎水面保护层厚度可以取30mm。综上所述，保护层厚度一般可取25mm，并对地下室墙体采取可靠的建筑防水做法或防腐措施。无建筑防水时宜取40mm。

南方雨水较多地区地下室，顶板可取20mm，底板宜按《地下工程防水技术规范》取50mm，梁可按"混规"取，地下室独基、筏基、条基取40mm。

3.15.4 抗震等级的确定

1."抗规"6.1.3-3：当地下室顶板作为上部结构的嵌固部位时，地下一层的抗震等级应与上部结构相同，地下一层以下抗震构造措施的抗震等级可逐层降低一级，但不应低于四级。地下室中无上部结构的部分，抗震构造措施的抗震等级可根据具体情况采用三级或四级。

2.地下一层的抗震等级与上部结构相同，地下一层以下楼层抗震等级，7度不宜低于四级、8度不宜低于三级、9度不宜低于二级；对于乙类建筑，6度不宜低于四级、7度不宜低于三级、8度不宜低于二级、9度时专门研究。对超出上部主体部分地下室，可根据具体情况采用三级或四级。本工程上部剪力墙抗震等级为三级，只有一层地下室，地下室抗震等级为三级。

在SATWE软件参数定义菜单中可定义全楼的抗震等级，抗震等级不同的部位可点击【SATWE/接PM生成SATWE数据】→【特殊构件补充定义/抗震等级/墙】，在弹出的对话框中输入要修改的抗震等级，用光标或窗口方式选择构件。也可以在"特殊构件"中定义构件的混凝土强度等级。

3.地下室一侧或两侧开敞时由于土的约束作用较小，所以地下室层抗震等级与上部结构抗震等级相同。

3.15.5 地下室墙厚

地下室应做防水混凝土，防水混凝土的最小厚度为250mm。当地下室为多层时，最下层地下层墙厚一般取到300～400mm。表3-15是淄博市建筑设计研究院徐传亮总工的经验总结，设计时可以参考，但不能作为设计依据。

地下室外墙配筋　　表3-15

墙高 H（m）	墙厚 h（mm）	竖向筋	水平筋	混凝土强度等级
3.6	250	ϕ10@100	ϕ10@150	C30
3.9	250	ϕ12@150	ϕ10@150	C30

续表

墙高 H (m)	墙厚 h (mm)	竖向筋	水平筋	混凝土强度等级
4.2	250	ϕ12@125	ϕ12@150	C30
4.5	300	ϕ12@125	ϕ12@150	C30
4.8	300	ϕ12@110	ϕ12@150	C30
5.1	300	ϕ14@120	ϕ12@150	C30

本工程地下室墙墙厚取300mm，地下室内墙取200mm。

3.15.6 荷载和地震作用

1. 竖向荷载

竖向荷载有上部及各层地下室顶板传来的荷载和外墙自重、覆土荷载（恒载）等。

2. 水平荷载

水平荷载有室外地坪活荷载、侧向土压力、地下水压力、人防等效静荷载。

（1）室外地坪活荷载：一般民用建筑的室外地面没有消防车时可取5kN/m^2，有消防车时，一般在10～20kN/m^2，消防车等效活荷载与覆土厚有很大的关系，车辆为两台时比一台时的等效活荷载要大。覆土高度越大，等效活荷载越小，覆土高度为1m时，等效活荷载一般在20kN/m^{2}左右，覆土高度为1.5m时，等效活荷载一般在15kN/m^{2}左右，覆土高度为2m时，等效活荷载一般在10kN/m^{2}左右，如有堆载等，按实际情况确定。

（2）土压力：当地下室采用大开挖方式，无护坡桩或连续墙支护时，地下室外墙承受的土压力宜取静止土压力，土压力系数K_0，对一般固结土可取$K_0=1-\sin\phi$（ϕ为土的有效内摩擦角），一般情况可取0.5。

当地下室施工采用护坡桩或连续墙支护时，地下室外墙土压力计算中可以考虑基坑支护与地下室外墙的共同作用，或按静止土压力乘以折减系数0.66近似计算，$K_a=0.5\times0.66=0.33$。

地下水以上土的重度，可近似取18kN/m^3，地下水以下土的重度可近似取11.0kN/m^3。

（3）水压力：水位高度可按最近3～5年的最高水位确定，不包括上层滞水。

3. 风荷载

地下室一般不考虑风荷载；如果地下室层数不填0，表示有地下室，程序自动取地下室部分的基本风压为0，并从上部结构风荷载中自动扣除地下室部分的高度。

4. 地震作用

地下室的地震作用主要被室外回填土吸收，只有少部分由地下室构件承担，因此“抗规”第5.2.5条要求的最小地震剪力调整，地下室部分可不考虑，即不考虑剪重比，但程序仍然给出调整。

3.15.7 荷载分项系数

荷载分项系数见表3-16。

荷载分项系数　　表 3-16

荷载分项系数	室外地面活荷载	土压力	水压力
普通地下室	1.4	1.2	1.2

注：1. 表中普通地下室外墙的荷载分项系数是指可变荷载效应控制的基本组合分项系数。必要时应考虑永久荷载效应控制的组合。

2. 地下室外墙受弯及受剪计算时，土压力引起的效应为永久荷载效应，其荷载分项系数可取 1.35。水压力若按最高水平，则一般按恒荷载设计，分项系数可参考地下水池设计规范。

3. 依据荷载规范，当活荷载占总荷载之比值不大于 20%时，$\gamma_G=1.35$，$\gamma_Q=1.40$，$\psi_c=0.7$，综合分析后，外墙各项分项系数可以取 1.30。

3.15.8 裂缝控制

1. 地下室外墙

（1）有资料表明，地下室混凝土外墙的裂缝主要是竖向裂缝，地基不均匀沉降造成的倾斜裂缝非常少见，竖向裂缝产生的主要原因是混凝土干缩和温度收缩应力造成的，温度收缩裂缝是由于温度降低引起收缩产生的，但混凝土干缩裂缝出现时，钢筋应力有资料表明，只达到约 60MPa，远没有发挥钢筋的作用，所以要防止混凝土早期的干缩裂缝，一味的加大钢筋是不明智的，要与其他措施同时进行。

室外地下水的最高地下水位高于地下室的底标高时，外墙的裂缝宽度限值如有外防水保护层时取 0.3mm（也可取一个折中的数值，比如 0.25mm），无外防水保护层时取 0.2mm。如果当室外地下水的最高地下水位低于地下室的底标高时，外墙的裂缝宽度限值可以取到 0.3mm 进行计算。

为了便于构造和节省钢筋，外墙可考虑塑性变形内力重分布，该值一般可取 0.9。塑性计算不仅可以在有外防水的墙体中采用，也可在混凝土自防水的墙体中采用。塑性变形可能只在截面受拉区混凝土中出现较细微的弯曲裂缝，不会贯通整个截面厚度，所以外墙仍有足够的抗渗能力。

（2）控制裂缝措施

① 墙体配筋时尽量遵循小而密的原则；

② 地下室混凝土外墙的裂缝主要是竖向裂缝，建议把地下室外墙外水平筋放外面，也方便施工，并适当加大水平分布筋。

③ 设置加强带。为了实现混凝土连续浇筑无缝施工而设置补偿收缩混凝土带，根据一些工程实践经验，一般超过 60m 应设置膨胀加强带。

④ 设置后浇带。可以在混凝土早期短时期释放约束力。一般每隔 30～40m 设置贯通顶板、底部及墙板的施工后浇带。后浇带可设置在柱距三等分的中间范围内以及剪力墙附近，其方向宜与梁正交，沿竖向应在结构同跨内；底板及外墙的后浇带宜增设附加防水层；后浇带封闭时间宜滞后 45d 以上，其混凝土强度等级宜提高一级，并宜采用无收缩混凝土，低温入模。

⑤ 优化混凝土配合比，选择合适的骨料级配，从而减少水泥和水的用量，增强混凝土的和易性，有效地控制混凝土的温升。也可以掺加高效减水剂。

2. 地下室顶板

普通地下室顶板不必按《地下工程防水技术规范》GB 50108—2001 4.1.6 条执行，其承受的水压力比较小，防水质量和效果比较好，一般裂缝可以按0.3mm控制。普通地下室顶板有覆土荷载，一般多采用井字梁楼盖，顶板厚度一般至少控制在120～150mm。

3.15.9 嵌固端概念设计及覆土的作用

（1）当四周有覆土、地下室相关范围刚度满足规范要求、水平力在地下室顶板处传递连续、板厚满足规范要求时，一般可将嵌固端定在地下室顶板处，这样的模型比较理想，也比较经济。地下室部分刚度大时（满足规范要求），地下室顶板处水平位移较小，同时若地下室四周覆土约束住了地下室水平扭转变形，地下室部分可不考虑地震作用。当不是四周有覆土时，比如三面有覆土，且地下室形状比较规则，地震作用下地下室扭转变形较小时，我们应该“抓大放小”，较准确地模拟结构的边界条件，将嵌固端定位地下室顶板处，但是用该上述边界条件模拟整个结构受力会对某些构件不利，此时应该分别取不同的嵌固端，进行包络设计。当地下室覆土较小且地下室最终的扭转变形较大时，应当满足结构的实际受力情况，将嵌固端下移。地下室设计时，有两个关键要点：第一是刚度比约束水平位移；第二是四周覆土约束水平扭转变形。

（2）一般可以认为嵌固端为力学概念，即约束所有自由度，嵌固部位是预期塑性铰出现的部位，其水平位移为零，规范和众多文章中对与嵌固端和嵌固部位的用词不做区分不是很合理，规范中确定剪力墙底部加强部位的嵌固端可以认为是嵌固部位。在设计时，地下一层与首层侧向刚度比不宜小于2，加上覆土的约束作用，预期塑性铰会出现在地下室顶板部位。

满足刚度比时，不考虑覆土的作用，地下室水平位移比较小。覆土的作用是约束地下室的水平扭转变形，逐步“吃掉”上部结构的地震作用，不约束竖向位移和竖向转动。在设计时，我们要用程序模拟结构受力，就要符合程序计算的边界条件，程序是采用弹簧刚度法，将上部结构和地下室作为整体考虑，嵌固端取基础底板处，并在每层的地下室楼板处引入水平土弹簧刚度，反映回填土对地下室的约束作用。

（3）实际工程中，土的约束作用可能较弱，刚度比可能不满足要求，及楼板与高差，导致水平力不能正常传递。这些情况需要认真对待。

当地下室覆土不是四周都有覆土，比如三面或两面或一面有土，此时难以限制由土压力产生的侧向推力和上部水平力共同作用下半地下室顶板处的位移，位移比也比较大，可以采用以下方法，方法1：采取措施营造局部平地环境，使建筑物获得均匀对称的地面约束，减少建筑物的扭转，将土脱开，另设挡土墙，这样可以将地下室部分当作无周边土约束的建筑，但代价过高。方法2：取不同的嵌固端进行包络设计。

楼板有高差，导致水平力传递不直接。力的分配过程中，力的传递要连续，即主楼楼板与之外在±0.000嵌固部位的楼板高差要尽量小，否则，应加强地下室及车库顶板刚度，加强主楼地下室外墙抵抗水平力的能力，例如垂直于外墙的内墙尽可能多且拉通对直等等。车库内应根据车库外墙、主楼地下室外墙的距离，考虑是否设置钢筋混凝土构造墙以加强车库结构刚度，保证车库顶板满足刚性板假设。由于室外地面绿化的需要，主楼以外的地下室顶板往往因建筑需要而降低，导致主楼内外地下室顶板标高不一致。对此，如果能满足侧向刚度，且地下室的楼板、梁、柱及剪力墙满足地下室顶板作为上部结构嵌固部位的要求的前提下，可以按嵌固来考虑，但应保证剪力的传递以及注

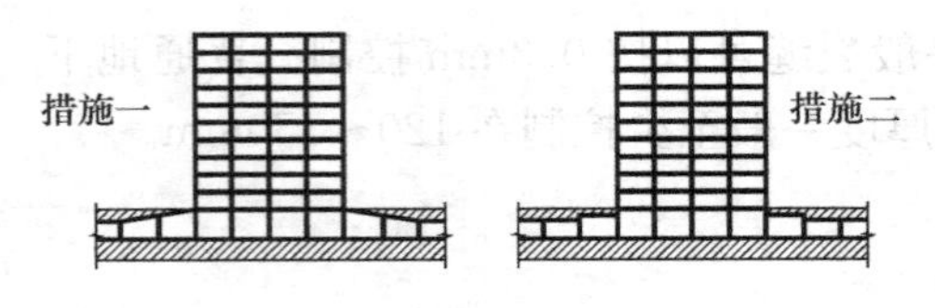

图 3-80　楼板有高差时的做法

意错平处梁的受扭问题。采用图 3-80 所示的处理措施亦可有效地避免抗震薄弱部位的出现，特别是地下室高差交接处柱剪力会大大降低。如室内外高差过大，应用于工程中的做法有如图 3-80 所示的处理措施二，沿周边一跨抬升地下室顶面梁板，使与主楼区域顶板高差不大于一个梁高。对于此做法的有效性可作进一步研究。

(4) 对于地下室为大底盘的多塔结构，当四周有覆土、地下室相关范围刚度满足规范要求、水平力在地下室顶板处传递连续、板厚满足规范要求时，一般可将嵌固端定在地下室顶板处，此时大地下室与最外侧土形成一个连续的约束大的刚体，中间部位的地下室类似于土约束塔楼。

(5) 相关范围

"相关范围"在朱炳寅《建筑结构设计问答及解析》书中有说明，即距主楼两跨且不小于 15m 的范围。也可近似地计入沿主楼周边外扩两跨，或 45°线延伸至底板范围内的竖向构件的抗侧刚度。

(6) SATWE (PKPM)"嵌固端所在层号"的作用

当地下室顶板作为嵌固部位时，那么嵌固端所在层为地上一层，即地下室层数＋1；而如果在基础顶面嵌固时，嵌固端所在层号为 1。其作用为"抗规"6.1.10：当结构计算嵌固端位于地下一层的底板或以下时，底部加强部位尚宜向下延伸到计算嵌固端。在确定"嵌固端所在层号"时，刚度比计算方法也有所不同，从而影响薄弱层的判断，对内力也有一定的影响，但一般可以认为"嵌固端所在层号"的地震作用影响很小。

"抗规"6.1.14：地下室顶板作为上部结构的嵌固部位时，地下室顶板对应于地上框架柱的梁柱节点除应满足抗震计算要求外，尚应符合下列规定之一：1) 地下一层柱截面每侧纵向钢筋不应小于地上一层柱对应纵向钢筋的 1.1 倍，且地下一层柱上端和节点左右梁端实配的抗震受弯承载力之和应大于地上一层柱下端实配的抗震受弯承载力的 1.3 倍。2) 地下一层梁刚度较大时，柱截面每侧的纵向钢筋面积应大于地上一层对应柱每侧纵向钢筋面积的 1.1 倍；同时梁端顶面和底面的纵向钢筋面积均应比计算增大 10%以上。PKPM 会根据"嵌固端所在层号"按照"抗规"6.1.14 进行调整。如果"嵌固端所在层号"不是填写地下室顶板处而是其下面（地下室层数大于 1 时），则 PKPM 也会把地下室一层处的柱与梁也会按照"抗规"6.1.14 进行调整，上部结构不进行调整。

(7)"嵌固部位"的构造

"嵌固部位"是为了在预期的位置实现预塑性铰，结构预设塑性铰，可以通过构造、配筋等来假定。"抗规"对"嵌固部位"的构造作了如下规定："抗规"6.1.14-1，地下室顶板应避免开设大洞口；地下室在地上结构相关范围的顶板应采用现浇梁板结构，相关范围以外的地下室顶板宜采用现浇梁板结构；其楼板厚度不宜小于 180mm，混凝土强度等级不宜小于 C30，应采用双层双向配筋，且每层每个方向的配筋率不宜小于 0.25%。"抗规"6.1.14-2：结构地上一层的侧向刚度，不宜大于相关范围地下一层侧向刚度的 0.5 倍；地下室周边宜有与其顶板相连的抗震墙。"高规"3.5.2-2 条规定结构底部嵌固层的刚度比不宜小于 1.5。规范对楼板开洞的限制，是为了使上部结构传来的力通过地下室顶板传至那些不是由上部结构构件延伸下来的抗侧力构件，如地下室外墙等。对于一些非重要位置的洞口（如核心筒处），开洞率一般不要大于30%。

当结构地上一层的侧向刚度，不大于相关范围地下一层侧向刚度的0.5倍时，地下室顶板处的水平位移很小，在抗震计算时一般可以忽略，塑性铰出现在地下室顶板处是客观存在的事实。如果不满足上述刚度比要求，由于地下室的抗侧刚度大于上部结构的抗侧刚度，加上覆土的约束作用等其他原因，地下室顶板处也会出现塑性铰，地下室顶板处楼板及其构件也应适当加强，应满足规范中相关要求，比如：地下室顶板厚度不宜小于150mm。地下一层柱的配筋，应不小于地下室顶面作为上部结构嵌固部位计算时，地上一层柱的配筋。

注："高规"第3.5.2条第2款的规定，"对结构底部嵌固层，该比值不宜小于1.5"较适合于上部结构的嵌固端为绝对嵌固（不带地下室，将地下室顶板标高确定为嵌固端，嵌固端的水平位移、竖向位移和转角均为零）的计算模型。"高规"第5.3.7条规定"地下一层与首层的侧向刚度比不宜小于2"指的是地下一层与上部结构首层的比值。

3.15.10 地下室抗浮设计

随着沿河沿江建筑物的兴建，单纯地下室或高层建筑带地下室越来越多存在地下水位高于地下室底标高，未进行专门抗浮设计的话，在施工及日后的使用过程中，有可能出现整体上浮或局部部位结构破坏，如地下室底板局部隆起，柱间板出现45°破坏性裂缝。试想万吨级以上大船能在江、河、海中航行，可见水的作用力之大。地下室就像一条"船"，地下室底板和侧墙形成一个密闭的船身，地下室的抗浮设计就是要使这个船既不上浮，船身又不破坏，因此，地下室的抗浮设计应进行整体抗浮和局部抗浮验算。

1. 抗浮设计水位

地下室抗浮设计首先应明确地下水抗浮设防水位，即指基础埋置深度内地下水层在建筑物建造及运营期间的最高水位。根据现行的规范和有关资料，确定原则基本有：1）当有长期水位观测资料时，抗浮设防水位可采用取长期水位观测资料的最高水位；2）当无长期水位观测资料或资料缺乏时，按勘察期间实测最高稳定水位并结合场地地形地貌，地下水补给，排泄条件等因素综合确定；3）江、河、库岸边的建筑，存在滤水层时，抗浮设防水位可按设计使用年限内最高洪水位确定；4）降水较多经常发生街道浸水的场地，抗浮水位可取室外地坪标高。

一般设计地下混凝土外墙时，用历年最高水位（取最不利值）。抗浮时要用抗浮水位，抗浮水位一般比历年最高水位低一些，有时低很多。

2. 抗浮稳定性验算

地下室抗浮稳定性验算应满足下式要求：

$$W/F \geqslant 1.05$$

式中 W——地下室自重及上部作用的永久荷载标准值的总和；

F——地下水浮力，计算公式为$F=10\text{kN/m}^3\times$抗浮设计水位压力差高度（即水头差高度）；

1.05为安全系数。不同规范结构抗浮安全系数均不同，《建筑结构荷载规范》当水浮力只取其标准值时，结构抗浮的安全度水准最低，安全系数约为1.10；当水浮力算作起控制作用的可变作用，分项系数取为1.4时，结构抗浮的安全度水准最高，安全系数约为1.55。《给水排水工程构筑物结构设计规范》、《给水排水工程管道结构设计规范》分别针对构筑物及管道结构给出了不同的结构抗浮安全系数，与《地铁设计规范》、《地下工程防水技术规范》所给出的结构抗浮安全系数基本一致，安全系数均在1.05～1.1。对于全埋式地下建（构）筑物，在不计外墙与土层之间的摩擦力的前提下，抗浮安全系数取1.05是安全可靠的，原因主要有以下三点：首先，多年来大量的实际工程表明采用该安全系数是可靠的；其次，抗浮验算中不计外墙与土层之间的摩擦力，这部分抗力可作为安全储备考虑；同时，由勘察部门提供的抗浮设防水位是已经综合考虑了各种不利因素后确定的水位。

3. 抗浮措施

（1）地下室抗浮设计可归纳为“一压二拉”，“压”即为配重法，增加永久荷载的结构自重，比如地下室顶板覆土、地下室底板的配重等来平衡地下水浮力；“拉”即为设置抗拔桩或抗拔锚杆，以抗浮构件提供的抗拔力平衡地下水浮力。在工程实际应用中，单独运用一种方式抵抗地下室浮力往往事倍功半，耗材费力，通常采用两者相结合的方式进行抗浮设计，以达到经济合理。

在高层结构地下室中，常采用：车库顶板覆土＋车库底板配重＋结构桩基抗拔锚固，而不单独设置“单纯抗拔桩”，否则可能不经济。若原有承重桩作为抗拔桩后仍不足以承受地下水作用产生的浮力，可在适当位置增设纯抗拔桩。抗拔桩桩身最大裂缝宽度一般不应超过0.2mm，其配筋率比抗压桩往往的很多，一般超过1%。

（2）尽可能提高基坑坑底的设计标高，间接降低抗浮设防水位，梁式筏基的基础埋深要大于平板式筏基，故采用平板式筏板基础更有利于降低抗浮水位。楼盖提倡使用宽扁梁或无梁楼盖。一般宽扁梁的截面高度为$L(1/22\sim1/16)$，宽扁梁的使用将有效地降低地下结构的层高，从而降低了抗浮设防水位。

（3）增设抗拔锚杆，抗拔锚杆应进入岩层，如岩层较深，可锚入坚硬土层，并通过现场抗拔试验确定其抗拔承载力。对于全长粘结型非预应力锚杆，土层锚杆的锚固段长度不应小于4m，且不宜大于10m；岩石锚杆的锚杆长度不应小于3m，且不宜大于$45d$和6.5m；锚杆的间距，应根据锚杆所锚定的建筑物的抗浮要求及地层稳定性确定。锚杆的间距除必须满足锚杆的受力要求外，尚需大于1.5m。所采用的间距更小时，应将锚固段错开布置。锚杆孔直径宜取3倍锚杆直径，但不得小于1倍锚杆直径加50mm。锚杆宜采用带肋钢筋，抗拔锚杆的截面直径应比计算要求加大一个等级。

锚杆孔填充料可采用水泥砂浆或细石混凝土。水泥砂浆强度等级不宜低于M30，细石混凝土强度等级不宜低于C30。

锚杆钢筋截面面积可以按照《建筑边坡工程技术规范》计算，但计算出来的钢筋面积值太大，一般建议按《钢筋混凝土结构设计规范》正截面受拉承载力计算的公式计算，并且当钢筋的抗拉强度设计值大于300N/mm^{2}时，取300N/mm^2。

（4）在目前的地下室采用锚杆抗浮设计中，有下列两种混乱的方法：第一，上部建筑结构荷重不满足整体抗浮要求，采用锚杆抗浮。其计算方法为：总的水浮力设计值/单根锚杆设计值＝所需锚杆根数。具体做法：底板下（连柱底或混凝土墙下）满铺锚杆，水浮力全部由锚杆承担，既不考虑上部建筑自重，也不考虑地下室底板自重可抵抗水浮力的作用，保守且不合理。第二，利用上部结构自重和锚杆共同抗浮，其计算方法为：(总的水浮力设计值一底板及上部结构自重设计值)/单根锚杆设计值=所需锚杆根数。具体做法：将锚杆均匀分布在底板下（包括柱底或混凝土墙下），锚杆间距用底部面积除所需锚杆根数确定，存在安全隐患。

水的浮力是均匀作用在底板上，而结构抗浮力作用（除底板自重外）都具有不均匀性，并不是在整个地下室底板区域均匀分布的，可能是集中在一个点上（即柱、桩和锚杆）或一条线上（即墙、梁），因此抗浮力与水浮力平衡计算可分成两种区域：柱、墙、梁影响区域和纯底板抵抗区域。纯底板抵抗区域的计算方法应是抗浮锚杆设计承载力除以每平方米水浮力（减去每平方米底板自重），得到抗浮锚杆的受力面积；而柱、墙、梁影响区域应充分利用上部建筑自重进行抗浮，验算传递的上部建筑自重是否能平衡该区域的水浮力，此外，还应验算在水浮力作用下梁强度和裂缝满足要求。计算方法具体可分解为以下四个方面：1）在柱、墙、梁影响区格中：梁、墙可以传递的建筑自重线荷载除以每平方米的水浮力，得到影响区域的宽度 b。其中梁传递的建筑自重荷载，根据柱子的建筑自重按照与其相连的梁刚度分配所得。2）靠近梁、墙的第一排锚杆：其从属宽度 b_0 应是梁、墙传递建筑自重影响区域的宽度 b，即 $b_0=b$，由于每根锚杆的抵抗面积有限，当上部自重较大时，为充分利用该部分自重，可以考虑加密靠近地梁第一排锚杆的间距。3）纯底板抵抗区域的计算方法应是抗浮锚杆设计承载力除以每平方米水浮力，得到抗浮锚杆的受力面积，即 A 单根锚杆$=c2=q$ 水$/F$ 单根锚杆，其中 c 为纯底板抵抗区域中间排锚杆的间距。例如，水浮力设计值为每平方米 50kN，单根抗浮锚杆的设计承载力为 250kN，它能承受的抗浮力的受力面积为 5m^2，若采用点式布置，锚杆的间距为 2.25m×2.25m。4）第一排锚杆与第二排锚杆的间距 $a=b/2+c/2$。

3.15.11 地下室建模与拼接

地下室建模方法可参考上部结构建模方法。一般有以下两种方法。

方法 1：

当上部结构建模完成后，在 PMCAD 主菜单的左上方切换到“第 1 标准层”，如图 3-81 所示。

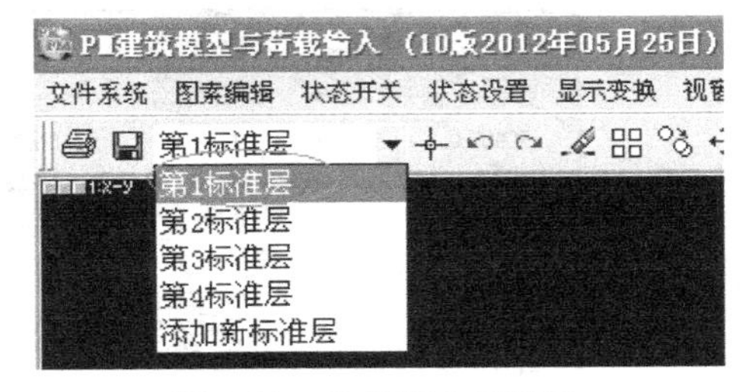

图 3-81 选择第 1 标准层

点击【楼层定义/层编辑/插标准层】，在弹出的对话框（图 3-82）中选择“标准层 1”、“全部复制”，即可在标准层 1 前插入一个新的标准层，插入的标准层成为标准层 1，此时标准层有 5 个，如图 3-83 所示。

方法 2：

利用 PKPM 中的“AutoCAD 平面图向建模模型转化”，完成大底盘地下室的建模，如图 3-84 所示。

在对地下室进行拼装前，应对地下室进行楼层组装，点击【楼层组装】，在弹出的对话框中添加一个标准层，底标高设为−5.600m，层高设为 4100mm，如图 3-85 所示。需要注意的是，在拼装前，应检查要拼装的上部结构第一层底标高是否为−1.500m，如图 3-86 所示。

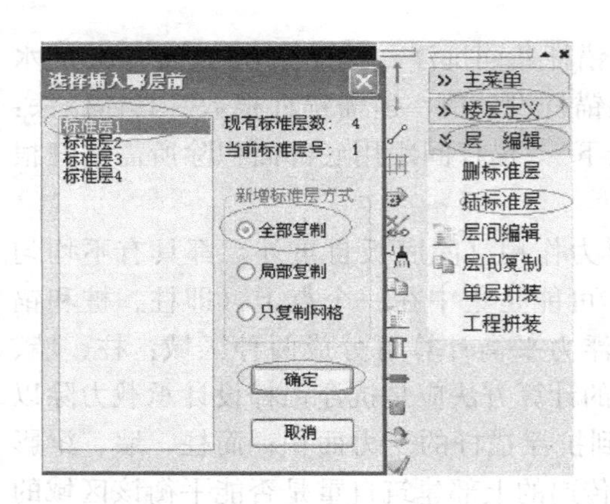

图 3-82　插入标准层对话框

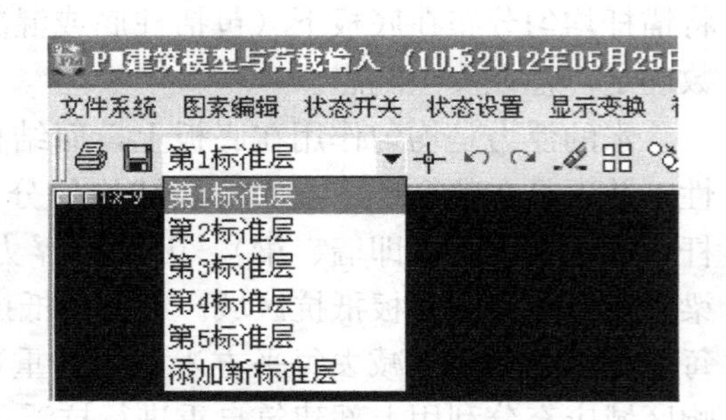

图 3-83　楼层标准层

注：插入标准层后，再根据地下室建筑图，进行建模，方法可参考上部结构建模方法。

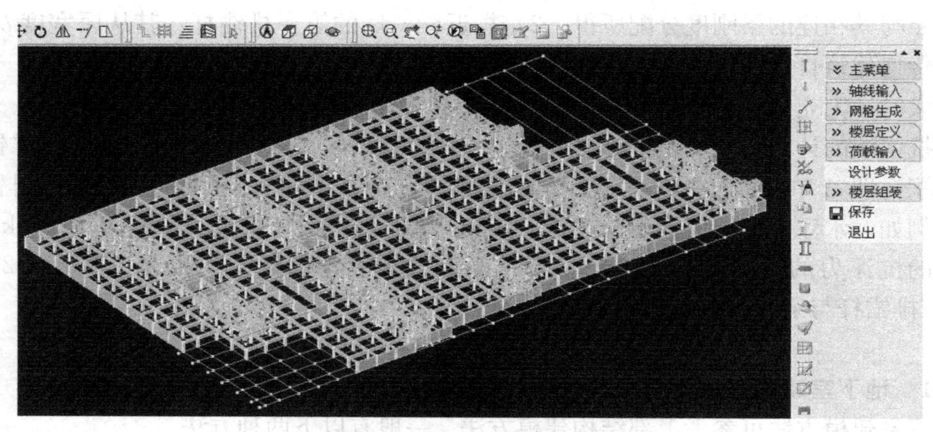

图 3-84　大底盘地下室模型

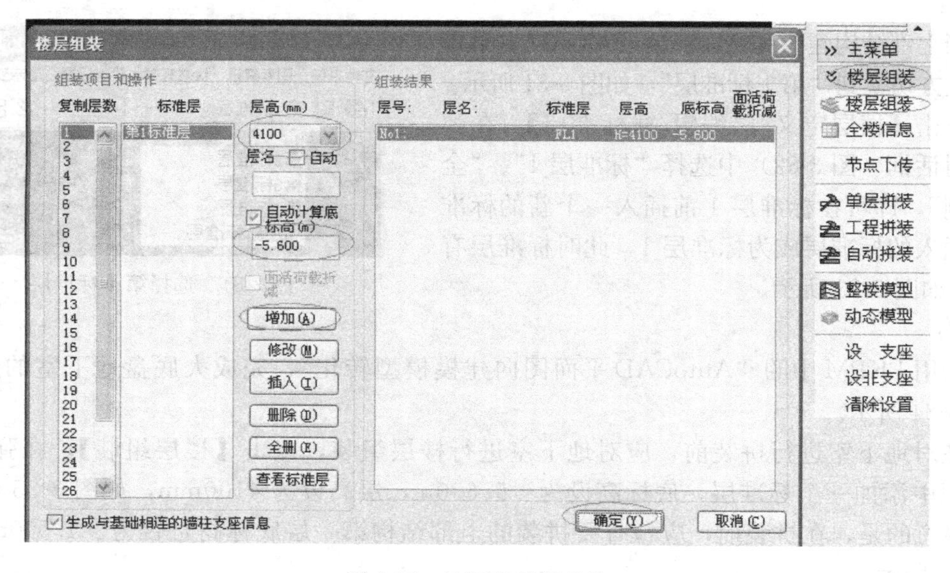

图 3-85　地下室楼层组装

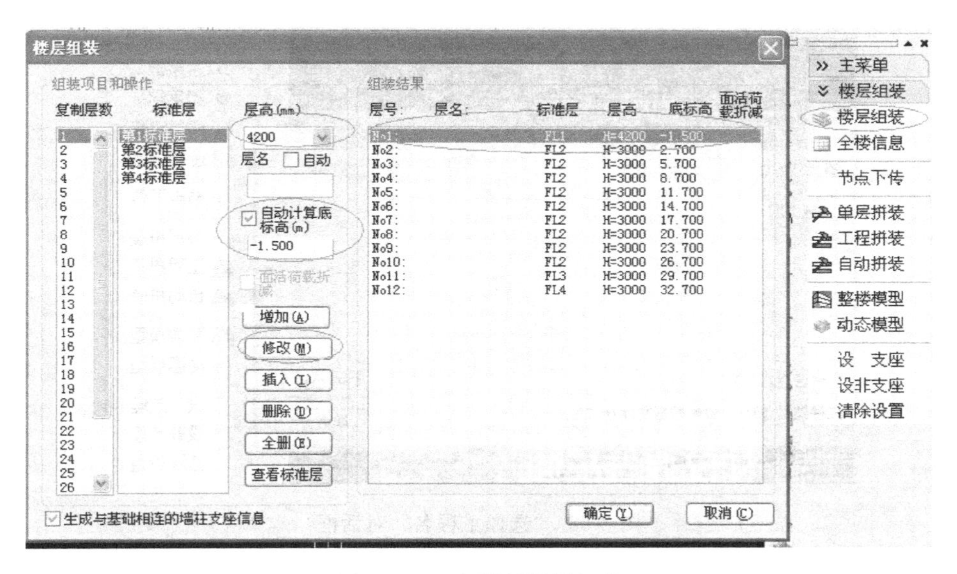

图 3-86 上部结构楼层组装

在 PMCAD 中打开地下室模型，点击【楼层组装/工程拼装】，弹出“工程拼装”对话框（图 3-87），选择“合并顶标高相同的楼层”，点击“确定”，弹出“选择工程名”对话框，选择“3”，点击“打开”，如图 3-88 所示。

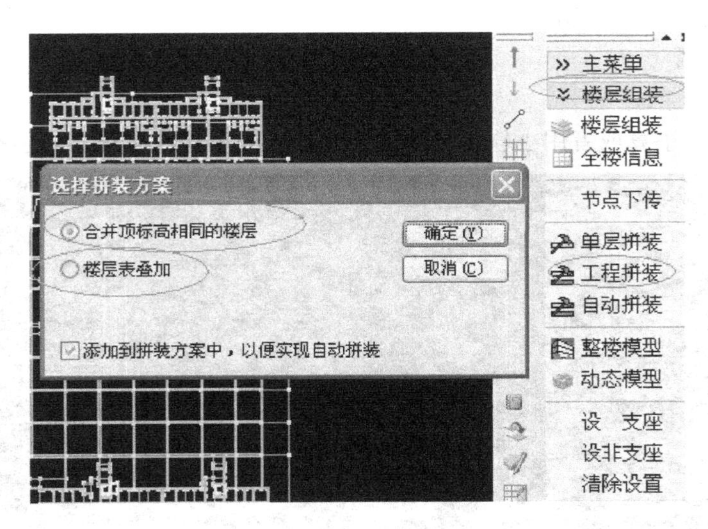

图 3-87 选择拼装方案

注：1. 工程拼装的对象是若干独立的工程模型，控制的是各工程模型底标高。如果不是塔与塔之间进行拼装，比如地下室与上部结构进行拼装，选择“合并顶标高相同的楼层”与“楼层表叠加”都可以。进行拼装时，拼装的标准层可以切换。

2. 当是切割的多塔与多塔之间进行拼装时，选择“合并顶标高相同的楼层”方式，拼装的塔楼层高若相同，则程序会把在同一标高处的塔楼设为同一标准层。如果层高不相同，不进行合并标准层操作（不同塔楼之间不能进行合并），此时应选择“楼层表叠加”拼装方案，程序提示要求输入“合并的最高层号”，程序会自动对≤楼层号的标准层合并，>层号的楼层采用楼层表叠加方式拼装（即广义楼层组装方式）。没有要合并的标准层，则输入 0。

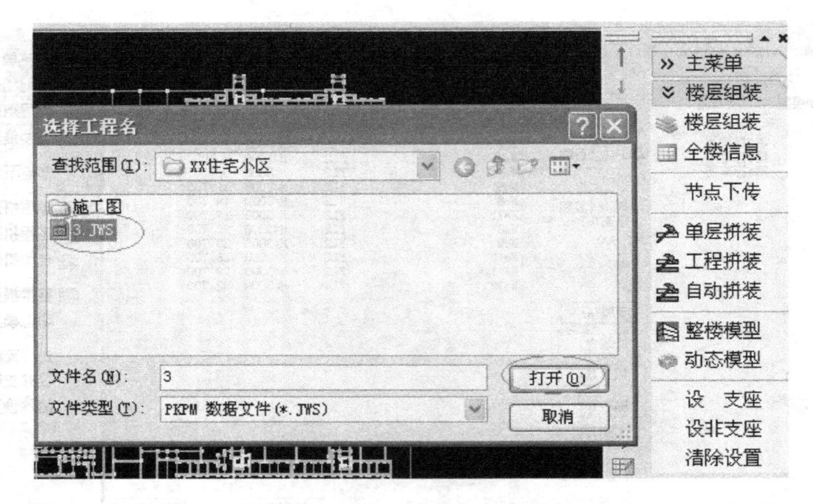

图 3-88 “选择工程名”对话框

此时程序自动进入“3”模型中，PMCAD 屏幕中左下方提示：“请输入基准点”，点取图 3-89 中的 A 点，程序又提示“输入旋转角度”（逆时针为正），输入“0”，按回车键。程序自动进入“地下室”模型中，并提示选择在地下室中的插入点，如图 3-90 所示。

完成以上操作后，程序自动进行了拼装。拼装后的模型如图 3-91 所示。

3.15.12 地下室施工图绘制

1. 地下室外墙

(1) 程序操作

外墙一般自己手算或者用小软件计算，计算外墙的小软件有很多，但操作过程都基本

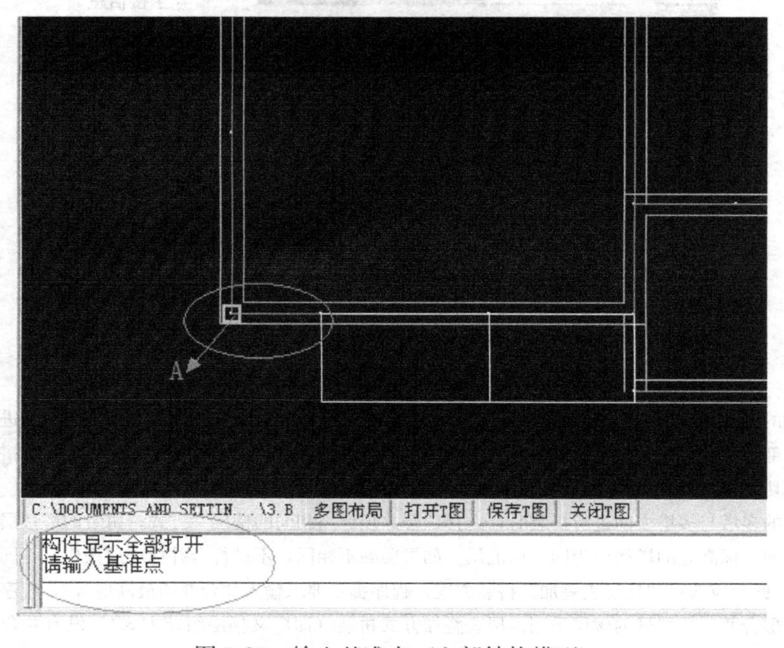

图 3-89 输入基准点（上部结构模型）

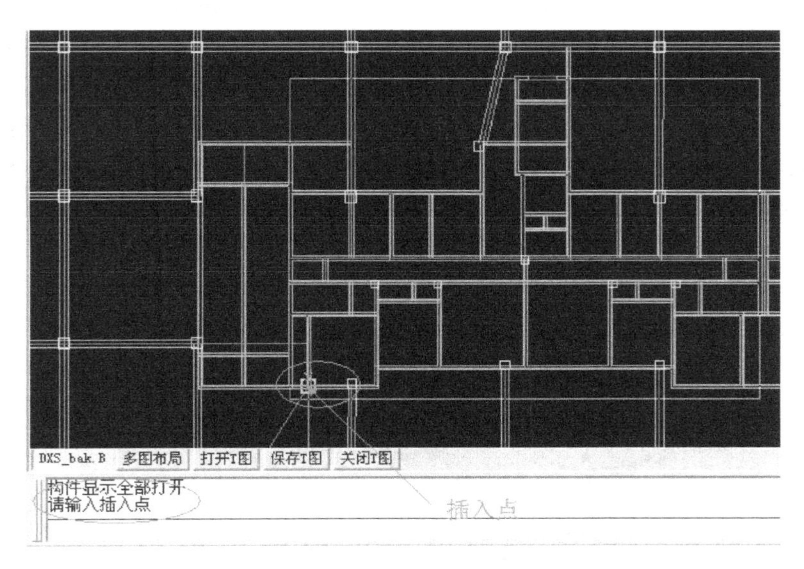

图 3-90　在地下室模型中选择插入点

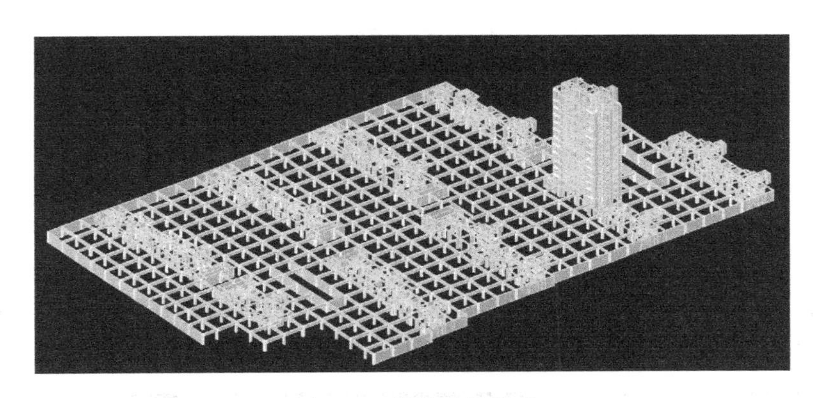

图 3-91　拼装后的模型

注：拼装后应点击“保存”。也可以取地下室相关范围对地下室与基础进行设计。如图 3-92 所示。

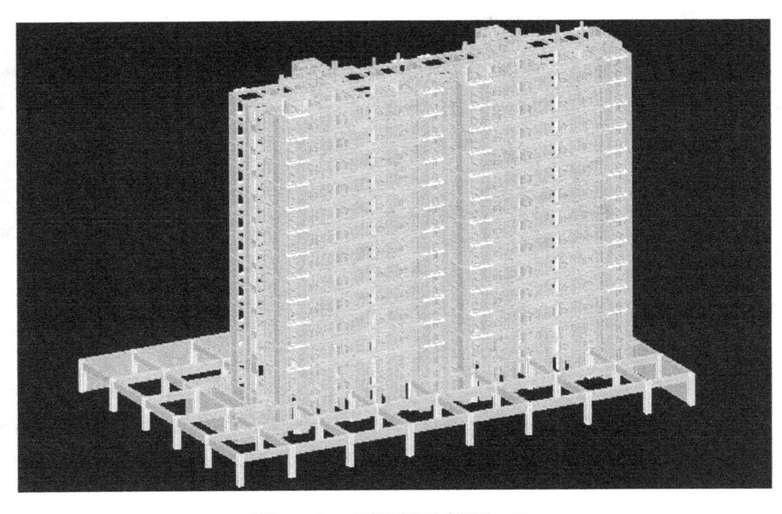

图 3-92　拼装后的模型（1）

相同，先填写一些基本参数，比如：地下室层数，层高，墙厚，混凝土强度等级，钢筋强度等级，土层总数及土的相关参数、计算模型、室外地坪标高、室外水位标高、室外堆载、土压分项系数、水压分项系数、裂缝限值等，然后再计算，在计算结果中可以查看弯矩、剪力图、配筋结果等。以下是用某个小软件计算地下室外墙的操作过程（图 3-93～图 3-96）。

1）操作界面

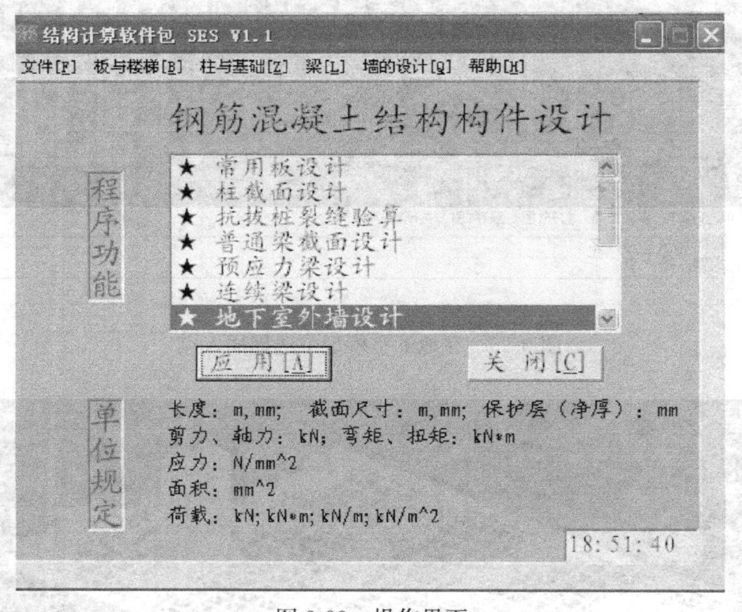

图 3-93 操作界面

2）点击“应用”，进入主菜单（图 3-94），点击“修改结构信息”，弹出“地下室结构数据”参数设置对话框，按照工程实际情况填写参数后，如图 3-94 所示。

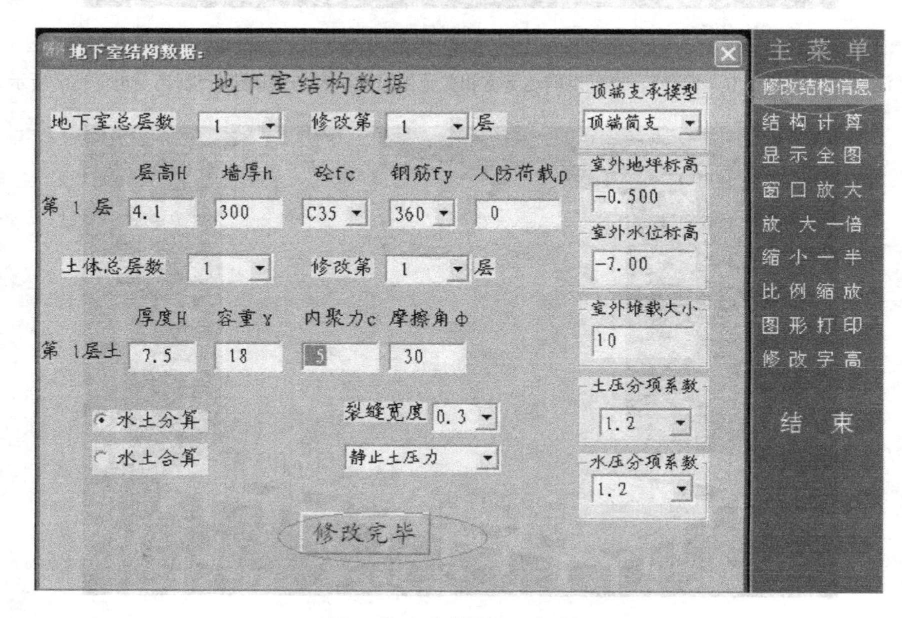

图 3-94 参数设置对话框

3）点击“修改完毕”，可看到已填写的相关参数（图 3-95）。

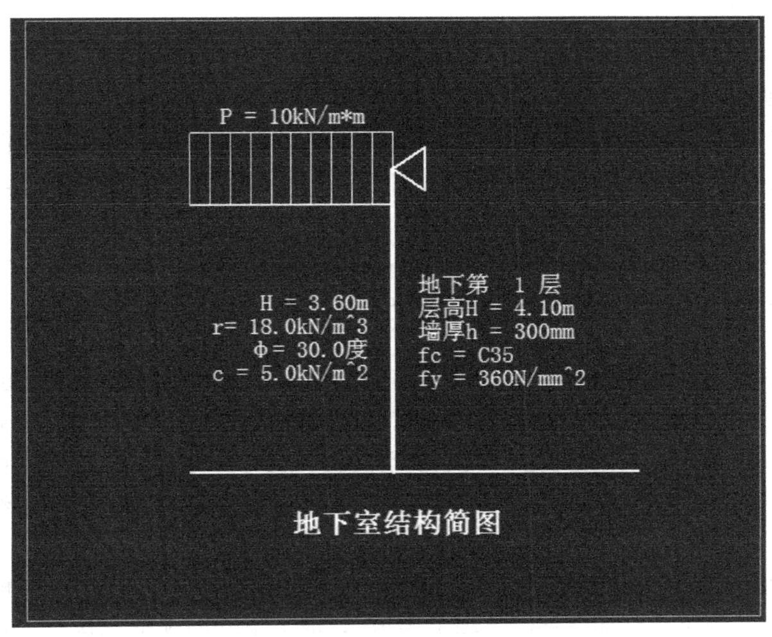

图 3-95 相关参数查看

4）依次点击“结构计算”、“显示全图”，可看到侧压力设计/标准值，弯矩设计/标准值、剪力设计/标准值、强度设计时墙身竖向配筋面积、裂缝控制时墙身竖向配筋面积，如图 3-96 所示。

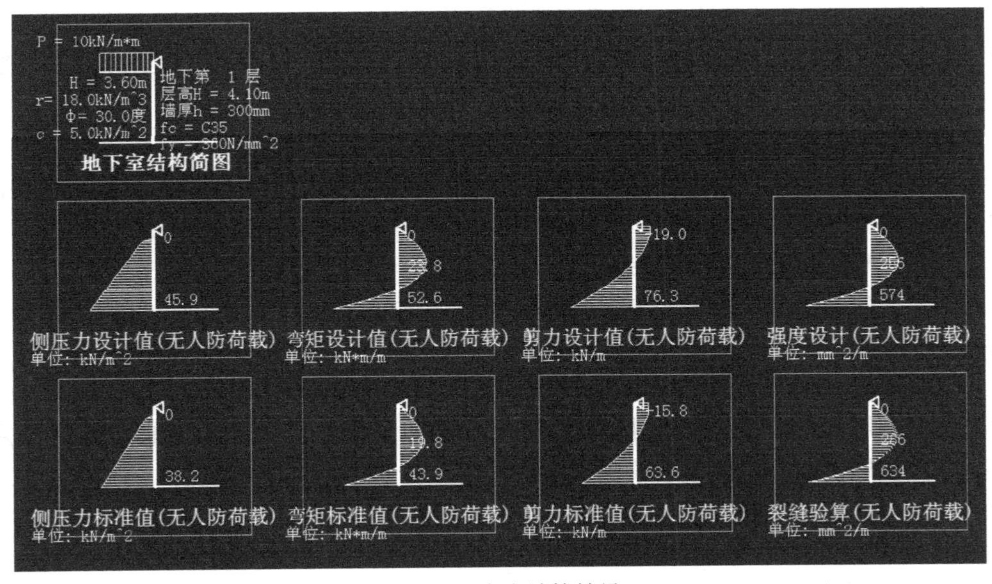

图 3-96 内力计算结果

（2）施工图绘制

地下室外墙边缘构件配筋参考 SATWE 中地下室层的“混凝土构件配筋及钢构件验算简图”中的计算结果，地下室外墙墙身竖向钢筋根据小软件计算结果进行配筋。边缘构件与墙身施工图绘制方法参考上部结构剪力墙施工图绘制方法，可利用 PKPM 中生成的模板图进行施工图绘制。

（3）地下室外墙设计时要注意的一些问题

1）规范规定

“高规”12.2.5：高层建筑地下室外墙设计应满足水土压力及地面荷载侧压作用下承载力要求，其竖向和水平分布钢筋应双层双向布置，间距不宜大于 150mm，配筋率不宜小于 0.3％。

注：0.3％是指总配筋率。本工程 300mm 的墙，双层配筋，则满足最小配筋率的单侧钢筋面积为 $300\times1000\times0.3\%\times1/2=450mm^2$，$10@150=524mm^2$。

2）其他

① 当地下室无横墙或横墙间距大于层高的 2 倍时，其底部与刚度很大的基础底板或基础梁相连，可认为是嵌固端，首层顶板相对于外墙而言平面外刚度很小，对外墙的约束较弱，所以外墙顶部应按铰接考虑。当地下室只有一层时，可简化为下端嵌固、上端铰支的简支梁计算。地下室层数超过一层时，可简化为下端嵌固、上端铰支的连续梁计算，地下室中间层可按连续铰支座考虑。当地下室内横墙较多或扶壁柱刚度相对于外墙板较大，且间距不大于 2 倍层高时，地下室外墙可简化为下端嵌固、上端铰支的双向板。

② 地面层开洞位置（如楼梯间、地下车道）、地下室外墙顶部无楼板支撑，为悬臂构件，计算模型的支座条件和配筋构造均应与实际相符。当竖向荷载较大时，外墙应该按压弯构件计算（偏心受压），但一般可仅考虑墙平面外受弯计算配筋。

③ 当只有一层地下室，外墙高度不满足首层柱荷载扩散刚性角，或者窗洞较大时，外墙平面内在基础底板反力作用下，应按深梁或空腹桁架验算，确定墙底部及墙顶部的所需配筋。当有多层地下室，或外墙高度满足了柱荷载扩散刚性角时，外墙顶部宜配筋两根直径不小于 20mm 的水平通长构造钢筋，墙底部由于基础底板钢筋较大，不要另配附加构造钢筋。

④ 地下室外墙顶板处一般要设计暗梁，用剖面图中表示。

2. 地下室内墙设计及施工图绘制

参考上部结构剪力墙设计及施工图绘制方法。需要注意的，主体结构中地上一层的边缘构件应延伸至地下一层。可利用 PKPM 中生成的模板图进行施工图绘制。

3. 地下室梁板平法施工图绘制

可参考上部结构的梁板平法施工图绘制方法。“抗规”6.1.14：地下室顶板作为上部结构的嵌固部位时，地下室在地上结构相关范围的顶板应采用现浇梁板结构，相关范围以外的地下室顶板宜采用现浇梁板结构。在实际设计中，地下室在地上结构相关范围的顶板采用现浇梁板结构，相关范围以外的地下室顶板可采用无梁楼盖结构。地下室有多层时，负一层、负二层楼板均可采用无梁楼盖结构。需要注意的是，“相关范围”一般可从地上结构（主楼、有裙房时含裙房）周边外延不大于 20m。

对于无梁楼盖结构，应设置柱墩，柱墩尺寸根据柱网尺寸合理取值，一般为 $0.3\sim0.35L$。地下室顶板采用现浇梁板结构时，尽量控制梁支座配筋率$<2.0\%$（纵筋配筋率超 2.0％时梁箍筋直径要加大一级）；在满足梁上下截面配筋比值的前提下，架立筋采用小直径钢筋；梁宽尽量控制在 300mm 及 300mm 以内，减少箍筋用量，一般采用 300mm 较多。当梁宽为 350mm、400mm、450mm 时，在满足计算要求的前提下可采用 3 肢箍。

3.16 基础设计

高层剪力墙结构一般采用桩基础或筏板基础。基础设计最重要的是弄清力的传递与转化过程，选用什么构件，构件截面尺寸多大，每个构件计算方法是什么，用什么软件计算，软件计算的每个参数怎么设置。最后就是根据计算结果“依葫芦画瓢”，进行施工图绘制。

当掌握了上部结构的梁板平法施工图绘制方法时，绘制独立基础施工图，筏板及桩基础施工图绘也应该没多大问题，都是在基础模板图上（手画或者 PKPM 中生成再修改）布置构件，再对构件进行编号、标注与配筋（根据程序计算结果），最后套用一些大样图与说明。本章节将分别讲述桩基础与筏板基础的设计过程与要点。

1. 基础选型方法

（1）查看地勘报告中建议采用的基础类型。

（2）“地基规范”5.1.2：在满足地基稳定和变形要求的前提下，当上层地基的承载力大于下层土时，宜利用上层土作持力层。除岩石地基外，基础埋深不宜小于 0.5m。“地基规范”5.1.4：在抗震设防区，除岩石地基外，天然地基上的箱形和筏形基础其埋置深度不宜小于建筑物高度的 1/15；桩箱或桩筏基础的埋置深度（不计桩长）不宜小于建筑物高度的 1/18。

对于没有地下室的多层建筑，可以大致估算其埋深，然后从地勘报告中查看该埋深处的地基承载力，套用下面的“基础选型方法”，确定基础类型。对于高层结构，规范对其埋深有规定，一般都会设置地下室，从地勘报告中查看地下室底标高处的地基承载力，套用下面的“基础选型方法”，确定基础类型。

地面以下 5m 以内地基承载力特征值（可考虑深度修正）f_a 与结构总平均重度 $p=np_0$（p_0 为楼层平均重度，n 为楼层数）之间关系对基础选型影响很大，一般规律如下：

若 $p\leqslant 0.3f_a$，则采用独立基础；

若 $0.3f_a<p\leqslant 0.5f_a$，可采用条形基础；

若 $0.5f_a<p\leqslant 0.8f_a$，可采用筏板基础；

若 $p>0.8f_a$，应采用桩基础或进行地基处理后采用筏板基础。

注：楼层平均重度可在 SATWE 后处理—文本文件输出中的“结构设计信息”中查看，一般在 15kN/m² 左右。如果考虑地下室，地下室一般可按 25kN/m² 估算。

2. 查看地质勘查报告

首先应从建筑工程师那知道建筑图中±0.00m 处的绝对标高值。刘铮在《建筑结构设计快速入门》中总结了怎么有效地去查看地质勘查报告：第一，直接看结束语和建议中的持力层土质、地基承载力特征值和地基类型一级基础建议砌置标高。第二，结合钻探点号看懂地质剖面图，并一次确定基础埋置标高，设计人员首先以报告中建议的最高埋深为起点（用铅笔）画一条水平线从左向右贯穿剖面图，看此水平线是否绝大部分落在了报告所建议的持力层土质标高层范围之内。一般有 3 种情况：（1）此水平线完全落在了报告所建议的持力层土质标高范围之内，那么可以直接判定建议标高适合作为基础埋置标高；（2）此水平线绝大部分落在了建议持力层土质标高层范围之内，极小的一部分（小于 5%）落在了建议持力层土质标号层之上一邻层，即进入了不太有利的土质上，仍然可以判定建议标高适合作为基础埋置标高，但日后验槽时，再采取有效的措施处理这局部的不利软土层，目的是使得软土变硬些，比如局部换填或局部清理，视具体情况加豆石混凝土或素混凝土替换。(3) 此水平线绝大部分并非落在了报告中所建议的持力层土质标号范围之内，而是大部分进入到了持力层之上一邻层，这说明了建议标高不适合作为基础埋置标高，须进一步降低该标高。第三，重点看结束语或建议中对存在饱和砂土和饱和粉土（即饱和软土）的地基，是否有液化判别。第四，重点看两个水位，历年来地下室最高水位和抗浮水位。第五，特别扫读一下结束语或建议中定性的预警语句，并且必要时将其转化为基础的一般说明中。第六，特别扫读一下结束语或建议中场地类别、场地类型、覆盖层厚度和地面下15m 范围内平均剪切波速，尤其是建筑场地类别。此外，还可以次要地看下述内容：比如持力层土质下是否存在不良工程地质中的局部软弱下卧层，如果有，则要验算软弱下卧层的承载力是否满足要求。

3. 地基持力层的选取

对深基础而言，一般桩端持力层宜选择层位稳定的硬塑—坚硬状态的低压缩性黏性土层和粉土层，中密以上的砂土和碎石土层，中微风化的基岩。当以第四系松散沉积岩做桩端持力层时，持力层的厚度宜超过 5～10 倍桩身直径或桩身宽度。持力层的下部不应有软弱地层和可液化地层。当持力层下的软弱地层不可避免时，应从持力层的整体强度及变形要求考虑，保证持力层有足够的厚度。此外，还应结合地层的分布情况和岩土层特征，考虑成桩时穿过持力层以上各地层的可能性。

进入持力层深度：“桩基规范”3.3.3-5：应选择较硬土层作为桩端持力层。桩端全断面进入持力层的深度，对于黏性土、粉土不宜小于 $2d$，砂土不宜小于 $1.5d$，碎石类土不宜小于 $1d$。当存在软弱下卧层时，桩端以下硬持力层厚度不宜小于 $3d$。

“桩基规范”3.3.3-6：对于嵌岩桩，嵌岩深度应综合荷载、上覆土层、基岩、桩径、桩长诸因素确定；对于嵌入倾斜的完整和较完整岩的全断面深度不宜小于 $0.4d$ 且不小于 0.5m，倾斜度大于 30%的中风化岩，宜根据倾斜度及岩石完整性适当加大嵌岩深度；对于嵌入平整、完整的坚硬岩和较硬岩的深度不宜小于 $0.2d$，且不应小于 0.2m。

4. 桩基础设计

桩基础采用预应力管桩、人工挖孔桩较多。上部结构层数不同时，桩身轴力差异较大。桩一般都进入较好的持力层，桩长也一般在一个固定范围，从工程经验来看，如果采用预应力管桩，一般直径 400mm、500mm、600mm 的预应力管桩组成两桩承台、三桩承台、四桩承台时，一般能包络住 10～30 层剪力墙结构中大多数长度不是很大的 L 形、T 形、Z 形、带端柱的一字形墙肢。如果采用人工挖孔桩，由于其直径可以采用多种（不宜小于 800mm），可以扩底，柱下一般采用单根人工挖孔桩，多个墙肢共用一个大承台，其设计也是比较简单的。确定桩数时，只能是找到“更优”桩数，而不是找到“最好”桩数，在设计过程中，存在一些“浪费”是必然的，不必太纠结。

3.16.1 力的传递与转化过程

上部结构在地下室顶板处的内力有轴力、剪力、弯矩，由于地下室刚度大，地下室水平位移很小，四周有覆土的作用，地下室水平扭转变形被约束，内力传到承台时，弯矩与剪力很小，只剩下轴力。但承台并不是没有弯矩，由于不同墙肢轴力不同，与承台形心距离不同，承台也会有弯矩，此弯矩通过承台协调后，转化为轴力作用在桩上。桩身轴力又通过桩身四周土侧限阻力与桩端阻力平衡。对于预应力管桩，一般应同时考虑侧限阻力与桩端阻力的作用。人工挖孔桩桩端阻力远远大于侧摩阻力，因此侧摩阻力可以不计算，主要作为安全储备考虑。当桩身较长、长径比 $l/d>8$ 时，建议计算侧摩阻力。

在实际设计中，PKPM 程序会根据 SATWE 计算结果做一定的简化后，考虑承台承受弯矩作用。桩承台一般都是构造配筋，考虑地震作用后的承台配筋与不考虑地震作用的承台配筋差别一般不大。

3.16.2 桩型选用

最常用的桩基础类型为预应力混凝土管桩、泥浆护壁灌注桩、人工挖孔灌注桩。在设计时，可以查看“岩土工程勘察报告”中建议的桩型。

（1）预应力混凝土管桩属于挤土桩，入岩很困难，不宜用于有孤石或较多碎石土的土层，也不宜用于持力层岩面倾斜或无强风化岩层的情况，一般主要用于层数不大于 30 层的建筑中，桩径一般为 300～600mm，其中以直径 400mm、500mm 应用最多；如果细分，则一般 10 层以下宜采用直径为 400mm 的预制桩，10～20 层宜采用边长为 450～500mm 的预制桩，20～30 层宜采用直径大于 500mm 的预制桩。

（2）泥浆护壁灌注桩江湖称为万能桩，施工方便，造价低，应用范围最广，但其施工现场泥浆最大，外运渣土最大，对周围环境影响很大，因此，难以在大城市市区中心应用。桩径一般为 600～1200mm，其中以直径 600～800mm 应用最多；如果细分，则一般 10 层以下宜采用直径为 500mm 的灌注桩，10～20 层宜采用边长为 800～1000mm 的灌注桩，20～30 层宜采用直径 1000～1200mm 的灌注桩。灌注桩可以做端承桩或者摩擦桩，要是看所需承载力的大小与地质情况，但一般都设计成端承桩，虽然其也考虑桩侧摩擦力。

（3）旋挖成孔灌注桩对环境影响较小，造价较高，主要用于对环境要求较高的区域，深度不应超过 60m，且要求穿越的土层不能有淤泥等软土，桩径一般为 800～1200mm，最常用的桩径一般为 800mm、1000mm；

（4）人工挖孔桩施工方便快捷，造价较低，人工挖孔桩易发生人身安全事故，不得用于有淤泥、粉土、沙土的土层，否则很容易坍塌出安全问题。桩径一般为 1000～3000mm（广州地区桩径不小于 1200mm）。当基岩或密实卵砾石层埋藏较浅时可采用。

3.16.3 单桩承载力特征值计算

（1）规范规定

《建筑地基基础设计规范》GB 50007—2011 第 8.5.6-4 条：初步设计时单桩竖向承载力特征值可按公式（3-3）进行估算：

$$R_{\mathrm{a}} = q_{\mathrm{pa}}A_{\mathrm{p}} + u_{\mathrm{p}}\sum q_{sia}l_{\mathrm{i}} \tag{3-3}$$

式中 A_{p}——桩底端横截面面积（m^2）；

q_{pa}，q_{sia}——桩端端阻力特征值、桩侧阻力特征值（kPa），由当地静载荷试验结果统计分析算得；

u_{p}——桩身周边长度（m）；

l_i——第 i 层岩土的厚度（m）。

（2）本工程采用高强预应力混凝土管桩，沉桩方式采用锤击法，基础设计等级为甲级。以中风化粉砂质泥岩⑤为持力层，单桩承载力特征值计算时将杂填土、自重湿陷性黄土、液化土及淤泥、淤泥质土的侧阻力去除，进入持力层部分的桩侧阻力特征值可不计算。

地勘资料给出的侧阻力、端阻力均为特征值，单桩承载力特征值一般可以自己手算或编写一个 EXCEL 程序，如图 3-97 所示。桩的安全系数规范取 2，单桩承载力特征值预估值一般不用再次折减，并控制单桩承载力特征值不要太多，尽量归并，否则会增加较多的试桩费用。

单桩承载力特征值估算表								
工程名称：								表5
估算桩长（m）				估算桩型	预应力管桩		桩径（mm）	400
孔号	层序	深度（m）	厚度（m）	液化折减系数（ψ_L）	土的侧阻力特征值 q_{sik}（kPa）	土的端阻力特征值 q_{pk}（kPa）	土的侧阻力特征值（kN）	土的端阻力特征值（kN）
ZK66	1	0.00	0.00		0		0.00	
	2	4.30	4.30		18		97.26	
	3							
	4	8.40	4.10		28		144.26	
	5	14.20	5.80		50		364.42	
	6	32.70	1.50		0	3000	0.00	376.99
	7	34.30	0.00		0		0.00	
	8	35.50	0.00		0	0	0.00	0.00
单桩承载力特征值（kN）							605.95+376.99=982.94	

图 3-97 单桩承载力特征值估算

3.16.4 桩身承载力控制计算

（1）规范规定

“桩基规范”5.8.2：钢筋混凝土轴心受压桩正截面受压承载力应符合下列规定：

① 当桩顶以下 $5d$ 范围的桩身螺旋式箍筋间距不大于 100mm，且符合本规范第 4.1.1 条规定时：

$$N \leqslant \psi_c f_c A_{ps} + 0.9 f'_y A'_s \tag{3-4}$$

② 当桩身配筋不符合上述①款规定时：

$$N \leqslant \psi_c f_c A_{ps} \tag{3-5}$$

式中 N——荷载效应基本组合下的桩顶轴向压力设计值；

ψ_c——基桩成桩工艺系数，按本规范第 5.8.3 条规定取值；

f_c——混凝土轴心抗压强度设计值；

f'_y——纵向主筋抗压强度设计值；

A'_s——纵向主筋截面面积；

A_{ps}——桩身截面面积。

《建筑地基基础设计规范》GB 50007—2011 第 8.5.11 条：按桩身混凝土强度计算桩的承载力时，应按桩的类型和成桩工艺的不同将混凝土的轴心抗压强度设计值乘以工作条件系数 ψ_c，桩轴心受压时桩身强度应符合公式（3-6）的规定。

当桩顶以下 5 倍桩身直径范围内螺旋式箍筋间距不大于 100mm 且钢筋耐久性得到保证的灌注桩，可适当计入桩身纵向钢筋的抗压作用。

$$Q \leqslant A_p f_c \psi_c \tag{3-6}$$

式中 Q——相应于作用的基本组合时的单桩竖向力设计值（kN）；

A_p——桩身横截面积（m^2）。

"桩基规范" 5.8.7：钢筋混凝土轴心抗拔桩的正截面受拉承载力应符合下式规定：

$$N \leqslant f_y A_s + f_{py} A_{py} \tag{3-7}$$

式中 N——荷载效应基本组合下桩顶轴向拉力设计值；

f_y、f_{py}——普通钢筋、预应力钢筋的抗拉强度设计值；

A_s、A_{py}——普通钢筋、预应力钢筋的截面面积。

（2）其他

桩身承载力验算一般可以利用小软件或者自己编写 EXCEL 小程序计算。对于预应力管桩，土侧阻力分担了很大比例的竖向轴力，预应力管桩混凝土强度等级较高（不小于 C60），桩身承载力一般都能通过验算。

3.16.5 桩顶作用效应及桩数计算

1. 竖向力

规范规定：

"桩基规范" 5.1.1：对于一般建筑物和受水平力（包括力矩与水平剪力）较小的高层建筑群桩基础，应按下列公式计算柱、墙、核心筒群桩中基桩或复合基桩的桩顶作用效应。

轴心竖向力作用下：

$$N_k = \frac{F_k + G_k}{n} \tag{3-8}$$

偏心竖向力作用下：

$$N_{ik} = \frac{F_k + G_k}{n} \pm \frac{M_{xk} y_i}{\sum y_j^2} \pm \frac{M_{yk} x_i}{\sum x_j^2} \tag{3-9}$$

式中 F_k——荷载效应标准组合下，作用于承台顶面的竖向力；

G_k——桩基承台和承台上土自重标准值，对稳定的地下水位以下部分应扣除水的浮力；

N_k——荷载效应标准组合轴心竖向力作用下，基桩或复合基桩的平均竖向力；

N_{ik}——荷载效应标准组合偏心竖向力作用下，第 i 基桩或复合基桩的竖向力；

M_{xk}、M_{yk}——荷载效应标准组合下，作用于承台底面，绕通过桩群形心的 x、y 主轴的力矩；

x_i、x_j、y_i、y_j——第 i、j 基桩或复合基桩至 y、x 轴的距离。

"桩基规范" 5.2.1：桩基竖向承载力计算应符合下列要求：

（1）荷载效应标准组合

轴心竖向力作用下：

$$N_k \leqslant R \tag{3-10}$$

偏心竖向力作用下，除满足上式外，尚应满足下式的要求：

$$N_{kmax} \leqslant 1.2R \tag{3-11}$$

（2）地震作用效应和荷载效应标准组合：

轴心竖向力作用下：

$$N_{Ek} \leqslant 1.25R \quad (3\text{-}12)$$

偏心竖向力作用下，除满足上式外，尚应满足下式的要求：

$$N_{Ekmax} \leqslant 1.5R \quad (3\text{-}13)$$

式中 N_k——荷载效应标准组合轴心竖向力作用下，基桩或复合基桩的平均竖向力；

N_{kmax}——荷载效应标准组合偏心竖向力作用下，桩顶最大竖向力；

N_{Ek}——地震作用效应和荷载效应标准组合下，基桩或复合基桩的平均竖向力；

N_{Ekmax}——地震作用效应和荷载效应标准组合下，基桩或复合基桩的最大竖向力；

R——基桩或复合基桩竖向承载力特征值。

“桩基规范”5.2.2：单桩竖向承载力特征值 R_a 应按下式确定：

$$R_a = \frac{1}{K}Q_{uk} \quad (3\text{-}14)$$

式中 Q_{uk}——单桩竖向极限承载力标准值；

K——安全系数，取 $K=2$。

注：规范规定了不考虑地震作用时荷载效应标准组合轴心竖向力作用下与基桩或复合基桩竖向承载力特征值的关系，也规定了考虑地震作用时基桩或复合基桩的平均竖向力、基桩或复合基桩的最大竖向力与桩或复合基桩竖向承载力特征值的关系。一般来说，嵌固端在地下室顶板处时，地下室可以不考虑地震作用，由于PKPM程序作了一定的简化，考虑地震作用与不考虑地震作用都能算过，所以在算桩基础与承台时，一般也可考虑地震作用。

“桩基规范”5.2.3：对于端承型桩基、桩数少于4根的摩擦型柱下独立桩基或由于地层土性、使用条件等因素不宜考虑承台效应时，基桩竖向承载力特征值应取单桩竖向承载力特征值。

“桩基规范”5.2.4：对于符合下列条件之一的摩擦型桩基，宜考虑承台效应确定其复合基桩的竖向承载力特征值：1）上部结构整体刚度较好、体型简单的建（构）筑物；2）对差异沉降适应性较强的排架结构和柔性构筑物；3）按变刚度调平原则设计的桩基刚度相对弱化区；4）软土地基的减沉复合疏桩基础。

2. 水平力

“桩基规范”5.1.1：对于一般建筑物和受水平力（包括力矩与水平剪力）较小的高层建筑群桩基础，应按下列公式计算柱、墙、核心筒群桩中基桩或复合基桩的桩顶作用效应：

$$H_{ik} = H_k/n \quad (3\text{-}15)$$

式中 H_{ik}——荷载效应标准组合下，作用于第 i 基桩或复合基桩的水平力；

H_k——荷载效应标准组合下，作用于基桩或复合基桩的水平力；

n——桩基中的桩数。

“桩基规范”5.7.1：受水平荷载的一般建筑物和水平荷载较小的高大建筑物单桩基础和群桩中基桩应满足下式要求：

$$H_{ik} \leqslant R_h \quad (3\text{-}16)$$

式中 H_{ik}——在荷载效应标准组合下，作用于基桩 i 桩顶处的水平力；

R_h——单桩基础或群桩中基桩的水平承载力特征值，对于单桩基础，可取单桩的水平力特征值 R_{ha}。

3. 程序操作

(1) 点击【JCCAD/基础人机交互输入】→【荷载输入/荷载参数】，在弹出的“荷载参数”对话框中勾选“自动按楼层折减活荷载”，如图 3-98 所示。

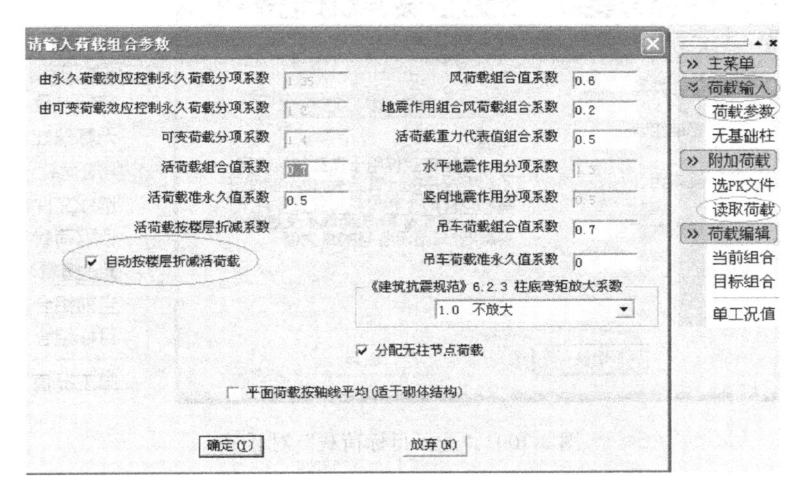

图 3-98 荷载参数对话框 (1)

注：如果只估算桩数，其主要是由竖向荷载与单桩承载力特征值决定，主菜单中的“参数输入”一般可不填写。

点击【读取荷载】，弹出“选择荷载类型”对话框，单击“平面荷载”，选择 PM 恒标准值、PM 活标准值，如图 3-99 所示。

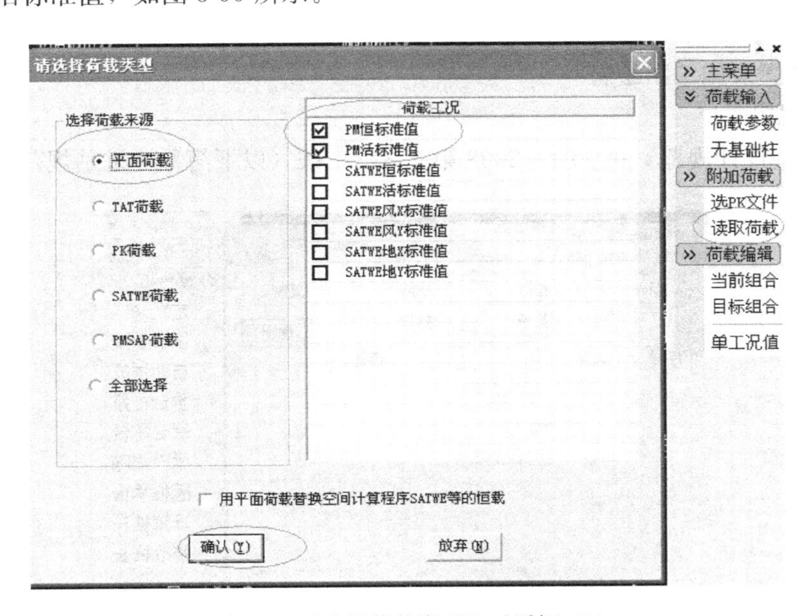

图 3-99 “选择荷载类型”对话框 (1)

注：1. 计算桩数时的荷载类型选取，做法有争议，一般认为由于地下室刚度较大及四周覆土的约束作用，地下室部分一般可考虑不抗震，地震作用与风荷载产生的弯矩，剪力等大部分被“吃掉”，基本上只剩下“平面荷载”，这样做比较节省。有的设计院规定选取 SATWE 荷载。

2. 承台配筋、抗剪切、冲切计算等，可选择 SATWE 荷载。如果是规范中规定可以不进行抗震验算的结构，在勾选 SATWE 荷载的同时，还应将“SATWE 地 X 标准值”、“SATWE 地 Y 标准值”选项去掉。

点击【目标组合】，在弹出的对话框（图 3-100）中选择“标准组合”、“最大轴力 N_{max}”。

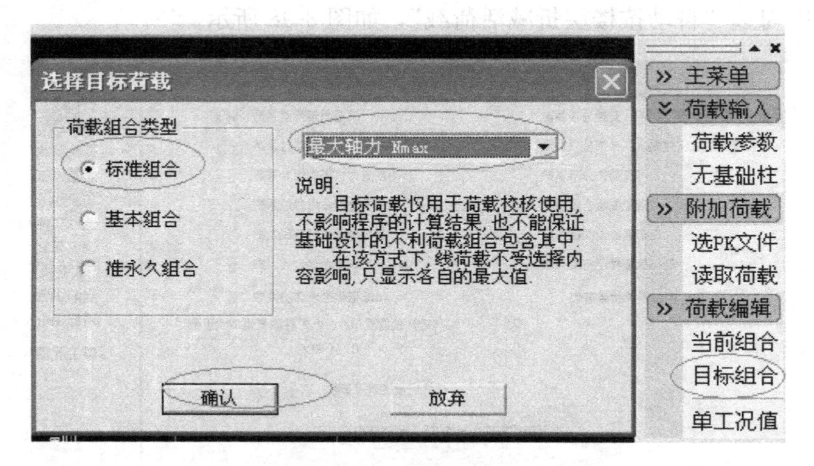

图 3-100 “选择目标荷载”对话框

（2）在 JCCAD 主菜单中，点击【承台桩/定义桩】，弹出“定义桩”对话框（图 3-101），点击“新建”，定义 PHC400（95）C60 AB，如图 3-102 所示。

（3）点击【承台桩/桩数量图】，在弹出的对话框中（图 3-103）选择用“恒＋活标准组合计算”，点击确定。

3.16.6 桩布置及施工图绘制

1. 规范规定

《建筑桩基设计规范》JGJ 94—2008 第 3.3.3-1 条（以下简称“桩基规范”）：

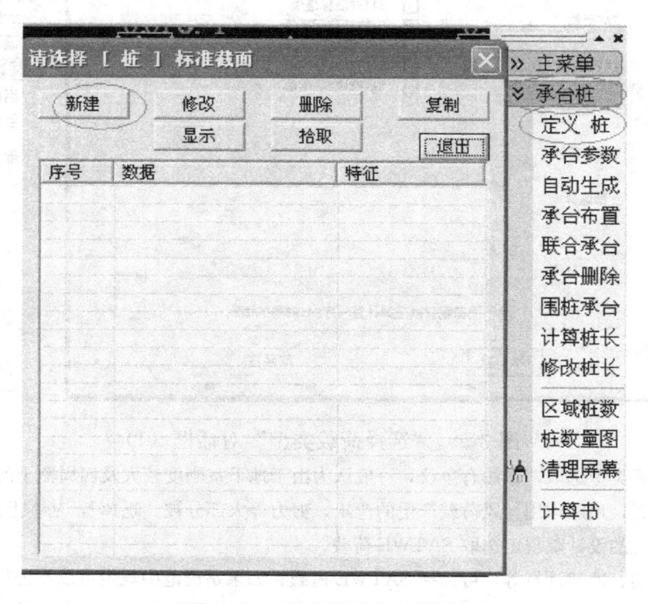

图 3-101 “定义桩”对话框

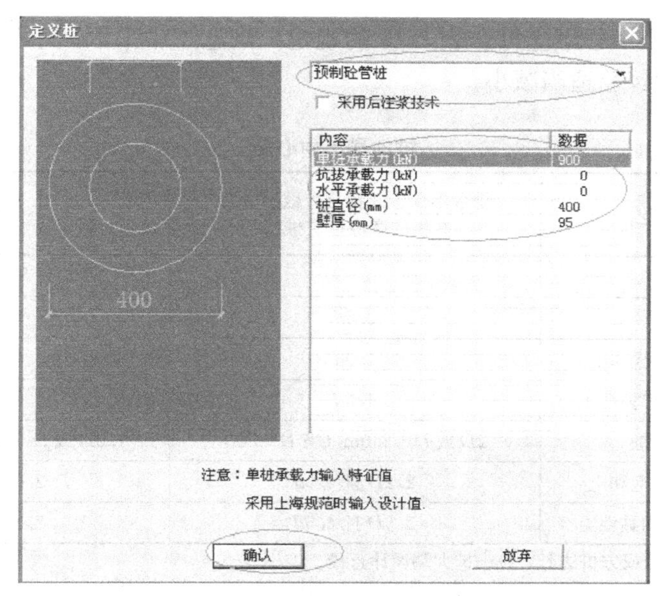

图 3-102　定义桩

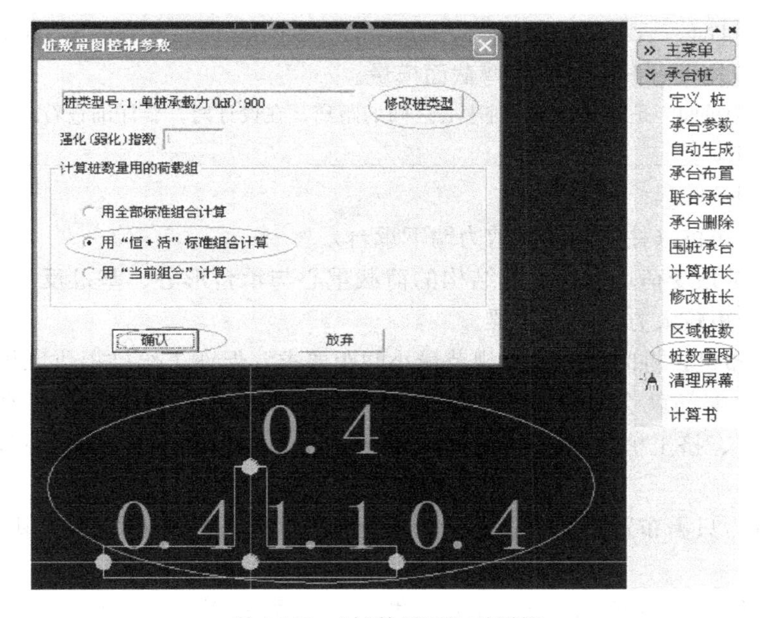

图 3-103　“桩数量图”对话框

注：1. 可以类比独立基础面积计算时所用的荷载组合。桩数计算时应用标准组合（不带荷载分项系数），配筋计算时应用基本组合等。除了点击“桩数量图”外，还可以点击“区域桩数”。

2. 程序是计算节点范围内的桩数量图，图中墙肢计算桩数为 1.1+0.4+0.4+0.4=2.3，在设计时，布置的桩数应为 3；

3. 如果采用“平面荷载”，则对于变形较大处的墙肢，比如结构外围就拐角处，桩数量应适当放大，留有一定的余量。有的设计院规定选取“SATWE 荷载”、“用全部标准组合计算”。

4. 计算出桩数量后，点击保存。把“JCO”（T 图）转换成 DWG 图，复制到“基础平面图”模板中，然后参照此计算结果进行配筋。由于整个工程中桩种类一般都很少，如果要采用其他类型的桩，所需桩数量可以根据桩之间的单桩承载力特征值的比值进行换算。

1 基桩的最小中心距应符合表 3-17 的规定；当施工中采取减小挤土效应的可靠措施时，可根据当地经验适当减小。

桩的最小中心距 **表 3-17**

土类与成桩工艺		排数不少于 3 排且桩数不少于 9 根的摩擦型桩桩基	其他情况
非挤土灌注桩		3.0d	3.0d
部分挤土桩		3.5d	3.0d
挤土桩	非饱和土	4.0d	3.5d
	饱和黏性土	4.5d	4.0d
钻、挖孔扩底桩		2D 或 D+2.0m（当 D>2m）	1.5D 或 D+1.5m（当 D>2m）
沉管夯扩、钻孔挤扩桩	非饱和土	2.2D 且 4.0d	2.0D 且 3.5d
	饱和黏性土	2.5D 且 4.5d	2.2D 且 4.0d

注：1. d—圆柱直径或方桩边长，D—扩大端设计直径。
2. 当纵横向桩距不相等时，其最小中心距应满足"其他情况"一栏的规定。
3. 当为端承型桩时，非挤土灌注桩的"其他情况"一栏可减小至 2.5d。

2 排列基桩时，宜使桩群承载力合力点与竖向永久荷载合力作用点重合，并使基桩受水平力和力矩较大方向有较大抗弯截面模量。

注：表 3-17 中桩间距是指桩中心与桩中心之间的距离。在设计时，要仔细查看地勘报告，区分非饱和土、饱和黏性土。

2. 布桩方法

（1）承台下布桩（柱下承台，剪力墙下承台）

1）使各桩桩顶受荷均匀，上部结构的荷载重心与承台形心、基桩反力合力作用点尽量重合，并在弯矩较大方向布置拉梁。

2）承台下布桩，桩间距应满足规范最小间距要求（保证土给桩提供摩擦力），承台桩桩间距小，承台配筋就会经济些，一般可按最小间距布桩。桩间距有些情况很难满足 3.5d（非饱和土、挤土桩），比如核心筒位置处，轴力比较大，墙又比较密，桩间距可按间距 3d 控制。

3）若按轴力只需布置 2 个桩，但墙形状复杂时，考虑结构稳定性等其他因素，可能要布置三个桩。

4）桩的布置，可根据力的分布布置，做到"物尽其用"尤其是对于大承台桩，在满足冲切剪应力、弯矩强度计算和规范规定的前提下，桩数可以按角、边、中心依次减少的布桩方式，但基桩反力的合力应与结构轴向力重合。

5）高层剪力墙结构墙下荷载往往分布较复杂，荷载局部差异较大，一般应划分区域布桩或采用不均匀布桩方式，荷载大的桩数应密。如果出现偏轴情况（结构合力作用点偏离建筑轴线）而承台位置无法调整时，我们有时还可能根据偏心情况调整桩的疏密程度，压力大的一侧密。

6）承台的受力，可以简化为 $M=F\cdot D$，其中 D 为力臂，承台的布置方向，可以以怎么布置去平衡最多弯矩的原则来控制，当弯矩不大时，对承台布置方向没有规定。

（2）墙下布桩

1）墙下布桩一般应直接，让墙直接传力到桩身，减小承台协调的过程，更经济。

2）剪力墙在地震力作用下，两端应力大，中间小，布桩时也应尽量符合此规律，一般应在墙端头布置桩，墙中间位置布桩时一般应比端头弱。有时候相连墙肢（如L形、T形等）有长有短，一般可先计算出单个墙肢墙下桩数，再在其附近布置，但每片墙的布桩数若均大于其各自的荷载值，可能造成桩基总承载力相对总荷载的富余量很大（即经济性差）。可考虑端部的墙公用一根桩，即单片墙下的布桩数不够（如要求2.5根，布了2根），但相邻片墙共同计算是满足的，局部的受力不平衡可由承台去协调。

3）墙下布桩，要满足各个墙肢下桩的反力与墙肢作用力完全对应平衡较难，但整个桩基础和所有的墙肢作用力之和平衡。局部不平衡的力由承台来调节。

4）要控制墙下布桩承台梁的高度，布桩原则要使墙均落在冲切区；墙尽端与桩的距离控制，在数据上不是绝对的，根据荷载大小（层数），桩承载力大小确定控制是严一点或松一点，筏板较厚的控制可松一点。

5）门洞口下不宜布桩，若根据桩间距要求，开洞部位必须布桩时，应对承台梁验算局部抗剪能力（剪力可以采用单桩承载力特征值），且应验算开洞部位承台梁的抗冲切能力，必要时需加密开洞部位箍筋或是提高箍筋规格及配置抗剪钢筋等。

（3）其他

1）大直径桩宜采用一柱一桩；筒体采用群桩时，在满足桩的最小中心距要求的前提下，桩宜尽量布置在筒体以内或不超出筒体外缘1倍板厚范围之内。

2）桩基选用与优化时考虑一下原则：尽量减少桩型，如主楼采用一种桩型，裙房可采用一种桩型，桩型少，方便施工，静载试验与检测工作量小。

3）大直径人工挖孔桩直径至少800mm，地基规范中桩距为$3d$的规定其本身是针对于成桩时的“挤土效应”和“群桩效应”及施工难度等因素，若大直径人工挖孔桩既要满足3倍桩距，又要满足“桩位必须优先布置在纵横墙的交点或柱下”会使得桩很难布置；但大直径人工挖孔桩属于端承桩，每个桩相当于单独的柱基，桩距可不加以限制，只要桩端扩大头面积满足承载力既可。嵌岩桩的桩距可取$2\sim2.5d$，夯扩桩、打入或压入的预置桩，考虑到挤土效应与施工难度，最小桩距宜控制在$3.5\sim4d$。

4）对于以端承为主的桩，当单桩承载力由地基强度控制时应优先考虑扩底灌注桩，当单桩承载力由桩身强度控制时，应选用较大直径桩或提高桩身混凝土强度等级。

3. 程序操作

（1）方法1

在TSSD中利用图层管理插件把“墙图层”独立出来，再刷成TSSD中的柱图层，输入命令“PE”，将墙线转化成封闭多段线。点击【TSSD/基础设计/承台布置】，弹出参数设置对话框，如图3-104所示。

“桩基规范”4.2.1规定了边桩中心至承台边缘的距离不应小于桩的直径或边长，且桩的外边缘至承台边缘的距离不应小于150mm。本工程采用预应力管桩，桩直径400mm，则参数设置中的“边缘距离L”为400mm。桩间距$3.5d=1400$mm，“桩列间距H”为700mm，“桩行间距Y”$=\sqrt{3}\times700=1212.4$mm（保留一位小数即可），点击“柱子形心”，框选要布置桩承台的剪力墙A，完成桩承台布置。如图3-105所示。

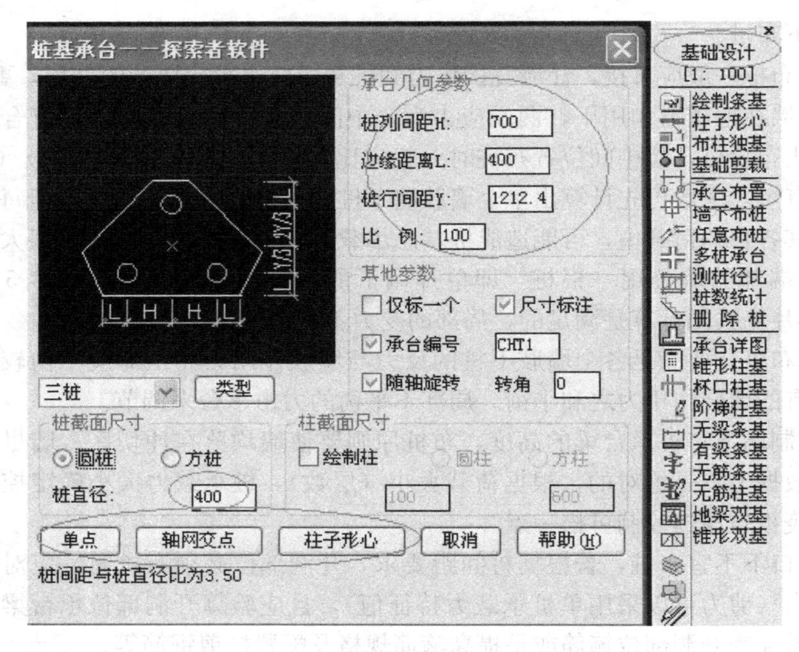

图 3-104　承台布置参数设置对话框

（2）方法 2

利用“雨夜屠夫”编制的插件“画桩程序”布置桩承台，此插件可以在网上免费下载，如图 3-106 所示。

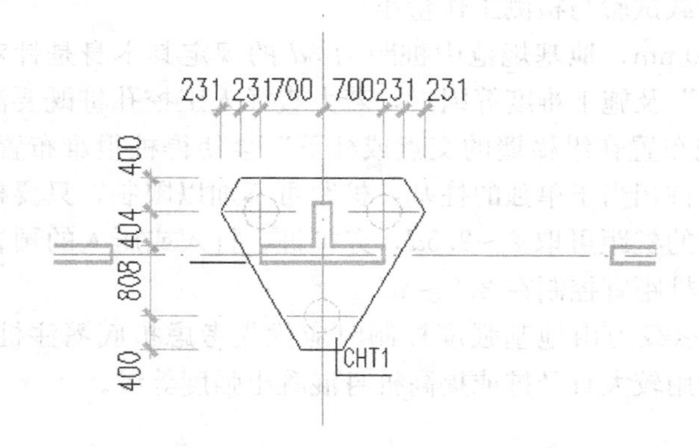

图 3-105　剪力墙承台布置

注：在 TSSD 中布置桩承台的好处是同时把桩、承台与轴线之间的定位关系表示出来。

图 3-106　“画桩程序”

输入命令“HZSZ”，弹出参数设置对话框，如图 3-107 所示。“桩身直径”为 400mm，“承台边至桩边距”规范中要求不小于 150mm，但又规定了边桩中心至承台边缘的距离不应小于桩的直径或边长，所以该参数填写：200mm。桩中心距为 3.5d，“轴线图层”切记要与施工图中“轴线图层”对应。

点击“确定”后，输入命令 3zz，点击墙边框，此时程序会自动布置“桩承台”，但需要设计师旋转鼠标选择承台布置的方向，选择合适的方向后，完成桩承台布置，如图 3-108 所示。

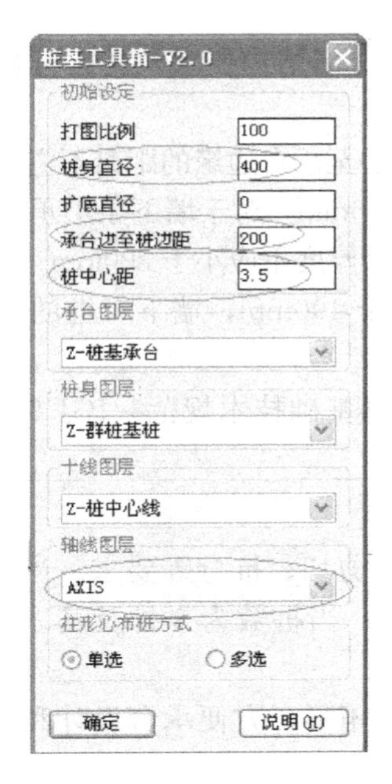

图 3-107　参数设置对话框

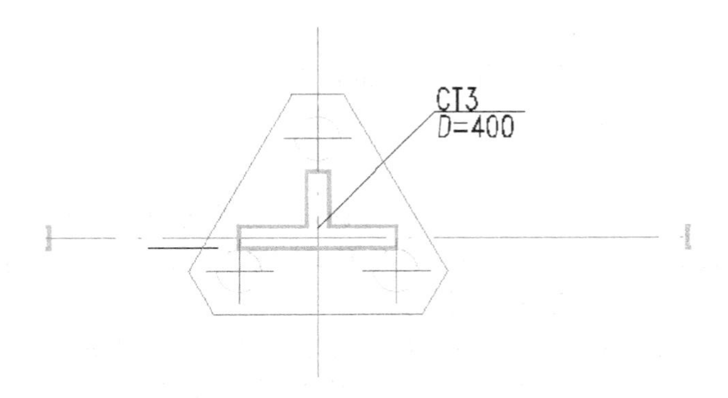

图 3-108　画桩程序布置桩承台

输入命令“ZBZ”，框选承台，按回车键，按照程序提示在所有标注方向中选择“左上”，即完成桩定位，如图 3-109 所示。

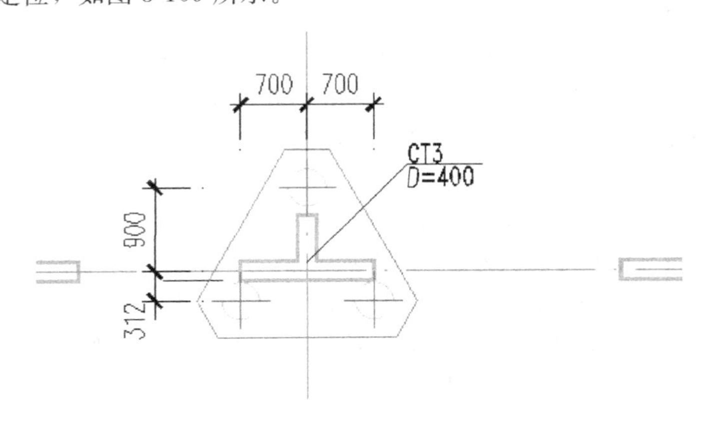

图 3-109　桩定位

注：1. 用此种方法可以布置桩承台，但只能对桩进行定位，承台的定位见“大样图”。

2. 轴线布桩命令为：桩数＋*z* 如 3*z* 为在轴线交点上布三桩承台。柱形心布桩命令为：桩数＋*zz* 如 3*zz* 则为在柱形心上布三桩。将内力移动至柱形心：*dqz*。求合并标出合力形心，*qhl*。快速删除桩，承台及标注 *ez*。桩标注：*zbz*。统计桩数：zs。

3. 用此种方法布置桩承台同样需要墙线是闭合多段线。可以用框选的方式进行批量操作。

3.16.7　承台设计

1. 承台截面

（1）规范规定

“桩基规范”4.2.1：

桩基承台的构造，应满足抗冲切、抗剪切、抗弯承载力和上部结构要求，尚应符合下列要求：

1 独立柱下桩基承台的最小宽度不应小于500mm，边桩中心至承台边缘的距离不应小于桩的直径或边长，且桩的外边缘至承台边缘的距离不应小于150mm。对于墙下条形承台梁，桩的外边缘至承台梁边缘的距离不应小于75mm。承台的最小厚度不应小于300mm。

2 高层建筑平板式和梁板式筏形承台的最小厚度不应小于400mm，墙下布桩的剪力墙结构筏形承台的最小厚度不应小于200mm。

3 高层建筑箱形承台的构造应符合《高层建筑箱形与筏形基础技术规范》JGJ 6—2011的规定。

（2）经验

① 承台厚度应通过计算确定，承台厚度需满足抗冲切、抗剪切、抗弯等要求。当桩数不多于两排时，一般情况下承台厚度由冲切和抗剪条件控制；当桩数为3排及其以上时，承台厚度一般由抗弯控制。

② 承台下桩布置尽量采用方形间距布置以使得承台平面为矩形，方便承台设计和施工。选择承台时应让各竖向构件的重心落在桩围内。

③ 一柱一桩的大直径人工挖孔桩承台宽度，只要满足桩侧距承台边缘的距离至150mm即可，承台宽度不必满足2倍桩径的要求。桩承台比桩宽一定尺寸的构造，主要是为了让桩主筋不与承台内的钢筋打架。另一方面，桩承台可视为支撑桩的双向悬挑构件，可受到土体向上、向下的力，承台悬挑长度过大，对承台是不利的。

④ 墙下承台的高度，关键在于概念设计，配筋一般都是构造，高度也有很强的经验性，对于剪力墙结构，一般可按每层50～70mm估算，即$H=N\times(50\sim70)$。也可以套用图集。当柱距与荷载比较大时，承台厚度会不遵循以上规律，承台厚度会很大，5层的框架结构承台厚度都有可能取到1000mm。

⑤ 剪力墙下布桩，由于剪力墙结构具备极大整体抗弯刚度，故可将上部结构视为承台，此时布置的条形承台（梁）可以认为是“底部加强带”，同时方便钢筋锚固及满足局部受压。承台（梁）宽度可为200mm+桩径，高度为600mm，在构造配筋的基础上适当放大即可。

⑥ 经验上认为两桩承台由受剪控制，3桩承台由角桩冲切控制，4桩承台由剪切和角桩冲切控制，超过2排布桩由冲切控制。

2. 承台配筋

（1）规范规定

“桩基规范”4.2.3：

承台的钢筋配置应符合下列规定：

1 柱下独立桩基承台纵向受力钢筋应通长配置（图3-110a），对四桩以上（含四桩）承台宜按双向均匀布置，对三桩的三角形承台应按三向板带均匀布置，且最里面的三根钢筋围成的三角形应在柱截面范围内（图3-110b）。纵向钢筋锚固长度自边桩内侧（当为圆桩时，应将其直径乘以0.8等效为方桩）算起，不应小于$35d_g$（d_g为钢筋直径）；当不满足时应将纵向钢筋向上弯折，此时水平段的长度不应小于$25d_g$，弯折段长度不应小于$10d_g$。承台纵向受力钢筋的直径不应小于12mm，间距不应大于200mm。柱下独立桩基承台的最小配筋率不应小于0.15%。

2　柱下独立两桩承台，应按现行国家《混凝土结构设计规范》GB 50010—2010中的深受弯构件配置纵向受拉钢筋、水平及竖向分布钢筋。承台纵向受力钢筋端部的锚固长度及构造应与柱下多桩承台的规定相同。

3　条形承台梁的纵向主筋应符合现行国家标准《混凝土结构设计规范》GB 50010—2010关于最小配筋率的规定（图3-110*c*），主筋直径不应小于12mm，架力筋直径不应小于10mm，箍筋直径不应小于6mm。承台梁端部纵向受力钢筋的锚固长度及构造应与柱下多桩承台的规定相同。

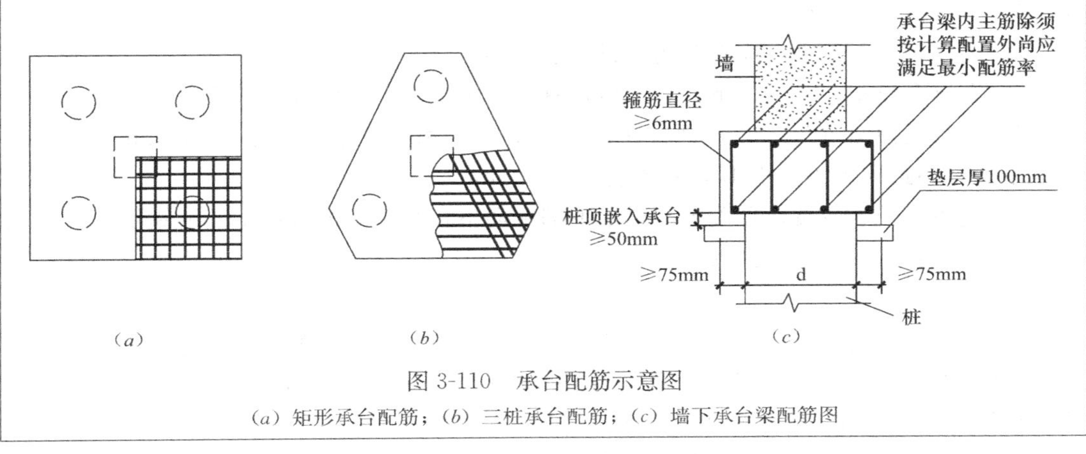

图3-110　承台配筋示意图

(*a*) 矩形承台配筋；(*b*) 三桩承台配筋；(*c*) 墙下承台梁配筋图

（2）经验

桩基承台设计，“桩基规范”明确规定，除了两桩承台和条形承台梁的纵筋须按“混规”执行最小配筋率外，其他情况均可以按照最小配筋率0.15%控制。对联合承台或桩筏基础的筏板应按照整体受力分析的结果，采用“通长筋+附加筋”的方式设计。对承台侧面的分布钢筋，则没必要执行最小配筋率的要求，采用12@300的构造钢筋即可。

规范规定承台纵向受力钢筋的直径不应小于12mm，间距不应大于200mm。在实际设计中，承台底筋间距常取100～150mm，如果取200mm，底筋纵筋可能会很大。

3. 承台其他构造

（1）规范规定

“桩基规范”4.2.3：

5　承台底面钢筋的混凝土保护层厚度，当有混凝土垫层时，不应小于50mm，无垫层时不应小于70mm；此外尚不应小于桩头嵌入承台内的长度。

“桩基规范”4.2.4　桩与承台的连接构造应符合下列规定：

1　桩嵌入承台内的长度对中等直径桩不宜小于50mm；对大直径桩不宜小于100mm。

2　混凝土桩的桩顶纵向主筋应锚入承台内，其锚入长度不宜小于35倍纵向主筋直径。对于抗拔桩，桩顶纵向主筋的锚固长度应按现行国家标准《混凝土结构设计规范》GB 50010—2010确定。

3　对于大直径灌注桩，当采用一柱一桩时可设置承台或将桩与柱直接连接。

“桩基规范”4.2.5　柱与承台的连接构造应符合下列规定：

1 对于一柱一桩基础，柱与桩直接连接时，柱纵向主筋锚入桩身内长度不应小于35倍纵向主筋直径。

2 对于多桩承台，柱纵向主筋应锚入承台不应小于35倍纵向主筋直径；当承台高度不满足锚固要求时，竖向锚固长度不应小于20倍纵向主筋直径，并向柱轴线方向呈90°弯折。

3 当有抗震设防要求时，对于一、二级抗震等级的柱，纵向主筋锚固长度应乘以1.15的系数；对于三级抗震等级的柱，纵向主筋锚固长度应乘以1.05的系数。

"桩基规范" 4.2.6 承台与承台之间的连接构造应符合下列规定：

1 一柱一桩时，应在桩顶两个主轴方向上设置连系梁。当桩与柱的截面直径之比大于2时，可不设连系梁。

2 两桩桩基的承台，应在其短向设置连系梁。

3 有抗震设防要求的柱下桩基承台，宜沿两个主轴方向设置连系梁。

4 连系梁顶面宜与承台顶面位于同一标高。连系梁宽度不宜小于250mm，其高度可取承台中心距的1/10～1/15，且不宜小于400mm。

5 连系梁配筋应按计算确定，梁上下部配筋不宜小于2根直径12mm钢筋；位于同一轴线上的连系梁纵筋宜通长配置。

（2）经验

① 位于电梯井筒区域的承台，由于电梯基坑和集水井深度的要求，通常需要局部下沉，一般情况下仅将该区域的承台局部降低，若该联合承台面积较小，可将整个承台均下降，承台顶面标高降低至电梯基坑顶面。消防电梯的集水坑应与建筑专业协调，尽量将其移至承台外的区域，通过预埋管道连通基坑和集水坑。

② 高桩承台是埋深较浅，低桩承台是埋深较深。建筑物在正常情况下水平力不大，承台埋深由建筑物的稳定性控制，并不要求基础有很大的埋深（规定不小于0.5m），但在地震区要考虑震害的影响，特别是高层建筑，承台埋深过小会加剧震害；一般仅在岸边、坡地等特殊场地当施工低桩承台有困难时，才采用高桩承台。

4. 承台布置方法（图3-111）：

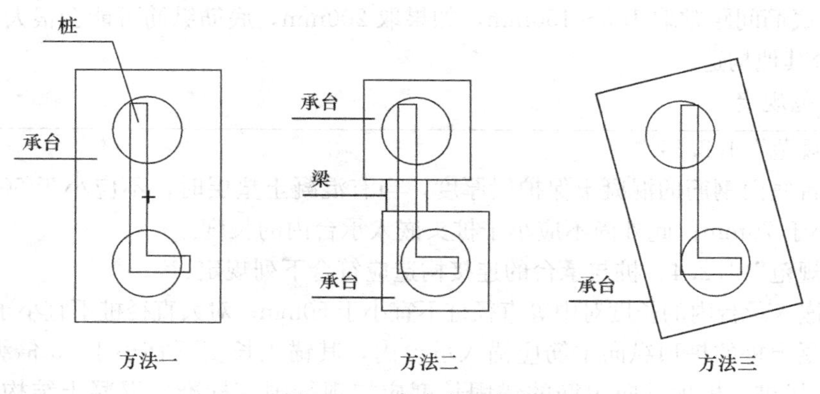

图3-111 承台布置方法

（1）方法一：两桩中心连线与长肢方向平行，且两桩合力中心与剪力墙准永久组合荷载中心重合，布一个长方形大承台；

（2）方法二：在墙肢两端各布一个单桩承台，再在两承台间布置一根大梁支承没在承台内的墙段；

（3）方法三：两桩中心连线与短墙肢和长墙肢的中心连线平行，布一个长方形大承台。

5. 承台拉梁设计

（1）截面

拉梁最小宽度和高度尺寸的规定，是为了确保其平面外有足够的刚度，拉梁宽度不宜小于250mm，其高度可取承台中心距的1/10～1/15，且不宜小于400mm。

（2）承台拉梁计算

承台拉梁上如果没有填充墙荷载，则一般可以在构造配筋的基础上适当放大（凭借经验）。如果承台拉梁上面有填充墙荷载，一般有以下三种方法：方法一，建两次模型，第一次不输入承台拉梁，计算上部结构的配筋；第二次输入承台拉梁（在PMCAD中按框架梁建模），拉梁顶与承台顶齐平时，把拉梁层设为一个新的标准层，层高1.00或者1.5m来估算，拉梁上输入线荷载（有填充墙时），用它的柱底（或墙底）内力来计算基础，同时也计算承台拉的配筋。方法二，“桩基规范”4.2.6条文说明：连系梁的截面尺寸及配筋一般按下述方法确定；以柱剪力作用于梁端，按轴心受压构件确定其截面尺寸，配筋则取与轴心受压相同的轴力（绝对值），按轴心受拉构件确定。在抗震设防区也可取柱轴力的1/10为梁端拉压力的粗略方法确定截面尺寸及配筋。连系梁最小宽度和高度尺寸的规定，是为了确保其平面外有足够的刚度。方法三，在实际设计中，可以不考虑0.1N所需要的纵筋。直接按铰接计算在竖向荷载作用下所需的配筋，然后底筋与面筋相同，并满足构造要求。

6. 程序操作

（1）方法一

点击【JCCAD/基础人机交互输入】→【荷载输入/读取荷载】，在“选择荷载类型”中勾选“SATWE”荷载。如图3-112、图3-113所示。

图3-112　基础人机交互输入主菜单

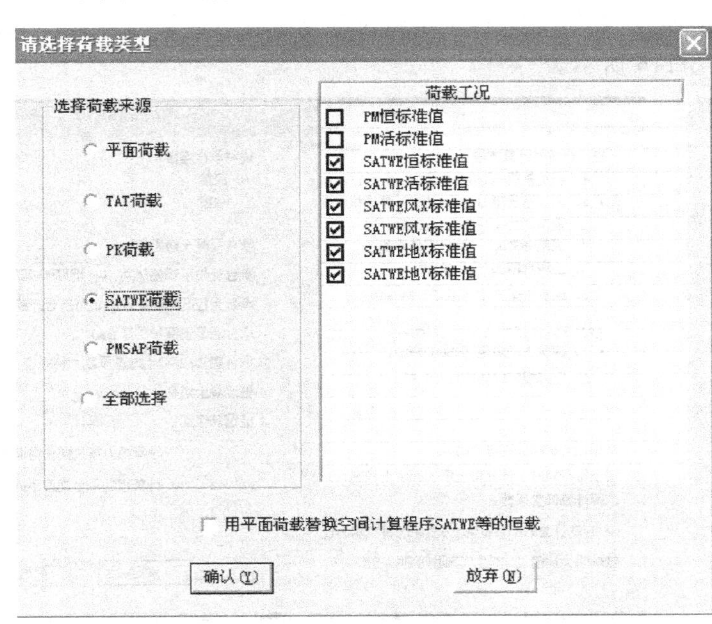

图3-113　选择SATWE荷载

点击【承台桩/定义桩/新建】（图 3-114），定义要布置的桩类型。点击【承台参数】，在弹出的对话框中，桩间距填写 3.5d，桩边距填写 1d，选择“相对于正负 0”。

点击【承台布置/新建/选择桩类型、承台选型与桩数】，填写承台的相关信息。需要注意的是，对于三桩承台，程序需要填写桩的坐标，建模很不方便。单桩承台、二桩承台、四桩承台、五桩承台等建模是比较方便的。

在承台标准截面列表中选择要布置的桩承台，点击【布置】，弹出布置参数对话框，如图 3-115 所示。

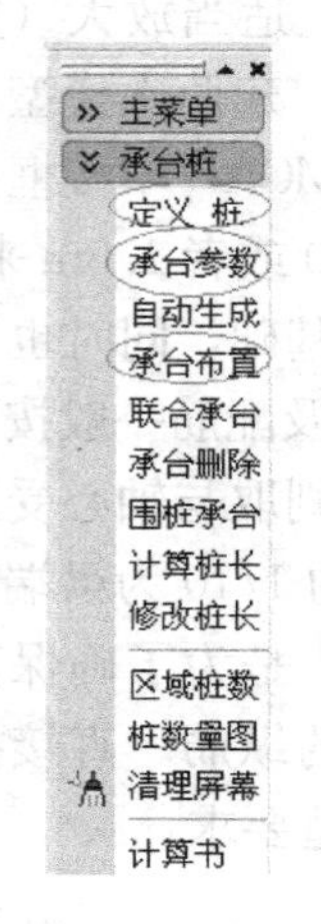

图 3-114 承台桩主菜单

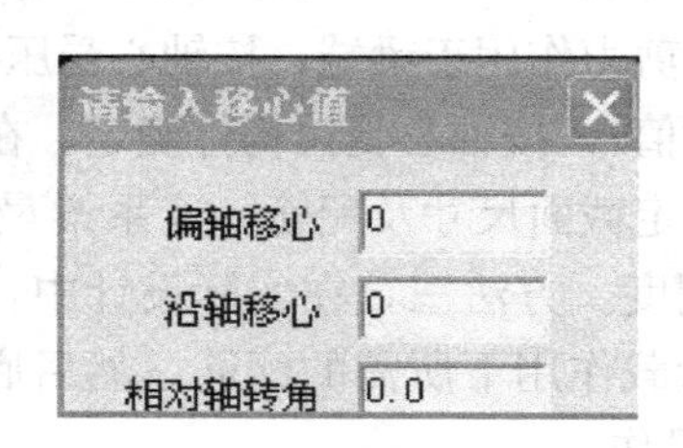

图 3-115 请输入偏心值

注：由于 JCCAD 在布置桩承台时以节点为参考点，剪力墙下桩承台布置很不方便，故此种方法一般只在框架柱下布置承台桩时才用。

点击【JCCAD/桩基承台及独基沉降计算】→【计算参数】，弹出参数设置对话框，如图 3-116 所示。

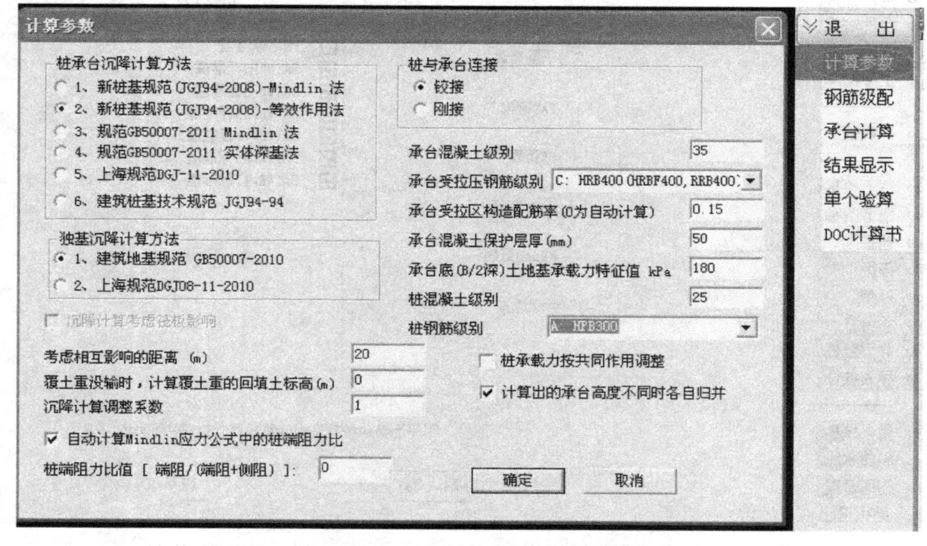

图 3-116 桩基承台及独基沉降计算参数设置对话框

注：桩承台计算类似于独立基础。

参数注释

桩承台沉降计算方法：一般来讲，当桩中心距不大于6倍桩径的桩基采用等效作用法或实体深基法进行沉降计算，当计算单桩、单排桩、疏桩基础时采用Mindlin法进行沉降计算。《上海地基规范》仅采用Mindlion应力公式法进行桩沉降计算。

沉降计算考虑筏板影响：程序不仅能够考虑桩承台之间的相互影响且能考虑其他相邻基础形式产生的沉降对桩承台沉降的影响。勾选后表示桩承台沉降计算时考虑筏板沉降的影响。需注意的是：想要考虑其他基础形式对于桩承台基础的沉降影响时，需先执行相关程序将有关基础的沉降计算出来后，再进行桩承台基础沉降计算。

考虑相互影响的距离：程序可由此参数的填写来考虑是否考虑沉降相互影响，以及考虑相互影响后的计算距离。默认为20m，一般来讲，沉降的相互影响距离考虑到隔跨就较为合适了。填0时表示不考虑相互影响。

覆土重没输时，计算覆土重的回填土标高（m）：此参数的设置影响到桩反力计算。如果在基础人机交互中未计算覆土重，在此处可以填入相关参数考虑覆土重。

“沉降计算调整系数”：《上海独基规范》中利用Mindlin方法计算沉降时提供了沉降经验系数，《地基规范》及《桩基规范》没有给出相应的系数，由于经验系数是有地区性的，因此JCCAD计算沉降时，提供了一个可以修改的参数，程序将根据此参修正沉降值，使其最终结果符合经验值。

自动计算Mindlin应力公式中的桩端阻力比：默认为程序根据《桩基规范》公式自动计算。

桩端阻力比值：当用户根据实际经验想干预此值，可选择人工填写此值。

桩与承台连接：一般为铰接。

承台受拉区构造配筋率：“桩基规范”规定承台配筋率为0.15%。

承台混凝土保护层厚度：当有混凝土垫层时，不应小于50mm，无垫层时不应小于70mm；此处尚不应小于桩头嵌入承台内的长度。

承台底（$B/2$深）土极限阻力标准值：此名词为“桩基规范”名词，也称土极限承载力标准值。其输入目的是当桩承载力按共同作用调整时考虑桩间土的分担。

桩承载力按共同作用调整：参数的含义为是否采用桩土共同作用方式进行计算。影响共同作用的因素有桩距、桩长、承台大小、桩排列等，有关技术依据参见“桩基规范”5.2.5条。

计算出的承台高度不同时各自归并：影响到最终生成承台的种类数。

点击【承台计算/SATWE荷载】，用户选择【SATWE荷载】，程序将计算叠加了“附加荷载”的“SATWE荷载”。荷载选择后，程序根据计算信息的内容进行自动计算。

点击【结果显示】，弹出计算结果输出对话框，如图3-117所示。

（2）方法二（导入桩位）

JCCAD中只能倒入在CAD中用圆命令布置的桩。方法二的思路如下：首先在TSSD中布置桩平面图，然后新建一个图层A（用新图层画圆），用圆命令画桩1，捕捉桩1的圆心，复制并移动到在TSSD中所画的桩平面图中。复制完成后，再在该剪力墙结构的某个角点（轴线与轴线相交处）用图层A画一条直线B，点击保存，命名为“桩平面图”。如图3-118所示。

将“桩平面图”拷贝至当前模型目录中。点击【JCCAD/基础人机交互输入】，进入“基础人机交互输入”主菜单，点击【导入桩位/选择文件】，在弹出的对话框中选择“桩平面图”，点击“打开”，程序自动将DWG图转换成T图，如图3-119所示。

程序自动将DWG图转换成T图后，输入图纸比例尺寸为1∶1（“桩平面图”以1∶100绘制时），在图3-119中点击“按层选桩”，在屏幕中用鼠标左键点击用圆命令绘制的

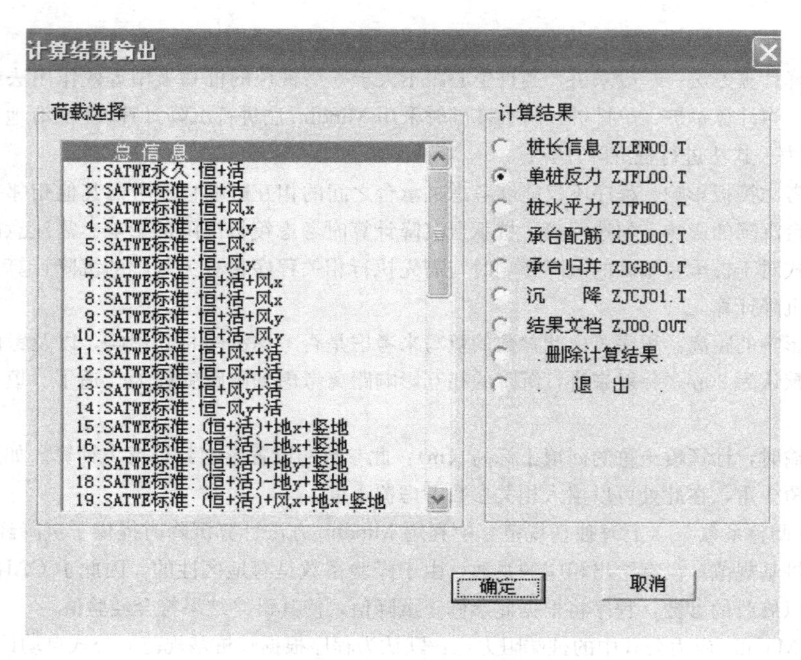

图 3-117　计算结果输出对话框

注：1. 承台计算包括受弯计算、受冲切计算、受剪切计算、局部承受压验算。对于承台阶梯高度和配筋不满足要求的，将算出最小的承台阶梯高度与配筋。点击【承台配筋】，承台配筋计算结果与承台编号均会显示。

2. 计算结果在“结果文档 ZJOO.OUT”中，比如最大反力 Q_{max}、最小反力 Q_{min}、平均反力 Q_{ave}、平均水平反力、第 1 台阶高、承台 X 向配筋面积、Y 向配筋面积。一般选用自动布桩，最大反力 Q_{max}、最小反力 Q_{min}、平均反力 Q_{ave} 均会满足规范要求。

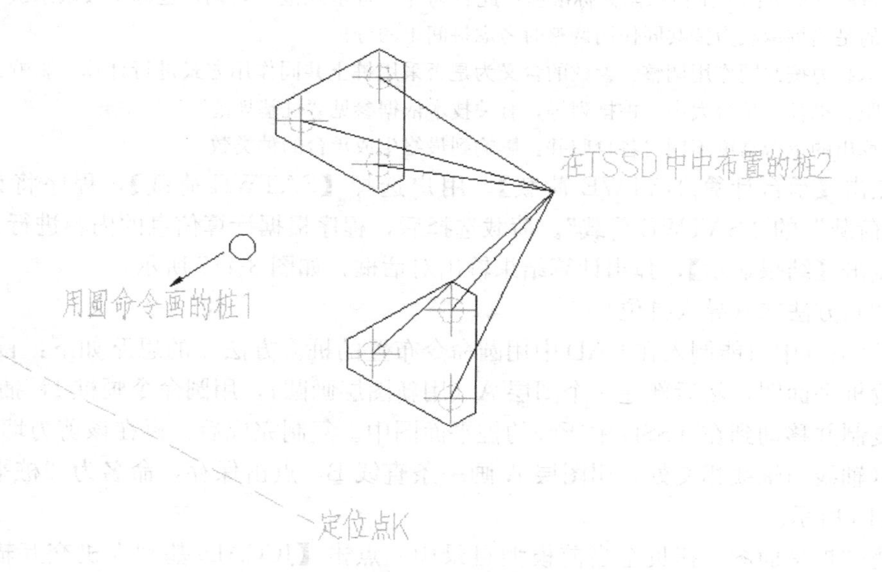

图 3-118　“导入桩位”前准备工作

桩图层。点击“导至模型”，程序提示“请选择桩位复制时的参考基准点”，点击图 3-118 中的定位点 K，程序会自动切换到 PMCAD 中第一层，点击“K”点在模型中的位置，最后点击保存，完成“导入桩位”任务。

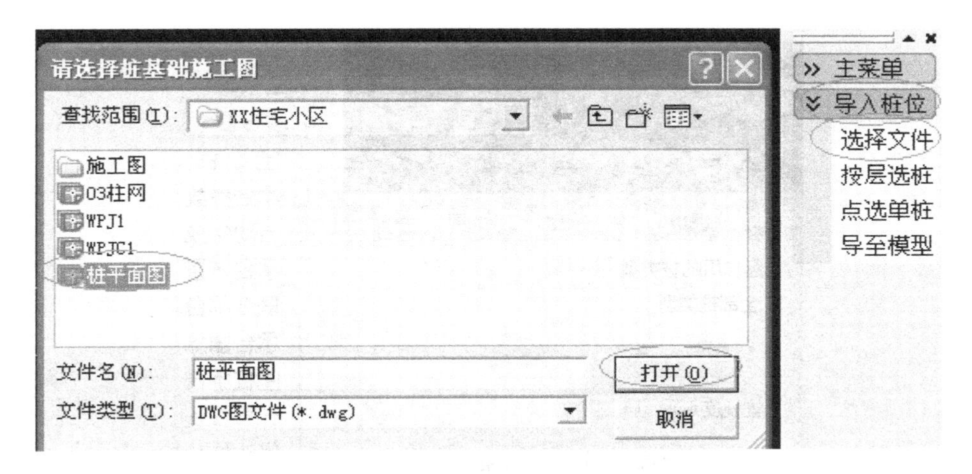

图 3-119　选择文件

注：如果 DWG→T 界面卡住，可将 *.DWG 拷贝至 PKPM/CFG 目录中，将其转为 *.T 格式，再把同名的 DWG 和 T 文件都拷贝至当前模型目录中，再执行“导入桩位”操作。当 DWG→T 界面卡住时，按 ESC 键取消，程序自动调用同名的 T 文件。

在“基础人机交互输入”主菜单中点击【承台桩/定义桩】，在弹出的“桩标准截面列表”中依次选择要修改的桩，点击“修改”，在“定义桩”对话框中修改桩直径、单桩承载力、桩类型。如图 3-120 所示。

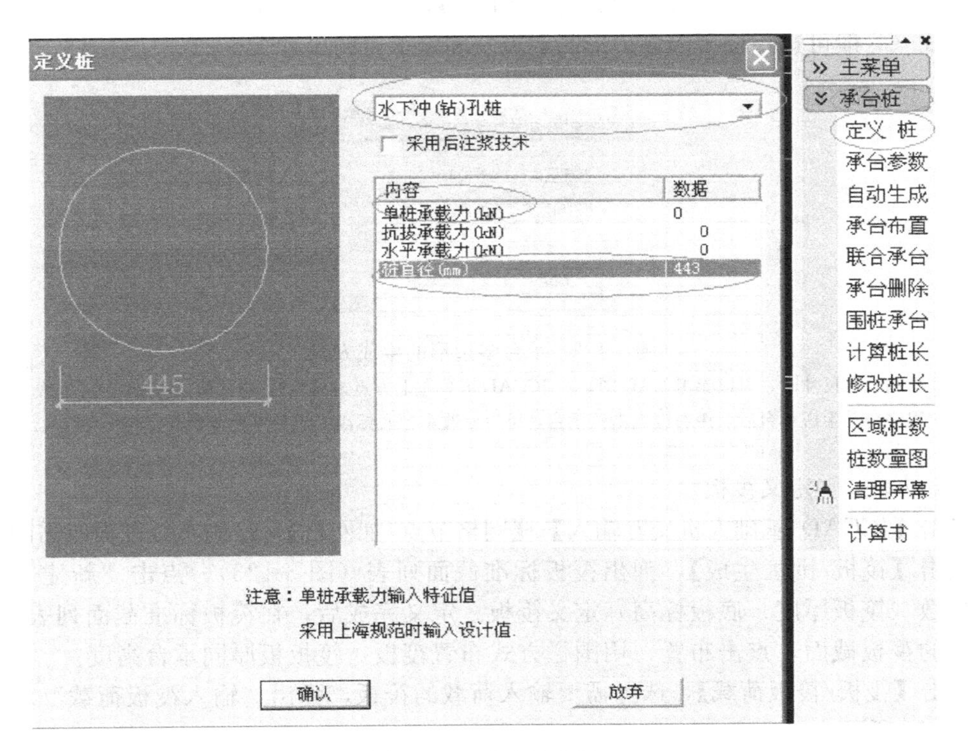

图 3-120　修改桩参数

点击【修改桩长】，弹出修改桩长对话框，如图 3-121 所示。

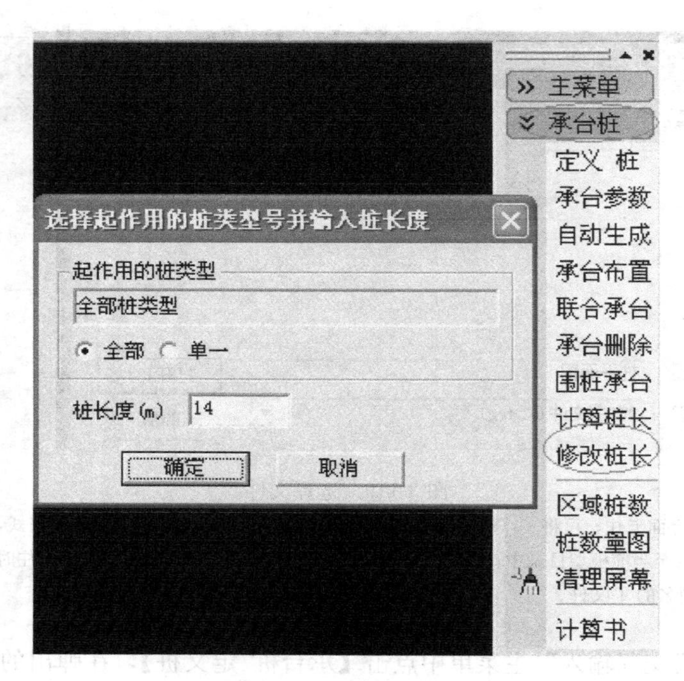

图 3-121 修改桩长

导入桩平面图后，点击【承台桩/围桩承台】，在弹出的对话框中（图 3-122）选择合适的方式（一般可选择按所围多边形的定点）确定承台的尺寸大小。

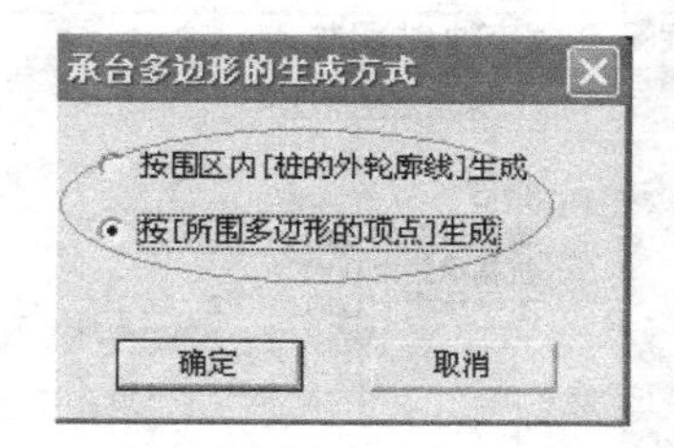

图 3-122 承台多边形的生成方式

注：1. 绘制承台尺寸时，可以参考 CAD 图，在 JCCAD 屏幕左上方点击【绘制/直线】，绘制承台外框线。

2. 程序自动生成承台后，用右键点击该承台，可以修改承台底标高、承台厚度等参数。

（3）方法 3（定义筏板）

点击【JCCAD/基础人机交互输入】→【网格节点/加网格】，绘制布置筏板所需的网格。

点击【筏板/围区生成】，弹出筏板标准截面列表（图 3-123），点击“新建”，填写相关参数（筏板厚度、底板标高）定义筏板。定义完成后，在筏板标准截面列表中选择要布置的筏板截面，点击布置，用围栏方式布置筏板。筏板板厚同承台高度。

点击【筏板/筏板荷载】，选择需要输入荷载的筏板，弹出“输入筏板荷载”对话框，如图 3-124 所示。

点击【非承台桩/筏板布桩、群桩布置】对筏板进行布桩。

点击【JCCAD/桩筏、筏板有限元计算】→【模型参数】，如图 3-125 所示。

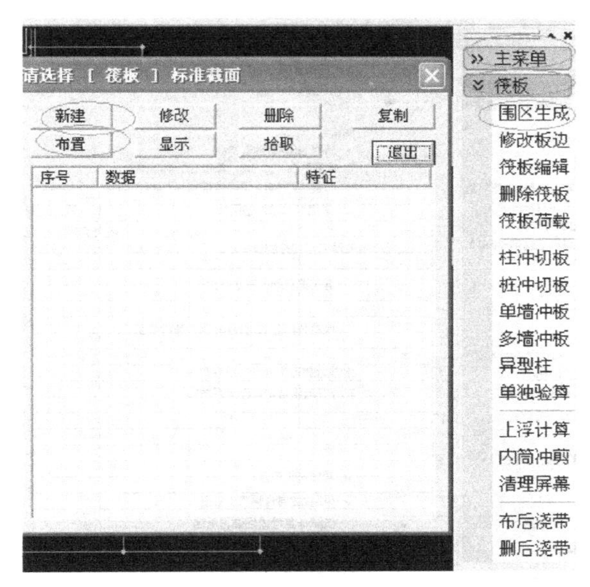

图 3-123　筏板标准截面列表

注：1. 筏板内的加厚区，下沉的积水坑和电梯井都称之为子筏板，可采用子筏板输入。

2. 如果筏板底面四周挑出的宽度不同时，程序在后面提供了【修改板边】的功能，用于修改筏板的每个边挑出轴线距离，适用于各边有不同挑出宽度的筏板。也可以通过【筏板编辑】功能修改筏板边界。

3. 当需要扩大筏形基础底板面积来满足地基承载力时，如采用梁板式，底板挑出的长度从基础边外皮算起横向不宜大于 1.2m，纵向不宜大于 0.8m；对于平板式筏形基础，其挑出长度从柱外皮算起不宜大于 2.0m。

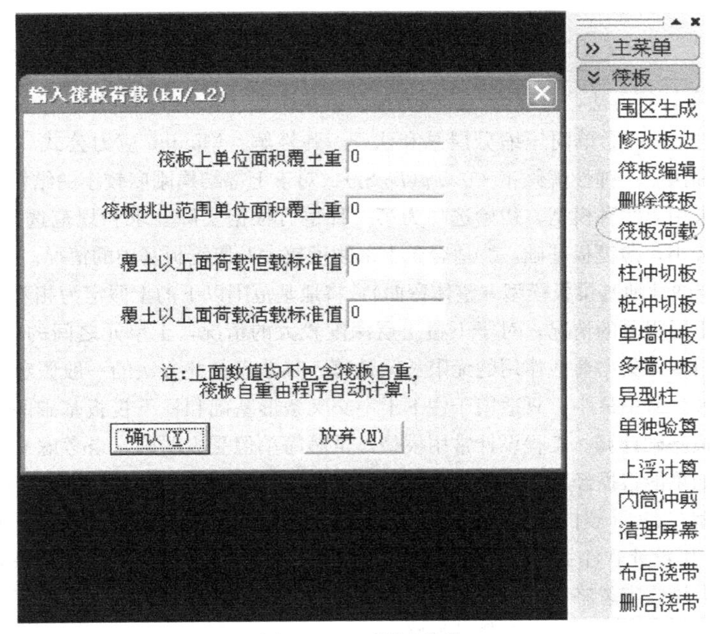

图 3-124　筏板荷载

注：1. 板及梁肋自重由程序自动计算加入，覆土重指板上土重，不包括板及梁肋自重。覆土上恒荷载应包括地面做法或者地面架空板重量。地下室里面的“筏板单位面积覆土重”取室内覆土重；筏板悬挑部分的覆土重从室外地坪算起。

2. 此菜单只能布置整块筏板荷载，如果局部筏板荷载不同，需要分割筏板。

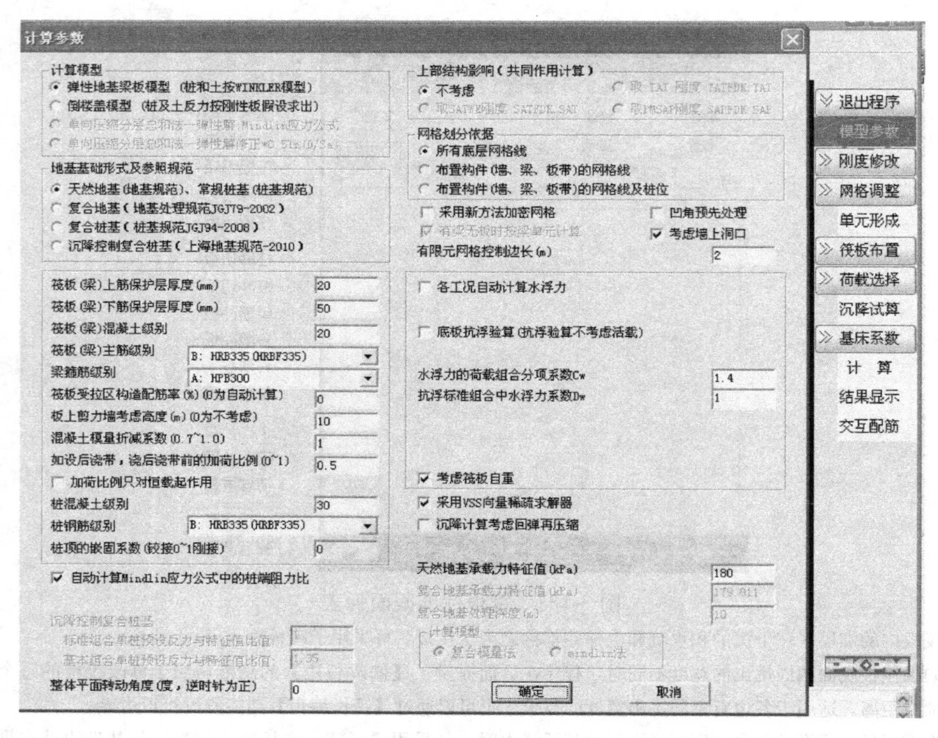

图 3-125 桩筏、筏板有限元计算参数对话框

参数注释

"计算模型"：

JCCAD 提供四种计算方法，分别为：①弹性地基梁板模型（Winkler 模型）；②倒楼盖模型（桩及土反力按刚性板假设求出）；③单向压缩分层总和法——弹性解：Mindlin 应力公式（明德林应力公式）；④单向压缩分层总和法——弹性解修正 $*0.5l_n(D/S_a)$。对于上部结构刚度较小的结构，可采用①、③和④模型，反之，可采用第②种模型。初始选择为第一种也可根据实际要求和规范选择不同的计算模型。①适合于上部刚度较小，薄筏板基础，②适合于上部刚度较大及厚筏板基础的情况。

a. Winkler 假定弹性地基梁板模型（整体弯曲）：将地基范围以下的土假定为相互无联系的独立竖向弹簧，适用于地基土层很薄的情况，对于下覆土层深度较大的情况，土单元之间的相互联系不能忽略；计算时条板按受一组横墙集中荷载作用的无限长梁计算。其缺点是此方法的一般假定为基底反力是按线性分布的，柱下最大，跨中最小，只适用于柱下十字交叉条形基础和柱下筏板基础的简化计算，不适用于剪力墙结构的筏板基础计算。工程设计常用模型，虽然简单但受力明确。当考虑上部结构刚度时将比较符合实际情况。如果能根据经验调整基床系数，如将筏板边缘基床系数放大，筏板中心基床系数缩小，计算结果将接近模型③和④。对于基于 Winkler 假定的弹性地基梁板模型，在基床反力系数，$k<5000\sim10000\text{kN/m}^3$ 时，常用设计软件 JCCAD 的分析结果比通用有限元 ANSYS 的分析结果大，用于设计具有一定的安全储备；但该假定忽略了由土的剪切刚度得到的沉降分布规律与实际情况存在较大的差异，可考虑对于板边单元适当放大基床反力系数进行修正。

b. 刚性基础假定（倒楼盖模型/局部弯曲）：假定基础为刚性无变形，忽略了基础的整体弯曲，在此假定下计算的沉降值是根据规范的沉降公式计算的均布荷载作用下矩形板中心点的沉降。此假定在土较软，基础刚度与土刚度相差较悬殊的情况下适用；其缺点是没有考虑到地基土的反力分布实际上是不均匀的，所以各墙支座处所算得的弯矩偏小，计算值可能偏不安全。此模型在早期手工计算常采用，由于没有考虑筏板整体弯曲，计算值可能偏不安全；但对于上部结构刚度比较高的结构（如剪力墙结构、没有裙房的高层框架剪力墙结构），其受力特性接近于模型②。

c. 弹性理论有限压缩层假定（单向压缩分层总和法模型）：以弹性理论法与规范有限压缩层法为基础，采用 Mindlin 应力解直接进行数值积分求出土体任一点的应力，按规范的分层总和法计算沉降。假定地基土为均匀各向同性的半无限空间弹性体，土在建筑物荷载作用下只产生竖向压缩变形，侧向受到约束不产生变形。由于是弹性解，与实际工程差距比较大，如筏板边角处反力过大，筏板中心沉降过大，筏板弯矩过大并出现配筋过大或无法配筋，设计中需根据工程经验选取适当的经验系数。Winkler 假定模型中基床反力系数及单向压缩分层总和法模型中沉降计算经验系数的取值均具有较强的地区性和经验性。

d. 根据建研院地基所多年研究成果编写的模型，可以参考使用。

“地基基础形式及参照规范”：根据工程实际。

“混凝土、钢筋级别”：根据工程实际。

“筏板受拉区构造配筋率”：0 为自动计算，按“混规”8.5.1 取 0.2 和 $45f_t/f_y$ 中的较大值；也可按 8.5.2 取 0.15%，推荐输入 0.15。

“板上剪力墙考虑高度”：按深梁考虑，高度越高剪力墙对筏板刚度的贡献越大。其隐含值为 10，表明 10m 高的深梁，0 为不考虑。

“混凝土模量折减系数”：默认值为 1，计算时采用“混规”4.1.5 中的弹性模量值，可通过缩小弹性模量减小结构刚度，进而减小结构内力，降低配筋，筏板计算时，可取 0.85。

“如设后浇带，浇后浇带前的加荷比例”：与后浇带配合使用，解决由于后浇带设置后的内力、沉降计算和配筋计算、取值。填 0 取整体计算结果，即没有设置后浇带，填 1 取分别计算结果，类似于设沉降缝。取中间值 a 按下式计算：实际结果＝整体计算结果 * (1－a)＋分别计算结果 * a，a 值与浇后浇带时沉降完成的比例相关。

对于砂土可认为其最终沉降量已完成 80%以上，对于其他低压缩性土可认为已完成最终沉降量的 50%～80%，对于中压缩性土可认为已完成 20%～50%。

“桩顶的嵌固系数”：默认为 0，一般工程施工时桩顶钢筋只将主筋伸入筏板，很难完成弯矩的传递，出现类似塑性铰的状态，只传递竖向力不传递弯矩。如果是钢桩或预应力管桩，深入筏板一倍桩径以上的深度，可认为是刚接；海洋平台可选刚接。

“上部结构影响”：考虑上下部结构共同作用计算比较准确反应实际受力情况，可以减少内力节省钢筋；要想考虑上部结构影响应在上部结构计算时，在 SATWE 计算控制参数中，点取“生成传给基础的刚度”。

“网格划分依据”：①所有底层网格线，程序按所有底层网格线先形成一个个大单元，再对大单元进行细分；②布置构件的网格线，当底层网格线比较混乱时，划分的单元也比较混乱，选择此项划分单元成功机会很高；③布置构件的网格线及桩位，在②的基础上考虑桩位，有利于提高桩位周围板内力的计算精度。

“有限元网格控制边长”：默认值为 2m，一般可符合工程要求。对于小体量筏板或局部计算，可将控制边长缩小（如 0.5～1m）。

“各工况自动计算水浮力”：在原计算工况组合中增加水浮力，标准组合的组合系数为 1.0；一般计算基底反力时只考虑上部结构荷载，而不考虑水的浮力作用，相当于存在一定的安全储备；建议在实际设计中，按有无地下水两种情况计算，详细比较计算结果，分析是否存在可以采用的潜力及设计优化。

“底板抗浮验算”：是新增的组合，标准组合＝1.0 恒载＋1.0 浮力，基本组合＝1.0 恒载＋水浮力组合系数 * 浮力。由于水浮力作用，计算结果土反力与桩反力都有可能出现负值，即受拉。如果土反力出现负值，基础设计结果是有问题的，可增加上部恒载或打桩来进行抗浮；场地抗浮设防水位应是各含水层最高水位之最高；水头标高与筏板底标高、梁底标高等都是相对标高。

“考虑筏板自重”：默认为是。

“沉降计算考虑回弹再压缩”：对于先打桩后开挖，可忽略回弹再压缩；对于其他深基础，必须考虑。根据工程实测，若不考虑回弹再压缩，裙房沉降偏小，主楼沉降偏大。

“桩端阻力比值”：该值在计算中影响比较大，因为不同的规范选择桩端阻力比值也不同，程序默认的计算值与手工校核的不一致。如果选择《上海地基规范》，并在地质资料中输入每个土层的侧阻力、桩端土层的端阻力，程序以输入的承载值作为依据。其他情况以“桩基规范”计算桩承载力的表格，查表求出每个土层的侧阻力、桩端土层的端阻力，并计算桩端阻力比。程序可以自动计算，还可以直接输入桩端阻力比。

“地基基础形式及参照规范”：选项1是“天然地基或常规桩基”：如果筏板下没有布桩，则是天然地基，如有桩，则是常规桩基。所谓常规桩基是区别于符合桩基和沉降控制复合桩基，常规桩基不考虑桩间土承载力分担。选项2是“复合地基”：对于CFG桩、石灰桩、水泥土搅拌桩等复合地基，桩体在交互输入中按混凝土灌注桩输入，程序自动按《地基处理规范》JGJ 79—2002进行相关参数的确定；如果没有布桩，可以人工修改选项框中的参数值，天然地基承载力特征值、复合地基承载力特征值，复合地基处理深度。此项可以考虑地基处理，填写相关复合地基参数（承载力，处理深度）就可进行沉降及内力计算。复合地基考虑桩间土的作用。选项3为“复合桩基”：桩土共同分担的计算方法采用“桩基规范”中5.2.5条的相关规定，根据分担比例确定基床系数（1模型）或分担比（2、3、4模型），一般基床系数是天然地基基床的十分之一左右，分担比例一般小于10%。选项4为“沉降控制复合桩基”：桩土共同分担的计算方法采用《上海地基规范》中7.5节的相关规定。如果上部荷载小于桩的极限承载力，土不分担荷载，其计算与常规桩基一样。当上部结构荷载超过桩极限承载力后，桩承载力不增加，其多余的荷载由桩间土分担，计算类同于天然地基。

天然地基承载力特征值：桩筏计算时要把天然地基承载力特征值设为0，不考虑桩间土的反力。

点击【刚度修改】，进行桩 K 定义，K 值布置。如图3-126所示。

桩刚度是程序根据地质报告及人机交互输入中定义的桩型、桩顶标高及桩长自动计算得出；可以依据试桩报告乘以试桩完成系数，自己手算求出，在结果显示—桩信息图里，KP桩竖向刚度是单桩刚度除以群桩放大系数。每个筏板的群桩放大系数程序自动计算，用户可以在沉降试算菜单中修改。

若桩竖向刚度为 $K=EA/L$，是只对桩端为岩层情况。若为摩擦桩及桩端为土层情况可按桩基规范附录B计算；弯曲刚度按桩基规范附录B计算。弯曲刚度对于沉降计算并无作用；端承桩竖向刚度可不折减，其他要按群桩放大系数折减。程序能自动计算。桩弯曲刚度可按20000初步计算。桩身刚度对桩反力和筏板的配筋都影响不大。

点击【刚度形成】，程序自动形成刚度。点击【筏板布置/筏板定义】，可以修改某一特定板厚的基床系数，如图3-127所示。

土的基床系数 K 的确定：

基床反力系数 K 值的物理意义：单位面积地表面上引起单位下沉所需施加的力。基床反力系数 K 值的影响因素包括：基床反力系数 K 值的大小与土的类型、基础埋深、基础底面积的形状、基础的刚度及荷载作用的时间等因素。试验表明，在相同压力作用下，基床反力系数 K 随基础宽度的增加而减小，在基底压力和基底面积相同的情况下，矩形基础下土的 K 值比方形的大。对于同一基础，土的 K 值随埋置深度的增加而增大。试验还表明，黏性土的 K 值随作用时间的增长而减小。

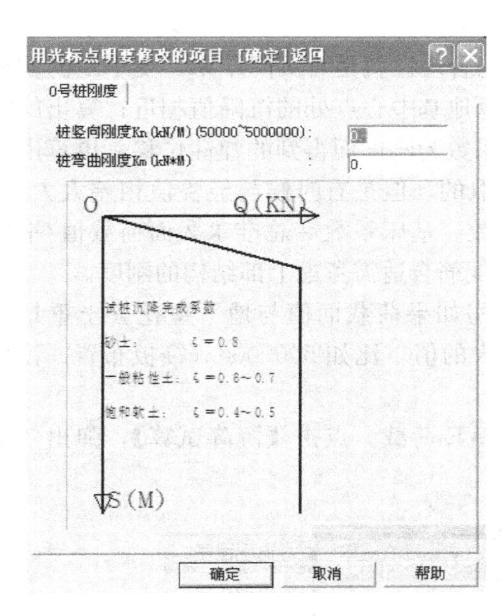

图 3-126 桩 K 定义

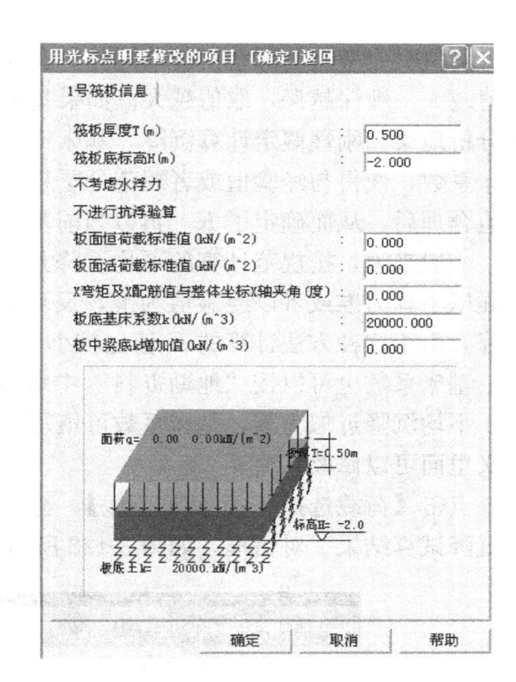

图 3-127 筏板定义/修改筏板

基床反力系数 K 值的计算方法：

① 静载试验法：静载试验法是现场的一种原位试验，通过此种方法可以得到荷载-沉降曲线（即 P-S 曲线），根据所得到的 P-S 曲线，则 K 值的计算公式如下：$K=P_2+P_1/S_2-S_1$；其中，P_2、P_1 分别为基底的接触压力和土自重压力，S_2、S_1——分别为相应于 P_2、P_1 的稳定沉降量。静载试验法计算出来的 K 值是不能直接用于基础设计的，必须经太沙基修正后才能使用，这主要是因为此种方法确定 K 值时所用的荷载板底面积远小于实际结构的基础底面积，因此需要对 K 值进行折减。

② 按基础平均沉降 S_m 反算：用分层总和法按土的压缩性指标计算若干点沉降后取平均值 S_m，得 $K=p/S_m$。式中 p 为基底平均附加压力，这个方法对把沉降计算结果控制在合理范围内是非常重要的。用这种方法计算的 K 值不需要修正，JCAD 在“桩筏筏板有限元计算”中使用的就是这种方法。JCCAD 软件在“桩筏筏板有限元计算”中，K 值的计算公式为：板底土反力基床系数（kN/m^3）＝总面荷载值（准永久值）/平均沉降 S_1(m)。

③ 经验值法 JCCAD 说明书附录二中建议的 K 值。

对于某些工程，若基础埋深比较大，当基础开挖的土体重量大于结构本身重量时，地基土产生回弹，则程序将无法给出 K 的建议值。此时设计人员可以考虑回弹再压缩，用结构“总面荷载值（准永久值）”/“回弹再压缩沉降值（mm）”得到基床反力系数 K 值。

当用附录给出的 K 值，不考虑上部结构共同作用。如取沉降反算的值，应考虑上部结构共同作用。一般来说取沉降反算法对于大部分筏板合理，建议可以采用中点沉降，并根据筏板特征适当提高边缘区域的 K 值，而对于大型的地下室筏板，采用平均值计算或者用附录给出的 K 值可适当选择采用。

一般平均值为 20000（在筏板布置和板元法的参数设置中，是板的基床系数）；计算基础沉降值时应考虑上部结构的共同作用。K 值应该取与基础接触处的土参考值，土越硬，取值越大，埋深越深，取值越大；如果基床反力系数为负值，表示采用广义文克尔假定计算分析地梁和刚性假定计算沉降，基床反力系数的合理性就是看沉降结果，要不断的调整基床系数，使得与经验值或者规范分层总和法手算地基中心点处的沉降值相近；算出的沉降值合理后，从而确定了 K，再以当前基床反力系数为刚度而得到的弹性位移，再算出内力。一般来说，按规范计算的平均沉降是可以采取的，但是有时候与经验值相差太大时，干脆以手算为准或者以经验值为准，反算基床系数。基床系数＝总准永久面荷载值/平均沉降，由于这种方法计算的 K 值比较小，为了使配筋合适需考虑上部结构的刚度。

基床系数也可以按“地勘资料”中填写。裙房如果荷载面值与地下室挖去土重量相当，平均沉降近似为零，基床系数可填写一个较大的值，比如 5000000（筏板布置—筏板定义里面可以修改）。

点击【荷载选择/SATWE 荷载】，选择 SATWE 荷载。点击【沉降试算】，弹出“平均沉降试算结果”对话框，如图 3-128 所示。

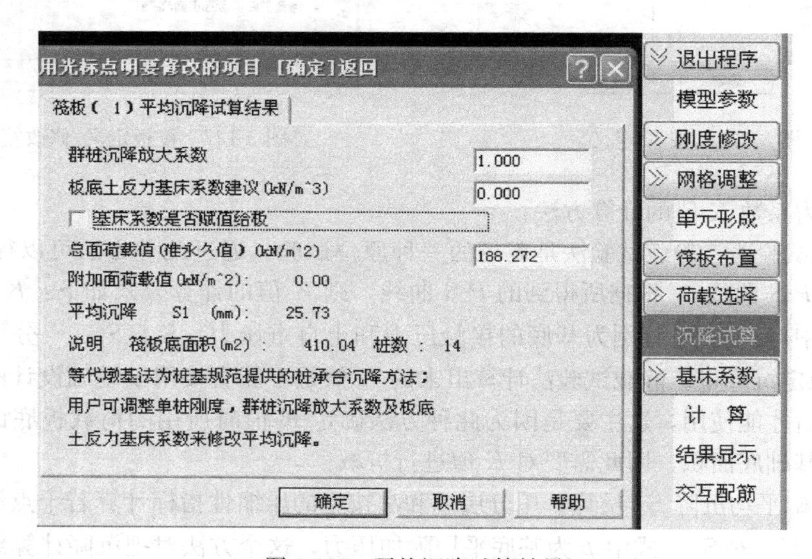

图 3-128 平均沉降试算结果

如考虑桩间土受力，基床系数大于 0，并勾选基床系数是否赋予板，一般情况下不勾选，用户输入筏板基床系数 K 值。

用户修改此 K 值后（比如说调成符合实际的锅底状）对沉降结果有影响。K 值由用户定义后，这个沉降是根据 K 值反算得到。

群桩沉降放大系数：可以调整群桩沉降放大系数，以经验估算沉降与计算沉降比较作为依据。

“附加面荷载值”沉降计算的附加应力值＝总荷载值－土自重应力；

S_1 是有限元算法计算出的平均沉降值，S_2 是根据国家规范算出的平均沉降值，S_3 是根据上海规范算出的平均沉降值。JCCAD 中桩筏、筏板有限元中的沉降试算和弹性基础梁中的基础沉降计算是不同的人编写不同的程序，可相互校核。筏板基础不需要执行弹性地基梁中的基础沉降计算，直接采用沉降试算即可。

点击【计算】，对桩筏、筏板进行计算。点击【结果显示】，弹出“计算结果”输出对话框，如图 3-129 所示。

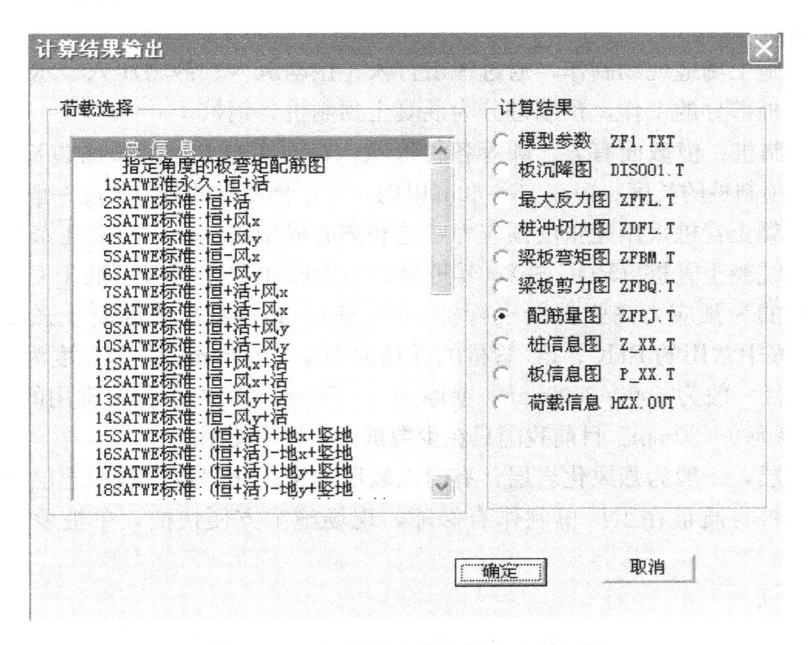

图 3-129 板元法计算结果输出对话框

用 JCCAD 筏板有限元计算时，剪力墙边周边配筋巨大，可以采取如下措施：①按区域平均；②考虑上下部共同作用；③有个地方网格质量太差，对计算结果会有不小影响。可手工添加辅助线。

3.16.8 桩基础分类

1. 从承载性状的角度：摩擦型桩和端承型桩（桩侧与桩端各自分担的比例）

（1）摩擦型桩是指桩顶竖向荷载由桩侧阻力和桩端阻力共同承受，但桩侧阻力分担荷载较多的桩。一般摩擦型桩的桩端持力层多为较坚实的黏性土、粉土和砂类土，且桩的长径比不很大。

当桩顶竖向荷载绝大部分由桩侧阻力承受，而桩端阻力很小可以忽略不计时，称为摩擦桩。以下几种情况属于摩擦桩：桩的长径比很大，桩顶荷载只通过桩身压缩产生的桩侧阻力传递给桩周土、桩端下无较坚实的持力层、桩底残留虚土或残渣较厚的灌注桩、打入临桩使先前设置的桩上抬，甚至桩端脱空等情况。

（2）端承型桩是指桩顶竖向荷载由桩侧阻力和桩端阻力共同承受，但桩端阻力分担较多的桩，其桩端一般进入中密以上的砂类、碎石类土层，或位于中等风化、微风化及新鲜基岩顶面。这类桩的侧摩阻力虽属次要，但不可忽略。

当桩的长径比较小（一般 $l/d \leqslant 10$），桩身穿越软弱土层，桩端设置在密实砂类、碎石类土层中或位于中等风化、微风化及未风化硬质岩石顶面（即入岩深度 $h_r \leqslant 0.5d$），桩顶竖向荷载绝大部分由桩端阻力承受，而桩侧阻力很小可以忽略不计时，称为端承桩。

当桩端嵌入完整或较完整的中等风化、微风化及末风化硬质岩石一定深度以上时，称为嵌岩桩。工程实践中，嵌岩桩一般按端承桩设计，即只计端阻、不计侧阻和嵌阻力。

2. 从施工方法的角度：预制桩和灌注现浇桩

（1）预制桩

在工厂或施工场地现场制作，通过锤击打入、振动沉入、静力压入、水冲送入或旋入等方式完成沉桩部分的工作。预制桩分为混凝土预制桩、钢桩。

混凝土预制桩：横截面有方、圆等各种形状，普通实心方桩的截面边长一般为300～500mm。现场预制桩的长度一般在25～30m以内，工厂预制桩的分节长度一般不超过12m。

预应力混凝土管桩采用先张法预应力工艺和离心成型法制作。经高压蒸汽养护生产的为预应力高强混凝土管桩（PHC桩），其桩身离心混凝土强度等级不低于C80，未经高压蒸汽养护生产的为预应力高强混凝土管桩（PC桩），其桩身离心混凝土强度等级C60～C80。建筑工程中常用的PHC、PC管桩的外径为300～600mm，分节长度为7～13m。

钢桩的直径一般为400～3000mm，壁厚为6～50mm，国内工程中常用的大致为400～1200mm，壁厚为9～20mm。目前我国只在少数重要工程中使用。

桩端持力层，一般为强风化岩层，有时以较厚的全风化岩层、残积土层或黏土层为持力层；优点：桩身质量在工厂里制作有保障，现场施工方便快捷，单桩承载力高，经济性好。

（2）灌注桩

灌注桩是直接在设计桩位的地基上成孔，然后在孔内灌注混凝土。设计人员必须根据工程实际情况，在灌注混凝土前，判断放置或不放钢筋笼。同时根据灌注桩的成孔方法的不同，又有多种沉管灌注桩方式：钻、挖、冲孔灌注桩等。选择何种灌注的方式，主要是根据工程地质情况来定。

沉管灌注桩：常用直径（指预制桩尖的直径）为300～500mm，振动沉管灌注桩的直径一般为400～500mm。沉管灌注桩桩长常在20m以内，可打至硬塑黏土层或中、粗砂层。

钻（冲、磨）孔灌注桩：桩径800～2400mm。需泥浆护壁，应避免沉渣过厚，可通过注浆方法提高其单桩承载力。它的优点是可适用于任何的地质条件

挖孔桩：人工挖孔桩直径一般为800～2000m，最大可达3500mm，当持力层承载力低于桩身混凝土受压承载力时，桩端可扩底，扩底端直径与桩身直径之比D/d不宜超过3，最大扩底直径可达4500mm。挖孔桩的桩身长度宜限制在30m以内，当桩长≤8m时，桩身直径（不含护壁）不宜小于0.8m；当8m$<L\leqslant$15m时，桩身直径不宜小于1.0m，当15m$<L\leqslant$20m时，桩身直径不宜小于1.2m；当桩长$L>$20m时，桩身直径应适当加大。

工挖孔灌注桩单桩承载力高，可实现单柱单桩而简化承台设计，持力层能肉眼鉴别，施工现场可大兵团作战，总耗时少。

3. 按成桩方法分类

（1）非挤土桩：干作业法钻（挖）孔灌注桩、泥浆护壁法钻（挖）孔灌注桩、套管护壁法钻（挖）孔灌注桩；

（2）部分挤土桩：长螺旋压灌灌注桩、冲孔灌注桩、钻孔挤扩灌注桩、搅拌劲芯桩、预钻孔打入（静压）预制桩、打入（静压）式敞口钢管桩、敞口预应力混凝土空心桩和H型钢桩；

(3) 挤土桩：沉管灌注桩、沉管夯（挤）扩灌注桩、打入（静压）预制桩、闭口预应力混凝土空心桩和闭口钢管桩。

4. 按桩径（设计直径 d）大小分类

(1) 小直径桩：$d \leqslant 250$mm；

(2) 中等直径桩：250mm$<d<$800mm；

(3) 大直径桩：$d \geqslant 800$mm。

3.16.9 桩基础设计中常出现的名词解释

1. 摩擦桩群桩基础

摩擦桩在竖向荷载作用下群桩的作用与孤立单桩是有显著差别的。作用在摩擦桩上的荷载是通过桩侧阻力传递的。由于摩擦阻力的扩散作用，群桩中各桩传递的应力互相重叠，以致桩端平面处的附加应力大大超过孤立的单桩，且附加应力影响的深度和范围也比孤立的单桩大得多，群桩的桩数越多，这种影响越显著。因此摩擦桩中各桩所受荷载与孤立单桩相同时，群桩的沉降量比单桩要大。如果不允许群桩的沉降量大于单桩的沉降量，则群桩中的每一根桩的平均承载力将小于单桩的承载力。这种基桩的承载力和沉降性状与相同地质条件和设置方法同样的单桩有明显差别的现象称为群桩效应。

2. 疏桩基础

疏桩基础在桩的布置时，满足桩身强度前提下，尽量采用“细桩深布”。因为，在一定范围内，距径比对桩基沉降影响不大，“细桩”可大大降低工程造价；同样，在相同的距径比时，“细桩”桩距要小，这样可以减少底板承受的弯矩。“深布”是尽量使桩端处于力学性质较好的土层，因为桩基的沉降主要取决于桩端下卧层土的压缩模量。

疏桩基础是以沉降控制设计，采用增加桩长比增加桩数和扩大桩径更能有效地满足要求；桩基础的沉降主要取决于下卧层土的压缩模量；对于小荷载、大面积基础特点的给排水工程，采用疏桩基础是切实可行的。复合桩基是指按大桩距（一般在 5 倍桩径以上）稀疏布置的低承台摩擦群桩或端承作用较小的端承摩擦桩与承台底土体共同承载的桩基础。

3. 灌注桩后注浆

承载力一般可提高 40%～100%（但湖北省标 DB 42/242—2003 规定不宜超过同类非压浆桩的 1.3 倍），沉降可减少 20%～30%。

4. 桩的负摩阻力

在软弱地基中，当地基承受大面积填土堆载作用时，地基土内将产生超孔隙水压力，随着时间的推移，土体内的超过孔隙水压力逐渐消散，土体产生固结沉降。置于这种地基土中的桩基础，在桩身较大范围内，地基土的沉降量往往大于桩基的沉降量，土体不仅不能起到扩散桩身轴力的作用，反而会产生向下拉的摩阻力，称为负摩阻力。

对于摩擦型桩，持力层压缩性较大，在外荷载的作用下，负摩阻力对桩体施加下拉荷载时，持力层土随之产生沉降。桩基沉降一出现，土对桩的相对位移便减小，负摩阻力随之降低。因此，一般情况下对摩擦型桩基础，通常假定中性点以上摩阻力为零计算桩基承载力。对于端承桩，由于桩周持力层较坚硬，负摩阻力引起下拉荷载产生的沉降较小或不产生沉降，此时负摩阻力将长期作用于桩身中性点以上侧表面。

当桩周围土层的沉降均匀，且建筑物对不均匀沉降不敏感时，负摩阻力引起的沉降不会危害建筑物的正常使用。当各桩基受到不均匀荷载或土层不均匀时，桩基由于负摩阻力产生的下拉荷载和沉降也不均匀，负摩阻力将加大桩基的沉降，设计中应尽量减小负摩阻力效应。

5. 桩土共同工作

桩土共同工作是一个典型的非线性过程。桩土共同工作的实验表明：1）桩土共同作用的加载过程中，桩土是先后发挥作用的，是一个非线性的过程。桩总是先起支撑作用，桩的承载力达到100%以后，既达到极限以后土体才能起支承作用。桩土分担比是随加载过程而变化，没有固定的分担比。2）桩顶荷载小于单桩极限荷载时，每级增加的荷载主要由桩承受，桩承担90%～95%。3）桩上荷载达到单桩屈服荷载后，承台底的地基土承受的荷载才明显的增加，桩的分担比显著减小，沉降速度也有所增加。4）桩土共同作用的极限承载力>单桩承载力+地基土的极限承载力。

设计复合桩基时应注意：在桩基沉降不会危及建筑物的安全和正常使用，且台底不与软土直接接触时，才宜开发利用承台底土的反力的潜力。

6. 单桩承载力的时间效应

所谓的单桩承载力的时间效应是指桩的承载力随时间变化，一般出现在挤土桩中，特别是预制桩。上海的资料显示，随着打桩后间歇时间的增加承载力都有不同程度的增加，间歇一年后的单桩承载力可提高30%～60%。

桩打入时，土不易被立即挤实（特别是软土中），在强大的挤压力作用下，使贴近桩身的土体中产生了很大的空隙水压力，土的结构也造成了破坏，抗剪强度降低（触变）。经过一段时间的间歇后，孔隙水压力逐渐消散，土逐渐固结密实，同时土的结构强度也逐渐恢复，抗剪强度逐渐提高。因而摩擦力及桩端阻力也不断增加。强度提高最快发生在1～3个月时。

7. 桩筏基础反力呈马鞍形分布

马鞍形即两头大，中间小。根据传统的荷载分布原则，荷载的分布是根据刚度进行分配，基础中间部位桩的承载力低说明土对桩的支撑刚度降低，也就是桩侧桩端土的刚度降低。原因是中间部位的桩间土要承受四周桩传来的荷载。换一种解释方法是，中间有限的桩间土不能同时给周围的桩提供所要求的承载力，而靠近外侧的桩除依靠基础内侧的土提供承载力外，还能利用靠近基础外侧的土提供承载力，而靠近基础外侧的土受内部桩的影响小，能比内部的土提供更多的承载力，因此外侧的桩能承受较内部桩更多的荷载，也就是桩反力呈马鞍形分布的原因。另基坑开挖对桩间土的卸载造成桩间土的回弹，导致靠近基坑边缘处桩刚度大，中部桩刚度小，更加加剧了基础反力呈马鞍形分布。

8. 变刚度调平技术

变刚度调平技术是通过调整地基或桩基的刚度，适应上部荷载的分布，使差异沉降减到最小，使基础或承台的内力显著降低。

变刚度调平技术一般可以解决主楼与裙房之间的基础不设缝，也不设置后浇带的问题。一般把差异沉降控制在30mm以内，整体倾斜控制在1.5%～3.0%，整体挠曲控制在3.0%以内。考虑桩土的相互作用效应，支承刚度的调整宜采用强化指数进行控制。核心区强化指数宜为1.05～1.30，外框区弱化指数宜为0.95～0.85。对于主裙连体建筑，应按增强主体，弱化裙房的原则进行设计。基桩宜集中布置于柱墙下，以降低承台内力，最大限度发挥承台底地基土分担荷载的作用，减小柱下桩基与核心筒桩基的相互作用。变刚度调平设计的几种典型做法：第一，主塔采用桩筏基础，裙房采用独立基础；第二，主塔采用桩承台基础，裙房采用梁筏板基础；第三，主塔采用桩筏基础，裙房采用梁筏板基础；第四，主塔与裙房采用不等长筏板基础；第五，主塔与裙房采用不等桩距筏板基础。

对桩筏基础可以实施变刚度布桩（视地质条件改变桩长、桩径、桩距），强化核心区（一般沉降值较大），弱化外围区，对弱化区考虑桩土共同分担荷载，进行上部结构、基础、地基的共同作用分析（对沉降差有改善，应优先选择“模拟施工加载 3”），达到控制沉降差在允许范围内的目的，从而减小内力和配筋。

9. 承台效应

承台效应是指摩擦型群桩在竖向荷载作用下，由于桩土相对位移，桩间土对承台产生一定竖向抗力，成为桩基竖向承载力的一部分而分担荷载的现象。因此，承台效应是针对摩擦型群桩而言的，其发挥作用的前提是桩土相对位移。

在某些情况下，不能考虑承台效应，比如承台下为可液化土、湿陷性土、高灵度软土、欠固结土、新填土、沉桩引起孔隙水压力和各种外因引起的基坑土体隆起等。

一般承台底地基土所承担的上部结构荷载一般不超过 10%左右，且应注意以下几条：(1) 这是针对桩中心距比较小的受压桩（$S_a/d=3\sim4$）；(2) 需要先保证计算模型中桩的反力尽量接近 $1\sim1.2R_a$，余下部分由土分担，因此对于桩受力稍小区域，不需要考虑土的作用。

10. 墩基础

人工挖孔桩的桩长不宜大于 40m，且不宜小于 6m，桩长少于 6m 的按墩基础考虑，桩长虽大于 6m，但 $L/D<3$m，亦按墩基计算。由此可看出，主要使用构件长度来区分墩基与扩底桩的（当然区分后各自的算法就不一样了），从计算方法上来说，墩基础仍属于天然地基，多用于多层建筑，由于基底面积按天然地基的设计方法进行计算，免去了单墩载荷试验。因此，在工期紧张的条件下较受欢迎。

埋深大于 3m、直径不小于 800mm，且埋深与墩身直径的比小于 6 或埋深与扩底直径的比小于 4 的独立刚性基础，可按墩基进行设计。墩身有效长度不宜超过 5m。

单墩承载力特征值或墩底面积计算不考虑墩身侧摩阻力，墩底端阻力特征值采用修正后的持力层承载力特征值或按抗剪强度指标确定的承载力特征值。岩石持力层承载力特征值不进行深宽修正。墩身混凝土强度等级不宜低于 C20，墩身采用构造配筋时，纵向钢筋不小于 8ϕ12mm，且配筋率不小于 0.15%，纵筋长度不小于三分之一墩高，箍筋 ϕ8@250mm。墩底进入持力层的深度不宜小于 300mm。当持力层为中风化、微风化、未风化岩石时，在保证墩基稳定性的条件下，墩底可直接置于岩石面上，岩石面不平整时，应整平或凿成台阶状。

11. 抗拔桩

抗拔桩的主要作用机理是依靠桩身与土层的摩擦力来抵抗轴向拉力。如锚桩、抗浮桩等。承受竖向抗拔力的桩称为抗拔桩。

抗拔桩广泛应用于大型地下室抗浮、高耸建（构）筑物抗拔、海上码头平台抗拔、悬索桥和斜拉桥的锚桩基础、大型船坞底板的桩基础和静荷载试桩中的锚桩基础等。

在地下水位较高的地区，当上部结构荷重不能平衡地下水浮力的时候，结构的整体或局部就会受到向上浮力的作用。如地下水池、建筑物的地下室结构、污水处理厂的生化池等必须设置抗拔桩。

3.16.10 筏板基础设计

筏板基础板厚：

（1）规范规定

《建筑地基基础设计规范》GB 50007—2011 第 8.4.12-2 条：当底板区格为矩形双向板时，底板受冲切所需的厚度 h_0 按式（3-17）进行计算，其底板厚度与最大双向板格的短边净之比不应小于 1/14，且厚度不应小于 400mm。

$$h_0=\frac{(l_{n1}+l_{n2})-\sqrt{(l_{n1}+l_{n2})^2-\frac{4P_n l_{n1} l_{n2}}{P_n+0.7\beta_{hp} f_t}}}{4} \tag{3-17}$$

式中 l_{n1}、l_{n2}——计算板格的短边和长边的净长度（m）；

P_n——扣除底板及其上填土自重后，相应于作用的基本组合时的基底平均净反力设计值（kPa）。

"高规"12.3.4：平板式筏基的板厚可根据受冲切承载力计算确定，板厚不宜小于 400mm。冲切计算时，应考虑作用在冲切临界截面重心上的不平衡弯矩所产生的附加剪力。当筏板在个别柱位不满足受冲切承载力要求时，可将该柱下的筏形局部加厚或配置抗冲切钢筋。

（2）经验

工程方案阶段一般按：16 层以下按"50mm/每层"累计估算筏板厚度，且不小于 500mm；对大于 16 层混凝土结构按"40～45mm/每层"累计估算筏板厚度。这种估算方法在实际工程中得到很好的可行性和经济性验证。

多层框架，筏板可做到 250mm。

3.16.11 筏板基础分类

1. $h_{板厚}/L_{跨度}<3.5\%$时，基础为柔性基础，假设跨度为 8m，则要<280mm 厚。

2. $3.5\%<h_{板厚}/L_{跨度}<9\%$时，基础为刚性基础，假设跨度为 8m，则板厚为 280～720mm。

3. $h=9\%L_{跨度}$时为基础的临界厚度，超过临界厚度后，增加板厚对减小差异沉降作用很小了。

3.16.12 地梁截面

1. 地梁高度

一般可取计算跨度的（1/8～1/4），估算时，可以取 1/6，荷载越小，越接近下限值 1/8。

2. 地梁宽度

估算时可取柱子高度的 1/2，但一般应≥柱宽+100mm。地梁宽也可以小于柱宽度，但要局部加腋，柱角与八字角之间的净距应≥50mm，如图 3-130 所示。

3.16.13 筏板基础配筋时要注意的一些问题

1. 规范规定

"高规"12.3.6：筏形基础应采用双向钢筋网片分别配置在板的顶面和底面，受力钢

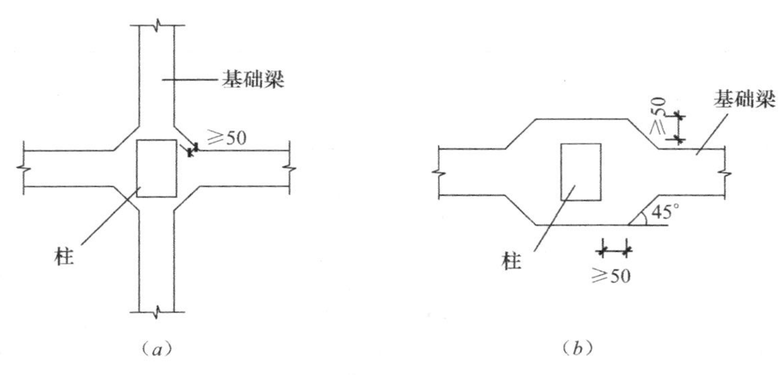

图 3-130　地下室顶层柱与梁板式筏基的基础梁连接构造要求

筋直径不宜小于 12mm，钢筋间距不宜小于 150mm，也不宜大于 300mm。

《建筑地基基础设计规范》GB 50007—2011 第 8.4.15 条：按基底反力直线分布计算的梁板式筏基，其基础梁的内力可按连续梁分析，边跨跨中弯矩以及第一内支座的弯矩值乘以 1.2 的系数。梁板式筏基的底板和基础梁的配筋除满足计算要求外，纵横方向的底部钢筋尚应有不少于 1/3 贯通全跨，且其配筋率不应小于 0.15%，顶部钢筋按计算配筋全部连通，底板上下贯通钢筋的配筋率不应小于 0.15%。

《建筑地基基础设计规范》GB 50007—2011 第 8.4.16 条：按基底反力直线分布计算的平板式筏基，可按柱下板带和跨中板带分别进行内力分析。柱下板带中，柱宽及其两侧各 0.5 倍板厚且不大于 1/4 板跨的有效宽度范围内，其钢筋配置量不应小于柱下板带钢筋数量的一半，且应能承受部分不平衡弯矩 $\alpha_m M_{unb}$。M_{unb} 为作用在冲切临界截面重心上的不平衡弯矩，α_m 应按公式（3-18）进行计算。平板式筏基柱下板带和跨中板带的底部支座钢筋应有不少于 1/3 贯通全跨，顶部钢筋应按计算配筋全部连接，上下贯通钢筋的配筋率不应小于 0.15%。

$$\alpha_m = 1 - \alpha_s \tag{3-18}$$

式中　α_m——不平衡弯矩通过弯曲来传递的分配系数；

α_s——不平衡弯矩通过冲切临界面上的偏心剪力来传递的分配系数。

2. 经验

表 3-18 是北京市建筑设计研究院著名总工郁彦总结过一个筏板厚度与地梁尺寸的配筋表格，编制表格时以柱网 8m×8m，轴压比 0.9 为计算依据，设计时仅做参考。

筏板厚度与地梁尺寸的配筋　　　表 3-18

每层平均荷载标准值 q(kN/m²)	层数	混凝土强度等级				
		C20	C30	C40	C50	C60
14	10 层	地梁 600×1600 主筋上下各 15 个 HRB335 的 ϕ25 四肢箍 HRB335 的 ϕ12@175 筏板厚 500	地梁 600×1600 主筋上下各 14 个 HRB335 的 ϕ25 四肢箍 HRB335 的 ϕ12@200 筏板厚 400			

续表

每层平均荷载标准值 $q(kN/m^2)$	层数	混凝土强度等级				
		C20	C30	C40	C50	C60
15	20层		地梁 800×1800 主筋上下各 27 个 HRB335 的 ϕ25 六肢箍 HRB335 的 ϕ14@200 筏板厚 750	地梁 700×1800 主筋上下各 26 个 HRB335 的 ϕ25 六肢箍 HRB335 的 ϕ14@225 筏板厚 650		
16	30层		地梁 900×2400 主筋上下各 25 个 HRB335 的 ϕ28 六肢箍 HRB335 的 ϕ16@225 筏板厚 1100	地梁 800×2400 主筋上下各 25 个 HRB335 的 ϕ28 六肢箍 HRB335 的 ϕ16@225 筏板厚 950	地梁 800×2400 主筋上下各 24 个 HRB335 的 ϕ28 六肢箍 HRB335 的 ϕ16@225 筏板厚 850	
17	40层		地梁 1000×3000 主筋上下各 27 个 HRB335 的 ϕ28 六肢箍 HRB335 的 ϕ16@200 筏板厚 1450	地梁 800×3000 主筋上下各 27 个 HRB335 的 ϕ28 六肢箍 HRB335 的 ϕ16@200 筏板厚 1250	地梁 800×3000 主筋上下各 27 个 HRB335 的 ϕ28 六肢箍 HRB335 的 ϕ16@225 筏板厚 1150	地梁 800×3000 主筋上下各 27 个 HRB335 的 ϕ28 六肢箍 HRB335 的 ϕ16@250 筏板厚 1050
18	50层			地梁 900×3400 主筋上下各 27 个 HRB335 的 ϕ30 八肢箍 HRB335 的 ϕ16@225 筏板厚 1550	地梁 800×3000 主筋上下各 27 个 HRB335 的 ϕ30 八肢箍 HRB335 的 ϕ16@225 筏板厚 1400	地梁 800×3000 主筋上下各 27 个 HRB335 的 ϕ28 八肢箍 HRB335 的 ϕ16@225 筏板厚 1300

3. 筏板基础配筋时要注意的一些问题

(1) 筏基底板配筋时应遵循“多不退少补”的原则。

(2) 如果底板钢筋双层双向，且在悬挑部分不变，阳角可以不设放射筋，因为底板钢筋双层双向，能抵抗住阳角处的应力集中，独立基础也从没设置过放射钢筋。

(3) 从受力的角度讲，没必要在较厚的筏板厚度中间加一层粗钢筋网。基础板埋置在土中，加一层粗钢筋网对于防止温度收缩裂缝也没有意义。

(4) 地梁应尽量使用大直径的钢筋，比如 ϕ32。筏基板及地梁均无延性要求，其纵筋伸入支座锚固长度、箍筋间距、弯钩等皆应按照非抗震构件要求进行设计。

(5) 对于悬挑板，不必把悬挑板内跨筏板的上部钢筋通长配置至悬挑板的外端，悬挑板一般 10@150～200mm 双向构造配筋即可。

（6）筏板配筋时不考虑裂缝。北京市建筑结构设计院编的《建筑结构专业技术措施》中的第3.8.17条，筏板基础的梁、板构件（包括箱基之底板）无须验算其裂缝宽度。对于筏板基础，钢筋应力实测很小，正常使用状态下的裂缝都能满足要求。

3.16.14 筏板基础设计及优化

1. 筏板基础分为平板式筏板和梁板式筏板，目前一线城市一般主要采用平板式筏板。平板式筏板具有受力合理且施工方便快捷等明显优点，综合经济性明显优于梁板式筏板。尽量优先采用平板式筏基础，施工方便，节约工期，节约人工，筏板整体高度降低，减少土方开挖。相对于梁式筏板。

2. 框架-核心筒结构和筒中筒结构宜采用平板式筏形基础。计算时，混凝土弹性模量可以考虑折减，系数为0.85。钢筋会减少，应力均衡。板厚大于2m时候可以不考虑设置网片。特别厚的应考虑，如4m、5m厚；如果水位比较高且变动不大。可以适当考虑水浮力，从而达到减少地基反力，省桩基。特别是地下室比较深的情况。高层筏板不必考虑裂缝，多层应考虑裂缝。

3. 在保证冲切安全的前提下，筏板厚度尽量减少。因为筏板配筋由最少配筋率问题所以可以降低钢筋量。局部不满足可以进行局部加厚，如核心筒和柱子。

筏板厚度与柱网间距，楼层数量关系最大，柱网越大、楼层越多，筏板厚度越大。工程设计中可先按50mm每层估算一个筏板厚度，然后对筏板进行抗冲切验算，宜使得冲切安全系数为1.2～1.5为宜，局部竖向构件处冲切不满足规范要求时可采用局部加厚筏板或设置柱墩等措施处理。然后再采用JCCAD进行筏板有限元计算分析，计算时一般采用弹性地基梁板模型（且考虑上部刚度），基床系数可根据筏板下土按JCCAD说明书推荐值的低值采用，且应考虑上部结构刚度作用，同时筏板厚度应确保80%筏板面积计算配筋为构造配筋（0.15%的配筋率），仅局部需另加钢筋，否则应加厚筏板厚度。

4. 筏板混凝土强度等级一般为C30、C35，最大为C40；筏板厚度一般较大，为了混凝土浇捣方便，筏板钢筋间距一般为200～400mm，优先采用300mm，局部另加钢筋间距也为300mm。当筏板下土承载力特征值大于180kPa时，筏板可不必考虑混凝土结构设计规范计算裂缝。

5. 筏板厚度与柱网间距、楼层数量关系最大。柱网越大、楼层越大，筏板厚度越大。工程设计中可先按50mm每层估算一个筏板厚度，然后对筏板进行抗冲切验算，宜使得冲切安全系数为1.2～1.5，局部竖向构件处冲切不满足规范要求时可采用局部加厚筏板或设置柱墩等措施处理，然后再采用JCCAD进行筏板有限元计算分析，计算时一般采用弹性地基梁模型（且考虑上部结构刚度），基床系数可根据筏板下土按JCCAD说明书推荐的低值采用，且应考虑上部结构刚度作用，同时筏板厚度应确保80%筏板面积计算配筋为构造配筋（0.15%的配筋率），仅局部需加钢筋，否则应加厚筏板厚度。

3.16.15 JCCAD程序操作

1. 柱墩

点击【JCCAD/基础人机交互输入】→【上部构件/柱墩/柱墩布置】，弹出“柱墩”标准截面列表对话框，如图3-131所示。

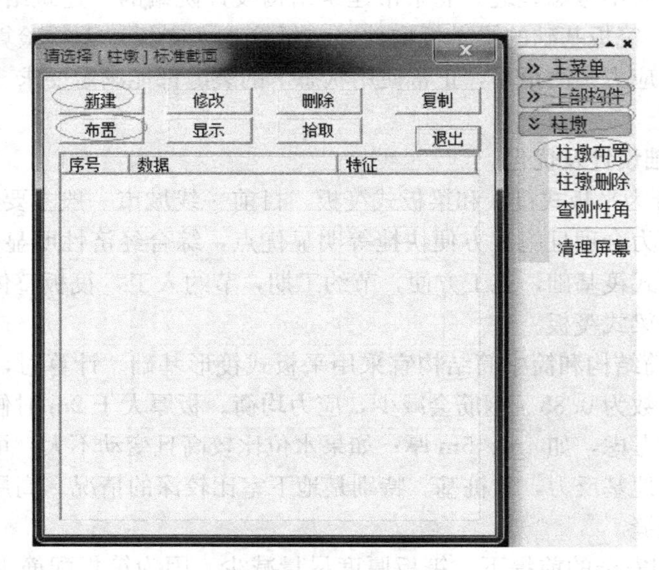

图 3-131　柱墩布置

点击【新建】，弹出“柱墩尺寸”对话框，如图 3-132 所示。

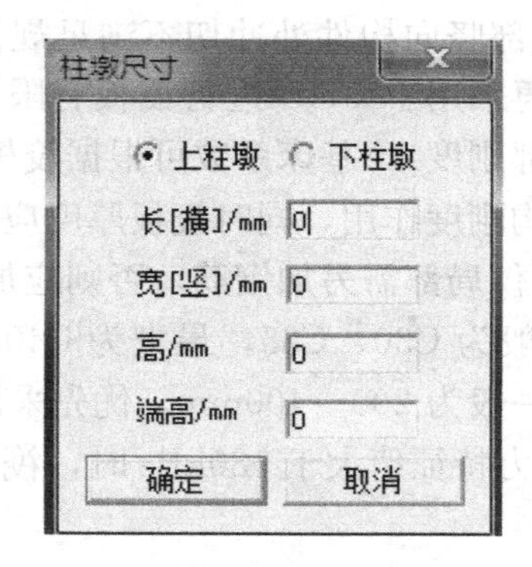

图 3-132　柱墩尺寸

注：1. 柱墩布置仅用于平板基础的板上。对于“上柱墩”，柱墩高为板顶到柱根的距离。端高用于控制柱墩放坡。对于“下柱墩”，柱墩高为板底到柱根的距离。在“构件选择”对话框的特征栏上，削角时显示为“矩形锥墩”，不削角时（即端高等于高）显示为“矩形平墩”。

2. 输入柱墩时，如果柱墩尺寸不满足刚性角要求，柱墩内的配筋另行计算。程序在计算平板基础的板冲切计算时，考虑柱墩的影响。如果用户在基础交互建模布置了刚性柱墩，那么在筏板内力计算时不考虑它对筏板的影响，即桩筏筏板有限元程序在筏板内力计算时忽略刚性柱墩，但在筏板配筋计算时，程序将会剔除刚性柱墩范围内的内力值即仅选择柱墩范围外的内力值进行配筋。柔性柱墩对筏板内力的影响，如果用户输入的柱墩为柔性柱墩，那么在桩筏筏板有限元计算中，程序将自动将其当作一块变厚度筏板进行有限元分析。筏板内力计算时，给出这块局部变厚度筏板的内力值、配筋值。

3. 板下柱墩还可以用【筏板】菜单来实现。通过定义不同筏板厚度及底标高可以实现筏板下柱墩的定义；此时输入局部变厚度的筏板即板下柱墩需要在【网格节点】中增加网格线辅助布置。

4. 无论是刚性柱墩还是柔性柱墩，程序均在执行【柱冲切板】菜单时完成柱对柱墩，柱墩对板的冲切验算，并输出图形与文本文件。

2. 板带

点击【JCCAD/基础人机交互输入】→【板带/板带布置】，框选需要布置“板带”的板块。如图 3-133 所示。

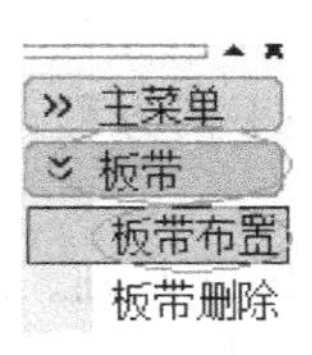

图 3-133 板带/板带布置

注：1. 本菜单用于设置板带，是柱下平板基础按弹性地基梁元法计算时必须运行的菜单。
2. 板带布置位置不同可导致配筋的差异。布置原则是将板带视为暗梁，沿柱网轴线布置，但在抽柱位置不应布置板带，以免将柱下板带布置到跨中。

3. 基础梁板弹性地基梁法计算

点击【JCCAD/基础梁板弹性地基梁法计算】，由图 3-134 可知，其由 4 个从属分菜单组成：基础沉降计算、弹性地基梁结构计算、弹性地基板内力配筋计算、弹性地基梁板结果查询。

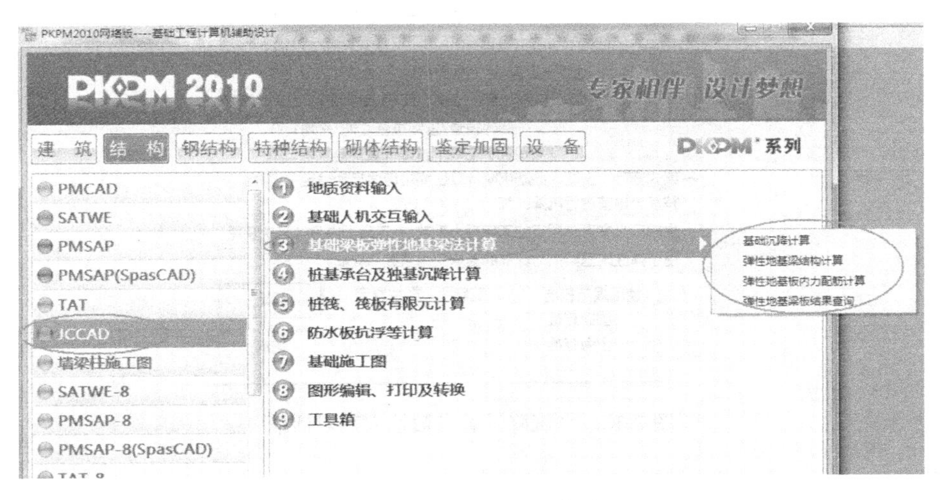

图 3-134 JCCAD 主菜单

(1) 适用条件

板厚与肋高比小于 0.5 时，采用“基础梁板弹性地基梁法计算”是比较合适的，当板厚与肋梁高度比大于 0.5 或柱网不规则时，优先采用板元法（桩筏、筏板有限元计算）。

(2) 基础沉降计算

在图 3-134 中选择“基础沉降计算”，进入“基础沉降计算”菜单如图 3-135 所示。本菜单可用于按弹性地基梁元法输入的筏板（带肋梁或板带）基础、梁式基础、柱下条形基础等的沉降。桩筏基础和无板带的平板基础则不能应用此菜单，否则计算结果不准确。如不进行沉降计算可不运行此菜单，当采用广义文克尔法计算梁板式基础时则必须运行此菜单。

图 3-135 “基础沉降计算”菜单

【刚性沉降】：适用于基础和上部结构刚度比较大的筏板基础。“刚性沉降”菜单式采用以下假定与步骤计算沉降的：①假设基础底板为完全刚性的；②将基础划分为 n 个大小相等的区格；③设基础底板最终沉降的位置用平面方程表示：$Z=Ax+By+C$，这样可以得到 $n+3$ 元的线性方程组，未知量为 n 个区格反力加平面方程的 3 个系数 A、B、C。方程组前 n 组是变形协调方程，后 3 组是平衡方程，解该方程组便可得到基底最终沉降和反力。

【柔性沉降】：适用于独基、条基、梁式基础、刚度较小或刚度不均匀的筏板。“柔性基础”采用以下假定和步骤计算沉降：①假设基础底板为完全柔性的；②将基础划分为 n 个大小可不相同的区格；③采用规范适用的分层总和法和计算各区格的沉降，计算时考虑各区格之间的相互影响。

在图 3-135 中点击“刚性沉降”或“柔性沉降”，弹出“沉降计算参数输入”对话框，如图 3-136 所示。在进行此步操作前，应点击【JCCAD/地质资料输入】，输入地质相关信息。

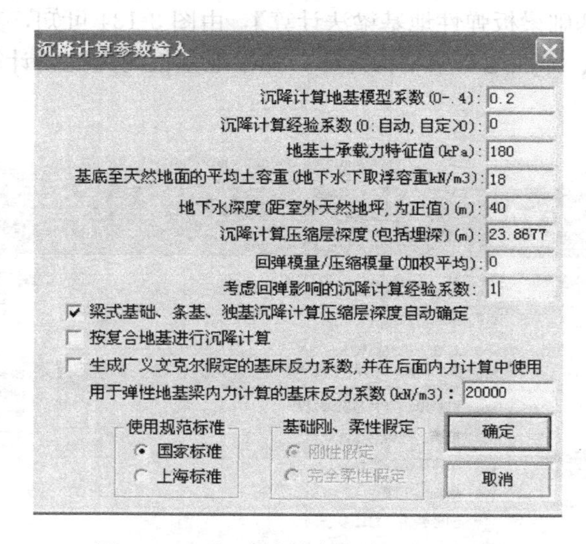

图 3-136 “沉降计算参数输入”对话框

参数注释

沉降计算地基模型系数：

一般 0.1～0.4。软土取小值，硬土取大值，它控制边角部反力与中央反力的比之：对于矩形板一般 4 世纪黏土应控制在 1.3～1.7，软土控制在 1.22 左右。砂土控制在 1.8～2.2；对于异形板黏土控制在 1.9～2.2，砂土控制在 1.8～2.6；一般正方形、圆形取大值，细长条形取小值。这里有个非常重要的概念，就是地基模型的选用。程序用模型参数 k_{ij}（默认为 0.2）来模拟不同的地基模型，$k_{ij}=0$ 的时候，为经典文克尔地基模型，$k_{ij}=1$ 的时候，为弹性半空间模型。

沉降计算经验系数：

见“地基规范”5.3.5。分层法的几个假定与实际情况存在一定偏离，比如弹性假定，而实际存在非线性关系；侧限条件，假定向下传递，而实际会横向传递；采用实验室获得的侧限压缩样本具有一定局限性，土蠕变等，所以计算出来的沉降应乘以一个沉降计算经验系数。该参数填写 0 时，由程序自动计算。如果用户不想用“地基规范”给出的沉降经验系数进行沉降修正，而想采用“箱基规程”或各地区的沉降经验系数进行修正，则用户输入自己选择的值。在进行上海地区工程的设计时，要特别注意进行校核。上海市工程建设规范《地基基础设计规范》DGJ 08－11－1999 第 4.3.1 条文说明、实测沉降资料发现，在一些浅层粉性土地区，采用条文规定的沉降计算经验系数，可能导致计算沉降偏大；而对于第三层淤泥质粉质黏土缺失或很薄，而第四层淤泥质黏土层很厚（大于 10m）且含水量很高（大于 50%）的情况，采用条文规定的沉降计算经验系数所得到的计算沉降量又可能小于实测值。

“地基承载力特征值”：按地质勘查报告取。

“基底至天然地面的平均重度”：当有地下水的部分取浮重度。

“地下水深度”：按地下水位距室外天然地坪的距离填写，为正值。

沉降计算压缩层深度（包括埋深）：

对于筏板基础，该值可按规范近似取：基础埋深$+b(2.5\sim0.4l_nb)$（单位：m）。其中 b 为基础宽度（详见“地基规范”第 5.3.7 条）。对筏板基础，程序初次运行时，自动按此公式给出初始值。筏板基础可参考上述公式确定压缩层深度。对梁式基础、独立基础和墙下条形基础，程序可自动计算压缩层深度，当选择该自动计算功能后，此处填写的压缩层深度值不起作用。

回弹模量/压缩模量（加权平均）：

此项是根据“地基规范”和“箱筏规范”中要求加上的，所不同的是“箱筏规范”重采用的是回弹再压缩模量。这样即在沉降计算中考虑了基坑底面开挖后回弹再压缩的影响，回弹模量或回弹再压缩模量应按相关试验值取，可见“地基规范”5.3.10 条和“箱筏规范”3.3.1 条。对于多层建筑可填写 0，这样计算就不考虑回弹影响或回弹再压缩影响。全补偿或者超补偿基础：即上部结构加地下室的总载荷小于等于挖去的土的自重时的基础，此时地基土也有沉降，即基坑的回弹再压缩的沉降量。计算高层建筑的地基变形时，由于基坑开挖较深，卸土较厚往往引起地基的回弹变形而使地基微量隆起，在实际施工中回弹再压缩模量较难测定和计算，从经验上回弹量约为公式计算变形量 10%～30%，因此高层建筑的实际沉降观测结果将是上述计算值的 1.1～1.3 倍。应该指出高层建筑基础由于埋置太深，地基回弹再压缩变形往往在总沉降中占重要地；带裙房的高层，差异沉降往往很大，考虑回弹再压缩变形后，差异沉降值往往会减小。

考虑回弹影响的沉降经验系数：当不考虑回弹影响时，该值取 1。

梁式基础、条基、独基沉降计算压缩层深度自动确定：

选取次项后程序对这三种基础自动计算压缩层深度，前面填写的是沉降计算压缩层深度无效。计算原则根据“地基规范”5.3.6 条规定，或“上海地基规范”5.3.2 条规定。

使用规范标准：

目前用户可选择沉降计算依据标准只有两种，即按国家规范 GBJ 7—89，或按上海市地方标准 DBJ 08—11—89。用户可任意点取其中之一。

选择采用广义文克尔假定进行地梁内力计算：

选取此项后，程序将按广义文克尔假定计算地梁内力，采用广义文克尔假定的条件是要有地质资料数据，且必须进行刚性底板假定的沉降计算。因此当选取此项后，在刚性假定沉降计算时，按反力与沉降的关系求出地基刚度，并按刚度变化率调整各梁下的基床反力系数。此时各梁基床反力系数将各不相同，一般来说边角部大些，中间小些。该参数的初始值为不选择用广义文克尔假定计算。

文克尔地基模型：

地基上任一点所受的压力强度 p 与该点的地基沉降 S 成正比，即 $p=kS$ 式中比例常数 k 称为基床系数，单位为 kPa/m（地基上某点的沉降与其他点上作用的压力无关，类似胡克定理，把地基看成一群独立的弹簧）。文克尔地基模型忽略了地基中的剪应力，而正是由于剪应力的存在，地基中的附加应力才能向旁扩散分布，使基底以外的地表发生沉降。凡力学性质与水相近的地基，例如抗剪强度很低的半液态土（如淤泥、软黏土）地基或基底下塑性区相对较大时，采用文克尔地基模型就比较合适。此外，厚度不超过梁或板的短边宽度之半的薄压缩层地基也适于采用文克尔地基模型（这是因为在面积相对较大的基底压力作用下，薄层中的剪应力不大的缘故）。

基础刚柔性假定：

刚性假定、完全柔性假定。对于含有基础梁的结构基础在应选择“完全柔性假定”，否则梁反力异常。如采用广义文克尔法计算梁板式基础则必须运行此菜单，并按刚性底板假定方法计算。完全柔性假定是根据《建筑地基基础设计规范》GB 50007—2002 中 5.3.5～5.3.9 或者“上海地基规范”4.3.1～4.3.5，即常用的规范手算法，它可用于独立基础、条形基础和筏板基础的沉降计算。刚性假定中地基模型系数是考虑土的应力、应变扩散能力后的折减系数。

“按复合地基进行沉降计算”：按工程情况选取。

“用于弹性地基梁内力计算的基床反力系数”：

查表可得，JCCAD用户手册附录C(P279)，弹性地基基床反力系数，一般平均值为20000（在筏板布置和板元法的参数设置中，是板的基床系数）；计算基础沉降值时应考虑上部结构的共同作用。K 值应该取与基础接触处的土参考值，土越硬，取值越大，埋深越深，取值越大；如果基床反力系数为负值，表示采用广义文克尔假定计算分析地梁和刚性假定计算沉降，基床反力系数的合理性就是看沉降结果，要不断地调整基床系数，使得与经验值或者规范分层总和法手算地基中心点处的沉降值相近；算出的沉降值合理后，从而确定了 K，再以当前基床反力系数为刚度而得到的弹性位移，再算出内力。一般来说，按规范计算的平均沉降是可以采取的，但是有时候与经验值相差太大时，干脆以手算结果为准或者以经验值为准，反算基床系数。

参数设置完成后，点击“确定”，程序弹出“输入沉降计算结果数据文件名”对话框。在右上角菜单中点击【数据文件】，可查阅计算结果数据文件。需要注意以下几点：

① 第一次计算出来的底板附加反力和底板设计反力（kN/m^2）。如果显示的附加反力出现负值，说明基础埋深较大，基础和上部结构总重量还不及地基基坑挖出土的重量大，于是平均沉降也出现负值，即地基往上拱，回弹。一般来说这样的基础设计并不经济，应适当减小埋深，多利用一点土承载能力。

② 深埋基础的基坑土方开挖后，地基卸载，土的弹性效应使其坑底面产生一定的回弹变形，回弹变形的大小与地基条件、卸载大小、基础面积、暴露时间、挖土顺序，所使用工具及基坑是否积水等因素有关，尚难准确计算。随着基础施工进展直至建筑物加载等于开挖基坑的土重时，这个过程产生的地基竖向变形成为再压缩变形。由于基坑回弹，地基再压缩变形并不像浅埋基础所假定那样，视为0，而是由一定的压缩变形量，这种再压缩变形量与回弹变形量有关，根据国内外一些资料表明，如果措施得当，如保证井点连续降水，不破坏基土，开挖基坑后随即浇注顶层和底板，加快基础施工速度等，回弹变形和再压缩变形都可控制在不太大范围内，再压缩变形略大于回弹变形，对埋深5m左右的箱基，一般再压缩变形为最终沉降量的20%～30%附加应力为负值时，建筑物完工后仍处于再压缩变形阶段，不会进入附加应力阶段（即建筑加荷超过土自重应力阶段），如果要计算这种再压缩变形值，可令埋深为0，用土的再压缩模量（可按再压缩曲线求得），按分层总和法计算。

③ 数据文件下面显示第一次修正系数，和第一次修正后的回弹再压缩变形量（如果要计算此项的话），及第一次修正后的反力与变形方程参数，格式同前面一样。这次修正主要是修正由于区格划分较多，Kil 取值小于1引起的与“地基规范”计算方法的差别，因此显示的第一次修正系数一般大于1。接着又显示第二次修正的结果，格式同前。这次修正主要是按“地基规范”表5.3.5沉降计算经验系数进行修正，用户也可按“箱筏规程”的规定或各地区有关的经验系数取值进行修正。

④ 各区格的地基刚度由公式 q_i/S_i(kN/m^3) 计算求得，其中 q_i 和 S_i 分别为区格的反

力和沉降值。一般来说这个刚度值，比弹性地基梁中选用的基床反力系数要低很多。如果前面数据表格中填写采用广义文克尔计算，则文件中还包括按填写的基床反力系数为平均修正值修正的各区格变基床系数，变基床反力系数的变化率是根据各区格的地基刚度变化率转化而来。得到的各梁下地基土的基床反力系数一般边角部大，中间小。

（3）弹性地基梁结构计算

在图 3-134 中选择“弹性地基梁结构计算”，进入“弹性地基梁结构计算”菜单如图 3-137 所示。

点击【计算参数】，弹出参数设置对话框，如图 3-138 所示。

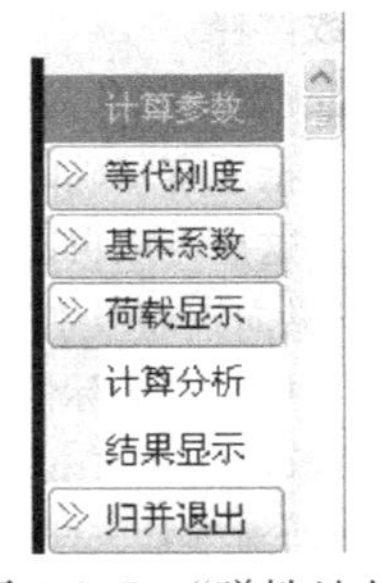

图 3-137 “弹性地基梁结构计算”对话框

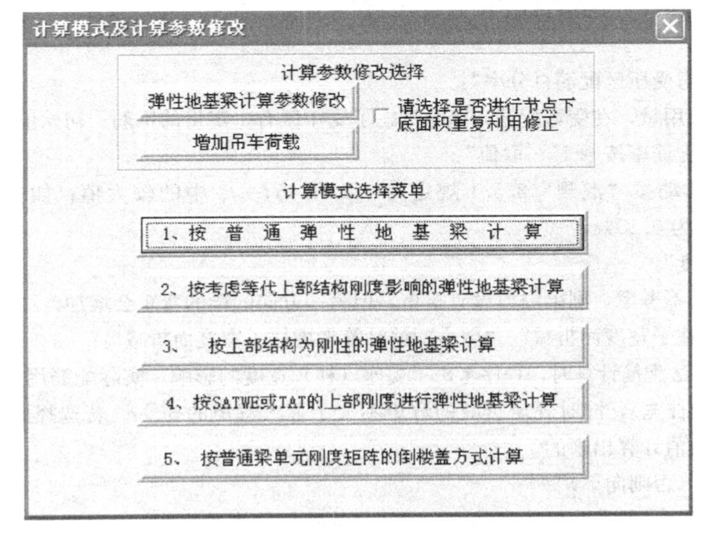

图 3-138 弹性地基梁计算模式及计算参数对话框

注：点击【弹性地基梁计算参数修改】，弹出参数修改对话框，如图 3-139 所示。

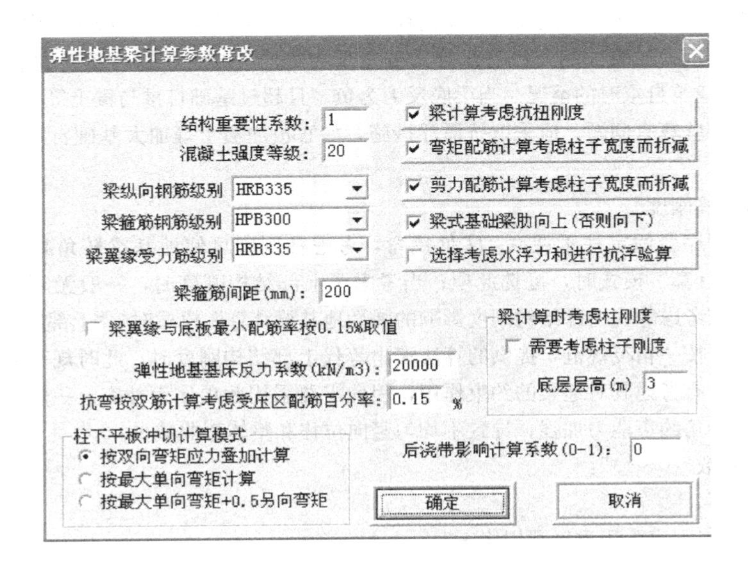

图 3-139 弹性地基梁计算参数修改

参数注释

“混凝土强度及钢筋等级”：

指所有基础的混凝土强度等级（不包括柱和墙），应根据工程实际情况填写。此值在交互输入已定义过，这里可以再次进行修改。

“梁纵向钢筋级别”、“梁箍筋钢筋级别”、“梁翼缘钢筋级别”：

按工程实际情况填写。

“梁箍筋间距（mm）”：初始值为200。

“弹性地基基床反力系数”：

可按JCCAD2010说明书附录值取，单位为kN/m^3。其初始值为20000。当基床反力系数为负值时即意味着采用广义文克尔假定计算，此时各梁基床反力系数将各不相同，一般来说边角部大些，中间小些。广义文克尔假定计算条件是前面进行了刚性假定的沉降计算，如不满足该条件，程序自动采用一般文克尔假定计算。

“抗弯按双筋计算考虑受压区配筋百分率”：

为合理减少钢筋用量，在受弯配筋计算时考虑了受压区有一定量的钢筋；初始值为0.15%。

“梁翼缘与底板最小配筋率按0.15%取值”：

如不选取，则自动按“混规”8.5.1规定为0.2和$45f_t/f_y$中的较大值；如选取，则按“混规”8.5.2规定适当降低为0.15%；

“梁计算考虑抗扭刚度”：

默认为考虑；若不考虑，则梁内力没有扭矩，但另一方向的梁的弯矩会增加。

“弯矩配筋计算考虑柱子宽度而折减”、“剪力配筋计算考虑柱子宽度而折减”：

在弹性地基梁元法配筋计算时，程序考虑了支座（柱）宽度的影响，实际配筋用的内力为距柱边$B/3$处得计算内力（B为柱宽），同时规定折减的弯矩不大于最大弯矩的30%。若选择此项，则相应的配筋值是用折减后的内力值计算出来的。

“梁式基础梁肋向上（否则向下）”：

按工程实际选择，一般在肋板式基础中，大部分基础都是使梁肋朝上，这样便于施工，梁肋之间回填或盖板处理。

“选择考虑水浮力和进行抗浮验算”：

选择此项将在梁上加载水浮力线荷载（反向线荷载），一般来说这个线荷载对梁内力计算结果没有影响，因为水浮力与土反力加载一起与没有水浮力的土反力完全一样。抗漂浮验算是验算水浮力在局部（如群房）是否超过建筑自重时的情况。当梁底反力为负，且超过基础自重与覆土等板面恒荷之和时，即意味该处底板抗漂浮验算有问题，应采取抗漂浮措施，如底板加覆土等加大基础自重方法，或采用其他有效措施。

“梁计算时考虑柱刚度”：

勾选此项时，程序会假定柱子在$0.7H$处反弯，考虑柱刚度可使地基梁转角减小一些。一般选择“按普通弹性地基梁计算”模式时，可选此项；当考虑了上部结构刚度时，一般无须再考虑柱子刚度影响；但如果选择“按考虑等代上部结构刚度影响的弹性地基梁计算”模式时，“上部结构等代刚度为基础梁刚度的倍数”用户按“箱筏规范”提供的算法求出等代上部结构刚度时，此时规范公式仅考虑柱子对上部梁的约束，而没有考虑其对地梁的约束作用，因此需要采用此项作为补充。一般来说考虑柱子刚度后会使地梁的节点转角约束能力加强，导致不均匀竖向位移和整体弯曲减少。

“后浇带影响计算系数（0～1）”：

按实际工程填写。

“请选择是否进行节点下底面积重复利用修正”：

由于在纵横梁交叉节点处下的一块底面积被两个方向上的梁使用了两次，因此存在着底面积重复利用的问题。对节点下底面积重复利用进行修正，一般来说会增加梁的弯矩，特别是梁翼缘宽度较大时，修正后弯矩和钢筋将会增加。软件在一般情况下隐含值为不修正，对梁元法计算的柱下平板式基础隐含值是修正。建议按软件隐含值考虑。

系统在弹性地基梁计算中给出了五种模式：

① 按普通弹性地基梁计算：这种计算方法不考虑上部刚度的影响，绝大多数工程都可以采用此种方法，只有当采用该方法时计算截面不够且不宜扩大再考虑其他模式。

② 按考虑等代上部结构刚度影响的弹性地基梁计算：该方法实际上是要求设计人员人为规定上部结构刚度是地基梁刚度的几倍。该值的大小直接关系到基础发生整体弯曲的程度。上部结构刚度相对地基梁刚度的倍数通过输入参数系统自动计算得出。如图 3-140 所示。

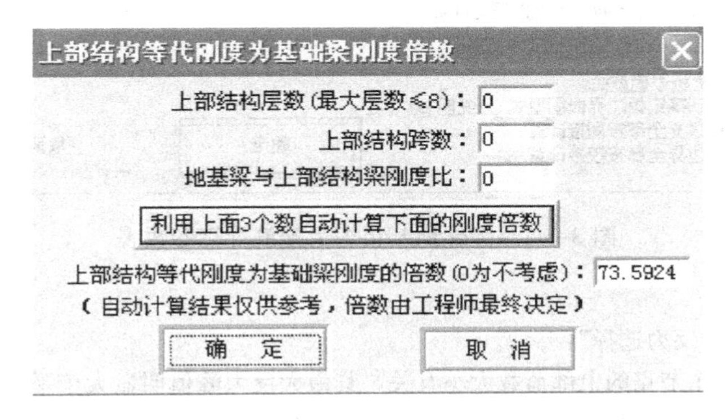

图 3-140　上部结构等代刚度为基础梁刚度倍数

注：只有当上部结构刚度较大、荷载分布不均匀，并且用模式 1 算不下来时方可采用，一般情况不选。

③ 按上部结构为刚性的弹性地基梁计算：模式 3 与模式 2 的计算原理实际上是一样的，只不过模式 3 自动取上部结构刚度为地基梁刚度的 200 倍。采用这种模式计算出来的基础几乎没有整体弯矩，只有局部弯矩。其计算结果类似传统的倒楼盖法。该模式主要用于上部结构刚度很大的结构，比如高层框支转换结构、纯剪力墙结构等。

④ 按 SATWE 或 TAT 的上部刚度进行弹性地基架计算：从理论上讲，这种方法最理想，因为它考虑的上部结构的刚度最真实，但这也只对纯框架结构而言。对于带剪力墙的结构，由于剪力墙的刚度凝聚有时会明显地出现异常，尤其是采用薄壁柱理论的 TAT 软件，其刚度只能凝聚到离形心最近的节点上，因此传到基础的刚度就更有可能异常。所以此种计算模式不适用带剪力墙的结构。

⑤ 按普通梁单元刚度的倒楼盖方式计算：模式 5 是传统的倒楼盖模型，地基梁的内力计算考虑了剪切变形。该计算结果明显不同于上述四种计算模式，因此一般没有特殊需要不推荐使用。

(4) 弹性地基板内力配筋计算

在图 3-134 中选择“弹性地基板内力配筋计算”，进入“弹性地基板内力配筋计算”菜单，如图 3-141 所示。

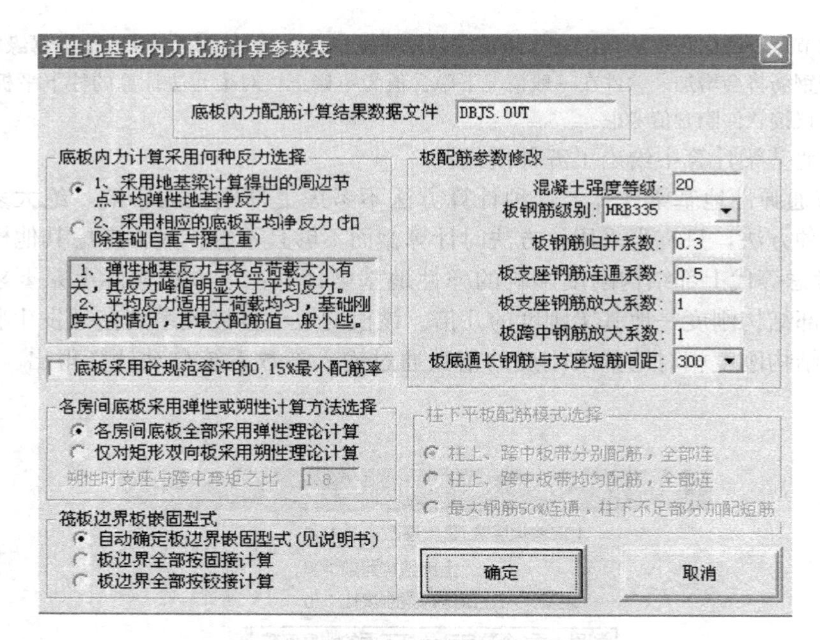

图 3-141　弹性地基板内力配筋计算参数表

参数注释

“底板内力计算采用何种反力选择”：

弹性地基反力与各个节点的上部荷载大小有关，其最大反力峰值明显大于平均反力，一般来说上部荷载不均匀，如高层与群房共存时，应采用第一种反力计算，否则高层部分反力偏低，裙房部分反力偏高。平均反力适用于荷载均匀，基础刚度大的情况，其最大配筋值较小些，配筋量较均匀。

“底板采用混凝土规范容许的 0.15%最小配筋率”：

若不选择，则默认按 0.2%的最小配筋率计算。

“各房间底板采用弹性或塑性计算方法选择”：

第一种弹性理论计算方法，特点是可以计算任意形状的周边支撑板，配筋偏于安全；第二种塑性理论计算，仅能用于矩形房间，对非矩形房间仍采用弹性法计算，配筋量较弹性法小 20%～30%。

“筏板边界板嵌固形式”：

若选择“自动确定板边界嵌固形式”时，当墙下筏板为边界且挑出宽度小于 600mm，支座为铰接处理，否则一律按嵌固处理。

“柱下平板配筋模式选择”：

a. “分别配筋，全部连通”，适用于梁元法、板元法计算模型，但要求正确设置柱下板带位置，即暗梁位置；b. “均匀配筋，全部连通”，适用于跨度小或厚板情况，该方法对桩筏筏板有限元计算模型无效；c. “部分连通，柱下不足部分加配短筋”，在通长筋区域内取柱下板带最大配筋量 50%和跨中板带最大配筋量的大者作为该通常区域的连通钢筋，对于柱下不足处短筋补足。此方法钢筋用量小，施工方便。该项初始值为方法（3），在第（1）、(3）模式配筋中，程序考虑了“地基规范”要求的柱子宽度加一倍板厚范围内钢筋增强（不少于 50%的柱下板带配筋量）的要求，并将其应用在整个柱下板带区。

混凝土强度等级：

该参数在弹性地基梁结构计算参数输入中已定义过，在这里可以再次修改。

板板钢筋级别：

按实际工程填写。该参数在弹性地基梁结构计算参数输入中的“梁翼缘钢筋级别”定义过，它在梁式基础中为“翼缘筋级别”，在梁板式基础中为“板筋级别”。

板钢筋归并系数：

该参数可取0.1～1.0的数，其初始值为0.3，它意味着板钢筋实配时，在30%的配筋量范围内都采用同一种钢筋实配。

板支座钢筋连通系数：

板的通长支座钢筋量与最大支座钢筋量的比值，可取0.1～1.0的数。其初始值为0.5。程序还对通长支座钢筋按最小配筋率0.15%做了验算，使通长支座钢筋不小于0.15%的配筋率。当系数大于0.8时，程序按支座钢筋全部连通处理。另外跨中筋则全部连通。

板支座钢筋放大系数：

在钢筋实配时，将计算支座配筋量与该系数相乘作为实配钢筋量，其初始值为1.0。

板跨中钢筋放大系数：

在钢筋实配时，将计算跨中配筋量与该系数相乘作为实配钢筋量，其初始值为1.0。

板底通长钢筋与支座短筋间距：

该间距参数是指通长筋与通长筋的间距，短筋与短筋的间距，当通长筋与短筋同时存在时，两者间距应相同，以保持钢筋配置的有序。规范要求基础底板的钢筋间距一般不小于150mm，但由于板可能通长钢筋与短筋并存，也可能通长筋单独存在，因此板筋的实配比较复杂。通过该参数，可根据不同情况控制板底总体钢筋间距。该参数隐含为300mm。当实配钢筋选择无法满足指定间距时，程序自动选择直径36mm或40mm的钢筋，间距根据配筋梁反算得到。

3.16.16 筏板基础施工图绘制

1. 配筋计算查看

（1）点击【JCCAD/桩筏、筏板有限元计算】→【结果显示】，在弹出的对话框中选择“配筋量图ZFPJ.T”，点击保存，把此T图（ZFPJ）转成DWG图。

（2）点击【JCCAD/桩筏、筏板有限元计算】→【交互配筋】，在弹出的对话框中（图3-142）选择“分区域均匀配筋”，显示配筋计算结果（PJXX），此计算结果与ZF-PJ.T中的计算结果一样。点击保存，把此T图（PJXX）转成DWG图。

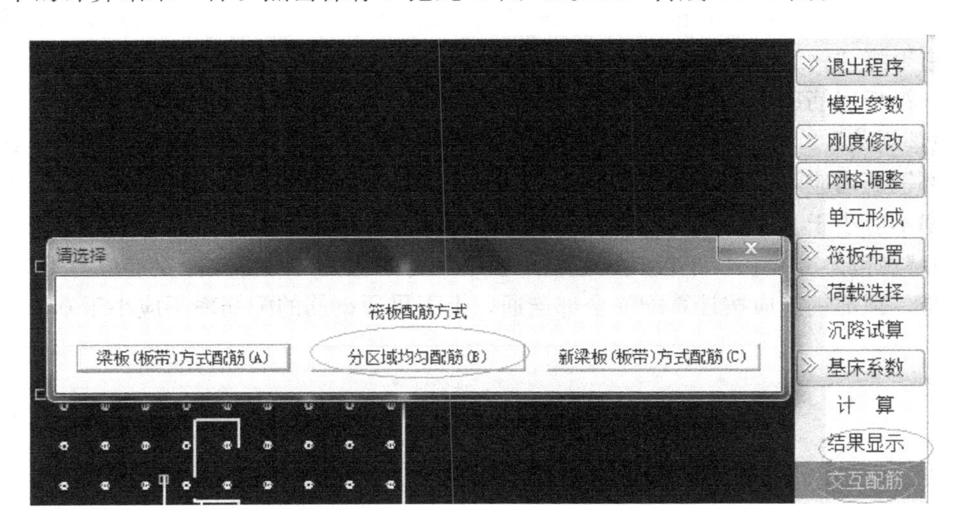

图3-142 交互配筋/筏板配筋方式

2. 计算结果处理

从网上下载两个小插件对筏板配筋计算结果进行处理，使得绘图更有效率，如图3-143

FBPJ
PJSC

图 3-143 筏板配筋计算结果处理插件

所示。需要注意的是，使用该插件时，不要对配筋计算结果进行任何处理（放大、缩小等），该插件只对“PJXX”有效，对“ZFPJ”无效。

在 CAD 或 TSSD 中加载以上两个插件。输入命令“FBPJ”，程序提示输入“请输入筏板上部 X 向钢筋”，如果要把小于 700mm^2 的计算配筋去掉，则输入“700”，按回车键。程序提示“请输入筏板上部 Y 向钢筋”，输入要去掉的“筏板上部 Y 向钢筋”计算值，按回车键。程序提示“请输入筏板下部 X 向钢筋”，输入要去掉的“筏板下部 X 向钢筋”计算值，按回车键。程序提示“请输入筏板下部 Y 向钢筋”，输入要去掉的“筏板下部 Y 向钢筋”计算值，按回车键。程序提示“选择对象”，框选对象，则过滤后的计算配筋值变为 0。如图 3-144 所示。

0 xAUy2313
0 xADy0

图 3-144 处理后的计算结果

注：AU 是指筏板上部计算配筋结果，DU 是指筏板下部计算配筋结果，x 是指 x 方向计算配筋，y 是指 y 方向计算配筋。

输入命令“PJSC”，可以把 0 配筋值去掉，如图 3-145 所示。

0 xAUy2313

图 3-145 处理后的计算结果（1）

注：2313 左边的 0 没有删除，是因为计算结果为 0（构造配筋）。底板配筋图中数字太多，此插件可以清理掉小于通长钢筋的配筋数字，核对底板配筋时一目了然。

3. 施工图绘制

筏板施工图绘制基本与楼板施工图绘制方法一样。需要注意的是，筏板面筋、板底筋方向与楼板面筋、底筋方向相反。在画钢筋时，通常拷贝一个面筋、底筋模板，再参考配筋计算结果将“钢筋模板”复制到其他板块中，用拉伸命令拉伸钢筋，完成其他板块钢筋的绘制。筏板底筋通长筋可按 0.15%取。

“地基规范”8.4.15：梁板式筏基的底板和基础梁的配筋除满足计算要求外，纵横方向的底部钢筋尚应不小于 1/3 贯通全跨，顶部钢筋按计算配筋全部连通，底板上下贯通钢筋配筋率不应小于 0.15%。

“地基规范”8.4.16：平板式筏基柱下板带和跨中板带的底部支座钢筋应有不少于 1/3 贯通全跨，顶部钢筋应按计算配筋全部连通，上下贯通钢筋的配筋率不应小于 0.15%。

4 门式刚架设计

门式刚架是一种结构体系，可以是“门式刚架轻型房屋钢结构”，此时执行《门式刚架轻型房屋钢结构技术规范》CECS 102：2012（以下简称“门规”），当不满足“门规”的适用范围时，应执行《钢结构设计规范》GB 50017（以下简称“钢规”）。

“门式刚架轻型房屋钢结构”其适用范围见《门式刚架轻型房屋钢结构技术规范》CECS 102：2012 第 1.0.2 条：本规程适用于主要承重结构为单跨或多跨实腹门式刚架、具有轻型屋盖和轻型外墙、无桥式吊车或有起重量不大于 20t 的 A1～A5 工作级别桥式吊车或 3t 悬挂式起重机的单层房屋钢结构的设计、制作和安装。门式刚架轻型房屋的外墙亦可采用砌体，此时应符合本规程第 4.4.3 条的规定。本规程不适用于强侵蚀介质环境中的房屋。

吊车的工作制分轻、中、重级与特重级，主要考虑吊车的使用频率，一般重级工作制是指只要车间工作就必须频繁用吊车，要进行疲劳验算。轻级为很少使用，只有在检修或偶尔使用。中级为界于两者之间。所以一般情况下，中级工作制较多，主要看工艺情况，工作级别与起重量没关系，即起重量很小的吊车的工作级别可能会很大。A1～A3 一般为轻级，如安装，维修用的电动梁式吊车，手动梁式吊车。A4、A5 为中级，如机械加工车间用的软钩桥式吊车。A6、A7 为重级，如繁重工作车间软钩桥式吊车。A8 为特重级，如冶金用桥式吊车、连续工作的电磁、抓斗桥式吊。

当门式刚架吊车吨位超过 20t 时，应注意几下几点：第一，对于吊车吨位超过 20t 的单层钢结构厂房，已经超出了“门规”的适用范围，应该按照“钢规”来进行设计与控制，如：长细比、局部稳定、挠度、柱顶位移等控制指标，其中长细比、挠度、柱顶位移控制指标在参数输入中的设计控制参数中可以按照“钢规”进行人为指定，局部稳定程序会根据指定的构件验算规范按对应规范自动进行控制。第二，屋面斜梁建议采用“门规”验算。第三，结构类型应选择“单层钢结构厂房”。第四，对于柱的计算长度系数，程序默认按照总参数中选定的验算规范进行确定，对于吊车作用柱，如果上下柱段采用相同截面（非阶形柱），且梁柱连接采用刚接，建议柱计算长度按“门规”确定；如果上下柱段采用变截面的阶形柱，计算长度系数的确定，建议按“钢规”确定。采用哪种规范，背后还是主次之分，当门式刚架吊车吨位超过 20t 时，主要指标应采用“钢规”，次要指标按“门规”。受力很大的构件用“钢规”，受力较小且变化不大的用“门规”。

4.1 钢结构知识准备

4.1.1 钢结构的优缺点

1. 钢结构的优点

强度高，质量轻。如 Q235 钢抗拉、抗压和抗弯强度设计值 $f=215\text{N/mm}^2$（厚度或直径小于 16mm），而常用的 C30 混凝土轴心抗压强度设计值为 $f_c=14.3\text{N/mm}^2$。以同样跨度承受同样荷载，钢屋架的质量最多不过为钢筋混凝土屋架的 1/4～1/3，冷弯薄壁型钢屋架甚至接近 1/10。

材质均匀，塑性，韧性好，抗震性能好。钢材由于组织均匀，接近各向同性，而且在一定的应力幅度内几乎是完全弹性，弹性模量大。塑性好，钢结构不会因为偶然超载或局部超载而突然断裂破坏。钢材韧性好，于是钢结构较能适应振动荷载。

制造简单，工业化程度高，施工期短。钢构件一般在加工厂制作而成，构件在工地拼装时，多采用简单方便的焊接或螺栓连接。

构件截面小，有效空间大且节能、环保。

2. 钢结构的缺点

钢结构耐热性能好，但耐火性差，一般用于温度不高于 250℃的场所。

钢材耐腐蚀性差，应采取防护措施，尤其是暴露在大气中的结构、有腐蚀性介质的化工车间以及沿海建筑。钢结构的防护可采用油漆、渡铝（锌）复合涂层，但维护费用较高。

4.1.2 对建筑钢结构所用钢材的要求

1. 较高的强度

要求钢材具有较高的屈服强度 f_y 和抗拉强度 f_u，以减小构件截面。屈强比 f_y/f_u 大小反映设计强度储备的大小，屈强比越小，则表明强度储备越大，过小表明不够经济。一般碳素钢屈强比为 0.6～0.65，低合金结构钢为 0.65～0.75，合金结构钢为 0.84～0.86。

2. 足够的变形能力

要求钢材具有良好的塑性和冲击韧性。钢材的塑性性能是通过伸长率 δ 来反映。冲击性能是钢材抵抗因低温、应力集中、冲击荷载作用下脆性断裂能量的另一种机械性能指标。屈服强度 f_y、抗拉强度 f_u 和伸长率 δ 是承重钢结构对钢材要求所必需的三项机械性能指标。

3. 良好的加工性能

即适合冷、热加工，同时具有良好的可焊性。常对钢材进行冷弯试验，冷弯试性能是衡量钢材在常温下弯曲加工生成塑性变形时对产生裂纹的抵抗能力的一项指标。

4.1.3 钢材分类

1. 碳素结构钢

碳素结构钢分为三个牌号，即 Q195、Q235 和 Q275，Q 代表钢材屈服强度的字母，其后数值表示屈服强度大小。Q235 和 Q275 两个牌号依次又分为 A、B、C、D 四种不同质量等级，A 级最差，D 级最好。

A、B 级按脱氧方法可分为沸腾钢（F），半镇静钢（B）或镇静钢（Z），C 级钢为镇静钢，D 级钢为特殊镇静钢（TZ），Z 和 TZ 在牌号中省略不写。工程设计中，普通工程的隅撑、系杆（圆钢或圆管）、撑杆（圆钢，电焊管组合）、屋面水平支撑、柱间支撑常用 Q235B，拉条（直拉条、斜拉条）常用 HPB300（钢筋）。Q235B 钢比 Q345B 钢塑性性能好，如果不是强度控制，一般优先用 Q235B 钢。

注：HPB300 表示钢筋的强度等级，一级热轧光圆钢筋，屈服强度标准值为 300N/mm²，是用 Q235 碳素结构钢轧制而成的光圆钢筋；Q235B 是钢材的牌号，B 为质量等级，屈服强度标准值为 235N/mm²，

可制成钢板、圆钢等。

2. 低合金高强度结构钢

这是一类可焊接的低碳工程结构用钢。其含碳量通常小于0.25%，比普通碳素结构钢有较高的屈服点或屈服强度和屈强比，较好的冷热加工成型性，良好的焊接性，较低的冷脆倾向、缺口和时效敏感性，以及有较好的抗大气、海水等腐蚀能力。可明显提高钢材强度，使钢结构强度、刚度、稳定性三个控制指标均能充分而满足，尤其在跨度或重荷结构中优点更为突出，一般比普通碳素钢节省钢材20%左右，价格要贵。

低合金钢牌号有Q295、Q345、Q345GJ、Q390、Q420、Q460六种，其中Q390和Q420各有A、B、C、D、E五个质量等级，Q295只有A、B两个质量等级。工程设计中，普通工程的檩条、钢柱、钢梁、连接板等优先用Q345B钢（一般强度控制）。

4.1.4 选用钢材

1. H型钢

(1) 轧制H型钢优点

翼缘宽度大，提高弱轴方向的承载力。采用普通螺栓或高强螺栓连接时，一般不用做特殊构造处理（工字型钢应设置附加斜垫圈），上下平行翼缘的板便于连接构造；轧制H型钢由于没有焊接与焊接变形过程，质量会高于同钢号的H型钢且价格便宜。

(2) H型钢分类

轧制H型钢按钢号分类，有低碳结构钢Q235钢、低合金钢Q345钢和Q390钢，轧制H型钢其特点如表4-1所示。

H型钢其特点 **表4-1**

型 号	特 点
宽翼缘（HW）	1. 翼缘较宽，截面宽高比为1∶1； 2. 弱轴回转半径相对较大； 3. 规格100mm×100mm～400mm×400mm
中翼缘（HM）	1. 截面宽高比：1∶1.3～1∶2； 2. 规格150mm×100mm～600mm×300mm
窄翼缘（HN）	1. 截面宽高比：1∶2～1∶3； 2. 截面高100～900mm

注：1. 工字型钢不论是普通型还是轻型的，由于截面尺寸均相对较高、较窄，故对截面两个主轴的惯性矩相差较大，因此，一般仅能直接用于在其腹板平面内受弯的构件或将其组成格构式受力构件。对轴心受压构件或在垂直于腹板平面还有弯曲的构件均不宜采用，这就使其在应用范围上有很大的局限。

2. H型钢属于高效经济裁面型材（其他还有冷弯薄壁型钢、压型钢板等），由于截面形状合理，它们能使钢材更高地发挥效能，提高承载能力。不同于普通工字型钢的是H型钢的翼缘进行了加宽，且内、外表面通常是平行的，这样可便于用高强度螺栓和其他构件连接。其尺寸构成合理系列，型号齐全，便于设计选用。

3. H型钢的翼缘都是等厚度的，有轧制截面，也有由3块板焊接组成的组合截面。工字型钢都是轧制截面，由于生产工艺差，翼缘内边有1∶10坡度。H型钢的轧制不同于普通工字型钢仅用一套水平轧辊，由于其翼缘较宽且无斜度（或斜度很小），故需增设一组立式轧辊同时进行辊轧，因此，其轧制工艺和设备都比普通轧机复杂。国内可生产的最大轧制H型钢高度为800mm，超过了只能是焊接组合截面。

4. 轧制H型钢适于批量生产，且材质性质比较均匀；焊接H型钢，截面较为灵活，但焊接质量存在波动。

2. 角钢

角钢可以分为等边角钢和不等边角钢，可以单独受力也可以作为受力连接构件。等肢角钢以肢宽和肢厚表示，如∟90×6 表示肢宽 90mm，肢厚 6mm 的等边角钢。不等边角钢是以两肢的宽度和肢厚表示，如∟80×50×7 表示长肢宽 80mm，短肢宽为 50mm，肢厚 7mm 的不等边角钢。我国目前生产的最大等边角钢的肢宽度为 200mm，最大不等边角钢两个肢宽分别为 200mm 和 125mm。角钢的长度一般为 4～19m。

目前国产角钢规格为 2～20 号，以边长的厘米数为号数，同一号角钢常有 2～7 种不同的边厚。进口角钢标明两边的实际尺寸及边厚并注明相关标准。一般边长 12.5cm 以上的为大型角钢，12.5～5cm 的为中型角钢，边长 5cm 以下的为小型角钢。

在钢结构的受力构件及其连接中，不宜采用：截面小于∟45×4 或∟56×36×4 的角钢（对焊接结构），或截面小于∟50×5 的角钢（对螺栓连接或铆钉连接结构）。对于轻型门式刚架，隅撑最小可以取∟50×4、∟50×5。有吊车时，屋面支撑有时用双角钢，比如 2∟63×5，柱间支撑一般可用双角钢（柱距较大），如 2∟90×6mm，柱距较小时，可用单角钢，如∟90×8，∟100×63×6 等，在设计时，均应满足计算与构造要求。

角钢的尺寸有：∟50×5、∟50×6、∟56×5、∟56×6、∟56×8、∟63×40×4、∟63×5、∟63×6、∟70×5、∟70×6、∟75×5、∟75×6、∟75×8、∟80×5、∟80×6、∟80×7、∟90×6、∟90×8、∟90×10、∟90×56×6、∟100×7、∟100×10、∟100×16、∟110×8、∟125×10 等。

3. 工字钢

主要用于其腹板平面内受弯的构件，但由于工字钢两个主轴方向的惯性矩和回转半径相差较大，不宜单独用做轴心受压构件或承受斜弯曲和双向弯曲的构件。

普通工字钢用号数表示，号数即为其截面高度的厘米数，20 号以上的工字钢，同一号数有三种腹板厚度，分别为 a、b、c 三类，a 类腹板最薄、翼缘最窄，b 类较厚较宽，c 类最厚最宽。普通工字钢的最大号数为工63。轻型工字钢的通常长度为 5～9m。

4. 槽钢

槽钢分普通槽钢和轻型槽钢。槽钢是截面为凹槽形的长条钢材。其规格以腰高（h）*腿宽（b）*腰厚（d）的毫米数表示，如 120*53*5，表示腰高为 120mm，腿宽为 53mm，腰厚为 5mm 的槽钢，或称 12 号槽钢。腰高相同的槽钢，如有几种不同的腿宽和腰厚也需在型号右边加 a、b、c 予以区别，如 25a 号、25b 号、25c 号等。

热轧普通槽钢的规格为 5～40 号，即相应的高度为 5～40cm。在相同的高度下，轻型槽钢比普通槽钢的腿窄、腰薄、重量轻。18～40 号为大型槽钢，5～16 号槽钢为中型槽钢（槽钢的号数可以类比钢筋的直径大小）。槽钢可以用做屋檩，如 20 号；可以用做立柱，如 2［20a（两槽钢对口焊）；可以用做门柱，如 2［16a（两槽钢对口焊）；可以用做柱间支撑，如 2［10，2［12.6。槽钢长度一般为 5～19m。

5. 钢板

在钢结构的受力构件及其连接中，一般不宜采用厚度小于 4mm 的钢板。“门规”3.5.1-1：用于檩条和墙梁的冷弯薄壁型钢，其壁厚不宜小于 1.5mm。用于焊接主刚架构件腹板的钢板，其厚度不宜小于 4mm 当有根据时可不小于 3mm。

薄板，板厚 0.35～4mm，宽度 500～1800mm，长度为 4～6mm。厚钢板，厚度 4.5～60mm（亦有将 4.5～20mm 称为中厚板，＞20mm 称为厚板），宽度 700～3000mm，长度 4～12m。

在轻钢结构厂房中，一般普通连接板最小板厚 6mm，以 8mm 居多。加劲肋最小板厚

6mm，同时必须满足构造。梁柱端板最小板厚 16mm，同时也满足计算与构造要求。

节点设计过程中，应尽量采用与母材强度等级相同的钢板作为连接板。梁柱或梁梁拼接时，设计院里一般至少用 12mm 厚的连接板，但钢构厂一般用 16mm，防焊缝变形。同一项目中，一般不采用不同材料的连接板。连接板上的螺栓：可采用摩擦型高强度螺栓、承压型高强度螺栓，当受力比较小时，也可采用普通螺栓。

6. 圆钢管

按生产方法可分为无缝圆钢管和焊接圆钢管。在钢结构的受力构件及其连接中不宜采用壁厚小于 3mm 的钢管。在厂房设计中，一般常用焊接圆钢管，可以用做屋面支撑，比如 $\phi 83\times 3.5$(Q235B)、$\phi 133\times 3.5$(Q235B)；可以用做刚性系杆，如 $\phi 121\times 3.0$(Q235B)、$\phi 127\times 3.0$(Q235B)；可以与 $\phi 12$ 的钢筋组成撑杆，如 $\phi 12$ 和 $\phi 32\times 2.0$ 电焊管组合（Q235B）。

常用焊接圆钢管直径如下：60、63.5、70、76、83、89、95、102、108、114、121、127、133、140、152（mm）等。

7. 选用钢材时应注意事项

（1）选用工字钢时、槽钢及角钢时，一般不宜选用最大型号规格，以防市场断货。

（2）轻型屋面、墙面的檩条一般应选用冷弯薄壁型钢，C 型钢，屋面坡度较大的檩条可用冷弯薄壁 Z 型钢，应避免选用热轧工字钢、槽钢。当檩条荷载比较大或跨度比较大时，可以选择斜卷边 Z 型钢。

注：斜卷边冷弯 Z 型薄壁钢檩条与传统的直角卷边 C 型檩条和直角卷边 Z 型钢檩条相比可以叠起来堆放，不占工厂和工地现场的空间、运输时体积小。最重要的是，斜卷边冷弯 Z 型薄壁钢檩条通过在上下翼缘采用不同宽度的方法，实现了檩条和檩条之间通过嵌套搭接达到多跨檩条连续的目的，从而大大地减小了檩条的下挠变形，使得檩条可以跨越更大的跨度，承担更大的荷重。

（3）在同一工程或同一构件中，同类型钢或钢板的规则种类不宜过多，一般不超过 5～6 种；不同型号的钢板或型钢应避免选用同一厚度或同一规格，以免混淆。

4.1.5 钢材的强度设计指标

《钢结构设计规范》GB 50017 第 5.4.1 条（以下简称“钢规”）：钢材的强度设计指标，应根据钢材牌号、厚度或直径按表 4-2 采用。

钢材的强度设计值（N/mm^2） **表 4-2**

牌号	厚度或直径（mm）	抗拉、抗压、和抗弯 f	抗剪 f_v	端面承压（刨平顶紧）f_{ce}	钢材名义屈服强度 f_y	极限抗拉强度最小值 f_u
Q235	≤16	215	125	325	235	370
	>16～40	205	120		225	370
	>40～60	200	115		215	370
	>60～100	200	115		205	370
Q345	≤16	300	175	400	345	470
	>16～40	295	170		335	470
	>40～63	290	165		325	470
	>63～80	280	160		315	470
	>80～100	270	155		305	470

续表

牌号	厚度或直径（mm）	抗拉、抗压、和抗弯 f	抗剪 f_v	端面承压（刨平顶紧）f_{ce}	钢材名义屈服强度 f_y	极限抗拉强度最小值 f_u
Q390	≤16	345	200	415	390	490
	>16～40	330	190		370	490
	>40～63	310	180		350	490
	>63～80	295	170		330	490
	>80～100	295	170		330	490
Q420	≤16	375	215	440	420	520
	>16～40	355	205		400	520
	>40～63	320	185		380	520
	>63～80	305	175		360	520
	>80～100	305	175		360	520
Q460	≤16	410	235	470	460	550
	>16～40	390	225		440	550
	>40～63	355	205		420	550
	>63～80	340	195		400	550
	>80～100	340	195		400	550
Q345GJ	>16～35	310	180	415	345	490
	>35～50	290	170		335	490
	>50～100	285	165		325	490

注：1. GJ 钢的名义屈服强度取上屈服强度，其他均取下屈服强度。
2. 表中厚度系指计算点的钢材厚度，对轴心受拉和轴心受压构件系指截面中较厚板件的厚度。

4.1.6　钢结构中的螺栓连接、构造、计算及其他基本知识点

钢结构是由钢板、型钢等通过连接制成基本构件（如梁、柱、桁架等），再运到工地安装连接成整体结构。钢结构的连接方法可分为螺栓连接、焊缝连接和铆钉连接三种，前两种用得比较多。

1. 螺栓及其孔眼图例

螺栓及其孔眼图例如图 4-1 所示。

名称	永久螺栓	高强度螺栓	安装螺栓	圆形螺栓孔	长圆形螺栓孔
图例				ϕ	b　ϕ

图 4-1　螺栓及其孔眼图例

2. 螺栓的分类、概念及其他基本知识点

（1）连接螺栓可分为普通螺栓和高强度螺栓两大类。高强度螺栓一般作为受力螺栓使用（梁柱节点连接常用 10.9 级摩擦型高强度螺栓；柱间支撑、屋面支撑之间的拼接连接一般采用 10.9 级承压型高强度螺栓，直径一般在 M16～M20，也可以采用普通螺栓＋焊接，但采用高强度螺栓是趋势，质量稳定，价格趋降，避免现场焊接，减少同一项目中所采用的螺栓种类。普通螺栓仅作为临时安装之用（当为简支檩条时，檩条或墙梁常以材质

为Q235，M12镀锌C级，性能等级为4.8级的普通螺栓将檩条或墙梁固定于檩托板上。隅撑与檩条及托板之间的螺栓一般也为材质为Q235，M12镀锌C级，性能等级为4.8级的普通螺栓）。

高强螺栓孔径比杆径大1.5～2.0mm，普通螺栓孔径比杆径大1.0～1.5mm。普通螺栓可分为A、B、C级，A、B级称为精致螺栓，C级称为粗制螺栓，C级一般由普通碳素钢Q235-B.F钢制成，建筑钢结构普通螺栓一般选用C级。C级普通螺栓的材料等级有4.6级、4.8级两种；A、B级普通螺栓的材料性能等级仅有8.8级一种。普通螺栓主要承受轴向拉力，用于不直接承受动力荷载和临时构件的安装连接。普通螺栓不施加预拉力。除了安装螺栓（一般是普通螺栓）外，其他螺栓（如高强度螺栓）一般都是永久性螺栓。

（2）高强度螺栓分为摩擦型高强度螺栓与承压型高强度螺栓，摩擦型高强度螺栓以摩擦力刚被克服作为连接承载力的极限状态，而承压型高强度螺栓是当剪力大于摩擦阻力后，以锚栓被剪断或连接板被挤坏为承载力极限状态，其计算方法与普通螺栓一致，所以承压型高强度螺栓承载力极限值大于摩擦型高强度螺栓承载力极限值。高强度螺栓摩擦型能承受动力荷载，但连接面需要做摩擦面处理，比如喷砂后涂无机富锌漆。高强度螺栓承压型连接的连接面一般只需做防锈处理。

高强度螺栓杆件连接端及连接板表面经特殊处理后（如喷砂后涂无机富锌漆），形成粗糙面，再对高强度螺栓施加预拉力，将使紧固部件产生很大的摩擦阻力。高强度螺栓从外形上可分为大六角头高强度螺栓和扭剪型高强度螺栓，目前我国使用的大六角头高强度螺栓有8.8级和10.9级两种，高强度扭剪型螺栓只有10.9级一种。强度性能等级中整数部分的“8”或“10”表示螺栓热处理后的最低抗拉强度 f_u 为800N/mm^2（实际为830N/mm^2）或1000N/mm^2（实际为1040N/mm^2）；小数点后面的数字“0.8”或“0.9”表示螺栓经热处理后的屈强比 f_y/f_u（高强度螺栓无明显屈服点，一般 f_y 取相当于残余应变0.2%的条件屈服强度），所以，8.8级的高强度螺栓最低屈服强度 f_y 为0.8×830=660N/mm^2，10.9级的高强度螺栓最低屈服强度 f_y 为0.91×1040=940N/mm^2。

（3）扭剪型高强度螺栓和大六角型高强度螺栓的区别

扭剪型高强度螺栓头部有一梅花头，而大六角型高强度螺栓没有；扭剪型高强度螺栓的尾部是圆形的，而大六角型高强度螺栓是六角形；施工时，扭剪型高强度螺栓使用电动工具，而大六角型高强度螺栓使用扭矩扳手；确认螺栓是否已经达到预应力的方法不同，在施工时，对于扭剪型高强度螺栓。只要梅花头掉落，即可认为合格，而大六角型高强度螺栓则需要调节扭矩扳手的扭矩来确认。

注：在外观上，大六角型高强度螺栓和普通螺栓一样，但这种螺栓现在因为施工不便一般很少用，而且容易发生漏紧。

3. 螺栓的连接、构造与计算

（1）高强度螺栓摩擦型连接与计算

《钢结构设计规范》GB 50017第12.5.1条（以下简称“钢规”）：高强度螺栓摩擦型连接应按下列规定计算：

1　在受剪连接中，每个高强度螺栓的承载力设计值应按下式计算：

$$N_v^b = k_1 k_2 n_f \mu P \tag{4-1}$$

式中 N_v^b——一个高强度螺栓的抗剪承载力设计值；

k_1——系数，对冷弯薄壁型钢结构（板厚≤6mm）时取 0.8；其他情况取 0.9；

k_2——孔型系数，标准孔取 1.0；大圆孔取 0.85；内力与槽孔长向垂直时取 0.7；内力与槽孔长向平行时取 0.6；

n_f——传力摩擦面数目；

μ——摩擦面的抗滑移系数，按表 4-3 和表 4-4 取值；

P——一个高强度螺栓的预拉力，按表 4-5 取值。

钢材摩擦面的抗滑移系数 μ **表 4-3**

连接处构件接触面的处理方法		构件的钢号				
		Q235 钢	Q345 钢	Q390 钢	Q420 钢	Q460 钢
普通钢结构	喷硬质石英砂或铸钢棱角砂	0.45	0.45		0.45	
	抛丸（喷砂）	0.35	0.40		0.40	
	抛丸（喷砂）后生赤锈	0.45	0.45		0.45	
	钢丝刷清除浮锈或未经处理的干净轧制面	0.30	0.35		0.40	
冷弯薄壁型钢结构	抛丸（喷砂）	0.35	0.40	/	/	
	热轧钢材轧制面清除浮锈	0.30	0.35	/	/	
	冷轧钢材轧制面清除浮锈	0.25	/	/	/	

注：1. 钢丝刷除锈方向应与受力方向垂直。
2. 当连接构件采用不同钢号时，μ 按相应较低的取值。
3. 采用其他方法处理时，其处理工艺及抗滑移系数值均需要试验确定。

涂层连接面的抗滑移系数 **表 4-4**

表面处理要求	涂装方法及涂层厚度	涂层类别	抗滑系数 μ
抛丸除锈，达到 Sa2½级	喷涂或手工涂刷，50～75μm	醇酸铁红	0.15
		聚氨酯富锌	
		环氧富锌	
	喷涂或手工涂刷，50～75μm	无机富锌	0.35
		水性无机富锌	
	喷涂，30～60μm	锌加（Z1NA）	0.45
	喷涂，80～120μm	防滑防锈硅酸锌漆（HES-2）	

注：当设计要求使用其他涂层（热喷铝、镀锌等）时，其钢材表面处理要求、涂层厚度及抗滑移系数均需由试验确定。

一个高强度螺栓的预拉力设计值 P(kN) **表 4-5**

螺栓的性能等级	螺栓公称直径（mm）					
	M16	M20	M22	M24	M27	M30
8.8 级	80	125	150	175	230	280
10.9 级	100	155	190	225	290	355

注：承压型连接的高强度螺栓预拉力 P 应与摩擦型连接高强度螺栓相同。

2 在螺栓杆轴方向受拉的连接中，每个高强度螺栓的承载力设计值取：

$$N_t^b = 0.8P \tag{4-2}$$

3　当高强度螺栓摩擦型连接同时承受摩擦面间的剪力和螺栓杆轴方向的外拉力时，其承载力应按下式计算：

$$\frac{N_v}{N_v^b}+\frac{N_t}{N_t^b}\leqslant 1 \tag{4-3}$$

式中　N_v，N_t——某个高强度螺栓所承受的剪力和拉力；

N_v^b，N_t^b——一个高强度螺栓的抗剪、抗拉承载力设计值；

（2）高强度螺栓承压型连接与计算

"钢规" 12.5.3：高强度螺栓承压型连接应按下列规定计算：

1　承压型连接的高强度螺栓预拉力 P 应与摩擦型连接高强度螺栓相同。连接处构件接触面应清除油污及浮锈。

2　在抗剪连接中，每个承压型连接高强度螺栓的承载力设计值的计算方法与普通螺栓相同，但当计算剪切面在螺纹处时，其受剪承载力设计值应按螺纹处的有效截面积进行计算。

3　在杆轴受拉的连接中，每个承压型连接高强度螺栓的承载力设计值的计算方法与普通螺栓相同。

4　同时承受剪力和杆轴方向拉力的承压型连接的高强度螺栓，应符合下列公式的要求：

$$\sqrt{\left(\frac{N_v}{N_v^b}\right)^2+\left(\frac{N_t}{N_t^b}\right)^2}\leqslant 1$$

$$N_v\leqslant N_c^b/1.2 \tag{4-4}$$

式中，N_v，N_t——某个高强度螺栓所承受的剪力和拉力；

N_v^b，N_t^b，N_c^b——一个高强度螺栓按普通螺栓计算时的抗剪、抗拉和承压承载力设计值。

（3）普通螺栓的连接与计算

"钢规" 第 12.4.2 条：

1　C 级螺栓宜用于沿其杆轴方向受拉的连接，在下列情况下可用于受剪连接：

1）承受静力荷载或间接承受动力荷载的结构中的次要连接；

2）承受静力荷载的可拆卸结构的连接；

3）临时固定构件的安装连接。

2　对直接承受动力荷载的普通螺栓受拉连接应采用双螺母或其他能防止螺母松动的有效措施。

"钢规" 第 12.5.1-1 条：在普通螺栓受剪连接中，每个普通螺栓的承载力设计值应取受剪和承压承载力设计值中的较小者。

受剪承载力设计值：

普通螺栓
$$N_v^b=n_v\frac{\pi d^2}{4}f_v^b \tag{4-5}$$

承压承载力设计值：

普通螺栓
$$N_c^b=d\sum tf_c^b \tag{4-6}$$

式中　n_v——受剪面数目；

d——螺杆直径；

$\sum t$——在不同受力方向中一个受力方向承压构件总厚度的较小值；

f_v^b，f_c^b——螺栓的抗剪和承压强度设计值。

“钢规”第 12.5.1-2 条：在普通螺栓杆轴向方向受拉的连接中，每个普通螺栓的承载力设计值应按下列公式计算：

普通螺栓
$$N_t^b = \frac{\pi d_e^2}{4} f_t^b \tag{4-7}$$

式中 d_e——螺栓在螺纹处的有效直径；

f_t^b——普通螺栓的抗拉强度设计值。

“钢规”第 12.5.1-3：同时承受剪力和杆轴方向拉力的普通螺栓，应分别符合下列公式的要求：

$$\sqrt{\left(\frac{N_v}{N_v^b}\right)^2 + \left(\frac{N_t}{N_t^b}\right)^2} \leqslant 1$$

普通螺栓
$$N_v \leqslant N_c^b \tag{4-8}$$

式中 N_v——某个普通螺栓所承受的剪力和拉力；

N_v^b，N_t^b，N_c^b——一个普通螺栓抗剪、抗拉和承压承载力设计值。

螺栓连接的强度设计值按表 4-6 采用。

螺栓连接的强度设计值（N/mm²） **表 4-6**

螺栓的性能等级、锚栓和构件钢材的牌号		普通螺栓						锚栓	承压型或网架用高强度螺栓		
		C 级螺栓			A 级、B 级螺栓						
		抗拉 f_t^b	抗剪 f_v^b	承压 f_c^b	抗拉 f_t^b	抗剪 f_v^b	承压 f_c^b	抗拉 f_t^b	抗拉 f_t^b	抗剪 f_v^b	承压 f_c^b
普通螺栓	4.6 级、4.8 级	170	140	—	—	—	—	—	—	—	—
	5.6 级	—	—	—	210	190	—	—	—	—	—
	8.8 级	—	—	—	400	320	—	—	—	—	—
锚栓	Q235 钢	—	—	—	—	—	—	140	—	—	—
	Q345 钢	—	—	—	—	—	—	180	—	—	—
	Q390 钢	—	—	—	—	—	—	185	—	—	—
承压型连接高强度螺栓	8.8 级	—	—	—	—	—	—	—	400	250	—
	10.9 级	—	—	—	—	—	—	—	500	310	—
螺栓球网架用高强度螺栓	9.8 级	—	—	—	—	—	—	—	385	—	—
	10.9 级	—	—	—	—	—	—	—	430	—	—
构件	Q235 钢	—	—	305	—	—	405	—	—	—	470
	Q345 钢	—	—	385	—	—	510	—	—	—	590
	Q390 钢	—	—	400	—	—	530	—	—	—	615
	Q420 钢	—	—	425	—	—	560	—	—	—	655
	Q460 钢	—	—	450	—	—	595	—	—	—	695
	Q345GJ 钢	—	—	400	—	—	530	—	—	—	615

注：1. A 级螺栓用于 $d \leqslant 24$mm 和 $L \leqslant 10d$ 或 $L \leqslant 150$mm（按较小值）的螺栓；B 级螺栓用于 $d > 24$mm 和 $L > 10d$ 或 $L > 150$mm（按较小值）的螺栓；d 为公称直径，L 为螺栓公称长度。

2. A、B 级螺栓孔的精度和孔壁表面粗糙度，C 级螺栓孔的允许偏差和孔壁表面粗糙度，均应符合现行国家标准《钢结构工程施工质量验收规范》GB 50205 的要求。

3. 用于螺栓球节点网架的高强度螺栓，M12～M36 为 10.9 级，M39～M64 为 9.8 级。

（4）螺栓孔孔型及孔距

“钢规”第 12.4.1 条：

1　B 级普通螺栓的孔径 d_0 比螺栓公称直径 d 大 0.2～0.5mm，C 级普通螺栓的孔径 d_0 比螺栓公称直径 d 大 1.0～1.5mm。

2　高强度螺栓承压型连接采用标准圆孔，其孔径 d_0 可按表 4-7 采用。

3　高强度螺栓摩擦型连接可采用标准孔，大圆孔和槽孔，孔型尺寸可按表 4-7 采用。同一连接面只能在盖板和芯板其中之一按相应的扩大孔，其余仍采用标准孔。

高强度螺栓连接的孔型尺寸匹配（mm）　　**表 4-7**

螺栓公称直径			M12	M16	M20	M22	M24	M27	M30
孔型	标准孔	直径	13.5	17.5	22	24	26	30	33
	大圆孔	直径	16	20	24	28	30	35	38
	槽孔	短向	13.5	17.5	22	24	26	30	33
		长向	22	30	37	40	45	50	55

4　高强度螺栓摩擦型连接盖板按大圆孔、槽孔制孔时，应增大垫圈厚度或采用连续型垫板，其孔径与标准垫圈相同，厚度应满足：

1）M24 及以下的高强度螺栓连接，垫圈或连续型垫板的厚度不宜小于 8mm；

2）M24 以上的高强度螺栓连接，垫圈或连续型垫板的厚度不宜小于 10mm；

3）冷弯薄壁型钢结构，垫圈或连续型垫板的厚度不宜小于连接板（芯板）的厚度。

4）螺栓或铆钉的孔距和边距应按表 4-8 的规定采用。

螺栓或铆钉的孔距和边距值　　**表 4-8**

<table>
<tr><th>名称</th><th colspan="3">位置和方向</th><th>最大允许距离
（取两者的较小值）</th><th>最小允许距离</th></tr>
<tr><td rowspan="5">中心间距</td><td colspan="3">外排（垂直内力方向或顺内力方向）</td><td>$8d_0$ 或 12t</td><td rowspan="5">$3d_0$</td></tr>
<tr><td rowspan="3">中间排</td><td colspan="2">垂直内力方向</td><td>$16d_0$ 或 24t</td></tr>
<tr><td rowspan="2">顺内力方向</td><td>构件受压力</td><td>$12d_0$ 或 18t</td></tr>
<tr><td>构件受拉力</td><td>$16d_0$ 或 24t</td></tr>
<tr><td colspan="3">沿对角线方向</td><td>/</td></tr>
<tr><td rowspan="4">中心至构件边缘距离</td><td colspan="3">顺内力方向</td><td rowspan="4">$4d_0$ 或 8t</td><td>$2d_0$</td></tr>
<tr><td rowspan="3">垂直内力方向</td><td colspan="2">剪切边或手工切割边</td><td>$1.5d_0$</td></tr>
<tr><td rowspan="2">轧制边、自动气割或锯割边</td><td>高强度螺栓</td><td rowspan="2">$1.2d_0$</td></tr>
<tr><td>其他螺栓或铆钉</td></tr>
</table>

注：1. d_0 为螺栓或铆钉的孔距，对槽孔为短向尺寸，t 为外层较薄板件的厚度。

2. 钢板边缘与刚性构件（如角钢，槽钢等）相连的高强度螺栓的最大间距，可按中间排的数值采用，计算螺栓孔引起的截面削弱时取 d+4mm 和 d_0 的较大者。

3. 螺栓的端距不应小于 $2d_0$（d_0 为螺栓孔径）是为了避免钢板端部被剪断。规定螺栓最大容许间距是因为对于受压构件，螺栓间距过大会使连接的板件间发生张口或鼓曲现象，增大了节点变形，减小了节点刚度，此外，螺栓间距过大，由于构件接触面不够紧密，潮气会侵入缝隙造成腐蚀。

4.1.7　钢结构中的焊缝连接、构造、计算及其他基本知识点

1. 焊缝图例

焊缝图例如表 4-9 所示。

焊缝图例 **表 4-9**

焊缝形式	焊缝示例	注示	焊缝形式	焊缝示例	注示
单面角焊缝	h_f	h_f 为单面角焊缝焊脚尺寸	单边全焊透坡口焊缝		
双面角焊缝	h_f	h_f 为双面角焊缝焊脚尺寸	全焊透对接焊缝		
周围焊缝	h_f	h_f 为周围焊缝焊脚尺寸			
现场单面角焊缝	h_f	h_f 为单面角焊缝焊脚尺寸			
现场双面角焊缝	h_f	h_f 为双面角焊缝焊脚尺寸			

2. 焊接方法

焊缝的常用方法有三种，电弧焊、电阻焊和气焊。

(1) 电弧焊

电弧焊可分为手工电弧焊、埋弧焊（自动或半自动）与气体保护焊。

手工电弧焊：利用电弧产生热量熔化焊条和母材形成焊缝，如图 4-2 所示。

埋弧焊（自动或半自动）：

埋弧焊是电弧在焊剂层下燃烧的一种电弧焊方法。优点：自动化程度高，焊接速度快，劳动强度低；电弧热量集中，熔深大，热影响区小；工艺条件稳定，焊缝的化学成分均匀，焊缝质量好，焊件变形小。缺点：装配精度要求高，设备投资大，施工位置受限等。如图 4-3 所示。

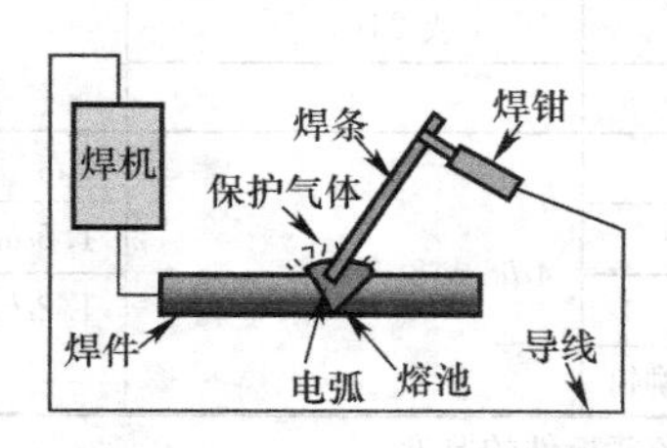

图 4-2 手工电弧焊

注：焊条应与焊件钢材相适应；不同钢种的钢材焊接，宜采用与低强度钢材相适应的焊条。如：Q235 钢——E43 型焊条（E4300—E4328），Q345 钢——E50 型焊条（E5000—5048），Q390、Q420 钢——E55 型焊条（E5500—5518）。

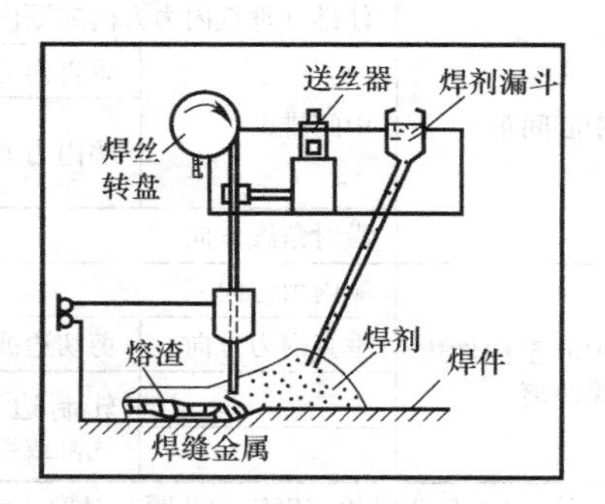

图 4-3 埋弧自动电弧焊

气体保护焊：

气体保护焊是利用惰性气体或二氧化碳气体作为保护介质，在电弧周围造成局部的保护层，使被熔化的钢材不与空气接触。其优点：电弧加热集中，焊接速度快，熔化深度大，焊缝强度高，塑性好。

（2）电阻焊

电阻焊利用电流通过焊件接触点表面产生的热量来融化金属，再通过压力使其焊合。薄壁型钢的焊接常采用电阻焊，电阻焊适用于厚度为6～12mm的板叠。

（3）气焊

气焊利用乙炔在氧气中燃烧而形成的火焰来融化焊条形成焊缝，气焊用于薄钢板或小型结构中。

3. 焊缝的连接形式

（1）按构件的相对位置：平接（图4-4）、搭接（图4-5）和顶接（图4-6）。

（2）按构造：对接焊缝与角焊缝

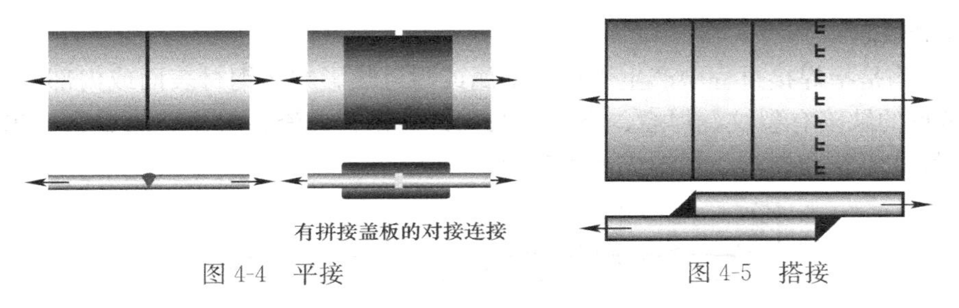

图4-4　平接　　　　图4-5　搭接

4. 焊缝形式

（1）按受力分（图4-7）

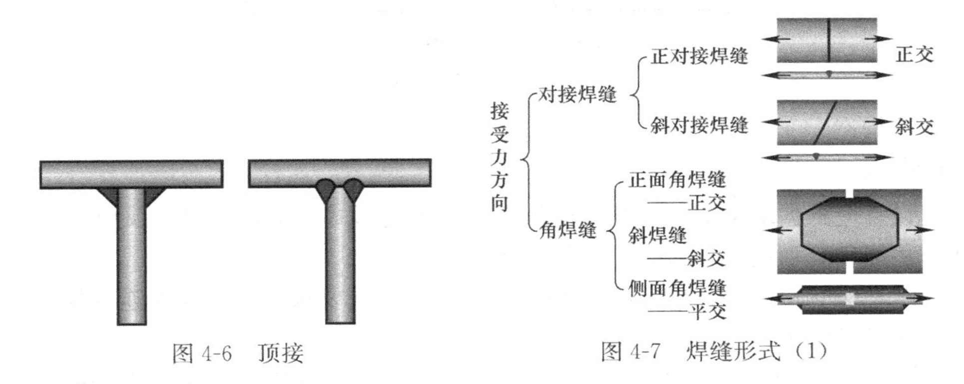

图4-6　顶接　　　　图4-7　焊缝形式（1）

（2）按角焊缝沿长度方向的布置分

① 连续角焊缝（图4-8）：受力性能较好，为主要的角焊缝形式。

② 断续角焊缝（图4-9）：在起、灭弧处容易引起应力集中，用于次要构件或受力小的连接。

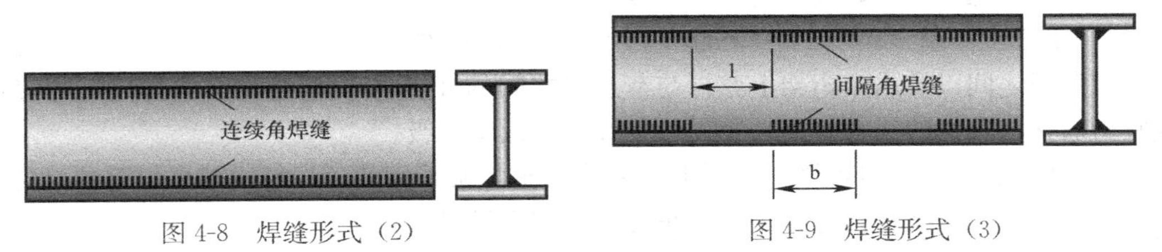

图4-8　焊缝形式（2）　　　　图4-9　焊缝形式（3）

(3) 角焊缝按施焊位置分（图 4-10）

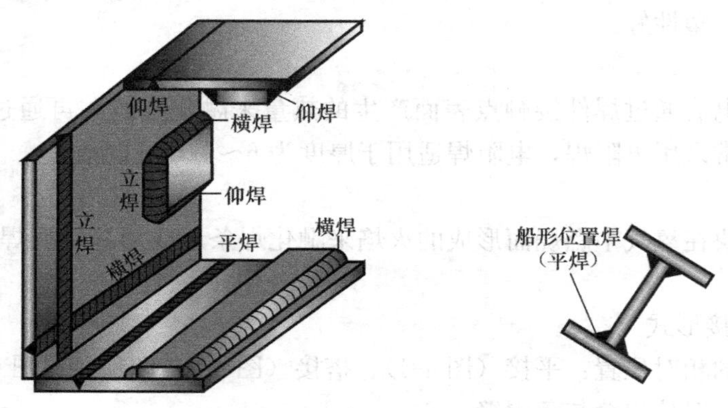

图 4-10 焊缝形式 (4)

5. 焊缝缺陷

焊缝缺陷是指焊接过程中产生于焊缝金属或附近热影响区钢材表面或内部的缺陷（图 4-11）。常见的缺陷有裂纹、焊瘤、烧穿、弧坑、气孔、夹渣、咬边、未熔合、未焊透等，以及焊缝尺寸不符合要求、焊缝成形不良等。

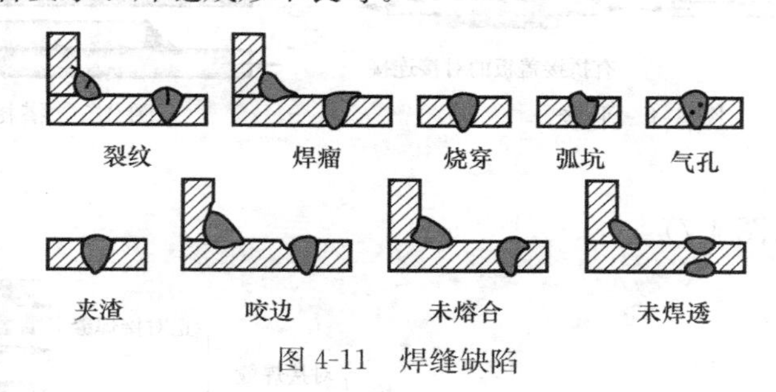

图 4-11 焊缝缺陷

6. 焊缝构造

“钢规”第 12.1.4 条：

焊缝设计应根据结构的重要性、荷载特性、焊缝形式、工作环境以及应力状态等情况，按下述原则分别选用不同的焊缝质量等级：

1 在承受动荷载且需要进行疲劳验算的构件中，凡要求与母材等强连接的焊缝应予焊透，其质量等级为：

1）作用力垂直于焊缝长度方向的横向对接焊缝或 T 形对接与角接组合焊缝，受拉时应为一级，受压时应为二级；

2）作用力平行于焊缝长度方向的纵向对接焊缝应为二级。

2 不需要疲劳计算的构件中，凡要求与母材等强的对接焊缝宜予焊透，其质量等级当受拉时应不低于二级，受压时宜为二级。

3 重级工作制（A6～A8）和起重量 $Q \geqslant 50$t 的中级工作制（A4、A5）吊车梁的腹板与上翼缘之间以及吊车桁架上弦杆与节点板之间的 T 形接头焊缝均要求焊透，焊缝形式宜为对接与角接的组合焊缝，其质量等级不应低于二级。

4 部分焊透的对接焊缝，不要求焊透的 T 形接头采用的角焊缝或部分焊透的对接与角接组合焊缝，以及搭接连接采用的角焊缝，其质量等级为：

1）对直接承受动荷载且需要验算疲劳的构件和起重机起重量等于或大于50t的中级工作制吊车梁以及梁柱、牛腿等重要节点，焊缝的质量等级应符合二级；

2）对其他结构，焊缝的外观质量等级可为三级。

“钢规”第12.2条：

12.2.1 受力和构造焊缝可采用对接焊缝、角接焊缝、对接角接组合焊缝、圆形塞焊缝、圆孔或槽孔内角焊缝，对接焊缝包括熔透对接焊缝和部分熔透对接焊缝。

12.2.2 对接焊缝的坡口形式，宜根据板厚和施工条件按《钢结构焊接规范》GB 50661要求选用。

在对接焊缝的拼接处，当焊件的宽度不同或厚度在一侧相差4mm以上时，应分别在宽度方向或厚度方向从一侧或两侧做成坡度不大于1∶2.5的斜角（图4-12）；当厚度不同时，焊缝坡口形式应根据较薄焊件厚度选用坡口形式。直接承受动力荷载且需要进行疲劳计算的结构，斜角坡度不应大于1∶4。

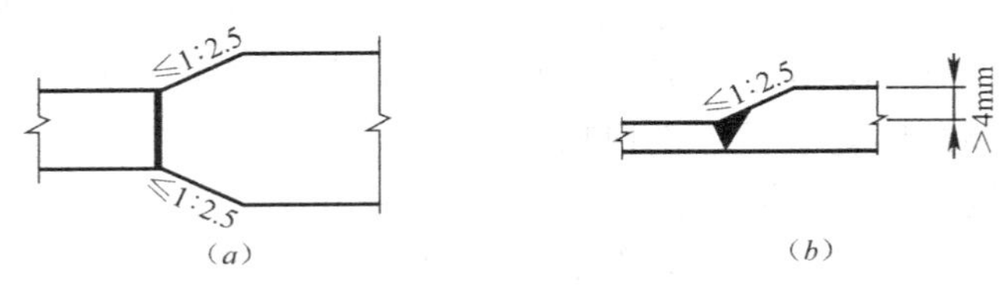

图4-12 不同宽度或厚度钢板的拼接

（a）不同宽度；（b）不同厚度

12.2.3 全熔透对接焊缝采用双面焊时，反面应清根后焊接，其计算厚度 h_e 应为焊接部位较薄的板厚；采用加衬垫单面焊时，其计算厚度 h_e 应为坡口根部至焊缝表面（不计余高）的最短距离。

12.2.4 部分熔透对接焊缝及对接与角接焊缝，其焊缝计算厚度应根据焊接方法，坡口形状及尺寸，焊接位置分别对坡口深度予以折减，其计算方法按《钢结构焊接规范》GB 50661执行。

在直接承受动力荷载的结构中，垂直于受力方向的焊缝不宜采用部分熔透对接焊缝。

12.2.5 角焊缝两焊脚边的夹角 α 一般为90°（直角角焊缝）。夹角 $\alpha>135°$ 或 $\alpha<60°$ 的斜角角焊缝，不宜做受力焊缝（钢管结构除外）。

在直接承受动力荷载的结构中，角焊缝表面应做成直线形或凹形。焊脚尺寸的比例：对正面角焊缝宜为1∶1.5（长边顺内力方向），对侧面角焊缝可为1∶1。

12.2.6 角焊缝的尺寸应符合下列要求：

1 角焊缝的焊脚尺寸 h_f(mm) 不得小于 $1.5\sqrt{t}$，t(mm) 为较厚焊件厚度（当采用低氢型碱性焊条施焊时，t 可采用较薄焊件的厚度）。但对埋弧自动焊，最小焊脚尺寸可减小1mm；对T形连接的单面角焊缝，应增加1mm。当焊件厚度等于或小于4mm时，则最小焊脚尺寸应与焊件厚度相同。

2 角焊缝的焊脚尺寸不宜大于较薄焊件厚度的1.2倍（钢管结构除外），但板件（厚度为 t）边缘的角焊缝最大焊脚尺寸尚应符合下列要求：

1）当 $t\leqslant 6$mm时，$h_f\leqslant t$；

2）当 $t>6\text{mm}$ 时，$h_f \leqslant t-(1\sim2)\text{mm}$；

圆孔或槽孔内的角焊缝焊脚尺寸不宜大于圆孔直径或槽孔短径的 1/3。

3 角焊缝的两焊脚尺寸一般为相等。当焊件的厚度相差较大且等焊脚尺寸不能符合本条第 1、2 条款要求时，可采用不等焊脚尺寸，与较薄焊件接触的焊脚边应符合本条第 2 款的要求；与较厚焊件接触的焊脚边应符合第 1 款的要求。

4 角焊缝的计算长度小于 $8h_f$ 或 40mm 时不应用做受力焊缝。

5 侧面角焊缝的计算长度不宜大于 $60h_f$。若内力沿侧面角焊缝全长分布时，其计算长度不受此限。

6 圆形塞焊缝的直径不应小于 $t+8\text{mm}$，t 为开孔焊件的厚度，且焊脚尺寸应符合下列要求：

1）当 $t \leqslant 16\text{mm}$ 时，$h_f=t$；

2）当 $t>16\text{mm}$ 时，$h_f>t/2$ 且 $h_f>16\text{mm}$。

12.2.7 在次要构件或次要焊接连接中，可采用断续角焊缝。断续角焊缝焊段的长度不得小于 $10h_f$ 或 50mm，其净距不应大于 $15t$（对受压构件）或 $30t$（对受拉构件），t 为较薄焊件厚度。腐蚀环境中不宜采用断续角焊缝。

12.2.8 角焊缝连接，应符合下列规定：

当板件的端部仅有两侧面焊缝连接时，每条侧面角焊缝长度不宜小于两侧面角焊缝之间的距离；同时两侧面角焊缝之间的距离不宜大于 $16t$（当 $t>12\text{mm}$）或 190mm（当 $t \leqslant 12\text{mm}$），t 为较薄焊件的厚度。

当角焊缝的端部在构件的转角做长度为 $2h_f$ 的绕角焊时，转角处必须连续施焊。

在搭接连接中，搭接长度不得小于焊件较小厚度的 5 倍，并不得小于 25mm。

7. 焊缝连接计算

“钢规” 12.3.1：熔透对接焊缝或对接与角接组合焊缝的强度计算。

1 在对接接头和 T 形接头中，垂直于轴心拉力或轴心压力的对接焊接或对接角接组合焊缝，其强度应按下式计算：

$$\sigma=\frac{N}{l_w h_e} \leqslant f_t^w \text{ 或 } f_c^w \tag{4-9}$$

式中 N——轴心拉力或轴心压力；

l_w——焊缝长度；

h_e——对接焊缝的计算厚度，在对接接头中取连接件的较小厚度；在 T 形接头中取腹板的厚度；

f_t^w、f_c^w——对接焊缝的抗拉、抗压强度设计值。

2 在对接接头和 T 形接头中，承受弯矩和剪力共同作用的对接焊缝或对接角接组合焊缝，其正应力和剪应力应分别进行计算。但在同时受有较大正应力和剪应力处（例如梁腹板横向对接焊缝的端部）应按下式计算折算应力：

$$\sqrt{\sigma^2+3\tau^2} \leqslant 1.1 f_t^w \tag{4-10}$$

“钢规” 12.3.2：直角角焊缝的强度计算。

1　在通过焊缝形心的拉力、压力或剪力作用下：

正面角焊缝（作用力垂直于焊缝长度方向）：

$$\sigma_f = \frac{N}{h_e l_w} \leqslant \beta_f f_f^w \tag{4-11}$$

侧面角焊缝（作用力平行于焊缝长度方向）：

$$\tau_f = \frac{N}{h_e l_w} \leqslant f_f^w \tag{4-12}$$

2　在各种力综合作用下，σ_f 和 τ_f 共同作用处：

$$\sqrt{\left(\frac{\sigma_f}{\beta_f}\right)^2 + \tau_f^2} \leqslant f_f^w \tag{4-13}$$

式中　σ_f——按焊缝有效截面（$h_e l_w$）计算，垂直于焊缝长度方向的应力；

τ_f——按焊缝有效截面计算，沿焊缝长度方向的剪应力；

h_e——角焊缝的计算厚度，对直角角焊缝等于 $0.7h_f$，h_f 为焊脚尺寸（图 4-13）；

l_w——角焊缝的计算长度，对每条焊缝取其实际长度减去 $2h_f$；

f_f^w——角焊缝的强度设计值；

β_f——正面角焊缝的强度设计值增大系数：对承受静力荷载和间接承受动力荷载的结构，$\beta_f=1.22$；对直接承受动力荷载的结构，$\beta_f=1.0$。

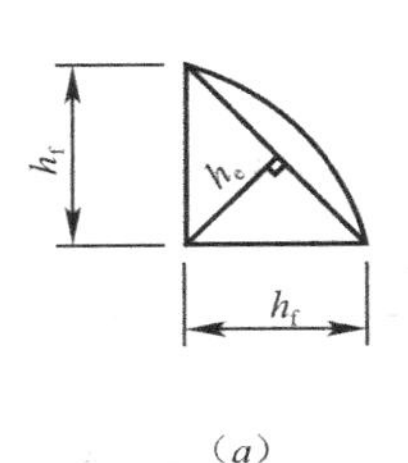

(a)

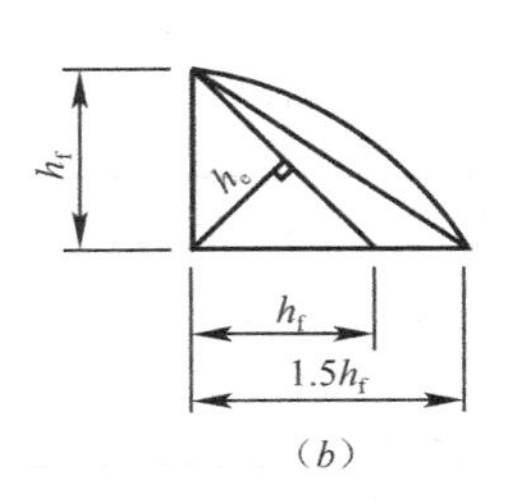

(b)

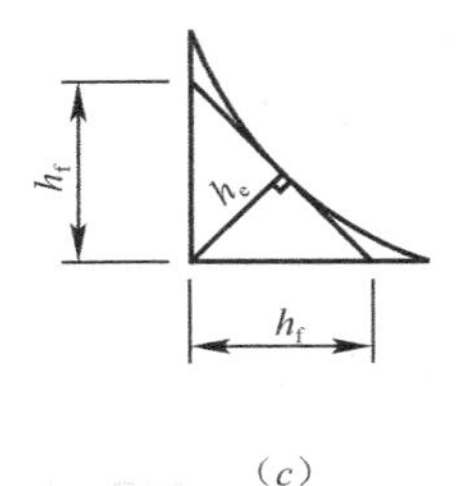

(c)

图 4-13　直角角焊缝截面

8. 焊缝的强度设计值

焊缝的强度设计值按表 4-10 采用。

焊缝的强度设计值（N/mm²）　　**表 4-10**

焊接方法和焊条型号	钢材牌号规格和标准号		对接焊缝				角焊缝
	牌号	厚度或直径（mm）	抗压 f_c^w	焊缝质量为下列等级时，抗拉 f_t^w		抗剪 f_v^w	抗拉、抗压和抗剪 f_f^w
				一级、二级	三级		
自动焊、半自动焊和E43 型焊条手工焊	Q235 钢	≤16	215	215	185	125	160
		>16～40	205	205	175	120	
		>40～60	200	200	170	115	
		>60～100	200	200	170	115	

续表

<table>
<tr><th rowspan="3">焊接方法和焊条型号</th><th colspan="2">钢材牌号规格和标准号</th><th colspan="4">对接焊缝</th><th>角焊缝</th></tr>
<tr><th rowspan="2">牌号</th><th rowspan="2">厚度或直径（mm）</th><th rowspan="2">抗压 f_c^w</th><th colspan="2">焊缝质量为下列等级时，抗拉 f_t^w</th><th rowspan="2">抗剪 f_v^w</th><th rowspan="2">抗拉、抗压和抗剪 f_f^w</th></tr>
<tr><th>一级、二级</th><th>三级</th></tr>
<tr><td rowspan="5">自动焊、半自动焊和E50、E55型焊条手工焊</td><td rowspan="5">Q345钢</td><td>≤16</td><td>305</td><td>305</td><td>260</td><td>175</td><td rowspan="5">200</td></tr>
<tr><td>>16～40</td><td>295</td><td>295</td><td>250</td><td>170</td></tr>
<tr><td>>40～63</td><td>290</td><td>290</td><td>245</td><td>165</td></tr>
<tr><td>>63～80</td><td>280</td><td>280</td><td>240</td><td>160</td></tr>
<tr><td>>80～100</td><td>270</td><td>270</td><td>230</td><td>155</td></tr>
<tr><td rowspan="5">自动焊、半自动焊和E50、E55型焊条手工焊</td><td rowspan="5">Q390钢</td><td>≤16</td><td>345</td><td>345</td><td>295</td><td>200</td><td rowspan="5">200(E50)
220(E55)</td></tr>
<tr><td>>16～40</td><td>330</td><td>330</td><td>280</td><td>190</td></tr>
<tr><td>>40～63</td><td>310</td><td>310</td><td>265</td><td>180</td></tr>
<tr><td>>63～80</td><td>295</td><td>295</td><td>250</td><td>170</td></tr>
<tr><td>>80～100</td><td>295</td><td>295</td><td>250</td><td>170</td></tr>
<tr><td rowspan="5">自动焊、半自动焊和E55、E60型焊条手工焊</td><td rowspan="5">Q420钢</td><td>≤16</td><td>375</td><td>375</td><td>320</td><td>215</td><td rowspan="5">220(E55)
240(E60)</td></tr>
<tr><td>>16～40</td><td>355</td><td>355</td><td>300</td><td>205</td></tr>
<tr><td>>40～63</td><td>320</td><td>320</td><td>270</td><td>185</td></tr>
<tr><td>>63～80</td><td>305</td><td>305</td><td>260</td><td>175</td></tr>
<tr><td>>80～100</td><td>305</td><td>305</td><td>260</td><td>175</td></tr>
<tr><td rowspan="5">自动焊、半自动焊和E55、E60型焊条手工焊</td><td rowspan="5">Q460钢</td><td>≤16</td><td>410</td><td>410</td><td>350</td><td>235</td><td rowspan="5">220(E55)
240(E60)</td></tr>
<tr><td>>16～40</td><td>390</td><td>390</td><td>330</td><td>225</td></tr>
<tr><td>>40～63</td><td>355</td><td>355</td><td>300</td><td>205</td></tr>
<tr><td>>63～80</td><td>340</td><td>340</td><td>290</td><td>195</td></tr>
<tr><td>>80～100</td><td>340</td><td>340</td><td>290</td><td>195</td></tr>
<tr><td rowspan="3">自动焊、半自动焊和E50、E55型焊条手工焊</td><td rowspan="3">Q345GJ钢</td><td>>16～35</td><td>310</td><td>310</td><td>265</td><td>180</td><td rowspan="3">200</td></tr>
<tr><td>>35～50</td><td>290</td><td>290</td><td>245</td><td>170</td></tr>
<tr><td>>50～100</td><td>285</td><td>285</td><td>240</td><td>165</td></tr>
</table>

注：1. 手工焊用焊条、自动焊和半自动焊所采用的焊丝和焊剂，应保证其熔敷金属的力学性能不低于母材的性能。

2. 焊缝质量等级应符合现行国家标准《钢结构焊接规范》GB 50661的规定，其检验方法应符合现行国家标准《钢结构工程施工质量验收规范》GB 50205的规定。其中厚度小于8mm钢材的对接焊缝，不应采用超声波探伤确定焊缝质量等级。

9. 某大型设计研究院钢结构说明（与焊缝相关）

（1）材料选用

手工焊接用的焊条E43或E50，应符合现行国家标准《碳钢焊条》GB/T 5117—1995或《低合金钢焊条》GB/T 5118—1995的规定，选择的焊条型号应与主体金属强度相适应。对于直接承受动力荷载且需验算疲劳的结构构件（吊车梁）采用低轻型焊条E4315、E4316或E5015、E5016。

自动埋弧焊用焊丝H08A、H08MnA、H10Mn2和焊剂F4A0应符合现行国家标准《埋弧焊用碳钢焊丝和焊剂》GB/T 5293—99的规定，选用焊剂F5004/F5011/F5014应符合现行国家标准《低合金钢埋弧焊用焊剂》GB/T 12470—2003的规定，选择的焊丝和焊剂应与主体金属强度相适应。

二氧化碳气体保护焊用的焊丝 ER49-1、ER50-3 应符合现行国家标准《气体保护电弧焊用碳钢、低合金钢焊丝》GB/T 8110—2008 的规定；二氧化碳气体应符合现行国家标准《焊接用二氧化碳》HG/T 2537—1993 的规定。

（2）钢结构加工制作

焊接 H 型钢的腹板与翼缘的焊接需用自动埋弧焊机焊，且四道连接焊缝均需满焊。其翼缘板和腹板允许留设横向拼接缝（吊车梁在跨中 1/3 范围内应尽量避免），但在同一构件上的拼接不得超过两处，且拼接长度不小于 600mm，翼缘板的拼接缝、腹板的拼接缝及加劲肋的错开间距须大于 200mm，端板与肋板等其他部件不许拼接。所有对接焊缝要求用反面碳棒清根方法全焊透，并用超声波探伤检查。

钢架梁和柱的翼缘和腹板的对接焊缝以及梁和柱翼缘板和腹板与端板的连接焊缝应采用全熔透焊缝。坡口形式应符合《气焊、焊条电弧焊、气体保护焊和高能束焊的推荐坡口》GB/T 985.1—2008 规定。其他焊缝必须符合《钢结构工程施工质量验收规范》GB 50205—2001 和《钢焊缝手工超声波探伤方法和探伤结果分级》GB 11345—89 的有关规定。不得有裂纹、夹渣、气孔等影响承载力的缺陷，且外观质量合格。

Q345 与 Q345 钢焊接采用 E50XX 型焊条，Q345 或 Q235 与 Q235 钢焊接均采用 E43XX 型焊条。

对接焊缝及剖口焊缝的焊缝质量为二级，其余未特别要求的角焊缝质量等级为三级。焊接检验的阶段和内容见表 4-11。

焊接检测的阶段和内容 **表 4-11**

检验阶段	检验内容
焊接施工前	接头的组装、坡口的加工、焊接区域的清理、定位焊质量板、引出弧板的安装、衬板的贴紧情况
焊接施工后	预热温度、焊接材料烘焙、焊接材料牌号、规格、焊接位置、焊接顺序、焊接电流、焊接速度层间温度、施焊期间熔渣的清理、反面清根情况

焊接时应选择合理的焊接顺序，以减小钢结构中产生的焊接应力和变形。所有未注明加劲肋遇主焊缝切角为 25×35。

（3）钢结构节点详图说明（与焊缝相关）

未注明焊缝均为满焊，焊缝高度依板厚定（详见电焊标准图）。

（4）刚架设计说明（与焊缝相关）

图中未注明的角焊缝最小焊脚高度为 6mm，一律满焊。

对接焊缝的焊缝质量不低于二级，角焊缝的焊缝质量不低于三级，现场对接焊缝及牛腿的焊缝质量为一级。

钢柱运输超长时，可在现场拼接，要求柱翼缘拼结焊缝与腹板的拼结焊缝应错开 200mm 以上。

柱在夹层梁翼缘上下各 500mm 的节点范围内，柱翼缘与柱腹板间的连接焊缝，应采用坡口全熔透焊缝。

柱脚加劲肋与柱脚底板间采用双面角焊缝连接。角焊缝焊脚尺寸不小于 $1.5\sqrt{t_{min}}$，不宜大于 $1.2t_{max}$，且不宜大于 16mm（t_{min}和 t_{max}分别为较薄和较厚板件厚度）。

（5）钢吊车梁说明（与焊缝相关）

未注明的连接均采用焊接，未注明的钢板，钢材为Q345B。

焊缝采用连续焊，未注明的焊脚尺寸≥6mm。

手工焊接时，吊车梁可用E5015、E5016型焊条，其性能须符合《低合金钢焊条》GB/T 5118—1995的规定。采用自动焊或半自动焊时，吊车梁采用H08A焊丝并配以相应的焊剂，焊丝性能须符合GB/T 14957，焊剂须符GB/T 5293的规定。

吊车梁上、下翼缘板在跨中三分之一跨长范围内，应尽量避免拼接。上、下翼缘板及腹板的拼接，应采用加引弧板（其厚度和坡口与主材相同）的对接焊缝，并保证焊透。三者的对接焊缝不应设置在同一截面上，应相互错开200mm以上。与加劲肋亦应错开200mm以上。

重级工作制和起重量$Q \geqslant 32t$的中级工作制吊车梁上翼缘板与腹板的T形连接焊缝，可采用角接与对接的组合焊缝，但应予焊透，质量等级不低于二级。

吊车梁上、下翼缘板与腹板的连接焊缝，应采用自动焊或半自动焊。吊车梁翼缘板、腹板对接焊缝的坡口形式，腹板与上翼缘板T形连接焊缝的坡口形式应根据板厚和施工条件按《手工电弧焊焊接接头的基本形式与尺寸》GB/T 985—1988和《焊剂层下自动焊及半自动焊焊接接头的基本形式与尺寸》GB/T 986—1988的要求选用。

焊缝质量等级：a. 吊车梁下翼缘拼接焊缝质量为一级；b. 除a项外焊缝质量均为二级（角焊缝外观质量为二级）。

吊车梁的角焊缝表面，应做成直线形或凹形，焊接中应避免咬肉和弧坑等缺陷，焊接加劲肋的直角焊缝的始末端，应采用回弧等措施避免弧坑，回弧长度不小于三倍直角焊缝焊脚尺寸。跨中1/3范围内的加劲肋靠近下翼缘的直角焊缝末端，必须避免弧坑与咬肉情况的发生。吊车梁加劲肋与腹板的连接焊缝不应在下端起落弧。

吊车梁上翼缘板对接焊缝的上表面、下翼缘板对接焊缝的上下表面及所有引弧板割去处，均应用机械加工，一般可用砂轮修磨使之与主体金属平整。

10. 其他

（1）综合加工、安装、经济、适用等方面因素来看，在可能的情况下，宜尽量选用螺栓连接，但有的部位螺栓连接不适用时，可采用焊接连接。螺栓连接施工较为方便，便于大批量工厂化生产，尤其在一些重钢结构中。钢结构中应尽量避免焊接，因为焊接质量一般很难得到保证且施工不方便，有些构件表层镀锌，现场焊接会破坏锌层。虽然焊接容易满足等强连接（螺栓较难做到）、刚度大等，但容易发生脆性破坏，有残余应力，抗震性能差等。

一般对于柱子的拼接，多采用全焊接；支撑之间的连接，多采用螺栓连接；梁柱多采用螺栓与焊混合连接，这些都是为了施工方便，经济性较好并有一定的安全性能。

（2）焊接的变形性能一般不如螺栓连接，如果把普通螺栓和焊接用在同一剪面上，由于螺栓滑动较早，不适宜把螺栓连接与焊接同时并用。焊缝与高强度螺栓在承受静力荷载时能较好的协同工作，但在重复荷载作用时并不理想。对高强螺栓区域（或摩擦面区域）进行热处理（焊接），高强螺栓的预拉力会有损失。设计中一般不宜使用混合连接方式，施工后发现螺栓连接不满足要求时，可改为焊接连接，此时螺栓作为安装螺栓来考虑。

4.2 工程实例概况

本工程位于湖南省××市，建筑物生产的火灾危险性及生产类别为“丁”类，耐火等级为“二”级。总建筑面积为 6410m²，厂房建筑层数为一层，建筑高度为 18.150m（包括室内外高差－0.150），厂房结构形式为钢排架结构，抗震设防烈度为六度。主体结构设计使用年限为 50 年，厂房屋面防水等级Ⅱ级，外墙外保温系统使用年限为 25 年。

由建筑“屋顶平面图”（图 4-14）可知，该厂房为双坡，坡度为 6%，厂房横向跨度 42m(7m×6)，纵向跨度 150m(6m＋9m×16)。

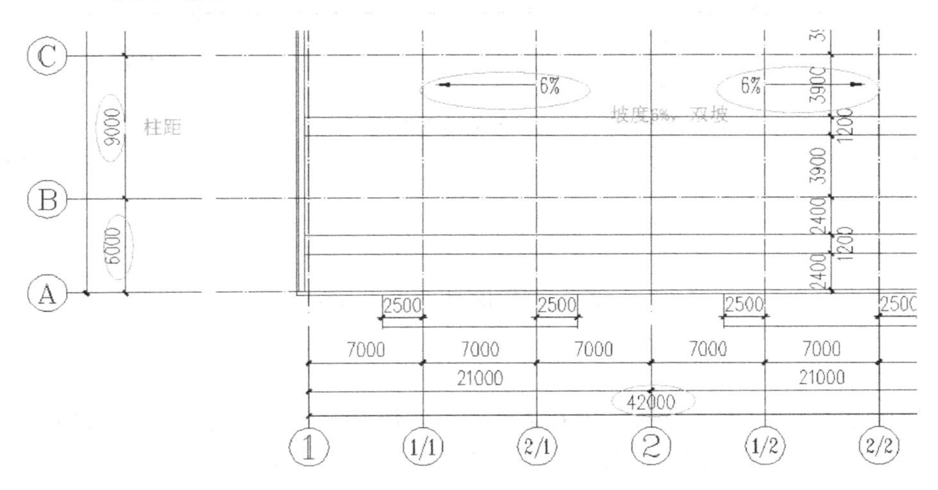

图 4-14 屋顶平面图（局部）

由建筑“±0.000m 标高平面图”（图 4-15）可知，该厂房横向有两跨，横向山墙（一侧）每跨设 2 个抗风柱（总共 4 个），左边跨其中一个吊车为 $G_n=16t/3t$、$S=19.5m$、$H_o=9.0m$，A6，右边跨其中一个吊车为 $G_n=32t/5t$、$S=19.5m$、$H_o=9.0m$，A6。

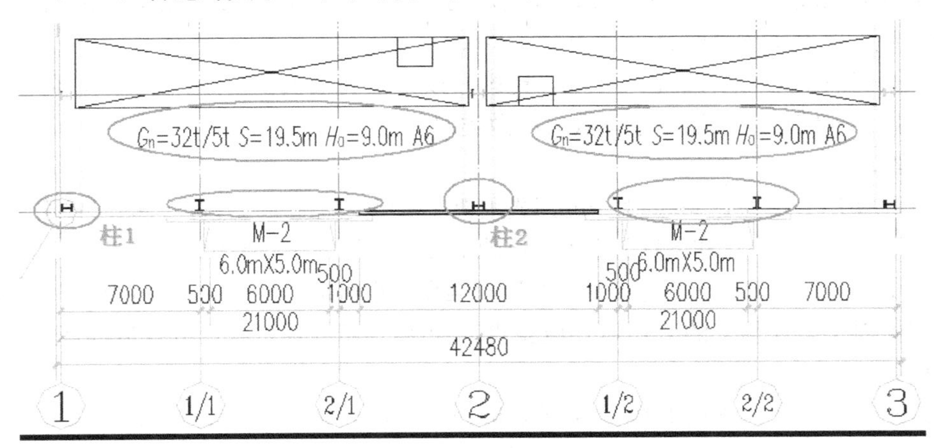

图 4-15 ±0.000m 标高平面图（局部）

注：1. G_n＝起重额定吨位，S＝跨度（左轨道中心至右轨道中心的距离），H＝提升高度（地面至吊车轨道的距离）。

2. 某一跨内吊车可能有多个，应该取最不利组合，但一般某一跨内吊车梁上的吊车组合个数为 2。

由建筑“Ⓐ～Ⓣ轴线立面图”（图 4-16）可知，钢梁在屋檐处的结构标高为 13.000m。

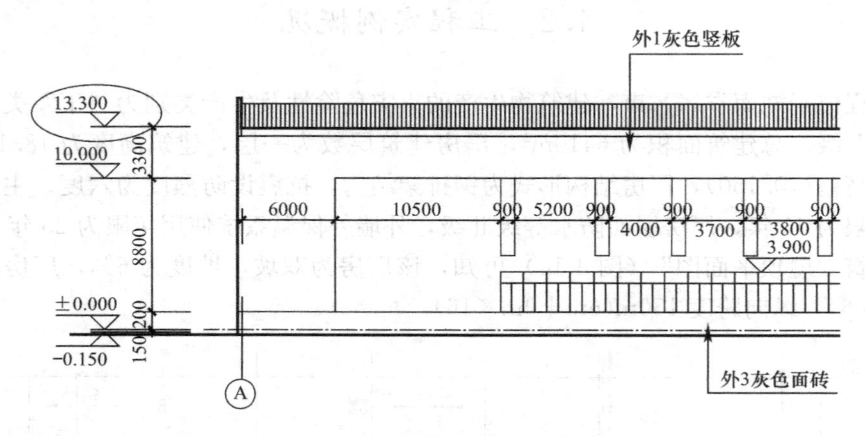

图 4-16 Ⓐ～Ⓣ轴线立面图（局部）

注：钢架梁在屋檐处的结构标高为 13.300m－0.300m＝13.000m。0.300m 为建筑屋面做法的近似厚度，类似于混凝土结构中的楼板结构标高取值。

4.3 工程实例构件截面估算

4.3.1 钢梁

门式刚架设计时，梁截面尺寸不在清楚内力的情况下，一般是参照相关图集以及类似的工程初定梁截面大小，再进行验算。本工程钢梁采用 H 型钢梁。

1. 梁高

（1）本工程钢梁的左跨跨度为 21m，钢梁两端截面处梁高取 L(1/40～1/30)＝21000mm×(1/40～1/30)＝525～700mm，跨中截面梁高取 L(1/60～1/50)＝21000mm×(1/60～1/50)＝350～420mm。钢梁一般做成变截面，且根据梁弯矩图大致按 1∶2∶1 的比例关系分成三段，第一段钢梁梁高暂且定为 650～450mm，第二段钢梁梁高暂且定为 450mm，第三段钢梁梁高暂且定为 450～750mm。

左跨第三段梁梁高最大值 750mm，比第一段梁梁高最大值 650mm 要大，可以与混凝土结构设计中连续梁的梁端弯矩系数大小做类比。

（2）经验

一般可取 L(1/60～1/30)。大跨度门式刚架多采用变截面 H 型钢，根据门式刚架弯矩图一般分成三段，梁柱节点和屋脊节点处梁高取 L(1/40～1/30)，跨中梁高取 L(1/60～1/50)。

梁高 H 一般≥350mm（变截面时中间段梁高最小可取 300mm），“门规”7.2.10 中要求门式刚架斜梁与柱相交的节点域，应验算剪应力。截面做大点，节点域面积更大一些，验算时更容易通过。

门式刚架结构中，常用的截面高度规格为（mm）：300、400、450、500、550、600、650、700、750、800、850、900、950。模数为 50mm。

2. 翼缘宽度

（1）翼缘宽度的大小与弯矩大小有关，左跨第一段钢梁梁翼缘宽暂且定为 200mm，第二段钢梁梁翼缘宽暂且定为180mm，第三段钢梁梁翼缘宽暂且定为240mm。

（2）经验

翼缘宽度一般≥180mm，原因是常用的翼缘板校正机校正最小宽度为180mm。设计时翼缘最小宽度一般取200mm。门式刚架中，常用的翼缘规格为（mm）：180×8，180×10，200×8，200×10，220×10，220×12，240×10，240×12，250×10，250×12，260×12，260×14，270×12，280×12，300×12，320×14、350×16等。

3. 梁翼缘厚度

（1）梁翼缘厚度除了满足规范要求，还与弯矩大小有关，左跨第一段钢梁梁翼缘厚度暂且定为10mm，第二段钢梁梁翼缘厚度暂且定为8mm，第三段钢梁梁翼缘厚度暂且定为10mm。

（2）规范规定

“门规”第6.1.1-1条：工字形截面构件受压翼缘板自由外伸宽度b与其厚度t之比，不应大于$15\sqrt{235/f_y}$，此处，f_y为钢材屈服强度。

《钢结构设计规范》GB 50017第4.3.8条：梁受压翼缘自由外伸宽度b与其厚度t之比，应符合下式：$b/t \leqslant 13\sqrt{235/f_y}$，当计算梁抗弯强度取$\gamma_x = 1.0$时，$b/t$可放宽至$15\sqrt{235/f_y}$。

注：γ_x为对主轴X的截面塑性发展系数。

（3）经验

对于Q235钢，当$t \leqslant 16$mm时，钢材屈服强度为235N/mm^2，外伸宽度为1/2翼缘宽−1/2梁腹板厚度，按照“门规”6.1.1-1，翼缘宽厚比极限值为15。对于Q345钢，当$t \leqslant 16$mm时，钢材屈服强度为345N/mm^2，按照“门规”6.1.1-1，翼缘宽厚比极限值为13.38，当受压翼缘宽180mm时，翼缘厚度最小值近似为6.50mm；翼缘宽200mm时，翼缘厚度最小值近似为7.25mm；翼缘宽220mm时，翼缘厚度最小值近似为8mm；翼缘宽240mm时，翼缘厚度最小值近似为9mm；翼缘宽250mm时，翼缘厚度最小值近似为9.12mm。

对于Q235钢，当$t \leqslant 16$mm时，钢材屈服强度为235N/mm^2，外伸宽度为1/2翼缘宽−1/2梁腹板厚度，按照《钢结构设计规范》GB 50017第4.3.8，翼缘宽厚比极限值为13。对于Q345钢，当$t \leqslant 16$mm时，钢材屈服强度为345N/mm^2，按照《钢结构设计规范》GB 50017第4.3.8，翼缘宽厚比极限值为10.73，当受压翼缘宽180mm时，翼缘厚度最小值近似为8.10mm；翼缘宽200mm时，翼缘厚度最小值近似为9.04mm；翼缘宽220mm时，翼缘厚度最小值近似为9.97mm；翼缘宽240mm时，翼缘厚度最小值近似为10.9mm；翼缘宽250mm时，翼缘厚度最小值近似为11.46mm。

翼缘厚度的模数一般为2mm，宽厚比的规定和应力有一定的关系，应力比一般控制为0.90～0.95，翼缘宽厚比应满足规范要求。X的截面塑性发展系数γ_x取1.0时（即不考虑塑性发展），普通门式刚架厂房宽厚比可放宽至$15\sqrt{235/f_y}$。

4. 梁腹板厚度

（1）梁腹板厚度除了满足规范要求，一般以6mm居多，有时也会取到8mm。本工程钢梁腹板厚度均为6mm。

（2）规范

“门规”6.1.1-1：工字形截面梁、柱构件腹板的计算高度 h_w 与其厚度 t_w 之比，不应大于 $250\sqrt{235/f_y}$，此处，f_y 为钢材屈服强度。

《钢结构设计规范》GB 50017 第 4.3.2 条。

（3）经验

对于 Q235 钢，当 $t\leqslant16$mm 时，钢材屈服强度为 235N/mm^2，腹板计算高度 h_w 为梁高－上翼缘厚度－下翼缘厚度，腹板高厚比极限值为 250。对于 Q345 钢，当 $t\leqslant16$mm 时，钢材屈服强度为 345N/mm^2，按照“门规”6.1.1-1，腹板高厚比极限值为 206.25，梁高 400mm 时，腹板厚度最小值近似为 1.86mm，梁高 800mm 时，腹板厚度最小值近似为 3.80mm。在设计时，腹板厚度最小值一般取 6mm。

腹板厚度的模数一般为 2mm。对 6mm 的其高度范围一般为 300～750mm，最大可到 900mm；对 8mm 厚的腹板高度范围一般为 300～900mm，最大可到 1200mm。腹板高厚比超限，一般调厚度，也可以设置横向加劲肋（设横向加劲肋的作用提高板件的周边约束条件抵抗因剪切应力引起的腹板局部失稳，于是提高了腹板高厚比允许值，加劲肋的设置应满足《钢结构设计规范》4.3.2 条的规定），当工字形截面腹板高度变化不超过 60mm/m 时，可以考虑屈曲后强度。

5. 梁拼接

（1）本工程钢梁的左跨跨度为 21m（轴线与轴线间），根据梁弯矩图大致按 1∶2∶1 的比例关系分成三段，则第一段梁的计算拼接长度为 5250mm，第二段梁的计算拼接长度为 10500mm，第三段梁的计算拼接长度为 5250mm。经调整后，第一、二、三段梁的拼接长度分别为 5500mm、9500mm、6000mm。

（2）经验

当某跨刚架为单坡时，两端一般为变截面，中间段一般为等截面。当某跨刚架为双坡时，一般三跨均为变截面。拼接时尽量在弯矩较小的部位（如跨度的 1/4～1/3）拼接。一般的型材长度 12m 左右，设定拼接长度时，也要考虑生产、运输情况，也应尽量让腹板高度变化不超过 60mm/m。当钢梁跨度比较小时（如 15m），钢梁拼接段数可以为 3 段或 2 段。

6. 初定钢梁截面

刚架左跨三段钢梁初定截面分别为：H(650～450)×200×6×10、H450×180×6×8、H(450～750)×240×6×10，如图 4-17 所示。在 STS 建模计算后，发现预估的截面不满足要求时，若强度不满足，通常加大组成截面的板件厚度，其中抗弯不满足，加大翼缘厚度，抗剪不满足，加大腹板厚度。若变形超限，通常不应加大板件的厚度，而应考虑加大截面的高度，否则会很不经济。若平面外稳定性不够，加翼缘宽比较经济。钢梁一般都是变形控制而非强度控制。

刚架右跨 H 型钢梁与左跨 H 型钢梁对称。

7. 其他工程实例（参照）

（1）某门式刚架轻型房屋钢结构厂房，跨度 21m，柱距 7.5m，Q345B，梁截面：400mm×200mm×6mm×8mm（梁高、翼缘宽、腹板厚、翼缘厚）、400mm×220mm×6mm×10mm。

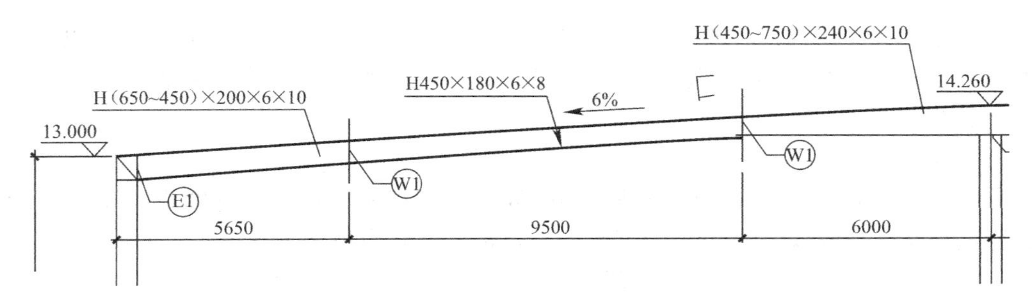

图 4-17　左跨 H 型钢梁截面示意图

(2) 某门式刚架轻型房屋钢结构厂房，跨度 24m，柱距 9m，Q345B，梁截面：某跨刚架分为三段拼接，分别为：H(900～650)×200×6×12、H650×200×6×8、H(650～950)×270×8×12，拼接长度分别为 6m、12m、6m。

(3) 某门式刚架轻型房屋钢结构厂房，跨度 24m，柱距 8m，Q345B，梁截面：某跨刚架为单坡，分为三段拼接，分别为：H(700～500)×200×6×10、H500×200×5×8、H(500～800)×250×6×10，拼接长度分别为 5m、13.5m、5m。中间跨刚架为双坡，分为三段拼接，分别为：H(800～500)×250×6×10、H(500～825)×200×6×8+H(825～500)×200×6×8、H(500～800)×250×6×10，拼接长度分别为 5.5m、6.5+6.5m、5.5m。

4.3.2　钢柱

门式刚架设计时，柱截面尺寸在不清楚内力的情况下，一般是参照相关图集以及类似的工程初定柱截面大小，再进行验算。一般多采用变截面构件，当有吊车时，柱多采用等截面（在牛腿处变截面）。本工程钢柱采用 H 型钢柱与双 H 型钢柱。

1. 柱高

(1) 柱截面高度取 H(1/20～1/10)=(13000+2350)×(1/20～1/10)=767.5～1535mm。本工程左跨边柱（图 4-15 中柱 1）采用 H 型钢柱，牛腿以下柱高取 800mm，牛腿以上柱高取 600mm。屋脊处柱（图 4-15 中柱 2）采用双 H 型钢柱，两个 H 型钢柱高均为 400mm，牛腿以上柱高取 500mm。

(2) 经验

钢柱高度一般≥350mm，“门规” 7.2.10 中要求门式刚架斜梁与柱相交的节点域，应验算剪应力。截面做大点，节点域面积更大一些，验算更容易通过。

柱截面高度取柱高的 1/10～1/20。截面高度与宽度之比 h/b 可取 2～5，钢架柱为压弯构件，其 h/b 可取较小值，但有的梁端为了与柱连接（竖板连接），梁端可取 $h/b \leqslant 6.5$。截面的高度 h 与宽度 b 通常以 10mm 为模数。

门式刚架结构中，常用的截面高度规格为（mm）：300、400、450、500、550、600、650、700、750、800、850、900、950。门式刚架 H 型钢柱高一般为 500～750mm。

2. 翼缘宽度

(1) H 型钢柱平面外刚度较小且柱子受到的轴力较大，平面外稳定性较差，所以一般 H 型钢柱翼缘宽度要比 H 型钢梁大。一般跨度较大的门式刚架厂房钢柱翼缘宽度在 300～

400mm。本工程左跨边柱（图 4-15 中柱 1）牛腿以下翼缘宽度取 340mm，牛腿以上翼缘宽度取 260mm。屋脊处双 H 型钢柱（图 4-15 中柱 2）牛腿以下翼缘宽度取 220mm，牛腿以上翼缘宽度取 240mm。

（2）经验

翼缘宽度一般≥180mm，原因是常用的翼缘板校正机校正最小宽度为 180mm。设计时翼缘最小宽度一般取 200mm。门式刚架中，常用的翼缘规格为（mm）：180×8，180×10，200×8，200×10，220×10，220×12，240×10，240×12，250×10，250×12，260×12，260×14，270×12，280×12，300×12，320×14、350×16 等。

3. 柱翼缘厚度

（1）H 型钢柱翼缘厚度除了满足规范要求（宽厚比）外，还与弯矩大小有关，由于 H 型钢柱翼缘宽度较大，翼缘厚度一般由宽厚比控制。本工程左跨边柱（图 4-15 中柱 1）牛腿以下翼缘厚度取 16mm，牛腿以上翼缘厚度取 12mm。屋脊处双 H 型钢柱（图 3-15 中柱 2）牛腿以下翼缘厚度取 12mm，牛腿以上翼缘厚度取 12mm。

（2）经验

对于 Q235 钢，当 $t \leqslant 16$mm 时，钢材屈服强度为 235N/mm^2，外伸宽度为 1/2 翼缘宽－1/2 梁腹板厚度，按照“门规” 6.1.1-1，翼缘宽厚比极限值为 15。对于 Q345 钢，当 $t \leqslant 16$mm 时，钢材屈服强度为 345N/mm^2，按照“门规” 6.1.1-1，翼缘宽厚比极限值为 13.38，当受压翼缘宽 180mm 时，翼缘厚度最小值近似为 6.50mm；翼缘宽 200mm 时，翼缘厚度最小值近似为 7.25mm；翼缘宽 220mm 时，翼缘厚度最小值近似为 8mm；翼缘宽 240mm 时，翼缘厚度最小值近似为 9mm；翼缘宽 250mm 时，翼缘厚度最小值近似为 9.12mm。

对于 Q235 钢，当 $t \leqslant 16$mm 时，钢材屈服强度为 235N/mm^2，外伸宽度为 1/2 翼缘宽－1/2 梁腹板厚度，按照《钢结构设计规范》GB 50017 第 4.3.8 条，翼缘宽厚比极限值为 13。对于 Q345 钢，当 $t \leqslant 16$mm 时，钢材屈服强度为 345N/mm^2，按照《钢结构设计规范》GB 50017 第 4.3.8，翼缘宽厚比极限值为 10.73，当钢柱翼缘宽度为 350mm 时，其翼缘厚度最小值近似为 15.94mm；当钢柱翼缘宽度为 300mm 时，其翼缘厚度最小值近似为 13.61mm。

翼缘厚度的模数一般为 2mm。宽厚比的规定和应力有一定的关系，符合“门规”条件的有吊车钢柱，其应力比可控制在 0.85～0.9，超出“门规”范围的 20～50t 可做到 0.75～0.85；50～100t 可做到 0.65～0.75。翼缘宽厚比应满足规范要求。X 的截面塑性发展系数 γ_x 取 1.0 时（即不考虑塑性发展），普通门式刚架厂房宽厚比可放宽至 $15\sqrt{235/f_y}$。

4. 柱腹板厚度

（1）柱腹板厚度除了满足规范要求，一般以 6mm、8mm 居多，吊车吨位不是很大时，有吊车钢柱（下）翼缘可加厚到 8mm。本工程左跨边柱（图 4-15 中柱 1）牛腿以下腹板厚度取 8mm，牛腿以上腹板厚度取 6mm。屋脊处双 H 型钢柱（图 4-15 中柱 2）牛腿以下腹板厚度取 6mm，牛腿以上腹板厚度取 6mm。

（2）规范

“门规” 6.1.1-1：工字形截面梁、柱构件腹板的计算高度 h_w 与其厚度 t_w 之比，不应大于 250 $\sqrt{235/f_y}$，此处，f_y 为钢材屈服强度。

（3）经验

对于 Q235 钢，当 $t \leqslant 16$mm 时，钢材屈服强度为 235N/mm²，腹板计算高度 h_w 为柱高－上翼缘厚度－下翼缘厚度，腹板高厚比极限值为 250。对于 Q345 钢，当 $t \leqslant 16$mm 时，钢材屈服强度为 345N/mm²，按照“门规”6.1.1-1，腹板高厚比极限值为 206.25，柱高 400mm 时，腹板厚度最小值近似为 1.88mm，柱高 800mm 时，腹板厚度最小值近似为 3.72mm。在设计时，腹板厚度最小值一般取 6mm。

腹板厚度的模数一般为 2mm，对 6mm 的其高度范围一般为 300～750mm，最大可到 900mm；对 8mm 厚的腹板高度范围一般为 300～900mm，最大可到 1200mm。腹板高厚比超限，一般调厚度，也可以设置横向加劲肋（设横向加劲肋的作用提高板件的周边约束条件抵抗因剪切应力引起的腹板局部失稳，于是提高了腹板高厚比允许值，加劲肋的设置应满足《钢结构设计规范》第 5.4.6 条的规定），当工字形截面腹板高度变化不超过 60mm/m 时，可以考虑屈曲后强度（腹板的高厚比限值会减小）。

5. 初定钢柱截面

本工程左跨边柱（图 4-15 中柱 1）牛腿以下柱截面尺寸为 H800×340×8×16，牛腿以上柱截面尺寸为 H600×260×6×12。屋脊处双 H 型钢柱（图 4-15 中柱 2）牛腿以下柱截面尺寸为双 H400×220×6×12－800×10，牛腿以上柱截面尺寸为 H500×240×6×12。

在 STS 建模计算后，发现预估的截面不满足要求时，若强度不满足，通常加大组成截面的板件厚度，其中抗弯不满足，加大翼缘厚度，抗剪不满足，加大腹板厚度。若变形超限，通常不应加大板件的厚度，而应考虑加大截面的高度，否则会很不经济。若平面外稳定性不够，加翼缘宽比较经济。在屋脊处布置双 H 型钢柱是因为此处轴力较大（吊车），平面外稳定性较差，如果只布置单个 H 型钢柱，则钢柱翼缘厚度会很大，不经济。

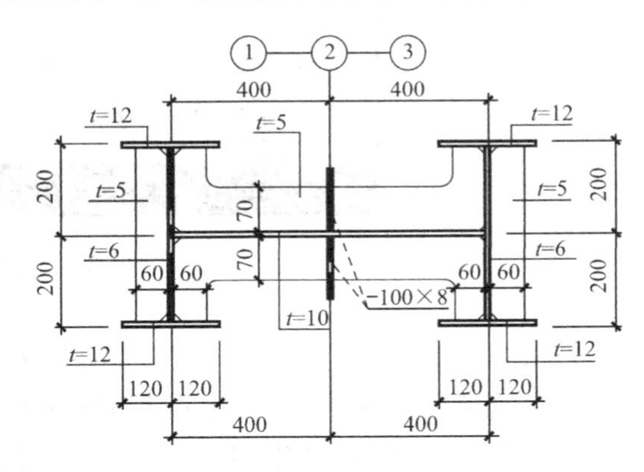

图 4-18　双 H 型钢柱示意图

双 H 型钢柱如图 4-18 所示。刚架右跨钢梁与左跨钢梁对称。

4.4　刚架 STS 设计

4.4.1　STS 建模

1. 本工程柱距、跨度及荷载分布都基本不变，选择一榀刚架（轴线 H，GJ1）进行受力分析，端部刚架设计与 GJ1 基本相同。

点击【钢结构/门式刚架/门式刚架二维设计】→【应用】，进入二维刚架设计状态，点击“新建工程文件”，“交互式文件名”为：GJ1，如图 4-19、图 4-20 所示。

图 4-19 PKPM 门式刚架主菜单

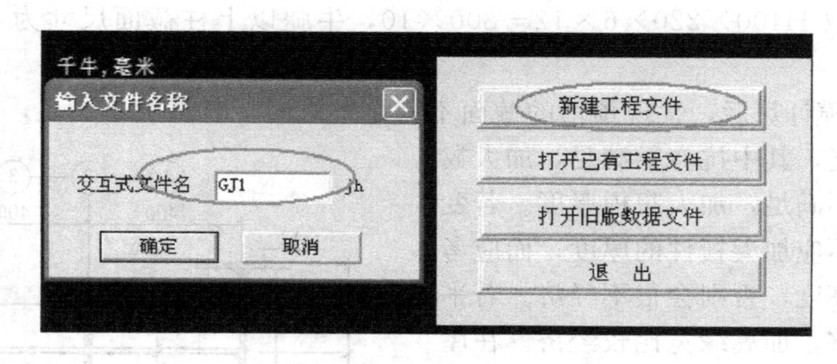

图 4-20 新建工程文件“GJ”

2. 点击【网格生成/快速建模/门式刚架】，弹出门式刚架快速建模对话框，如图 4-21～图 4-23 所示。在图 4-23 中点击【双坡多跨刚架】，弹出“双坡多跨刚架参数定义”对话框，如图 4-24 所示。按图 4-24 填写参数设置后，点击“确定”，如图 4-25 所示。

3. 点击【网格生成/快速建模/门式刚架】，弹出门式刚架快速建模对话框，单击【设计信息设置】，选择自动生成铰接、自动生成荷载、自动导算风荷载，最后点击“确定”，程序按输入的参数自动生成刚架网格，并按程序内定的构件截面尺寸布置刚架杆件，如图 4-26、图 4-27 所示。

4. 布置钢柱

点击【柱布置/删除柱】，用窗口的方式删除所有柱子。点击【柱布置/柱布置】，在弹出的对话框中选择“增加”，进行 H 型钢柱的定义，分别定义以四个 H 型钢柱：H800×340×8×16、H600×260×6×12、双 H400×220×6×12－800×10、H500×240×6×12。钢柱截面定义完成后，点击要布置的柱子，布置到指定位置。也可以点击【柱布置/柱查改】，进行柱修改，使构件截面尺寸符合工程要求，如图 4-28～图 4-30 所示。

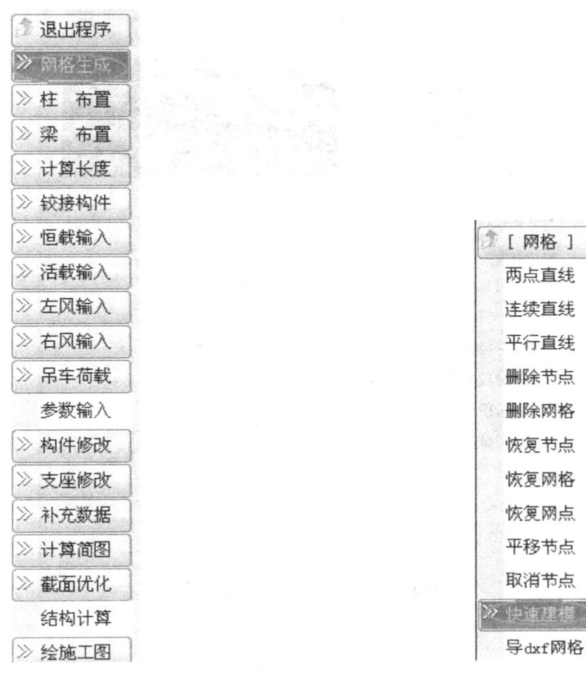

图 4-21 门式刚架二维设计菜单

图 4-22 网格菜单

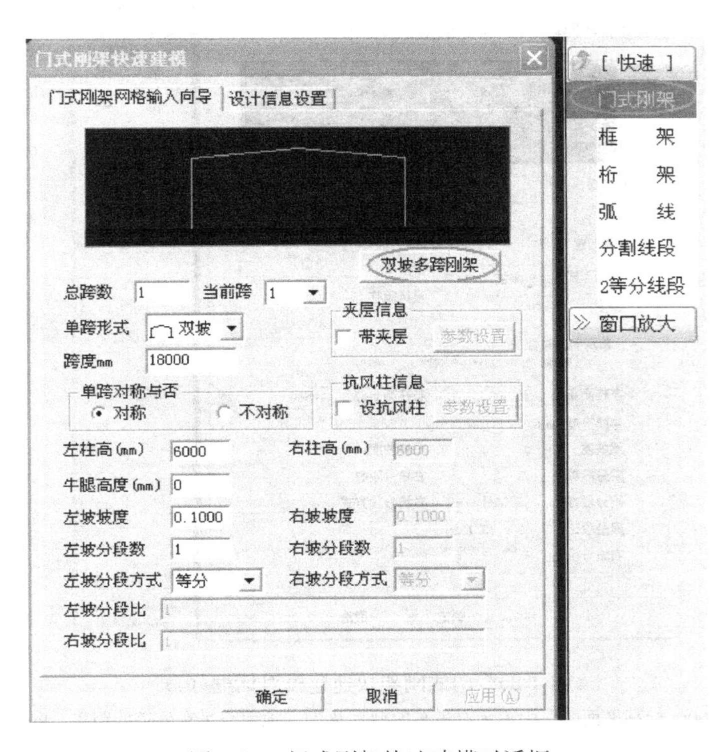

图 4-23 门式刚架快速建模对话框

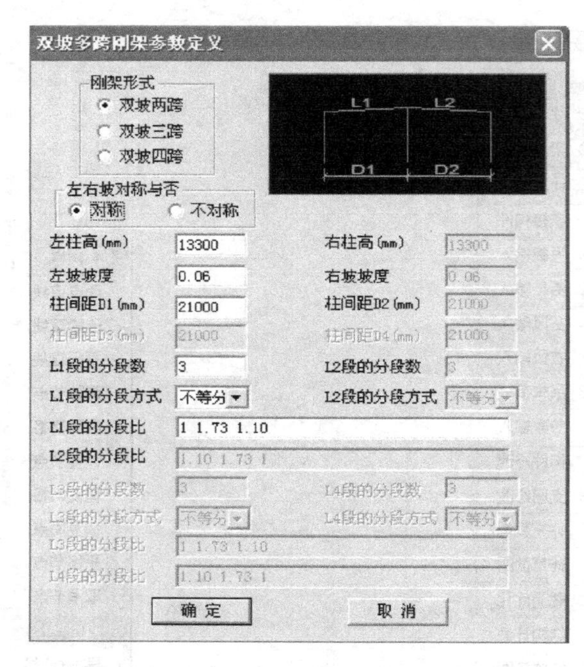

图 4-24　双坡多跨刚架参数定义

注：本工程基础设置短柱，短柱顶标高－0.300m，故左柱高为 13＋0.3＝13.3m。

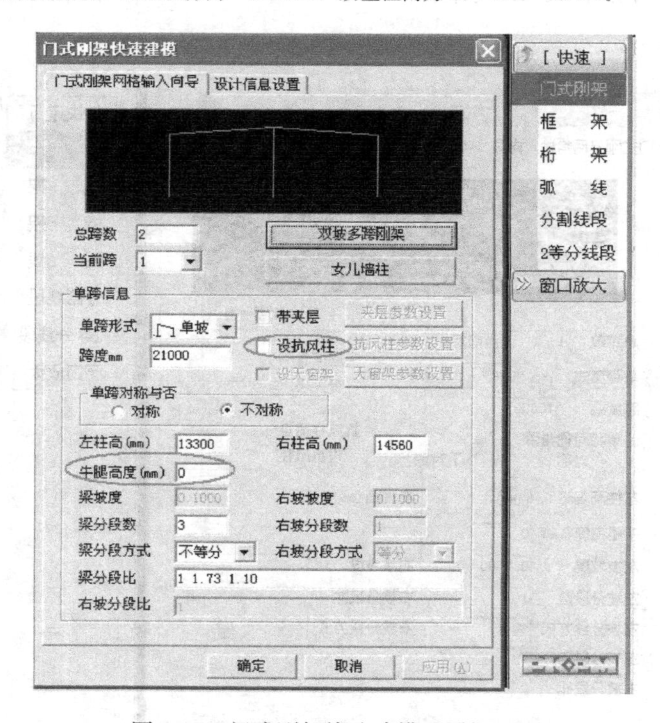

图 4-25　门式刚架快速建模对话框（1）

注：1. 建筑图“±0.000m 标高平面图”中表示有吊车的型号及 H（地面至吊车轨道的距离，9m），牛腿标高＝9－1.2（吊车梁高，可先估算）－0.150（轨道的高度，应根据吊车具体型号查表）－0.02（吊车梁底至牛腿顶之间的垫板距离）＋0.3（±0.00 至短柱顶距离）＝7.930m。

2. 抗风柱一般不建模，在【钢结构/工具箱】中计算。

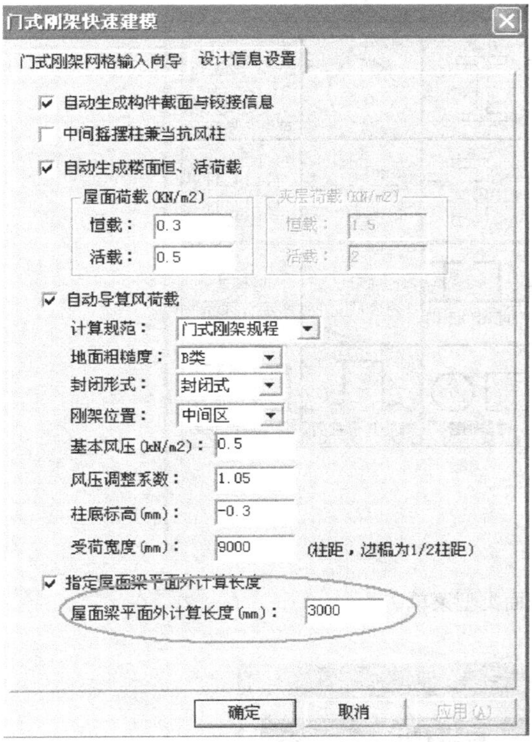

门式刚架快速建模

门式刚架网格输入向导　设计信息设置

☑ 自动生成构件截面与铰接信息
☐ 中间摇摆柱兼当抗风柱
☑ 自动生成楼面恒、活荷载

屋面荷载（kN/m2）
恒载：0.3
活载：0.5

夹层荷载（kN/m2）
恒载：1.5
活载：2

☑ 自动导算风荷载
计算规范：门式刚架规程
地面粗糙度：B类
封闭形式：封闭式
刚架位置：中间区
基本风压（kN/m2）：0.5
风压调整系数：1.05
柱底标高（mm）：-0.3
受荷宽度（mm）：9000（柱距，边榀为1/2柱距）

☑ 指定屋面梁平面外计算长度
屋面梁平面外计算长度（mm）：3000

确定　取消　应用(A)

图 4-26　门式刚架快速建模-设计信息设置

注：应按工程实际情况填写以上参数。屋面梁平面外计算长度一般可为 3000mm（2 倍屋面檩条间距）。

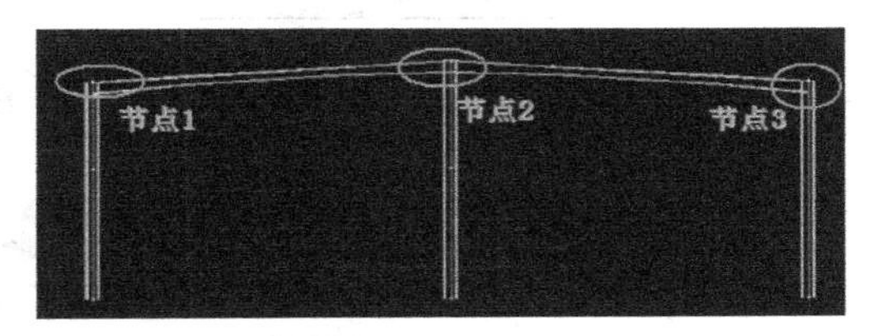

图 4-27　快速建模自动生成的门式刚架模型

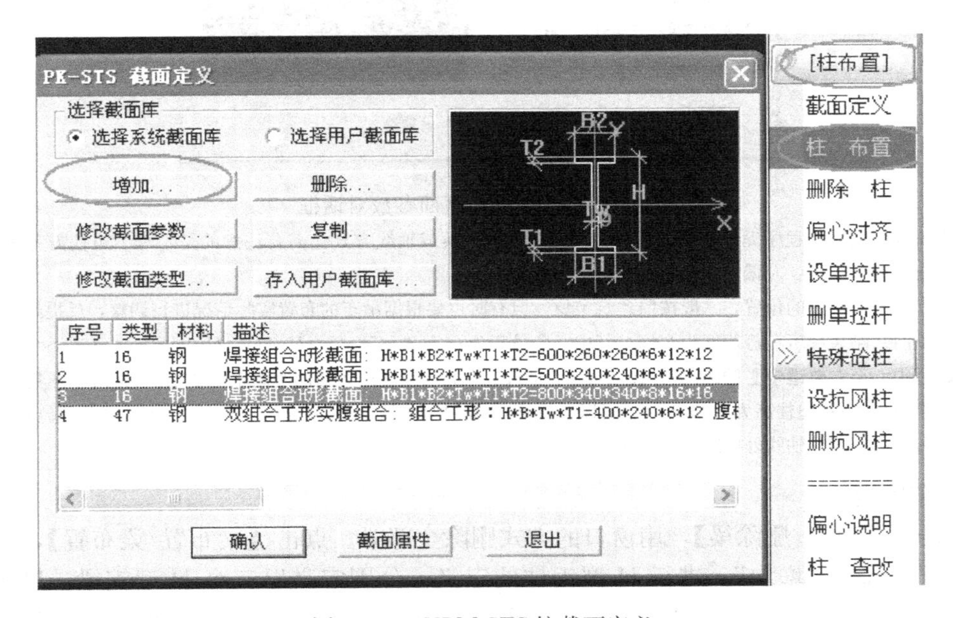

图 4-28　PKPM-STS 柱截面定义

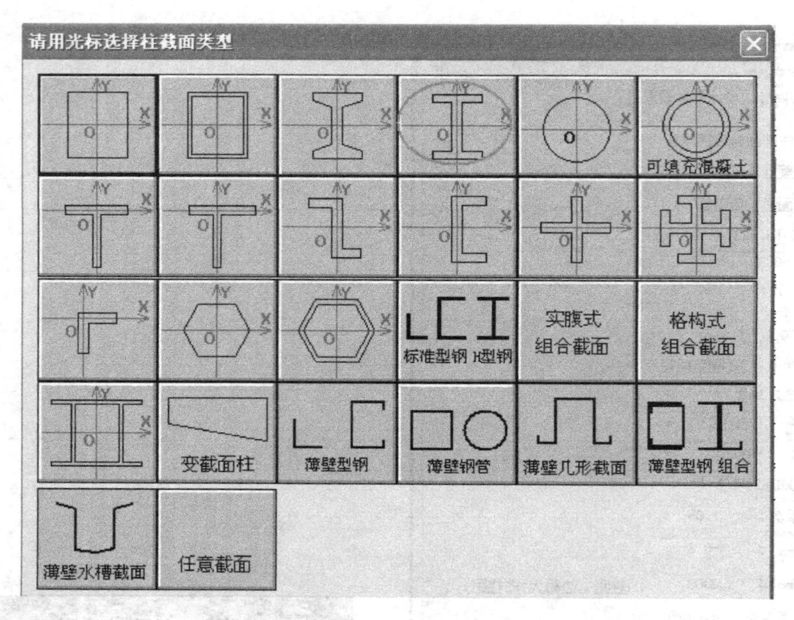

图 4-29　柱截面类型菜单

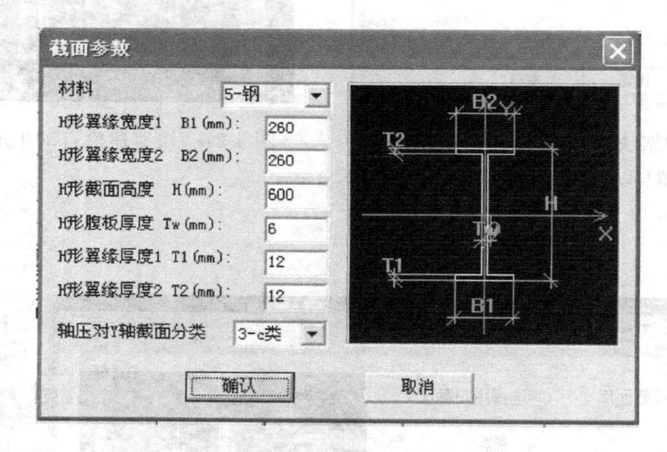

图 4-30　H 型钢柱截面参数对话框

注：1. 布置柱截面时，程序提供三种选择方式，按 Tab 键转换成轴线方式。需要注意的是，对于边柱需考虑偏心的影响。程序规定：左偏为正，右偏为负，单位为 mm。

2. 钢柱在平面图中的位置，一般按照建筑定位，但有时也要根据吊车的布置实际情况进行调整，反提给建筑。比如该门式刚架厂房左跨跨度为 21m，其中一个吊车为 G_n=32t/5t、S=19.5m、H_o=9.0m、A6。S=跨度（左轨道中心至右轨道中心的距离）=19.5m，吊车轨道中心与钢柱内边缘的距离定位 0.4m（查吊车图集与吊车相关手册），左跨边柱高为 600mm（牛腿以上位置），屋脊处柱高为 500mm 且居中布置（牛腿以上位置），则左跨边柱内边与左轴线处的距离最小应满足：21－19.5－2×0.4－0.25＝0.45m。

5. 布置钢梁

点击【梁布置/删除梁】，用窗口的方式删除全部梁。点击【梁布置/梁布置】，在弹出的对话框中选择“增加”，进行 H 型钢柱的定义，分别定义以三个 H 型钢梁：H(650～450)×200×6×10、H450×180×6×8、H(450～750)×240×6×10。再点击“确定”，布置到指定位置。也可以点击【梁布置/梁查改】，进行梁修改，使构件截面尺寸符合工程要求，如图 4-31 所示。

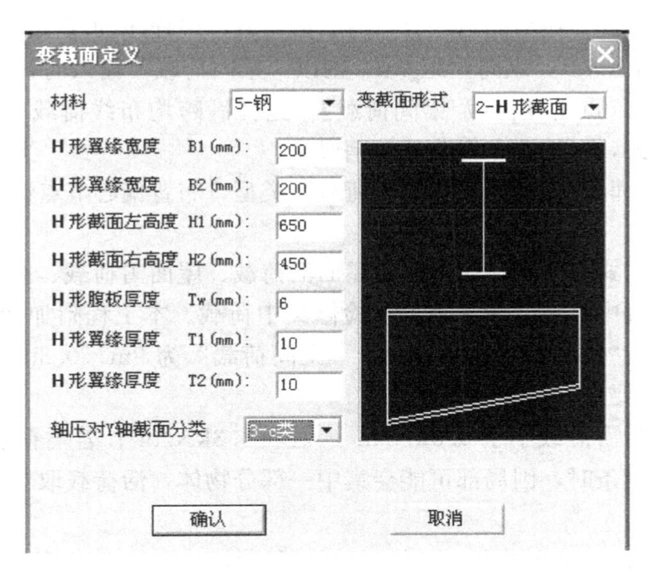

图 4-31　H 型变截面钢梁对话框

6. 计算长度

点击【计算长度/平面外、平面内】，可以查看与修改钢梁、钢柱的计算长度。程序约定：平面内的长度程序默认为一1，一般情况下不需要改。平面外长度程序默认为杆件几何长度。一般根据实际情况修改。

没有吊车时，一般可用墙梁＋隅撑作为柱平面外支撑点，门式刚架柱平面外的计算长度可取隅撑最大间距。有吊车或跨度较大的厂房，由于柱截面或轴力比较大，一般不适合用墙梁＋隅撑作为柱平面外支撑点，还应根据柱间支撑与系杆的设置情况来确定柱平面外计算长度，柱的平面外计算长度取纵向支撑点间的距离，即柱间支撑沿柱高方向节点间距。当柱平面外沿厂房纵向设置通长系杆时，也可取沿柱高方向系杆的间距。刚架一般在牛腿位置设置面外支撑，牛腿处设置吊车，程序在此把柱分为两段，柱子平面外长度取各段柱实际长度即可。一般吊车梁与钢柱可靠连接后能起到系杆的作用。

梁的平面外计算长度通常情况下对下翼缘取隅撑作为其侧向支撑点，计算长度取隅撑之间的距离。对于上翼缘，一般也可以取有隅撑的檩条之间的距离。檩距 1.5m，隅撑隔一个檩条布置。所以，梁的平面外计算长度取 3m。

7. 铰接构件

点击【铰接构件】，可以布置梁铰、柱铰、节点铰等。本工程图 4-27 中的节点 2 设为铰接，可以点击【铰接构件/布置柱铰】，按照程序提示布置。

图 4-15 中由于钢梁一般由变形控制而非强度控制，柱 2 的节点 2 应修改为铰接，否则柱 2 分担一部分钢梁的弯矩，且由于柱 2 柱脚已设为固接，会导致基础会比较大，不经济。

铰接构造相对刚接来说，简单很多，方便制作和安装，有条件时宜尽量采用。刚接柱脚由于存在弯矩，基础尺寸会较大，使综合造价上升。柱底弯矩不太大时，一般采用柱底为铰接的形式；有吊车且吊车吨位较大时，采用刚接柱脚。当风荷载很大时，即使没有吊车，也宜设成刚接柱脚，以控制侧移。

8. 恒载输入

对于门式刚架来说，典型的恒载有：屋面恒荷载，用程序的【梁间荷载】布置。本工程附加恒载为 0.35kN/m^2，纵向柱距 9m，则以“梁间荷载”输入时，“梁间荷载”为 9m×0.35=3.15kN/m，点击【恒载/梁间荷载】，选择满跨均布线荷载类型，按“Tab”键切换为“窗口”方式，框选要布置荷载的钢梁。

点击【恒载/柱间恒载】，选择“节点荷载”类型，布置偏心节点恒载 41.5kN。

9. 活载输入

同恒载输入。门式刚架的活荷载包括屋面活荷载、屋面雪荷载、屋面积灰荷载、悬挂荷载等。在施工过程中，还要考虑施工或检修集中荷载。本工程附加活载为 0.30kN/m^2，纵向柱距 9m，则以“梁间荷载”输入时，“梁间荷载”为 9m×0.30=2.70kN/m。选择“窗口”方式，框选要布置荷载的钢梁。

计算刚架时，若雪荷载小于 0.3kN/m^2，则取 0.3kN/m^2；若雪荷载大于 0.3kN/m^2，则取雪荷载。计算檩条时，因局部可能会集中一部分物体，活荷载取 0.5kN/m^2。

10. 左风输入

点击【左风输入/自动布置】，在弹出的对话框（图 4-32）中填写相关参数。程序提供三种类型的风载形式，即节点左风、柱间左风、梁间左风。在人工布置时，需要注意风荷载的正负。程序规定：无论左风、右风、吸力或压力，水平荷载一律规定向右为正，竖向荷载一律规定向下为正，顺时针方向的弯矩为正，吊车轮压荷载右偏为正，反之为负。

女儿墙风荷载一般比较小，对设计基本没影响。偏安全考虑，可以按节点荷载输入。可以用程序的【节点左风】实现，单击【节点左风】，弹出对话框，在【屋面坡度】中输入一个很大的数，如 100000，即可输入水平风荷载。也可单击【柱间左风】。桁架上作用的风荷载需要等效为节点荷载来输入，不能采用自动布置。

变截面杆件上的荷载，不允许有跨中弯矩或偏心集中力，存在该类荷载时，可在杆间增加节点，转化为节点荷载输入。

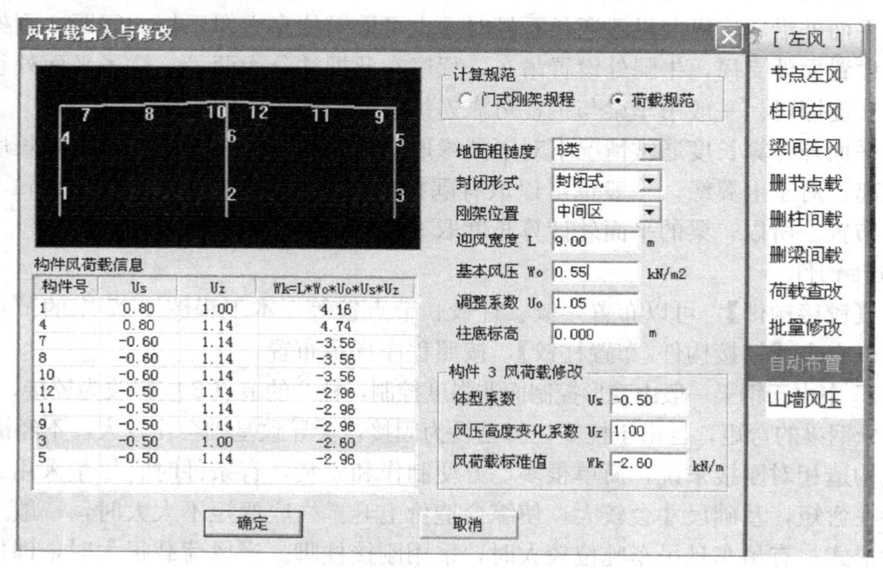

图 4-32 风荷载输入与修改

参数注释

计算规范：

当结构跨高比 $L/H<2.3$（柱脚铰接）和 $L/H<3.0$（柱脚刚接）时（例如，檐口高度 H 为 13m，刚架跨度 L 分别小于 29.9m 和 39m）时，应按“荷规”取用；而其他情况应按“门规”取用。详见“门规”A.0.1 的条文说明。

地面粗糙度：

该选项是用来判定风场的边界条件，直接决定了风荷载的沿建筑高度的分布情况，必须按照建筑物所处环境正确选择。相同高度建筑风荷载 A>B>C>D。

A 类：近海海面，海岛、海岸、湖岸及沙漠地区。

B 类：指田野、乡村、丛林、丘陵及中小城镇和大城市郊区。

C 类：指有密集建筑群的城市市区。

D 类：指有密集建筑群且房屋较高的城市市区。

封闭形式：

迎风宽度 L：

对于中间跨，取柱距；对于端跨，取柱距的一半。

基本风压：

查荷载规范，按实际填写。

调整系数：

当风载按“荷规”取用时，应填 1.0；当风载按“门规”取用时，应填 1.05，且风载不考虑阵风系数。详见“门规”A.0.1 的条文说明。

柱底标高：

因风压高度变化系数 μ_z 是指离地面 h 处的调整值，故此处应填入室内外高差。

风荷载修改——体型系数 μ_s：

STS 程序一般能自动判别，按程序默认的参数即可，不用修改。当程序出现如下提示时：“找不到“轻钢规范”中相应的形式，风荷载体型系数请用户输入”，用户应对构件上的风荷载手工修改。

门式刚架结构与一般厂房结构不同，其高度一般都不大，但其跨度和长度都比较大，这类房屋的风荷载体型系数有自己的特点，必须按“门规”中规定执行。但遇到以下情况时，宜用《建筑结构荷载规范》来确定风荷载的体型系数：房屋高度很大、跨度很大、有大吨位的吊车。

“门规”A.0.2：对于门式刚架轻型房屋，当其屋面坡度 α 不大于 10°、屋面平均高度不大于 18m、房屋高宽比不大于 1、檐口高度不大于房屋的最小水平尺寸时，风荷载体型系数 μ_s 应按下列规定采用：1 刚架的风荷载体型系数，应按表 4-12 的规定采用（图 4-33、图 4-34）。

刚架的风荷载体型系数　　表 4-12

建筑类型	分区											
	端区						中间区					
	1E	2E	3E	4E	5E	6E	1	2	3	4	5	6
封闭式	+0.50	−1.40	−0.80	−0.70	+0.90	−0.30	+0.25	−1.00	−0.65	−0.55	+0.55	−0.15
部分封闭式	+0.10	−1.80	−1.20	−1.10	+1.00	−0.20	−0.15	−1.40	−1.05	−0.95	+0.75	−0.05

注：1. 表中，正号（压力）表示风力由外朝向表面；负号（吸力）表示风力自表面向外离开，下同；
2. 屋面以上的周边伸出部位，对一区和 5 区可取+1.3，对 4 区和 6 区可取−1.3，这些系数包括了迎风面和背风面的影响；
3. 当端部柱距不小于端区宽度时，端区风荷载超过中间区的部分，宜直接由端刚架承受；
4. 单坡房屋的风荷载体型系数，可按双坡房屋的两个半边处理（图 4-34）。

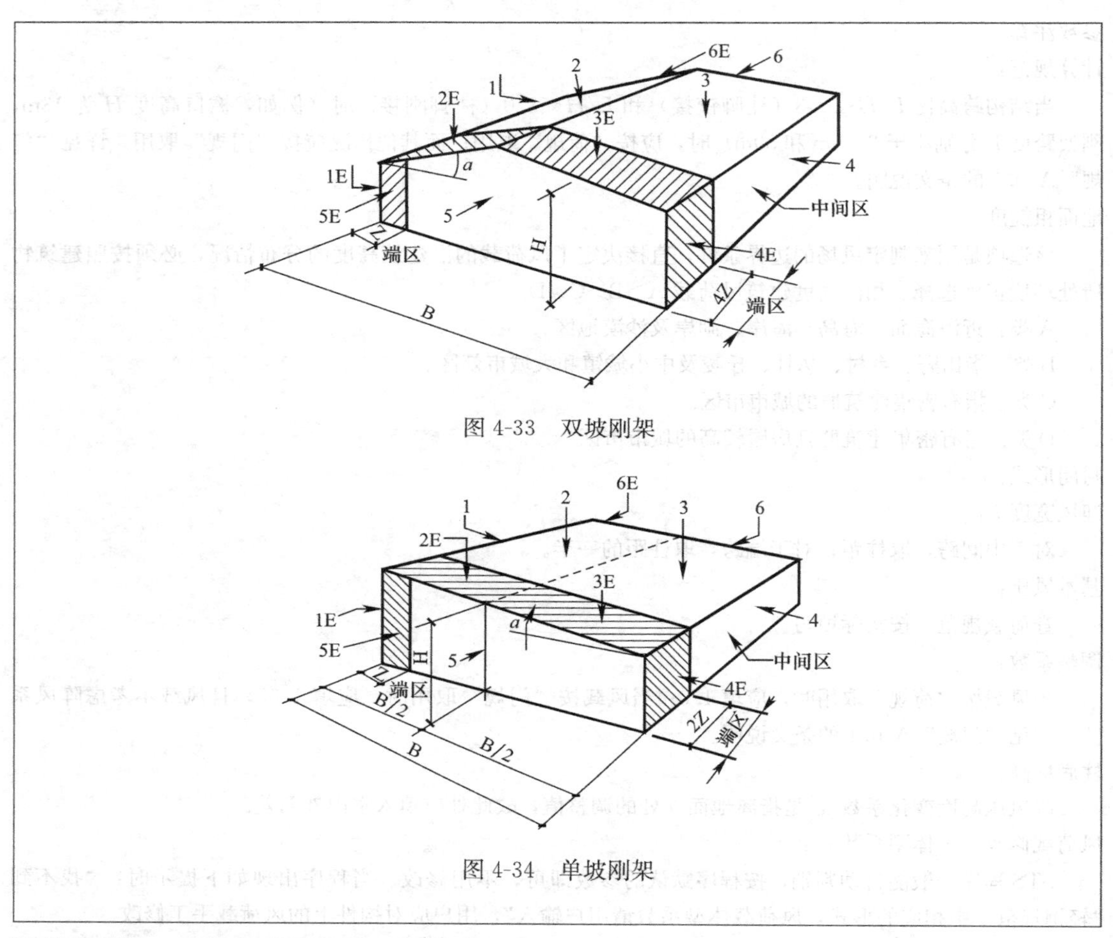

图 4-33　双坡刚架

图 4-34　单坡刚架

风荷载修改——风压高度变化系数 μ_z：

《建筑结构荷载规范》GB 50009—2012 第 8.2.1：对于平坦或稍有起伏的地形，风压高度变化系数应根据地面粗糙度类别按表 4-13 确定。当高度小于 10m 时，应按 10m 高度处的数值采用。

风压高度变化系数（局部）　　**表 4-13**

离地面或海平面高度（m）	地面粗糙度类别			
	A	B	C	D
5	1.09	1.00	0.65	0.45
10	1.28	1.00	0.65	0.45
15	1.42	1.13	0.65	0.45
20	1.52	1.23	0.74	0.45
30	1.67	1.39	0.88	0.45

风荷载修改——风荷载标准值：

风荷载标准值 $\omega_k = \mu_s \mu_z \omega_0$，$\omega_0$ 为基本风压，按现行国家标准《建筑结构荷载规范》GB 50009 的规定值乘以 1.05 采用。

11. 右风输入

同左风输入。

12. 吊车荷载

(1) 点击【吊车荷载/吊车数据】，显示PK-STS吊车荷载定义对话框，如图4-35所示。点击【增加】，弹出吊车荷载数据对话框，如图4-36所示。程序要求输入的最大轮压和最小轮压产生的吊车荷载（D_{max}和D_{min}），不是厂方吊车资料中提供的数据（P_{max}和P_{min}），而是根据影响线求出的最大轮压和最小轮压对柱的作用力。

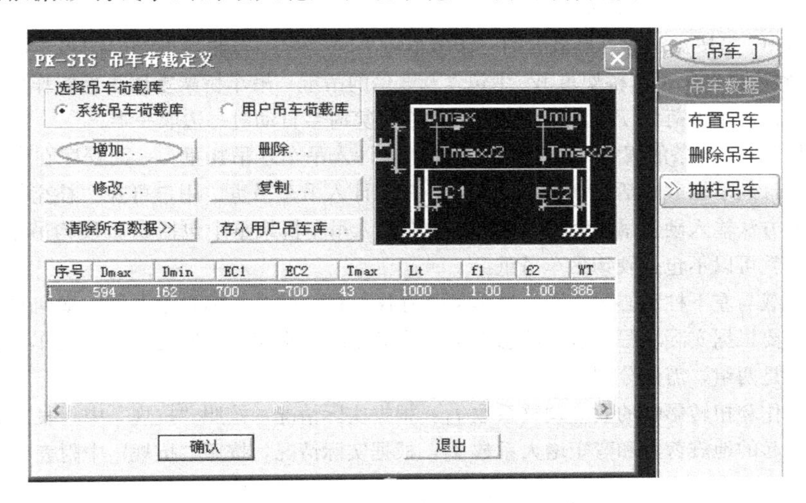

图4-35　PK-STS吊车荷载定义

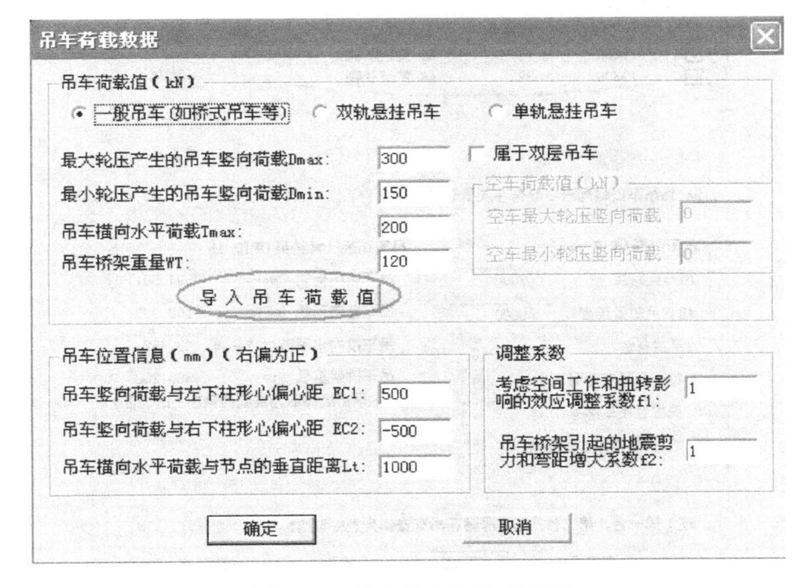

图4-36　吊车荷载数据对话框

参数注释

吊车荷载值：

有三种选择，一般吊车（如桥式吊车等）、双轨悬挂吊车、单轨悬挂吊车。本工程选择一般吊车（如桥式吊车等）。

吊车荷载是指吊车在运行中最大轮压和最小轮压对柱牛腿产生的作用。吊车荷载定义时的区别在于输入的参数不同；布置时的区别在于，一般桥式吊车和双轨悬挂吊车需要指定两个吊车荷载作用点，单轨悬挂吊车只需要指定一个作用点。悬挂吊车的作用点在梁间时，需要在该位置增加一个节点，才能进行布置。

最大轮压产生的吊车竖向荷载 D_{max}、最小轮压产生的吊车竖向荷载 D_{min}、吊车横向水平荷载 T_{max}、吊车桥架重量 W_t：

吊车荷载值有 3 种方法可以得到：第 1 种是通过影响线手算；第 2 种是通过 STS 工具箱首先计算吊车梁，从中得到；第 3 种是通过程序提供的辅助工具。在图 4-36 中点击【导入吊车荷载值】，进入吊车荷载输入向导对话框，如图 4-37 所示。

吊车桥架重 W_t 是按额定起重量最大的一条吊车输出的（W_t＝按轮压推导出的吊车满载总重－额定起重量），对于硬钩吊车，吊车桥架重 W_t 中包含 0.3 倍的吊重。吊车桥架重用于地震作用计算时的集中质点质量。吊车横向水平荷载 T_{max} 应为总值，程序在计算时会自动对每边取一半。

根据“抗规”5.1.3 条的规定：对于硬钩吊车，应计入吊车悬吊物重力，而程序在自动形成的振动质点的重量中只计入了恒载、活载和吊车桥架重，并未计入吊车吊重。用户可在“补充数据”中用填写附加质点重量的方法输入硬钩吊车竖向荷载，或者在输入吊车桥架重中包括 30％硬钩吊车吊重，这样在附加质点重量里就可以不包括硬钩吊车吊重。

吊车竖向荷载与左下柱形心偏心距、吊车竖向荷载与右下柱形心偏心距、吊车横向水平荷载与节点的垂直距离：需要根据实际填写。这些信息影响到吊车分组的确定。即使是相同的吊车荷载值，如位置信息不同，也算是两组，需要分别定义。

考虑空间工作和扭转影响的效应调整系数 f_1：根据实际情况，按照“抗规”中附表 J.2.3-1 填写。

吊车桥架引起的地震剪力和弯矩增大系数 f_2：根据实际情况，按照“抗规”中附表 J.2.5 填写。

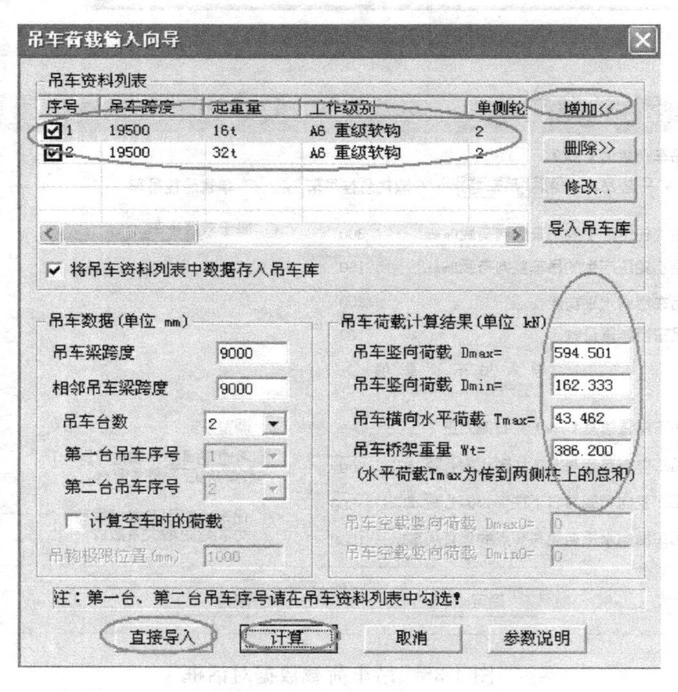

图 4-37 吊车荷载输入向导对话框

参数注释

吊车梁的跨度：一般是指本开间的柱距。

相邻吊车梁跨度：指与本开间相邻的吊车梁的跨度，一般就是相邻开间的柱距。

吊车台数、第一台吊车序号、第二台吊车序号：均按实际填写。

计算空车时的荷载：

当属于双层吊车时，需要输入空车时的作用。由于一般吊车资料没有提供空车时的最大轮压和最小轮压，用户可以选择“计算空车时的荷载”，然后输入吊钩极限位置，软件自动计算当吊钩处于极限位置吊重产生的支座反力，然后从重车的最大轮压和最小轮压中减去相应吊重产生的支座反力，得到空车的最大轮压反力和最小轮压反力，然后自动计算空车时的竖向荷载。

注：1. STS程序提供了常用吊车库和吊车荷载自动计算功能。在弹出的“吊车荷载输入向导”对话框中，如果工程中的吊车在吊车库中没有，则点击“增加”在弹出的对话框中手动输入吊车的具体参数，图 4-38 所示。

2. 如果工程中的吊车在吊车库中有，在图 4-37 中点击【导入吊车库】，弹出吊车数据库对话框。在吊车数据库对话框中选择合适的吊车（图 4-39），点击【确定】，该吊车的所有参数自动回填到吊车荷载输入向导对话框中。在图 4-37 中点击【计算】，程序将吊车计算结果数据填入对话框左下方输入项中。点击【直接导入】，考虑影响线的吊车荷载回填到吊车荷载数据对话框中。

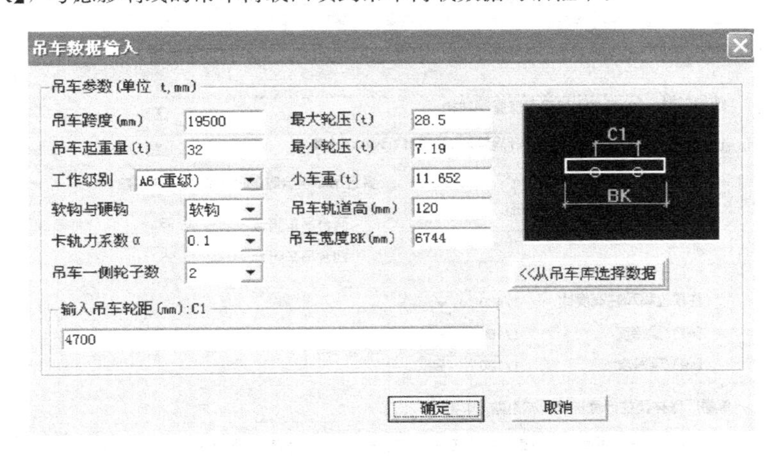

图 4-38　吊车数据输入（手动）

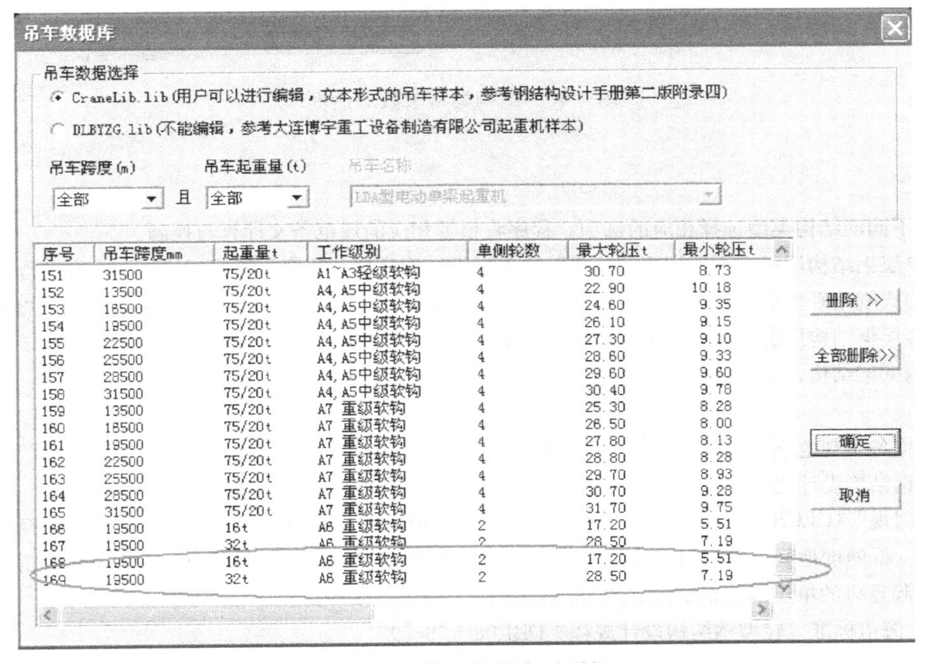

序号	吊车跨度mm	起重量t	工作级别	单侧轮数	最大轮压t	最小轮压t
151	31500	75/20t	A1~A3轻级软钩	4	30.70	8.73
152	13500	75/20t	A4, A5中级软钩	4	22.90	10.18
153	16500	75/20t	A4, A5中级软钩	4	24.60	9.35
154	19500	75/20t	A4, A5中级软钩	4	26.10	9.15
155	22500	75/20t	A4, A5中级软钩	4	27.30	9.10
156	25500	75/20t	A4, A5中级软钩	4	28.60	9.33
157	28500	75/20t	A4, A5中级软钩	4	29.60	9.60
158	31500	75/20t	A4, A5中级软钩	4	30.40	9.78
159	13500	75/20t	A7 重级软钩	4	25.30	8.28
160	16500	75/20t	A7 重级软钩	4	26.50	8.00
161	19500	75/20t	A7 重级软钩	4	27.80	8.13
162	22500	75/20t	A7 重级软钩	4	28.80	8.28
163	25500	75/20t	A7 重级软钩	4	29.70	8.93
164	28500	75/20t	A7 重级软钩	4	30.70	9.28
165	31500	75/20t	A7 重级软钩	4	31.70	9.75
166	19500	16t	A6 重级软钩	2	17.20	5.51
167	19500	32t	A6 重级软钩	2	28.50	7.19
168	19500	16t	A6 重级软钩	2	17.20	5.51
169	19500	32t	A6 重级软钩	2	28.50	7.19

图 4-39　吊车数据库对话框

(2) 吊车梁自重

吊车梁自重应按照偏心荷载考虑，有以下三种办法：第一，先计算吊车梁，然后把它当做偏心恒载输入。第二，在轮压上考虑一个放大系数，具体可以取 1.02～1.04。第三，可以在吊车总重上考虑一个放大系数，在 STS 桥架总重里面加上吊车梁自重，或者加到厂家资料中的吊车总重上。

13. 布置吊车荷载

点击【吊车荷载/布置吊车】，分别点取要布置吊车荷载柱的牛腿高节点。

14. 参数输入

点击【参数输入】，显示钢结构参数输入与修改对话框，如图 4-40～图 4-44 所示

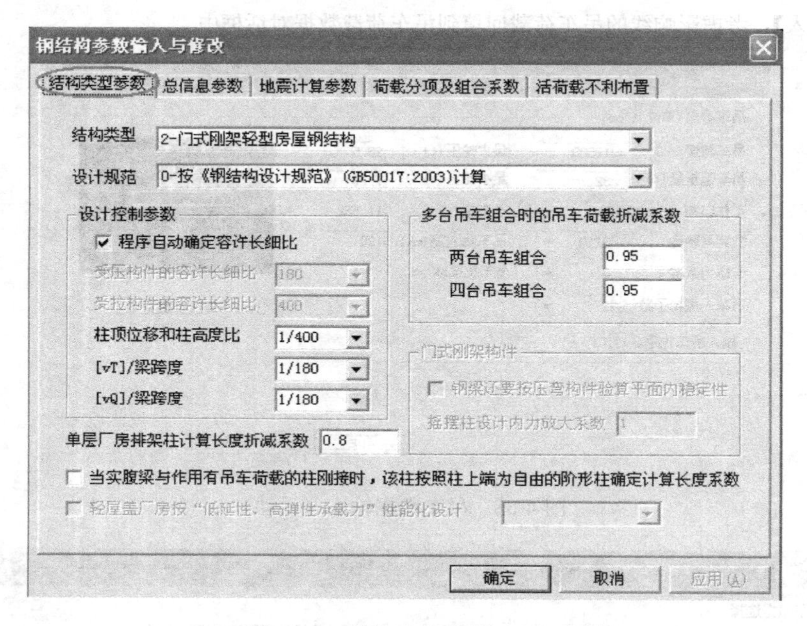

图 4-40　结构类型参数对话框

参数注释

结构类型：

根据不同的结构类型选择相应的选项，程序将根据相应的规范条文计算与控制。

1）单层钢结构厂房，不适用于“门规”的单层钢结构厂房，程序将按照“抗规”内容进行控制。

2）门式刚架轻型房屋钢结构，选择此选项时，不再按“抗规”9.2 章内容控制，仅执行“门规”。

3）多层钢结构厂房，按“抗规”附录 H.2 进行计算与控制。

4）钢框架结构，按“抗规”内容进行控制。

设计规范：

应根据各个规范不同的适用条件选择。存在混凝土构件时，程序自动按“混规”进行计算。

1）《钢结构设计规范》GB 50017，适用于工业与民用房屋和一般构筑物。

2）“门规”（CECS 102：2012），适用于主要承重结构为单跨或多跨实腹门式刚架，具有轻型屋盖和轻型外墙（低烈度地区也可采用砌体），无桥式吊车或有起重量不大于 20T 的 A1～A5 工作级桥式吊车或 3t 悬挂式起重机的单层房屋钢结构。

3）上海市标准《轻型钢结构设计规程》DBJ 08－68－97

4）《冷弯薄壁型钢结构设计规范》GB 50018，适用于建筑工程的冷弯薄壁型钢结构。

设计控制参数：根据选择的规范给出规范规定的柱的长细比、梁的挠跨比、柱顶位移等的限值。

【程序自动确定容许长细比】勾选时程序自动按所选规范选用长细比，此时后续输入的受压（拉）构件容许长细比显示为灰色。

【受压构件的容许长细比】一般钢结构根据“钢规”；轻钢结构根据“门规”。轻钢结构中的屋面刚性系杆及柱间交叉支撑的压杆长细比按 200 控制；而其他用以减少构件平面外计算长度的支撑构件按 220 控制。

【受拉构件的容许长细比】一般钢结构根据“钢规”5.3.9 选用 200 或 350；轻钢结构根据“门规”选用。

【柱顶位移的限值】一般钢结构根据“钢规”附录 A.2.1 条选用；轻钢结构根据“门规”选用。

【钢梁的挠跨比限值】一般钢结构根据“钢规”附录表 A.1.1 选用；轻钢结构根据“门规”选用。

注意：“门规”3.4.2 规定，“由于柱顶和构件挠度产生的屋面坡度改变值，不应大于坡度设计值的 1/3”。实际设计中，一般均由 1/3 限值控制。从经济角度出发，建议按“上海轻钢”中的 1/200 控制。

【单层厂房排架柱计算长度折减系数】选择“钢规”验算时才需要填写，见“钢规”表 5.3.4。单层厂房排架柱内力分析，多数以一个平面受荷面积为一个计算单元，而忽略厂房的空间整体作用。单层厂房阶形柱主要承受吊车荷载，一个柱达到最大竖直荷载时，相对的另一个柱竖直荷载较小。荷载大的柱要丧失稳定，必然受到荷载小的柱的支承作用，从而较按独立柱求得的计算长度要小，故将柱的计算长度进行折减。

【当实腹梁与作用有吊车的柱刚接时，该柱按照柱上端为自由的阶形柱确定计算长度系数】选择“钢规”验算时才需要填写，建议不勾选。详见“钢规”5.3.3 条。

【轻屋盖厂房按“低延性，高弹性承载力性能化”设计】选择“单层结构厂房”时才需要填写，勾选。见“抗规”9.2.14 条及条文说明。

【多台吊车组合时的荷载折减系数】“荷规”GB 50009—2006 年版 5.2.2 条款。

【门式刚架梁按压弯构件验算平面内稳定性】选择“门规”时适用，对于坡度大于 1∶2.5 的门式刚架斜梁构件，不能忽略构件轴力产生的应力，所以除应按压弯构件计算其强度和平面外稳定性之外，还应按压弯构件验算其平面内稳定性。建议一般选用。

【摇摆柱内力放大系数】：选择“门规”时适用，计算其强度和稳定性时，将柱轴力设计值乘以该系数用于考虑因摇摆柱非理想铰接的不利影响。一般可填 1.5。

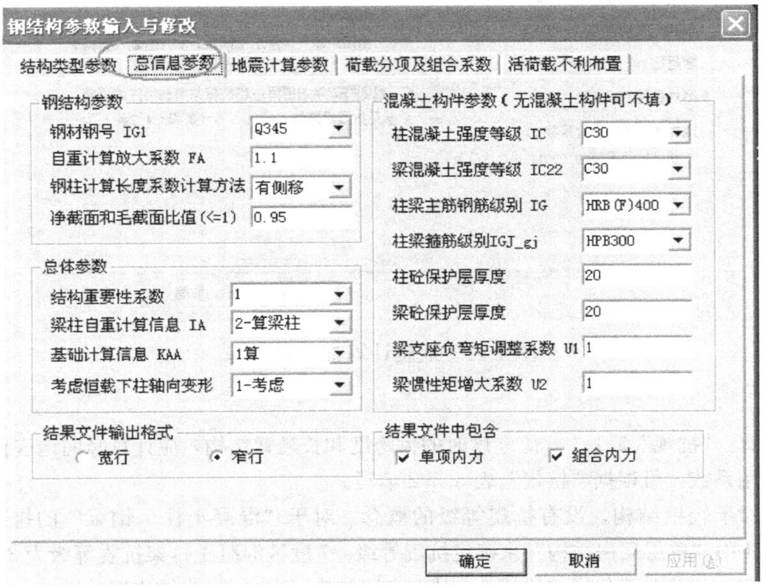

图 4-41　钢结构参数输入与修改对话框

参数注释

钢材钢号：承载力控制时选 Q345，变形控制时可选 Q235。Q235A 没有焊接保证，故一般不用在需焊接的构件上。而无焊接的构件如檩条和墙梁，当跨度比较小，不是强度控制时，则宜采用经济成本较低的 Q235A。

自重放大系数：考虑除了构件理论计算重量以外的节点板、连接件等附件的重量。取 1.1～1.2。

净毛截面比值：钢结构的强度计算用到的是净截面几何数据，而稳定性计算用毛截面几何参数，程序通过该比值近似考虑这个因素。门式刚架一般都是通过有端板的节点构造，由于支撑等构造开孔的影响较小，在有可靠根据时，这个数据可以改，取 0.9 以上（如 0.92）。全焊时可取 1.0；螺栓连接时可采用默认值 0.85。

钢柱计算长度系数计算方法：有侧移、无侧移。参照“钢规”5.3.3 执行，对于桁架结构，应选择无侧移。

结构重要性系数：修改该项参数将对结构构件的设计内力进行调整。详见“荷规”中 3.2.2 条。

梁柱自重计算信息：该项控制结构分析时是否考虑梁或柱的自重作用。

基础计算信息：只有在用户在补充数据→布置基础中布置了基础后，才能进行选择。因为轻钢结构一般不由地震作用控制，故选“算（不考虑地震）”。

恒载作用下柱的轴向变形：一般都应考虑，尤其是对柱轴向变形比较敏感的结构，如桁架等，否则当结构变形以轴向变形为主时，考虑轴向变形和不考虑轴向变形内力和变形判别较大。

混凝土构件参数：当无混凝土构件时可采用默认值；当有混凝土构件时，按实际情况填写。该部分参数只对混凝土构件起作用；对钢构件则不起作用。

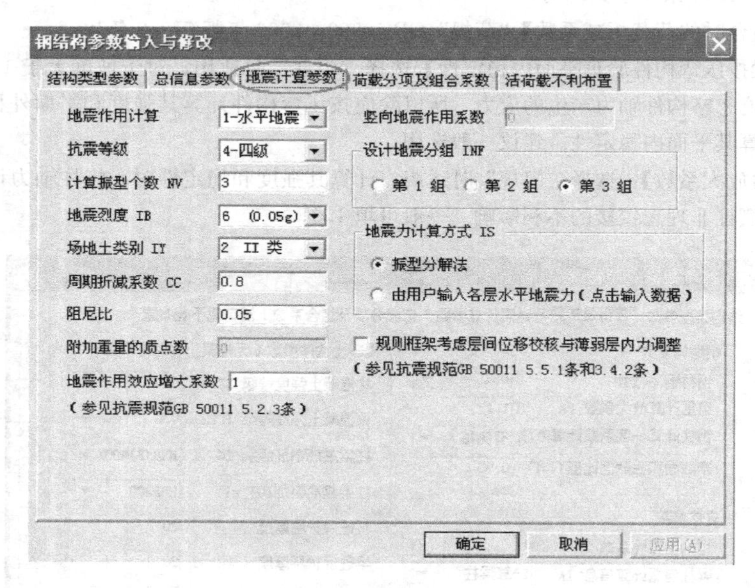

图 4-42 地震计算参数对话框

参数注释

地震作用计算：“抗规”5.1.1：8、9 度时的大跨度和长悬臂结构，应计算竖向地震作用。

竖向地震作用系数：可根据“抗规”表 5.3.2 填写。

抗震等级：对于轻钢结构，没有抗震等级的概念。对于“混凝土柱＋钢梁”的排架结构，可根据“混规”表 11.1.4 中“单层厂房结构”来确定抗震等级。7 度区混凝土排架抗震等级为 3 级。

计算振型个数：一般对于单层结构填 3，对于多层结构可取 $3n$（n 为结构层数）。

【地震烈度】及【场地土类别】根据实际情况选取，以对应不同的地震力影响系数最大值 $\alpha_{\max}$。

周期折减系数：根据填充墙的布置情况填写。当围护墙为嵌砌时，填0.7；当围护墙为轻质墙（如彩钢板）或贴柱外皮砌时，填1.0。

阻尼比：详见“门规”3.1.6条、“抗规”5.1.5条1款及8.2.2条及9.2.5条，门式刚架可取0.05。根据抗规8.2.2条，多层钢房屋（12层以下）取0.035，12层以上才取0.02，而按该条条文说明里，对于单层则取0.05。阻尼比不同，地震影响系数曲线也不同。

附加重量的质点数：正常使用阶段不考虑这部分荷载，仅在地震作用计算时需要计入这部分附加质量到质点上，如部分墙板的重量。

地震作用效应增大系数：根据“抗规”5.2.3条1款，“短边可按1.15采用，长边可按1.05采用”。排架结构一般是取结构横向一榀（即短边）来计算的，故一般填1.15。

地震力计算方式：一般选取“振型分解法”即可。

由用户输入各层水平地震力：按底部剪力法计算输入。

规则框架考虑层间位移校核和薄弱层内力调整：一般勾选。

地震烈度、场地土类别、设计地震分组一般由勘察报告提供。

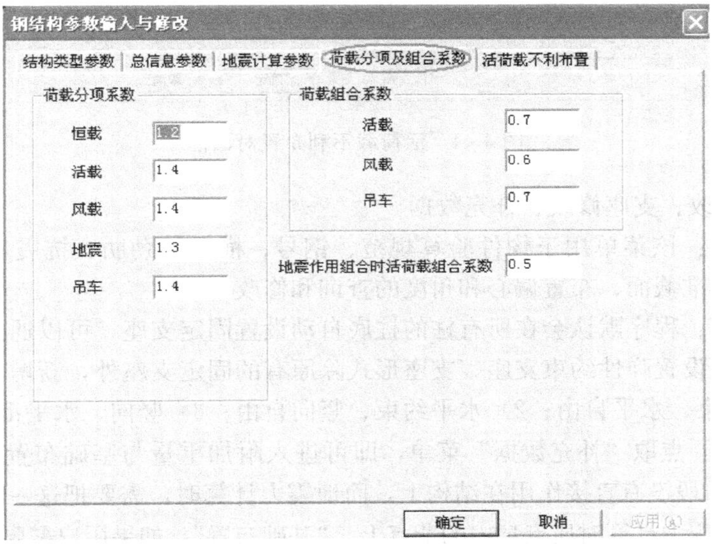

图4-43　荷载分项及组合系数对话框

参数注释

荷载分项及组合系数：本页中荷载系数应根据“荷规”中对应条文填写，一般不需修改。当结构楼面活荷载标准值大于4kN/m^{2}时，活载分项系数应填写1.3，而对于其他不大于4kN/m^{2}的楼层活荷载系数应按1.4取用。

考虑活荷载不利布置：门式刚架为活载敏感结构，按理论上讲应该考虑活载不利布置，但对门式刚架来讲，活载主要是雪载，由于门式刚架一般都为坡度较小的低矮房屋，无其他建筑遮挡时，阴阳两面的雪几乎是同时融化的，无不利布置影响，所以此时可以不考虑活载不利布置。但对于存在高低跨等有可能造成积雪不均匀时，不均匀分布系数应按“荷规”相应取用，考虑活荷不利布置。

构件验算规范：点［参数输入］菜单，输入设计参数后，显示程序缺省的构件验算规范，可以点取［构件验算］菜单修改构件的验算规范。对于框架顶层为门式刚架的结构，或带变截面斜梁的排架结构，整体需要考虑按“钢规”进行验算，但对于变截面梁柱构件、斜梁等轴力影响较大的梁杆件，可以选取“门规”进行构件的中强度、稳定的验算。局部带夹层的门式刚架结构形式，整体按“门规”进行设计，但对于夹层梁柱，有时需按“钢规”进行校核。其他结构类型一般不需要修改，默认按参数输入中的验算规范进行验算。修改构件验算规范后，该构件的强度和稳定性将按指定的规范计算。

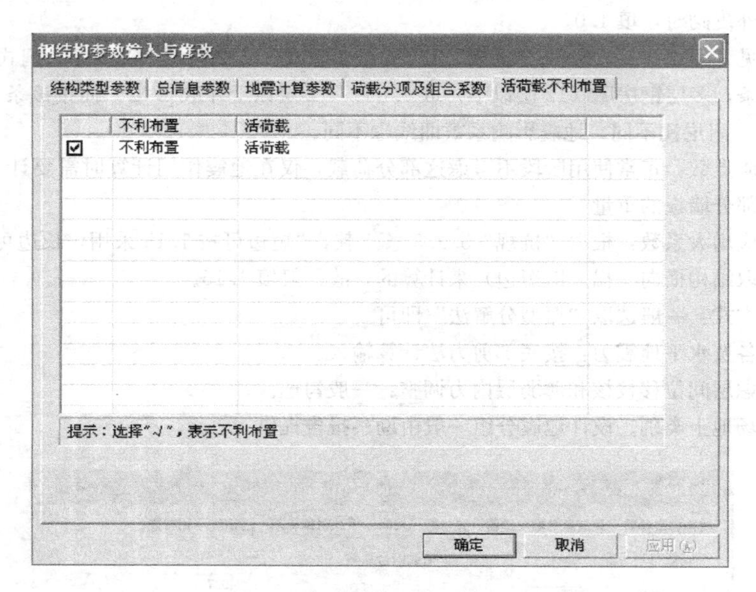

图 4-44　活荷载不利布置对话框

15. 构件修改、支座修改、补充数据

“构件修改”：该菜单用于构件验算规范、钢号、横向加劲肋、抗震等级的查询和修改，用于构件标准截面、布置偏心和角度的查询和修改。

“支座修改”：程序默认会在所有柱的柱底自动设置固定支座，可以通过本项菜单来添加、删除支座或设置弹性约束支座。支座形式除原有的固定支座外，新增三类弹性支座形式：1）竖向约束、水平自由；2）水平约束、竖向自由；3）竖向、水平都约束。

“补充数据”：点取“补充数据”菜单，即可进入附加重量与基础布置菜单。“附加重量”：正常使用阶段没有直接作用在结构上，而地震力计算时，需要把这一部分重量当做附加重量输入到地震力计算时质点集中的节点上。“基础布置”：如果用户需要计算基础，则可以在该项输入基础数据与布置基础。附加墙重与柱中心偏心距离 V 以右偏为正；长宽比填“0”时，程序自动按长宽比为 1.0、1.2、1.4、1.6 四种情况计算，也可填入指定长宽比，这时程序只按指定长宽比计算；基础边缘高度当填“0”时，程序自动确定基础边缘高度。

16. 截面优化

（1）点击“截面优化”，弹出钢结构优化参数对话框（图 4-45），选择【控制钢梁截面高度的连续】，使柱间的各段钢梁优化后在连接处保持截面高度相同。

（2）选择优化范围

点击【优化范围/自动确定】，程序自动将可以优化的构件纳入优化范围内。也可以点击【修改范围】，使某些构件不参加优化计算。

（3）构件优化计算

点击【优化计算】，程序自动完成构件截面优化计算。

（4）查看优化结果

点击【优化结果/结果文件】，在计算书中显示优化前后构件参数对比数据。

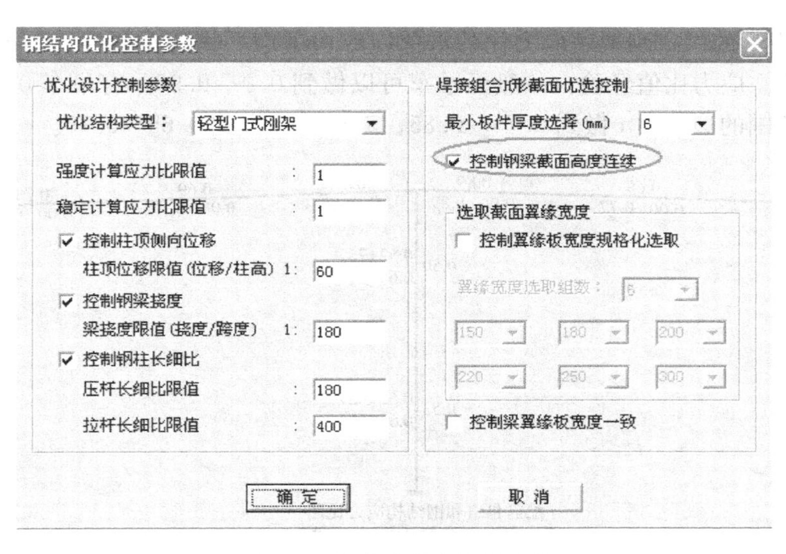

图 4-45　钢结构优化控制参数

注：优化参数对话框右半部分的参数主要针对焊接组合 H 形截面，【最小板件厚度】和【翼缘宽度】用于控制板材满足供货要求，【截面高度连续】用于控制各段梁高优化后保持连续。总之，对优化的约束条件设置越多，优化范围越窄，优化效果越差。

4.4.2　结构计算与计算结果查看

点击【结构计算】，程序开始计算分析，计算完毕显示 PK 内力计算结果图形输出对话框，如图 4-46 所示，以计算书和图形形式供用户选择查询。

1. 查看超限信息

点击【显示计算结果文件】→【超限信息输出】，就可以打开文本文件，如图 4-47 所示。可查看的具体超限信息种类有：长细比，宽厚比，挠度，应力，特别是关于刚度指标的超限。

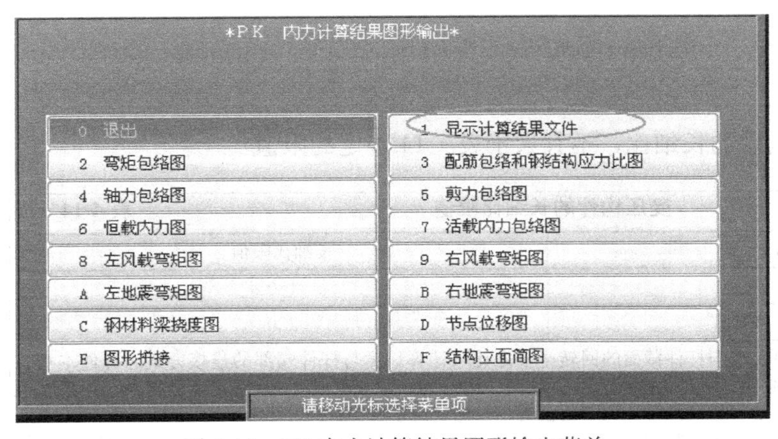

图 4-46　PK 内力计算结果图形输出菜单

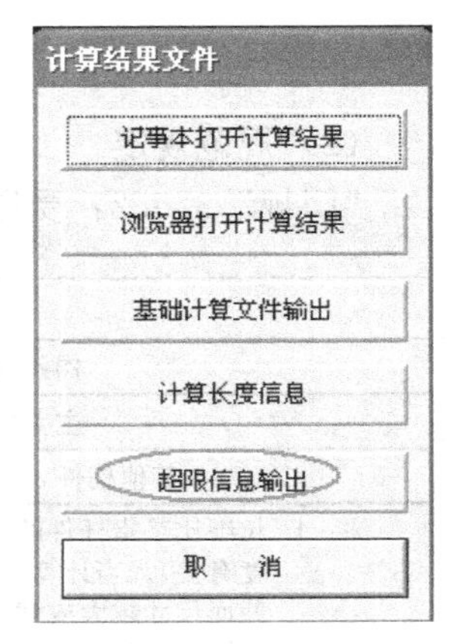

图 4-47　超限信息输出

2. 查看配筋包络和钢结构应力图

(1) 结果查看

点击【配筋包络和钢结构应力比图】，可查看应力比，如图 4-48、图 4-49 所示。用

PKPM-STS 设计的门式刚架，应力比的取值应综合考虑厂房的重要性、跨度等。柱的控制一般严于梁。应力比值经验：一般无吊车可以做到 0.9～0.95，有吊车 0.85～0.9，超出“门规”范围的 20～50t 做到 0.75～0.85；50～100t 做到 0.65～0.75。

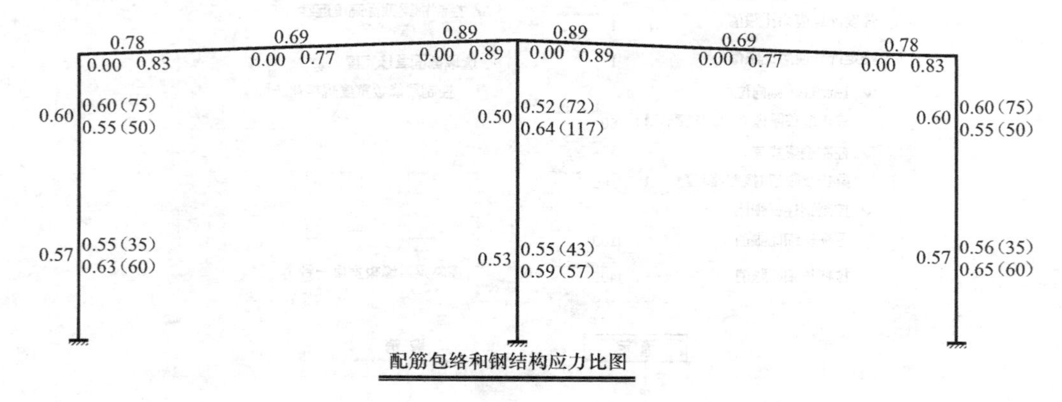

图 4-48　钢结构应力比图

注：根据计算结果，调整钢梁、钢柱截面尺寸，使得在保证结构安全的前提下，构件实际应力比接近应力比限值。

钢结构应力比图说明：

对于按(GB 50017—2003)计算的柱、梁

柱左：　强度计算应力比

右上：平面内稳定应力比(对应长细比)

右下：平面外稳定应力比(对应长细比)

梁左上：上翼缘受拉时截面最大应力比

右上：梁整体稳定应力比(0表示没有计算)

左下：下翼缘受拉时截面最大应力比

右下：剪应力比

对于按轻钢规程计算的柱、梁

柱左：　作用弯矩与考虑屈曲后强度抗弯承载力比值

右上：平面内稳定应力比(对应长细比)

右下：平面外稳定应力比(对应长细比)

梁上：　作用弯矩与考虑屈曲后强度抗弯承载力比值

左下：平面内稳定应力比

右下：平面外稳定应力比

图 4-49　钢结构应力比说明

（2）规范规定

“门规”3.5.2：受压构件的长细比，不宜大于表 4-14 规定的限值：

受压构件的长细比限值　　**表 4-14**

构件类别	长细比限值
主要构件	180
其他构件，支撑和隅撑	220

注：1. 长细比是指杆件的计算长度与杆件截面的回转半径之比（计算长度与杆件端部的连接方式、杆件本身长度有关）。当计算长度越小（杆件两端约束程度越高、构件的实际长度越小），回转半径越大（一般来说截面尺寸越大或截面惯性矩越大）时，长细比会越小，稳定性系数会越大。

2. 整体性稳定包括平面内稳定与平外面稳定。单向压弯构件平面内外稳定均与轴力 N、弯矩 M、整体稳定性系数有关，当轴力趋近于 0 时，平面内稳定性越好，其计算公式趋近与平面内强度计算公式。所以当轴力比较小时，比如钢梁，当平面内强度满足时，其平面内稳定性验算一般也是满足的，所以一般不限制钢梁的长细比。

3. 钢柱局部稳定一般可靠翼缘宽厚比、腹板高厚比保证。整体平面外稳定主要取决于轴力 N 与平面外稳定性系数。

“钢规”8.4.4：轴压构件的长细比不宜超过表 4-15 的容许值。

受压构件的容许长细比　　表 4-15

构件名称	容许长细比
轴压柱、桁架和天窗架中的压杆	150
柱的缀条、吊车梁或吊车桁架以下的柱间支撑	150
支撑（吊车梁或吊车桁架以下的柱间支撑除外）	200
用以减小受压构件计算长度的杆件	200

注：1. 桁架（包括空间桁架）的受压腹杆，当其内力等于或小于承载能力的 50%时，容许长细比值可取 200。
2. 计算单角钢受压构件的长细比时，应采用角钢的最小回转半径，但计算在交叉点相互连接的交叉杆件平面外的长细比时，可采用与角钢肢边平行轴的回转半径。跨度等于或大于 60m 的桁架，其受压弦杆和端压杆的容许长细比值宜取 100，其他受压腹杆可取 150（承受静力荷载或间接承受动力荷载）或 120（直接承受动力荷载）。由容许长细比控制截面的杆件，在计算其长细比时，可不考虑扭转效应。

3. 查看内力图

点击【恒载内力图、左风载弯矩图、左地震弯矩图、右风载弯矩图、右地震弯矩图】，可分别查看对应的计算结果。

4. 查看内力包络图

点击【弯矩包络图、轴力包络图、剪力包络图、活载内力包络图】，可分别查看对应的计算结果。梁主要查看弯矩包络图，这是梁的分段和设置隅撑的重要依据。

5. 查看位移

(1) 结果查看

挠度：

点击【钢材料梁挠度图】，弹出对话框（图 4-50～图 4-52），当选择“门规”CECS 102：2012 进行验算时，有第五项（斜梁计算坡度图），否则只有前四项。相对挠度与绝对挠度的挠度值，对于水平梁的情况，二者的挠度值完全一样。对于一跨跨中为屋脊点，存在双坡的情况差异非常大；而对于挠度的控制，程序对相对挠度、绝对挠度的挠跨比，都按用户在参数输入中输入的容许挠跨比进行控制。设计人员应根据工程的实际情况选择控制。对于挠跨比超出容许挠度跨比限值的梁，程序会对该数值显示红色。用户可以通过右侧【控制参数】菜单项，对钢梁的挠跨比参数进行查看、修改。

当选择“门规”CECS 102：2012 进行验算时，程序对于斜梁的坡度改变率按规程进行了控制，图形中梁上给出了每根梁的初始坡度，梁下给出了【恒＋活】作用下的变形后的坡度与坡度改变率，当改变率超过 1/3 时，以红色显示。坡度的计算为每根梁分段切线方向进行计算，搜索坡度变化最大值。

当钢梁上作用悬挂吊车时，挠度图中可变荷载产生的挠度增加了吊车荷载作用的影响，“恒＋活＋吊车”挠度图的挠度计算结果为组合 1（1.0 恒＋1.0 活＋0.7 吊车）、组合 2（1.0 恒＋0.7 活＋1.0 吊车）二者组合作用的较大值。

(2) 规范规定

“门规”3.4.2：受弯构件的挠度与其跨度的比值，不应大于表 4-16 规定的限值。由于柱顶位移和构件挠度产生的屋面坡度改变值，不应大于坡度设计值的 1/3。

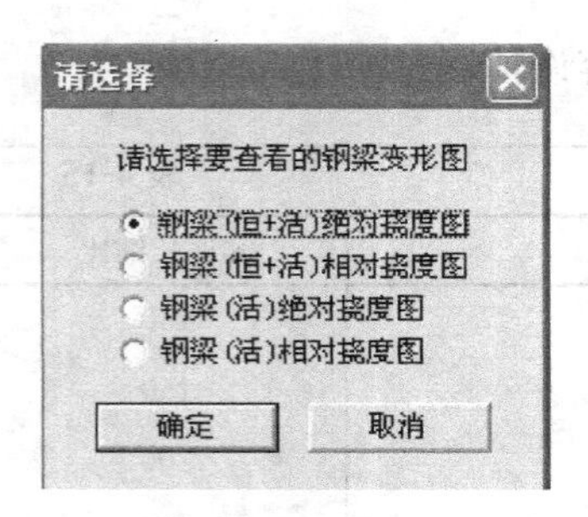

图 4-50 钢梁变形图

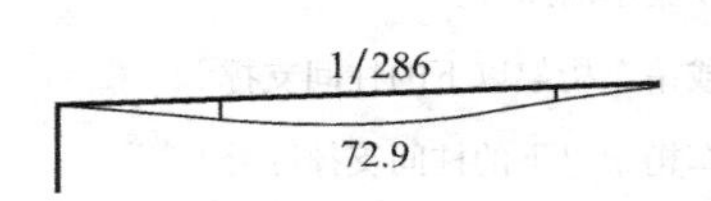

图 4-51 钢梁挠度计算结果

挠度输出说明：
梁下：最大挠度值
梁中：挠跨比=梁最大挠度/跨度

图 4-52 挠度输出说明

注：本工程采用“钢结构”规范，故没有第五项。一般查看：钢梁（恒+活）绝对挠度图。

受弯构件的挠度与跨度比限值 **表 4-16**

	构件类别	构件挠度限值
竖向挠度	门式刚架斜梁	
	仅支承压型钢板屋面和冷弯型钢檩条	$L/180$
	尚有吊顶	$L/240$
	有悬挂起重机	$L/400$
	檩条	
	仅支承压型钢板屋面	$L/150$
	尚有吊顶	$L/240$
	压型钢板屋面板	$L/150$
水平挠度	墙板	$L/100$
	墙梁	
	仅支承压型钢板墙	$L/100$
	支承砌体墙	$L/180$ 且≤50mm

注：1. 表中 L 为构件跨度；对悬臂梁，按悬臂伸长度的 2 倍计算受弯构件的跨度。
2. 门式刚架的竖向挠度一般可按 $L/180$ 控制。

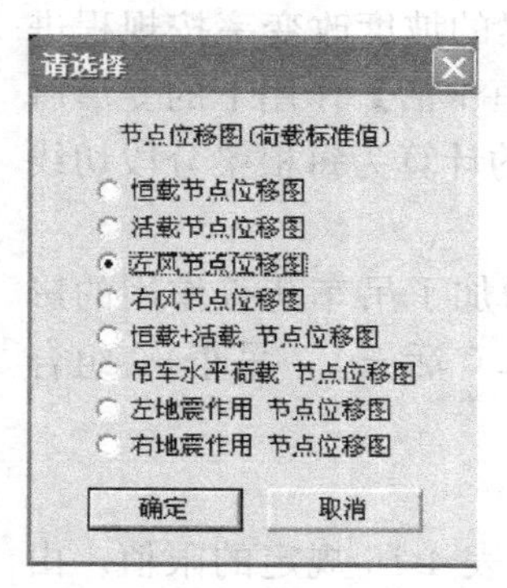

图 4-53 钢柱节点位移图

“钢规”A.1：吊车梁、楼盖梁、屋盖梁、工作平台梁以及墙架构件的挠度不宜超过表 A1.1.1 所列的容许值。

节点位移：

（1）结果查看

点击【节点位移图】，弹出节点位移图（荷载标准值），一般选择“左风节点位移图”（或右风）、“吊车水平荷载节点位移图”如图 4-53、图 4-54 所示。

（2）规范规定

“门规”3.4.2 单层门式刚架的柱顶位移设计值，不应大于表 4-17 规定的限值。

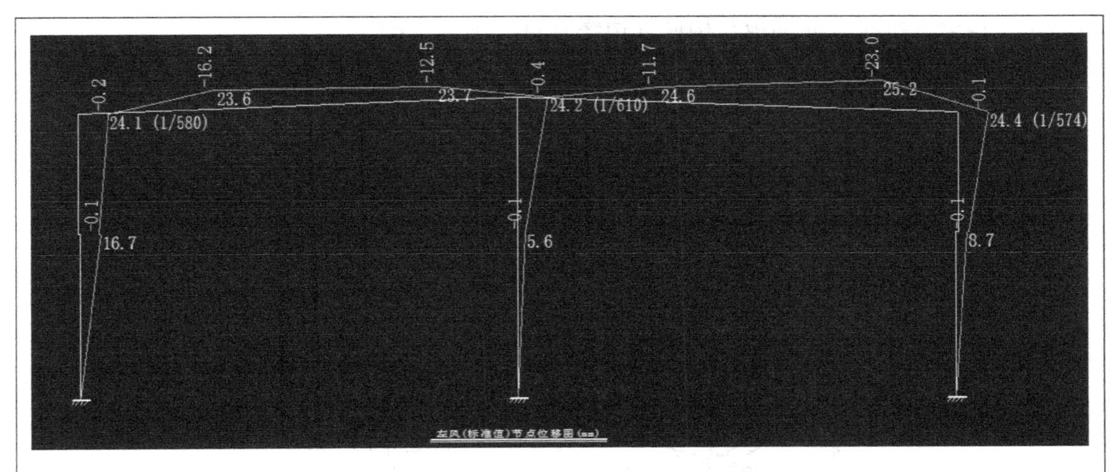

图 4-54　节点位移

注：如果厂房计算柱顶位移超限，柱子截面已经不小了，可以放大与柱连接的梁截面，能改善位移。若柱脚铰接，可以改为刚接。增加侧向支撑，减小计算长细比。

钢架柱顶位移设计值的限值　　　　表 4-17

吊车情况	其他情况	柱顶位移限值
无吊车	当采用轻型钢墙板时 当采用砌体墙时	$h/60$ $h/100$
有桥式吊车	当吊车有驾驶室时 当吊车由地面操作时	$h/400$ $h/180$

注：表中 h 为钢架柱高度。

A. 2. 1　在风荷载标准值作用下，框架柱顶水平位移和层间相对位移不宜超过下列数值：

1　无桥式吊车的单层框架的柱顶位移　　$H/150$

2　有桥式吊车的单层框架的柱顶位移　　$H/450$

3　多层框架的柱顶位移　　$H/500$

4　多层框架的层间相对位移　　$H/400$

注：1. 对室内装修要求较高的民用建筑多层框架结构，层间相对位移宜适当减小。无墙壁的多层框架结构，层间相对位移可适当放宽。

2. 对轻型框架结构的柱顶水平位移和层间位移均可适当放宽。

“钢规”A2. 2：在冶金工厂或类似车间中设有 A7、A8 级吊车的厂房柱和设有中级和重级工作制吊车的露天栈桥柱，在吊车梁或吊车桁架的顶面标高处，由一台最大吊车水平荷载（按荷载规范取值）所产生的计算变形值，不宜超过表 A2. 2 所列的容许值。

4. 4. 3　钢架节点设计

1. 门式刚架斜梁与柱的连接方法

（1）规范规定

《门式刚架轻型房屋钢结构技术规范》CECS 102：2012 第 7. 2. 1 条：门式刚架斜梁与柱的连接，可采用端板竖放（图 4-55a）、端板横放（图 4-55b）和端板斜放（图 4-55c）三种形式。斜梁拼接时宜使端板与构件外边缘垂直（图 4-55d）。

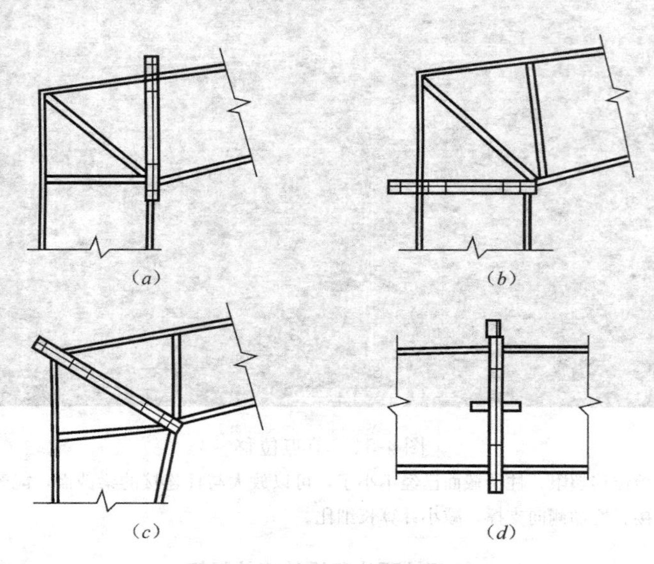

图 4-55 钢架斜梁的连接

(a) 端板竖放；(b) 端板横放；(c) 端板斜放；(d) 斜梁拼接

（2）经验

① 钢梁截面高度主要由弯矩和挠度控制，节点设计一般要削弱截面，除非使用不削弱截面的全焊接等强设计（某些节点连接方式很难做到），有抗震要求的结构需要对节点进行必要的加强。端板可分为外伸式和平齐式两种，一般优先采用外伸式端板连接节点，外伸式端板承载力是平齐式的 1.2～2.0 倍。

表 4-18、表 4-19 粗略的估算出钢梁的截面高度和螺栓大小，在设计时可做参考并以计算为准。

梁截面高度与弯矩的关系（端板平齐） 表 4-18

梁高 h(mm)	M16(kN・m)	M20(kN・m)	M22(kN・m)	M24(kN・m)	M27(kN・m)	M30(kN・m)
400	53	82	101	119	154	188
500	81	126	154	182	235	288
600	119	184	226	268	345	422
700	162	251	308	365	470	575
800	212	329	403	477	615	753
900	270	419	513	608	783	959
1000	332	515	631	747	963	1179
1100	402	623	764	905	1166	1427
1200	477	739	906	1073	1383	1693
1300	562	871	1068	1265	1630	1995
1400	653	1012	1241	1469	1894	2318
1500	748	1159	1421	1683	2169	2655
1600	853	1322	1621	1919	2474	3028

梁截面高度与弯矩的关系（端板外伸）　　**表 4-19**

梁高 h(mm)	M16(kN・m)	M20(kN・m)	M22(kN・m)	M24(kN・m)	M27(kN・m)	M30(kN・m)
400	112	174	213	252	325	398
500	149	231	283	335	432	529
600	195	302	371	439	566	692
700	246	381	467	554	713	873
800	304	471	578	684	882	1079
900	369	572	701	830	1070	1310
1000	440	682	836	990	1276	1562
1100	519	804	986	1168	1505	1842
1200	602	933	1144	1355	1746	2137
1300	694	1076	1319	1562	2013	2464
1400	793	1229	1507	1784	2300	2815
1500	897	1390	1704	2018	2601	3184
1600	1009	1564	1917	2270	2926	3582

② 高强度螺栓连接的梁柱节点，一般包括两种：端板平齐式和外伸式。一般端板平齐式连接可近似看做半刚性节点处理（与梁翼缘处螺栓布置及端板厚度有关），外伸式的节点，一般可近似看做刚接（与梁翼缘处螺栓布置及端板厚度有关）。合适的端板厚度＋合适端板形式＋加劲肋，才能更加接近于刚接。

理论上的铰接是不承受弯矩的，但在实际工程中，任何节点都要承受一定的弯矩。判断是否刚接，要从多个方面考虑，既要计算上能承受弯矩，也要从构造上合理的传递内力，关键是要采取合理的构造措施，约束弯矩引起的转角。节点本身没有理想的铰接、刚接，只能看更接近于哪种假设，力臂大时更接近于刚接，故为了接近铰接，可把螺栓更接近于中性轴附近。判断刚接铰接不应引入刚度比概念，比如焊接球节点，理论上是刚接，但由于构件长细比大，节点弯矩一般较小，在计算时可假定节点为铰接，计算结果误差一般不大。

节点设计时，也要考虑“强柱弱梁”、“强剪弱弯”、“强节点弱构件”。由于梁柱节点（钢框架）在地震作用时梁翼缘与柱的对接焊缝处会发生脆性破坏，一般节点除了等强度设计与满足规范相关要求外，还应采取措施使梁翼缘产生塑性铰，可以采用“骨式连接”或“加腋”。刚接通常需要设置加劲肋来满足刚度、强度以及局部稳定性的要求。在某些梁柱节点中，在比较薄弱或应力集中的部位宜加加劲肋，防止产生局部破坏。

2. 梁柱节点螺栓的概念及构造

（1）规范

“门规”7.2.3　主刚架构件的连接应采用高强度螺栓，可采用承压型或摩擦型连接。当为端板连接且只受轴向力和弯矩，或剪力于其抗滑移承载力（按抗滑移系数为 0.3 计算）时，端板表面可不作专门处理。吊车梁与制动梁的连接可采用高强度摩擦型螺栓连接或焊接。吊车梁与刚架的连接处宜设长圆孔。高强度螺栓直径可根据需要选用，通常采用 M16～M24 螺栓。檩条和墙梁与刚架斜梁和柱的连接通常采用 M12 普通螺栓。

7.2.4　端板连接的螺栓应成对对称布置。在斜梁的拼接处，应采用将端板两端伸出截面高度范围以外的外伸式连接（图 7.2.1d）。在斜梁与刚架柱连接处的受拉区，宜采用端板外伸式连接（图 7.2.1a～c）。当采用端板外伸式连接时，宜使翼缘内外的螺栓群中心与翼缘的中心重合或接近。

螺栓中心至翼缘板表面的距离，应满足拧紧螺栓时的施。工要求，不宜小于 35mm。螺栓端距不应小于 2 倍螺栓孔径。

在门式刚架中，受压翼缘的螺栓不宜少于两排。当受拉翼缘两侧各设一排螺栓尚不能满足承载力要求时，可在翼缘内侧增设螺栓（图 7.2.6），其间距可取 75mm，且不小于 3 倍螺栓孔径。

7.2.7　与斜梁端板连接的柱翼缘部分应与端板等厚度（图 7.2.6）。当端板上两对螺栓间的最大距离大于 400mm 时，应在端板的中部增设一对螺栓。

"钢规" 12.4.2-4：螺栓或铆钉的孔距和边距应按表 4-8 的规定采用。

（2）经验

① 高强度螺栓多用于受力相对比较大的主体构件的连接上，一般需要经过计算来确定螺栓的大小和数量，比如门式刚架结构的端板连接节点、构件之间的拼接，一般采用 10.9 级摩擦型高强度螺栓（10.9 级采购更方便）。

高强度螺栓直径的选择：高强度螺栓是按"增加排数"—"增大螺栓直径"—"增加列数"来满足强度要求。用 PKPM-STS，计算结果可能出现采用的螺栓直径小，排列紧密的情况，为了下料施工方便，应减小螺栓直径的种类。可以在程序使用的过程中，在节点参数对话框中，指定一个螺栓直径，但是指定直径会失效，因为与连接板件的板厚、板块有关。可以改变螺栓直径或直接将直径设为缺省，再一次进行节点设计。

一般不超过 3 列螺栓。由于有预拉力的作用，被连接构件保持紧密结合，可假定螺栓群中性轴在形心线上。对于普通螺栓，可假定螺栓群的中性轴在最下面一行螺栓的轴线上。

② 摩擦型高强度螺栓主要在预压力的作用下使连接面压紧，利用接触面的摩擦力抗剪，即保证在整个使用期间内外剪力不超过最大摩擦力，板件不会发生相对滑移变形（螺栓和孔壁之间始终保持原有的空隙量），被连接板件按弹性整体受力，从规范的意图来看，摩擦型高强度螺栓连接不会发生剪切破坏与承压破坏，但由于超载，可能会发生两种破坏形式，在设计时应留有一定的余量或摩擦型螺栓连接应补充验算剪切强度和承压强度（规范没做要求）。承压型高强度螺栓的抗剪主要是依靠孔壁与栓杆的连接，此时破坏形式主要有两种，当栓杆直径较小，板件厚度较大时，栓杆可能先被剪断。当螺栓直径较大而板件较薄时，板件可能先被挤坏。承压型高强度螺栓在抗剪设计时，其允许外剪力超过最大摩擦力，这时被连接板件之间发生相对滑移变形，直到螺栓孔杆与孔壁接触，此后连接就靠螺栓杆身剪切和孔壁承压以及板件接触面的摩擦力共同传力，最后以杆身剪切或孔壁承压破坏作为连接受剪的极限状态。摩擦型高强度螺栓不允许滑移，螺栓不承受剪力，承压型高强度螺栓可以发生滑移，螺栓也承受剪力。

摩擦型高强度螺栓与承压型高强度螺栓，就螺栓本身而言，是一样的东西，差别在于连接形式及构造做法以及分析计算。在构造方面，承压型连接注重螺栓与螺栓孔的配合，螺栓孔的加工精度要高一些，需要考虑螺栓承压作用，而摩擦型螺栓连接时则对端板摩擦面要求高一些，需要具备一定的摩擦承载能力。在承载方面，承压型连接要求高强螺栓要同时承受剪力和轴向拉力；而在摩擦型连接节点中，高强螺栓仅承受轴向拉力，节点的剪力由端板的摩擦面承受。承压型高强度螺栓连接钢板的孔径要比摩擦型更小一些，主要是考虑控制承压型连接在接头滑移后的变形，而摩擦型连接不存在接头滑移的问题，孔径可以稍大一些，有利于安装。由于允许接头滑移，承压型连接一般应用于承受静力荷载和间接承受动力荷载的结构中，特别是允许变形的结构构件中。重要的结构或承受动力荷载、反复荷载的结构应用摩擦型连接。承压型高强度螺栓的连接不再需要摩擦面抗滑移系数值来进行连接设计，从施工的角度，承压型连接可以不对摩擦面做特殊处理（与表面除锈同处理即可），不进行摩擦面抗滑移系数实验。

③ GB 1228～GB 1231 系列的高强螺栓，由于螺栓副的扭矩系数和标准偏差时制作时由表面处理工艺达到的，存放时间过长时，这些参数会因时效而变化，为了保证安装时螺栓副的扭矩系数及其标准偏差，规范规定其存放期一般不超过半年。如果表面没有损坏，过期的螺栓副可以回制作工厂重新处理，达到使用标准后可再次使用，但一般高强度螺栓建议不重复使用，因为经过施加预拉力，达到一定的扭矩后再回收使用，其摩擦面很难保证达到较高的摩擦系数，且螺纹也会受到相当大的影响，但可以用在安装螺栓。

螺栓镀锌可以防止螺栓锈蚀的产生。高强度螺栓一般不用热镀锌，而采用热浸镀锌锈蚀，否则会使螺栓直径变大，改变扭矩系数。当采用高强度螺栓连接时，在同一个连接节点中，应采用同一直径和同一性能等级的高强度螺栓。每一杆件在节点上以及拼接接头的一端，永久性的螺栓（或柳钉）数不宜少于 2 个，如果采用两个高强度螺栓，则一般竖直排列。对于组合构件的缀条（安装螺栓），其端部连接可采用一个螺栓（或柳钉）。

3. 梁柱节点计算

门式刚架斜梁与柱端节点承载力的验算主要包括：节点域的抗剪验算、构件腹板强度验算、端部厚度校核和螺栓承载力验算。端板连接应按所受最大内力设计。当内力较小时，端板连接应按能够承受不小于较小、被连接截面承载力的一半设计。

（1）节点域的抗剪验算

在门式刚架斜梁与柱相交的节点域，应按下列公式验算剪切力：

$$\tau \leqslant f_v \tag{4-14}$$

$$\tau = \frac{M}{d_b d_c t_c} \tag{4-15}$$

式中 d_c、t_c——分别为节点域的宽度和厚度，可取柱腹板的高度和厚度；

d_b——为斜梁端部高度或节点域高度；

M——为节点承受的弯矩，对多跨刚架中间柱处，应取两侧斜梁节点的代数和或柱端弯矩。（减去翼缘厚度）；

f_v——节点域钢材的抗剪强度设计值。

当不满足公式（4-14）的要求时，应加厚腹板或设置斜加劲肋，斜加劲肋可采用图 4-56 所示形式或其他合理形式。

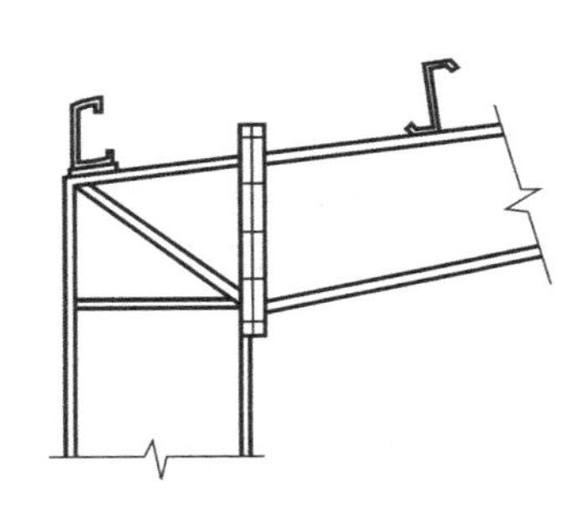
图 4-56 端板竖放时的螺栓和檐檩

（2）构件腹板强度验算

架构件的翼缘与端板的连接应采用全熔透对接焊缝，腹板与端板的连接应采用角对接组合焊缝或与腹板等强的角焊缝，坡口形式应符合现行国家标准《气焊、手工电弧焊及气体保护焊焊缝坡口的基本形式与尺寸》GB/T 985 的规定。在端板设置螺栓处，应按下列公式验算构件腹板的强度：

当 $N_{t2} \leqslant 0.4P$ 时，
$$\frac{0.4P}{e_w t_w} \leqslant f \tag{4-16}$$
当 $N_{t2} > 0.4P$ 时，
$$\frac{N_{t2}}{e_w t_w} \leqslant f \tag{4-17}$$
式中 N_{t2}——为翼缘内第二排一个螺栓的轴向拉力设计值；

P——为高强度螺栓的预拉力；

e_w——为螺栓中心至腹板表面的距离；

t_w——为腹板厚度；

f——腹板钢材的抗拉强度设计值。

当不能满足上式要求时，可设置腹板加劲肋或局部加厚腹板，以确保连接处腹板具有足够的抗拉承载力。

(3) 端部厚度校核

"门规" 7.2.9 端板的厚度 t 应根据支承条件（图 4-57）按下列公式计算，但不应小于 16mm。

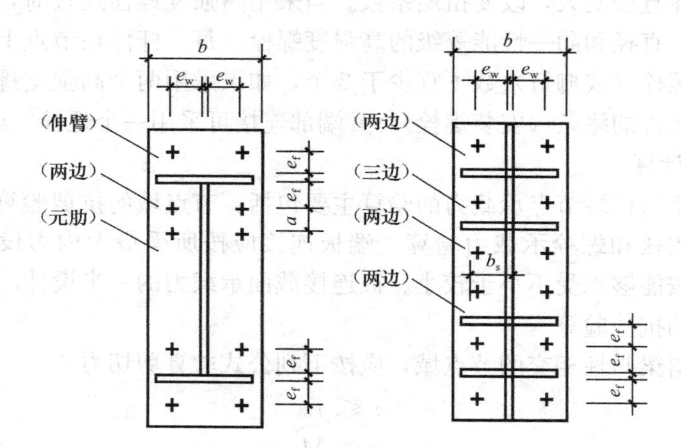

图 4-57 端板的支撑条件

1 伸臂类端板
$$t \geqslant \sqrt{\frac{6e_f N_t}{bf}} \tag{4-18}$$
2 无加劲肋类端板
$$t \geqslant \sqrt{\frac{3e_w N_t}{(0.5a + e_w)f}} \tag{4-19}$$
3 两边支承类端板

当端板外伸时
$$t \geqslant \sqrt{\frac{6e_f e_w N_t}{[e_w b + 2e_f(e_f + e_w)]f}} \tag{4-20}$$
当端板平齐时
$$t \geqslant \sqrt{\frac{12e_f e_w N_t}{[e_w b + 4e_f(e_f + e_w)]f}} \tag{4-21}$$

4　三边支承类端板

$$t \geqslant \sqrt{\frac{6e_f e_w N_t}{[e_w(b+2b_s)+4e_f^2]f}} \tag{4-22}$$

式中和图中　N_t——一个高强度螺栓的受拉承载力设计值；

e_w、e_f——分别为螺栓中心至腹板和翼缘板表面的距离；

b、b_s——分别为端板和加劲肋板的宽度；

a——螺栓的间距；

f——端板钢材的抗拉强度设计值。

（4）螺栓的承载力验算

刚架斜梁与柱连接的端点螺栓一般同时承受拉力和剪力共同作用，在拉、剪作用下的摩擦型高强度螺栓的计算公式为式（4-3），压型高强螺栓的计算公式为式（4-4）。

N_v 为一个螺栓的剪力值，假定截面中所有螺栓平均分配，则 $N_v=\frac{V}{n}$，N_v^b 为螺栓抗剪承载力设计值。在弯矩作用下，外排一个受拉螺栓的拉力值 N_t 有两种计算方法：一种是假定旋转中心位于螺栓群的形心，公式为 $N_t=My_1/\sum y_i^2$。另一种方法假定梁翼缘上下螺栓受力相同，同时忽略腹板的支撑作用进行简化计算，弯矩的拉力全部由翼缘上下螺栓承担。

4. 程序操作

点击【绘施工图/节点设计】，弹出输入或修改设计参数对话框，在对话框中选择梁柱连接节点、梁梁连接节点和柱脚节点的形式，并输入节点设计相关参数，如图 4-58～图 4-60 所示。

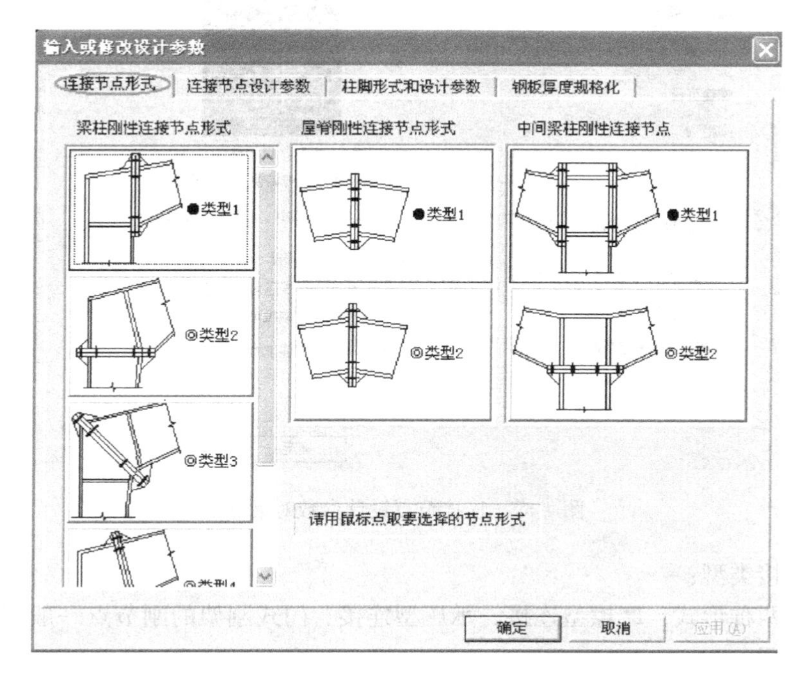

图 4-58　连接节点形式对话框

梁柱刚性节点：

程序提供 4 种形式，即端板竖放、端板平放、端板斜放、端板加腋。门式刚架的梁柱节点一般是通过端板借助于高强度螺栓实现其连接的。几种不同梁柱连接形式的区别：端板平放可以减小节点的设计剪力，端板竖放和斜放都能增加力臂，端板斜放可加长抗弯连接的力臂，有利于布置螺栓，端板竖放适用于等截面柱，但斜放对加工和安装都有较高要求，一般很少采用。

在端板竖放的连接形式中，端板由三种不同的构造，分别为外伸式、外伸端板和平齐式。外伸式用于刚性连接节点，借助梁翼缘外的螺栓来满足其刚性；外伸端板可同时在上、下翼缘处加螺栓，也可在上翼缘外伸出、下翼缘外不伸出，上下是否都加螺栓取决于所承受的弯矩是否有变号的情况；平齐式适用于半刚性连接的框架，平齐式端板上下均应有足够的焊缝位置和满足传递压力的要求。

屋脊刚性节点：

程序提供两种形式，即端板两端带加劲肋和一端带加劲肋，一般选择端板两端带加劲肋。柱与梁上、下翼缘处应设置加劲肋是为保证连接刚度。梁上端板为了加强刚度，可在伸出部分和中部加加劲肋。

中间梁柱刚性连接节点：

程序提供两种形式，即柱子贯通和梁贯通。一般选择梁贯通。

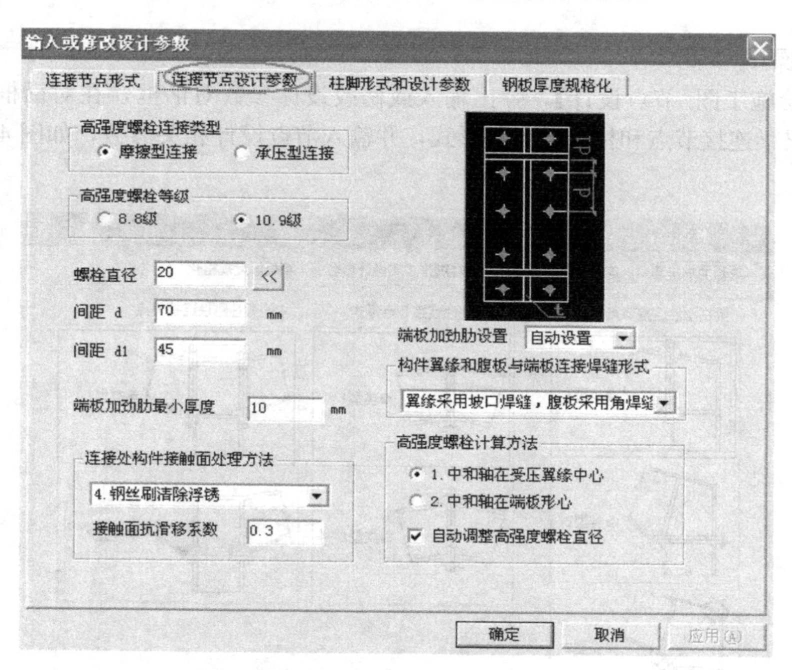

图 4-59　连接节点设计参数对话框

高强度螺栓连接类型：

程序提供两种形式：摩擦型连接、承压型连接。门式刚架的刚节点一般用高强度螺旋的连接形式实现。

高强度螺栓等级：

程序提供两种等级，8.8级与10.9级。一般应选择10.9级。

螺栓直径：

通常采用M16～M24螺栓，但门式刚架中梁受力一般不大M20居多，可先填写M20试算，再根据计算结果进行调整。

间距 d、间距 d_1：

查看表4-8、“门规”7.2.4、7.2.6。在实际工程中，在满足规范的前提下，可依据经验或图集进行适量调整。

端板加劲肋最小厚度：

属于构造，一般可按默认值10mm。

连接处构件接触面处理方法：

见《钢结构设计规范》GB 50017第12.5.1条，可查本章中的表4-3。当选择一种处理方法后，软件按照钢结构设计规范GB 50017给出抗滑移系数默认值。

端板加劲肋设置：

外伸节点软件自动设置短加劲肋，翼缘内部加劲肋的设置有三种方式：自动设置、不设置、都设置。“自动设置”是指仅当不设翼缘内部加劲肋时，若该节点的端板厚度大于一给定值（默认为螺栓直径），则翼缘内部设置加劲肋，否则不设置。“不设置”：所有节点均不设置翼缘内部加劲肋。“都设置”：所有节点均设置翼缘内部加劲肋。

翼缘内部加劲肋可以间隔一个螺栓设置，也可以间隔两个螺栓设置，由软件通过连接处构件腹板强度的计算确定。不在翼缘内部设置加劲肋时，将端板划分为两边支承类、无加劲肋类端板；在翼缘内部设置加劲肋时，将端板划分为两边支承类、三边支承类端板。

高强度螺栓计算方法：

程序提供两种计算方法，中和轴在受压翼缘中心、中和轴在端板形心。中和轴在受压翼缘中心（端板较厚）时比较节约，但摩擦型高强度螺栓群抗弯剪计算一般不用此种方法。中和轴在端板形心的计算方法偏于安全，但弯矩过大时，节点设计可能存在问题。对于摩擦型高强度螺栓应按中和轴在端板形心计算，这样安全储备比较高，当端板发生一定量的变形后，摩擦型高强度螺栓转为承压型高强度螺栓，仍满足计算要求（承压型高强度螺栓力臂更大）。对于承压型高强度螺栓，应按中和轴在受压翼缘中心计算。

“端板连接接头”因节点抗弯刚度依赖于端板刚度，很难满足使用过程中梁柱交角不变的要求，因此属于半刚性节点，故不宜用于有吊车门式刚架等对刚接节点转动刚度有严格要求的使用条件，在设计中，由于端板一般均外伸且加了加劲肋，在满足端板厚度的前提下，一般可以近似认为是刚性连接。

首先在左边选项中选择铰接柱脚节点形式或刚接柱脚节点形式。

柱脚锚栓钢号：一般选用Q235。

柱脚锚栓直径 D：

一般填写24，用户输入的锚栓直径为柱脚设计的最小直径，对每一个节点，软件首先采用用户输入的锚栓直径计算，如果存在锚栓抗拉不能满足要求的情况时，软件会自动增大锚栓直径，调整相应的锚栓间距和边距（满足最小构造要求），重新设计，直到设计满足。

柱脚底板锚栓孔径（比直径增大值）：柱脚底板上的锚栓孔径宜取锚栓直径加10～15mm。

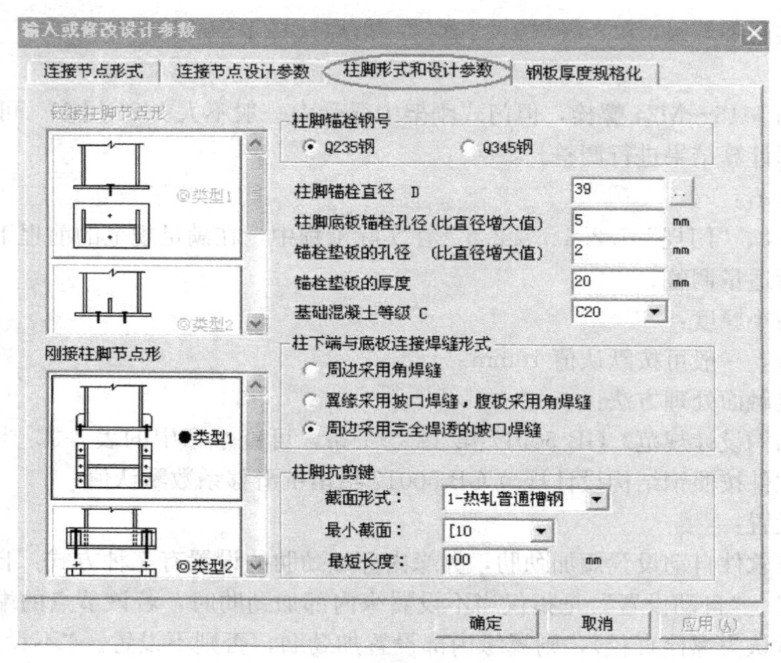

图 4-60 柱脚形式和设计参数

锚栓垫板的孔径（比直径增大值）：可按默认值 2mm。

锚栓垫板的厚度：垫板厚度一般为 $0.4d \sim 0.5d$（d 为锚栓外径），但不宜小于 20mm。

混凝土强度等级：按实际填写，承台及独立基础的混凝土强度等级一般为 C30。

柱下端与底板连接焊缝形式：一般选择“周边采用完全焊透的坡口焊缝”。

柱脚抗剪键——截面形式、最小截面、最短长度：

软件根据柱脚各种荷载效应组合内力，确定是否需要设置抗剪键。当需要设置抗剪键时，根据抗剪键设计剪力，和用户选择的槽钢或者普通工字钢截面形式，确定抗剪键截面规格、长度，进行侧面混凝土承压验算，抗剪键截面强度验算，确定抗剪键与底板连接焊缝焊脚尺寸，输出设计结果，在施工图中绘制抗剪键。

一般剪力不是很大时，抗剪键的截面可为 100mm×100mm×10mm 的钢板（十字抗剪键）或者等边角钢 90×6mm。以下为两个具体工程中抗剪键设置：十字抗剪键，150mm×14mm，基础底面预留 200mm×200mm 方形洞。十字抗剪键，100mm×10mm，基础底面预留 150mm×150mm 方形洞。

用户可以修改钢板厚度表（图 4-61），确定软件节点设计时端板、柱脚底板的厚度范围。

5. 施工图绘制

点击【绘施工图/整体绘图】，程序自动生成刚架施工图及节点详图（图 4-62），可以以此施工图为模板，并进行修改。也可以以此施工图的计算结果为参照，手动绘制施工图（图 4-63）。

4.4.4 抗风柱设计

1. 力的传递

单层建筑抗风柱下部风荷载通过抗风柱传到基础，上部荷载传至刚架，通过系杆和水

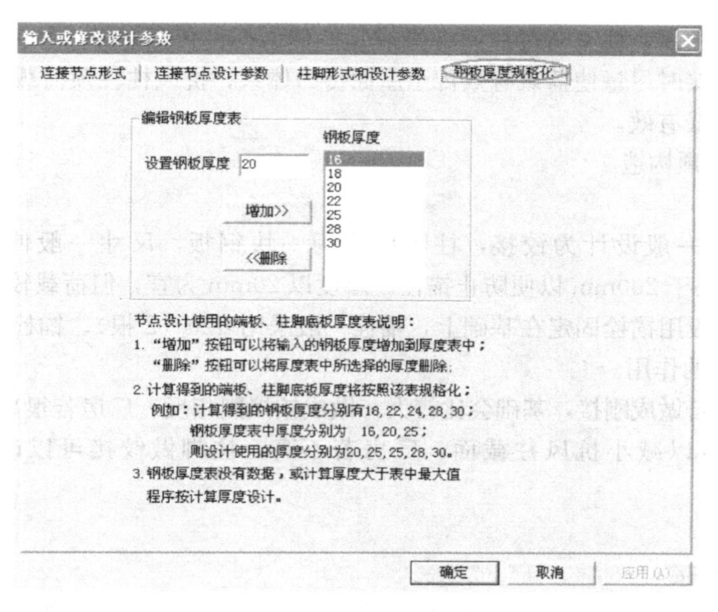

图 4-61 钢板厚度规格化

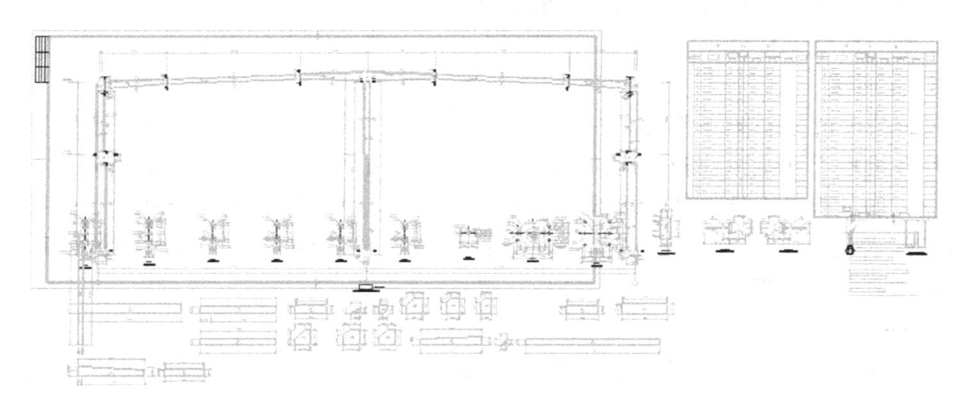

图 4-62 绘施工图/整体绘图

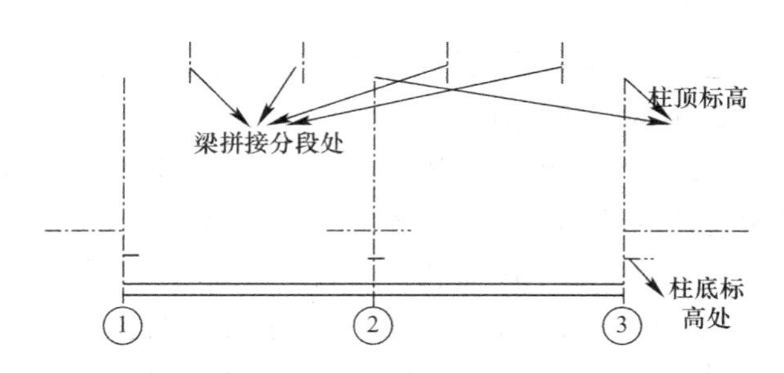

图 4-63 手动绘制刚架施工图及详图

注：1. 根据柱底标高、柱顶标高、梁拼接分段位置绘制刚柱轴网、编号等，如图 4-62 所示。

2. 在图 4-62 基础上，根据钢柱、钢梁截面尺寸，用多段线命令“PL”，直线命令“L”、矩形命令“REC”、偏移命令“0”、复制命令“C”等线绘制刚架施工图。再标注尺寸、标高、节点大样、剖段符号、文字等。

3. 大样图可以自己手画，但效率不高。一般可把以前做过的工程大样拷贝过来，在此基础上进行修改。如果有相似的节点只尺寸不同，则可以用拉伸命令，大致的按尺寸大小拉伸这几个相似大样。

平支撑传至刚架柱顶，柱又通过柱间支撑或其他传力构件传至基础，按照上述传力途径，抗风柱和刚架连接时尽量使荷载有效传至屋面传力体系，抗风柱柱顶荷载和屋面传力体系处在同一平面为最有效。

2. 柱脚、柱顶构造

抗风柱柱脚：

抗风柱柱脚一般设计为铰接，柱脚底座为一块钢板，尺寸一般伸出骨架柱 20～50mm，宽度不小于 200mm 以便防止锚栓。厚度以 20mm 为宜，但荷载较小时，最小不得小于 16mm。钢板用锚栓固定在基础上，锚栓一般采用 $d20$（2 根）。锚栓能承受墙架柱下半部分的风荷载的作用。

抗风柱柱脚若做成刚接，基础会比较大，做成铰接则相反。厂房若很高（比如＞12m），柱脚做成刚接可以减小抗风柱截面，厂房若不高，柱脚做铰接可以改善基础的受力性能。

柱顶构造：

① 弹簧板连接

刚架柱顶上焊接顶板一块，用折板（弹簧板）与刚架斜梁下翼缘相连。抗风柱所承受的水平荷载可以通过弹簧板传至刚架斜梁下翼缘，由于弹簧板的竖向刚度很小，刚架斜梁向下变位不会对墙架柱产生竖向压力。弹簧板厚度一般选用 6～10mm。

② 螺栓连接

抗风柱位于刚架斜梁下部时，在刚架斜梁下翼缘上与紧贴墙架柱腹板一侧垂直焊一块钢板，并在钢板上和抗风柱板对应位置均开长圆孔。抗风柱位移刚架斜梁外侧时，在刚架斜梁上加一加劲板，在抗风柱内翼缘焊接连接板一块，两块钢板用螺栓相连。连接螺栓一般选用 C 级普通螺栓，螺栓孔宽度一般可取 C 级螺栓孔的孔径，即比螺栓公称直径大 1.5mm，圆孔长度一般可取 60mm。

3. 摇摆柱

抗风柱只承受风荷载，不承受竖向力，此时上端用 Z 形弹簧板或开椭圆孔等方式与钢梁连接。把抗风柱顶设为铰接或刚接，俗称“摇摆柱”，此时能承受轴力，减小斜梁跨中挠度，减少刚架用钢量，但“摇摆柱”本身不能“自立”，会增加与斜梁刚接柱子的负担，一般两根与梁刚接的柱之间“摇摆柱”不宜超过 3 根，为了保证刚架的整体刚度，一般在对跨刚架的跨度不小于 27m 时，不宜用“摇摆柱”。

设置摇摆柱可以同时减小梁柱内力和截面，使结构用钢量更低，受力更合理，然而摇摆柱的设置往往使刚架边柱的长细比超限，不改变截面大小时，可以采用以下两种方法：第一，将“摇摆柱”改成只承受水平风荷载，而竖向荷载均由边柱承担的抗风柱。由于边柱所承受的轴向压力增大，计算长度系数减小，于是长细比也减小。第二，“摇摆柱”的上端定义为刚接（建模时应建进去），此时抗风柱承受水平和竖向荷载，刚架边柱计算长度系数减小（“钢规”附录 D 柱的计算长度系数），长细比也减小。定义为刚接时施工图节点就必须按刚接设计。

注：由于钢梁一般是变形控制而非强度控制，所以无须摇摆柱分担弯矩，但当需要摇摆柱分担轴力时，摇摆柱可定义为上端铰接下端刚接，这样会比较经济。为了满足长细比，有必要时也可以设为上下均为刚接。

4. 抗风柱布置

（1）抗风柱布置间距一般为6～8m，当然也要根据厂房柱节间合理布置；

（2）按图集一般抗风柱是布置在刚架外侧的，但没有吊车时也可以布置在刚架平面内。

5. 截面

（1）墙架柱一般选用轧制的工字型钢或用三块钢板焊成的工字形截面，其截面既要满足受压构件长细比的要求，又要满足受弯构件在风荷载作用下挠度的要求。截面一般不宜小于上下水平支点间距的1/40，可取250～400mm。

抗风柱的高，腹板厚度、翼缘宽度及厚度可参照钢架梁与钢架柱。本工程抗风柱截面尺寸为：H450×180×5×8。

（2）其他工程（作为参考）

基本风压0.35kN/m²，檐口处标高13.0m，抗风柱间距8m，材制Q345B，截面尺寸：H400×220×6×10。

基本风压0.4kN/m²，檐口处标高12.2m，抗风柱间距8m，材制Q345B，截面尺寸：H400×250×6×10。

基本风压0.45kN/m²，檐口处标高14.0m，抗风柱间距8m，材制Q345B，截面尺寸：H400×320×6×14。

6. 程序操作

点击【钢结构/工具箱/抗风柱计算与施工图】，在弹出的对话框（图4-64）中点击“1 抗风柱计算”，弹出“抗风柱计算”对话框，如图4-65所示。按工程实际填写参数，点击“计算”，弹出“计算书”，根据计算结果，再对抗风柱进行调整与计算。

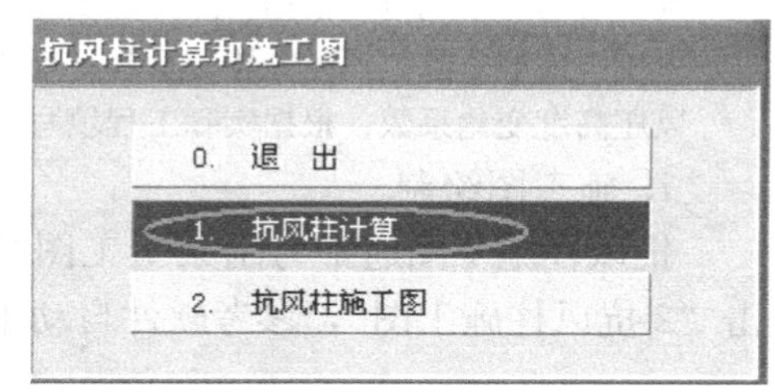

图4-64 抗风柱计算和施工图

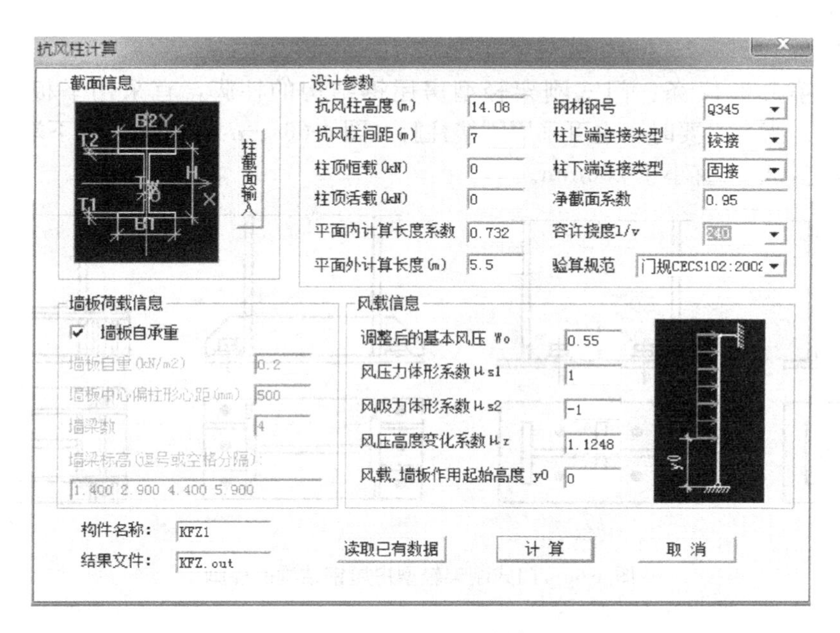

图4-65 抗风柱计算

参数注释

抗风柱高度：根据实际工程填写。

抗风柱间距：根据实际工程填写。

钢材钢号：一般为 Q345。

柱上端连接类型、柱下端连接类型：当风荷载比较小，抗风柱不高时（<10m），抗风柱上下端均可做成铰接。本工程风荷载比较大，柱比较高，上端做成铰接（弹簧板），下端做成刚接。平面内计算长度系数：当选择柱上端连接类型、柱下端连接类型后，程序会自动计算。

平面外计算长度：可取抗风柱沿柱高方向隅撑间最长间距。本工程抗风柱右侧开门洞，门洞顶标高 5.000，承台顶－0.500，所以抗风柱平面外计算长度取 5.5。

净截面系数：一般可取 0.95～1.0。

验算规范：一般可按“门规”计算。

容许挠度：规范对此没有规定。某大型国有工业设计研究院对此的理解是：可以把抗风柱类比斜梁，其挠度可查看“门规”表 3.4.2-2。应按 1/240 控制，如果按 1/180 控制，会不安全。

墙板自承重：严格要求，应该不点击“墙板自承重”，根据实际情况输入墙梁标高与根数。在实际设计中，由于墙梁自重对抗风柱的影响很小，一般可勾选“墙板自承重”，抗风柱的应力比可稍微控制严格一点。

调整后的基本风压：根据实际工程填写。

风压力体型系数、风吸力体型系数：查“门规”表 A.0.2.4。

风压高度变化系数：根据实际工程填写。

7. 施工图绘制

抗风柱施工图通常与刚架施工图绘制在一块。当抗风柱完成计算后，在图 4-64 中点击“2 抗风柱施工图”，参考软件自动生成的抗风柱施工图手动绘制其施工图。

4.4.5 柱脚设计

1. 柱脚形式

规范规定：

“门规”第 7.2.17 条：门式刚架轻型房屋钢结构的柱脚，宜采用平板式铰接柱脚（图 4-66*a*、*b*）当有必要时。也可采用刚接柱脚（图 4-66*c*、*d*）。变截面柱下端的宽度应视具体情况确定，但不宜小于 200mm。

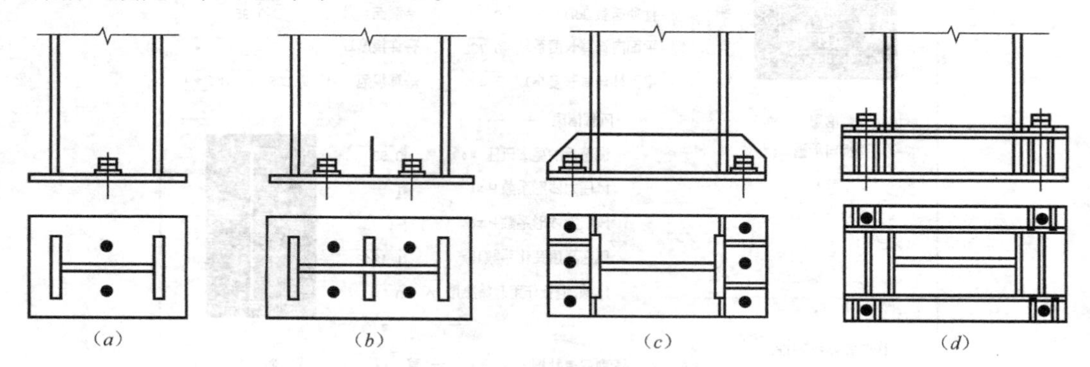

图 4-66 门式刚架轻型房屋钢结构的柱脚

(*a*) 一对锚栓的铰接柱脚；(*b*) 两对锚栓的铰接柱脚；(*c*) 带加劲肋的刚接柱脚；(*d*) 带靴梁的刚接柱脚

注：单层厂房柱柱脚宜采用插入式柱脚，可采用外露式实腹或分离柱脚；轻型门式刚架宜采用外露式柱脚。

2. 柱脚计算

(1) 规范规定

“门规”第 7.2.18 条：柱脚锚栓应采用 Q235 钢（Q235B）或 Q345（Q345B）钢制作。锚栓的锚固长度应符合现行国家标准《建筑地基基础设计规范》GB 50007 的规定，锚栓端部应按规定设置弯钩或锚板。锚栓的直径不宜小于 24mm，且应采用双螺母。

“门规”第 7.2.19 条：计算有柱间支撑的柱脚锚栓在风荷载作用下的上拔力时。应计入柱间支撑产生的最大竖向分力，且不考虑活荷载（或雪荷载）、积灰荷载和附加荷载的影响，恒荷载分项系数应取 1.0。

“门规”第 7.2.20 条：柱脚锚栓不宜用于承受柱脚底部的水平剪力。此水平剪力可由底板与混凝土基础间的摩擦力（摩擦系数可取 0.4）或设置抗剪键承受。计算柱脚锚栓的受拉承载力时，应采用螺纹处的有效截面面积。

(2) 柱脚底板面积验算

$$\sigma_{\max} = \frac{N}{BL} + \frac{6M}{BL^2} < f_c \tag{4-23}$$

式中 $\sigma_{\max}$——柱脚底板范围内基础混凝土所受最大正应力；

N——柱底轴力设计值；

B——柱脚底板宽度；

L——柱脚底板长度；

M——柱底弯矩设计值；

f_c——混凝土轴心抗压强度设计值。

注：1. 柱脚铰接时，令 $M=0$。

2. 柱角底板尺寸及螺栓间距布置可参考 06SG529-1（单层房屋钢结构节点构造详图—工字形截面钢柱柱脚连接）。

(3) 柱脚底板厚度验算

底板的厚度由板的抗弯强度决定。可以把底板看做是一块支承在靴梁、隔板、肋板和柱端的平板、承受从基础传来的均匀反力（计算时一般取底板的最大正应力）。靴梁、隔板、肋板和柱端面看做是底板的支承边，并将底板分成不同的支承形式的区格，其中有四边支承、三边支承、两相邻边支承和一边支承。在均匀分布的基础反力作用下，各区格单位宽度上最大弯矩为：

四边支承板 $$M = \alpha q a^2 \tag{4-24}$$

三边支承板及两相邻边支承板 $$M = \beta q a_1^2 \tag{4-25}$$

一半支承(悬臂）板 $$M = \frac{1}{2} q c^2 \tag{4-26}$$

式中 q——作用在底板单位面积上的压力，计算时一般取底板的最大正应力；

a——四边支承板中短边的长度；

α——系数，四边支承板的长边 b 与短边 a 之比，查看表 4-20；

a_1——三边支承板中自由边的长度；

β——系数，由 b_1/a_1 查表 4-21，b_1 为三边支承板中垂直于自由边方向的长度或两相邻边支承板中的内角顶点至对角线的垂直距离。当三边支承板 b_1/a_1 小于

0.3 时，可按悬臂板长为 b_1 的悬臂板计算；c 为悬臂长度。

四边支承板弯矩系数 α **表 4-20**

b/a	1.0	1.1	1.2	1.3	1.4	1.5	1.6	1.7	1.8	1.9	2.0	3.0	≥4
α	0.048	0.055	0.063	0.069	0.075	0.081	0.086	0.091	0.095	0.099	0.102	0.119	0.125

三边支承板及两相邻边支承板弯矩系数 β **表 4-21**

b_1/a_1	0.3	0.4	0.5	0.6	0.7	0.8	0.9	1.0	1.0	≥1.4
β	0.026	0.042	0.058	0.072	0.085	0.092	0.104	0.111	0.120	0.125

柱脚底板的厚度可按下式计算：

$$t=\sqrt{\frac{6M}{f}} \tag{4-27}$$

式中 M——为支承区格内单位宽度上的最大弯矩；

f——Q235 或 Q345 钢材的抗拉强度设计值。Q235，$t>16\sim40$mm 时，f 为 205N/mm^2；Q345，$t>16\sim40$mm 时，f 为 295N/mm^2；

注：构造上一般至少 20mm，除了满足计算外，一般可取 25～30mm。

（4）柱脚锚栓验算

一般柱脚同时有弯矩和轴心压力作用，底板下的压力不是均匀分布的，并且可能出现拉力。如果底板下出现拉力，则此拉力由锚栓来承受。

假定柱脚底板与基础接触面的压应力成直线分布，底板下基础的最大压应力与底板另一侧的应力分别为 σ_{max} 与 σ_{min}，如下式所示：

$$\sigma_{max}=\frac{N}{BL}+\frac{6M}{BL^2}\leqslant f_c \tag{4-28}$$

$$\sigma_{min}=\frac{N}{BL}-\frac{6M}{BL^2} \tag{4-29}$$

当最小应力 σ_{min} 出现负值时，说明底板与基础之间产生拉应力。由于底板和基础之间不能承受拉应力，此时可以让锚栓承受拉应力的合力（压力 N 和弯矩 M 产生的拉力）。根据对混凝土受压区压应力合力作用点的力矩平衡条件 $\sum M=0$，可得锚栓拉力 Z 为：

$$Z=\frac{M-Na}{x} \tag{4-30}$$

式中 M、N——使锚栓产生最大拉力的合力组合值；

a——柱截面形心轴到基础受压区合力点间的距离，$a=L/2-c/3$；

x——锚栓位置到基础受压区合力点间的距离，$x=d-c/3$。

$$c=\frac{\sigma_{max}}{\sigma_{max}+|\sigma_{min}|}L \tag{4-31}$$

此力由锚栓承担，所以所需锚栓面积为：

$$A_n=\frac{Z}{f_t^a} \tag{4-32}$$

式中 f_t^a——锚栓抗拉强度设计值。Q235 钢，抗拉强度设计值为 140N/mm^2；Q345 钢，抗拉强度设计值为 180N/mm^2。

当计算出所需锚栓总面积后，在受拉一侧初步布置螺栓（如 2 个或 3 个），计算出每个螺栓的计算有效截面面积，查表 4-22，再在另一侧对称位置处布置螺栓。

螺栓有效直径、有效面积计算 **表 4-22**

螺栓公称直径	d		16	18	20	22	24	27	30
螺距	P		2.0	2.5	2.5	2.5	3.0	3.0	3.5
螺栓有效直径	d_e	$d_e=d-\frac{13\sqrt{3}}{24}P$	14.1236	15.6545	17.6545	19.6545	21.1854	24.1854	26.7163
螺栓有效面积	A_e	$A_e=\pi*d_e^2/4$	156.7	192.5	244.8	303.4	352.5	459.4	560.6
螺栓公称直径	d		33	36	39	42	45	48	…
螺距	P		3.5	4.0	4.0	4.5	4.5	5.0	…
螺栓有效直径	d_e	$d_e=d-\frac{13\sqrt{3}}{24}P$	29.7163	32.2472	35.2472	37.7781	40.7781	43.3090	…
螺栓有效面积	A_e	$A_e=\pi*d_e^2/4$	693.6	816.7	975.8	1120.9	1306.0	1473.1	…

注：1. 柱脚底板锚栓孔至板边的距离不宜小于 2 倍的孔径，且不小于 40mm。带靴梁的刚接柱脚底板悬臂部分的宽度，通常取锚栓直径的 3～4 倍。柱脚底板边缘至混凝土基础柱边缘的距离不小于 50mm（或 100mm）。

2. 目前设计规程规定，柱脚锚栓一般按承受拉力设计，计算时不考虑锚栓承受水平力。锚栓直径的确定除按计算求得外，就是考虑构造要求。铰接柱脚，当刚架跨度≤18m 时，可采用 2 个 M24；≤27m 时，可采用 4 个 M24；≤30m 时，可采用 4 个 M30。考虑到安装施工等因素，建议当跨度大于 24m 时，宜采用 4 个 M30 的，底板下根据水平剪力适当加抗剪键。柱脚安装时应采用具有足够刚度的固定架定位，柱脚螺栓均用双螺母或其他能防止松动的有效措施。

3. 外露式刚接柱脚，一般均应设置加劲肋，柱脚加劲肋的主要作用是增加垫板的刚性，增加底板的转动约束度，将柱荷载较均匀的分布到底板上，加劲肋的尺寸可参考《单层房屋钢结构节点构造详图——工字形截面钢柱柱脚连接》06SG529-1。刚接柱脚锚栓承受拉力和作为安装固定之用，一般采用 Q235 钢制作。锚栓的直径不宜小于 24mm。底板的锚栓孔径不小于锚栓直径加（10～15）mm；锚栓垫板的锚栓孔径取锚栓直径加 2mm。锚栓螺母下垫板的厚度一般为 $0.4d$～$0.5d$（d 为锚栓外径），但不宜小于 20mm。锚栓应采用双螺母紧固。

（5）柱底抗剪验算

柱脚底板与混凝土基础之间的摩擦系数为 μ，故两者间摩擦力为：

$$F=\mu N \tag{4-33}$$

式中 N——柱底轴力设计值。当 $N<$柱底剪力设计值 V 时，则一般需要设置抗剪键，否则一般不需要设置。

对于没有吊车，柱脚刚接的工程一般可以不设抗剪键。但是对于有吊车，柱脚铰接时一般应设置剪键。有柱间支撑的两榀刚架由于在风荷载作用下可能会使柱底水平力很大，应设抗剪键。柱底抗剪键的设计类似于悬臂钢梁的强度计算，前提是抗剪面积（$F=A_s f_c$）要够，满足水平力的要求。抗剪键的关键是二次灌浆，应保证施工质量。

单向受剪时，也建议做成十字或槽钢，等于给抗剪键承压面加了加劲肋，抗剪是要考虑弯剪共同作用的（剪力及剪力偏心产生的弯矩），而并不只是纯粹受剪力，而且做成一个小平板，在吊装、运输过程中抗剪件容易破坏。

（6）程序操作

见图 4-60。

（7）锚固长度

螺栓的锚固长度可以参照《门式刚架轻型房屋钢结构（有吊车）》04SG518-3 与《单层房屋钢结构节点构造详图《工字形截面钢柱柱脚》06SG529-1，必要的时候，比如大吨位吊车及有抗震要求的地方，锚栓的锚固长度可适当加大一些，乘以一个 1.1～1.2 的系数。

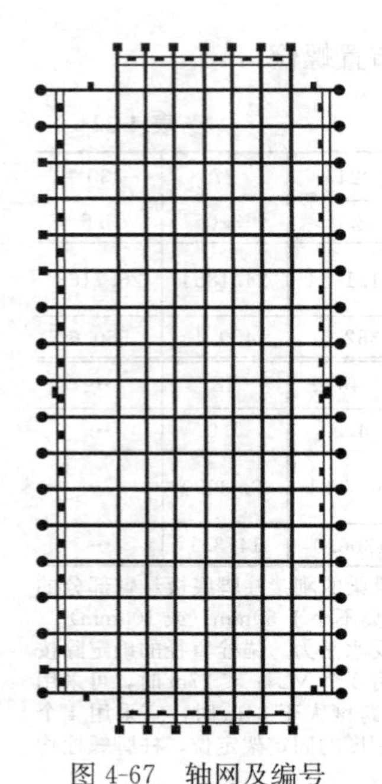

图 4-67　轴网及编号

(8) 其他

门式刚架的柱脚多按铰接支承设计，通常为平板支座，设一对或两对地脚螺栓。当用于工业厂房且有 5t 以上桥式吊车时，宜将柱脚设计成刚接。在实际设计中，一般厂房有了吊车，柱脚宜按刚接设计，以便比较好地控制变形、稳定、位移等指标。当荷载较大，即使没有吊车，也宜设计成刚接柱脚，以控制侧移。铰接与否还应结合土质情况，刚性柱脚由于存在面积，一般基础尺寸会较大。

柱脚锚栓能承受剪力是客观存在的，规范规定柱脚锚栓不宜用于承受柱脚底部的水平剪力是因为施工等其他许多原因造成，也能增加安全储备。

4.4.6　柱脚锚栓及抗剪槽布置图

1. 绘制轴网及编号，如图 4-67 所示。

2. 在 TSSD 或 CAD 中画出一个柱脚锚栓及抗剪槽布置图，通过做辅助线，准确移到图 4-67 中的准确位置，其他位置的柱脚锚栓及抗剪槽布置图可以通过阵列或批量复制等方式完成。

4.5　吊车梁设计

4.5.1　吊车示意图及吊车梁截面的表达方式

吊车示意图及吊车梁截面的表达方式分别如图 4-68、图 4-69 所示。

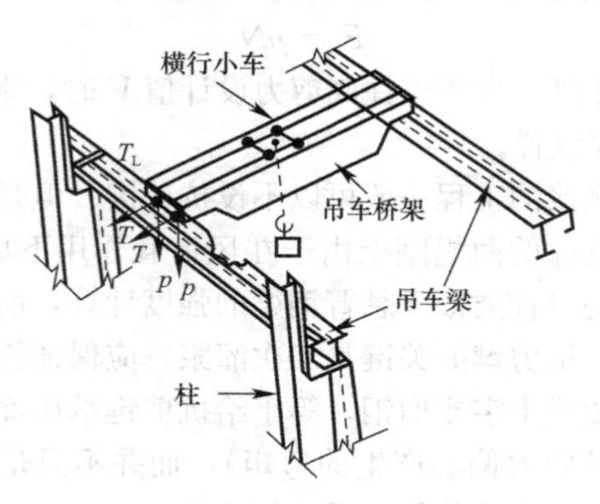

图 4-68　吊车示意图

注：吊车梁系统结构通常由吊车梁（或吊车桁架）、制动结构、辅助桁架及支撑（水平支撑和垂直支撑）等组成。

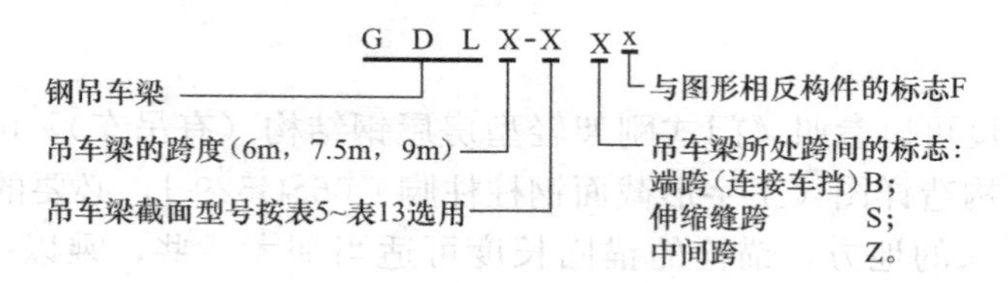

图 4-69　吊车梁截面的表达方式

4.5.2 吊车梁的形式

(1) 吊车梁按截面有：型钢梁、组合工字形梁及箱形梁、撑杆式。如图 4-70 所示。

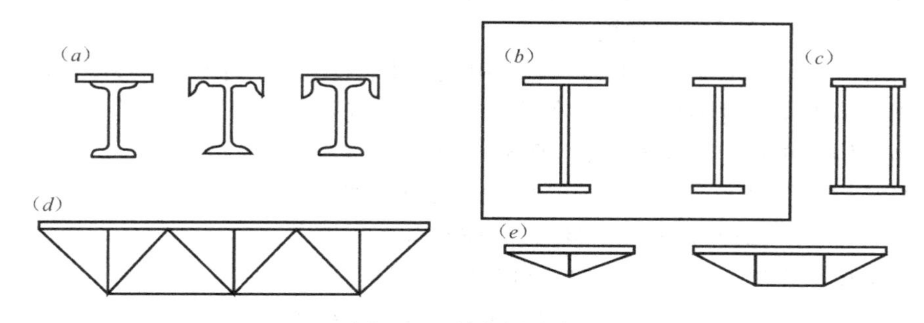

图 4-70 吊车梁形式

(a) 型钢吊车梁；(b) 工字形焊接吊车梁；(c) 箱形吊车梁；(d) 吊车桁架；(e) 撑杆式吊车梁架。

注：对于跨度或重量较大的吊车梁应设置制动结构，即制动梁或制动桁架，由制动结构将横向水平荷载传至柱，同时保证梁的整体稳定。

(2) 各种形式的适用条件

① 型钢吊车梁

型钢吊车梁（或加强型钢吊车梁）用型钢（有时用钢板、槽钢或角钢加强上翼缘）制成，制作简单，运输及安装方便，一般适用于跨度 $L\leqslant 6$m，吊车起重量 $Q\leqslant 10$t 的轻、中级工作制的吊车梁。

② 焊接工字形吊车梁

焊接工字形吊车梁，由三块钢板焊接而成，制作比较简便，为当前常用的形式。当吊车轮压值较大时，采用将腹板上部受压区加厚的形式较为经济，但会增加施工的不便。一般设计成等高度、等截面形式。根据需要也可设计成变高度（支座处梁高缩小）、变截面的形式。

③ 箱形吊车梁

箱形吊车梁是由上、下翼缘板及双腹板组成的封闭箱形截面梁，具有刚度大和抗扭性能好的优点，适用于大跨度、大吨位软钩吊车或特重级硬钩吊车，以及抗扭刚度较高（如大跨度壁行吊车梁）的焊接梁。由于制作较复杂、施焊操作条件较差，焊接变形不易控制和校正。

④ 吊车桁架

桁架式吊车梁用钢量省，但制作费工，连接节点在动力荷载作用下易产生疲劳破坏，故一般用于跨度较小的轻中级工作制的吊车梁。

⑤ 撑杆式吊车梁

撑杆式吊车梁可利用钢轨与上弦共同工作组成的吊车桁架，用钢量省，但制作、安装精度要求较高，设计时应注意加强侧向刚度，一般用于手动梁式吊车，起重量 $Q\leqslant 5$t、跨度 $L\leqslant 6$m 的情况。

4.5.3 吊车梁的材质、截面及构造

1. 吊车梁的材质

吊车梁承受动态荷载的反复作用，因此钢材应具有良好的塑性和韧性，并满足“钢

规”第5.3.3条的相关要求。一般选用Q345C或Q345B。

“钢规”第5.3.3条：钢材的质量等级，应按下列规定选用：

<table><tr><td>
1 对不需要验算疲劳的焊接结构，应符合下列规定：
1）不应采用Q235A（镇静钢）；
2）当结构工作温度大于20℃时，可采用Q235B、Q345A、Q390A、Q420A、Q460钢；
3）当结构工作温度不高于20℃但高于0℃时，应采用B级钢；
4）当结构工作温度不高于0℃但高于-20℃时，应采用C级钢；
5）当结构工作温度不高于-20℃时，应采用D级钢。
2 对不需要验算疲劳的非焊接结构，应符合下列规定：
1）当结构工作温度高于20℃时，可采用A级钢；
2）当结构工作温度不高于20℃但高于0℃时，宜采用B级钢；
3）当结构工作温度不高于0℃但高于-20℃时，应采用C级钢；
4）当结构工作温度不高于-20℃时，对Q235钢和Q345钢应采用C级钢；对Q390钢、Q420钢和Q460钢应采用D级钢。
3 对于需要验算疲劳的非焊接结构，应符合下列规定：
1）钢材至少应采用B级钢；
2）当结构工作温度不高于0℃但高于-20℃时，应采用C级钢；
3）当结构工作温度不高于-20℃时，对Q235钢和Q345钢应采用C级钢；对Q390钢、Q420钢和Q460钢应采用D级钢。
4 对于需要验算疲劳的焊接结构，应符合下列规定：
1）钢材至少应采用B级钢；
2）当结构工作温度不高于0℃但高于-20℃时，Q235钢和Q345钢应采用C级钢；对Q390钢、Q420钢和Q460钢应采用D级钢。
3）当结构工作温度不高于-20℃时，Q235钢和Q345钢应采用D级钢；对Q390钢、Q420钢和Q460钢应采用E级钢。
</td></tr></table>

2. 吊车梁的截面

根据吊车梁与钢架柱的连接构造要求和固定吊车轨道的需要，吊车梁上翼缘的最小宽度应≥240mm，下翼缘最小宽度应取≥200mm，为了便于加工，减小焊接变形，翼缘厚度应≥8mm，腹板厚度应≥6mm。当然也应满足规范中对吊车梁局部稳定性的要求：翼缘的宽厚比、腹板的高厚比。

当厂房跨度为18～24m，柱距6～8m，吊车起重量在2～20t时，吊车梁的经济截面如表4-23所示（初选截面）。

吊车梁截面经济尺寸 **表4-23**

吊车起重量（t）	吊车梁高（mm）	吊车梁腹板厚（mm）	吊车梁上翼缘宽（mm）	吊车梁下翼缘宽（mm）	吊车梁翼缘厚（mm）
≤5t	400～450	6	240～300	200	8～10
10	550～650	8	300～360	220	12～14
20	700～800	8	360～420	240	14～16

3. 吊车梁构造

吊车梁与轨道连接螺栓，要求不高的话，普通螺栓也能胜任，一般每隔一定间距（比如750mm）用4个4.8级普通螺栓（间距为80～100mm）。不过如果钢梁挠度较大，水平剪力也较大的话，建议用高强度螺栓。

吊车梁上翼缘在支座处通过连接板（厚度为10mm的LB）及边梁（角钢或槽钢）与钢柱相连时，一般用2个M20 10.9级。在牛腿处吊车梁与吊车梁之间的连接一般用6个M20 4.8级，$t=10$mm。吊车梁下翼缘在支座处通过厚度为10mm的CB板与钢柱相连。在钢柱与钢柱之间铺设走道板，走道板的两边支座分别为吊车梁上翼缘、吊车梁上翼缘或吊车梁上翼缘、边梁（槽钢、角钢），边梁再与钢柱相连。

吊车梁中心线与牛腿边的距离一般为200mm，吊车梁中心线与牛腿上柱内边的距离应满足吊车技术规格资料中的要求：一般≥行车伸出吊车梁中心线距离＋保护距离。

4.5.4 吊车梁荷载

吊车在吊车梁上运动产生三个方向的动力荷载：竖向荷载、横向水平荷载和沿吊车梁纵向的水平荷载。

1. 竖向荷载

$$F=\gamma_{Q}\alpha_{1}F_{kmax} \tag{4-34}$$

式中 γ_{Q}——荷载分项系数，可取1.4；

α_{1}——吊车竖向荷载动力系数；当为悬挂吊车（包括电动葫芦）及工作级别为A1～A5（轻、中级工作制）的软钩吊车时，可取1.05；当为工作级别A6～A8的软钩吊车、硬钩吊车和其他特重吊车时，可取1.10；

F_{kmax}——吊车最大轮压标准值（产品规格中找）；吊车的最大、最小轮压$F_{p,max}$和$F_{p,min}$与吊车桥架重量G、吊车的额定起重量Q及小车重量g的重力荷载之间满足下列平衡关系：

$$n(F_{p,max}+F_{p,min})=G+Q+g$$

式中 n为吊车每一侧的轮子数。

2. 吊车的横向水平荷载

吊车的横向水平荷载由小车横行引起，其标准值应取横行小车重量与额定起重量之和的下列百分数，并乘以重力加速度：

1）软钩吊车：当额定起重量不大于10t时，应取12%；当额定起重量为16～50t时，应取10%；当额定起重量不小于75t时，应取8%。

2）硬钩吊车：应取20%。

横向水平荷载应等分于桥架的两端，分别由轨道上的车轮平均传至轨道，其方向与轨道垂直，并考虑正反两个方向的刹车情况。对于悬挂吊车的水平荷载应由支撑系统承受，可不计算。手动吊车及电动葫芦可不考虑水平荷载。

计算重级工作制吊车梁及其制动结构的强度、稳定性以及连接（吊车梁、制动结构、柱相互间的连接）的强度时，由于轨道不可能绝对平行、轨道磨损及大车运行时本身可能倾斜等原因，在轨道上产生卡轨力，因此钢结构设计规范规定应考虑吊车摆动引起的横向水平力，此水平力不与小车横行引起的水平荷载同时考虑。

3. 纵向水平荷载

纵向水平荷载指吊车刹车力，其沿轨道方向由吊车梁传给柱间支撑，计算吊车梁截面时不予考虑。

4.5.5 吊车梁内力计算

由于吊车荷载为移动荷载，计算吊车梁内力时必须首先用力学方法确定使吊车梁产生最大内力（弯矩和剪力）的最不利轮压位置，然后分别求梁的最大弯矩及相应的剪力和梁的最大剪力及相应弯矩，以及横向水平荷载在水平方向产生的最大弯矩。

计算吊车梁的强度及稳定时按作用在跨间荷载效应最大的两台吊车或按实际情况考虑，并采用荷载设计值。计算梁的强度时，假定吊车横向水平荷载由梁加强的上翼缘或制动梁或桁架承受，竖向荷载则由吊车梁本身承受，同时忽略横向水平荷载对制动结构的偏心作用。当采用制动梁或制动桁架时，梁的整体稳定能够保证，不必验算，无制动结构的梁应验算梁的整体稳定性。

计算吊车梁的疲劳及挠度时应按作用在跨间内荷载效应最大的一台吊车确定，并采用不乘荷载分项系数和动力系数的荷载标准值计算。求出最不利内力后选择梁的截面和制动结构。

吊车梁直接承受动力荷载，对重级工作制吊车梁和重级、中级工作制吊车桁架可作为常幅疲劳，验算疲劳强度。验算的部位一般包括：受拉翼缘与腹板连接处的主体金属、受拉区加劲肋的端部和受拉翼缘与支撑的连接等处的主体金属以及角焊缝连接处。

吊车梁在竖向荷载作用下的挠度要满足给出的容许限值要求。根据文献（关于钢吊车梁挠度容许值的探讨，谢津成，左小青，张盼盼），吊车梁挠度计算的容许挠度限值建议按表 4-24 取。

钢吊车梁挠度容许值 **表 4-24**

吊车梁和吊车桁架	容许挠度
手动吊车和单梁吊车（包括悬挂吊车）	1/500
轻级工作制桥式吊车	1/700
中级工作制桥式吊车	1/800
重级工作制桥式吊车	1/1000

注：以上容许挠度是按两台吊车计算吊车梁变形。

4.5.6 制动结构

当吊车梁为重级工作制，或吊车梁跨度≥12m，或吊车桁架时，宜设置制动结构。

制动梁：

《钢结构设计手册》对制动梁的设置条件做了如下阐述：特重级工作制吊车梁的制动结构应采用制动梁；起重量 Q≥150t 的重级工作制吊车的吊车梁跨度≥12m，或制动结构的宽度 b 在 1.2m 以下而需要设置人形走道时，宜采用制动梁。制动桁架一般很少用。

制动梁由以下组成：吊车梁、制动板、边梁。吊车梁的上翼缘充当制动结构的翼缘、制动板充当制动结构的腹板、边梁充当制动结构的翼缘，边梁一般用槽钢。

制动梁的宽度不宜小于 1～1.5m（其宽度所表示的位置可查看“钢结构设计手册”中制动结构组成示意图中的 b）。制动板的宽度一般≥500mm，制动板宽度为 500～600mm 时，其厚度可取 6mm，制动板宽度为 800 时，其厚度可取 6mm，制动板宽度为 1000、

1200mm时，其厚度可取8mm。制动结构的选用，一般可参照相关图集，但也应满足吊车使用要求（如吊车梁中心线与上柱内边距离等。）

制动梁则是为了增加吊车梁的侧向刚度，并与吊车梁一起承受由吊车传来的横向刹车力和冲击力而在吊车梁的旁边增设的梁，它与吊车梁采用焊接或者螺栓连接，分为制动梁和制动桁架。其作用大概有几个几个方面：

1. 承担吊车的水平荷载及其他因素产生的水平推力；
2. 保证吊车梁的侧向稳定性；
3. 增加吊车梁的侧向刚度；
4. 制动板还可以作为检修平台和人行通道。

检修吊车及轨道的平台检修荷重或人行走道的垂直均布荷重，当无特殊要求时，可取垂直均布荷载标准值为2.0kN/m²，其荷载分项系数可取1.4。

制动结构还可以充当检修走道，故制动梁腹板一般采用花纹钢板，厚度6～10mm，走道的活荷载一般按2kN/m²考虑。当吊车桁架和重级工作制吊车梁（A6～A8）跨度$L \geqslant 12$m，或轻中级工作制吊车梁（A1～A5）跨度$L \geqslant 18$m，对边列柱吊车梁宜设置辅助桁架，并在辅助桁架和吊车梁之间设置水平支撑和垂宜支撑，垂直支撑的位置不宜在吊车梁或吊车桁架竖向挠度较大处，可采用图4-71（*a*）的形式。当吊车梁位于中列柱，且相邻两跨的吊车梁高度相等时，可采用图4-71（*b*）的形式；当相邻两跨的吊车起重量相差悬殊而采用不同高度的吊车梁时，可采用图4-71（*c*）的形式。

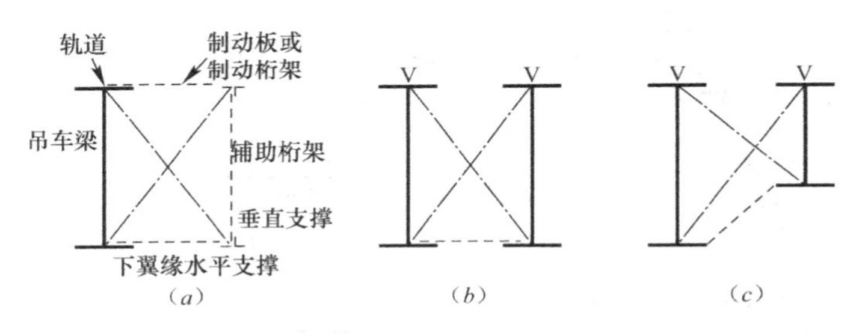

图4-71　辅助桁架、垂直支撑

4.5.7　程序操作

点击【钢结构/工具箱/吊车梁计算和施工图】，弹出“钢吊车梁设计主菜单”，如图4-72所示。

点击“吊车梁计算”，弹出“输入吊车梁计算数据”对话框，如图4-73～图4-75所示。

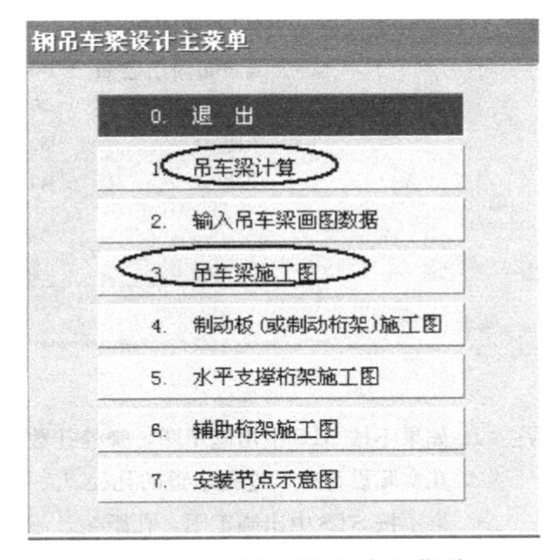

图4-72　钢吊车梁设计主菜单

4.5.8　施工图绘制

1. 加劲肋

横向加劲肋（含短加劲肋）不与受拉翼缘相焊，但可与受压翼缘相焊。端加劲肋可与梁上下翼缘相焊，中间横向加劲肋的下端宜在距受拉下翼缘50～100mm处断开（吊车梁的疲劳破坏一般是从受

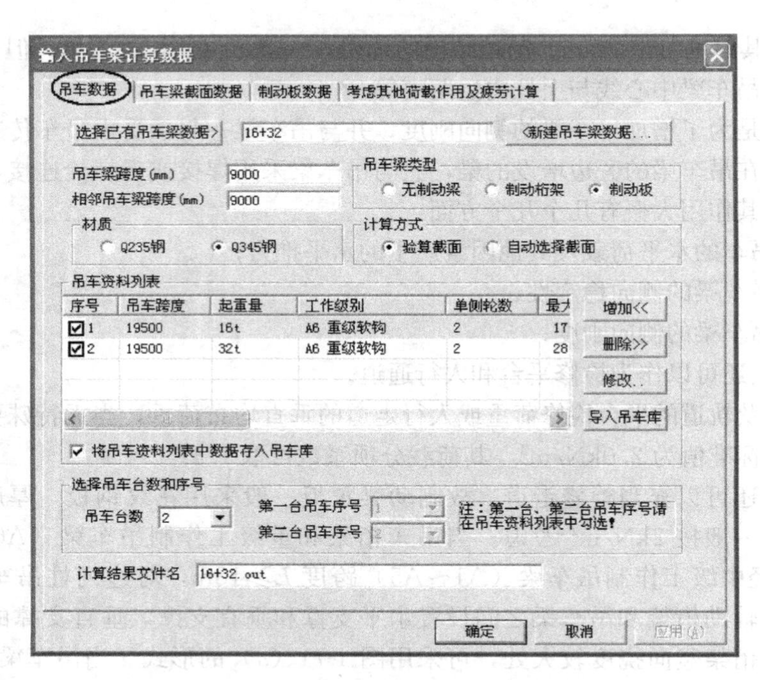

图 4-73　吊车数据

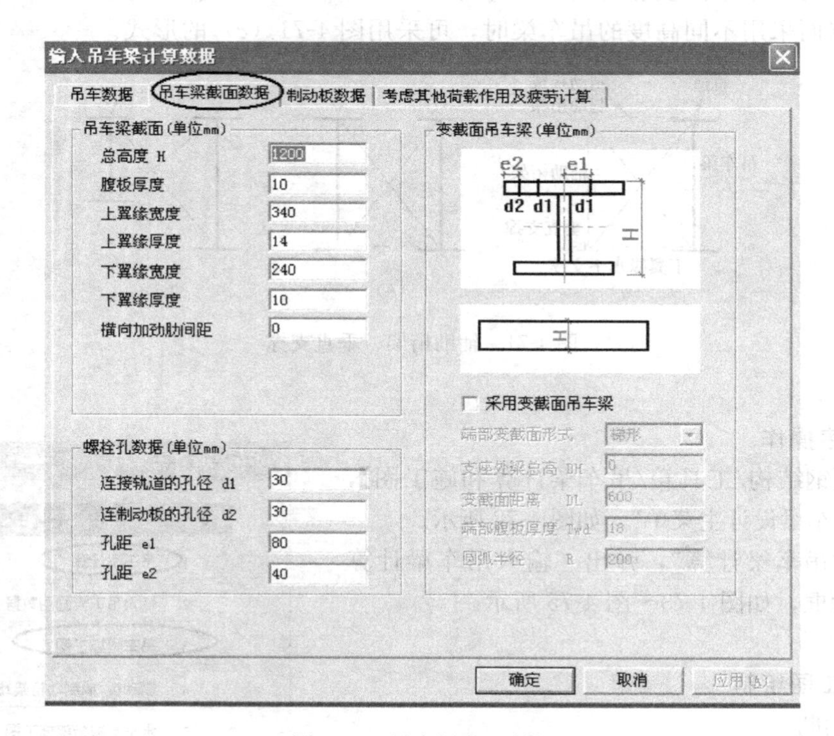

图 4-74　吊车梁截面数据

注：1. 如果不按 STS 中出施工图，螺栓孔数据一般可按默认值。

2. 在实际设计中，连接轨道的孔径 d_1、连接制动板的孔径 d_2 均可为 $d=21.5$（M20、10．9 级高强度螺栓）。如果不按 STS 中出施工图，孔距 e_1、e_2 可按默认值，在实际设计中，一般控制 e_2 的宽度为 40mm 或 45mm，e_1 的宽度根据吊车梁上下翼缘宽度进行调整。

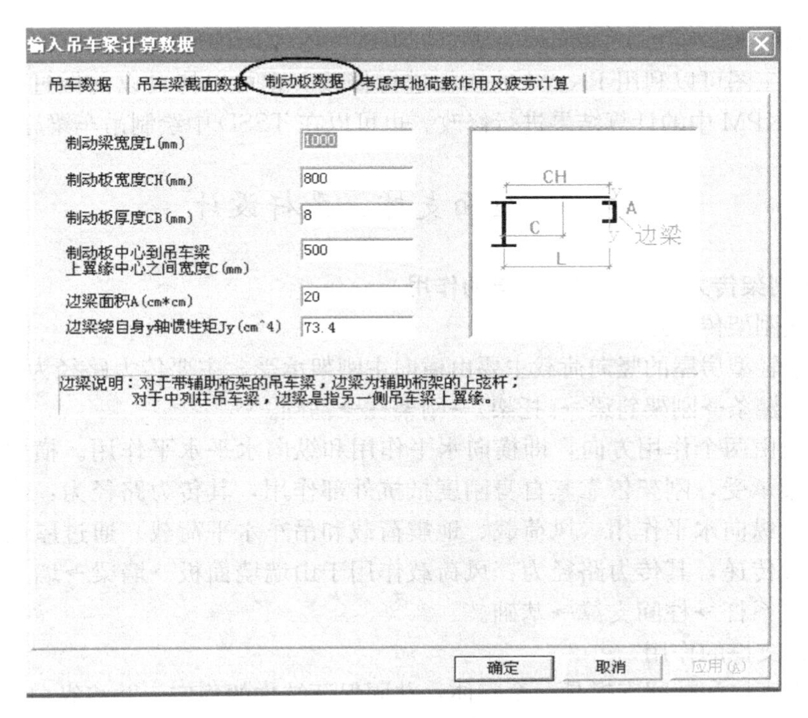

图 4-75　制动板数据

注：考虑其他荷载作用及疲劳计算一般可不填写。

参数填写完成后，点击【确定】，程序会自动完成计算，并弹出计算书。

拉区开裂开始)，其与腹板的连接焊缝不宜在肋下端起落弧，实验研究证明，吊车梁中间横向加紧肋与腹板连接焊缝，若在下端留有起落弧，则容易在腹板上引起疲劳裂缝。

在支座处的横向加劲肋应在腹板两侧成对布置，并与梁上下翼缘刨平顶紧。中间横向加劲肋的上端应与梁的上翼缘刨平顶紧，在重级工作制吊车梁中，中间横向加劲肋亦应在腹板两侧成对布置，而中、轻级工作制吊车梁则可单侧设置或两侧错开设置。

考虑到轻钢厂房中吊车起重量小，工作制低，一般无须验算吊车梁的疲劳强度。腹板横向加劲肋可按构造要求布置，间距 $a=(1\sim2)h$（一般 1m 左右）。加劲肋的宽度可取 70～90mm（一般取 90），厚度为 6mm。

"钢规"第 7.4.6 条：加劲肋宜在腹板两侧成对配置，也可单侧配置，但支承加劲肋、重级工作制吊车梁的加劲肋不应单侧配置。

横向加劲肋的最小间距应为 $0.5h_0$，最大间距应为 $2h_0$（对无局部压应力的梁，当 $h_0/t_w\leqslant100$ 时，可采用 $2.5h_0$）。纵向加劲肋至腹板计算高度受压边缘的距离应在 $h_c/2.5\sim h_c/2$ 范围内。

在腹板两侧成对配置的钢板横向加劲肋，其截面尺寸应符合下列公式要求：

外伸宽度：

$$b_s\geqslant\frac{h_0}{30}+40\quad(\text{mm})\tag{4-35}$$

厚度：

$$\text{承压加劲肋 } t_s\geqslant\frac{b_s}{15}\text{，不受力加劲肋 } t_s\geqslant\frac{b_s}{19}\tag{4-36}$$

2. 施工图绘制

吊车梁施工图可以利用PKPM的模板进行修改。也可以拷贝以前做过的工程，适当拉伸，参考PKPM中的计算结果进行修改。也可以在TSSD中绘制吊车梁施工图。

4.6 屋面支撑、系杆设计

4.6.1 门式刚架传力路径及屋面支撑的作用

(1) 门式刚架传力路径

门式刚架轻型房屋的竖向荷载主要由横向主刚架承受，主要传力路径为：屋面荷载作用于屋面板→檩条→刚架斜梁→(托架)→刚架柱→基础。

水平荷载由两个作用方向，即横向水平作用和纵向水平水平作用。横向水平作用主要由横向刚架承受，刚架依靠其自身刚度抵抗外部作用，其传力路径为：维护结构→主刚架→基础。纵向水平作用（风荷载、地震荷载和吊车水平荷载）通过屋面水平支撑和柱间支撑系统传递，其传力路径为：风荷载作用于山墙墙面板→墙梁→墙梁柱→屋盖水平支撑→柱顶系杆→柱间支撑→基础。

(2) 屋面支撑的作用

屋面水平支撑和柱间支撑是一个整体，共同保证结构的稳定，并将纵向水平荷载通过屋面水平支撑，经柱间支撑传至基础。

4.6.2 屋面水平支撑布置原则与方法

1. 规范规定

《门式刚架轻型房屋钢结构技术规范》CECS 102：2012 第4.5.1-2条：在设置柱间支撑的开间，宜同时设置屋盖横向支撑，以组成几何不变体系。

第4.5.2-1条：屋盖横向支撑宜设在温度区间端部的第一个或第二个开间。当端部支撑设在第二个开间时，在第一个开间的相应位置应设置刚性系杆。

第4.5.4条：门式刚架轻型房屋钢结构的支撑，可采用带张紧装置的十字交叉圆钢支撑。圆钢与构件的夹角应在30°～60°，宜接近45°。

2. 经验

(1) 当建筑物或温度伸缩区段较长时，应增设一道或多道水平支撑，间距不得大于60m。

(2) 当结构简单、对称且各跨高度一致时，屋盖水平支撑相对简单，即在满足温度区段长度条件下，可仅在端开间设置。在建筑物内，当柱列有不同柱距时，或当建筑物有高低跨变化时，应设置纵向水平支撑提高结构的整体性，调整结构抗侧刚度的分布，以求减小各刚架柱侧向水平位移差异，使结构受力均匀、合理。当建筑物平面布置不规则时，如有局部凸出、凹进、抽柱等情况时，为提高结构的整体抗侧力，在上述区域均需设置纵、横向封闭的连续水平支撑系统。

(3) 托梁上的刚架左右一般要满布水平支撑，使之与相邻刚架相连，增加刚架整体性。

(4) 屋盖横向支撑宜设在温度区间端部的第一个或第二个开间是因为为保证结构山

墙所受纵向荷载的传递路径简短、快捷，以求直接传递山墙荷载；如第一开间不能设置时，可设置在第二开间内，但必须注意，第一开间内相应传递水平荷载的杆件应设计成压杆。

4.6.3 屋面水平支撑构造

1. 规范规定

“钢规”第 8.1.2 条：在钢结构的受力构件及其连接中，不宜采用：厚度小于 4mm 的钢板；壁厚小于 3mm 的钢管；截面小于 L45×4 或 L56×36×4 的角钢（对焊接结构），或截面小于 L50×5 的角钢（对螺栓连接或柳钉连接结构）。

“门规”第 3.5.1-1 条：用于檩条和墙梁的冷弯薄壁型钢，其壁厚不宜小于 1.5mm。用于焊接主刚架构件腹板的钢板，其厚度不宜小于 4mm 当有根据时可不小于 3mm。

2. 经验

（1）屋盖水平支撑一般由交叉杆和刚性系杆共同构成。在门式刚架轻型钢结构房屋中，屋盖水平支撑的交叉杆可设计为圆钢，但应加带张紧装置，以利于拉杆的张紧，避免圆钢挠度过大，不能起到受力作用。交叉杆也可以设计为角钢，但需要考虑长支撑由于自重产生的挠度，并采取必要的措施加以克服。交叉杆与竖向杆间的夹角应在 30～60°。

（2）按照力的传递路径就近原则，可假定两端屋面水平支撑分别承受墙架柱传来的山墙水平压力和吸力作用，中间的屋面水平支撑按构造设置，在设计时也可以让水平支撑平均分担纵向风荷载。

（3）用张紧的圆钢做屋面支撑，只适用于 7 度抗震及以下地区及风荷载较小地区，对于 8 度或 8 度以上抗震地区、风荷载较大，应采用角钢支撑。张紧的圆钢做屋面支撑时受拉，还应布置刚性系杆承受压力。圆钢长度过长时，下垂度很大，施工效果不是很好，可以用花篮螺旋张紧或用角钢屋面支撑，肢宽一般在 100mm 以上。圆钢与构件的夹角应为 30°～60°，45°最好。

（4）撑形式有两种：刚性支撑及柔性支撑。柔性支撑（比如张紧的圆钢）仅考虑受拉作用，不考虑平面外稳定；刚性支撑同时考虑拉压作用，受压时考虑平面外稳定。一般无吊车或吊车吨位较小时采用柔性支撑，其他情况宜采用型钢支撑。刚性支撑能增强结构空间刚度及空间整体稳定性。柔性支撑保障空间稳定性，但对空间刚度影响较小。

4.6.4 屋面支撑系统计算

受算时，一般可将屋面水平支撑简化为平面结构计算构件内力，即简支静定桁架，内力分析时可仅考虑交叉杆中一根受拉杆件参与工作，与之交叉的杆件则退出工作。但电算时，当交叉杆采用角钢或钢管时，无论拉、压状态，所有交叉杆均参与工作，支撑系统也成为超静定结构。

屋面水平支撑的作用力由墙架传来，因此须先计算墙架柱在纵向风荷载作用下的柱顶反力。

1. 强度验算

水平支撑的交叉腹杆按受拉构件设计时，强度验算公式为：

$$\sigma = \frac{N}{A_n} \leqslant f \tag{4-37}$$

式中　N、A_n、f——分别表示交叉杆所受的轴心拉力、净截面面积和钢材的强度设计值。

2. 长细比验算

（1）规范规定

"门规"第 3.5.2-2 条：受拉构件的长细比，不宜大于表 4-25 规定的限值。

受拉构件的长细比限值　　表 4-25

构件类别	承受静态荷载或间接承受动态荷载的结构	直接承受动态荷载的结构
桁架构件	350	250
吊车梁或吊车桁架以下的柱间支撑	300	
其他支撑（张紧的圆钢或钢绞线支撑除外）	400	—

注：1. 对承受静态荷载的结构，可仅计算受拉构件在竖向平面内的长细比；
2. 对直接或间接承受动态荷载的结构，计算单角钢受拉构件的长细比时，应采用角钢的最小回转半径；在计算单角钢交叉受拉杆件平面外长细比时，应采用与角钢肢边平行轴的回转半径；
3. 在永久荷载与风荷载组合作用下受压的构件，其长细比不宜大于 250。

"钢规"第 8.4.5 条：受拉构件的长细比不宜超过表 4-26 的容许值。

受拉构件的容许长细比　　表 4-26

构件名称	承受静力荷载或间接动力荷载的结构			直接承受动力荷载的结构
	一般建筑结构	对腹杆提供面外支点的弦杆	有重级工作制起重机的厂房	
桁架构件	350	250	250	250
吊车梁或吊车桁架以下柱间支撑	300	200	200	
其他拉杆、支撑、系杆等（张紧的圆钢除外）	400	—	350	—

注：1. 除对腹杆提供面外支点的弦杆外，承受静力荷载的结构受拉构件，可仅计算竖向平面内的长细比。
2. 在直接或间接承受动力荷载的结构中，单角钢受拉构件长细比的计算方法与表 8.4.4 注 2 相同。
3. 中、重级工作制吊车桁架下弦杆的长细比不宜超过 200。
4. 在设有夹钳或刚性料耙等硬钩起重机的厂房中，支撑的长细比不宜超过 300。
5. 受拉构件在永久荷载与风荷载组合作用下受压时，其长细比不宜超过 250。
6. 跨度等于或大于 60m 的桁架，其受拉弦杆和腹杆的长细比不宜超过 300（承受静力荷载或间接承受动力荷载）或 250（直接承受动力荷载）。
7. 吊车梁及吊车桁架下的支撑按拉杆设计时，柱子的轴力应按无支撑时考虑。

（2）长细比验算

当屋面水平支撑为角钢或钢管时，还应验算其长细比，即：

$$\lambda = \frac{l_0}{i} \leqslant [\lambda] \tag{4-38}$$

式中　λ、l_0、i、$[\lambda]$——分别表示交叉系杆计算长细比、计算长度、截面回转半径。

对于承受静荷载或间接承受动荷载的结构，$[\lambda]$ 可取 400。

（3）其他

控制长细比是用来保证结构的稳定性，而张紧的圆管受拉时没有失稳的问题，不需要控制长细比。拉杆规定容许长细比，主要是为了防止其柔度太大，自身变形加大，与稳定性没有关系。

水平支撑的交叉腹杆一般采用 Q235B，$\phi20$、$\phi22$，$\phi25$ 张紧的圆钢（一般直径至少 20mm）。也可以采用钢管、角钢等。

3. 稳定性验算

受拉杆要进行强度和长细比验算（不需要进行稳定性验算）。对于受压杆，除了进行强度和长细比验算外，还应进行稳定性验算，即：

$$\sigma = \frac{N}{\varphi A} \leqslant f \qquad (4\text{-}39)$$

式中 N、A、φ——分别表示交叉杆所受的轴心压力、截面面积和构件稳定性系数。φ 应取两主轴的较小者。

4.6.5 PKPM 程序操作（屋面支撑）

点击【钢结构/工具箱/支撑计算与施工图】→【屋面支撑计算】，填完参数后，选择自动导算，点击确定，如图 4-76～图 4-80 所示。

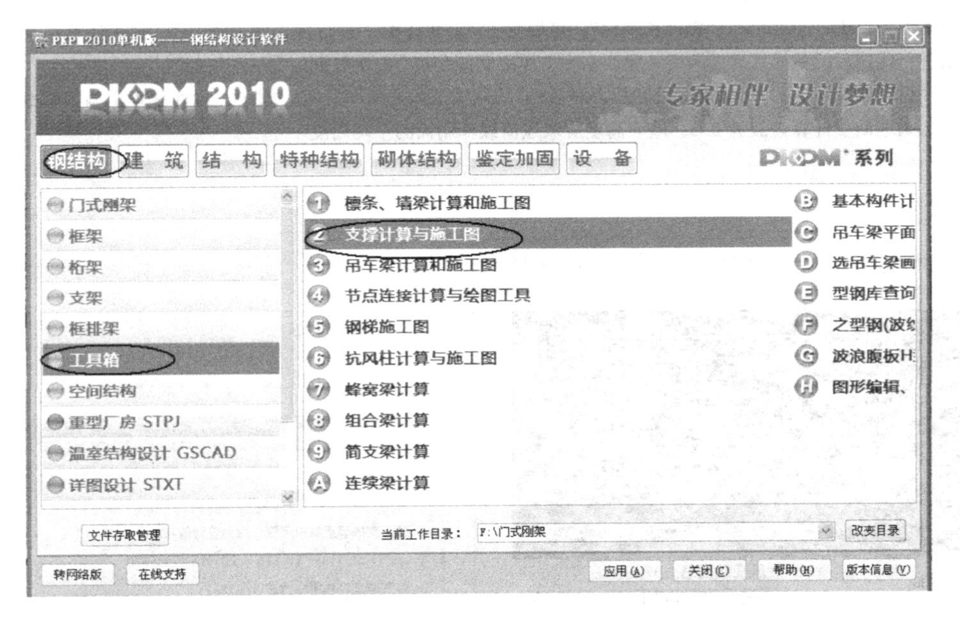

图 4-76 支撑计算和施工图

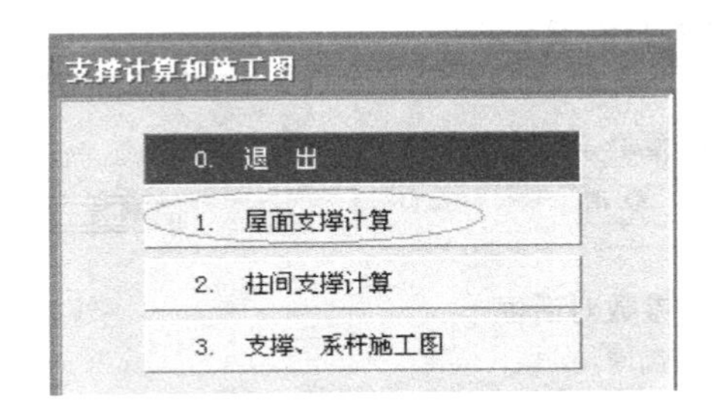

图 4-77 屋面支撑计算

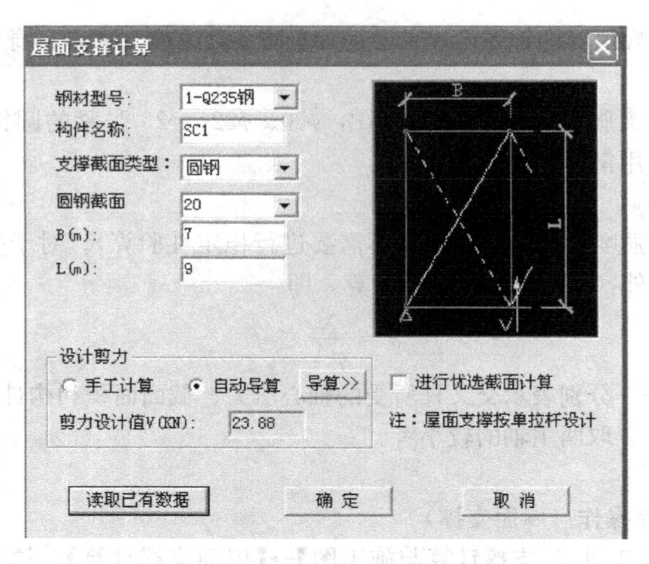

图 4-78 屋面支撑计算参数对话框

注：屋面支撑一般可用张紧的圆钢（Q235B），程序默认该圆钢带有张紧装置，一般可以不控制长细比。如果选择支撑截面类型为角钢，还要填写“容许长细比”，可填写 400，如选中“进行优选截面计算”，则在计算结果文件中会给出进行优选后的截面。B 为两交叉屋面水平支撑之间的距离，L 为柱距。

点击“自动倒算”，会弹出“支撑设计剪力对话框”，体型系数是查“门规”附录。屋面承担山墙风荷载系数：由于是按两端简支计算，故为 0.5；屋面高度应取风荷载作用面的平均高度。

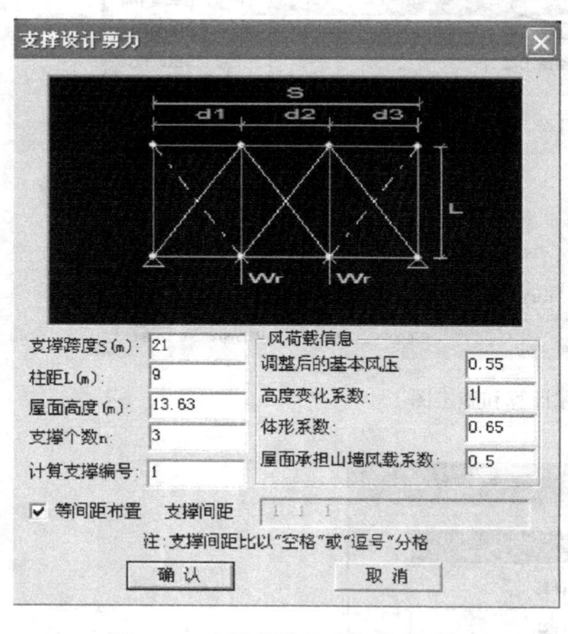

图 4-79 支撑设计剪力参数对话框

注：对于坡屋面可以取平均屋面高度。

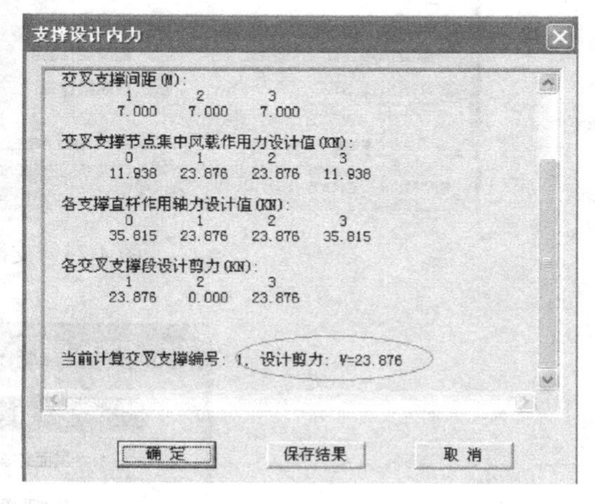

图 4-80 支撑设计内力

点击确定（屋面支撑计算），输入结果文件名，弹出计算结果对话框，如图 4-81 所示。

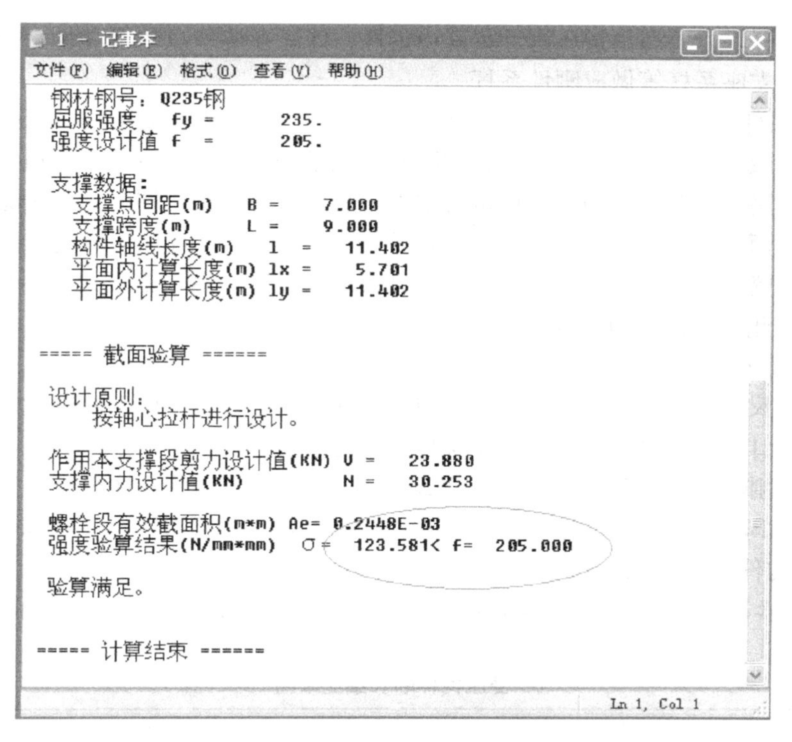

钢材钢号：Q235钢
屈服强度 fy = 235.
强度设计值 f = 205.

支撑数据：
支撑点间距(m) B = 7.000
支撑跨度(m) L = 9.000
构件轴线长度(m) l = 11.402
平面内计算长度(m) lx = 5.701
平面外计算长度(m) ly = 11.402

===== 截面验算 ======

设计原则：
按轴心拉杆进行设计。

作用本支撑段剪力设计值(KN) V = 23.880
支撑内力设计值(KN) N = 30.253

螺栓段有效截面积(m*m) Ae= 0.2448E-03
强度验算结果(N/mm*mm) σ= 123.581< f= 205.000

验算满足。

===== 计算结束 ======

图 4-81 屋面支撑计算书

注：屋面支撑也可以用双角钢。

4.6.6 系杆设计

1. 系杆的分类及作用

系杆根据受力情况设计为刚性系杆或柔性系杆。

系杆能保证厂房的纵向刚度，屋面系杆与屋面交叉支撑组成一个大桁架，使得传力明确。门式刚架系杆一般按刚性系杆设计，刚性系杆协同屋面纵向支撑（屋面檩条、屋面支撑等）传递水平力给柱间支撑。刚性系杆能作为平面外支撑，但不能作为钢梁受压翼缘的侧向支撑，钢梁受压翼缘平面外稳定依靠檩条+隅撑保证。

2. 系杆设置原则

(1) 规范规定

> “门规”第 4.5.2-1 条：屋盖横向支撑宜设在温度区间端部的第一个或第二个开间。当端部支撑设在第二个开间时，在第一个开间的相应位置应设置刚性系杆。
>
> 第 4.5.2-5 条：在刚架转折处（单跨房屋边往柱顶和屋脊，以及多跨房屋某些中间柱柱顶和屋脊）应沿房屋全长设置刚性系杆。
>
> 第 4.5.3 条：刚性系杆可由擦条兼作，此时檩条应满足对压弯杆件的刚度和承载力要求。当不满足时，可在刚架斜梁间设置钢管、H 型钢或其他截面的杆件。

(2) 经验

① 转角处要加设系杆，系杆和支撑共同保证平面稳定；屋面支撑要设置系杆，保证梁不因支撑张紧而发生较大的侧向变形；檐口、屋脊处要设通长系杆，天沟、吊车梁、檩

条可以代替系杆，但要满足按压弯计算其稳定性、保证连接节点的可靠性。一般把较重要的屋脊系杆、支座系杆等做成刚性系杆。

② 刚性系杆的设置有两种，檩条兼任和独立设置。当檩条兼任时，檩条应按压弯构件设计，且在屋脊处多用双檩。从工程实践看，檩条兼任系杆利少弊多。虽然檩条兼任系杆可省去系杆用钢，但檩条的材料用量将增加，总体节材有限，同时由于檩条需搁置在刚架斜梁上，从而使交叉系杆与系杆不在同一平面，不利于力的直接传递，同时使斜梁受扭，不利于斜梁的稳定性。因此，建议刚性系杆单独设置，由于钢板天沟不易满足系杆的功能要求，因此，钢板天沟不宜代替系杆。

3. 系杆截面尺寸

系杆截面尺寸一般由长细比控制（受压），当房屋比较高，厂房跨度比较大，吊车吨位较大时，应计算系杆件在轴力作用下强度及稳定性。

普通工程刚性系杆常用Q235B，89×(2.0～2.5）的电焊钢管（柱距6m)。当柱距为8m时，常用Q235B，121×3.0的电焊钢管，柱距为8m时，常用Q235B，133×3.5的电焊钢管。

4. 受压构件长细比规范规定

“门规”第3.5.2-1条：受压构件的长细比，不宜大于表4-27规定的限值。

受压构件的长细比限值 **表4-27**

构件类别	长细比限值
主要构件	180
其他构件，支撑和隅撑	220

“钢规”第5.3.8条：轴压构件的长细比不宜超过表4-28的容许值。

受压构件的容许长细比 **表4-28**

构件名称	容许长细比
柱、桁架和天窗架中的压杆	150
柱的缀条、吊车梁或吊车桁架以下的柱间支撑	150
支撑（吊车梁或吊车桁架以下的柱间支撑除外）	200
用以减小受压构件计算长度的杆件	200

注：1. 桁架（包括空间桁架）的受压腹杆，当其内力等于或小于承载能力的50%时，容许长细比值可取200。
2. 计算单角钢受压构件的长细比时，应采用角钢的最小回转半径，但计算在交叉点相互连接的交叉杆件平面外的长细比时，可采用与角钢肢边平行轴的回转半径。
3. 跨度等于或大于60m的桁架，其受压弦杆和端压杆的容许长细比值宜取100，其他受压腹杆可取150（承受静力荷载或间接承受动力荷载）或120（直接承受动力荷载）。
4. 由容许长细比控制截面的杆件，在计算其长细比时，可不考虑扭转效应。

4.6.7 屋面水平支撑平面布置图

1. 复制一个轴网及编号，如图4-67所示，并布置钢柱、钢梁。

2. 绘制系杆、第一、第二开间屋面支撑，如图4-82所示。其他部位的屋面支撑以此为模板，复制（批量复制）即可。完成的屋面水平支撑平面布置图如图4-83所示。

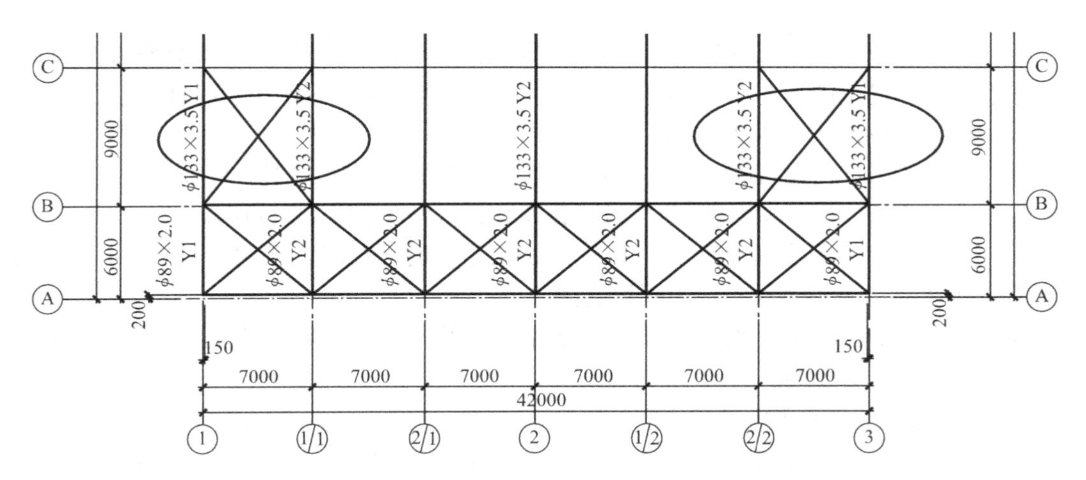

图 4-82　屋面支撑布置（1）

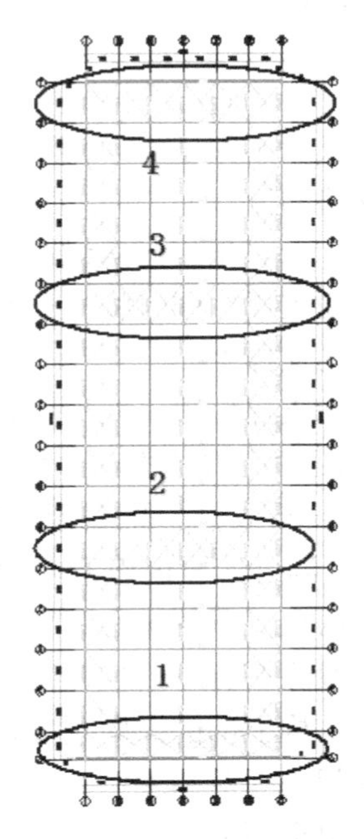

图 4-83　屋面支撑布置（2）

注：1. 纵向长度 150m，规范规定屋面支撑间距不得大于 60m，故设置了 4 道横向支撑。

2. 本工程吊车吨位为 32t，不属于轻型门式刚架，设置了 2 道纵向屋面支撑。

4.7　柱间支撑设计

4.7.1　柱间支撑布置

1. 规范规定

“门规”第 4.5.1-2 条：

在设置柱间支撑的开间，宜同时设置屋盖横向支撑，以组成几何不变体系。

第 4.5.2-2 条：柱间支撑的间距应根据房屋纵向往距、受力情况和安装条件确定。当无吊车时宜取 30～45m；当有吊车时宜设在温度区段中部，或当温度区段较长时宜设在三分点处，且间距不宜大于 60m。

第 4.5.2-3 条：当建筑物宽度大于 60m 时，在内柱列宜适当增加柱间支撑。

第 4.5.2-4 条：当房屋高度相对于柱间距较大时，柱间支撑宜分层设置。

第 4.5.5 条：当设有起重量不小于 5t 的桥式吊车时，柱间宜采用型钢支撑。在温度区段端部吊车梁以下不宜设置柱间刚性支撑。

第 4.5.6 条：当不允许设置交叉柱间支撑时，可设置其他形式的支撑；当不允许设置任何支撑时，可设置纵向刚架。

注：柱间支撑当无吊车时宜取 30～45m，有吊车时间距不宜大于 60m，这一段可以这样理解：本质不是有无吊车的问题，而是采用柔性支撑还是刚性支撑的问题。柔性支撑刚度较小，支撑构件本身变形较大，吸收温度变形的能力较小，更谈不上利用螺旋连接间隙吸收温度变形的问题；而刚性支撑刚度较大，支撑构件本身基本上没什么变形，在纵向水平力作用下其螺栓连接间隙和构件变形吸收温度变形的能力较大，因此支撑间距亦可以大一些。

2. 经验

（1）当无吊车时，若厂房纵向长度不大于 45m 且设缝烈度不超过 7 度，一般可以不设置柱间支撑；当厂房纵向长度不大于 45m 时，可以在柱列的中部设置一道柱间支撑。其他情况由柱间支撑的间距宜取 30～45m，根据厂房纵向长度在厂房两端第一开间或第二开间布置柱间支撑或三分点处布置柱间支撑，同时将柱顶水平系杆设计成刚性系杆，以便将屋面水平支撑承受的荷载传递到柱间支撑上。

（2）当有吊车时，下段柱的柱间支撑位置一般不设置在两端，由于下段柱的柱间支撑位置决定纵向结构温度变形和附加温度应力的大小，因此应尽可能设在温度区段的中部，以减小结构的温度变形，若温度区段不大时，可在温度区段中部设置一道下段柱柱间支撑，当温度区段大于 120m 时，可在温度区段内设置两道下段柱柱间支撑，其位置宜布置在温度区段中间三分之一范围内，两道支撑的中心距离不宜大于 60m，以减少由此产生的温度应力。上段柱的柱间支撑，一般除在有下段柱柱间支撑的柱距间布置外，为了传递端部山墙风力及地震作用和提高房屋结构上部的纵向刚度，应在温度区段两端设置上段柱柱间支撑。温度区段两端的上段柱柱间支撑对温度应力的影响较小，可以忽略不计。

（3）当柱间支撑因建筑物使用要求不能设置在结构设计所要求的理想位置时，也可以偏离柱列中部设置。柱间支撑可设计成交叉形，也可以设计成八字形、门形，设置设计成刚架形式。在同一建筑物中最好使用同一类型的柱间支撑，不宜几种类型的柱间支撑混合使用。若因为功能要求如开大门、窗或有其他因素影响时，可采用刚架支撑或桁架支撑。当必须混合使用支撑系统时，应尽可能使其刚度一致，如不能满足刚度一致要求时，则应具体分析各支撑所承担的纵向水平力，确保结构稳定、安全，同时还应注意支撑设置的对称性。

（4）如建筑物由于使用要求，不允许各列中柱间放任何构件，此时厂房设计需采取特殊处理。处理方案可采用增加多道屋盖横向水平支撑保证屋盖整体刚性，同时增加两侧柱列的柱间支撑，以保证厂房纵向的刚度。如果纵向不许设置柱间支撑，需要柱子本身来确保纵向刚度，通常是将采用柱脚刚接，采用箱形柱等方法。

（5）有吊车时，柱间支撑应在牛腿上下分别设置上柱支撑和下柱支撑。当抗震设防烈度为 8 度或有桥式吊车时，厂房单元两端内宜设置上柱支撑。厂房各列柱的柱顶，应设置通长的水平系杆。十字形支撑的设计，一般仅按受拉杆件进行设计，不考虑压杆的工作。在布置时，其倾角一般按 35°～55°考虑。

（6）若厂房一跨有吊车，一跨无吊车，有吊车的一侧应用刚性支撑，没吊车的一侧可用柔性支撑，有吊车的一侧，上下支撑应分开，无吊车的一侧可不分开；若水平力可以通过其他途径传递到基础，如通过屋面水平支撑传递到两侧去，则中柱不必设 X 支撑。柱间支撑可以错位。抗风柱与抗风柱之间一般没必要设置柱间支撑，因为对整榀刚架的抗侧刚度帮助不是很大。

（7）柱间支撑的本质是通过改变力流的传递途径，引导力流传至基础顶，减小在水平力作用时的力臂（$M=FD$）。

4.7.2 柱间支撑构造

柱间支撑在建筑物跨度小、高度较低、无吊车或吊车 5t 以下时可用张紧的圆钢做成交叉形的拉杆；20t 以下时可用单角钢、槽钢或者圆钢管并按压弯构件进行设计；大于 20t 时可用双角钢或圆钢管。一般跨度越大，吊车起重量越大且工作级别越高，支撑的刚度应越大。

4.7.3 PKPM 程序操作

点击【钢结构/工具箱/支撑计算与施工图】→【柱间支撑计算】，填完参数后，点击确定，计算，可参照屋面支撑计算步骤。

“截面类型”：可以选择圆钢、单角钢、双角钢、自定义钢管等。

“控制长细比”：参考“门规”第 3.5.2 条，当受压时，规范中的限值为 220，当受拉时，规范中的限值一般可取 300；本工程按“钢规”控制。

支撑荷载作用：风荷载（水平方向风荷载作用在该节点处的总合力）、吊车纵向刹车力，地震力，一般需填写“风荷载”，计算下柱支撑时，需输入吊车纵向刹车力。

山墙风荷载有独立温度区段的所有柱间支撑承担，计算时，可按柱列求得，然后再平均分配到每道柱间支撑，分层时，可分别求出。

可以在门式刚架中用二维建模建带有柱间支撑的模型。按拉杆还是按压杆设计支撑主要根据整个结构对支撑刚度的要求来决定，当厂房设置大吨位吊车时，要求支撑的刚度比较大，这个时候支撑就按照压杆设计，反之支撑按拉杆设计以达到经济性的目的。在多高层钢结构中支撑由于有抗震要求，一般都是按照压杆设计。

4.7.4 柱间支撑平面布置图

1. 在屋面水平支撑平面布置图上进行修改，利用图层管理插件，删除系杆图层、屋面支撑图层、字符标示图层等，再绘制 A～B 轴线间的柱间支撑，如图 4-84 所示。

2. 在有屋面支撑的位置处 F～G、M～N、S～T 轴线间以不同的方式布置柱间支撑。需要注意的，端部开间，只布置柱上支撑，其他位置处布置柱上下支撑。

3. 拷贝以前的大样图，进行修改。

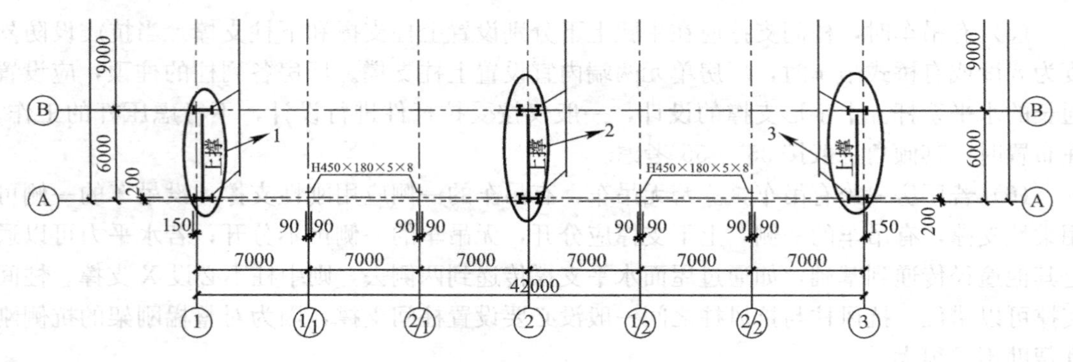

图 4-84　柱间支撑（局部）

4.8　檩条、拉条、隅撑设计

4.8.1　檩条设计

1. 檩条的作用

(1) 屋面檩条

屋面檩条盖结构体系中次要的承重结构，它将屋面荷载传递到刚架。一般用隅撑+檩条来保证构件受压翼缘的平面外稳定性。

当屋盖水平支撑设置在端部第二开间时，上墙水平风荷载必须通过第一开间的压杆传至水平支撑桁架上，如不单独设置压杆，则将檩条兼作压杆，此时需按压弯构件来设计。

天沟一般为薄钢板完成，不足以承受天沟积水时的荷载，可在天沟下设置檩条承受积水时的荷载。

(2) 墙面檩条（墙梁）

墙梁主要承受墙体材料的重量及风荷载。墙梁的两端通常支承于建筑物的承重柱或墙架柱上，墙体荷载通过墙梁传给柱。当墙梁有一定竖向承载力且墙板落地及与墙板间有可靠连接时，可不设中间柱，并可不考虑自重引起的弯矩和剪力。

2. 檩条截面及形式

(1) 檩条截面

实腹式檩条的截面高度一般取跨度的1/35～1./50，宽度取高度的1/2～1/3，厚度应考虑腐蚀作用且一般不应小于1.8mm。

设计时尽量选择标准截面，常用的标准截面高度有：200mm、220mm、250mm，常用的标准截面厚度有2.0mm、2.2mm、2.5mm，若需选择非标准截面，可通过“檩条库”选项增加截面参数。可参考《钢结构设计手册》和《冷弯薄壁型钢结构技术规范》，但需要注意的是非标准截面的截面厚度一般不得大于3.0mm，非标准截面的截面高度一般不宜大于280mm，若高度大于280mm，须采用加强措施，避免檩条侧向失稳。

(2) 檩条形式

1　屋面一般采用斜卷边Z形连续檩条，材质为Q345。当柱距≥12m，且屋面荷载较大时，可采用格构式檩条或高频焊接H型钢。Z形檩条按连续梁设计，能节约钢材。

2　柱距不超过9m时，墙梁一般按照C形简支墙梁设计；柱距12m时，墙梁一般按照Z形连续墙梁进行设计。用窗户的地方不要用连续墙梁，改成方管或双拼简支C型钢。

（3）工程实例

7度区某厂房，基本风压0.4kN/mm²，柱距8m，WL-1（屋檩）：斜卷边Z220×75×20×1.8（Q345，连续檩中间跨，热浸锌处理）。WL-1a（屋檩）：斜卷边Z220×75×20×2.0（Q345，连续檩端跨，热浸锌处理）。WL-2（屋檩）：［22a，（Q345，简支檩，热浸锌，用于天沟处）。QL-1：C200×70×20×1.8（Q345热浸锌，简支墙梁，用于大部分非开洞位置）。QL-2：C200×70×20×2.5（Q345热浸锌，简支墙梁，用于开洞位置）。QL-3：C200×70×20×2.2，（Q345热浸锌，简支墙梁，用于开洞位置）。

3. 檩条构造

（1）规范规定

“门规”6.3（屋面檩条）：

6.3.1 檩条宜优先采用实腹式构件，也可采用空腹式构件；跨度大于9m时宜采用格构式构件，并应验算受压翼缘的稳定性。 6.3.2 实腹式檩条宜采用卷边槽形和斜卷边之形冷弯薄壁型钢，也可采用直卷边的Z形冷弯薄壁型钢。 6.3.3 格构式擦条可采用平面衔架式、空间衔架式或下撑式檩条。 6.3.4 檩条一般设计成单跨简支构件，实腹式檩条也可设计成连续构件。 6.3.5 当檩条跨度大于4m时，宜在檩条间跨中位置设置拉条或撑杆。当模条跨度大于6m时，应在檩条跨度三分点处各设一道拉条或撑杆。斜拉条应与刚性檩条连接。 6.3.6 当采用圆钢做拉条时，圆钢直径不宜小于10mm。圆钢拉条可设在距檩条上翼缘1/3腹板高度的范围内。当在风吸力作用下檩条下翼缘受压时，拉条宜在檩条上下翼缘附近适当布置。当采用扣合式屋面板时，拉条的设置应根据檩条的稳定计算确定。 6.3.7 风吸力作用下，当屋面能阻止上翼缘侧向位移和扭转时，受压下翼缘的稳定性应按本规程附录E的规定计算。 4 计算檩条时，不应考虑隅撑作为檩条的支承点。 5 当檩条兼做撑杆时，其稳定性可按本规程附录E或现行国家标准《冷弯薄壁型钢结构技术规范》GB 50018中式（5.5.5-1）和式（5.5.5-2）计算。当按GB 50017计算时，如檩条上翼缘与屋面板有可靠连接，可不计式中的扭转项。

“门规”6.4（墙面檩条）

6.4.1 轻型墙体结构的墙梁宜采用卷边槽形或斜卷边之形的冷弯薄壁型钢。 6.4.2 墙梁可设计成简支或连续构件，两端支承在刚架柱上。当墙梁有一定竖向承载力，墙板落地，且墙梁与墙板间有可靠连接时，可不设中间柱，并可不考虑自重引起的弯矩和剪力。若有条形窗或房屋较高且墙梁跨度较大时，墙架柱的数量应由计算确定；当墙梁需承受墙板重及自重时，应考虑双向弯曲。 6.4.3 当墙梁跨度为4～6m时，宜在跨中设一道拉条；当墙梁跨度大于6m时，宜在跨间三分点处各设一道拉条。在最上层墙梁处宜设斜拉条将拉力传至承重柱或墙架柱；当墙板的竖向荷载有可靠途径直接传至地面或托梁时，可不设拉条。 6.4.4 单侧挂墙板的墙梁，应按下列公式计算其强度和稳定：

2　外侧没有压型钢板的墙梁在风吸力作用下的稳定性，可按本规程附录E的规定计算。

3　当外侧设有压型钢板的实腹式刚架柱的内侧翼缘受压时，可沿内侧翼缘设置成对的隅撑，作为柱的侧向支承。隅撑的另一端连接在墙梁上。隅撑所受的轴压力可按公式（6.1.6-1）计算，其中被支承翼缘的截面面积和钢材的强度应取刚架柱的值。

（2）经验

① 轻型房屋中，檩条应优先选用冷弯薄壁型钢，其材料强度提高，塑性降低，檩条材料一般采用Q345钢（强度控制），也可以采用Q235钢。

② 檩条的间距一般控制在1.0～1.5m之间，常用的间距有1.2m、1.4m、1.5m。檩条间距不得超过1.5m；对于屋面荷载较大的部位（例如高低垮处），局部檩条间距可以小于1m。屋檐处往往荷载较大，此位置处的檩条间距可适当取小一点。

③ 第一道檩条的位置需要根据檐口节点（天沟大样）进行调整，一般檩条与梁边的距离一般至少500mm，无天沟时，檩条与钢梁边的距离一般至少200mm。脊檩一般可偏离屋脊200～300mm。

④ 轻型墙体结构的墙梁宜采用卷边槽形或Z形的冷弯薄壁型钢。通常墙梁的最大刚度平面在水平方向，以承担水平风荷载。槽口的朝向应视具体情况而定：槽口向上，便于连接，计算应力比小，但容易积灰积水，钢材易锈蚀；槽口向下，不易积灰积水，但连接不便。

⑤ 实腹式檩条一般搁置在刚架斜梁上翼缘。上翼缘上表面焊短角钢或连接板与檩条相连。考虑到连接板的焊缝与檩条相碰的情况，以及避免檩条变位与上翼缘相互影响，一般将檩条抬高5～10mm。简支檩条之间通常用4个M12，4.6S，孔14mm的普通螺栓连接。

4. PKPM程序操作

点击【钢结构/工具箱/檩条、墙梁计算和施工图】，在弹出的对话框中选择："简支檩条计算"、"连续檩条计算"、"简支墙梁计算"、"连续墙梁计算"，以"简支檩条计算"为例，如图4-85～图4-90所示。

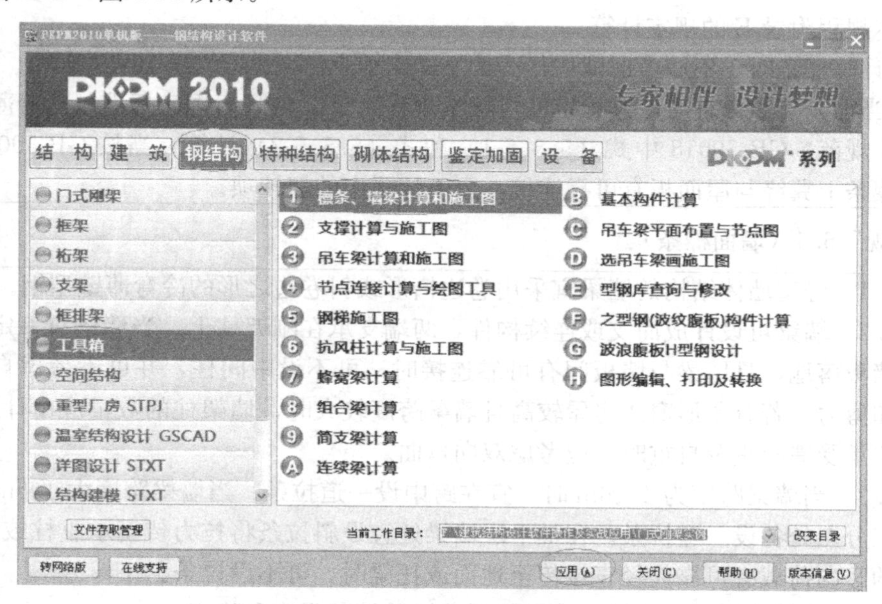

图4-85　檩条、墙梁计算和施工图

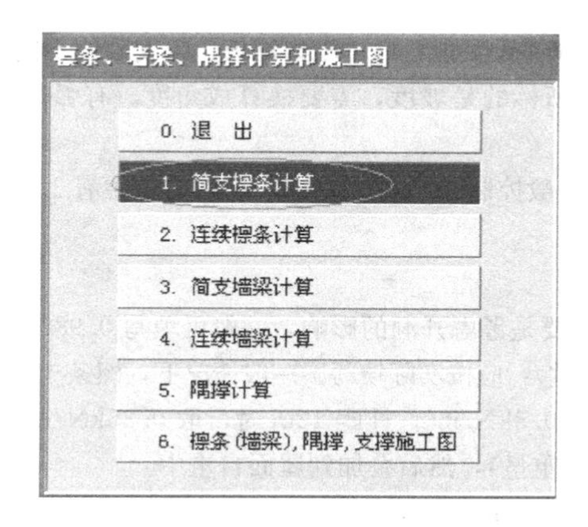

图 4-86 简支檩条计算

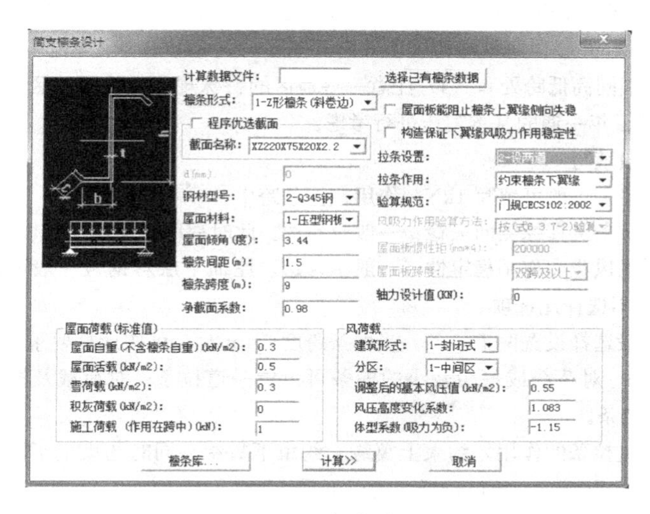

图 4-87 简支檩条参数设置

注：1. 本工程屋面檩条采用连续檩条，讲解简支檩条参数设置是考虑有时候柱距不大时，也会采用简支檩条（C形）。C形檩条由于不好搭接，一般不做成连续檩条。

2. 檩条仅支承压型钢板屋面（承受活荷载或雪荷载），挠度限值为 $L/150$。

参数注释

1. “数据文件名”：如需要建立新的檩条计算数据，应输入数据文件名称。

2. “檩条形式”：目前可计算的檩条截面形式包括简支的冷弯薄壁型钢C形、Z形（斜卷边和直卷边）、对C形口对口组合、双C形背对背组合、普通槽钢、轻型槽钢、薄壁矩形钢管等。截面名称可由列表框中选取，当截面形式为冷弯薄壁型钢时，如果列表中没有所需要的截面，可以点取“檩条库…”按钮，定义或修改截面。当柱距比较大时，为了有更好的经济性，一般采用Z形斜卷边檩条。

3. “优选截面”：通过点取“程序优选截面”，能够由程序自动选择最经济并且满足规范要求的檩条。

4. 截面名称：在下拉菜单中选择要布置檩条的截面尺寸。当柱距8m左右时，可以先初步定一个截面，比如Z220×75×20×2.0，再根据计算结果进行调整。本工程柱距为9m，用以下几个规格檩条不断试算：220×75×20×2.0、220×75×20×2.2、220×75×20×2.5。

5. 钢材型号：檩条钢材可以是Q235钢或Q345钢；一般选用Q345。

6. 屋面材料：应根据实际工程填写，一般可选择“压型钢板”。屋面材料选择时，若有吊顶，须选取“有吊顶”选项，“有吊顶”和“无吊顶”的“压型钢板”挠度限值不同。

7. 屋面倾角（度）：建筑图所标的是坡度，需要换算成角度。有弧形屋面梁时，须考虑檩条倾角的不断变化。

8. 檩条间距：檩条的间距一般控制在 1.0～1.5m，常用的间距有 1.2m、1.4m、1.5m。一般可填写 1.5m。

9. 檩条跨度：与柱距相同。

10. 净截面系数：该参数主要是考虑开洞的影响，一般可填写 0.980。

11. 屋面自重（不含檩条自重）：应按实际填写。一般情况下，檩条＋玻璃棉＋双层钢板＝0.20kN/m^2。当柱距不超过 9m 时，可取 0.3kN/m^2；柱距 12m 时，取 0.35kN/m^2，需要注意的是，有吊顶的厂房，需要计算吊顶重量（及风管重量），然后叠加到屋面自重中。

12. 屋面活载：一般可填写 0.50kN/m^2，当受荷水平投影面积大于 60m^2 时，可填写 0.3kN/mm^2。

13. 雪荷载：一般按实际工程填写，按 50 年一遇，但要乘以雪荷载不均匀系数的取值：(1) 普通位置不均匀系数 1.25（全部屋面均乘 1.25）；(2) 高低跨处不均匀系数 2.0（影响范围：2 倍的高差，但不小于 4m，不大于 8m）；(3) 屋顶通风器和屋顶天窗两侧不均匀系数 2.0（规范中取 1.1，考虑到实际情况，可取 2.0；影响范围同高低跨处）；(4) 注意一些地区的特殊规定：沈阳地区规定雪荷载的不均匀系数提高 1.5 倍，且按照百年一遇的基本雪压进行考虑。

14. 积灰荷载：一般填写 0。

15. 检修荷载标准值：一般可填写 1kN，作用在檩条跨中。

16. 屋面板能阻止檩条上翼缘侧向失稳：一般应勾选。此时程序默认按“门规”式（6.3.7-2）计算。

17. 构造保证下翼缘风吸力作用稳定性：一般不勾选。屋面下层彩钢板一般可以起到约束檩条下翼缘的作用，偏于安全，不选择此选项。

18. 拉条设置：一般选择设置两道拉条。当檩条跨度≤4m 时，可按计算要求确定是否设计拉条；当檩条跨度 4m＜Lm≤6m，对荷载或檩距较小的檩条可设置一道拉条；对荷载及檩距较大，或跨度大于 6m 的檩条可设置两道拉条。

19. 拉条作用：通过拉条的作用，约束上翼缘、约束下翼缘、同时约束上下翼缘的选择来考虑拉条的不同设置方式对计算的影响。一般可选择“约束下翼缘”。

20. 验算规范：程序提供三种验算规范，“门规”CESC 102：2012、“冷弯薄壁型钢规范”与“钢规”。对于冷弯薄壁型钢檩条，可以选择按门式刚架规程进行验算，风吸力下翼缘稳定验算方法可以选择“门规”式（6.3.7-2）计算。当为高频焊 H 型钢或热扎型钢截面时，可以选择“钢规”或“门规”进行校核。

21. 风吸力作用验算方法：选择门规验算时，风吸力下翼缘稳定验算方法可以选择“门规”式（6.3.7-2）计算。

22. 屋面板惯性矩：是指每米屋面板的惯性矩，如果按“门规”CECS 102：2012 计算（风吸力作用按附录 E 计算）时，必须输入该数据；一般轻钢彩板屋面取程序默认值 200000，屋面板惯性矩在板型图集中可以查到。

23. 屋面板跨度：双跨及以上。

24. 轴力设计值：通常单独设置刚性系杆，因此可按程序默认的 0。输入轴力设计值（＞0），程序自动认为所计算檩条为刚性檩条，按压弯构件进行计算，计算书中将详细给出压弯构件验算项目。一般檩条按受弯构件考虑，轴力为 0；当考虑檩条兼做系杆时，轴力设计值包括山墙风荷载和吊车水平力可通过手工计算得到。无论是否输入轴力设计值，在计算结果最后，程序都会输出在当前屋面荷载作用下，檩条所能承担的最大轴力设计值。

25. 建筑形式：一般选择“封闭式类型”。

26. 分区：一般选择“中间区”，也可选择“边缘带”，但体型系数更大。

27. 调整后的基本风压值：用“荷规”中查得的基本风压值乘以 1.05 的调整系数输入。

28. 风压高度变化系数：查《建筑结构荷载规范》GB 50009—2012 第 8.2.1 条。

29. 体型系数（吸力为负）：输入风荷载信息时，程序可以根据建筑形式、分区，自动按规范给出风荷载体型系数，用户也可以修改或直接输入该体形系数。可查“门规”A.0.2。

连续檩条计算：

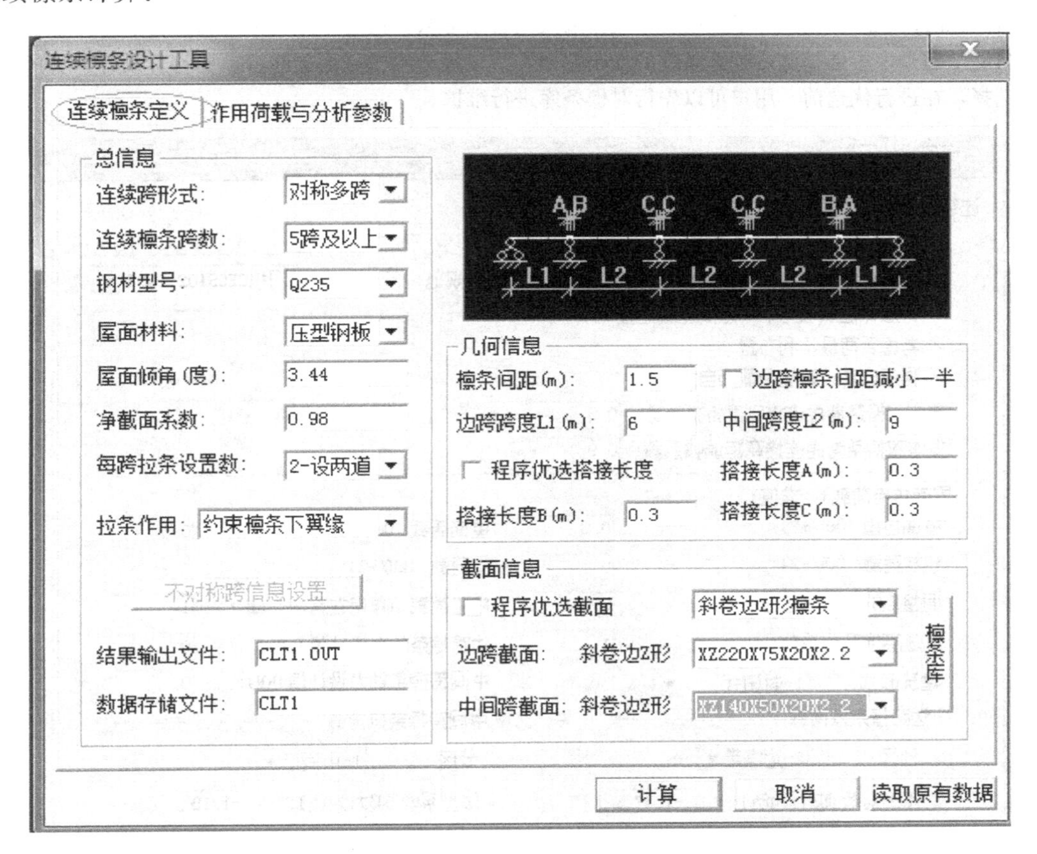

图 4-88　连续檩条设计参数设置（1）

说明

1. “连续檩条跨度数”：可以选择的跨数有 2～5 跨，当超过 5 跨的时候，可以近似按 5 跨计算。考虑到斜卷边 Z 形容易嵌套做成连续形式，而且运输方便，通常实际中都是主要选用斜卷边 Z 形打结形成连续檩条，该工具计算提供了斜卷边 Z 形截面形式、C 形截面形式的连续檩条的计算。C 形截面形式常用于不搭接 2～3 跨一连续的情况，这时搭接长度输入 0 即可。没有搭接的情况下，支座位置按单根檩条考虑，后面的刚度折减、弯矩条幅参数自动失效。

不是所有的屋面檩条都是 5 连跨，下列情况就需要考虑檩条的实际跨度：（1）屋顶通气器和屋顶天窗在端跨一般不设置（有时候第二跨也不设置），此时檩条为单跨简支（或两跨连续）；（2）屋面有横向采光通风天窗或顺坡通气器时，檩条可能会被打断，檩条应根据实际情况确定跨数；（3）檩条本身的跨数就少于 5 跨。

“檩条搭接长度的取值”：檩条搭接长度取跨长的 10%（两边各 5%）。9m 跨度一般取 500mm，12m 跨度一般取 600mm。

“程序优选搭接长度”：当选择了该选项后，搭接长度输入项自动变灰，这时不用再人工输入搭接长度，程序会自动根据上述原则优选来确定搭接长度，并在结果文件中给出程序优选最终采用的搭接长度结果。优选搭接长度的结果首先满足连续性条件（10%跨长）的前提下，再根据弯矩分布情况，调整搭接长度，使檩条截面强度由跨中控制。

“不对称跨信息设置”：当选择连续跨形式为“不对称多跨”时，可以点取该项，为每跨单独设置跨度、拉条、搭接、风载等信息。

“程序优选截面”：当选择了该项时，截面输入项自动变灰，这时不用再人工输入边、中跨截面，程序会自动从檩条库中选择满足验算条件的最小截面，为了优选出的截面更经济、更符合设计人员的常规截面选择，在进行优选前，用户可以先行对檩条库进行维护。

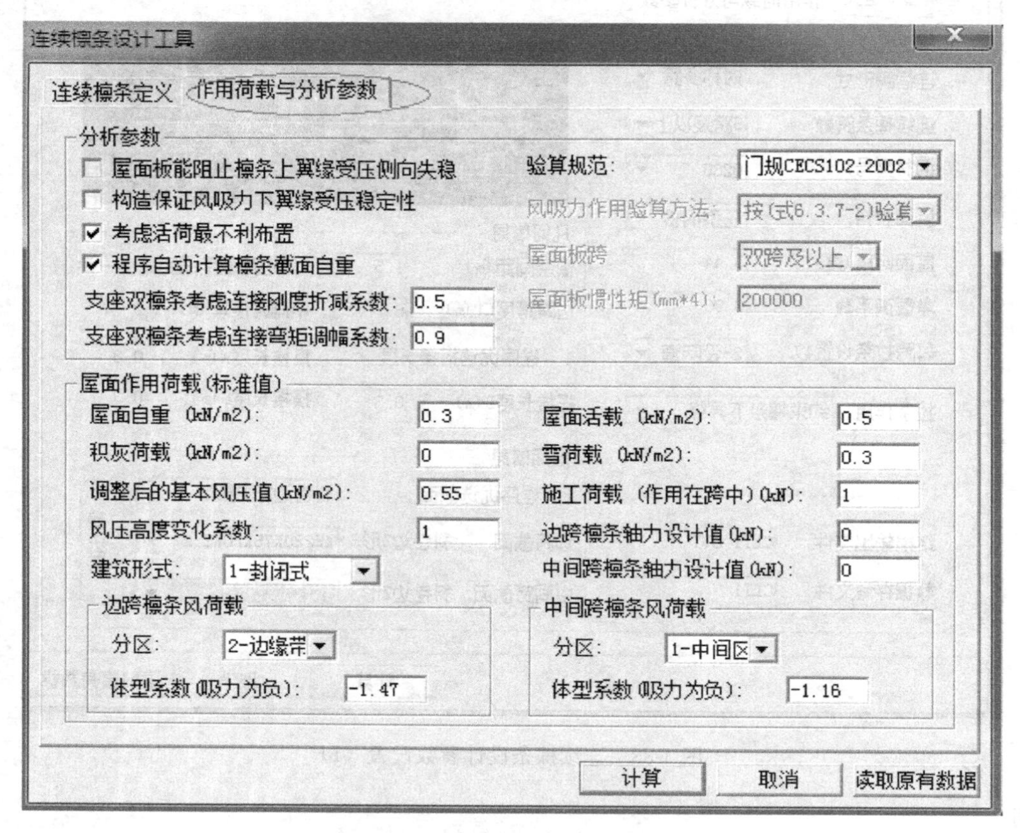

图 4-89 连续檩条设计参数设置（2）

屋面板能阻止檩条上翼缘受压侧向失稳：

一般不勾选，此时程序默认按“门规”式（6.3.7-2）计算。

考虑活荷载最不利布置：程序考虑的活荷载不利布置方式为完全活荷载的最不利布置，该项的选取对内力及挠度计算结果影响较大，在无充分根据的前提下，通常应考虑。

支座双檩条考虑连梁刚度折间减系数：该参数主要用于内力分析时，支座双檩位置的双檩刚度贡献，考虑到冷弯薄壁型钢檩条的特殊连接方式，不同于常规的栓焊固结连接，对双檩叠合考虑连接对双檩刚度应进行折减，有关资料建议可按单倍刚度计算（即该参数可以选取 0.5）。该项对内力分析结果有一定的影响，折减的越多，支座部位负弯矩相应较小，跨中弯矩相应会有所增大。

支座双檩条考虑连接弯矩调幅系数：考虑到支座搭接区域有一定的搭接嵌固松动从而导致支座弯矩释放，因此需要对支座弯矩进行调幅，有关资料建议可以考虑释放支座弯矩的 10%（即调幅系数 0.9）。当考虑支座弯矩调幅时，程序对跨中弯矩将相应调整。

风荷载取值：当采用“门规”附录 A 选取风荷载时，“调整后的基本风压”应《建筑结构荷载规》

GB 50009 的规定值乘以 1.05 填入；风荷载体型系数，程序默认根据边、中跨檩条的受荷面积、建筑形式、分区按“门规”附录 A 确定，用户也可以手工直接修改该体型系数。

简支墙檩计算：

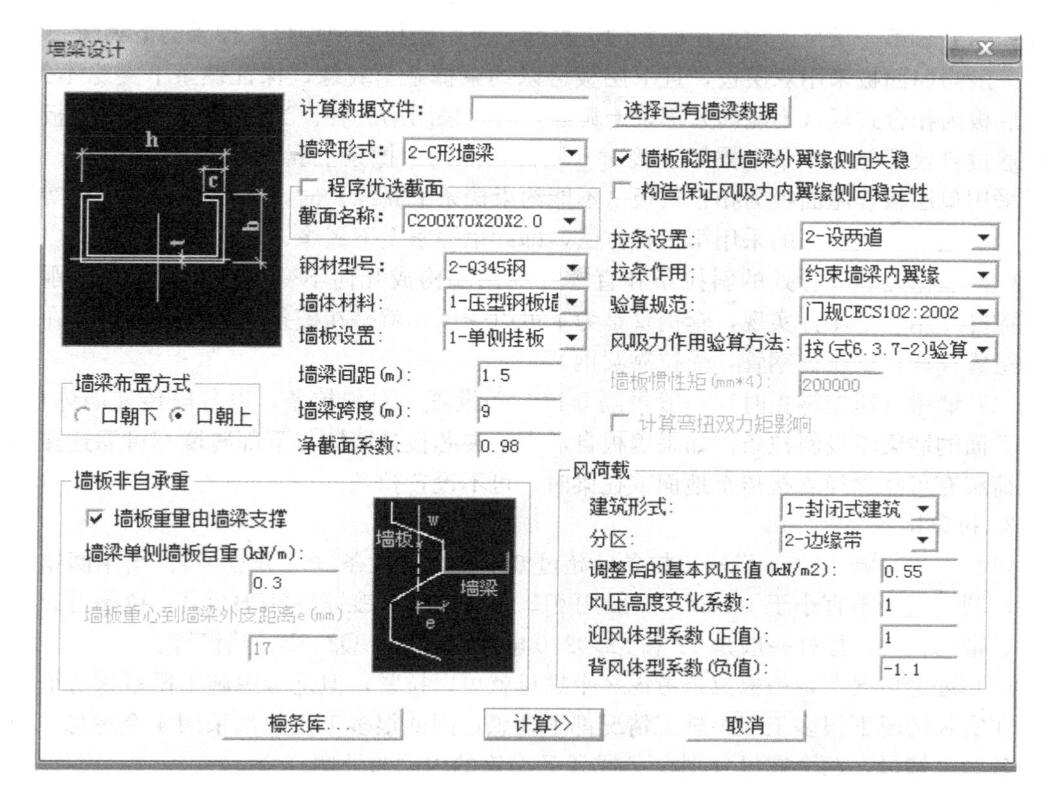

图 4-90　简支墙梁参数设置

注：墙梁支承压型钢板墙，水平挠度限值为 $L/100$

注：1. 墙面檩条一般采用 C 型简支檩条（简支墙檩），否则内板与窗户无法做。

2. 墙面板与檩条之间一般会打钉，墙面板与底部圈梁相连，所以墙板能阻止墙梁外翼缘侧向失稳。拉条可只设置一道。

3. 墙檩“迎风面体型系数”与“背风体型系数”可查“门规”表 A.0.2-2。

4.8.2　拉条设计

1. 拉条作用

（1）屋面拉条能防止风向上的吸力造成檩条下翼缘失稳；屋面斜拉条可以把檩条沿坡度方向的荷载传到刚度较大的构件上。布置天窗时，窗下面设置斜拉条，为了更好地将窗自重传给柱子。

（2）墙梁式水平放置的，垂直方向承载力小，加拉条可减小梁的跨度，提高承载力。如墙梁仅外侧挂墙面板，内侧平面外无支撑，拉条最好设置在墙梁近内边的 1/3 处，起平面外支点作用。

2. 拉条布置时应注意的一些问题

（1）风向上的吸力是造成尾面檩条下翼缘失稳的主要原因，因此拉条两端应拉在檩条高度的下 1/3 范围内；一般在屋檐、屋脊处（或靠近屋脊天窗处），都要设置斜拉条。

（2）拉条的做法有以下五种，第一，约束檩条上翼缘；第二，约束檩条下翼缘；第三，约束檩条上下翼缘；第四，拉条的一端连在檩条的下翼缘，另一头连在相邻檩条的上翼缘；第五，第一条拉条均拉在檩条的上翼缘，下一条拉条则均拉在檩条的下翼缘。

一般当屋面板采用双层板，且下层板可以约束檩条下翼缘，保证檩条下翼缘不失稳，而上层板为扣合式板（不能约束檩条上翼缘）时，采用第一种。当屋面板采用单层板，屋面板通过自攻螺丝与檩条上翼缘连接时（屋面板能约束檩条上翼缘），采用第二种。当屋面板采用单层板，屋面板为扣合式板（不能约束檩条上翼缘）时，采用第三种。在实际设计中，一般可以偏保守的采用第三种方法，即约束檩条上下翼缘（柱距≥6m）。

（3）屋檐处和屋脊处的斜拉条和直撑杆在两端构成几何不变体系，成为一个刚性边界，撑杆须用一个压杆实现，套钢管是为了可以受压，就是在檩条间距内将圆钢套在钢管套内组成撑杆，受压靠钢管，受拉靠圆钢。

（4）墙梁（压型钢板时）一般每隔 5 道拉条设置一对斜拉条，以分段传递墙体自重，且最下面的墙梁不设斜拉条。如果墙板自承重（夹芯板且墙体与下部砖墙有可靠连接时），竖向荷载有可靠途径直接传至地面或托梁时，可不设置拉条。

3. 拉条构造

（1）一般每隔 4～6m 设一道拉条，超过 6m 设 2 道拉条（三分点处）；当用圆钢做拉条时，圆钢直径不宜小于 10mm，一般用 ϕ12 的圆钢（热镀锌、HPB300）；拉条可以用小角钢、带钢代替。撑杆一般是 12 和 32×2.0 电焊管组合，Q235B、热镀锌。

（2）理论情况下，一根拉条考虑 2 个螺母就可以拉紧，但是考虑施工质量等方面的原因，在实际情况下很多工程中施工情况都不理想，因此很多工程中都采用 4 个螺母，拉条两头各 2 个螺母，两个螺母分别在 C 或者 Z 型钢的内侧与外侧。

4.8.3 隅撑设计

1. 隅撑的作用

隅撑能减小构件（钢梁、钢柱）平面外计算长度，一般用隅撑＋檩条来保证构件受压翼缘的平面外稳定性。

对于一般的轻钢厂房，隅撑可以作为构件面外支撑点的。但是，若对于厂房内设置有吊车（特别是吊车吨位、级别比较大时）或者地震荷载、水平风荷载比较大时，普通的隅撑不能算是构件的平面外支撑点的，要设置可靠的刚性系杆及支撑系统（水平支撑、柱间支撑）组合来保证。

2. 隅撑的布置原则

（1）隅撑一般是对称布置，一边受拉，一边受压，边跨只布置一个隅撑。

（2）支座范围（$L/4$）每根檩条都要设置隅撑，中间范围每两根檩条布置一根隅撑（风载较大地区，梁跨中段可能下翼缘受压），如经过校核各种荷载组合后跨中不存在下翼缘受压的可能时，可仅在支座附近横梁下翼缘受压区域内设置。

3. 隅撑的构造

屋面、墙面隅撑一般都是构造控制，一般 Q235B，∟50×4 都能满足（梁高≤1200mm）。

4. 隅撑计算

“门规”6.1.6-2：实腹式刚架斜梁的出平面计算长度，应取侧向支承点间的距离；当斜梁两翼缘侧向支承点间的距离不等时，应取最大受压翼缘侧向支承点间的距离。

“门规”6.1.6-4：隅撑应按轴心受压构件设计。轴心力 N 可按下列公式计算：

$$N=\frac{Af}{60\cos\theta}\sqrt{f_y/235} \tag{4-40}$$

式中 A——实腹斜梁被支撑翼缘的截面面积（下翼缘宽度×厚度）；

f——实腹斜梁钢材的强度设计值；

f_y——实腹斜梁钢材的屈服强度

θ——隅撑与檩条轴线或墙梁的夹角。

当隅撑成对布置时，隅撑的计算轴力可取计算值的一半。隅撑按轴心受压构件验算其稳定性，单角钢在强度稳定计算时，隅撑强度设计值应按“钢规”3.4.2 考虑折减。

5. PKPM 程序操作

点击【钢结构/工具箱/檩条、墙梁计算和施工图】，在弹出的对话框中选择“隅撑计算”，如图 4-91、图 4-92 所示。

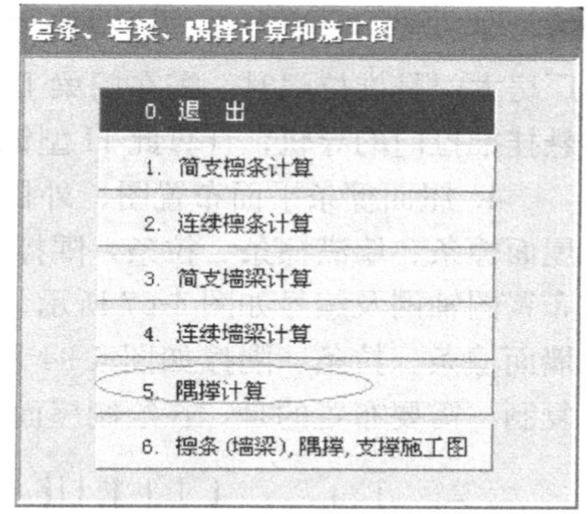

图 4-91 隅撑计算

4.8.4 施工图绘制

1. 定位轴线的编号按制图规范规定的轴线圈，尺寸标注在图样的下方与左侧，横向用阿拉伯数字自左向右编号，竖向用拉丁字母自下向上编写。

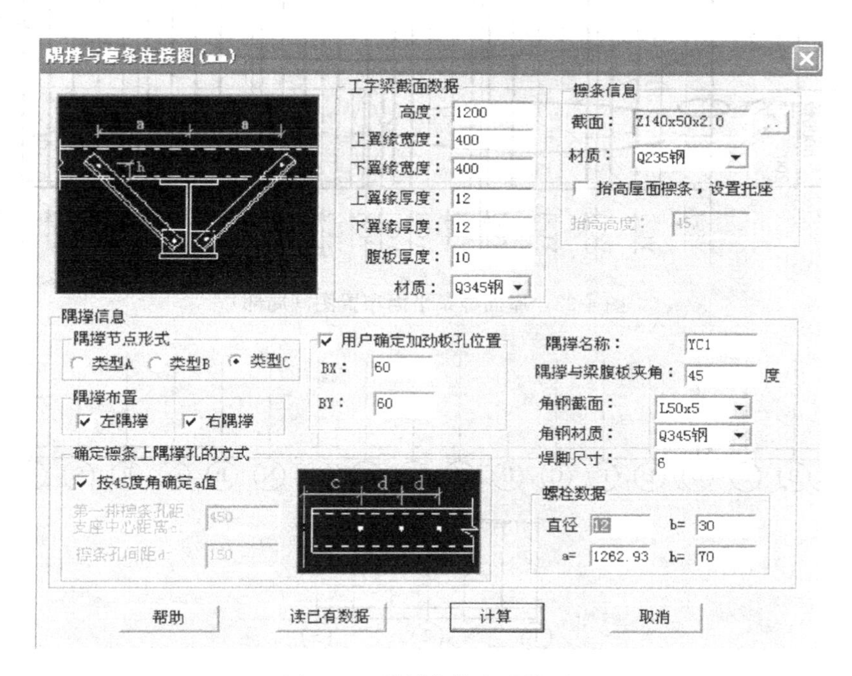

图 4-92 隅撑与檩条连接图

2. 按檩条的不同长度和不同连接编制不同编号。首先从中间标准长度的檩条编号，然后编带悬挑长度檩条编号。自下而上的顺序编，再编制刚性檩条和屋脊檩条，最后编制直拉条和斜拉条以及撑杆的编号。圈出不同类型的安装节点，列车构件表。

绘制屋面檩条时，注意避开刚架拼接点。跨度 9m 的檩条中心线离拼接点的距离不小于 250mm；跨度 12m 的檩条中心线离拼接点的距离不小于 350mm。第一道檩条的位置需要根据檐口节点（天沟大样）进行调整。确定屋面是否有预留洞。若有，应根据留洞大小调整檩条间距。

3. 墙梁按不同长度、不同构造对墙梁进行编号，自下而上的顺序编号，先编纵向墙梁，后编山墙墙梁的编号，先编直接拉条，后编斜拉条，最后给门窗和门梁编号，列出构件表。

墙梁计算和画图前，应先确定墙面材料。若为夹芯板（或称“横板”），则墙梁间距均采用 1m；若为普通压型钢板（或称“竖板”），则墙梁间距不大于 1.5m 即可。一般每隔 5 道拉条设置一对斜拉条，以分段传递墙体自重。门柱需延伸至门高×2＋500 的高度；当厂房大门是推拉门时，需在门梁上部设置一根 H 型钢（或双槽钢、双 C 型钢）用于固定悬挂推拉门的导轨，计算此 H 型钢时，应考虑通过导轨传过来的大门所承受的风荷载。

4. 屋面檩条平面布置图、外围布置图都应先画好轴网及轴线编号。再绘制“局部”屋面檩条、墙满檩条、拉条，隅撑，以此为模板进行批量复制再局部修改。屋面檩条平面布置图轴网及编号如图 4-67 所示。“局部”屋面檩条、拉条、隅撑如图 4-93 所示。“局部”墙面檩条、拉条、隅撑如图 4-94 所示，在绘制局部墙面檩条、拉条、隅撑等，进行批量复制。需要布置的是，在绘制屋面檩条平面布置图、外围布置图时，遇到开窗、开洞、开

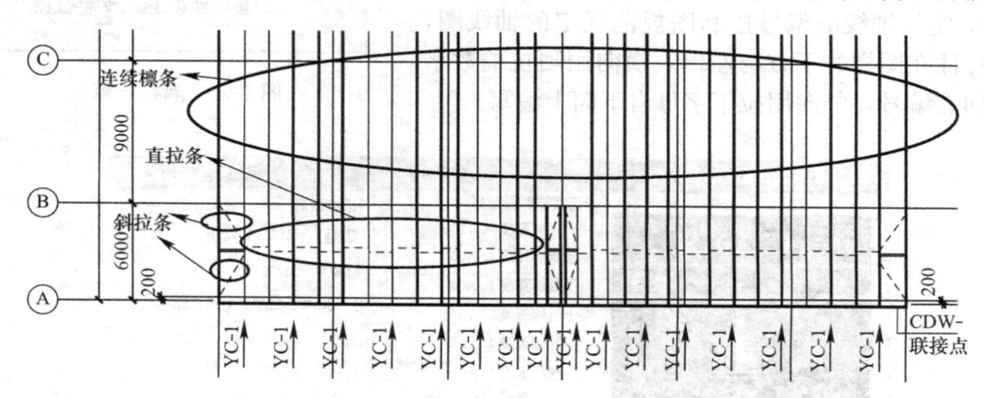

图 4-93　屋面檩条平面布置图（局部）

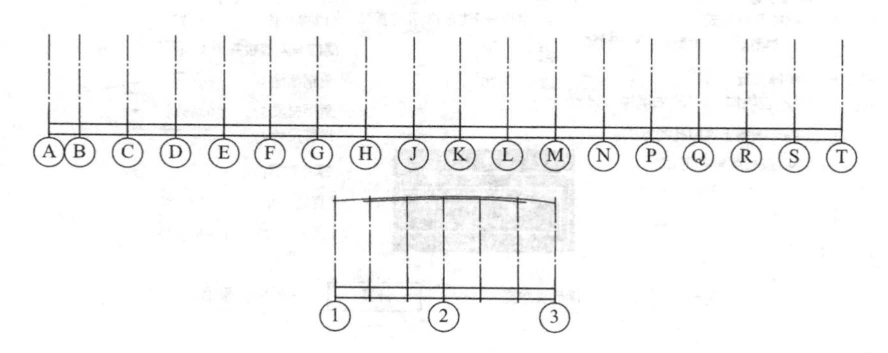

图 4-94　外围布置图轴线及编号

门的位置时，檩条、拉条都要断开，在窗两边加窗柱，门洞两边加门柱、门梁（门梁长度应延伸至门洞范围内的两柱）。

4.9 基础设计

1. 参考第2章2.14节“基础设计”。门式刚架基础设计与混凝土结构不同，门式刚架的基础一般不是轴力控制，而受弯矩控制。单层厂房有时由风荷载控制，柱脚会产生拔力，需对基础要进行抗拔验算。

2. 点击【门式刚架/门式刚架二维设计】，完成建模后，点击【结构计算】，弹出“PK内力计算结果图形输出”对话框，在图4-95中点击“1 显示计算结果文件”，弹出“计算结果文件”，如图4-96所示，点击“基础计算文件输出”，可以查看各种内力组合，程序自动生成的基础截面尺寸及计算配筋。

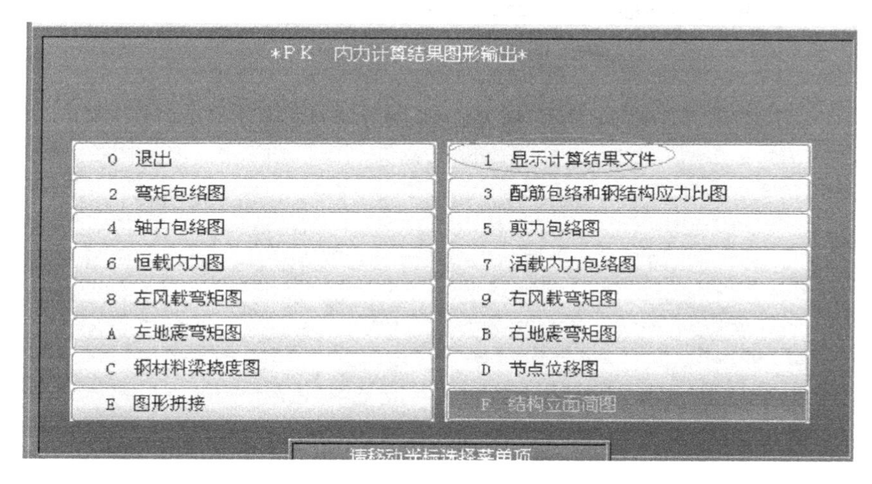

图4-95　PK内力计算结果图形输出

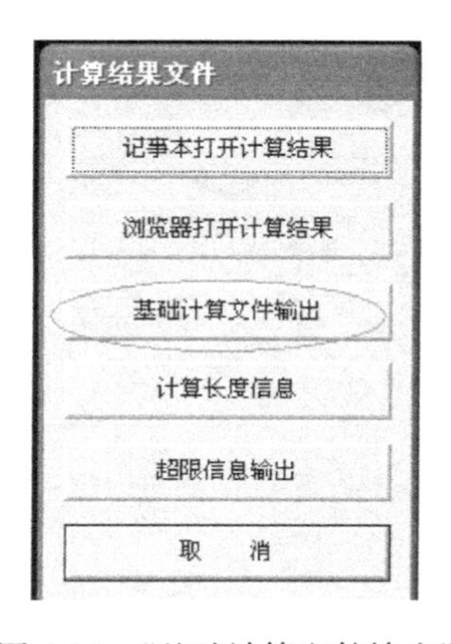

图4-96　“基础计算文件输出”

注：1. 可以直接用JCDATA文件中不利荷载组合手算基础。

2. 在查看“基础计算文件输出”之前，应在“STS-PK交互输入与优化计算”（门式刚架二维设计）菜单中点击【补充数据/布置基础】，弹出“输入基础计算参数”对话框，如图4-97所示。

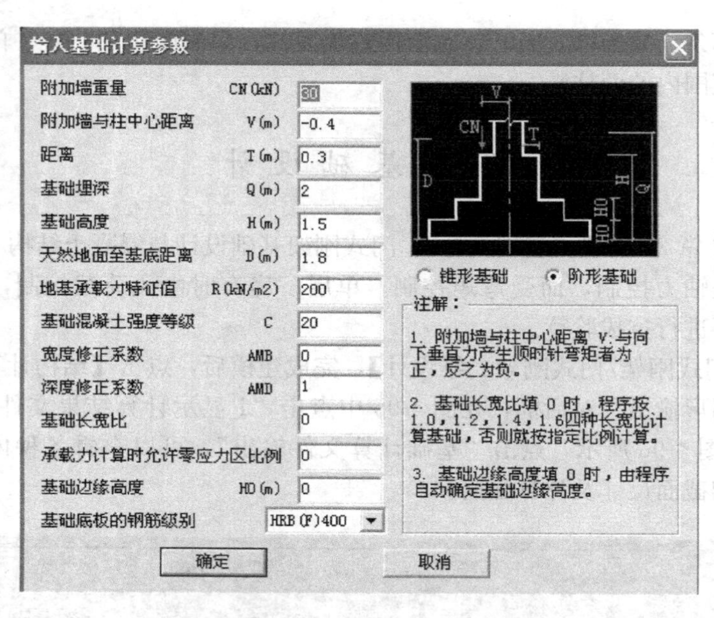

图 4-97 输入基础计算参数对话框

5 其　　他

5.1 几种结构体系

5.1.1 大底盘多塔剪力墙结构

1. 规范规定

“高规”10.6.3：塔楼中与裙房连接体相连的外围柱、剪力墙，从固定端至裙房屋面上一层的高度范围内，柱纵向钢筋的最小配筋率宜适当提高，柱箍筋宜在裙楼屋面上、下层的范围内全高加密，剪力墙宜设置约束边缘构件。为保证塔楼与底盘共同工作，塔楼之间裙房连接体的屋面梁以及塔楼外围一圈墙柱从固定端到出裙房屋面上一层的高度范围内，在构造上应予特别加强。在设计时，可以将塔楼外围一圈剪力墙设约束边缘构件，范围从固定端到大底盘屋面上一层。

2. 某大底盘多塔剪力墙结构建模与受力分析

某一大底盘多塔结构，共4栋楼，其中一栋为30层，其余为20层，底部为一层地下车库，可以按照下面步骤进行建模和受力分析：

（1）建立一个多塔的整体模型，为了方便设置多塔，可每栋楼设置一个标准层（广义楼层建模），用这个模型进行基础设计。

（2）把这个多塔根据设缝和结构布置，删除部分地上高层结构（塔），只保留一个单塔（但还带着大底盘），用这个模型跟建筑专业协调，拿这个模型进行周期、位移、内力配筋计算。该塔下部的基础设计也参考这个模型进行调整。

（3）待出图之前，将整体模型按照最终的结构布置修改一遍（通常重建一个，校核单塔模型的配筋，进行包络设计）。

综上，基础设计以整体模型为主，参考单塔模型包络设计。内力计算以大底盘单塔为主，参考整体模型包络设计。

3. 大底盘多塔结构的特点及设计时应注意的问题

（1）多塔结构有三个主要特征：①裙房上部有多栋塔楼，如只有一栋塔楼是单塔结构，不是多塔结构。②地上应有裙房。如多个塔楼仅通过地下室连为一体，没有裙房，不是严格意义上的多塔结构，但可以参考多塔结构的计算分析方法。③裙房应较大，可以将各塔楼连为一体，如仅有局部小裙房但不连为一体，也不是多塔结构。

（2）多塔结构在底盘上一层的平面布置有剧烈变化，上部结构突然改进，属于竖向不规则结构；塔楼与底盘的结合部结构竖向刚度和承载力发生突变，容易形成薄弱部位；多个塔楼相互作用，使结构阵型复杂，如结构布置不当，扭转振动反应及高阶振型影响会加剧。大量震害实例说明，塔楼与大底盘结合部位及其上、下一层的构件在地震中破坏严重。

(3) 多塔结构阵型复杂，且高阶阵型对结构内力的影响较大，当各塔楼质量和刚度分布不均匀时，结构扭转振动反应较大，因此各塔楼的楼层数、平面布局、竖向刚度及结构类型宜接近。

(4) 多塔对底盘宜对称布置，塔楼群体质心宜接近大底盘的质心，塔楼与底盘质心的距离不宜大于底盘相应边长的20%，以减少塔楼偏置对底盘的扭转效应。

(5) 抗震设计时，转换层宜设置在底盘楼层范围内，不宜设置在底盘以上的塔楼内，以避免高位转换形成的结构薄弱部位。

(6) 为保证大底盘与塔楼的整体性，底盘顶板应加厚，不宜小于150mm，板面负弯矩钢筋宜贯通并应加强配筋构造措施；通常底盘屋面上、下一层的楼板也应加强构造措施。

(7) 抗震设计时，与主楼相连的裙房抗震等级除符合自身设计要求外，不应低于主楼的抗震等级。

(8) 抗震设计时，多塔楼之间裙房连接体的屋面梁应予加强，各塔楼中与裙房连接部位的外围柱、剪力墙，从固定端至裙房屋面上一层的高度范围内应特别加强，既柱纵向钢筋的最小配筋率宜适当提高，柱箍筋在裙楼屋面上、下层范围内全高加密，剪力墙宜按规范的有关规定设置约束边缘构件。

(9) 多塔结构的基础设计，可通过计算确定是否需要设置沉降缝和后浇带，或采取变刚度调平技术，使主楼与裙房的地基基础有不同的竖向承载力，减少差异沉降及其影响。

(10) 对于多塔小底盘结构，45°线有可能交于底盘范围之外，就不必再切分，保留原有底盘即可。对于裙房层数较多的多塔结构，不宜再进行高位切分，仅去掉其他塔即可。采用切分多塔结构的离散模型，是不得已而为之的方法，但并不是最理想的分析方式，因其忽略了多塔通过底盘的相互影响。在各塔楼体系不一致，或塔楼层数、质量刚度相差很大或塔楼布置不规则不对称，塔楼间的相互影响不能忽略时，应考虑采用其他补充计算分析方法，如弹性动力时程分析、弹塑性分析等。

"上海规程"第6.1.19条中条文说明：如遇到较大面积地下室而上部塔楼面积较小的情况，在计算地下室相对刚度时，只能考虑塔楼及其周围的抗测力构件的贡献，塔楼周围的范围可以在两个水平方向分别取地下室层高的2倍左右。在各塔楼周边引45°线一直伸到地下室底板，45°线范围内的竖向构件作为与上部结构共同作用的构件。45°线剖分法，嵌故于基础顶面（如筏板处)，截取单塔计算周期比、塔楼位移比及塔楼配筋。

(11) 用PKPM进行大底盘多塔结构设计时，点击【SATWE/接PM生成SATWE数据/多塔结构补充定义/多塔平面/多塔定义】，用围区方式依次指定各个塔楼的范围，输入各塔楼的起始层号、终止层号和塔号，应注意将最高的塔命名为一号塔，次高的塔命名为二号塔，以此类推。对于一个复杂工程，多塔结构的立面变化较大，可多次进行【多塔定义】，直到完成整个结构的多塔定义。

带缝多塔结构、缝隙通常很窄，缝隙面不是迎风面，缝隙两边墙的风荷载很小，对该类结构还应执行【遮挡定义】，根据程序提示输入起始层号、终止层号和遮挡边总数，并用围区方式将缝两边的墙选中，使该墙成为风荷载遮挡边，其风荷载体型系数执行【设缝多塔背风面体型系数】中设定的值。

多塔定义时，围区线必须准确从塔之间的空隙通过，不允许将一个构件定义在两个塔内，或某个构件不属于任何塔，或塔内不包含任何构件，否则采用总刚分析时容易出错，可以执行【多塔检查】。

多塔参数设置时，结构体系应定义为“复杂高层结构”。多塔结构的各个塔楼可以有不同的楼层层高，不同的构件抗震等级、不同的混凝土等级和钢构件钢号，可在【特殊构件补充定义】中分别设定。

4. 大底盘多塔结构楼层组装方法

某工程为双塔大底盘结构，大底盘 2 层，层高 4.2m，1 号塔 12 层，层高都是 3m，2 号塔 8 层，层高都是 3m，其楼层组装方法有普通楼层组装和广义楼层组装。

(1) 普通楼层组装

总共建三个标准层，第 1 标准层为大底盘，包含 1、2 自然层，第 2 标准层为双塔，包含 3～10 自然层，第三标准层为 2 号塔，包含 11～14 标准层，各标准层模型如图 5-1～图 5-3 所示。

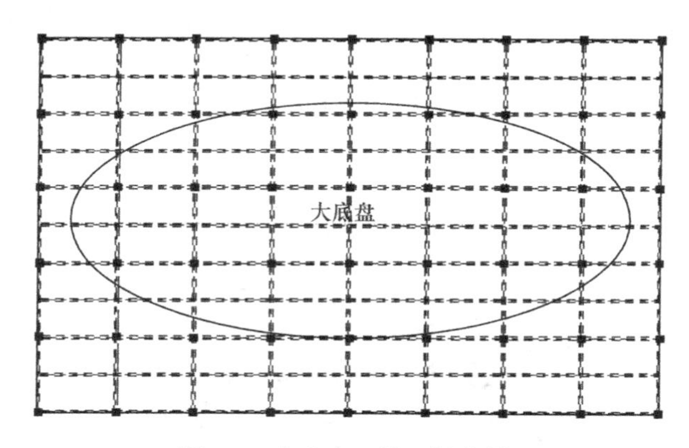

图 5-1　大底盘（第一标准层）

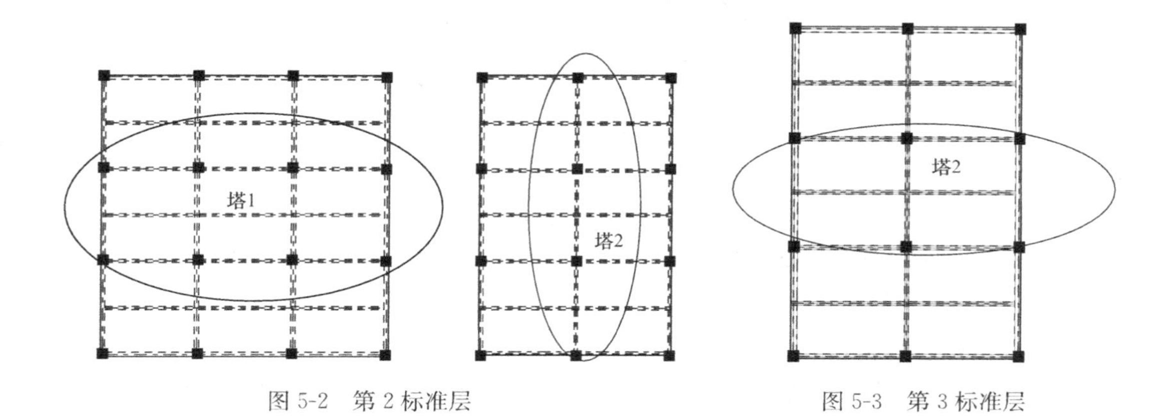

图 5-2　第 2 标准层

图 5-3　第 3 标准层

采用普通楼层顺序组装方式，点击【楼层组装】，选择【自动计算底标高】，楼层组装对话框如图 5-4 所示。

组装后的整楼模型如图 5-5 所示。

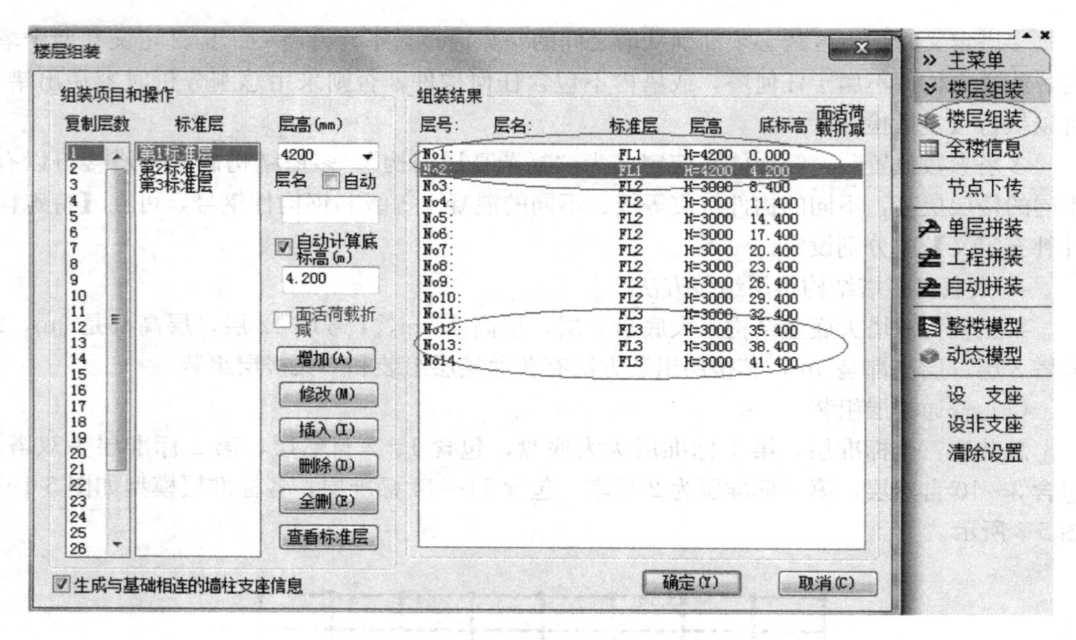

图 5-4　普通楼层组装

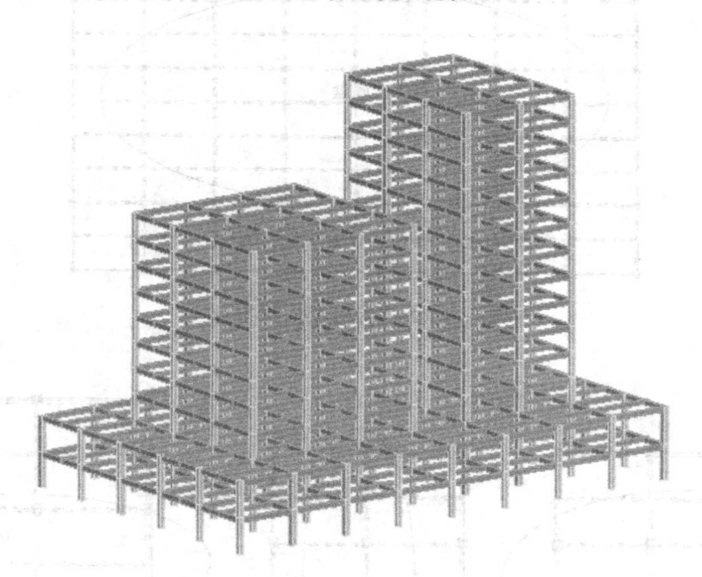

图 5-5　楼层组装后的三维模型

注：采用普通楼层组装方法虽然可以进行多塔结构的建模，但前提条件是各塔对应的层高完全相同，否则应该用广义楼层组装方法建模和组装。

（2）广义楼层组装

广义楼层组装适用于错层多塔、连体结构的建模。建模时每个塔单独设置标准层，在楼层组装时输入各自然层的层高和底标高，以此控制楼层组装顺序。【层底标高】是相对于±0.000标高的，这样模型中每个楼层在空间的组装位置完全由本层底标高确定，不再依赖楼层组装顺序。采用广义楼层组装方式，不仅允许各塔楼层高不同，还允许同一塔楼各层层高不同。

例题中的双塔大底盘结构，采用广义楼层方式的建模方法：建立 3 个标准层，第 1 标准层为大底盘，包括 1、2 自然层，如图 5-1 所示。第 2 标准层为 1 号塔，包括 3～10 自然层，如图 5-6 所示。第 3 标准层为 2 号塔，包括 11～22 自然层，如图 5-3 所示。

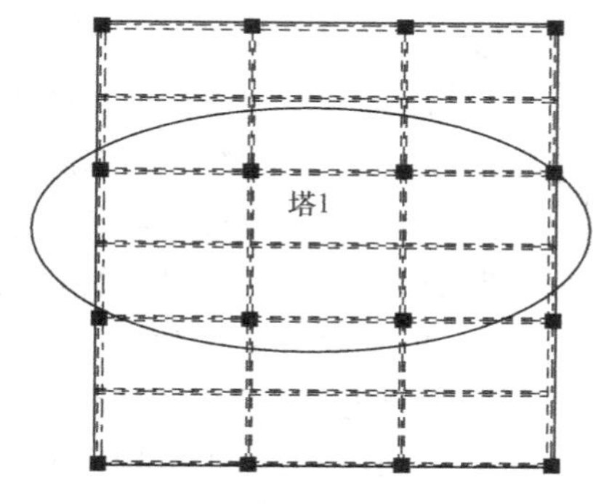

图 5-6 塔 1（广义楼层组装）

采用广义楼层方式进行楼层组装的楼层表如图 5-7 所示，组装第 3 个标准层时应把“自动计算底标高”前的勾去掉，底标高改为 8.400m，第 11 层（图中阴影线所示），其底标高不是 10 层的顶标高 29.4m，而是大底盘的顶标高 8.4m。

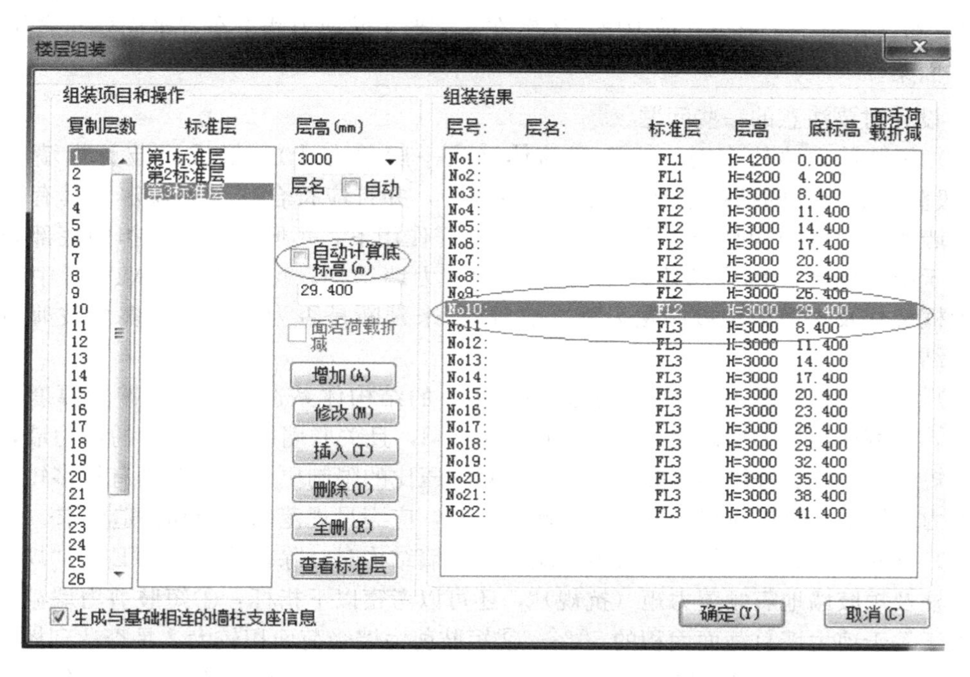

图 5-7 广义楼层组装

5.1.2 具有较多短肢剪力墙的剪力墙结构

1. 规范规定

“高规”7.1.8：抗震设计时，高层建筑结构不应全部采用短肢剪力墙；B 级高度高层建筑以及抗震设防烈度为 9 度的 A 级高度高层建筑，不宜布置短肢剪力墙，不应采用具有较多短肢剪力墙的剪力墙结构。当采用具有较多短肢剪力墙的剪力墙结构时，应符合下列规定：

1 在规定的水平地震作用下，短肢剪力墙承担的底部倾覆力矩不宜大于结构底部总地震倾覆力矩的 50%；

2 房屋适用高度应比本规程表 3.3.1-1 规定的剪力墙结构的最大适用高度适当降低，7 度、8 度（0.2g）和 8 度（0.3g）时分别不应大于 100m、80m 和 60m。

“高规”7.2.2：抗震设计时，短肢剪力墙的设计应符合下列规定：

> 1 短肢剪力墙截面厚度除应符合本规程第7.2.1条的要求外，底部加强部位尚不应小于200mm，其他部位尚不应小于180mm。
>
> 2 一、二、三级短肢剪力墙的轴压比，分别不宜大于0.45、0.5、0.55，一字形截面短肢剪力墙的轴压比极限值应相应减小0.1。
>
> 3 短肢剪力墙的底部加强部位应按本节7.2.6条调整剪力设计值，其他各层一、二、三级时剪力设计值应分别乘以增大系数1.4、1.2和1.1。
>
> 4 短肢剪力墙边缘构件的设置应符合本规程第7.2.14条的规定。
>
> 5 短肢剪力墙的全部竖向钢筋的配筋率，底部加强部位一、二级不宜小于1.2%，三、四级不宜小于1.0%；其他部位一、二级不宜小于1.0%，三、四级不宜小于0.8%。
>
> 6 不宜采用一字形短肢剪力墙，不宜在一字形短肢剪力墙上布置平面外与之相交的单侧楼面梁。

2. 设计时要注意的一些问题

（1）短肢剪力墙较多时，应布置筒体（或一般剪力墙），形成短肢剪力墙与筒体（或一般剪力墙）共同抵抗水平力的剪力墙结构，并且应符合一系列规定。具有较多短肢剪力墙的剪力墙结构是指，在规定的水平地震作用下，短肢剪力墙承担的底部倾覆力矩不小于结构底部总地震倾覆力矩的30%的剪力墙结构。可以查看SATWE中“规定水平力框架柱及短肢墙地震倾覆力矩（抗规）”来判断是否为“具有较多短肢剪力墙的剪力墙结构”。

（2）PKPM2010取消了“短肢剪力墙结构”的结构体系选项，改为搜索厚度不大于300mm，且截面高度与宽度之比大于4但不大于8，且关联墙肢不超过2的剪力墙，自动定义为短肢墙，抗震等级不再提高一级，但对轴压比的限制更严格。对具有较多短肢剪力墙的剪力墙结构，首先应尽量避开，不能避开时，应满足规范的规定和构造要求。

（3）判断是否为具有较多短肢剪力墙的剪力墙结构时，除查看SATWE中“规定水平力框架柱及短肢墙地震倾覆力矩（抗规）”，还可以考察以下指标：①短肢剪力墙截面面积是否大于等于剪力墙总截面面积的50%；②短肢剪力墙受荷面积较大，是否达到楼层面积的40%～50%以上（较高建筑允许更小的数量）；③短肢剪力墙是否布置比较集中，是否集中在平面的一面或建筑的周边。

（4）在南方某些地区，抗震设防烈度较低，地基承载力较低，通常采用桩基础，采用具有较多短肢剪力墙的剪力墙结构，可以节省造价；而北方某些地区，抗震设防烈度较高，地基承载力较高，通常不采用桩基础，选择普通剪力墙结构可以节省造价。

（5）一般15层左右的剪力墙结构，用钢梁约为65kg/m^2，而具有较多短肢剪力墙的剪力墙结构用钢量约为53kg/m^2；普通剪力墙自重（标准值）为13～16kN/m^2，而短肢剪力墙约为10～12kN/m^2，具有较多短肢剪力墙的剪力墙结构可以减小桩基础费用，但其抗震性能不如剪力墙结构，且必须加强抗震构造措施，施工也不便。

5.1.3 连体结构

由于连体部分的存在，使与其连接的两个塔不能独立自由振动，每个塔的振动都要受另一个塔的约束。两个塔可以同向平动，也可相向振动。而对于连体结构，相向振动是最不利的。连体结构由于要协调两个塔的内力和变形，因此受力复杂，连体部分跨度都比较大，除要承受水平地震作用所产生的较大内力外，竖向地震作用的影响也较明显。

1. 规范规定

"高规"5.1.13：抗震设计时，B级高度的高层建筑结构、混合结构和本规程第10章规定的复杂高层建筑结构，尚应符合下列规定：1）宜考虑平扭耦联计算结构的扭转效应，振型数不应小于15，对多塔楼结构的振型数不应小于塔楼数的9倍，且计算振型数应使各振型参与质量之和不小于总质量的90%；2）应采用弹性时程分析法进行补充计算；3）宜采用弹塑性静力或弹塑性动力分析方法补充计算。

"高规"10.5：

10.5.1 连体结构各独立部分宜有相同或相近的体型、平面布置和刚度；宜采用双轴对称的平面形式。7度、8度抗震设计时，层数和刚度相差悬殊的建筑不宜采用连体结构。

10.5.2 7度（0.15g）和8度抗震设计时，连体结构的连接体应考虑竖向地震的影响。

10.5.3 6度和7度（0.10g）抗震设计时，高位连体结构的连接体宜考虑竖向地震的影响。

10.5.4 连接体结构与主体结构宜采用刚性连接。刚性连接时，连接体结构的主要结构构件应至少伸入主体结构一跨并可靠连接；必要时可延伸至主体部分的内筒，并与内筒可靠连接。当连接体结构与主体结构采用滑动连接时，支座滑移量应能满足两个方向在罕遇地震作用下的位移要求，并应采取防坠落、撞击措施。罕遇地震作用下的位移要求，应采用时程分析方法进行计算复核。

10.5.5 刚性连接的连接体结构可设置钢梁、钢桁架、型钢混凝土梁，型钢应伸入主体结构至少一跨并可靠锚固。连接体结构的边梁截面宜加大；楼板厚度不宜小于150mm，宜采用双层双向钢筋网，每层每方向钢筋网的配筋率不宜小于0.25%。当连接体结构包含多个楼层时，应特别加强其最下面一个楼层及顶层的构造设计。

10.5.6 抗震设计时，连接体及与连接体相连的结构构件应符合下列要求：1）连接体及与连接体相连的结构构件在连接体高度范围及其上、下层，抗震等级应提高一级采用，一级提高至特一级，但抗震等级已经为特一级时应允许不再提高；2）与连接体相连的框架柱在连接体高度范围及其上、下层，箍筋应全柱段加密配置，轴压比限值应按其他楼层框架柱的数值减小0.05采用；3）与连接体相连的剪力墙在连接体高度范围及其上、下层应设置约束边缘构件。

10.5.7 连体结构的计算应符合下列规定：1）刚性连接的连接体楼板应按本规程第10.2.24条进行受剪截面和承载力验算；2）刚性连接的连接体楼板较薄弱时，宜补充分塔楼模型计算分析。

2. 连体结构连接方式

（1）强连接

当连接体有足够的刚度，足以协调两塔之间的内力和变形时，可设计成强连接形式。强连接又可分为刚接或铰接，但无论采用哪种形式，对于连体而言，由于它要负担起结构整体内力和变形协调的功能，因此它的受力非常复杂。在大震下连接体与各塔楼连接处的混凝土剪力墙往往容易开裂，在设计时应加强。当采用强连接时，连体结构的扭转效应更明显一些，这是因为连体部分的存在，使与其相连的两个塔不能独立自由振动，每一个塔的振动都要受另一个塔的约束。两个塔可以同向平动，也可以相向振动。

（2）弱连接

当连接体刚度比较弱，不足以协调两塔之间的内力和变形时，可设计成弱连接。弱连接可以做成一端与结构铰接，另一端为滑动支座，或两端均为滑动支座。对于这种结构形式，由于两塔可以相对独立运动，不需要通过连体部分进行内力和变形协调，因此连接体受力较小，结构整体计算时可不考虑连接体的作用而按多塔计算。弱连接形式的设计重点在于滑动支座的做法，还要计算滑动支座的滑移量以避免两塔体相对运动较大时、连接体塌落或相向运动时连接体与塔楼主体发生碰撞。

3. 连体结构连接方式的要求

（1）强连接形式的计算要求

应采用至少两个不同力学模型的三维空间分析软件进行整体内力、位移计算；抗震计算时应考虑偶然偏心和双向地震作用，程序自动取最不利计算，阵型数要取得足够多，以保证有效参与系数不小于90%；应采用弹性动力时程分析、弹塑性静力或动力分析法验算薄弱层塑性变形，并找出结构构件的薄弱部位，做到大震下结构不倒塌；由于连体结构的跨度大，相对于结构的其他部分而言，其连体部分的刚度比较弱，应注意控制连体部分各点的竖向位移，以满足舒适度的要求；8 度抗震设计时，连体结构的连接体应考虑竖向地震的影响；连体结构属于竖向不规则结构，应把连体结构所在层指定为薄弱层；连体结构中连接部分楼板狭长，在外力作用下易产生平面内变形，应将连接处的楼板设为“弹性膜”；“高规”10.5.6 条规定：连接体及与连接体相连的结构构件在连接体高度范围及其上、下层，抗震等级应提高一级采用，一级提高至特一级，但抗震等级已经为特一级时应允许不再提高；可以在“特殊构件补充定义”中人为指定；连体结构中的连接部分宜进行中震弹性或中震不屈服验算；连体结构内侧和外侧墙体在罕遇地震作用下受拉破坏严重，出现多条受拉裂缝，宜适当提高剪力墙竖向分布筋的配筋率和端部约束边缘构件的配筋面积，以增强剪力墙抗拉承载力。

（2）弱连接形式的计算要求

弱连接形式的计算要求除了强连接的那些要求外，连体与支座应有十分可靠的连接，要保证连接部位在大震作用下的锚固螺栓不松动、变形以致拔出，在设计时应用大震作用下的内力作为拔拉力。

5.1.4 少量框架柱的剪力墙结构

（1）结构体系没有变化，仍是剪力墙结构；

（2）剪力墙的抗震等级按纯剪力墙结构确定；框架柱的抗震等级可不低于剪力墙，或按框架-剪力墙结构确定（柱数量少，加强的量有限）；

（3）结构分析分两步（剪力墙及框架的抗震等级按上述 2 确定）。①对框架柱按特殊构件处理，不考虑框架柱的抗侧作用（*EI* 充小数或直接将框架柱两端点成铰接），框架柱只承担竖向荷载（*EA* 取实际值）；②按框架-剪力墙结构计算；按上述两步计算的大值包络设计，即墙的配筋主要参考①，框架柱的配筋主要参考②。框架柱不可能形成二道防线，但可以对框架柱按 0.2Q_0 调整设计。

5.1.5 有少量剪力墙的框架结构

1. 规范规定

"抗规" 6.1.3-1：钢筋混凝土房屋抗震等级的确定，尚应符合下列要求：设置少量抗震墙的框架结构，在规定的水平力作用下，底层框架部分所承担的地震倾覆力矩大于结构总地震倾覆力矩的50%时，其框架的抗震等级应按框架结构确定，抗震墙的抗震等级可与其框架的抗震等级相同（底层指计算嵌固端所在的层）。

"高规" 8.1.3：抗震设计的框架-剪力墙结构，应根据在规定的水平力作用下结构底层框架部分承受的地震倾覆力矩与结构总地震倾覆力矩的比值，确定相应的设计方法，并应符合下列规定：

1 框架部分承受的地震倾覆力矩不大于结构总地震倾覆力矩的10%时，按剪力墙结构进行设计，其中的框架部分应按框架-剪力墙结构的框架进行设计；

2 当框架部分承受的地震倾覆力矩大于结构总地震倾覆力矩的10%但不大于50%时，按框架-剪力墙结构进行设计；

3 当框架部分承受的地震倾覆力矩大于结构总地震倾覆力矩的50%但不大于80%时，按框架-剪力墙结构进行设计，其最大适用高度可比框架结构适当增加，框架部分的抗震等级和轴压比限值宜按框架结构的规定采用；

4 当框架部分承受的地震倾覆力矩大于结构总地震倾覆力矩的80%时，按框架-剪力墙结构进行设计，但其最大适用高度宜按框架结构采用，框架部分的抗震等级和轴压比限值应按框架结构的规定采用。当结构的层间位移角不满足框架-剪力墙结构的规定时，可按本规程第3.11节的有关规定进行结构抗震性能分析和论证。

注：由"抗规"表6.1.2可知，同一结构，当抗震设防烈度相同时，按框架-剪力墙结构确定的剪力墙抗震等级≥由剪力墙结构确定的剪力墙抗震等级（一级>二级>三级>四级）。同一结构，当抗震设防烈度相同时，按框架结构确定的框架抗震等级≥由框架-剪力墙结构确定的框架抗震等级，抗震等级越大，抗震措施越严（放大系数等）。

2. 设计时应注意的问题

（1）当框架部分承受的地震倾覆力矩大于结构总地震倾覆力矩的80%时，可以认为属于"少量剪力墙的框架结构"，设置少量剪力墙的根本目的一般在于满足在多遇地震作用下规范对框架结构的弹性层间位移限值（1/550）要求。用的只是剪力墙的弹性刚度（即只与 EI 有关，而与结构开裂以后的弹塑性刚度没有关系，所以，可不关注剪力墙及连梁的超筋问题），少量的剪力墙（由于墙的数量太少）并没有像框架-剪力墙结构中的剪力墙那样，起到一道防线的作用，所以对少量剪力墙中的剪力墙设计应有别于框架-剪力墙结构中的剪力墙。

（2）对少量剪力墙的框架的设计时，应与施工图审查单位多沟通，以利于施工图的审查和通过。

（3）与小短墙重合的那跨框架梁，有时候PKPM里怎么调都是超筋，可再按纯框架进行计算，确认该跨梁不超筋后，对该跨梁按超筋连梁的强剪弱弯要求的设计。小短墙的那跨的框架梁可以跟其他跨的梁的截面都一样。

（4）在实际设计中，为了满足结构设计的需要，需要在部分电梯和楼梯部位加少量的剪力墙，主要是满足结构的动力特性，扭转和位移限值等要求。事实上由于新抗震规范对于楼梯抗震设计的要求，应将梯井做成筒以提高其安全性。

3. 设计计算原则

（1）结构计算

① 按框架-剪力墙结构计算；

② 按纯框架结构（取消剪力墙）计算；

③ 按纯框架结构（取消剪力墙）验算框架结构在罕遇地震下的弹塑性位移并满足规范的要求。

（2）结构的位移及结构的规则性判断按上述计算①确定；

（3）框架设计

① 框架部分的抗震等级和轴压比限值应按框架结构的规定采用；

② 按上述（1）、（2）进行框架的包络设计。

（4）剪力墙设计

① 剪力墙的抗震等级可取四级；

② 剪力墙可构造配筋；

③ 对剪力墙基础应按上述计算（1）、（2）进行包络设计。

剪力墙的抗震等级可取四级；剪力墙可构造配筋；对剪力墙基础应按上述计算①按框架-剪力墙结构计算、②按纯框架结构（取消剪力墙）计算进行包络设计。

5.2 楼 盖

5.2.1 普通楼盖（单向梁，十字梁、井字梁）

（1）在地下车库和商业建筑大跨度空间楼（屋）盖布置时，比如 8.5×8.5 的柱网，大多数情况下，标准层采用十字梁比井字梁经济，但对于覆土厚度超过 700mm 的屋顶花园及地下室顶板或荷载较大时则采用井字梁比较经济，荷载越大，井字梁越便宜。

住宅、公寓、旅馆等建筑，居室、客厅多数不设吊顶，常采用现浇单向板、现浇双边板，不宜采用后张无粘结预应力现浇楼板，因为此类房屋竖向管道和管井在安装过程中及改造中位置经常有变化；办公楼、商业用房通常有吊顶、楼盖可采用单向次梁或双向井字、双向十字次梁、有利于减小板厚和结构自重。

（2）井字梁楼盖设计时应注意的问题

① 在设计井字梁时，采用 SATWE 软件和查井字梁计算手册两种方法有时相差很大，这是因为 SATWE 软件考虑其端部支座竖向刚度对井字梁的影响，而采用《混凝土结构计算手册》，无论井字梁与端部支座是固结还是铰接，均不考虑其竖向刚度的影响，即认为井字梁端部支座处没有竖向位移。如果想考虑井字梁的内力而忽略其端部水平构件支座位移的影响，可以在“特殊构件定义”中修改四周的梁为“刚性梁”，此时井字梁的两种计算方法误差很小。当井字梁端部为剪力墙时，两种计算方法误差也很小。

② 钢筋混凝土井字梁是从钢筋混凝土双向板演变而来的一种结构形式。双向板是受弯构件，当其跨度增加时，相应板厚也随之加大。但板的下部受拉区的混凝土一般都不考

虑它起作用，受拉主要靠下部钢筋承担。因此，在双向板的跨度较大时，为了减轻板的自重，我们可以把板的下部受拉区的混凝土挖掉一部分，让受拉钢筋适当集中在几条线上，使钢筋与混凝土更加经济、合理地共同工作。这样双向板就变成为在两个方向形成井字式的区格梁，这两个方向的梁通常是等高的，不分主次梁，一般称这种双向梁为井字梁（或网格梁）。

③ 井字梁和边梁或边墙的节点宜采用铰接节点。井字梁的支承井字梁楼盖四周可以是墙体支承，也可以是主梁支承。当墙体支承时与《混凝土结构计算手册》上的计算假定相同，当只有主梁支承时，主梁应有一定的刚度，以保证其绝对不变形。

④ 井字梁楼盖长跨跨度 L_1 与短跨跨度 L_2 之比 L_1/L_2 应≤1.5，如果比值为 1.5～2.0，宜在长向跨度中部设大梁，形成两个井字梁体系或采用斜向布置的井字梁，井字梁可按 45°对角线斜向布置。井字梁间距一般宜控制在 3m 以内。

⑤ 井字梁与柱子采取“避”的方式，调整井字梁间距以避开柱位，避免在井字梁与柱子相连处井字梁的支座配筋计算结果容易出现的超限情况，由于井字梁避开了柱位，靠近柱位的区格板需另作加强处理。

⑥ 井字梁：$h=L(1/15\sim1/20)$。跨度≤2m 时，可取 $L/18$，跨度≤3m 时，可取 $L/17$。井字梁跨度一般至少 200mm。在设计时，井字梁截面尺寸一般按 200×(500～550) 试算，框架梁如果无内隔墙，其截面可以先按（300～350）×(600～700）进行试算，根据试算结果再作进一步调整，直到满意为止。

⑦ 井字梁最大扭矩的位置，一般情况下四角处梁端扭矩较大，其范围约为跨度的 1/4～1/5。建议在此范围内适当加强抗扭措施。

5.2.2 无梁楼盖

1 大柱距商场宜采用无梁楼盖，有利于空间效果及减小层高；地下汽车库（地上结构相关范围以外）宜采用无梁楼盖，可降低层高，减小埋深，减少施工费用。

2 无梁无柱帽楼盖的设计要点

一般不宜超过 16 层，有较强筒体者除外。有一定数量维持稳定的剪力墙，简算时剪力墙可承担 100%水平力。楼板厚取 1/30 跨度。暗梁范围内不得开大洞。尽量利用可能加柱间梁的条件，提高刚度。柱截面直接与板冲切有关，全楼高度柱截面不变。跨中双向板按柱轴线跨度计算，板简支或连续。柱间有实梁时不需暗梁。带柱帽的系数表不能用于无柱帽无梁结构。

3 无梁楼盖分析方法

普通楼板和规则的无梁楼盖结构设计一般用 PMCAD 或理正软件等仅考虑竖向荷载的作用就可以准确进行计算，而不需要考虑水平荷载的作用。无梁楼盖在 PKPM 中设计时有以下两种常用方法：“等代梁模型进行结构空间作用计算分析”与“虚梁模型进行结构空间作用计算分析”。

(1) 等代梁模型进行结构空间作用计算分析

PMCAD 对无梁楼盖进行人机交互式建模时，首先应确定等代框架梁的宽、高，通常取柱距的 1/2 板宽为等代框架梁的宽、高，再将等代框架梁作为普通的主梁输入。布置楼板恒载时应扣除程序中已考虑的等代梁自重部分，楼板采用平面内无限刚度假，再在

SATWE“特殊构件补充和定义”中点击“特殊梁”/“刚度系数”，将等代梁的刚度系数修改为1，再通过SATWE程序整体计算得到结构的基本特征参数及等代梁配筋。

根据文献（北京当代MOMA工程异形板无梁楼盖结构设计与分析），按表5-1的分配比例分别计算出楼板的内跨、端跨的配筋面积，考虑把板的10%的配筋分配到跨中板带。

柱上板带和跨中板带的弯矩分配比例 表5-1

截面位置		柱上板带	跨中板带
内跨	支座截面负弯矩	75%	25%
	跨中正弯矩	55%	45%
端跨	第一个内支座截面负弯矩	75%	25%
	跨中弯矩	55%	55%
	边支座截面负弯矩	90%	10%

（2）虚梁模型进行结构空间作用计算分析

按虚梁模型进行计算时，将原等代梁替换为100mm×100mm的虚梁，但在边界处及开洞处应布置实梁，楼板恒载按实际的全部范围考虑，再在SATWE“特殊构件补充和定义”中点击“弹性板”/“弹性板6”，将无梁楼盖的板全部改为“弹性板6”，通过SATWE程序整体计算（总刚计算）得到楼板与柱、剪力墙间的关系。再点击“SLABCAD”/“楼板数据生成及预应力信息输入”，点击“参数输入”，单元最大边长一般填写1000mm，“采用的单元”对于楼板，可以选择板弯曲单元（只算板的面外弯剪），也可选择壳元（板的面内和面外同时考虑），但如果需要考虑板平面内的变形时，如预应力等效荷载等，则必须按壳元来分析，其他参数按工程具体填写。再点击“楼板分析与配筋设计”，完成无梁楼盖的计算，最后点击“分析结果输出与图形显示”，可以查看“板挠度”、“弯矩”、“配筋”等。

在实际设计中，应用复杂楼板有限元分析程序分别计算出楼板X、Y方向的上下钢筋配筋面积，然后，用等代梁模拟的计算结果进行复核，最后对照两种的配筋计算结果取较大者进行实际配筋。

注：布置虚梁的目的有二：其一是为了SATWE软件在接力PMCAD的前处理过程中能够自动读取楼板的外边界信息；其二是为了辅助弹性楼板单元的划分，虚梁不参与结构的整体分析。

5.2.3 空心楼盖

当跨度达到15～20m时，采用空心楼盖比较经济，如果跨度更大，可以考虑采用预应力空心楼盖。

1. 构造

（1）现浇混凝土空心楼盖

对于筒芯内模，板顶、板底厚度均≥40mm，顺筒肋宽≥50mm（钢筋混凝土楼板），≥60mm（预应力混凝土楼板），常用筒芯尺寸：100、120、150、180、200、220、250、280、300、350、400、450、500、楼板厚度≥180mm。

箱体内模，板顶、板底厚度均≥50mm，顺筒肋宽≥100mm，楼板厚度≥250mm。

（2）框架暗梁宽度不宜大于柱宽+3倍暗梁高度，以布置一排钢筋为其最小宽度。混凝土强度等级大于等于 C30，板厚取值为短跨的 1/25～1/30，一般先按 1/30 来计算。配筋率一般在 2%～1.2%，板空心率在 30%～55%，暗梁与柱交接处周边 600mm 范围内应为实心混凝土。

2. 常按刚度相等的原则把空心楼板折算成等厚的实心无梁楼板进行计算。

5.3 特殊荷载在 PKPM 中的操作

5.3.1 温度作用

1. 温度荷载的分项系数一般取 1.2，组合系数一般取 0.8。由于温差内力来源于温差变形受到约束，因此对于因变形受到约束产生的应力，对于钢筋混凝土结构则应当考虑混凝土的徐变应力松弛特征，建议将弹性计算的温差内力乘以徐变应力松弛系数 0.3，作为实际温差内力标准值进行设计；对于钢结构，由于不存在徐变应力松弛，温差内力不能折减。

SATWE 中的操作如下：【SATWE/接 PM 生成 SATWE 数据】→【分析与设计参数补充定义（必须执行）】→【荷载组合】，将“采用自定义组合及工况”前打勾，点击“自定义”，如图 5-8、图 5-9 所示。

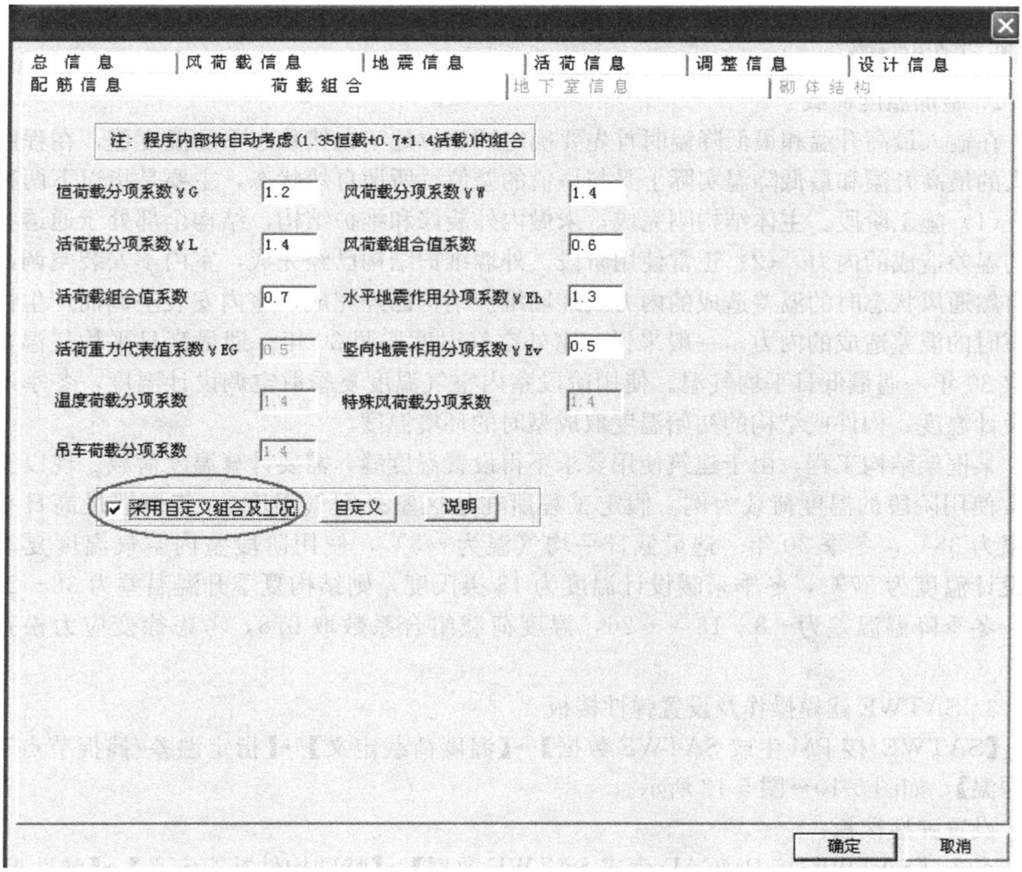

图 5-8　荷载组合信息对话框

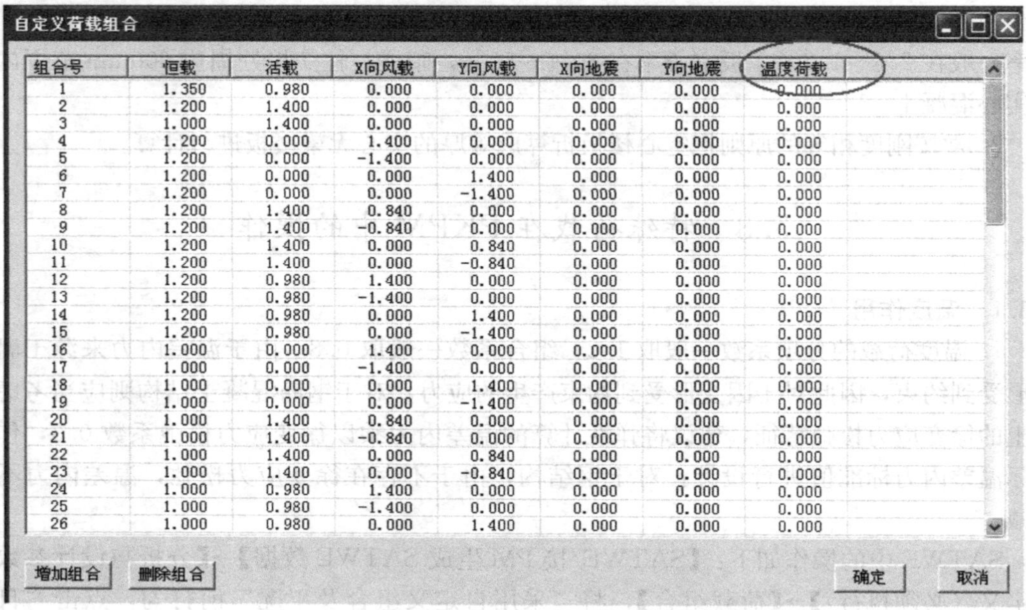

自定义荷载组合

组合号	恒载	活载	X向风载	Y向风载	X向地震	Y向地震	温度荷载
1	1.350	0.980	0.000	0.000	0.000	0.000	0.000
2	1.200	1.400	0.000	0.000	0.000	0.000	0.000
3	1.000	1.400	0.000	0.000	0.000	0.000	0.000
4	1.200	0.000	1.400	0.000	0.000	0.000	0.000
5	1.200	0.000	-1.400	0.000	0.000	0.000	0.000
6	1.200	0.000	0.000	1.400	0.000	0.000	0.000
7	1.200	0.000	0.000	-1.400	0.000	0.000	0.000
8	1.200	1.400	0.840	0.000	0.000	0.000	0.000
9	1.200	1.400	-0.840	0.000	0.000	0.000	0.000
10	1.200	1.400	0.000	0.840	0.000	0.000	0.000
11	1.200	1.400	0.000	-0.840	0.000	0.000	0.000
12	1.200	0.980	1.400	0.000	0.000	0.000	0.000
13	1.200	0.980	-1.400	0.000	0.000	0.000	0.000
14	1.200	0.980	0.000	1.400	0.000	0.000	0.000
15	1.200	0.980	0.000	-1.400	0.000	0.000	0.000
16	1.000	0.000	1.400	0.000	0.000	0.000	0.000
17	1.000	0.000	-1.400	0.000	0.000	0.000	0.000
18	1.000	0.000	0.000	1.400	0.000	0.000	0.000
19	1.000	0.000	0.000	-1.400	0.000	0.000	0.000
20	1.000	1.400	0.840	0.000	0.000	0.000	0.000
21	1.000	1.400	-0.840	0.000	0.000	0.000	0.000
22	1.000	1.400	0.000	0.840	0.000	0.000	0.000
23	1.000	1.400	0.000	-0.840	0.000	0.000	0.000
24	1.000	0.980	1.400	0.000	0.000	0.000	0.000
25	1.000	0.980	-1.400	0.000	0.000	0.000	0.000
26	1.000	0.980	0.000	1.400	0.000	0.000	0.000

增加组合　删除组合　确定　取消

图 5-9　自定义荷载组合

注：在“自定义荷载组合”中改写温度荷载组合系数：0.8×0.3=0.24。在进行“自定义荷载组合”之前，必须先施加“节点温度荷载”。

2. 施加温度荷载

在输入最高升温和最低降温时首先要确定该部位处于自然状态下的温度值，在程序中输入的最高升温和最低降温实际上是与该值的差值。所谓自然状态，主要是指以下两种状态：(1) 施工阶段。主体结构刚完成，未做内外装修和维护结构，结构全部处于通透状态时的温差造成的内力。(2) 正常使用阶段。外墙维护结构已经完成，室内不安装空调而处于自然通风状态时的温差造成的内力或外墙维护结构已经完成，室内安装空调而产生恒温状态时的温差造成的内力。一般来说，室外空气温度按照 30 年一遇最高日平均气温，冬季取 30 年一遇最低日平均气温。使用阶段室内空气温度夏季取空调设计温度，冬季取采暖设计温度。构件或结构的初始温度取成型时的环境温度。

某框架结构工程，由于建筑使用要求不得设置温度缝，需要计算温度荷载。现以验算正常使用阶段的温度荷载为例。假定工程所在地区室外空气温度 30 年一遇最高日平均气温为 38℃，冬季 30 年一遇最低日平均气温为－8℃，使用阶段室内空气温度夏季空调设计温度为 27℃，冬季采暖设计温度为 18 摄氏度，则结构夏季升温温差为 38－27＝11；冬季降温温差为－8－18＝－26，温度荷载组合系数取 0.8，考虑徐变应力松弛系数 0.3。

3. SATWE 建模操作及设置弹性楼板

【SATWE/接 PM 生成 SATWE 数据】→【温度荷载定义】→【指定温差/捕捉节点、全楼同温】，如图 5-10～图 5-12 所示。

设置弹性楼板：

点击【SATWE/接 PMCAD 生成 SATWE 数据】→【特殊构件补充定义】→【弹性板/弹性膜、全层设膜】，如图 5-13、图 5-14 所示。

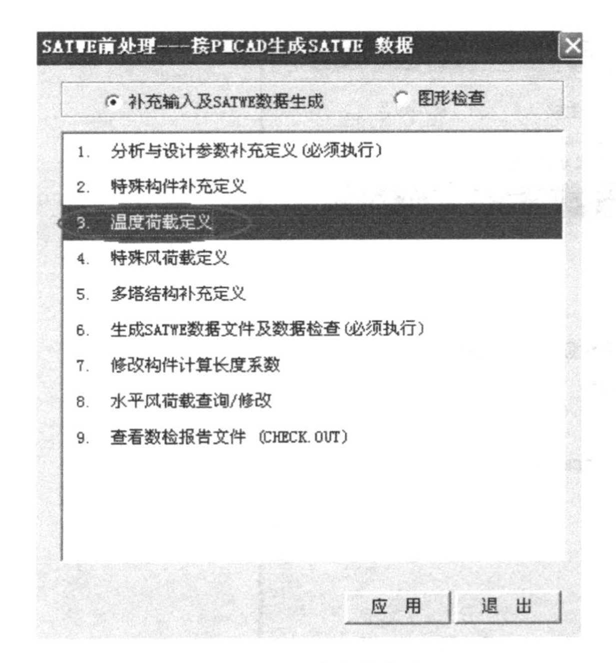

图 5-10 温度荷载定义

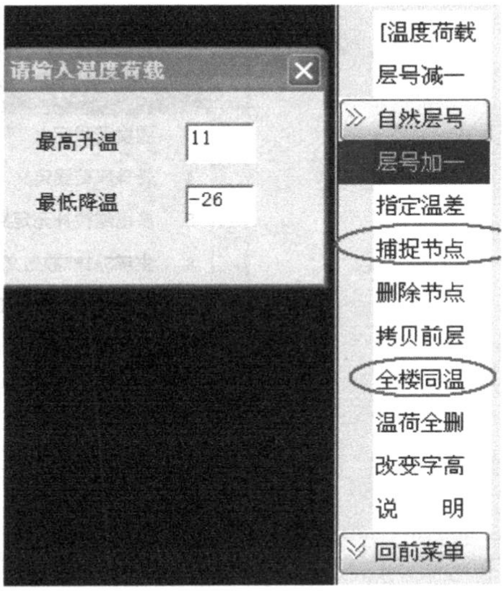

图 5-11 温度荷载定义（1）

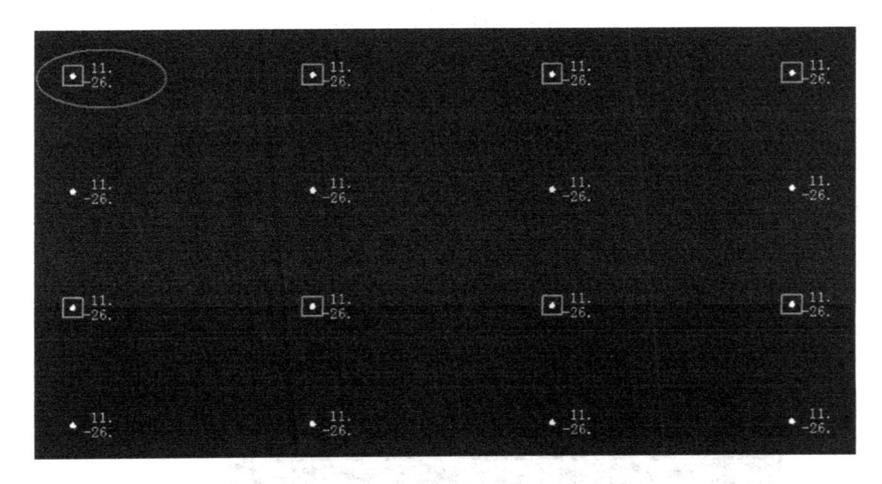

图 5-12 温度荷载定义（2）

注：本菜单通过指定结构节点的温度差来定义结构温度荷载。指定自然层号（自然层，非标准层）除第 0 层外，各层平面均为楼面，第 0 层对应首层地面。若在 PMCAD 中平面布置、构件及层数发生改变时，温度荷载需要重新定义。用鼠标捕捉相应节点（可用光标和窗口方式），被捕捉到的节点将被赋予当前温差。也可以使用“拷贝前层”、“全楼同温”等命令完成其他楼层温度荷载的设置。

5.3.2 特殊风荷载

目前 PKPM 系列软件在计算风荷载的迎风面时，采用的是简化方法，即按照建筑物最外边的轮廓线所围成的面积在 X、Y 方向的投影作为迎风面的面积，背风面的面积取值与迎风面的面积相同。程序按以上简化算法对于一般平、立面比较规则的工程，其计算结果可以满足设计要求，但不太适用于平、立面变化比较复杂的工程。

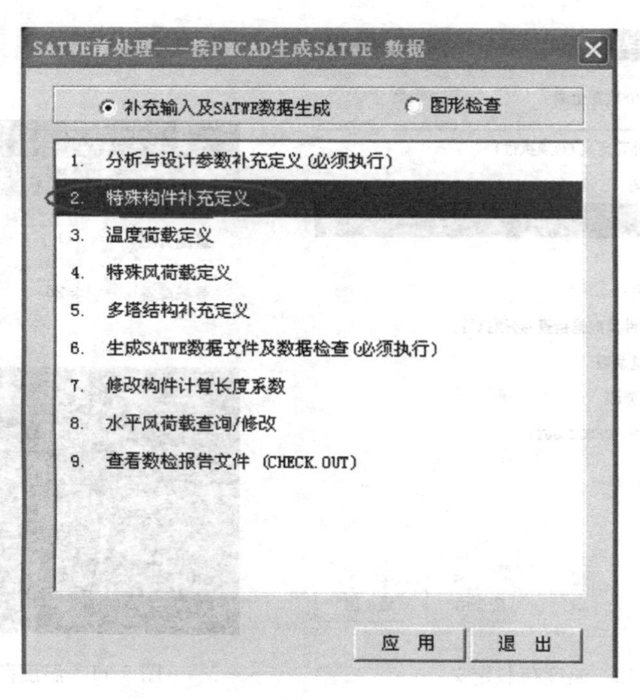

图 5-13　特殊构件补充定义

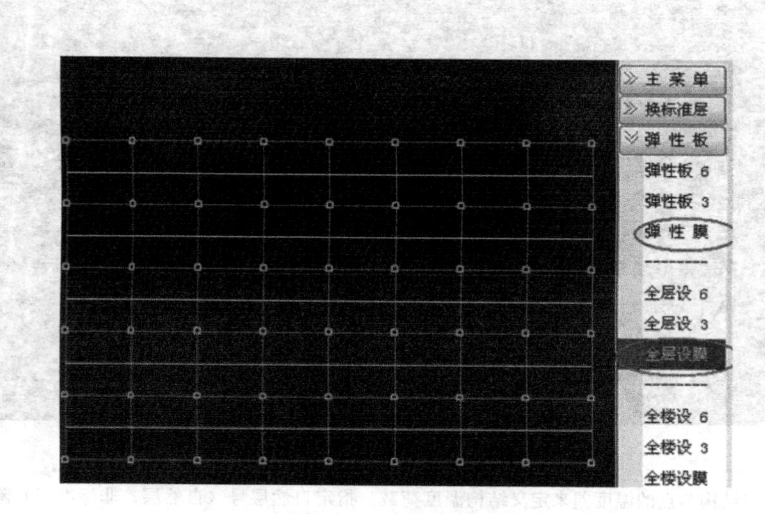

图 5-14　定义弹性膜

注：1. 布置“弹性膜”时，可用“光标”和“窗口”两种方式。当定义为“弹性膜”时，程序真实考虑楼板平面内刚度，而假定平面外刚度为零，此时在温度荷载作用下楼板能计算出拉力。

2. 在温度荷载作用下，必须考虑构件截面裂缝的影响，因此对梁柱混凝土构件截面弹性刚度进行折减，该折减系数可取 0.85，对于钢结构，其界面弹性刚度不折减，目前 SATWE 软件无此功能。

按照“荷规”规定，对于矩形建筑，其迎风面体型系数为 0.8，背风面体型系数为 0.5，体型系数输入 1.3，但实际上，这种计算方法的前提条件是在结构的迎风面和背风面之间存在楼板，由于楼板起到传递力的作用，才会使风压力和风吸力对结构构件产生相互叠加的结果，对于楼板大开洞或体育馆等空旷结构，风压力和风吸力之间由于缺乏力的传递介质，对结构构件就不会产生相互叠加的结果。对于这种结构，设计人员应在“特殊风荷载”定义中补充定义。

（1）3 层混凝土框架结构，顶层为门式刚架结构为例，此结构可以在 PMCAD 中完成建模。由于顶层门式刚架风荷载计算与下部框架部分的计算方法有所不同，所以应在“风荷载信息”中对体型分段，并将顶层的体型系数定义为 0，如图 5-15 所示。

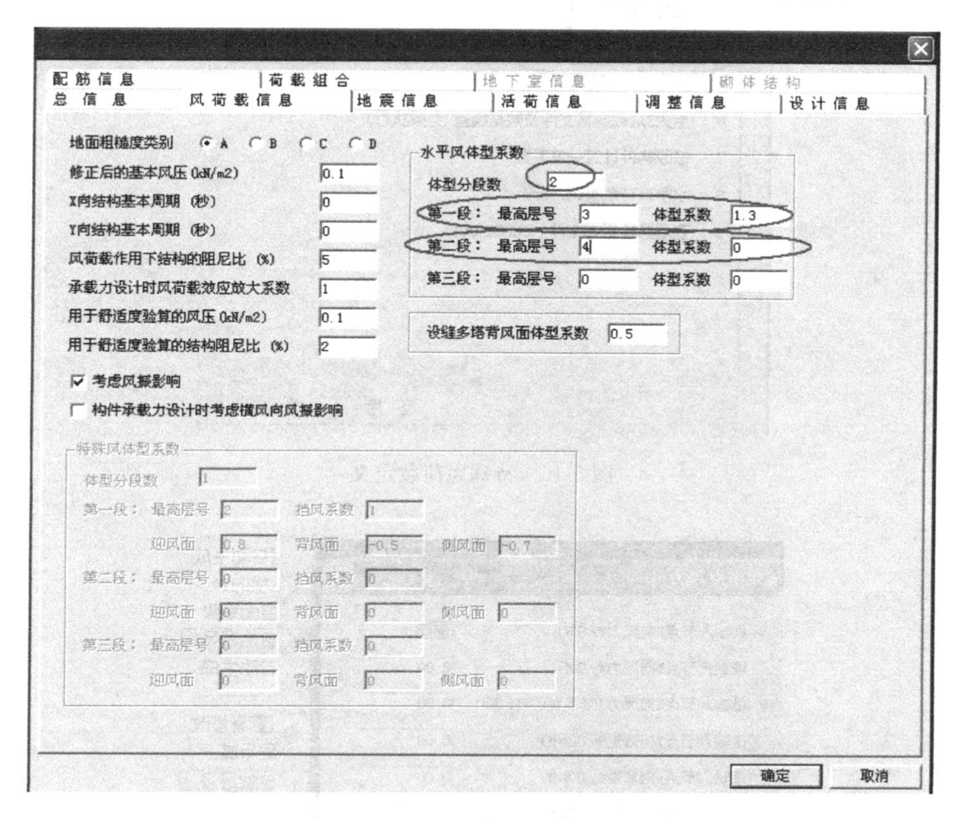

图 5-15　风荷载信息对话框（1）

（2）以上结构形式的风荷载通常有两种输入方式，一种是由设计人员人为输入风荷载，另一种是由 SATWE 程序自动计算风荷载。

1）人工输入风荷载

在 SATWE 软件中提供了 5 组风荷载的定义，一般需要用到 4 组风荷载，由于框架部分的风荷载由程序自动完成，门式刚架部分风荷载计算则需要设计人员增加四组特殊风荷载的定义，即：

第一组：$+Y$ 向顶层风（沿屏幕视图向上风向，刚架方向风）

第二组：$-Y$ 向顶层风（沿屏幕视图向下风向，刚架方向风）

第三组：$+X$ 向顶层风（沿屏幕视图向右风向，山墙风）

第四组：$-X$ 向顶层风（沿屏幕视图向做风向，山墙风）

由于程序只能输入节点风荷载和梁间风荷载标准值，对柱间风荷载，要简化为节点荷载输入，坡面梁的风吸力可以按梁间均布荷载输入，向上为负，可以点击【SATWE/接 PM 生成 SATWE 数据】→【特殊风荷载定义】如图 5-16～图 5-18 所示。

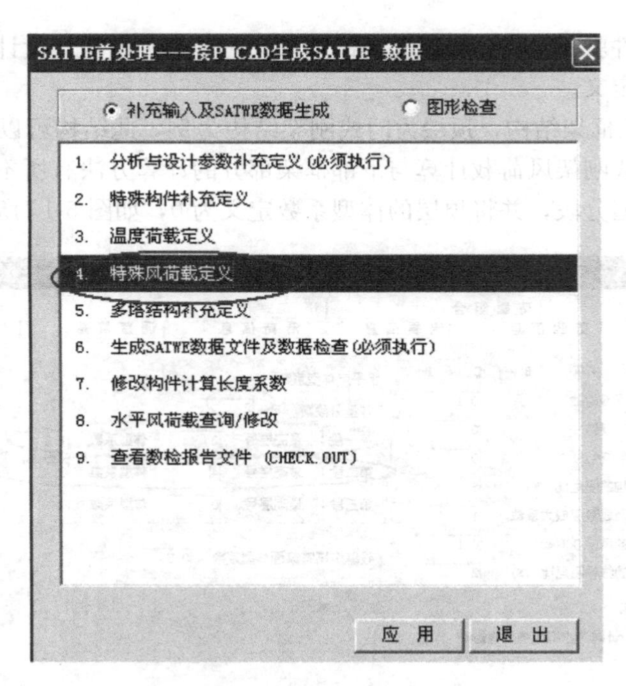

图 5-16 特殊风荷载定义

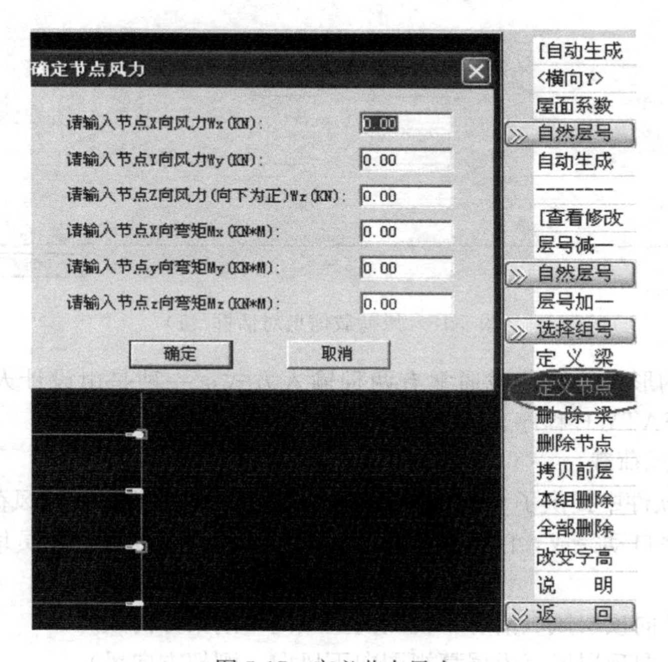

图 5-17 定义节点风力

由于这种结构形式在风荷载作用下，下部框架部分和上部门式刚架部分是同时发生，即将定义的 4 组特殊风荷载与同方向的风荷载进行组合，可以点击【SATWE/接 PM 生成 SATWE 数据】→【分析与设计参数补充定义（必须执行）】→【荷载组合】，将“采用自定义组合及工况”前打勾，点击“自定义”，如图 5-19 所示。

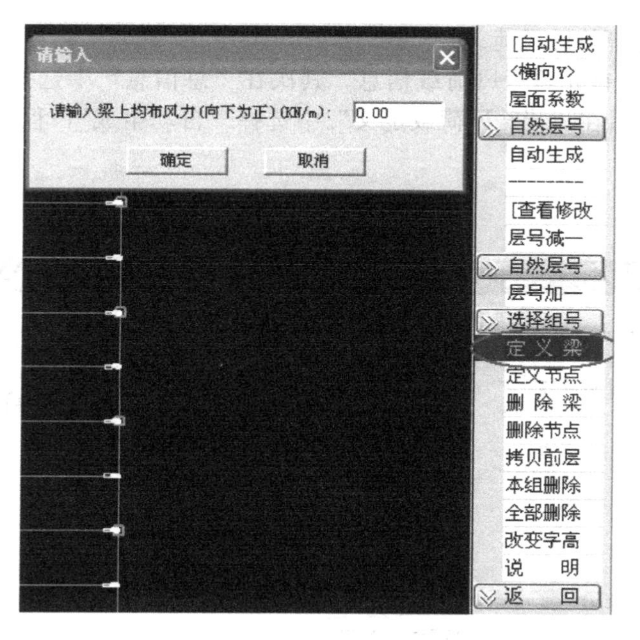

图 5-18 定义梁上均布风力

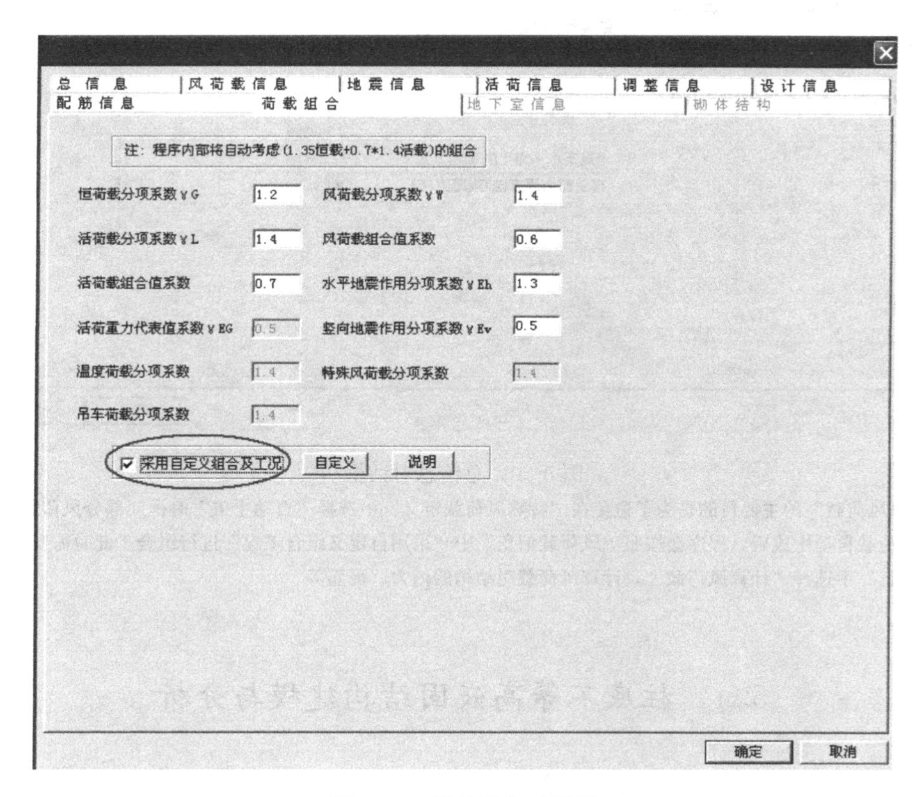

图 5-19 荷载组合对话框

注：点击“自定义”后弹出的对话框中的组合系数与在“特殊风荷载”中输入的风荷载符号密切相关，当“特殊风荷载”中的风荷载都是按正值输入时，则需要在此对于沿坐标轴反向的风荷载组合系数输入负号；如果“特殊风荷载”中的风荷载在输入时本身已经考虑了正负号，则在此所有的风荷载组合系数均按正值输入。

2）程序自动计算特殊风荷载

程序操作如下：首先填写风荷载信息。其次在“总信息”中选择“不计算风荷载”，如图 5-20 所示；最后在“特殊风荷载定义”中选择“自动生成”，程序自动形成风荷载，如图 5-21 所示。

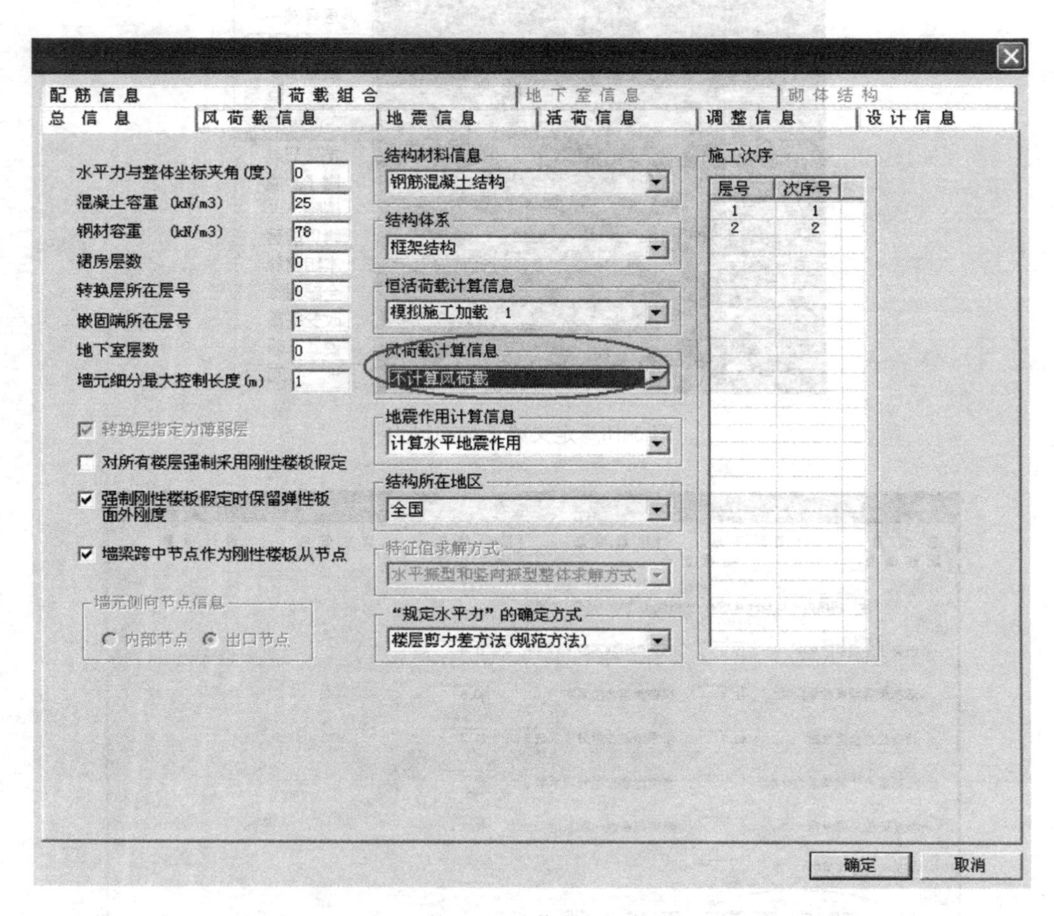

图 5-20　总信息对话框

注：“不计算风荷载”的主要目的是为了避免在“特殊风荷载定义”中选择“自动生成”时框架部分风荷载重复计算；特殊风荷载自动生成后，程序会按照“风荷载信息”中“采用自定义组合工况”进行组合。此时需要在“风荷载计算信息”中选择“计算风荷载“，计算风荷载对结构的内力、配筋等。

5.4　柱底不等高嵌固结构建模与分析

局部带地下室结构，其首层柱底嵌固位置不在同一标高，同一相同截面尺寸的柱由于长度不一样，剪切刚度也不同（短柱剪切刚度更大），结构平面的刚心便会向短柱方向移动，产生偏心和扭转，一般短柱剪切刚度大，相应承担的地震力也比较大。如图 5-22 所示。

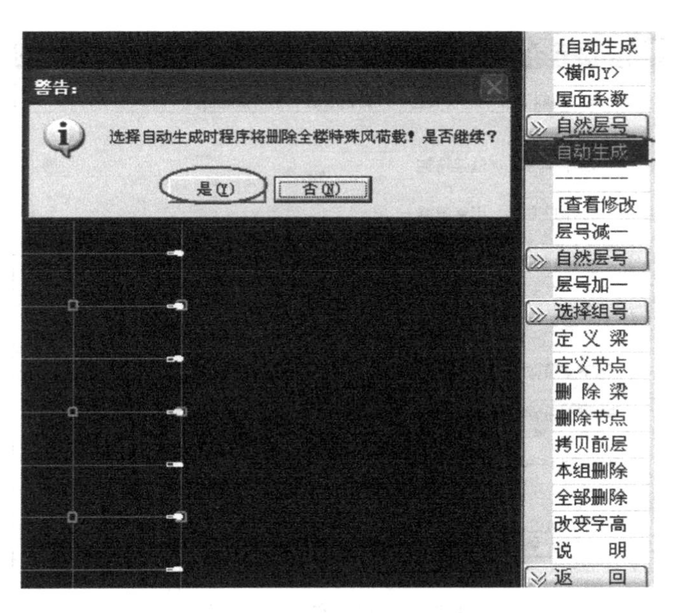

图 5-21 “特殊风荷载定义”(1)

注：选取“自动生成”后，程序自动对框架部分采用“荷规”计算风荷载，顶层梁采用“荷规”中关于单层工业厂房的规定计算风荷载，但顶层门刚柱的风荷载体型系数程序取“风荷载信息”中输入的值，而“特殊风荷载定义”中的体型系数只对顶层梁起作用。

(1) 首先把第二层平面布置好，再点击【楼层定义/柱布置】，改变局部柱的柱底标高，与实际相符。如图 5-23 所示。

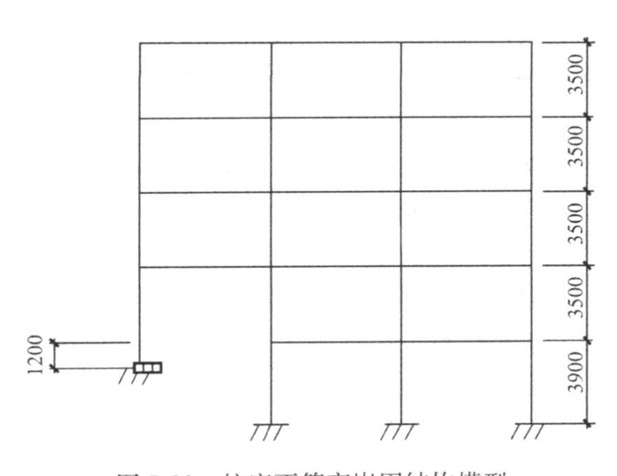

图 5-22 柱底不等高嵌固结构模型

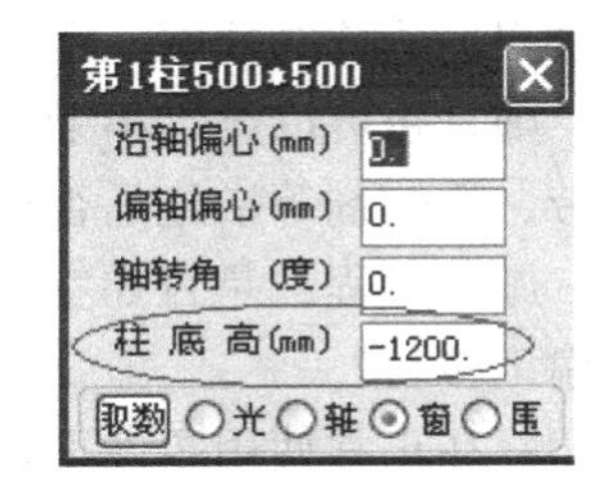

图 5-23 柱布置/改变局部柱底标高

(2) 在 PMCAD 主菜单中点击【设计信息】，如图 5-24 所示。在对话框中将“地下室层数”填写为 1，“与基础相连最大构件的最大底标高”填写为 2.7m（底层层高－1.2m），程序会把低于此数值的构件节点设为嵌固，这样就能兼顾不同基础埋深的情况。

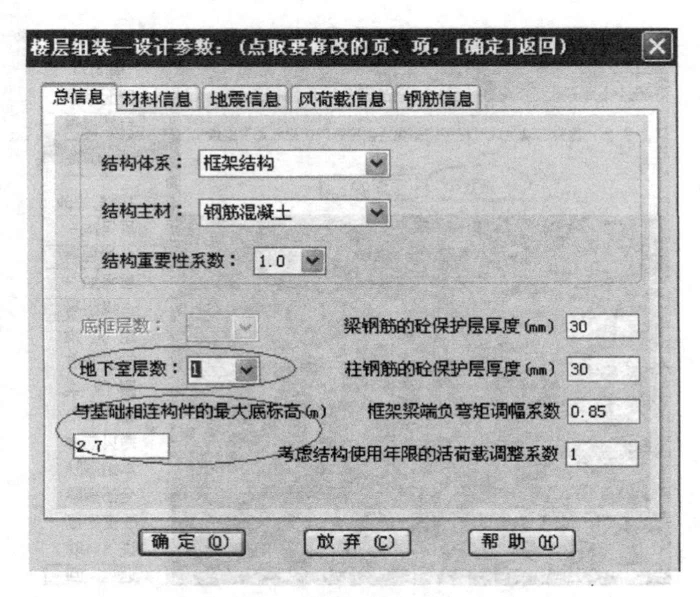

图 5-24　设计信息/总信息

注：应根据实际覆土情况，进行包络设计。也可以采取一些措施，嵌固层直接设在首层正负零。

5.5　对裂缝的认识

（1）一般情况下，经过抗震设计的嵌固层以上的结构（7 度以上），其框架梁多属于强度控制，裂缝大都可以满足设计要求，因为地震作用比较大，地震组合需要的强度配筋一般已经比正常使用状态下的配筋大。

（2）裂缝产生过程：荷载作用在结构或构件上产生裂缝，由设计院设计和施工单位施工，所以出现了裂缝应该从以下几个关键词中找原因："荷载或其他作用"、"设计过程"、"施工过程"，并且出现裂缝时，应在过程中把以上原因串起来。

荷载或其他作用包括：施工时的使用荷载、不均匀沉降、温度荷载、收缩、徐变等；设计过程：从抗的角度，钢筋的配置量是否足够？位置是否合适？从调的角度：如是板的裂缝，则是否可以设置小梁把板块划分规则，减小应力集中？如果是地下室外墙裂缝，则后浇带、添加剂等措施是否正确？如是砖混结构，则构造柱、圈梁布置和砖墙中配筋是否正确？施工过程：是否如实按照设计要求去施工？是否根据施工经验和设计方有过沟通？是否偷工减料？

（3）在正常使用条件下，混凝土裂缝主要是由混凝土自身收缩和环境温度变化引起的收缩这两部分导致的。在超长混凝土结构设计时，最有效的方法是通过在混凝土构件上施加预应力来抵消这两部分的拉应力，确保构件不出现有害的裂缝，因此，需要通过对混凝土进行自身收缩和温度应力的定量分析，具体计算方法可参考相关文献，求出温差后，即可用 MIDAS 或 PKPM 软件算出温度应力。

温度应力是由混凝土自身收缩、徐变和环境温度变化长期作用后产生的，混凝土自身要收缩、徐变，支座要约束混凝土构件的变形，当约束作用较大时，容易产生裂缝。

5.6 抗震分析方法

我国的抗震分析方法是在小震计算基础上，通过采取抗震措施与抗震构造措施，去包络中震、大震对结构的作用效应与破坏。

（1）底部剪力法

高度不超过 40m、以剪切变形为主且质量和刚度沿高度分布比较均匀的高层建筑结构，结构的地震反应将以第一振型为准，且结构的第一振型接近直线，可采用底部剪力法。

（2）反应谱方法

高层建筑结构宜采用振型分解反应谱法。对质量和刚度不对称、不均匀的结构以及高度超过 100m 的高层建筑结构应采用考虑扭转耦联振动影响的振型分解反应谱法。反应谱的振型分解组合法常用的有两种：SRSS 和 CQC。一般而言，对于那些对结构反应起重要作用的振型所对应频率稀疏的结构，并且地震持时长，阻尼不太小（工程上一般都可以满足）时，SRSS 是精确的，频率稀疏表面上的反应就是结构的振型周期拉的比较开；而对于那些结构反应起重要作用的振型所对应的频率密集的结果（高振型的影响较大，或者考虑扭转振型的条件下），CQC 是精确的；光滑反应谱进行分析而言，其峰值估计与相应的时程分析的平均值相比误差很小，一般只有百分之几，因此可以很好地满足工程精度的要求。

（3）时程分析

理论上时程分析是最准确的结构地震响应分析方法，但是由于其分析的复杂性，且地震波的随机性，因此一般只是把它作为反应谱的验证方法而不是直接的设计方法使用。不仅与场地的情况有关，也与结构的动力特性有关，这样才能选出适合的地震波。地震分析的时候主次向应该采用不同的地震波。调整地震波的峰值以满足规范的要求，但是不能调整太大，那样可能导致地震波与抗震设防水平和场地不适合。所谓“在统计意义上相符”指的是，其平均地震影响系数曲线与振型分解反应谱法所用的地震影响系数曲线相比，在各个周期点上相差不大于 20%。

5.7 缝 分 类

1. 沉降缝

为防止建筑物各部分由于地基不均匀沉降引起房屋破坏所设置的垂直缝称为沉降缝。

沉降缝与伸缩缝不同之处是除屋顶、楼板、墙身都要断开外，基础部分也要断开，使相邻部分也可以自由沉降、互不牵制。沉降缝宽度要根据房屋的层数定，五层以上时不应小于 120mm。

2. 抗震缝

为避免建筑物破坏，按抗震要求设置的垂直的构造缝叫做抗震缝。该缝一般设置在结构变形的敏感部位，沿着房屋基础顶面全面设置，使得建筑分成若干刚度均匀的单元独立变形。

《建筑抗震设计规范》GB 50011—2010 第 7.1.7 条规定：多层砌体结构缝宽可采用 50～100mm。

《建筑抗震设计规范》GB 50011—2010 第 6.1.4 条规定：框架结构缝宽最小为 100mm。

抗震缝可在地下室顶板处不断开（地下室顶板作为嵌固）。地下室一般不设缝或尽量不设缝，可以采取沉降后浇带措施来解决不均匀的沉降问题，沉降后浇带内混凝土浇筑时间应在两侧主体结构封顶 30d 后浇捣。如果在沉降后浇带两侧底板厚度相差很多，建议设置板厚过渡区，且其配筋应适当加强。

3. 伸缩缝

通长挑檐板、通长遮阳板，外挑通廊板，宜每隔 15m 左右设置伸缩缝，宜在柱子处设缝，缝宽 10～20m。缝内填堵防水嵌缝膏，卷材防水可连续，在伸缩缝处不另处理，刚性面层应在伸缩缝设分隔缝。

以上挑板，当挑出长度大于等于 1.5m 时，应配置平行于上部纵向钢筋的下部筋，其直径不应小于 8mm。

钢筋混凝土女儿墙属外露结构，温度影响易产生裂缝，宜每隔 15m 左右设置伸缩缝，缝内堵防水嵌缝膏。

5.8 绘制施工图时应注意的一些问题

5.8.1 CAD 画图时的比例调整

（1）在 CAD 中画一条 500mm 长度的直线，点击【标注/标注样式】，在弹出的对话框中点击“修改”，把“主单位”菜单下的“比例因子”改为 1，则标注时显示的数字为 500，若把“比例因子”改为 0.01，则标注时显示的数字为 5。如图 5-25、图 5-26 所示。

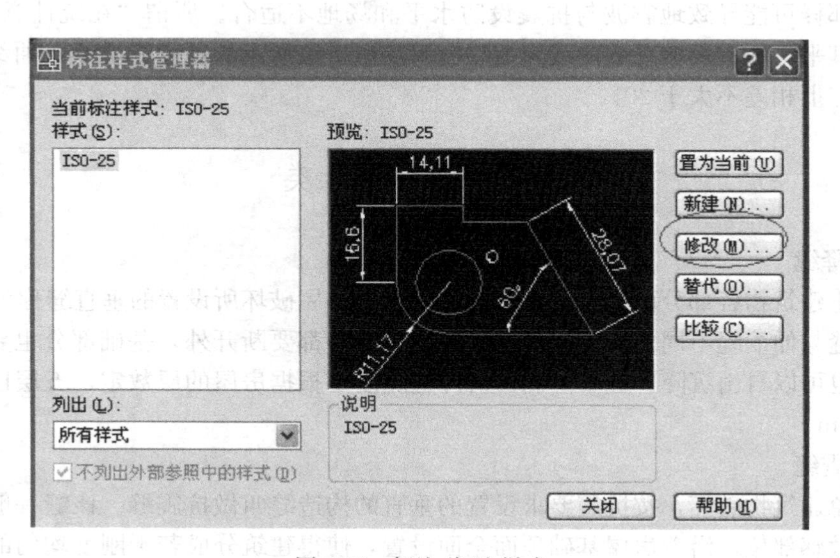

图 5-25　标注/标注样式

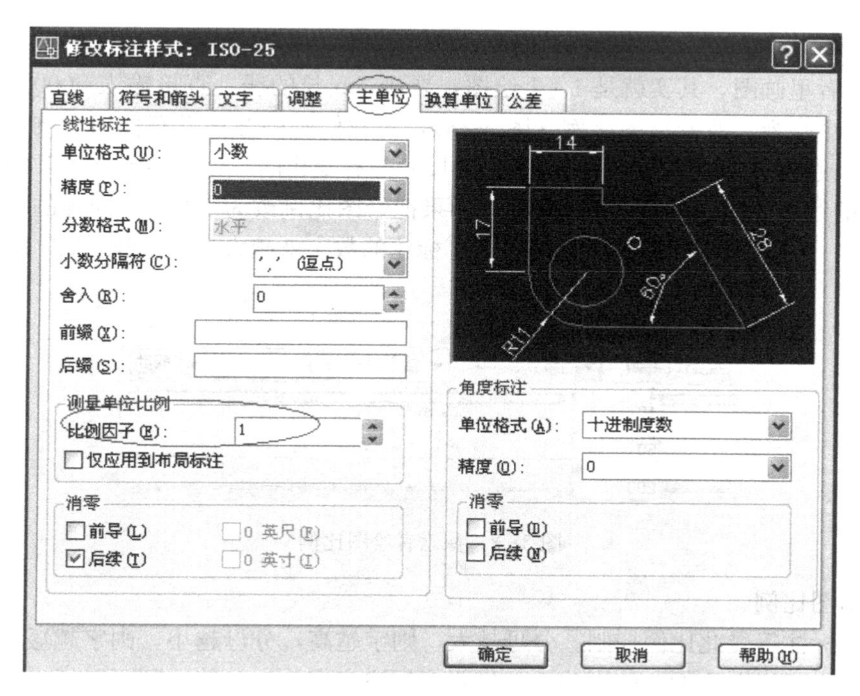

图 5-26　标注/标注样式/修改/主菜单

（2）点击【标注/标注样式】，在弹出的对话框中点击“修改”，修改“调整”菜单下的“使用全局比例”，标注的字体大小会发生改变，全局比例越大，字体越大，如图 5-27 所示。

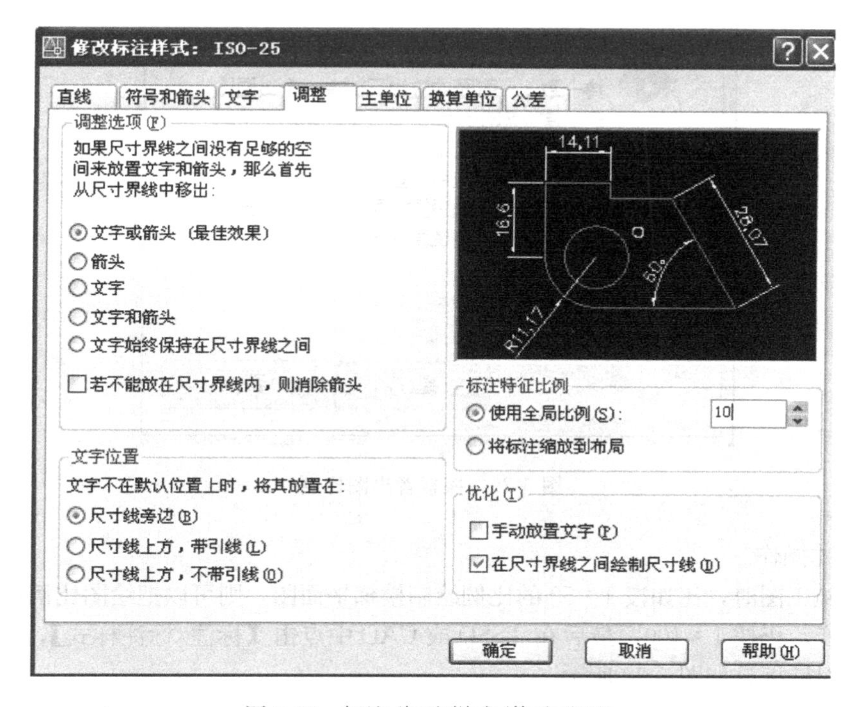

图 5-27　标注/标注样式/修改/调整

(3) 探索者（TSSD）中的绘图比例

在探索者里画图，其实就是1∶1绘图，要画5m长的线，直接输入5000，默认1个单位就是一个毫米。改变绘图比例（图5-28），对我们画图习惯没有任何影响，差异体现在标注上。改变绘图比例之后，标注出来的尺寸是有变化的。比如绘图比例1∶100，一段200mm长的线标注出来的尺寸就是200，如果把绘图比例改为1∶20，同样的一段线标注出来就是40（分母就像放大镜，比例越大，标注的数字就越大）。一般默认以1∶100的比例绘图。

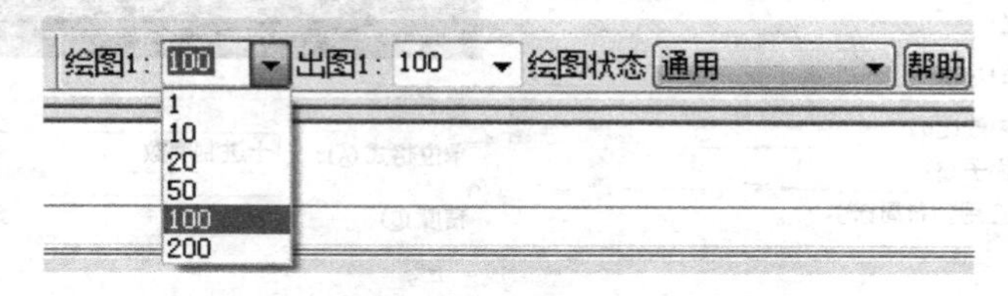

图5-28 探索者绘图比例

(4) 出图比例

字高、标注等受此比例控制。分母越大，则字越高，分母越小，则字越矮。由于标注尺寸值也会受“出图比例”的影响，如果要把标注字高放大一倍，则可以把出图比例放大一倍，与此同时，应把绘图比例也放大一倍（否则标注值大小改变），弹出图5-29所示对话框，点击“是”。

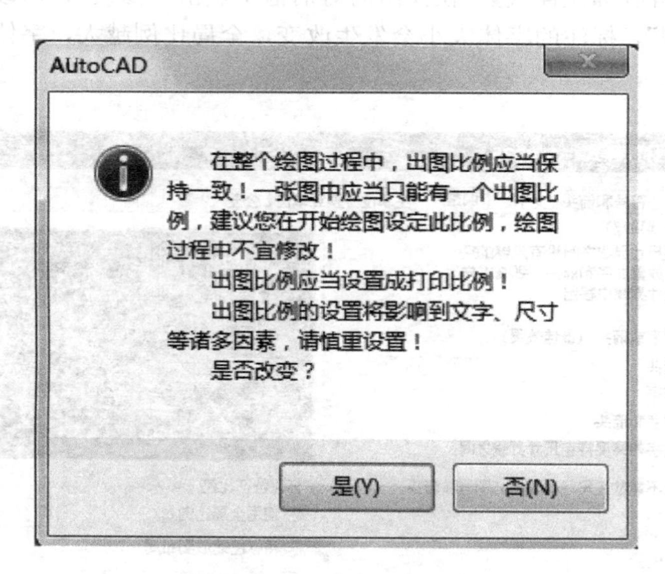

图5-29 探索者出图比例

(5) 具体操作

在绘制施工图时，比如按1∶50的比例绘制楼梯平面图，则可以把绘图比例调为1∶50，出图比例不变，仍按1∶100，最后在TSSD或CAD中点击【标注/标注样式】，弹出“标注样式管理”对话框，如图5-30所示。

选择TSSD _ 50 _ 100，点击“修改”，弹出“修改标注样式”对话框。点击“文字”，把文字高度改为 300。如图 5-31 所示。

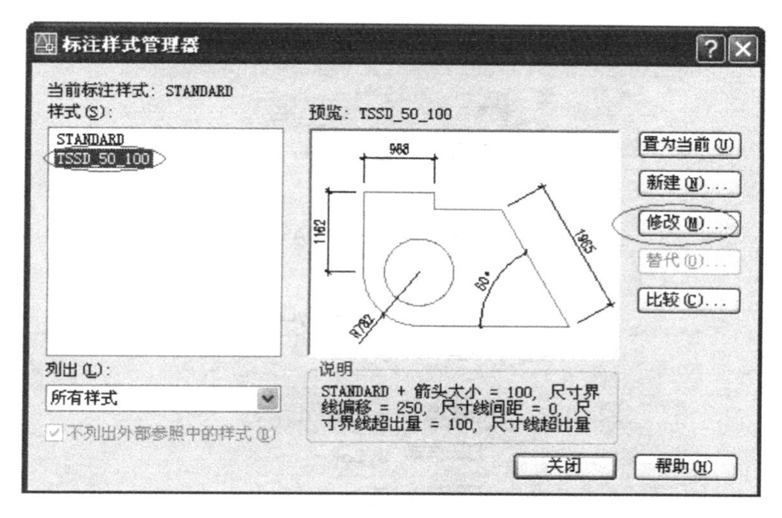

图 5-30　标注样式管理对话框

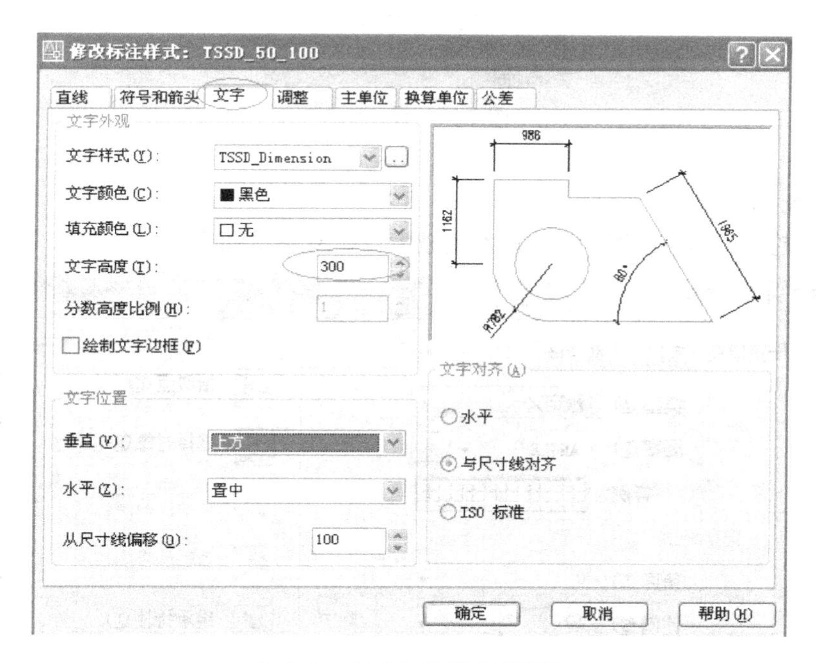

图 5-31　修改标注样式对话框

5.8.2　CAD 中设置快捷键

在 CAD 中点击【工具/自定义/编辑程序参数】。

5.8.3　线型比例

虚线变成实线，有两种可能，一种是线型比例过小，可以点击该线段，按“CTRL+1”，把线型比例改成一个更大的数（线型比例越大，虚线中的每一小段就越大）；另一种可能是线型比例过大，看到的只是虚线的一小截，此时应该把线型比例改小。如图 5-32 所示。

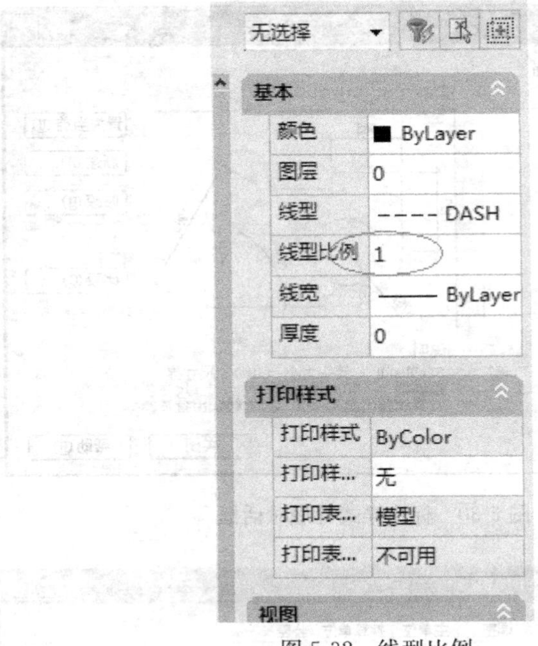

图 5-32　线型比例

5.8.4　填充比例

填充比例越大，填充图案中的小图案就越大。如图 5-33 所示。

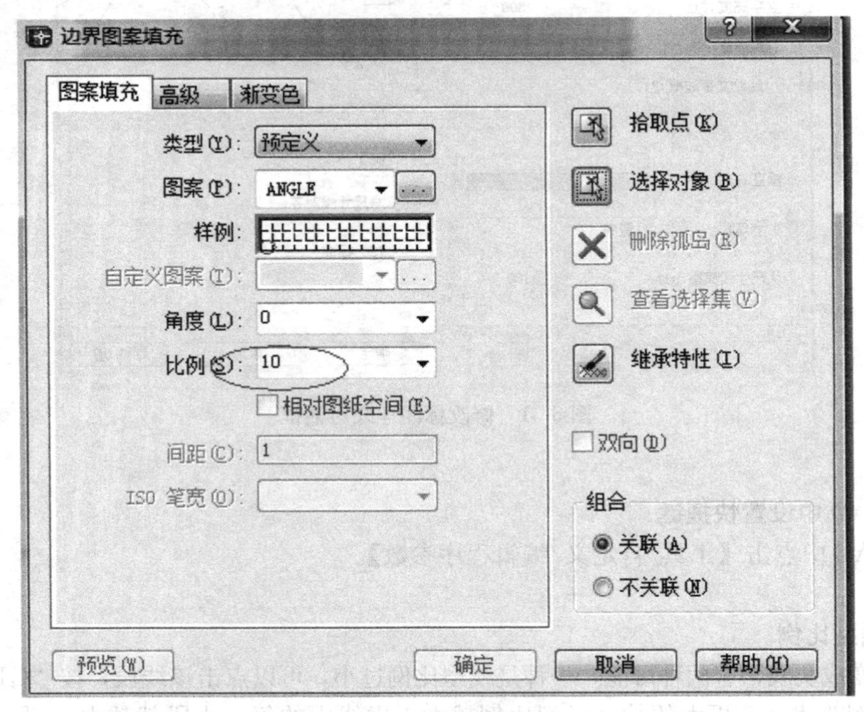

图 5-33　填充比例

5.8.5 对象捕捉、正交

在CAD屏幕的下方，用鼠标左键点击“正交”（默认快捷键为F8），则绘制直线时角度为水平或垂直。如图5-34所示。

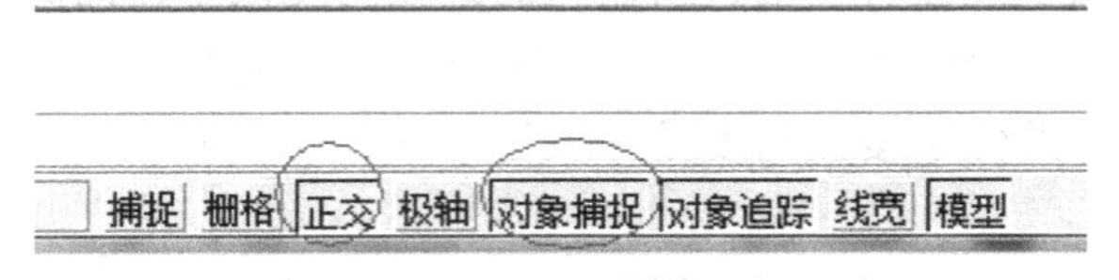

图5-34 正交菜单

用鼠标右键点击“对象捕捉”，选择“设置”，弹出对象捕捉对话框，如图5-35所示。

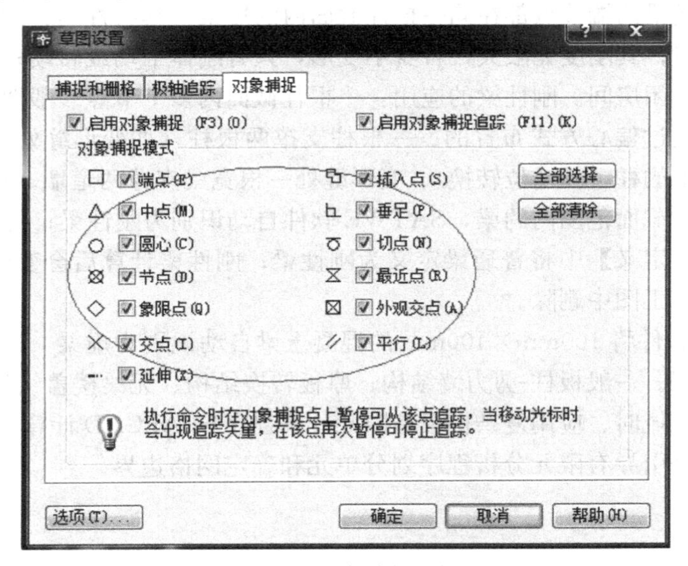

图5-35 对象捕捉/设置

5.8.6 分屏绘图

在CAD或TSSD中点击【视图/视口/两个窗口】，按照程序提示，选择垂直放置，如图5-36所示。布置两个窗口，使得绘图更有效率，可以一边放建筑图，一边放结构图。一边放结构图，一边放配筋计算结果。

图5-36 视图/视口/两个窗口

5.9 PMCAD建模时应注意的问题

5.9.1 梁

（1）当层间梁两端布置柱时，则只当输入的梁端高度低于楼面高度大于500mm，SATWE软件才按层间梁计算，否则，程序将层间梁简化到楼层处。当层间梁两端布置剪力墙时，无论输入的低于楼面高度是否大于500mm，SATWE程序都自动将层间梁简化到楼层处。

（2）可以在楼层间布置多根主梁，但不能用这种方式建立错层梁，错层梁（满足错层梁条件）还是要通过增加标准层的方式建模。

（3）刚性梁是梁两端节点都在同一根柱截面内的短梁，其特性是：刚性梁无自重，但可以布置附加荷载；其刚度无限大，自身不变形，只有刚体平动或转动；刚性梁的作用是正确传力和完成封闭房间。刚性梁的应用：一根柱截面内多个节点一般要布置刚性梁、与柱相连的梁不是通过偏心方式布置的、一根柱支撑两根柱（如变形缝处）、一根柱支撑另一根不同轴线布置的柱（如错位转换）、变形缝处一根宽梁支撑两道墙（或两排柱）。凡是两端点在同一根柱截面范围内的梁，SATWE软件自动识别为刚性梁；可以在SATWE软件【特殊构件补充定义】中将普通梁定义为刚性梁；刚性梁计算后会变红（超筋），可以不予理睬，并在施工图中删除。

（4）PKPM软件将100mm×100mm的混凝土梁自动识别为虚梁，虚梁的定义和布置方法与普通梁相同。一般板柱-剪力墙结构、厚板转换结构、无梁楼盖结构、“回”字形无梁楼板出现复连同域时、应用复杂楼板有限元计算程序SLABCAD计算分析时都要设置虚梁，虚梁的作用是引导有限元分析程序划分单元和确定网格边界。

5.9.2 节点荷载

点击【荷载输入/节点荷载】，弹出对话框，如图5-37所示。点击“添加”，弹出荷载定义对话框，如图5-38所示。

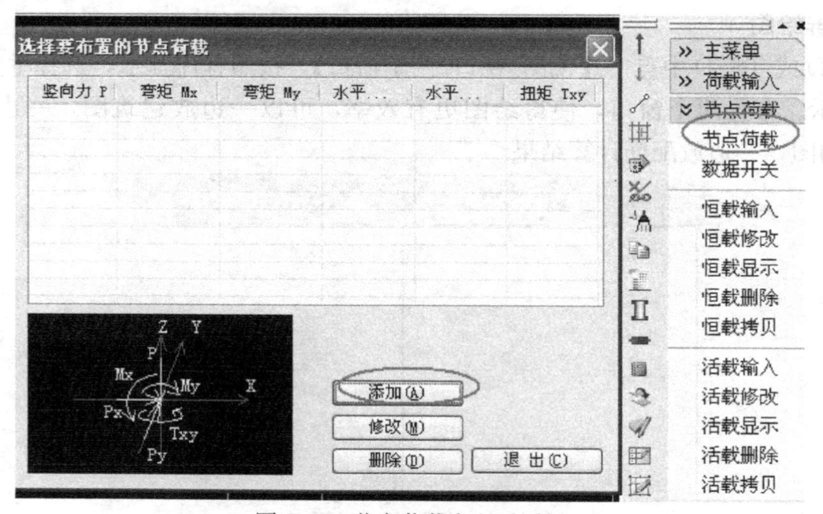

图5-37 节点荷载定义对话框

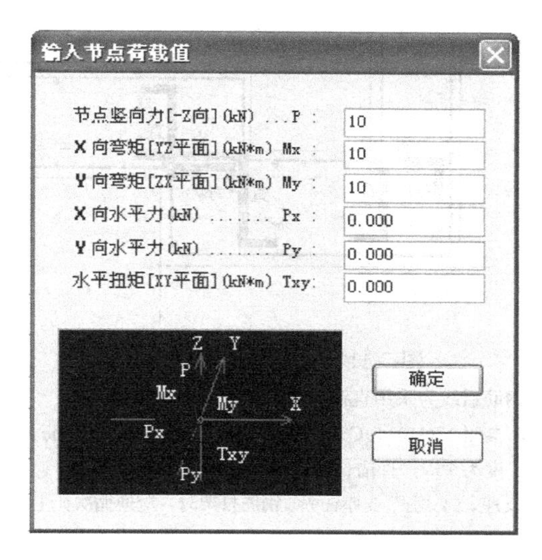

图 5-38　输入节点荷载值对话框

注：竖向力以向下为正，弯矩的正负以右手螺旋法则确定，水平力的正负以 X、Y 方向的正负确定。

5.10　设备基础及大样绘制要点

5.10.1　定位

尽量与轴线发生关系。一层一层递进，小构件尺寸，大构件尺寸，总尺寸。以点开花，以轴线的不变解决所有的变。一般 2～3 道尺寸。

5.10.2　钢筋绘制

（1）90°的边，沿着边走。如图 5-39 所示。

图 5-39　设备基础绘制（1）

注：布置钢筋的背后还是受力，如果是悬臂构件，则到箭头打止。如图 5-40 所示。

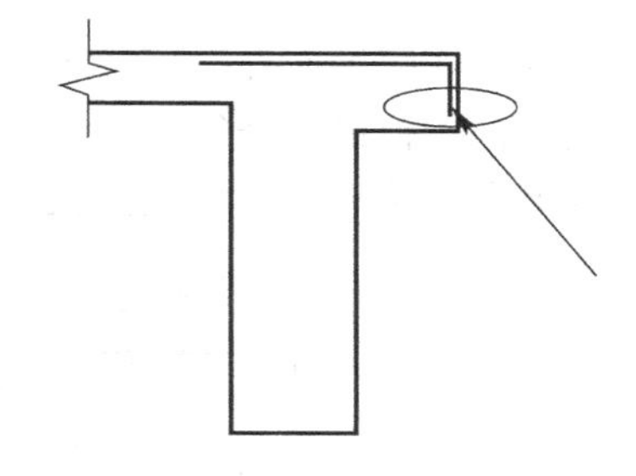

图 5-40　大样绘制（1）

注：锚固长度可参考 11G101。

（2）270°的边

在 270°边界线处采用“直锚”或“直＋弯”的锚固形式。如果满足直锚长度，则直锚，如果不满足或钢筋打架，则采用“直＋弯”的锚固形式。如图 5-41 所示。

（3）90°～180°的边

90°～180°的边钢筋绘制如图 5-42 所示。

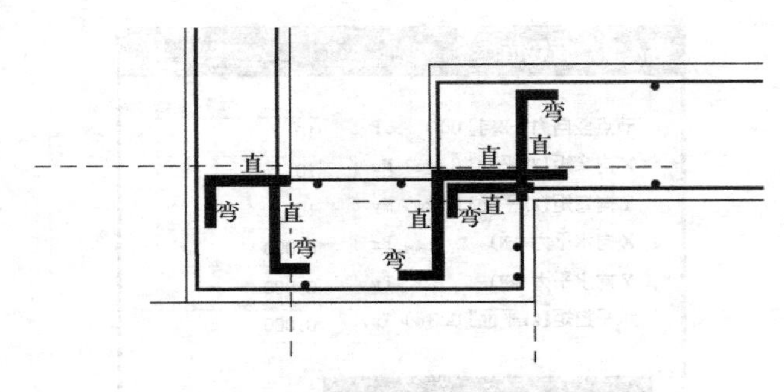

图 5-41 设备基础绘制（2）

注：1. 图中虚线为270°边界线，钢筋粗线为采用直锚或“直＋弯”的锚固形式。

2. 设备基础一般不考虑抗震，参照 11G101，C30，非抗震时，HRB400 级钢筋，直锚长度为 $35d$。如果采用“直＋弯”的锚固形式，弯锚长度为 $15d$，直锚长度应尽量靠近另一侧纵筋。

3. 锚固时，应尽量寻找“强”支座，向“强”支座锚固。钢筋打架时，应遵循次让主的原则，或向较“弱”支座锚固。

5.10.3 其他

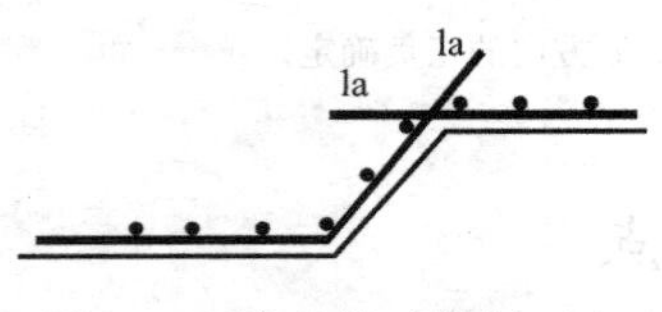

图 5-42 设备基础绘制（3）

1. 虚实关系

能看见则用实线表示，看不见则用虚线表示。

2. 平面图中线条

画设备基础时，在平面图中如果出现一条线段，则表示立面上在此处有高差。

5.11 建筑造型

建筑的造型，一般是在梁、柱或女儿墙上通过挑板、外包混凝土等实现，其背后的受力模型基本上都是悬臂梁模型。有些建筑造型是二次装修，结构专业只需在楼层处挑板即可。有些建筑造型，要通过构造柱＋挑板实现。构造柱如果不是通过外包混凝土的形式施工，则构造柱的平面外稳定性主要依靠自身与楼层处楼板来保证，施工时，构造柱钢筋贯通挑板，构造柱最后浇筑。

以下是建筑造型中常用的大样，如图 5-43～图 5-47 所示。

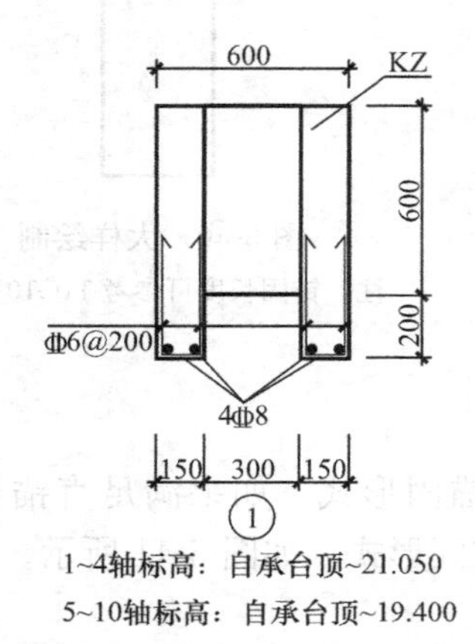

图 5-43 建筑造型大样（1）

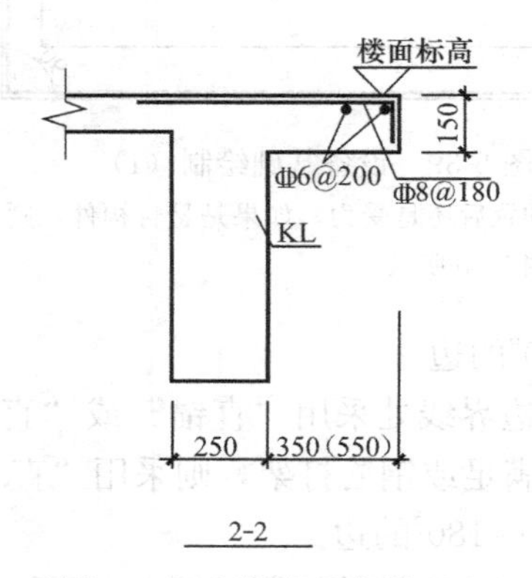

图 5-44 建筑造型大样（2）

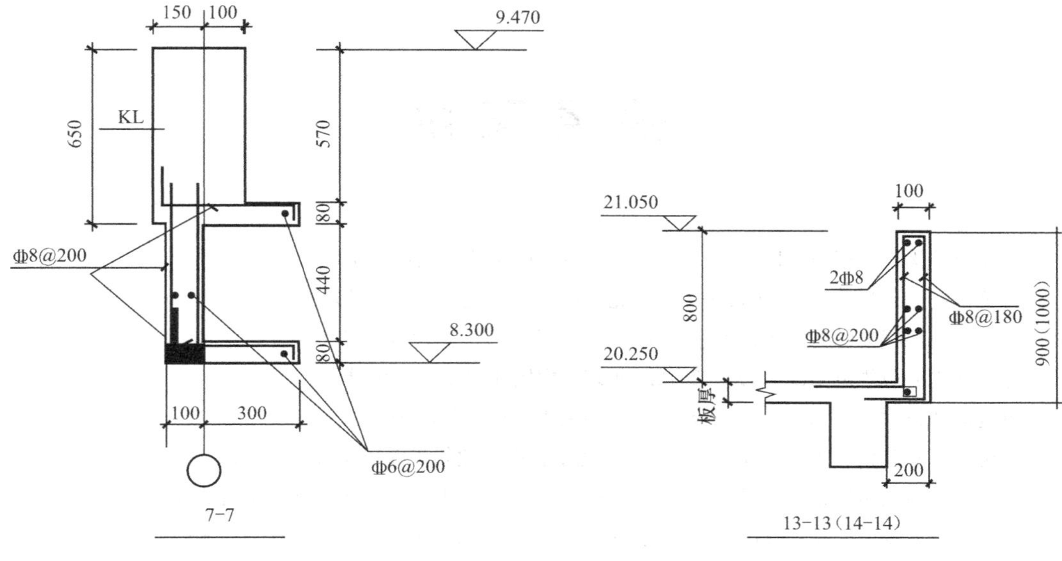

图 5-45　建筑造型大样（3）

图 5-46　建筑造型大样（4）

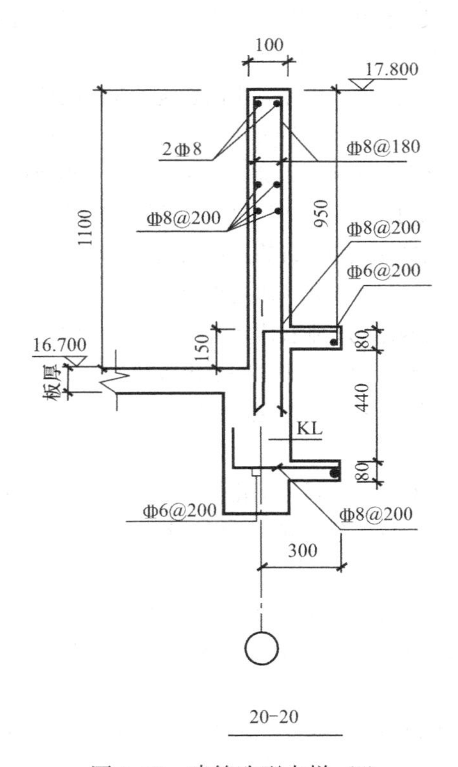

图 5-47　建筑造型大样（5）

注：建筑造型的尺寸及具体做法主要查看建筑平、立面图及节点大样，墙身大样。

参考文献

[1] 混凝土结构设计规范 GB 50010—2010. 北京：中国建筑工业出版社，2010.
[2] 建筑抗震设计规范 GB 50011—2010. 北京：中国建筑工业出版社，2010.
[3] 高层建筑混凝土结构技术规程 JGJ 3—2010. 北京：中国建筑工业出版社，2010.
[4] 建筑结构荷载规范 GB 50009—2012. 北京：中国建筑工业出版社，2002.
[5] 建筑桩基技术规范 JGJ 94—2008. 北京：中国建筑工业出版社，2008.
[6] 建筑地基基础设计规范 GB 50007-2011. 北京：中国建筑工业出版社，2002.
[7] 门式刚架轻型房屋钢结构技术规范 CECS 102：2012. 北京：中国建筑工业出版社，2012.
[8] 钢结构设计规范 GB 50017—201X（报批稿）. 北京：中国建筑工业出版社，2003.
[9] 冷弯薄壁型钢结构技术规范 GB 50018—2002. 北京：中国建筑工业出版社，2002.
[10] 徐传亮，光军. 建筑结构设计优化及实例. 北京：中国建筑工业出版社，2012.
[11] 徐传亮. 刚度理论在工程结构设计中的应用. 同济大学硕士论文，2006.
[12] 朱炳寅. 建筑结构设计问答及分析. 北京：中国建筑工业出版社，2009.
[13] 朱炳寅，娄宇，杨琦. 建筑地基基础设计方法及实例分析. 北京：中国建筑工业出版社，2007.
[14] 杨星. PKPM 结构软件从入门到精通. 北京：中国建筑工业出版社，2008.
[15] 刘铮. 建筑结构设计快速入门. 北京：中国电力出版社，2007.
[16] 刘铮. 建筑结构设计误区与禁忌实例. 北京：中国电力出版社，2009
[17] 周献祥. 结构设计笔记. 北京：中国水利水电出版社，2008.
[18] 北京市建筑设计研究院. 建筑结构专业技术措施. 北京：中国建筑工业出版社，2007.
[19] 郁彦. 高层建筑结构概念设计. 北京：中国铁道出版社，1999.
[20] 林同炎，S. D. 斯多台斯伯利 著，结构概念和体系. 第二版. 高立人，方鄂华，钱稼茹 译，北京：中国建筑工业出版社，1999.
[21] 孙芳垂，汪祖培，冯康曾. 建筑结构设计优化案例分析. 北京：中国建筑工业出版社，2010.
[22] www. OKOK0. org. 结构理论与工程实践——中华钢结构论坛精华集. 北京：中国计划出版社，2005.
[23] 莫海鸿，杨小平. 基础工程. 北京：中国建筑工业出版社，2003.
[24] 中国建筑科学研究院 PKPM CAD 工程部. SATWE（2010 版）用户手册及技术条件. 北京：中国建筑工业出版社，2010.
[25] 中国建筑科学研究院 PKPM CAD 工程部. JCCAD（2010 版）用户手册及技术条件. 北京：中国建筑工业出版社，2010.
[26] 沈蒲生. 混凝土结构设计原理. 北京：高等教育出版社，2006.
[27] 李国胜. 混凝土结构设计禁忌及实例. 北京：中国建筑工业出版社，2007.
[28] 张相勇. 建筑钢结构设计方法与实例解析. 北京：中国建筑工业出版社，2013.
[29] 张耀春. 钢结构设计原理. 北京：高等教育出版社，2004.
[30] www. OKOK. org. 钢结构连接与节点（上）. 北京：人民交通出版社，2004.

[31] 李熊彦. 门式刚架轻型钢结构工程设计与实例. 北京：中国建筑工业出版社，2008.
[32] 陈友泉、魏潮文. 门式刚架轻型房屋钢结构设计与施工疑问问题释义. 北京：中国建筑工业出版社，2009.
[33] 孙海林. 手把手教你建筑结构设计. 北京：中国建筑工业出版社，2009.
[34] 中国建筑科学研究院 PKPM CAD 工程部. STS 钢结构 CAD 软件用户手册. 北京：中国建筑工业出版社，2011.
[35] 李勇、刘品高、万里. 北京当代 MOMA 工程异形板无梁楼盖结构设计与分析. 建筑结构，2009，5：57～59.